VEIT'S SAMMLUNG
WISSENSCHAFTLICHER WÖRTERBÜCHER

FELIX AUERBACH

WÖRTERBUCH DER PHYSIK

BERLIN UND LEIPZIG 1920
VEREINIGUNG WISSENSCHAFTLICHER VERLEGER
WALTER DE GRUYTER & CO.
VORMALS G. J. GÖSCHEN'SCHE VERLAGSHANDLUNG :: J. GUTTENTAG, VERLAGS-
BUCHHANDLUNG :: GEORG REIMER :: KARL J. TRÜBNER :: VEIT & COMP.

WÖRTERBUCH DER PHYSIK

VON

FELIX AUERBACH

MIT 267 FIGUREN

BERLIN UND LEIPZIG 1920
VEREINIGUNG WISSENSCHAFTLICHER VERLEGER
WALTER DE GRUYTER & CO.
VORMALS G. J. GÖSCHEN'SCHE VERLAGSHANDLUNG :: J. GUTTENTAG, VERLAGSBUCHHANDLUNG :: GEORG REIMER :: KARL J. TRÜBNER :: VEIT & COMP.

Druck von Metzger & Wittig in Leipzig.

Vorwort.

Ein handliches Wörterbuch der Physik ist seit einem Menschenalter nicht erschienen; das letzte war das damals gewiß vortreffliche, aber ganz volkstümlich gehaltene und inzwischen natürlich durchaus veraltete Buch von Lommel. Ich bin daher der Aufforderung, die von seiten der Verlagsbuchhandlung in dieser Richtung an mich erging, gern nachgekommen und habe mich mit ihr auf einen Umfang geeinigt, der, bei aller Handlichkeit, es doch ermöglicht, alles zu bringen, was man billigerweise von einem derartigen Werke verlangen darf. Dabei wurde in erster Linie der Charakter als Wörterbuch berücksichtigt, d. h. es sind möglichst viele (mehrere tausend) Stichwörter aufgenommen. Um aber unnötige Wiederholungen zu vermeiden, ist eine Unterscheidung gemacht worden zwischen Hauptartikeln (357), in denen die betreffende Materie im Zusammenhange dargestellt ist, und Verweisungsartikeln, in denen meist lediglich angegeben ist, in welchen Hauptartikeln sie vorkommen; jene sind fett, diese kursiv gedruckt. Eine gewisse Mittelstellung nehmen gewisse, nicht besonders zahlreiche, kurze Nebenartikel ein. Verweisungsstichworte sind im allgemeinen nicht aufgeführt, wenn der betreffende Hauptartikel ohne weiteres einleuchtet, z. B. Konvexlinse (Hauptartikel: Linse); sie sind dagegen aufgeführt, wenn noch auf einen andern Artikel verwiesen wird, z. B. Elektromagnetische Dämpfung (Verweisung, außer auf Dämpfung, auch auf Induktionsströme). Besonderer Wert wurde darauf gelegt, außer den Definitionen auch alle wichtigen Gesetze, Formeln, Zahlentafeln, Theorien usw. zu geben und dabei das gegenwärtig aktuelle nach Gebühr zu berücksichtigen. Die alphabetische Ordnung ist streng innegehalten, Umlaute sind wie ae usw. behandelt und Ausdrücke, die aus mehreren Worten bestehen, wie ein einziges angesehen, z. B. Elektrisches Licht vor

Elektrische Strahlen gesetzt. Zur besseren Veranschaulichung sind an zahlreichen Stellen Figuren beigegeben (im ganzen nahezu dreihundert). Zu bemerken ist noch, daß das Manuskript im Mai 1918 abgeschlossen wurde, daß aber bei der Korrektur alle irgendwie erforderlichen Berichtigungen und Ergänzungen vorgenommen worden sind; einiges wenige hat noch in einem Nachtrage Platz gefunden. Um auch eine systematische Durcharbeitung des Buches zu ermöglichen, ist eine organisch-sachliche Liste der Hauptartikel vorangestellt mit einer Reihenfolge, die wohl in Einzelheiten hier und da willkürlich, im großen ganzen aber in sich geschlossen ist.

Jena, Januar 1920.

Der Verfasser.

Systematisches Verzeichnis der Hauptartikel.

A. Allgemeines.

B. Materie (Mechanik).

C. Schall.

D. Wärme.

E. Elektrizität und Magnetismus.

F. Licht.

A

A, Abkürzung für Ampère (s. Elektrische und magnetische Maßsysteme).

Abbescher Beleuchtungsapparat, s. Mikroskop.

Abbildung ist in der Optik die Wiedergabe von Objekten durch *Bilder*, und zwar durch möglichst getreue, wenn auch verkleinerte oder vergrößerte Bilder. Der Maßstab heißt Abbildungsverhältnis. Die Mittel hierzu sind die Reflexion und die Brechung des Lichts; entsprechend gibt es katoptrische und dioptrische Abbildung. Ein Bildpunkt entsteht da, wo mindestens zwei, praktisch aber viele Strahlen sich schneiden, und zwar ist das ein *reelles* Bild; schneiden sich nur die rückwärtigen Verlängerungen der Strahlen, so entsteht ein *virtuelles* Bild. Reelle Bilder erleuchten Flächen, sind im Raume objektiv sichtbar und wirken chemisch. Virtuelle Bilder haben alle diese Eigenschaften nicht; sie sind nur direkt in der Richtung der Lichtbewegung subjektiv wahrnehmbar. Die Abbildung kann durch enge oder weite, ebene oder räumliche Büschel erzielt werden. Ferner kann es sich um die Abbildung eines Punktes, einer Linie, einer Fläche oder eines Körpers handeln; die Aufgabe ist also schon an sich sehr verwickelt. Anfangs hat man sich daher an besonders einfache Fälle (Spiegel, Linsen usw.) gehalten; allmählich wurde man allgemeiner (Gauss, Möbius, Maxwell). Aber erst Abbe zeigte, daß die Lage- und Größenverhältnisse optischer Bilder sowie alle bei der Abbildung auftretenden allgemeinen Beziehungen ihrem Wesen nach gänzlich unabhängig von den Bedingungen ihres Entstehens und vielmehr rein mathematische Konsequenzen der Abbildung des Objektraumes in den Bildraum sind, wobei die einzige Voraussetzung bzw. Forderung die ist, daß jedem Punkte des einen Raumes ein und nur ein Punkt des andern entspreche, daß den durch jenen gehenden Strahlen die durch diesen gehenden entsprechen, und daß dasselbe von den Ebenen gelte: *konjugierte* Punkte, Linien, Ebenen. Eine solche Beziehung heißt *kollineare Verwandtschaft;* die Abbildung ist *punktweise* Abbildung, die Büschel sind *homozentrisch* (s. jedoch sphärische Aberration und Astigmatismus). Die Abbildung ist eindeutig und im allgemeinen stetig; nur gibt es in jedem Raume eine Ebene, deren konjugierte Ebene im andern in der Unendlichkeit liegt. Sie heißt Unstetigkeits- oder Diskontinuitätsebene oder, praktisch, *Brennebene* (Fokalebene), ihr Mittelpunkt heißt *Brennpunkt*, d. h. Vereinigungspunkt ursprünglich paralleler Strahlen. In dem Spezialfalle der teleskopischen Abbildung entsprechen sich die beiden unendlich fernen Ebenen. Die Abbildungsformeln sind gebrochen lineare Ausdrücke; durch geeignete Wahl der Achsen — senkrecht bzw. parallel zu den Brennebenen — und der Anfangspunkte — in den Brennebenen — kann man sie bedeutend vereinfachen und erhält schließlich als Koordinaten des Objekt- und Bildpunktes für die zentrierte Abbildung (symmetrisch um die x-Achse): $x' = \mathfrak{a}/x$, $y' = \mathfrak{b}\, y/x$, $z' = \mathfrak{c} z/x$; oder indem man $\mathfrak{a} = ff'$, $\mathfrak{b} = f$ setzt und nur noch die Längs- und Querkoordinate beibehält: $x x' = ff'$, $y'/y = f/x = x'/f'$. Die Größen f und f' heißen *Brennweiten* (Fokaldistanzen) des Objekt- bzw. Bildraumes; das Produkt der Abstände des

Objektes und des Bildes von den Brennebenen ist also immer gleich dem Produkte der Brennweiten. Zur Bestimmung der Brennweite dienen die *Fokometer*. Parallelstrahlen des Objektraumes vereinigen sich in der Brennebene des Bildraumes und umgekehrt. y'/y ist die *laterale Vergrößerung* oder schlechthin Vergrößerung; die beiden Punkte, in denen sie gerade eins ist, heißen *Hauptpunkte*, die durch sie gelegten Querebenen *Hauptebenen*. Der Lateralvergrößerung steht die *Axial-* oder *Longitudinal-* oder *Tiefenvergrößerung* gegenüber; sie wächst quadratisch mit der Lateralvergrößerung. Durch Multiplikation beider erhält man die *Flächenvergrößerung*. Endlich gibt es drittens noch die *Angularvergrößerung* oder das *Konvergenzverhältnis* (Verhältnis der Tangenten der Büschelwinkel u und u'); die Punkte, wo dieses eins ist, heißen *Knotenpunkte*, die betreffenden Ebenen Knotenebenen. Ferner besteht die Beziehung: $y' = f \cdot \tang u$ und

$$\frac{\operatorname{tg} u'}{\operatorname{tg} u} = -\frac{x}{f'} = -\frac{f}{x'},$$

vgl. die Fig. 1, in der drei konjugierte Strahlenpaare (1, 1'), (2, 2'), (3, 3'), die

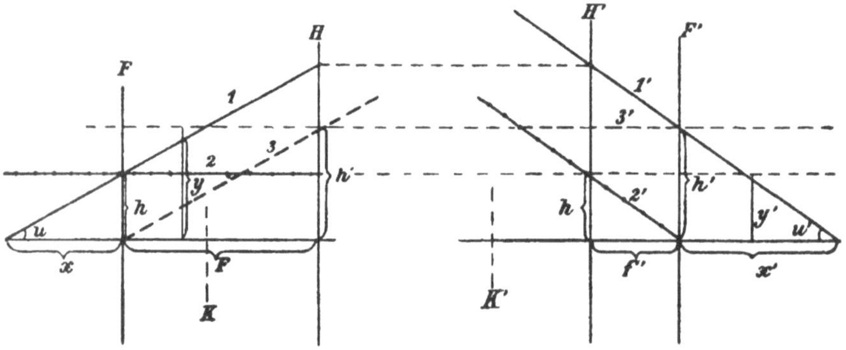

Fig. 1.

Brennebenen F, F', die Hauptebenen H, H' und die Knotenebenen K, K' wiedergegeben sind. Hieran knüpft sich eine Reihe von Sätzen, insbesondere die folgenden: 1. Die Brennweite des Objektraumes ist gleich dem Verhältnis der linearen Größe eines in der Brennebene des Bildraumes gelegenen Bildes zur scheinbaren (angularen) Größe seines unendlich entfernten Objektes. 2. Die Brennweite des Bildraumes ist gleich der Entfernung eines achsenparallelen Strahles des Objektraumes von der Achse, dividiert durch die Tangente des Neigungswinkels des konjugierten Strahles. 3. Der Neigungswinkel u eines Strahles im Objektraum ist positiv, falls der Strahl von links unten nach rechts oben geht; der Neigungswinkel u' eines Strahles des Bildraumes ist positiv, falls der Strahl von links oben nach rechts unten geht. 4. Einem Strahl durch den einen Knotenpunkt ist ein paralleler Strahl durch den andern Knotenpunkt konjugiert. 5. Die beiden Knotenpunkte haben dieselbe Entfernung voneinander wie die beiden Hauptpunkte. 6. Ist $f = f'$, so fallen die Knotenpunkte mit den Hauptpunkten zusammen. — Je nach den Vorzeichen von f und f' kann man vier Arten von Abbildungen unterscheiden: 1. *katoptrische:* a) *kollektive* ($f+$, $f'-$), b) *dispansive* ($f-$, $f'+$); 2. *dioptrische:* a) *kollektive* ($f+$, $f'+$), b) *dispansive* ($f-$, $f'-$). Bei der katoptrischen Abbildung haben also f und f' entgegengesetztes, bei der dioptrischen gleiches Vorzeichen; bei der kollektiven ist f positiv, bei der dispansiven ist f negativ. Bei der kollektiven wird ein Parallelbüschel konvergent, bei der dispansiven divergent. Zwei weitere Unterscheidungen sind die zwischen rechtläufiger und rückläufiger, und die zwischen rechtswendiger und linkswendiger Abbildung; jedoch haben dieselben teils gar keine, teils nur eine sehr spezielle Beziehung zur praktischen Optik. — Die größte Schwierigkeit machen die *Abbildungsfehler*, die in desto stärkerem Maße auftreten, erstens je größer der Öffnungswinkel der abbildenden Büschel ist, und zweitens, je größer der Objektwinkel (die scheinbare Größe des Objekts, vom Orte der Abbildung aus gesehen) ist. Dabei treten die beiden entsprechenden Grundforderungen insofern miteinander in Widerspruch, als die eine verlangt, daß das Verhältnis der Tan-

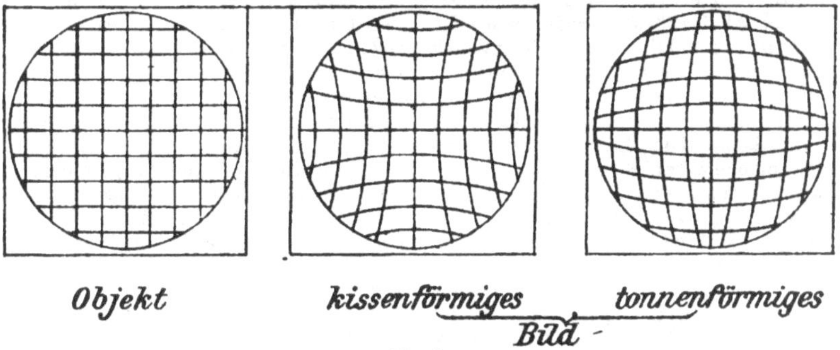

Fig. 2.

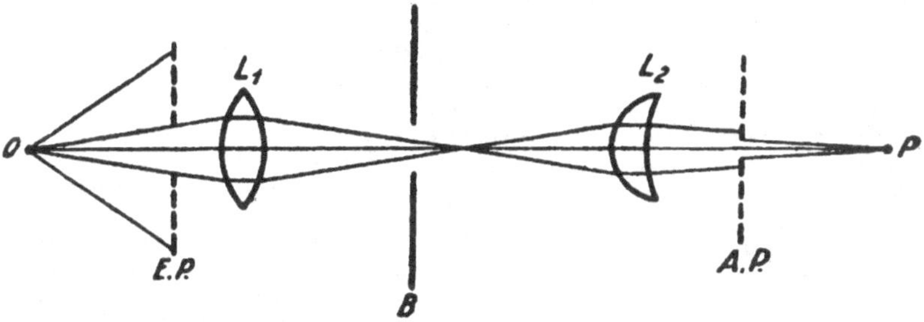

Fig. 3.

genten der Öffnungswinkel konstant sei, die andere, daß das Sinusverhältnis konstant sei: *Tangentensatz* und *Sinussatz* (Abbe); für kleine Winkel läßt sich das annähernd vereinigen, nicht aber für große. Man kann daher eine gute Abbildung nur leisten: entweder für kleine Objekte mit weit geöffneten Büscheln, oder für große Objekte mit engen Büscheln. — Die wichtigsten Abbildungsfehler sind: die sphärische Aberration (s. d.), die chromatische Aberration (s. d.), der Astigmatismus (s. d.), das Koma (s. sphärische Aberration), die Verzeichnung, d. h. die Verschiedenheit der Linear- bzw. Angularvergrößerung für die verschiedenen Zonen des Objektes, insbesondere die kissenförmige und die tonnenförmige Verzeichnung (Fig. 2), die Bildwölbung bei ebenem Objekt usw. Jeder dieser Fehler stellt ein Problem zu seiner Beseitigung auf. Um die am stärksten fehlerhaft wirkenden peripherischen Teile der Büschel unwirksam zu machen, schiebt man Apertur- oder *Öffnungsblenden* ein von geeigneter Öffnung; die bequemste variable Blende ist die *Irisblende;* maßgebend für die Begrenzung der Strahlen ist dann das vom Objektpunkt aus am kleinsten erscheinende, durch die Linsen usw. erzeugte Blendenbild; es heißt *Eintrittspupille* (Fig. 3), entsprechend für den Bildpunkt *Austrittspupille*. Analoge Bedeutung für den Objekt- (Gesichtsfeld-) und Bildwinkel haben die *Gesichtsfeldblenden* und die auf sie bezüglichen Ausdrücke *Eintrittsluke* und *Austrittsluke* (oder Fenster). Wenn die Eintritts- oder Austrittspupille in die Unendlichkeit rückt, erhält man die *telezentrische* Abbildung; ist sie zugleich teleskopisch (s. o.), so liegen beide Pupillen in der Unendlichkeit. Der durch die Blendenmitten gehende Strahl heißt Hauptstrahl. Die Blenden haben übrigens, neben ihren entscheidenden Vorzügen, auch zwei Nachteile: erstens schwächen sie die Lichtmenge (s. Photometrie und Lichtstärke), und zweitens treten, wenn die Pupillen eng werden, neue Komplikationen infolge Verstümmelung der Beugungsfiguren ein (s. Mikroskop und Beugung). Die Beugung spielt ferner eine entscheidende Rolle bei der Abbildung nicht selbstleuchtender Objekte; hier ist die primäre Abbildung die der Lichtquelle, die des Objektes ist erst „sekundär" (s. Mikroskop).

Abbildung durch Prismen, s. Prisma.

Abbildung nicht selbstleuchtender Objekte, s. Mikroskop.

Abbildungsfehler, s. Abbildung, Astigmatismus, Chromatische Aberration, Sphärische Aberration.

Aberration, s. Chromatische Aberration, Sphärische Aberration.

Aberration des Lichts (Verschiebung des scheinbaren Ortes der Sterne), s. Lichtgeschwindigkeit, Relativitätsprinzip.

Abkühlung, s. Erkaltung; Abkühlung der Erde, s. Wärmeleitung fester Körper; Abkühlung durch Ausdehnung, s. Volumenenergie.

Ablenkung der Magnetnadel, s. Elektromagnetismus.

Ablöschen, s. Geschmeidigkeit.

Abplattung, s. Erde, Gleichgewichtsfiguren der Flüssigkeiten, Pendel, Zentralbewegung.

Abschrecken, s. Geschmeidigkeit.

Abscheu vor dem leeren Raum, s. Luftdruck.

Absolute Beweglichkeit der Ionen, s. Elektrolyse.

Absolute Bewegung, s. Relativitätsprinzip.

Absolut schwarzer Körper, s. Strahlung.

Absolute Temperatur, s. Temperatur.

Absoluter Nullpunkt, s. Temperatur.

Absolutes Maßsystem, s. Maßsysteme.

Absorption ist das scheinbare Verschwinden eines Gases oder Dampfes in einem festen oder flüssigen Körper; man kann es als einen auf Gase bezüglichen Sonderfall der Auflösung und das Ergebnis als eine Gaslösung bezeichnen. Die Absorption in festen Körpern nennt man auch *Okklusion*, wenn das Gas in das Innere des Körpers eindringt, dagegen *Adsorption*, wenn es in dessen Oberflächenschichten verbleibt. Zur Demonstration bringt man in einen Glaszylinder, der unten Quecksilber enthält, Ammoniakgas und läßt dann mittels einer Pipette etwas Wasser aufsteigen; sobald dieses mit dem Ammoniak in Berührung kommt, steigt das Quecksilber in die Höhe, ein Zeichen, daß das Gas vom Wasser teilweise verschluckt worden ist; je nach Wahl des Gases und der Flüssigkeit (oder des festen Körpers) fällt die Erscheinung quantitativ verschieden aus. Zu messenden Versuchen hat man besondere Apparate, *Absorptiometer*, konstruiert, die die absorbierte Menge und zugleich den herrschenden Druck, Temperatur usw. zu bestimmen erlauben. Der *Absorptionskoeffizient* gibt an, das Wievielfache seines eigenen Volumens ein Körper absorbieren kann; dabei pflegt das Volumen auf 0° reduziert zu werden. Nach dem *Henryschen Gesetz* ist das absorbierte Gasvolumen vom Druck unabhängig, die absorbierte Gasmasse also mit dem Druck proportional; der Absorptionskoeffizient ist also konstant. Jedoch finden bei höheren Drucken vielfach Abweichungen statt; bei Wasser und Ammoniak z. B. nimmt zwischen 6 und 2000 cm Hg Druck die Absorption auf den vierten Teil ab, andrerseits bei festen Körpern meist etwas zu. Bei Gasgemischen ist die aufgenommene

Menge jedes Bestandteils mit dessen Partialdruck proportional. Die eigentliche Absorption ist mit dem Volumen, die Adsorption mit der Größe der Oberfläche des absorbierenden Körpers proportional. Mit steigender Temperatur nimmt der Absorptionskoeffizient a ab, aber meist in abnehmendem Maße: $a = a_0 (1 - \alpha t + \beta t^2)$. Einige Werte von a bei 15° und normalem Druck:

Gas	in Wasser	Alkohol	Buchsbaumkohle
Ammoniak	790	—	90
Schweflige Säure	43,6	144,6	65
Schwefelwasserstoff	3,2	9,5	55
Kohlensäure	1,02	3,2	35
Kohlenoxyd	0,024	0,204	9,4
Sauerstoff	0,034	0,284	9,2
Stickstoff	0,017	0,121	7,5
Luft	0,018	—	—
Wasserstoff	0,019	0,067	1,75

Ferner einige Temperaturkoeffizienten:

Stickstoff oder Sauerstoff in Wasser	$\alpha = 0{,}026$,	$\beta = 0{,}00055$
Kohlensäure in Wasser	0,043,	0,00091
Stickstoff in Alkohol	0,003,	0,00005
Kohlensäure in Alkohol	0,022,	0,00029

Wie man sieht, nimmt Ammoniak eine ganz exponierte Stellung ein. Die Absorption der Kohlensäure durch Wasser wird bei Getränken (Selterwasser, Bierdruckapparate usw.) benutzt; bei Ermäßigung des Druckes durch Öffnung des Gefäßes entweicht die Kohlensäure in Form von Perlen. Bei sehr tiefen Temperaturen nimmt die Absorption außerordentlich stark zu; z. B. ist der Koeffizient für Kokosnußkohle und Sauerstoff bei 0°: 18 ccm, dagegen bei - 186°: 230 ccm, Wasserstoff bei 0°: 4 ccm, dagegen bei - 186°: 135 ccm. — Sehr mannigfaltige und z. T. einander widersprechende, aber durch die verschiedenen Versuchsbedingungen sich aufklärende Erscheinungen haben Kayser und Bunsen bei der Adsorption an Glas beobachtet. — Salzlösungen absorbieren schwächer als Wasser und desto schwächer, je konzentrierter sie sind. Die Okklusion von Gasen ist besonders stark in einigen Metallen, wie Palladium, Silber, Meteoreisen; so okkludiert Palladium je nach den Umständen das 500- bis 1000fache Volumen Wasserstoff. Eine besondere, der Adsorption verwandte Erscheinung ist auch die *Wasserhaut* des Glases, besonders bei alkalihaltigen Gläsern; sie macht sich z. B. bei feinen Wägungen störend geltend; man kann sie durch kurze Behandlung mit siedendem Wasser größtenteils beseitigen. Hierher gehört auch die als *Vaporhäsion* bezeichnete Erscheinung. — Mit der Absorption hängen verschiedene Erscheinungen zusammen, so das *Spratzen* der Metalle (Hinausschleudern von Metalltröpfchen, gleichzeitig mit der Abgabe des absorbierten Gases), und die Moserschen *Hauchbilder:* wenn man auf Glas oder Metall mit einem Holzstäbchen hinfährt und dann die Fläche behaucht oder mit Quecksilberdampf bestreicht, so sieht man den vom Stäbchen gemachten Strich deutlich hervortreten; ebenso bildet sich eine Münze, nachdem man sie von der Platte weggenommen und diese wie oben behandelt hat, deutlich ab. — Mit der Absorption ist eine Wärmeentwicklung verknüpft, s. Lösungswärme.

Absorption der Wärme, s. Wärmestrahlung.

Absorption des Lichts ist das Verschwinden des Lichts im Innern der Körper. Die extremen Fälle sind die des vollkommen *durchsichtigen* und des vollkommen *undurchsichtigen* Körpers; indessen kommen beide kaum vor. So sind z. B. die Metalle in hinreichend dünnen Schichten (elektrolytisch) durchsichtig (s. Brechungsquotient); andrerseits halten auch die Gläser und selbst die Gase in dicken Schichten einen Teil des Lichtes zurück. Wegen der allgemeinen Gesetze der Absorption s. Wärmestrahlung. Licht von verschiedener Farbe wird beim Durchgange verschieden beeinflußt: *selektive Absorption;* von ihr rührt im wesentlichen die Farbe der Körper her. Schickt man z. B. ein durch ein Prisma dispergiertes Büschel ursprünglich weißen Lichtes durch eine bunte Glasplatte, so werden nur einzelne Teile des Spektrums hindurchgelassen, und zwar im einfachsten Falle der der Farbe entsprechende Teil, allgemein aber verschiedene Spektralstreifen, die dann zusammengenommen eben die Farbe des Glases ergeben; im ersten Falle hat man es mit einer mehr oder weniger reinen, im letzteren mit einer Mischfarbe zu tun. Im einzelnen charakterisieren sich die verschiedenen Stoffe durch ihre *Absorptionsspektra*, s. Spektrum. Ein Körper, der alle Farben gleichmäßig absorbiert, erscheint schwarz, grau oder weiß, je nach dem Grade der Gesamtabsorption. Im übrigen ergibt sich aus dem Gesagten, daß die *Körperfarben* von der Beleuchtung abhängen: damit ein roter Körper rot erscheine, muß das Rot in der Beleuchtung enthalten sein; so erklärt sich die Veränderung der Körperfarben im künstlichen Lichte gegenüber dem Tageslicht (am stärksten im Quecksilberlicht). — Ein Körper, der zwar Lichtstrahlen durchläßt, aber in diffuser Weise, so daß keine Bilder zustande kommen, heißt *durchscheinend*.

Absorption des Schalls, s. Schallausbreitung.

Absorption elektrischer Strahlen, s. Elektrische Schwingungen.

Absorptionslinien, s. Spektrum.

Absorptionsspektrum, s. Spektrum.

Absorptionsstreifen, s. Dispersion.

Absorptionsvermögen, s. Strahlung.

Absorptionswärme, s. Lösungswärme.

Absteigender Luftstrom, s. Winde.

Abstoßung, s. Elektrostatik, Induktionsströme, Magnetische Kräfte.

Abtropfen im Felde, s. Kapillarelektrizität.

Achromasie, Achromat, s. Chromatische Aberration, Dispersion, Linsen, Mikroskop.

Achromatische Linien, s. Kristalloptik.

Achromatisches Kalkspatprisma, s. Kristalloptik.

Additive Eigenschaften der Materie sind solche, deren Zahlenwerte für zusammengesetzte Systeme (Gemische, Lösungen, Verbindungen) sich aus den Zahlenwerten für die Bestandteile durch Addition ergeben. Extreme Beispiele sind: für die additive Eigenschaft die Masse, für die durchaus nicht additive Eigenschaft die Temperatur. Manche Eigenschaften verhalten sich annähernd, aber nicht genau additiv; andre wieder verhalten sich je nach der Natur des Systems streng, annähernd oder gar nicht additiv, z. B. der Diamagnetismus (s. daselbst).

Adhäsion ist der Widerstand zweier einander berührender Körper gegen ihre Trennung voneinander; sie ist also eine Abart der Festigkeit (s. d.), nur, statt auf die Teile eines einzigen, auf zwei verschiedene Körper angewendet. Zur Messung der Adhäsion hängt man den einen, in eine horizontale Ebene auslaufenden Körper an die Wage, stellt den andern mit seiner ebenen Endfläche fest auf, so daß sich beide innig berühren, und legt nun auf die andre Wageseite so lange Gewichte auf, bis Abreißung erfolgt. Ist das Abreißgewicht P, die Fläche F, so ist $P = aF$, und hierin ist a der *Adhäsionskoeffizient*. Übrigens hat sich herausgestellt, daß die Adhäsion ein sehr verwickeltes Phänomen ist, das von ganz verschiedenen Faktoren abhängt. Ein besonders wichtiger ist der äußere Luftdruck, der zwei gut geschliffene Metallplatten mit großer Kraft zusammenhalten und so eine „scheinbare Adhäsion" vortäuschen kann; um diesen Faktor auszuschließen, muß man die Versuche im luftleeren Raume anstellen. Aber auch hier hängt das Ergebnis von der Reinheit, Trockenheit, Glätte usw. der Oberflächen in hohem Maße ab, und es ist deshalb nur in seltenen Fällen möglich, einigermaßen exakte Zahlen anzugeben. Jedenfalls ist a, im Vergleich zur Festigkeit eines einheitlichen Körpers, meist sehr klein, von der Größenordnung einiger milliontel oder höchstens einiger hunderttausentel kg/qmm; nur bei „klebrigen" Stoffen, wie Ton, Lehm, Wachs usw., geht es bis zu einigen Zehntausenteln hinauf. Trotzdem kann unter Umständen, besonders bei Anwendung geeigneten Drucks, die Adhäsion die Kohäsion überwiegen, z. B. beim Schreiben von Kreide auf Holz, mit Graphit auf Papier usw. — S. auch Reibung.

Adiabatisch, s. Prozeß, Schallgeschwindigkeit.

Adiatherman, s. Wärmestrahlung.

Adsorption, s. Absorption.

Äolipile, s. Hydraulische Apparate.

Äolotrop, s. Materie.

Äolsharfe, s. Saitentöne.

Äquipotentialfläche, s. Kraftfeld, Potential.

Äquivalente Pole, s. Magnet.

Äquivalentkonzentration, s. Lösungen.

Äquivalentleitvermögen, s. Elektrizitätsleitung der Flüssigkeiten.

Äquivalenz von Arbeit und Wärme, s. Thermodynamik, Wärmeäquivalent.

Äquivalenz von Strömen und Magneten, s. Elektrodynamik, Elektromagnetismus.

Aerodynamik ist die Lehre von der Bewegung der Gase. Sie geht vielfach mit der Hydrodynamik (s. d.) parallel, trennt sich aber überall da von ihr, wo die Kompressibilität der Gase sich geltend macht. So sind die Gesetze der Strömung und des Ausflusses (s. Ausfluß der Gase) doch wesentlich andre wie bei Flüssigkeiten; die Füllung und Leerung eines Behälters mit Gas führt sogar zu paradoxen Erscheinungen, die erst durch Hugoniot aufgeklärt worden sind (s. Ausfluß der Gase). Die Wellenbewegung der Gase ist durch ihren longitudinalen Charakter bestimmt; ihre besondere Bedeutung erlangt sie bei den Schallwellen in Luft (s. Schallausbreitung, Wellenbewegung). Wegen der atmosphärischen Bewegungen s. Winde; dabei kommen sowohl Translations- wie Rotations- oder Wirbelbewegungen vor. Die Bewegung fester Körper in Gasen gestaltet sich ebenfalls wesentlich verschieden von der in Flüssigkeiten (s. Bew. f. K. in Fl.); wegen der auftretenden Verdichtungen und Verdünnungen werden die Verhältnisse wesentlich komplizierter, und erst in neuester Zeit sind im Hinblick auf die Wichtigkeit für das Flugproblem einige einfache Fälle, insbesondere ebene und gekrümmte Platten in Luft, theoretisch und experimentell behandelt worden (s. auch Luftschiffahrt). Wegen der Anwendungen s. Pneumatische Apparate.

Aeromechanik, die Lehre von dem Gleichgewicht und der Bewegung der Gase, zerfällt in die Aerostatik und die Aerodynamik, s. d.

Aeroplan, s. Luftschiffahrt.

Aerostatik oder Lehre vom Gleichgewicht der Gase, s. Barometer, Gase, Luftdruck, Luftpumpe, Manometer.

Äther, auch *Weltäther* oder *Lichtäther* genannt, ist ein hypothetisches Substrat (oder eine Substanz im philosophischen Sinne des Wortes), das den Weltraum erfüllt, und zwar sowohl den leeren wie den von Materie besetzten. Die Auffassungen von seiner Konstitution haben im Laufe der Zeiten alle denkbaren Wandlungen durchgemacht, und die dabei auftretenden inneren Widersprüche sind immer abwechselnd beseitigt und durch neue ersetzt worden. Man hat ihn als bewegt oder als ruhend hingestellt; aber nur die letztere Annahme, und zwar die Annahme absoluter Ruhe in jeder Hinsicht, hat sich konsequent durchführen lassen; und damit sind auch alle Versuche, ihm Masse, d. h. Trägheit, zuzuschreiben, gegenstandslos geworden. Trotz seiner Ruhe macht er sich doch wesentlich geltend, und zwar in erster Linie für die physikalischen Erscheinungen im leeren Raume, also für die elektrischen und magnetischen Felderscheinungen, einschließlich der Lichterscheinungen, sowie der Gravitation. Er hat die Rolle eines Trägers der elektromagnetischen Wellen, also auch der Lichtwellen, gespielt; aber die elastische Spielart dieser Theorie mußte aufgegeben werden, weil sie dem Äther unvereinbare und widersinnige Eigenschaften beilegen mußte. In der andern Form der Äthertheorie, der elektromagnetischen, findet eine Wechselwirkung nur zwischen dem Äther und den Ladungen der materiellen Teilchen bzw. den Elektronen statt. Immerhin muß man dem Äther einen gewissen Kohäsionsdruck und eine Reaktionsfähigkeit zuschreiben, was dann zur

Folge hat, daß die Bewegung der Elektronen beeinflußt wird. Die Materie stellt sich dann als ein System von Knotenstellen des Äthers dar, und sie erhält Trägheit, also Masse, jetzt aber nicht mehr in der alten Form, sondern in einer völlig neuen, wonach die Masse nicht unveränderlich, sondern eine Funktion der Geschwindigkeit ist. Schließlich ergeben sich Kräfte zwischen materiellen Komplexen, die wir Gravitation nennen. Neue Schwierigkeiten stellen sich ein vom Standpunkte der Relativitätstheorie (s. d.); aber während die einen auf Grund dieser Theorie den Äther für abgetan erklären, weil es nichts absolut Ruhendes gibt, erachten andre das für einen Trugschluß und behalten ihn bei, sei es als ein physisches Substrat, sei es als einen anschaulichen Ausdruck für den leeren Raum in seiner physikalischen Potenz. Im letzteren, zurzeit vorherrschenden, Falle nimmt freilich das gesamte Weltbild ein rein formales Aussehen an, und es bleibt der Zukunft vorbehalten, ob sich hieraus einmal ein physikalisch brauchbares und innerlich befriedigendes System wird entwickeln lassen. — Jedenfalls ist zu betonen, daß es wenige Grundideen gibt, die in der Geschichte der Physik so fruchtbar und entscheidend gewesen sind wie die Ätherhypothese; ihre Schuldigkeit hat sie also auf alle Fälle getan. — Vgl. Licht.

Ätzfiguren, s. Lösungen.

Äußere Ballistik, s. Wurf.

Äußere Reibung, s. Innere Reibung, Reibung.

Affinät, s. Thermochemie.

Agonische Linie, s. Erdmagnetismus.

Aggregatzustände. Je nach dem Verhalten der Körper gegenüber Beanspruchung unterscheidet man drei Aggregatzustande der Materie: den *fester*, *flüssigen* und *gasförmigen*. Bei den festen Körpern ist sowohl die Volumenelastizität (s. Elastizität) wie die Gestaltselastizitat von normalem Betrage (endlich), bei den Flüssigkeiten ist die Volumenelastizität sehr groß, die Gestaltselastizität sehr klein; bei den Gasen ist die Gestaltselastizität ebenfalls sehr klein, die Volumenelastizität aber verhalt sich sehr eigentümlich. gegenüber Kontraktion besteht ein Widerstand von normalem Betrage; dagegen besteht gegen Dilatation überhaupt kein Widerstand, im Gegenteil, die Gase erfüllen von selbst jeden ihnen dargebotenen Raum (Verdünnungsbestreben). Als Grenzfälle führt man die „*idealen Flüssigkeiten*" ein, deren Volumenelastizität ∞ — inkompressible oder tropfbare Flüssigkeit —, deren Gestaltselastizität null ist; die beiden Abweichungen einer wirklichen Flüssigkeit von einer idealen sind ihre Kompressibilität (s. d.) und ihre Zähigkeit oder innere Reibung (s. d.). Ebenso spricht man von idealen Gasen, eben falls ohne innere Reibung und, gegenüber Kompression, mit einem durch das Boylesche und Gay-Lussacsche Gesetz (s. Gase und Thermische Ausdehnung der Gase) charakterisierten Verhalten. Popular, aber im großen und ganzen nicht unpassend, kann man hiernach auch sagen: Feste Körper haben selbstandiges Volumen und selbständige Gestalt; Flüssigkeiten haben selbständiges Volumen, dagegen nehmen sie die durch die äußeren Kräfte und Bedingungen vorgeschriebene Gestalt an; Gase haben weder selbständiges Volumen noch selbständige Gestalt. Übrigens können auch Flüssigkeiten, wenn sie namlich nur ihrer eignen Gravitation unterliegen, sehr wohl selbständige Gestalten annehmen (s. Gleichgewichtsfiguren der Flüssigkeiten). — Feste Körper verhalten sich entweder nach allen Richtungen gleich und heißen dann *isotrop*, oder nach verschiedenen Richtungen verschieden und heißen dann *heterotrop* oder äolotrop; am wichtigsten unter ihnen sind die *Kristalle* (s. d.). Man neigt sogar immer mehr zu der Anschauung, daß feste Körper, eben im Zusammenhange mit ihrer Volumen- und Gestaltselastizität, immer kristallinisch sind, und daß die scheinbar isotropen Körper — *quasi-isotrop* — in Wahrheit Aggregate von verschieden orientierten Kriställchen sind. Dagegen sind Flüssigkeiten im allgemeinen isotrop; eine Ausnahme bilden die *flüssigen Kristalle* (s. d.); eine andre geschichtete

Lösungen. Auch Gase sind im allgemeinen isotrop; eine Ausnahme bilden wieder die geschichteten Gase. — Der Aggregatzustand ist keine wesentliche Eigenschaft eines Stoffes; er kann vielmehr durch äußere Einwirkung in einen andern übergeführt werden. Der Übergang aus dem festen in den flüssigen Zustand heißt *Schmelzen* (s. d.), der umgekehrte *Erstarren;* der Übergang aus dem flüssigen in den gasigen heißt *Sieden* oder *Verflüchtigung* oder *Verdampfung* (s. d.), bei sanftem Eintritt *Verdunstung;* der umgekehrte Verflüssigung oder *Kondensation* (s. Verflüssigung der Gase); Verdunstung kann auch direkter Übergang aus dem festen in den gasigen Zustand sein und heißt dann gewöhnlich *Sublimation.* Die wichtigsten Hilfsmittel zur Änderung des Aggregatzustandes sind Änderung des Druckes und der Temperatur; jedoch hat sich gezeigt, daß jede dieser beiden Methoden für sich nur in gewissem Bereiche wirksam ist, und daß man nur durch Kombination beider des Erfolges prinzipiell sicher sein darf (s. Kritischer Zustand). — Eine besondere Art des Überganges aus dem festen in den flüssigen Zustand ist die *Auflösung* (s. Lösungen), umgekehrt die Abscheidung oder Niederschlagung. — Zusammengesetzte Systeme können noch besondere Aggregatzustände annehmen, die von jedem einige Eigenschaften haben, z. B. die pulverförmigen Massen (s. Gleichgewichtsfiguren p. M.). — Dagegen haben sich die im Laufe der Zeiten wiederholt gemachten Versuche, auch für einheitliche Körper noch weitere Aggregatzustände aufzustellen, stets als überflüssig oder gar irreführend erwiesen. Vgl. auch Materie, Kinetische Theorie und Phasenlehre.

Airysche Spiralen, s. Drehung der Polarisationsebene.

Akkommodation, s. Sehen.

Akkorde, s. Harmonie.

Akkumulatoren oder *Sammler* oder *Sekundärelemente* oder *Ladungselemente* sind solche galvanische Elemente, welche, weil zunächst aus zwei identischen Metallplatten (und einer Säure) aufgebaut, keine Potentialdifferenz haben und somit keinen Strom liefern, sondern zu diesem Zwecke erst formiert werden müssen, was durch *Ladung* mit einem elektrischen Strome geschieht. Wenn das ein Nachteil gegenüber den Primärelementen ist, so stehen dem entscheidende Vorzüge zur Seite, insbesondere die große Ladungskapazität und die Eigenschaft, durch die Stromentnahme nicht zerstört, sondern nur entladen und zurückgebildet zu werden, so daß sie dann von neuem geladen werden können; mit andern Worten: der Prozeß ist bei den Akkumulatoren umkehrbar (reversibel). Das einzige Metall, das sich bisher bewährt hat, ist das Blei, was die Anwendbarkeit wegen des hohen Gewichts dieses Metalls meist auf stationäre Verwendung beschränkt; als Flüssigkeit dient Schwefelsäure vom spezifischen Gewicht 1,15 bis 1,20. Die Bleiplatten werden, damit der chemische Formierungsprozeß möglichst gut und tief eindringe, mit Rippungen, Vertiefungen oder Lochungen versehen. Bei der Ladung färbt sich die mit dem positiven Pole verbundene Platte dunkelbraun; es entsteht Bleisuperoxyd, an der negativen wird Wasserstoff entwickelt. Das Formieren wird sehr erleichtert durch Anbringen einer Paste aus Mennige mit Schwefelsäure auf der Platte. Der chemische Vorgang verläuft nach der Formel $Pb + PbO_2 + 2H_2SO_4 \rightleftarrows 2PbSO_4 + 2H_2O$. Bei der Ladung setzt die elektromotorische Gegenkraft des Akkumulators mit 2 Volt ein und steigt unter Gasentwicklung nach und nach bis auf 2,7 Volt; nach der Unterbrechung des Ladestroms sinkt sie auf 1,95 Volt, und dann stellt sich die normale elektromotorische Kraft von 2 Volt ein, unter Umständen noch ein wenig darüber. Sie sinkt aber allmählich, und wenn sie auf 1,85 Volt gesunken ist (was entweder mit dem Voltmeter oder indirekt durch Beobachtung des spezifischen Gewichts der Schwefelsäure mit dem Aräometer konstatiert wird), muß zur Verhütung von Schädigung frisch geladen werden; auch füllt man eventuell Säure nach. Der Widerstand eines großen Akkumulators ist sehr klein und gegenüber den andern Widerständen des Kreises meist zu vernachlässigen. Die Strommenge, die man einem Akkumulator entnehmen kann, heißt seine *Kapazität*, gemessen in Amperestunden; sie beträgt ungefähr das Vierfache der Oberfläche der positiven Platte in Quadratdezimetern. Der Wirkungsgrad ist ziemlich hoch; er beträgt 80 bis 90 Prozent. — Von andern Typen sei noch der Eisen-Nickelakkumulator und der Kupferakkumulator erwähnt; sie haben aber noch nicht bis zur praktischen Verwendbarkeit durchgearbeitet werden können. — Akkumulatoren werden wie galvanische Elemente zu Batterien — Sammlerbatterien — zusammengestellt, und zwar je nach Bedarf in Parallel- oder Serien- oder gemischter Schaltung. Eine ihrer Hauptaufgaben ist der Ausgleich der im Laufe des Tages sehr schwankenden Beanspruchung eines Elektrizitätswerkes: in der Zeit der geringen Beanspruchung werden die Akkumulatoren von den Dynamomaschinen geladen; in der Zeit starker Beanspruchung beteiligen sie sich an der Stromlieferung.

Aklinische Linie, s. Erdmagnetismus.

Aktinische Achromasie, s. Chromatische Aberration.

Aktinische Strahlen, s. Strahlung.

Aktinometrie, s. Wärmestrahlung.

Aktion und Reaktion, s. Wechselwirkung.

Aktive Stoffe, s. Drehung der Polarisationsebene.

Aktiver Flug, s. Luftschiffahrt.

Aktivität, s. Radioaktivität.

Aktuelle Energie, s. Energie.

Akustik, die Lehre vom Schall und den Tönen, s. Schall.

Akustik der Gebäude ist die Gesamtheit der Probleme, die die getreue Wiedergabe von Sprachlauten und Tönen innerhalb geschlossener Räume betreffen; auch als *architektonische Akustik* bezeichnet. Es handelt sich im idealen Falle darum, dafür zu sorgen, daß jeder Laut oder Ton, an welcher Stelle er auch produziert werden mag, an jeder Stelle des Raumes unverfälscht gehört werde, insbesondere ohne störenden Nachhall (ein gewisser Nachhall sit sogar für die Fülle des Tones vorteilhaft, Optimum meist $^1/_2$ bis $^3/_4$ Sekunden), ohne Verwirrung der aufeinander folgenden Töne und in überall gleichmäßiger Stärke. Die wichtigsten hierbei in Betracht kommenden Faktoren sind die Reflexion des Schalles an den Wänden, seine Absorption durch diese und andre Oberflächen, die Interferenz der sich kreuzenden Wellen miteinander, die Beugung durch Pfeiler, Kanten usw. Obwohl hiernach das Problem sehr verwickelt ist, ist es doch neuerdings bis zu einem gewissen Grade gelöst worden; die praktische Anwendung dieser Lösung stößt aber meist auf Schwierigkeiten wegen des Konfliktes mit architektonischen und andern Interessen. Einige Hauptpunkte seien hier angeführt: geometrisch einfache Formung der Wände, am besten mit paraboloidischen (eventuell halbkreisförmigen) Konturen, Abfangen der störenden Reflexwellen in großen Räumen durch weiche Stoffe, während in kleinen Räumen gerade Teppiche schädlich sind; andrerseits Anbringung geneigter Ebenen, die die Wellen parallel in den Raum gelangen lassen usw.

Akustische Bewegungen sind ponderomotorische Wirkungen der Schallwellen;

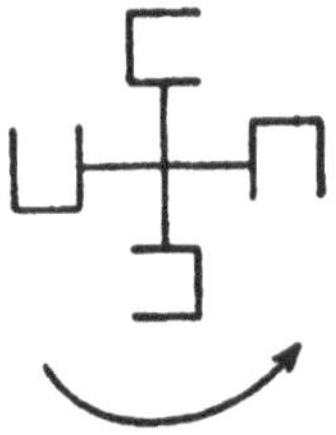

Fig. 4.

sie bestehen teils in *Anziehung* und *Abstoßung*, teils in *Einstellungs-*, *Rotations-* oder *Schwingungs*erscheinungen. Als Erreger dienen am besten Stimmgabeln auf Resonanzkästen oder Pfeifen, als Empfänger leichte Kugeln oder Scheibchen, Halbkugeln, Federn, Resonatoren oder Flammen. Spezifisch schwerere Körper als Luft werden angezogen, leichtere abgestoßen (z. B. ein Ballon mit Wasserstoff); nur in gewissen Fällen treten Anomalien auf. Eine kleine

Papierscheibe — *Rayleighsches Scheibchen* — stellt sich vor der Öffnung eines Resonators quer, und zwar desto vollkommener, je stärker der Ton ist (An-

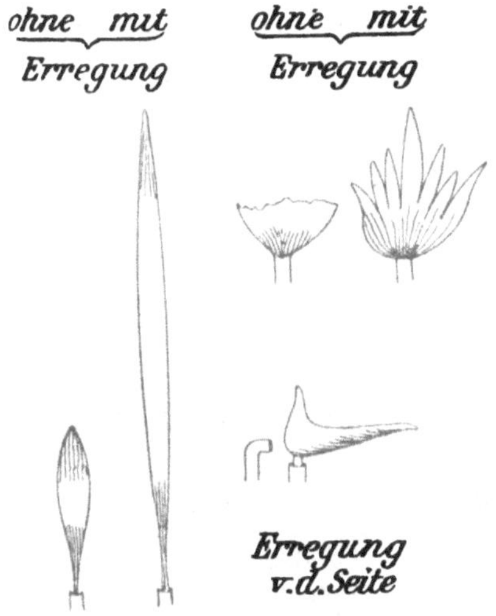

Fig. 5

wendung zur Tonstarkemessung, s. d.). Ein drehbares Kreuz von Scheibchen

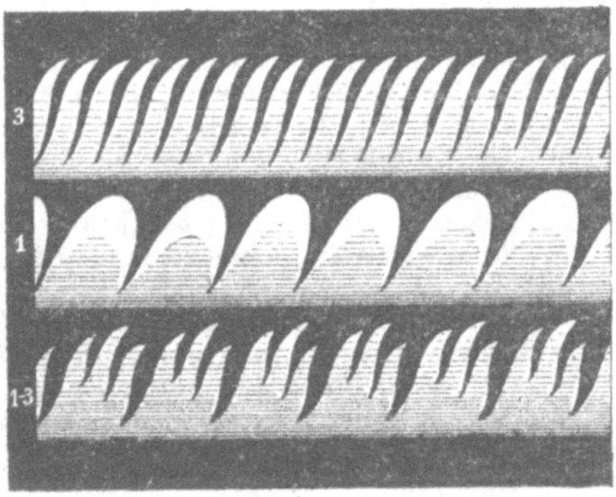

Fig. 6.

oder Resonatoren gelangt in geeigneter Aufstellung vor dem Erreger in dauernde Rotation (Fig. 4), wobei der Sinn der Rotation in einfachen Fällen leicht verständlich ist, in andern aber in komplizierter Weise von einzelnen Faktoren abhangt. — Hierher gehören auch die *sensitiven* oder *empfindlichen Flammen*. Laßt man aus der kleinen Öffnung eines engen Rohres Gas ausströmen und zündet es an, so ist die Flamme bei geringem Druck unempfindlich; aber bei 25 cm Wasserdruck und 40 cm Flammenhöhe (oder ähnlichen Verhältnissen) wird sie uberaus empfindlich: bei Erregung, auch aus weiter Ferne, durch einen hohen Ton oder ein, wenn auch ganz kurzes und unbestimmtes Geräusch (Zischen, Pfeifen, Klappern usw.) verkürzt und verbreitert sie sich oder verlischt gar vollig; Flammen aus Fledermausbrennern bekommen lange Zacken, Gebläseflammen, auf die man von der Seite einen Luftstrom treibt, werden durch Pfeifen völlig umgelegt usw. Einige Beispiele in den Figg. 5. In tönende Pfeifen eingebracht, nehmen Flammen regelmäßige Schichtung an. Die Theorie ist in den Hauptzügen klar, in den Einzelheiten aber verwickelt und noch vielfach strittig. — Eine andere Art von empfindlichen Flammen sind die als Beobachtungshilfsmittel wertvollen *manometrischen Flammen* von König: einer Kapsel wird einerseits durch einen Schlauch Leuchtgas, andrerseits durch eine membranöse Wandung Schallbewegung zugefuhrt, und an einer dritten Stelle dann das Gas zur Brennöffnung herausgelassen; durch den periodisch wechselnden Druck gerät die Flamme in entsprechend periodische Schwingungen, die man mit Hilfe eines rotierenden Spiegels chronographisch auflösen kann. Beispiel: Flammenbilder fur Grundton, Duodezime und Kombination beider, s. Fig. 6.

Akustische Linsen, s. Reflexion und Brechung des Schalls.

Akzidentelle Doppelbrechung, s. Kristalloptik.

Albedo, s. Lichtstarke.

Alkoholometer, s. Dichtemessung.

Allaktin, s. Lumineszenz, Strahlung.

Allotrope Modifikationen, s. Phasenlehre.
Alpha-Strahlen, s. Radioaktivität.
Alt, s. Stimme und Sprache.
Altern eines Magneten, s. Hysteresis.
Aluminiumgleichrichter, s. Elektrische Ventile, Elektrolyse.
Amagnetische Lösungen, s. Diamagnetismus.
Amboß, s. Gehör.
Amorph, s. Materie.
Ampere, s. Elektrische Ströme; Elektrische und magnetische Messungen.
Amperemeter, s. Strommessung.
Ampèresche Schwimmregel, s. Elektromagnetismus.
Ampèresches Gesetz, s. Elektrodynamik.
Ampèresche Theorie des Magnetismus, s. Magnetische Theorien, Elektromagnetismus.
Amperestunde, s. Strommessung.
Amperewage, s. Stromwage.
Amperewindungen, s. Elektromagnetismus.
Amplitude, s. Schwingungen, Tonstärke.
Amylacetatlampe, s. Lichtstärke.
Analoger Pol, s. Pyroelektrizität.
Analysator, s. Polarisation.
Analytische Mechanik, s. Mechanik.
Anamorphot, s. Linsen.
Anastigmat, s. Astigmatismus, Linsen, Photographisches Objektiv.
Anemometer, s. Winde.
Aneroid, s. Barometer.
Anfangspunkt, s. Ort.
Angularvergrößerung, s. Abbildung.
Anion, s. Elektrolyse, Ionen.
Anisotrop, s. Materie, Aggregatzustände.
Anker, s. Dynamomaschine, Magnet, Zeitmessung.
Anlassen, s. Geschmeidigkeit.
Anlauffarben, s. Farbenlehre.
Anode, s. Elektrolyse.
Anodenlicht, s. Glimmlicht.
Anodenstrahlen, s. Kanalstrahlen.
Anomale Dispersion, s. Dispersion.
Anomale Magnetisierung, s. Remanenz.
Ansegelungstonne, s. Spiegel.
Antenne, s. Drahtlose Telegraphie.
Antikathode, s. Röntgenstrahlen.
Antiloger Pol, s. Pyroelektrizität.
Antiphon, s. Gehör.
Antizyklon, s. Winde, Wirbelbewegung.
Antrieb, s. Arbeit.
Anziehung, s. Gravitation, Elektrostatik, Magnetismus.
Aperiodische Bewegung, s. Dämpfung, Magnetschwingungen, Selbstinduktion.
Apertometer, s. Mikroskop.
Apertur, s. Mikroskop.
Aperturblende, s. Abbildung.
Aplanat, s. Photographisches Objektiv.
Aplanatische Fläche, s. Brechung des Lichts, Geometrische Optik, Reflexion des Lichts.
Apochromat, s. Chromatische Aberration, Dispersion, Linsen, Mikroskop.
Ar, s. Flächenmaß.
Aräometer, s. Dichtemessung.

Arbeit. Geht man von der Energie als etwas Realem und Gegebenem aus, so ist Arbeit einfach die Abgabe von Energie oder — negative Arbeit — der Verbrauch von Energie; Formel: $A = E_1 - E_2$. Geht man von der Kraft aus, und zwar, um mit einem realen Falle zu beginnen, von der Muskelkraft, so ist Arbeit die Wirkung dieser Kraft unter Überwindung einer gleich großen Gegenkraft, unter Wirkung zunächst etwas möglichst Allgemeines genommen. Hiernach ist das Halten eines schweren Körpers mit ausgestrecktem Arme ebensogut eine Arbeit wie das Heben eines Körpers; jenes ist *statische*, dieses *kinetische* Arbeit. In der heutigen Mechanik wird jedoch nur die letztere als Arbeit gerechnet; man kann also definieren: Arbeit ist das Produkt aus Kraft und Strecke (letztere, soweit sie in die Richtung der Kraft fällt); $A = K \cdot l$ oder, wenn sich während des Prozesses K ändert: $A = \int K \cdot dl$. Graphisch wird die Arbeit durch das *Arbeitsdiagramm* dargestellt; es ist im ersten Falle ein Rechteck, im zweiten die von der Kraftkurve, dem entsprechenden Stücke der Abszissenachse und den beiden Grenzordinaten eingeschlossene Fläche; bei einem Kreisprozesse endlich die von der Kraftkurve eingeschlossene Fläche: Figg. 7, *1, 2, 3*. Dimension: $[A] = l^2 t^{-2} m$. Dem Streckenbegriff der Arbeit könnte man einen Zeitbegriff gegenüberstellen:

$\mathfrak{A} = K \cdot t = \int K \cdot dt$, worin dann auch die statische Arbeit mitenthalten wäre (Verhältnis des Zeitlohns zum Stücklohn); vielfach wird diese Größe als *Antrieb der Kraft* bezeichnet. — Die Einheit der Arbeit ist im absoluten System das *Erg*, d. h. die Arbeit einer Dyne (s. Kraft) auf einem Zentimeter; das Tausendfache hiervon ist ein Kiloerg, das Millionenfache ein Megaerg. In der Praxis benutzt man noch vielfach statt der Dyne das Kg-Gewicht (s. Maßsysteme), statt des Zentimeters das Meter und erhält dann als Arbeitseinheit das *Meterkilogramm:* 1 mkg* = 98,1 Megaerg. In früheren Zeiten diente statt dessen vielfach das *Fußpfund* (= 0,13826 mkg*). — Die in der Sekunde geleistete oder durchschnittlich geleistete Arbeit heißt Sekundenarbeit oder *Effekt* oder *Leistung* (besser wäre Leistungsstärke oder spezifische Leistung); sie ist für einen Mechanismus oder eine Maschine das

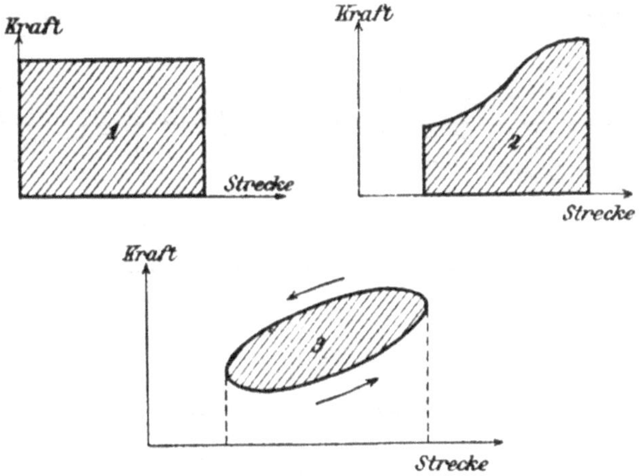

Fig. 7.

allein Charakteristische. Ihre Einheit im absoluten System ist das *Sekundenerg;* das Zehnmillionenfache hiervon heißt ein *Watt*, das Tausendfache hiervon wiederum ein *Kilowatt:* 1 Kw = 10^{10} Sek.-Erg. Statt dessen ist noch vielfach eine andre Einheit, die *Pferdekraft* oder *Pferdestärke*, gebräuchlich: 1 P. S. = 736 Watt = 0,736 (rund $^3/_4$) Kw; oder umgekehrt: 1 Kw = 1,36 P. S. Formel: $L = K \cdot l/t$, allgemeiner

$$L = \frac{1}{t}\int K \cdot dl;$$

Dimension: $[L] = l^2\, t^{-3}\, m$. — Geht man jetzt von der Leistung wieder auf die ganze Arbeit zurück, so muß man mit der Zeitdauer des Betriebes multiplizieren und erhält so die Begriffe Wattsekunde, Kilowattsekunde, *Kilowattstunde;* letztere ist: 1 Kwst = 36 Billionen Erg. Da sie rund mit 36 Pfennigen, also ein Erg mit einem billiontel Pfennig, bewertet wird, ersieht man, eine wie kleine Einheit das Erg ist; trotzdem bringt es schon merkliche Wirkungen hervor, z. B. einen deutlich hörbaren Ton (Empfindlichkeit des Ohrs). Von der Pferdekraft gelangt man zur *Pferdekraftstunde* = $^3/_4$ Kilowattstunde = 27 Billionen Erg. — Außer der mechanischen Arbeit gibt es noch: kalorische Arbeit, die durch die äquivalente Wärmemenge gemessen wird (s. Wärmeäquivalent), die elektrische Arbeit, gleich dem Produkt aus Spannung und Elektrizitätsmenge, die Leistung entsprechend dem Produkt aus Spannung und

Stromstärke ($L = e \cdot i$), die Magnetisierungsarbeit usw., vgl. die betreffenden Stellen. — Von der *aufgewandten* Arbeit kommt (infolge der Zerstreuung von Energie usw.) immer nur ein Teil den Zwecken des Prozesses zugute; dieser Teil heißt Nutzeffekt, sein Verhältnis zum ganzen Aufwand aber Wirkungsgrad oder Güteverhältnis (irreführend wird auch hierfür oft Nutzeffekt gesagt).

Arbeitsäquivalent, s. Wärmeäquivalent.

Arbeitsäquivalent des Lichts, s. Strahlungsdruck.

Arbeitsdiagramm, s. Arbeit.

Arbeitselemente, s. Galvanische Elemente.

Arbeitsfähigkeit, s. Energie.

Arbeitsstrom, s. Telegraphie.

Arbeitsvorrat, s. Energie.

Archimedisches Prinzip, s. Schwimmen.

Architektonische Akustik, s. Akustik der Gebäude.

Artesischer Brunnen, s. Ausfluß der Flüssigkeiten.

Aspirationspsychrometer, s. Feuchtigkeit.

Astasie, s. Gleichgewicht.

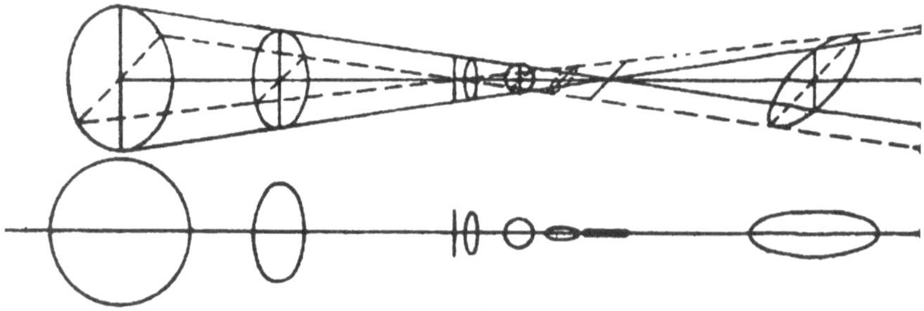

Fig. 8.

Astasierung, s. Galvanometer, Magnet.

Astatisches Nadelpaar, s. Magnet.

Astigmatismus (Nichtpunktförmigkeit) ist der Abbildungsfehler, der darauf beruht, daß von einem räumlichen Strahlenbüschel zwar diejenigen Strahlen, die einem ebenen Schnitt desselben angehören, sich in einem Punkte vereinigen, nicht aber die Strahlen verschiedener Schnitte; er tritt immer dann auf, wenn die auf den Strahlen senkrechten Flächen verschiedene Hauptkrümmungen haben, also bei den Flächen, die von der Kugelgestalt abweichen; aber auch bei Kugelflächen dann, wenn das Büschel räumlich schief und in verschiedenen Ebenen unter verschiedenem Winkel auftritt. In der Hauptsache genügt es, die beiden Hauptschnitte zu betrachten, z. B. einen vertikalen und einen horizontalen. Die Strahlen des einen schneiden sich dann in einer andern Entfernung wie die des andern; wo die vertikalen sich schneiden, bilden die horizontalen noch eine horizontale Linie, wo die horizontalen sich schneiden, bilden die vertikalen schon wieder eine vertikale Linie. Statt der punktförmigen hat man also an diesen beiden Stellen eine strichförmige Abbildung; beide Stellen zugleich betrachtet, liefern ein Kreuz, eventuell Sterne usw. (I-Punkte, Sterne am Himmel usw.). Dazwischen gibt es eine Stelle — die Stelle kleinster Verwirrung —, wo die Auseinanderspreizung in beiden Richtungen gleich groß ist. Geht man von einem Kreis aus, so erhält man der Reihe nach die in der Fig. 8 angedeuteten Bilder (der Sichtbarkeit halber in der unteren Reihe in die Papierebene hineingedreht, auf der sie eigentlich senkrecht stehen). Der Abstand der beiden Vereinigungspunkte auf der Achse heißt *astigmatische Differenz*. Die beiden durch extreme Eigenschaften ausgezeichneten Hauptschnitte heißen *Meridionalbüschel* und *Sagittalbüschel*. — Astigmatismus tritt sowohl bei der Reflexion wie bei der Brechung auf. Sehr verbreitet ist er beim menschlichen Auge (Abweichung der Kristalllinse von der Kugelgestalt, s. Sehen). Korrigiert wird er durch Einschaltung zylindrischer oder sphärozylindrischer oder sphärotorischer Gläser, unter Umständen aber auch durch geeignete Kombination von sphärischen Linsen (s. Brille). Ein Objektiv, das zur Beseitigung des Astigmatismus dient, heißt *Anastigmat;* es spielt besonders in der photographischen Optik wegen der dort oft sehr schief auffallenden Büschel eine wichtige Rolle (s. Photographisches Objektiv).

Astronomische Dämmerung, s. Sonne.

Astronomisches Fernrohr, s. Fernrohr.

Astronomische Strahlenbrechung, s. Brechung des Lichts.

Asynchronmotor, s. Dynamomaschine.

Atmolyse, s. Diffusion.

Atmosphäre, s. Druck, Luftdruck.

Atmosphärische Elektrizität. Elektrometrische Messungen, insbesondere mit eigens dazu gebauten Luftelektrometern, Luftvoltmetern usw. (z. T. mit automatischem Aufzeichnungsbetriebe versehen), zeigen, daß zwischen den dem Erdboden benachbarten und den höheren Schichten der Atmosphäre erhebliche Potentialunterschiede bestehen, und zwar in dem Sinne, daß das Potential nach oben hin zunimmt, also von oben nach der Erde hin abnimmt. Dieses *Potentialgefälle* hängt von der Jahreszeit usw. stark ab, beträgt aber im Durchschnitt 100 bis 300, in den Extremen 50 bis 400 Volt auf das Meter. Die Ursache ist einerseits eine negative Ladung der Erde (im ganzen rund $5 \cdot 10^{16}$ elektrostatische Einheiten oder ein Tausendstel pro Quadratzentimeter), andrerseits aber eine positive Ladung der höheren Luftschichten, etwa von 1500 m an aufwärts. Beide gleichen sich im allgemeinen nahezu aus, so daß das Gesamtpotential der Erde samt Atmosphäre null ist. Die Flächen gleichen Potentials sind im allgemeinen horizontale Ebenen, nur an Bergen, aber auch an Bäumen und Häusern, biegen sie nach oben aus. Das Potentialgefälle ist im Winter größer als im Sommer und bei trockenem Wetter größer als bei feuchtem. Besonders aber steigt es zu ganz erheblichen Werten, wenn sich Niederschläge bilden. Wird die Ladung übermäßig, so tritt Entladung in Gestalt eines *Gewitters* ein. Man unterscheidet *Wärmegewitter*, eine Folge besonderer Erwärmung der Luft bei gleichzeitiger rein lokaler Luftdepression und großer Feuchtigkeit („Schwüle") und von ganz lokalem Charakter; und andrerseits *Wirbelgewitter* bei stärkerer Luftdepression und von ausgedehntem Charakter; meist tritt zugleich Hagelwetter auf. Über die Ladung der Wolken und Niederschläge selbst läßt sich Allgemeines nicht aussagen; selbst das Vorzeichen ist verschieden und wechselt oft während des Gewitterverlaufs. — Die Theorie des Gewitters und der atmosphärischen Elektrizität überhaupt hat vielfache Wandlungen durchgemacht. Lange Zeit herrschte die Reibungstheorie, insbesondere wurde die Reibung der Hagelkörner an der Luft zugrunde gelegt und in Übereinstimmung damit behauptet, Gewitter und Hagel wären immer notwendig miteinander verbunden. Gegenwärtig steht eine andre Theorie im Vordergrunde: die *Ionisierungstheorie.* Hiernach enthält die Atmosphäre stets zahlreiche freie geladene Ionen (s. d.), und zwar infolge der Sonnenstrahlung, insbesondere mit ultravioletten Strahlen, aber auch aus andern Ursachen; diese Ionenbildung wird in höheren Schichten stärker begünstigt als in den unteren. Ferner besteht ein Gegensatz zwischen den positiven und den negativen Ionen: letztere sind beweglicher als erstere, und sie zerstreuen die Elektrizität viel leichter als jene. Dazu kommt schließlich noch die Einwirkung der aus dem Erdboden strömenden, durch Radioaktivität und sonst ionisierten Luft, deren negative Ionen am Erdboden verbleiben, während die positiven aufsteigen. Ein großer Teil der Erscheinungen, sowohl der normalen wie der Gewitterelektrizität, findet so seine Erklärung, bei andern bestehen noch Schwierigkeiten. — Die Entladung infolge übermäßiger Spannung erfolgt in Form von *Blitzen*, d. h. von elektrischen Funken von ungeheuren Dimensionen; die Länge beträgt bis zu einigen Kilometern. Die entladene Elektrizitätsmenge liegt meist zwischen 50 und 300 Cb. Der normale Blitz ist der *Linienblitz*, sei es zwischen zwei Wolken, sei es zwischen einer Wolke und einem exponierten Punkte der Erdoberfläche (Berggipfel, Baum, Turm usw.). Infolge von lokalen Verschiedenheiten der Leitungsbahn hat der Blitz meist unregelmäßige (jedoch niemals zickzackförmige) Gestalt, auch laufen vielfach mehrere Leitungsbahnen nebeneinander her, und mannigfache Verästelungen bilden Brükken zwischen ihnen. Durch photographische Aufnahmen sind die Einzelheiten gut aufgeklärt worden. Die durch den Blitz dargestellte Entladung gehört im allgemeinen zur Klasse der *oszillierenden Entladungen* (s. Induktionsströme und Entladung); aber auch hier beträgt die Gesamtdauer im allgemeinen noch immer weniger als eine Sekunde. Ferner gibt es *Flächenblitze* (Ausgleich der Spannung auf einem größeren Gebiete), die, wenn von fern gesehen, als Wetterleuchten bezeichnet werden, sowie *Kugelblitze*, noch ziemlich rätselhaft; unter den Spezialformen seien noch die *Perlenschnurblitze* genannt. — Eine stille Form der Entladung aus emporragenden Teilen der Erdoberfläche (Türmen, Baumwipfeln usw.) ist das *Elmsfeuer*. Die Wirkungen der Blitze bestehen in mechanischen Zerstörungen, Sprengungen, Zündungen usw. Zu ihrer Verhütung dient der *Blitzableiter*, bestehend aus Auffangstange, Ableitungsdrähten und Erdplatte; diesen Weg zieht die Entladung seines geringen Widerstandes wegen dem Wege durch die Baulichkeiten vor; jedoch ist die schützende Wirkung auf einen von der Spitze ausgehenden Kegel von höchstens 45° beschränkt. Statt dieser einfachen Form wendet man häufig das Melsenssche System an, bei dem das Gebäude mit einem *Käfig* von Drähten umgeben wird. Zum Schutz von elektrischen Leitungen, namentlich Telegraphen- und Telephonleitungen, verwendet man ein Paar einander dicht gegenüberstehender geriefter Metallplatten; einen absoluten Schutz gewähren sie aber nicht. Bei Starkstromleitungen würden gewöhnliche Vorrichtungen zur Bildung von Lichtbögen und damit zur Schädigung, mindestens aber zu Vergeudung von Energie führen; dem hilft man ab durch Benutzung des *Hörnerblitzableiters*, zwei an isolierenden Glocken befestigte, hörnerartig auseinanderweichende Kupferbügel, von denen der eine mit der Erde, der andre mit der Starkstromleitung verbunden ist; der bei Blitzschlag sich ganz unten, wo die Bügel sich ganz nahe stehen, bildende Lichtbogen wandert dann infolge der Erwärmung nach oben und erlischt schließlich wegen zu großen Abstandes der Hörner. — Durch die plötzliche Erhitzung und die damit verbundenen mechanischen Kräfte wird beim Blitz die Luft aus der Entladungsbahn fortgeschleudert und kehrt dann, unter vielfachen Schwingungen, dorthin zurück; der so entstehende Schall ist der *Donner*. Seine lange Dauer und sein rollender Charakter erklären sich größtenteils aus dem ausgedehnten Ursprungsgebiet in Verbindung mit der Zeit, die der Schall zur Fortpflanzung braucht, wozu dann noch die Reflexion an den Wolken usw. kommt. Die Bestimmung der Entfernung der Entladung aus der Zeit zwischen Blitz und Donner ist daher sehr unsicher und gibt nur ungefähren Anhalt. — Atmosphärisch-elektrischen Charakters ist auch das Polarlicht (Nordlicht); mit seinem Auftreten fallen meist heftige magnetische Störungen zusammen. Die hierfür zurzeit herrschende, theoretisch und experimentell gut begründete Theorie führt das Phänomen auf von der Sonne ausgehende, im Magnetfelde der Erde in spiralige Bahnen gezwungene Elektronenstrahlen oder Ionenstrahlen (β- oder α-Strahlen) zurück.

Atmosphärische Gezeiten, s. Ebbe und Flut.

Atmosphärische Optik ist die Lehre von den Lichterscheinungen in der Lufthülle der Erde. Es gehört hierher eine große Zahl von Einzelphänomenen, die hier größtenteils nur kurz erwähnt werden können: 1. Atmosphärische *Strahlenbrechung* (s. Brechung des Lichtes); abnorme Strahlenbrechung in seitlicher Richtung an Berghängen (ein Turm scheint schief zu stehen usw.). — 2. *Luftspiegelung*, eine Folge der Reflexion, meist sogar Totalreflexion, beinahe streifend auf die Grenze verschieden dichter Luftschichten auffallender Strahlenbüschel; sie kann nach oben, unten oder der Seite erfolgen: Schiffe, Strandlinien, Wälder usw. Bei rascher Veränderung entsteht die *Fata morgana*. — 3. *Szintillation* oder Zitterbewegung, an Sternen, aber zuweilen auch an irdischen Lichtquellen zu beobachten, eine Folge raschen Wechsels der Lichtwege auf Grund wechselnder Dichten, unter Mitwirkung der Interferenz. — 4. *Halo, Eisring* (bei einsetzender Kälte um den Mond sehr schön zu sehen), *Nebensonnen* usw., entstehen durch Brechung und Reflexion an in der Luft schwebenden Eiskristallen. — 5. *Höfe* oder *Kränze* um Sonne, Mond, Laternen usw., entstehen durch Beugung der Strahlen an den Wassertropfen in der Luft, besonders intensiv bei Nebel, z. T. auch an Eiskristallen. — 6. Der *Regenbogen* tritt bei gleichzeitigem Sonnenschein und Regen auf; jedoch müssen gewisse konfigurative und physikalische Bedingungen erfüllt sein, damit er wirklich zustande komme. Der Hauptregenbogen hat einen Winkelradius von etwa 42°, ist innen rot, außen violett, dazwischen die andern Spektralfarben; der äußere, schwächere, heißt Nebenregenbogen, Radius etwa 50°, Farben umgekehrt; innerhalb des Hauptregenbogens und im unmittelbaren Anschlusse an diesen die überzähligen Regenbogen, bis zu sechs an Zahl und mit andrer Farbenbeschaffenheit und Folge, meist nur Rosa und Grün deutlich hervortretend. Der Hauptregenbogen entsteht durch einmalige, der Nebenregenbogen durch zweimalige Reflexion im Innern der Regentropfen, s. Fig. 9. Das ist aber nur das Grobe der Erscheinung; die Theorie der Sichtbarkeit, der Farbenfolge, der Helligkeitsverhältnisse und der überzähligen Bögen ist sehr verwickelt; hier muß die Wellentheorie des Lichts einschließlich der Beugungsvorgänge herangezogen werden. Es ergibt sich dann aber eine befriedigende Darstellung aller Einzelheiten. Auch Mondregenbogen kommen vor, ebenso Bogen, erzeugt durch Springbrunnen, Wasserfälle usw. — 7. Die *Himmelsfarbe* ist eine Wirkung der in der Atmosphäre schwebenden kleinen Partikelchen (Luft-, Ammoniumnitrat-, Staubteilchen), die das Licht diffus zerstreuen, und zwar derart, daß in den verschiedenen Richtungen, je nachdem das reflektierte oder das durchgegangene Licht vorherrscht,

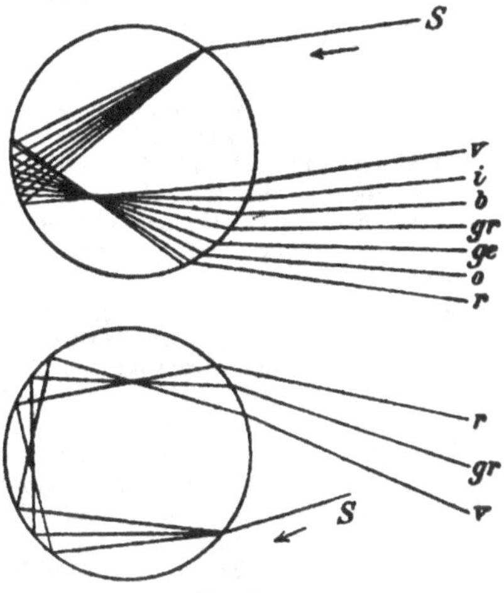

Fig. 9.

die kleinen oder großen Wellenlängen überwiegen: klares Blau, bläuliches Grün, Abend- und Morgenrot usw. Das Alpenglühen beruht auf der Reflexion der Strahlen der bereits untergegangenen Sonne an Wolkenschichten. Mit der Diffusion des Lichts hängen auch die Dämmerungserscheinungen zusammen (s. Sonne). — 8. *Brockengespenst*, der vergrößerte, auf einer Wand (Bergwand, Hauswand) oder im Nebel auftretende Schatten eines von hinten beleuchteten Beobachters.

Atmosphärische Strahlenbrechung, s. Brechung des Lichts.

Atom, s. Molekulartheorie.

Atom der Elektrizität, s. Elektrische Theorien.

Atomgewicht, s. Molekulartheorie.

Atomistik, s. Materie, Molekulartheorie.

Atommasse, s. Molekulartheorie.

Atommagnetismus, s. Diamagnetismus, Magnetische Theorien.

Atommodelle, s. Molekulartheorie.

Atomrefraktion, s. Brechung des Lichts

Atomsuszeptibilität, s. Diamagnetismus.

Atomvolumen, s. Dichte.

Atomwärme ist die Wärmemenge, die ein Körper pro Atom braucht, um seine Temperatur um 1° zu steigern; entsprechende Bedeutung für die Molekel hat die *Molekularwärme*. Praktisch führt man dafür mit ihnen proportionale Größen ein, indem man die Molekularwärme auf ein Mol (Gramm-Molekel, d. h. so viel Gramm, wie das Molekulargewicht angibt) bezieht und daraus dann die Atomwärme durch Fraktionierung ableitet. Mit der spezifischen Wärme c hängen die Größe c_a und c_m gemäß den Formeln $c_a = a \cdot c$, $c_m = m \cdot c$ zusammen, wo a und m das Atomgewicht bzw. Molekulargewicht bedeuten. Grundlegend für die Atomwärme ist das *Gesetz von Dulong und Petit:* Die Atomwärme aller festen Elemente ist annähernd die gleiche, und zwar gleich der ganzen Zahl 6. In der Tat sind die Abweichungen meist sehr klein (Minimum 5,7 bei Schwefel, Maximum 6,8 bei Natrium); nur bei Kohle, Bor, Beryll und Silicium sind die Zahlen wesentlich kleiner, am kleinsten bei Diamant, nämlich 1,4. Dafür sind die Zahlen in diesen Ausnahmefällen besonders stark von der Temperatur abhängig, und bei steigender Temperatur nähern sie sich auch hier dem Werte 6. Auf Grund einfacher molekulartheoretischer Erwägungen hat Richarz gezeigt, daß die Zahl 6 desto genauer gelten muß, erstens je größer das Atomgewicht und zweitens je größer das Atomvolumen ist; anders ausgedrückt, erstens, je träger das Atom bei seinen Schwirrbewegungen und zweitens, je weiter es von seinen Nachbarn entfernt ist. Von den 6 Kalorien kommen dann drei auf die kinetische und drei auf die potentielle Energie, entsprechend den Freiheitsgraden der Bewegung und Spannung. Am größten werden die Abweichungen bei sowohl kleinem Atomgewicht als auch kleinem Atomvolumen, und das ist in der Tat gerade bei den vier genannten Elementen der Fall (s. Periodisches System). Dazu kommt dann noch die starke Änderung mit der Temperatur, insbesondere das Verhalten bei sehr tiefen Temperaturen, bei denen die Atomwärme sich mehr und mehr der Null nähert; schließlich kommt man mit Nernst und Einstein zur Quantentheorie (s. d.) der Atomwärme, die die Erscheinungen auch zahlenmäßig gut darstellt. — Bei chemischen Verbindungen gelten gewisse Beziehungen für die Molekularwärme: chemisch ähnliche Stoffe haben annähernd gleiche Werte; und ferner: die Molekularwärme einer festen Verbindung ist vielfach gleich der Summe der Atomwärmen der Bestandteile: *Gesetz von Kopp*. — Bei Gasen erfordert die Theorie, daß die Molekularwärme, also bei einatomigen Gasen zugleich die Atomwärme, mindestens gleich 3 sei, entsprechend den drei Freiheitsgraden des Atoms und dem hier rein kinetischen Charakter der Energie; bei eintretenden Komplikationen kann sie auch größer sein. Tatsächlich zeigt die Beobachtung, daß der Minimalwert 3 erfüllt ist. Bei zweiatomigen Gasen wird das erforderte Minimum 5, bei dreiatomigen 6 usw., und auch das wird durch die Erfahrung bestätigt; gleichzeitig aber zeigen sich auch hier Erscheinungen, die zur Einführung der Quantenvorstellung nötigen und alsdann befriedigende Erledigung finden. — Wie aus der spezifischen Molekularwärme, so kann man auch aus allen andern Wärmebeanspruchungen zugehörige molekulare Werte ableiten, insbesondere: 1. Die *molekulare Schmelzwärme*, also die zum Schmelzen eines Mol einer Substanz nötige Wärmemenge; einige Werte:

Blei	1200	Schwefel .	301
Eisen . . .	1700	Silber . . .	2280
Jod	1480	Zink. . . .	1840
Natrium . .	175	Benzol . .	2350
Platin . . .	5300	Essigsäure .	2700
Quecksilber	563	Wasser . .	1440

Die Zahlen weisen wesentlich schwächere Kontraste auf als die Schmelzwärmen

(s. d.) selbst. Die molekulare Schmelzwärme steht mit der Schmelzpunktserniedrigung Δ durch Auflösung eines andern Stoffes in der theoretischen Beziehung $S_m = 0{,}02\, T^2/\Delta$. — 2. Die *molekulare Verdampfungswärme.* Einige Werte:

Äther	6500
Alkohol	9400
Benzol	7300
Essigsäure	7300
Kohlensäure	6300
Jod	6100
Schweflige Säure	6100
Schwefelkohlenstoff	6400
Wasser	9600

Hier tritt noch auffälliger zutage, daß die Kontraste viel schwächer sind wie bei den Verdampfungswärmen (s. d.) selbst, äußerste Werte kaum wie 1 : 2. Theoretische Beziehungen ergeben sich mit Hilfe der kritischen Temperatur $\mathfrak{T}$: $V_m/\mathfrak{T}$ = const, gültig für gleiche reduzierte Temperatur (s. Kritischer Zustand) verschiedener Stoffe, und zwar ist die Konstante rund gleich 1,4. — 3. Die *molekulare Lösungswärme.* Einige Werte in hundertfachen Kalorien, gültig für Lösung in viel Wasser:

KCl	NaCl	LiCl	Borsäure
- 44,4	- 11,8	- 84,4	- 107,9

Rohrzucker	NaJ	$NaSO_4$	$MgSO_4$
- 8,0	- 12,2	- 4,6	- 202,8

Atwoodsche Fallmaschine, s. Fall.

Auflösung, s. Aggregatzustände, Lösungen.

Auflösungsvermögen, s. Optische Instrumente, Mikroskop.

Aufpunkt, s. Potential.

Auftrieb, s. Hydrostatik, Luftschiffahrt, Schwimmen.

Auge, s. Licht, Sehen.

Augenabstand, s. Brille.

Aureole, s. Lichtbogen.

Ausbreitung der Flüssigkeiten. Eine Flüssigkeit kann auf einer andern nur dann in Tropfenform schwimmen, wenn die Kapillarkonstante zwischen beiden (s. Kapillarität) a_{12} größer ist als die Differenz der beiden Einzelkonstanten a_1 und a_2 gegen Luft. Ist dagegen $a_{12} < a_1 - a_2$, so breitet sich die Flüssigkeit 2 auf 1 aus; da meistens a_{12} klein gegen a_1 und a_2 ist, kann man auch sagen, daß sich eine Flüssigkeit mit kleinerer Kapillarkonstante auf einer solchen mit größerer ausbreitet. Öl breitet sich auf Wasser, Wasser auf ganz reinem Quecksilber aus, die Ausbreitung erfolgt in manchen Fällen mit großer Geschwindigkeit, bis zu vielen Metern in der Sekunde. Bei der Ausbreitung treten eigentümliche, je nach den Substanzen verschiedene Kohäsionsfiguren auf. — Öl auf Wasser gebracht, breitet sich je nach den Umständen aus oder nicht; unter gewissen Bedingungen fängt es an, sich auszubreiten, zieht sich dann aber wieder zusammen, und ein zweiter Tropfen bleibt dann bewegungslos. — Hiermit hängen auch zahlreiche Phänomene, wie die Schaum- und Emulsionsbildung, zusammen; auch bei dem Leidenfrostschen Tropfen (s. Verdampfung) wirkt etwas Ähnliches mit. — Durch die Ausbreitung einer, wenn auch überaus dünnen *Ölschicht auf wogendem Wasser* wird dessen Wellenbewegung beruhigt, die Oberfläche also geglättet; indessen ist dieser Vorgang insofern sehr verwickelt, als hier Oberflächenspannung und innere Reibung zusammenwirken und das Ergebnis von dem Verhältnis der beiden Konstanten abhängt. Nach andern handelt es sich hier um eine Anomalie, wie sie bei verunreinigten Wasseroberflächen auftritt.

Ausbreitungswiderstand, s. Körperströme.

Ausdehnung durch Wärme, s. Thermische Ausdehnung.

Ausdehnungsarbeit, s. Spezifische Wärme.

Ausdehnungskoeffizient, s. Thermische Ausdehnung.

Ausfluß der Flüssigkeiten (zuweilen auch *Effusion* genannt). Die Geschwindigkeit des Ausflusses aus einer Öffnung in der Tiefe h (Druckhöhe) unter dem Spiegel ist durch das *Torricellische Theorem* gegeben: sie ist gleich der Geschwindigkeit eines Körpers, der die Höhe h frei durchfallen hat (s. Fall); in Formel $v = \sqrt{2\,gh}$. Experimentell wird gewöhnlich die *Ausflußmenge* ermittelt; die Berechnung der Geschwindigkeit aus ihr ist aber nicht ganz einfach (s. w. u.). Liegt die Öffnung in einer Seitenwand, so nimmt der Strahl die Gestalt einer Parabel an (s. Wurf); durch Variierung der Druckhöhe und durch Anwendung verschiedener Öffnungen untereinander kann man mannigfaltig gelegene und gestaltete Parabeln erhalten. Wegen des allmählich sinkenden Spiegels wird die Ausflußgeschwindigkeit immer kleiner; man kann das durch Anwendung einer sich selbsttätig regulierenden Mariotteschen Flasche (s. Pneumatische Apparate) vermeiden. Bei einem zylindrischen Gefäß gewöhnlicher Art sinkt der Spiegel nicht gleichmäßig, sondern allmählich immer langsamer; bei tulpenförmiger Gestalt sinkt er gleichförmig, und man kann hierauf die Konstruktion einer Wasseruhr gründen. In Wahrheit ist v wegen der Verluste etwas kleiner als nach obiger Formel; andrerseits gilt die Formel nur für die Nähe der Öffnung, weiterhin ist v wegen der Beschleunigung größer. Bei gleicher Druckhöhe fließen alle Flüssigkeiten gleich schnell aus; dagegen hat man für gleiche Drucke $v = \sqrt{2p/\varrho}$, d. h. die Geschwindigkeit ist mit der Wurzel aus der Dichte umgekehrt proportional. Die theoretische Ausflußmenge ist $V = q \cdot v$ (q der Querschnitt der Öffnung); in Wahrheit ist sie aber kleiner, nämlich $V = kqv = kq\sqrt{2gh}$, und hierin heißt k der *Ausflußkoeffizient;* er ist im Durchschnitt 0,62, variiert aber je nach den Umständen zwischen 0,57 und 0,71. Der Grund für diese Tatsache liegt in der *Kontraktion des Strahls* (contractio venae), und diese wiederum ist eine Folge einerseits der Konvergenz der Stromlinien im Gefäß nach der Öffnung hin, andrerseits der Beschleunigung der Teilchen im Strahl, s. Fig. 10. Den schlagenden Beweis für die Richtigkeit dieser Annahme gibt der Versuch mit Ansatzstücken an die Öffnung; bei geeignet konischen Ansatzstücken wird $k = 1$, bei andern Formen nimmt es alle möglichen Werte zwischen den Extremen an; sogar über 1 kann man hinauskommen. — Die exakte Theorie des Ausflusses ist sehr schwierig und nur unter vereinfachenden Annahmen (zweidimensionale Bewegung, also keine Öffnung, sondern ein Spalt, Absehung von der Schwerkraft usw.) durchführbar (Helmholtz, Kirchhoff, Planck, Voigt); dabei wird die Methode der konformen Abbildung benutzt, und es wird die Gestalt von Gefäß und Öffnung nicht als gegeben angenommen, sondern ergibt sich zusammen mit der Gestalt des Strahls durch die Rechnung. — Wenn die Ausflußöffnung seitlich und oben unbegrenzt ist, also statt ihrer nur eine Unterlage vorhanden ist, kommt man zu dem Fallen der Flüssigkeit über ein *Wehr* (Überfall); eine der vielen

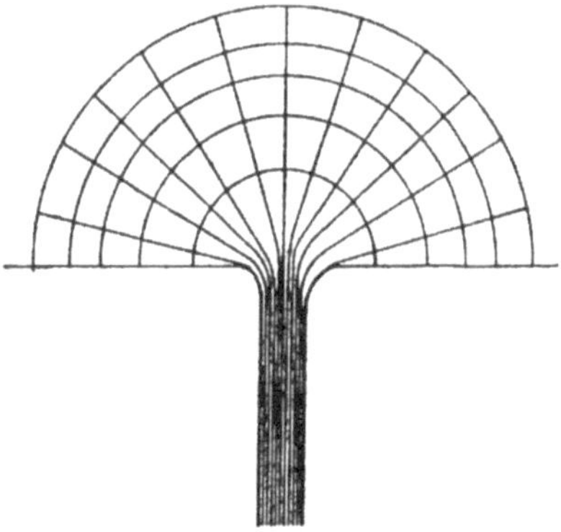

Fig. 10.

Formeln hierfür ist, wenn h die Höhe des Oberwasserspiegels über der Wehrkante und H die Oberwassertiefe, endlich Q die Ausflußmenge für die Breiteneinheit bedeutet: $Q = (0{,}4 + 0{,}003/h) \cdot (1 + 0{,}55\,h^2/H^2) \cdot h\sqrt{2gh}$. — Der *Strahl* selbst hat im allgemeinen sehr komplizierte Gestalt; am einfachsten verhält er sich bei kreisförmiger Öffnung: oben klar, unten trübe, weil in Tropfen aufgelöst; außerdem periodisch eingeschnürt. Bei rechteckiger Öffnung besteht der Strahl abwechselnd aus Lamellen in der einen oder der darauf senkrechten Richtung. — Beim Ausfluß aus Öffnungen in der Decke des Behälters, wozu natürlich der erforderliche Druck gehört, entsteht der *Springbrunnen;* die Steighöhe ist wegen der Reibung usw. etwas kleiner als die Druckhöhe. Die

Gestalt wird wegen der Verzögerung der aufsteigenden Bewegung nach oben hin immer breiter, bis Zerstäubung eintritt. Zu den Springbrunnen gehören auch die *artesischen Brunnen*, die man erhält, wenn man ein Bohrloch in eine wasserführende Schicht zwischen zwei undurchlässige Schichten führt, und zwar an eine gegenüber der Umgebung besonders tief gelegene Stelle der Schicht. — Weitere interessante Erscheinungen treten auf beim Zusammenstoß von Strahlen, Fortreißen von Körpern oder Gasen, Schweben fester Körper auf dem

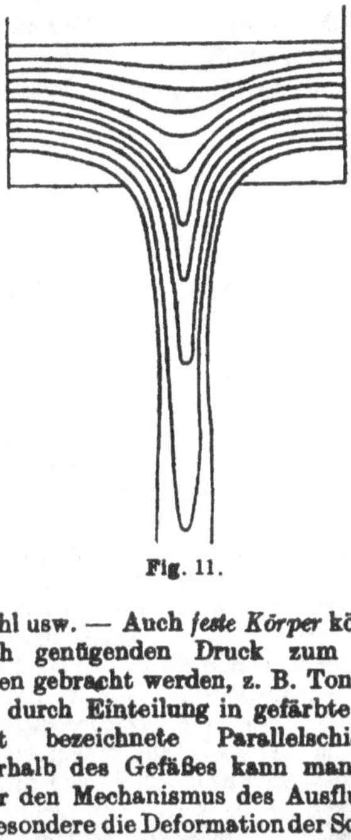

Fig. 11.

Strahl usw. — Auch *feste Körper* können durch genügenden Druck zum Ausfließen gebracht werden, z. B. Ton oder Eis; durch Einteilung in gefärbte oder sonst bezeichnete Parallelschichten innerhalb des Gefäßes kann man hier sogar den Mechanismus des Ausflusses, insbesondere die Deformation der Schichten, sehr schön beobachten, s. Fig. 11.

Ausfluß der Gase. Die angenäherte Formel für die Ausströmungsgeschwindigkeit lautet (p_1 innerer, p_2 äußerer Druck): $v = \sqrt{2(p_1 - p_2)/\varrho_1}$, speziell ins Vakuum: $v_0 = \sqrt{2\,p/\varrho}$; hierin ist das Graham-Bunsensche Gesetz enthalten: Die Ausflußgeschwindigkeit verschiedener Gase verhält sich umgekehrt wie die Wurzeln aus ihren Dichten; einige Zahlen für v_0 in *m*: Luft 396, Wasserstoff 1500, Kohlensäure 320, Leuchtgas 500, Wasserdampf 502; die Zahlen stehen in bestimmtem Verhältnis zur Molekulargeschwindigkeit (s. kinetische Theorie) und zur Schallgeschwindigkeit (s. d.). — Für die genauere Formel kommt es darauf an, ob der Ausfluß stationär und isothermisch oder rasch und adiabatisch erfolgt; im ersteren Falle ist, wenn a die Schallgeschwindigkeit, $p_1\, q_1\, \varrho_1$ bzw. $p'\, q'\, \varrho'$ Druck, Querschnitt, Dichte im Innern bzw. im kontrahierten Querschnitt des Gasstrahls sind:

$$v = a\sqrt{2\log\frac{p_1}{p'}\Big/\left[1-\left(\frac{q'\varrho'}{q_1\varrho_1}\right)^2\right]}\;;$$

für rasches Ausströmen, wenn $\varkappa$ das Verhältnis der spezifischen Wärmen ist:

$$v = \sqrt{\frac{2\varkappa p_1^{\,1/\varkappa}\left[p_1^{\,(\varkappa-1)/\varkappa} - p'^{\,(\varkappa-1)/\varkappa}\right]}{(\varkappa-1)\,\varrho_1\left[1-\left(\frac{q'}{q_1}\right)^2\left(\frac{p'}{p_1}\right)^{2/\varkappa}\right]}}\,,$$

und speziell ins Vakuum:

$$v = \sqrt{2\varkappa\, p_1/(\varkappa-1)\,\varrho_1}\,.$$

Über den Wert von p' wußte man lange Zeit nur, daß er nicht allgemein mit p_2 identisch ist; gelöst wurde die Frage aber erst durch den Satz von Hugoniot: Wenn beim stationären Ausströmen $p_2 > \beta\, p_1$ ist ($\beta = 0{,}607$ für sehr langsames, $\beta = 0{,}522$ für sehr rasches Ausströmen, sonst dazwischen gelegen), so ist $p' = p_2$; wenn dagegen $p_2 < \beta\, p_1$ ist, so ist $p' = \beta\, p_1$. Beim variablen Ausfluß gilt der eine Wert, solange die erste, der andre vom Momente an, wo die andre Bedingung erfüllt ist. Mit andern Worten: Die Ausflußgeschwindigkeit wächst mit dem Überdruck, aber nur, wenn bzw. solange das Verhältnis beider Drucke nicht verschiedener als etwa 2:1 ist; andernfalls bzw. von da ab bleibt sie konstant. Entsprechendes gilt auch vom Einströmen von Gas in Behälter.

Ausfluß fester Körper, s. Ausfluß der Flüssigkeiten, Geschmeidigkeit.

Ausflußtöne, s. tönende Systeme.

Ausgezeichneter Lichtweg, s. Brechung des Lichts, Geometrische Optik, Reflexion des Lichts.

Ausgleichsprinzip, s. Entropie, Thermodynamik.

Auslösung ist ein an sich nicht energetischer (mit einem Minimum von Kraft zu leistender) Vorgang, durch den ein energetischer Prozeß in Gang gebracht wird.

Ausscheidung, s. Lösungen.

Außenohr, s. Gehör.

Außenpolmaschine, s. Dynamomaschine.

Außenton, s. Schwebungen.

Außerordentlicher Strahl, s. Kristalloptik.

Ausstrahlung oder *Ausströmung der Elektrizität*, s. Elektrischer Strom, Elektrostatik.

Ausstrahlung der Wärme, s. Wärmestrahlung.

Austrittsluke, s. Abbildung.

Austrittspupille, s. Abbildung.

Autokollimation, s. Brechungsquotient, Spektrometrie.

Avogadrosches Gesetz, s. Gase, Lösungen, Molekulartheorie.

Avogadrosche Zahl, s. Brownsche Bewegung, Gase, Kinetische Theorie.

Axendrehung der Erde, s. Foucaultsches Pendel.

Axenlänge, s. Kristalle.

Axenwinkel, s. Kristalloptik.

Axiale Magnetisierung, s. Magnet.

Axialer Vektor, s. Größe.

Axiale Vergrößerung, s. Abbildung.

Axiar, s. Größe.

Axiome der Bewegung, s. Prinzipien der Mechanik.

B

Babinetscher Hahn, s. Luftpumpe.

Babinetscher Kompensator, s. Polarisation.

Bahnbeschleunigung, s. Beschleunigung.

Bahnlinie, s. Hydrodynamik.

Ballast, s. Luftschiffahrt.

Ballistik, s. Wurf.

Ballistische Kurve, s. Wurf.

Ballistische Methode, s. Magnetische Messungen.

Ballonet, s. Luftschiffahrt.

Balmersche Formel, s. Spektrum.

Bandenspektrum, s. Spektrum.

Bandmaß, s. Längenmessung.

Barlowsches Rad, s. Elektromagnetische Apparate.

Barograph, s. Barometer.

Barometer ist jeder zur Messung des Drucks der freien Atmosphäre geeignete Apparat (allgemeinere Apparate zur Messung beliebiger Gasdrucke heißen Manometer, s. d.). Die wichtigste Klasse beruht auf der Wägung nach dem Prinzip der kommunizierenden Röhren (s. Hydrostatik); der Druck der Atmosphäre wird durch den Gegendruck einer Flüssigkeitssäule kompensiert und gemessen. Als Flüssigkeit dient im allgemeinen Quecksilber: *Quecksilberbarometer*, in seltenen Fällen Wasser: *Wasserbarometer*; auch Glyzerin ist benutzt worden. Bei Quecksilber wird die normale Druckhöhe 76 cm, bei Wasser 10 m (Durchbau vom Keller in das Obergeschoß). Bei der Herstellung des Quecksilberbarometers ist darauf zu achten, daß das Hg ganz rein sei; das Rohr wird, mit dem geschlossenen Ende nach unten gehalten, vollständig gefüllt, und zwar unter Ausschluß von Luft und Feuchtigkeit, was durch Auskochen leicht erreicht werden kann; der dann noch verbleibende Hg-Dampf spielt fast nie eine nennenswerte Rolle. Man unterscheidet *Heber* und *Gefäßbarometer*, je nachdem das Rohr aus einem langen, geschlossenen und einem kurzen, offenen Schenkel, beide durch ein gebogenes Mittelstück verbunden, besteht, oder aber aus einem geraden Rohr, das in ein weiteres, mit Hg gefülltes Gefäß taucht. Beim Heberbarometer ist unbequem, daß bei Schwankungen der Luftdrucks sich beide Spiegel ändern; man muß also die Differenz der Niveaus ermitteln oder irgendeine Nachstellvorrichtung, z. B. verschiebbare Skala, anbringen, Beim Gefäßbarometer spielt dieser Fehler eine viel geringere Rolle; aber auch hier sind für feinere Zwecke Reguliervorrichtungen, z. B. mit Hilfe von Schraube und Spitze, erforderlich. Andre Fehlerquellen bzw. Korrektionen betreffen die Temperatur (die Ausdehnung des Hg, des Rohrs und der Skala), die kapillare Depression und den Meniskus (s. Steighöhe) am oberen Ende der Hg-Säule, die Schwereänderung mit Höhe und Breite usw. Einige Temperatur-Korrektionszahlen für Messingskala sind folgende (abzuziehen):

t =	1	2	4	6	8
	mm	mm	mm	mm	mm
b = 70	0,11	0,23	0,45	0,68	0,90
72	0,12	0,23	0,47	0,70	0,93
74	0,12	0,24	0,48	0,72	0,96
76	0,12	0,25	0,49	0,74	0,98
78	0,13	0,25	0,50	0,76	1,01
80	0,13	0,26	0,51	0,77	1,03

t =	10	15	20	25	30
	mm	mm	mm	mm	mm
b = 70	1,13	1,70	2,27	2,83	3,40
72	1,16	1,74	2,33	2,90	3,49
74	1,19	1,79	2,39	2,98	3,58
76	1,23	1,84	2,45	3,07	3,68
78	1,26	1,89	2,51	3,15	3,78
80	1,29	1,93	2,57	3,22	3,87

Bei Glasskala ist die Korrektion um etwa 6 Prozent größer. Die hinzuzufügende Korrektion wegen der Kapillarität beträgt je nach Rohrweite und Kuppenhöhe bis zu 2 mm, unter mittleren Verhältnissen meist 0,5 mm. Die Korrektion wegen der Schwereänderung mit der Höhe beträgt pro Kilometer etwa 0,2 mm (abzuziehen), die wegen der geographischen Breite ist, wenn als Normalwert der für 45^0 genommen wird, für größere Breiten zu addieren, für kleinere zu subtrahieren, bei normalem Luftdruck beträgt sie pro Breitengrad etwa 0,07 mm. — Die Skala wird jetzt allgemein in Zentimeter (oder Millimeter) geteilt; Luftdruckangaben werden aber häufig auch in Millimetern gemacht. Zum genauen Ablesen dient bei feineren Instrumenten eine Lupe; jedenfalls ist horizontal zu beobachten, um die Parallaxe zu vermeiden. Ein in jeder Beziehung exaktes Instrument heißt *Normalbarometer* und wird nur zur Kontrolle benutzt. Eine Spezialität sind die Reisebarometer, bei denen Gefäß und Rohr in besondere Schutzhüllen eingebracht sind. — Eine andere Klasse von Barometern sind die Feder-, Dosen-, Metall- oder *Aneroidbarometer*, bei denen der Druck der äußeren Luft mit dem einer Luftmasse verglichen wird, die in einer elastischen Kapsel (Wellblech oder dgl.) eingeschlossen ist; mit der elastischen Hülle ändert ein Zeiger seinen Stand, der an einer empirisch graduierten Skala abgelesen wird; häufige Nachprüfung wegen der Veränderung der Elastizität durchaus erforderlich. Die Aneroidbarometer sind nicht entfernt so exakt wie die Hg-Barometer, aber handlicher und darum namentlich für Reisezwecke, insbesondere auch für barometrische Höhenmessung (s. Luftdruck) bequemer; eine sehr bewährte Form ist das Goldschmidtsche Kapselbarometer. — Ist der Apparat mit einer Vorrichtung zur fortlaufenden Aufzeichnung des Luftdrucks versehen, so heißt er *Barograph;* am genauesten ist auch hier der Hg-Barograph, insbesondere der Sprungsche Laufgewichtsbarograph, der auf einer sinnreichen Laufgewichtseinrichtung beruht. Einfacher gebaut und darum weit verbreitet sind die Aneroidbarographen, bei denen der erwähnte Zeiger auf einer in gleichförmiger Rotation und zugleich langsamer Fortschreitung begriffenen Trommel mit Farbstoff die Luftdruckkurve aufzeichnet. — Handelt es sich nur um die Verfolgung der Schwankungen des Luftdrucks, ohne Rücksicht auf seine wirklichen Werte, so sind die *Luftdruckvariometer* sehr zweckdienlich; am einfachsten und durchaus bewährt (z. B. für die Zwecke der Luftfahrt) ist die Toeplersche *Drucklibelle* (s. auch Dichtemessung), bestehend aus einem kurzen, leicht gebogenen, einseitig geschlossenen Rohr mit einem Flüssigkeitsfaden in der Mitte, der je nach den Schwankungen hin und her geht und an einer empirischen Skala die Schwankungen abzulesen erlaubt. — *Barometerprobe* ist ein abgekürztes oder umgebogenes Barometer.

Barometerprobe, s. Barometer, Luftpumpe.

Barometrische Höhenmessung, s. Luftdruck.

Barometrisches Maximum, s Luftdruck.

Barometrisches Minimum, s. Luftdruck, Wirbelbewegung.

Barretter, s. Bolometer, Strommessung.

Baryton, s. Stimme und Sprache.

Basilarmembran, s. Gehör.

Baß, s. Stimme und Sprache

Bathometer, s. Pneumatische Apparate.

Batterie, s. Galvanische Elemente, Kondensator.

Bauch, s. Wellenbewegung.

Beaufortskala, s. Winde.

Becquerelstrahlen, s. Radioaktivität.

Bedingte Magnetisierung, s. Ferromagnetismus.

Bedingungen, s. Kraft.

Beharrungsprinzip, s. Trägheit.

Beharrungsvermögen, s. Trägheit.

Beleuchtung, s. Lichtstärke.

Beleuchtungsapparat, s. Mikroskop.

Beleuchtungsmenge, s. Lichtstärke.

Belichtung, s. Photographie.

Benetzung, s. Innere Reibung, Kapillarität.

Benzinmotor, s. Kalorische Maschinen.

Beobachtung, s. Experiment, Physik.

Beobachtungsfehler, s. Experiment.

Berührungselektrizität oder *Kontaktelektrizität* oder *Galvanische* oder *Volta-Elektrizität* ist die bei der Berührung heterogener Körper ohne sichtbaren Arbeitsaufwand auftretende Potentialdifferenz oder elektromotorische Kraft. Sie ist zuerst von Galvani (daher der Name: *Galvanismus*) durch die Zuckungen von Froschschenkeln und dann von Volta unter physikalisch reinen Verhältnissen beobachtet worden. Bringt man eine Zinkplatte und eine Kupferplatte an isolierenden Handhaben miteinander in Berührung und hebt sie dann voneinander ab, so erweist sich durch Verbindung mit einem Elektrometer das Zink als positiv, das Kupfer als negativ geladen: *Voltaeffekt* oder *Voltascher Fundamentalversuch;* die Potentialdifferenz beträgt ungefähr 1 Volt. Zur Erklärung standen sich lange Zeit zwei Theorien gegenüber: die reine *Kontakttheorie*, die aber über den energetischen Ursprung der Elektrizität keinen Aufschluß geben konnte, und die *chemische Theorie*, die sich auf die erfahrungsgemäß in der Grenzschicht sich bildenden Oxyd- und Wasserhäutchen stützt und dadurch bestätigt wird, daß bei Erwärmung und Trocknung die Potentialdifferenz fast auf null heruntergeht. Unter diesen Umständen kommt den zahlreichen älteren Messungen von Kontaktpotentialen, den dafür aufgestellten *Spannungsreihen* der Metalle usw. keine allgemeinere Bedeutung zu. Exakte und zuverlässige Messungen gelangen erst, als man Garantien dafür schuf, wirklich frische und reine Metalloberflächen zur gegenseitigen Einwirkung zu bringen; und das gelang mit Benutzung der kapillarelektrischen Grunderscheinung (s. Kapillarelektrizität), insbesondere durch die Anwendung sog. *Tropfelektroden*, d. h. indem man Quecksilber aus einer Spitze in verdünnte Säure ausfließen läßt. Zwischen der Säure und dem Quecksilber besteht dann keine Potentialdifferenz, wohl aber zwischen dem tropfenden und dem ruhenden Quecksilber, und zwar fließt die positive Elektrizität in der Richtung des Quecksilberstrahls. Allerdings stellten sich auch hier noch Schwierigkeiten ein und traten Unstimmigkeiten auf; sie wurden erst überwunden und beseitigt, als man zu richtigen *Strahlelektroden* überging, d. h. dafür sorgte, daß der Zerreißungspunkt des Hg-Strahls genau in die Oberfläche des Elektrolyten fiel. — Die Potentialdifferenz an der Grenze von Metall und Metallsalzlösung ergibt sich aus der Formel:

$$e = \frac{R\,T}{n\,q} \log \frac{p}{P} = \frac{R\,T}{n\,q} \log \frac{c}{C},$$

wo R die Gaskonstante (s. Gase), q das Elementarquantum der Elektrizität, nämlich 96540 Cb (s. Ionen), n die Wertigkeit der Metallionen, p ihr osmotischer Druck (s. Osmose), c ihre molare Konzentration (s. Lösungen), P bzw. C eine Konstante (erstere als elektrolytische Lösungstension bezeichnet) und T die absolute Temperatur ist. Rechnet man auf praktisches Maß um und führt das Normalpotential e_0 des Metalls, d. h. den Wert von e für $c = 1$ ein, so erhält man: $e = e_0 + 1{,}983 \cdot 10^{-4}(T/n) \cdot \log c$; z. B. für 18° C: $e = e_0 + 0{,}05771\,(\log c)/n$. Gewöhnlich bezieht man Potentialdifferenzen auf Vergleichselektroden, deren Differenz gleich null gesetzt wird; als solche dienen u. a. die Normal-Wasserstoffelektrode (platiniertes Platin, z. T. eintauchend in eine normale Salzsäure, umspült von Wasserstoff) oder die Normal-Kalomelelektrode (Quecksilber, von Kalomel bedeckt, unter einer Normallösung von Kaliumchlorid); die Differenz zwischen beiden beträgt 0,286 Volt. — Einige wichtige Normalpotentiale, auf die Wasserstoffelektrode bezogen:

a) Kationenbildung

K	− 3,2	Pb	− 0,12
Na	− 2,8	Cu	+ 0,34
Mg	− 1,55	Ag	+ 0,80
Zn	− 0,76	Hg	+ 0,86
Fe	− 0,43	Au	+ 1,15

b) Anionenentladung

$S'' \rightarrow S$ (fest)	− 0,55
$4\,OH' \rightarrow O_2 + 2\,H_2O$	+ 0,41
$2\,Cl' \rightarrow Cl_2$ (gef.)	− 1,35

c) Ionenumladung

$Cu^{\cdot} \rightarrow Cu^{\cdot\cdot}$	+ 0,17
$Hg_2^{\cdot\cdot} \rightarrow 2\,Hg^{\cdot\cdot}$	+ 0,92
$Pb^{\cdot\cdot} \rightarrow Pb^{\cdot\cdot\cdot\cdot}$	+ 1,8

Von besonderem Interesse sind die *Konzentrationsketten*, d. h. mit zwei verschiedenen Konzentrationen einer und derselben Lösung; ihre elektromotorische Kraft ist $e = 0{,}0577/n \cdot \log(c_2/c_1)$, der positive Strom fließt im Elemente von der verdünnteren zur konzentrierteren Lösung. — Die Kontaktspannung kann durch serienartigen Aufbau von Paaren beliebig gesteigert werden; dadurch erhält man die *Voltasche Säule*, bestehend aus abwechselnd aufeinander geschichteten Platten von Zink, Kupfer und angefeuchtetem Tuch. Eine Abart ist die *Zambonische* oder *Trockensäule*, bestehend aus unechten Gold- und Silberscheiben, deren Papierunterlage die Rolle der feuchten Zwischenschicht spielt; mit Tausenden solcher Scheiben kann man hohe Spannungen erzielen, Verwendung bei Elektroskopen (s. Elektrometrie usw.). Die Kontaktpotentiale der Leiter erster Klasse (Metalle und einige andere Stoffe) verhalten sich additiv, d. h. es ist (1,3) = (1,2) + (2,3); die der Leiter zweiter Klasse (Säuren, Salzlösungen usw.) dagegen nicht; s. Elektrischer Strom.

Beruhigung der Wellen, s. Ausbreitung der Flüssigkeiten.

Beruhigung von Magnetschwingungen, s. Dämpfung.

Beschleunigung ist bei geradliniger Bewegung der Grenzwert des Verhält-

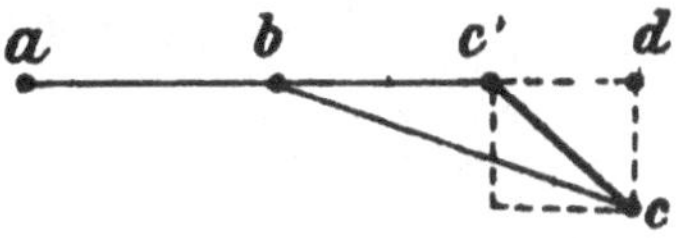

Fig. 12.

nisses des Zuwachses der Geschwindigkeit zu der Zeit, in der er stattfindet, beide immer kleiner genommen; bei gleichförmig beschleunigter Bewegung kann man auch einfacher definieren: Beschleunigung ist der Zuwachs der Geschwindigkeit in der Sekunde; Formel: $B = dG/dt$. Bei krummliniger Bewegung muß man, da die beiden zu vergleichenden Strecken verschiedene Richtung haben, die geometrische Differenz bilden; ohne Änderung der Richtung und Geschwindigkeit würde der Punkt (Fig. 12), der im ersten Zeitteilchen von a nach b gekommen ist, im zweiten von b nach c' kommen. In Wahrheit gelangt er nach c; die Beschleunigung wird also durch die Strecke $c'c$ dargestellt. Man kann sie in zwei Komponenten zerlegen: $c'd$ und $c'e$, erstere heißt *Tangential-* oder *Bahnbeschleunigung*, letztere Normalbeschleunigung oder, weil sie nach einem gedachten oder wirklichen Bahnzentrum gerichtet ist, *Zentripetalbeschleunigung*. Die Tangentialbeschleunigung ist einfach $B_{\parallel} = dG/dt$; die Zentripetalbeschleunigung dagegen hängt vom Krümmungsradius der Bahn, r, ab und ist $B_{\perp} = G^2/r$; statt G kann man auch die Winkelgeschwindigkeit W einführen und hat dann $B_\perp = W^2 r$. Die gesamte Beschleunigung ist dann die geometrische Summe aus beiden Komponenten, also $B = \sqrt{B_\parallel^2 + B_\perp^2}$ oder $B = \sqrt{(dG/dt)^2 + G^4/r}$. Während also die Geschwindigkeit in der Tangente der Bahn liegt, bildet die Beschleunigung mit ihr einen bestimmten Winkel; immerhin liegt sie noch in der Ebene der Bahn. Die nächst höhere Stufe, die Änderung der Beschleunigung, würde auch das nicht mehr tun, sondern noch eine dritte Komponente senkrecht zur Bahnebene haben. — Dimension der Beschleunigung: $[B] = lt^{-2}$. — In manchen Fällen empfiehlt sich die Einführung der *Winkelbeschleunigung* statt der obigen Streckenbeschleunigung: $\beta = B/r$ — Eine negative Beschleunigung wird *Verzögerung* genannt.

Beschleunigung durch die Schwere, s. Gravitation.

Bestäubungsmethode, s. Pyroelektrizität.

Beta-Strahlen, s. Radioaktivität.

Beugung der Wellen, s. Huygenssches Prinzip, Wellenbewegung, Beugung des Lichts, Schallausbreitung.

Beugung des Lichts oder *Diffraktion des Lichts* ist seine Ablenkung bei der

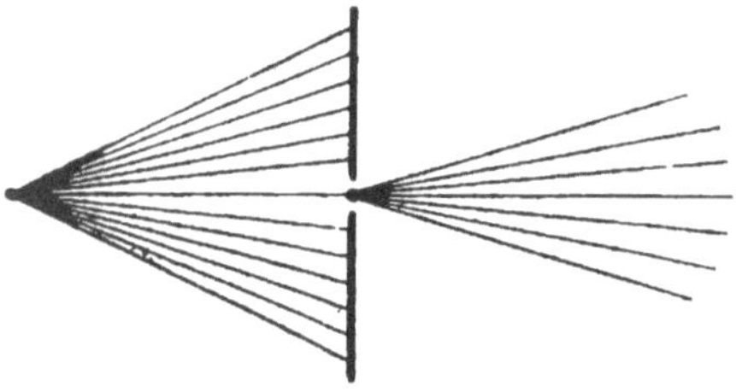

Fig. 13.

Vorbeikunft an Rändern; der Rand kann einseitig sein (Schirm) oder zweiseitig (Spalt oder Nadel) oder allseitig (Loch oder Scheibchen). Die Wirkung ist eine Abweichung von der geometrischen Schattenbildung, außerdem aber, infolge Mitwirkung der Interferenz, eine besondere Beugungsfigur, bestehend aus hellen und dunklen, in zusammengesetztem Lichte auch farbigen Stellen. Je kleiner das Hindernis oder die Öffnung ist, desto stärker ist die Abweichung vom geradlinigen Verlauf; aus einer unendlich kleinen Öffnung tritt nicht ein einzelner Strahl, sondern, im Prinzip, wieder ein vollständiges Strahlenbüschel aus, s. Fig. 13. Wenn Objekt und Beugungsfigur vom beugenden Schirm weit entfernt sind, erhält man die *Fraunhoferschen Beugungserscheinungen*, andernfalls die *Fresnelschen*; jene werden in der Praxis mit dem Fernrohr, diese mit der Lupe beobachtet oder in entsprechender Weise objektiv dargestellt. Allgemeine Formeln sehr verwickelt; hier nur einige Spezialfälle. Setzt man zur Abkürzung

$$p = \frac{\pi}{\lambda}\left(\frac{x}{r} + \frac{x'}{r'}\right), \quad q = \frac{\pi}{\lambda}\left(\frac{y}{r} + \frac{y'}{r'}\right),$$

wo $x'\ y'$ die Koordinaten des leuchtenden Punktes, $x\ y$ die eines Punktes der Beugungsfigur, r und r' die Abstände des leuchtenden und des Figurpunktes vom Mittelpunkte des beugenden Hindernisses sind und λ die Wellenlänge des benutzten Lichtes ist, so ist die Lichtstärke hinter einem Spalt von der Breite a: $J = J_0 (\sin pa/pa)^2$; in der Mitte ist das größte Helligkeitsmaximum, weitere Maxima zu beiden Seiten für $\operatorname{tang} pa = pa$, Minima ($J = 0$) bei $\sin pa = 0$; einige solche Stellen mit ihrer relativen Helligkeit:

$pa =$	0	π	1,43	2	2,46	3	3,47
$J : J_0$	1	0	0,045	0	0,016	0	0,008

Der zentrale Streifen ist doppelt so breit wie die übrigen und unvergleichlich heller; die Streifenbreite ist mit der Spaltbreite umgekehrt proportional, mit der Wellenlänge direkt, s. Fig. 14; bei weißem Licht sind daher die Streifen oder Beugungsspektra an der Innenseite violett, an der Außenseite rot. — Durch ein Rechteck erhält man die kombinierte Helligkeit

$$J = J_0 (\sin pa/pa)^2 \cdot (\sin qb/qb)^2;$$

die Beugungsfigur wird demgemäß ein Stern, s. Fig. 15. — Die Beugungsfigur eines Punktes ist im einfachsten Falle ein *Beugungsscheibchen* mit es umgebenden Ringen. Bei zwei Punkten können sich diese Figuren teilweise überdecken und damit der Abbildungs- bzw. Auflösungsmöglichkeit eine Grenze setzen (s. Optische Instrumente). — Hat man nicht einen einzigen Spalt, sondern eine regelmäßige Folge solcher, d. h. ein *Streifengitter*, so vermehrt sich die Zahl der Minima und es bleiben nur noch einzelne helle Stellen übrig, die man als Beugungsbilder des das Gitter beleuchtenden Lichtstreifens (leuchtender Spalt) betrachten kann. Der Winkelabstand von der Mitte hangt jetzt nicht mehr von der Breite der einzelnen Spalte, sondern nur noch von ihren Abständen, der *Gitterkonstante*, ab, und zwar ist sein Sinus mit der Ordnungsnummer des Bildes und der Wellenlänge direkt, mit

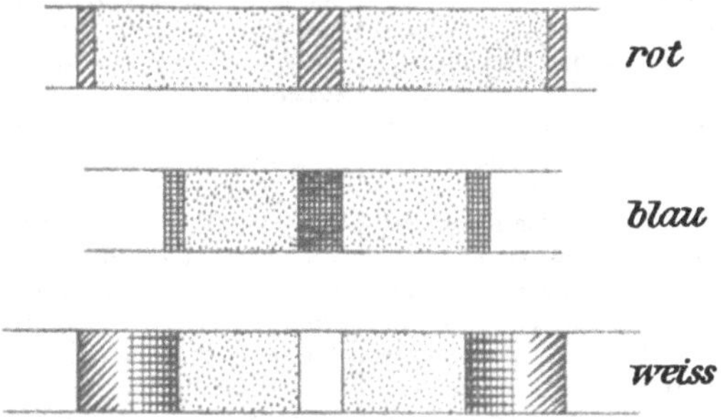

schräg schraffiert - rot, gekreuzt - blau, leer - weiss

Fig 14.

der Gitterkonstante umgekehrt proportional. Statt im durchgehenden kann man auch im reflektierten Lichte beobachten, indem man ein durch Einritzen abwechselnd spiegelnd und nichtspiegelnd gemachtes Gitter benutzt; und wenn man überdies das Gitter auf einer konkaven Fläche anbringt, so erhält man reelle Beugungsbilder, die zur Projektion und Ausmessung der Spektren besonders geeignet sind und daher die vollkommenste spektrometrische Methode bilden: *Rowlandsche Konkavgitter* (s. Spektrometrie). Sie werden in außerordentlicher Regelmäßigkeit und Feinheit (200000 Streifen pro Zentimeter) hergestellt und liefern daher sehr ausgedehnte Beugungsspektren. In mancher Hinsicht noch leistungsfähiger ist das *Stufengitter* (Michelson), aus einer großen Zahl treppenartig übereinander geschichteter Glasplatten bestehend (die Stufen treten hier an die Stelle der Spalte). — Im übrigen sind die Beugungserscheinungen an Kombinationen von Spalten und Gittern verschiedener Art sehr mannigfaltig, und es treten dabei außerordentlich zahlreiche Komplikationen auf. — Für die *Fresnelschen Beugungserscheinungen* werden die Formeln noch wesentlich verwickelter. Bei

Fig. 15.

einem geradlinigen Schirmrande erhält man innerhalb des geometrischen Schattens keine Maxima und Minima; die Lichtstärke nimmt hier allmählich, wenn auch auf einer sehr kurzen Strecke, auf null ab. Dagegen entstehen außerhalb des geometrischen Schattens Maxima und Minima. Diese merkwürdige Tatsache ist durch die Theorie vollständig verständlich gemacht worden, am anschaulichsten mit Hilfe der Cornuschen Spiralen. — Bei der Beugung an einer feinen Nadel erhält man sowohl außerhalb wie innerhalb des Schattens Fransen, und die mittelste Franse, also gerade die im Schattenzentrum gelegene, ist immer hell. Im umgekehrten Falle eines feinen Spalts ist die Erscheinung dieselbe, nur ist hier die Mitte je nach den geometrischen Verhältnissen hell oder dunkel; entsprechend hinter einem kleinen Kreisscheibchen oder einer kleinen kreisförmigen Öffnung. — Alle Fresnelschen Beugungserscheinungen treten nur bei sehr schmalen oder punktähnlichen Lichtquellen auf, sonst gehen sie sehr rasch vollständig in die einfachen Erscheinungen des Kern- und Halbschattens über (s. Lichtausbreitung). — Die Beugungserscheinungen bedingen bei den optischen Instrumenten (s. d.) eine Grenze für ihre Leistungsfähigkeit. — Nach dem Huygensschen Prinzip müßte die Beugung eine überall und allgemein auftretende Erscheinung sein; sie ist es aber nicht wegen der Mitwirkung der Interferenz (s. Huygenssches Prinzip). — Wegen der Beugungstheorie der mikroskopischen Abbildung s. Mikroskop. — Beugungserscheinungen treten in der Natur vielfach auf, z. B. bei beschlagenen Fensterscheiben, in nebliger Luft an Laternen usw. (vgl. Atmosphärische Optik). — Wegen der Beugung der Röntgenstrahlen s. d.

Beugung des Schalls, s. Schallausbreitung.

Beugungsgitter, s. Beugung, Komparator, Spektrometrie.

Beugungsscheibchen, s. Beugung.

Beugungsspektrum, s. Beugung, Spektrum.

Beugungstheorie der mikroskopischen Abbildung, s. Mikroskop.

Beweglichkeit der Ionen, s. Elektrizitätsleitung der Flüssigkeiten, Elektrolyse.

Bewegung ist die Änderung des Ortes mit der Zeit. Sie steht im Gegensatz zur Ruhe, d. h. der Beibehaltung des Ortes mit der Zeit. Die *Ruhe* ist der einfachste Fall der Bewegung, nämlich der mit der Geschwindigkeit null. Der nächst einfache ist der der *gleichförmigen Bewegung*, bei der die Geschwindigkeit konstant ist. Alle andern Bewegungen sind ungleichförmig oder veränderlich; der einfachste Fall ist die *gleichförmig beschleunigte* oder *gleichförmig verzögerte Bewegung*, bei der die Beschleunigung konstant (positiv oder negativ) ist. Ferner ist zu unterscheiden zwischen geradliniger, krummliniger, aber ebener und krummlinig-räumlicher Bewegung. Die allgemeinste unendlich kleine Bewegung eines Punktes ist eine *Schraubenbewegung*. Sodann ist der Fall von besonderer Wichtigkeit, wo im Laufe der Bewegung dieselben Orte in regelmäßigen Intervallen immer wieder berührt werden; *periodische Bewegung*, insbesondere Schwingungen oder Oszillationen einerseits, Drehungen oder Rotationen andrerseits. Aus der Schwingungsbewegung (s. Schwingung) geht durch Fortpflanzung die Wellenbewegung (s. d.) hervor. Endlich ist zwischen *freier* Bewegung und Bewegung unter Zwang oder *zwangläufiger* Bewegung zu unterscheiden, bei der bestimmte Beschränkungen auferlegt sind, z. B.: auf einer Fläche oder sogar auf einer Kurve zu bleiben oder von einem festen Punkte sich nicht über ein bestimmtes Maß zu entfernen (einseitiger Zwang) usw. Man unterscheidet in dieser Hinsicht Bewegungen mit einem, zwei oder drei (bei ganzen Systemen auch noch mit mehr) *Freiheitsgraden*. Die Bewegung mit einem Freiheitsgrade ist die zwangläufige im engeren Sinne, wie sie im allgemeinen der Technik zugrunde liegt. — Soweit die Bewegung eines Punktes. — Geht man jetzt zu einem Körper über, so ist zu unterscheiden zwischen *starrem* und *elastischem* Körper. Ersterer kann nur zwei elementare Bewegungen ausführen: *Verschiebung* oder *Translation* und *Drehung* oder *Rotation*; beide zusammen ergeben die allgemeinste Bewegung des starren Körpers Der starre Körper besitzt also sechs Freiheitsgrade (Verschiebung in den drei Koordinatenrichtungen und Drehungen um die drei Achsen). Der elastische Körper kann außerdem noch *Kontraktion* bzw. *Dilatation* und *Deformation* erfahren. Bei Flüssigkeiten und Gasen endlich, aber auch vielfach bei andern Systemen, ist ein wichtiger Spezialfall die *stationäre Bewegung*, bei der die Bewegung in jedem Raumpunkte zeitlich immer dieselbe bleibt, wenn sie auch von andern materiellen Trägern übernommen wird; diese stationäre Bewegung steht in der Mitte zwischen der Ruhe und der veränderlichen Bewegung und hat mit jeder von beiden mancherlei gemeinsam. — Die Lehre von der Bewegung ist die Mechanik (s. d.), insbesondere die Dynamik (s. d.). — Wegen absoluter und relativer Bewegung, s. *Relativitätsprinzip*.

Bewegung des Schwerpunkts, s. Dynamik, Schwerpunkt.

Bewegung fester Körper in Flüssigkeiten. Sie ist dadurch charakterisiert, daß der feste Körper bei seiner Bewegung einen gewissen Bereich von Flüssigkeit in Mitbewegung (z. T. aber auch in Gegenbewegung) versetzt, und daß diese Mitbewegung auf die Bewegung des festen Körpers zurückwirkt. Diese Rückwirkung heißt *hydrodynamischer Widerstand*. Von ihr zu unterscheiden und bei reibenden Flüssigkeiten noch hinzutretend ist die *Reibungswirkung* und die mit ihr verknüpfte Bildung von Unstetigkeitsflächen und Wirbeln. Hiervon abgesehen, ist der hydrodynamische Widerstand auf eine gleichförmige, bewegte Kugel null; sie bewegt sich genau so wie im leeren Raume; dagegen ist er auf eine beschleunigte (also durch Kräfte bewegte) Kugel so groß, als ob zur Masse der Kugel noch die halbe Masse der verdrängten Flüssigkeit hinzukäme. An den Polen fließt die Flüssigkeit mit voller Geschwindigkeit vorwärts, seitlich mit geringerer, dann kommt eine Grenzfläche der Ruhe; jenseits derselben strömt die Flüssigkeit rückwärts, und zwar am Äquator mit halber Geschwindigkeit. — Beim Zylinder ist der hydrodynamische Widerstand sogar gleich der ganzen verdrängten Flüssigkeitsmasse. Für jede andre Körperform ergibt sich ein bestimmter Widerstandskoeffizient. Praktisch ist es von besonderer Wichtigkeit, diejenige Körperform zu ermitteln, für die der hydrodynamische Widerstand ein Minimum ist: eine solche Form ist das Rotationsparaboloid; eine Form, die man daher allen ein Medium durchschneidenden Körpern zu geben versucht: Geschosse, Schiffe, Luftschiffe usw. — In der *Nautik* spielt der hydrodynamische Widerstand als Schiffswiderstand eine wichtige Rolle; er nimmt durchschnittlich wie das Quadrat der Geschwindigkeit, für große Geschwindigkeiten aber noch schneller zu; auch in der Ballistik (s. Wurf) gilt ein ähnliches Gesetz. Von Bedeutung für den Widerstand ist ferner die Form der Hauptschnitte des Schiffes: Formfaktoren. Erheblich modifiziert wird der Widerstand durch Wirbel- und Wellenbewegung des Wassers: *Wellenwiderstand*. — In einer Flüssigkeit vom Reibungskoeffizienten η (s. Innere Reibung) und der Dichte ϱ_0 fällt eine Kugel vom Radius a und der Dichte ϱ schließlich nicht mehr beschleunigt (s. Fall), sondern gleichförmig, und zwar gemäß dem *Stokesschen Gesetz* (s. auch Aerodynamik und Disperse Systeme) mit der Geschwindigkeit $v = (2/9) g (\varrho - \varrho_0) a^2/\eta$; hierdurch gewinnt man eine Methode, den Radius sehr kleiner Körper aus der Fallgeschwindigkeit zu bestimmen: $a = 3 \sqrt{\eta\, v/2\, g\, (\varrho - \varrho_0)}$. — Sehr verwickelt ist der Widerstand auf geneigte Flächen, insbesondere keilförmige; die wichtigste Anwendung ist die auf die *Schiffsschraube*, deren Fortschreitungsgeschwindigkeit und Arbeitsfähigkeit von ihren Dimensionen, Ganghöhe usw. abhängt. — Bewegen sich gleichzeitig *mehrere Körper* in einer Flüssigkeit, so erfahren beide Bewegungsänderungen, die den Anschein erwecken, als ob zwischen ihnen Fernkräfte wirksam wären. So stoßen sich z. B. zwei in gleicher Linie, gleichviel, ob gleich- oder gegensinnig laufende Kugeln ab mit einer Kraft, die den Kuben ihrer Radien direkt und dem Biquadrat ihres Abstandes umgekehrt proportional ist, also nur für kleine Entfernungen merklich wird;

entsprechendes gilt von einer gegen eine Wand anlaufende Kugel. Dagegen ziehen sich zwei parallel laufende Kugeln, und ebenso eine Kugel und eine Wand, der sie parallel läuft, an. Besonders interessant sind die Kräfte zwischen zwei oszillierenden oder pulsierenden (das Volumen periodisch vergrößernden und verkleinernden) Körpern; sie haben starke Analogie mit den elektrischen und magnetischen Fernkräften. Zur Demonstration hat Bjerknes einen sinnreichen Apparat konstruiert. Auch zwei Ringe in einer Flüssigkeit üben scheinbar Kräfte aufeinander aus, und zwar nach Kirchhoff solche, als ob sie von elektrischen Strömen durchflossen wären (s. Elektrodynamik). — Die obigen Feststellungen gelten großenteils auch für die Bewegung fester Körper in Gasen; nur ist hier der Widerstand einerseits viel geringer, andrerseits verwickelter, namentlich auch wegen der dabei auftretenden Dichteänderungen (s. Aerodynamik).

Bewegungsgröße, s. Kraft.

Bewegungsmoment, s. Kraft.

Bichord, s. Saitentöne.

Biegung ist die Deformation eines Körpers quer zu seiner oder seinen Hauptdimensionen. Zur Beobachtung bedient man sich, da man zweckmäßig nur kleine Durchbiegungen anwendet, gewöhnlich der Spiegelbeobachtung mit Mikroskop oder Fernrohr und mittels Okularmikrometers. Die Durchbiegung an der Stelle, wo sie am größten ist, heißt *Biegungspfeil*. Übrigens ist die Biegung keine selbständige physikalische Erscheinung, sondern zurückführbar auf eine Dehnung der einen und eine Zusammenziehung der andern Hälfte des Körpers; sie hängt daher auch nicht von einem besondern Modul, sondern vom Dehnungsmodul E (s. Elastizitätsmodul und Längsdehnung) ab. Der Biegungspfeil ist mit dem biegenden Gewicht direkt, mit E umgekehrt proportional; im übrigen hängt er von der Form, den Dimensionen und der Aufstellung des Körpers ab. Für einen Stab (Balken, Draht) von überall gleichem Querschnitt und der Länge l, der am einen Ende fest eingelassen, am andern frei ist, ist der Biegungspfeil mit dem Kubus der Länge und mit dem Trägheitsmoment k des Querschnitts um die mittlere Horizontallinie (s. Biegungsmoment) umgekehrt proportional, in Formel: $S = p\,l^3/(3\,k\,E)$, und umgekehrt $E = p\,l^3/(3\,k\,S)$. Wichtige Fälle von Querschnittsformen: Quadrat: $S = 4\,p\,l^3/(E\,a^4)$, Rechteck: $b\,h^3$ statt a^4, Kreis: $3\,\pi\,r^4$. Relative Durchbiegung bei verschieden geformten, aber gleich großen Querschnitten (Quadrat gleich eins gesetzt):

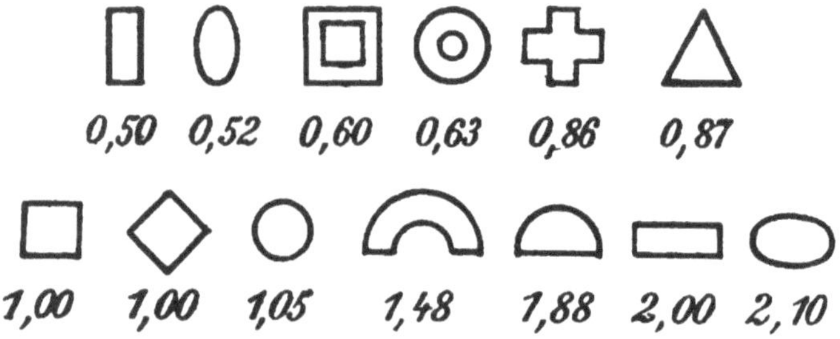

Fig. 16.

Die Kurve des Stabes hat die Gleichung: $s = (p/2kE)\,.\,(l x^2 - x^3/3)$; sie ist also einer Parabel einigermaßen ähnlich. Bei einem beiderseits lose aufgelegten Stabe ist die Senkung der Mitte 16 mal so klein wie im obigen Falle; bei einem beiderseits fest eingeklemmten Stabe wiederum 4 mal so klein. — Die Biegung ist mit einer Dehnung der oberen und einer Zusammenziehung der unteren

Hälfte des Stabes verknupft. — Mit der Längsbiegung ist eine *Querbiegung* entgegengesetzten Sinnes verbunden; d. h. während die Längskurve an der oberen Fläche nach außen konvex ist, ist die Querkurve konkav [an einem geeignet geformten Stück Kautschuk (Fig. 17)

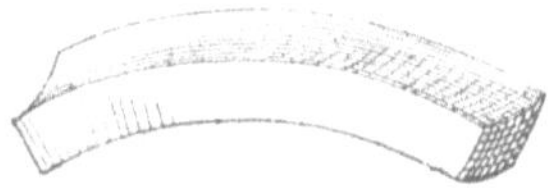

Fig. 17.

grob wahrnehmbar]. Das Verhältnis der Querbiegung zur Längsbiegung ist wieder die *Elastizitätszahl* (s. Querkontraktion]. Legt man auf einen rechteckigen, mit den Schmalseiten aufgelegten Biegungskörper einen ebensolchen Glasstreifen und biegt den ersteren durch, so erhält man infolge der Lichtinterferenz in der Luftschicht zwischen den beiden Streifen ein System von Hyperbeln, aus deren Asymptotenwinkel man die Elastizitatszahl nach Cornu und Straubel ableiten kann,

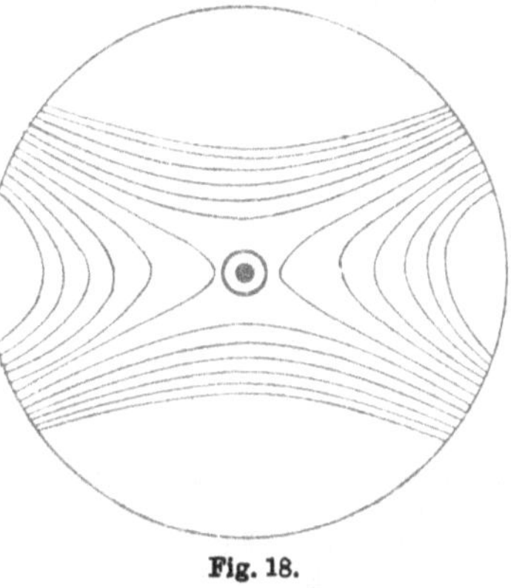

Fig. 18.

s. Fig. 18. — Die Durchbiegung einer kreisförmigen, am Rande eingeklemmten *Platte* ist, wenn μ die Elastizitätszahl, p das Gewicht, r der Radius und d die Dicke ist: $S = 3\,(1 - \mu^2)\, p\, r^2/(4\,\pi\, E d^3)$. Sie ist also mit dem Quadrat des Radius direkt und mit dem Kubus der Dicke umgekehrt proportional; außerdem hängt sie nicht bloß vom Elastizitätsmodul E, sondern auch von der Elastizitätszahl μ ab. In derselben Kombination kommen E und μ übrigens auch bei dem Druck zweier Kugeln aufeinander vor: *Eindringungsmodul* (Hertz). — Auf der Biegung beruhen die *Querschwingungen* elastischer Körper, insbesondere der Saiten und Stäbe, Membranen und Platten (s. Saitentöne usw.).

Biegungspfeil, s. Biegung.

Bifilare Aufhängung. Statt eines einzigen Fadens, wie beim Pendel usw., kann man zur Aufhängung eines schweren Körpers, eines Magneten usw., auch deren zwei, an verschiedenen Stellen des Körpers mündende Faden benutzen. In der natürlichen Lage liegen dann die beiden Fäden in einer vertikalen Ebene, bei der Verdrehung des Körpers, z. B. eines zylindrischen Stabes, werden die beiden Fäden windschief gegeneinander und, was die Hauptsache ist, mit ihren Enden gehoben, der Körper also mitgehoben; die Schwerkraft treibt also das System wieder in die natürliche Lage zurück. Man hat es demnach hier zwar, wie beim Pendel, mit Schwereschwingungen zu tun, aber nicht mit Pendel-, sondern mit Verdrehungsschwingungen. Ist M die Masse, K das Trägheitsmoment des Körpers, L die Länge der Fäden, o und u ihr oberer und unterer Abstand, so ist die Länge des korrespondierenden einfachen Pendels $l = (K/M) \cdot L/(o\,u)$, und somit die Schwingungsdauer des Systems

$$T = \pi \cdot \sqrt{K\,L/(g\,M\,o\,u)}.$$

Verwickelter, aber besonders interessant ist die trifilare Aufhängung.

Bifilargalvanometer, s. Magnetische Messungen.

Bifilarmagnetometer, s. Magnetische Messungen.

Bifokalgläser, s. Brille.

Bild, s. Abbildung.

Bildgröße, s. Abbildung, Linse, Spiegel.

Bildpunkt, s. Abbildung.

Bildtelegraphie, s. Lichtelektrizität, Telegraphie.

Bildumkehr, s. Prisma, Reflexion des Lichts.

Bildungswärme, s. Thermochemie.

Bildwölbung, s. Abbildung.

Billardspiel, s. Stoß.

Billetsche Halblinsen, s. Interferenz des Lichts.

Binaurales Hören, s. Gehör.

Binokulares Sehen, s. Stereoskopie.

Biot-Savartsches Gesetz, s. Elektromagnetismus.

Biprisma, s. Interferenz des Lichts.

Bivektor, s. Größe.

Blase in Flüssigkeit s. Tropfen.

Blasengerüst, s. Flüssigkeitslamellen.

Blasinstrumente, s. Musikinstrumente, Pfeifen.

Bleilot, s. Richtung.

Blenden, s. Abbildung.

Blinder Fleck, s. Sehen.

Blitz, s. Atmosphärische Elektrizität, Elektrischer Funke, Entladung.

Blitzableiter, s. Atmosphärische Elektrizität.

Blitzlicht, s. Lichtquellen, Photographie.

Blitztafel, s. Entladung.

Blondlotscher Erreger, s. Elektrische Schwingungen.

Blutkreislauf, s. Pumpen.

Bodendruck, s. Hydrostatik.

Bodentemperatur, s. Wärmeleitung fester Körper.

Bogengänge, s. Gehör.

Bogenlampe, s. Lichtbogen.

Bogenlicht, s. Lichtbogen, Lichtquellen.

Bogenmaß, s. Winkel.

Bologneser Fläschchen, s. Geschmeidigkeit.

Bolometer oder *Widerstandsthermometer* sind Apparate zur Temperaturmessung, die auf der Änderung des elektrischen Widerstandes eines Leiters mit der Temperatur beruhen. Da die Widerstandsmessungen großer Genauigkeit fähig sind, leisten diese Apparate Ausgezeichnetes und haben für manche Zwecke auch sonstige Vorzüge; insbesondere sind sie in weitem Bereiche (von 700° bis herunter zu −200°) verwendbar. Das am meisten übliche Material ist Platin: Platinthermometer; entweder auf ein Glimmerkreuz lose aufgewickelt oder, beim Quarzglas-Widerstandsthermometer, in Quarzglas eingeschmolzen. Die Widerstandsmessung erfolgt meist mittels der Wheatstoneschen Brücke. Die Eichung des Apparats kann nach verschiedenen Methoden erfolgen. Der Name Bolometer, der jetzt allgemeiner gebraucht wird, beschränkte sich ursprünglich auf elektrische Widerstandsthermometer, die für Strahlungsmessung bestimmt waren. Man unterscheidet je nach der Form der Widerstandskörper *Linearbolometer* und *Flächenbolometer;* Anordnung in Zackenlinien oder Spiralen. Gewöhnlich wird die Differentialschaltung benutzt, d. h. es werden durch zwei gleiche Widerstandskörper gleiche Ströme geschickt, die dann durch die beiden Spulen eines Differentialgalvanometers gehen; von vornherein erfolgt dann natürlich kein Ausschlag, wohl aber, wenn der eine der beiden Körper bestrahlt wird. Die Empfindlichkeit einer solchen Anordnung geht bis zu einem hunderttausendtel Celsiusgrad. — Apparate, die aus der Widerstandsänderung auf die Stärke von Wechselströmen schließen lassen, heißen *Barretter*.

Bougie décimale, s. Lichtstärke.

Boylesches Gesetz, s. Dämpfe, Gase, Kinetische Theorie, Lösungen.

Brachistochrone, s. Schiefe Ebene.

Bramahsche Presse, s. Hydrostatik.

Brandung, s. Wellenbewegung der Flüssigkeiten.

Braun-Schaltung, s. Drahtlose Telegraphie.

Braunsche Röhre, s. Hysteresis, Kathodenstrahlen.

Brechende Kante, s. Prisma.

Brechender Winkel, s. Prisma.

Brechung der elektrischen Strahlen, s. Elektrische Schwingungen.

Brechung der elektrischen Stromlinien, s. Flächenströme.

Brechung der Wärmestrahlen, s. Wärmestrahlung.

Brechung der Wärmestromlinien, s. Wärmeleitung fester Körper.

Brechung der Wellen, s. Wellenbewegung.

Brechung des Lichts oder *Refraktion* des Lichts. Wenn ein Lichtbüschel an die Grenze zweier Medien gelangt, wird ein Teil reflektiert (s. Reflexion des Lichts); ein andrer dringt in das zweite

Medium ein und wird gebrochen, d. h. ebenfalls aus seiner Richtung abgelenkt; er bleibt aber (für isotrope Medien) in der durch einfallenden Strahl und Lot bestimmten Ebene. Mit dem Einfallswinkel φ (Winkel des einfallenden Strahls mit dem Einfallslot) wächst auch der Brechungswinkel ψ (Winkel des gebrochenen Strahls mit dem Einfallslot), und zwar gemäß dem *Snelliusschen Gesetz* so, daß das Verhältnis ihrer Sinus konstant bleibt, nämlich immer gleich dem Verhältnis zweier Zahlen, die man die *Brechungsquotienten* des zweiten und und ersten Mediums nennt; speziell, wenn das erste Medium der leere Raum oder (annähernd) Luft ist, gleich dem Brechungsquotienten des zweiten Mediums schlechthin (d. h. gegen Luft), und wenn das zweite Medium Luft ist, gleich dem reziproken Werte dieses Brechungsquotienten; in Formel: $\sin\varphi/\sin\psi = n_2/n_1$ oder $n_1 \sin\varphi = n_2 \sin\psi$ (dieses Produkt ist also für beide Medien dasselbe: *optische Invariante*); speziell, wenn das erste bzw. zweite Medium Luft ist: $\sin\varphi/\sin\psi = n$ bzw. $= 1/n$, also aufgelöst: $\sin\psi = (1/n)\sin\varphi$ bzw. $\sin\psi = n \sin\varphi$. Ein Medium mit größerem n heißt *optisch dichter*, ein solches mit kleinerem n *optisch dünner* (vielfach, aber nicht immer parallel laufend mit der mechanischen Dichte). Wegen der Zahlenwerte s. Brechungsquotient. Der Lichtweg bei der Brechung läßt sich stets umkehren, d. h. wenn man den gebrochenen Strahl als einfallenden wählt, wird der bisherige einfallende der gebrochene (s. Geometrische Optik). — Die Brechung ist eine Folge der verschiedenen Fortpflanzungsgeschwindigkeiten des Lichts in den beiden Medien; sie würde daher bei einem einzigen Strahl (wenn ein solcher existierte) gar nicht eintreten, sondern ist an den Aufprall eines ganzen Strahlenbüschels gebunden: der eine Randstrahl erreicht die Grenze früher als der andre, geht nun mit veränderter Geschwindigkeit weiter, und somit wird die verbindende Querlinie (im Sinne der Wellentheorie die Wellenebene) gedreht, s. Fig. 19; hieraus ergibt sich dann sekundär die Richtungsänderung der auf der Querlinie stets senkrecht bleibenden Strahlen. Sind v_1 und v_2 die beiden Geschwindigkeiten, so wird jetzt $\sin\varphi / \sin\psi = v_1/v_2$. Wegen der Komplikationen bei Kristallen s. Kristalloptik. — Das Brechungsgesetz ist (ebenso wie das Reflexionsgesetz) ein Ausfluß des *Satzes vom ausgezeichneten Lichtwege* (s. Geometrische Optik), d. h. der wirkliche Lichtweg zwischen Objekt und Bild ist kürzer (in gewissen Fällen länger) als jeder andre, mit dem Brechungsgesetze im Widerspruch stehende Weg; nur muß man statt der geometrischen die „optischen Längen" oder

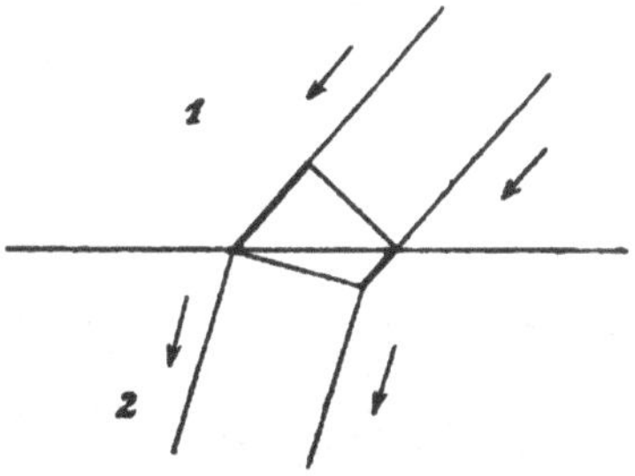

Fig. 19.

„Lichtwege" mit Rücksicht auf die Geschwindigkeiten oder, anders gefaßt, die zur Zurücklegung der Wege erforderlichen Zeiten einführen und erhält dann den Satz von der schnellsten Ankunft (bzw. spätesten Ankunft). Ob schnellste oder langsamste Ankunft gilt, hängt von der Krümmung der Grenzfläche ab; eine Fläche, für die alle denkbaren Wege die gleiche Zeit erfordern, heißt *aplanatische* Fläche; ist die Fläche nach dem dichteren Medium hin schwächer konvex (oder stärker konkav) als jene, so findet schnellste, im andern Falle späteste Ankunft statt. — Bei senkrechter Inzidenz findet keine Ablenkung statt; der gebrochene Strahl ist die Fortsetzung des einfallenden. In allen andern Fällen findet eine Ablenkung statt, und zwar im Betrage $\varphi - \psi$ bzw. $\psi - \varphi$. — In der bisher betrachteten einfachen Form findet übrigens die Brechung nur statt, wenn zwei Voraussetzungen erfüllt sind: erstens, daß das auffallende Licht homogen (von bestimmter Wellenlänge) sei, andernfalls findet zugleich *Dispersion* (s. d.) statt, d. h. die einzelnen Farbstrahlen laufen in verschiedenen Richtungen weiter; und zweitens, daß die beiden Medien optisch isotrop seien, was nur bei elastisch-isotropen Körpern sowie bei regulären Kristallen der Fall ist, andernfalls tritt *Doppelbrechung* (s. Kristalloptik) ein. — Wenn sich Licht in einem Medium fortpflanzt, dessen Dichte sich von Schicht zu Schicht stetig ändert, so erfolgt fortwährend Brechung, und es entstehen *gekrümmte Lichtstrahlen*. Ein Beispiel bietet die atmosphärische *Strahlenbrechung* (Fig. 20, stark übertrieben), die zur Folge hat, daß die

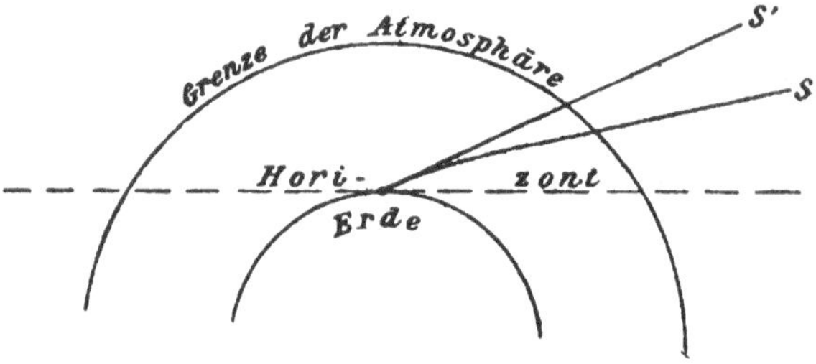

Fig. 20.

scheinbaren Örter der Sterne desto mehr von den wahren, und zwar nach oben, abweichen, je näher am Horizont man sie erblickt; am Horizont selbst macht

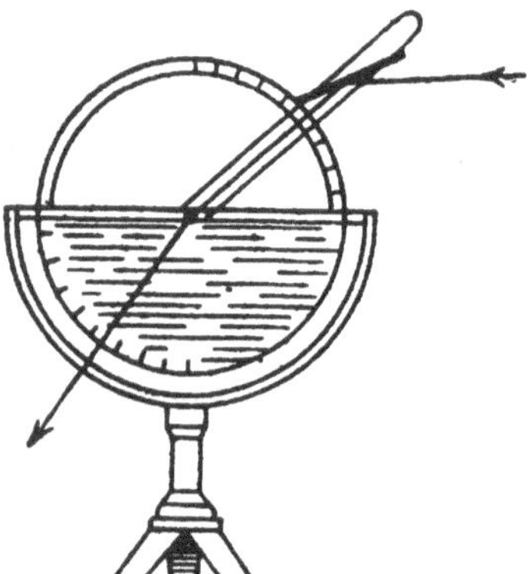

Fig. 21.

sie 34′ 54″ aus, in 5⁰ Höhe nur noch 9′ 47″ usw. Auch irdische Objekte erfahren einen entsprechenden Einfluß; man unterscheidet daher zwischen astronomischer und terrestrischer Strahlenbrechung. — Zur Demonstration der Brechung bedient man sich eines parallelepipedischen Glastroges, den man zur Hälfte mit gefärbtem Wasser füllt, während man die Luft darüber mit Rauch schwängert; man kann dann von oben oder von der Seite Lichtbüschel entweder in die Luft oder in das Wasser eintreten lassen und die Brechung unter verschiedenen Winkeln studieren; auch kann man u. a. den beistehend skizzierten Apparat dazu benutzen (und zu vielen andern Demonstrationen), s. Fig. 21. Die gekrümmten Lichtstrahlen demonstriert man z. B. mittels Schwefelkohlenstoff und darüber gelagerten gefärbten Alkohols, wobei sich durch Diffusion ein nach oben an Dichte abnehmendes Gemisch bildet (Beleuchtung von der Seite). — Bei dem Übergang aus einem optisch dünneren in ein optisch dichteres Medium gibt es stets einen gebrochenen Strahl, äußerstenfalls, nämlich bei streifender Inzidenz ($\varphi = 90^0$) unter dem Winkel $\psi = \text{arc sin}(1/n)$; in den seitlich hiervon gelegenen Teil des zweiten Mediums kann kein Licht aus dem ersten Medium gelangen. Wenn nun umgekehrt aus diesem Raume, also unter einem Winkel, größer als der eben bezeichnete, Licht an die Grenze zum dünneren Medium gelangt, so würde $\sin \psi > 1$ werden, was unmöglich ist; es findet also überhaupt kein Austritt von Licht in das dünnere Medium statt; alles Licht wird reflektiert: *totale Reflexion* (s. d.). — Im übrigen hängt der Verlauf der gebrochenen Strahlen von der Gestalt der brechenden Fläche ab; die beiden wichtigsten Formen brechender Körper sind die *Prismen* (s. d.) mit ebenen, und die *Linsen* (s. d.) mit gekrümmten Flächen. — Die *Intensität des gebrochenen Lichts* hängt von der Natur der Medien, vom Einfallswinkel und vom Polarisationszustand des einfallenden Lichts ab; sie verteilt sich in veränderter Weise auf die Komponenten parallel und senkrecht zur Einfallsebene. Formeln für die Amplituden (A einfallende, D gebrochene):

$$D_p = A_p \frac{2 \sin \psi \cos \varphi}{\sin(\varphi + \psi) \cos(\varphi - \psi)},$$

$$D_s = A_s \frac{2 \sin \psi \cos \varphi}{\sin(\varphi + \psi)}$$

(Fresnelsche Brechungsformeln). Damit wird das Verhältnis beider Komponenten:

$$D_p : D_s = \frac{1}{\cos(\varphi - \psi)},$$

also $D_p > D_s$, d. h. partielle Polarisation parallel zur Einfallsebene, und zwar mit zunehmendem φ immer stärker (s. auch Polarisation).

Brechung des Schalls, s. Reflexion und Brechung des Schalls.

Brechungsexponent, s. Brechungsquotient.

Brechungsindex, s. Brechungsquotient.

Brechungsquotient, auch *Brechungsexponent* oder *Brechungsindex* oder *Brechungsverhältnis* genannt, ist das Verhältnis der Sinus des Einfalls- und Brechungswinkels bei der Brechung an der Grenze zweier Medien, für die er gelten soll; insbesondere ist es der Brechungsquotient des zweiten Mediums, wenn das erste das Vakuum oder (was nicht viel ändert) Luft ist (s. Brechung des Lichts). — Die wichtigsten Methoden zur Messung des Brechungsquotienten sind: 1. *Planplattenmethode* (s. Prisma); hier wird der Strahl, ohne Richtungsänderung, nur seitlich verschoben, diese Verschiebung wird gemessen. Oder es wird die deutliche Einstellungsweite gemessen; muß z. B. ein Mikroskop, das auf das Objekt eingestellt ist, nach Einbringung der Platte von der Dicke d um a verschoben werden, so ist der Brechungsquotient $n = d/(d - a)$. Oder man markiert auf der Vorder- und Rückseite der Platte je einen Punkt und stellt nacheinander auf sie ein, wozu man um c verstellen muß; dann ist $n = d/c$. Oder, mittels nur einer Marke auf der Vorderfläche und ihres Spiegelbildes von der Hinterfläche: $n = 2\,d/c$. — 2. *Prismatische Methode* mit dem Spektrometer; es besteht aus einem drehbaren Tischchen für das Prisma, einer Kreisteilung und zwei Röhren für Zuführung und Beobachtung, nämlich Kollimator oder Spaltrohr, dessen Spalt am hintern Ende ein unendlich entferntes Objekt vertritt, und Fernrohr, auf Unendlich eingestellt und daher ein deutliches Spaltbild liefernd. Im allgemeinsten Falle sind Tischchen, Kollimator und Fernrohr jedes für sich drehbar (s. Spektrometrie). Es kommen dann folgende Methoden in Betracht: a) *Minimum* der *Ablenkung* (s. Prisma), nach Fraunhofer, Formel (α brechender Prismawinkel, δ Winkel zwischen direkter Einstellung und Minimum der Ablenkung): $n = \sin \frac{1}{2}(\alpha + \delta) / \sin \frac{1}{2}\alpha$. — b) *Senkrechter Austritt*, nach Meyerstein, wozu ein beleuchtbares Fadenkreuz gehört: $n = \sin(\alpha + \delta) / \sin \alpha$. — c) *In sich zurückkehrender Strahl* oder *Autokollimation*, nach Abbe, Kollimator überflüssig, aber beleuchtbares Fadenkreuz; man stellt nacheinander so ein, daß die Reflexion entweder an der vorderen oder an der hinteren Fläche senkrecht erfolgt, β Winkel zwischen beiden Stellungen: $n = \sin \beta / \sin \alpha$. — d) *Streifender Eintritt*, nach Kohlrausch, komplizierter und weniger genau. — 3. *Grenzwinkelmethode* oder Methode der *Totalreflexion*, Beobachtung der gekrümmten Grenzlinie zwischen hellem und dunklem Gesichtsfeld (s. Totalreflexion), n und N Brechungsquotienten des schwächer und stärker brechenden Mediums: $n = N \sin \varphi$. a) *Totalreflektometer* von Kohlrausch, b) *Refraktometer* von Abbe (zwei Prismen, dazwischen die zu prüfende Flüssigkeit; oder nur eines der Prismen mit aufgeklebtem, festem Körper), mit fertig graduierter Skala. c) *Kristallrefraktometer* von Pulfrich und Abbe, ersteres mit Zylinder, letzteres mit Halbkugel, drehbar eingerichtet, so daß man in den verschiedenen Richtungen des auf die Deckfläche gelegten Kristalls messen kann. — 4. a) *Interferenzmethode*, beruhend auf der Verschiebung der Interferenzstreifen zweier Strahlen bei der Ersetzung der Luft im Lichtwege durch einen andern Stoff (s. Interferenz), wegen ihrer hohen Empfindlichkeit besonders für Gase geeignet. b) Insbesondere: *Interferentialrefraktor* usw. — Der Brechungsquotient hängt in hohem Maße von der Farbe (Wellenlänge) des Lichts ab (s. Dispersion); man muß also jeder Zahlenangabe die Wellenlänge beifügen. Einige Werte für mittlere Farbe:

Diamant	2,42
Schwerstes Flint	1,96
Schweres Flint	1,75
Kalkspat	1,66
Monobromnaphthalin	1,66
Schwefelkohlenstoff	1,63
Leichtes Flint	1,57
Schweres Kron	1,57
Kanadabalsam	1,54
Quarz	1,54
Zedernöl	1,52
Benzol	1,50
Flußspat	1,44
Leichtes Kron	1,41
Alkohol	1,36
Äther	1,36
Wasser	1,33
Kohlensäure	1,00045
Luft	1,00029
Wasserstoff	1,00014
Kupfer	0,65
Gold	0,58
Silber	0,27

Diamant bricht also am stärksten, zwischen den verschiedenen Glassorten bestehen große Unterschiede. Einige Metalle (in Prismen mit überaus kleinem Winkel durchsichtig, oder mittels Totalreflexion untersucht) sind optisch dünner als Luft. Dem hohen Brechungsquotienten verdankt der Diamant seinen Glanz. In der instrumentellen Optik werden hochbrechende Substanzen, besonders Flüssigkeiten, vielfach angewandt, z. B. zur Erhöhung der numerischen Apertur (s. Mikroskop). — Der Brechungsquotient ändert sich in sehr verwickelter Weise mit Druck und Temperatur; dagegen bleibt der Ausdruck $r = (n - 1)/\varrho$ und noch besser $R = (1/\varrho) \cdot (n^2 - 1)/(n^2 + 2)$, wo ϱ die Dichte ist, nahezu konstant; man nennt ihn *Brechungs-* oder *Refraktionsvermögen* oder *spezifische Refraktion*. — Die Brechungsquotienten von *Mischungen* stehen in Beziehung zu denen ihrer Bestandteile. Zwischen verschiedenen Elementen besteht eine Beziehung zum Atomgewicht A. Der Ausdruck $\nu = (A/\varrho) \cdot (n^2 - 1)/(n^2 + 2)$ heißt *Atomrefraktion;* aus ihr ergibt sich die *Molekularrefraktion* in einfacher Weise. — Der Wert des Brechungsquotienten charakterisiert einen Körper in ausgezeichneter Weise; seine Bestimmung findet daher zum Zwecke der Materialprüfung vielfach Anwendung: *Butterrefraktometer*, zur Messung des Fettgehalts, *Zuckerrefraktometer*, *Gasrefraktometer* zur technischen Prüfung von Gasen, z. B. des Kohlesäuregehalts der Luft usw. — Der Brechungsquotient steht in theoretischer Beziehung zur *Dielektrizitätskonstante* ε, und zwar ist $n = \sqrt{\varepsilon}$, vorausgesetzt, daß beide Größen für Schwingungen von derselben Frequenz ermittelt werden, und daß der Stoff nicht noch außerdem Elektrizitätsleiter ist; andernfalls ist die Dispersion und das Leitvermögen zu berücksichtigen. Für unendlich lange Wellen gelten folgende Beispiele: Flintglas $n^2 = 6{,}8$ und $\varepsilon = 6{,}8$; Flußspat $n^2 = 6{,}1$ und $\varepsilon = 6{,}8$; Quarz $n^2 = 4{,}6$ und $\varepsilon = 4{,}65$; auch für Gase ist die Übereinstimmung sehr gut (s. auch Dielektrizität).

Brechungsverhältnis, s. Brechungsquotient.

Brechungsvermögen, s. Brechungsquotient.

Brechungswinkel, s. Brechung des Lichts.

Bremsdynamometer, s. Kraftmessung.

Bremse, s. Reibung.

Bremsmagnet, s. Magnetische Tragkraft.

Bremszaum, s. Kraftmessung.

Brennebene, s. Abbildung.

Brennfläche, s. Sphärische Aberration.

Brennglas, s. Linsen.

Brennlinie, s. Sphärische Aberration.

Brennpunkt, s. Abbildung, Spiegel.

Brennweite, s. Abbildung, Linsen, Spiegel.

Brewstersches Gesetz, s. Polarisation.

Brewstersche Streifen, s. Interferenz des Lichts.

Briefwage, s. Wägung.

Brille ist jede, lediglich zur Korrektion der Fehler des Auges dienende, von Vergrößerung freie Vorrichtung. Der erste dieser Fehler, die Weitsichtigkeit (s. Sehen), beruhend auf der Verringerung der Akkommodationsfähigkeit, wird durch eine schwache Sammellinse beseitigt, insbesondere für geringe Entfernungen (Leseweite). Der zweite Fehler, die Kurzsichtigkeit (Myopie) oder Übersichtigkeit (Hypermetropie), beruhend auf der zu frühen oder zu späten Strahlenvereinigung, wird im ersten Falle durch Konkav- oder Zerstreuungslinsen, im letzteren durch Konvex- oder Sammellinsen korrigiert, und zwar mit verschiedenen Krümmungen für das Sehen in die Nähe, in mittlere Entfernungen und in die Ferne. Der dritte Fehler, der Astigmatismus (s. daselbst), wird durch Zylinderlinsen mit entsprechend gerichteter Achse behoben. Sind mehrere dieser Fehler zugleich vorhanden, so muß man sphärische und zylindrische Krümmung in geeigneter Weise kombinieren: *sphärozylindrische Linsen;* häufig wird die Vorderfläche sphärisch, die Hinterfläche zylindrisch geschliffen. Charakterisiert wird ein Brillenglas durch seine *Brennweite* oder durch ihren reziproken Wert, die *Stärke* oder *Dioptrie;* bei 1 m Brennweite ist die Dioptrie 1, bei $^1/_2$ m ist sie 2, bei $-^1/_3$ ist sie -3 (konvex bzw. konkav). — Ein Brillenglas gibt zunächst nur beim zentralen Sehen gute Bilder; soll es auch beim seitlichen bzw. peripherischen Sehen das tun, so muß es besonders konstruiert sein, und hierauf beruhen alle neueren Fortschritte der Brillentechnik. Am ältesten in dieser Hinsicht ist die *periskopische* oder *Umblickbrille* (Wollaston); am vollkommensten die *Punktalbrille* (Zeiss), die auf der Theorie von Gullstrand und v. Rohr aufgebaut ist (zentriert für den Mittelpunkt der Augenbewegungen); hier sind die bei älteren Brillen sich unwillkürlich einstellenden Kopfdrehungen in die Sehrichtung hinein überflüssig. — Um mit Bequemlichkeit abwechselnd in die Nähe und Ferne sehen zu können, hat man *Bifokalbrillen* konstruiert, entweder aus zwei verschieden gekrümmten Teilen zusammengesetzt, wobei aber die Grenze störend wirkt, oder auf andre Weise; am vollkommensten sind die *torischen* Gläser (mit ringförmigen Zonen) und die sphärotorischen Gläser. — Spezialitäten für besonders geschwächte Augen sind die *Fernrohrbrillen*, die *Starbrillen* (die die wegoperierte Augenlinse ersetzen müssen), die *Schneebrillen* zur Milderung der Lichtwirkung, die *Farbenbrillen* und unter ihnen besonders die Gelbgläser zum Schutz gegen ultraviolette Strahlen. — Für das Sehen mit einem Auge dient das Monokel; im Gegensatz dazu sind fast alle Brillen binokular. Dabei ist von Wichtigkeit, daß der Abstand der beiden Gläser dem der Augen genau entspreche, was nur durch festen Aufbau vollkommen erreicht werden kann; zur Feststellung dient der *Augenabstandsmesser*. — Das Brillenglas würde von Vergrößerung bzw. Verkleinerung und von andern Fehlern frei sein, wenn es das Auge unmittelbar berührte; solche Brillen, *Kontaktbrillen*, sind auch gebaut worden, haben sich aber als zu lästig nicht eingeführt. Die üblichen Brillen geben kleine Größenänderungen, was aber nicht viel schadet, z. T. sogar eine willkommene Beigabe ist.

Brinellsche Kugelprobe, s. Härte.

Brisanz, s. Explosion.

British-Association-Einheit, s. elektrische und magnetische Maßsysteme.

Brockengespenst, s. Atmosphärische Optik.

Bromsilbergelatine, s. Photographie.

Brownsche Bewegung ist die von dem Botaniker Brown entdeckte und mit dem Mikroskop leicht zu beobachtende Bewegung suspendierter Teilchen in einer Flüssigkeit. Die Bewegungen sind andauernd, völlig regellos und sie stehen mit keiner bekannten äußeren Ursache in irgendeinem Zusammenhange; es sind also jedenfalls Bewegungen aus innerer Ursache, und der naheliegende Schluß, daß es sich um *Wärmebewegung*, analog der von der kinetischen Gastheorie (s. d.) angenommenen Schwirrbewegung der Molekeln handelt, ist inzwischen durch zahlreiche experimentelle und theoretische Untersuchungen (Perrin, Smoluchowski, Einstein) vollauf bestätigt worden. Die Grundgesetze beider Erscheinungen sind die gleichen, und auch numerisch kommt man zu übereinstimmenden Beziehungen, so daß es sich also nicht bloß um eine äußere Analogie, sondern um ein richtiges, wenn auch grobes *Modell der Molekularbewegung* handelt. Als Material eignen sich besonders zwei Harze: Gummigutt und Mastix; durch geeignete Behandlung erhalt man die gewünschte Emulsion, die man dann durch Zentrifugierung fraktionieren kann, d. h. man kann dann Emulsionen erhalten, die nur Teilchen von einem bestimmten Größenbereich enthalten. Die meistbenutzten Teilchen hatten einen Radius von 0,1 bis 0,5 Mikron (1 Mikron = 0,001 mm). Mit dem Mikroskop kann man auch die Teilchen zählen und feststellen, nach welchem Gesetz die Konzentration in einer zylindrischen Saule nach oben abnimmt; es ist hier, wie bei Gasen, das Gesetz der geometrischen Reihe. Vergleicht man das Gefälle hier und dort, so kann man die *Avogadrosche Zahl* (s. Gase und Kinetische Theorie) berechnen und findet ausgezeichnete Übereinstimmung mit den Ergebnissen anderer Methoden, nämlich $N = 68 \cdot 10^{22}$. — Übrigens sind die Schwirrbewegungen, die man mit dem Mikroskop beobachtet, noch nicht die wahren, sondern nur die groben Integrationsbahnen über relativ längere Zeitabschnitte, innerhalb derer die wahre Bahn schon viele Knicke erfährt. Ferner kann man Diffusionsmessungen anstellen und nach dem Stokesschen Gesetz (s. Bewegung fester Körper in Flüssigkeiten) berechnen, wobei sich für N dieselbe Zahl ergibt. Abgesehen von der andern Natur des Mediums und der andern Größenordnung der schwirrenden Teilchen ist also die Brownsche Bewegung wesensgleich mit der hypothetischen Molekularbewegung der Gase, die dadurch eine weitere wesentliche Stütze erhält.

Bruchdehnung, s. Festigkeit.

Brückenwage, s. Wägung.

Brückenwalze, s. Widerstandsmessung.

Brummkreisel, s. Kubische Pfeifen.

Brustkasten, s. Stimme und Sprache.

Bruststimme, s. Stimme und Sprache.

Büschellicht, s. Glimmlicht.

Bumerang, s. Wurf.

Bunsenbrenner, s. Wärmeapparate.

Bunsensches Element, s. Galvanische Elemente.

Bussole, s. Galvanometer.

Butterrefraktometer, s. Brechungsquotient.

C

Cadmiumelement, s. Galvanische Elemente.

Caloricum, s. Wärme.

Camera lucida, s. Mikroskop.

Camera obscura, s. Photographisches Objektiv, Projektion.

Carcellampe, s. Lichtstarke.

Cardanische Aufhängung, s. Zeitmessung.

Carnotsche Maschine, s. Thermodynamik.

Carnotsches Prinzip, s. Thermodynamik.

Cartesischer Taucher, s. Schwimmen.

ccm, s. Raummaß.

Celsiusgrad, s. Temperatur.

Celsiusthermometer, s. Thermometrie.

C-G-S-System, s. Maßsysteme.

Charlière, s. Luftschiffahrt.

Chemie, s. Materie, Physik.

Chemilumineszenz, s. Lumineszenz.

Chemische Harmonika, s. Tönende Systeme.

Chemische Strahlen, s. Strahlung.

Chemische Wärme, s Thermochemie.

Chemische Wirkungen des Lichts, s. Photochemie.

Chemitelegraphie, s. Telegraphie.

Chladnische Klangfiguren, s. Membrantöne, Plattentöne.

Chlorsilberelement, s. Galvanische Elemente.

Chromatische Aberration oder *Chromatische Abweichung* oder *Farbenabweichung* ist der Abbildungsfehler, der aus dem verschiedenen Verhalten verschiedenfarbigen Lichts infolge seiner verschiedenen Schwingungszahl bzw. Wellenlänge resultiert. Er macht sich nur bei der Brechung (sowie bei Interferenz und Beugung), nicht aber bei der Spiegelung geltend. Da der Brechungsquotient eines Stoffes (s. Brechung und besonders Dispersion) von der Farbe abhängig ist, und zwar, bei gut durchsichtigen Stoffen, in dem Sinne, daß er von Rot bis zu Violett stets zunimmt, wird auch der Gang verschiedenfarbiger Lichtstrahlen im Raume entsprechend verschieden, und die Vereinigungspunkte der Strahlen eines Büschels liegen für jede Farbe an andrer Stelle. Farbige Objekte werden also nicht in ein und derselben Ebene scharf abgebildet, sondern in verschiedenen; und bei schwarzweißen Objekten zeigt das Bild wegen der verschiedenen Lage der Bildpunkte farbige Konturen. Zur Herabminderung oder Beseitigung dienen Kombinationen von Linsen aus verschiedenen Glassorten. Früher verfügte man hierzu nur über die beiden Haupttypen, *Kron* und *Flint* (jenes mit niedriger, dieses mit höherer Brechung und Farbenzerstreuung), die man durch Verbindung einer Bikonvexlinse aus Kron mit einer Bikonkavlinse aus Flint zu einem *Achromaten* oder achromatischen Objektiv vereinigte, s. Fig. 22 (Kron nach rechts unten, Flint nach rechts oben schraffiert); die Brechung blieb bestehen, die Farbenzerstreuung war herabgemindert, aber doch nur bis zu einem gewissen Grade, nämlich so, daß von dem Spektrum, das durch die Farbenzerstreuung entsteht, nur noch ein gewisser Rest, das *sekundäre Spektrum* übrig blieb; durch einen Achromaten lassen sich nämlich nur zwei

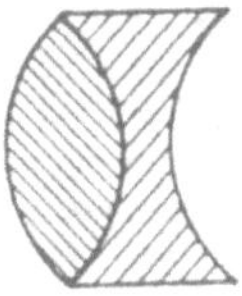

Fig 22.

Stellen, z. B. Fraunhofersche Linien, der Spektren der Einzellinsen zur Deckung, also zur Aufhebung bringen, nicht aber die übrigen. Das wurde erst möglich durch Herstellung neuer Gläser,

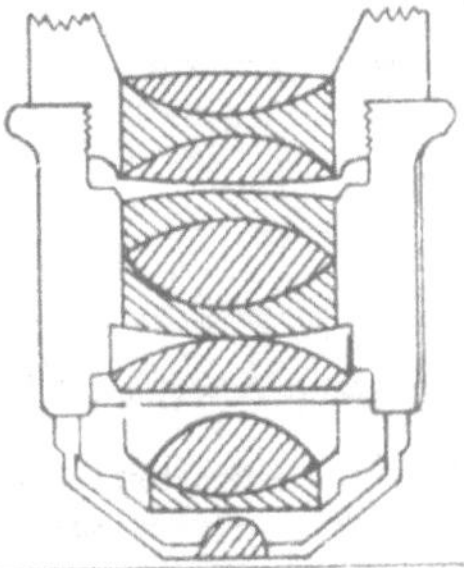

Fig 23.

der *Jenaer Gläser* (Schott und Abbe), mit deren Hilfe dann neue Objektive, die *Apochromate*, gebaut wurden, die auch das sekundäre Spektrum zum großen Teile wegnehmen, s. Fig. 23 (Schraffierung willkürlich); solche Apochromate, die oft aus bis zu zehn Einzellinsen bestehen, finden in der Mikroskopie, Teleskopie und photographischen Optik Anwendung, z. T. auch unter Benutzung von natürlichem Flußspat für eine der Linsen. — Übrigens ist zu unterscheiden zwischen optischer Achromasie und photographischer oder *aktinischer Achromasie*, je nachdem die Korrektion vollkommen ist für Wellenlängen, wie sie das Auge am besten wahrnimmt, oder für die viel kleineren, bei denen das Optimum der chemischen Wirkung liegt. — Außer der chromatischen Aberration infolge Brechung spielt in der Abbildungslehre auch noch die chromatische Abweichung der sphärischen Aberration (s. d.) eine Rolle, da letztere ebenfalls für verschiedene Farben verschieden stark ist.

Chromatische Tonleiter, s. Tonhöhe.

Chromosphäre, s. Sonne.

Chromsäureelement, s. Galvanische Elemente.

Chronograph, s. Zeitmessung.

Chronographische Auflösung, s. Experiment, Klang, Schwingungen.

Chronometer, s. Zeitmessung.

Chronoskop, s. Zeitmessung.

Clarkeelement, s. Galvanische Elemente.

Clausius-Mosottische Theorie, s. Dielektrizität.

Clausiussches Prinzip, s. Thermodynamik.

Clément-Désormessche Methode, s. Kalorimetrie.

cm, s. Längenmaß.

Compoundschaltung, s. Dynamomaschine.

Contractio venae, s. Ausfluß.

Cornusche Hyperbeln, s. Interferenz des Lichts, Biegung.

Cornusche Spiralen, s. Beugung des Lichts.

Corona, s. Sonne.

Cortische Fasern, s. Gehör.

Coulomb, s. Elektrische Maßsysteme.

Coulombsche Drehwage, s. Elektrometrie, Magnetische Messungen.

Coulombsches Gesetz, s. Elektrostatik, Magnetismus.

Coulombsches Reibungsgesetz, s. Reibung.

Crookesscher Dunkelraum, s. Glimmlicht.

Crookessche Röhre, s. Glimmlicht, Kathodenstrahlen.

Curiesche Konstante, s. Ferromagnetismus.

Curiesches Gesetz, s. Ferromagnetismus.

Curl der Kräfte, s. Potential.

D

Dämmerung, s. Atmosphärische Optik, Sonne.

Dämpfe im weitesten Sinne des Wortes sind nichts anderes als Gase, nur werden sie in engerer Beziehung zu der Flüssigkeit, aus der sie durch Verdampfung hervorgehen, erfaßt. Dabei ist dann eine wesentliche Unterscheidung zu machen: *ungesättigte* oder *überhitzte* Dämpfe einerseits und *gesättigte Dämpfe* andrerseits. Erstere können nur für sich (nicht mit Flüssigkeit zusammen) existieren; sie verhalten sich wie Gase, und zwar bei genügend hoher Temperatur oder genügend großem Volumen wie ideale Gase, d. h. sie erfüllen das Boyle-Gay-Lussacsche Gesetz (s. Gase und Thermische Ausdehnung der Gase); aber je niedriger die Temperatur oder je höher der Druck wird, desto mehr weichen sie von ihm ab. Ihre Isothermen sind dann nicht mehr gleichseitige Hyperbeln, sondern kompliziertere Kurven. Anschaulicher ist es, als Funktion des Druckes p nicht das spezifische Volumen v, sondern das Produkt pv darzustellen; es müßte sich dann für jede Temperatur eine horizontale Grade ergeben, in Wahrheit ergeben sich Kurven, die desto stärker nach unten ausgebaucht sind, je niedriger die Temperatur ist, s. Fig. 24 (gültig für Kohlensäure). Für zahlreiche Dämpfe hat man die zusammengehörigen Werte von v, p, T (absolute Temperatur) gemessen, ganz besonders vielfach natürlich für Wasserdampf, bei dem übrigens die Abweichungen meist nicht sehr erheblich sind. Die Ergebnisse hat man durch empirische oder theoretisch begründete Formeln dargestellt; unter letzteren ist am wichtigsten die von van der Waals (s. Gase). Es ergeben sich dann für jeden Dampf charakteristische Werte von a und b. — Ganz anders liegen die Verhältnisse bei einem Dampf in Gegenwart seiner Flüssigkeit. Ein solcher Dampf ist immer gesättigt, d. h. in dem betreffenden Raume kann unter den obwaltenden Umständen weder mehr noch weniger Dampf vorhanden sein; ist zuviel Dampf vorhanden, so verflüssigt sich der Überschuß; ist zu wenig vorhanden, so verdampft eine entsprechende Menge Flüssigkeit. Sieht man v und T als gegeben an, so ist jetzt der Druck p keine selbständige Variable mehr; er hat vielmehr stets seinen größten zulässigen Wert. Diesen Wert nennt man die *Maximalspannung* oder *Sättigungsspannung* oder kurz die *Spannkraft* des gesättigten

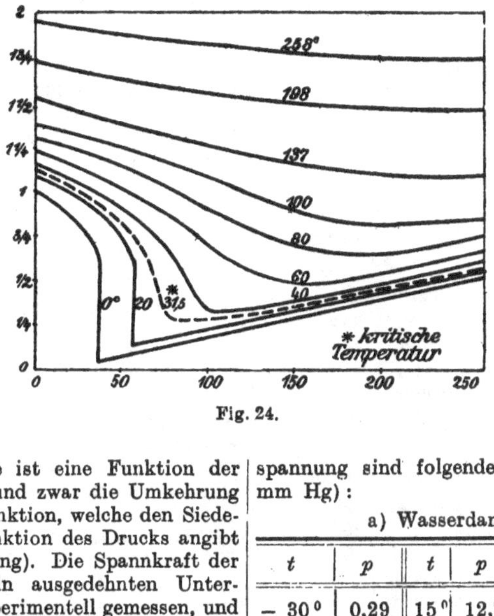

Fig. 24.

Dampfes. Sie ist eine Funktion der Temperatur, und zwar die Umkehrung derjenigen Funktion, welche den Siedepunkt als Funktion des Drucks angibt (s. Verdampfung). Die Spannkraft der Dämpfe ist in ausgedehnten Untersuchungen experimentell gemessen, und es sind dafür zahlreiche empirische Formeln aufgestellt worden; die wichtigste von ihnen, weil sie die Erscheinungen gut darstellt und sich zugleich thermodynamisch begründen läßt, ist die *Rankine-Duprésche Formel:*

$$\log p = A - B/T - C \log T,$$

wo A, B, C Konstanten sind, die z. T. mit der Verdampfungswärme (s. d.) sowie mit den spezifischen Wärmen von Flüssigkeit und Dampf zusammenhängen. Einige Werte der Dampfspannung sind folgende (Celsiusgrade, mm Hg):

a) Wasserdampf

t	p	t	p	t	p
− 30°	0,29	15°	12,7	50°	92,3
− 20	0,78	20	17,4	60	149,2
− 10	1,96	25	23,5	70	233,5
0	4,58	30	31,6	80	355,1
+ 10	9,2	40	55,1	90	525,8

t	p	t	p
95°	634,0	101°	787,5
97	682,1	102	815,9
98	707,3	105	906,1
99	733,3	110	1075
100	760,0	120	1489

und in Atmosphären:

$t =$	100	125	150	175
$p =$	1	2,3	4,7	8,6
$t =$	200	250	300	350
$p =$	15,2	39,4	87,5	167,2

b) Alkoholdampf

− 20°	3,3 mm
0	12,5
+ 10	24,2
20	45
50	221
78,3	760
100	2,24 Atm.
200	31 „

c) Ätherdampf

− 20°	62 mm
0	186
+ 10	289
20	440
35	760
50	1275
100	6,4 Atm.
195	35,5 „

d) Quecksilberdampf

0°	0,0004 mm	300°	249
20	0,0011	357	760
50	0,014	500	8 Atm.
100	0,28	600	22,3
140	1,84	800	101,5
200	17,8		

e) Kohlensäure f) Sauerstoff

− 120°	14 mm	− 194°	198 mm
− 78	1 Atm.	− 191	298
− 50	6,8	− 185	608
0	34,5	− 170	3,3 Atm.
+ 20	56,3	− 150	11
31,3	72,9	− 120	50

g) Wasserstoff

− 259°	60 mm
− 256	250
− 253	650

Stellt man die Dampfspannung graphisch dar, so erhält man die *Dampfspannungskurven*, sie sind für alle Dämpfe von annähernd gleicher Form, nämlich anfangs mäßig, allmählich immer stärker ansteigend, dagegen haben sie verschiedene Lage zur Temperaturachse. Aber auch das kann man beseitigen, wenn man als Variable nicht die Temperatur selbst, sondern die *reduzierte Temperatur* (s. kritischer Zustand) und entsprechend als Ordinaten nicht die Drucke, sondern die *reduzierten Drucke* wählt: dann fallen alle Kurven mehr oder weniger in eine einzige zusammen; die reduzierte Spannung ist also für alle gesättigten Dämpfe nahezu dieselbe Funktion der reduzierten Temperatur. — Mit der Temperatur steht natürlich auch das *spezifische Volumen* oder, reziprok, die *Dichte* des gesättigten Dampfes in Beziehung; sie verhält sich entsprechend kompliziert. Es ist also auch die auf Luft von gleicher Temperatur und gleichem Druck bezogene *Dampfdichte* (s. Dichte) keine konstante Größe, sondern variabel; für Wasserdampf gelten z. B. folgende Werte des spezifischen Volumens und der Dampfdichte:

t	v	d	t	v	d
0°	204680	0,625	99,6	1690	0,634
15	80341	0,627	130,3	662	0,638
27,2	39534	0,629	182,9	188	0,657
57	8739	0,630	202,2	125	0,671
78,5	3632	0,631	231,4	72	0,706

Von besonderem Interesse ist bei gesättigten Dämpfen noch die spezifische Wärme; außer der für konstantes Volumen, c_v, und der für konstanten Druck, c_p, gibt es hier noch eine dritte, nämlich die Wärmemenge, die man einem aus Flüssigkeit und Dampf bestehenden System zur Erwärmung um 1° zuführen muß, wenn dabei weder Flüssigkeit verdampfen noch Dampf sich verflüssigen soll, also bei konstant bleibendem Anteil der beiden Phasen; diese Größe c' heißt die *spezifische Wärme des gesättigten Dampfes.* Aus der Thermodynamik mit Benutzung der Formel für die Verdampfungswärme (s. d.) ergibt sich nun für sie, wenn c die spezifische Wärme der Flüssigkeit und V die Verdampfungswärme beim absoluten Nullpunkt ist, die Formel: $c' = c - V/T$. Bei Wasser ist nun $c = 1$ für 0° bzw. $c = 1{,}08$ für 500° C und $V = 796$; bis zu 522° hinauf ist also die spezifische

Wärme des gesättigten Wasserdampfes negativ, d. h. um ihn um 1° zu erhitzen, während sich der Druck so weit ermäßigt, daß der Dampf gesättigt bleibt, muß man ihm Wärme nicht zuführen, sondern entziehen. Führt man ihm keine Wärme zu, so bilden sich *Nebel*, wenn der Druck plötzlich sinkt, nicht aber, wenn er plötzlich steigt (wie man erwarten sollte und wie es auch bei andern Stoffen der Fall ist). Diese Anomalie, die durch den Versuch (mit Glasgefäß und Gummiballon oder Pumpe leicht anzustellen) durchaus bestätigt wird, ist eine der (viel zu wenig beachteten) Grundlagen der *Wetterkunde:* Nebelbildung tritt nicht bei steigendem, sondern bei sinkendem Barometer ein. Einige Zahlen für die spezifische Wärme des gesättigten Dampfes: Wasser bei 0° C $-1{,}91$, bei 100° C $-1{,}13$, bei 200° C $-0{,}67$; dagegen Äther bei 0° C $+0{,}11$, bei 120° C $+0{,}16$. Äther verhält sich also normal. Ferner einige Grenztemperaturen, oberhalb deren das Verhalten normal wird: Wasser 522° C, Alkohol 135° C, Benzol 112° C, Äther -116° C. — Übrigens tritt auch bei übersättigten Dämpfen Kondensation nur dann ein, wenn *Kondensationskerne* (Staub, Ionen usw.) vorhanden sind. Ferner ist zu unterscheiden zwischen allmählicher und plötzlicher Kondensation; letztere führt zur *Nebelbildung*, d. h. zur Bildung zahlreicher Flüssigkeitströpfchen, die in dem Luft- oder Dampfraum schwebend erhalten werden. — Auf der Spannkraft der Dämpfe beruhen mehrere wichtige technische Apparate, namentlich die Dampfmaschine (s. Kalorische Maschinen).

Dämpfung ist die Abnahme der Amplitude einer schwingenden Bewegung. Das Verhältnis einer Amplitude zur nächsten heißt *Dämpfungsverhältnis*, sein Logarithmus (mit dem sich bequemer rechnen läßt), also die Differenz der Logarithmen zweier aufeinanderfolgender Schwingungen heißt *logarithmisches Dekrement.* Die Dämpfung stellt eine Zerstreuung von Energie durch mechanische, elektrische, magnetische und andre Reibung dar. In den wichtigsten Fällen ist das Dämpfungsverhältnis, also auch das logarithmische Dekrement ε, während der ganzen Andauer der schwingenden Bewegung konstant, d. h. die Amplituden bilden eine abnehmende geometrische Reihe, ihre Logarithmen eine abnehmende arithmetische Reihe, die Schwingung heißt alsdann *gleichförmig gedämpft.* Formel (a Anfangsamplitude, t Zeit, n Frequenz): $x = a \cdot e^{-2\varepsilon n t} \sin 2\pi n t$. Durch die Dämpfung wird auch die Frequenz der Schwingungen beeinflußt, und zwar

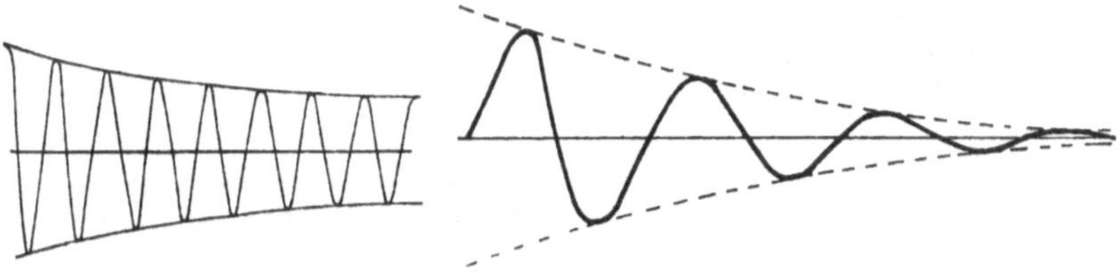

Fig 25.

wird sie im Verhältnis von $\pi : \sqrt{\pi^2 - \varepsilon^2}$ kleiner, die Periode also im gleichen Verhältnis größer. Nach dem Prinzip von der Zerstreuung der Energie sind tatsächlich alle freien Schwingungen gedämpft; das Dämpfungsverhältnis ist aber in den einzelnen Fällen überaus verschieden, z. B. bei der Rotation der Erde um die Sonne so klein, daß es sich noch in Jahrtausenden nicht bemerklich macht; bei den Schwingungen einer Stimmgabel in Luft immer noch sehr klein, bei denselben in Wasser aber schon recht beträchtlich. Nebenstehend graphische Darstellung (Fig. 25) zweier schwach bzw. stark gedämpfter Schwingungen. — In vielen Fällen der Wissenschaft und Praxis, besonders wenn es sich um die Beobachtung einer dauernd veränderten Einstellung handelt, ist die geringe Dämpfung der dabei auftretenden Schwingungen sehr lästig; man wendet daher *künstliche Dämpfungsmethoden* an, und zwar *Luftdämpfung* oder *Flüssigkeitsdämpfung*, indem man mit dem schwingenden Körper einen Hilfskörper von großer Oberfläche verbindet und diesen im zweiten Falle in Öl oder dgl. tauchen läßt. Bei einem schwingenden Magneten wendet man noch besser *elektromagnetische Dämpfung* an, indem man ihn mit einer massiven Metallhülle umgibt, in der dann Ströme induziert werden, die auf die Schwingungen des Magneten dämpfend zurückwirken. — Wird die Dämpfung so stark,

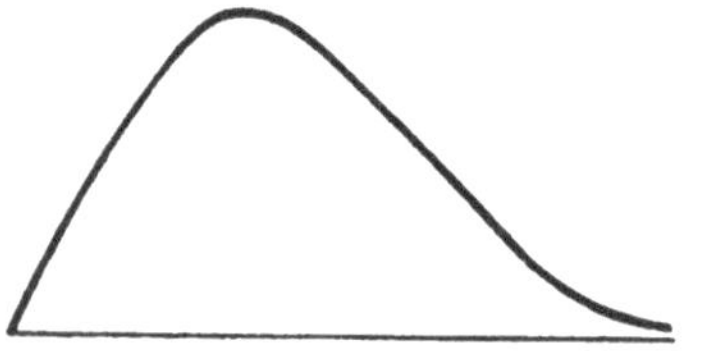

Fig 26.

daß der schwingende Körper bei der Rückkehr gar nicht mehr über die Gleichgewichtslage hinauskommt, erhält man die *aperiodische Bewegung*, s. Figur 26 (bei Galvanometern usw. vielfach benutzt). — S. auch Galvanometer, Innere Reibung, Schwingungen.

Dämpfung durch Induktion, s. Induktion.

Dämpfung elektrischer Schwingungen, s. Elektrische Schwingungen.

Dämpfungsmethode, s. Magnetische Messungen, Widerstandsmessung.

Dämpfungsverhältnis, s. Dämpfung.

Dämpfung und *Resonanz*, s. Freie und erzwungene Schwingungen.

Daguerrotypie, s. Photographie.

D'Alembertsches Prinzip, s. Dynamik.

Daltonsches Gesetz, s. Gase, Gemische, Lösungen.

Daltonsche Temperaturskala, s. Temperatur.

Dampfbad, s. Wärmeapparate.

Dampfdichte, s. Dichte, Thermische Ausdehnung der Gase.

Dampfdichte gesättigter Dämpfe, s. Dämpfe.

Dampfdichtemessung, s. Dichtemessung.

Dampfdruck, s. Dämpfe.

Dampfdruckerniedrigung, s. Lösungen.

Dampfgemische, s. Gemische.

Dampfmaschine, s. Kalorische Maschinen.

Dampfpfeife, s. Tönende Systeme.

Dampfspannung, s. Dämpfe.

Dampfspannung einer Lösung, s. Lösungen.

Dampfspannungserniedrigung, s. Lösungen.

Dampfspannung über Gemischen, s. Gemische.

Dampfspannungskurve, s. Dämpfe.

Dampfturbine, s. Kalorische Maschinen.

Daniellsches Element, s. Galvanische Elemente.

Daniellsches Hygrometer, s. Feuchtigkeit.

Dauer des Lichteindrucks, s. Sehen.

Dauerkonfiguration, s. Materie.

Dauermagnet, s. Remanenz.

Davyscher Lichtbogen, s. Lichtbogen.

Davysche Sicherheitslampe, s. Wärmeleitung fester Körper.

Deckbarkeit, s. Gestalt.

Deduktive Methode, s. Physik.

Deformation, s. Elastizität.

Deformationsmodul, s. Elastizität.

Dehnbar, s. Geschmeidigkeit.

Dehnungsgrenze, s. Elastizitätsgrenze.

Dehnungsmodul, s. Biegung, Elastizitätsmodul, Kompressibilität, Längsdehnung.

Deklination, s. Erdmagnetismus.

Deklinatorium, s. Erdmagnetismus.

D-Linie, s. Spektrum, Zeemaneffekt.

Delta-Strahlen, s. Radioaktivität.

Densimeter, s. Dichtemessung.

Depolarisator, s. Galvanische Polarisation.

Depression des Nullpunkts, s. Thermometer.

Destillation, s. Verdampfung.

Detektor, s. Drahtlose Telegraphie, Elektrische Ventile.

Dewarsche Gefäße, s. Wärmeleitung der Gase.

Dezigramm, s. Maße.

Dezimalwage, s. Wägung.
Dezimeter, s. Längenmaß.
Dialyse, s. Osmose.
Diakaustik, s. Sphärische Aberration.

Diamagnetismus und Paramagnetismus ist der Name für den Zustand schwach magnetisierbarer Körper unter der Einwirkung eines Feldes. Paramagnetische Körper sind solche, welche sich qualitativ genau wie Eisen und andre ferromagnetische Körper verhalten, d. h. sich im Felde axial, von Feldpol zu Feldpol, einstellen; dagegen stellen sich diamagnetische Körper mehr oder weniger quer zum Felde. Man kann auch jene Körper als positiv, diese als negativ magnetisierbar bezeichnen; die Suszeptibilität $\varkappa$ und die Permeabilität μ (s. Magnetische Induktion) sind für jene positiv, für diese negativ. Im übrigen sind beide Größen hier Konstanten, d. h. die Magnetisierung ist mit der Feldstärke einfach proportional, die Magnetisierungskurve ist eine ansteigende gerade Linie. Remanenz, Koerzitivkraft und Hysteresis fehlen beinahe gänzlich, nur in einzelnen Fällen lassen sich Spuren davon nachweisen. Zur Untersuchung des Diamagnetismus und Paramagnetismus müssen besonders empfindliche Magnetometer benutzt werden, so das *Diamagnetometer* von W. Weber, und es müssen besonders kräftige Felder hergestellt werden, was mittels des Faradayschen, des Weissschen und des du Boisschen Ring- und Halbring elektromagneten gelingt. Für Flüssigkeiten kommen besondere Methoden (s. Magnetische Messungen) in Betracht, ebenso für Gase. Ganz besonders ist auf die Reinheit der Stoffe zu achten, da schon geringe Beimengungen, namentlich von Eisen, das Ergebnis trüben, wenn nicht gar umkehren können. Die Ergebnisse kann man zunächst zusammenfassen in einer *magnetischen Reihe der Stoffe*, vom stärksten positiven bis zum stärksten negativen fortschreitend: Mangan — Chrom — Platin — Wolfram — Aluminium — Silizium — (Nullpunkt) — Kohle — Natrium — Phosphor — Kupfer — Zink — Silber — Schwefel — Blei — Gold — Jod — Quecksilber — Antimon — Wismut. Ferner einige Zahlen für $\varkappa$ in Millionteln:

Sauerstoff (flüssig)	+ 324
Luft (flüssig)	180
Eisenchlorid	60
Eisenoxyd	50
Platin	30
Steinkohle	1
Luft (gasfrei)	0,03
Äther	0,6
Alkohol	0,7
Jenaer Glas (Mittel)	0,8
Wasser	0,8
Quecksilber	2,6
Gold	3,0
Wismut	14,5

Für die Elemente stehen die Werte in einer deutlichen Beziehung zum periodischen System. Für Lösungen ergibt sich im allgemeinen Proportionalität mit der Konzentration, insbesondere bei Lösungen in Wasser gibt es, da Wasser diamagnetisch ist, für paramagnetische gelöste Stoffe eine bestimmte Konzentration, die *amagnetisch* oder *magnetisch inaktiv* ist, z. B. folgende Lösungen mit beigesetzter Dichte: Manganchlorür 1,0748, Eisenchlorid 1,0066, Nickelchlorür 1,0183, Kupferchlorid 1,0520, Ferrizyankalium 1,0513. — Für Lösungen verschiedener Stoffe in verschiedenen Lösungsmitteln gilt, wenn m_0 und m_1 die Anteile des Mittels und des gelösten Stoffes sind, die Formel für den spezifischen Magnetismus: $s = m_0 s_0 + m_1 s_1$. Bei Verbindungen verhält sich der Magnetismus teils additiv, teils aber ganz abnorm; es können sogar zwei paramagnetische Komponeten eine diamagnetische Verbindung geben, und durch Kombination schwacher Körper kann man stark magnetisierbare erhalten (Heuslersche Legierungen, s. Ferromagnetismus). Zur besseren Übersicht führt man dann den *Molekularmagnetismus* (Magnetisierung einer Molekel bzw. eines Mol) und dann weiter den *Atommagnetismus* ein, und es ergeben sich dann mehr oder weniger einfache, meist aber nicht allgemein gültige Sätze. Den Haupteinfluß auf den Magnetismus einer Verbindung hat meist die Atomsuszeptibilität des Kations. — Was die Theorie angeht, so ist zunächst der Paramagnetismus als der natürliche anzusehen; verwunderlich ist nur die Existenz des Diamagnetismus. Am einfachsten läßt er sich dadurch erklären, daß er nur als scheinbar aufgefaßt wird, indem nämlich der Körper schwächer magnetisierbar ist als das umgebende Medium: *differentieller Diamagnetismus*; die Luft z. B. wird zu den Polen des Feldes stärker hingezogen und folglich das Wismutstäbchen abgestoßen. Indessen stößt man mit dieser Theorie auf thermodynamische bzw. energetische Schwierigkeiten (Widerspruch mit dem zweiten Hauptsatz). In der modernen Theorie, besonders in der *Elektronentheorie*, werden daher Para- und Diamagnetismus auf verschiedene Kräfte zurückgeführt: ersterer auf das äußere Feld, letzterer auf das innere oder *molekulare Feld*; er steht also im Zusammenhange mit der Selbsterregung von Elektronen-Rotationen. Jedoch ist die Frage durchaus noch nicht völlig geklärt.

Diaphragmenströme, s. Elektrosmose.

Diapositiv, s. Photographie.

Diaskop, s. Projektion.

Diathermansie, s. Wärmestrahlung.

Diatonische Tonleiter, s. Tonhöhe.

Dichroismus, s. Kristalloptik.

Dichromatisches Auge, s. Sehen.

Dichte oder *spezifische Masse* eines Stoffes ist die Masse eines Kubikzentimeters desselben oder das Verhältnis seiner Masse zu seinem Volumen. Die Dichte des Wassers bei 4° C wird gleich eins gesetzt; die Dichte ist daher auch die Masse eines Körpers im Verhältnis zu einer den gleichen Raum einnehmenden Wassermasse. Formel: $d = m/v$, Dimensionsformel: $[d] = l^{-3}$ m. — Statt der Dichte kann man auch die reziproke Größe einführen; das *spezifische Volumen* oder Volumen der Masseneinheit: $u = v/m$ und $[u] = l^3 m^{-1}$ — Die Dichte eines Stoffes hängt von Druck und Temperatur ab (s. Elastizität und Thermische Ausdehnung). Einige Werte der Dichte, die zugleich auch das *spezifische Gewicht* (s. Gewicht) angeben:

a) Elemente.

Aluminium	2,6	Nickel	8,9
Blei	11,36	Phosphor	2,19
Brom	3,15	Platin	21,4
Chlor (fl.)	1,47	Quecksilber	13,6
Eisen	7,8	Sauerstoff (fl.)	0,9
Gold	19,3	Schwefel	2,0
Jod	4,95	Silber	10,53
Kalium	0,87	Wasserstoff (fl.)	0,26
Kupfer	8,9	Wismut	9,8
Natrium	0,98	Zink	7,2

b) *Hölzer* (grün und trocken).

Ahorn	0,96	0,67
Birke	0,95	0,75
Buche	0,99	0,75
Eiche	1,12	0,91
Kiefer	0,70	0,55
Pappel	0,88	0,38

c) *Jenaer Gläser.*

S 57	5,944	16 III	2,585
1442	3,532	165 III	2,479
121 III	2,848	S 205	2,243

d) *Feste Stoffe.*

Flußspat	3,15	Paraffin	0,89
Kalkspat	2,72	Quarz	2,65
Kautschuk	0,95	Steinsalz	2,28
Messing	8,4		

e) *Quecksilber* bei versch. Temperaturen.

-20	13,645	80	13,400
0	13,595	100	13,352
10	13,571	150	13,232
20	13,546	200	13,115
40	13,497	300	12,880
60	13,449	360	12,741

f) *Wasser* bei versch. Temperaturen.

-10	0,99815	80	0,9718
-5	0,99930	100	0,9584
0	0,99987	150	0,9173
4	1,00000	240	0,794
10	0,99973		
15	0,99913	*Eis*	
20	0,99823	-20	0,9203
40	0,99224	-10	0,9186
60	0,9833	0	0,9167

g) *Flüssigkeiten* (0°).

Äther .	0,74	Kohlensäure .	0,91
Alkohol	0,806	Luft (−190°) .	1,03
Benzol .	0,89	Schwefelsäure .	1,845
Glyzerin	1,26		

h) *Luft* bei verschiedenen Drucken und Temperaturen in 10^{-6}.

	720	740	760	780
0	1225	1259	1293	1327
5	1203	1236	1270	1303
10	1182	1215	1247	1280
15	1161	1193	1226	1258
20	1141	1173	1205	1236
25	1122	1153	1185	1216

i) *Versch. Gase und Dämpfe* (Luft = 1).

Acetylen	0,92
Äthylen	0,967
Äther	2,565
Alkohol	1,603
Ammoniak	0,589
Chlor	2,491
Chlorwasserstoff . . .	1,269
Kohlenoxyd	0,967
Kohlensäure	1,529
Sauerstoff	1,1056
Stickstoff	0,9673
Wasser	0,6235
Wasserstoff	0,0696

Die bisher betrachtete Dichte ist die Raumdichte. Abarten sind die *Flächendichte* (für wesentlich flächenhafte Körper), d. h. die Masse eines Quadratzentimeters, und die *Liniendichte* (für wesentlich fadenförmige Körper), d. h. die Masse eines Zentimeters. Formeln: $d_f = m/f$ und $d_l = m/l$; entsprechende Dimensionsformeln $[d_f] = l^{-2}\,m$ und $[d_l = 1^{-1}]\,m$; Beziehung zur Raumdichte, wenn δ die Dicke der Platte und q der Querschnitt des Fadens ist: $d_f = d\delta$ und $d_l = dq$. — Nimmt man nicht ein Gramm der Substanz, sondern so viele Gramme wie ihre Molekularzahl bzw. Äquivalentzahl angibt, so erhält man in ihrem Volumen das *Molekularvolumen* bzw. Äquivalentvolumen. Das Molekularvolumen ist also das Volumen einer Gramm-Molekel oder kurz eines Mol der Substanz; es ist gleich dem spezifischen Volumen multipliziert mit der Molekularzahl; beim Vergleiche verschiedener Stoffe erhält man also hier die Volumina gleicher Molekelzahlen. Entsprechende Bedeutung hat dann der Begriff *Atomvolumen*. — Bei Gasen und Dämpfen ist die Dichte ein sehr kleiner Bruch; man führt daher oft einen besonderen Begriff, die *Gasdichte*, ein, nämlich die Masse im Verhältnis zu der eines gleichen Volumens Luft von normalem Druck und normaler Temperatur. Diese Gasdichte ist nun aber, entsprechend dem kombinierten Boyle-Gay-Lussacschen Gesetze (s. Gase und Thermische Ausdehnung der Gase) in hohem Maße von Druck und Temperatur abhängig. Deshalb führt man nun wiederum einen neuen Begriff ein: die *Dampfdichte*, nämlich die Masse, bezogen auf eine gleiche Raummenge Luft von demselben Druck und derselben Temperatur wie das zu prüfende Gas. Diese Größe ist für ein ideales Gas von Druck und Temperatur unabhängig, für ein wirkliches Gas nur wenig abhängig, und nur bei Dämpfen unter Umständen stärker veränderlich. Wegen der Dampfdichte des Wasserdampfes s. die Tabelle im Art. Dämpfe. — Ganz entsprechend wie aus der Masse die Dichte, ergibt sich aus dem Gewichte eines Körpers sein *spezifisches Gewicht*: $s = G/v$. Im absoluten Maßsysteme besteht zwischen spezifischem Gewichte und Dichte die Beziehung $s = d \cdot g$. Man pflegt aber die spezifischen Gewichte, statt auf die Masse, auf das Gewicht eines Kubikzentimeters Wasser zu beziehen, und damit werden die Zahlenwerte des spezifischen Gewichts mit denen der Dichte identisch.

Dichtemaximum des Wassers, s. Thermische Ausdehnung der Flüssigkeiten.

Dichtemaximum von Lösungen, s. Thermische Ausdehnung der Flüssigkeiten.

Dichtemessung oder *Messung des spezifischen Gewichts*. 1. *Feste Körper*. a) Durch Wägung und Volumenmessung, letztere bei regelmäßigen Körpern rechnerisch aus den Dimensionen, bei andern durch Einbringen in ein in eine kalibrierte Röhre auslaufendes Gefäß mit

Flüssigkeit, deren Anstieg gemessen wird (Wasser, Alkohol, Petroleum, Benzol usw.). — b) Durch Einbringen in ein *Pyknometer* (Tarierfläschchen); wiegt der Körper m, das Pyknometer mit Wasser gefüllt p, nach Einbringen des Körpers und entsprechendem Ausfluß von Flüssigkeit p', so ist

$$s = m/(m + p - p');$$

man tut gut, möglichst kleine Fläschchen zu benutzen. — c) Durch den *Auftrieb* (archimedisches Prinzip, s. Schwimmen); ist m das Gewicht in Luft, m' das in Wasser, so ist $s = m/(m - m')$; ev. mit einer andern Flüssigkeit, mit deren Dichte dann zu multiplizieren ist. Besondere Einrichtungen hierfür sind die *Nicholsonsche Senkwage* und die *Jollysche Federwage.* — d) Durch Schwebenlassen in einer geeigneten Flüssigkeitsmischung; geeignete Grundflüssigkeiten sind u. a.: Alkohol 0,79, Benzol 0,89, Wasser 1,0, Chloroform 1,52, Bromoform 2,9. — 2. *Flüssigkeiten.* a) Wie oben. — b) mit dem Pyknometer. — c) Durch den Auftrieb eines festen Körpers (Glaskörper) in Luft, Wasser und der Versuchsflüssigkeit, sind die Gewichtsverluste a_0 bzw. a, so ist $s = a/a_0$. Zur bequemen Ausführung dient die *Mohrsche Wage*, ein Glaskörper (am besten ein Thermometer) ist an einem graduierten Wagebalken äquilibriert. Der Auftrieb ist gleich dem Gewichte des schwersten der beigegebenen Reiter; die andern Reiter sind $^1/_{10}$, $^1/_{100}$, $^1/_{1000}$ davon. Taucht der Glaskörper in die Flüssigkeit ein, so muß man je einen Reiter auf eine bestimmte Stelle des Balkens setzen; die Zahlen geben dann direkt die 4 Stellen des spezifischen Gewichts. — d) Mit dem *Aräometer*, d. h. einem Schwimmer, der bis zu einer gewissen Tiefe eintaucht. Es gibt Gewichtsaräometer und Skalenaräometer; bei jenen, Gewicht P, Zusatzgewicht für Wasser p_0, für die Flüssigkeit p, ist $s = (P + p)/(P + p_0)$; bei letzteren wird an einer Skala direkt das spezifische Gewicht abgelesen, oder es ist eine Tabelle beigegeben. Aräometer, die gleich die Dichte angeben, heißen auch Densimeter; solche, die besonders für Alkoholgemische bestimmt sind, Alkoholometer; andere Spezialapparate sind die Galaktometer, Sacharimeter, Salzwagen, Ölmesser usw. — e) Durch Vergleichung mit festen Körpern (Glasperlen) von bekanntem spezifischen Gewichte. — f) Mittels kommunizierender Röhren (s. Hydrostatik), am besten derart, daß in die Krümmung Quecksilber, links darüber Wasser, rechts die Versuchsflüssigkeit gefüllt wird; auch besondere Apparate hierfür sind konstruiert worden. — g) Optisch, besonders für Lösungen, durch Messung des Brechungsquotienten (s. d.) oder der Drehung der Polarisationsebene (s. d.). — Bei allen Methoden sind Korrektionen anzubringen, besonders wegen der Temperatur (bei den Pyknometern ist gewöhnlich der Stöpsel ein Thermometer). Für feinere Zwecke ist ferner die Reduktion auf den leeren Raum vorzunehmen; hat man mit Wasser von der Dichte d beobachtet, ist δ die Dichte der Luft (0,0012), ist p das scheinbare Gewicht des dem Körpervolumen gleichen Wasservolumens, und hat man s beobachtet, so ist der wahre Wert

$$S = sd/p + (1 - s/p)\,\delta. —$$

3. *Gase.* a) Direkte Wägung. Ein Glasballon vom Volumen v wird bei dem Druck (Barometerstand) b und der Temperatur t gewogen und p gefunden, dann wird der Druck mittels teilweiser Auspumpung auf b' ermäßigt und p' gefunden; dann ist s

$$s = (p - p')/v \,.\, (760/(b - b')).(1 + t/273).$$

Die Fehler, die dieser Methode anhaften, wurden durch Regnault mittels eines Doppelballonverfahrens beseitigt. — b) Manometrische Methode, am einfachsten mit der Töplerschen Drucklibelle, einer nach der Mitte hin leicht nach unten gebogenen Röhre, deren Mittelstück mit einem Toluolfaden angefüllt ist, während links und rechts die beiden zu vergleichenden Gase wirken. — c) Ausströmungsmethode nach Bunsen (s. Ausfluß der Gase). Beobachtet man die Ausströmungszeiten gleicher Volumina von Luft (t_0) und dem Versuchsgase (t), so ist $s = (t/t_0)^2$. — 4. *Dämpfe.* Hier handelt es sich gewöhnlich um die *Dampfdichte* (s. Dichte). a) Wägung und Volumenmessung (Dumas), wofür ein besonderer Apparat dient. — b) Volumenmessung des Dampfes, den eine gegebene Flüssigkeitsmenge entwickelt (Gay-Lussac). — c) Verdrängung von Flüssigkeiten (Hofmann, Viktor Meyer) mit Hilfe eines besonderen, in den beiden Fällen verschiedenen Verdrängungsapparates. — d) Verdrängung von Gasen (Viktor Meyer), ebenfalls mit Benutzung eines besonderen Apparats. — Bei allen diesen Methoden, von denen die letztgenannte am beliebtesten ist, sind mehrere wichtige Vorsichtsmaßregeln zu beachten und Korrektionen anzubringen. Außerdem gibt es noch Spezialmethoden für besonders kleine oder große Drucke sowie für sehr tiefe oder sehr hohe Temperaturen.

Dickenmesser, s. Längenmessung.

Dielektrikum, s. Dielektrizität.

Dielektrische Polarisation, s. Dielektrizität.

Dielektrizität ist der elektrische Zustand der Isolatoren oder nichtleitenden Substanzen. In ihnen sind die elektrischen Ladungen an die Raumelemente, in denen sie sich einmal befinden, gebunden; aber innerhalb eines solchen Raumelements können sie verschoben werden, und infolge der entgegengesetzten Verschiebung der positiven und negativen Elektrizität entsteht dann der Zustand der dielektrischen Polarisation. Das Medium selbst heißt *Dielektrikum.* Das Produkt aus Polstärke und Abstand heißt elektrisches Moment des Elements; das Moment der Volumeneinheit heißt Intensität der Elektrisierung oder kurz *Elektrisierung.* Die Elektrisierung ist mit der Feldstärke H proportional, die Größe $B = \varepsilon H$, wo ε ein konstanter Faktor ist, heißt *elektrostatische Induktion* und ε selbst *Dielektrizitätskonstante* oder *elektrostatische Permeabilität* oder *spezifische elektrostatische Induktionskapazität.* Die Intensität der Elektrisierung ist dann $I = ((\varepsilon - 1)/4\pi) \,.\, H = \varkappa \,.\, H$, und hierin heißt $\varkappa$ die elektrostatische *Suszeptibilität* des Stoffes. — Die Dielektrizitätskonstante läßt sich auf sehr verschiedene Art bestimmen; die Methoden sind teils elektrostatischen, teils dynamischen Charakters. Mit dem Differentialkondensator (s. Kondensator) bestimmt man einfach diejenige Stellung der mittelsten Platte zwischen den beiden seitlichen, in der, wenn das Zwischenmedium einerseits Luft, andrerseits der zu untersuchende Stoff ist, die beiden Seiten sich ausgleichen, was bei statischer Ladung sich mit dem Elektrometer, bei Wechselladung mit dem Telephon feststellen läßt. Eine andre Methode beruht darauf, daß ε das Verhältnis der Fortpflanzungsgeschwindigkeiten elektrischer Wellen in Luft und dem betreffenden Medium ist (Drude u. a.); dabei zeigt sich, daß ε von der Frequenz der benutzten Schwingungen abhängt: *elektrische Dispersion.* Der durch statische Versuche ermittelte Wert stellt dabei das Extrem für ganz langsame Schwingungen bzw. für ganz große Wellenlängen dar. Die Dispersion ist (ebenso wie die optische, s. Dispersion) teils normal, d. h. ε nimmt mit abnehmender Wellenlänge der erregenden Schwingungen zu; bei andern Stoffen aber findet anomale elektrische Dispersion statt, d. h. ε nimmt bei abnehmender Wellenlänge ab. Dementsprechend ist der *Maxwellsche Satz,* wonach die Dielektrizitätskonstante das Quadrat des optischen Brechungsquotienten der betreffenden Substanz ist, in Formel $\varepsilon = n^2$ oder $n = \sqrt{\varepsilon}$, nur richtig beim Vergleich übereinstimmender Schwingungszahlen, also beide Größen entweder auf die winzigen optischen Wellenlängen oder beide auf die vergleichsweise ungeheuren elektrischen Wellen bezogen. Die Anomalie kann im optischen Teil des Spektrums oder im elektrischen oder zwischen beiden liegen; auch können mehrere Anomaliestreifen vorkommen. Ihre Lage hängt mit den Absorptionsverhältnissen zusammen (s. Dispersion). Für Wasser ist hier die *Dispersionskurve* schematisch wiedergegeben, und zwar in logarithmischer Darstellung (Schwingungszahlen als Abszissen, Brechungsquotienten als Ordinaten) (Fig. 27). Bei Stoffen, die keine erhebliche Anomalie haben, gilt die Maxwellsche Gleichung entsprechend gut (s. Elektrische Schwingungen). — Auch mit der Temperatur ändert sich ε, aber nicht nach einheitlichen Gesetzen. Einige Werte der Dielektrizitätskonstante (Mittelwerte für ca. 15⁰) sind folgende:

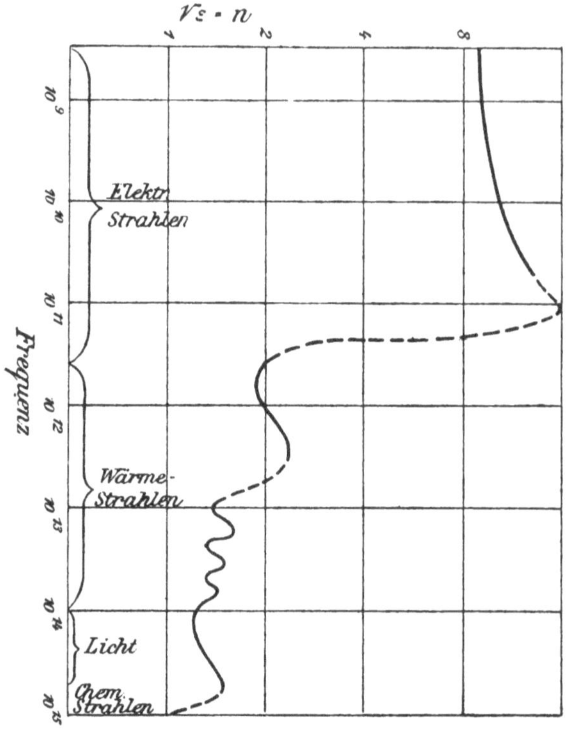

Fig. 27.

Alaun	6,4	Porzellan	6,7
Ebonit	2,53	Quarz	4,55
Flußspat	6,9	Schwefel,	
Glas	3,0—9,5[1])	amorph	3,6
-Boratkron	5,5	Steinsalz	5,8
-Boratflint	7,6	Äther	4,4
-Barytflint	8,3	Alkohol	26,3
Glimmer	6,6	Benzol	2,25
Holz	2,5—7,7	Methylalkohol	32,7
Kalkspat	8,0	Olivenöl	3,07
Kautschuk	2,2	Petroleum	2,09
Paraffin	2,1	Wasser	79,8

Wie man sieht, ist die Dielektrizitätskonstante des Wassers bei weitem die größte von allen. Bei Gasen ist sie nur wenig über eins; einige Zahlen:

Alkoholdampf . . .	1,0085
Benzoldampf . . .	1,0027
Kohlenoxyd	1,000692
Kohlensäure . . .	1,000965
Luft	1,000588
Wasserstoff	1,000264

Ferner einige Temperaturkoeffizienten (relative Abnahme pro Grad):

[1]) Neuerdings bei Schott in Jena noch viel weiter getrieben (bis 15).

Äther	0,0046	Benzol	0,0010
Alkohol	0,0053	Wasser	0,0051

Eine exakte und einfache Bedeutung hat die Dielektrizitätskonstante nur für vollkommene Nichtleiter; bei Leitern, selbst bei schlechten Leitern, kommt gleichzeitig das Leitvermögen in Betracht, und es ist schwierig, beide Eigenschaften streng voneinander zu trennen. — Von den verschiedenen Theorien der dielektrischen Polarisation seien die von Mosotti und Clausius sowie die von Maxwell angeführt. Die erstere nimmt an, daß ein Dielektrikum aus leitenden Molekeln in einem isolierenden Medium besteht; sie führt, wenn ϱ die Dichte der Substanz und c die Dichte der Molekeln (d. h. die maximale Dichte der Substanz) ist, zu der Formel $\varepsilon = (c + 2\varrho)/(c - \varrho)$. Sie wird aber durch die Erfahrung nur in einzelnen Fällen bestätigt. Nach der Maxwellschen Theorie wird der im Dielektrikum verbreitete Äther elektrisch erregt; er erfährt eine Verschiebung unter Überwindung eines Widerstandes p (elektrischer Elastizitätsmodul), und es wird $\varepsilon = (4\pi)/p$; durch Fortführung dieser Vorstellung kommt man dann wieder zu der obigen Beziehung zwischen ε und dem Brechungsquotienten n.

Dielektrizitätskonstante, s. Brechungsquotient, Dielektrizität, Dispersion, Elektrische Schwingungen, Elektrostatik, Kondensator.

Differentialerdinduktor, s. Erdmagnetismus.

Differentialgleichungen, s. Physik.

Differentiallampe, s. Lichtbogen.

Differentialthermoskop, s. Thermometer.

Differenztöne, s. Kombinationstöne.

Diffraktion, s. Beugung.

Diffus (Diffuse Ausbreitung, diffuse Reflexion usw.), s. Reflexion des Lichts.

Diffusion ist das ohne Einwirkung äußerer Kräfte erfolgende Eindringen zweier Körper ineinander, bis, im äußersten Falle, jeder von ihnen für sich genommen gleichförmig in dem Raume verteilt ist. Berühren sich die Körper direkt, so spricht man von *freier Diffusion*, andernfalls von Diffusion durch *Scheidewände* oder *Osmose* (s. d.). Die ineinander diffundierenden Stoffe können gasförmig, flüssig oder fest sein, jedoch müssen sie beide demselben Aggregatzustande angehören; andernfalls gelangt man zur Absorption (s. d.), Auflösung (s. Lösungen) usw. — a) *Gase.* Grundgleichung für den Druck als Funktion der Zeit und des Ortes:

$$\partial p/\partial t = k\,(\partial^2 p/\partial x^2),$$

also ganz analog der der Wärmeleitung; in der Tat sind die Theorien beider Erscheinungen von Fick und Stefan in völlige Parallele gebracht worden. k ist der *Diffusionskoeffizient;* er hängt in Wahrheit vom Mischungsverhältnis ab, aber doch nur in schwachem Maße, so daß man ihn in erster Annäherung als konstant ansehen kann. Eine vollständige Theorie ergibt sich auf kinetischer Grundlage mit Benutzung der *Weglänge* der Teilchen (s. Kinetische Theorie). Bei dem Loschmidtschen Grundversuch werden in ein durch einen Schieber in zwei Hälften geteiltes Glasrohr die beiden Gase gebracht, unten das schwere, oben das leichtere; dann wird der Schieber weggezogen und die Mischung in ihrem zeitlichen Verlaufe beobachtet, und zwar mit Hilfe chemischer Analyse oder auf manometrischem oder optischem Wege. Der Diffusionskoeffizient der Gase ist umgekehrt proportional dem Gesamtdruck und direkt proportional der nahezu zweiten Potenz der absoluten Temperatur; da die Gastheorie die 3/2. Potenz erfordert, muß man eine besondere Annahme über die Änderung der molekularen Wirkungssphäre machen. Einige Zahlen sind folgende:

CO_2 - N_2O	0,092	CO - O	0,187
CO_2 - C_2H_4	0,101	H - C_2H_6	0,46
CO - C_2H_4	0,117	H - C_2H_4	0,48
CO - CO_2	0,131	H - CO_2	0,53
Luft - CO_2	0,135	H - N_2O	0,53
O - CO_2	0,136	H - CH_4	0,63
CO_2 - CH_4	0,147	H - Luft	0,64
Luft - O	0,178	H - CO	0,65
N - O	0,179	H - O	0,67

Ein besonderer Vorgang ist die Diffusion der Gase durch eine (oder viele)

Öffnungen in einer Wand; sie ist nicht mit der Fläche, sondern mit dem Durchmesser der Öffnung proportional. Noch ein Schritt weiter führt dann zur Diffusion durch *poröse* feste Körper; die Erscheinung gehört aber eigentlich nicht hierher, da hier ein äußerer Überdruck erforderlich ist. Die Geschwindigkeit dieser Diffusion ist mit der Druckdifferenz direkt und mit der Wurzel aus der Gasdichte umgekehrt proportional; die Zahlenwerte sind sehr unsicher und hängen stark von der Temperatur ab. Weitere Komplikationen treten auf, wenn der feste Körper das Gas beim Durchgang zum Teil absorbiert: Kautschuk, Metalle usw. So diffundiert z. B. Wasserstoff durch Palladium und durch heißes Platin; jedoch sind es nicht die Molekeln, sondern die Atome, die einzeln hindurchtreten. Endlich diffundiert naszierender Wasserstoff durch Metalle hindurch. — Infolge ihrer verschieden starken Diffusion kann man die Bestandteile von Gasgemischen voneinander trennen, worauf u. a. die *Atmolyse*, eine besondere Art der Gasanalyse, beruht. b) *Flüssigkeiten.* Schichtet man die leichtere von zwei mischbaren Flüssigkeiten vorsichtig über die schwerere, wobei man zweckmäßig die eine von ihnen färbt, so kann man den Mischungsprozeß mit der Zeit verfolgen, bis eine homogene Flüssigkeit entstanden ist; je nach der Natur der Flüssigkeiten dauert der Vorgang minuten- oder stunden- oder tagelang. Hier gilt dieselbe Grundgleichung wie oben, aber für die Konzentrationen an Stelle der Drucke. Es ergibt sich daher: die Konzentration ist mit der Entfernung von der Anfangsschicht proportional. Für den stationären Zustand gilt das *Ficksche Gesetz:* Bei der freien Diffusion einer Salzlösung in Wasser ist die pro Zeiteinheit durch den Querschnitt tretende Salzmenge proportional mit dem Querschnitt und dem Konzentrationsgefälle; sind Zeit, Querschnitt und Gefälle gleich Eins, so hat man den *Diffusionskoeffizienten;* dabei nimmt man gewöhnlich als Zeiteinheit die Stunde, muß also zur Umrechnung auf absolutes Maß mit 3600 dividieren. Einige Werte in absolutem Maße:

Kochsalz (10° C) . .	$105 \cdot 10^{-7}$
Salzsäure (11° C) . .	$266 \cdot 10^{-7}$
Zinkvitriol (18° C) .	$27 \cdot 10^{-7}$
Rohrzucker	$35 \cdot 10^{-7}$
Eiweiß	$5 \cdot 10^{-7}$

Kochsalz bei versch. Temperaturen

0°	10°	17½°	49°
75	105	128	290

Stoffe mit rascher Diffusion sind die *Kristalloide,* solche mit langsamer wie Eiweiß, Gummi usw. sind die *Kolloide* (s. auch Disperse Systeme, Lösungen und Osmose). — Zur Messung bedient man sich zahlreicher Methoden: Dichte, chemische Analyse, Farbenänderung, Änderung der elektromotorischen Kraft einer die beiden Flüssigkeiten benutzenden galvanischen Kette infolge der Diffusion, Brechungsquotienten usw. — Bei den meisten Elektrolyten nimmt der Diffusionskoeffizient mit zunehmender Konzentration ab, bei einigen bis zu einem Minimum, von dem aus er dann wieder wächst, nur bei wenigen steigt er durchweg. Mit der Temperatur steigt der Diffusionskoeffizient, und zwar für die meisten Stoffe in ziemlich gleichem Maße, nämlich um reichlich 1 Prozent pro Grad (s. o.). — Für viele Diffusionseigenschaften besteht ein gewisser Parallelismus mit der elektrischen und der Wärmeleitfähigkeit. — c) Auch *feste Körper* diffundieren ineinander, namentlich Hg durch feste Metalle, und letztere durcheinander; bei normaler Temperatur sehr langsam, bei hohen Temperaturen aber viel schneller; die Diffusionskoeffizienten messen nach einigen Zehnmillionteln. Bei Monate und Jahre langer Fortsetzung des Versuchs kann man erhebliche Durchdringung der Metalle feststellen.

Diffusionskoeffizient, s. Diffusion.

Diffusionspumpe, s. Luftpumpe.

Dilatation, s. Elastizität.

Dilatationsmodul, s. Elastizität.

Dilatometer ist ein Apparat zur Messung der *thermischen Ausdehnung.* Die einfachsten Typen sind Hebelapparate, bei denen die Verschiebung des freien Endes des Stabes mittels eines Hebels vergrößert und eventuell in Drehbewegung umgewandelt wird. Bei der Differentialmethode werden zwei Stäbe, deren einer eine bereits bekannte thermische Ausdehnung hat, miteinander einseitig verbunden und die gegenseitige Verschiebung wird gemessen. Bei dem Gewichtsdilatometer wird der Körper in Rohrform gebracht, mit Quecksilber gefüllt und die bei höherer Temperatur ausfließende Hg-Menge gewogen. Viel genauer als diese Methoden ist die optische und speziell das von Fizeau erfundene, von Abbe vervollkommnete *Dilatometer*. Der oberen ebenen Endfläche des Stabes wird in ganz geringem Abstande eine Glasplatte gegenübergestellt, und zwar mit ganz schwacher Neigung, so daß die Luftschicht zwischen beiden einen schwachen Keil bildet; in homogener Beleuchtung zeigen sich dann dunkle und helle Interferenzstreifen im Mikroskop. Erwärmt man nun den Stab, so daß sich die Dicke der Luftschicht ändert, so wandern die Streifen. Man kann die Zahl der vorbeiwandernden Streifen feststellen und daraus die Ausdehnung ableiten; nur muß man dabei einige naheliegende Korrektionen anbringen. Die Abbesche Vervollkommnung besteht, außer in konstruktiven Einzelheiten, darin, daß das lästige Zählen der Hunderte oder Tausende vorbeiziehender Streifen vermieden wird. Es wird nämlich mit zwei oder drei verschiedenen Farben (Wellenlängen) beleuchtet; jede gibt ein andres Streifensystem; und wenn man die Lage einer Marke zu den Streifen vor und nach der Erwärmung in allen drei Fällen beobachtet, kann man bei bekanntem Verhältnis der Wellenlängen rechnerisch (mit diophantischen Gleichungen) die Zahl der vorbeigezogenen Streifen nachträglich ermitteln. — Bei *Flüssigkeiten* bestimmt man die thermische Ausdehnung entweder durch Beobachtung der scheinbaren Ausdehnung in Gefäßen (Röhren), deren Ausdehnungskoeffizienten man bereits kennt, oder nach dem Prinzip des Gewichtsthermometers (s. o. und Thermometer) durch das Gewicht des bei Erwärmung ausfließenden Quecksilbers, oder nach dem Prinzip der kommunizierenden Röhren, indem man die Flüssigkeit in dem einen Rohr auf konstanter Temperatur erhält, die in dem andern erwärmt und die Höhenänderung bestimmt. — Wegen der Dilatometer für Gase s. Thermische Ausdehnung der Gase.

Dimensionen, s. Grundbegriffe.

Dimensionsformel. Jeden mechanischen Größenbegriff und, unter gewissen Voraussetzungen, jeden physikalischen Begriff überhaupt, kann man auf die Grundbegriffe zurückführen (s. d.) und angeben, welche Rolle jeder der Grundbegriffe in ihm spielt, d. h. in welcher — positiven oder negativen — Potenz er in ihm enthalten ist. Bei Annahme der jetzt herrschenden Grundbegriffe Strecke, Zeit, Masse, in Buchstaben *l*, *t*, *m*, erhält man für die mechanischen Begriffe die beistehenden Anteile in Potenzen (Exponenten):

	l	*t*	*m*
Strecke	1	0	0
Fläche	2	0	0
Volumen	3	0	0
Winkel	0	0	0
Zeit	0	1	0
Geschwindigkeit	1	-1	0
Geschwindigkeitspotential	2	-1	0
Winkelgeschwindig.	0	-1	0
Beschleunigung	1	-2	0
Winkelbeschleunig.	0	-2	0
Masse	0	0	1
Dichte	-3	0	1
Flächendichte	-2	0	1
Liniendichte	-1	0	1
Impuls	1	-1	1
Kraft	1	-2	1
Gewicht	1	-2	1
Bewegungsgröße	1	-1	1
Moment	2	-2	1
Trägheitsmoment	2	0	1
Druck	-1	-2	1
Spezif. Gewicht	-2	-2	1

	l	t	m
Potential	2	-2	1
Arbeit	2	-2	1
Effekt	2	-3	1
Energie.	2	-2	1
Temperatur . . .	2	-2	0
Entropie	0	0	1
Schwingungszahl .	0	-1	0
Elastizitätsmodul .	-1	-2	1
Elastizitätszahl . .	0	0	0
Reibungskoeffizient	-1	-1	1
Gleitungskoeffizient	1	0	0
Oberflächenspannung	0	-2	1
Spezif. Kohäsion .	3	-2	0
Spezif. Energie . .	2	-2	0
Spezif. Entropie .	0	0	0

Bei kalorischen Größen bleibt zunächst die Dimension der Temperatur unbestimmt; faßt man sie molekular als kinetische Energie der Masseneinheit, so wird sie das Quadrat einer Geschwindigkeit (s. o.), und es wird dann weiter, da die Wärmemenge eine Energie ist, die Wärmekapazität eine Masse und die spezifische Wärme eine reine Zahl. — Bei den elektrischen und magnetischen Größen kommt es ganz auf das Maßsystem an (s. Elektrische und magnetische Maßsysteme). — Vgl. auch Grundbegriffe.

Dioptrie, s. Brille, Linse.

Dioptrik, Lehre von der Brechung des Lichts (s. d.) und ihren Anwendungen.

Diosmose, s. Osmose.

Diotisches Hören, s. Gehör.

Dipol, s. Magnet.

Direktionskraft, s. Magnetische Kräfte.

Dispansiv, s. Abbildung.

Disperse Systeme sind heterogene, also aus verschiedenen, räumlich getrennten Teilen gebildete Systeme, bei denen der eine der Teile in viele kleine Elemente zerteilt ist, also mit dem (oder den) andern eine große, zerteilte Oberfläche gemeinsam hat. Der kontinuierliche Bestandteil heißt das *Dispergens*, der fein verteilte das *Dispersum*. Der äußerste Grenzfall, der aber nun schon wieder zur Homogenität führt, ist die *Lösung*. Man kann sie als molekulardisperses System bezeichnen. Eine gewisse Zwischenstellung, charakterisiert durch sehr weitgehende, aber doch noch nicht molekulare Verteilung, nehmen die *kolloidalen Lösungen* ein, d. h. die Lösungen von *Kolloiden*, also von Stoffen, die, im Gegensatz zu den Kristalloiden, sich nicht in Kristallform, sondern als gallertartige Massen abscheiden, die nur sehr langsam ineinander diffundieren (s. Diffusion) und noch andre besondere Eigenschaften haben. — Je nach den Aggregatzuständen gibt es zahlreiche Arten von dispersen Systemen: 1. Dispergens gasförmig. a) Dispersum flüssig: *Nebel*, b) Dispersum fest: *Staub*, Rauch usw. 2. Dispergens flüssig. a) Dispersum gasförmig: *Schaum*, b) Dispersum flüssig: *Emulsion;* c) Dispersum fest: *Suspension*. — Die feinen Teilchen in diesen Systemen können schweben, aufsteigen oder fallen; bei Annahme von Kugelgestalt gilt dabei das Stokessche Gesetz (s. Bewegung fester Körper in Flüssigkeiten); bei Gasteilchen muß daran noch eine Korrektion angebracht werden. — Unabhängig von dieser Fallbewegung besteht eine lebhafte Schwirrbewegung, die *Brownsche Bewegung* (s. d.). — Die Untersuchung disperser Systeme hat neuerdings große Fortschritte gemacht mit Hilfe des *Ultramikroskops* (s. Mikroskop). Besonders konnte man nun die kolloidalen Lösungen, z. B. die Goldlösungen mit ihren Färbungen usw. eingehend studeren. — Physikalisch wichtig sind insbesondere die optischen Erscheinungen an dispersen Systemen: die diffuse Reflexion und Lichtzerstreuung durch die Teilchen, wodurch Lichtstrahlen überhaupt erst sichtbar werden (Staub in der Luft usw.). Bei großer Zahl der Teilchen erhält man ein *trübes Medium*. Durch die suspendierten Teilchen erklärt sich ferner, wenigstens teilweise, das Blau des Himmels (s. Atmosphärische Optik). — In gewissen Fällen tritt totale Reflexion an den Teilchen auf, und dann erscheint der Körper weiß, z. B. *Milch* infolge der Wirkung der Fettkügelchen. — S. auch Materie.

Dispersion oder *Farbenzerstreuung des Lichts* ist die Spaltung zusammengesetzten Lichtes bei allen von der Wellenlänge abhängigen Vorgängen, insbesondere bei der Brechung, totalen Reflexion, Interferenz, Beugung und Polarisation, speziell bei der Drehung der Polarisationsebene: *Rotationsdispersion*. — Wenn weißes Licht an die Grenze zweier Medien gelangt, wird es gebrochen (s. Brechung des Lichts); aber der Brechungswinkel hängt vom Brechungsquotienten und dieser seinerseits von der Schwingungszahl oder, was dasselbe besagt, von der Wellenlänge im zweiten Medium ab. Infolgedessen erhält man von einem leuchtenden Spalt auf einem jenseits der Brechungsstelle aufgestellten Schirme nicht ein einfaches Spaltbild, sondern ein Spektrum (s. d.), d. h. eine Folge von Farben, und zwar bei der normalen Brechung, wie sie an durchsichtigen Körpern erfolgt, in der Reihenfolge von Rot (am schwächsten gebrochen) über Orange, Gelb, Grün, Blau zu Violett. Indessen sind das nur gewisse übliche Namen; in Wahrheit ist die Farbenänderung vollkommen stetig; auch bilden Rot und Violett nur für das Auge die Grenze; beiderseits reicht das Spektrum weiter, dort zu den *ultraroten*, durch ihre Wärmewirkung, hier zu den *ultravioletten*, durch ihre chemische Wirkung nachweisbaren Strahlen. — Die Methodik, um die Dispersion zu messen, ist die Spektrometrie (s. d.); übrigens kann man auch mit jeder zur Bestimmung des Brechungsquotienten (s. d.) geeigneten Methode, indem man nacheinander die verschiedenen Farben benutzt, die Dispersion ermitteln. Ihr Maß findet sie entweder in der *totalen Dispersion* vom äußersten Rot zum äußersten Violett, also von der Fraunhoferschen Linie A bis H reichend (wegen der Unsicherheit der Grenzen schwer exakt angebbar), oder in der *mittleren Dispersion* δn zwischen den Fraunhoferschen Linien C und F oder in den *partiellen Dispersionen* A' bis D, D bis F und F bis G'; endlich heißt der Bruch $\Delta = \delta n/(n-1)$ die relative Dispersion, wobei n gewöhnlich für die D-Linie (halbwegs zwischen C und F) genommen wird; häufig wird auch statt dessen der reziproke Wert $(n-1)/\delta n$ angegeben: *reziproke Dispersion*. — Einige Zahlen sind folgende:

a) *Brechungsquotienten für die Fraunhoferschen Linien:*

	A	B	C	D	E	F	G	H
Wasser	1,3291	1,3306	1,3314	1,3332	1,3353	1,3374	1,3407	1,3436
Schwefelkohlenstoff	1,6118	1,6181	1,6214	1,6308	1,6438	1,6555	1,6794	1,7032
Kronglas, schwer	1,6097	1,6117	1,6126	1,6152	1,6185	1,6213	1,6265	1,6308
Flintglas, leicht	1,5986	1,6020	1,6038	1,6085	1,6145	1,6200	1,6308	1,6404

b) *Jenaer Gläser.*

Sorte	Nr.	$n(D)$	$n(F) - n(C)$	1000Δ
Leichtes Phosphatkron . .	O 225	1,5159	0,00737	14,3
Silikatkron	O 138	5258	00872	16,6
Leichtes Boratkron	S 52	5047	00840	16,7
Leichtes Boratflint	S 35	5503	00996	18,1
Borosilikatflint	O 164	5503	01114	20,2
Leichtes Silikatflint	O 154	5710	01327	23,3
Schweres Boratflint	S 10	6797	01787	26,3
Schweres Silikatflint . . .	O 198	7782	02941	37,7
Schwerstes Silikatflint. . .	S 57	9626	04882	50,8

c) *Feste Stoffe.*

	$n(F) - n(C)$	$1000\,\Delta$
Chlorsilber . . .	0,0496	46,4
Diamant . . .	0254	17,7
Flußspat . . .	0045	10,4
Jodsilber . . .	1256	104,2
Kalkspat (ord. S.)	0135	20,4
Quarz (ord. S.) .	0078	14,3
Steinsalz	0127	23,3

d) *Flüssigkeiten.*

	$n(F) - n(C)$	$1000\,\Delta$
Alkohol . . .	0,0062	17,5
Äther	0052	14,6
Benzol	0167	33,3
Monobromnaphthalin	0325	49,2
Schwefelkohlenstoff	0345	54,7
Schwefelsäure .	0073	16,7
Wasser	0060	18,0
Zimtöl	0431	69,5

e) *Totale Dispersion*

Alkohol	0,0150
Arragonit	0,031
Gips	0,014
Kassiaöl	0,1151
Schwefelkohlenstoff	0,0914
Steinsalz	0,031
Topas	0,019
Wasser	0,0145

Zu den stark dispergierenden Stoffen gehört der Schwefelkohlenstoff. Man wendet daher mit ihm gefüllte Prismen mit Vorliebe zur Erzeugung breiter Spektren an. — Die Dispersion hängt von der Temperatur ab; aber die Beziehung ist sehr verwickelt und nicht einheitlich. — Die graphische Darstellung des Brechungsquotienten als Funktion der Wellenlänge ergibt die *Dispersionskurve;* bei durchsichtigen Stoffen steigt sie mit abnehmender Wellenlänge an, und zwar allmählich immer schneller: Fig. 28. Im übrigen ist der Gang del Dispersion im einzelnen für die verschiedenen Stoffe sehr verschieden, besonders auch in seinem Verhältnis zum Brechungsquotienten. So hat von den beiden älteren Glassorten das Flint zwar die stärkere Brechung und die stärkere Dispersion, aber nicht beides in gleichem Maße. Dadurch wird es bis zu einem gewissen Grade möglich, durch Kombination eines Kron- mit einem Flintprisma, oder zweier solcher Linsen, zwar die Farbenzerstreuung, nicht aber die Brechung aufzuheben: *Achromat* (s. Chromatische Aberration). Vollkommener wurde das erst möglich mittels der Jenaer Gläser: *Apochromate*

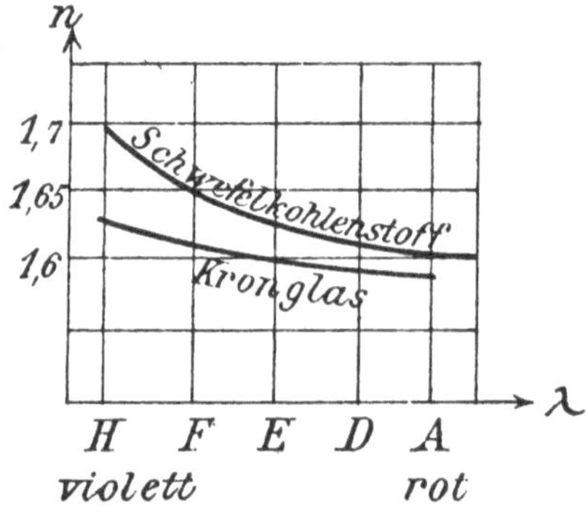

Fig. 28.

(s. Chromatische Aberration). — Andrerseits kann man auch Kombinationen herstellen, die die Brechung beseitigen, aber die Dispersion übriglassen: *gerad-*

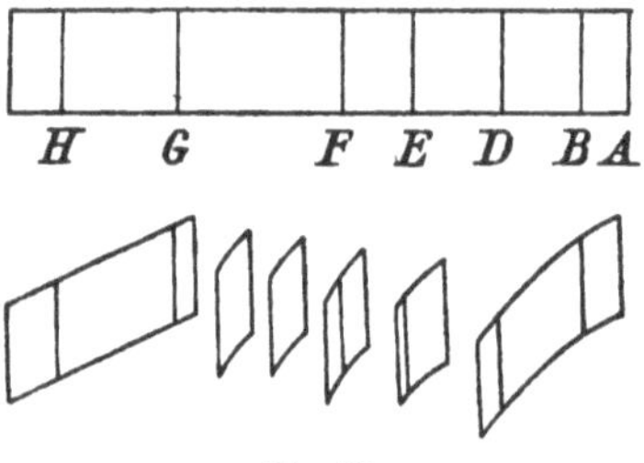

Fig. 29.

sichtige Prismen (s. Spektroskopie.) — Der normalen steht die anomale Dispersion gegenüber; sie besteht in einer Lagevertauschung der Teile des Spektrums, derart, daß jetzt der Brechungsquotient nicht mehr durchweg mit abnehmender Wellenlänge zunimmt, sondern an gewissen Stellen mehr oder weniger plötzlich zu viel kleineren Werten zurückspringt, und zwar sind das die Wellenlängen, für die der betreffende Stoff das Licht *absorbiert* (Absorptionsgebiete, s. Absorption des Lichts). So hat man z. B. für Fuchsin die folgenden Werte des Brechungsquotienten (Fig. 29 :

Linie	H	G	F	E	D	C	B	A
n	1,54	1,31	Absorption			1,90	1,81	1,73

Ähnliche Verhältnisse sind in der beistehenden Kurve (Fig. 30) veranschaulicht.

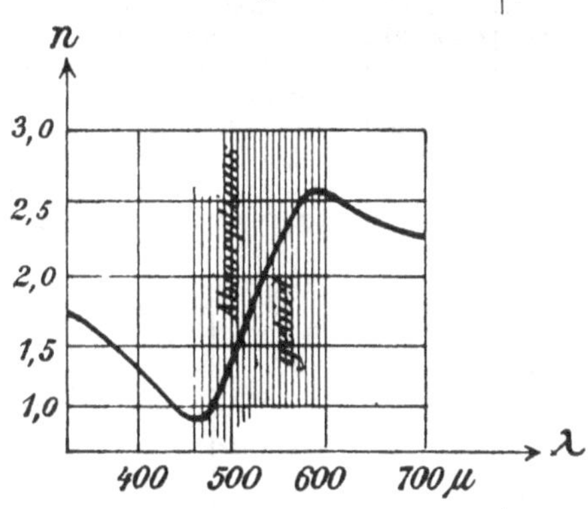

Fig. 30.

Zur Demonstration kann man entweder die direkte Methode oder die der gekreuzten Spektren (Kundt) anwenden; bei mehrfachen Anomalien erhält man dann z. B. das beistehende Spektralbild. Wegen der anomalen Dispersion im elektrischen Spektrum s. Dielektrizitätskonstante; für Wasser ist z. B. $n = 1{,}3$ für Lichtwellen, dagegen $n = 9$ für elektrische. — Die Theorie führt die Dispersion auf die Wechselwirkung zwischen Körperteilchen und Ätherteilchen bzw. Ionen und Elektronen zurück. Absorption ist dann eine Resonanzerscheinung. Jeder Stoff muß ein solches Resonanzgebiet haben; nur liegt es bei manchen im sichtbaren Spektrum, bei andern jenseits desselben auf der einen oder andern Seite. Es ergeben sich dann Formeln, die die Verhältnisse im ganzen gut darstellen, insbesondere die *Neumann-Kettelersche Dispersionsformel*

$$n^2 = a + \frac{b}{\lambda^2} + \frac{c}{\lambda^4} - e\lambda^2.$$

— Wegen der Farbenzerstreuung bei Interferenz, Beugung und Polarisation s. die betr. Artikel, wegen der Dispersion der Kanalstrahlen s. d.

Dispersion der optischen Axen, s. Kristalloptik.

Dissipative Systeme, s. Erhaltung der Energie.

Dissonanz, s. Harmonie.

Dissoziation, s. Elektrolyse, Lösungen.

Dissoziationsgrad, s. Lösungen.

Distanzmesser, s. Entfernungsmesser.

Divariantes Gleichgewicht, s. Phasenlehre.

Divergenz, s. Größe.

Dochtwirkung, s. Steighöhe.

Donner, s. Atmosphärische Elektrizität, Schallgeschwindigkeit, Tönende Systeme.

Doppelanastigmat, s. Photographisches Objektiv.

Doppelblickfernrohr, s. Richtung.

Doppelbrechung, s. Kristalloptik.

Doppeldecker, s. Luftschiffahrt.

Doppelsirene, s Sirene.

Doppelsprechen, s. Telegraphie.

Doppelstrich, s. Magnet.

Doppel-T-Anker, s. Dynamomaschine.

Doppelverant, s. Stereoskopie.

Doppelzentner, s. Masse.

Doppler-Effekt ist die Änderung der an einem Punkte eines Wellenfeldes eintreffenden Schwingungszahl infolge der Ortsänderung der Schwingungsquelle; in der Akustik also die Änderung der Tonhöhe infolge Ortsänderung der Tonquelle. Statt der Tonquelle darf sich natürlich auch der Hörer bewegen. Im ersteren Falle ist, wenn u die Geschwindigkeit der Tonquelle in der Hörlinie und c die Schallgeschwindigkeit ist, $n' = (c/(c-u)) \cdot n$, im letzteren, wenn v die Geschwindigkeit des Hörers ist, $n' = ((c+v)/c) \cdot n$, beidemal

u bzw. v positiv im Sinne einer Annäherung, negativ im Sinne einer Entfernung gerechnet. Bei Annäherung wird also der Ton höher, bei Entfernung tiefer; für einige Werte gelten folgende Tonänderungen:

Geschwindigkeit in m	4	21	43	66	111
Tonänderung (1. Fall)	Komma	Halbton	Kl. Ganzton	Kl. Terz	Quart
„ (2. Fall)	„	„	Gr. „	Gr. „	Quint

Beobachtungen hierüber kann man auf der Eisenbahn anstellen, wenn ein Zug vorüberfährt oder zwei aneinander vorbeifahren und die Pfeife der Lokomotive ertönt. In doppeltem Betrage tritt das Phänomen beim Echo an einer Bergwand auf, weil sich die Lokomotive entfernt, ihr konstruiertes Spiegelbild aber nähert. Im Zimmer kann man den Effekt schon durch rasches Verschieben einer Stimmgabel, besser aber mittels rotierender Bewegung (Pfeifchen am Ende einer langen, auf die Achse der Schwungmaschine aufgesetzten Stange) nachweisen, wobei dann der Ton periodisch höher und tiefer wird. Auch kann man die Schwebungen feststellen, die zwischen zwei an sich gleichen Tönen eintreten, wenn die Quelle des einen ruht, die des andern bewegt wird. — Ganz Entsprechendes muß für *Lichtwellen* gelten: das Licht einer monochromatischen Quelle muß seine Farbe ändern, wenn die Quelle ihren Abstand vom Beobachter ändert, und zwar bei Annäherung in der Richtung auf Violett, bei Entfernung nach dem Rot hin. Nur sind hier alle künstlich herstellbaren Ortsänderungen viel zu langsam im Vergleich mit der ungeheuren Lichtgeschwindigkeit, als daß dabei ein bemerkbarer Effekt entstehen könnte; man muß sich also an astronomische Bewegungen halten. So müssen sich die Spektrallinien von Sternen, je nach ihrer Bewegungsrichtung, im Spektrum verschieben, was auch tatsächlich beobachtet wird; nur bei den Sonnenlinien findet das nicht statt, weil sich die Erde nahezu in einem Kreise um die Sonne bewegt. Bei nicht homogenen und gar bei weißem Licht liegen die Verhältnisse viel verwickelter, und es wäre irrig, zu sagen, daß etwa ein farbloser, sich nähernder Stern blau, ein sich entfernender rot erschiene. — In neuester Zeit ist es, mit Hilfe zweier Systeme rasch rotierender Spiegel oder mit rotierenden Scheiben oder mittels der Schwebungen auch auf irdischem Wege gelungen, den Effekt zu studieren und die zu erwartenden Änderungen zu beobachten.

Dosenlibelle, s. Richtung.

Drachen, s. Luftschiffahrt.

Drahtlose Telegraphie oder *Wellentelegraphie* oder *Funkentelegraphie* ist die Nachrichtenvermittelung in die Ferne ohne vermittelnde Leiter, nämlich durch Energiestrahlung oder elektrische Wellen. Den Ausgangspunkt bilden die *Hertzschen Versuche* über elektrische Schwingungen (s. d.); jedoch

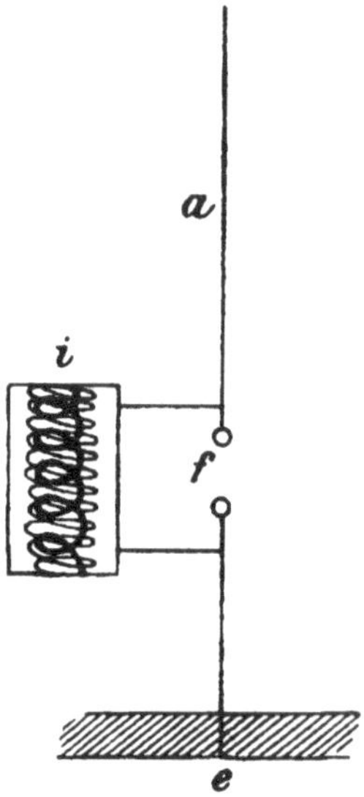

Fig. 31.

bedurfte es einer gewaltigen Steigerung der Intensität, um daraus eine Technik zu gestalten. Dazu gehört vor allem die Anwendung sehr langer Schwingungsträger, der *Antennen* (Marconi), sowie kräftiger Induktoren, ferner aber die Variierung und Regulierung der Faktoren des Induktionsvorganges durch Einschaltung von Kapazitäten und Selbstinduktionen. Zunächst handelt es sich um den *Sender*. Die *Marconi-Schaltung* für diesen ist eine direkte (Fig. 31): Induktorium *i*, Funkenstrecke *f*, durch die sich die Schwingungen ausbilden, Antenne *a* und Erdschluß *e*. Einen großen Fortschritt bedeutet die *Braun-Schaltung* mit zwei getrennten Kreisen, Erregerkreis und Senderkreis (Fig. 32); jener enthält das Induktorium *i*, die Funkenstrecke *f*, die Kapazität *k* (Kondensator) und die Selbstinduktion *s* (Spule); dieser die induzierte Spule *s'* und die Antenne *a*. Hierdurch wird die Schwingungsbahn von der Funkenstrecke mehr unabhängig gemacht, und es werden mehrere weitere Vorteile erreicht. Ein entscheidender Übelstand aber ist, daß, wenn man die beiden Kreise durch Variierung von *k* und *s* auf *Resonanz* einstellt, was man tun muß, um große Intensität zu erzielen,

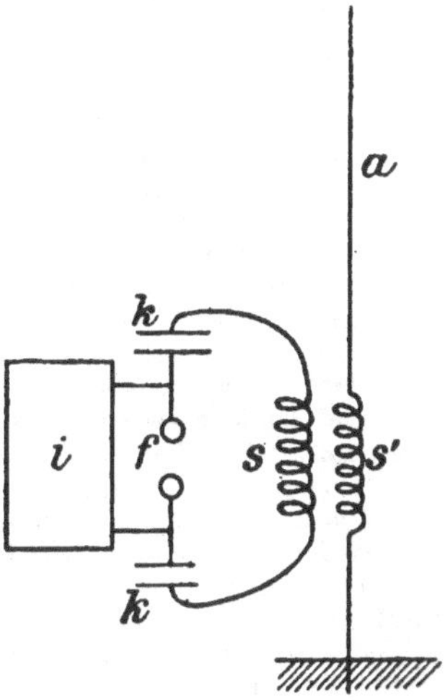

Fig. 32.

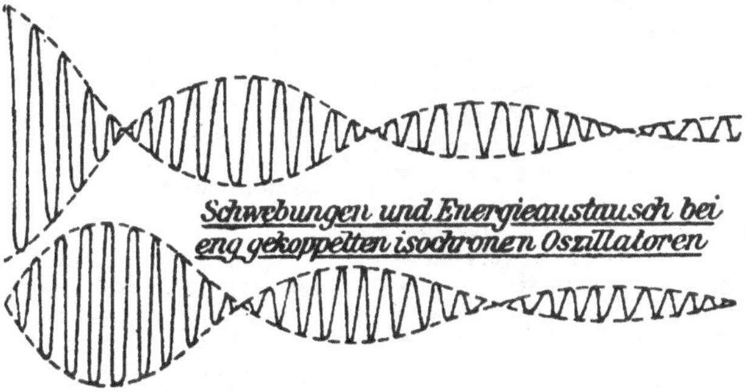

Fig. 33.

alsdann Schwebungen auftreten: die Primärschwingungen erzeugen zwar kräftige Sekundärschwingungen, diese aber wirken auf jene zurück und schwächen sie, und es tritt eine periodische Zu- und Abnahme der Intensitäten in abwechselnden Phasen (Pendeln der Energie, Fig. 33) ein. Zur Vermeidung hiervon dient die Stoßerregung (Fig. 34), bei der die Primärschwingungen sofort nach Einsetzen gestoppt werden, worauf sich dann die sekundären ungehindert entfalten können; erst nach

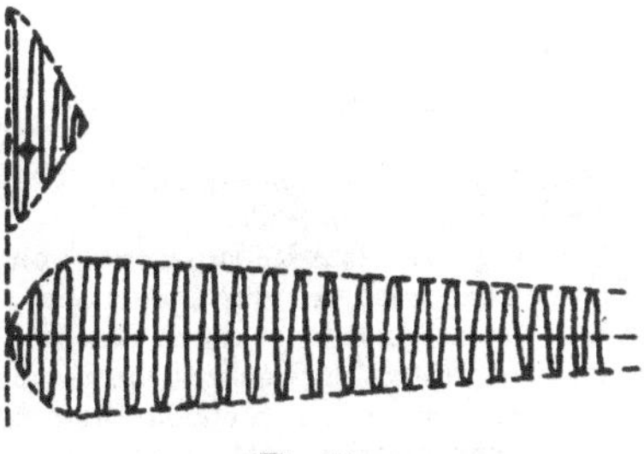

Fig. 34.

bestimmter (natürlich außerordentlich kurzer) Zeit wird die Primärschwingung von neuem erregt usw. (M. Wien). Das Mittel hierzu bieten die *Löschfunken*, winzige, zwischen ausgedehnten, aber einander sehr nahe gegenüberstehenden Metallscheiben überspringende und am Rande verlöschende Fünkchen; solcher Scheiben werden viele auf einer Achse montiert. — Was andrerseits die *Empfangsstation* betrifft, so enthält sie entsprechende Apparate, außerdem aber den eigentlichen *Detektor*, mit dem die Schwingungen zur Wahrnehmung gebracht werden. Die wichtigsten Formen desselben sind der Kohärer oder Fritter (s. Elektrische Schwingungen), der Kristalldetektor, ferner telephonische, elektrochemische und andre Detektoren; die meisten Typen sind rasch veraltet oder noch in der Entwicklung begriffen. — Zu unterscheiden ist ferner zwischen Telegraphie mit ungedämpften und der mit gedämpften Wellen. — Von besonderer Wichtigkeit ist die *Abstimmung* auf bestimmte Frequenzen sowie die Bevorzugung bestimmter Fortpflanzungsrichtungen: *gerichtete* Telegraphie ohne Draht. Letzteres ist erreichbar durch besondere Formen von Antennen (Schirm-, Doppel-, Dreiecksantennen usw.). Auch mit horizontalen Antennen sind Erfolge erzielt worden. Unter Umständen, z. B. für Flugzeuge, läßt sich die Apparatur auf sehr kleine Dimensionen herabmindern. — Das entsprechende Problem der drahtlosen Telephonie ist noch nicht zu brauchbarem Abschlusse gelangt.

Drahtlose Telephonie, s. Drahtlose Telegraphie.

Drahtnetztöne, s. Tönende Systeme.

Drall, s. Wurf.

Drehkraft, s. Kraft.

Drehspule, s. Galvanometer, Wechselströme.

Drehstrom, s. Dynamomaschine.

Drehung, s. Kinematik.

Drehung der Polarisationsebene von Wellen, insbesondere von Lichtwellen, erfolgt beim Durchgange durch enantiomorphe (s. Gestalt) Kristalle sowie durch Lösungen von entsprechendem innern Aufbau, und zwar je nach ihrer individuellen Form bzw. der Form ihrer Elemente rechts- oder linksherum, d. h. für den Beschauer des ankommenden Strahls mit oder entgegen dem Uhrzeiger. Solche Stoffe heißen *optisch aktiv;* zu ihnen gehören u. a. alle Stoffe mit asymmetrischen Kohlenstoffatomen, also namentlich die Zucker. Die Drehung ist mit der Länge l der durchstrahlten Schicht proportional: $\omega = \delta . l$, und hierin heißt δ die *spezifische Drehung;* bei Flüssigkeiten pflegt man statt dessen $\delta' = \omega/(\varrho l)$, für Lösungen $\varDelta = \omega/(cl)$ einzuführen (ϱ Dichte, c Konzentration der aktiven Substanz in der Lösung). Im übrigen hängt die Drehung stark von der Farbe, also von der Wellenlänge des Lichtes ab: *Rotationsdispersion*. Im Quarz ist z. B. für $l = 1$ mm die spezifische Drehung in Graden: für Rot 16, für Gelb 22, für Grün 35, für Violett 45. — Für Lösungen folgen hier einige Zahlen für gelbes Licht und 100 mm Schichtlänge:

Conchinin	230
Laktose	80
Maltose	137
Milchzucker	55
Rohrzucker	66
Sacharin	89
Terpentinöl	14
Traubenzucker	52
Weinsäure	15

— Infolge der Rotationsdispersion erscheint eine *Quarzplatte* zwischen gekreuzten Nicols farbig, und zwar je nach ihrer Dicke verschieden farbig. — In optisch aktiven Kristallen modifizieren sich die Interferenzerscheinungen des polarisierten Lichts (s. Kristalloptik) z. T. ganz wesentlich. Eine Quarzplatte gibt z. B. im konvergenten Lichte eine farbige Mitte; die Arme des Kreuzes setzen erst weiter außen ein. Bringt man eine links- und eine rechtsdrehende Quarzplatte hintereinander in den Strahlengang, so entstehen die *Airyschen Spiralen:* Fig. 35. — Bei *Lösungen* bietet die Drehung der Polarisationsebene eine sehr empfindliche Methode zur Bestimmung der Konzentration; daraufhin gebaute und für die Praxis besonders bequem eingerichtete

Apparate heißen *Polaristrobometer*, speziell, wenn sie für Zuckerlösungen bestimmt sind, *Sacharimeter;* eines der verbreitetsten ist das von Soleil: es enthält, um die Messung besonders empfindlich zu machen, eine Quarzdoppelplatte und einen Kompensator. Einen andern Typ stellen die *Halbschattenapparate* dar, z. B. der von Laurens. — Auch optisch inaktive Stoffe drehen die Polarisationsebene, wenn sie in ein magnetisches Feld gebracht werden (s. Magnetische

Fig. 35

Drehung der Polarisationsebene). — Auch die *Wärmestrahlen* erfahren unter gleichen Umständen eine Drehung der Polarisationsebene, die sich nach den Methoden der Wärmestrahlung (s. d.) nachweisen läßt. — Die Drehung der Polarisationsebene wird verständlich auf Grund der Annahme, daß sich im Quarz usw. rechts- und linkszirkularpolarisiertes Licht, also die beiden Komponenten des geradlinig polarisierten Lichtes (s. Polarisation) ungleich schnell fortpflanzen, sich also trennen, um sich dann beim Austritt wieder zusammenzusetzen, aber mit veränderter Phasendifferenz und folglich mit andrer Schwingungsrichtung: *zirkulare Doppelbrechung.*

Drehung der Polarisationsebene bei der Reflexion am Magneten, s. Magnetische Drehung der Polarisationsebene.

Drehung des starren Körpers, s. Kreisel.

Drehungsgesetz der Winde, s. Winde

Drehungshypothese, s. Magnetische Theorien.

Drehungskomponenten, s. Dynamik.

Drehungsmoment, s. Dynamik, Kraft, Magnetische Kräfte.

Drehwage, s. Elektrometrie, Elektrostatik, Magnetische Messungen.

Dreifacher Punkt, s. Phasenlehre.

Dreikörperproblem, s. Gravitation, Zentralbewegung.

Dreileitersystem, s. Stromverzweigung.

Dreiphasenstrom, s. Dynamomaschine.

Drillung oder Torsion ist diejenige Beanspruchung eines zylindrischen Körpers, bei der die einzelnen Querschnitte gegeneinander verdreht werden; sie ist eine besondere Art von Scherung (s. d.), nur daß statt einer Translationskraft hier ein Drehmoment angewendet wird. Letzteres ist durch das Produkt der Kraft p und des Hebelarms h bestimmt. Die Winkelverdrehung eines einseitig eingeklemmten Stabes von kreisförmigem Querschnitt ist mit dem Abstande vom festen Ende proportional, und für das freie Ende selbst ist sie (l Länge, r Radius): $\varphi = 2phl/(\pi k_2 r^4)$; sie hängt also physikalisch nur vom Gestaltsmodul k_2 (s. Elastizität) ab; die Drillung ist also mit keiner Volumenänderung verbunden. Außerdem ist sie mit der Länge direkt und mit der vierten Potenz des Radius, also auch der Dicke, umgekehrt proportional. Durch Umkehrung ergibt sich nun der Gestaltsmodul, den man sonach auch als *Drillungsmodul* oder *Torsionsmodul* bezeichnen kann. $k_2 = 2phl/(\pi\varphi r^4)$. Die Größe, die, mit dem Torsionswinkel multipliziert, das Drehungsmoment ergibt, heißt *Torsionsmoment.*

$$t = ph/\varphi = \pi k_2 r^4/(2l).$$

— Mit dem Dehnungsmodul E und der Elastizitätszahl μ (s. Querkontraktion) hängt der Drillungsmodul gemäß der Formel $k_2 = E/(2(\mu - 1))$ zusammen; da nun μ um $^1/_4$ herumschwankt, so schwankt k_2 um $^2/_5$ von E herum. Die Grenzen sind $^1/_3\,E$ und $^3/_7\,E$. — Experimentell bestimmt man k_2 entweder statisch durch Beobachtung der Verdrehung (an einer Kreisscheibe oder besser mit Spiegelablesung); oder aber kinetisch aus Drehschwingungen (s. Elastische Schwingungen). — Einige

Zahlenwerte in kg/qmm (meist Mittelwerte, z. T. nur roh):

Metalle.

Aluminium	2600
Blei	550
Eisen	7800
Gold	2800
Kupfer	4400
Messing	3600
Nickel	7800
Platin	6600
Silber	2750
Zink	4000
Zinn	1700

Gläser.

Barytsilikat	3140
Normalglas	3010
Borosilikat	2740
Kalisilikat	2400
Borobleisilikat	2190
Schwerstes Bleisilikat	2020

Verschiedene Stoffe.

Borsäure	790
Flußspat	4280
Kautschuk	16
Quarz	2300
Marmor	2500
Sandstein	450

Mit wachsender Temperatur nimmt der Torsionsmodul ab, aber bei den meisten Metallen zwischen 0° und 100° nur um 1 bis 3 Prozent. — Bei *Stäben von nichtkreisförmigem Querschnitt* ändert sich nicht bloß die innere Struktur, indem aus einem geradlinigen Faden ein spiralig gewundener wird, sondern auch die äußere Gestalt; bei einem Vierkant z. B. bilden die Kanten Spiralen, ebenso beim elliptischen Zylinder die Achsen der Ellipsen usw. — Den größten Widerstand gegen Drillung bietet bei gleicher Größe der kreisförmige Querschnitt.

Drillungsfestigkeit, s. Festigkeit.

Drillungsmodul, s. Drillung, Elastische Schwingungen.

Drillungsschwingungen, s. Elastische Schwingungen.

Drosselspule, s. Selbstinduktion.

Druck ist die auf die Flächeneinheit wirkende Druckkraft (s. Kraft), also im absoluten Maßsystem die auf 1 qcm wirkende Zahl von Dynen; für eine beliebige Fläche ist dann, entweder genau oder im Mittel $P = K/f$; Dimensionsformel $[P] = l^{-1} t^{-2} m$. In der Praxis wird häufig als Einheit das *kg** (Kilogrammgewicht) pro qmm benutzt, also eine gegenüber der absoluten 98 millionenmal so große Einheit. Sehr beliebt ist ferner die *Atmosphäre*, d. h. das Gewicht der unter normalen Verhältnissen (bei 760 mm Hg Barometerstand und 0° C) auf einem Quadratzentimeter der Erdoberfläche lastenden Luftsäule. Im Mittel ist diese Einheit $A = 1{,}0333$ kg* / qcm = 1013667 Dynen pro qcm. — Ein Druck hat, als auf eine Fläche wirkend, nicht bloß, wie eine Massenkraft, eine bestimmte Richtung oder, aufgelöst, drei Komponenten, sondern noch die weitere Mannigfaltigkeit der Orientierung des Flächenstücks, auf das er wirkt; diese Richtung wird am besten durch die Richtung der auf der Fläche errichteten Normalen charakterisiert. Auch in dieser Hinsicht ist aber alles bestimmt, wenn die Drucke auf drei Flächenstücke durch den betreffenden Punkt des Körpers angegeben werden, deren Normalen die Richtungen der Koordinatenachsen haben, d. h. P_n läßt sich auf die drei Größen P_x, P_y, P_z zurückführen. Da man jede dieser Größen in ihre Komponenten X_x, Y_x, Z_x usw. zerlegen kann, würde man neun Druckkomponenten erhalten, wenn sich nicht zeigen ließe, daß sechs von ihnen paarweise einander gleich sind, nämlich $Y_z = Z_y$, $Z_x = X_z$, $X_y = Y_x$. Somit bleiben im ganzen nur sechs übrig, und zwar die drei Normalkomponenten X_x, Y_y, Z_z und die drei Tangentialkomponenten Y_z, Z_x, X_y. Erstere sind Drucke im engeren Wortsinne, letztere *Scherungsdrucke* (Fig. 36). Stellt man die auf die unendlich vielen verschiedenen Flächen durch einen Punkt des Körpers wirkenden Drucke durch Strahlen dar, so erhält man das *Druckellipsoid*, seine Koordinaten x, y, z erfüllen die Gleichung $(x/X_x)^2 + (y/Y_y)^2 + (z/Z_z)^2 = 1$. Für die Drucke selbst ist eine andre Fläche noch wichtiger: die Fläche $(x^2/X_x) + (y^2/Y_y) + (z^2/Z_z) = 1$; sie ist entweder ebenfalls ein Ellipsoid, alsdann sind alle Drucke positiv (oder alle negativ, d. h. Züge). Sie kann aber auch aus zwei sich ergänzenden Hyperboloiden bestehen; dann sind in einem gewissen Raumbereich die Kräfte Drucke, in

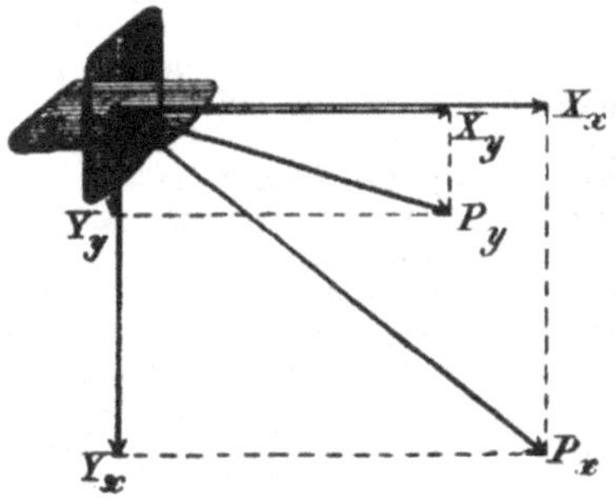

Fig. 36.

einem andern Züge. Getrennt werden beide Räume durch den *Scherungskegel* (mit Punkten gekennzeichnet), in dem die Normalkomponenten null sind, die

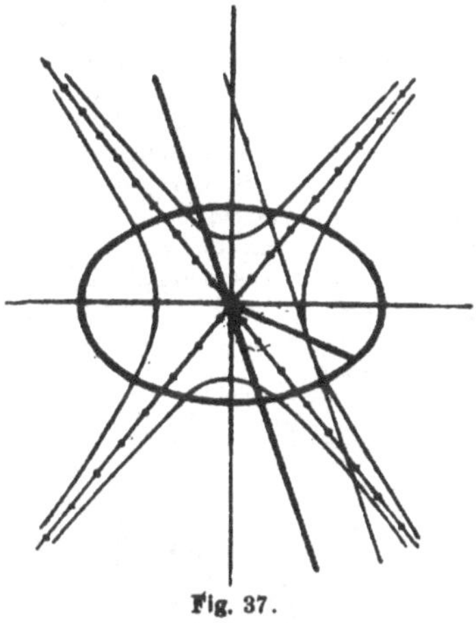

Fig. 37.

Tangentialkomponenten also rein zum Ausdruck kommen (Fig. 37). — Wie die Massenkräfte, so haben auch die Druckkräfte ein Potential: das *elastische Potential.* Es ist diejenige Größe, deren Gefälle nach den sechs Elastizitätsgrößen die sechs Druckkomponenten ergeben. Vorausgesetzt ist dabei hier wie dort, daß die mechanische Energie vollständig erhalten bleibt, was nur dann der Fall ist, wenn der betreffende Körper vollkommen elastisch ist (s. Elastizitätsgrenze). — Wenn zwei *elastische Körper aufeinander drücken,* komprimieren und deformieren sie sich; bei zwei Kugeln z. B. verwandelt sich der Berührungspunkt in eine *Druckfläche,* die von einer Kreislinie begrenzt ist; maßgebend sind dabei die Radien und die Elastizitätskonstanten (s. Härte, Stoß).

Druck der Gase, s. Kinetische Theorie.

Druckellipsoid, s. Druck.

Druckfestigkeit, s. Festigkeit.

Druckfläche, s. Druck.

Druckhöhe, s. Hydrostatik.

Druckkomponenten, s. Druck.

Druckkraft, s. Druck, Kraft.

Drucklibelle, s. Barometer, Dichte.

Druckpumpe, s. Pumpe.

Druckvariometer, s. Manometer.

Druckverlust, s. Hydrodynamik.

Druckwage, s. Manometer.

Druckzentrum, s. Ausfluß, Hydrostatik.

Drummondsches Kalklicht, s. Lichtquellen.

Dualistische Theorie, s. Elektrische Theorien.

Du Boissche Wage, s. Magnetische Messungen.

Dudelsack, s. Kubische Pfeifen.

Duktil, s. Geschmeidigkeit.

Dulong-Petitsches Gesetz, s. Atomwärme, Quantentheorie.

Dunkelfeld, s. Mikroskop.

Dunkler Kathodenraum, s. Glimmlicht.

Dunkler Trennungsraum, s. Glimmlicht.

Dunkle Wärmestrahlen, s. Wärmestrahlung.

Dunstdruck, s. Feuchtigkeit.

Duplet, s. Zeeman-Effekt.

Duplikator, s. Elektrisiermaschine.

Durchscheinend, s. Absorption des Lichts.

Durchsichtig, s. Absorption des Lichts.

Dynamik ist die Lehre von der *Bewegung,* insbesondere der starren Körper, mit Rücksicht auf die diese Bewegung beherrschenden *Kräfte;* sie heißt auch *Kinetik*, im Gegensatz zur Kinematik, die die Bewegung vom rein geometrischen Standpunkte aus behandelt. Übrigens führt die Dynamik nicht bloß Kräfte zur Darstellung der Bewegung ein, sondern auch *Bedingungen;* die Hertzsche Mechanik kennt sogar nur Bedingungen (die Kräfte werden durch verborgene Massen ersetzt). Sind keine Bedingungen vorhanden, so sind die Beschleunigungen, mit den Massen multipliziert, einfach gleich den Kräften zu setzen; es ist also z. B. $m(d^2x/dt^2) = X$ usw. Sind Bedingungen vorhanden, so muß man zu den Kräften noch Zusatzglieder fügen und erhält dann die *Lagrangeschen Gleichungen*. Andre, mit ihnen mehr oder weniger äquivalente Formulierungen sind folgende: 1. Das *D'Alembertsche Prinzip;* es ist eine Übertragung des Prinzips der virtuellen Verrückungen (s. Statik) vom Gleichgewicht auf die Bewegung. Nennt man die Differenzen $X - m(d^2x/dt^2)$ die verlorenen Kräfte — bei freien Systemen sind diese natürlich null, nicht aber bei bedingten und am allerwenigsten bei starren Systemen —, so besagt das Prinzip: Die virtuelle Arbeit der verlorenen Kräfte ist bei jeder Bewegung eines starren Systems null; oder: Die verlorenen Kräfte sind miteinander im Gleichgewicht. — 2. Verallgemeinerte und kanonische Form der Bewegungsgleichungen. — 3. Die knappste und zugleich die verwendungsfähigste Form ist das *Hamiltonsche Prinzip:* Das zwischen festen Grenzen genommene Zeitintegral über die Differenz der aktuellen und der potentiellen Energie ist für den wirklichen Weg im Vergleich mit gedachten benachbarten Wegen ein Maximum oder Minimum, seine Variation also null, in Formel:

$$\delta \int_{t_0}^{t_1} (E_a - E_p)\, dt = 0$$

E_p ist hierin, mathematisch gefaßt, das statische Potential; die Größe

$$H = E_p - E_a$$

heißt nach Helmholtz das *kinetische Potential*. — 4. Elementar faßlich wird das Hamiltonsche Prinzip in dem allerdings spezielleren Prinzip der *kleinsten Wirkung*, besser, des *kleinsten Kraftaufwandes:* von allen möglichen Bewegungen erfolgt diejenige, für welche der Kraftaufwand ein Minimum ist. — Weitere Formulierungen der Grundlagen der Bewegung sind das Energieprinzip (s. Erhaltung der Energie), das Virialprinzip, das Prinzip des kleinsten Zwanges und das Hertzsche Grundgesetz (Prinzip der geradesten Bahn); für den einfachsten Fall, nämlich für freie Systeme, lautet es: Jedes freie System bewegt sich gleichförmig auf geradester (d. h. den Umständen entsprechend mindest gekrümmten) Bahn. — Vgl. auch Prinzipien der Mechanik. — Bewegungen starrer Körper sind entweder *Translationen* (Verschiebungen) oder *Rotationen* (Drehungen) (s. Kinematik); für jene sind die Kräfte maßgebend, für diese die Drehmomente oder *Kraftmomente*, d. h. die Produkte aus Kraft und Hebelarm; entsprechend dort als Widerstandsdivisor die Massen, hier aber die *Trägheitsmomente* (s. d.). Dort ist also die Beschleunigung $B = K/m$, hier die Winkelbeschleunigung $\beta = D/k$. Kennzeichnend für die Translation sind in der gewöhnlichen Geometrie die Verschiebungskomponenten u, v, w (bzw., auf die Zeiteinheit bezogen, die Geschwindigkeitskomponenten), für die Rotation die Drehungskomponenten ξ, η, ζ, die mit jenen in der Beziehung:

$$\xi = \frac{\partial w}{\partial y} - \frac{\partial v}{\partial z},$$

$$\eta = \frac{\partial u}{\partial z} - \frac{\partial w}{\partial x},$$

$$\zeta = \frac{\partial v}{\partial x} - \frac{\partial u}{\partial y}$$

stehen; in der Vektorgeometrie dort der Verschiebungsvektor, hier dessen Quirl oder Rotor oder curl (s. auch „Größe"). Grundlegend für die Translation ist der Satz von der Bewegung des Schwerpunkts, speziell der von der Erhaltung der Bewegung des Schwerpunkts (s. d.), für die Rotation der Flächensatz, insbesondere der Satz von der Erhaltung der Flächen (s. Zentralbewegung). — Wegen der wichtigsten Spezialfälle von Bewegung vgl. die Artikel Fall, Wurf, Pendel, Zentralbewegung, Kreisel und Gravitation, ferner Mechanik.

Dynamomaschinen, allgemeiner *Elektrische Maschinen*, sind Maschinen, um aus mechanischer Energie elektrische Stromenergie zu gewinnen. Die mechanische Energie wird durch rotierende Bewegung, erzeugt durch Wasser- oder Dampfkraft, in einem magnetischen

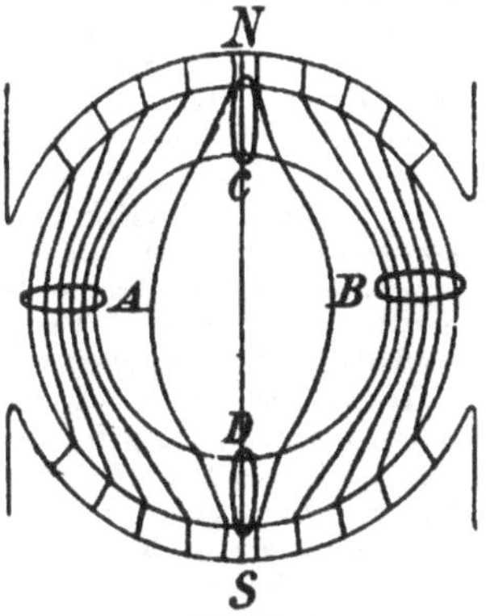

Fig. 38.

Felde gewonnen. Die Maschine besteht daher aus einem feststehenden, das Feld erzeugenden Teile, dem *Stator*, und dem rotierenden Teile, in dem die Ströme induziert werden, dem *Rotor* oder *Anker* oder *Induktor*. Der Stator besteht aus den Feldmagneten, der Rotor aus einer in sich geschlossenen Drahtspule, die zur Verstärkung der Wirkung auf einen eisernen Kern gewickelt ist. Übrigens gibt es auch Typen (besonders für Wechsel- und Drehstrom), bei denen der Anker feststeht und der als Schwungrad ausgebildete Polkranz rotiert. Bei der Rotation im Felde nimmt die Zahl der eine Drahtschleife (Fig. 38) durchsetzenden Kraftlinien zweimal zu und ab; in den Punkten *A* und *B* ist sie am größten, in *C* und *D* am kleinsten. Dort ändert sie sich am langsamsten, hier am schnellsten; dort ist die induzierte elektromotorische Kraft null (neutrale Punkte), hier ist sie am größten. Zweimal während jeder Umdrehung wechselt sie dabei ihr Zeichen; man erhält also *Wechselstrom*, den man mit Hilfe des Kollektors, d. h. von Metallringen, die auf der Drehungsachse isoliert befestigt sind, und von Federn,

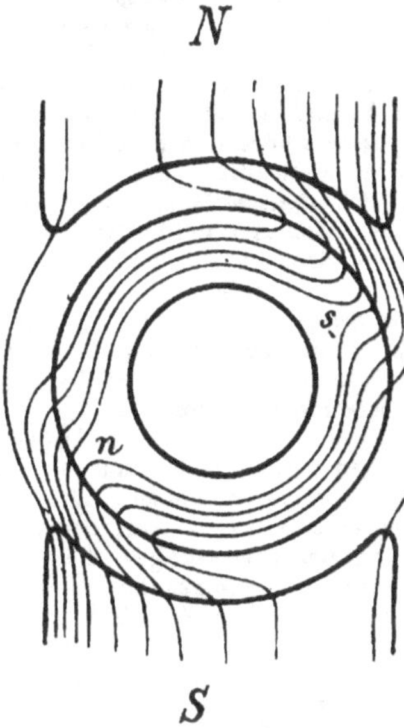

Fig. 39.

die gegen diese Ringe schleifen, weiterführen kann. Übrigens ändert sich mit der Drehung der Spule natürlich auch die Konfiguration des Feldes (Fig. 39). Im einfachsten Falle ist die Stromkurve während einer Umdrehung eine Sinuskurve. Bei einfachen Modellen hat man zwei rotierende Spulen, bei den technischen Konstruktionen aber meist einen ganzen Kranz von solchen. — Will man *Gleichstrom* erhalten, so muß man die Stromabnahme aus dem Anker anders einrichten, und zwar mit Hilfe eines Kommutators oder Gleichrichters. — Die historisch wichtigsten drei Formen des Ankers sind der

Grammesche Ring, dessen Feld oben mit Eisenkern im Ruhe- und Drehungszustande dargestellt ist, der Siemenssche *Doppel-T-Anker* und der v. Hefner Alteneck sche *Trommelanker*. Alle diese Formen sind jetzt zugunsten andrer Anordnungen aufgegeben, bei denen eine möglichst innige Lagebeziehung zwischen Feldpolen und Ankerspulen bewirkt wird; man unterscheidet dabei Innenpol- und Außenpolmaschinen. — Die ursprünglichen Maschinen waren magnetelektrisch, d. h. das Feld wurde durch Magnete erregt, entweder Stahlmagnete oder Elektromagnete, die durch einen besonderen Strom gespeist wurden; beide waren zum praktischen Gebrauche undienlich. Erst durch die Idee des *dynamoelektrischen Prinzips* (Werner Siemens) wurde das Problem gelöst: weiches Eisen hat immer eine Spur von remanentem Magnetismus; dieser genügt, um in der Ankerspule einen schwachen Strom zu erzeugen. Und wenn man nun die Drahtwindungen der Ankerspulen direkt in die Umwicklungen der Feldmagnete fortsetzt, kann man deren Magnetismus steigern, dadurch wiederum einen kräftigeren Spulenstrom erzeugen usw.; der ganze Vorgang der gegenseitigen Steigerung spielt sich in wenigen Sekunden ab. Dabei bestehen drei Möglichkeiten: *Hauptschlußmaschinen* (Anker- und Feldleitungen in Serie geschaltet), *Nebenschlußmaschinen* (parallel geschaltet) und *Verbundmaschinen* oder Compoundmaschinen (kombiniertes System). Die letzteren haben den Vorzug, daß ihre elektromotorische Kraft in weiten Grenzen vom äußeren Widerstande unabhängig gehalten werden kann. — Auf Wechselstrommaschinen läßt sich das Dynamoprinzip nicht oder doch nicht in seiner einfachen Form anwenden; man erregt daher solche meist durch besondere kleine Hilfsmaschinen. — Die Stärke der Wirkung hängt von der Feldstärke, der Innigkeit der Lagebeziehung zwischen Feldpolen und Ankerwindungen und von der Tourenzahl ab; indem man alle drei Faktoren steigert, kann man ungeheure Wirkungen erzielen, sowohl hinsichtlich der Stromstärke wie hinsichtlich der Spannung; jedoch legt man auf ersteres das Hauptgewicht, hält die Spannung in mäßigen Grenzen und benutzt da, wo man hochgespannte Ströme haben will, das Umformungsprinzip (s. Induktionsströme). — Ferner ist es von ökonomischer Wichtigkeit, den Wirkungsgrad möglichst hoch zu machen, also die Vergeudung von Energie durch Hysteresis (s. d.), Wirbelströme (s. Induktion) usw. möglichst herabzudrücken, was durch Unterteilung des Eisens (Aufbau aus Lamellen), durch Einschränkung der Magnetisierungszyklen in geeignete Grenzen und anderweitig geschieht. Der *Wirkungsgrad* der Dynamomaschinen kann so bis auf einige 90 Prozent gesteigert werden; sie stehen also ökonomisch hoch über den kalorischen Maschinen (s. d.). — Zu den Gleich- und Wechselstrommaschinen kommt als dritte Klasse die der *Drehstrom-* oder *Mehrphasenmaschinen*, bei denen über die Sinusschwingung des Wechselstroms eine zweite und eventuell eine dritte mit verschobener Phase gelagert wird. — Die Umkehrung der Dynamomaschinen, die in diesem Sinne *Generatoren* heißen, sind die *Elektromotoren*. Im Prinzip kann jeder Generator, wenn ihm elektrischer Strom von außen zugeführt wird, als Motor dienen, d. h. der Anker kann in Rotation versetzt werden; sehr einfach zu demonstrieren, indem man eine Dynamomaschine durch eine andre in Bewegung setzt. Praktisch werden aber Motoren in vieler Hinsicht anders gebaut. Auch hier gibt es Gleichstrom- und Wechselstrommotoren, letztere entweder Synchronmotoren (die aber erst in taktmäßigen Gang gebracht werden müssen) oder, was deshalb vorteilhafter ist, Asynchronmotoren; besonders leistungsfähig aber sind die *Drehstrommotoren*, namentlich in den Typen der Zwei oder Dreiphasen-Asynchronmotoren. — Zur Messung der Spannung, Stromstärke, des Wirkungsgrades, der Tourenzahl usw. sind besondere Hilfsapparate gebaut worden, die während des Betriebes bequem angelegt werden können. — Die Anwendung der Dynamomaschinen betrifft die elektrische Beleuchtung, Zersetzung von Stoffen, Fortbewegung von Massen (elektrische Lokomotive) und ganz besonders die *Kraft-*, richtiger *Energieübertragung*. Maßgebend für die in der Zeiteinheit übertragene Energie, also für den Effekt, ist das Produkt $e \cdot i$ aus Spannung und Stromstärke; um große Energiemengen übertragen und doch mit mäßigen Kupferquerschnitten auskommen zu können, hält man i in mäßigen Grenzen, macht aber e sehr groß (10000 Volt und mehr); und zwar durch Umformung an der Sender- und Rückformung an der Empfangsstation. Gegenwärtig ist das Problem der Übertragung und Verteilung (Überlandzentralen) im wesentlichen als gelöst zu betrachten.

Dynamometer, s. Kraftmessung.

Dyne, s. Kraft.

E

Ebbe und Flut oder *Gezeiten* ist der Niveauwechsel des Meeres je nach der Stellung von Sonne und Mond, sowie alles, was hiermit im Zusammenhange steht. Erde und Mond bewegen sich um ihren gemeinsamen Schwerpunkt

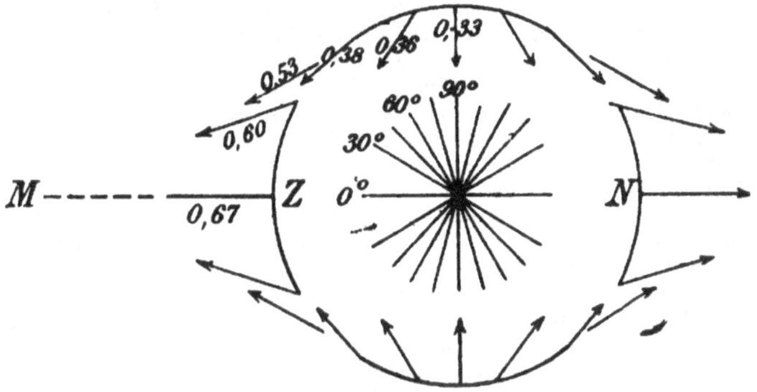

Fig. 40.

in einem Monat einmal herum, und zwar mit einer Geschwindigkeit, die zur Folge hat, daß Anziehung und Zentrifugalkraft sich gerade das Gleichgewicht halten. Nun hängt aber die Anziehungskraft von der Entfernung nach dem umgekehrten Quadrat ab. In Z (Fig. 40), wo der Mond (M) im Zenit steht, überwiegt daher die Anziehungskraft über die Zentrifugalkraft, in N, wo der Mond im Nadir steht, überwiegt diese über jene, und zwar annähernd um den gleichen Betrag, nämlich, da der Mond 60 Erdradien vom Erdmittelpunkte entfernt ist um $(1/59)^2 - (1/60)^2$ bzw. um $(1/60)^2 - (1/61)^2$, also im Mittel um 0,0000094 oder rund $2/60^3$. Im Zenit ist infolgedessen die Resultante nach dem Monde hin, in N von ihm weg gerichtet; in beiden Punkten entsteht daher *Hochwasser* oder *Flut*. Indessen ist diese Flut natürlich nicht die direkte Folge einer Hebung der dortigen Wassermassen, sondern eine indirekte Folge der Anziehung und Zuströmung seitlicher Wassermassen, und hierdurch wiederum entstehen auch an allen andern Stellen Niveauänderungen, und in der Mitte, also in den Punkten D, entsteht *Niedrigwasser* oder *Ebbe*. —

Infolge der täglichen Achsendrehung der Erde wandert die Flut als *Flutwelle* um die Erde herum. — Je nachdem es sich um die Anziehung des Mondes oder der Sonne handelt, unterscheidet man *Mondflut* und *Sonnenflut;* sie verhalten sich zueinander wie die Massen dieser Körper und umgekehrt wie die Quadrate ihrer Abstände, so daß im ganzen die Mondflut größer ist als die Sonnenflut. Der Umstand, daß Sonne und Mond ihren relativen Stand gegen die Erde fortwährend ändern, hat ein verwickeltes System von Flutperioden zur Folge: halbtägige, ganztägige, vierzehntägige, halbjährliche usw. Beim Zusammenwirken beider Körper entsteht *Springflut*, beim Gegenwirken *Nippflut*. Außerdem wird das Phänomen ganz wesentlich modifiziert durch die Flutbewegung selbst; man muß die *statische* Theorie durch eine *dynamische* ersetzen, stößt dabei aber auf erhebliche Schwierigkeiten. Dazu kommt dann noch die unregelmäßige Verteilung von Wasser und Land (einen Versuch, diese zu schematisieren, macht die *Airysche Kanaltheorie*), sowie die Erscheinung der *Flutreibung*. Infolgedessen tritt Hochwasser nicht zur theoretischen, sondern zu einer wesentlich andern Zeit ein, und zwar für jeden Ort zu einer lokal beeinflußten; für Häfen wird die Anomalie als *Hafenzeit* bezeichnet. Auch die Höhe der Flut hängt ganz von den Konfigurationsverhältnissen ab, und in nahezu abgeschlossene Meere, wie das Mittelmeer, dringt die Flutwelle überhaupt nicht ein. — Zur Beobachtung der Gezeiten dienen Pegel oder *Flutmesser*, besser aber Instrumente, die zur fortlaufenden Aufzeichnung eingerichtet sind und alsdann *Flutschreiber* heißen. Die Kurven, die sie liefern, sind zusammengesetzte Wellenlinien, und es entsteht die Aufgabe, sie in einfache Sinusschwingungen aufzulösen (s. Fourier-Schwingungen); das ist rechnerisch sehr mühsam, wird aber durch sinnreiche Apparate, den *harmonischen Analysator* oder *Flutanalysator*, automatisch besorgt. Aus den so ermittelten einzelnen Flutelementen kann man dann den wahrscheinlichen weiteren Verlauf der Flutkurve berechnen, und auch hierfür gibt es einen Apparat, den *Flutverkünder* (alle drei Apparate von Lord Kelvin). — Von den Ergebnissen sei angeführt, daß in Helgoland die Hafenzeit $11^1/_2$ Stunden nach ist und die Höhendifferenz zwischen mittlerer Flut und Ebbe 2,1 m beträgt; in Wilhelmshaven $^3/_4$ Stunden bzw. 3,5 m. An der Ostsee sind die Schwankungen ganz gering, andererseits an manchen Inseln und Buchten in den Ozeanen bis zu 15 m. — Die theoretischen Werte der ganzen Differenzen sind für den Mond 0,55 m, für die Sonne 0,24 m; es wird also die theoretische Springflut 0,79, die Nippflut 0,31. Tritt noch Seewind hinzu, so ereignet sich *Sturmflut* von besonderer Heftigkeit. — Außer auf die Wasserhülle der Erde müssen Sonne und Mond auch auf die festen Erdmassen und auf die Lufthülle einwirken. In ersterer Hinsicht sind sichere Ergebnisse noch nicht erzielt; für die *atmosphärischen Gezeiten* läßt sich leicht berechnen, daß es sich, im äußersten Falle, um Bruchteile eines Millimeters Barometerstand handeln kann. Der sog. *Mondeinfluß auf das Wetter* ist also eine psychisch-optische Täuschung. — Die Flut stellt eine wirksame Energie dar; indessen ist es bisher nur in einzelnen Fällen gelungen, sie mit Hilfe von *Flutmühlen* oder Flutmotoren praktisch auszunutzen. — Die interessante Erscheinung der *Seiches*, d. h. der periodischen Schwankungen des Spiegels von Binnenseen (z. B. des Genfer Sees) haben nichts mit Gravitation zu tun, sondern sind auf Luftdruck- und Windschwankungen zurückzuführen.

Ebene Bewegungen, s. Kinematik.

Ebenes Fachwerk, s. Statik.

Ebene Wellen, s. Wellenbewegung.

Ebullioskopische Methode, s. Lösungen.

Echo, s. Reflexion und Brechung des Schalls.

Effekt, s. Arbeit.

Effektive Stromstärke, s. Wechselströme.

Effusion, s. Ausfluß der Flüssigkeiten.

Eierversuch, s. Innere Reibung.

Eigenfrequenz, Eigenschwingung, Eigenton, s. Freie und erzwungene Schwingungen.

Einachsig, s. Kristalle, Kristalloptik.

Einarmiger Hebel, s. Einfache Maschinen.

Eindecker, s. Luftschiffahrt.

Eindringungsfestigkeit, s. Härte.

Eindringungsmodul, s. Biegung.

Einfache Maschinen heißen alle Vorrichtungen, die mittels eines einfachen Zwischenkörpers die bequeme und vorteilhafte Ausnutzung gegebener Kräfte ermöglichen. Da sie natürlich alle dem Gesetze von der Erhaltung der Energie gehorchen, können sie nie mehr leisten, als dem Aufwande entspricht (nach dem Zerstreuungsprinzip, also wegen der teilweisen Umwandlung der mechanischen Energie in Wärme usw., sogar immer etwas weniger). Sie können daher an dem Produkte Kraft mal Weg nichts ändern; sie können nur an Kraft sparen, was sie an Weg zusetzen oder umgekehrt: *goldene Regel der Mechanik.* Zuweilen wird auch jeder der beiden Faktoren unverändert gelassen und nur die Richtung der Kraft oder der Bewegung in einem für einen bestimmten Zweck günstigen Sinne geändert. Die wichtigsten hierher gehörigen Apparate sind folgende: 1. Der *Hebel*, ein um einen Punkt drehbarer Körper, an dem an zwei oder mehr Stellen Kräfte angreifen; die vom Drehpunkt auf die geometrisch dargestellten Kräfte gefällten Lote heißen *Hebelarme;* mit den Kräften multipliziert, liefern sie die Drehungsmomente oder, insofern es sich um Gleichgewicht handelt, die *statischen Momente;* ihre Summe ist in diesem Falle null. In dem Spezialfalle zweier Kräfte sind also die beiderseitigen statischen Momente entgegengesetzt gleich: *Hebelsatz.* Statt der Hebelarme kann man auch die bei Störung des Gleichgewichts zurückgelegten Bögen einführen und erhält dann einen Fall des Prinzips der virtuellen Verrückungen (s. Statik). Je nachdem die Kräfte auf derselben oder auf entgegengesetzten Seiten des Drehpunktes angreifen, heißt der Hebel *einarmig* oder *zweiarmig;* ferner ist zwischen *gleicharmigem* und *ungleicharmigem* Hebel zu unterscheiden sowie zwischen *geradlinigem* und krummlinigem oder *Winkelhebel.* In der Praxis stellt gewöhnlich die eine der beiden Kräfte die wirkliche *Kraft* K, die andre die *Last* L dar. Übrigens heben sich die Kräfte nur hinsichtlich ihrer Drehwirkung auf, dagegen ergeben sie summiert den *Druck auf den Drehpunkt,* der durch dessen Festigkeit kompensiert werden muß. Die wichtigste Anwendung des Hebels zur Messung ist die Wage (s. Wägung), zur Arbeitsleistung die Gruppe der Hebewerkzeuge usw. — 2. Die *feste Rolle,* dient zur Drehung der Kraft bzw. der Bewegung um 180° oder einen Teil davon; hier ist $K = L$. — 3. Die *bewegliche Rolle,* bei schrägen Seilenden $K = L/(2 \sin a/2)$, wo a der vom Seil erfaßte Rollenbogen ist. — 4. Der *Rollenzug,* auch *Potenzflaschenzug* genannt: $K = L/2^n$, wo n die Anzahl der Rollen ist. — 5. Der *Flaschenzug* von einer festen und n beweglichen Rollen: $K = L/(2n)$ bzw. $L/(2n-1)$. — 6. Das *Wellrad:* $K : L = r_l : r_k$. — 7. *Zahnräder:* $K = (z_1 z_2 \ldots / Z_1 Z_2 \ldots) L$. — 8. *Schiefe Ebene* als statischer Apparat (als kinetischer s. Schiefe Ebene): $K = L \sin a$, wo a der Steigungswinkel ist, genauer, wenn β der Reibungswinkel ist: $K_l = L \cdot (\sin(a+\beta)/\cos\beta)$, dagegen die längs der Basis wirkende Kraft $K_b = L \operatorname{tang} a = L \operatorname{tang}(a+\beta)$. — 9. Der *Keil,* b Basis, u und u' Basiswinkel: $K = L_1 \cos u_1 + L_2 \cos u_2$. — 10. Die *Schraube,* h Ganghöhe, u Kernumfang: $K = (h/u) \cdot L$.

Einfacher Faden, s. Magnet.

Einfacher Strich, s. Magnet.

Einfacher Ton, s. Klang.

Einfache Schale, s. Magnet.

Einfach zusammenhängender Raum, s. Zusammenhang.

Einfallsebene, s. Brechung, Reflexion.

Einfallswinkel, s. Brechung, Reflexion.

Einheiten, s. Maßsysteme, Elektrische und magnetische Maßsysteme.

Einschaltdynamometer, s. Kraftmessung.

Einschnürung, s. Festigkeit.

Eintrittsfenster, s. Abbildung.

Eintrittsluke, s. Abbildung.

Eintrittspupille, s. Abbildung.

Einzelwelle, s. Wellenbewegung.

Eismaschine, s. Verflüssigung der Gase.

Eispunkt, s. Temperatur, Thermometer.

Eisring, s. Atmosphärische Optik.

Eisschmelzmethode, s. Kalorimetrie.

Eisschrank, s. Wärmeleitung fester Körper.

Ektropie, s. Entropie.

Elastische Akkommodation, s. Elastische Nachwirkung.

Elastische Anpassung, s. Elastische Nachwirkung.

Elastische Hysteresis, s. Elastische Nachwirkung.

Elastische Nachwirkung ist die Gesamtheit der Erscheinungen, die damit zusammenhängen, daß ein elastischer Körper bei äußerer Beanspruchung seinen neuen Zustand nicht sofort, sondern erst nach gewisser Zeit annimmt, und daß er nach Aufhebung der Beanspruchung ebenfalls erst allmählich (wenn überhaupt) in den ursprünglichen Zustand zurückkehrt. Aber auch bei äußerst langsamer Änderung bleibt ein Einfluß der Vorgeschichte zurück, den man neuerdings (Warburg) als *elastische Hysteresis* bezeichnet und bei geeignetem Verfahren von der eigentlichen Nachwirkung absondern kann. — Die elastische Nachwirkung erstreckt sich oft auf Tage und Monate; sie tritt bei allen Arten von Beanspruchung auf: bei Dehnung, Biegung und Drillung; bei letzterer vielleicht am stärksten. Auch mit der Dämpfung elastischer Schwingungen steht sie in nahem Zusammenhange. Eine große Zahl solcher Einzelerscheinungen spielt in der Praxis eine allgemein bekannte und oft sehr störende Rolle. — Die Gesetze der elastischen Nachwirkung sind sehr verwickelt, ebenso auch der Einfluß der Temperatur. Im Zusammenhang mit ihr steht auch die Erscheinung der elastischen *Akkommodation* oder *Anpassung*, wonach ein Körper schließlich in einen der augenblicklichen Beanspruchung entsprechenden Normalzustand gelangt. — Von besonderer Bedeutung ist auch die Erscheinung der *Relaxation*, d. h. die allmähliche Abnahme der durch eine bestimmte Deformation in einem Körper hervorgerufenen Spannungen. Die Zeit, innerhalb deren die Spannung auf den e. Teil ($^1/_{2,72}$) des ursprünglichen Wertes herabgeht, heißt *Relaxationszeit* (Maxwell); sie beträgt im allgemeinen nur Bruchteile einer Sekunde oder wenige Sekunden, kann aber auch viel größere Werte annehmen. — Ganz parallel mit der elastischen geht die magnetische Nachwirkung und Hysteresis (s. d.). Auch eine thermische Nachwirkung gibt es, und sie tritt mit der elastischen vielfach in Wechselwirkung. — Für die elastische Nachwirkung sind zahlreiche Theorien aufgestellt, von denen aber zurzeit noch keine in allen Hinsichten befriedigt.

Elastischer Druck, s. Elastizität.

Elastische Schwingungen und Wellen sind solche, die durch elastische Kräfte hervorgerufen werden; und zwar dadurch, daß der durch die Beanspruchung deformierte Körper nach Aufhören der Kraft nicht bloß in den natürlichen Zustand zurückkehrt, sondern über diesen nach der andern Seite hinausgeht, umkehrt usw., also in Analogie mit der Wirkung der Schwerkraft auf das Pendel. Der schwingende Körper kann fest, flüssig oder gasförmig sein; jedoch spielt nur der erste und letzte dieser Fälle eine größere Rolle. Ferner kann der Körper im wesentlichen ein-, zwei- oder dreidimensional sein. Bei festen Körpern kommt noch der Gegensatz zwischen Körpern ohne und mit eigner Steifigkeit hinzu, und so erhält man bei diesen folgende Typen: 1. Saiten, 2. Stäbe, und zwar a) gerade, b) gekrümmte Stäbe (Gabeln), 3. Membranen, 4. Platten, und zwar a) ebene, b) gekrümmte (Glocken). Ferner können die Schwingungen von jeder der drei, auch bei statischer Deformation auftretenden Arten sein: 1. *Dehnungs-* oder *Längs-* oder *Longitudinalschwingungen*, 2. *Biegungs-* oder *Quer-* oder *Transversalschwingungen*, 3. *Drillungs-* oder *Torsionsschwingungen*. Die meisten dieser Erscheinungen gehören, da sie mit dem Ohre wahrgenommen werden, in die Akustik (s. Tönende Systeme, Saitentöne usw.). —

Hier sollen nur einige Fälle langsamer und daher mit dem Auge zu verfolgender Schwingungen angeführt werden: 1. Die Drillungsschwingungen eines an einem Drahte oder Faden aufgehängten Körpers. Hat der Draht die Länge l, den Radius r und den Torsionsmodul k_2, und hängt an ihm wiederum ein Körper vom Trägheitsmoment K, so ist die Schwingungsdauer durch die Gleichung $T^2 = 2\pi l K/r^4 k_2)$ bestimmt; durch Umkehrung erhält man eine Formel zur *Messung des Torsionsmoduls:* $k_2 = 2\pi l K/(r^4 T^2)$ in absolutem Maße (im praktischen 98 10^6 mal so klein); diese Methode ist wesentlich empfindlicher und zuverlässiger als die statische und darum sehr üblich, nur muß r sehr genau (an verschiedenen) Stellen gemessen werden (vgl. Drillung). K wird entweder aus den Dimensionen des Anhängekörpers berechnet (s. Trägheitsmoment, für den Kreiszylinder $\frac{1}{2} m R^2$), oder man fügt durch Anschrauben ein bekanntes Trägheitsmoment K' hinzu, beobachtet dann auch T' und ersetzt in obiger Formel K/T durch $K'/(T^2 - T'^2)$. — 2. *Erdbebenschwingungen* und *Erdbebenwellen.* Bei der durch die inneren Erdkräfte hervorgerufenen Erschütterung der Erdkruste treten Schwingungen auf, die sich vom Herde oder Zentrum (*Epizentrum:* Oberflächenpunkt, *Hypozentrum:* Punkt im Innern) aus in Wellenform ausbreiten und noch in großer Ferne beobachtet werden können. Dazu dienen die *Seismometer*, empfindliche, registrierende Pendel, und zwar entweder vom gewöhnlichen Typ (s. Pendel) oder von dem des Horizontalpendels (s. d.). Je nach der Anordnung registriert man die horizontale oder die vertikale Komponente der Schwingung oder beide zugleich. Das Diagramm („Seismogramm") zeigt im allgemeinen große Komplikationen (erstes, zweites, drittes Vorbeben, Hauptbeben, Nachbeben), die aber nur z. T. von der erzeugenden Erschütterung herrühren, zum andern von der Art der Ausbreitung (oberflächlich, längs der Sehne im Erdinnern usw.). Die Fortpflanzungsgeschwindigkeit der Hauptwellen ist im Mittel 3,6 km in der Sekunde.

Elastisches Potential, s. Druck.

Elastische Vollkommenheit, s. Elastizitätsgrenze.

Elastizität ist der Widerstand eines Körpers gegen relative Lagenänderungen seiner Teile durch zurzeit auf ihn wirkende Kräfte. Der Zusatz „zurzeit" ist durchaus notwendig, um klarzustellen, daß Elastizität im wissenschaftlichen Sinne nichts mit den Verhältnissen nach dem Aufhören der Beanspruchung zu tun hat (s. Elastische Nachwirkung, Festigkeit, Geschmeidigkeit). Das Verhältnis der im neuen Gleichgewichtszustande vorhandenen Veränderung zur Größe der Beanspruchung heißt *Elastizitätskoeffizient*, umgekehrt das Verhältnis der Beanspruchung zur Veränderung *Elastizitätsmodul;* letztere, der Masse bei starren Ortsänderungen ganz analoge Größe ist die meist übliche. Die Beanspruchung wird gemessen durch die auf die Flächeneinheit wirkende Kraft, im absoluten Maße also durch Dynen pro qcm (s. Druck), im praktischen vielfach in kg*/qmm. Letztere Einheit ist 981·1000·100, also rund 10^8 mal so groß wie jene; die in ihr ausgedrückten Moduln werden also 10^8 mal so klein. Die auf die Flächeneinheit wirkende Kraft heißt elastischer Druck (s. Druck). — Grundsätzlich gibt es zwei verschiedene Beanspruchungen und entsprechende Veränderungen: reine *Volumenänderung* (ohne Gestaltsänderung) oder *Kontraktion* bzw. *Dilatation* und reine *Gestaltsänderung* (ohne Volumenänderung) oder *Deformation;* bei jener bleibt der Körper sich selbst ähnlich, bei dieser bewahrt er seine Raumerfüllung. Jene ist durch den *Volumenmodul*, insbesondere *Kontraktions-* oder *Dilatationsmodul*, diese durch den *Gestaltsmodul* oder *Deformationsmodul* (im engeren Sinne) charakterisiert. Volumenänderung wird durch *Normaldruck*, Gestaltsänderung durch *Tangentialdruck* (s. Druck) erzielt. Ist p der Druck, δ die räumliche Kontraktion, so ist der Volumenmodul $k_1 = p/\delta$ oder für kleine Veränderungen, wenn a die lineare Kontraktion ist: $k_1 = p/(3a)$. Ebenso kann man den Gestaltsmodul allgemein durch die Änderung φ eines rechten Winkels in dem Körper charakterisieren und hat dann $k_2 = p/\varphi$. Von besonderer Wichtigkeit ist das Verhältnis beider Moduln $\varkappa = k_2/k_1$; es schwankt bei den meisten Stoffen nur zwischen 0,3 und 0,8 und ist am häufigsten 0,6 = $^3/_5$. — Die elastischen Körper gliedern sich nach ihrem Verhalten in drei Klassen: feste Körper, Flüssigkeiten und Gase; bei den Flüssigkeiten ist (s. Aggregatzustände) die Volumenelastizität sehr groß, die Gestaltselastizität sehr klein. Letzteres gilt auch für Gase; dagegen ist ihr Verhalten gegenüber Volumenbeanspruchung verschieden für Kompression und Dilatation. — Näheres s. bei den einzelnen Artikeln.

Elastizität der Kristalle, s. Kristallelastizität.

Elastizitätsgrenze ist die Grenze, bis zu der sich ein Körper *elastisch vollkommen* verhält, d. h. nach Aufhören der Beanspruchung in den natürlichen Ausgangszustand zurückkehrt, während er jenseits dieser Grenze eine dauernde Veränderung beibehält, also einen neuen Zustand annimmt. Als Maß der Elastizitätsgrenze kann man entweder die *Grenzbeanspruchung*, z. B. bei Längsdehnung (Dehnungsgrenze) den *Grenzzug*, wählen, oder aber die *Grenzdeformation*, in jenem Falle also die *Grenzdehnung*. Indessen muß man sich darüber klar sein, daß es sich hier nicht eigentlich um einen wissenschaftlichen Begriff handelt, vielmehr um eine Festsetzung, die in kolossalem Grade von der Genauigkeit abhängt, mit der man zu beobachten in der Lage ist. Setzt man z. B., was in der Praxis vielfach üblich ist, fest, als dauernde Dehnung solle die um 0,5 mm pro Meter Länge gelten, so wird man soundso viel kg/qmm als Grenzzug für ein bestimmtes Material finden; setzt man dagegen 0,1 mm fest, so findet man vielleicht das Fünf- oder Zehnfache jener Größe. Es können daher hier auch nur ganz ungefähre Zahlen angegeben werden; auch hängen diese Werte stark von den Umständen, von der Wiederholung der Beanspruchung usw. ab:

Grenzzüge Z und Grenzdehnungen D von Metallen:

Metall	Z	D
Blei, gezogen . . .	0,3	0,00013
Bronze	25	0,0028
Eisen, gezogen. . .	32	0,0015
Eisen, gegossen . .	12	0,0012
Gold, gezogen . . .	14	0,0018
Kupfer	12	0,0009
Messing	24	0,0029
Platin, gezogen . .	26	0,0015
Silber, ,, . .	11	0,0015
Stahl, ,, . .	43	0,0025
Stahl, gehärtet . .	60	0,0030
Stahl, Bessemer . .	33	0,0017
Zink, gezogen . . .	10	0,0011
Zinn	4	0,0010

Elastizitätskoeffizient, s. Elastizität, Elastizitätsmodul.

Elastizitätskonstanten, s. Elastizität, Kristallelastizität.

Elastizitätsmodul oder *Dehnungsmodul* oder *Zugmodul* ist das Verhältnis des Zuges zur Dilatation, $E = p/\alpha$ oder, wenn das Zuggewicht P, der Querschnitt q, die Länge l und die wirkliche Verlängerung λ (wobei dann $\alpha = \lambda/l$ ist) eingeführt wird: $E = Pl/q\lambda$ (s. Längsdehnung). Dimensionsformel: $[E] = l^{-1} t^{-2} m$. Der reziproke Wert von E ist der *Elastizitätskoeffizient*. — Der Elastizitätsmodul ist weder mit dem Volumenmodul k_1 noch mit dem Gestaltsmodul k_2 identisch; vielmehr ist $E = 9\,k_1 k_2/(3\,k_1 + k_2)$; speziell für μ (Elastizitätszahl, s. Querkontraktion) = $^1/_4$ oder, was dasselbe besagt, für $k_2 = (^3/_5)\,k_1$ wird $E = (^5/_2)\,k_1$. Wegen der Bestimmungsmethoden für E s. Längsdehnung. — Die folgenden Zahlen sind meist nur Mittelwerte und gelten für Zimmertemperatur und mittleres Material, ausgedrückt sind sie in kg*/qmm. Zur Umrechnung auf absolutes Maß ist mit $0{,}981 \cdot 10^8$ zu multiplizieren:

a) *Metalle.*

Aluminium	6800
Blei	1650
Eisen (Schmiede-) . . .	20000
Eisen (Guß-)	18000

Eisen (Stahl)	21000
Gold	8500
Iridium	52000
Kupfer	12300
Nickel	23000
Platin	16400
Silber	7500
Zink	10300
Zinn	4800
b) *Gläser.*	
Zinkborat	8200
Natronborosilikat	7300
Kalibleisilikat	6100
Schwerstes Bleisilikat	5100
Tonerdeborat	4700
c) *Hölzer* (axial).	
Ulme	1165
Esche	1121
Tanne	1113
Buche	980
Eiche	921
Pappel	517
d) *Verschiedene Stoffe.*	
Eis	500
Elfenbein	900
Gelatine	0,02
Granit	2450
Kautschuk	0,5
Korund	52000
Marmor	3000
Quarz	6900
Sandstein	800
Topas	29000

Von den Metallen steht also Iridium an der Spitze, Blei am Ende; mit Iridium konkurriert ein Mineral, Korund; ganz geringe Elastizität haben Kautschuk und Gelatine (wenn man das Kautschuk popular als elastisch bezeichnet, meint man damit seine hohe Grenzdehnung, s. Elastizitätsgrenze). — Mit steigender Temperatur nimmt E ab, bei den meisten Metallen zwischen 0° und 100° um 1 bis 4 Prozent (nur bei Aluminium viel stärker); bei sehr tiefen Temperaturen nimmt E gewaltig zu. Gegossene Metalle haben fast durchweg niedrigere Werte als gezogene. Bei Kristallen hat E in verschiedenen Richtungen verschiedene Werte (s. Kristallelastizität).

Elastizitätstheorie des Lichts, s. Licht.

Elastizitätszahl, s. Querkontraktion.

Elektrische Arbeit, s. Elektrostatik.

Elektrische Ausdehnung, s. Elektrostriktion.

Elektrische Bilder, s. Elektrostatik.

Elektrische Dispersion, s. Dielektrizität.

Elektrische Doppelbrechung, s. Elektrooptik.

Elektrische Endosmose, s. Elektroosmose.

Elektrische Energie, s. Elektrostatik.

Elektrische Energieübertragung, s. Dynamomaschine.

Elektrische Entladung, s. Entladung.

Elektrische Festigkeit, s. Elektrischer Funke.

Elektrische Figuren, s. Entladung.

Elektrische Hilfsapparate. Bei Arbeiten mit elektrischen Strömen werden zahlreiche Hilfsapparate gebraucht, von denen die wichtigsten die folgenden sind: 1. *Stromunterbrecher* oder *Stromschlüssel*, zum Schließen und Öffnen des Stromes, am einfachsten ein kurzes, dickes Drahtstuck, dessen Enden in zwei Napfchen mit Quecksilber getaucht werden, von denen dann die Leitung weitergeht; weniger gut eine teils aus isolierenden, teils aus leitenden Quadranten bestehende kleine Walze, die sich zwischen zwei Metallfedern eingeklemmt drehen laßt. Es ist darauf zu achten, den Strom immer nur so lange geschlossen zu halten, wie man es zum Zwecke der Wirkung bzw. Ablesung braucht, ihn im übrigen aber zur Schonung des Stromerzeugers offen zu halten. Bei starken Strömen muß besonders die Ausschaltung rasch erfolgen, damit der entstehende Funke bzw. Lichtbogen keinen Schaden anstiftet; geeignete Ausschalter sind in verschiedenen Formen konstruiert worden. Bei Induktorien usw. spielt der periodische Unterbrecher des Primärstroms eine entscheidende Rolle; drei der beliebtesten Typen sind der *Neefsche Hammer* (s. Elektromagnetische Apparate), der *Saitenunterbrecher* und der *elektrolytische* oder *Wehnelt-Unterbrecher* (s. Elektrolyse). — 2. *Stromwender, Kommutatoren* oder

Gyrotrope, meist so gebaut, daß sie zugleich auch zum Schließen und Öffnen dienen können, also drei Stellungen einnehmen können: offen, +-Strom, −-Strom; ebenfalls am besten mit Quecksilbernäpfchen und eintauchenden Leiterenden, montiert und die einzelnen Teile getrennt durch gut isolierendes Material (Paraffin, Ebonit, Glas, Holz) oder auch Walzen zwischen federnden Backen. In der Praxis werden meist Stöpselumschalter benutzt, z. B. in Kreuzform (Fig. 41); bei derartigen Stöpseln muß man aber sehr genau auf

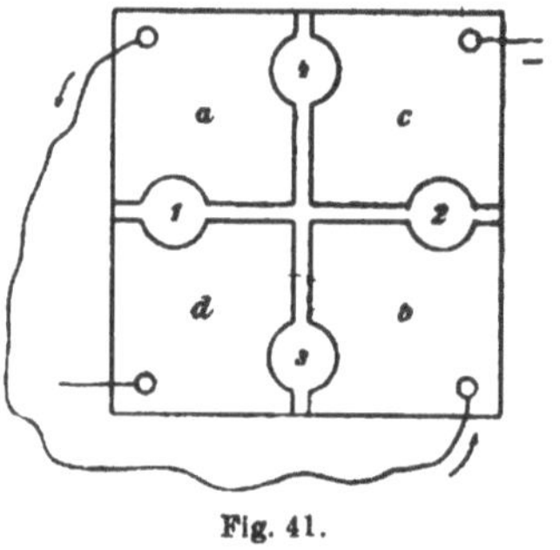

Fig. 41.

guten Kontakt achten. Hierher gehören auch die verschiedenen *Umschalter* oder *Wechselschalter* von einer Schließung auf eine andre. — 3. *Widerstandseinheiten*, insbesondere das gesetzliche *Ohm*, gewöhnlich in Dosenform mit Thermometer, um die Temperaturkorrektion anbringen zu können. — 4. *Widerstandskasten* mit abgestuften Widerständen, z. B. von 0,01 Ω bis 1000 Ω, mit Stöpseln zum Ausschalten der zwischen den oberflächlichen Metallklötzen eingeschalteten, im Kasteninnern liegenden Rollen. — 5. *Rheostaten*, d. h. stetig veränderliche Widerstände, nämlich Drähte, geradlinig ausgespannt oder auf einer isolierenden Trommel aufgewunden und mit einem verschiebbaren und beliebig einstellbaren Kontakt versehen, so daß man ein beliebiges Stück des ganzen Drahtes einschalten kann. Auch ganze Zusammenstellungen mehrerer derartiger Spiralen vom dicksten zum dünnsten Drahte sind konstruiert und finden entsprechende Anwendung. — 6. *Meßbrücken* (s. Stromverzweigung, Widerstandsmessung). — 7. *Elemente*, insbesondere *Normalelemente* (s. Galvanische Elemente). — 8. Stromunterbrecher für Wechselströme, s. bei diesen.

Elektrische Kataphorese, s. Elektroosmose.

Elektrische Konvektion ist die Fortführung von Elektrizität durch die Bewegung ihrer ponderablen Träger im Raume. Bei den Versuchen wird diese Bewegung natürlich in Form der Rotation einer Scheibe um ihre Achse erzielt. Prinzipiell ist zu unterscheiden zwischen der Konvektion an der Oberfläche eines im elektrischen Felde rotierenden Leiters und an der Oberfläche eines rotierenden polarisierten Dielektrikums (Nichtleiters); im ersteren Falle erhält man *wahre* elektrische Konvektion, im andern *fingierte;* jene Erscheinung wird *Rowland-Effekt*, diese *Röntgen-Effekt* genannt. Wo beide Wirkungen beteiligt sind, erhält man freie oder kombinierte Konvektion. — Die theoretische Bedeutung der ganzen Erscheinung liegt in der Entscheidung der Frage, ob die Elektrizität mit den Leitern fortgeführt wird oder am Raume haftet, also sich relativ zum Leiter bewegt, also sozusagen bei dessen Bewegung zurückgleitet; die auf diese Weise erzeugten Ströme hat man *Konduktionsströme* genannt. Man hat also, von den gewöhnlichen Leitungs- und Verschiebungsströmen ganz abgesehen, drei Arten von Strömen: Konvektionsströme, Konduktionsströme und Polarisationsströme (nicht zu verwechseln mit den elektrolytischen Erscheinungen gleichen Namens). Im Falle reiner elektrischer Konvektion ergibt sich, daß die Elektrizität an der Materie haftet und daß die beobachteten Ströme stets geschlossen sind. Alle diese Ergebnisse sind mit der Elektronentheorie sowie mit der Vorstellung eines überall, auch im Dielektrikum, absolut ruhenden Äthers in Einklang. — Als Geschwindigkeit des Konvektionsstroms ergibt sich in Übereinstimmung mit den Leitungsströmen die Lichtgeschwindigkeit, also $3 \cdot 10^{10}$ cm/sec. —

Die Beobachtung erfolgt meist mit Hilfe der magnetischen Wirkung, also der Ablenkung der Magnetnadel; aber auch die Induktionswirkung ist benutzt worden, sowie direkte Ladungsmessungen. — Im einzelnen ergibt sich eine große Mannigfaltigkeit und Komplikation der Erscheinungen (Himstedt, Eichenwald u. a.).

Elektrische Kraftübertragung, s. Dynamomaschinen.

Elektrische Ladung, s. Elektrostatik.

Elektrische Ladung der Erde, s. Atmospärische Elektrizität.

Elektrische Lichterscheinungen sind von äußerst mannigfaltiger Art; die wichtigsten sind folgende: 1. Das elektrische *Glühlicht* (s. d.). — 2. Der elektrische *Funke* (s. d.). — 3. Das elektrische *Bogenlicht* (s. Lichtbogen). — 4. Das *Glimm-*, *Büschel-* und *Spitzenlicht* (s. Glimmlicht). — 5. Die *Kathodenstrahlen* (s. d.). — 6. Die *Kanalstrahlen* (s. d.). — 7. Die *Anodenstrahlen* (s. Kanalstrahlen). — 8. Die *Röntgenstrahlen* (s. d.). — 9. Die *Radiumstrahlen* (s. Radioaktivität); diese letzteren sind übrigens nicht mehr eigentlich elektrischen Ursprungs, nur haben sie ganz analoge Eigenschaften und können mit den elektrischen Strahlen vielfach in Parallele gestellt, ja ihrer inneren Beschaffenheit nach identifiziert werden. — Die elektrischen Lichterscheinungen stellen teils Fälle normalen, mit entsprechender Temperaturerhöhung verbundenen Leuchtens dar (Nr. 1, 2, 3), teils sind es Fälle anomalen Leuchtens, also von Lumineszenz (s. d.), ohne entsprechende Temperaturerhöhung, teils sind die eigentlichen Vorgänge überhaupt nicht sichtbar, also auch nicht als Lichterscheinungen im engeren Sinne zu bezeichnen; sie werden vielmehr erst durch sekundäre Wirkungen sichtbar, wie Nr. 5 bis 9 — Was insbesondere die strahlenartigen Leuchterscheinungen betrifft, so sind es teils Konvektionsstrahlen (5, 6, 7, 9), teils Undulationsstrahlen (8 und von 9 die Gammastrahlen); und von den ersteren sind einige Ionenstrahlen (6, 7 und von 9 die Alphastrahlen), teils Elektronenstrahlen (5 und von 9 die Betastrahlen); soweit sie Undulationsstrahlen sind, liegt aber ihre Wellenlänge jenseits der Empfindlichkeitsgrenze des Auges.

Elektrische Maschinen, s. Dynamomaschinen.

Elektrische Orgelpfeife, s. Elektrische Schwingungen.

Elektrische Osmose, s. Elektrosmose.

Elektrische Polarisation, s. Dielektrizität.

Elektrische Resonanz, s. Selbstinduktion.

Elektrischer Funke ist eine durch den elektrischen Strom in Gasen (eventuell auch in Flüssigkeiten) hervorgerufene und durch ihre Unstetigkeit oder Periodizität gekennzeichnete Leuchterscheinung. Sie tritt ein, wenn an zwei mit einer Elektrizitätsquelle verbundenen Leitern die Potentialdifferenz einen so großen Wert erreicht, daß Entladung (s. d.) erfolgt: *Funkenentladung*; die betreffende Differenz heißt *Funkenpotential*. Sie hängt außerdem von der Form und Größe der Leiter, von der Natur des Gases usw. ab. Mit der Entfernung bzw. *Schlagweite* ist sie in erster Annäherung proportional; nur bei kleinen Entfernungen nimmt sie langsamer ab und nähert sich auch für sehr kleine Abstände nicht der Null. Es ist deshalb zwischen dem eigentlichen Entladungsprozeß und einem Übergangsprozeß zu unterscheiden. Die bei der Einheit der Entfernung nötige Potentialdifferenz für ein bestimmtes Gas heißt dessen *elektrische Festigkeit* in bezug auf Luft (Wasserstoff 0,56, Kohlensäure 0,89). Für eine Reihe von Kugelradien sind Schlagweite S und Potential P nebst mittlerem Gefälle P/S hier zusammengestellt:

S (cm)	$P(r=0{,}5)$	$P(r=1{,}0)$	$P(r=3{,}0)$	P/S
0,01	900	900	900	90000
0,05	2700	2600	2500	52000
0,1	4800	4500	4300	45000
0,3	11700	11400	10900	38000
0,5	17700	17400	16500	34000
0,7	21300	22800	22500	32000
1,0	25800	29400	32700	29000
1,2	27900	33000	35000	28000

Für große Spannungen wird das Potentialgefälle, wie man sieht, ziemlich konstant, also P proportional mit S. Die äußersten, mittels Hochspannungsanlage erzielten Schlagweiten gehen über 1 m hinaus. Die obigen Zahlen gelten für Gleichstrom, für Wechselstrom ist die Schlagweite im Durchschnitt etwa doppelt so groß. — Zu messenden Versuchen benutzt man *Funkenmikrometer*, bei denen die beiden Endleiter auf einer graduierten Skala verschoben werden können; dabei beobachtet man meistens eine Asymmetrie, indem sich bei Annäherung und Entfernung etwas verschiedene (bei Annäherung kleinere) Grenzwerte ergeben. — Das eigentlich Leuchtende im Funken sind die mitgerissenen, von den Elektroden stammenden Teilchen. — Die Funken sind desto heller, je größer Spannung und Stromstärke sind; ihre Häufigkeit hängt von der Stärke der elektrischen Erregung ab. Um sie zwar seltener, aber desto heller zu erhalten, muß man parallel zur Funkenstrecke Kondensatoren einschalten. —Im *Spektrum* des Funkens finden sich sowohl die Metalllinien der Elektroden als auch die Gaslinien; jene an den Rändern, diese in derMitte am häufigsten (lange und kurze Linien). — Die *Dauer* eines Funkens, die man mit rotierendem Spiegel usw. messen kann, beträgt gewöhnlich 10^{-6} bis 10^{-5} Sekunden; bei oszillierenden Entladungen (s. Entladungen und Induktionsströme) läßt sich die gesamte Erscheinung in eine Reihe einzelner Funken auflösen. — Die Funkenentladung wird durch Bestrahlung mit Licht, und zwar besonders mit ultraviolettem Licht, befördert; hiermit steht im Zusammenhange, daß negative (unter Umständen auch positive) Ladung durch ultraviolette Strahlung zerstreut wird (s. Lichtelektrizität). — Funkenentladungen werden erzeugt mit Elektrisiermaschinen (s. d.), Leidener Flaschen (s. Kondensator), Induktorien („Funkeninduktor") usw. Die stärkste Funkenentladung ist der bei der Entladung der atmosphärischen Elektrizität auftretende *Blitz* (s. Atmosphärische Elektrizität). — Unter bestimmten Umständen geht die Funkenentladung in die Form des Spitzen-, Büschel- und Glimmlichts über (s. Glimmlicht).

Elektrischer Geruch, s. Elektrostatik.

Elektrischer Käfig, s. Elektrostatik.

Elektrischer Ofen, s. Wärmeapparate.

Elektrischer Kerreffekt, s. Elektrooptik.

Elektrischer Rückstand, s. Kondensator.

Elektrischer Springbrunnen, s. Kapillarelektrizität.

Elektrischer Strom ist die Bewegung elektrisch geladener Teilchen; je nachdem diese Teilchen geladene Atome, sog. Ionen, oder aber die viel kleineren Elektronen (s. d.) sind, erhält man *Ionenstrom* oder *Elektronenstrom* (außerdem gibt es noch Konvektionsströme, s. Elektrische Konvektion). Ionenstrom findet in den elektrolytischen Flüssigkeiten, Elektronenstrom in den Metallen statt; in den Gasen kommen beide vor (s. Glimmlicht, Kathoden- und Kanalstrahlen). Die Bewegung der Teilchen erfolgt unter der Einwirkung eines elektrischen Feldes; je nachdem sie sich dabei nur innerhalb eines kleinen Raumes oder aber auf beliebigen Strecken frei bewegen, erhält man *Verschiebungsstrom* oder *Leitungsstrom*; jener findet im Dielektrikum, dieser im Leiter statt. Durch diese Vorstellung wird das Bild des elektrischen Stromes gegenüber dem früheren Vergleich mit dem Wasserstrom präzisiert: der Verschiebungsstrom ist das Analogon zum Eisstrom, der Leitungsstrom das zum flüssigen Wasserstrom, der Kathodenstrom zum Dampfstrahl; durch Erhitzung kann man den ersten Vorgang in den zweiten und diesen in den dritten überführen. — Hier wird nur der Strom in Metallen behandelt, bei dem übrigens die Bewegung der Elektronen in keiner Weise in die Erscheinung tritt und überhaupt kein Transport von Substanz auf greifbare Weise festzustellen ist. Man hat deshalb auch zeitweilig die Vorstellung eines Stromes ganz aufgegeben und, gemäß der Feldtheorie, den eigentlichen Vorgang in das umgebende *Feld* verlegt, in dem der Leiter nur eine sekundäre, Energie aufsaugende Rolle spielt; indessen ist diese Vorstellung als nicht völlig befriedigend neuerdings durch die Elektronentheorie wieder in den Hintergrund gedrängt worden. — Der elektrische Strom kann *Gleichstrom* oder *Wechselstrom* (mit hin und her gehender Richtung) sein, und im ersteren Falle kann er stationärer, *konstanter* oder *veränderlicher* Strom sein; hier wird nur konstanter Strom behandelt. Erzeugt kann er bzw. die durch ihn verkörperte Strömungsenergie auf sehr verschiedene Art werden; die wichtigsten sind die aus *mechanischer* Energie durch Reibungsmaschinen (ohne Bedeutung) und durch Dynamomaschinen (s. d.), ferner die aus *Wärmeenergie* (s. Thermoelektrizität), endlich die aus *chemischer* Energie mittels galvanischer Elemente (s. d.) oder Akkumulatoren (s. d.). Einmal erzeugt, hat übrigens der Strom immer dieselben, von der Entstehungsart unabhängigen Eigenschaften. — Zu unterscheiden ist ferner zwischen offenem Strom, der als *Ladungs-* oder *Entladungsstrom*, z. B. zwischen einem Elektrizitätserzeuger und der Erde, auftritt, und dem geschlossenen oder *Kreisstrome*. — Für die Erzeugung von geschlossenen Strömen aus chemischer Energie ist zunächst erforderlich, daß die Schließung aus verschiedenen Stoffen aufgebaut ist, und weiter, daß diese Stoffe nicht sämtlich Leiter erster Klasse sind (s. Berührungselektrizität), d. h. sich in bezug auf ihre elektrischen Differenzen additiv verhalten, weil sich alsdann ein Gleichgewichtszustand und somit kein Strom herausbildet. Hierzu ist vielmehr die Anwesenheit mindestens *eines* Leiters zweiter Klasse erforderlich, also, außer den metallischen Teilen, mindestens einer Säure oder Salzlösung oder eines festen Körpers von entsprechendem Charakter; auch Gase kommen eventuell in Frage. Geeignete Zusammenstellungen von Leitern beider Klassen heißen *galvanische Elemente* (s. d.). An ihren Polen besteht eine Spannungs- oder Potentialdifferenz, die sich durch die äußere Schließung hindurch in Form des Stromes ausgleicht, aber im Innern des Elements immer wieder neu erzeugt. In einem Leiter von überall gleichem Material und Querschnitt ist das Spannungsgefälle gleichförmig, die Spannungskurve (Fig. 42) also eine fallende Gerade, und

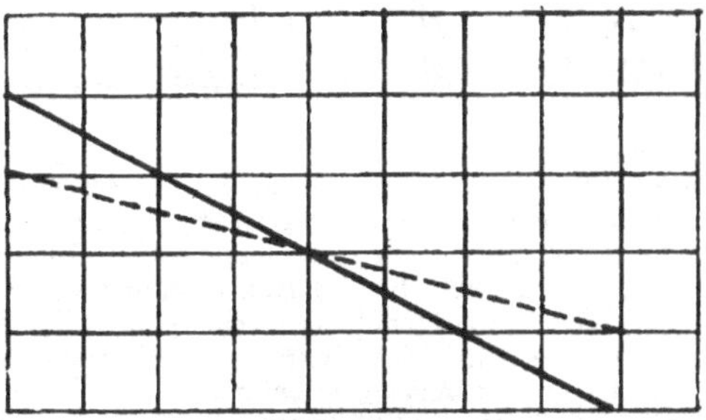

Fig. 42.

zwar eine desto steilere, je größer die Gesamtspannung und kleiner der Querschnitt und je kleiner eine gewisse Konstante, das *spezifische Leitvermögen* des Materials, ist. Bei aneinander gereihten Leitern von verschiedener Länge l, Querschnitt q und Leitvermögen λ ist die Spannungskurve somit an den Übergangsstellen geknickt, und die einzelnen Stücke sind verschieden lang und steil (Fig. 43). Man kann aber die Kurve auch jetzt noch in eine einheitliche Gerade verwandeln, indem man an Stelle der Längen, die bisher als Abszissen dienten, die reduzierten Längen einführt, d. h. die Größen $l/(\lambda q)$. Diese *reduzierte Länge* (Ohm) wird jetzt allgemein der *Widerstand* des Leiters genannt. Der Widerstand ist also mit der Länge direkt, mit Querschnitt und spezifischem Leitvermögen umgekehrt proportional. Die Gleichung der Spannungskurve wird damit $V = V_0 - ix/(\lambda q)$, wo i die *Stromstärke* heißt und x die Koordinate ist; dividiert man die Stromstärke durch den Querschnitt, so erhält man die *Stromdichte*. Stellt man diese Gleichung für zwei verschiedene Stellen der Leitungsbahn auf und subtrahiert sie voneinander, so erhält man das Grundgesetz des elektrischen Stroms, das *Ohmsche Gesetz:* die Stromstärke ist direkt proportional mit der elektromotorischen Kraft (Spannungsdifferenz) und umgekehrt proportional mit dem Widerstande; in Formel $i = e/w$. Sind in dem Kreise mehrere elektromotorische Kräfte, so ist ihre Summe zu bilden. Zwei andre Formen der Gleichung sind $e = wi$

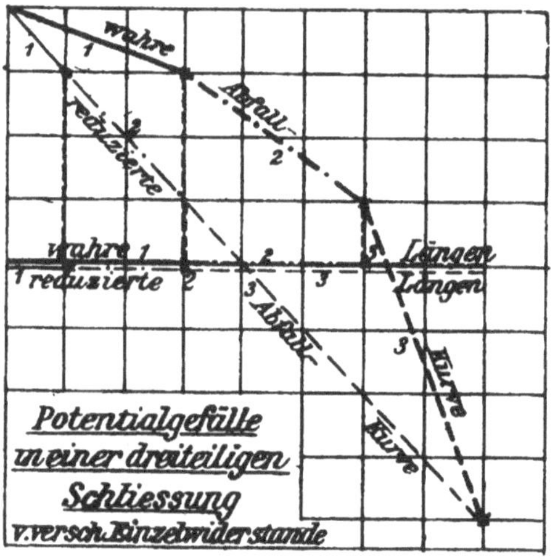

Fig. 43.

und $w = e/i$. Mit andern Worten kann man das Gesetz auch so aussprechen: Der Widerstand ist unabhängig von der elektromotorischen Kraft und von der Stromstärke; er ist eine Körperkonstante des Leiters. Übrigens gilt das nicht mehr bei veränderlichen Strömen (s. Selbstinduktion). Das Gesetz erhält exakte Bedeutung erst durch die Wahl von Einheiten für die drei in ihm vorkommenden Größen, von denen zwei willkürlich gewählt werden können. Durch internationale Übereinkunft sind das: für den Widerstand das *Ohm*, Ω, d. h. der Widerstand eines Quecksilberfadens von 106,3 cm Länge und 1 qmm Querschnitt bei 0° C, und für die Stromstärke das *Ampere*, A, d. h. der Strom, der in der Sekunde aus einer Silberlösung 1,118 mg Silber abscheidet; die dritte Einheit, das *Volt*, V, ist dann bestimmt als diejenige elektromotorische Kraft, die in einer Schließung vom Widerstande 1 Ω einen Strom von 1 A erzeugt. Die Zurückführung dieser praktischen Einheiten auf absolutes (elektromagnetisches) Maß (s. Elektrische und magnetische Maßsysteme) erfolgt durch die Beziehung: 1 $\Omega = w/(9 \cdot 10^{11})$, 1 A $= 3 \cdot 10^{9} \cdot i$, 1 V $= e/300$. Das Ohmsche Gesetz ist durch äußerst feine und exakte Versuche sehr genau bestätigt worden; zur Demonstration benutzt man Drähte von verschiedener Länge, Dicke und Material, wobei man dann auch den geradlinigen Abfall der Spannung mit Hilfe eines Gleitkontaktes zeigen kann. — Das Gesetz setzt aber voraus, daß von dem Leiter keine Elektrizität nach außen abgegeben wird; geschieht das, so wird die Spannungskurve gekrümmt, z. B. ist dann die Spannung in der Mitte zwischen beiden Endstellen nicht mehr die halbe Summe der Endspannungen, sondern kleiner und desto kleiner, je stärker die *Ausstrahlung* ist; dieser Fall tritt ein, wenn entweder die Spannung sehr hoch oder das Leitvermögen relativ klein ist; an feuchten Schnüren kann man die

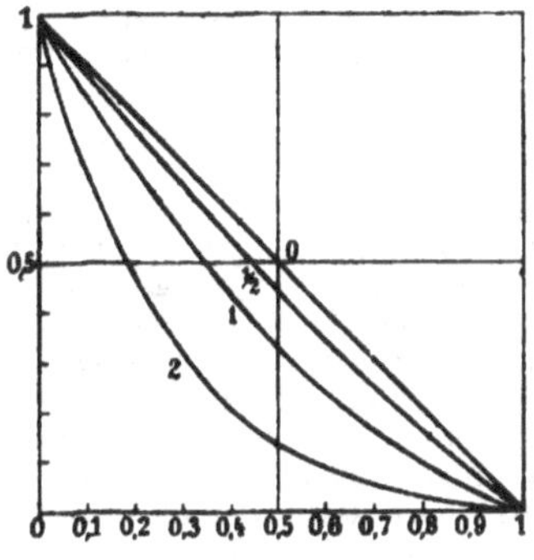

Fig. 44.

Abweichung leicht demonstrieren (Fig. 44), in der die Abszissen die Koordinaten, die Ordinaten die Spannungen bedeuten und die vier Kurven den Ausstrahlungskoeffizienten 0, $^1/_2$, 1, 2 entsprechen). — Beim *Ladungsstrom* steigt die Stromstärke allmählich an, die Spannung geht aus einer Funktion von Zeit und Ort allmählich in eine reine Ortsfunktion über; die Zeit, die hierzu erfordert wird, heißt *Ladungszeit*. Bei gewöhnlichen Leitern ist sie sehr klein; bei Kabeln usw. kann sie aber relativ große Werte annehmen. Bei einmaliger Erregung spricht man von *Stromstoß*, der sich als *Stromwelle* in den Leiter ergießt; bei wiederholter Erregung, z. B. in der Telegraphie, hat man dann ganze Wellenzüge. Das betreffende Problem führt auf die sog. *Telegraphengleichung*, die erst in neuester Zeit einigermaßen befriedigend gelöst worden ist. Die Ladung hat auch einen wesentlichen Einfluß auf die *Fortpflanzungsgeschwindigkeit* des Stromstoßes, derart, daß, je mehr sie sich bemerklich macht, die normale Geschwindigkeit desto mehr herabgedrückt wird. Nach verschiedenen Methoden (rotierender Spiegel, Chronograph usw.) hat man die Fortpflanzungsgeschwindigkeit des elektrischen Stromes bestimmt und für freie Drähte 300000 km/sec, übereinstimmend mit der Lichtgeschwindigkeit, gefunden. Das ist aber nur der obere Grenzwert; in Kabeln kann man überhaupt von keiner Geschwindigkeit schlechthin sprechen, weil hier die erforderte Zeit nicht mit der Länge, sondern mit dem Quadrat derselben wächst. — S. auch Stromverzweigung, Flächenströme, Körperströme usw.

Elektrischer Widerstand, s. Elektrischer Strom.

Elektrischer Wind, s. Elektrostatik.

Elektrische Schirmwirkung, s. Elektrostatik.

Elektrische Schwingungen, Wellen, Strahlen. Als elektrische Schwingungen kann man alle Schwankungen der Spannung oder Stromstärke in geschlossenen oder offenen Leitern, mit und ohne Vorzeichenwechsel, bezeichnen. Indessen pflegt man bei geschlossenen Leitern von veränderlichen, insbesondere Wechselströmen zu sprechen und den Ausdruck Schwingungen auf offene Leitungen mit Funkenstrecken bzw. Kondensatoren zu beschränken. Solche Schwingungen kommen z. B. vor beim Induktorium, beim Lichtbogen (s. d.), sowie bei der oszillierenden Entladung (s. d.) Leidener Flaschen (s. Kondensator und Selbstinduktion). Dabei gilt zwischen Frequenz n, Kapazität c und Selbstinduktion p die Thomsonsche Formel $n = 1/(2\pi\sqrt{cp})$. Um immer raschere Schwingungen zu erzielen, muß man hiernach sowohl c wie p immer kleiner wählen. Beim Induktorium ist n von der Größenordnung 10^4, bei der Flaschenentladung nach Beobachtungen im rotierenden Spiegel 10^6; noch 100mal schnellere Schwingungen, also von der Ordnung 10^8, hat Hertz erzeugt mittels eines *Oszillators*, der aus zwei kurzen, in Kugeln endigenden Metallröhren besteht, zwischen denen die Funken überspringen. Andre Erregerformen, mit denen sich z. T. noch 10- oder selbst 100mal schnellere Schwingungen erzielen lassen, haben Blondlot, Righi, Drude u. a. angegeben. — Wenn man an den einen der beiden Hertzschen Leiter einen langen, in den Raum hinauslaufenden Draht anlegt, so durcheilen ihn, wie sich mittels eines Funkenmikrometers, in diesem Falle am besten eines gebogenen, in Kügelchen endigenden Drahtstücks, durch die zwischen den Kügelchen sich bildenden Induktionsfünkchen nachweisen läßt, elektrische Wellen, und zwar, da jede solche Welle am Drahtende reflektiert wird und die zurücklaufende sich mit der hinlaufenden überlagert, stehende Wellen; bei Annäherung des Mikrometers an die Bäuche erhält man Fünkchen, bei Annäherung an die Knoten nicht, woraus man deren Lage ziemlich genau ableiten kann. Das ist der erste der berühmten *Hertzschen Versuche*. — Zur Demonstration besser geeignet als die Induktionsfünkchen ist die Lechersche Anordnung; hier sind an *beide* Hälften des Erregers Drähte angelegt und in den Raum hinausgeführt. In ihnen laufen Wellen, die gegeneinander um eine halbe Periode verschoben sind; in zwei gegenüberliegenden Stellen herrschen daher entgegengesetzte Spannungen. An einer dem Anfange nahen Stelle sind die Drähte durch ein *Entladungsrohr* überbrückt, das dauernd leuchtet; es erlischt aber, sobald man zwei entferntere, gegenüberliegende Drahtstellen mit einem Metallbügel leitend verbindet. Nur, wenn die Stellen Bäuche sind, bleibt das Leuchten bestehen: so kann man die Bäuche weithin sichtbar zeigen und ihre Abstände messen. — In einer Welle der beschriebenen Art pflanzen sich übrigens außer den *elektrischen* auch noch *magnetische* Schwingungen fort, und zwar stehen diese auf den elektrischen senkrecht; die Bäuche jener fallen in die Knoten dieser und umgekehrt. Der Draht selbst stellt die Richtung des *Energievektors* oder Strahlungsvektors dar, der wiederum auf der Ebene der beiden Schwingungsvektoren senkrecht steht (*Poyntingscher Satz*). — Daß die Wellen sich eigentlich in der Luft fortpflanzen und die Drähte nur, sozusagen, als Achsen für die Wellen dienen, ergibt sich daraus, daß das Material der Leiter ganz gleichgültig ist, daß es dagegen sehr wichtig ist, in welchem *Medium* sich die Drähte befinden. Bei der Drudeschen Anordnung sind die Wellen so kurz, daß man die Drähte auch in andern Gasen oder Flüssigkeiten unterbringen kann, und dann erhält man, entsprechend den Dielektrizitätskonstanten dieser Medien, verschiedene Wellenlängen und kann aus diesen jene rückwärts berechnen (s. Dielektrizität). Was nun diese *Wellenlängen* betrifft, so ergibt sich dafür bei Hertz $1/_3$ bis 2 m, bei Blondlot ein oder einige Dezimeter, bei Righi und Drude gar nur einige Zentimeter. Multipliziert man schließlich die Wellenlänge mit der Frequenz der erzeugenden Schwingungen, so erhält man die *Fortpflanzungsgeschwindigkeit elektrischer Wellen* und findet dafür bei einwandfreier Versuchsanordnung den Wert $3 \cdot 10^{10}$, also übereinstimmend mit der Lichtgeschwindigkeit in Luft. — Man kann nun die Drähte ganz weglassen und kommt dann zur *zweiten Reihe der Hertzschen Versuche: Strahlen elektrischer Kraft*. Um aber hier die Wellen, die sich sonst im ganzen Raume ausbreiten und an keiner Stelle von meßbarer Stärke sein würden, zusammenzuhalten, wendet man die aus der Optik und Kalorik bekannten Mittel an: man bringt den vertikal gestellten Erreger in die Brennlinie eines parabolzylindrischen Metallspiegels von einigermaßen großen Dimensionen; dann werden die Strahlen nach der Reflexion am Spiegel als Parallelbüschel hinausgeschickt; treffen sie dort auf einen zweiten solchen Spiegel, so werden sie in dessen Brennlinie vereinigt, und man kann dort (oder besser, um den Strahlengang nicht zu stören, durch Fortleitung hinter die Rückwand des Spiegels) an einer kleinen Funkenstrecke winzige Fünkchen beobachten, und zwar noch auf 5 bis 10 m Entfernung. Zur Demonstration geeigneter und sehr empfindlich ist der *Kohärer* oder *Fritter*, d. h. ein kleines, mit Schräubchen, Nägelchen, Messingspänen oder dergleichen gefülltes Röhrchen, das mit einem galvanischen Element und einem Galvanometer zu einem Kreise vereinigt ist; durch Klopfen kann man es leicht dahin bringen, daß das Galvanometer keinen Strom anzeigt. Sobald aber Strahlen auf den Kohärer fallen, wird dieser besser leitend, und man beobachtet einen Ausschlag des Galvanometers; schaltet man eine Glühlampe oder eine Klingel in den Kreis ein, so kann man die Ankunft und Wirkung der Strahlen auch weithin sehen bzw. hören. Und noch einfacher wird die Beobachtung durch Anwendung der Relaismethode, d. h. die Primärwirkung setzt nur einen winzigen Elektromagneten in Tätigkeit; dieser schließt dann einen Lokalstrom, und dieser bringt dann die demonstrative Wirkung hervor. Eine für die Praxis sehr brauchbare Abart ist die *Schäfersche Platte* (Silberschicht mit feinem Spalt und winzigen leitenden Brücken). — Man kann nun alle aus der Optik bekannten Versuche anstellen: durch Aufstellung einer leitenden Platte (oder des menschlichen Körpers) in den Strahlengang wird die Wirkung, die in der Platte stecken bleibt, aufgehoben oder sehr geschwächt: *Absorption elektrischer Wellen*. Stellt man die Spiegel rechtwinklig zueinander (beide mit vertikaler Achse), aber unter 45°, zwischen sie eine Metallplatte oder ein aus vertikalen Drähten aufgebautes Gitter, so erhält man wieder Wirkung (Fig. 45): *Reflexion elektrischer Strahlen*. Stellt man ein Asphaltprisma in den Strahlengang, so hört die Wirkung auf, stellt sich aber wieder ein, wenn man den Empfängerspiegel seitlich, von der brechenden Prismenkante weg, verschiebt: *Brechung der elektrischen Strahlen*. Bringt man das schon erwähnte Gitter (Harfe) in den direkten Strahlengang zwischen den einander wieder richtig gegenüberstehenden Spiegeln, so fängt es die Strahlen auf, wenn die Drähte vertikal stehen, läßt sie dagegen durch, wenn sie horizontal liegen; legt man nun den Empfängerspiegel um, so daß die Schwingungslinie horizontal wird, so findet natürlich durch den vertikalen Sender keine Erregung statt, auch dann nicht, wenn man die Harfe mit vertikalen oder horizontalen Drähten in den Strahlengang stellt; wohl aber, wenn man sie diagonal stellt, weil

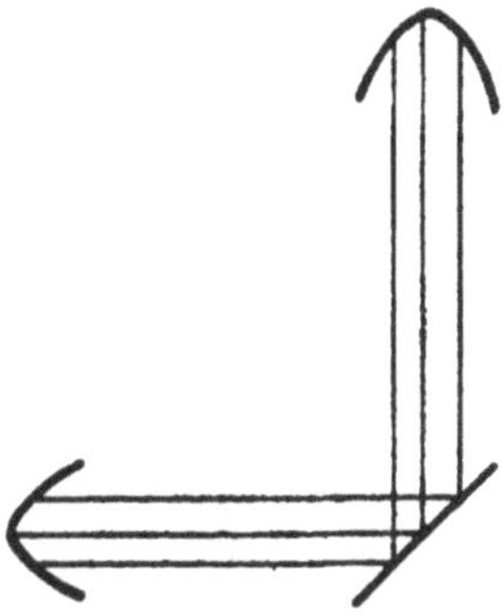

Fig. 45.

dann eine Zerlegung in zwei Komponenten stattfindet und die eine von ihnen auf den Empfänger wirkt: *Polarisation* (Kristallplatte zwischen gekreuzten Nicols). Auch *Interferenz* und *Beugung* lassen sich in mannigfacher Weise demonstrieren. Ferner ist die Frage der *Dämpfung* der elektrischen Schwingungen und ihrer Absorption vielfach untersucht worden. — Die wichtigste Anwendung der elektrischen Wellen ist die auf die *drahtlose Telegraphie* (s. d.). — Schwingungen, die eine hohe Frequenz (10^6 oder mehr) und zugleich hohe Spannung haben, heißen *Tesla-Schwingungen* oder, wenn es sich um geschlossene Leitungen handelt, *Tesla-Ströme;* bezeichnender ist es, sie *hochfrequente Hochspannungsströme* zu nennen. Mit ihnen kann man zahlreiche verblüffende Versuche anstellen, die teils auf der hohen Frequenz, teils auf der hohen Spannung (bzw. beiden zusammengenommen) beruhen, teils aber dadurch zustande kommen, daß hier der Ohmsche Widerstand eine sehr geringe, dagegen die Selbstinduktion und Kapazität, also die Impedanz bzw. Induktanz (s. Selbstinduktion) eine entscheidende Rolle spielt. Eine empfehlenswerte Anordnung ist beistehend skizziert: *I* ist der Induktionsapparat, *K* die Kapazität (Kondensatoren), *F* die (zum Schutz der Augen verhüllte) Funkenstrecke, *P* ist die Primärspule, *S* die Sekundärspule des *Tesla-Transformators* (jene enthält zu-

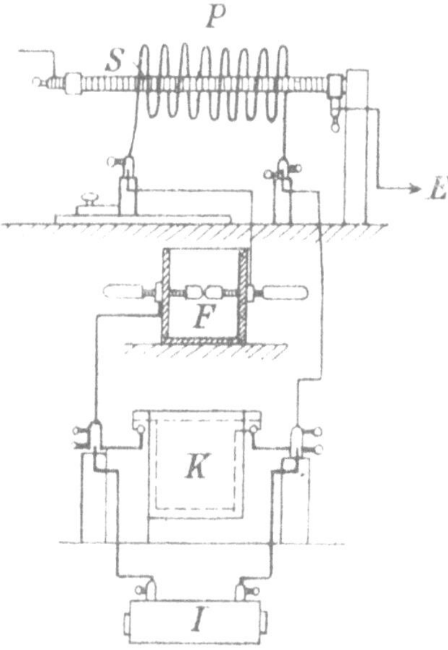

Fig. 46.

gleich die Selbstinduktion des Erregerkreises). Der eine Pol der Sekundärspule wird z. B. geerdet (*E*), der andre dient dann zu den Versuchen. Die hohe Spannung zeigt sich an dem lebhaften Ausströmen der Elektrizität aus allen exponierten Leiterstellen, Bildung von Strahlenkronen und Lichtbändern, z. B. zwischen zwei parallelen Drähten oder zwischen zwei Kreisschleifen usw. Die Induktanz zeigt sich darin, daß eine angelegte Glühbirne leuchtet, auch wenn die Drahtspirale, mit der sie parallel liegt, einen sehr kleinen Widerstand hat, so daß bei Gleichstrom die Lampe nicht entfernt zum Glühen kommen würde. Leitet man das eine Ende zur Erde ab und faßt das andre rasch und kräftig an, so leuchtet eine in der andern Hand gehaltene Entladungsröhre auf, und zwar auch dann noch, wenn sich eine Kette von Personen dazwischenschaltet. Am interessantesten aber sind die *Resonanzerscheinungen*, die man mittels eines *Resonanzinduktors* sehr schön beobachten kann. Die primäre Spule besteht aus einem größeren, auf dem Tische liegenden Teile (dazu kann auch ein Rheostat dienen) und aus wenigen, die sekundäre Spule umschließenden Windungen; durch Ein- oder Ausschaltung von Windungen kann man die primäre Frequenz in weiten Grenzen ändern. Die sekundäre Spule besteht aus einigen hundert oder tausend feinen Windungen, auf eine hohe Säule aufgewickelt, unten mit der Erde verbunden, oben frei; ändert man, während die Funkenstrecke in Tätigkeit ist, die Frequenz, so sieht man bei einer bestimmten Stellung aus dem Kopfe der sekundären Spule leuchtende Büschel nach allen Seiten in die Luft schießen. Schaltet man zwei solche Säulenspulen ein, die durch einen Draht verbunden sind, so sieht man die Büschel zuerst aus der einen emporschießen, dann, bei Drehung des Rheostaten, verschwinden und nach einiger Zeit aus der andern emporschießen. Die in der Säulenspule sich ausbildenden *stehenden Wellen* kann man sichtbar machen, indem man neben der Säule einen Metalldraht, der mit der Erde verbunden ist, ausspannt; es bildet sich dann ein leuchtendes Band zwischen Spule und Draht, und zwar, bei geeigneter Schaltung und Anordnung, je nach der Frequenz, ein Leuchtband, das ein einziges Helligkeitsmaximum oder ein Maximum und ein Minimum oder zwei oder drei Maxima aufweist, gerade wie bei einer *Orgelpfeife*, wenn sie den Grundton oder einen der Obertöne gibt (*Seibtscher Resonanzversuch*).

Elektrisches Ei, s. Entladung.

Elektrisches Elementarquantum, s. Ionen.

Elektrisches Fernwirkungsgesetz, s. Elektrodynamik.

Elektrisches Glimmlicht, s. Glimmlicht.

Elektrisches Glockenspiel, s. Elektrostatik.

Elektrisches Glühlicht, s. Glühlicht.

Elektrisches Leitvermögen, s. Elektrizitätsleitung fester Körper usw.

Elektrisches Licht, s. Glühlicht, Lichtbogen.

Elektrisches Moment, s. Dielektrizität.

Elektrische Strahlen, s. Strahlung.

Elektrische Theorien. Es muß genügen, hier eine kurze Übersicht zu geben und im übrigen auf die einzelnen Artikel, insbesondere Ionen, Elektronen, Magnetische Theorien usw. zu verweisen. — Die Geschichte der elektrischen Theorien läßt sich als eine einmal herumlaufende Schraubenlinie im Raum beschreiben, deren jetziger Endpunkt direkt über dem Anfangspunkt liegt. In der ersten Zeit sah man die Elektrizität als Stoff an, und zwar führte man zwei *Fluida*, ein positives und ein negatives elektrisches Fluidum ein: *dualistische Theorie;* ihr gegenüber stand allerdings auch eine *unitarische.* Die ponderomotorischen Wirkungen, sowohl die elektrostatischen wie die elektrodynamischen, wurden als *Fernwirkungen* behandelt. Dann setzte die Reaktion ein in Gestalt der von Faraday vorbereiteten und von Maxwell durchgeführten *Feldtheorie;* sie gipfelt in den Grundgleichungen des elektromagnetischen Feldes oder *Maxwellschen Gleichungen*, die im einfachsten Falle, nämlich für Nichtleiter usw., aussagen, daß die zeitliche Änderung der elektrischen Kraft gleich dem mit einem Faktor multiplizierten Quirl der magnetischen Kraft ist, und umgekehrt; in Formel:

$$\frac{\partial \mathfrak{E}}{\partial t} = \frac{v}{\varepsilon} q(\mathfrak{M}), \qquad \frac{\partial \mathfrak{M}}{\partial t} = -\frac{v}{\mu} q(\mathfrak{E}),$$

wo v die Lichtgeschwindigkeit, ε die Dielektrizitätskonstante und μ die Magnetisierungskonstante ist. Aus diesen Gleichungen kann man dann, indem man entweder $\mathfrak{M}$ oder $\mathfrak{E}$ eliminiert, die Wellengleichungen des elektromagnetischen Feldes bilden:

$$\frac{\partial^2 \mathfrak{E}}{\partial t^2} = \frac{v^2}{\varepsilon\mu} qq(\mathfrak{E}), \qquad \frac{\partial^2 \mathfrak{M}}{\partial t^2} = \frac{v^2}{\varepsilon\mu} qq(\mathfrak{M});$$

sie sind zugleich die Grundgleichungen der *elektromagnetischen Lichttheorie.* Nun setzt die dritte Periode ein (s. Elektronen), wonach es ein Elementarquantum der Elektrizität oder der Ladung, also gewissermaßen ein Atom der Elektrizität gibt, von dem die wahren Ladungen ganze Vielfache sind. Diese Theorie ist insofern *unitarisch*, als es nur *eine Art von Elektronen*, nämlich *negative*, gibt, während die positive Ladung auf den groben *Ionen* sitzt. Die *Elektronentheorie* hat sich in hohem Maße fruchtbar erwiesen, und zwar insbesondere für die Elektrizitätsleitung in Metallen und für die Erscheinungen in Gasen, während für die Vorgänge in Flüssigkeiten die *Ionentheorie* in der Hauptsache ausreicht. Die Elektronentheorie steht aber der Feldtheorie durchaus nicht bloß exklusiv gegenüber; sie läßt sich vielmehr mit ihr vielfach zu einem Ganzen verknüpfen. Zur Erläuterung aller Theorien hat man vielfach *Modelle* konstruiert, die die Rolle der Fluida, des Feldes, der Ionen und der Elektronen bei den elektrischen Vorgängen veranschaulichen. Diese Modelle haben allerdings an Wert verloren, wenigstens insofern, als sie die Zurückführung der elektrischen Erscheinungen auf mechanische (elastische, hydrodynamische usw.) stützen sollten, während man jetzt viel mehr geneigt ist, die Mechanik ihrerseits auf der Elektronentheorie aufzubauen.

Elektrische Uhr, s. Strommessung, Zeitmessung.

Elektrische und magnetische Maßsysteme. Das *elektrostatische Maßsystem* wird aus der elektrischen Grundformel (s. Elektrostatik) dadurch gewonnen, daß der Proportionalitätsfaktor dimensional und zahlenmäßig gleich eins gesetzt, also festgesetzt wird, daß diejenige Polstärke eins heißen soll, welche eine gleiche, in 1 cm Entfernung befindliche, mit der Kraft einer Dyne abstößt. Aus der Einheit der Polstärke oder Elektrizitätsmenge ergibt sich dann die aller andern elektrischen

Größen: Elektrostatisches Potential, Spannung, Kapazität, Stromstärke, Widerstand, Induktionskoeffizient usw. Ganz entsprechend erhält man aus der magnetischen Grundformel (s. Magnetische Kräfte) das *magnetische Maßsystem*. Jedes dieser beiden Maßsysteme besteht für sich auf dem von ihm beherrschten Erscheinungsgebiete. In Verlegenheit gerät man erst durch Einführung der Wechselwirkung zwischen beiden Agentien, wie sie im elektromagnetischen Grundgesetz ausgedrückt ist. Mißt man hier die elektrischen Größen elektrostatisch, die magnetischen magnetisch, so muß man einen Proportionalitätsfaktor einführen; dieses Maßsystem kann man das *natürliche elektrisch-magnetische Maßsystem* nennen. Will man den Faktor weglassen, so muß man sich entscheiden: entweder alle Größen, auch die magnetischen, zwangsweise elektrisch, oder aber alle Größen, auch die elektrischen, zwangsweise magnetisch zu messen; im ersteren Falle gelangt man zu dem verallgemeinerten elektrostatischen Maßsystem, im letzteren zu dem *elektromagnetischen*. Beide unterscheiden sich durch einen Faktor v, der sich dimensional als eine Geschwindigkeit und zahlenmäßig als übereinstimmend mit der Lichtgeschwindigkeit (Geschwindigkeit elektromagnetischer Wellen) erweist. Gegenwärtig ist allgemein das elektromagnetische Maßsystem angenommen, nur zur vergleichenden Betrachtung gewisser Fragen wird auch das elektrostatische und in grundlegenden Untersuchungen vielfach das natürliche System angewendet. Jedoch hat man am elektromagnetischen System, weil die von ihm gelieferten Einheiten unbequeme Werte haben, eine Änderung vorgenommen durch Multiplikation der Einheiten mit gewissen Potenzen von 10, und zwar derart, als ob man nicht cm, sec, g zugrunde legte, sondern 10^9 cm, sec, 10^{-11} g; Dieses Maßsystem heißt das *internationale;* seine wichtigsten Größen mit Beifügung der Namen, Symbole und Werte sind in der folgenden Tabelle angegeben:

Größe	Einheit	Symbol	Verhältnis von magnet.	stat. Einheit
Elektrizitätsmenge	Coulomb	Cb	10^{-1}	$3 \cdot 10^9$
Stromstärke	Ampere	*A*	10^{-1}	$3 \cdot 10^9$
Widerstand	Ohm	Θ	10^9	$3^2 \cdot 10^{-11}$
Elektromotorische Kraft . .	Volt	V	10^8	1/300
Elektrostatische Kapazität .	Farad	Φ	10^{-9}	$3^2 \cdot 10^{11}$
Elektrische Arbeit	Joule	VCb	10^7	10^7
Elektrischer Effekt	Watt	VA	10^7	10^7
Elektrischer Effekt	Kilowatt	Kw	10^{10}	10^{10}
Elektrische Arbeit	Kw.-Stunde	Kwst	$36 \cdot 10^{12}$	$36 \cdot 10^{12}$
Induktionskoeffizient . . .	Quadrant oder Henry	Q	10^9	—

Aus den Grundeinheiten werden neue gebildet durch Multiplikation mit Tausend (Kilo-) oder Millionen (Mega-), sowie durch Division mit 1000 (Milli-) oder 1000000 (Mikro-). — Ferner folgen hier die *Dimensionen* der wichtigsten Größen in den Grundeinheiten, und zwar für beide Maßsysteme; wie man sieht und wie es, wegen der realen Bedeutung dieser Größen sein muß, stimmen für die Arbeit und Energie beide Dimensionsformeln überein, während sie für alle andern Größen verschieden sind; ihr Verhältnis in Potenzen der oben genannten Geschwindigkeit ist beigesetzt:

Größe	Bezeichnung	Elektrostatisch D_e	Elektromagnetisch D_m	$D_m : D_e$
Elektrische Polstärke . . . (Elektr.-Menge)	e	$l^{3/2} m^{1/2} t^{-1}$	$l^{1/2} m^{1/2}$	v^{-1}
Magnetische Polstärke . . . (Magnet.-Menge)	m	$l^{1/2} m^{1/2}$	$l^{3/2} m^{1/2} t^{-1}$	v
Elektr. Potential (Pol 1) . .	V(e)	$l^{1/2} t^{-1} m^{1/2}$	$l^{3/2} t^{-2} m^{1/2}$	v
Elektromotor. Kraft . . .	e			
Magnet. Potential	V(m)	$l^{3/2} t^{-2} m^{1/2}$	$l^{1/2} t^{-1} m^{1/2}$	v^{-1}
Magnetomotor. Kraft . . .	m			
Elektr. Kraft auf den Pol 1 (Feldstärke)	F(e)	$l^{-1/2} t^{-1} m^{1/2}$	$l^{1/2} t^{-2} m^{1/2}$	v
Magnet. Kraft auf den Pol 1 (Feldstärke)	F(m)	$l^{1/2} t^{-2} m^{1/2}$	$l^{-1/2} t^{-1} m^{1/2}$	v^{-1}
Elektr. Kraft auf den Pol e	K(e)	$l t^{-2} m$		1
Magnet. Kraft auf den Pol m	K(m)			
Elektr Potential auf den Pol e	V_e	$l^2 t^{-2} m$		1
Elektr. Energie	E(e)			
„ Arbeit	A			
Magn. Potential auf den Pol m	V_m			
„ Energie	E(m)			
„ Arbeit	A(m)			
Elektr. Kapazität	C	l	$l^{-1} t^2$	v^{-2}
„ Stromstärke	i	$l^{3/2} t^{-2} m^{1/2}$	$l^{1/2} t^{-1} m^{1/2}$	v^{-1}
„ Widerstand	w	$l^{-1} t$	$l t^{-1}$	v^2
„ spezif. Widerstand .	w_0	t	$l^2 t^{-1}$	v^2
Induktionskoeffizient . . .	p	$l^{-1} t^2$	l	v^2

— Durch sehr sorgfältige Untersuchungen nach den verschiedensten Methoden sind die wichtigsten dieser Einheiten experimentell bestimmt worden. Für das *Ohm* ist auf Grund dessen gesetzlich der Widerstand einer Quecksilbersäule von 106,3 cm Länge und 1 qmm Querschnitt bei 0° festgesetzt worden, für das *Ampere* derjenige Strom, der in der Sekunde aus einer Silberlösung 1,118 mg Silber abscheidet. Hieraus ergibt sich dann weiter die Einheit des spezifischen Widerstandes als *Ohm/cm*, das *Volt* (nach dem Ohmschen Gesetz (s. Elektrischer Strom) als Einheit der Spannung und das Produkt aus Volt und Ampere: Voltampere oder *Watt* als Einheit des Effekts: 1 kw = 1,36 P. S. oder 1 P. S. = 736 kw. Vom Effekt geht man dann durch Multiplikation mit der Zeit zur ganzen Arbeit zurück: Wattsekunde oder, das 1000·60·60fache hiervon, die *Kilowattstunde:* 1 kwh = 36 Billionen Erg (s. Arbeit und Energie). — Die Verhältniszahl v (und damit die Fortpflanzungsgeschwindigkeit elektromagnetischer Wellen) ist auf die verschiedenste Weise, durch Vergleichung elektrostatischer und elektromagnetischer Messungen, bestimmt worden; die wichtigsten Methoden sind folgende: a) Elektrizitätsmengen (Weber und Kohlrausch, Maxwell, Thomson); b) elektromotorische Kräfte; c) Kondensatorkapazitäten (J. J. Thomson, Himstedt, Ayrton u. Perry u. a.). — Statt des Ohm war früher vielfach die *Siemens-Einheit* des Widerstandes (1 m Hg) in Gebrauch, in England die *British-Assoc.-Einheit;* Beziehung: 1 S. E. = 0,9408 Ω, 1 B. A. = 0,9866 Ω.

Elektrische Ventile sind Vorrichtungen, die dem elektrischen Strom, also nach unseren heutigen Vorstellungen den Ionen bzw. den Elektronen in der einen Richtung einen sehr viel größeren Widerstand darbieten als in der andern, so daß praktisch nur ein Strom in der letzteren in die Erscheinung tritt; man spricht auch von irreziproker Leitung oder Unipolarität. Da sie wesentlich praktischen Zwecken dienen, nämlich der Verhütung gegensätzlicher Stromrichtung (z. B. bei Akkumulatoren, die dadurch geschädigt werden würden) und der Verwandlung von Wechselstrom in Gleichstrom, also als *Gleichrichter*, können die Ventile, die überaus mannigfaltig gebaut sind, hier nur in den Haupttypen erwähnt werden, und zwar gruppiert nach den Grenzen zwischen den Körpern, in denen sich die Ionen oder Elektronen in verschiedenartiger Weise bewegen: 1. Metall–Metall, a) *Thermoventile*. — 2. Metall–Gas, Gasentladungsventile, und zwar a) durch anormalen Kathodenfall (s. Elektrizitätsleitung der Gase); hierher gehören das *Spitzenventil* und das *Striktionsventil*, b) durch normalen Kathodenfall, insbesondere α) *Lichtelektrische Ventile* und β) *Glühelektrische Ventile*, zu letzteren besonders das *Wehneltrohr* (dünnes Platinblech, mit den Oxyden der Erdalkalien bestrichen und auf 1400° erhitzt) und die *Flammenventile* gehörig; *Lichtbogenventile* (Erhitzung der Kathoden durch den Lichtbogen), insbesondere der *Quecksilbergleichrichter* (Kohle als Anode, Hg als Kathode), in der Praxis in großem Maßstabe eingeführt. — 3. Metall–Elektrolyt: zahlreiche Kombinationen (hierher gehört der Wirkungsweise nach auch der Stia-Zähler). — 4. Gas–Elektrolyt: *Elektrolytgleichrichter*, z. B. Aluminiumgleichrichter (s. Elektrolyse). — Schließlich gehören in gewissem Sinne hierher auch die *Detektoren* der drahtlosen Telegraphie, namentlich die Kristalldetektoren und die elektrolytischen. — Von besonderer Wichtigkeit ist auch die Frage der Schaltung, wofür zahlreiche Schemata aufgestellt und in Anwendung gebracht sind.

Elektrische Verteilung, s. Elektrostatik.

Elektrische Wellen, s. Elektrische Schwingungen.

Elektrische Zerlegung der Spektrallinien, s. Zeemaneffekt.

Elektrisiermaschinen sind Apparate zur Erzeugung von statischer Elektrizität. Die erzeugte Elektrizität kann dann natürlich zum Abfließen gebracht werden; jedoch sind diese Maschinen zur Erzeugung von elektrischen Strömen ungeeignet. Die einfachste Vorrichtung ist ein *Reibzeug*, z. B. ein mit Amalgam eingeriebener Lederlappen zum Reiben einer Glasstange. Sodann kommt der *Elektrophor* in Betracht: eine Scheibe aus isolierendem Material (Glas, Hartgummi, Harzkuchen) auf metallischer Unterlage, darüber ein flacher Metalldeckel an isolierendem Griff; nach dessen Abhebung wird die Scheibe durch Reiben oder Schlagen (Fuchsschwanz) elektrisch geladen, was wegen der Kondensatorwirkung ihrer Umgebung bis zu hohem Werte möglich ist. Legt man jetzt den Deckel auf, berührt die Scheibe mit dem Finger und hebt den Deckel ab, so ist er geladen; das Verfahren kann zur Verstärkung oft wiederholt werden. — Die eigentlichen Elektrisiermaschinen sind entweder *Reibungsmaschinen* oder *Influenzmaschinen*. Beiden gemeinsam ist eine oder mehrere koaxiale Scheiben aus Glas oder Hartgummi, die mit der Hand oder einem Elektromotor gedreht werden können. Bei der Reibungsmaschine drückt ein Paar Lederkissen, mit Amalgam eingerieben, gegen die Scheibe und erzeugt so auf ihr Elektrizität, die dann mit Hilfe von Saugvorrichtungen (Kämme) an einen geeigneten Leiter (Konduktor) abgegeben wird; dazu kommen noch verschiedene Nebeneinrichtungen. Gegenwärtig sind die Reibungsmaschinen fast vollständig verdrängt durch die bequemeren, zuverlässigeren und leistungsfähigeren Influenzmaschinen. Einige ihrer wichtigsten Typen sind die Maschine von *Holz* (zwei verschiedene), *Toepler* und *Wimshurst*. Die letzteren müssen in ihrer ursprünglichen Form erst durch Zuführung von Elektrizität geladen werden, die neueren erregen sich selbst, haben aber den Nachteil, daß das Vorzeichen der Ladung dem Zufall überlassen bleibt und selbst während kurzer Ruhepausen im Betrieb Umladung erfolgt. Bei der Holz-Toeplerschen Maschine sind auf eine feste Scheibe zwei Papierquadranten mit untergelegten Stanniolstreifen aufgeklebt; dicht vor ihr befindet sich eine drehbare Glasscheibe mit mehreren kleinen, kreisförmigen Stanniolbelegungen mit hervorragenden Metallknöpfen. An die Belegungen der festen Scheibe schließen sich zwei Bügel an, die in feinen Metallpinseln nahe der drehbaren Scheibe enden, so daß sie beim Rotieren die Knöpfe berühren. Der vorderen rotierenden Scheibe stehen zwei Saugkämme gegenüber, die die Elektrizität fortführen. Endlich ist noch ein Querkonduktor, ebenfalls mit Saugkämmen und Metallpinseln, vorhanden, der mit der Achse und durch sie mit der Erde verbunden ist. Die Wirkungsweise ist zu verwickelt, um kurz erledigt zu werden. Die Holz-Wimshurstsche Maschine besteht aus zwei gegeneinander rotierenden Scheiben mit zahlreichen Stanniolbeklebungen auf den Außenseiten und ihnen gegenüberstehenden Saugkämmen sowie ebenfalls aus einem Querkonduktor obiger Art. Bei größeren Maschinen sind zahlreiche (bis zu 36) Scheiben auf derselben Achse montiert. — In die Bahn der erzeugten und abgeführten Elektrizität lassen sich bei allen diesen Maschinen Leidener Flaschen (s. Kondensator) einschalten. Ohne sie erhält man zwischen den Polen zahlreiche kleine, mit ihnen seltene, aber kräftige und lichtstarke Funken, desto längere, je leistungsfähiger die Maschine ist. — Zu achten ist auf Trockenheit der Maschinenteile, weil sonst die Elektrizität sich rasch zerstreut. — Eine Spezialität stellt die *Dampfelektrisiermaschine* dar, beruhend auf der Erscheinung, daß Wasserdampf, der, mit Wassertröpfchen gemischt, aus einer engen Röhre ausströmt, durch Reibung elektrisch wird. — Eine andre Spezialität ist die von Lippmann gebaute *Kapillarelektrisiermaschine* (s. Kapillarelektrizität). — Eine besondere Klasse von Apparaten bilden die *Duplikatoren* mit der Bestimmung, durch Benutzung der Influenz (s. Elektrostatik) kleine Elektrizitätsmengen bzw. Potentiale durch mechanische Arbeit zu vergrößern. Zu ihnen gehört der *Wassertropfapparat* und der *Replenisher* von Thomson, letzterer bestehend aus einem drehbaren Hartgummistab mit Ansatzstücken, die bei der Drehung die beiden Leiter periodisch berühren, zwischen denen die Spannung gesteigert werden soll.

Elektrisierung, s. Dielektrizität.

Elektrizität, s. Elektrische Theorien.

Elektrizitätsleitung der festen Körper. Bei festen Körpern (zu denen hier auch noch das Quecksilber zu nehmen ist) ist die Leitung des elektrischen Stroms mit keiner sichtbaren Veränderung verbunden, insbesondere nicht mit einem Transport von Materie; dagegen findet infolge des Widerstandes eine Erwärmung (s. Stromwärme) statt. Jeder Leiter hat einen bestimmten *Widerstand;* für lineare Leiter ist er mit der Länge direkt, mit dem Querschnitt q und dem spezifischen Leitvermögen λ umgekehrt proportional (s. Elektrischer Strom); statt des letzteren kann man auch seinen reziproken Wert, den *spezifischen Widerstand s*, einführen. Wegen der Methoden zur Messung des Widerstandes s. Widerstandsmessung. Aus dem Widerstande des Leiters ergibt sich dann durch Rechnung λ bzw. s; letzteres bedeutet im absoluten Maße den Widerstand eines Würfels von 1 cm Kantenlänge. Die Dimensionen sind $[\lambda] = l^{-2}\,t$ bzw. $[s] = l^2\,t^{-1}$. Hier folgen zunächst einige typische Widerstandswerte mit Angabe der Potenz von 10, mit der die davorstehende Zahl zu multiplizieren ist:

Kupfer bei − 200°	1,7	2
Silber bei 15°	1,5	3
Eisen bei 15°	0,97	4
Quecksilber	0,94	5
Kohle, gut leitend	1	6
„ , schlecht leitend	1	7
Selen, best leitend	3	14
Glas bei 200°	1	17
Porzellan bei 500°	1	18
„ bei 15°	1	24
Gummi	1,5	25
Paraffin	3,5	26

Wie man sieht, bestehen hier kolossale Unterschiede. Paraffin hat einen zwei Quadrilliónen mal so großen Widerstand wie Kupfer von -200^0. Man unterscheidet deshalb praktisch zwischen *Leitern* und *Isolatoren*, und in jedem der beiden Fälle wieder zwischen guten und schlechten. Die besten Leiter sind die Metalle und unter diesen wiederum Gold, Silber, Kupfer. Nicht so gute Leiter sind die *Legierungen*; bei den meisten von ihnen gilt auch nicht annähernd das additive Gesetz, d. h. ihr Leitvermögen ist kleiner als das jedes der beiden Bestandteile, und zwar oft schon bei ganz geringen Beimengungen des einen in erheblichem Maße. Beispiel: Gold–Silber-Legierungen (Fig. 47).

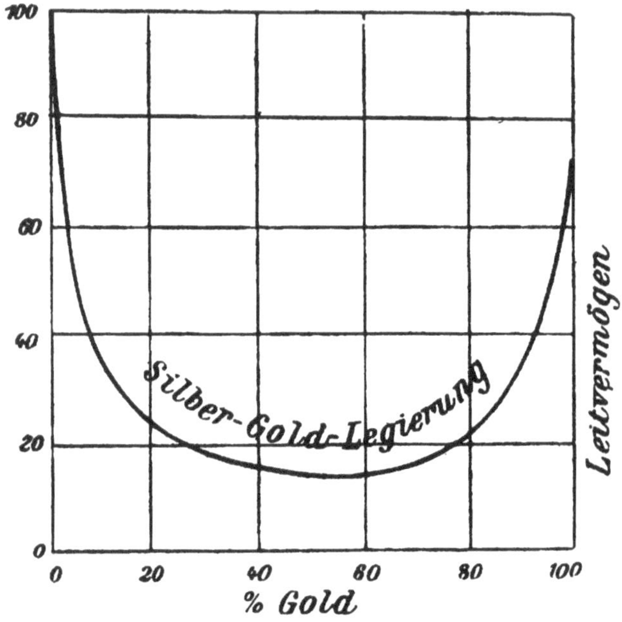

Fig. 47.

— Der Widerstand der Metalle nimmt mit steigender *Temperatur* zu, mit fallender ab, und zwar in erster Annäherung für alle in demselben Maße, nämlich pro Grad um $^1/_{273}$ oder um 0,00367 des bei 0^0 geltenden Wertes. Hiernach müßte im absoluten Nullpunkte der Widerstand selbst null werden, und in der Tat hat sich das experimentell bei der Temperatur des flüssigen Heliums (sehr nahe dem Nullpunkt) bestätigen lassen (Kamerlingh Onnes). Nach der kinetischen Theorie ist also der Widerstand lediglich eine Folge des Schwirrens der Teilchen. Im einzelnen finden jedoch gewisse Abweichungen statt, und man kann allgemein $\lambda = \lambda_0 (1 - \alpha t + \beta t^2)$ setzen. In der folgenden Tabelle ist der Widerstand eines Drahtes von 1 m Länge und 1 qmm Querschnitt (mit Weglassung von drei Nullen), ferner λ bezogen auf Hg = 1, sowie α und β angegeben:

Metall	$s \cdot 10^3$	λ	$\alpha \cdot 10^4$	$\beta \cdot 10^4$
Aluminium . .	29	32,4	39	—
Antimon . . .	361	2,6	40	0,10
Blei	196	4,8	39	0,09
Eisen	97	9,7	51	0,13
Gold	21	46,0	37	0,08
Kadmium . .	68	13,9	: 7	0,08
Kupfer . . .	15,3	61,8	37	0,09
Magnesium . .	43	22,6	—	—
Nickel. . . .	124	7,6	40	—
Platin	115	6,7	24	—
Quecksilber . .	941	1,0	9	—
Quecksilber, fest	235	4,0	45	—
Silber	15	62,6	38	0,10
Stahl, hart . .	184	5,1	—	—
Wismut . . .	1180	0,8	35	0,06
Zink	56	16,7	37	0,08
Zinn	132	7,1	36	0,06

Eine Sonderstellung nehmen, wie gesagt, die *Legierungen* ein, auch hinsichtlich des Temperatureinflusses: bei ihnen ist der Temperaturkoeffizient viel kleiner. Man hat sogar einige Legierungen, wie *Konstantan* und *Manganin* herstellen können, bei denen α null ist, bei denen also der Widerstand von der Temperatur praktisch unabhängig ist, so daß man sie für Normalien und feine Apparate mit Vorliebe verwendet. Einige Werte sind folgende:

Legierung	$s \cdot 10^3$	$\alpha \cdot 10^4$
Aluminiumbronze . .	119	—
Konstantan	480	0,0
Kruppin	840	7
Mangankupfer	1010	0,4
Messing	70	—
Neusilber	300	3,6
Nickelin	400	2,2
Patentnickel	340	2
Platinsilber	246	3
Rheotan.	470	2,3

Eine graphische Darstellung für weite Temperaturgrenzen gibt die beistehende Fig. 48 (Abszissen: Temperaturen, Ordinaten: spezifische Widerstände in Mikrohm). Man sieht hier sofort, wie anomal sich die Legierungen verhalten. — Einige feste Stoffe verhalten sich anomal, so die *Kohle*, deren Widerstand mit steigender Temperatur abnimmt, ferner *Kupferjodür*, das durch Jodaufnahme metallisch leitend wird, und zwar entsprechend der Konzentration; sodann *Selen*, dessen Leitvermögen in den verschiedenen Modifikationen verschieden ist und außerdem durch Belichtung gewaltig erhöht wird (s. Lichtelektrizität). — Von Einfluß auf den Widerstand der

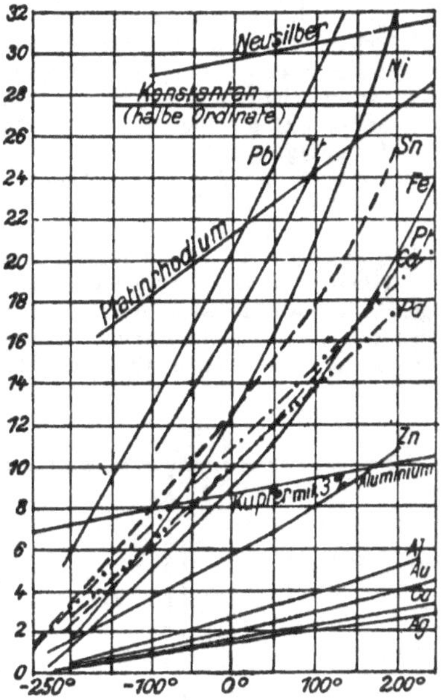

Fig. 48.

Metalle ist ferner der Druck, insbesondere bei pulverförmigen Substanzen, bei denen durch Druck der Widerstand nach und nach auf einen kleinen Bruchteil des ursprünglichen Wertes vermindert wird; sowie die magnetische Erregung, insbesondere bei Wismut (s. Hall-Effekt). — Das elektrische Leitvermögen der Metalle geht im großen ganzen ihrem *Wärmeleitvermögen* (s. Wärmeleitung der festen Körper) parallel, und zwar ist das *Leitverhältnis* $\lambda/\varkappa$ bei derselben Temperatur für alle Mesalle (mit wenigen Ausnahmen) dasselbe; dagegen ist es proportional mit der absoluten Temperatur, d. h. es verhält sich $(\lambda/\varkappa)_{100} : (\lambda/\varkappa)_0$ wie 1,367 : 1. — Die guten Leiter, insbesondere Kupfer, finden ausgedehnte Verwendung für Stromanlagen; in der Telephonie benutzt man vielfach auch Bronze, in der Telegraphie begnügt man sich meist mit Eisen. Ebenso spielen die schlechten Leiter als Isolatoren eine hervorragende Rolle, ganz besonders Porzellan, von dem man immer vorzüglicher isolierende Varietäten gezüchtet hat.

Elektrizitätsleitung der Flüssigkeiten. Unter den Flüssigkeiten sind einige, die den Strom überhaupt nicht leiten, so die verschiedenen Öle und Glyzerin; exakter gesagt: ihr Widerstand ist ungeheuer groß, bei Olivenöl z. B. in absolutem Maße 10^{22}. Dazu gehört auch Wasser in ganz reinem Zustande; aber schon ganz geringe Ansäuerung macht es leitend. Andrerseits verhält sich Quecksilber wie ein festes Metall, gehört also nicht hierher. Alle übrigen Flüssigkeiten, also die Basen, Säuren, Salzlösungen usw. sind Leiter zweiter Klasse (s. Berührungselektrizität und elektrischer Strom) oder *Elektrolyte;* sie werden durch den Strom zersetzt (s. Elektrolyse), und ihr *spezifischer Widerstand* nimmt mit steigender Temperatur, im Gegensatz zu den Metallen, ab. Spezifisches Leitvermögen λ ist der reziproke Wert des Widerstandes eines Kubikzentimeters der Lösung; mit steigender Konzentration nimmt das Leitvermögen zu, aber langsamer als jene, und bei vielen Flüssigkeiten erreicht es bei bestimmter Konzentration ein Maximum. Solche Lösungen heißen *maximalleitend.* Ist η die Äquivalentkonzentration des Elektrolyten, so heißt $\lambda/\eta = \Lambda$ das *Äquivalentleitvermögen* oder, abgesehen von der Wertigkeit, das *molare* Leitvermögen; mit wachsender Verdünnung nimmt es zu. Sein Endwert wird mit Λ_∞ bezeichnet, und das Verhältnis $\Lambda/\Lambda_\infty = \gamma$ ist der *elektrolytische Dissoziationsgrad.* Einige Werte von $\lambda \cdot 10^4$ und Λ für verschiedene Lösungen (c Prozentgehalt, ϱ Dichte):

a) Salze

Stoff	c	$\eta \cdot 10^5$	ϱ	$\lambda \cdot 10^4$	Λ
KCl	5	69	1,031	690	99,9
	10	143	1,064	1359	95,2
	21	321	1,141	2810	87,5
NH_4Cl	5	95	1,014	918	96,8
	15	292	1,043	2586	88,4
	25	500	1,071	4025	80,5
NaCl	5	88	1,035	672	76,0
	10	183	1,071	1211	66,2
	20	392	1,148	1957	49,9
	26,4	542	1,201	2156	39,8
$CaCl_2$	5	94	1,041	643	68,6
	20	425	1,179	1728	40,6
	35	847	1,342	1366	16,1
$AgNO_3$	5	31	1,042	256	83,4
	20	141	1,196	872	62,0
	60	676	1,916	2101	31,1
K_2SO_4	5	60	1,040	458	76,8
	10	124	1,081	860	69,4

a) Salze (Fortsetzung)

Stoff	c	$\eta \cdot 10^5$	ϱ	$\lambda \cdot 10^4$	Λ
Na_2SO_4	5	74	1,045	409	55,6
	15	241	1,143	886	36,7
$MgSO_4$	5	87	1,051	263	30,1
	15	289	1,160	480	16,6
	25	534	1,286	415	7,8
$ZnSO_4$	5	65	1,051	191	29,3
	15	217	1,168	415	19,1
	25	404	1,305	480	11,9
$CuSO_4$	2,5	32	1,025	109	34,0
	10	139	1,107	320	23,1
	17,5	263	1,200	458	17,4

b) Säuren

Stoff	c	$\eta \cdot 10^5$	ϱ	$\lambda \cdot 10^4$	Λ
HCl	5	141	1,024	3948	281,0
	20	603	1,100	7615	126,2
	40	1318	1,201	5152	39,1
HBr	5	64	1,032	1908	299,5
	15	205	1,104	4940	241,5
HJ	5	41	1,037	1332	328,9
HNO_3	6,2	102	1,035	3123	307,1
	12,4	211	1,072	5418	257,0
	31	587	1,195	7819	133,1
	62	1364	1,387	4964	36,4
$C_2H_4O_2$	1	17	1,001	5,8	3,5
	5	84	1,006	12,3	1,46
	20	342	1,026	16,1	0,47
	40	699	1,050	10,8	0,15
	75	1336	1,069	1,5	0,01
	99,7	1741	1,049	fast null	fast null
H_2SO_4	5	105	1,033	2085	198,0
	15	338	1,104	5432	160,9
	30	747	1,221	7388	98,9
	60	1838	1,502	3726	20,3
	80	2825	1,732	1105	3,9
	99	3705	1,836	390	1,1
	100	—	1,842	160	—

c) Basen ($\Theta = 15^0$)

Stoff	P	$C \cdot 10^6$	ϱ	$\lambda_1 \cdot 10^4$	Λ
KOH	4,2	78	1,038	1464	188,4
	29,4	674	1,288	5434	80,6
	42	1070	1,430	4212	39,4
NaOH	2,5	64	1,028	1087	169,6
	15	438	1,170	3463	79,0
	42	1532	1,462	1065	7,0
NH_3	0,4	23	0,997	4,92	2,10
	4	231	0,982	10,95	0,48
	30,5	1601	0,896	1,93	0,01

Äußerst verdünnte Lösungen: Λ (18⁰)

$\eta \cdot 10^5$	KCl	NaCl	KJ	$AgNO_3$	$\frac{1}{2}K_2SO_4$	$\frac{1}{2}Na_2SO_4$
0,01	129,5	109,7	130,3	115,5	133,5	110,5
0,1	127,6	107,8	128,8	114,0	129,0	106,7
1	122,5	102,8	124,0	108,7	117,4	96,8
10	111,9	92,5	114,1	94,7	95,9	78,4
100	98,2	74,4	103,4	67,8	71,8	50,8

$\eta \cdot 10^5$	$\frac{1}{2}MgSO_4$	$\frac{1}{2}CuSO_4$	$\frac{1}{2}H_2SO_4$	HCl	$C_2H_4O_2$	NH_3
0,01	110,4	113,3	—	—	107	66
0,1	100,2	101,6	361	377	41	28
1	76,6	72,2	308	370	14,3	9,6
10	50,1	45,0	225	351	4,6	3,3
100	28,9	25,8	198	301	1,3	0,9

Ferner einige maximalleitende Lösungen bei 18⁰ (c Gewichtsprozent des wasserfreien Elektrolyten):

Stoff	MgSO	ZnSO	CdSO	KOH	HCl	HNO	H_2SO_4
c	17,4	23,5	28	28	18,3	29,7	30,0
λ	0,048	0,0481	0,044	0,544	0,767	0,785	0,740

— Bei großer Verdünnung bilden sich drei Gruppen mit ziemlich übereinstimmenden Werten von Λ_∞: starke Säuren 350, starke Basen 200. neutrale Salze 100; für schwache Säuren und Basen sind die Abweichungen von diesen Durchschnittswerten größer. Nach Kohlrausch läßt sich

$$\Lambda_\infty = 96540\,((u_1)_\infty + (u_2)_\infty)$$

und, wenn γ der Dissoziationsgrad ist, allgemeiner

$$\Lambda = 96540\,(u_1 + u_2)\,\gamma$$

setzen, d. h. aus den Beweglichkeiten der beiden Ionen (s. Elektrolyse) zusammensetzen (Ausnahmen bei einigen anomalen Elektrolyten). — Die Abhängigkeit von der Temperatur läßt sich für weitgehende Verdünnung durch

$$\lambda = \lambda_{18^0}\,(1 + \alpha\,(t - 18) + \beta\,(t - 18)^2)$$

darstellen; einige Werte von α und β sind folgende:

Stoff	α	β	Stoff	α	β
HNO_3	0,0163	−0,000016	KF	0,0222	0,000079
HCl	164	15	K_2SO_4	222	77
H_2SO_4	165	16	$Pb(NO_3)_2$	224	78
KOH	190	+0,000032	$BaCl_2$	225	83
KJ	212	58	NaCl	226	84
$AgNO_3$	216	67	Na_2SO_4	233	97
KCl	217	67	$MgSO_4$	238	95
NH_4Cl	219	68	NaF	242	102
			Na_2CO_3	262	151

Hierin scheint sich β generell durch α ausdrücken zu lassen: $\beta = 0,0177 (\alpha - 0,0177)$, so daß nur eine einzige Konstante übrigbleibt; übrigens genügt die Formel vielfach auch noch für stärkere Lösungen (bis zu 10 Prozent). — Besondere Verhältnisse finden bei zwei (oder mehr) miteinander gemischten Elektrolyten statt; am einfachsten verhalten sich *isohydrische Lösungen* (Arrhenius), d. h. solche Lösungspaare mit gemeinsamen Ionen, die ihre Leitfähigkeit aus der der Komponenten additiv bilden. Sind zwei Lösungen bei irgendeinem Mischungsverhältnis isohydrisch, so sind sie es bei allen; und wenn zwei Lösungen mit einer dritten isohydrisch sind, so sind sie es auch untereinander. — Eine Stellung für sich nehmen die festen oder *geschmolzenen Elektrolyte* ein; es muß genügen, hier einige Zahlen anzuführen (* bedeutet den Schmelzpunkt):

Chlorsilber		Jodsilber		$ZnCl_2$		$PbCl_2$		KCl (fl.)	
t	λ	t	λ	t	λ	t	λ	t	λ
190	0,00004	120	0,00008	260	0,00011	430	0,075	702	1,20
220	12	140	75	280	48	450	175	730	1,63
250	37	160	1,14	300*	186	470	40	770	2,05
300	16	200	1,23	350	88	500	1,14	800	2,40
350	79	300	1,6	400	260	520*	2,2		
400	35	400	1,85	500	104	530	3,0		
450	12	550*	2,04	600	279				
500*	1,72	700	2,38	700	460				
600	4,15								

— Zahlreiche feste Stoffe, die an sich so gut wie gar nicht leiten, werden, wenn man sie stark *erwärmt*, leitend, besonders in der Weißglut oder bei Annäherung an den Schmelzzustand (vgl. die obigen Zahlen). Dazu gehört auch Glas, ferner Steinsalz und Sylvin, die auf diese Weise technisch gewonnen werden können, endlich Magnesiumoxyd, das in der Nernstlampe (s. Glühlicht) eine Zeitlang Verwendung gefunden hat. — Da Flüssigkeiten durch Gleichstrom zersetzt werden, muß man, um das zu verhindern, Wechselstrom benutzen, z. B. zur Widerstandsmessung (s. d.).

Elektrizitätsleitung der Gase. Gase sind an sich nichtleitend oder doch nur sehr schwach leitend; sie können aber durch Bestrahlung ionisiert und damit leitend werden. Es entsteht alsdann sog. *unselbständige Strömung*, die, wenn die ionisierende Ursache aufhört, wieder erlischt, weil sich die Ionen durch Rekombination wieder vereinigen. Dagegen entsteht *selbständige Strömung* durch die Wirkung der eignen bewegten Ionen auf die von ihnen abgestoßenen, noch neutralen Gasteilchen. — Das bestrahlte Gas verliert sein Leitvermögen beim Durchgange durch Baumwolle, teilweise auch beim Durchgange durch ein enges Metallrohr. — Senkt man in die dauernd bestrahlte Luft zwei mit einer Elektrizitätsquelle verbundene Elektroden, so erhält man, weil immer neue Spaltungen eintreten, einen dauernden Strom. Da aber je nach der wirkenden elektromotorischen Kraft das Verhältnis der Neubildung zur Rekombination von Ionen sowie deren Geschwindigkeit verschieden ist, gilt hier nicht

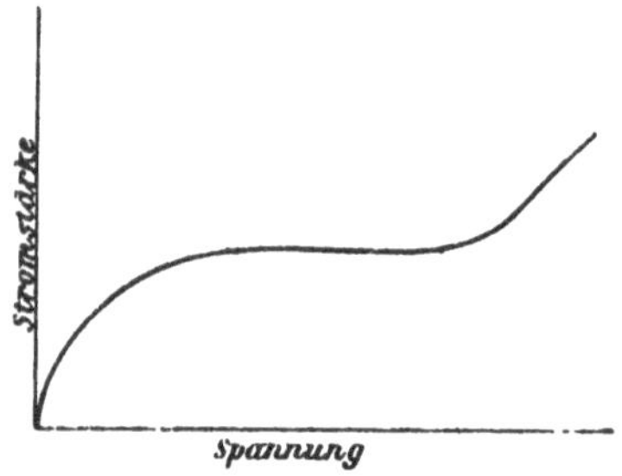

Fig. 49.

allgemein das *Ohmsche Gesetz*, vielmehr steigt der Strom, bei wachsender Spannung, erst schnell, dann immer langsamer an, wird dann konstant und steigt dann von neuem (Fig. 49). Der konstante Strom im mittleren Teil heißt *Sättigungsstrom;* seine Stärke ist mit dem Elektrodenabstand nicht umgekehrt, sondern direkt proportional. Bei noch größerer Spannung erhalten die Ionen so große Energie, daß sie neutrale Gasteilchen durch Ionenstoß ionisieren, und dem entspricht der dritte Teil der Kurve. Schließlich kann man die Bestrahlung ganz fortlassen und erhält dann selbständige Strömung. — Die Spannung ihrerseits gehorcht ebenfalls nicht den Gesetzen stationärer Ströme, d. h. sie nimmt von der Anode zur Kathode nicht gleichförmig ab, sondern (bei unselbständiger Strömung) erst schnell, dann langsam und dann wieder schnell (Fig. 50). Im geschichteten positiven Licht hat auch die Spannung zahlreiche entsprechende Maxima und Minima. Den Spannungsfall in der Nähe der Elektroden nennt man *Anodenfall* bzw. *Kathodenfall.* — Von einem spezifischen *Leitvermögen* eines Gases schlechthin kann man nicht sprechen, da es ganz von den Verhältnissen abhängt. Als Beispiel sei der Fall der positiven Lichtsäule gewählt; hier nimmt das Leitvermögen mit der Stromdichte zu, also sowohl bei Erhöhung der Stromstärke wie bei Verringerung des Querschnitts. Außerdem hängt es stark vom Druck ab, und zwar invers. Bei mittleren Werten von

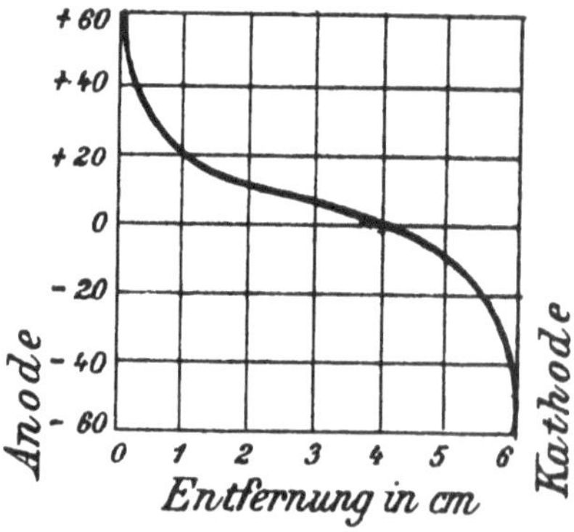

Fig. 50.

Stromdichte und Druck ist z. B. das spezifische Leitvermögen des Wasserstoffs $17,3 \cdot 10^{-6}$, das des Stickstoffs $11,3 \cdot 10^{-6}$ (auf reziproke Ohm und Zentimeter bezogen). —Die Stromstärke i läßt sich auf die *Beweglichkeiten* der beiden Ionen zurückführen gemäß der Formel (n Ionenzahl, u_1 und u_2 die beiden Beweglichkeiten, l der Elektrodenabstand, e Spannung, p Ladung): $i = (n(u_1 + u_2) pe)/l$. Die Beweglichkeiten lassen sich nach verschiedenen Methoden bestimmen; für Wasserstoff ergibt sich z. B. $u_1 = 6,74$ und $u_2 = 7,95$, für Sauerstoff entsprechend 1,36 und 1,80. — Das Leitendwerden der Gase in der Hitze spielt vielfach eine entscheidende Rolle, namentlich beim Lichtbogen (s. d.). Ferner gehört hierher die *Flammenleitung:* so wird z. B. eine Scheibe, neben die man in einiger

Entfernung eine andre, geladene Scheibe, zwischen beide aber eine Flamme stellt, selbst elektrisch, und zwar nicht etwa durch Influenz entgegengesetzt, sondern durch Leitung gleichsinnig. Endlich macht sich die Leitfähigkeit der Luft geltend beim Ausströmen der Elektrizität aus Spitzen bzw. der Aufsaugung durch sie (s. Elektrostatik).

Elektrizitätsmenge, s. Elektrostatik.

Elektrizitätsquellen sind Einrichtungen, um elektrische Energie zu gewinnen. Man kann sie gliedern nach der Art von Energie, aus der die elektrische gewonnen wird: 1. Aus mechanischer Energie, und zwar a) durch Reibung, Stoß usw., hierzu dienen die Reibungselektrisiermaschinen; b) durch Bewegung von Leitern im Magnetfelde, hierzu dienen die elektrischen Maschinen, insbesondere die Dynamomaschinen. 2. Aus chemischer Energie, hierzu dienen die galvanischen Elemente sowie bedingterweise auch die Akkumulatoren. 3. Aus kalorischer Energie, hierzu dienen die Thermosäulen, während die Pyroelektrizität nur wissenschaftliches Interesse hat. 4. Aus bereits anderweitig vorhandener elektrischer Energie, hierher gehören die Influenzmaschinen, die Induktionsapparate und, in gewissem Sinne, auch die Akkumulatoren. Näheres hierüber findet man in den betr. Artikeln, insbesondere: Akkumulatoren, Dynamomaschine, Elektrisiermaschinen, Elektrostatik, Galvanische Elemente, Induktionsströme, Pyroelektrizität, Thermoelektrizität, Thermosäulen.

Elektrizitätszähler, s. Strommessung.

Elektrochemie ist die gesamte Lehre von den Beziehungen zwischen elektrischen und chemischen Erscheinungen, also, vom physikalischen Standpunkte aus, insbesondere die Umwandlung von chemischer Energie in elektrische und umgekehrt. Hierher gehört vor allem die Lehre von der Berührungselektrizität (s. d.), von den galvanischen Elementen (s. d.) und Akkumulatoren (s. d.), dann aber das ganze Gebiet der Elektrolyse (s. d.) einschließlich ihrer praktischen Anwendungen sowie die Erscheinung der Polarisationsströme (s. Galvanische Polarisation). Auch die Elektrizitätsleitung der Körper, wenigstens die der Flüssigkeiten und Gase (s. d.), gehört in gewissem Sinne hierher. Durch die reichen Aufschlüsse, die sie gegeben hat, ist die Elektrochemie einer der Hauptabschnitte der physikalischen Chemie geworden, in innigem Zusammenhange mit andern Abschnitten, namentlich der Mechanochemie und der Thermochemie. Insbesondere gilt diese enge Beziehung für die osmotischen Erscheinungen der Lösungen einerseits und ihr elektrisches Verhalten andrerseits.

Elektrochemische Äquivalente, s. Elektrolyse.

Elektroden, s. Elektrolyse.

Elektrodynamik im weiteren Sinne ist die gesamte Lehre von der bewegten

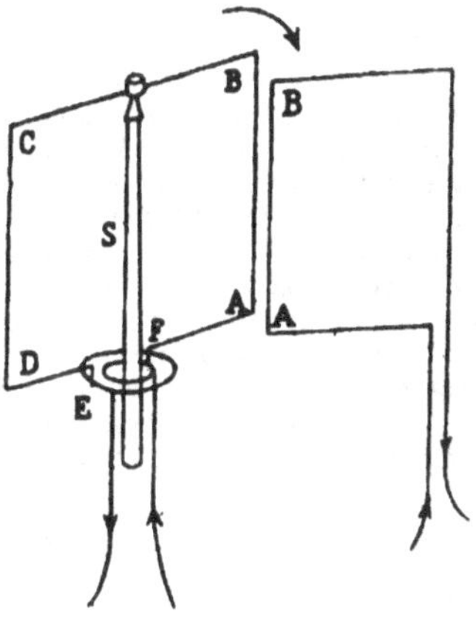

Fig. 51.

Elektrizität, im engeren Sinne, auf den man sich gewöhnlich beschränkt, behandelt sie die *ponderomotorischen* Wirkungen elektrischer Ströme aufeinander. Das *Elementargesetz* dieser Wirkung erhält man, wenn man zwei kurze, geradlinige Stromleiter aus solcher Nähe aufeinander wirken läßt, daß die übrigen Teile der beiden geschlossenen Kreise, weil zu weit voneinander entfernt, zu vernachlässigen sind. Der eine Strom wird fest aufgestellt, der andre mit Hilfe einer Quecksilberrinne und zweier eintauchender Spitzen drehbar eingerichtet:

Ampèresches Gestell (Fig. 51). Es ergibt sich dann das *Ampèresche Gesetz* oder *elektrodynamische Grundgesetz* oder Elementargesetz: Zwei Stromelemente üben aufeinander eine anziehende oder abstoßende Wirkung (Zentralkraft) aus, die mit ihren Längen und Stromstärken direkt, mit dem Quadrat ihrer Entfernung voneinander umgekehrt proportional ist und außerdem von den Winkeln abhängt, die die Stromlinien miteinander und mit der Entfernungslinie einschließen; in Formel (Anziehung negativ, Abstoßung positiv):

$$K = \frac{i\,i'}{v^2}\,\frac{dl\,dl'}{r^2}\,[3\cos(rl)\cos(rl') - 2\cos(ll')]\ ,$$

wo v eine der Lichtgeschwindigkeit gleiche Konstante ist; läßt man sie weg, so erhält man das elektrodynamische Maßsystem der Stromstärke, in dem sich diese vom elektromagnetischen Maß durch den Faktor $\sqrt{2}$ unterscheidet. — In den wichtigsten Spezialfällen für besondere Lagen der Stromelemente zueinander sind die Werte obiger Klammer folgende:

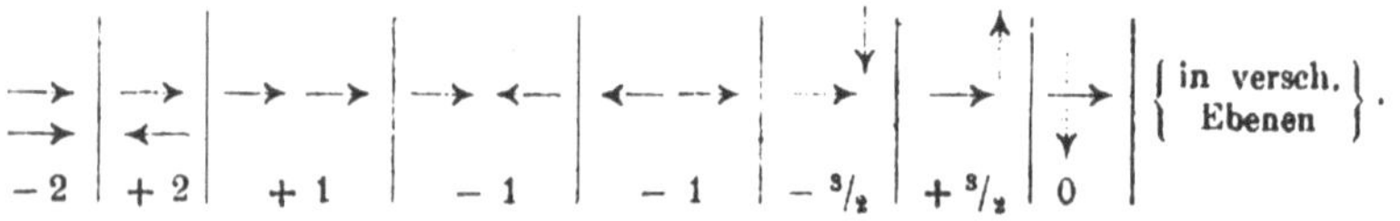

Parallele Stromelemente ziehen sich also an, entgegengesetzt parallele stoßen sich ab; aufeinander folgende stoßen sich ab, einander entgegenkommende ziehen sich an; usw. — Von dem Elementargesetz geht man durch Integration zunächst zur Wirkung eines geschlossenen Stromes auf ein Stromelement und dann zur Wirkung zweier geschlossener Ströme aufeinander über; sie läßt sich am umfassendsten durch das *Potential der beiden Ströme aufeinander* darstellen:

$$V = -\frac{i\,i'}{v^2}\iint\frac{dl\,dl'}{r}\cos(ll')\ ,$$

oder auch

$$V = -\frac{i\,i'}{v^2}\iint\frac{dl\,dl'}{r}\cos(rl)\cos(rl').$$

Die beiden Ausdrücke unter den Integralen sind nicht gleich, wohl aber die Integrale über die geschlossenen Stromkurven. *Zwei geradlinige* oder *Kreisströme* von gleicher Stromrichtung ziehen sich an, bei entgegengesetzter stoßen sie sich ab. Man kann das sehr gut veranschaulichen, indem man mit Hilfe einer Papierfläche und aufgestreutem Eisenfeilicht das Feld im Bereiche der beiden hineingesteckten Stromleiter erzeugt. Auch die Rogetsche Spirale eignet sich zur Demonstration der Anziehung gleichgerichteter Ströme. — Fallen beide Ströme zusammen, so erhält man das *elektrodynamische Selbstpotential* eines geschlossenen Stromes; es ist mit dem Quadrat der Stromstärke proportional. — Die elektrodynamische Wirkung hängt von der magnetischen Permeabilität des Mediums zwischen ihnen ab; sie ist mit dieser direkt proportional (s. Magnetische Induktion). — Sehr einfach läßt sich die *elektrodynamische Wirkung zwischen zwei Stromspulen*

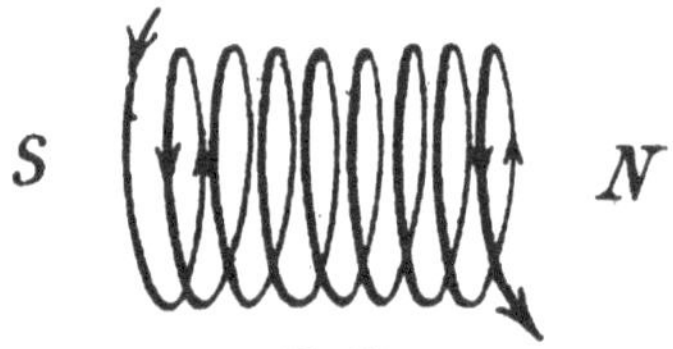

Fig. 52.

aussprechen: diese verhalten sich so wie zwei Magnete, deren Nordpole in den positiven, deren Südpole in den negativen Enden der Spulenachse liegen, und deren magnetische Momente gleich den elektrischen Momenten der Spulen sind. Dabei wird dasjenige Ende der Spule als positiv bezeichnet, das, von außen gesehen, vom Strome gegen den Uhrzeigersinn umkreist wird (Fig. 52); und als elektrisches Moment der Spule gilt das Produkt aus der elektromagnetisch gemessenen Stromstärke mit der Summe aller Windungsflächen (s. auch Elektromagnetismus). — Auch die einzelnen Windungen einer Spirale wirken aufeinander, und zwar ziehen sie sich wegen Gleichsinnigkeit der Ströme an; hängt man eine solche Spirale auf und läßt sie unten in ein Quecksilbernäpfchen tauchen, so tanzt sie dauernd auf und ab. Auf der elektrodynamischen Wirkung beruhen die, besonders für Wechselströme wichtigen und als *Elektrodynamometer* bezeichneten Meßinstrumente (s. d.). — Während man bei dem obigen Elementargesetz von den Stromelementen ausgeht, kann man noch einen Schritt weiter zurückgehen und die Wirkung durch die Elektrizitätsmengen, die relative Geschwindigkeit g und die relative Beschleunigung b, mit der sie (die positive und die negative) sich gegeneinander bewegen, ausdrücken; man erhält dann ein *elektrisches Fernwirkungsgesetz*, das als Verallgemeinerung des Coulombschen elektrostatischen (s. Elektrostatik) für bewegte Ladungen gelten kann. Es ist in verschiedenen Formen aufgestellt worden; am bekanntesten ist das *Webersche elektrische Grundgesetz* geworden:

$$K = \frac{e_1 e_2}{r^2}\left(1 - \frac{g^2}{2v^2} + \frac{rb}{v^2}\right).$$

Es ist zurzeit in den Hintergrund getreten, erstens, weil es mit dem Prinzip von der Erhaltung der Energie in einem gewissen Widerspruche steht, und zweitens wegen der Ausbildung der Feldtheorie im Gegensatz zur Fernwirkungstheorie.

Elektrodynamisches Potential, s. Elektrodynamik, Induktionsströme.

Elektrodynamische Wage, s. Stromwage.

Elektrodynamometer sind Apparate zur Strommessung, die auf der elektrodynamischen ponderomotorischen Wechselwirkung zwischen zwei Stromkreisen beruhen (s. Elektrodynamik); zur Verstärkung der Wirkung benutzt man zwei Spulen mit vielen Drahtwindungen; die eine wird fest aufgestellt, und zwar mit der Axe in den magnetischen Meridian, die andre ist drehbar aufgehängt, und gewöhnlich übernimmt der Aufhängedraht die Zuleitung des Stromes. Das Drehungsmoment ist $D = i_1 i_2 f c \cos\varphi$ (i_1 und i_2 die beiden Stromstärken, f die Windungsfläche der beweglichen, c die Galvanometerkonstante der festen Rolle und φ der Ablenkungswinkel). Statt den Winkel zu beobachten, kann man auch durch Torsion des Kopfes um α die bewegliche Spule in die Anfangslage zurückführen. Nach dem Ablenkungsverfahren wird

$$i_1 i_2 f \cos\varphi = c_1\varphi + f i_2 H \sin\varphi,$$

wo c_1 eine Konstante und H die Horizontalintensität des Erdmagnetismus ist; nach dem Torsionsverfahren wird $i_1 i_2 fc = c_1 \alpha$, also viel einfacher. Statt eines kann man auch zwei Aufhängefäden benutzen: *Bifilarelektrodynamometer;* die rechte Seite wird dann im ersten Falle $(c_2 + f i_2 H)\sin\varphi$, im andern $c_2 \sin\alpha$. Um nun eine Stromstärke zu bestimmen, schickt man den Strom nacheinander durch beide Rollen, so daß $i = i_1 = i_2$ wird, und erhält dann, teils allgemein, teils unter gewissen Voraussetzungen gültig, die folgenden vier Formeln:

Ablenkungsverfahren

unifilar	bifilar
$i = \sqrt{\frac{c_1}{fc}\,\frac{\varphi}{\cos\varphi}}$,	$i = \sqrt{\frac{c_2}{fc}\,\mathrm{tg}\,\varphi}$,

Torsionsverfahren

unifilar	bifilar
$i = \sqrt{\frac{c_1}{fc}\,\alpha}$,	$i = \sqrt{\frac{c_2}{fc}\,\sin\alpha}$.

Die wichtigste Eigenschaft dieser Einrichtung ist die, daß sie auch auf Wechselstrom reagiert, während die Nadel oder Drehspule des Galvanometers (s. d.) durch einen solchen nur ins Zittern gerät, weil der positive und der negative Strom entgegengesetzte Ablenkungen hervorrufen. Hier dagegen hat man bei positiver Stromrichtung $i \cdot i$, bei negativer $(-i)\cdot(-i)$, also beide Male $+ i^2$ und somit dauernde einseitige Ablenkung. Man mißt sogar direkt mit dem Instrument die Stromenergie (i^2), und erst durch obiges Wurzelziehen ergibt sich die Stromstärke. — Von den einzelnen Typen seien die von Wilhelm Weber, Kohlrausch und Siemens und Halske angeführt. — Ein andres Instrument ist das *Nadeldynamometer* von Bellati und Giltay, beruhend auf der gleichzeitigen Magnetisierung und Ablenkung eines Eisenstäbchens durch eine Stromspule; die Ablenkung ist wegen der Magnetisierung des Stäbchens auch hier einseitig. — S. auch Elektrodynamik. Strommessung.

Elektroinduktion, s. Induktionsströme.

Elektrolyse ist die Zersetzung einer Substanz durch den elektrischen Strom. Die Metallplatten (für die meisten Zwecke am besten Platinplatten), durch die man den Strom zu- und abführt, heißen *Elektroden*, und zwar *Anode* und *Kathode*, die Substanz selbst *Elektrolyt*. Es gehören hierher alle Lösungen, soweit sie den Strom überhaupt leiten, also Salzlösungen, nicht aber Zuckerlösungen; ferner Säuren, Basen, viele organische Flüssigkeiten, aber auch gewisse feste und halbfeste Substanzen. Die Flüssigkeit wird in einem Trog oder einem zylindrischen oder U-Rohr, mit den Elektroden an den Enden oder irgendwo in den Schenkeln untergebracht. Beim Stromdurchgang, z. B. durch angesäuertes Wasser (reines Wasser leitet nicht), tritt Gasentwicklung ein; der Wasserstoff wandert nach der Kathode, der Sauerstoff nach der Anode. Sie sammeln sich an den beiden Enden des U-Rohres, und zwar Wasserstoff in doppeltem Volumen wie Sauerstoff. In Wahrheit ist nicht einfach Wasser in H_2 und O zerlegt, sondern H_2SO_4 in H_2 und SO_4 und dieses dann mit dem außerdem vorhandenen H_2O in $H_2SO_4 + O$ umgewandelt. Bei den Metallsalzen entspricht das Metall dem Wasserstoff. Die beiden Bestandteile heißen *Ionen*, der nach der Kathode bzw. Anode wandernde *Kation* bzw. *Anion*. Nach der jetzt herrschenden *Theorie von Arrhenius* sind sie schon ohne Stromdurchgang als freie Ionen vorhanden infolge spontaner *Dissoziation*, und zwar desto zahlreicher, je verdünnter die Lösung ist (s. Lösungen); was der Strom leistet, ist nur die *Wanderung der Ionen* infolge ihrer entgegengesetzten Ladungen, positiv beim Kation, negativ beim Anion. Quantitativ maßgebend sind die beiden *Faradayschen Gesetze*, wonach die abgeschiedene Menge eines Ions proportional ist der Stromstärke und dem Äquivalentgewicht, außerdem natürlich der Zeit des Stromdurchgangs. Ein Ampere scheidet in der Sekunde 1,118 mg Silber (s. Elektrische und magnetische Maßsysteme) oder andre äquivalente Mengen andrer Stoffe ab. Einige typische Zahlen:

Zeit	mg Silber	mg Kupfer	mg-Äquivalente	mg Wasser	ccm Knallgas
1 sec	1,118	0,3294	0,01036	0,0933	0,1740
1 min	67,08	19,76	0,6215	5,60	10,44
1 Stunde	4025	1186	37,29	335,9	626

Jede chemische Valenz eines Ions hat die gleiche Ladung, die Valenzladung; sie beträgt 107,93 (Äquivalent des Silbers)/0,001118 = 96540 Cb. Dividiert man das durch die Zahl der Atome im Gramm-Äquivalent Wasserstoff, so erhält man die Ladung des einwertigen Ions: $1{,}56 \cdot 10^{-19}$ Cb oder $4{,}69 \cdot 10^{-10}$ elektrostatische Einheiten: *Elementarquantum der Elektrizität* (s. Ionen). Die Wanderung der Ionen in den beiden entgegengesetzten Richtungen erfolgt im allgemeinen mit verschiedenen Geschwindigkeiten; das Verhältnis einer von ihnen zur Summe beider heißt *Überführungszahl*. Sie hängt nicht von der Stromstärke, wohl aber von der Konzentration der Lösung ab und nähert sich für unendliche Verdünnung einem typischen Grenzwert. Die Geschwindigkeiten pflegt man auf die Einheiten der Zeit, des Grammions und das elektrochemische Äquivalent des Wasserstoffs zu beziehen und nennt sie alsdann die *absoluten Beweglichkeiten der Ionen*; Formeln:

$$z_a = \frac{u_a}{u_a + u_k}, \quad z_k = 1 - z_a = \frac{u_k}{u_a + u_k}.$$

Die Beweglichkeit steigt mit der Temperatur, und zwar pro Grad meist um 2 bis $2^1/_2$ Prozent. Einige Beweglichkeiten sind folgende:

a) Ein Ion oder beide einwertig

	B_k (Kation)							B_a (Anion)			
c	K	Na	Li	NH_4	Ag	$\frac{1}{2}$Ba	H	Cl	J	NO_3	OH
0,0001	55,8	35,0	26,1	54,8	43,3	33,8	296	56,5	57,3	51,4	157
0	65,3	44,4	35,5	64,2	55,7	57,3	318	65,9	66,7	60,8	174

b) Beide Ionen zweiwertig

	$\frac{1}{2}$Mg	$\frac{1}{2}$Zn	$\frac{1}{2}$Cu	$\frac{1}{2}$Ba	$\frac{1}{2}$Ca	$\frac{1}{2}SO_4$	$\frac{1}{2}C_2O_4$
0,0001	20	17	16	—	—	30	—
0	48	47	49	57	53	70	63

c) Überführungszahlen

	KCl, KBr, KJ	NaCl	HCl	$AgNO_3$	$\frac{1}{2}CuSO_4$
0,001	0,514	0,637	0,176	0,501	0,696
0,0001	0,508	0,617	0,172	0,528	0,632
0,00001	0,506	—	—	0,528	0,610

— Die Einzelheiten bei der Elektrolyse sind, je nach den Flüssigkeiten und der Substanz der Elektroden, überaus mannigfaltig; ein besonderes Kapitel bilden dabei die *geschmolzenen Salze*. Sehr interessant sind u. a. die Fälle, in denen sich an den Elektroden feste oder gasförmige Schichten bilden, die für die Ionen undurchdringlich sind. Nimmt man z. B. Aluminium als Kathode, Blei als Anode und ein geeignetes Alkalisalz als Elektrolyt, so erhält man lebhaften Stromdurchgang, im umgekehrten Fall dagegen selbst bei 100 V Spannung und darüber gar keinen, offenbar infolge der isolierenden Gashaut, die sich an der Anode bildet; eine solche Zelle nennt man wegen der Einseitigkeit ihrer Wirkung eine *Ventilzelle*. Schickt man einen Wechselstrom hinein, so tritt er als Gleichstrom heraus; deshalb nennt man den Apparat auch *Gleichrichter*, speziell den obigen Aluminiumgleichrichter (s. Elektrische Ventile). — Auf der Elektrolyse beruht eines der feinsten Strommeßinstrumente, das *Voltameter* (s. d.). — Ferner gehört hierher der *elektrolytische* oder *Wehnelt-Unterbrecher*, den man beim Induktorium zur periodischen Öffnung und Schließung des Primärstroms (s. Induktionsströme) bei hoher Spannung (über 12 V) mit Vorteil statt des Neefschen Hammers (s. Elektromagnetische Apparate) verwendet. Er besteht (Fig. 53) aus einem Glasgefäß mit verdünnter Schwefelsäure, einer Anode in Gestalt eines aus einer Glasröhre herausragenden kurzen Stückes Platindraht und einer Kathode in Form einer großen Bleiplatte. Die große Stromdichte an dem Anodendraht bildet, wie es scheint, durch die Stromwärme eine Dampfhülle um ihn, die den Strom unterbricht; dann aber wird die Dampfhülle durch den Öffnungsfunken abgeschleudert, die Flüssigkeit kommt wieder mit dem Draht in Kontakt, und das Spiel beginnt von neuem. Die Zahl der Unterbrechungen in der Sekunde geht bis auf 2000 hinauf. — Zahlreich sind auch die technischen Anwendungen der Elektrolyse; am wichtigsten sind folgende: der Überzug von Metallen mit andern,

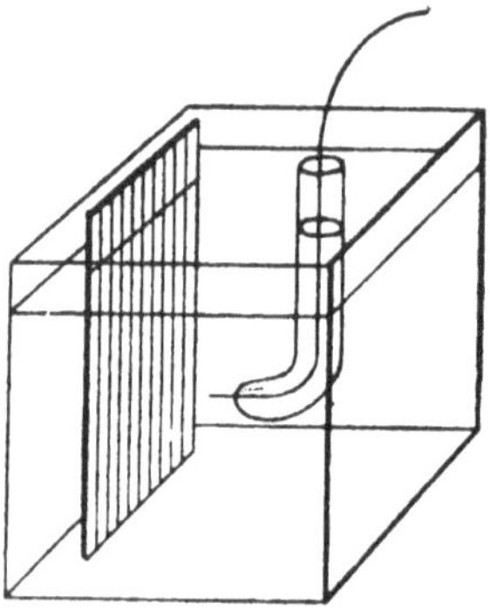

Fig. 53.

Galvanostegie, z. B. Vergoldung, Versilberung, Verkupferung, Vernickelung (das zu überziehende Metall als Kathode in einem Bade der betreffenden Metallsalzlösung, bei Gold und Silber aus den Zyanverbindungen); Platinierung, d. h. Überzug von Platin mit Platinschwarz, ferner die *Galvanoplastik*, d. h. die Herstellung von Metallabdrücken und Reliefs, insbesondere auch von Holzschnitten (Klischee oder Galvano); endlich die *elektrolytische Gewinnung von Metallen* aus ihren Verbindungen, von großem technischen und ökonomischen Erfolge namentlich bei Aluminium (aus Tonerde usw.) und Magnesium, neuerdings auch Stahl (Elektrostahl).

Elektrolyt, s. Elektrolyse.

Elektrolytische Dissoziation, s. Elektrolyse.

Elektrolytische Leitung, s. Elektrizitätsleitung der Flüssigkeiten.

Elektrolytische Lösungstension, s. Berührungselektrizität.

Elektrolytische Metallgewinnung, s. Elektrolyse.

Elektrolytischer Stromunterbrecher, s. Elektrolyse.

Elektrolytischer Zähler, s. Strommessung.

Elektromagnet ist ein durch elektrische Ströme magnetisierbarer Eisenkörper. Als Material dient für dauernde Magnetisierung Stahl, für vorübergehende, um die es sich in der großen Mehrzahl der Fälle handelt, weiches Eisen. Der Leiter, durch den der magnetisierende Strom geschickt werden soll, wird fast immer in Form von Drahtspulen aus Kupfer möglichst innig um den Eisenkörper herumgewunden; in manchen Fällen unter Zwischenschaltung einer indifferenten Hülle. Man unterscheidet die Zahl der Lagen und die Zahl der Windungen in jeder von ihnen; ihr Produkt gibt die gesamte *Windungszahl*. Diese wieder mit der Stromstärke multipliziert, gibt die *Amperewindungen*. In manchen Fällen ist auch die gesamte *Windungsfläche* von entscheidender Bedeutung. — Von den Formen der Elektromagnete sind am wichtigsten die folgenden: Der *gerade Stab* mit zylindrischer Wickelung, der *U-förmige*, der *Hufeisen*-Elektromagnet von Faraday, mit Wickelungen auf beiden Schenkeln, während das gebogene Stück, das Joch, frei bleibt; seine neuere Abänderung, bestehend aus zwei Zylindern und einer

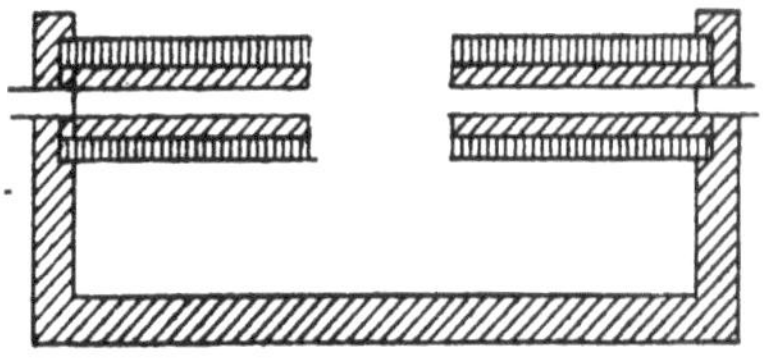

Fig. 54.

ebenen Basis, wobei die Wickelung auf den Schenkeln aus zwei je für sich zu benutzenden Hälften besteht, der Elektromagnet von Ruhmkorff (Fig. 54) mit durchbohrten Endschenkeln zur Ermöglichung der Durchsicht; der Elektromagnet von Weiss, bei dem das C-förmige Joch doppelt so stark ist wie die Enden, damit auch die letzteren die magnetischen Sättigungswerte erreichen, das Ganze mit Zirkulationskühlung versehen und mit einer den großen magnetischen Zugkräften

(2000 kg) entsprechenden Festigkeit gebaut; endlich der *Ringmagnet* und der *Halbringmagnet* von *du Bois*, mit rationellster Verteilung und Konzentrierung der magnetischen Induktionskräfte (in der Fig. 55 der Halbringmagnet schematisch dargestellt), so daß sich Felder bis zu 50000 Gauss, wenn auch natürlich nur in kleinem Polraume, erzielen lassen. — Wegen der Zusatzteile, Anker usw. siehe Magnet.

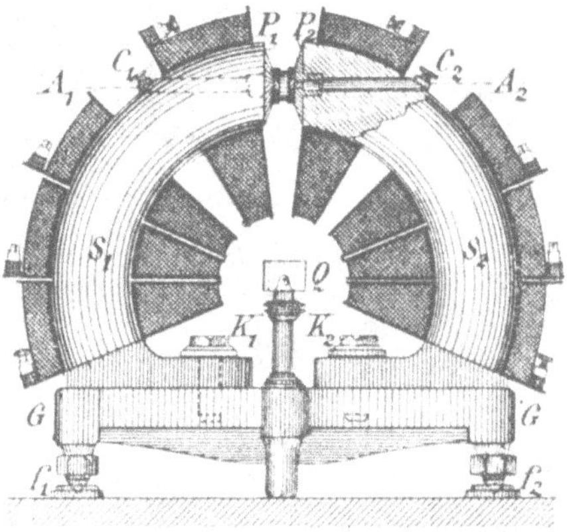

Fig. 55.

Elektromagnetische Apparate. Wegen der Meßapparate s. Strommessung. Hier handelt es sich um Rotations-, Schwingungs- und Unterbrechungsapparate. Da die elektromagnetische

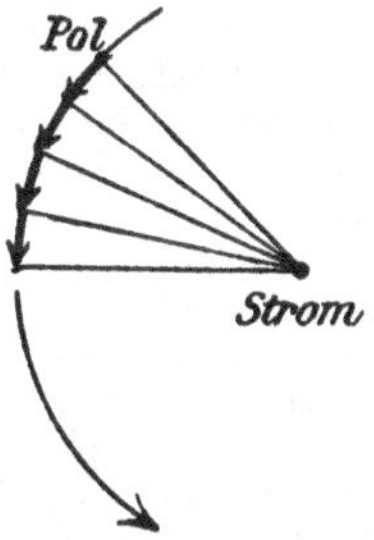

Fig. 56.

Wirkung von seitlichem Charakter ist, also in einer Ablenkung des Magnetpols durch den Strom besteht und senkrecht auf der Verbindungslinie steht, ergibt sich bei fortgesetzter Ablenkung eine *Drehung des Pols um die Strombahn* (Fig. 56), und zwar erfolgt die Drehung, vom Strome aus gesehen, bei einem Nordpole links herum, bei einem Südpole rechts herum. Eine Magnetnadel wird sich daher, da sie starr ist, quer einstellen; wäre sie deformierbar, so würde sie zuletzt den Strom spiralig umgeben. Entsprechendes gilt von der umgekehrten, der magnetelektrischen Wirkung (s. Magnetelektrizität): *Rotation eines Stromleiters um einen Magneten* und *spiralige Aufwindung*, falls er biegsam ist; verwirklicht z. B. bei einem Kathodenstrahlbüschel (s. Kathodenstrahlen). — Man kann aber auch metallische Stromleiter zur Realisierung der Erscheinungen benutzen, wenn man sie aus einzelnen, mit Hilfe von Gleitstellen und flüssigen Teilen veränderlichen Stücken zusammensetzt. Es rotiert dann der Magnet um einen Stromteil oder ein Stromteil um den Magneten. Hierauf beruhen zahlreiche elektromagnetische und magnetelektrische Rotationsapparate; ein älterer, bei dem ein Magnetpaar um einen Stromteil rotiert, ist in der ersten, ein neuerer

Apparat schematisch in der zweiten Fig. 57 wiedergegeben. *NS* ist der drehbare Magnet; das eine Ende *Z* seiner

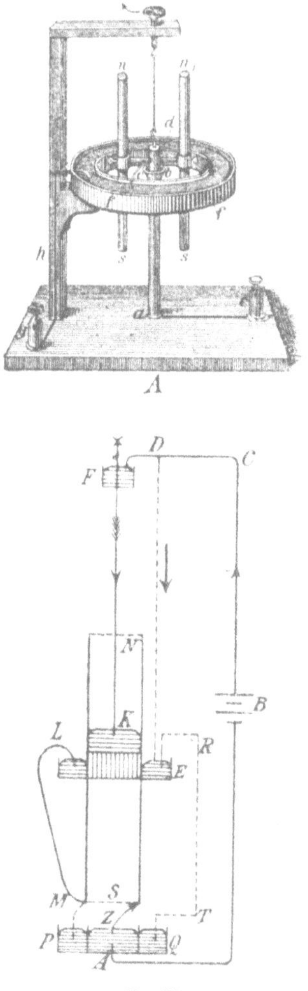

Fig. 57.

Wickelung taucht in den festen Quecksilbernapf *A*, das andere, *ML*, in den mit drehbarem Ringnapf *LE* Fließt ein Strom durch *ABCDELMZA*, so rotiert der Magnet; dagegen bleibt er in Ruhe, wenn man *M*, statt mit *LE*, mit dem festen Ringnapf *PQ* verbindet, der seinerseits durch *TR* mit *EL* kommuniziert; endlich rotiert er doch wieder, wenn man den Stromteil *DE* durch den axialen *FK* ersetzt. Entsprechende Versuche kann man mit einem ähnlichen Apparat anstellen, bei dem der Magnet fest ist und ein Teil des Stromkreises rotiert. Hierher gehört auch das *Barlowsche Rad* (Fig. 58). Aus diesen Apparaten sind später die technischen *Elektromotoren* hervorgegangen. — Die Theorie der Rotationsapparate, insofern sie der Sache auf den Grund geht, ist übrigens nicht ganz einfach; namentlich handelt es sich um das Verhalten der Kraftlinien im

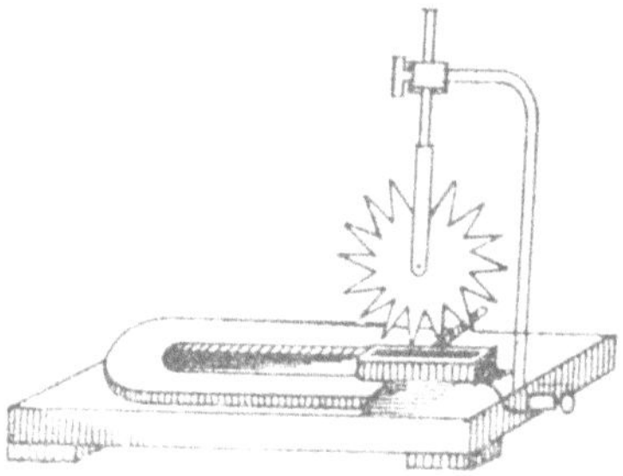

Fig. 58.

Felde, und es haben darüber wiederholte Diskussionen stattgefunden. — *Elektromagnetische Schwingungsapparate* erhält man, wenn man für periodischen Wechsel zwischen Anziehung und Abstoßung oder zwischen Links- und Rechtsablenkung sorgt, was entweder durch Polumkehrung oder durch Stromumkehrung geschehen kann. Hierher gehört als älteste Vorrichtung der *Neefsche* oder *Wagnersche Hammer:* dadurch, daß ein federnder Anker an einen Elektromagneten angezogen wird, wird der den letzteren speisende Strom unterbrochen, der Hammer wieder abgestoßen, der Strom wieder geschlossen usw.; die Periode der Unterbrechungen und Schließungen, die an dem Tone der Feder kenntlich ist, hängt von den Größen- und Elastizitätsverhältnissen der Feder, des Magneten usw. ab. — Andere Apparate sind der elektromagnetische *Saitenunterbrecher* und die Helmholtzsche *elektromagnetische Stimmgabel* (s. Gabeltöne); endlich gehören hierher auch manche Typen der *elektrischen Uhren*, der *Elektrizitätszähler*, sowie das *Telephon* (s. d.) in seiner Rolle als Empfänger.

Elektromagnetische Dämpfung, s. Dämpfung, Induktionsströme.

Elektromagnetische Drehung der Polarisationsebene, s. Magnetische Drehung der Polarisationsebene.

Elektromagnetische Feldgleichungen, s. Elektrische Theorien.

Elektromagnetische Lichttheorie, s. Elektrische Theorien, Licht.

Elektromagnetische Masse, s. Kathodenstrahlen.

Elektromagnetische Modelle, s. Elektrische Theorien.

Elektromagnetische Rotation, s. Elektromagnetische Apparate.

Elektromagnetisches Elementargesetz, s. Elektromagnetismus.

Elektromagnetisches Feld, s. Elektromagnetismus.

Elektromagnetisches Integralgesetz, s. Elektromagnetismus.

Elektromagnetisches Maßsystem, s. Elektrische und magnetische Maßsysteme.

Elektromagnetische Stimmgabel, s. Elektromagnetische Apparate, Gabeltöne.

Elektromagnetische Wage, s. Stromwage.

Elektromagnetische Wellen, s. Elektrische Schwingungen.

Elektromagnetismus ist im weitesten Sinne die Gesamtheit aller Wechselwirkungen zwischen elektrischen und magnetischen Kräften; jedoch kann man eine Zweiteilung vornehmen und die Wirkungen von Strömen auf Magnete als elektromagnetisch, die von Magneten auf Ströme als magnetelektrisch bezeichnen (s. Magnetelektrizität). — Das *elektromagnetische Elementargesetz* betrifft die Wirkung eines Stromelementes (praktisch: eines ganz kurzen Stromstückes, während die beiderseitigen Fortsetzungen durch geeignete Anordnung eliminiert werden) auf einen Magnetpol (der andere Pol wird eliminiert); es lautet: die Kraft eines Stromelements auf einen Nordpol (positiven Magnetpol) steht auf der durch beide gelegten Ebene senkrecht, hat die Richtung des ausgestreckten linken Armes eines im Stromelement mit dem Gesicht nach dem Pole Schwimmenden (*Ampèresche Schwimmregel*) oder auch die Richtung des ausgestreckten Daumens der rechten Hand, deren Finger mit den Spitzen in die Stromrichtung weisen und deren Innenfläche nach dem Pole weist (*Rechte-Hand-Regel*), und ist proportional der Länge des Stromelements, der Stromstärke, der Polstärke, dem Sinus des Winkels zwischen der Stromrichtung und der Richtung nach dem Pole sowie umgekehrt proportional mit dem Quadrat der Entfernung; in Formel: $K = (1/v)\, i\, dl \sin(l \cdot r)/r$. Die elektromagnetische Kraft ist also nicht, wie die elektrostatische oder die magnetische, eine Anziehungs- bzw. Abstoßungs-, sondern eine Ablenkungskraft. Setzt man den in der Formel vorkommenden Faktor $1/v$ gleich eins, so gelangt man zum elektrostatischen oder elektromagnetischen Maßsystem (s. Elektrische und magnetische Maßsysteme), je nachdem man rechts alles auf die Einheit der elektrischen oder auf die der magnetischen Polstärke bezieht; behält man den Faktor bei, wobei v die Geschwindigkeit des Lichts ist, so hat man das natürliche Maßsystem. — Geht man vom Stromelement zu einem unendlich langen (in Wirklichkeit sehr langen) geraden Stromleiter über, so erhält man durch Integration das Integralgesetz oder *Biot-Savartsche Gesetz:* $K = im/r$; die Kraft ist also mit Stromstärke und Polstärke direkt, mit der Entfernung umgekehrt proportional. Dieses Gesetz läßt sich experimentell leicht bestätigen; noch besser aber die Wirkung eines geschlossenen Stromkreises. Diesen Fall leitet man theoretisch am besten aus dem elektromagnetischen Potential V ab, und dieses ist:

$$V = i\,m \int \frac{ds}{r^2} \cos(n\,r) \;,$$

wo ds ein Element der von der Stromkurve eingeschlossenen Fläche und n dessen Normale ist; dafür kann man, wenn S die scheinbare Größe ist, unter der die Stromfläche vom Pole aus erscheint, auch $V = i\mathfrak{m}S$ schreiben. Das Potential ist also mit der scheinbaren Größe proportional; es ist also am größten für die Punkte der in der Mitte der Fläche errichteten Normalen, dagegen null für Punkte der Stromebene selbst. Der wichtigste und einfachste Fall ist der eines Kreisstromes; für ihn wird die Kraft X auf einen in der Mittelnormale um x von der Kreisebene abstehenden Punkt, wenn a der Kreisradius ist,

$$X = 2\pi\, i\, \mathfrak{m} \frac{a^2}{(\sqrt{a^2+x^2})^3}$$

Aus der ablenkenden Kraft ist hier wieder eine anziehende bzw. abstoßende geworden; insbesondere im Kreiszentrum selbst wird $X = 2\pi\, i\, \mathfrak{m}/a$, d. Die Kraft ist mit dem Radius der Stromkurve umgekehrt proportional. Aus Kreisströmen baut man dann ganze *Stromspulen* auf und erhält für einen axialen Pol im Abstande x von der Spulenmitte, wenn die Länge der Spule $2\,l$ und der Steigungswinkel des Spulendrahtes u ist, als axiale Kraft

$$X = \frac{i\mathfrak{m}}{v\,a} \operatorname{cotg} u \left[\frac{x+l}{\sqrt{a^2+(x+l)^2}} - \frac{x-l}{\sqrt{a^2+(x-l)^2}}\right];$$

für eng gewundene Spulen von der Windungszahl n kann man den ersten Faktor rechts auch $\pi\, i\, \mathfrak{m}\, n/v\,l$ schreiben; auch kann man die Winkel φ_1 und φ_2 einführen, unter denen von dem Pole aus die Radien der beiden Endwindungen erscheinen; für einen außerhalb der Spule gelegenen Pol wird dann einfach

$$X = \pi\, i\, \mathfrak{m}\, n\,(\cos\varphi_1 - \cos\varphi_2)/v\,l.$$

Für einen innern Pol muß man die Spule in zwei Teile zerlegt denken und auf jeden obige Formel anwenden, wobei dann der eine Winkel für beide Teile 90^0 wird. Für einen Pol im Spulenzentrum kann man schließlich, wenn $2\,d$ die Diagonale der Spule ist, einfach schreiben: $X = 2\pi\, i\, \mathfrak{m}\, n/(v d)$. — Hat man nicht einen Pol, sondern eine *Magnetnadel* (Polpaar, Dipol), so ergibt sich ein Drehungsmoment, das die

Fig. 59.

Nadel in die Richtung der Achse stellt. Wirkt dann noch der Erdmagnetismus H mit, und wird die Ebene des einfachen Stromkreises in den Meridian gelegt, so daß die Nadel ohne Strom mit der Drahtebene parallel liegt, so erfährt

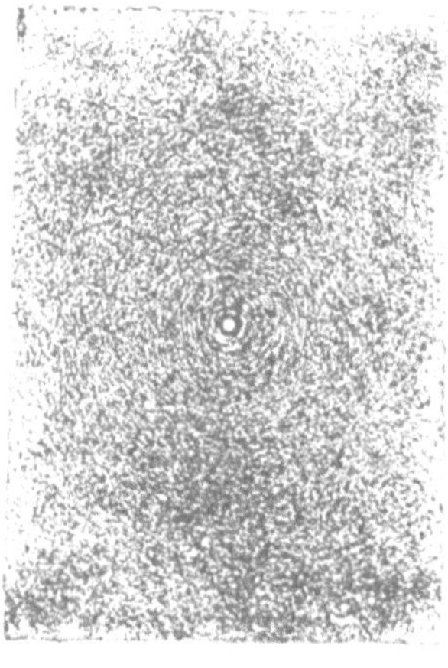

Fig. 60.

sie durch den Strom eine Ablenkung φ nach der Formel $\operatorname{tang}\varphi = i/(2\pi a H)$ oder, wenn i in Ampere ausgedrückt wird: $\operatorname{tang}\varphi = 0{,}63\; i/(aH)$ und, wenn es sich um eine Spule von n Windungen handelt, das n-fache hiervon. Hierauf beruht die *Tangentenbussole* (s. Strommessung, Galvanometer, daselbst auch die Ausgestaltung der Tangentenbussole zu den verschiedenen Formen der Galvanometer). — Das magnetische Feld, das von einem elektrischen Strome erzeugt wird, also das *elektromagnetische Feld*, kann man ebenso wie das magnetische (s. Magnetfeld) mit Hilfe von Eisenfeilicht auf einer ebenen Unterlage in Gestalt der Kraftlinien zur Darstellung bringen. Das Feld eines geradlinigen Stromes in einer seine Linie enthaltenden Ebene zeigt Querstellung der Kraftlinien, in der auf der Strombahn senkrechten Ebene kreisförmige Kraftlinien um den Durchstoßpunkt der Stromebene; die Kraftlinien hier stimmen also mit den Niveaulinien dort überein und umgekehrt (Reziprozität der magnetischen und elektrischen Felder). Aus beiden Fällen setzt sich dann das räumliche Bild zusammen. *Kraftwirbel* um den Stromleiter herum (Figg. 59—61 für die drei Fälle). — Eine *Spule* (einfachster

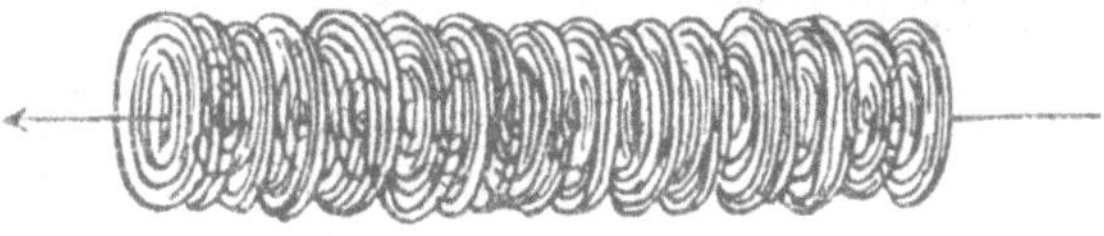

Fig. 61.

Typ: *Solenoid*) ist in ihrer Wirkung nach außen einem Magnetstabe äquivalent; dementsprechend stellt sie sich auch im Felde des Erdmagnetismus in den Meridian ein, wenn sie vom Strome durchflossen ist, und zwar mit demjenigen Ende nach Norden, das, von außen gesehen, vom Strom gegen den Uhrzeigersinn umkreist wird. — Hierauf beruht auch die *Ampèresche Theorie des Magnetismus* (s. Magnetische Theorien). — Den bisher betrachteten ponderomotorischen Wirkungen reihen sich die *magnetomotorischen* an, d. h. die *Magnetisierung von Körpern durch elektrische Ströme* bzw im elektromagnetischen Felde. Man legt den Körper, z. B. einen Eisenstab, in die Achse einer Drahtspule und schickt durch diese einen Strom; dann entsteht ein Feld $H = 4\pi ni/l$, wo n die Zahl der Windungen, l ihre Länge, i die Stromstärke ist; und dieses Feld erzeugt eine Intensität der Magnetisierung $I = \varkappa H$ sowie eine Induktion $B = \mu H$ (s. Magnetische Induktion). Bei Ringspulen wird es etwas komplizierter. Wenn man durch einen Eisenstab einen axialen Strom leitet, so wird er ebenfalls magnetisiert, aber nicht axial, sondern zirkular (s. Magnete). — Mit Drahtwindungen umwickelte Eisenkörper von geeigneter Form heißen *Elektromagnete* (s. d.). — Weiteres vgl. unter Elektromagnetische Apparate, Hall-Effekt, Magnetelektrizität.

Elektrometrie ist die Lehre von der Messung elektrischer Ladungen oder Elektrizitätsmengen. Am einfachsten gebaut sind die *Elektroskope*, die lediglich anzeigen sollen, ob Ladung vorhanden ist oder nicht, allenfalls noch, ob die Ladung positiv oder negativ, schwach oder stark ist. Das einfachste Elektroskop ist ein *pendelndes Holundermarkkügelchen*; es wird angezogen oder abgestoßen, wenn man ihm einen geladenen Körper nähert. Zuverlässiger und empfindlicher ist das *Goldblattelektroskop* in ein Glasgefäß ragt von oben ein Metallstab hinein, der am Ende ein oder zwei feine Goldstreifchen trägt und oben (außen) in einem Knopf endet; durch Berührung des letzteren mit dem zu untersuchenden Körper wird das Goldstreifchen abgelenkt bzw. die beiden werden nach entgegengesetzten Seiten abgelenkt, also mehr oder weniger gespreizt. Bei dem *Bohnenbergerschen Elektroskop* hängt das Goldstreifchen zwischen zwei, mit einer Trockensäule verbundenen Platten, die dadurch entgegengesetzt elektrisch werden; berührt man den Knopf mit dem zu prüfenden Körper, so wird das Goldstreifchen nach der entgegengesetzt geladenen Platte hingezogen. Hier kann man also auch gleich das Vorzeichen der Ladung ermitteln. — Die *Elektrometer* zerfallen in zwei Klassen; bei der einen werden zwei voneinander isolierte Leiter mit Elektrizität von dem zu prüfenden Körper geladen, so daß sie sich abstoßen; bei der andern wird der eine Leiter durch eine fremde Quelle geladen, der andere durch den zu prüfenden Körper, so daß entweder Anziehung oder Abstoßung eintritt. Zur ersten Klasse gehört zunächst die *Coulombsche Drehwage* (s. Elektrostatik), sodann das *Sinuselektrometer* von Riess,

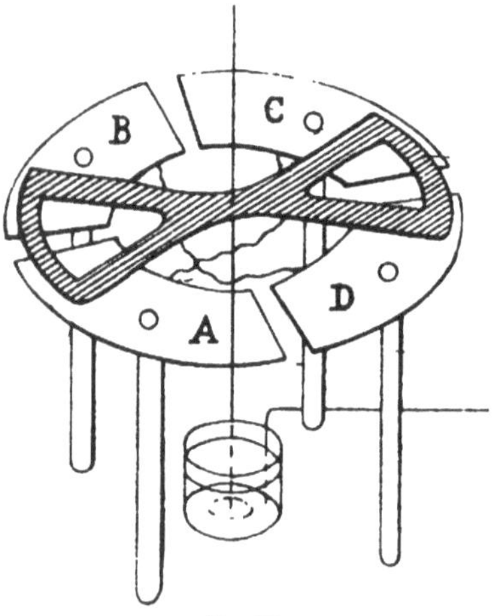

Fig. 62.

bei dem der drehbare Körper durch eine Magnetnadel ersetzt ist, also die elektrische Kraft mit der erdmagnetischen verglichen wird; endlich das absolute *Schutzringelektrometer* von Thomson, beruhend auf der Wirkung zweier Scheiben aufeinander, von denen die eine innerhalb eines Schutzringes drehbar ist. Von den Apparaten der anderen Klasse ist das Hankelsche Elektrometer ein mit Meßeinrichtung versehenes Bohnenbergersches Elektroskop, ebenso das Exnersche ein mit Kreisbogenskala versehenes Goldblattelektroskop. Am wichtigsten und überhaupt der vollkommenste, zuverlässigste und empfindlichste elektrometrische Apparat ist das *Quadrantenelektrometer von Thomson* (Lord Kelvin): Fig. 62. Von den vier metallischen Quadranten sind je zwei gegenüberliegende, *A* und *C*, *B* und *D*, leitend miteinander verbunden, *A* und *C* außerdem mit dem zu untersuchenden Körper, *B* und *D* mit der Erde. Darüber schwebt eine dünne Aluminiumnadel von eigenartiger Form, in horizontaler Ebene drehbar und vollkommen isoliert. Der Faden, an dem sie hängt, geht nach unten weiter in ein Gefäß mit Schwefelsäure, in das von einer Trockensäule her ein Draht mündet, während der andere Pol der Säule geerdet ist. Die Nadel wird abgelenkt und die Ablenkung mittels Spiegelablesung (s. d.) gemessen. Die beschriebene ist übrigens nur eine der Formen, die das Quadrantenelektrometer erhalten hat; auch können, je nach den Umständen, mehrere Schaltungen angewendet werden, insbesondere folgende: a) Doppelschaltung, b) Nadelschaltung, c) Quadrantenschaltung. Bei a) wird der Prüfkörper mit der Nadel und dem einen Quadrantenpaar verbunden, das andere geerdet; bei b) werden die beiden Quadrantenpaare auf entgegengesetzt gleiche Potentiale gebracht, die Nadel wird geerdet; bei c) wird die Nadel auf ein geeignetes Potential gebracht, die Quadranten abgeleitet. Bei einigen Formen ist von wesentlichem Nutzen ein besonderer *Füllapparat* oder *Replenisher*, um das Potential der Nadel konstant zu erhalten; zu diesem Zwecke läßt sich ein Kettchen in die Schwefelsäure hinabsenden und dann wieder heraus heben. Im übrigen dient die Schwefelsäure zugleich zur Dämpfung der Schwingungen. Einige der wichtigsten Typen des Quadrantelektrometers sind die von Kirchhoff, Mascart, Hallwachs und Himstedt. — Ein weiterer sehr verwendbarer Apparat ist das *Plattenelektrometer* von Thomson, bei dem die Anziehung, die die beiden Platten eines Kondensators aufeinander ausüben, mit der Wage gemessen und hieraus das Potential der einen Platte, während die andere geerdet ist, bestimmt wird; hieraus und aus der Kapazität ergibt sich dann die Ladung. Das Instrument eignet sich auch zu absoluten Bestimmungen nach der Formel $V = d\sqrt{8\pi K/f}$, wo V das Potential, K die Anziehungskraft, f die Plattengröße und d der Anfangsabstand der Platten ist. — Endlich sei noch das *Kapillarelektrometer* von Lippmann erwähnt, beruhend auf der Änderung der Kapillarkonstante zwischen Quecksilber und Schwefelsäure durch Abscheidung von Wasserstoff (s. Kapillarelektrizität); der Luftdruck, durch den die veränderte Kapillarkraft wieder ausgeglichen wird, wird mit einem Manometer gemessen und ergibt die Potentialdifferenz (brauchbar bis nahezu 2 Volt). — Mit den Elektrometern können Ladungen, Potentiale, Spannungen, elektromotorische Kräfte gemessen werden (s. auch Spannungsmessung). — Eine besondere Stellung nehmen die *Luftelektrometer* zur Messung der atmosphärischen Elektrizität ein; sie sind den besonderen Verhältnissen entsprechend gebaut und vielfach, wie das von Benndorff, für dauernde Registrierung eingerichtet.

Elektromotor, s. Dynamomaschine.

Elektromotorische Gegenkraft des Lichtbogens, s. Lichtbogen.

Elektromotorische Kraft, s. Elektrischer Strom, Galvanische Elemente, Spannungsmessung.

Elektromotorische Kraft der Magnetisierung, s. Halleffekt.

Elektromotorische Kraft der Polarisation, s. Galvanische Polarisation.

Elektronen sind *negativ* geladene, nicht weiter teilbare Stoffteilchen, die man sich als die Elemente oder Zerfallsprodukte des negativen Ions (s. d.) der Molekeln vorstellen kann; entsprechende positive Elektronen sind bisher nicht bekannt, das positive Ion tritt vielmehr immer als Ganzes auf. Sieht man als Normalzustand den an, wo die Elektronen in der Molekel bzw. im Atom sitzen, so kommen als Vorgänge, bei denen sie aus dem Zusammenhange der Molekel befreit werden, insbesondere in Betracht: die Weißglut der Körper, die Kathodenstrahlen (s. d.), gewisse chemische Prozesse, Auftreffen von Licht oder Röntgenstrahlen auf absorbierende Körper sowie radioaktive Prozesse (s. Lichtelektrizität, Radioaktivität, Röntgenstrahlen). In der Nähe weißglühender Körper wird die Luft elektrisch leitend, und das ist auf die Wirkung der herausgeschleuderten Elektronen zurückzuführen; besonders lehrreich ist der Versuch mit der *glühenden Wehnelt-Kathode* (Fleck von Calciumoxyd auf einem dünnen Platinblechstreifen, durch den Strom glühend gemacht). Bei gewissen chemischen Reaktionen, z. B. zwischen einer flüssigen Kalium–Natrium-Legierung und Sauerstoff, lösen sich nach Haber und Just Elektronen ab und fliegen in den Raum hinaus. — Die Elektronen haben immer sehr große, aber doch in weiten Grenzen bis nahe an die Lichtgeschwindigkeit variierende *Geschwindigkeiten*; bei den β-Strahlen ist sie größer als bei den Kathodenstrahlen. Das Verhältnis der Ladung zur Masse e/m ergibt sich übereinstimmend aus Kathoden- und Radiumstrahlen (s. d.) gleich $1{,}75 \cdot 10^7$ elektromagnetische Einheiten oder $1{,}75 \cdot 10^8$ Cb/g oder $5{,}2 \cdot 10^{17}$ elektrostatische Einheiten, und zwar ganz unabhängig von dem Material der Kathode und dem Gasinhalt des Entladungsrohres bzw. von der Natur des radioaktiven Körpers, ein Beweis, daß alle Elektronenstrahlteilchen einander gleich sind, daß sie keine stofflich-qualitative Mannigfaltigkeit haben. Gegenüber dem Werte von e/m bei einem elektrolytisch erzeugten Wasserstoffion ist nun obiger Wert 1840mal so groß; und da man viele Gründe (wenn auch freilich keine völlig zwingenden) zu der Annahme hat, die Ladung e sei hier die gleiche wie dort, nämlich das *Elementarquantum der Elektrizität* (s. Ionen), so folgt, daß die Masse hier 1840mal so klein ist wie dort, also, da die Masse des Wasserstoffatoms $1{,}7 \cdot 10^{-24}$ beträgt, gleich $0{,}9 \cdot 10^{-27}$ g. Und diese Masse ist nicht einmal statischen, sondern kinetischen Charakters, d. h. sie ist eine Folge des Dahinfliegens des Teilchens im Felde, und somit desto größer, je größer die

Geschwindigkeit ist. — Wegen der positiven Ionen und ihrer Elektronenabgabe und Aufnahme während des Schwirrens s. Kanalstrahlen. — Die *Elektronentheorie* ist mit großem Erfolge zahlreichen Erscheinungsgebieten zugrunde gelegt worden, namentlich der Elektrizitätsleitung in Metallen, den Gasentladungen, dem Halleffekt, den magnetooptischen Erscheinungen, speziell dem Zeemaneffekt, den Strahlungen aller Art und der Lehre von den Spektrallinien; man vgl. die betreffenden Artikel, ferner Molekulartheorie und Elektrische Theorien.

Elektronenabgabe, s. Lichtelektrizität.

Elektronenstrahlen, s. Kathodenstrahlen, Radioaktivität.

Elektronenstrom, s. Elektrischer Strom.

Elektronentheorie. s. Elektrische Theorien, Zeemaneffekt.

Elektronentheorie der Metalle, s. Elektrizitätsleitung fester Körper.

Elektronentheorie der Spektrallinien, s. Spektrum.

Elektronentheorie des Magnetismus, s. Magnetische Theorien.

Elektronentheorie des Polarlichts, s. Atmosphärische Elektrizität.

Elektrooptik ist die Gesamtheit der Beziehungen zwischen elektrischen und optischen Erscheinungen. So gehört hierher das Glühlicht (s. d.) und der Lichtbogen (s. d.), der elektrische Funke (s. d.) und die große Mannigfaltigkeit der Entladungserscheinungen in Gasen (s. Glimmlicht, Kathodenstrahlen, Kanalstrahlen, Elektrische Schwingungen usw.). — Im engeren Sinne versteht man unter Elektrooptik die Änderung der optischen Eigenschaften der Körper unter der Einwirkung eines elektrischen Feldes, also das Parallelgebiet zur Magnetooptik (s. d.). Zu unterscheiden ist zwischen indirekten Wirkungen, namentlich solchen, die durch Elektrostriktion hervorgerufen sind, und direkten; sie treten aber vielfach zusammen auf, und es ist nicht leicht gewesen, in die dadurch verwickelten Verhältnisse Licht zu bringen. Bohrt man in eine Spiegelglasplatte Löcher, kittet in sie Drähte ein und verbindet diese mit den Polen eines Induktoriums, so erweist sich die Platte zwischen gekreuzten Nicols als doppelbrechend, und zwar so, wie es einer Kompression in der Feldrichtung entspricht: *elektrooptischer Kerreffekt* oder *elektrische Doppelbrechung*. Der Effekt tritt auch in Flüssigkeiten auf und ist bei einigen Stoffen positiv (wie Glas), bei andern negativ; quantitativ kann man ihn durch eine besondere Konstante, elektrische Kerrkonstante, charakterisieren, die, abgesehen vom Faktor 10^7, z. B. für Chlorbenzol 14, für Wasser und Schwefelkohlenstoff 3,7, für Äther −0,80 beträgt, bei Gläsern 0,1 bis 0,2. Übrigens hängt der Wert auch von der Farbe ab; es gibt also eine Dispersion. In Kristallen sind die Erscheinungen sehr kompliziert. — Ein anderes Phänomen ist der *Starkeffekt*, d. h. die Verschiebung der Spektrallinien im elektrischen Felde, also entsprechend dem Zeemaneffekt (s. d.) im Magnetfelde. S. auch Lichtelektrizität.

Elektrophor, s. Elektrisiermaschinen.

Elektropyrismus, s. Pyroelektrizität.

Elektroskop, s. Elektrometrie.

Elektrosmose ist die Zusammenfassung verschiedener z. T. zueinander reziproker Erscheinungen, die in der bewegenden Wirkung elektrischer Ströme in der Grenzfläche zweier Medien (meist eine Flüssigkeit und ein fester Körper) bzw. in der Erzeugung solcher Ströme durch mechanische Verschiebungen in der Grenzfläche bestehen. Am augenfälligsten werden die Erscheinungen bei Flüssigkeiten innerhalb poröser Diaphragmen (große Oberfläche). Eine Übersicht über die verschiedenen Phänomene und ihre Benennungen gibt die folgende Tabelle (siehe nächste Seite): Die Grunderscheinung läßt sich leicht mit einem U-Rohr beobachten, dessen Biegung mit Watte, Ton, Sand o. dgl. vollgestopft ist, in die man reines Wasser einfüllt, und durch die man einen kräftigen elektrischen Strom leitet; das Wasser wird dann in der Richtung des positiven Stroms fortgeführt. Statt Wasser kann man auch Alkohol usw. nehmen, nicht aber leitende Flüssigkeiten, z. B. stark angesäuertes Wasser. Die überführte Menge ist mit der Zeit

Der Strom bewegt	Der Strom wird erzeugt durch Bewegung von	
Flüssigkeit *Elektrische Endosmose*	Flüssigkeit *Diaphragmenströme* *Strömungsströme*	innerhalb ruhender fester Wände
Feste Teilchen *Elektrische Kataphorese*	festen Teilchen *Kataphoretische Ströme*	innerhalb ruhender Flüssigkeit

und der Stromstärke proportional, dagegen unter sonst gleichen Bedingungen von der Oberfläche und Dicke der festen Schicht unabhängig. Die Überführung kann durch einen Gegendruck verhindert werden; ihm gleich ist also der *elektrosmotische Druck;* er hat für jede Flüssigkeit und jede Art von Diaphragma einen spezifischen Wert. Die dem elektrosmotischen Druck entsprechende Steighöhe ist proportional der elektromotorischen Kraft und umgekehrt dem Querschnitt der stromdurchflossenen Röhre. Die Theorie gründet sich auf die Annahme einer elektrischen Doppelschicht an der Grenze zwischen Flüssigkeit und fester Wand; sie wird am einfachsten für Kapillarröhren, läßt sich aber annähernd auch auf andere Fälle ausdehnen. Wo sie versagt, muß die Ionen- bzw. Elektronentheorie eingreifen (Helmholtz, Smoluchowski, Lamb u. a.). — Vgl. auch Kapillarelektrizität.

Elektrostatik ist die Lehre von der ruhenden Elektrizität einschließlich der sich unmittelbar daran anschließenden Bewegungserscheinungen. Durch Reibung, Stoß, Influenz (s. w. u.) usw. kann ein Körper elektrisch werden, d. h. in einen Zustand geraten, in dem er leichte Körperchen (Papierschnitzel, Holundermarkkügelchen usw.) anzieht, nach der Berührung aber sofort wieder abstößt. Ein hierauf beruhender Apparat ist das elektrische Glockenspiel. Zwei elektrische Körper gleicher Art stoßen sich gegenseitig ab; dagegen können sich zwei verschiedene elektrische Körper abstoßen oder anziehen. Man muß daher zwei entgegengesetzte Elektrizitäten oder Ladungen einführen, die man als Glaselektrizität (wie geriebenes Glas sich verhaltend) oder *positive*, und Harzelektrizität oder *negative* bezeichnet. Die Einheit der Ladung (Elektrizitätsmenge) ist diejenige, die eine ebensolche in 1 cm Entfernung mit einer Kraft gleich einer Dyne abstößt: elektrostatisches Maßsystem (s. Elektr. u. magn. Maßsysteme). Die bei einer räumlichen Ladung auf die Volumeneinheit entfallende Ladung heißt *Ladungsdichte.* Das Verhältnis der Wirkungen zweier Ladungen auf eine dritte ist von der Stärke dieser dritten unabhängig (Kirchhoff). Hieraus und aus der Auffassung der räumlichen Kraftströmung ergibt sich für punktförmige Ladungen oder elektrische Pole das Grundgesetz der Elektrostatik: $K = e_1 e_2 / r^2$, wo die e die Polstärken und r die Entfernung bezeichnet; die Kraft ist mit den Polstärken direkt und mit dem Quadrat der Entfernung umgekehrt proportional. Dieses Gesetz läßt sich mit der *Coulombschen Drehwage* (ein Pol am Ende eines leichten, in der Mitte aufgehängten Wagebalkens, der andere Pol ihm fest gegenübergestellt, das Ganze in einem Glasgehäuse usw.) unter Rücksicht auf die gleichzeitige Torsionskraft experimentell bestätigen. Exakter ergibt es sich aus der Tatsache, daß zwei konzentrische, gleich stark, aber entgegengesetzt geladene Kugelflächen nach außen nicht wirken, daß also die Wirkung einer gegebenen Gesamtladung unabhängig ist vom Radius der Kugelfläche, auf der sie verbreitet ist (Helmholtz). — Die elektrostatische Kraft läßt sich als Gefälle eines Skalars darstellen; dieser heißt *elektrostatisches Potential*; es liefert zugleich die Arbeit und die Energie, nämlich, wenn V das Einheitspotential ist: $A = e(V_1 - V_2)$, und $E = eV$; bei der Ladung eines Körpers auf die Menge e steigt indessen V erst nach und nach von null auf seinen Wert, ebenso fällt es bei der Entladung erst nach und nach auf null; hier ist also $E = \frac{1}{2} e V$. — Das elektrostatische Potential genügt im freien Raume der Laplaceschen Gleichung $\Delta V = 0$, am Orte von Ladungen der Poissonschen Gleichung $\Delta V = -4\pi\varkappa$, wo $\varkappa$ die Dichte der Ladung ist. — Ein Raum, in dem elektrostatische Kräfte tätig sind, heißt elektrostatisches Feld; in ihm verlaufen die Flächen gleichen Potentials oder Niveauflächen und die auf ihnen senkrechten Kraftlinien (s. Kraftfeld, Magnetfeld). Herrscht in bezug auf eine Niveauebene Symmetrie, so kann man die eine Feldhälfte weglassen, die andere durch die aus leitendem Material gedachte Niveauebene als feste Wand begrenzen, und erhält dann die Konstitution eines Feldes, das von einem einzigen Pole in der Nähe einer leitenden Wand erzeugt wird; sie ist genau die gleiche, als ob außer dem wirklich vorhandenen Pole noch ein gleicher Pol hinter der Wand existierte, der die Lage seines Spiegelbildes hat: *Methode der elektrischen Bilder* (Lord Kelvin), überaus fruchtbar zur Lösung von Feldaufgaben. — Während manche Stoffe die Ladung am Erregungsorte festhalten, verbreitet sie sich in andern über den ganzen Körper. Man nennt Stoffe der ersten Art *Isolatoren* oder *Nichtleiter*, solche der andern *Leiter* der Elektrizität; in letzteren schwindet die Ladung mit der Zeit dahin; wegen der quantitativen Verhältnisse der Leitung s. Elektrischer Strom und Elektrizitätsleitung. Apparate für elektrostatische Versuche sind isoliert (Hartgummi, Glas, Porzellan) aufzustellen; für Versuche am Menschen dient der Isolierschemel. — In Leitern verteilt sich die Ladung in bestimmter Weise, nämlich so, daß das Potential ihrer gesamten Verteilung in allen Punkten der Oberfläche (und des Innern) gleich groß wird; die Oberfläche ist also eine Niveaufläche. Ferner gestaltet sich die *Verteilung* der Ladung infolge der gegenseitigen Abstoßungen ihrer Elemente derart, daß sie sich möglichst weit zerstreut. Daraus folgt insbesondere: 1. Die Ladung sammelt sich nur auf der *Oberfläche* an; das Innere ist ladungsfrei (*Elektrische Schirmwirkung, elektrischer Käfig* von Faraday, *elektrisches Rouleau* usw.). — 2. Die Ladungsdichte ist desto größer, je weiter die Stelle vom Zentrum entfernt ist. — Auf der *Kugel* verteilt sich die Elektrizität gleichförmig; ihr Potential nach außen ist $V = e/r$, wo r die Entfernung vom Mittelpunkte ist. Die Kugel wirkt also so, als ob ihre ganze Ladung im Mittelpunkte vereinigt wäre; im Innern ist das Potential konstant, also die Kraft null. — Auf einem *Ellipsoid* ist die Ladungsdichte am größten an den Enden der größten, am kleinsten an den Enden der kleinsten Achse; Spezialfall der *Kreisscheibe*, wo die Dichte von der Mitte nach dem Rande hin immer rascher zunimmt, und deren Potential auf einen äußeren Punkt mit der scheinbaren Größe der Scheibe, von diesem Punkte aus gesehen, proportional ist. — 3. Die Ladungsdichte wird besonders groß in stark gekrümmten Oberflächenstellen, also in Kanten und namentlich in Spitzen; sie wird hier so groß, daß Ausströmung in die Umgebung, auch wenn diese nur schlecht leitet, erfolgt: *Spitzenwirkung*. Die Ausströmung und die damit verbundene Fortführung von Materie kann man in Gestalt des *elektrischen Windes* durch Auslöschen einer Kerzenflamme nachweisen. Ferner macht sie sich durch den *elektrischen Geruch* (Ozon) kenntlich. — Diejenige Ladung, die auf einem Körper das Potential eins, richtiger den Potentialüberschuß eins über die Umgebung erzeugt, heißt seine *elektrostatische Kapazität*; allgemeiner: Kapazität ist das Verhältnis der Ladung zum Potential, in Formel $C = e/V$ bzw. $C = e/(V_1 - V_2)$. Die Kapazität einer Kugel ist gleich ihrem Radius, z. B. ist die Kapazität einer Kugel vom Radius 1 cm gleich 1, vom Radius 1 m gleich 100. Die Kapazität der Erde ist $6{,}37 \cdot 10^8$ oder (im internationalen Maßsystem) 700 Mikrofarad. Die Kapazität einer Kreisscheibe ist gleich $2/\pi$ ihres Radius. — Wenn ein ungeladener Leiter in die Nähe eines geladenen gebracht wird, wird er selbst elektrisch. Man muß daher annehmen, daß er auch im natürlichen Zustande Ladung enthält, aber gleichviel und gleichverteilte positive und negative, die dann infolge der anziehenden und abstoßenden Wirkung des andern Leiters zutage treten. Diese Erscheinung heißt *elektrische Influenz* oder *elektrostatische Induktion*. — Von besonderer Wichtigkeit ist die Verteilung der Ladung auf zwei benachbarten (sich aber nirgends berührenden) Leitern, insofern sich hier entgegengesetzte Ladungen durch ihre gegenseitige Anziehung festhalten können. Die Kapazität solcher Kombinationen ist also besonders groß, und man kann auf diese Weise Ladungen aufspeichern (s. Kondensator). — Die Kräfte und Potentiale, die unter bestimmten Umständen auftreten, sowie die entsprechenden Kapazitäten, hängen wesentlich ab von dem isolierenden Medium. Diesen Einfluß kann man durch einen für jeden Stoff charakteristischen Faktor, die *Dielektrizitätskonstante* ε, ausdrücken, und hat dann die modifizierten Formeln:

$$K = (1/\varepsilon) \cdot e_1 e_2/r^2,\ V' = V/\varepsilon,\ C' = \varepsilon C,$$

näheres s. Dielektrizität. — Zur Erzeugung von Elektrizität dienen, außer den einfachen Reibvorrichtungen, die Elektrisiermaschinen (s. d.). — Zur Anzeige und Messung der Ladung dienen die Elektroskope und Elektrometer (s. Elektrometrie). — Zur Entnahme von Elektrizität aus geladenen Körpern dient ein *Probescheibchen* oder eine Probekugel aus Metall an isolierendem Handgriff.

Elektrostatische Induktion, s. Elektrostatik, Dielektrizität.

Elektrostatische Kapazität, s. Elektrostatik.

Elektrostatisches Feld, s. Elektrostatik.

Elektrostatisches Grundgesetz, s. Elektrostatik.

Elektrostatisches Maßsystem, s. Elektrostatik, Elektr. u. magn. Maßsysteme.

Elektrostatisches Potential, s. Elektrostatik.

Elektrostriktion ist die elastische Deformation von Körpern infolge elektrischer Kräfte; sie steht in Parallele zur Magnetostriktion (s. d.), weist aber nicht entfernt die gleiche Mannigfaltigkeit von Erscheinungen auf. In einem isolierenden Medium, durch das eine elektrische Potentialdifferenz hindurchwirkt, entsteht infolge der elastischen Druckkräfte ein Spannungszustand, der sich verschiedentlich geltend macht, z. B. bei durchsichtigen Stoffen durch seine optischen Wirkungen (s. Elektrooptik). Hat der Körper die Freiheit dazu, so wird er sich infolge der Spannung *deformieren*, also verlängern, durchbiegen, drillen, sein Volumen verändern (*Elektrische Ausdehnung*) usw. Am besten stellt man messende Versuche mit Zylindern aus Glas oder mit Kugelkondensatoren an. Nach der Theorie entsteht ein Druck in der Feldrichtung und ein Zug senkrecht dazu von der Größe: $(\varepsilon/8\pi) \cdot H^2$, wo ε die Dielektrizitätskonstante und H die Feldstärke ist; tatsächlich ergeben die Versuche Proportionalität mit dem Quadrat der Feldstärke und mit der Dielektrizitätskonstante. Die Sache kompliziert sich aber durch eine zweite Wirkung, die eine Folge der Änderung der Dielektrizitätskonstante durch die Deformation selbst ist; dadurch erhält die Theorie zwei charakteristische Konstanten, die man dann aus Versuchen zu bestimmen sucht; im großen ganzen ergibt sich dabei Übereinstimmung, im einzelnen bestehen aber noch mancherlei Widersprüche. In gewissem Sinne gehört hierher auch die Piezoelektrizität (s. Pyroelektrizität). — Von groben Äußerungen des elektrostatischen Drucks sei hier die Durchbohrung einer Glasplatte durch die Entladung angeführt (s. Entladung).

Elektrotechnik ist die Lehre von den praktischen Anwendungen der Elektrizität und des Magnetismus. Sie gliedert sich im wesentlichen in Schwachstromtechnik (Telegraphie und Telephonie, s. d.) und Starkstromtechnik (Beleuchtung, Energieübertragung, Elektrolyse usw.), wozu dann noch die Strahlentechnik (Drahtlose Telegraphie,

s. d., Röntgentechnik, s. Röntgenstrahlen, u. a.) sowie zahlreiche Spezialitäten hinzukommen. Vgl. auch Dynamomaschinen, Glühlicht, Lichtbogen.

Elektrothermik, die Gesamtheit der elektrisch-thermischen Beziehungen, s. Stromwärme, Thermoelektrizität, Peltiereffekt, Pyro-Elektrizität.

Elementarbüschel, ein Lichtbüschel von ganz geringer Öffnung (bzw. Querschnitt); s. Abbildung.

Elementare Potenzen, soviel wie einfache Maschinen, s. d.

Elementarladung, s. Elektrolyse.

Elementarquantum, s. Elektrische Theorien, Elektronen, Ionen.

Elemente (chemisch), s. Molekulartheorie, Periodisches System.

Elemente (elektrisch), s. Galvanische Elemente, Akkumulator.

Elevationswinkel, s. Wurf.

Elliptische Polarisation, s. Metallreflexion, Polarisation, Totalreflexion.

Elliptische Schwingungen, s. Schwingungen.

Elmsfeuer, s. Atmosphärische Elektrizität, Glimmlicht.

Elongation, die augenblickliche Entfernung eines schwingenden Punktes aus seiner Gleichgewichtslage.

Emanation, s. Radioaktivität.

Emanationstheorie, s. Licht.

Emissionskonstante, s. Strahlung.

Emissionsspektrum, s. Spektrum.

Emissionstheorie, s. Licht.

Emissionsvermögen, s. Strahlung.

Emmetropisch, s. Brille, Sehen.

Empfänger, s. Drahtlose Telegraphie.

Empfindliche Flammen, s. Akustische Bewegungen.

Empfindlichkeit der Wage, s. Wägung.

Empfindlichkeit des Auges, s. Lichtstärke.

Empfindlichkeit des Ohres, s. Tonstärke.

Emulsionen, s. Brownsche Bewegung, Disperse Systeme, Materie.

Enantiomorph, s. Gestalt, Kristalle.

Endosmose, s. Osmose.

Endotherm, s. Thermochemie.

Energetik, s. Energie, Grundbegriffe, Physik.

Energie ist die Arbeitsfähigkeit oder der Arbeitsvorrat eines Körpers; sie nimmt ab, wenn der Körper nach außen Arbeit leistet, dagegen zu, wenn Arbeit von außen auf ihn geleistet wird. Die mechanische Energie wird erstmalig abgeleitet aus der Arbeit einer Kraft, und es ist alsdann in zwei verschiedenen Zuständen des Körpers $E_2 - E_1 = A$, also, wenn man von einem energielosen Zustande des Körpers ausgeht, $E = A$, d. h. gleich der Summe aller auf ihn geleisteten Arbeit. Die Einheit für die Energie ist, wie die der Arbeit, im absoluten System das *Erg*; in der Praxis vielfach noch das mkg* oder die Pferdekraftstunde (s. Arbeit). Nachdem der Energiebegriff einmal gewonnen ist, tut man gut, ihn als Fundamentalbegriff zu fassen, als eine, neben dem Stoff, uns in der Natur gegebene Realität. Diese Realität erweist die Energie dadurch, daß sie weder geschaffen noch vernichtet werden kann: *Prinzip von der Erhaltung der Energie* (s. d.), und, was nur ein andrer Ausdruck dafür ist, darin, daß, wenn sie sich qualitativ verändert, zwischen der verschwundenen und der entstandenen Energie quantitative *Äquivalenz* besteht; z. B. entsteht eine Kalorie Wärmeenergie immer aus 42 Millionen Erg mechanischer Energie (s. Wärmeäquivalent). — Ein Körper kann Energie einbüßen, aber nur zugunsten andrer Körper, die sie aufnehmen, und umgekehrt. Die Energie des Universums bleibt daher immer dieselbe. Ebenso auch die Energie eines begrenzten, aber energetisch von der Umgebung abgeschlossenen Systems. — Die Physik auf der Grundlage der Energie als eines Fundamentalbegriffs, der nicht weiter reduziert werden kann und soll, heißt *Energetik*. — Die *mechanische Energie* tritt in zwei Modalitäten auf: *potentielle* oder *Spannungsenergie* (früher Spannkraft genannt) oder *konfigurative Energie* oder *Energie der Lage* oder *statische Energie* einerseits und *aktuelle* oder *kinetische Energie* (früher lebendige Kraft genannt) andrerseits, diese letztere auch als „*Wucht*“ bezeichnet. Die potentielle Energie ist tatsächlich identisch mit dem Potential der Kräfte (s. Potential); die aktuelle Energie ist das halbe Produkt aus

Masse und Geschwindigkeitsquadrat: $E_p = V$, $E_a = \frac{1}{2} m v^2$; für momentane oder Impulsbewegung ist dagegen die Größe $E_a' = m v$, die sog. *Bewegungsgröße*, maßgebend. — Bei rein mechanischen Vorgängen in einem abgeschlossenen System ist die Summe der potentiellen und aktuellen Energie konstant; um so viel, wie die eine zunimmt, nimmt die andre ab, und umgekehrt (freier Fall, Zentralbewegung usw.). — Die Energie läßt sich wie die Materie den Begriffen der *Lokalisierung* und *Wanderung* unterwerfen, d. h. sie befindet sich stets in bestimmter Menge an bestimmtem Orte und kann von diesem Orte an andre Orte übergehen. Die bildliche Darstellung dieser Verhältnisse führt zum *Energiefelde;* da die Energie ein Skalar ist, ist ihr Feld ein Skalarfeld. Dagegen führt die Wanderung der Energie zu einem besonderen Vektor, dem *Energievektor* (s. Elektr. Schwingungen). — Die Energie läßt sich für einfache Systeme leicht berechnen, z. B. ist für ein ideales Gas $E = C_v T$, d. h. gleich dem Produkt aus der spezifischen Wärme bei konstantem Volumen und der absoluten Temperatur, dagegen unabhängig vom spezifischen Volumen, d. h. ideale Gase haben keine Volumenenergie (s. d.). — Die Energie läßt sich in jedem Einzelfalle (jedoch nicht immer nur auf eine einzige Art) in Faktoren zerlegen: *Energiefaktoren;* z. B. die kinetische Energie in Masse und halbes Geschwindigkeitsquadrat, die elektrische in Spannung und Elektrizitätsmenge, die Wärme in Wärmekapazität und Temperatur. Der eine dieser Faktoren charakterisiert die Quantität oder Extensität, der andre die Intensität der Energie; jener heißt daher *Quantitäts-* oder *Extensitätsfaktor*, dieser *Intensitätsfaktor*. — S. auch Entropie, Erhaltung der Energie, Grundbegriffe, Physik, Thermodynamik

Energie der Gase, s. Energie, Gase.

Energieentwertung, s. Thermodynamik.

Energiefaktoren, s. Energie, Entropie.

Energiefeld, s. Energie.

Energieprinzip, s. Erhaltung der Energie.

Energiequanten, s. Quantentheorie.

Energieübertragung, s. Dynamomaschine.

Energievektor, s. Elektrische Schwingungen.

Energiezerstreuung, s. Thermodynamik.

Englische Kerze, s. Lichtstärke.

Englische Meile, s. Längenmaße.

Englischer Fuß, s. Längenmaße.

Enharmonisch, s. Tonhöhe.

Entfernungsgesetz, s. Kraft, Lichtausbreitung, Schallausbreitung.

Entfernungsmesser, *Distanzmesser* oder *Telemeter* sind Instrumente zur Messung der Entfernung eines Punktes vom Beobachtungsort. Es giebt deren zwei Klassen: solche mit einer Latte am Endpunkte, der also in diesem Falle zugänglich sein muß; und solche ohne diese. Erstere beruhen auf der Perspektive, d. h. auf der scheinbaren Größe einer in absolutem Maße bekannten Strecke; sie sind nur von mäßiger Genauigkeit. Weit wichtiger, weil von der Zugänglichkeit des Punktes unabhängig, sind die Instrumente der zweiten Klasse. Sie beruhen auf der Anvisierung des Punktes von den beiden Endpunkten einer Basis; jedoch sind alle älteren Instrumente dieser Art wegen der Unmöglichkeit, die Basis hinreichend lang zu gestalten, wenig leistungsfähig geblieben, und erst in neuerer Zeit hat man entscheidende Erfolge erzielt. Die beiden wichtigsten Typen sind das *Koinzidenztelemeter* und der *stereoskopische Entfernungsmesser*. Bei jenem werden von den anvisierten Gegenständen zwei Bilder erzeugt, z. B. die obere und untere Hälfte eines Schornsteins, die infolge der Parallaxe gegeneinander verschoben erscheinen, aber durch Drehung eines Prismas zur Koinzidenz gebracht werden können; der Drehungswinkel liefert im Zusammenhange mit der Länge der Basis unmittelbar die gesuchte Entfernung, die meist direkt am Instrument abgelesen werden kann. Für manche Zwecke wird das eine der beiden Bilder umgekehrt, so daß sich ihre Fußpunkte oder Gipfel berühren, z. B. beim Beobachten von oder nach Luftschiffen: *Inverttelemeter*. Der stereoskopische Entfernungsmesser andrerseits beruht auf dem tiefenplastischen Sehen mit beiden Augen. In dem Gesichtsfeld des Doppelfernrohrs befindet sich eine stereoskopisch photographierte Skala, die sich in die Landschaft hinein zu verlieren scheint; man bestimmt die Marken, zwischen denen z. B. ein Schornstein zu liegen scheint, und schätzt dann noch die Dezimalstellen. Für den im stereoskopischen Sehen Begabten und Geübten ist diese Methode die vorzüglichste. — Endlich ist noch die *akustische Entfernungsmessung* zu nennen, die aus der Beobachtung der Zeit, nach welcher ein am Endpunkt erzeugter Schall den Beobachtungsort erreicht, mit Hilfe der bekannten Schallgeschwindigkeit die Entfernung bestimmt; es ist dabei aber zu bedenken, daß die Schallgeschwindigkeit nur unter normalen Verhältnissen 331 m/sec (mit entsprechenden Korrekturen für Temperatur, Feuchtigkeit usw.) beträgt, daß sie aber beim modernen Schuß oft sehr viel größer ist, weil die Schallwelle mit dem Geschoß fortschreitet (s. Schallgeschwindigkeit); es müssen daher besondere Schalltabellen angefertigt und der Berechnung zugrunde gelegt werden.

Entglasung ist die unter gewissen Umständen bei der Erhitzung des Glases oder bei der Abkühlung von Schmelzflüssen auftretende Bildung nichtisotroper, also (grob oder fein) kristallischer Körper.

Entladung nennt man den Ausgleich elektrischer Spannungsdifferenzen, und zwar besonders durch Gase hindurch, speziell durch Luft, wobei im allgemeinen Lichterscheinungen auftreten. Zwischen den Polen einer Elektrisiermaschine (s. d.) oder eines Induktoriums (s. Induktionsströme) erfolgt die Entladung in Form von *Funken* (s. Elektrischer Funke), ebenso zwischen den Polen einer Leidener Flasche usw., nur daß hier die Entladung seltener und dafür heftiger auftritt. Die Entladung ist entweder einfachen oder *oszillierenden* Charakters (s. Selbstinduktion). Stellt man der Entladung Hindernisse in den Weg, so werden diese, soweit möglich, überwunden; z. B. wird ein Kartenblatt (mit Wulst auf beiden Seiten) und selbst eine Glasplatte durchbohrt. Die Entladung nimmt den Weg vom geringsten Widerstande, also im Prinzip den geraden Weg; infolge von zufälligen Unregelmäßigkeiten entstehen aber häufig Abweichungen, Ausbiegungen, Verzweigungen usw., wofür die als Blitz bekannte natürliche Entladung ein Beispiel gibt (s. Atmosphärische Elektrizität). Bewirkt man die Entladung einer Leidener Flasche durch eine die Oberfläche einer isolierenden Platte berührenden Spitze, so breitet sich die Elektrizität auf der Platte aus, was man durch Aufschütten eines Gemenges von Schwefel und Mennigepulver mit einem baumwollenen Siebe sichtbar machen kann. Durch die Reibung wird jener negativ, diese positiv; jener setzt sich also an den positiven, diese an den negativen Stellen an. Wie sich nun bei positiver Entladung zeigt, bildet der Schwefel eine von der Spitze ausgehende strahlenartige Figur mit Verästelungen; dagegen drängt sich bei negativer Entladung die Mennige in Wölkchen eng um die Spitze zusammen: *Lichtenbergsche Figuren* oder *elektrische Figuren*. — Bei einer leitenden Scheibe, z. B. bei einer Glasplatte mit Stanniolbelegung oder fein aufgestrichenem Metallamalgam (Blitztafel) erhält man entsprechend strahlenförmige Lichtbahnen, und man kann den Versuch in mannigfacher Weise abändern. — S. auch Kondensator. — Am mannigfaltigsten und interessantesten sind die Entladungserscheinungen in mehr oder weniger verdünnten Gasen, z. B. im „*elektrischen Ei*", einem Glasgefäß mit zwei hineinragenden, gegeneinander verstellbaren Polen und einem Ansatz mit Hahn zur Verbindung mit der Luftpumpe. Für die meisten Zwecke aber bedient man sich der *Entladungsröhren*, d. h. Glasröhren oder Glasgefäßen von den verschiedensten Formen, mit eingeschmolzenen Elektroden aus Platin oder andern Metallen und ursprünglich gefüllt mit Luft oder einem andern Gase, dann aber mehr oder weniger — bis zum annähernden Vakuum — ausgepumpt. Solche Röhren heißen

Hittorfsche, Geisslersche oder Crookessche Röhren. Näheres über die Entladungserscheinungen in solchen Röhren s. Glimmlicht, Kathodenstrahlen, Kanalstrahlen usw.

Entladungsröhren, s. Entladung, Glimmlicht, Kathodenstrahlen usw.

Entladungsstrom, s. Elektrischer Strom.

Entladungswärme, s. Stromwärme.

Entladungswiderstand, s. Elektrischer Funke.

Entmagnetisierende Kraft, s. Magnetische Induktion.

Entmagnetisierungsfaktor, s. Magnetische Induktion.

Entmagnetisierungsmethoden, s. Remanenz.

Entoptische Farben wurden von Seebeck und Goethe gewisse bei der Interferenz des polarisierten Lichtes auftretende Farben genannt.

Entropie ist diejenige Größe, deren Zunahme von einem Zustande eines Systems zu einem andern, mit jenem durch einen umkehrbaren, offenen Prozeß (s. Prozeß) verknüpften, gleich der Summe aller ihm dabei zugeführten Wärmemengen, jede einzelne durch die entsprechende absolute Temperatur dividiert, ist; in Formel: $dS = dW/T$, $S_2 - S_1 = {}_1\!\int^2 dW/T$. Die Entropie S selbst enthält eine willkürliche, aber auch bedeutungslose Konstante, bestimmt ist immer nur ihre Änderung. Die Entropie ist hiernach wie die Energie eine *Zustandsfunktion,* aber im Gegensatz zu dieser nur für *umkehrbare* Prozesse; für einen Kreisprozeß ist also ihre Änderung null. Es gibt hiernach zwei Möglichkeiten, die Wärme zu einer Zustandsfunktion zu machen: erstens, indem man die Arbeit hinzufügt und dadurch die Energie bildet; oder indem man von der Arbeit absieht, aber die Wärme durch die absolute Temperatur dividiert; im Sinne der Integralrechnung kann man daher die absolute Temperatur als den *integrierenden Divisor* der Wärmemenge bezeichnen. Die Entropie hat den Vorzug, eine rein kalorische Größe zu sein, aber den Nachteil, nur für umkehrbare Prozesse einen exakten Sinn zu haben. Indessen kann man auch für einen nichtumkehrbaren Prozeß eine Aussage über sie machen, indem man diesen durch einen umkehrbaren Rückweg zu einem Kreisprozeß ergänzt. Man findet dann: $S_2 - S_1 > {}_1\!\int^2 dW/T$, für einen nicht umkehrbaren Prozeß wächst also die Entropie stärker als für einen entsprechenden umkehrbaren. So gelangt man zu der Entropieform des zweiten Hauptsatzes (s. Thermodynamik) oder zum *Entropieprinzip:* Die Entropie eines abgeschlossenen Systems kann nie abnehmen; sie bleibt vielmehr bei den umkehrbaren Prozessen unverändert (die daher auch *isentropisch* heißen) und nimmt bei den nicht umkehrbaren Prozessen stets zu; steht das System in Energieaustausch mit andern, so kann die Entropie auch abnehmen, aber um höchstens soviel, wie sie in dem Hilfssystem zunimmt, und bei nicht umkehrbaren Prozessen nicht einmal um so viel; in dem vollständigen System kann also wiederum keine Abnahme eintreten. Da alle wirklichen Prozesse mehr oder weniger nicht umkehrbar sind, findet also eine fortwährende Vermehrung der Entropie statt, und schließlich gelangt man für das Universum zu dem *Satz von Clausius:* Die Entropie des Weltalls strebt einem Maximum zu. Indessen geht dieser Prozeß entsprechend den immer kleiner werdenden Antrieben (s. Thermodynamik) immer langsamer vor sich, ist also asymptotischen Charakters. Stellt man die Energie (s. Thermodynamik) in der Form einer Summe von freier, d. h. arbeitsfähiger und gebundener Energie dar,

$$E = F + G = F + T \cdot S$$

(letzteres für isothermische Prozesse) und dividiert man durch T, so erhält man $E/T = F/T + S = R + S$; hierin kann man die neue Größe R als *Ektropie* bezeichnen und, als *Wirkungsfähigkeit der Energie,* der Entropie, ihrer Wirkungsunfähigkeit (daher der Name Nach-Innen-Kehrung) gegenüberstellen und kann dann das Prinzip auch so aussprechen: Die Ektropie des Weltalls nimmt immer mehr ab. Es bleibt zwar die Energiemenge dieselbe, aber ihre Wirkungsfähigkeit strebt dem Nullwerte zu. Ferner kann man in der Gleichung $W = T \cdot S$ die beiden Größen T und S als die Energiefaktoren der Wärmeenergie bezeichnen (s. Energie), und zwar ist T der Intensitäts-, S der Extensitäts- oder Quantitätsfaktor; man kann dann das Prinzip auch so aussprechen: Der Intensitätsfaktor der Energie nimmt zugunsten des Quantitätsfaktors ab, womit man wieder auf die Form des Ausgleichsprinzips zurückkommt (s. Thermodynamik). — Die Entropie hat die Dimension einer Masse: $(S) = m$; in einfachen Fällen, z. B. für ideale Gase (s. Gase) läßt sie sich leicht angeben. — Im absoluten Nullpunkt wird die Entropie (und mit ihr die thermische Ausdehnung sowie die Wärmekapazität der festen und flüssigen Körper) null: *Nernstsches Theorem*. — Ein zwingender Beweis für das Entropieprinzip läßt sich theoretisch nicht erbringen. Vom Standpunkte der auf der Wahrscheinlichkeitslehre aufgebauten *kinetischen Theorie* der Materie (s. d.) läßt sich aber zeigen, worauf es hinauskommt: die Entropie eines Systems in einem bestimmten Zustande hängt nämlich mit der *Wahrscheinlichkeit* dieses Zustandes zusammen; sie ist ihr negativer *Logarithmus*. Da nun von selbst immer wahrscheinlichere Zustände eintreten, wächst die Entropie. Das zeigt aber zugleich, daß das Prinzip aufhört, gültig zu sein in Fällen, in denen auch einmal unwahrscheinliche Zustände eintreten. Insbesondere deuten zahlreiche Momente darauf hin, daß in den äußerst feinen Struktursystemen der lebendigen Substanz das Prinzip seine Grenzen findet. — Der Begriff der Entropie läßt sich aus dem Gebiete der Wärmeenergie auf das allgemeine Energiegebiet übertragen; die Entropie wird dann allgemein der Quantitätsfaktor der Energie. Indessen liegen hierüber exakte Formulierungen noch nicht vor. — S. auch Gase, Thermodynamik.

Entwertung der Energie, s. Thermodynamik.

Entwickler, s. Photographie.

Entzündungstemperatur, s. Explosion.

Epidiaskop, s. Projektion.

Epipolische Dispersion, älterer Name für oberflächliche Fluoreszenz.

Episkop, s. Projektion.

Epizentrum, s. Elastische Schwingungen.

Erdbebenwellen, s. Elastische Schwingungen.

Erddichte, *Erdmasse* und *Gravitationskonstante*. Nach dem Gravitationsgesetz (s. Gravitation) ist die Beschleunigung an der Erdoberfläche, wenn γ die Gravitationskonstante, M die Erdmasse und R der Erdradius ist, durch die Gleichung $g = \gamma M/R^2$ bestimmt. Ermittelt man also experimentell eine der beiden Größen γ und M, so erhält man zugleich die andre. Zu diesem Zwecke muß man die Gravitationswirkung einer begrenzten Masse mit der des ganzen Erdkörpers vergleichen. Die wichtigsten Methoden, die hierzu benutzt worden sind, sind die der *Lotabweichung* am Fuße eines Berges, der *Torsionswage*, des *Pendels* (Einstellung oder Schwingungen) und der *Wägung* oberhalb und unterhalb eines riesigen Bleiklotzes; letztere ist wohl die genaueste von allen. Das Ergebnis ist für die ganze Erdmasse $M = 59750 \cdot 10^{23}$ g oder rund 6000 Trillionen Tonnen ($^1/_{327000}$ der Sonnenmaße), und für die mittlere Erddichte $\varDelta = 5{,}52$, also mehr als doppelt so groß wie die mittlere Dichte der uns zugänglichen Erdkruste (2,7). Man muß also schließen, daß das Erdinnere aus wesentlich dichteren Stoffen besteht als die Kruste, und es liegt nahe, dabei an Metalle, insbesondere an Eisen zu denken (das dann auch den Magnetismus der Erde verständlich machen würde). Endlich ergibt sich die Gravitationskonstante $\gamma = 66{,}8 \cdot 10^{-9}$, d. h. zwei Gramm-Massen üben in 1 cm Abstand voneinander eine Kraft aufeinander aus gleich 66,8 milliardentel Dynen, zwei Tonnen-Massen in 1 m Abstand eine Kraft gleich 6,68 Dynen.

Erddruck, s. Gleichgewichtsfiguren pulverförmiger Massen.

Erde. Der Erdkörper, auf dem wir wohnen, ist ein dem Sonnensystem angehöriger Planet, der sich in einem Jahre in einer Ellipse um die Sonne dreht, gleichzeitig aber in einem Tage um seine eigne Axe. Das julianische Jahr enthält $365^1/_4$ mittlere Tage; der mittlere Sonnentag enthält 24 Stunden 4 Minuten, der mittlere Sterntag 23 Stunden 56 Minuten, der mittlere Tag 24 Stunden oder 1440 Minuten oder 86400 Sekunden. Die mittlere Entfernung von der Sonne beträgt 149481000 km oder 498,5 Lichtsekunden. Die Neigung der Axe gegen die Bahn beträgt im Mittel 23° 27′ 4″. Die Erde ist eine nach den Polen hin schwach abgeplattete Kugel, also ein Sphäroid; die halbe große Axe (Äquatorialhalbmesser) ist $a = 6377397$ m, die halbe kleine Axe (Polarhalbmesser) $b = 6356079$ m. Die Abplattung $(a - b)/a$ beträgt $^1/_{299,15}$; der mittlere Radius ist 6370286 m. Die Oberfläche der Erde beträgt 510 Millionen qkm, ihr Volumen 1083210 Millionen cbkm, ihre Masse 5975 Trillionen Tonnen (s. Erddichte). Die Länge eines Breitengrades und eines Längengrades beträgt je nach der geographischen Breite:

Breite	Breitengrad (m)	Längengrad (m)
0	110563	111307
10	110597	109627
20	110693	104635
30	110841	96475
40	111023	85384
50	111216	71687
60	111399	55793
70	111548	38182
80	111646	19391
90	111680	0

— Die *Beschleunigung* durch die Schwere beträgt im Mittel 981 cm/sec. Die *Geschwindigkeit eines Erdoberflächenpunktes* infolge der Axendrehung der Erde beträgt je nach der geographischen Breite in m/sec:

0	10	20	30	40
465	458	437	403	357
50	60	70	80	90
300	234	160	81	0

Die *Zentrifugalkraft* beträgt am Äquator $^1/_{289}$ der Schwerkraft, nach den Polen hin nimmt sie in folgendem Verhältnis ab:

0	10	20	30	40
1,000	0,970	0,883	0,750	0,588
50	60	70	80	90
0,415	0,251	0,118	0,030	0,000

— Die Erde hat einen *Mond* mit der synodischen Umlaufszeit von 29,53 mittleren Tagen; sein Halbmesser beträgt 1739 km, seine Entfernung von der Erde im Mittel 384400 km oder 60,28 Erdhalbmesser, seine scheinbare Größe 31° 6′. — Die Erde besteht in ihrer oberflächlichen Schicht hauptsächlich aus Wasser, Silicium-, Kalk- und Aluminiumverbindungen, im Innern dagegen wahrscheinlich großenteils aus Eisen (s. Erdmagnetismus). Die Erde ist nicht vollkommen starr; die wichtigsten Bewegungen sind die Erdbeben (s. Elastische Schwingungen), die Gezeiten (s. Ebbe und Flut) und die Meeresströmungen (s. d.). — Die Erde befindet sich in einem bestimmten Temperatur- und elektrischen Ladungszustande (s. Wärmeleitung und Atmosphärische Elektrizität).

Erdinduktor, s. Erdmagnetismus.

Erdleitung, s. Telegraphie.

Erdmagnetismus ist die Gesamtheit der magnetischen Erscheinungen des Erdkörpers. Die Erde schafft an ihrer Oberfläche ein *magnetisches Feld*, das an jedem Orte durch die Größe und Richtung der Kraft, Feldstärke, charakterisiert ist; innerhalb kleinerer Räume, z. B. in einem Beobachtungszimmer, ist das Feld als gleichförmig anzusehen. Da die Feldstärke ein Vektor ist, muß man sie in ihre Komponenten zerlegen, als welche sich naturgemäß die horizontale und die vertikale Intensität des Erdmagnetismus darbieten; erstere kann man dann, wo es erforderlich ist, weiter in die Nordsüd- und die Ostwest-Komponente zerlegen. Gewöhnlich aber charakterisiert man das Feld durch folgende drei Bestimmungsstücke: 1. Die *Horizontalintensität H* in absolutem Maße in Gauss (Γ) oder, wo das zuviel ist, in Hunderttausendteln davon (γ); 2. Die *Deklination* δ, auch *Mißweisung* genannt, d. h. den Winkel mit dem geographischen Meridian, während die magnetische Einstellungsrichtung als *magnetischer Meridian* bezeichnet wird, positiv bei östlicher, negativ bei westlicher Abweichung; 3. die *Inklination* φ, d. h. den Winkel (nach unten) mit der Horizontalebene. Die Horizontalintensität wird mit dem *Magnetometer*, insbesondere dem von Gauss, gemessen, eventuell mit geeigneten Reiseinstrumenten, so dem Lokalvariometer (s. Magnetische Messungen), die Deklination mit dem *Deklinatorium* von Gauss, Gambey, Lamont u. a., unter Heranziehung einer astronomischen Bestimmung des geographischen Meridiars; die Inklination entweder mit dem *Inklinatorium*, einer um eine horizontale Axe, also in vertikaler Ebene möglichst reibungsfrei drehbaren Nadel, oder durch vergleichende Messung der Horizontal- und Vertikalintensität mit Hilfe des *Erdinduktors*, einer größeren Rolle, in der die betreffende Komponente bei der raschen Drehung um die entsprechende Axe und um einen Winkel, z. B. von 180°, einen Induktionsstrom erzeugt; sind, bei gleichem Drehungswinkel, die beiden Ausschläge eines eingeschalteten ballistischen Galvanometers v und h, so ist die Inklination $\varphi = \text{arctg}\, v/h$; besonders bequem ist der Differentialerdinduktor mit zwei genau gleichen, gleichzeitig drehbaren Rollen. — Eine Linie, die alle Punkte gleicher Kraft verbindet, heißt *Isodyname*, genauer *Totalisodyname;* eine Linie, für deren Punkte die Horizontalkomponente gleiche Werte hat, *Horizontalisodyname*, entsprechend *Vertikalisodyname*. Eine Linie gleicher Deklination heißt *Isogone*, eine Linie gleicher Inklination *Isokline*. Die Horizontalisodynamen laufen vielfach den Parallelkreisen entlang, weichen aber überall mehr oder weniger, an einigen Stellen sehr erheblich, von ihnen ab; nahe dem Äquator läuft außerdem die Linie größter Horizontalintensität (sie ist aber keine Isodyname) und eine Linie kleinster Totalintensität. Die Isogonen verlaufen zwischen vier Punkten: zwei auf der nördlichen und zwei auf der südlichen Halbkugel, nämlich den beiden Erdpolen und den beiden *magnetischen Polen;* in jeder von den beiden Gruppen gibt es eine *agonische Linie*, wo die Deklination null ist, in dem einen der beiden Gebiete zwischen ihnen (atlantisches Gebiet) ist sie negativ, im andern positiv; übrigens gibt es in Ostasien noch eine in sich geschlossene agonische Linie. Die Isoklinen verlaufen den Breitenkreisen einigermaßen parallel. Dem Äquator nahe verläuft die *aklinische Linie*, auch *magnetischer Äquator* genannt; von da nach den Polen wird die Inklination immer größer und an den Magnetpolen selbst 90°, weil hier die wirkenden Massen direkt unter der Beobachtungsstelle liegen. Die Lage der Magnetpole selbst ist: Nordpol 70° 30′ NB, 97° 40′ WL, Südpol 73° 39′ SB, 146° 15′ OL (also nicht genau einander gegenüber). Außerdem gibt es noch zwei wichtige Liniensysteme: die *magnetischen Kraftlinien*, überall in der Richtung der Kraft fortschreitend, und die auf ihnen senkrechten *magnetischen Niveaulinien* (Linien gleichen magnetischen Potentials). Endlich versteht man unter *Isanomalen* die Linien gleicher Abweichung eines der betrachteten Systeme von dem normalen Verlaufe. Im einzelnen gibt es auf der Erde zahlreiche lokale Störungsgebiete größerer oder geringerer Ausdehnung. Dabei kommen besonders Gegenden mit eignem Gebirgsmagnetismus oder Gesteinsmagnetismus in Betracht. — Die Werte aller magnetischen Größen sind nicht konstant, sondern *zeitlich veränderlich*, und zwar erstens mit täglicher und jährlicher Periode, dann aber besonders die säkularen Veränderungen und schließlich plötzliche Änderungen, die *magnetischen Störungen* oder magnetischen Gewitter. Gegenwärtig wird die Deklination östlicher; die Inklination scheint nach jahrhundertelanger Abnahme jetzt wieder zu wachsen, die Totalintensität bleibt nahezu konstant. — Die *Theorie des Erdmagnetismus* hat vielfach hin und her geschwankt und ist noch jetzt nicht einheitlich geklärt. Nur so viel steht fest, daß die wirkenden Kräfte bis auf einen kleinen Bruchteil ($^1/_{40}$) aus dem Erdinnern stammen. Nach der einen, jetzt wieder vorherrschenden Ansicht sind es Eisenmassen, die dann freilich, nach der Intensität der Oberflächenerscheinungen zu schließen, einen großen Teil der Erdmasse ausmachen müßten; nach der andern sind es im Innern der

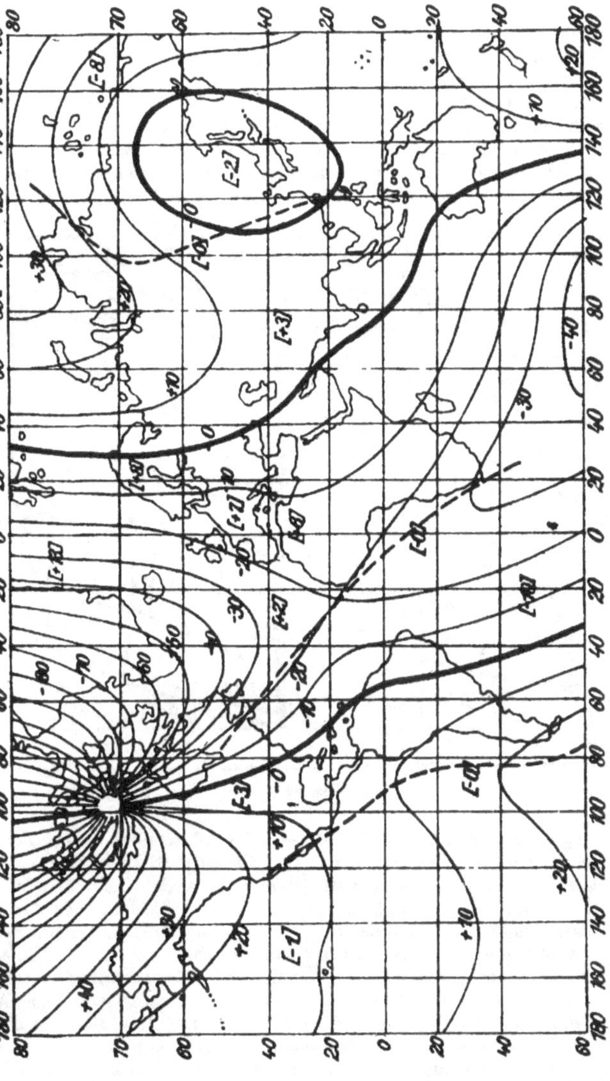

Fig. 63.

Erde zirkulierende elektrische Ströme. Für die letztere Annahme spricht die Tatsache der im Erdinnern verlaufenden und sich vielfach bei Beobachtung von Oberflächenvorgängen geltend machenden *Erdströme*, die meist allerdings schwach sind, unter Umständen aber sehr stark werden können (so daß sie

z. B. das Telegraphieren und wissenschaftliche Beobachtungen stören); über ihre Gesetze ist man gegenwärtig bereits sehr gut unterrichtet (Weinstein). Wie dem auch sei, man kann die magnetischen Beobachtungen in ein vollständiges System bringen, was zuerst Gauss und dann in vollständigerer Weise neuere Magnetiker getan haben. Man kann dann die Elemente jedes Ortes aus der Formel bestimmen und mit den beobachteten Werten vergleichen. Aus der Theorie ergibt sich dann weiter die Lage der *magnetischen Erdaxe* (von 78° 20′ NB und 292° 43′ OL nach dem entgegengesetzten Punkte) sowie das magnetische Moment der Erde $M = 8{,}33 \cdot 10^{25}$ in absolutem Maße. — Eine geeignet montierte Nadel zum Anzeigen der Richtung des magnetischen Meridians heißt *Kompaß;* wichtig ist es, statt einer einzigen Nadel mehrere kombinierte zu benutzen, das Ganze aber trotzdem sehr leicht zu halten und vor

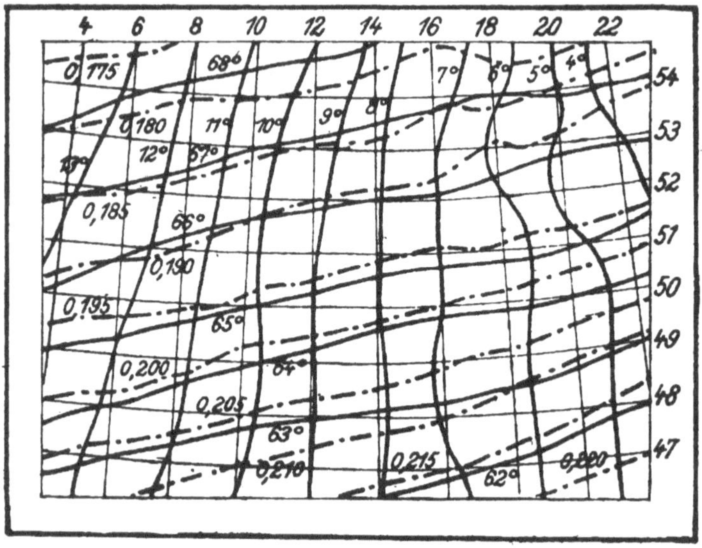

Fig. 64.

Erschütterungen zu schützen. Kennt man die Deklination, so kann man mit dem Kompaß — und das ist sein eigentlicher Zweck — auch den geographischen Meridian bestimmen. Der *Schiffskompaß* muß mit einem System kompensierender Magnete versehen oder noch besser mit einer Schutzhülle aus weichem Eisen umgeben sein, um die Wirkung der Eisenmassen des Schiffes aufzuheben (Schirmwirkung, s. Magnetische Induktion). Bei Schiffen aus unmagnetischem Nickelstahl (s. Ferromagnetismus) werden diese Komplikationen mehr oder weniger überflüssig. — Hier folgen noch einige Zahlentafeln für die magnetischen Elemente; außerdem sind einige Kärtchen beigegeben. Fig. 63 zeigt die Isogonen der Erde mit den Deklinationszahlen; die eingeklammerten Zahlen geben die säkulare Änderung pro Jahr in Minuten an; für die gestrichelten Linien war diese Änderung in der letzten Zeit gleich null. Fig. 64 stellt die Isogonen (von oben nach unten), Isoklinen (von links nach rechts) und Horizontal-Isodynamen (strichpunktiert) für Mitteleuropa mit den betreffenden Zahlenwerten dar, und zwar für die Gegenwart.

Deklination δ (negativ) für Mitteleuropa, 1911:

	2	4	6	8	10	12	14	16	18	20	22	24
45	13,5	12,7	11,8	11,1	10,3	9,5	8,7	7,7	6,8	5,9	5,0	4,3
50	14,4	13,4	12,5	11,6	10,6	9,7	8,7	7,7	6,6	5,7	4,6	3,7
55	15,3	14,3	13,3	12,1	11,0	9,8	8,7	7,6	6,5	5,5	4,2	3,1

Inklination φ für Mitteleuropa, 1911:

	0	5	10	15	20	25
45	62,0	61,2	60,4	59,8	59,3	58,9
46	63,0	62,2	61,4	60,8	60,3	59,9
47	63,8	63,0	62,3	61,7	61,2	60,8
48	64,5	63,8	63,2	62,6	62,0	61,6
49	65,3	64,6	64,0	63,4	62,8	62,3
50	66,0	65,3	64,7	64,1	63,6	63,2
51	66,5	65,9	65,3	64,8	64,5	64,1
52	67,1	66,5	65,9	65,5	65,2	64,9
53	67,7	67,1	66,6	66,2	65,8	65,6
54	68,2	67,7	67,2	66,8	66,5	66,3
55	69,0	68,3	68,0	67,5	67,2	67,0

Horizontalintensität *H*, in Tausendteln, für Mitteleuropa, 1911:

	0	5	10	15	20	25
45	216	219	222	226	230	235
46	210	214	217	221	225	229
47	205	209	212	217	220	224
48	201	204	207	212	215	219
49	197	199	202	207	210	214
50	193	195	198	202	205	208
51	189	191	194	198	200	203
52	186	187	190	194	196	198
53	181	183	186	190	192	194
54	176	179	182	186	188	190
55	172	175	178	182	184	186

Erdmasse, s. Erddichte, Erde.

Erdplatten, s. Telegraphie.

Erdstrom, s. Erdmagnetismus, Körperströme.

Erdung. Anschluß einer Ladung oder Leitung an die Erde (am bequemsten durch Vermittlung von Gasrohren usw.).

Erdwiderstand, s. Körperströme.

Erfahrung, s. Physik.

Erg, s. Arbeit.

Ergänzungsfarben, s. Farbenlehre.

Ergiebigkeit einer Quelle, s. Kraftfeld.

Ergometer, s. Kraftmessung.

Erhaltung der Bewegung des Schwerpunkts, s. Schwerpunkt.

Erhaltung der Energie. In energetisch abgeschlossenen Systemen bleibt bei allen sonstigen Veränderungen die Gesamtmenge der Energie (s. d.) ungeändert; in einem System, das mit andern in Wechselwirkung steht, nimmt die Energie um ebensoviel zu oder ab, wie sie in den andern Systemen zusammengenommen ab- oder zunimmt. Vereinigt man alle diese zu einem vollständigen System, so bleibt in diesem wiederum die Energie konstant. Schließlich in Anwendung auf das Universum: Die Energie der Welt ist konstant. Energie kann also weder erzeugt noch vernichtet werden. Das ist das oberste Postulat aller exakten Naturforschung. Zuerst ist es bei rein mechanischen Systemen erwiesen worden; hier bleibt bei allen Bewegungen der Körper des Systems die Summe der potentiellen und aktuellen Energie ungeändert, um denselben Betrag, um den die eine zunimmt, nimmt die andre ab: Satz von der Erhaltung der mechanischen Energie. Systeme dieser Art heißen *konservative* Systeme; solche, in denen die mechanische Energie teilweise in andre übergeführt wird, *dissipative* Systeme (s. auch Entropie). Ebenso bleibt bei rein kalorischen Vorgängen die gesamte Wärme ungeändert, bei rein elektrischen die gesamte elektrische Energie usw. — Sodann wurde das Prinzip bei der Umwandlung von Arbeit, d. h. mechanischer Energie, in Wärme oder umgekehrt erwiesen, und zwar dadurch, daß gezeigt wurde: auf welche Art auch immer diese Umwandlung erfolgen möge, es findet stets dasselbe Äquivalentverhältnis statt (s. Thermodynamik, Wärmeäquivalent); die Aufstellung des betreffenden Postulats verdankt man Robert Mayer, den exakten Nachweis Joule; endlich hat Helmholtz das Prinzip auf alle Energieumwandlungen ausgedehnt. Auch für den lebenden Organismus ist es als exakt gültig nachgewiesen worden (Rubner). — Mit dem Prinzip der Erhaltung des Stoffs (s. d.) zusammen bildet das Prinzip der Erhaltung der Energie das allgemeine *Erhaltungsprinzip;* jedoch sind beide Teile nicht gleichwertig, vielmehr besteht die Möglichkeit, das Stoffprinzip in dem Energieprinzip aufgehen zu lassen (Relativitätsprinzip, Radioaktivität). — Das Prinzip hat auch eine große heuristische Bedeutung, insofern es erlaubt, bisher unbekannte Erscheinungen aus einer scheinbaren Verletzung des Prinzips zu erschließen (Induktionsströme). Durch das Prinzip erhält der Begriff der Energie (s. d.) überhaupt erst seine reale Bedeutung. — Wegen der Unmöglichkeit des *Perpetuum mobile,* die eine Konsequenz des Prinzips ist, s. Thermodynamik.

Erhaltung der Flächen, s. Dynamik, Zentralbewegung.

Erhaltung der Kraft, s. Erhaltung der Energie.

Erhaltung der Masse, s. Erhaltung des Stoffs.

Erhaltung der Schwingungsebene, s. Foucaultsches Pendel.

Erhaltung der Wirbelstärke, s. Wirbelbewegung.

Erhaltung des Kraftflusses, s. Kraftfeld.

Erhaltung des Schwerpunktes, s. Dynamik, Schwerpunkt.

Erhaltung des Stoffs oder Satz von der *Konstanz der Masse:* In einem von der Umgebung stofflich abgegrenzten System bleibt die gesamte Masse bei allen Veränderungen des Systems ungeändert. Bei Stoffaustausch nimmt sie in dem System um ebensoviel zu oder ab, wie sie in den andern Systemen ab- oder zunimmt. Schließlich, in Anwendung auf das Universum: Die Gesamtmasse des Universums ist unveränderlich. Das gilt — oder galt lange Zeit — als Postulat der Naturforschung, und insbesondere bildet es die Grundlage für die quantitative Chemie. Wenn man indessen Materie (s. d.) nicht als etwas an sich Gegebenes, sondern als eine bestimmte Erscheinungsform von Energie ansieht, verliert der Satz von der Konstanz der Masse seine universelle Bedeutung, da sich möglicherweise Masse in Energie andrer Art verwandeln oder aus ihr entstehen kann (s. Radioaktivität); alsdann würde der Satz in das allgemeine Prinzip von der Erhaltung der Energie (s. d.) aufgehen. — Bei den *Elektronen* gilt der Satz nicht, weil hier die Masse von kinetischem Charakter ist, d. h. von der Geschwindigkeit abhängt. — Eine andre Frage ist die, ob auch der Parallelsatz von der *Konstanz des Gewichtes* gilt; Messungen darüber von Landolt, Heydweiller u. a. haben, wenn überhaupt, nur ganz geringfügige Abweichungen ergeben; und das ist auch nicht anders zu erwarten, da nach den Untersuchungen von Eötvös Masse und Gewicht bis auf das äußerste miteinander proportional sind.

Erhaltungsprinzip, s. Erhaltung der Energie, Physik.

Erhellung, s. Lichtstärke.

Erkaltung oder *Abkühlung* ist der Prozeß, durch den sich ein in eine kühlere Umgebung gebrachter Körper allmählich bis auf deren Temperatur abkühlt. An dem Vorgange sind die Ausstrahlung und die Wärmeleitung in einer nicht immer leicht zu trennenden Weise beteiligt. Das von Newton aufgestellte Grundgesetz der Erkaltung lautet, wenn W die abgegebene Wärmemenge, Θ die Temperatur des Körpers, Θ' die der Umgebung, t die Zeit, f die Oberfläche und h eine Konstante, nämlich der *Erkaltungs-* oder *Abkühlungskoeffizient* oder äußere Wärmeleitungskoeffizient ist: $W = h f t (\Theta - \Theta')$, d. h. die Wärmeabgabe ist mit der Oberfläche, der Zeit und der Temperaturdifferenz proportional. Für die Temperatur des sich abkühlenden Körpers selbst ergibt sich hiernach, da der Temperaturunterschied immer kleiner wird, eine allmählich immer langsamer werdende Abnahme, und zwar, wenn Θ_0 die Anfangstemperatur des Körpers und k seine Wärmekapazität (s. Spezifische Wärme) ist:

$$\Theta - \Theta' = (\Theta_0 - \Theta') \cdot e^{-(h/k) f t}.$$

Entsprechend bei der Erwärmung eines Körpers, den man in ein wärmeres Medium bringt. Kehrt man die Formel um, so erhält man den Erkaltungs- oder Ausstrahlungskoeffizienten

$$h = (k/(f\,t)) \cdot \log(\Theta_0/\Theta).$$

Ferner wird die Abkühlungsgeschwindigkeit $v = - d\Theta/dt = (h/k) f (\Theta - \Theta')$; sie ist von Dulong und Petit unter verschiedenen Versuchsbedingungen experimentell bestimmt; sie läßt sich durch eine freilich recht verwickelte Formel darstellen. Zurzeit ist jedoch diese Formel in den Hintergrund getreten gegenüber der allgemeinen Strahlungsformel (s. Strahlung). — Die Erkaltung der Körper liefert eine der üblichen Methoden zur Bestimmung der spezifischen Wärme (s. Kalorimetrie)

Erkaltungsmethode, s. Kalorimetrie.

Ermüdung eines Magneten, s. Hysteresis.

Erstarrung, s. Aggregatzustände, Schmelzung.

Erstarrungswärme, s. Schmelzwärme.

Erste Hauptgleichung, s. Thermodynamik.

Erste Hauptlage, s. MagnetischeKräfte.

Erster Hauptsatz, s. Thermodynamik.

Erweichung, s. Härte, Schmelzung.

Erzwungene Schwingungen, s. Freie und erzwungene Schwingungen.

Est, s. Winde.

Ettingshausen-Effekt, s. Hall-Effekt.

Eudiometer, gewisse in der Chemie gebrauchte Gasmeßröhren.

Eulersche Gleichungen, s. Hydrodynamik.

Eustachische Röhre, s. Gehör.

Eutektische Mischungen, s. Phasenlehre.

Ewingsche Theorie, s. Magnetische Theorien.

Exhaustor, s. Luftpumpe.

Exosmose, s. Osmose.

Exotherm, s. Thermochemie.

Expansionsmaschine, s. Kalorische Maschinen.

Experiment und Beobachtung. In der Physik (s. d.) werden nicht eigentlich Naturbeobachtungen, sondern Experimente oder Versuche angestellt, d. h. es werden künstlich und willkürlich Bedingungen von besonderer Einfachheit oder besonderem Interesse hergestellt und unter diesen dann beobachtet. Dabei bedient man sich naturgemäß der *Sinnesorgane*, und zwar in allererster Linie des Auges, in zweiter des Ohres. Aber diese Organe bedürfen der Unterstützung durch *Apparate*, teils um die Wirkungen oder Wahrnehmungen zu verstärken, teils um sie in geeignete Form zu bringen. Dabei sind drei Stufen von Apparaten zu unterscheiden, die man als Skope, Meter und Graphen bezeichnen kann. Die *Skope* dienen zur qualitativen Beobachtung, insbesondere zur Feststellung, ob eine Wirkung vorhanden ist oder nicht (Nullmethoden usw.); die *Meter* dienen zur quantitativen Messung; die *Graphen* zur kontinuierlichen Aufzeichnung der Messungen, sei es auf graphischem Wege im engeren Sinne oder durch die Photographie. Eine besonders wichtige und häufige Anwendung des graphischen Verfahrens ist die *chronographische Auflösung*, d. h. die Aufzeichnung der Erscheinungen auf einem gleichmäßig fortschreitenden Streifen oder einer gleichmäßig rotierenden Trommel. — Bei der Beobachtung stellen sich Beobachtungsfehler ein infolge der Unvollkommenheiten, teils unserer Sinnesorgane und unserer Psyche, teils der Apparate ihrerseits (subjektive und objektive Fehler). Man muß diese *Fehler*, soweit möglich, beseitigen, die noch verbleibenden aber dadurch weniger schädlich machen, daß man dieselbe Beobachtung wiederholt anstellt und aus den Einzelergebnissen das *Mittel* nimmt; dieses stellt den wahrscheinlichsten Wert der beobachteten Größe dar. Des weiteren aber ist es wichtig, auch noch die Abweichungen der Einzelwerte vom Mittelwerte in Betracht zu ziehen und daraus einen Schluß auf die Zuverlässigkeit des Ergebnisses zu ziehen. Das geschieht, indem man die Summe der Fehlerquadrate bildet und hieraus die Wurzel zieht und mit der um eins verminderten Anzahl n der Beobachtungen dividiert; das ist der *mittlere Fehler* der einzelnen Beobachtung. Dividiert man dann noch durch die Wurzel aus der Anzahl der Beobachtungen, so erhält man den mittleren Fehler des Gesamtergebnisses. In Formel:

$$f = \pm \sqrt{\frac{S}{n-1}} \,,$$

$$F = \pm \sqrt{\frac{S}{n(n-1)}} = \frac{f}{\sqrt{n}} \,.$$

Der *wahrscheinliche Fehler* beträgt hiervon ungefähr $^2/_3$. — Im allgemeinen muß man alle Beobachtungen berücksichtigen; nur wenn die eine oder andre einen ersichtlich falschen Eindruck macht, darf man sie fortlassen. Unter Umständen kann man auch einige Messungen stärker (mit doppeltem usw. Gewicht) berücksichtigen als die andern. — Handelt es sich um die gleichzeitige Beobachtung mehrerer Größen, so muß man ein verwickeltes Verfahren anwenden, *die Methode der kleinsten Quadrate;* man erhält dann ein System von Endzahlen, deren jede mit einem möglichst kleinen Fehler behaftet ist. Sehr empfehlenswert ist in vielen Fällen zum Ausgleich der Beobachtungsfehler das *graphische Verfahren:* man stellt eine Kurve her, die zwischen den mit Punkten oder Sternen bezeichneten Einzelbeobachtungen möglichst nahe, aber so hindurchgeht, daß sie teils auf der einen, teils auf der andern Seite der Punkte zu liegen kommt. Man erhält damit zugleich auch noch die nichtbeobachteten Zwischenwerte: *graphische Interpolation.* Dagegen ist die Fortsetzung der Kurve, die *Extrapolation*, gefährlich und nur mit großer Vorsicht anzuwenden.

Experimentalphysik, s. Physik.

Explosion ist eine exothermische, d. h. mit Erwärmung verknüpfte chemische Reaktion, bei der gasförmige Produkte durch die freiwillige Steigerung der Temperatur und der Reaktionsgeschwindigkeit eine heftige Volumen- bzw. Drucksteigerung annehmen, und die infolgedessen mit Aufflammen, Knall und Zerstörung in weitem Umfange verbunden ist. Die *Entzündungstemperatur* beträgt bei Dynamit ungefähr 190, bei Knallgas 550; die Explosivität oder Sensibilität steht damit in nahem Zusammenhange. Von der Entzündungstemperatur ganz verschieden ist die maximale *Explosionstemperatur;* sie beträgt meist 2500 bis 3500°. — Die *Explosionswärme* (pro Masseneinheit) beträgt bei Knallquecksilber etwa 400, bei Dynamit 1300 Kalorien. Von besonderer Bedeutung ist der *Explosionsdruck;* er hängt von der Ladedichte ab und steigt unter Umständen bis auf 50000 Atmosphären pro Kubikzentimeter. Außer diesem Maximalwert ist aber von entscheidendem Interesse die Schnelligkeit und Kurve des Anstiegs und Abfalls des Drucks (Druckkurve); je plötzlicher der Anstieg, desto größer ist die Brisanz. — Physikalisch am wichtigsten ist die *Fortpflanzungsgeschwindigkeit der Explosionswelle*, die sehr häufig ermittelt worden ist, insbesondere von Berthelot und Bunsen für langsame bzw.

explosive Verbrennung, von Oettingen und Gernet an Knallgas und von Wolff an modernen Explosivstoffen. Ergebnis: Anfangs kolossale Geschwindigkeit bis zur zehnfachen normalen Schallgeschwindigkeit, aber schon auf kurzer Strecke zum normalen Werte herabsinkend; übrigens ist zwischen einer Hauptwelle und mehreren Nebenwellen zu unterscheiden. — Die Theorie erklärt die Erscheinung mit ihren Einzelheiten sehr gut, so auch die früher paradox erschienene Tatsache, daß in der Nähe des Zentrums die Gegenstände weggeschleudert, in größerer Entfernung aber angesaugt werden.

Explosionsdruck, s. Explosion.

Explosionsmaschine, *Explosionsmotor*, s. Kalorische Maschinen.

Explosionswärme, s. Explosion.

Explosionswelle, s. Explosion.

Exposition, s. Photographie.

Extensitätsfaktor, s. Energie, Entropie.

Extinktionskoeffizient, s. Wärmestrahlung.

Extraordinärer Strahl, s. Kristalloptik.

Extrapolation, s. Experiment.

Extrastrom, s. Selbstinduktion.

F

F oder *f*, Abkürzung für Funktion, z. B. $x = f(t)$.

Fachwerk, s. Statik.

Fackeln, s. Sonne.

Faden (magnetisch), s. Magnet.

Fadenkreuz, s. Fernrohr, Mikroskop.

Fadentelephon, s. Schallausbreitung.

Fahrenheitskala, s. Thermometer, Temperatur.

Fall ist diejenige Bewegung der irdischen Körper, durch die sie sich dem Erdmittelpunkt nähern. Als ihre Ursache führt man die Anziehungskraft der Erde oder Schwerkraft ein, letztere in dem Sinne, daß sie ihren Sitz nicht nur in der Erde, sondern auch in dem fallenden Körper selbst hat (s. Wechselwirkung); der einseitige Charakter des Phänomens kommt nur dadurch zustande, daß wir es auf die ruhende Erde beziehen (relative Bewegung), und daß auch die absolute Bewegung der Erde wegen ihrer großen Masse sehr klein ist. Wenn der Fall einerseits ohne Impuls und andrerseits ohne Hindernisse erfolgt, spricht man von *freiem Fall*. Die Fallbewegung ist gleichförmig beschleunigt, d. h. es verhalten sich: 1. die nach bestimmten Zeiten erreichten Geschwindigkeiten wie diese Zeiten, 2. die in den einzelnen Sekunden zurückgelegten Strecken wie die ungeraden Zahlen, 3. die in den ganzen Zeiten zurückgelegten Strecken wie die Quadrate der Zeiten; in Formel: $v = g\,t$, $s = \frac{1}{2} g\,t^2$, und hieraus auch: $t = v/g$, $s = v^2/2g$, $t = \sqrt{2\,s/g}$, $v = \sqrt{2g\,s}$. Die hierin vorkommende Größe g, die *Beschleunigung durch die Schwere*, ergibt sich im Mittelwert zu 981 cm/sec, an den Polen 983, am Äquator 978, auf hohen Bergen entsprechend weniger, in Schachten mehr. Die Geschwindigkeit am Ende der ersten Sekunde ist also 981, die Fallstrecke in der ersten Sekunde 490,5, in der zweiten schon 1471,5 cm usw. Ein aus 10 km Höhe fallender Körper schlägt nach 45½ Sek. auf den Erdboden auf. Von der Masse des fallenden Körpers ist die Geschwindigkeit nicht abhängig, alle Körper fallen vielmehr gleich schnell (Nachweis im luftleeren Raum, im lufterfüllten wird der leichtere und plattere Körper durch den Luftwiderstand zurückgehalten). Es ist das eine Folge des Umstandes, daß der schwerere Körper zwar ein größeres aktives Gewicht w hat, aber eine in gleichem Maße größere Masse mitzuschleppen hat; es ist also immer $B = w/m = g$. Ein Apparat, der es mit Hilfe einer Schnur, die über eine Rolle geführt ist, ermöglicht, w und m verschieden groß zu machen, ist die *Atwoodsche Fallmaschine*. Hängt man an das sinkende Ende der Schnur das Gewicht p, an das steigende p', so ist die Kraft $p - p'$, die Masse aber $p + p'$, und folglich die Beschleunigung im Verhältnis der Differenz zur Summe der

Gewichte kleiner (Korrektion p_0 wegen der Schnur). Damit erhält man zugleich, da beim natürlichen Fall die Geschwindigkeit zu groß ist, ein Mittel, um die Fallbewegung in Ruhe zu studieren. Ein andres Mittel ist die *graphische Aufzeichnung* der Fallbewegung; am besten läßt man ein mit Schreibfläche versehenes Brett herunterfallen und gleichzeitig eine horizontal schwingende Schreibfeder auf ihr eine Wellenlinie aufzeichnen, während man gleichzeitig anderweitig Zeitmarken anbringt

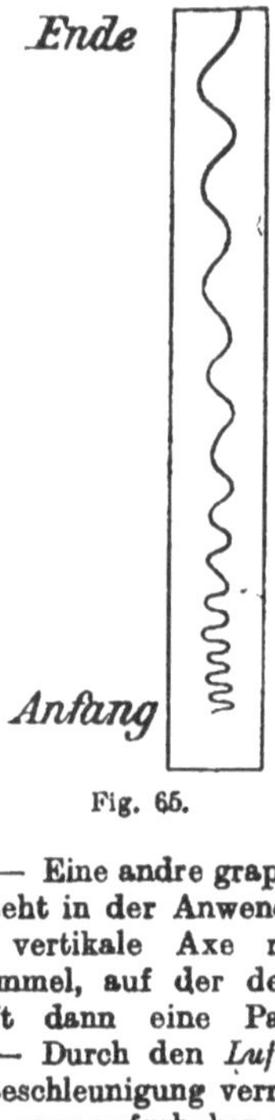

Fig. 65.

(Fig. 65). — Eine andre graphische Methode besteht in der Anwendung einer um eine vertikale Axe rotierenden Schreibtrommel, auf der der fallende Schreibstift dann eine Parabel beschreibt. — Durch den *Luftwiderstand* wird die Beschleunigung verringert und kann sogar ganz aufgehoben werden, so daß der Körper schließlich gleichförmig herabfällt; seine Geschwindigkeit hängt von seiner Größe und Gestalt im Verhältnis zu seinem Gewicht ab. Für Kugeln gilt das Stokessche Gesetz (s. Bewegung fester Körper in Flüssigkeiten). Ist der Luftwiderstand noch stärker, was bei sehr leichten Körpern der Fall ist, so wird auch die Geschwindigkeit null und der Körper schwebt in der Luft (Staub, Wasserteilchen usw.). — Die *Richtung* des freien Falles weicht infolge der Erddrehung ein wenig von der Vertikalen nach Osten ab: *Fallabweichung*; die Größe der Abweichung wächst quadratisch mit der Fallhöhe und kann beim Fallen von hohen Türmen oder gar vom Luftschiff aus mehrere Zentimeter betragen (Benzenberg, Reich u. a.).

Fallabweichung, s. Fall.

Fall auf der schiefen Ebene, s. Schiefe Ebene.

Fall auf der Zykloide, s. Schiefe Ebene.

Fallende Kugeln in Flüssigkeit, s. Bewegung fester Körper in Flüssigkeiten.

Fallmaschinen, s. Fall.

Fallschirm, s. Luftschiffahrt.

Falset, s. Stimme und Sprache.

Faltenpunkt, s. Gemische.

Farad, s. Elektrische und magnetische Maßsysteme, Kondensator.

Faraday-Effekt, s. Magnetische Drehung der Polarisationsebene.

Faradayscher Dunkelraum, s. Glimmlicht.

Faradayscher Käfig, s. Elektrostatik, Kathodenstrahlen.

Faradaysches Gesetz, s. Elektrolyse.

Farbenabweichung, s. Chromatische Aberration.

Farbenblindheit, s. Sehen, Farbenlehre.

Farben dünner Blättchen, s. Interferenz des Lichts.

Farbenfilter, s. Photographie.

Farbenlehre. Vom physikalischen Standpunkte aus sind die Farben charakterisiert durch die Schwingungszahlen der Lichtträger oder auch durch die entsprechenden *Wellenlängen* in Luft. Sie bilden das *Spektrum*, ordnen sich hier von Rot bis Violett (s. Spektrum) und heißen *reine Spektralfarben*. Durch Übereinanderlagerung von Spektralfarben erhält man *Mischfarben*, z. B. bei den Farben dünner Blättchen (s. Interferenz des Lichts), bei Kristallplatten (s. Kristalloptik) usw. — Zwei Farben, die sich am besten zu Weiß ergänzen und die auf das Auge einen entgegengesetzten Eindruck machen, heißen *Komplementär- oder Kontrast- oder Ergänzungsfarben* (rot-grün, gelb-violett usw.);

ihre Wellenlängen verhalten sich etwa wie 2 : 3. Dieser physikalischen Farbenlehre steht die *physiologische* ganz selbständig gegenüber. Nach ihr gibt es *drei Grundfarben*, für die unser Sehorgan getrennte Aufnahmeapparate hat, und aus denen sich durch Überlagerung die Mischfarben ergeben. Im einzelnen sind die verschiedenen Theorien, besonders die Young-Helmholtzsche und die Heringsche, voneinander abweichend und teilweise sogar einander gegenüberstehend. Als Grundfarben werden jetzt gewöhnlich rot, blau und gelb angesehen. Die Farbenmannigfaltigkeit stellt sich dann als ein *Farbendreieck* dar, dessen Ecken die drei Grundfarben, dessen Seiten binäre, dessen Inneres ternäre Gemische darstellt. Errichtet man auf dem Dreieck eine Pyramide (oder auch auf einem Grundkreise einen Kegel), so erhält man die weitere Mannigfaltigkeit der ungesättigten Farben bis hinauf zur Spitze, die Schwarz entspricht (Fig. 66, den

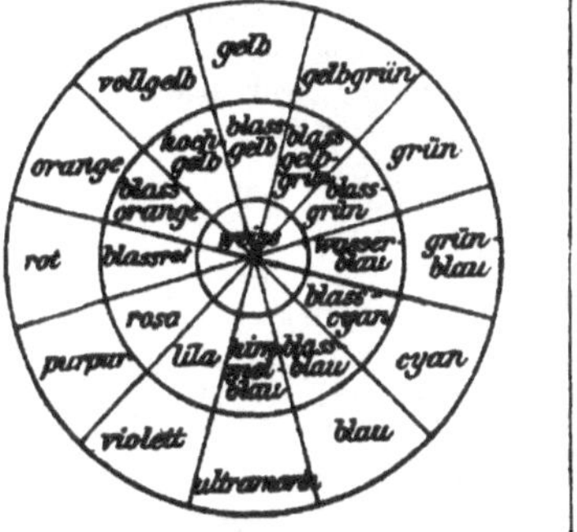

Fig. 66.

Grundkreis des Kegels darstellend). In neuester Zeit sind mehrere Farbensysteme von großer Allgemeinheit aufgestellt worden. Das vielleicht systematischste ist das von *Ostwald*, bei dem jede Farbe durch ihre Stellung im Spektrum, ihren Weißgehalt und ihren Schwarzgehalt gekennzeichnet ist, also in gewissem Sinne eine Verschmelzung der Newtonschen und Goetheschen Theorien. — Normale Augen heißen trichromatisch, solche, denen eine Mannigfaltigkeit fehlt, dichromatisch, solche mit nur einer einzigen monochromatisch; auch spricht man in diesem Sinne von Rotgrünblindheit, Blaugelbblindheit, allgemein aber von *Farbenblindheit*. — Apparate zur Farbencharakterisierung und Messung heißen *Farbenweiser* bzw. *Kolorimeter* oder Chromoskope; sie beruhen meist auf den Farben dünner Kristallblättchen (Kalkspat, Quarz, Glimmer u. a.). Einer der vollkommensten ist der Farbenweiser von Arons. — Zu unterscheiden ist endlich zwischen optischen Farben, insbesondere Reflexions- und *Interferenzfarben* (abstrakt, Lichtphänomene) und *Körper-* oder *Pigmentfarben*; die Beziehung zwischen beiden und ihre Gesetze im einzelnen sind sehr verwickelt. Man vergleiche hierzu auch unter Farbenphotographie im Art. Photographie. — Durch chemische Umbildung der Oberfläche entstehen die *Anlauffarben*, durch Interferenz infolge von Einschlüssen oder Hohlräumen die *Schillerfarben*, wieder auf andere Weise das *Irisieren*.

Farbenphotographie, s. Photographie.

Farbenzerstreuung, s. Dispersion.

Farbige Schatten, s. Lichtausbreitung.

Fata morgana, s. Atmosphärische Optik.

Fechnersches Gesetz, s. Lichtstärke, Tonstärke.

Federdynamometer, s. Kraftmessung.

Federwage, s. Wägung.

Feilichtbilder, s. Elektromagnetismus, Magnetfelder.

Feinkühlung, s. Geschmeidigkeit, Wärmeapparate.

Feld, s. Kraftfeld, Magnetfeld usw.

Feldstärke, s. Kraftfeld, Magnetische Kräfte, Magnetfeld.

Feldstecher, s. Fernrohr.

Feldtheorie, s. Elektrische Theorien.

Fermatscher Satz, s. Geometrische Optik.

Fernkraft, s. Kraft, Elektrische Theorien, Gravitation.

Fernphotographie, s. Lichtelektrizität, Telegraphie.

Fernrohr oder *Teleskop* ist ein Instrument, durch das entfernte Objekte unter einem vergrößerten Sehwinkel, also scheinbar näher gerückt und mit reicheren Einzelheiten gesehen werden.

Zu unterscheiden ist zunächst rein äußerlich zwischen *Stand-* und *Hand-*Fernrohren. Ferner können es einfache oder *Doppelfernrohre* zum Beobachten mit beiden Augen sein, und zwar entweder vollständig doppelte oder bloß binokulare. Sodann können Fernrohre entweder auf Brechung oder auf Spiegelung beruhen; jene heißen *dioptrische* (Refraktoren), diese *katoptrische* Fernrohre oder *Spiegelteleskope.* — Von den ersteren, die aus Objektiv, Rohr und Okular bestehen, gibt es vier Haupttypen: a) das *holländische* oder *Galileische Fernrohr.* Es hat ein sammelndes Objektiv und ein zerstreuendes Okular, liefert virtuelle, aufrechte Bilder (Fadenkreuz und Messungen daher ausge-

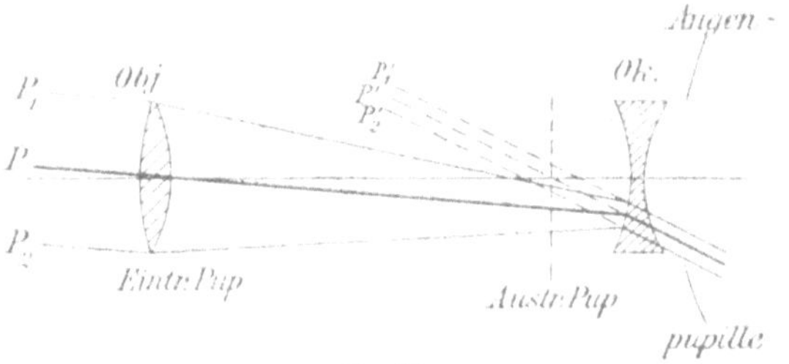

Fig. 67.

schlossen), die sich bei geringer Vergrößerung, bis zu dreifach, gut, bei mäßiger, bis zu sechsfach, nur noch unvollkommen und bei größerer gar nicht mehr von den verschiedenen Abbildungsfehlern befreien lassen. Der Abstand zwischen Objektiv und Okular ist etwa die Differenz der Brennweiten, daher geringe Länge und Handlichkeit. Hierher gehören die Operngläser und *Feldstecher* älterer Konstruktion. Der Strahlengang ist nebenstehend (Fig. 67) wieder-

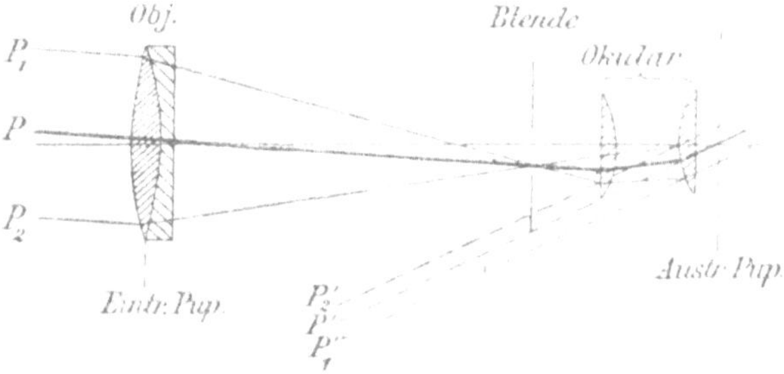

Fig. 68.

gegeben, und zwar für den Fall, daß die Austrittspupille (s. Abbildung) kleiner als die Augenpupille ist. — b) Das *astronomische* oder *Keplersche Fernrohr.* Es hat ein Sammelsystem von großer Brennweite als Objektiv, ein zweites von kurzer Brennweite als Okular, liefert daher reelle, umgekehrte Bilder, die mit Hilfe von Fadenkreuz und Mikrometer ausgemessen werden können; auch dienen sie als *Ablesefernrohre,* besonders bei der Spiegelablesung (s. d.). Der Abstand zwischen Objektiv und Okular ist etwa gleich der Summe der Brennweiten, daher große Rohrlänge. Dabei besteht hier die Möglichkeit, die Abbildungsfehler in weitgehender Weise zu beseitigen, besonders mit Hilfe der Jenenser Gäser. Hierher gehören die großen astronomischen Fernrohre, die der Kathetometer und Theodoliten usw. Strahlengang für ein Instrument mit zweiteiligem Objektiv und zweiteiligem Okular in der Fig. 68 skizziert. — c) Das *terrestrische* oder *Erdfernrohr* geht aus dem Keplerschen her-

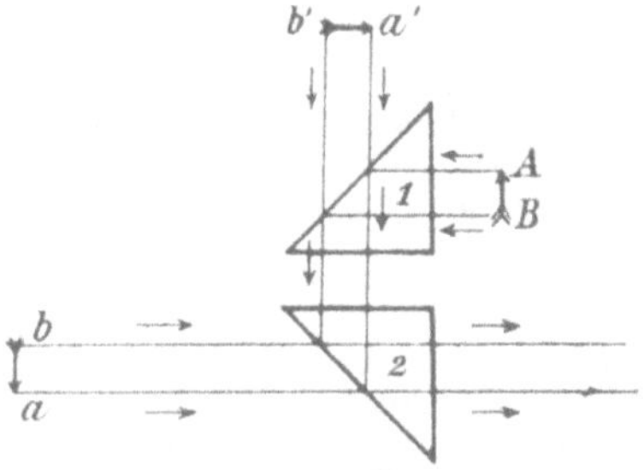

Fig. 69.

vor durch Einfügung eines bildaufrichtenden Systems. Die Rohrlänge wird dann, wenn die Bildaufrichtung durch ein Linsensystem bewirkt wird, noch größer, und zwar desto größer, je geringer die Vergrößerung sein soll; es

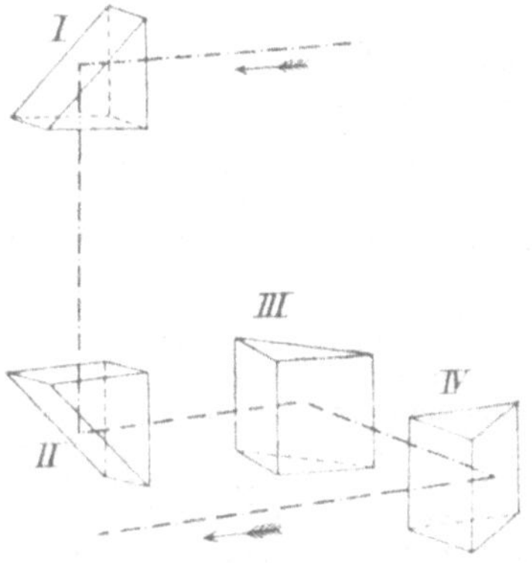

Fig. 70.

bleibt daher eine Lücke in dem Bereiche von drei- bis zwölffacher Vergrößerung. Sie wird neuerdings ausgefüllt durch die d) *Prismenfernrohre* und *Prismenfeldstecher*. Die Bildaufrichtung erfolgt hier durch Prismensysteme (Porro, Abbe), und zwar durch Totalreflexion an deren Hypotenusenflächen. Die erste Fig. (69) zeigt die Aufrichtung in einer der beiden Raumrichtungen; die zweite (70) zeigt den Strahlengang durch alle vier Prismen, wobei doppelte Umkehrung (rechts-links, obenunten) bewirkt wird; 1 und 4 sowie 2 und 3 sind die zusammengehörigen

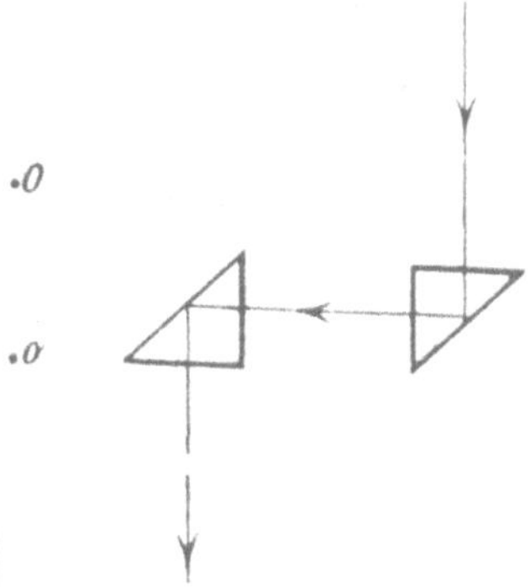

Fig. 71.

Prismen. Je nach der Anordnung und Formgebung erhält man verschiedene Typen: Zeissfeldstecher, Triëderbinokles Pentagonfeldstecher usw. Der einzige Nachteil ist die Knickung der Strahlenbahn (Fig. 71); sie kann aber sogar zum

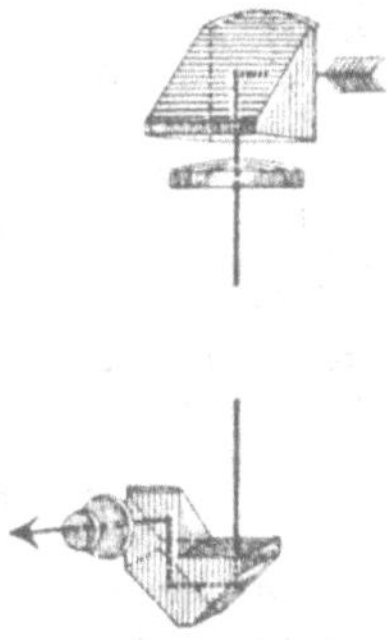

Fig. 72.

Vorteil umgewandelt werden, und zwar erstens durch Gewinnung der Möglichkeit, hinter einer Deckung zu beobachten (Fig. 72, Umleitung der Lichtstrahlen), was beim *Periskop*, Hypoplast usw. Anwendung findet; und zweitens, bei binokularen Instrumenten, durch Gewinnung erhöhter *Tiefenplastik*, indem die Knickung in beiden Hälften nach entgegengesetzten Seiten erfolgt und damit der Objektivabstand ein Vielaches des Okularabstandes wird (Fig. 73). Bei gewaltiger Steigerung dieses Verhältnisses kommt man zu dem *Scheren-* oder *Relieffernrohr* und zu dem stereoskopischen Entfernungsmesser (s. d.); andre Anwendungen erstrecken sich auf Aussichtsfernrohre, Zielfernrohre usw. — Bei dem *Spiegelfernrohr* besteht das Objektiv aus einem Spiegel.

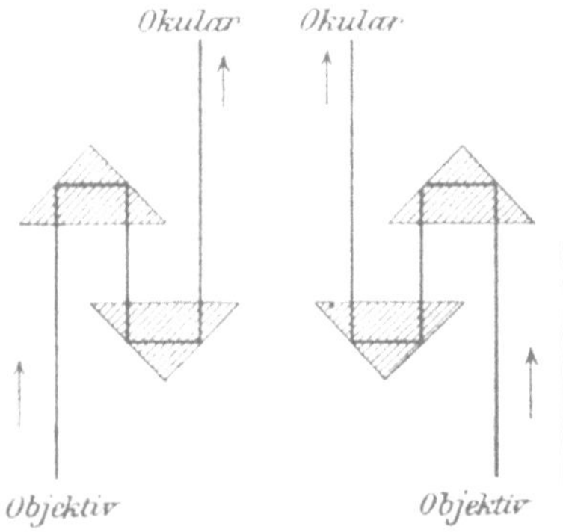

Fig. 73.

Je nach seiner Ausführung gibt es zwei Typen: a) mit einem einzigen Konkavspiegel, wobei die Beobachtung entweder gänzlich von der Seite (Newton) oder doch ein wenig seitlich verschoben erfolgen muß (Herschel); b) mit zentral durchbohrtem Hauptspiegel und kleinem sekundären Hohlspiegel sowie Beobachtung durch ein Okular. Gegenwärtig werden diese Instrumente mit Vorteil nur noch benutzt für sehr große Öffnungen und starke Vergrößerungen sowie für astrophotographische Zwecke. — Die Gestaltung der Linsen bzw. Spiegel bei Fernrohren muß den Anforderungen einer möglichst guten Abbildung entsprechen. Demgemäß werden als Objektive Achromate, besser aber Apochromate benutzt; ferner wird die sphärische Aberration auf ein Minimum reduziert; die Spiegel werden nicht genau sphärisch, sondern nach Zonen abgestuft geschliffen usw. Wegen der Okulare, die denen des Mikroskops in der Hauptsache entsprechen, s. daselbst; hinzugefügt sei noch das orthoskopische (verzeichnungsfreie) Okular. — Wegen der Vergrößerung und des Auflösungsvermögens s. Optische Instrumente.

Fernschrift, s. Telegraphie.

Fernsprecher, s. Telephonie.

Fernwirkungstheorie, s. Elektrische Theorien.

Ferromagnetische Kristalle, s. Kristallmagnetismus.

Ferromagnetismus ist der Inbegriff der an stark magnetisierbaren Stoffen auftretenden Erscheinungen. Zu diesen Stoffen gehören der Magneteisenstein, die Metalle Eisen, Nickel und Kobalt, einige ihrer Verbindungen und Legierungen untereinander und mit andern Stoffen sowie die Heuslerschen Legierungen; letztere deshalb von besonderem Interesse, weil keiner ihrer Bestandteile: Mangan, Aluminium, Kupfer, für sich ferromagnetisch ist. — Die ferromagnetischen Substanzen sind erstens durch die Stärke ihrer Magnetisierbarkeit ausgezeichnet; dieselbe wird entweder durch die *Intensität* der Magnetisierung oder durch den *spezifischen Magnetismus* (Moment der Volumeneinheit bzw. Masseneinheit) charakterisiert. Zweitens aber sind sie dadurch gekennzeichnet, daß bei ihnen die Magnetisierung nicht proportional mit der magnetisierenden Kraft ist, sondern anfangs immer schneller, später aber wieder immer langsamer zunimmt (s. Magnetische Induktion). Drittens zeigen diese Stoffe die Erscheinungen der Remanenz (s. d.), Koerzitivkraft und Hysteresis (s. d.). — Ein ungefähres Bild der Magnetisierbarkeit der ferromagnetischen Stoffe in verschiedenen Feldern gibt die Fig. 74. — Von *Legierungen* seien besonders zwei angeführt wegen ihrer extremen Eigenschaften: fünfprozentiges Nickeleisen, das von allen Stoffen am stärksten, und Manganstahl, der am schwächsten magnetisierbar ist; bei zwölfprozentigem Manganeisen ist die Magnetisierbarkeit fast null. Dasselbe gilt von einem sehr nickelreichen *Nickelstahl*, der deshalb, weil er keine Störungen des Kompasses hervorruft, als Schiffbaustahl bevorzugt wird (s. Erdmagnetismus). — Hinsichtlich der Remanenz und Koerzitivkraft gibt es eine fortlaufende Reihe mit abnehmenden Werten vom harten Stahl zum weichen Stahl, gehärteten Eisen und weichen Eisen; jedoch betrifft die Abnahme die

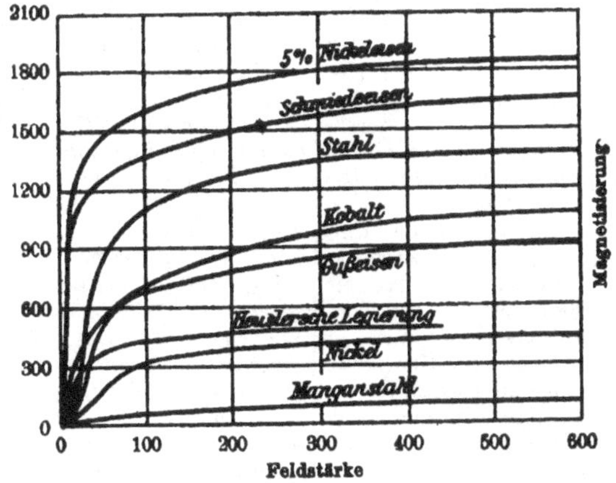

Fig. 74.

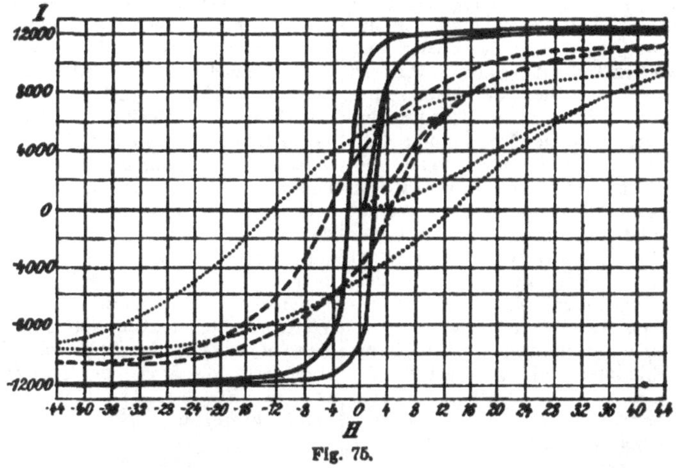

Fig. 75.

Koerzitivkraft viel stärker als die Remanenz. In der Fig. 75 sind für weiches Eisen (ausgezogen), hartgezogenes Eisen (gestrichelt) und harten Stahl (punktiert) die Hysteresisschleifen, einschließlich der jungfräulichen Kurven (s. Magnetische Induktion) vergleichend dargestellt. — Einen wesentlichen Einfluß auf den Ferromagnetismus hat die *Temperatur*. Bei kleinen magnetisierenden Kräften nimmt er mit steigender Temperatur erst bis zu einem Maximum zu und dann wieder ab; bei großen nimmt er von vornherein ab. Zwischen

0° und 100° beträgt der Temperaturkoeffizient (relative Änderung pro Grad) meist ein bis einige Tausentel. Bei einer gewissen Temperatur verschwindet der Magnetismus fast vollständig; sie heißt die *kritische Temperatur des Magnetismus* oder, da man annehmen muß, daß hier eine innere Umwandlung des Materials erfolgt, die *Umwandlungstemperatur.* Sie beträgt bei Eisen durchschnittlich 770° C (bei extremen Sorten 730° bis 830°), bei Nickel 420°. Die Einzelheiten dieses Prozesses sind so verwickelt, und auch jenseits des Umwandlungspunktes treten noch so merkwürdige Erscheinungen auf, daß sie hier nicht wiedergegeben werden können. Nach dem *Curieschen Gesetz* ist die Suszeptibilität mit dem Überschuß der Temperatur über die Umwandlungstemperatur umgekehrt proportional. Das Produkt $C = \varkappa (T - T_u)$ heißt *Curiesche Konstante;* jedoch ist hier zwischen spontaner und bedingter Magnetisierung zu unterscheiden. Bei der Wiederabkühlung, besonders nach einer erstmaligen Erwärmung, tritt der Magnetismus nur teilweise wieder auf, zum andern Teile ist er dauernd verloren gegangen. — Auch auf permanente Magnete wirkt starke Temperatursteigerung schädigend ein, unter Umständen geradezu vernichtend. — Schließlich wird durch Erhitzung die Hysteresisschleife verkleinert (schlanker), und sie nimmt auch nach der Abkühlung nicht wieder die volle ursprüngliche Breite an. — Die Heuslerschen Legierungen weisen im übrigen noch eine Reihe sehr eigenartiger Erscheinungen auf, namentlich des Alterns, der Erholung, die chemischen Beziehungen zur prozentigen Zusammensetzung usw.

Fesselballon, s. Luftschiffahrt.

Feste Körper, s. Aggregatzustände.

Feste Lösungen, s. Lösungen.

Festigkeit ist der Widerstand eines Körpers gegen die Aufgabe des Zusammenhanges seiner Teile. Dabei handelt es sich zunächst um die Frage: Ist für diese Katastrophe eine bestimmte *Beanspruchung* in kg*/qmm maßgebend, oder ist es eine bestimmte relative *Deformation.* Neuere Untersuchungen haben gezeigt, daß weder das eine noch das andre allgemein der Fall ist, daß man es hier vielmehr mit einem sehr verwickelten Phänomen zu tun hat. Praktisch gibt man die Festigkeit gewöhnlich im Beanspruchungsmaße an. — Hiervon abgesehen gibt es natürlich ebenso viele Arten von Festigkeit, als es Arten von Elastizität gibt; die wichtigsten sind folgende: 1. *Zugfestigkeit* oder Festigkeit gegen Zerreißen; zur Ergänzung fügt man der Beanspruchung noch die *Bruchdehnung* und die Querschnittsverminderung, die *Einschnürung,* bei. — 2. *Druckfestigkeit* oder Festigkeit gegen Zerdrückung, nur mit großer Vorsicht exakt zu bestimmen, weil sonst leicht seitliche Ausbiegungen eintreten und alsdann, statt der wahren Zugfestigkeit, die *Knickfestigkeit* ermittelt wird. — 3. *Biegungsfestigkeit.* — 4. *Schub-* oder *Scherfestigkeit* und ihre Abart, die *Drillungs-* oder *Torsionsfestigkeit.* — 5. *Stoßfestigkeit,* diese als kinetische Festigkeit den vorgenannten als statischen gegenüberstehend. — Zur einigermaßen exakten Messung der verschiedenen Festigkeiten hat man besondere Zug-, Druck-, Scherungs- und Stoßapparate gebaut. — Für einen bestimmten Stoff sind die Werte der verschiedenen Festigkeiten außerordentlich verschieden, ebenso die Werte derselben Art von Festigkeit für verschiedene Stoffe. Auch die Verhältniszahlen für verschiedene Festigkeitsarten weichen für verschiedene Stoffe stark voneinander ab. Außerdem hängen die Werte recht merklich von den Umständen, namentlich von der Herstellungsart der Stoffe, der Temperatur usw. ab. Einige runde Zahlen sind folgende (kg*/qmm):

Zugfestigkeit.

Blei, gezogen	2
Eichenholz	7
Eisen, gezogen	65
Glas, Natronsilikat	8
Glas, Borat	6
Glas, schwerstes Bleisilikat	3,5
Gold	27

Granit	0,5
Hanfseil	5
Kupfer, gezogen	40
Messing	70
Platin	34
Quarz ‖	16,3
,, ⊥	12,5
Silber	29
Stahl, gezogen	75
,, gehärtet	100
Zink	13
Zinn	2,5

Druckfestigkeit

Basalt	13	(bb)
Eichenholz	7	
Eisen	50 bis 100	
Glas, Natronsilikat	120	
,, Borat	80	
,, schwerstes Bleisilikat	60	
Granit	10	
Kupfer	40	
Porphyr	24	
Quarz ‖	182	
,, ⊥	160	
Stahl, Guß-	bis 430	

Biegungsfestigkeit

Eichenholz	7
Eisen	30
Granit	0,8
Sandstein	0,6
Stahl	80

Schubfestigkeit

Eisen	28
Granit	0,8
Laubholz	0,5
Nadelholz	1,5
Stahl	bis 60

— Von besonderem Interesse ist noch das Studium der Bruchstelle mit ihrer Struktur.

Feuchtigkeit und *Niederschläge.* In der atmosphärischen Luft ist stets eine kleinere oder größere Menge Wasserdampf vorhanden. Diese Menge heißt die Feuchtigkeit, und zwar kann sie in folgenden Formen angegeben werden: 1. Dichte des Wasserdampfs in der Luft, wegen ihres kleinen Wertes gewöhnlich in Gramm pro Kubikmeter Luft angegeben und als *absolute Feuchtigkeit* f bezeichnet. 2. Wenn man die absolute Feuchtigkeit durch ihren größten möglichen Wert, entsprechend der Sättigung des Raumes mit Dampf (s. Dämpfe), F, dividiert, erhält man die *relative Feuchtigkeit* $r = f/F$, gewöhnlich in Prozenten ausgedrückt, also $R = 100 \cdot f/F$. 3. Die Spannkraft des Wasserdampfs, *Dunstdruck* genannt; in Millimeter Hg-Höhe gemessen hängt sie mit f durch die Formeln

$$s = 0{,}945\,(1 + 0{,}00367\,t) \cdot f$$

oder

$$f = 1{,}058\,s/(1 + 0{,}00367\,t)$$

zusammen, wo t die Temperatur in Celsiusgraden ist. Der größte Wert, den s annehmen kann, heißt der *Sättigungsdruck* S, die Differenz $S - s$ das *Sättigungsdefizit;* das Verhältnis s/S ist wieder die relative Feuchtigkeit. Bequem für das Gedächtnis ist, daß s und f für mittlere Temperatur zahlenmäßig nahezu gleich sind. 4. Endlich kann man den Zustand auch dadurch kennzeichnen, daß man den *Taupunkt* τ angibt, d. h. die Temperatur, bei der die Luft mit dem vorhandenen Wasserdampf gesättigt sein würde, und diesen Wert τ mit der wirklich herrschenden Temperatur t vergleicht. Wenn die Temperatur sinkt, bleibt die absolute Feuchtigkeit nahezu die gleiche; dagegen nimmt die relative Feuchtigkeit, weil der Sättigungswert im Nenner abnimmt, zu, bis sie bei der Sättigungstemperatur den Wert 100 Prozent annimmt. — Zur Messung der Feuchtigkeit dient insbesondere das Daniellsche oder (neuere Form) Lambrechtsche *Hygrometer*, bei dem man den Taupunkt durch Beobachtung des bei der Abkühlung (durch Verdampfung aufgetröpfelten Äthers) einer Metalloberfläche sich bildenden Beschlages bestimmt; Näherungsformel, wenn t die Temperatur, t' die des befeuchteten Thermometers beim Beschlagen, f und f' die zugehörigen Feuchtigkeiten sind: $f = f' - 0{,}64\,(t - t')$. Ferner das Augustsche *Psychrometer*, bei dem aus der Abkühlung eines befeuchteten Thermometers die Verdampfungsgeschwindigkeit des Wassers und hieraus die

Feuchtigkeit bestimmt wird; sollen nicht zu große Werte herauskommen, so muß man den Apparat mehrmals herumschwingen (Schleuderpsychrometer); am vollkommensten in der Form des *Assmannschen Aspirationspsychrometers*, bei dem die sehr erhebliche Fehlerquelle durch Bestrahlung mittels eines Metallschutzrohrs beseitigt wird, durch das dauernd ein Luftstrom hindurchgesaugt wird. Formel:

$$s = s' - 0{,}00066\, b\,(t - t'),$$

wo b der Barometerstand ist. Endlich, aber weniger genau, mit dem Haarhygrometer (Krümmung, Drillung usw. empfindlicher, sog. *hygroskopischer* Körper durch die Feuchtigkeit). — Einige Werte von F und S für verschiedene Temperaturen enthält die folgende Tabelle:

t	S	F
- 50°	0,030	0,039
- 40	0,096	0,119
- 30	0,288	0,342
- 25	0,48	0,56
- 20	0,78	0,89
- 15	1,25	1,40
- 10	1,96	2,15
- 5	3,02	3,06
0	4,6	4,8
5	6,5	6,8
7	7,5	7,8
10	9,2	9,4
12	10,5	10,7
15	12,7	12,8
17	14,5	14,4
20	17,4	17,2
25	23,5	22,9
30	31,6	30,1
35	42,0	
40	55,1	
50	92,3	

— Wenn der Sättigungspunkt, sei es infolge Druckabnahme (nicht Zunahme, s. wegen dieser Anomalie den Artikel Dämpfe), sei es infolge von Temperaturabnahme, überschritten wird, tritt Kondensation des Wasserdampfes ein: *Nebel-* bzw. *Wolkenbildung*. Jedoch ist dazu, wenn nicht extreme Verhältnisse vor liegen, noch etwas Besonderes erforderlich, nämlich das Vorhandensein von *Kondensationskernen*, an die sich die neugebildeten Wassertröpfchen ansetzen können; als solche können Staubteilchen, z. B. Kalk, Kohle, Salzteilchen einerseits und Ionen, d. h. dissoziierte Luftteilchen, andrerseits dienen. Dieses Verhalten läßt sich durch einen Versuch mit einem Glasballon, der einmal staubfrei, das andre Mal staubhaltig ist, oder der einmal normale, das andre Mal ionisierte Luft enthält (Bestrahlung mit Röntgenstrahlen o. dgl.) und indem man den Druck mittels Schlauch und Gummiballon (oder mit der Pumpe) plötzlich verringert, sehr gut demonstrieren. Hierauf beruht es auch, daß verschiedene Orte unter gleichen Umständen seltene oder häufige Nebelbildung aufweisen (Davos, London). — Wenn die Flüssigkeitsteilchen klein genug sind, bleiben sie in der Luft *schweben*, sind sie größer, so fallen sie nach dem Stokesschen Gesetz (s. Bewegung fester Körper in Flüssigkeiten) herunter, und zwar desto schneller, je größer sie sind: *Regen*. Setzen sich die neugebildeten Tropfen unmittelbar an festen Teilchen der Erdoberfläche an, so hat man die Erscheinung des *Taus*. — Ist die Temperatur besonders niedrig, so bilden sich direkt aus dem Dampfe feste Teilchen: *Hagel, Schnee, Reif*.

Feuerspritze, s. Pumpen.

Film, s. Photographie.

Finitive Prozesse, s. Gleichgewicht, Prozesse.

Finsternisse, s. Lichtausbreitung.

Fistelstimme, s. Stimme und Sprache.

Fixieren, s. Photographie.

Fixpunkt, s. Ort, Thermometer.

Fizeausche Streifen, s. Interferenz des Lichts.

Flachschuß, s. Wurf.

Flächenblitz, s. Atmosphärische Elektrizität.

Flächen gleichen Geschwindigkeitspotentials, s. Geschwindigkeitspotential, Hydrodynamik.

Flächen gleichen Potentials, s. Kraftfeld, Potential.

Flächenhelligkeit, s. Lichtstärke.

Flächenmaß. Es wird aus dem Längenmaß abgeleitet. Einheit ist das Quadratzentimeter; andre runde Flächengrößen sind folgende:

1 qμ = 0,00000001 qcm
1 qmm = 0,01 qcm
1 qdm = 100 qcm
1 qm = 10000 qcm
1 Ar (a) = 100 qm = 1000000 qcm
1 Hektar (ha) = 100 a = 10000 qm = 100000000 qcm
1 qkm = 100 ha = 10000 a = 1000000 qm = 10000000000 qcm

Einige ältere Flächenmaße haben folgende Werte:

1 Quadratmeile = 55,0588 qkm
1 preußischer Morgen = 25,53 a
1 preuß. Quadratfuß = 985,04 qcm
1 preuß. Quadratzoll = 6,8405 qcm

Flächenmessung. Einfach geformte Flächen kann man leicht aus den charakteristischen Strecken berechnen, z. B. das Quadrat aus der Seite a : $f = a^2$; das Dreieck aus Basis b und Höhe h : $f = \frac{1}{2} b h$; den Kreis aus dem Radius r : $f = \pi r^2$; die Kugeloberfläche $f = 4 \pi r^2$. Beliebig begrenzte Flächen zeichnet man auf Koordinatenpapier ab, zählt die vollständig im Innern enthaltenen Elementarquadrate und schätzt den Anteil der Randquadrate; die Summe wird desto genauer, je feiner das Netzwerk ist. — Außerdem gibt es besondere Apparate für die Flächenmessung: *Planimeter;* am verbreitetsten ist das Amslersche *Polarplanimeter*, mit dessen Spitze man die Kontur der Fläche abfährt, und das alsdann den Flächeninhalt einfach abzulesen erlaubt. — Eine indirekte Methode für Flächen aus hartem Material besteht in der Messung der Dicke d und des Gewichts w, woraus sich dann, wenn s das spezifische Gewicht des Materials ist, $f = w/(ds)$ ergibt.

Flächensatz, s. Dynamik, Zentralbewegung.

Flächenströme sind solche elektrische Ströme, die in zweidimensional ausgedehnten Leitern verlaufen, praktisch genommen also in Metallplatten, Blechen, Quecksilberschichten usw. Die dritte Dimension (Dicke) ist zwar auch vorhanden, δ, wird aber als klein und überall gleich angesehen und spielt nur insofern eine Rolle, als der Widerstand mit ihr umgekehrt proportional ist. Die Eintrittsstelle des bis dahin linearen Stromes heißt *Quelle* oder *Anode*, die Austrittsstelle *Senke* oder *Kathode*, beide zusammen *Elektroden*; dazwischen verlaufen die *Stromlinien*, senkrecht auf ihnen stehen die *Niveaulinien* oder Linien gleichen Potentials. Eigentlich müßte man in jedem Plattenpunkte aufs neue Verzweigung des Stroms nach allen Richtungen annehmen; es läßt sich aber nachweisen, daß das unnötig ist, daß man vielmehr nur Anode und Kathode als Verzweigungs- bzw. Vereinigungsstellen anzusehen braucht, im übrigen aber die Stromlinien ansehen kann, als ob sie durch isolierendes Material getrennt wären. — Der Verlauf der Niveau- und Stromlinien läßt sich theoretisch aus der Gleichung der stationären Strömung oder aus der mit ihr äquivalenten zweidimensionalen Laplaceschen Gleichung (s. Potential) nach der Methode der komplexen Funktionen berechnen. Experimentell läßt sich das System der Niveaulinien ebenfalls leicht ermitteln, indem man zwischen zwei Punkten der Fläche einen Zweigstrom zu einem Galvanometer führt und den einen der beiden Punkte so lange variiert, bis man keinen Ausschlag mehr erhält: dann liegen die beiden Punkte auf derselben Niveaulinie; setzt man das Verfahren fort, so erhält man zunächst beliebig viele Punkte einer und derselben Niveaulinie, und dann, indem man als ersten Punkt einen andern nimmt, eine zweite, dritte Niveaulinie usw. Sehr bequem ist die Wahl einer Quecksilberschicht mit untergelegtem Kartenblatt, auf dem man die gefundenen Punkte mit Bleistift sofort einträgt. Die Stromlinien ergeben sich dann als die auf den Niveaulinien senkrechten Linien; mit Hilfe einer kleinen Magnetnadel kann man sie auch direkt bestimmen. — Um eine *punktförmige Quelle* oder Senke herum sind die

Niveaulinien konzentrische Kreise, die Stromlinien deren Radien; das Potential im Abstande r ist

$$V = (p/2\pi\delta\lambda)\cdot\log r\,,$$

wo p die Ergiebigkeit der Quelle und λ das spezifische Leitvermögen des Mate-

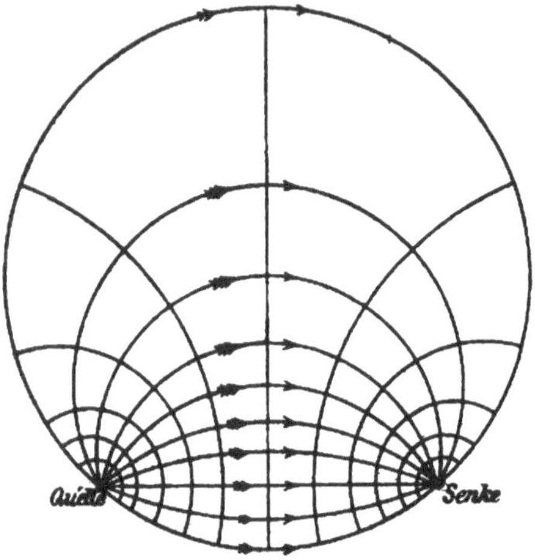

Fig. 76.

rials ist; die Stromdichte ist $\varrho = p/(2\pi r)$, der Widerstand eines Ringstreifens ist $w = (1/2\pi\delta\lambda)\log(r_2/r_1)$. In einer *Kreisplatte* mit zwei Polen am Rande erhält man das nebenstehende Bild (Fig. 76). Zahlreiche andre Fälle sind berechnet

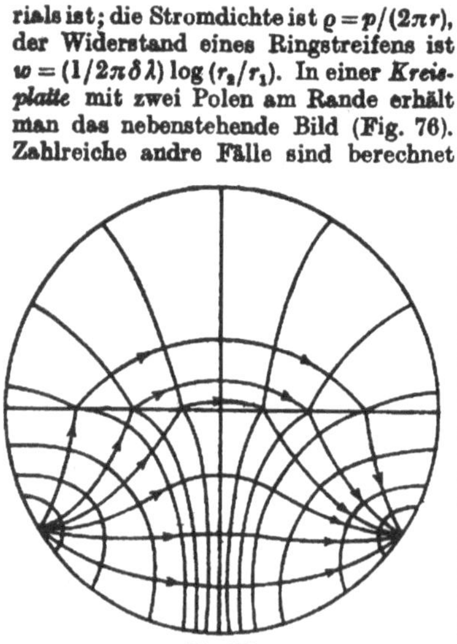

Fig. 77.

und gezeichnet worden, auch für gekrümmte Flächen, z. T. nach der Methode der elektrischen Bilder und der konformen Abbildung. — Wenn die Platte aus zwei verschiedenen, miteinander verlöteten Teilen besteht, so werden die Stromlinien beim Übergange von dem einen in den andern *gebrochen* (Fig. 77), aber nicht nach dem Sinusgesetz, sondern nach dem Tangensgesetz: das Verhältnis der tang des Einfalls- und Brechungswinkels ist konstant, nämlich gleich dem Verhältnis der beiden Leitungsvermögen.

Flächenvergrößerung, s. Abbildung.

Flächenwinkel, s. Winkel.

Flageolettöne, s. Saitentöne.

Flammenbogen, soviel wie Lichtbogen.

Flammenkollektor, eine in freier Luft zur Messung elektrischer Ladungen oft benutzte Flamme.

Flammenleitung, s. Elektrizitätsleitung der Gase.

Flammenventile, s. Elektrische Ventile.

Flaschenbatterie, s. Kondensator.

Flaschenentladung, s. Elektrische Schwingungen, Entladung, Kondensator.

Flaschenzug, s. Einfache Maschinen.

Fliehkraft, s. Zentralbewegung.

Fließende Kristalle, s. Flüssige Kristalle.

Fließen fester Körper, s. Geschmeidigkeit.

Fließgrenze s. Geschmeidigkeit.

Flintglas, s. Chromatische Aberration.

Flöte, s. Musikinstrumente.

Flüchtig, s. Verdampfung.

Flüssige Kristalle heißen nach ihrem Entdecker Otto Lehmann gewisse, fast durchweg organische Stoffe, die zwar einerseits gemäß ihrer Fähigkeit zu fließen als Flüssigkeiten anzusprechen sind, trotzdem aber in erheblichem Grade Heterotropie (s. Materie) zeigen insbesondere also auch optische Polarisationserscheinungen nach Art der festen Kristalle; sie sind deshalb auch als *heterotrope Flüssigkeiten* bezeichnet worden. Anfangs wurde zwischen fließenden und flüssigen Kristallen unterschieden; das ist dann aber mehr in den Hintergrund getreten. Im allgemeinen haben die Körper Kugel- oder anderweitig gekrümmte Form; sie können aber auch Polyeder, z. B. quadratische Pyramiden, allerdings von geringer Beständigkeit, bilden. Teilweise zeigen sie auch spontane Bewegungen und sind daher als *scheinbar lebende Kristalle* bezeichnet worden; Lehmann schreibt ihnen eine besondere Gestaltungskraft zu. — In *optischer* Hinsicht sind sie durchweg einaxig; die Exzentrizität der Wellenfläche ist aber oft sehr beträchtlich. — In *thermischer* Hinsicht ist besonders charakteristisch der doppelte Schmelzpunkt; bei dem ersten geht die Substanz in eine kristallinisch-trübe Flüssigkeit über, bei dem zweiten wird diese klar und isotrop (Klärungsprozeß). — Im übrigen sind die Formen und Polarisationserscheinungen überaus mannigfaltig. — Einige hierher gehörige Stoffe sind: das Cholesterinbenzoat (zwischen 145° und 178°), das Azooxyanisol (zwischen 116° und 134°), ölsaures Kalium und Ammonium (Pyramiden), Paraazooxy-Zimtsäure-Äthylester (spontane Bewegungen). Alle diese Stoffe zeichnen sich durch einen mehr oder weniger linearen Bau der Molekel aus; aber nicht alle Stoffe von diesem Bau besitzen umgekehrt eine kristallinisch-flüssige Phase. — Die verschiedenen *Theorien* der flüssigen Kristalle gehen in ihren Grundvorstellungen weit auseinander; vom physikalischen Standpunkte läßt sich aber, wie Voigt gezeigt hat, ein ziemlich vollständiges und befriedigendes Bild der Verhältnisse gewinnen. Hiernach besteht allerdings eine weitgehende Analogie der anisotropen Flüssigkeiten mit den wirklichen Kristallen. Die Molekeln haben die Fähigkeit, sich parallel zu orientieren und dabei wahrscheinlich eine Art von Raumgitter (s. Molekulartheorie) zu bilden; sie sind optisch einaxig, z. T. auch zirkular doppelbrechend und dichroitisch. Die Bausteine sind aber nicht wie bei den Kristallen die Atome, sondern die Molekeln, und damit hängt die verschiedene Art der Kohäsionskräfte und der Formbildung zusammen. — S. auch Aggregatzustände.

Flüssigkeiten, s. Aggregatzustände, Kompressibilität usw.

Flüssigkeitshorizont, s. Spiegel.

Flüssigkeitslamellen oder *Flüssigkeitshäutchen* sind dünne, durch die Kohäsion zusammengehaltene Flüssigkeitsschichten. Zu ihrer Herstellung und zu Versuchen mit ihnen eignen sich besonders *Seifenlösungen*, und es kommt dabei sehr viel auf die Wahl der Sorte und der Konzentration an; auch erweisen sich für manche Zwecke kleine Zusätze andrer Stoffe als dienlich. Der grundlegende Versuch wird am besten mit einem rechteckigen Drahtrahmen

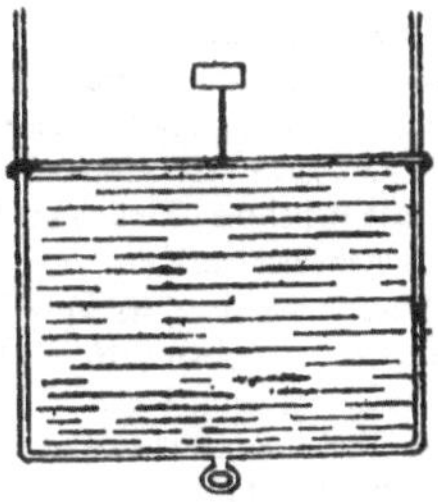

Fig. 78.

(Fig. 78), dessen eine Seite verschiebbar ist, angestellt; man bringt CD nahe an AB heran, füllt Seifenlösung dazwischen, zieht CD nach unten und läßt nun los; dann wird durch die Spannung der Lamelle CD samt einem kleinen Gewichte gehoben. Wenn man CD zu weit nach unten zieht, reißt die Lamelle ab. Bläst man an ein Glas- oder Pfeifenrohr eine Seifenblase an und gibt nun die Rohröffnung frei, so zieht sich die Blase zusammen und stößt die Luft so heftig aus, daß sie eine Kerzenflamme auslöschen kann; auch kann man die Ausströmung durch Tabakrauch, den man eingeblasen hatte, direkt sichtbar machen. Nur bei einem ganz bestimmten Verhältnis zwischen äußerem, innerem und Kapillardruck ist die kugelförmige Blase im Gleichgewicht. Formel (α die Kapillarkonstante): $p_a - p_i = 2\,a\,((1/r_i) - (1/r_a))$ oder, da r_i und r_a nahezu gleich, aber entgegengesetzten Vorzeichens sind (konvex bzw. konkav): $p_a - p_i = 4a/r$; z. B. ist für eine Kapillarkonstante $a = 75$ und $r = 10$ cm der mögliche Überdruck 30 Dynen pro Quadratzentimeter, also 0,00003 Atmosphären. Je größer und gleichzeitig dünner die Blase ist (Dicke meßbar am einfachsten durch die Interferenzfarben, die sie annimmt), desto geringer muß der Überdruck gehalten werden, bis schließlich die Blase zerplatzt. — Andre Gleichgewichtsfiguren, sog. *Plateausche Figuren*, erhält man mit Hilfe von Drahtgestellen, an die sich die Lamellen anlehnen können. Taucht man ein solches Gestell (Tetraeder, Oktaeder, Würfel, Zylinder, Kegel usw.) in Seifenlösung, so erhält man Häutchen von den verschiedensten Formen, die im Innern in bestimmten Kanten aneinanderstoßen; alle sind dadurch bestimmt, daß die sämtlichen Druckkräfte sich das Gleichgewicht halten, und daß die Gesamtoberfläche ein den Verhältnissen entsprechendes Minimum annimmt. Taucht man z. B. einen Drahtring mit einer Fadenschleife ein, so, daß diese Schleife frei von Flüssigkeit bleibt, so formt sie sich zu einem Kreise. — Ferner gehören hierher die *Blasengerüste*, die man z. B. beim raschen Ausgießen des Bieres aus der Flasche erhält; infolge des Abfließens von Substanz platzt eine Blase nach der andern, und jedesmal ordnen sich die übrigbleibenden neu an. Werden die einzelnen Blasen immer kleiner, so gelangt man zur *Schaumbildung* (s. Disperse Systeme).

Flüssigkeitsrefraktometer, s. Brechungsquotient.

Flüssigkeitsstrahlen, s. Ausfluß der Flüssigkeiten.

Flüssigkeitsstrahl im elektrischen Felde, s. Kapillarelektrizität.

Flüssigkeitswellen, s. Wellenbewegung der Flüssigkeiten.

Flüstergalerien, s. Reflexion und Brechung des Schalls.

Flugzeug, s. Luftschiffahrt.

Fluidität, s. Innere Reibung.

Fluidum, s. Elektrische Theorien.

Fluoreszenz. s. Lumineszenz.

Flut, s. Ebbe und Flut.

Flutanalysator, Flutmesser, Flutmotor, Flutreibung, Flutschreiber, Flutverkündiger, Flutwelle, s. Ebbe und Flut.

Föhn, s. Winde.

Fokaldistanz, s. Abbildung.

Fokometer, s. Abbildung.

Fokus, soviel wie Brennpunkt, s. Abbildung, Linsen, Spiegel.

Formant, s. Stimme und Sprache.

Formfaktoren, s. Bewegung fester Körper in Flüssigkeiten.

Formierung, s. Akkumulatoren.

Fortführung der Wärme, s. Wärme.

Fortführung von Teilchen durch den elektrischen Strom, s. Elektrosmose.

Fortpflanzungsgeschwindigkeit:
der *Wellen*, s. Wellenbewegung.
der *Wasserwellen*, s. Wellenbewegung der Flüssigkeiten.
des *Lichts*, s. Brechung des Lichts Lichtgeschwindigkeit.
des *Schalls*, s. Schallgeschwindigkeit.
elektrischer Wellen, s. Elektrische Schwingungen.

Fortschreitende Welle, s. Wellenbewegung.

Foucaultsches Gyroskop, s. Kreisel.

Foucaultsches Pendel. Ein Pendel hat die Tendenz, seine Schwingungsebene im Weltraum beizubehalten; man kann das an einem kleinen Pendel demonstrieren, das man mit seinem Rahmen auf die Axe der Schwungmaschine aufsetzt. Da nun die Erde um ihre Axe rotiert, und da wir selbst an dieser Rotation, die für uns deshalb nicht in die Erscheinung tritt, teilnehmen, so muß bei jedem Pendel auf der Erde eine scheinbare Drehung in entgegengesetztem Sinne zu beobachten sein; es muß nur für genügende Länge des Pendels, sorgfältige Aufhängung usw. gesorgt sein. Foucault hat das 1851 zuerst demonstriert und damit einen unmittelbaren und anschaulichen Nachweis der *Axendrehung der Erde* geliefert. Seitdem sind verschiedene Anordnungen beschrieben worden, darunter auch solche, bei denen man mit viel kürzeren Pendeln auskommt (optische Abbildung des Pendelkörpers auf einem Schirm mit Skala, noch besser zwei aufeinander zu schwingende Pendel usw.). Die Drehung der Schwingungsebene beträgt am Pole 360° in 24 Stunden; in jeder andern Breite φ ist sie entsprechend dem $\sin \varphi$ kleiner, in Berlin z. B. im Verhältnis 0,793, so daß sie in einer Stunde etwa 12° ausmacht. Übrigens ist die strenge Theorie recht verwickelt, besonders mit Rücksicht auf die Orientierung der anfänglichen Schwingungs-

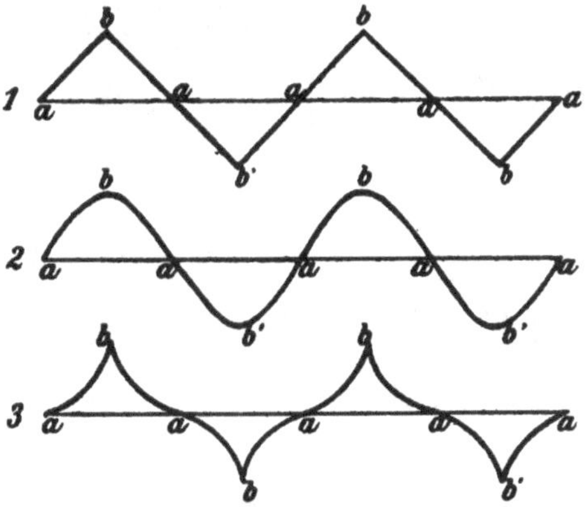

Fig. 79.

ebene des Pendels. — Ganz ähnlich ist das Phänomen des *Foucaultschen Kreisels* (s. Kreisel).

Foucaultsche Ströme, s. Induktionsströme, Körperströme.

Fouriersches Prinzip, s. Statik.

Fourierschwingung. Je nach dem Gesetz, nach dem sich ein schwingender Punkt während einer Periode bewegt, erhält man Schwingungen von verschiedenem Charakter oder, bei der bildlichen Darstellung durch chrono-

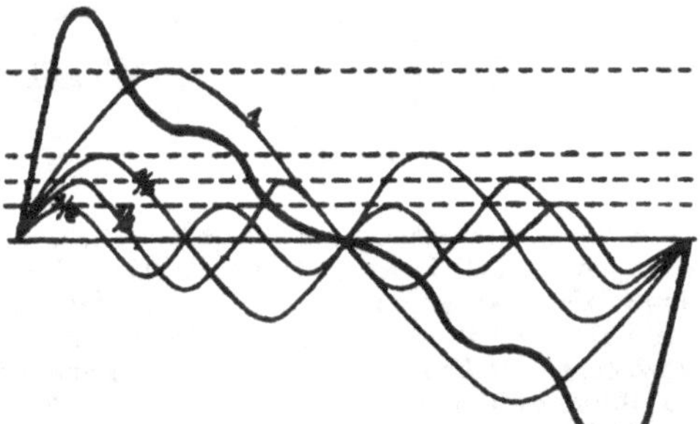

Fig. 80.

graphische Auflösung, verschiedene Kurven, z. B. bei gleichförmiger Bewegung eine gerade Zackenlinie, bei nach den Umkehrpunkten hin abnehmender eine Wellenlinie, bei zunehmender eine geschwungene Spitzenlinie (Fig. 79). Fourier hat gezeigt, daß es möglich ist, alle diese Kurvenformen auf die Sinusform zurückzuführen, nämlich aufzubauen durch Übereinanderlagerung von Sinuskurven, deren Perioden sich wie die ganzen Zahlen verhalten und deren

Amplituden man geeignet wählt (Fig. 80), d. h. es kann jede Funktion y von x im Bereiche einer einfachen Schwingungsperiode dargestellt werden durch die Formel:

$$y = f(x) = \sum_{n=1}^{n=\infty} a_n \sin n a x\,;$$

die Ausdehnung über diesen Bereich hinaus kann entweder durch Sinus- oder durch Cosinusfunktionen erfolgen Eine solche Reihe heißt *Fouriersche Reihe.* — In der Akustik stellt diese Synthese den Klang der Töne und zugleich ihren Aufbau aus harmonischen Partialtönen dar. Einige Beispiele sind folgende:

$$1.\ f(x) = \frac{\pi}{4} = \sin x + \frac{1}{3}\sin 3x + \frac{1}{5}\sin 5x \ldots$$

$$2.\ f(x) = x = 2\left(\sin x - \frac{1}{2}\sin 2x + \frac{1}{3}\sin 3x - \ldots\right)$$

$$= \frac{\pi}{2} - \frac{4}{\pi}\left(\cos x + \frac{1}{9}\cos 3x + \frac{1}{25}\cos 5x + \ldots\right)$$

$$3.\ \left.\begin{array}{l} f(x) = x \text{ für } 0 < x < \pi/2 \\ \quad = \pi - x \text{ für } \pi/2 < x < \pi \end{array}\right\} f(x) = \frac{4}{\pi}\left(\sin x - \frac{1}{9}\sin 3x + \frac{1}{25}\sin 5x - \ldots\right).$$

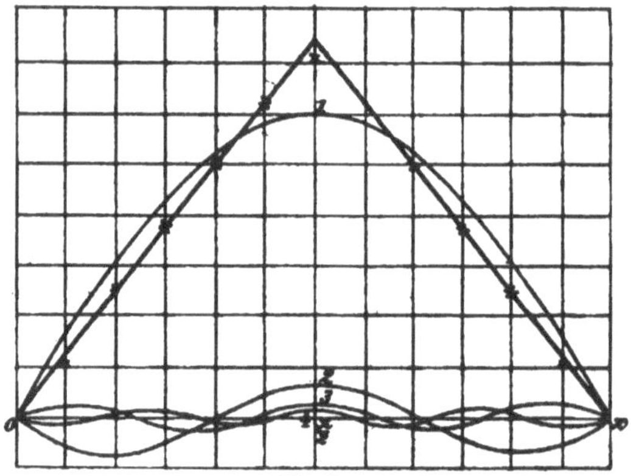

Fig. 81.

(dieses Beispiel, in der Fig. 81 veranschaulicht, führt zu dem obigen Fall 1 der geraden Zackenlinie, also der gleichförmigen Schwingung). — Vgl. auch Klang. — Zum Aufzeichnen von Fourierschwingungen, zu ihrer Auflösung in die einzelnen Sinusglieder und zur Fortsetzung über den vorliegenden Bereich hinaus gibt es besondere Apparate, die auf den verschiedensten Gebieten (Mechanik, Ebbe und Flut, Akustik, Wechselstromtechnik usw.) Anwendung finden.

Fraktionierte Destillation, s. Verdampfung.

Franklinsche Tafel, s. Kondensator.

Fraunhofersche Beugungserscheinungen, s. Beugung des Lichts.

Fraunhofersche Linien, s. Spektrum.

Freiballon, s. Luftschiffahrt.

Freie Energie, s. Entropie, Thermochemie, Thermodynamik.

Freier Fall, s. Fall.

Freie und erzwungene Schwingungen. Ein elastisches System kann man entweder dadurch in Schwingungen versetzen, daß man ihm lediglich einen Anstoß gibt und es dann sich selbst überläßt, oder aber dadurch, daß man es periodisch erregt. Im ersteren Falle führt das System *freie Schwingungen* aus, im letzteren *erzwungene*, in diesem letzteren Falle spricht man von *Mitschwingung* oder *Resonanz* im weitesten Sinne. — Die freien oder *Eigenschwingungen* erfolgen in der natürlichen Periode des Systems, in seiner *Eigenperiode* oder, wie man auch sagen kann, mit seiner *Eigenfrequenz*, das System gibt seinen *Eigenton*. Da aber keine Energie dauernd zugeführt und die einmal zugeführte durch Reibung usw. zerstreut wird, sind die Schwingungen *gedämpft* (s. Dämpfung) und verlöschen nach einiger Zeit. — Die erzwungenen Schwingungen andrerseits erfolgen ebenfalls mit der Eigenfrequenz des Systems, da dieses eben einer andern Schwingungsweise gar nicht fähig ist; aber ihre Intensität hängt von der Periode ab, mit der die Erregung wiederholt wird. Am größten ist diese Intensität, wenn die Erregungsperiode mit der Eigenperiode des Systems überein-

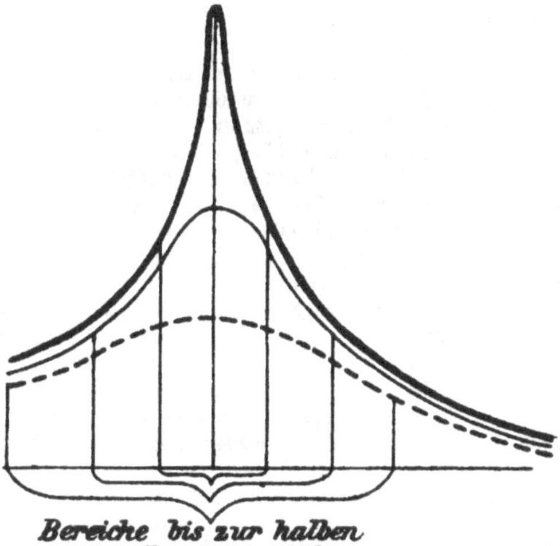

Fig. 82.

stimmt; je mehr beide voneinander abweichen, desto kleiner wird sie. Stellt man dieses Verhalten graphisch dar, so erhält man die Kurve des Mitschwingens oder *Resonanzkurve*. Ihr Gipfel entspricht dem *Resonanzmaximum* (oder Optimum) oder der Resonanz im engeren Sinne; ihre Breite, die *Resonanzbreite*, also die Schnelligkeit, mit der die Intensität beiderseits abfällt, hängt von den Umständen ab, insbesondere von der Natur der Erregung. Ist die Erregung selbst eine Schwingungsbewegung, so hängt die Resonanzbreite von deren Charakter ab, bei unstetiger von dem Grade der *Dämpfung*, und es läßt sich eine einfache Beziehung zwischen Dämpfungsverhältnis (s. Dämpfung) und Resonanzbreite angeben: Gesetz von Stokes und Helmholtz: Je stärker die Dämpfung, desto breiter ist die Resonanz. In der Fig. 82 sind die Resonanzkurven für ein fast dämpfungsfreies, für ein mäßig und für ein stark gedämpftes System (stark, schwach, gestrichelt) zusammengestellt. Bei sehr schmaler Kurve spricht man von *scharfer* Resonanz, bei ganz breiter von *unbestimmter* oder universeller Resonanz. Außerdem gibt es noch eine Abart, die *multiple Resonanz;* ein System resoniert nämlich auch dann relativ stark, wenn die erregende Periode die doppelte Eigenperiode ist, wenn also nur jede zweite Eigenschwingung einen Anstoß von außen erhält; und ebenso beim dreifachen usw. Die unbestimmte Resonanz ist häufig das Ergebnis einer versteckten multiplen Resonanz (indem sich die einzelnen Oberschwingungen dicht aneinander drängen); sie tritt besonders bei umfangreichen Systemen (z. B. bei kubischen Luftmassen, s. Musikinstrumente) auf. — Das einfachste Beispiel des Mitschwingens bietet ein *Pendel*, das man nicht durch Anstoß des Pendelkörpers, sondern durch Hin- und Herbewegung des Aufhängepunktes erregt: nur, wenn diese Bewegung im Tempo der Eigenbewegung des Pendels erfolgt, kommt letzteres zu starken Schwingungen. Ferner kann man sich zweier Pendel bedienen, die irgendwie miteinander *gekoppelt* sind (*gekoppelte Systeme*), z. B. durch eine die beiden Stangen verbindende Spiralfeder, und deren Periode man durch Laufgewichte abändern kann; erregt man das eine, so kommt auch das andre in Schwingung, desto stärker, je genauer die Perioden übereinstimmen, und je enger sie gekoppelt sind (*Koppelungsgrad*). — Akustisch stellt man dasselbe bei zwei auf demselben Tische stehenden, auf Luftkästen montierten *Stimmgabeln* (s. d.) fest: streicht man die eine und hält sie dann fest, so hört man die andre tönen, und zwar bei Einklang am stärksten und desto schwächer, je mehr man die eine Gabel (durch Aufsetzen von Wachsstückchen) verstimmt; außerdem, je weiter man beide voneinander entfernt. Übrigens ist hier die Koppelung sehr lose, enger bei einer Stimmgabel und ihrem Resonanzkasten, am engsten bei einer Zunge und ihrer Pfeife (s. Zungenpfeifen). — *Resonatoren* werden in der Akustik entweder in Zylinder- oder Kugelform gebaut; bei den Musikinstrumenten haben sich durch die Erfahrung allmählich besondere Formen entwickelt und bewährt. Jeder Resonator muß mit einer Schallöffnung versehen sein, die ihm den Schall zuführt; solche für subjektive Beobachtung außerdem mit einer Höröffnung, an die man das Ohr hält oder besser, deren geeignet geformten Fortsatz man in das Ohr einführt. Auf diese Weise kann man zusammengesetzte Klangmassen analysieren, indem man der Reihe nach die einzelnen Resonatoren einer harmonischen Serie solcher an das Ohr hält und die Resonanzstärke mißt (s. Kubische Pfeifen). Auch gibt es Resonatoren mit mehreren Öffnungen die so angeordnet sind, daß man einige von ihnen mit den Fingern verschließen und somit verschiedene Resonanztöne hervorrufen kann. — Ganz Entsprechendes gilt von der Resonanz bei elektrischen Schwingungen (s. d.). — Einen typischen Versuch kann man ferner anstellen mit einer Stimmgabel über einem bis zu verschiedener Höhe mit Wasser gefüllten Glaszylinder (s. Kubische Pfeifen). — Übrigens hat der Fall der Resonanz noch eine bedeutsame Nebenerscheinung: die *Rückwirkung* des mitschwingenden Systems auf das erregende. Bei den gekoppelten Pendeln beobachtet man, wenn man das erregende Pendel nicht bald darauf mit der Hand festhält, daß zwar die Schwingungen des zweiten immer stärker, die des ersten aber immer schwächer werden und schließlich aufhören, wenn das zweite Pendel in der Fülle seiner Schwingungen ist, worauf sich dann der Vorgang umgekehrt wiederholt usw.; *Koppelungsschwebungen*; energetisch ist das also eine *Pendelung der Energie* zwischen beiden Systemen, bald ist die kinetische hier, die potentielle dort am größten, bald ist es umgekehrt (graphische Darstellung, s. o. bei „Drahtlose Telegraphie“ Figg. 33 u. 34). Mit Hilfe von engen Luft- oder Flüssigkeitskammern, in die die Pendel tauchen, kann man auch die Dämpfung variieren und ihren Einfluß auf die Resonanz demonstrieren. — Einen andern Fall stellt die *Sommerfeldsche Spiralfeder* dar, die unten mit einem Gewichte beschwert ist und zugleich in vertikale Dehnungs- und horizontale Drillungsschwingungen versetzt werden kann; macht man durch Wahl des Gewichts beide Perioden gleich, so treten auch hier Pendelungen der Energie ein, indem bald die vertikale, bald die horizontalen Schwingungen stärker werden. → Ähnliches bei aufgehängten Kreiseln und ihrer Aufhängevorrichtung. — Auch akustisch kann man die Rückwirkung bei der Resonanz demonstrieren, insbesondere die Intensitätsschwankungen; auch beobachtet man dabei in der Nähe der Resonanz unter Umständen zwei Töne gleichzeitig (s. auch Drahtlose Telegraphie).

Freiheitsgrade, s. Bewegung, Atomwärme.

Frequenz, s. Schwingungen, Selbstinduktion, Tonhöhe, Wechselströme.

Frequenzverdoppler, s. Wechselstrom.

Fresnelsche Beugungserscheinungen, s. Beugung des Lichts.

Fresnelsche Brechungsformeln, s Brechung des Lichts.

Fresnelsche Gleichung, s. Kristalloptik.

Fresnelscher Spiegelversuch, s. Interferenz des Lichts.

Fresnelsche Zonen, s. Huygenssches Prinzip.

Friktionsrad, s. Reibung.

Fritter, s. Elektrische Schwingungen.

Frölichsche Brücke, s. Stromverzweigung.

Fühlhebel, s. Längenmessung.

Füllansatz, s. Luftschiffahrt.

Füllapparat, s. Elektrometer.

Fundamentalabstand, s. Thermometer.

Fundamentalbegriff, s. Grundbegriffe.

Fundamentaldreieck, -druck, -punkt, -temperatur, -volumina, -zustand, s. Phasenlehre.

Fundamentalsystem, s. Grundbegriffe.

Funke, s. Elektrischer Funke.

Funkenentladung, s. Elektrischer Funke.

Funkeninduktor, s. Elektrischer Funke Induktionsströme.

Funkenlänge, s. Elektrischer Funke.

Funkenmikrometer, s. Elektrischer Funke, Elektrische Schwingungen.

Funkenpotential, s. Elektrischer Funke.

Funkenspektrum, s. Elektrischer Funke, Spektrum.

Funkentelegraphie, s. Drahtlose Telegraphie.

Fuß, s. Längenmaß.

Fußpfund, s. Arbeit.

G

g Zeichen für 1. Gramm, 2. Beschleunigung durch die Schwere.

Gabel, s. Gabeltöne, Tönende Systeme.

Gabeltöne kann man allgemein solche Töne nennen, die von gekrümmten Stäben erzeugt werden. Wenn man einen Stab wenig krümmt, so ändert sich seine Schwingungsweise und seine Tonhöhe nur wenig; allmählich aber verschieben sich die Knotenpunkte, und die Tonhöhe wird anders. Am wichtigsten ist der Fall eines ursprünglich geraden Stabes mit zwei freien Enden und zwei Knotenpunkten beiderseits zwischen Mitte und Enden (Fig. 83); bei der Krümmung rücken die Knotenpunkte immer näher aneinander, und bei der Gabel, als tönender Körper *Stimmgabel* genannt, liegen sie an den Enden des kurzen gekrümmten Wurzelstückes. In der Mitte setzt an die Stimmgabel der Stiel an (am besten das Ganze auf einem Stück gearbeitet). — Die *Schwingungszahl* einer Stimmgabel hängt nach einem verwickelten Gesetz von der Länge und Dicke der Zinken sowie von der Dichte und dem Elastizi-

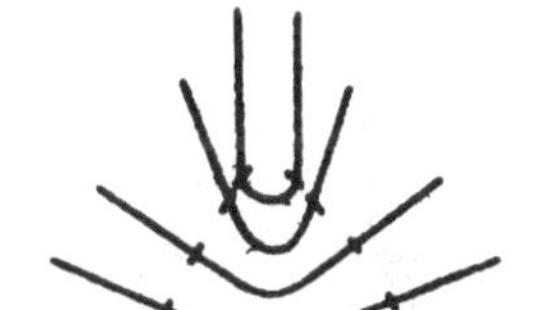

Fig. 83.

tätsmodul des Materials (meist Stahl) ab; empirische Formel (l Länge, λ Längenkorrektion, d Dicke, δ Dickenkorrektion, c ein Faktor):

$$n = c\cdot(d+\delta)/(l+\lambda)^2;$$

sie ist also mit der korrigierten Dicke direkt, mit dem Quadrat der korrigierten Länge umgekehrt proportional; die Breite der Zinken hat keinen Einfluß. Für ganz tiefe Töne muß man also sehr lange und möglichst dünne, für ganz hohe Töne sehr kurze und dicke Gabeln nehmen. Einige Zahlen sind folgende:

Länge	30	20	15	10	7,5	5 cm
Dicke						
2 mm	23	49	87	190	329	707
4	41	89	156	340	592	1272
6	59	128	225	494	855	1837
8	77	168	294	646	1119	2402
10	95	207	363	800	1382	2968
15	141	306	537	1177	2040	4382

Außerdem hat die Temperatur einen Einfluß, und zwar nimmt die Frequenz pro Grad um rund $^1/_{10000}$ ihres Wertes ab; einige Werte für $n = 256$ und $n = 435$ (Kammerton) sind folgende:

Temp.	5°	10°	15°	20°	30°	50°	100°
$n = 256$	255,86	255,73	255,59	255,46	255,19	254,65	253,29
$n = 435$	434,77	434,54	434,31	434,08	433,62	432,70	430,39

— Außer der obigen Grundschwingung (*a*) kann die Stimmgabel auch noch Oberschwingungen ausführen; die nächste (*b*) ist die mit vier Knoten (Fig. 84). Jedoch ist schon dieser und noch mehr die folgenden Obertöne sehr schwach; der Ton der Stimmgabel ist daher

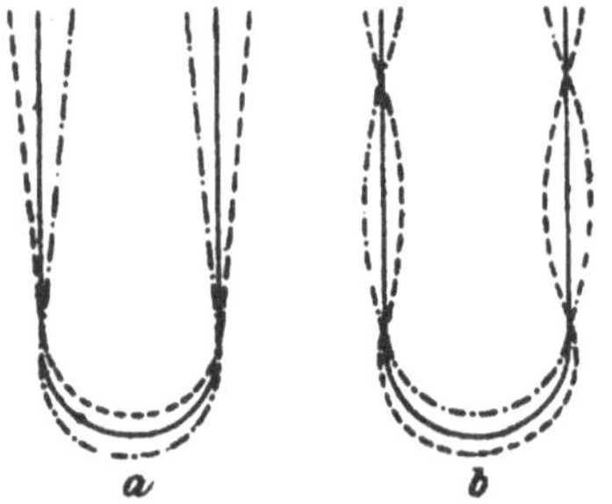

Fig. 84.

nahezu ein einfacher Ton und demgemäß der Klang rein, aber leer; daher hat die Stimmgabel eine große Bedeutung als wissenschaftliches und Stimminstrument, aber gar keine als Musikinstrument. — Der an sich nicht große Ton der Stimmgabel wird verstärkt, wenn man sie mit ihrem Stiel auf einen abgestimmten, einerseits offenen Holzkasten setzt oder aufschraubt; die Querschwingungen der Zinken pflanzen sich dann als Longitudinalschwingungen durch den Stiel fort und versetzen den Kasten und die Luft in ihm in Resonanz (s. Freie und erzwungene Schwingungen). — Die Dämpfung der Gabelschwingungen ist je nach Form usw. sehr verschieden; gut gebaute klingen lange nach. Beim Abklingen wird der Ton etwas höher. — Zur Erzeugung erzwungener Schwingungen bedient man sich am besten der *elektromagnetischen* Erregung mit Hilfe eines zwischen die Zinken gesetzten Elektromagneten mit Unterbrecher (Platinspitzen); durch Wahl der Stromstärke usw. läßt sich die Tonstärke variieren. Derartige *elektromagnetische Stimmgabeln* eignen sich besonders gut zu Versuchen über Fourier- und Lissajousschwingungen (s. d.), Klangsynthesen usw. — Wenn man eine Stimmgabel mit dem Stielende äußerst leise auf die Resonanzunterlage aufsetzt, erhält man statt des Grundtones dessen tiefere Oktave (halbe Frequenz) oder sogar den Ton von $^1/_3$ Frequenz; *Untertöne* oder *Klirrtöne*. — Außer den Gabeln kommen noch manche andre Formen gekrümmter Stäbe in Betracht, so in der Musik das *Triangel* (drei, ein gleichseitiges Dreieck bildende Stäbe, deren einer angeschlagen wird). — Stimmgabeln werden für wissenschaftliche Zwecke in sehr verschiedenen Verhältnissen gebaut und umfassen fast den ganzen Tonbereich: *Stimmgabelsonometer*. — In der Musik ist die den Kammerton liefernde ($n = 435$, s. Tonhöhe) am wichtigsten.

Gaedepumpe, s. Luftpumpe.

Galtonpfeife, s. Tonhöhemessung.

Galvanische Batterie, s. Galvanische Elemente.

Galvanische Elektrizität, s. Berührungselektrizität.

Galvanische Elemente oder *galvanische Ketten* sind Erzeuger elektrischer Energie aus chemischer mit Benutzung der Kontakt- oder Berührungselektrizität. Sie bestehen grundsätzlich aus zwei verschiedenen Leitern erster Klasse, meist Metallen oder Kohle, und einem Leiter zweiter Klasse, meist Säuren oder Salzlösungen. Bei der Stromlieferung findet gleichzeitig eine chemische Umwandlung statt, bei den inkonstanten Elementen rasch, bei den konstanten langsamer (s. Galvanische Polarisation); indem sich das eine Metall auflöst, das andre abscheidet, so daß schließlich das Element zerstört und damit unbrauchbar wird. Deshalb und weil außerdem die Leistung meist nur schwer konstant zu erhalten ist, haben sich die Elemente nur auf gewissen Gebieten, z. B. in der Schwachstromtechnik, erhalten, während sie in der Starkstromtechnik durch andre Stromerzeuger ersetzt worden sind. — Charakteristisch für ein galvanisches Element ist erstens seine *elektromotorische Kraft* (Klemmspannung) in Volt, und zweitens sein *innerer Widerstand* in Ohm; jene ist von der Größe des Elements, bei gleicher sonstiger Beschaffenheit, unabhängig; letzterer desto größer, je kleiner die Dimensionen quer zur Stromrichtung sind. Die elektromotorische Kraft ist gleich der Summe der Potentialdifferenzen an den einzelne Berührungsstellen; die Potentialdiffenrenz an der Grenze von Metall und Lösung ist $e = (RT/nF) \cdot \log(c/C)$, wo R die Gaskonstante (s. Gase), T die absolute Temperatur, $F = 96540\ Cb$ (Elementarladung), n die Wertigkeit der Metallionen, c die molare Konzentration, C die elektrolytische Lösungskonzentration ist. Leider sind absolute Werte für Potentialdifferenzen noch nicht mit voller Sicherheit bekannt; man muß sich daher auf Vergleichselektroden (Wasserstoff, Calomel usw.) beziehen. — Zu unterscheiden ist zwischen Elementen mit einer und solchen mit zwei, durch eine poröse Tonzelle oder dgl. getrennte Flüssigkeiten. Einige der wichtigsten Typen sind folgende: 1. Bunsensches *Chromsäureelement*, Elektroden amalgamiertes Zink und Retortenkohle, Flüssigkeit aus Schwefelsäure, Chromsäure und Wasser zusammengesetzt; die Metalle werden zur Schonung nach Gebrauch herausgehoben (ebenso auch bei manchen andern Typen: *Tauchelemente*). — 2. *Leclanchésches Element*. Kohle-Braunsteingemisch, Zink, konzentrierte Salmiaklösung. — 3. *Chlorsilberelement*, negative Elektrode Silber mit Chlorsilber, positive Zink, Flüssigkeit verschieden. — 4. *Daniellsches Element*. Kupfer in Kupfersulfat, amalgamiertes Zink in Schwefelsäure (5 bis 10 proz.). — 5. *Bunsensches Zink-Kohleelement*, das Zink in Schwefelsäure, die Kohle in konzentrierter Salpetersäure. — 6. *Grovesches Zink-Platinelement* Zink in Schwefelsäure, Platin in rauchender Salpetersäure. — 7. *Meidingersches Element* Kupfer in Kupfersulfat, Zink in Bittersalzlösung. — 8. *Trockenelemente*, bei denen die Flüssigkeit durch eine feste Masse ersetzt ist, also bequem zum Transport, aber nicht sehr zuverlässig. — Einige Werte von V sind folgende: Grove, Bunsen, Chromsäure je 1,9 V; Leclanché 1,5 V; Daniell 1,1 V; Meidinger 1,0 V. — Elemente, die besonders sorgfältig gebaut und mit Rücksicht auf die Konstanz ihrer elektromotorischen Kraft zusammengestellt sind, heißen *Normalelemente*; sie werden immer nur kurze Zeit geschlossen und dienen nur zur Kontrolle der Gebrauchs- oder Arbeitselemente. Da die elektromotorische Kraft, wenn auch nicht sehr stark, von der Temperatur abhängt, muß man V als Funktion von t angeben. Die wichtigsten Normalelemente sind folgende: a) *Clarke- oder Zinkelement:* Zinkamalgam (mit 10 Prozent Zn), Zinksulfatlösung, gesättigt an $ZnSO_4 \cdot 7\,H_2O$ und mit Kristallen davon vermischt, festem Mercurosulfat, Quecksilber; verschiedene Formen (englische, Lord Rayleigh, Kahle, Feussner), seine elektromotorische Kraft ist

$$e = 1{,}4328 - 1{,}19 \cdot 10^{-3}\,(t - 15) - 7 \cdot 10^{-6}\,(t - 15)^2 \text{ Volt},$$

z. B. bei

0°	5°	10°
1,4492	1,4441	1,4386

15°	17½°	20°	25°
1,4328	1,4298	1,4267	1,4202

— b) *Cadmiumelement,* bestehend aus Cadmiumamalgam (mit 12,5 Prozent Cd), Cadmiumsulfatlösung, gesättigt an $3\,CdSO_4 \cdot 8\,H_2O$ und mit Kristallen davon vermischt, festem Mercurosulfat, Quecksilber; seine elektromotorische Kraft ist von der Temperatur beinahe unabhängig, nämlich

$$e = 1{,}0183 - 3{,}8 \cdot 10^{-5}\,(t - 20) - 6{,}5 \cdot 10^{-7}\,(t - 20)^2 \text{ Volt},$$

z. B. bei

0°	5°	10°
1,0191	1,0190	1,0189
15°	20°	25°
1,0188	1,0186	1,0184

— c) *Westonelement* der Westongesellschaft (mit bei 4° gesättigter Lösung) $e = 1{,}0190$ (unabhängig v. d. T.). — Nebenstehend (Fig. 85) einige schematische

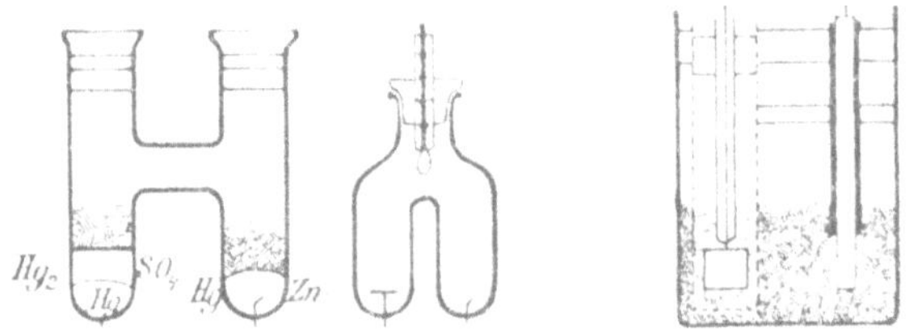

Fig. 85.

Abbildungen von Normalelementen. — Von hohem theoretischem Interesse sind die *Konzentrationsketten,* mit einer und derselben Flüssigkeit, aber in zwei verschiedenen Konzentrationen (s. Berührungselektrizität). — Endlich kommen noch die *Gaselemente,* wenn auch ebenfalls nur theoretisch, in Betracht; Chlorgaskette von Upward, Grovesche Gaskette, Borcherssches Gaselement (mit Kohlenoxyd bzw. Leuchtgas). — Die galvanischen Elemente werden entweder einzeln oder zu *Batterien* zusammengestellt benutzt, in letzterem Falle entweder *parallel* geschaltet, wobei die elektromotorische Kraft die des einzelnen Elementes bleibt, aber der innere Widerstand im Verhältnis der Zahl n der Elemente verringert wird oder in *Serie* (Kaskadenbatterie) geschaltet, wobei zwar der innere Widerstand, aber auch die elektromotorische Kraft mit n multipliziert wird; also jenes vorteilhaft für kleinen, dieses für großen äußeren (im Vergleich mit dem inneren) Widerstand. — Aus einigen obiger Elemente, besonders aus dem Chlorsilberelement, baut man *Hochspannungsbatterien* auf bis zu mehreren tausend Elementen und entsprechend bis zu einigen tausend Volt Gesamtspannung. — Wegen der *Sekundärelemente* s. Akkumulatoren. — Die *Theorie der galvanischen Elemente* hat dieselben Wandlungen durchgemacht wie die der Berührungselektrizität überhaupt (s. d.), gegenwärtig ist die *thermodynamisch-osmotische Theorie* im großen ganzen völlig befriedigend durchgearbeitet und stellt die Verhältnisse gut dar. Die Quelle für die elektrische Energie bildet hiernach die frei verwandelbare chemische und osmotische Energie der Kombination; als stromliefernde Vorgänge sind daher freiwillig verlaufende chemische Reaktionen und Konzentrationsänderungen anzusehen. Ist die Kette so zusammengesetzt, daß diese Vorgänge nur unter Vermittelung von Elektrizitätstransport stattfinden können, so arbeitet die Kette umkehrbar, und die gewonnene elektrische Energie ist gleich der aufgewandten freien chemischen und osmotischen Energie. Ist W die Wärmetönung des chemischen Vorgangs für ein Grammäquivalent bei vollständiger Umwandlung in Wärme, also $W/23000$ die Wärmetönung für ein hindurchgegangenes Cb, so ist $e - W/23000 = T \cdot (\partial e/\partial T)$, und hieraus ergibt sich Weiteres hinsichtlich der Energetik des Vorgangs.

Galvanische Gewinnung von Metallen, s. Elektrolyse.

Galvanische Kette, s. Galvanische Elemente.

Galvanische Polarisation oder *elektrolytische Polarisation* ist die infolge des Stromdurchgangs erfolgende elektrochemische Differenzierung der Elektroden und alles, was infolge hiervon auftritt. Wenn man z. B. durch eine Zersetzungszelle, die aus zwei Bleiplatten in verdünnter Schwefelsäure besteht, und die an sich natürlich keinen elektrischen Strom erzeugt, einen anderweitig erzeugten Strom schickt, nach kurzer Zeit wieder öffnet und nunmehr die Zelle mit einem Galvanometer verbindet, was durch einen Umschalter sehr leicht geschehen kann (Fig. 86: *S* Stromerzeuger, *Z* Zelle, *G* Galvanometer, *U* Umschalter), so stellt man einen Strom fest, den *Polarisationsstrom;* er hat die entgegengesetzte Richtung in der Zelle wie der polarisierende (erregende) Strom und verschwindet nach kurzer Zeit; die Kraft, die man als seine Ursache ansieht, heißt die *elektromotorische Kraft der Polarisation* oder *Polarisationsspannung.* — Die Ursache liegt in der leicht festzustellenden chemischen Veränderung der Elektroden; an der Anode entsteht durch die Wirkung des Primärstroms Bleisuperoxyd, PbO_2, an der Kathode dagegen Blei, Pb. Der Polarisationsstrom seinerseits bildet an beiden Elektroden $PbSO_4$, Bleisulfat, und zerstört daher die Polarisation wieder. Ebenso bei Platin in verdünnter Schwefelsäure: an der Anode wird Sauerstoff, an der Kathode Wasserstoff gebildet, und der Polarisationsstrom läuft in der Zelle vom Wasserstoffpol zum Sauerstoffpol. — Die Polarisation ist für kleine primäre Kräfte relativ am stärksten, wächst dann absolut und erreicht schließlich ein Maximum; einige ungefähre Werte desselben in Volt für

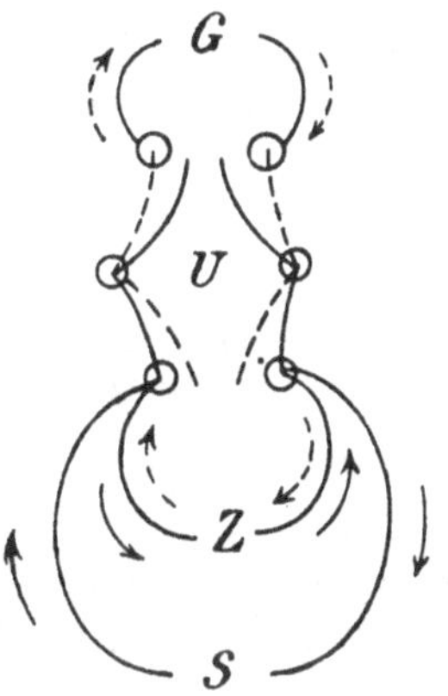

Fig. 86.

Schwefelsäure als Elektrolyten sind folgende:

Aluminium	20
Platin	3
Quecksilber	$2^1/_2$
Gold.	2
Kohle	2
Palladium	2
Kupfer.	$^3/_4$
Zink	$^3/_4$
Zinkamalgam	$^1/_2$
Eisen	$^1/_4$

— Das Produkt aus Polarisationsspannung und entladener Elektrizitätsmenge ist gleich der zu der chemischen Zersetzung verbrauchten Energie. — Wendet man Elektroden an, deren

Metall sich in der Lösung wiederfindet, so kann keine nennenswerte Änderung (nur eine geringe Konzentrationsänderung) eintreten; daher nennt man solche Elektroden *unpolarisierbar*. Dieser Fall ist realisiert bei den sog. konstanten galvanischen Elementen, z. B. dem Daniellschen, Bunsenschen und Groveschen (s. Galvanische Elemente); bei den inkonstanten Elementen kann man die Polarisation größtenteils beseitigen, indem man einen geeigneten *Depolarisator* beifügt, z. B. bei dem Clarke- oder Westonelement etwas Mercurosulfat. — Beim Eisen zeigen die Elektroden merkwürdige Umwandlungen, die es schließlich in einen besonderen Zustand, *Passivität*, versetzen. — Die wichtigste Anwendung der Polarisation ist die auf die *Akkumulatoren* (s. d.). — Mit der Polarisation hängt auch die Kapillarelektrizität (s. d.) zusammen.

Galvanismus, s. Berührungselektrizität.

Galvano, eine auf elektrolytischem Wege hergestellte Reproduktion eines Bildes usw.

Galvanomagnetischer Effekt, s. Halleffekt.

Galvanometer heißt jeder auf den elektromagnetischen Wirkungen beruhende Apparat zur Messung der Stärke eines elektrischen Gleichstroms, insofern die Wirkung in einer Drehbewegung bzw. Dreheinstellung zum Ausdruck kommt (andernfalls hat man Stromwagen, s. d.); ein andrer Name dafür, der aber auch in anderm Sinne gebraucht wird, ist *Bussole*. Dient der Apparat nicht zur Messung, sondern nur zur Anzeige, ob ein Strom vorhanden ist oder nicht, so heißt er *Galvanoskop*. — Jedes Galvanometer besteht aus einem festen und einem drehbaren Teil; bei Galvanometern, die auf elektromagnetischer Wirkung im engeren Sinne beruhen, ist das elektrische System fest, die Magnetnadel drehbar; bei den *magnetelektrischen* Instrumenten ist umgekehrt das magnetische System fest, die Spule drehbar; daher der Name Drehspulgalvanometer. — Der Grundtypus der ersten Klasse ist die *Tangentenbussole*, bestehend aus einer oder n Drahtwindungen in vertikaler Ebene, die in den erdmagnetischen Meridian eingestellt wird, und einer in horizontaler Ebene drehbaren Magnetnadel im Mittelpunkt. Ist H die Horizontalkomponente des Erdmagnetismus (s. d.), a der Radius der Kreiswindungen, l die Nadellänge, richtiger der Polabstand der Nadel (rund $^5/_6$ der Länge) und φ der unter der Einwirkung des Stromes i beobachtete Ablenkungswinkel, so ist in erster Annäherung (für $l < a/6$ bleibt der Fehler unter 1 Prozent) die Stromstärke in Ampere: $i = 1{,}592\,(aH/n)\tan\varphi$ (s. Elektromagnetismus). Für genauere Zwecke sind drei Korrektionen anzubringen: wegen der Nadellänge, wegen des Ablenkungswinkels und wegen des Raumes, den die Windungen einnehmen (b in der Breite, d in der Dicke); bei Berücksichtigung je des ersten Gliedes wird

$$i = 1{,}592\,\frac{aH}{n}\left(1 + \frac{1}{8}\,\frac{b^2}{a^2} - \frac{1}{12}\,\frac{d^2}{a^2} - \frac{3}{16}\,\frac{l^2}{a^2}\right)\left(1 + \frac{15}{16}\,\frac{l^2}{a^2}\sin^2\varphi\right)\cdot \operatorname{tang}\varphi .$$

Eine einfachere, die wichtigsten Fehler berücksichtigende Formel ist

$$i = \frac{1{,}592\,a\,H}{n}\operatorname{tang}\varphi\left\{1 - \frac{3}{16}\left(\frac{l}{a}\right)^2(1 - 5\sin^2\varphi)\right\}.$$

Die Korrektion wegen der Nadellänge wird am kleinsten in der Nähe von $\varphi = 26\frac{1}{2}{}^0$. Der Faktor von tang φ heißt der *Reduktionsfaktor* der Tangentenbussole; er kann auch experimentell durch Vergleichung mit einem Voltameter (s. d.) bestimmt werden. Den größten Teil der Korrektionen erspart man, so daß man die einfache tang-Formel anwenden kann, wenn man den Mittelpunkt der Nadel aus der Windungsebene senkrecht zu ihr um den halben Kreisradius herausbringt, noch besser, indem man dann auf der andern Seite einen zweiten, entgegengesetzt geschalteten Windungsring auf stellt; am besten, wenn man die einzelnen Windungen auf jeder Seite einen Kegelstumpf mit der gedachten Spitze im Nadelmittelpunkt bilden läßt: *Gaugainsche* bzw. *Helmholtzsche Tangentenbussole*, die Stromstärke ist hier $i = (7a/\pi n) \cdot H \operatorname{tang} \varphi$. — Je schwächere Ströme man messen will, desto größer muß man n nehmen. Andrerseits kann man für starke Ströme die Wirkung dadurch schwächen und damit den Winkel im geeigneten Bereiche halten, daß man die Nadel auf einer Schiene senkrecht zur Kreisebene verschiebt; an die Stelle von a in der Formel tritt dann a^2/u^3, wo u der Abstand der Nadelmitte von einem Strompunkte ist. Oder auch, indem man die Kreisebene gegen die Vertikale unter dem Winkel ω neigt; es ist dann aber in der Formel rechts mit $\cos\omega$ zu dividieren; auch kann man, statt φ zu messen, ω so lange variieren, bis $\varphi = 45^0$ wird, und hat dann einfach $i = 1{,}592\, aH \cdot \sec\omega$: *Sekantenbussole.* Endlich kann man für Starkstrom zwei konzentrische Drahtspulen anwenden, durch die der Strom entgegengesetzt fließt, so daß nur die Differenz der Wirkungen zur Geltung kommt: *Differentialbussole.* — Für absolute Messungen bestimmt ist der *Tangentenmultiplikator von Riecke*, mit vielen geeignet verteilten Windungen. — Eine Abart der Tangentenbussole ist die *Sinusbussole*, bei der die Kreisebene um eine vertikale Axe gedreht werden und der Drehungswinkel α an einem Teilkreise abgelesen werden kann; es ist dann i proportional mit $\sin\alpha$. — Wenn man nicht den Drahtkreis, sondern die Nadel an ihrer oberen Aufhängung dreht, erhält man die *Torsionsbussole.* — Die Verallgemeinerung der Tangentenbussole in der Richtung, daß viele Windungen genommen werden und ihr Radius klein gewählt wird, also Spulen benutzt werden, führt zu den eigentlichen *Galvanometern* oder *Multiplikatoren.* Sie haben sehr zahlreiche Formen angenommen und Konstruktionen aufzuweisen, von denen nur einige erwähnt werden können: a) *Schlittengalvanometer*, bei dem die auf beiden Seiten der Nadel angebrachten Rollen in beliebiger Entfernung von ihr eingestellt werden können. — b) *Differentialgalvanometer*, bei denen die beiden Rollen auch gegengeschaltet werden können. — c) *Astatische Galvanometer*, mit einem astatischen Nadelpaar (s. Magnet) statt der Nadel, unempfindlicher gegen erdmagnetische Einflüsse. — d) *Panzergalvanometer*, bei dem die Nadel (Glocke) in einem eisernen Gehäuse zum Schutz gegen äußere Störungen untergebracht ist (Schirmwirkung, s. Magnetische Induktion); s. Fig. 87. — e) *Ballistische Galvanometer*

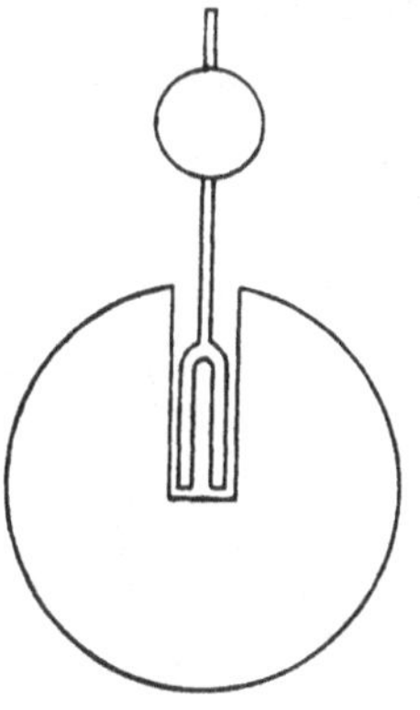

Fig. 87.

mit langer Schwingungsdauer, bei denen man die Ruhestellung der Nadel gar nicht abwartet, sondern den ersten Ausschlag mißt. — f) *Universalgalvanometer* mit Einrichtungen für die verschiedensten Zwecke, insbesondere mit Wheatstonescher Brücke (s. Stromverzweigung und Widerstandsmessung). — g) Eine Abart stellen die *Vertikalgalvanometer* dar, bei denen die Drehungsaxe horizontal liegt (für Demonstrationen). — Als beliebte Einzeltypen seien genannt die Galvanometer von W. Weber, Siemens & Halske, du Bois, Edelmann, Wiedemann, Braun, Lord Kelvin. — Einige wichtige Nebenteile sind: die *Dämpfung*, entweder durch Flügel, die an der Verlängerung des Tragfadens in Flüssigkeit tauchen, oder durch Einschluß der Nadel in ein Kupfergehäuse, in dem durch Induktion Wirbelströme entstehen, die ihrerseits die Nadel beruhigen; auch kann man durch entgegengesetzten Stromstoß im geeigneten Momente die Schwingungen dämpfen. Wird die Dämpfung so groß, daß der Magnet sofort zur Ruhe kommt, so erhält man das *aperiodische* Galvanometer (s. Dämpfung, Schwingungen). — Ferner der *Richtmagnet* an der Axe zur Astasierung oder zur beliebigen Nachstellung der Nadel, der Torsionskopf am oberen Ende usw. — Zu unterscheiden ist auch zwischen *Zeiger-* und *Spiegelgalvanometern,* jene mit Zeiger über einer Kreisskala, besonders auch bei den Vertikalgalvanometern (s. o.), letztere mit einem an der Drehaxe befestigten kleinen Spiegel zur Ablesung mit Fernrohr und Skala (s. Spiegelablesung). — Dem *Magneten* selbst wird sehr verschiedene Form gegeben: Nadel, viele Nadeln, Stäbchen, Glocke usw. — Zu erwähnen ist noch, obgleich nicht streng hierher gehörig, das *Saitengalvanometer,* bei dem keine Drehung, sondern die Ausbiegung einer von den zu messenden Strömen durchflossenen Drahtsaite unter der Einwirkung eines starken magnetischen Feldes gemessen wird. — Jedes Galvanometer, das zu absoluten Messungen dienen soll, muß erst geeicht, d. h. es muß die sog. *Galvanometerkonstante* bestimmt werden, wofür es mehrere sehr genaue Methoden gibt. Ferner ist die *Empfindlichkeit* des Instruments zu bestimmen, und zwar als Funktion der Stromstärke. — Von den verschiedenen Beobachtungsmethoden sei, außer der normalen Ablenkungs- oder der ballistischen Methode (s. o.) noch das *Multiplikationsverfahren* genannt, bei dem die an sich schwachen Ablenkungen durch Stromstöße in geeigneten Momenten vergrößert werden (also umgekehrt wie bei dem obigen Beruhigungsverfahren). — Soweit die elektromagnetischen Galvanometer. Ihnen stehen die *magnetelektrischen* oder *Drehspulgalvanometer* oder *Deprez-D'Arsonvalschen. Galvanometer* gegenüber, bei denen (s. Fig. 88) zwischen den Polen eines kräftigen ruhenden Magneten eine aufgehängte feine Drahtspule sich drehen kann und einstellt. Sie haben den Vorteil, von äußeren Störungen lange nicht in dem Maße beeinflußt zu werden wie die andern; sie werden daher jetzt überall da mit Vorliebe benutzt, wo elektrische Bahnen usw. vorbeiführen. Im übrigen haben sie ganz entsprechende Formen und Einrichtungen wie die elektromagnetischen. — Zur absoluten Messung gemäß der

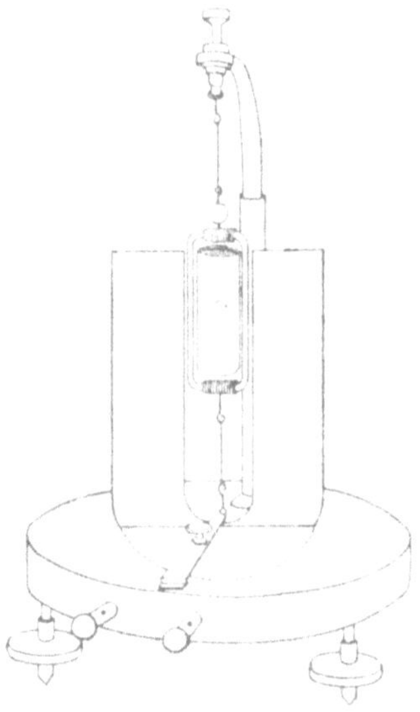

Fig. 88.

Formel $i = C\varphi/(Hf \cdot \cos\varphi)$, muß man die Torsionskonstante C des Fadens und die Windungsfläche F der Spule kennen.

Galvanometerkonstante, s. Galvanometer.

Galvanoplastik, s. Elektrolyse.

Galvanoskop, s. Galvanometer.

Galvanostegie, s. Elektrolyse.

Gammastrahlen, s. Radioaktivität.

Ganghöhe einer Schraube ist der Abstand zweier um eine Windung voneinander entfernter Punkte; s. einfache Maschinen.

Gangunterschied, s. Interferenz, Wellenbewegung.

Ganzton, s. Tonhöhe.

Gasdichte, s. Dichte.

Gase sind Körper von einem Aggregatzustande (s. d.), der dadurch charakterisiert ist, daß erstens ein Widerstand gegen Ausdehnung überhaupt nicht vorhanden, im Gegenteil sogar durch ein unbegrenztes Ausdehnungsbestreben ersetzt ist, daß zweitens der Widerstand gegen Kompression einen bestimmten, erheblichen Wert hat, und daß drittens der Widerstand gegen seitliche Beanspruchung sehr klein, bei den idealen Gasen geradezu null ist (hierüber Näheres s. Innere Reibung). Der Widerstand gegen Kompression läßt sich hier nicht, wie bei festen Körpern, durch einen konstanten Modul (Kompressionsmodul) ausdrücken, weil er vom Druck abhängt, und zwar ist der Kompressionsmodul geradezu gleich dem augenblicklich herrschenden Druck. Den einfachsten Ausdruck findet dieses Verhalten in dem *Boyleschen Gesetz* (häufig auch Mariottesches Gesetz genannt, obgleich Mariotte es mehr als ein Jahrzehnt nach Boyle fand). Nach diesem Gesetze ist bei konstanter Temperatur, also bei isothermischen Prozessen, das Volumen eines Gases umgekehrt proportional mit dem von außen ausgeübten allseitigen Druck; oder umgekehrt, die innere Spannung (die immer gleich dem äußeren Druck ist) ist umgekehrt proportional mit dem Volumen; oder noch anders: das Produkt aus Volumen und Spannung ist konstant. In Formel: $v = c/p$, $p = c/v$, $pv = c$. Bei der graphischen Darstellung mit v als Abszisse, p als Ordinate, erhält man demnach eine gleichseitige Hyperbel, und die von verschiedenen Punkten derselben aus gebildeten Rechtecke mit den Axen sind flächengleich (Fig. 89). Der Wert der Konstanten (Gaskonstante) hängt von der vorhandenen Gasmenge und von der Natur des Gases ab; bei unveränderter Temperatur ist sie gleich $p_0 v_0$, also $pv = p_0 v_0$, wo p_0 und v_0 Druck und Volumen in einem Normalzustande sind, als den man im allgemeinen den Atmosphärendruck und 0° C wählt. Nimmt man 1 g Gas, so wird v bzw. v_0 das spezifische Volumen; man kann dann also, wenn ϱ bzw. ϱ_0 die Dichte ist: $p/\varrho = p_0/\varrho_0$ oder: $\varrho = (p/p_0) \cdot \varrho_0$ setzen; die Spannung ist mit der Dichte direkt proportional. Bezieht man ϱ auf die Dichte der Luft als Einheit (Gasdichte, s. Dichte), so wird (vgl. Dichte, Druck):

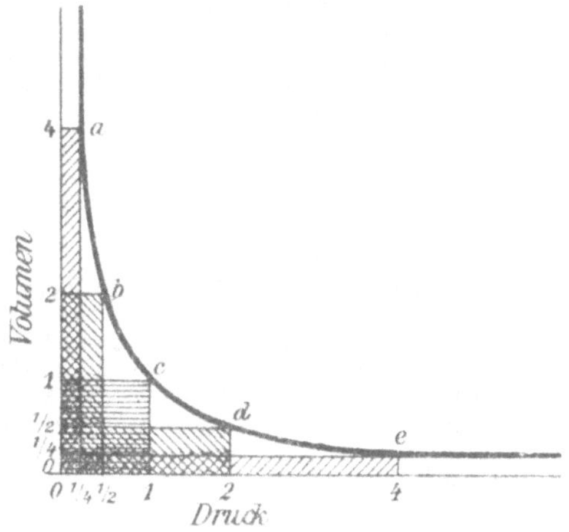

Fig. 89.

$$vp = (1013670/0{,}001293)\cdot(1/\varrho_0) = 786\cdot 10^6/\varrho_0\,.$$

Oder, im praktischen Maße (s. Maßsysteme), d. h. kg* und *m* als Einheiten: $vp = 7987/s_0$, wo s_0 das spezifische Gewicht bei 0° C ist. Wählt man nicht 1 g, sondern ein Mol (Grammmolekel, s. Molekulartheorie) des Gases, so wird die Konstante soger für alle Gase gleich, und man erhält: $vp = 227\cdot 10^8$ in absolutem Maße; ein Mol eines idealen Gases nimmt also bei 0° C und 1 Atm. Druck einen Raum von $227\cdot 10^8/1013670 = 22{,}4$ Liter ein. Die Gleichung $vp = v_0p_0$ stellt eine *Isotherme* dar, für verschiedene Temperaturen Θ erhält man verschiedene solche Isothermen, und die verallgemeinerte Gleichung wird dann:

$$vp = v_0p_0(1 + a\Theta) = v_0p_0(1 + \Theta/273)$$

oder, wenn man die absolute Temperatur (s. Temperatur)

$$T = \Theta + 1/a = \Theta + 273$$

einführt: $vp = v_0p_0(T/a) = RT$, wo $R = 2871000/\varrho_0$ oder, im praktischen Maß, $R' = 29{,}27/s_0$ ist. Die Gleichung $vp = RT$ ist die allgemeine *Zustandsgleichung eines idealen Gases*, ihre graphische Darstellung (in Gips oder perspektivischer Zeichnung) *Zustandsfläche*, deren Schnitte *Zustandskurven*. Nimmt man wieder, statt 1 g, ein Mol, so wird $vp = rT$, und hierin $r = 0{,}8316\cdot 10^8$ in absolutem Maße, für alle Gase gleich (s. Thermische Ausdehnung der Gase). Die Größe R bzw. r heißt *Gaskonstante*. — Die *Energie eines idealen Gases* ist $E = C_v T$, also mit der absoluten Temperatur proportional (Faktor ist die spezifische Wärme bei konstantem Volumen). Dagegen ist sie von Druck und Volumen unabhängig, d. h. ideale Gase haben keine Volumenenergie (s. d.). — Die *Entropie* (s. d.) hängt auch von v ab; es ist nämlich

$$S = C_v \log T + (C_p - C_v)\cdot\log v.$$

— In Wahrheit weichen die Gase vom Boyleschen Gesetze mehr oder weniger ab, und zwar desto stärker, je näher sie ihrem Verflüssigungspunkte kommen, also je größer p wird. Einige Zahlen ($\varDelta = p_0v_0/pv$ für verschiedene p_0 und etwa doppelt so großes p):

Luft		Stickstoff	
p_0	$\varDelta$	p_0	$\varDelta$
739	1,00141	754	1,00101
2112	1,00277	1159	1,00107
4141	1,00325	3030	1,00195
6770	1,00429	4954	1,00295
9336	1,00637	7294	1,00377
11472	1,00662	9767	1,00515
		10981	1,00646

Kohlensäure		Wasserstoff	
p_0	$\varDelta$	p_0	$\varDelta$
764	1,00760	2211	0,99858
1415	7,01231	3989	0,99606
2165	1,01897	5845	0,99612
3186	1,02849	7075	0,99470
4880	1,04563	10362	0,99233
6820	1,06614		
9620	1,09983		

Zur Darstellung dieser Abweichungen eignet sich am besten die Formel von *van der Waals:* $(p + a/v^2)\cdot(v - b) = c$ bzw. (für verschiedene Temperaturen) $= RT$, wo a und b Konstanten sind (wegen ihrer Bedeutung s. Kinetische Theorie). Einige Werte von a und b:

	Luft	Wasserstoff
a	0,0037	0,0000
b	0,0026	0,0007

	Kohlensäure	Äthylen
a	0,0115	0,0142
b	0,0030	0,0069

Zur *Feststellung* und *Demonstration* des *Boyleschen Gesetzes* sowie der Abweichungen von ihm dient ein besonderer Apparat, bestehend aus zwei, z. T. mit Quecksilber gefüllten Glasröhren, die unten mittels eines reichlich langen Schlauches verbunden sind, gegeneinander auf- und abwärts verschoben werden können, und sich oben durch Hähne öffnen oder verschließen lassen; dahinter befinden sich Skalen, an denen man Volumina und Druckhöhen der eingeschlossenen Gase ablesen kann. —

Ein weiteres Grundgesetz der Gase ist das *Avogadrosche Gesetz:* bei gleichem Druck und gleicher Temperatur enthalten alle Gase im gleichen Volumen die gleiche Anzahl von Molekeln (s. auch Molekulartheorie). Die Zahl der Molekeln im Kubikzentimeter eines Gases heißt *Loschmidtsche Zahl,* die Zahl der Molekeln in einem Mol aller Gase ist daher ebenfalls konstant und heißt *Avogadrosche Zahl* (s. Kinetische Theorie). — Endlich gilt für Gasgemische das *Daltonsche Gesetz:* Der Druck eines Gasgemenges ist gleich der Summe der Drucke (Partialdrucke), die jeder Bestandteil ausüben würde, wenn er für sich den Raum erfüllte. — S. auch Aggregatzustände, Kritischer Zustand usw.

Gaselemente, s. Galvanische Elemente.

Gasgemische, s. Gase, Gemische.

Gasglühlicht, s. Glühlicht.

Gaskonstante, s. Gase.

Gasmaschine, s. Kalorische Maschinen.

Gasmesser, s. Pneumatische Apparate.

Gasometer, s. Pneumatische Apparate.

Gasrefraktometer, s. Brechungsquotient.

Gastheorie, s. Gase, Kinetische Theorie.

Gaugainsche Bussole, s. Galvanometer.

Gauss, s. Erdmagnetismus, Magnetische Kräfte.

Gaussisches Maaßsystem, s. Grundbegriffe.

Gay-Lussacsches Gesetz: s. Thermische Ausdehnung der Gase.

Geber, soviel wie Sender.

Gebirgsmagnetismus, s. Erdmagnetismus.

Gebläse, s. Luftpumpe.

Gebundene Energie, s. Entropie, Thermodynamik.

Gefälle, s. Kraftfeld, Luftdruck.

Gefrieren, s. Schmelzung.

Gefrierpunkt, s. Schmelzung.

Gefrierpunktsänderung durch Druck, s. Schmelzung.

Gefrierpunktserniedrigung, s. Lösungen.

Gegenseitiger Induktionskoeffizient, s. Induktionsströme.

Gegensprechen, s. Telegraphie.

Gegenstand, s. Materie.

Gegenströmung, s. Bewegung fester Körper in Flüssigkeiten.

Gegenstromprinzip, s. Verflüssigung der Gase.

Gegenwirkung, s. Wechselwirkung.

Gehör. Das *Ohr,* unser Gehörorgan, besteht aus drei Teilen: Außenohr, Mittelohr und Innenohr. Das *Außenohr* besteht aus der Ohrmuschel, die beinahe gar keine Funktion hat, und dem *Gehörgang,* in dem vermöge zahlreicher Reflexionen die Schallstrahlen zusammengehalten werden und an dessen Ende sie auf das Trommelfell treffen; damit beginnt das *Mittelohr.* Das *Trommelfell* ist eine schwach trichterförmige Membran, am Rande und in der Mitte eingespannt, letzteres dadurch, daß der Stiel des *Hammers* hier ansitzt. Dieser Hammer bildet mit dem Amboß und dem Steigbügel die *Gehörknöchelchen,* die zur Verstärkung und Übertragung der Schwingungen dienen. Der wichtigste, im Mittelohr sich abspielende Prozeß ist die Umwandlung des größten Teils der kinetischen Schallenergie in potentielle, d. h. der Amplituden in Druckschwankungen und, im Zusammenhang hiermit, die Schutzvorrichtung gegen schädigende Wirkungen. Zum Mittelohr gehört auch die *Eustachische Röhre,* durch die es mit der Nase und der freien Luft kommuniziert. Das vom Mittelohr durch eine Scheidewand mit einem runden und einem ovalen Fenster geschiedene *Innenohr* ist ein mit einer Flüssigkeit ausgefüllter Raum, das *Labyrinth,* an das sich zwei Organe angliedern: die Bogengänge, die aber gar nicht dem Gehör dienen (sie sind vielmehr ein Gleichgewichtsorgan) und die *Schnecke,* das Hauptorgan des Hörens. Sie besteht aus $3^1/_2$ nach oben sich verjüngenden Umgängen einer Röhre, die u. a. die Basilarmembran als Trägerin des *Cortischen Organs,* einer Klaviatur elastischer Fasern, sowie eine ihr gegenüberstehende Deckmembran (Membrana tectoria) enthält. Die Fasern sind vermöge ihrer Länge und Elastizität auf die verschiedenen Töne der Skala abgestimmt und übertragen dann die Schwingungen auf die Nervenstränge und das Zentralorgan. Diese *Resonanztheorie des Hörens* (Helmholtz) ist wiederholt angegriffen, aber immer noch mit Erfolg verteidigt und jedenfalls bisher durch keine bessere ersetzt worden. — Durch den Besitz zweier Ohren (*binaurales* oder *diotisches Hören*) sind wir erstens in der Lage, von jeder Richtung her Schallstrahlen aufzunehmen (am günstigsten ist es freilich immer, das eine Ohr direkt der Schallquelle zuzuwenden), und zweitens, den Schall seiner Richtung nach zu *lokalisieren*; letzteres dadurch, daß wir (unbewußt) die Schallstärke in beiden Ohren vergleichen. — Außer durch den Gehörgang können die Schallwellen auch durch den Schädel zum Ohre gelangen (*Knochenleitung*). — Zur Verstärkung des Schalls dient entweder das *Hörrohr* oder das *Mikrophon*. Andrerseits ist es ein wichtiges Problem, das Ohr gegen Schalle abzuschließen; indessen ist noch kein nach jeder Hinsicht befriedigendes *Antiphon* konstruiert worden. Eine besondre Art des Antiphons ist ein Apparat, der normale Schalle ungehindert durchläßt, übermäßig starke aber abfängt: mittels geeigneter Ventile läßt sich das erreichen. — Die *Empfindlichkeit unsres Ohres* ist außerordentlich groß; noch kleine Bruchteile des an sich schon sehr kleinen Erg werden deutlich gehört, und die minimale Amplitude liegt unterhalb eines $\mu\mu$ (Milliontel Millimeter). Da andrerseits starke Schalle ungeheure Energiewerte darstellen, würde das Gehörorgan unweigerlich zerstört werden, wenn nicht (von den Regulierungen im Ohr abgesehen) eine logarithmische *Beziehung zwischen Reiz und Empfindung* bestände, d. h. den Reizen 1,10,100 usw. entsprechen die Empfindungen 0, 1, 2 usw., wobei der Reiz 1 die *Empfindungsschwelle* darstellt. Übrigens ist die Empfindlichkeit des Ohrs von der Tonhöhe abhängig, und zwar scheint das Maximum ungefähr bei 1000 Schwingungen pro Sekunde zu liegen. — Die Unterschiedsempfindlichkeit für Tonhöhen ist sehr verschieden, im Mittel $^1/_4$ bis $^1/_2$ Komma (1 K. = 80 : 81). — Endlich fragt sich, wieviel Schwingungen überhaupt (unabhängig von der Zeitdauer) das Ohr treffen müssen, damit es einen Ton empfinde; die Antwort lautet, daß hierzu im äußersten Falle 2 bis 3 Schwingungen genügen, daß aber zur vollen Charakterisierung des Tones 15 bis 20 Schwingungen erforderlich sind.

Geige, s. Musikinstrumente.

Geisslersches Rohr, s. Glimmlicht.

Gekoppelte Systeme, s. Freie und erzwungene Schwingungen.

Gekreuzte Nicols, s. Kristalloptik.

Gekreuzte Spektren, s. Dispersion.

Gekrümmte Lichtstrahlen, s. Brechung des Lichts, Lichtausbreitung.

Gelber Fleck, s. Sehen.

Gelbgläser, s. Brille.

Gelbscheibe, s. Photographie.

Gemische sind Systeme aus mehreren Stoffen, die in demselben Raume so fein miteinander verteilt sind, daß sie physikalisch homogen sind, ohne doch chemisch als einheitliche Substanz gelten zu können. Bei festen Körpern spricht man von *Legierungen*, bei festen und flüssigen Stoffen von *Lösungen* (s. d.), bei Flüssigkeiten von *Flüssigkeitsgemischen*. Der einfachste Fall ist der der *binären Gemische*, dann kommen die ternären usw. — Bei der Mischung erfolgen meist Veränderungen, namentlich solche des Volumens, der Temperatur (Mischungswärme, s. Lösungswärme) usw. — Für Gasgemische gilt das Daltonsche Gesetz (s. Gase). — Besonders interessant ist das Verhalten von *Flüssigkeitsgemischen* in Verbindung mit ihrem darüberlagernden *Dampfgemisch*, hier kommt es darauf an, ob die beiden Flüssigkeiten ineinander vollständig oder teilweise oder gar nicht löslich sind. Im letzteren Falle ist auch hier der Dampfdruck gleich der Summe der Partialdrucke, im zweiten Falle ist er kleiner als diese Summe, im ersten ist er noch kleiner; er liegt nämlich im normalen Falle zwischen den beiden Einzeldrucken, und nur in anomalen Fällen ist er entweder größer als der größere oder sogar noch kleiner als der kleinere. Für die quantitativen Verhältnisse kommt es auf die *Siedepunkte* der Bestandteile an; der einfachste Fall ist der, daß der eine hoch über dem andern liegt, dann besteht der Dampf ausschließlich aus diesem andern, z. B. über einem Wasser-

Schwefelsäuregemisch ruht (außer bei sehr hohen Temperaturen) reiner Wasserdampf. — Zwischen der Mischungswärme und dem Verhältnis der Dampfspannungen liefert die Thermodynamik gewisse Beziehungen, die indessen nur mit großer Vorsicht gedeutet und angewendet werden dürfen. — Wenn man ein *Dampfgemisch* bei geeigneter Temperatur durch Druckerhöhung zu verflüssigen sucht, wird zwar zuerst das Gemisch zum Teil flüssig, dann aber, statt sich weiter zu kondensieren, wieder dampfförmig: *Retrograde Kondensation* (Küenen); bei Luft, Kohlensäure, Chlorwasserstoff, Äther, Stickoxydul vielfach beobachtet und messend verfolgt. Diese Erscheinung hängt damit zusammen, daß bei Gemischen Druck und Volumen nicht wie bei einfachen gesättigten Dämpfen Funktionen der Temperatur allein sind, sondern außerdem von der Konzentration abhängen; und damit wieder, daß hier an Stelle des kritischen Zustandes ein entsprechender, aber komplizierterer Zustand eintritt, insofern der Dampf hier zwei verschiedene spezifische Volumina hat. Dieser Punkt hat im Zusammenhange mit der graphischen Darstellung der Verhältnisse durch Gipsmodelle und ebene Schnittzeichnungen den Namen *kritischer Faltenpunkt* erhalten, die zugehörigen Werte der Variablen heißen *kritische Faltenpunktstemperatur, -druck* und *volumen*. Auf der einen Seite dieses Punktes gibt es nur einen, auf der andern zwei Taupunkte (s. Feuchtigkeit), und daraus erklärt sich die retrograde Kondensation. Auf dieser Grundlage hat van der Waals eine Theorie der binären Gemische entwickelt und für zahlreiche Gemische die Faltenpunktskurven abgeleitet.

Generator, s. Dynamomaschine.

Geographische Breite und Länge, s. Ort.

Geometrische Optik ist der Inbegriff aller lediglich die Richtung von Lichtbewegungen (Strahlen) betreffenden Probleme. Die wichtigsten Gesetze der geometrischen Optik sind folgende: 1. Satz von der *geradlinigen Ausbreitung* des Lichts (s. Lichtausbreitung). Die Grenzen des Satzes liegen da, wo die Erscheinungen der Reflexion, Brechung und Beugung auftreten (s. d.). — 2. Satz von der *Unabhängigkeit der Lichtstrahlen* voneinander: Jeder Lichtstrahl läuft so, als ob die andern nicht vorhanden wären; Grenzen der Gültigkeit entsprechend (s. auch Interferenz). — 3. *Reflexionsgesetz* (s. Reflexion des Lichts). — 4. *Brechungsgesetz* (s. Brechung des Lichts). — 5. *Malusscher Satz:* Für ein System von Strahlen, das einmal senkrecht zu einer Fläche ist, läßt sich auch nach beliebigen Reflexionen und Brechungen eine solche Fläche finden (Orthotomisches System, nach der Wellentheorie selbstverständlich). — 6. *Satz vom ausgezeichneten Lichtweg* oder *Fermatscher Satz:* Unter allen Wegen zwischen zwei gegebenen Punkten (Objekt und Auge) wählt das Licht immer denjenigen, der gegenüber allen Nachbarwegen der kürzeste oder längste ist; bei der Reflexion darf der Weg geometrisch gemessen werden, bei der Brechung muß dafür der Lichtweg oder die optische Länge eingeführt werden (mit Rücksicht auf die Fortpflanzungsgeschwindigkeit in dem Medium), oder es müssen statt der Wege die Zeiten genommen werden, und man erhält dann den Satz von der schnellsten oder langsamsten Ankunft. Ob das Minimum oder Maximum gilt, hängt von der Lage der beiden Punkte und der Krümmung der spiegelnden oder brechenden Flächen ab; Flächen, für die alle benachbarten Wege gleich lang sind, heißen (für die betreffende Lage der Punkte) *aplanatische Flächen;* bei einmaliger Reflexion ist ihr Schnitt eine Ellipse mit Objekt und Auge in den Brennpunkten (Grundeigenschaft der Ellipse). Ist bei der Spiegelung die Fläche schwächer gekrümmt als die aplanatische (oder gar eben oder gar konvex), so findet das Minimum, im andern Falle das Maximum des Lichtweges statt; entsprechend, aber etwas komplizierter, bei der Brechung. — 7. *Reziprozitätsgesetz:* Einen Weg, den das Licht in *einer* Richtung durchlaufen kann, kann es auch in der umgekehrten durchlaufen; man kann daher immer Objekt und Auge bzw. Objekt und Bild vertauschen. — Die wichtigste Anwendung der geometrischen Optik ist die auf die optische Abbildung (s. Abbildung). — S. auch Licht, Reflexion und Brechung.

Geophysik, die Lehre von den physikalischen Erscheinungen der Erdrinde.

Geräteglas, s. Geschmeidigkeit.

Geräusch, s. Klang, Schall.

Gesättigte Farbe, soviel wie reine Spektralfarbe.

Gesamtwärme, s. Verdampfungswärme.

Geschichte der Physik. Die Physik setzt schon in den ältesten Zeiten, namentlich in China und Griechenland ein, wurde dann besonders von den Arabern gepflegt, nahm aber erst im Zeitalter Galileis und Newtons ihren großen Aufschwung, dem dann ein weiterer vom Ende des 18. Jahrhunderts ab gefolgt ist. Vgl. Poggendorff, Geschichte der Physik, Leipzig 1879; Heller, dasselbe, Stuttgart 1882; Rosenberger, dasselbe, Braunschweig 1882 bis 1890 (drei Bände); Auerbach, Geschichtstafeln der Physik, Leipzig 1910.

Geschlitzter Ring, s. Elektromagnet, Magnet, Magnetische Induktion.

Geschmeidigkeit oder *Plastizität* ist die Fähigkeit eines Stoffes, nach dem Aufhören einer Beanspruchung dauernde Veränderungen zu ertragen, ohne den Zusammenhang seiner Teile aufzugeben; der Gegensatz, also die Unfähigkeit, das zu tun, heißt *Sprödigkeit*. Prinzipiell ist absolute Sprödigkeit nur der extreme Grenzfall, absolute Geschmeidigkeit der andre; tatsächlich kommen aber hier gerade die Extreme in der Natur häufiger vor als ein mittleres Verhalten. Quantitativ kann man das beregte Verhalten charakterisieren durch den Spielraum zwischen der Elastizitätsgrenze (s. d.) und der Festigkeitsgrenze (s. Festigkeit): bei einem geschmeidigen Körper ist dieser Spielraum groß, bei einem absolut spröden ist er null, d. h. hier wird mit der Elastizitätsgrenze zugleich auch die Festigkeitsgrenze erreicht. In der Praxis wird häufig noch eine besondere „*Fließgrenze*" eingeführt, bei der der Körper charakteristische Umwandlungen erfährt. — Zu den geschmeidigen Körpern gehören Ton, Wachs und die meisten Metalle, zu den spröden besonders die Gläser und die gebrannten Tone (Porzellan). Indessen spielt die Temperatur hier eine große Rolle, wie denn z. B. Siegellack bei Zimmertemperatur entschieden spröde, aber schon bei mäßiger Erwärmung entschieden plastisch ist. Glas ist überaus spröde bei Zimmertemperatur, wird aber bei Annäherung an 800° und mehr geschmeidig und schließlich in solchem Grade, daß man es beliebig bearbeiten kann (*Glasblasen*). Umgekehrt wird bei sehr tiefen Temperaturen (flüssige Luft) selbst Kautschuk völlig spröde, so daß man es mit dem Hammer zerschlagen kann. Ferner ist auch der Druck von wesentlichem Einfluß; unter hohem Druck kann man die meisten festen Körper zum Fließen und Ausfließen bringen (Ton, Metalle, s. Ausfluß der Flüssigkeiten). Variiert man beides, Druck und Temperatur, in geeigneter Weise, so kann man die Metalle beliebig bearbeiten (ziehen, walzen usw.). — Bei den Metallen kommt es ferner für die Natur des Endzustandes in hohem Maße auf die Art der Erwärmung und Kühlung an (plötzlich oder allmählich, anlassen, ablöschen, abschrecken, Feinkühlung); so kann man auf diese Weise Eisen und Stahl von beliebigem Geschmeidigkeitsgrade (fälschlich oft Härtegrade genannt) erhalten. — In der Natur bieten das großartigste Beispiel für die Plastizität die *Gletscher*, deren Eis langsam, aber stetig talabwärts fließt. — Im übrigen gibt es ebenso viele Arten von Geschmeidigkeit, wie es Arten von Elastizität gibt; und es kann ein und derselbe Stoff gegenüber einer Beanspruchungsart spröde, gegenüber einer andern geschmeidig sein (z. B. Steinsalz gegen Zug und Druck). Körper, die gegenüber Zug geschmeidig sind, heißen dehnbar oder *duktil*, gegenüber Druck weich oder *hämmerbar*, gegenüber scherenden Kräften *walzbar*. — Ein exaktes Maß der Geschmeidigkeit aufzustellen, ist sehr schwierig; den meisten bisher versuchten Definitionen stellen sich gewisse Bedenken entgegen. — Besondere Sprödigkeitserscheinungen weisen die *Glasträne*n und die *Bologneser Fläschchen* auf; bei Abbruch der Spitze bzw. bei geringfügiger Ritzung zerfallen sie in Staub. — Indirekt gehört hierher auch das Verhalten der Körper gegen plötzliche Temperaturänderung; Glas z. B. springt dabei. Es ist aber Schott gelungen, Glas herzustellen, das einen sehr hohen „*thermischen Widerstandskoeffizienten*" hat und daher im allgemeinen nicht springt: *Geräteglas*, Lampenzylinder usw. Vgl. Thermische Ausdehnung der festen Körper. — S. auch Härte.

Geschwindigkeit ist bei einer gleichförmigen Bewegung (s. d.) das Verhältnis irgendeiner zurückgelegten Strecke zu der Zeit, in der sie zurückgelegt wird, also insbesondere auch die in der Sekunde zurückgelegte Anzahl von Zentimetern. Bei der ungleichförmigen Bewegung muß man Strecke und Zeit immer kleiner wählen und gelangt schließlich zu dem Grenzwert: $G = ds/dt$. Bei der beschleunigten Bewegung nimmt G zu, bei der verzögerten ab. Bei der krummlinigen Bewegung hat G die Mannigfaltigkeit eines Vektors, dessen Richtung fällt stets in die Tangente der Bahn. Bildet der Vektor mit den Axen die Winkel α, β, γ, so sind die Komponenten der Geschwindigkeit: $u = G\cos\alpha$, $v = G\cos\beta$, $w = G\cos\gamma$; und ferner $G = \sqrt{u^2 + v^2 + w^2}$. — Allgemein kann man jede Geschwindigkeit in beliebige Komponenten (bis auf die letzte) zerlegen und beliebige Geschwindigkeiten zu einer Resultante zusammensetzen; graphische Darstellung durch Linien von entsprechender Richtung und Länge (Fig. 90, 1, 2, 3, 4 Komponenten, R Resultante): Satz vom *Polygon der Geschwindigkeiten*, im Spezialfalle zweier Komponenten *Parallelogramm der Geschwindigkeiten*. — *Dimensionsformel* der Geschwindigkeit: $(G) = l\,t^{-1}$.

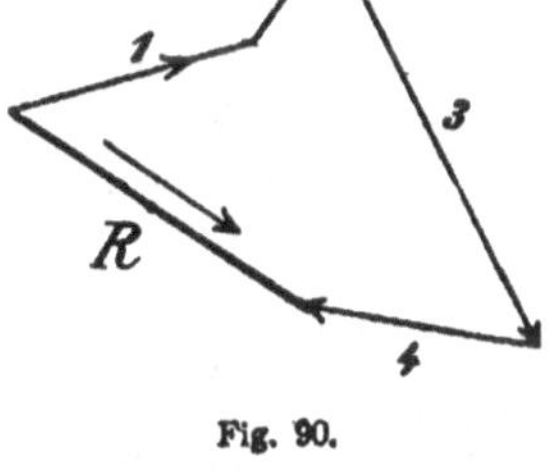

Fig. 90.

Geschwindigkeit der Gasteilchen, s. Kinetische Theorie.

Geschwindigkeit des Lichts, s. Lichtgeschwindigkeit.

Geschwindigkeit des Schalls, s. Schallgeschwindigkeit.

Geschwindigkeitsdiagramm, s. Kinematik.

Geschwindigkeitsmessung. Da die Geschwindigkeit eine abgeleitete Größe ist, ist sie auch indirekt zu messen, nämlich durch Messung der in einer gegebenen Zeit zurückgelegten Strecke oder durch Messung der zur Zurücklegung einer gegebenen Strecke gebrauchten Zeit. Apparate dieser Art heißen *Tachometer* oder, wenn sie die Geschwindigkeit stetig aufzeichnen, *Tachographen*. Für Flüssigkeiten dienen die Strommesser (s. Hydrodynamik), für Luftgeschwindigkeiten die Anemometer (s. Winde). Für Schiffsgeschwindigkeiten dient das *Log*, insbesondere das *Patentlog* (Registrierapparat). Für Geschoßgeschwindigkeit dient seit langen Zeiten das *ballistische Pendel* von Robins, in neuerer Zeit in den Hintergrund gedrängt durch die *elektrischen Methoden* von Wheatstone und Siemens. Wegen der Geschwindigkeit des Schalls und des Lichts s. d. betreffenden Artikel. Wegen der Geschwindigkeit rotierender Bewegung s. Turenzahl.

Geschwindigkeitspotential ist derjenige Skalar, dessen Gefälle in irgendeiner Richtung die Geschwindigkeit in derselben angibt; insbesondere liefern die negativen Differentialquotienten nach den Koordinatenrichtungen die rechtwinkligen Komponenten der Geschwindigkeit; in Formel:

$$-\frac{\partial\varphi}{\partial x} = u, \quad -\frac{\partial\varphi}{\partial y} = v,$$

$$-\frac{\partial\varphi}{\partial z} = w.$$

Ein Geschwindigkeitspotential existiert dann und nur dann, wenn die Geschwindigkeitskomponenten die Beziehungen

$$\frac{\partial v}{\partial z} - \frac{\partial w}{\partial y} = 0\,, \quad \frac{\partial w}{\partial x} - \frac{\partial u}{\partial z} = 0\,,$$

$$\frac{\partial u}{\partial y} - \frac{\partial v}{\partial x} = 0$$

erfüllen, d. h. wenn der Quirl der Geschwindigkeit null ist: $q(G) = 0$, d. h. es existiert nur für reine Strömung, nicht aber für Wirbelbewegung. Man unterscheidet daher zwischen *Potentialbewegung* und *Wirbelbewegung*, und entsprechend zwischen *Potential-* und *Wirbeldeformation*. — Bei inkompressiblen Flüssigkeiten erfüllt das Geschwindigkeitspotential die Laplacesche Gleichung $\Delta\varphi = 0$. — Dimension: $(\varphi) = l^2 t^{-1}$. — Auf den *Flächen gleichen Geschwindigkeitspotentials* stehen die *Stromlinien* senkrecht (s. Hydrodynamik).

Gesetz ist in der exakten Wissenschaft eine Beziehung zwischen mathematischen Größen von physikalischer Bedeutung. Es läßt sich nur in einfachen Fällen bequem und einwandfrei durch Worte aussprechen, immer aber durch eine Formel (oder mehrere), sei es durch Gleichungen oder Ungleichungen; in jenem Falle ist es ein Quantitätsgesetz, in diesem nur ein Tendenzgesetz. Beispiele: das Newtonsche, das Ohmsche, das durch die Maxwellschen Gleichungen ausgesprochene Gesetz. Viele Gesetze werden am anschaulichsten durch die graphische Darstellung (s. daselbst, Gase usw.). Gesetze von grundlegender erkenntnistheoretischer Bedeutung werden *Prinzipe*, andrerseits solche von geringerer Exaktheit oder Sicherheit *Regeln* genannt. Ein Gesetz verdient nur dann diesen Namen, wenn es keine Ausnahmen zuläßt, es sei denn, daß diese Ausnahmen ihrerseits wieder gesetzmäßig formuliert werden.

Gesichtsfeld, s. Abbildung.

Gesichtsfeldblende, s. Abbildung.

Gesichtstäuschungen, s. Sehen.

Gespannte Gläser, s. Kristalloptik.

Gestalt. Ein räumliches Gebilde hat zwei charakteristische Merkmale die Größe und die Gestalt. Während jene bei einer Linie durch die Länge, bei einer Fläche durch den Flächeninhalt, bei einem Körper durch das Volumen bestimmt ist, ist die Gestalt im Hinblick auf die große Mannigfaltigkeit der Möglichkeiten nicht so leicht zu fassen; am einfachsten noch, indem man von einem beliebigen Punkte aus, den man zweckmäßig im Innern wählt, Strahlen nach jedem Punkte des Gebildrandes zieht und die Länge dieser Strahlen als Funktion der beiden ihre Richtung im Raume kennzeichnenden Winkel ausdrückt: $r = f(\varphi, \psi)$, vgl. die Fig. 91, die einem zweidimensionalen Gebilde

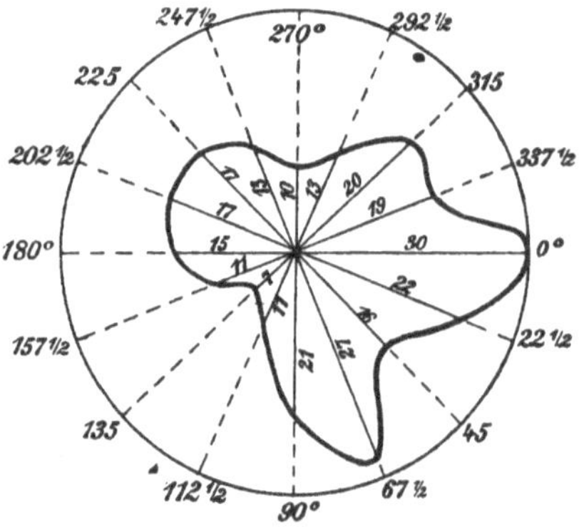

Fig. 91.

entspricht, also mit einem einzigen Winkel auskommt: $r = f(\varphi)$. — Eine Linie kann gerade oder gekrümmt und im letzteren Falle einfach gekrümmt, d. h. in einer Ebene verlaufend, oder doppelt gekrümmt sein; ferner kann sie offen oder geschlossen sein. Eine Fläche kann eben oder gekrümmt, mit Rand versehen oder geschlossen sein; ihre Begrenzung können gerade oder krumme Linien bilden. Ein Körper ist immer geschlossen; er kann aber entweder von Ebenen oder von krummen Flächen begrenzt sein, die ihrerseits einheitlich sein oder in geraden oder krummen Linien aneinander stoßen können. — Zwei Gebilde können *kongruent* sein,

d. h. gleich an Größe und Gestalt, oder nur *ähnlich*, d. h. nur von gleicher Gestalt. Im Falle der Kongruenz ist ferner zu unterscheiden zwischen *deckbaren* und *enantiomorphen*, d. h. spiegelbildlich gleichen Gebilden. Linien können innerhalb der Ebene, Flächen im Raume so gedreht werden, daß die Enantiomorphie in Deckbarkeit übergeht; bei Körpern dagegen ist das mangels einer vierten Raumdimension nicht möglich; hier stehen sich also die deckbaren und die enantiomorphen Gebilde schroff gegenüber. Die wichtigste Anwendung hiervon ist die auf *Kristalle*, die bei gewissen Symmetrieklassen zwei enantiomorph verschiedene, nicht ineinander überführbare Typen aufweisen; bei vielen Erscheinungen, z. B. bei der Drehung der Polarisationsebene des Lichts, macht sich das geltend (s. d.).

Gestaltskoeffizient, s. Magnetische Induktion.

Gestaltsmodul, s. Drillung, Elastizität, Elastizitätsmodul, Querkontraktion.

Gestaltungskraft, s. Flüssige Kristalle.

Gesteinsmagnetismus, s. Erdmagnetismus.

Gewicht ist der Druck eines Körpers auf die Unterlage, auf der er ruht, insbesondere auf die Schale der Wage, auf der er gewogen wird. Das Gewicht ist eine Kraft und somit das Produkt aus Masse und Beschleunigung, letztere in diesem Falle die Beschleunigung der Schwere, also vom Orte abhängig, und zwar sowohl von der geographischen Breite als auch von der Höhe über dem Meeresspiegel (s. Gravitation). Im Gegensatz zur trägen Masse kann man das Gewicht auch als *ponderable Masse* bezeichnen. — Die Einheit des Gewichts im absoluten Maße ist die *Dyne*, in der Praxis benutzt man gewöhnlich statt dessen das *Gramm*, obgleich dieser Name schon anderweitig, nämlich für die Einheit der Masse (s. d.) vergeben ist; der Deutlichkeit halber empfiehlt es sich daher, das *Grammgewicht* als gr* vom gr als Masse zu unterscheiden. Formel: $W = mg = 981\ m$ (im Mittel), speziell: 1 gr* = 981 gr. In der Praxis wird, entsprechend der veränderten Bezugseinheit, das Gewicht eines Körpers mit seiner Masse zahlenmäßig identisch. — Dimension: $(W) = lt^{-2}m$. — Aus dem Gramm leitet man andre Maße ab, s. Maße. — Dividiert man das Gewicht eines Körpers durch sein Volumen, so erhält man das *spezifische Gewicht* seines Stoffes (bei nicht-homogenen Körpern das mittlere); es ist, wenn d die Dichte ist, $s = d \cdot g$; aber auch hier fällt in der Praxis der Unterschied weg, das spezifische Gewicht eines Stoffes wird zahlenmäßig mit seiner Dichte identisch (s. Dichte). — Bei Blechen usw. gibt man häufig das Gewicht der Flächeneinheit, bei Drähten usw. das Gewicht der Längeneinheit als für den Stoff charakteristisch an.

Gewichtsaräometer, s. Dichtemessung.

Gewichtssatz, s. Wägung.

Gewichtsverlust, s. Hydrostatik, Schwimmen.

Gewitter, s. Atmosphärische Elektrizität.

Geysir, s. Verdampfung.

Gezeiten, s. Ebbe und Flut.

Gibbssche Regel, s. Phasenlehre.

Giftheber, s. Pneumatische Apparate.

Gitter, s. Beugung des Lichts.

Gitterkonstante, s. Beugung des Lichts, Spektrometrie.

Gitterspektrum, s. Spektrum.

Gitterstruktur, s. Mikroskop.

Glanz, s. Lichtstärke.

Glasblasen, s. Geschmeidigkeit.

Glaselektrizität, s. Elektrostatik.

Glaskörper, s. Sehen.

Glasplattensatz, s. Polarisation.

Glastränen, s. Geschmeidigkeit.

Gleicharmiger Hebel, s. Einfache Maschinen.

Gleicharmige Wage, s. Wägung.

Gleichförmige Bewegung, s. Bewegung.

Gleichförmige Magnetisierung, s. Magnetische Induktion.

Gleichförmiger Gang, s. Thermoelektrizität.

Gleichgewicht, s. Statik.

Gleichgewicht der Flüssigkeiten, s. Hydrostatik.

Gleichgewicht eines Fadens, s. Statik.

Gleichgewichtsaxe ist eine Grade von der Eigenschaft, daß, wenn ein im Gleichgewicht befindliches System um sie gedreht wird, auch in der neuen Lage Gleichgewicht besteht, das Gleichgewicht um die Axe also indifferent ist (s. Statik).

Gleichgewichtsfiguren der Flüssigkeiten. Eine der Schwere unterworfene ruhende Flüssigkeit bildet eine mit der Erdoberfläche konzentrische Fläche, bei kleiner Ausdehnung also eine *horizontale Ebene*. Bei einer rotierenden schweren Flüssigkeit nimmt die Oberfläche die Form eines *Rotationsparaboloids* mit dem Scheitel nach unten an; Formel, wenn z und r die Koordinaten sind und w die Winkelgeschwindigkeit ist: $r^2 = 2\,gz/w$. Der höchste Rand liegt ebenso hoch über dem normalen Niveau wie der Scheitel unter ihm. Bei genügend großem w wird der Gefäßboden teilweise frei. Alle diese Erscheinungen, auch die bei Benutzung mehrerer, übereinander geschichteter Flüssigkeiten (Quecksilber, Wasser, Öl) lassen sich durch Aufsetzen des Gefäßes auf die Schwungmaschine leicht demonstrieren. — Eine nur ihrer eignen *Gravitation* unterliegende ruhende Flüssigkeitsmasse nimmt *Kugelgestalt* an, d. h. die Form mit, bei gleichem Volumen, kleinster Oberfläche und kleinstem mittleren Abstande aller Teile voneinander. Eine *rotierende, gravitierende Flüssigkeit* kann fünf verschiedene Formen annehmen: 1. schwach abgeplattetes Rotationsellipsoid, *Maclaurinsches Sphäroid;* die Abplattung wächst mit der Winkelgeschwindigkeit w. 2. Stark abgeplattetes Rotationsellipsoid, *Kreisscheibe;* mit wachsendem w wird die Abplattung immer kleiner. Bei $w = \sqrt{0{,}45\,\pi\,\gamma\,\varrho}$ (γ Gravitationskonstante, ϱ Dichte) werden beide identisch, darüber hinaus kann keine dieser beiden Figuren bestehen. 3. Dreiaxiges, *Jacobisches Ellipsoid*, mit zwei kleinen Axen (davon eine die Drehungsaxe) und einer großen; für kleine w einer langen Wurst ähnlich, nur bis $w = \sqrt{0{,}375\,\pi\,\gamma\,\varrho}$ beständig. 4. *Elliptischer*, Mathiessenscher *Zylinder*, bis $w = \sqrt{\pi\,\gamma\,\varrho}$ und 5. *Kreiszylinder* bis $w = \sqrt{2\,\pi\,\gamma\,\varrho}$; darüber hinaus gibt es überhaupt keine Gleichgewichtsfigur mehr. — Bei den Weltkörpern ist meist der Fall 1 verwirklicht; die Abplattung ist bei der Erde $^1/_{299}$, was mit der Theorie nur unter Berücksichtigung ihrer Zusammensetzung aus Schichten verschiedener Dichte stimmt. — Ein *Ring* ist nicht beständig, sondern zerfällt in mehrere Ringe oder gar in zahlreiche Kugeln, was beim Saturn tatsächlich der Fall ist. — Außerdem gibt es noch pulsierende Gleichgewichtsformen komplizierterer Art. — Zwei benachbarte Flüssigkeitsmassen nehmen *Eiform* an und können unter Umständen zusammenfließen.

Gleichgewichtsfiguren pulverförmiger Massen. Lockere, pulverförmige Massen stehen in der Mitte zwischen festen Körpern und Flüssigkeiten; mit diesen wie jenen haben sie mancherlei gemeinsam. Sie können fließen, aber sie bilden andrerseits unter der Einwirkung der Schwere selbständige Gestalten. Die einfachste ist die schiefe Ebene an einer Mauer (die hierbei auftretenden Kräfte werden in der Lehre vom *Erddruck* betrachtet); die nächst einfachen sind die Pyramide über einem Polygon und der Kegel auf kreisförmiger Basis. Jedoch zeigt sich, daß es sich z. B. im letztgenannten Fall nicht exakt um einen Kegel handelt, sondern um eine Schale eines Rotationshyperboloids. Die *Böschung* nimmt nämlich nach oben hin mehr und mehr ab. — Diese und viele andere Tatsachen lassen sich aus dem einfachen Prinzip erklären, daß die Böschung desto kleiner ist, je größer die *Abrollgefahr* der Körner ist; sie hat also ihren normalen Wert für den Fall der Horizontalkrümmung null, sie ist unternormal bei Flächen, die im Horizontalschnitt nach außen konvex, übernormal bei konkaven. Die Pyramide, der Kegel und der Krater sind Beispiele für die drei Fälle. Über der Ellipse bildet sich eine Oberfläche mit einem gewölbten, an den Enden sich unmerklich verlierenden Grat. Über einem Kreuz von fünf Quadraten bildet sich ein Hauptgipfel über vier Seitengraten, wobei die Höhen sich wie $\sqrt{2}:1$ (entsprechend den größten Basisflächen) verhalten. — Im übrigen hängt die Böschung von der Korngröße, der Kornform und der stofflichen Natur ab; sie bewegt sich zwischen den Extremen 20° und 40°. — Anwendung auf Dünen, Schneefelder, Schuttkegel, Krater usw.

Gleichheitsempfindlichkeit, s. Lichtstärke.

Gleichheit von Wirkung und Gegenwirkung, s. Wechselwirkung.

Gleichrichter, s. Elektrische Ventile, Elektrolyse.

Gleichschwebende Stimmung, s. Tonhöhe.

Gleichstrom, s. Elektrischer Strom.

Gleichstrommaschine, s. Dynamomaschine.

Gleitfläche, s. Kohäsion.

Gleitflug, s. Luftschiffahrt.

Gleitstelle, s. Elektromagnetische Apparate.

Gleitung, s. Innere Reibung.

Gletscher, s. Geschmeidigkeit, Schmelzung.

Glimmlicht ist die milde Form der elektrischen Lichterscheinungen bei der Ausströmung aus Leitern. Zu unterscheiden ist zwischen Büschellicht, Spitzenlicht und eigentlichem Glimmlicht. Wenn die Spannung zwischen den Elektroden, die durch ein Gas getrennt sind, zu gering oder ihre Entfernung voneinander zu groß ist, als daß Funken (s. Elektrischer Funke) sich bilden könnten, oder wenn die beiden Elektroden oder eine von ihnen sehr starke Oberflächenkrümmung aufweist (Spitzen, Kanten), treten dauernde Lichterscheinungen auf, an der positiven Elektrode das ausgedehntere *Büschellicht*, an der negativen — besonders aber an Spitzen und Kanten — das konzentriertere *Spitzenlicht*; auch diese Erscheinungen beruhen, wie die Funken, auf glühenden Metallteilchen. Das Spektrum zeigt demgemäß die Metallinien. Gewöhnlich stellt man bei den Versuchen eine Spitze ei er größeren eberen Platte gegenüber. Bei dieser Entladung handelt es sich, wie mit dem Galvanometer nachzuweisen ist, um stetigen Übergang eines elektrischen Stroms. Das Büschellicht besteht aus langen Lichtpinseln, mit einem Stiel und an diesen sich ansetzenden Verästelungen, die fortwährend ihre Lage ändern; besonders gut im verdunkelten Zimmer zu sehen; Farbe bläulich bis violett. Das Spitzenlicht ist meist nur von der Form eines kleinen leuchtenden Sternes. — In großem Maßstabe treten diese Erscheinungen bei den *Teslaströmen* auf (s. Elektrische Schwingungen), ferner bei den Spitzenkämmen der Elektrisiermaschinen (s. d.). — Das eigentliche *Glimmlicht* ist in freier Luft ein bläulicher Lichtschein, der die Funken oder Büschel umgibt. Bei gewöhnlichem Gasdruck unscheinbar, gewinnt es bei Abnahme desselben an Bedeutung und nimmt bei etwa 1 mm Hg-Druck in den Geisslerschen, Hittorffschen oder Crookesschen Röhren (s. Entladung) folgende typische Gestaltung an: Die Kathode ist von einem schmalen hellen Saum umgeben, dem *negativen Glimmlicht*, das aber nicht unmittelbar auf der Kathodenfläche aufsitzt, sondern von ihr durch eine schmale Schicht, den *Crookesschen Dunkelraum*, getrennt ist; an das negative Glimmlicht stößt der sog. *dunkle Kathodenraum* oder *Faradaysche Dunkelraum*, dann folgt unvermittelt die *helle Kathodenschicht* und, von ihr ausgehend, mehr oder weniger ausgeprägt, die *Glimmlichtstrahlen*; dann folgt der dunkle Trennungsraum und endlich das von der Anode ausgehende *Anodenlicht* oder *positive Glimmlicht*, dieses um so deutlicher, je geringer der Druck geworden ist. Die Färbung hängt von der Natur des Gases und andern Umständen ab; in Luft ist das negative Licht blau, das positive rötlich-gelb. Bei noch weiterer Herabminderung des Druckes verschwindet dann das Glimmlicht, und es treten die Kathodenstrahlen (s. d.) auf. — Bei Gewittern treten außer den Blitzen auch häufig helle, sanfte Flächenlichter von Glimmlichtcharakter auf; ebenso gehören hierher die *Elmsfeuer*, die zuweilen bei Gewitterlage an Kirchtürmen, Bäumen usw. sowie auf den Masten von Schiffen als Büschel oder Flämmchen beobachtet werden. — Die Theorie des Glimmlichts und der Glimmentladung wird jetzt auf der Grundlage der Elektronenstöße entwickelt und führt im großen Ganzen zu befriedigenden Ergebnissen.

Glocken, s. Glockentöne, Tönende Systeme.

Glockenspiel, s. Glockentöne.

Glockentöne. Wie aus geraden Stäben durch Krümmung Gabeln (s. d.), so entstehen aus ebenen Platten (s. Plattentöne) durch Wölbung Glocken; sie können ihrer Form nach Teile von Kugelflächen, Zylinder- oder Kegelflächen oder komplizierte Gebilde sein. Bei den musikalischen und Kirchenglocken hat sich die jetzige Form schon frühzeitig empirisch als die für den Klang günstigste herausgebildet. — Die Theorie der Glockenschwingungen, insbesondere der durch Anschlagen mit einem Hammer (Klöppel) erzeugten, ist sehr verwickelt, schon deshalb, weil hier nicht, wie bei Platten, rein transversale, sondern, wegen der Krümmung des Körpers, gemischte Schwingungen sich ausbilden, die Gesetze aber für Quer- und Längsschwingungen ganz verschieden sind; daher der z. T. unbestimmte und breite Klang der Glockentöne. Dazu kommt, daß die Voraussetzung für die Reinheit der Töne, nämlich der strenge Rotationscharakter der Glocke in geometrischer und elastischer Hinsicht, meist nur annähernd erreicht werden kann; es treten dann zwei oder mehr verschiedene Töne auf, die miteinander interferieren und Schwebungen erzeugen (s. d.). — Die Schwingungen einer gläsernen Halbkugel kann man durch, an der Außenseite herabhängende leichte Pendel demonstrieren, die beim Streichen und Tönen der Glocke je nach ihrer Lage in Schwingung versetzt werden oder in Ruhe bleiben; letztere befinden sich am Orte von Knotenlinien; man kann so zeigen, daß sich die Glocke in zwei, vier und mehr schwingende Teile zerlegt. — Als Material für musikalische Glocken hat sich am meisten Bronze bewährt, neuerdings auch Stahl; ferner geben Glasglocken unter Umständen schöne Töne. So kann man Weingläser durch Streichen des Randes mit dem Finger zum Tönen bringen und dabei die Wellen auf der Oberfläche der eingefüllten Flüssigkeit beobachten. — Eine Zusammenstellung abgestimmter Glocken heißt *Glockenspiel*. — Einige Töne mit zugehörigen Durchmessern und Gewichten sind folgende:

Ton	c	c_1	c_2	c_3
Durchmesser	340 cm	170 cm	85 cm	42 cm
Gewicht	23000 kg	2870 kg	358 kg	45 kg.

— Gläser und selbst Glocken aus Metall können durch Tonschwingungen zum *Zerspringen* gebracht werden.

Glühelektrizität ist der Inbegriff der Erscheinungen, die an Metallen und manchen andern festen Körpern auftreten, wenn sie bis zur sichtbaren Glut oder nahe heran erhitzt werden. Sie verlieren dann, trotz Isolierung, ihre Ladung an das umgebende Gas, gleichviel, ob der Druck normal oder reduziert ist. Von der Temperatur besteht eine gesetzmäßige Abhängigkeit. Von besonderer Wichtigkeit ist ferner die Unipolarität der Erscheinung, d. h. der glühelektrische Strom ist verschieden stark, je nachdem der glühende Körper die Anode oder Kathode bildet. Hiernach läßt sich das Phänomen auf eine Ionenbildung zurückführen, und zwar handelt es sich in voller Übereinstimmung mit den Verhältnissen bei der Gasentladung und der Radioaktivität um Ionen im engeren Sinne bei der positiven, dagegen um Elektronen bei der negativen Ladung; und auch quantitativ, namentlich hinsichtlich des Verhältnisses von Ladung zu Masse, ergibt sich befriedigende Übereinstimmung. Die Theorie ist namentlich von Richardson entwickelt worden; einige gegen sie erhobene Einwände bedürfen aber noch der Erledigung.

Glühlicht ist Licht, das dadurch erzeugt wird, daß ein fester Körper zum Glühen gebracht wird. Beim *Gasglühlicht* wird das durch Zufuhr von Leuchtgas zu einem Glühkörper in Strumpfform bewirkt; die Ökonomie ist hier viel größer als beim gewöhnlichen Gaslicht. — Beim *elektrischen Glühlicht* wird ein Leiter durch die

Stromwärme (s. d.) zum Glühen gebracht und das Verbrennen, das dabei eintreten würde, dadurch verhindert, daß der Leiter in ein hohes Vakuum oder in ein Gas, in dem keine Verbrennung erfolgt, eingebracht wird. Als Glühkörper benutzte man anfangs verkohlte Papier- oder Bambusfaser, später gelöste und geeignet präparierte Zellulose. Die Temperatur hält sich auf 1900° bis 2100°; die am stärksten vertretene Wellenlänge ist etwa 1,4 μ. Der Wattverbrauch pro Kerze geht von 4 auf 1,5 herab; jedoch nimmt mit dem Sinken dieser Ziffer auch die Lebensdauer ab (von 600 auf 200 Stunden). Zurzeit sind auch diese Lampen verdrängt durch die *Metallfadenlampen*, wobei als Metalle hauptsächlich Tantal, Osmium, Wolfram, Zirkon und ihre Kombinationen in Betracht kommen. Sie zeichnen sich, im Zusammenhange mit den thermodynamischen und Strahlungsgesetzen dieser Stoffe, durch große Ökonomie aus; ihre Temperatur ist eine Funktion der pro Kerze erforderten Wattzahl und nimmt mit abnehmendem Werte derselben immer mehr zu (von 1800° auf 2500°). Die äußerste bisher erreichte Grenze stellen die *Halbwattlampen* dar. Eine Spezialität ist die Stickstofflampe; sie ist aber nur unter bestimmten Umständen vorteilhaft. — Eine Glühlampe, die in freier Luft leuchtet, ist die *Nernstlampe*, der Glühkörper ist hier ein Stäbchen oder Röhrchen aus einer der seltenen Erden, z. B. Magnesia; die Lampe hat die beiden Nachteile, daß sie, da der Glühkörper erst bei höherer Temperatur leitend wrid, einer Vorwärmung durch eine Platinspirale sowie, zum Schutze gegen Schmelzung infolge zu starken Stromes, eines Vorschaltwiderstandes bedarf; deshalb ist sie aus dem allgemeinen Gebrauche verschwunden, leistet aber für wissenschaftliche Zwecke oft gute Dienste. — Die *Lichtverteilung* um eine Glühlampe herum hängt von der Form des Glühkörpers (Schleife, mehrere Schleifen, Kranz, Schirmständer usw.) ab, läßt sich aber leidlich gleichförmig gestalten, es sei denn, daß gerade umgekehrt eine Bevorzugung bestimmter Richtungen gewünscht wird. — Glühlampen werden meist für eine Spannung von 110, 220 oder 440 Volt eingerichtet und im Netze parallel geschaltet, was für den Betrieb am bequemsten ist; man kann aber auch mehrere Lampen hintereinanderschalten, nur muß dann die Summe ihrer Spannungen gleich der Netzspannung sein; man hat dann, bei nicht wesentlich höherem Energieverbrauch, die doppelte usw. Lichtstärke.

Goldblattelektroskop, s. Elektrometrie.

Goldene Regel der Mechanik, s. Einfache Maschinen.

Goniometer ist ein Instrument zum Messen von Winkeln zwischen Ebenen und findet hauptsächlich in der Kristallographie Anwendung. Das *Anlege-* oder *Kontaktgoniometer* besteht aus einem geteilten Halbkreise mit zwei durch ein Scharnier verbundenen Stangen. Genauer ist das *Reflexionsgoniometer*, bei dem durch Eindrehung (des Apparates oder des Körpers) die Reflexion eines Lichtbüschels an der einen oder andern Fläche beobachtet wird; auch kann man das Verfahren des in sich zurückkehrenden Lichtstrahls (s. Brechungsquotient) benutzen. Die Drehungsachse kann vertikal oder horizontal sein; um aber den Kristall nicht immer neu einstellen zu müssen, hat man auch Goniometer (beider Typen) mit zwei Kreisteilungen konstruiert. Mit dem Reflexionsgoniometer kann man schon ganz winzige Kristalle mit großer Genauigkeit durchmessen. — S. auch Winkelmessung.

Goresches Phänomen ist die Erscheinung, daß ein Eisendraht, der erhitzt wird, bei dunkler Rotglut sich plötzlich zusammenzieht, bei Abkühlung ebenda sich plötzlich ausdehnt; Ursache sind innere Strukturänderungen.

Grad, s. Temperatur, Winkel.

Gradient, s. Kraftfeld, Luftdruck, Wärmeleitung.

Gradeste Bahn, s. Dynamik.

Gradlauf, s. Kreisel.

Gradsichtiges Spektroskop, s. Spektrometrie.

Graham-Bunsensches Gesetz, s. Ausfluß der Gase.

Gramm, s. Masse.

Gramm-Äquivalent, s. Molekulartheorie.

Gramm-Atom, s. Masse, Molekulartheorie.

Grammescher Ring, s. Dynamomaschinen.

Gramm-Gewicht, s. Gewicht, Maßsysteme.

Gramm-Kalorie, s. Wärme.

Gramm-Masse, s. Maßsysteme, Masse.

Gramm-Molekel, s. Masse, Molekulartheorie.

Grammophon, s. Phonograph.

Gran, s. Masse.

Graph, s. Experiment.

Graphische Darstellung ist ein auch in der Physik unschätzbares Mittel zur Veranschaulichung gewonnener Resultate hinsichtlich der gesetzmäßigen Beziehungen zwischen verschiedenen Größen und zur Gewinnung neuer Resultate; in letzterer Hinsicht also

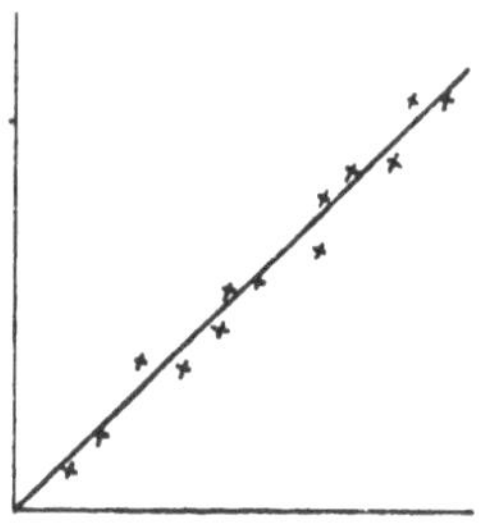

Fig. 92.

ein zwar meist weniger genaues, aber überaus bequemes Ersatzmittel für die rechnerische Methode. — Um eine Größe y als Funktion einer andern x darzustellen, nimmt man letztere als Abszisse, erstere als Ordinate und erhält dann eine Kurve. Im allgemeinen sind von dieser Kurve nur einzelne Punkte durch Beobachtung festgestellt. Man muß dann durch sie hindurch oder, mit Rücksicht auf die stets vorhandenen Beobachtungsfehler, zwischen ihnen hindurch die Kurve legen, derart, daß die beobachteten Punkte möglichst nahe an ihr, aber auf beiden Seiten regellos verteilt liegen (Fig. 92, wo als Kurve die gerade Linie resultiert). Es handelt sich also hier um eine *graphische Interpolation* nichtbeobachteter Werte. Dagegen ist die graphische Extrapolation, d. h. die Fortsetzung der Kurve nach beiden Seiten nur mit äußerster Vorsicht anzuwenden und vorbehaltlich der Rektifikation durch spätere Beobachtungen. — Hat man mehrere Funktionen derselben Variabeln, so erhält man eine Kurvenschar. — Die Eintragung erfolgt am besten in Koordinaten- oder Millimeterpapier. In vielen Fällen empfiehlt es sich, wegen der sehr großen Wertbereiche der Größen nicht diese selbst, sondern ihre Logarithmen darzustellen, wofür es besonderes Logarithmenpapier gibt. — Handelt es sich um eine Funktion von zwei Variabeln, so muß man sie zweimal darstellen: einmal als Funktion der einen bei Konstanz der andern und dann umgekehrt; vollkommener aber wäre die flächenhafte Darstellung: die beiden Variabeln als Koordinaten der Grundebene, die Funktion als die Höhe der in dem betreffenden Punkte der Grundebene errichteten Vertikalen. Die Verwirklichung dieser Idee führt zu *Modellen* des betreffenden Zusammenhanges, und zwar entweder zu Fadenmodellen oder zu massiven Modellen aus Gips, Holz usw. — Die graphische Darstellung läßt sich in zahlreichen Fällen durch Naturvorgänge selbst bewirken, so bei den elektrischen und magnetischen Figuren, bei den Nobilischen und Guebhardschen Ringen und ganz besonders auf dem Wege der Photographie; vgl. die einzelnen Artikel. — Eine besondere Form der graphischen Darstellung ist die *chronographische Auflösung* von Schwingungsvorgängen (s. Klang usw.). — In einzelnen Disziplinen ist die graphische Methode systematisch durchgearbeitet worden, so in der graphischen Statik (s. Statik), in der Mechanik (Hodograph usw.), in der Thermodynamik und anderwärts.

Graphische Interpolation, s. Experiment, Graphische Darstellung.

Graphische Statik, s. Statik.

Graßmannscher Hahn, s. Luftpumpe.

Grauglut, s. Strahlung.

Gravitation ist die Wechselwirkung zwischen ponderablen Massen. Ihr Grundgesetz ist von Newton aus den Keplerschen Gesetzen, also aus der Beobachtung abgeleitet worden und heißt daher auch das *Newtonsche Gesetz* Zwei Körper ziehen sich an proportional ihren Massen und umgekehrt proportional dem Quadrat ihrer Entfernung; in Formel: $K = \gamma m_1 m_2 / r^2$. Hierin ist γ die Gravitationskonstante; sie muß eine solche Dimension erhalten, daß dadurch K den Charakter von Dynen erhält, also $[\gamma] = l^3 t^{-2} m^{-1}$. Läßt man γ weg, so erhält man K als eine Wechselwirkung im Gravitationsmaß (Einheit die Kraft zwischen zwei Grammen in 1 cm Entfernung); über die Größe von γ s. Erddichte. — Deduktiv läßt sich das Gesetz durch die Vorstellung von der Kraft als einer Strömung gewinnen (s. Kraftfeld); da nämlich die Kraft sich, vom Zentrum ausgehend, über konzentrische Kugelflächen verbreitet, diese aber mit dem Quadrat der Entfernung wachsen, so muß die spezifische Kraftwirkung in gleichem Verhältnisse abnehmen. — Das Newtonsche Gesetz hat sich im weitesten Umfange bewährt: es erlaubt, alle astronomischen und irdischen Gravitationsbewegungen abzuleiten. Trotzdem kann es, als unter Umständen unverträglich mit dem Energieprinzip, nicht unbegrenzt gültig sein. — Gravitieren drei Körper gegeneinander, so kommt man zum *Dreikörperproblem,* und insbesondere, wenn einer dieser Körper überwiegt, zum *Störungsproblem.* — Ein spezieller Fall der Gravitation ist die irdische *Schwere* oder *Schwerkraft.* Ihr Betrag hängt von der Höhenlage und der geographischen Breite des Ortes ab; die strenge Formel ist sehr verwickelt; angenähert kann man vielfach

$$g = g_0 \left(1 + \frac{1}{189} \sin^2 \varphi\right) \left(1 - \frac{5}{4} \frac{h}{R}\right)$$

setzen (g_0 Wert am Äquator im Meeresspiegel (978,1), φ Breite, h Höhe, R Erdradius); einige Werte

φ	g_φ	$g_\varphi : g_{45}$
0	978,1	0,9974
10	978,2	0,9976
20	978,7	0,9980
30	979,3	0,9987
40	980,2	0,9995
45	980,6	1,0000
50	981,1	1,0005
60	981,9	1,0013
70	982,6	1,0020
80	983,0	1,0024
90	983,2	1,0026

— Zur Messung der Schwerkraft dient das *Sekundenpendel* und noch besser das *SterneckSche Erdpendel* mit seinen modernen Ausgestaltungen (Halbsekundenpendel); damit ergeben sich auch besondere lokale Anomalien infolge der Konstitution des Erdkörpers, insbesondere seiner Oberflächenschichten; ferner gewisse zeitliche Schwankungen. — Die Gesamtgravitation des Erdkörpers ergibt sich im Zusammenhange mit der Erddichte (s. d.). — Für die Gravitation sind zahlreiche hydrodynamische, elastische und andre *Theorien* aufgestellt worden; gegenwärtig treten sie in den Hintergrund gegenüber der im werden begriffenen elektrodynamischen Theorie auf der Grundlage des Relativitätsprinzips. Diese Theorie erfordert u. a. eine Krümmung der Lichtstrahlen im Gravitationsfelde (Abraham, Einstein). Bei der letzten Sonnenfinsternis (1919) scheint sich eine Bestätigung der Theorie ergeben zu haben.

Gravitationskonstante, s. Erddichte, Gravitation.

Gravitationsmaß, s. Grundbegriffe, Kraft.

Gravitierende Flüssigkeit, s. Gleichgewichtsfiguren der Flüssigkeiten.

Greensche Formel, s. Potential.

Grenzbeanspruchung, s. Elastizitätsgrenze.

Grenzbedingungen, s. Physik.

Grenzdeformation, s. Elastizitätsgrenze.

Grenzdehnung, s. Elastizitätsgrenze.

Grenzkurve, s. Totalreflexion.

Grenzkurven eines Dampfes sind die

p-v-Kurven, welche die Gebiete des überhitzten, des gesättigten Dampfes und der reinen Flüssigkeit voneinander trennen.

Grenzschichten, s. Berührungselektrizität.

Grenzwinkel, s. Totalreflexion.

Grenzwinkelmethode, s. Brechungsquotient.

Grenzzug, s. Elastizitätsgrenze.

Größe ist ein quantitativ gefaßter Begriff; man unterscheidet davon folgende Arten: 1. Reine *Zahlengröße* oder *Skalar.* Ein Skalar im engern Sinne ist durch Angabe einer Zahl vollständig definiert, z. B. die Elastizitätszahl (Verhältnis der Querkontraktion zur Längsdilatation) durch die Angabe: $^1/_4$ Bei einem Skalar in weiterem Sinne muß man noch die Maßeinheit hinzufügen, auf die sich die Zahlenangabe bezieht, z. B. 45 sec oder 273° absolute Temperatur (bei 0° C ist noch ein Anfangspunkt vorausgesetzt). — 2. Die *Richtungsgröße* oder der *Vektor*, neuerdings im allgemeinsten Sinne als „*Axiar*" bezeichnet. Er erfordert noch die Angabe einer Richtung, z. B. 10 m horizontal nach Nordosten. Bei gegebener Zahl hat also der Vektor noch eine zweifach unendliche Mannigfaltigkeit. Um sie zu beseitigen, kann man den Vektor in seine, z. B. auf ein rechtwinkliges Raumkoordinatensystem bezogenen Komponenten zerlegen und diese einzeln zahlenmäßig angeben. Zwischen ihnen und dem Vektor bestehen dann die Beziehungen:

$$l_x = l \cdot \cos(lx), \quad l_y = l \cdot \cos(ly),$$
$$l_z = l \cdot \cos(lz)$$

sowie

$$l = \sqrt{l_x^2 + l_y^2 + l_z^2}.$$

Erspart wird die Zerlegung in Komponenten durch Anwendung einer besondern Rechnungsmethode, der *Vektorrechnung;* sie erlaubt, alle Beziehungen in wesentlich einfacherer Form aufzustellen. — 3. Bei einem Vektor sind ferner zwei Fälle zu unterscheiden, je nachdem der Richtungssinn gleichgültig oder wesentlich ist. Bei einer Schienenstrecke z. B. ist der Sinn gleichgültig, bei dem die Strecke durchfahrenden Zuge ist einseitiger Richtungssinn vorhanden. Im letzteren Falle spricht man von Vektor im engeren Sinne, im ersteren von *Bivektor* oder, weil die Spannung ein typisches Beispiel ist, von einem *Tensor.* — 4. Eine fernere Unterscheidung ist die zwischen dem gewöhnlichen oder *polaren* Vektor und einer wesentlich andern Art, dem *axialen* Vektor; typisch für jenen ist die Verschiebung längs einer Linie, für diesen die Drehung um eine Axe; daher auch der Name Quirl (englisch Curl) oder *Rotor.* — 5. *Divergenz* einer Größe ist die Abweichung ihres Wertes an einer bestimmten Stelle von dem Mittelwert aller Werte in der Umgebung. — Formeln, wenn G die Größe, XYZ ihre Komponenten, q ihren Quirl, $q_x q_y q_z$ dessen Komponenten und div die Divergenz bedeutet:

$$q_x = \frac{\partial Y}{\partial z} - \frac{\partial Z}{\partial y}, \qquad q_y = \frac{\partial Z}{\partial x} - \frac{\partial X}{\partial z},$$

$$q_z = \frac{\partial X}{\partial y} - \frac{\partial Y}{\partial x}, \quad q(G) = \sqrt{q_x^2 + q_y^2 + q_z^2}$$

$$\operatorname{div}(G) = \frac{\partial X}{\partial x} + \frac{\partial Y}{\partial y} + \frac{\partial Z}{\partial z}.$$

Großdyne, *Großerg*, soviel wie Megadyne, Megaerg; vgl. Arbeit.

Große Kalorie, s. Wärme, Spezifische Wärme.

Grovesches Element, s. Galvanische Elemente.

Grundbegriffe sind diejenigen unter den zahllosen Begriffen, die in der Naturlehre auftreten, welche man nicht weiter analysieren, also nicht auf andre zurückführen kann oder will, auf welche man vielmehr alle übrigen zurückführt (abgeleitete Begriffe). Mit fortschreitender Erkenntnis verringert sich die Zahl der Grundbegriffe oder Fundamentalbegriffe immer mehr, das Endziel (begrifflicher Monismus) wäre die Zurückführung aller Begriffe auf einen einzigen. Indessen hat es sich als zweckmäßig erwiesen, nicht so weit zu gehen, sondern bei einem *dreigliedrigen Fundamentalsystem* Halt zu machen. Zwei von diesen Grundbegriffen ergeben sich zweifelsfrei aus unseren Anschauungsformen: Raum (s. d.) und Zeit (s. d.), nämlich die *Strecke* oder *Länge* und die *Zeit* oder *Zeitstrecke*, *l* und *t*. Als dritten Grundbegriff kann man entweder die Kraft, speziell die Druckkraft infolge der Schwere, also das *Gewicht* (s. d.) nehmen, oder aber den Widerstand gegen Bewegung, die *Masse* (s. d.); im ersteren Falle erhält man das *Raum–Zeit–Gewichts-System*, im letzteren das *Raum–Zeit–Masse-System*; jenes ist in der Praxis noch überwiegend, dieses fast ausschließlich in der Wissenschaft im Gebrauch. Von allgemeiner Bedeutung ist indessen keines von beiden, weil weder das Gewicht noch die Masse eine für das Verhalten der Körper allgemein charakteristische Eigenschaft ist; so z. B. für alle elektrischen, magnetischen und optischen Erscheinungen, bei denen Gewicht und Masse nur eine sekundäre Rolle spielen. In dieser Hinsicht gibt es nur einen einzigen allgemeinen Begriff, den der *Energie* (s. d.); und deshalb ist das *Raum–Zeit–Energie-System* das einzige grundsätzlich allgemeine Fundamentalsystem; nur hat es, wenn hierbei, was notwendig ist, die Energie nicht weiter analysiert, sondern als Grundbegriff hingenommen wird, den Nachteil der Unanschaulichkeit, in die man sich erst nach und nach hineinarbeiten muß. Die auf diesem Fundamentalsystem aufgebaute Naturlehre heißt *Energetik*. — Zur vollständigen Aufstellung des Fundamentalsystems gehört noch die Wahl der Einheiten und Maße (s. Maßsysteme) für die drei Grundbegriffe; das wissenschaftliche System wird dadurch zum *Zentimeter–Sekunden–Gramm-System* bzw. zum *Zentimeter–Sekunden–Erg*-System. — Um einen abgeleiteten Begriff zu charakterisieren, muß man seine *Dimensionen*, d. h. seine Mannigfaltigkeit in Bezug auf die Grundbegriffe angeben: *Dimensionsformel* (s. d.). — Mit Hilfe des Wechselwirkungs-, speziell des Gravitationsgesetzes (s. d.) kann man die Masse durch Raum und Zeit ausdrücken und erhält dann ein zweigliedriges Grundsystem (Gaußisches oder Gravitationsmaß, s. Kraft, Wechselwirkung). Mit Hilfe des elektrodynamischen Wechselwirkungsgesetzes kann man auch noch die Zeit durch den Raum ausdrücken und kommt dann zum eingliedrigen Grundsystem.

Grundfarben, s. Farbenlehre.

Grundton, s. Klang.

Gruppengeschwindigkeit s. Wellenbewegung.

Guebhardsche Ringe, s. Körperströme.

Gülchersche Säule, s. Thermosäulen.

Güteverhältnis, s. Arbeit.

Gyrationsmoment, s. Trägheitsmoment.

Gyrationsradius, s. Trägheitsmoment.

Gyroskop, s. Kreisel.

Gyrostat, s. Kreisel.

Gyrotrop, s. Elektrische Hilfsapparate.

H

Haarhygrometer, s. Feuchtigkeit.

Haarröhrchen, s. Steighöhe.

Hämmerbar, s. Geschmeidigkeit.

Härte ist der Widerstand eines Körpers gegen das Eindringen eines andern Körpers, insbesondere in Spitzenform. Härte ist also eine Art von Festigkeit (s. d.), und zwar *Eindringungsfestigkeit*. Ihre exakte Feststellung, zu der man am besten eine ebene Fläche und eine kugelförmige Spitze aus dem Untersuchungsmaterial wählt und mikroskopische Beobachtung zu Hilfe nimmt, gestaltet sich verschieden, je nachdem es sich um spröde oder geschmeidige Stoffe handelt (s. Geschmeidigkeit). Bei *spröden Körpern* tritt, wenn der Druck mehr und mehr gesteigert wird, ein kreisförmiger (oder, bei Kristallen, polygonaler) Sprung ein, und Härte ist alsdann der betreffende Grenzdruck. Bei *geschmeidigen Körpern* wird die Druckfläche mit wachsender Druckkraft in dem Maße größer, daß der

Einheitsdruck sich einem bestimmten Grenzwerte nähert; dieser Grenzdruck ist hier die Härte. Allerdings hängt der Grenzdruck vom Radius der drückenden Kugelfläche ab; man muß also eine bestimmte Wahl treffen, z. B. eine Kugelspitze von 1 mm Radius. — Die Theorie ist von Hertz, Fuchs u. a., die Beobachtungen von Auerbach, Föppl, Meyer, Kessler u. a. durchgebildet worden. — Für die Praxis ist die *Brinellsche Kugelprobe* in Aufnahme gekommen, bei der zwei Kugeln gegeneinander gedrückt werden. — Einige von Auerbach gefundene Zahlenwerte der Härte in kg/qmm sind folgende:

Adular	253
Aluminium	52
Apatit	237
Blei	10
Diamant	2500
Eisen	200
Flußspat	106
Glas	170 bis 316
Gold	97
Gips	14
Kalkspat	96
Korund	1150
Kupfer	95 bis 143
Opal	113
Quarz, ∥ Axe	308
„ , ⊥ Axe	230
„ , amorph	223
Silber	91
Stahl	280 bis 900
Steinsalz	20
Talg	5
Topas	525
Wachs	1
Zinn, gegossen	11

— In der Praxis, besonders der mineralogischen, wird noch immer das viel einfachere Verfahren des *Ritzens* mit einer Spitze benutzt, und die Härte wird durch eine *Skala* von 10 Härtegraden charakterisiert: 1. Talk, 2. Gips, 3. Kalkspat, 4. Flußspat, 5. Apatit, 6. Feldspat, 7. Quarz, 8. Topas, 9. Korund, 10. Diamant. Indessen sind diese Stufen, wie man aus obigen Zahlen ersieht, außerordentlich ungleich; auch hängt es sehr von der Natur der benutzten Spitze ab; und Gläser verhalten sich oft so, daß eine Spitze *a* eine Ebene *b*, aber auch umgekehrt eine Spitze aus dem Material *b* eine Ebene aus *a* ritzt. — Die älteren Apparate zur angeblich exakteren Ausgestaltung der Ritz- oder Bohrmethode, die *Sklerometer*, haben daher heute kaum noch Bedeutung. — Bei *Kristallen* ist die Härte in verschiedenen Richtungen verschieden; man kann Härtekurven konstruieren. — Bei Metallen hängt die Härte in hohem Grade von der Herstellung (geschmiedet, gegossen, gewalzt usw.) ab; und es beruhen hierauf die verschiedensten Verfahren der Härtung (jedoch handelt es sich dabei meist nicht um Härte im eigentlichen Sinne, sondern um Sprödigkeit, s. Geschmeidigkeit). Dabei besteht ein interessanter Parallelismus zwischen Härte und Magnetismus des Eisens (s. Ferromagnetismus). — Außerdem nimmt die Härte mit steigender Temperatur immer mehr ab (Erweichung), und bei der Verflüssigung nähert sie sich der Null.

Härte eines Magneten, s. Remanenz.

Härteskala, s. Härte.

Härtung, s. Härte, Magnet.

Hafenzeit, s. Ebbe u. Flut.

Haftung, s. Innere Reibung.

Hagel, s. Feuchtigkeit.

Haidingersche Büschel, s. Polarisation.

Haidingersches Gesetz. Es besagt, daß die Oberflächenfarbe eines stark absorbierenden Körpers komplementär zu seiner Körperfarbe ist; es gilt aber nur in eng umschriebenem Sinne.

Haidingersche Streifen, s. Interferenz des Lichts.

Halbdurchlässige Membran s. Osmose.

Halbkugelrefraktometer, s. Brechungsquotient.

Halbringelektromagnet, s. Elektromagnet.

Halbschatten, s. Lichtausbreitung.

Halbschattenapparat, s. Drehung der Polarisationsebene.

Halbstarres System, s. Luftschiffahrt.

Halbton, s. Tonhöhe.

Halbwattlampe, s. Glühlicht.

Halbwellenplättchen sind doppelbrechende Plättchen von solcher Dicke, daß die Phasendifferenz der beiden austretenden Strahlen eine halbe Wellenlänge beträgt; sie werden meist aus Gips angefertigt.

Halbwertszeit, s. Radioaktivität.

Halleffekt und *verwandte Erscheinungen.* Bei der ponderomotorischen magnetelektrischen Wirkung (s. Magnetelektrizität) erhebt sich die Frage, ob die Wirkung auf die Stromleiter selbst oder nur auf die in ihnen fließende Elektrizität stattfinde. Entscheiden läßt sich das nicht mit Hilfe linearer, sondern nur mittelst flächenhafter Leiter, in denen die Stromlinien (s. Flächenströme) frei beweglich sind. Nach vielen vergeblichen Versuchen ist der Nachweis gelungen, und nach dem Entdecker heißt die Erscheinung Halleffekt oder *Hallsches Phänomen.* Eine sehr dünne, rechteckige Metallplatte befindet sich zwischen den einander nahe gegenüberstehenden Polen eines Magnetfeldes (Fig. 93), in der Figur vor und hinter der Papierebene zu denken; in den Mitten zweier Gegenseiten wird ein elektrischer Strom zu- und abgeleitet, von den Mitten der beiden andern Seiten führen Leitungen zu einem Strommesser. Da die beiden Abzweigungspunkte aus Symmetriegründen auf dem gleichen Potential sind, zeigt der Strom

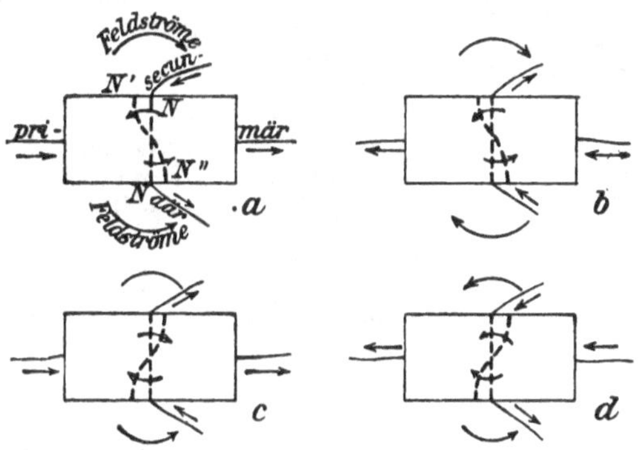

Fig. 93.

messer keinen Strom an; wohl aber, wenn das magnetische Feld erregt wird, und man muß jetzt die Abzweigungspunkte in entgegengesetzten Richtungen verschieben, bis wieder Stromlosigkeit im Strommesser eintritt. Die Niveaulinie NN ist also in die Lage $N'N''$ verdreht worden. Kehrt man Strom oder Feld um, so erfolgt entgegengesetzte Drehung; dreht man beide um, dann wieder die ursprüngliche Drehung. Es ist damit bewiesen, daß die magnetelektrische Wirkung auf die Elektrizität selbst stattfindet. — Eine Drehung im Sinne der das Magnetfeld repräsentierenden Ströme nennt man positiv (Eisen, Zinn, Antimon usw.), die entgegengesetzte negativ (Nickel, Gold, Silber, Kupfer, Wismut usw.). — Die Potentialdifferenz ist $e = R\iota H/\delta$, wo ι die primäre Stromstärke, H die Feldstärke, δ die Plattendicke und R eine Konstante ist, der *Rotationskoeffizient* oder die *Hallkonstante.* — Einige Werte sind folgende:

Te	+ 530	Au	− 0,00071
Bi	− 10,1	Cu	− 0,00052
Sb	+ 0,192	Zn	+ 0,00041
Ni	− 0,0242	Al	− 0,00038
Fe	+ 0,0113	Pt	− 0,00024
Co	+ 0,00459	Pb	+ 0,00009
Ag	− 0,00083	Sn	− 0,00004

Wie man sieht, gibt es hier kolossale Kontraste, nur wenige Stoffe zeigen den Effekt kräftig, die meisten nur ganz minimal. Bei den ferromagnetischen Substanzen ist übrigens R keine Konstante, sondern geht mit der Magnetisierung parallel (s. Ferromagnetismus). Im übrigen besteht keine sichtbare Beziehung zur Magnetisierbarkeit, haben doch sogar Eisen und Nickel entgegengesetzte Vorzeichen. Bei Wismut nimmt R mit wachsender Feldstärke ab, außerdem mit fallender Temperatur sehr stark zu; auch zeigen sich hier Einflüsse der Heterotropie (Kristallnatur). — Auch in *Gasen* ist der Halleffekt festgestellt und gemessen worden; dagegen ist die Frage für Flüssigkeiten noch strittig. — Der Halleffekt ist nur eine von zahlreichen Erscheinungen, die sämtlich thermisch-elektrisch-magnetische Wechselbeziehungen betreffen und im folgenden Tableau zusammengestellt sind:

	thermisch-thermisch	elektrisch-elektrisch	thermisch-elektrisch	elektrisch-thermisch
Quereffekte	1. Drehung der Isothermen durch Wärmestrom	2. Drehung der Niveaulinien durch den elektrischen Strom (Halleffekt)	3. Thermomagnetischer Quereffekt	4. Galvanomagnetischer Quereffekt
Längseffekte	5. Änderung der Wärmeleitfähigkeit	6. Änderung der elektrischen Leitfähigkeit	7. Thermomagnetischer Längseffekt	8. Galvanomagnetischer Längseffekt
		9. Elektromotorische Kraft der Magnetisierung	10. Änderung der Thermoelektrizität	11. Änderung des Peltiereffekts

Es sind, wie man sieht, teils Quer-, teils Längseffekte, ferner betreffen sie teils elektrische, teils thermische Ursachen und endlich teils elektrische, teils thermische Wirkungen. Dem Halleffekt am nächsten steht die *Widerstandsänderung im Magnetfelde*, die man auch als longitudinalen Halleffekt bezeichnen kann; sie ist besonders am Wismut eingehend studiert und hat schließlich zu einer praktischen Anwendung, der magnetischen Feldmessung mit Hilfe von Wismutspiralen (s. Magnetische Messungen) geführt; einer Induktion von 1000 Gauss entspricht etwa eine Zunahme des Widerstandes um 5 Proz. — Übrigens kann auch der Halleffekt selbst zur Feldmessung benutzt werden.

— Der *thermomagnetische Quereffekt* tritt in der Platte auf, wenn man einen primären Wärmestrom durch sie schickt, also die eine der beiden kurzen Gegenseiten ständig warm, die andre ständig kalt erhält; die auftretende elektromotorische Querkraft ist

$$Q = (q/k) \,.\, (WH/\delta)\,,$$

wo k das Wärmeleitvermögen, δ die Plattendicke, W der Wärmestrom, H die Feldstärke und q eine spezifische Konstante ist; letztere hat nur für Wismut einen einigermaßen erheblichen Wert. Auch hier gibt es außer dem Quer- noch einen Längseffekt; beide zusammen werden auch als *Ettingshauseneffekt* bezeichnet. Die Umkehrung des Quereffekts, die Drehung der Isothermen im Magnetfelde, wird auch als *Leduceffekt* bezeichnet. Zu den Längseffekten gehört auch die Erscheinung, daß zwischen zwei Elektroden aus gleichem Material ein Strom entsteht, wenn die eine von ihnen sich im magnetischen Felde befindet; dieser Strom wird auf eine besondere *elektromotorische Kraft der Magnetisierung* zurückgeführt.

— Die Theorie der ganzen Hallgruppe ist ursprünglich in rein formaler Weise entwickelt worden, später hat man die *Elektronentheorie* zugrunde gelegt und dadurch befriedigenden Aufschluß gewonnen, auch über den Zusammenhang der Erscheinungen mit den magnetooptischen und mit der elektromagnetischen Theorie überhaupt.

Hallsche Konstante, s. Halleffekt.

Hallwachseffekt ist die von Hallwachs zuerst beobachtete Form des von Hertz entdeckten lichtelektrischen Phänomens; s. Lichtelektrizität.

Halo, s. Atmosphärische Optik.

Hamiltonsches Prinzip, s. Dynamik, Prinzipien der Mechanik.

Hammer, s. Gehör.

Hand- und Lehrbücher, s. Physik.

Harmonie ist die Gesamtheit der Erscheinungen beim Zusammenklang von Tönen. Ein solcher Zusammenklang heißt *Akkord*, und es ist zu unterscheiden zwischen *Konsonanz* (Wohlklang) und *Dissonanz* (Mißklang), wobei natürlich verschiedene Grade zu unterscheiden sind und eine scharfe Grenze nicht besteht. Als Konsonanzen gelten zurzeit der Reihe nach: der Einklang (Unisono) 1 : 1, die Oktave 1 : 2, die Quint 2 : 3 (und die Duodezime 1 : 3), die Quart 3 : 4, die große Terz 4 : 5, die kleine Terz 5 : 6, die große Sext 3 : 5 und die kleine Sext 5 : 8. Als Dissonanzen der große und der kleine Ganzton 8 : 9 bzw. 9 : 10, die große und die kleine Septime 8 : 15 bzw. 5 : 9, die None 4 : 9, der Halbton 15 : 16 usw. Hiernach ist für die Stufenfolge der Harmonien offenbar die *Einfachheit der Schwingungszahlverhältnisse* entscheidend; durch je kleinere ganze Zahlen sich dasselbe ausdrücken läßt, desto besser ist die Konsonanz (Pythagoras, Euler usw.). Diese zunächst rein physikalische Theorie erhielt durch *Helmholtz* physikalische Gestalt. Einfache Zahlenverhältnisse geben deshalb Konsonanz, weil bei ihnen keine *Schwebungen* (s. d.) auftreten; bei höheren Zahlenverhältnissen dagegen sind immer zwei Töne vorhanden, die nicht weit vom Einklang, von der Oktave usw. abweichen und daher Schwebungen erzeugen. Konsonanz ist eine kontinuierliche, gleichförmige, Dissonanz eine intermittierende, ungleichförmige Tonempfindung. Nur müssen die Schwebungen so schnell aufeinander folgen, daß man sie nicht einzeln wahrnimmt, sondern nur den Gesamteffekt der Rauhigkeit; hört man sie einzeln, so sind die betreffenden Akkorde musikalisch unbrauchbar, während Dissonanzen neben Konsonanzen ein unentbehrliches Element der Musik bilden. — Bei der Durchführung zeigt sich, daß man nicht bloß die Schwebungen der Grundtöne, sondern auch die der Obertöne und der Kombinationstöne (s. d.) berücksichtigen muß; dadurch ergibt sich ein sehr deutliches und mannigfaltiges System der Akkorde. — Gegen die Helmholtzsche Theorie sind wiederholt Einwände erhoben, aber immer noch restlos wiederlegt worden, insbesondere auch durch das Zugeständnis, daß die Theorie mit Rücksicht auf psychische Momente, z. B. Gewohnheit, zu modifizieren ist; so haben wir uns an die sog. Konsonanzen der temperierten Skala, die in Wahrheit z. T. Dissonanzen sind, gewöhnt. Jedenfalls stehen alle andern Theorien (Verschmelzungstheorie, duales System, Kristalltheorie usw.) nicht mehr auf rein physikalischem Boden. — Harmonie in zeitlicher Auflösung wird zur *Melodie*, die sich demnach aus Harmonie, Tempo und Rhythmus zusammensetzt.

Harmonische Analyse, s. Ebbe und Flut, Klang.

Harmonische Bewegung, s. Schwingung.

Harmonische Oberschwingungen, s. Schwingungen.

Harmonische Obertöne, s. Klang.

Harmonischer Analysator, s. Ebbe und Flut.

Harmonische Serien, s. Spektrum.

Harmonium, s. Musikinstrumente.

Harzelektrizität, s. Elektrostatik.

Hauchbilder, s. Absorption.

Hauptausdehnungskoeffizienten, s. Thermische Ausdehnung fester Körper.

Hauptaxe, s. Kristalle.

Hauptazimut, s. Metallreflexion.

Hauptbrechungsquotienten, s. Kristalloptik.

Hauptdielektrizitätskonstanten, die für die Symmetrierichtungen gültigen Werte der Dielektrizitätskonstante eines Kristalls.

Hauptebene. s. Abbildung.

Haupteinfallswinkel, s. Metallreflexion.

Hauptelastizitätsmoduln, s. Kristallelastizität.

Hauptlagen, s. Magnetische Kräfte.

Hauptlichtgeschwindigkeiten, s. Kristalloptik.

Hauptmagnetisierungskonstanten, s. Kristallmagnetismus.

Hauptpunkte, s. Abbildung.

Hauptschlußmaschine, s. Dynamomaschine.

Hauptstrahl, s. Abbildung.

Hauptsuszeptibilitäten, s. Kristallmagnetismus.

Hauptträgheitsaxen, s. Trägheitsmoment.

Hauptträgheitsmomente, s. Trägheitsmoment.

Hauptwärmeleitungskoeffizienten, s. Wärmeleitung fester Körper.

Hautwirkung, s. Selbstinduktion.

Hebel, s. Einfache Maschinen.

Hebelsatz, s. Einfache Maschinen.

Hebelwage, s. Wägung.

Heber, s. Pneumatische Apparate.

Heberschreiber, s. Kapillarelektrizität, Telegraphie.

Hefnerkerze, s. Lichtstärke.

Heißluftmaschine, s. Kalorische Maschinen.

Heizapparate, s. Wärmeapparate.

Hektar, s. Flächenmaß.

Hektowatt, s. Arbeit, Elektrische und magnetische Maßsysteme.

Heliograph, s. Spiegel.

Heliostat, s. Spiegel.

Heliumstrahlen, s. Radioaktivität.

Helligkeit, s. Lichtstärke.

Hellklare Farben sind nach Ostwald Farben, die außer der reinen Farbe nur Weiß enthalten; ebenso ***dunkelklare*** Farben nur schwarz.

Helmholtzsche Hörtheorie, s. Gehör.

Helmholtzsche Tangentenbussole, s. Galvanometer.

Hemiedrisch, s. Kristalle.

Hemimorph, s. Kristalle.

Hemisphärische Lichtstärke, s. Photometrie.

Henry, s. Elektrische und magnetische Maßsysteme, Induktionsströme.

Henrysches Gesetz, s. Absorption.

Heronsball, s. Pneumatische Apparate.

Heronsbrunnen, s. Pneumatische Apparate.

Herpolodie ist bei der allgemeinen Bewegung eines starren Körpers die auf der unveränderlichen Ebene hinterlassene Spur des Berührungspunktes des Zentralellipsoids (s. Trägheitsmoment); die entsprechende Spur auf dem Ellipsoid heißt ***Polodie***.

Herschelsche Streifen, s. Interferenz des Lichts.

Hertzscher Oszillator, s. Elektrische Schwingungen.

Hertzsches Grundgesetz, s. Dynamik.

Hertzsche Versuche, s. Elektrische Schwingungen.

Heterogen, s. Materie.

Heterogenes Gleichgewicht ist das Gleichgewicht in einem System, das aus mehreren räumlich getrennten, in sich homogenen Teilen (Phasen) besteht; vgl. Phasenlehre.

Heteromorph, s. Kristalle.

Heterotrop, s. Materie.

Heterotrope Flüssigkeiten, s. Flüssige Kristalle.

Heuslersche Legierungen, s. Ferromagnetismus.

Hexagonales System, s. Kristalle.

Hiebtöne, s. Tönende Systeme.

Himmelsfarbe, s. Atmosphärische Optik.

Hippsches Chronoskop, s. Zeitmessung.

Hittorffsche Röhre, s. Entladung, Glimmlicht.

Hitzdrahtapparat, s. Strommessung, Stromwärme.

Hochdruckmaschine, s. Kalorische Maschinen.

Hochfrequenzstrom, s. Elektrische Schwingungen.

Hochspannungsbatterie, s. Galvanische Elemente.

Hochspannungsleitung, s. Dynamomaschine.

Hochspannungsströme, s. Elektrische Schwingungen.

Hochwasser, s. Ebbe und Flut.

Hodograph, s. Kinematik.

Höchste Töne, s. Tonhöhe.

Hoefe, s. Atmosphärische Optik.

Höhenmessung, s. Längenmessung, Luftdruck.

Höhensteuer, s. Luftschiffahrt.

Hörgrenzen, s. Tonhöhe.

Hörnerblitzableiter, s. Atmosphärische Elektrizität.

Hörrohr, s. Gehör, Reflexion und Brechung des Schalls.

Hohlraumstrahlung, s. Strahlung.

Hohlspiegel, s. Spiegel.

Holoedrisch, s. Kristalle.

Holomorph, s. Kristalle.

Holtzsche - Maschine, s. Elektrisiermaschinen.

Holzblasinstrumente, s. Musikinstrumente.

Homogen, s. Materie.

Homogene Immersion, s. Mikroskop.

Homogenes Licht ist solches, das aus Wellen von einer bestimmten Wellenlänge oder doch nur aus einem sehr engen Bereiche solcher besteht.

Homozentrisch, s. Abbildung, Astigmatismus.

Hookesches Gesetz, s. Längsdehnung.

Hopfenrankensystem, s. Ort.

Horizontalebene, s. Richtung.

Horizontalintensität des *Erdmagnetismus*, s. Erdmagnetismus.

Horizontalisodynamen, s. Erdmagnetismus.

Horizontalpendel. Das ebene Pendel gewöhnlichen Typs schwingt in einer vertikalen Ebene, also um eine horizontale Axe. Man kann nun leicht das Pendel so bauen, daß man den Rahmen, in dem es schwingt, um einen beliebigen Winkel φ gegen die Vertikale neigen kann, und damit auch die Schwingungsebene (natürlich muß das Pendel eine starre und fest eingebaute Stange haben). Die Periode wird dann, da von der Schwerkraft jetzt nur noch die Komponente $g' = g \cdot \cos\varphi$ wirksam ist, im Verhältnis $1 : \sqrt{\cos\varphi}$ größer und schließlich bei vertikaler Axe, also horizontaler Schwingungsebene unendlich groß, d. h. das Horizontalpendel ist in jeder Stellung im Gleichgewicht; Beispiel: eine Tür. Wenn aber die Axe nur wenig von der vertikalen Richtung abweicht, wird eine Tendenz zur Lageänderung eintreten, und zwar wird sich das Pendel in die durch die Axe und die Vertikale bestimmte Ebene hineindrehen. Man erhält somit einen gegen Richtungsschwankungen überaus empfindlichen Apparat; Beispiel: eine Tür im Durchgange eines D-Wagens bei Krümmungen der Strecke, also Neigungen des Wagens. Die wichtigste Anwendung ist die auf die *Erdbebenbeobachtung* und die Verfolgung der *Lotschwankungen*. Das in der Seismik gebräuchliche Horizontalpendel ist von Hengler erfunden und neuerdings vielfach vervollkommnet worden; gewöhnlich benutzt man zur Kontrolle aller Komponenten des Bebens zwei oder drei gemeinschaftlich montierte Horizontalpendel und versieht sie mit Einrichtung zur selbsttätigen Aufzeichnung ihrer Einstellungen. Allerdings ist ganz neuerdings als seismisches Normalinstrument wieder mehr das Vertikalpendel in den Vordergrund getreten. — S. auch Elastische Schwingungen.

Hornhaut, s. Sehen.

Horror vacui, s. Luftdruck.

Hufeisenmagnet, s. Magnet.

Huygenssches Okular, s. Mikroskop.

Huygenssches Prinzip ist der Fundamentalsatz der Wellentheorie, insbesondere der des Lichts. Wenn von einer punktförmigen Lichtquelle eine Welle bis zu einer Fläche — im isotropen Medium eine Kugelfläche — gelangt ist, so sind alle Punkte dieser Fläche als neue Erregungszentren anzusehen, von denen wiederum Wellen — im isotropen Medium Kugelwellen — ausgehen (Fig. 94). Hiernach müßte das Licht den Raum gleichmäßig erfüllen, und die Entstehung von Lichtstrahlen wäre unverständlich. Indessen läßt sich nachweisen, daß alle Wirkungen dieser neuen Wellen sich durch Interferenz gegenseitig aufheben, ausgenommen in dem Punkte, der in der geradlinigen Fortsetzung des primären und sekundären Erregungspunktes liegt. Die Auslöschung aller seitlichen Wirkungen findet aber nur dann statt, wenn auch wirklich alle Elementarwellen zur Geltung kommen; blendet man einen Teil von ihnen ab, indem man das Licht an einem Rande eines undurchsichtigen Schirmes vorbei oder durch ein Loch in ihm hindurchführt oder um eine Scheibe herumgehen läßt, so bleiben seitliche Wirkungen übrig, und die geradlinige Ausbreitung ist gestört: *Beugungserscheinungen* (s. Beugung des Lichts). Zur genaueren Untersuchung des Vorganges dient das *Fresnelsche Prinzip:* die Wellenfläche wird in geeigneter Weise in *Zonen* geteilt, deren Wirkungen sich fast

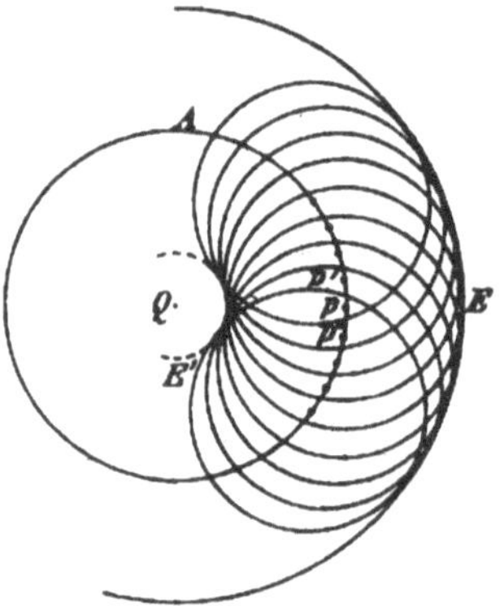

FIG. 94.

durchweg aufheben, so daß nur die Wirkung der halben Zentralzone übrigbleibt; das Ergebnis stimmt mit den beobachteten Lichterscheinungen sehr gut überein bis auf zwei, allerdings ganz wesentliche Punkte: erstens kommt eine falsche Phase der Lichtbewegung in dem Beobachtungspunkte heraus, und zweitens müßte das Licht sich hiernach von jedem Punkte aus auch nach rückwärts geradlinig bewegen; es müßte also auch in einem homogenen Medium fortwährende Spiegelung erfolgen. Diese Widersprüche sind erst durch die exakte Theorie des Huygensschen Prinzips beseitigt worden, wie sie Kirchhoff (Zur Theorie der Lichtstrahlen) auf Grund der Potentialtheorie und insbesondere des Greenschen Satzes geliefert hat.

Hydratationswärme, s. Lösungswärme.

Hydraulische Apparate sind Vorrichtungen, um den Druck und die Energie der Flüssigkeiten, insbesondere des Wassers, nutzbar zu machen. Es handelt sich dabei teils um statische Druckwirkungen, teils um Stoßwirkungen, teils endlich um Reaktionswirkungen. — Die wichtigsten hierher gehörigen Apparate sind die *Wasserräder* und *Turbinen*. Eine scharfe Grenze zwischen beiden läßt sich nicht ziehen (die horizontale oder vertikale Lage der Axe ist nicht entscheidend); in der Hauptsache aber ist der Unterschied der, daß bei den Wasserrädern das Wasser relativ zu den Schaufeln bzw. Kammern zur Ruhe kommt, während es bei den Turbinen gleichförmig oder gar beschleunigt hindurchfließt; mit andern Worten: dort spielt die potentielle, hier die kinetische Energie der Flüssigkeit die größere Rolle. — Im einzeln unterscheidet man bei den Wasserrädern, je nachdem das Wasser nahe dem Scheitel oder nahe der Sohle eintritt, *oberschlächtige* und *unterschlächtige* (es gibt auch mittelschlächtige und rückenschlächtige); bei den Turbinen *axiale* und *radiale* (je nach der Art, wie das Wasser durchströmt), sowie Vollturbinen und Partialturbinen, ferner, je nach dem Charakter der Arbeitsleistung, Druck- und Gegendruckturbinen, endlich Vertikal- und Horizontalturbinen. — Die Reaktionswirkung, d. h. die Drehung nicht durch Stoß, sondern durch einseitige Aufhebung des Stoßes, läßt sich mittels des *Segnerschen Reaktionsrades* demonstrieren (zylindrisches Gefäß, unten nach beiden Seiten ein Rohr, an dessen Enden seitliche Ausflußöffnungen, Rotation nach der entgegengesetzten Seite) oder auch mit der *Äolipile* (s. Kalorische Maschinen), indem man sie drehbar montiert, wobei sie sich dem ausströmenden Dampfe entgegengesetzt dreht. Von technischen Formen sei die schottische *Reaktionsturbine* und die *Schraubenturbine* erwähnt. Die Turbinen lassen größere Turenzahlen (s. d.) zu als die Wasserräder; dadurch wird der Wirkungsgrad bis nahe an 90 Proz. gesteigert. — Schließlich sei auf den hydraulischen Widder, der aber wesentlich pneumatischen Charakters ist, hingewiesen (s. Pneumatische Apparate). — Endlich gehört zu den hydraulischen Apparaten auch die *Schiffsschraube* oder der *Propeller*, bei dem eine rotierende Bewegung durch Vermittelung des hydrodynamischen Widerstandes zum Teil in fortschreitende Bewegung verwandelt wird; Anwendung auf Schiffe und Luftschiffe (s. auch Bewegung fester Körper in Flüssigkeiten sowie Luftschiffahrt).

Hydraulische Presse, s. Hydrostatik.

Hydraulischer Widder, s. Pneumatische Apparate.

Hydrodynamik ist die Lehre von den Bewegungen der Flüssigkeiten, insbesonders der idealen, inkompressiblen Flüssigkeiten. Den allgemeinen Ansatz dafür bilden die *hydrodynamischen Grundgleichungen*, die in zwei Hauptformen, der Eulerschen und der Lagrangeschen, aufgestellt sind; dazu kommt noch die sog. *Kontinuitätsgleichung*, die aussagt, daß sich die Masse des Volumelements nicht ändert. Es gibt zwei große Klassen von Flüssigkeitsbewegungen, je nachdem ein *Geschwindigkeitspotential* (s. d.) existiert oder nicht; in jenem Falle hat man es mit *Potentialbewegung*, in diesem mit *Wirbelbewegung* zu tun (s. d.). Bei der Potentialbewegung (im wesentlichen Strömung) wird die Kontinuitätsgleichung zur Laplaceschen Gleichung. — Ein Raum, in dem Flüssigkeit ohne Wirbel strömt, heißt *Strömungsfeld*; es ist ein Skalarfeld und an jeder Stelle durch den Wert des Geschwindigkeitspotentials daselbst bestimmt; seine Zeichnung enthält die *Flächen gleichen Geschwindigkeitspotentials* und die auf ihnen überall senkrechten *Stromlinien*. Eine Stromlinie ist die Aneinanderreihung aller Linienelemente, deren jedes die Strömungsrichtung an dem betreffenden Orte in einem für alle gleichen Zeitpunkte angibt; im allgemeinen ist sie von der *Bahnlinie* eines Teilchens (der zeitlichen Aufeinanderfolge der Linienelemente eines und desselben Teilchens) verschieden; nur für *stationäre Bewegung*, d. h. bei einer Bewegung, bei der sich die Geschwindigkeit an einem bestimmten Orte mit der Zeit nicht ändert, fallen beide zusammen. — Die Stromlinien gehen von den *Quellen*, d. h. den Einströmungsstellen der Flüssigkeit aus und münden in den *Senken* oder Verschwindungsstellen. Ein Bündel von Stromlinien heißt *Stromfaden*; sein Querschnitt ist mit der Geschwindigkeit an der betreffenden Stelle umgekehrt proportional, d. h. es ist $q_1 G_1 = q_2 G_2$, wodurch man ein Bild von der Geschwindigkeitsverteilung im Felde erhält. Statt dessen kann man auch sagen: die Geschwindigkeit ist proportional mit der Zahl der durch die Flächeneinheit der Niveaufläche gehenden Stromlinien. — Das Integral der Geschwindigkeit über eine in der Flüssigkeit gelegene Linie heißt die *Strömung* in dieser Linie und insbesondere, wenn die Linie in sich geschlossen ist, die *Zirkulation*. In einfach zusammenhängenden Räumen (s.

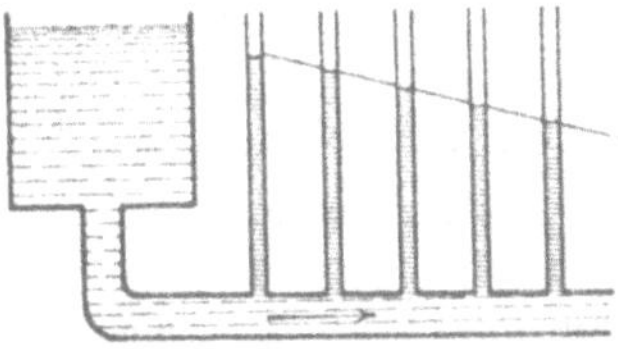

Fig. 95.

Zusammenhang) ist die (wirbelfreie) Strömung zwischen zwei Punkten vom Wege unabhängig und die Zirkulation null; Zirkulation gibt es also nur in mehrfach zusammenhängenden Räumen. — Für die stationäre Bewegung wird die Grundgleichung einfach (p Druck, p_0 Anfangsdruck, ϱ Dichte, G Geschwindigkeit): $p = p_0 - \frac{1}{2} \varrho G^2$; wie man sieht, wird durch die Bewegung der Druck vermindert, und zwar um die lebendige Kraft der Volumeneinheit; dieser verminderte Druck heißt der *hydrodynamische Druck*. An einem großen Gefäße mit unten angebrachtem seitlich umgebogenen Ausflußrohr (Fig. 95), in das in gleichen Abständen vertikale

Ansatzröhren eingesetzt sind, kann man das demonstrieren: so lange die Flüssigkeit fließt, bilden die Höhen der Flüssigkeit in den Röhren eine fallende gerade Linie; demgemäß spricht man auch vom *Druckverlust* bewegter Flüssigkeit. — Für die Strömung in Röhren gilt die Formel:

$$G = \sqrt{\frac{2gz - 2\frac{p_2 - p_1}{\varrho}}{1 - \left(\frac{q_2}{q_1}\right)^2 + R}},$$

wo z die Niveaudifferenz, q die Querschnitte und R eine empirische Korrektionsgröße, den sog. *Röhrenwiderstand*, bedeutet. Dieser letztere hat noch den weiteren Einfluß, daß er einen ursprünglich ebenen Flüssigkeitsquerschnitt wegen der schnelleren Bewegung der

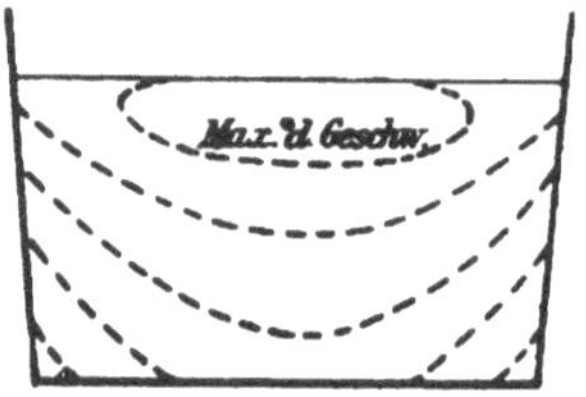

Fig. 96.

zentralen Teilchen gegenüber den Randteilchen beim Fortschreiten mehr und mehr ausbaucht; weitere Komplikationen entstehen durch die innere Reibung (s. d.). — Entsprechend nimmt in *Flüssen* und *Kanälen* die Geschwindigkeit von der Mitte der Oberfläche sowohl nach den Seiten wie nach der Tiefe ab; die Linien gleicher Geschwindigkeit sind in der Fig. 96 angedeutet. Außerdem tritt hier noch das Problem der durch das Fließen veränderten Wasserhöhe und Oberflächenform auf, der sog. *Stauhöhe* und *Staukurve;* zu ihrer Berechnung dient die Staugleichung. — Bei Geschwindigkeiten, die eine gewisse Grenze überschreiten, geht die normale Strömung in die *turbulente* Strömung über, und es treten Wirbel hinzu (s. Wirbelbewegung). — Für die *Messung der Strömungsgeschwindigkeit* gibt es zahlreiche, meist nicht sehr genaue Apparate, wie den Stromquadrant, die Pitotsche Röhre, den Woltmannschen Flügel und die verschiedenen Wassermesser, die die strömende Flüssigkeitsmenge zeitlich integrieren, also die gesamte Durchflußmenge angeben. — Eine besonders interessante Klasse von Flüssigkeitsbewegungen sind die Meeresströmungen (s. d.). — Bewegte Flüssigkeit übt Kraftwirkungen aus, die in vielen Apparaten Anwendung finden und in der Hydraulik näher betrachtet werden (s. Hydraulische Apparate). — S. auch die einzelnen Artikel.

Hydrodynamischer Druck, s. Hydrodynamik.

Hydrodynamischer Widerstand, s. Bewegung fester Körper in Flüssigkeiten.

Hydromechanik, Lehre von den Flüssigkeiten, zerfällt in Hydrostatik (s. d.) und Hydrodynamik (s. d.).

Hydrometer, soviel wie Wassermesser, s. Hydraulische Apparate.

Hydroplan, s. Luftschiffahrt.

Hydrostatik ist die Lehre von der Ruhe und dem Gleichgewicht der Flüssigkeiten. Ihre Grundlage bildet die, für ideale Flüssigkeiten (s. Aggregatzustände) exakt, für wirkliche nur mehr oder weniger annähernd erfüllte Annahme, daß der Druck überall normal wirkt und sich nach allen Richtungen, unabhängig von der geometrischen Konfiguration und der Art der Beanspruchung, in gleicher Stärke verbreitet; dieser Druck heißt der *hydrostatische Druck*. Die Druckkraft selbst (aus der sich der Druck durch Division mit der Fläche ergibt, s. Druck) ist im allgemeinen nicht gleich dem Gewicht der Flüssigkeit, sondern gleich dem einer zylindrischen Flüssigkeitsmasse, die die Höhe der gegebenen und ihre Basis zur Basis hat; er ist also größer oder kleiner als das Gewicht der Flüssigkeit, je nachdem sich der Querschnitt nach oben verjüngt oder erweitert: *hydrostatisches Paradoxon*. Durch Anhängen eines beweglichen Bodens verschieden geformter Gefäße an die Wage kann man das leicht nachweisen. Äquilibriert man ferner eine

Wassermasse in einem Gefäße, das einen breiten Unterteil und einen engen Oberteil hat, auf der Wage durch Gewichte und läßt dann das Wasser zu Eis erstarren, so daß es sich von den Wänden loslöst, so schnellt die Wage auf dieser Seite in die Höhe. — Für den *Druck* selbst ergibt sich die Formel (ϱ Dichte, g Schwere, h *Druckhöhe*, d. h. Höhe der Flüssigkeitssäule): $p = \varrho g h$; dagegen ist die Gestalt gleichgültig (senkrecht oder schief, zylindrisch, konisch oder gebaucht usw.). Beispielsweise ist der Druck des Quecksilbers im Barometer $p = 13{,}6 \cdot 981 \cdot 76 = 1013670$ Dynen/qcm = 1 Atm. — In *kommunizierenden Röhren* (auch in einem, in ein weiteres Gefäß tauchenden weiten Rohr) steht eine und dieselbe Flüssigkeit gleich hoch; verschiedene haben, gerechnet vom Trennungsspiegel, Höhen, die sich umgekehrt wie ihre spezifischen Gewichte verhalten. So hat z. B. das Wasserbarometer e i n e 13,6 mal so große Höhe wie das Quecksilberbarometer (rund 10 m). — Bei der *Bramahschen* oder *hydraulischen Presse* können durch Wahl außerordentlich verschiedener Querschnitte (kleiner für die Kraft, großer für die Last) ungeheure Drucke ausgeübt und dadurch z. B. Balken zertrümmert werden. — Der Druck pflanzt sich auch nach allen Seitenrichtungen und nach oben fort; der *Seitendruck* auf eine Fläche ist proportional mit der Höhe des Flüssigkeitsspiegels über dem Mittelpunkt (Schwerpunkt) der Fläche. Dieser Punkt ist übrigens nicht identisch mit dem *Druckzentrum*, das vielmehr stets tiefer liegt, da die unteren Teile stärkere Drucke erfahren als die oberen. Der Mittelpunkt muß fest sein, um das Herausdrücken der ganzen Fläche, das Druckzentrum muß fest sein, um die Herausdrehung zu verhindern. Beim vertikalen Rechteck liegt der Schwerpunkt in der Mitte, dagegen das Druckzentrum in $^2/_3$ der ganzen Tiefe; beim Dreieck mit der Basis nach unten liegt jener in $^1/_3$, dieser in $^1/_2$ der Tiefe. Bei gekrümmten Wandflächen gibt es nicht immer eine Druckresultante; man muß hier im allgemeinen den Vertikaldruck und den Horizontaldruck für sich angeben. — Der Druck auf einen in der Flüssigkeit schwimmenden Körper ist die Resultante aller auf seine einzelnen Oberflächenstücke wirkenden Drucke (Näheres s. Schwimmen). — S. auch Gleichgewichtsfiguren der Flüssigkeiten.

Hydrostatischer Druck, s. Hydrostatik.

Hydrostatisches Paradoxon, s. Hydrostatik.

Hydrostatische Wage, s. Schwimmen.

Hygrometer, s. Feuchtigkeit.

Hygroskopisch, s. Feuchtigkeit.

Hypermetropisch, s. Brille, Sehen.

Hypothese ist eine Vermutung, betreffend die Konstitution, die Gesetze und die Beziehungen der Körper zueinander, die in oder zwischen ihnen tätigen Kräfte sowie überhaupt jede, zunächst unbewiesene Aufstellung. Sie hat nur dann Wert, wenn sie mit den Tatsachen ganz oder doch in erster Annäherung im Einklange steht, wenn sie die Verhältnisse möglichst einfach aufzufassen erlaubt, wenn sie mit andern, bereits angenommenen Hypothesen nicht in Widerspruch tritt oder, falls sie das tut, die letztere zu verdrängen geeignet ist; wenn sie sich irgendwie, direkt oder indirekt, verifizieren läßt (andernfalls hätte sie nur metaphysischen, aber nicht physikalischen Wert). Beispiele sind die Atomistik, die Äthertheorie, die elektromagnetische Lichttheorie, die Helmholtzsche Resonanztheorie usw. In der theoretischen Physik enthält fast jeder mathematische Ansatz eines Problems die eine oder andere Hypothese.

Hypozentrum, s. Elastische Schwingungen.

Hypsometer oder *Hypsothermometer*, s. Längenmessung.

Hysteresis, genauer *magnetische Hysteresis* oder *magnetische Nachwirkung*, ist die Erscheinung, daß der Magnetismus eines Eisenkörpers nicht bloß von der augenblicklich wirkenden magnetisierenden Kraft abhängt, sondern auch von den vorher wirksam gewesenen. Stellt man das graphisch dar (Fig. 97), mit der Feldstärke H als Abszisse, der Intensität der Magnetisierung I als Ordinate, so erhält man, vom unmagnetischen Eisen ausgehend, zunächst die Kurve OA (s. Magnetische Induktion), die man als Null-, Anfangs- oder *jungfräuliche Kurve* bezeichnet, dann aber für den Rückweg die überall höher verlaufende Kurve AB; die die Ordi-

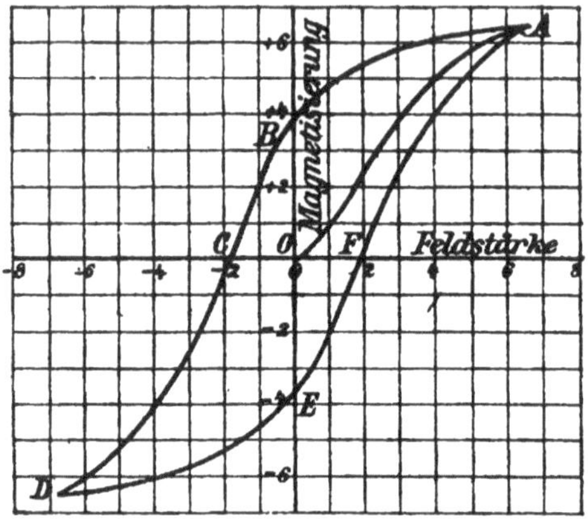

Fig. 97.

natenaxe infolgedessen nicht im Nullpunkt, sondern darüber schneidet. Der Eisenkörper hat also, obgleich

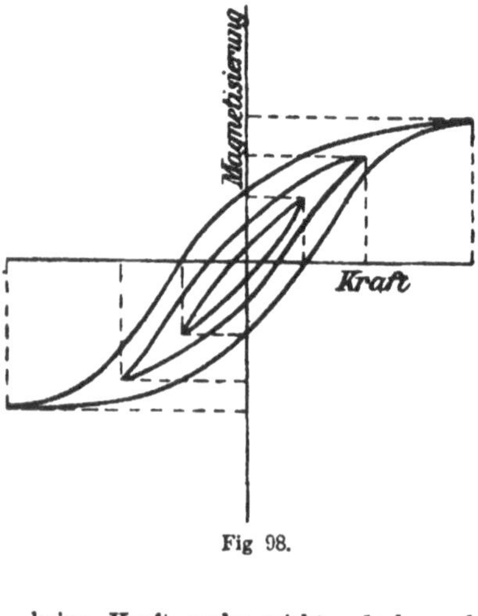

Fig 98.

keine Kraft mehr wirkt, doch noch den Magnetismus OB; man nennt ihn den *remanenten Magnetismus* oder die *Remanenz* (s. d.). Um ihn zu beseitigen, muß man den Prozeß mit einer negativen Feldstärke (Umkehr des magnetisierenden Stromes) fortsetzen, und zwar bis zum Schnittpunkt C mit der negativen Abszissenaxe; die hierzu nötige Kraft OC oder vielmehr die ihr entgegengesetzt gleiche im Innern des Eisenkörpers vorgestellte Kraft, die zu überwinden ist, nennt man dessen *Koerzitivkraft*. Erst bei weiterer Steigerung der negativen Kraft erhält man negative Magnetisierung, dargestellt durch das Kurvenstück CD, dann auf dem Rückwege wieder stärkere negative Magnetisierungen, also die tiefer liegende Kurve DE, dann, bei erneuter Einwirkung positiver Kräfte, das Stück EF und schließlich (wenigstens, nachdem einige solche Zyklen bereits durchlaufen sind), das Schlußstück FA. Die ganze Kurve $ABCDEFA$ bzw. die von ihr eingeschlossene Fläche heißt *Hysteresisschleife*. Verschiedene Eisen- und Stahlsorten unterscheiden sich durch die Größe der Remanenz und der Koerzitivkraft; infolgedessen haben sie verschieden schlanke oder breite Schleifen (s. Ferromagnetismus). — Auch hängt die Gestalt der Kurve und die Größe der eingeschlossenen

Fläche sehr wesentlich davon ab, wie weit man in der Magnetisierung beiderseits geht, ob man bei noch ansteigender Kurve aufhört oder erst im letzten Sättigungsstadium (Fig. 98); im letzteren Falle wird die Kurve breiter. — Bei den schwach magnetischen Stoffen fehlt die Hysteresis beinahe ganz. — Da es sich um einen Kreisprozeß handelt, an dessen Ende der Körper in demselben magnetischen Zustande ist wie am Anfange, so stellt er einen *Energieverlust* dar. Dieser wird gemessen durch die Größe der von der Kurve eingeschlossenen Fläche; er tritt im allgemeinen in die Erscheinung in der Form einer Erwärmung des Eisenkörpers: *Magnetisierungswärme.* Für zahlreiche Zyklen kann sie sich zu großen Beträgen summieren und macht dann Kühlung erforderlich. — In der Praxis ist es also eine wichtige Aufgabe, diese *Hysteresisverluste* möglichst herabzumindern, was nach Obigem sowohl durch Wahl geeigneten Materials als auch durch Wahl der Magnetisierungsgrenzen (nicht zu eng und nicht zu weit) geschieht. — Die Beziehung zwischen Hysteresisverlust V und Induktion B (s. Magnetische Induktion) wird gewöhnlich durch die Steinmetzsche Formel $V = \eta \cdot B^{\beta}$ dargestellt, wo η und β charakteristische Konstanten sind; letztere ist meist um den Mittelwert 1,6 herum gelegen, erstere variiert in weiten Grenzen, meist zwischen 0,002 und 0,1. — Zu unterscheiden ist ferner zwischen *statischer, wechselnder und drehender* (*rotierender*) *Hysteresis,* je nachdem die Zyklen sehr langsam durchlaufen oder aber Wechselstrom bzw. Drehstrom zur Magnetisierung benutzt wird. Die Gesetze dieser Erscheinungen sind sehr verwickelt. — Zur Messung und Aufzeichnung der Hysteresis dient meist die magnetometrische oder die Induktionsmethode (s. Magnetische Messungen). — Demonstrieren kann man die Hysteresisschleife am bequemsten mit der *Braunschen Röhre,* die auf der Ablenkung der Kathodenstrahlen durch den betreffenden Magneten beruht, also die Schleife direkt im optischen Bilde wiedergibt. — Mit der Hysteresis verwandt, aber unabhängig von ihr sind die magnetischen Nachwirkungserscheinungen, und zwar erstens die dauernden Nachwirkungen, zweitens die *Nachwirkungsveränderungen.* Dabei zeigt sich die gesamte magnetische Vorgeschichte des Eisenkörpers von Einfluß, und es treten zahlreiche Sondererscheinungen auf, wie die *Ermüdung,* das *Altern* der Magnete (auch künstliche Alterung läßt sich erzielen), die *Erholung,* die Anpassung usw. Endlich lassen sich im Zusammenhange damit auch die Erscheinungen der *Fortpflanzung des Magnetismus* studieren. — S. auch Ferromagnetismus sowie, wegen der entsprechenden elastischen Erscheinung, Elastische Nachwirkung.

Hysteresisschleife, s. Hysteresis.

I

i ist das übliche Zeichen für die imaginäre Einheit.

Jacobisches Ellipsoid, s. Gleichgewichtsfiguren der Flüssigkeiten.

Jahr, s. Zeit.

Jaminsche Streifen, s. Interferenz des Lichts.

Ideale Flüssigkeit, s. Aggregatzustände.

Ideales Gas, s. Aggregatzustände, Gase.

Jenaer Gläser, s. Chromatische Aberration, Thermometer.

Immersion, s. Mikroskop.

Impedanz, s. Selbstinduktion.

Imponderabilien, s. Materie.

Impuls, s. Kraft.

Indices, s. Kristalle.

Indifferentes Gleichgewicht, s. Statik.

Indifferenzzone, s. Magnet.

Indikator, s. Kalorische Maschinen.

Indikatordiagramm, s. Kalorische Maschinen.

Induktanz, s. Elektrische Schwingungen, Selbstinduktion.

Induktionsapparat, s. Induktionsströme.

Induktionsfreie Spulen, s. Selbstinduktion.

Induktionskoeffizient, s. Induktionsströme.

Induktionsströme sind elektrische Ströme, die, unabhängig von chemischen Wirkungen, in Schließungen auftreten, wenn in ihrer Nähe entweder elektrische Ströme oder Magnete ihrer Lage oder Stärke nach verändert werden; sie dauern an, so lange diese Veränderungen andauern, verschwinden aber, sobald die Stärke oder Lage der Ströme oder Magnete konstant (wenn auch verschieden von der ursprünglichen) geworden ist. Hiernach gibt es vier Arten von Induktionswirkungen, nämlich einerseits *Elektroinduktion* (*Voltainduktion*) und *Magnetoinduktion* (nicht zu verwechseln mit Magnetischer Induktion, s. d.) und andrerseits Induktion durch Intensitätsänderung und durch Lageänderung. Übrigens hängt die induzierte Stromstärke auch noch vom Widerstande der induzierten Schließung ab; die entscheidende Größe ist also nicht sie, sondern die *induzierte elektromotorische Kraft*. Diese ist gleich der Abnahme, die das elektrodynamische bzw. elektromagnetische Potential (s. Elektrodynamik bzw. Elektromagnetismus) zwischen dem induzierenden System (Primärstrom) und dem vom Strome eins durchflossen gedachten induzierten System (Sekundärstrom) durch die erzeugenden Vorgänge erfahren würde: $e = -\partial V/\partial t$. Oder in anschaulicher Ausdrucksweise: Die induzierte elektromotorische Kraft ist proportional mit der Differenz der nachher und vorher durch den Schließungskreis hindurchtretenden Kraftlinienzahl. Das Auftreten des Induktionsstroms ist hiernach eine notwendige Folge des Prinzips von der Erhaltung der Energie. — Ferner gilt hinsichtlich der Richtung die *Lenzsche Regel*: Der Induktionsstrom hat eine solche Richtung, daß er durch seine elektrodynamische bzw. elektromagnetische Rückwirkung den ihn erzeugenden Vorgängen entgegenwirken würde. Oder direkt die „Rechte-Hand-Regel" (im Gegensatz zur „Linken-Hand-Regel", s. Magnetelektrizität): Zeigefinger der rechten Hand in der Feldrichtung, Daumen in der Richtung der Bewegung eines Leiters quer zum Felde, dann gibt der gespreizte Mittelfinger die Stromrichtung an. Eine andre Form ist die Korkzieherregel. Intensitätssteigerung wirkt wie Annäherung, Schwächung wie Entfernung; insbesondere wirkt Schließung eines Stromes oder Erregung eines Magneten so, als ob diese Gebilde zwar von vornherein beständen, aber aus der Unendlichkeit herbeigebracht würden; und ebenso Öffnung des Stroms oder Vernichtung des Magnetismus wie Entfernung in die Unendlichkeit. — Zur Demonstration der verschiedenen Erscheinungen benutzt man am besten Magnetstäbe und Stromspulen, die man durcheinander hindurchzieht, wobei es lediglich auf die relative Bewegung ankommt (Magnet durch Spule oder umgekehrt oder Spule durch Spule) oder indem man den Strom der einen Spule erregt oder ändert oder den Magnetismus eines Elektromagneten erregt oder ändert oder aufhebt und die andre Spule dabei mit einem ballistischen Galvanometer beobachtet. — Der bei der Schließung des primären Stromes im sekundären Kreise erzeugte *Schließungsstrom* hat die entgegengesetzte, der *Öffnungsstrom* die gleiche Richtung wie der erzeugende. Der Verlauf beider hängt von der Art der Schließung und Öffnung ab, namentlich von ihrer Plötzlichkeit oder Allmählichkeit (Ein- und Ausschaltung von Widerständen, Eintauchen und Herausziehen aus Quecksilber usw.). — Von besonderer Bedeutung ist der Fall, daß die erzeugende Veränderung periodischen Charakters ist, daß also der induzierende Strom abwechselnd geschlossen und unterbrochen wird oder der erzeugende Magnetismus abwechselnd erregt und vernichtet, oder, daß jener oder dieser abwechselnd genähert und entfernt wird. Es entsteht dann ein induzierter Strom von periodisch wechselnder Richtung, der als *Wechselstrom* (s. d.) oder als *elektrische Schwingung* (s. d.) bezeichnet wird, ersterer Ausdruck mehr für geschlossene, letzterer mehr für offene Leitungsbahnen, insbesondere mit Luftstrecken, im Gebrauch. Hiernach gibt es vier Methoden, Wechselströme zu erzeugen. Die Apparate, die das leisten, heißen *Induktionsapparate* oder *Induktorien*, und zwar Elektroinduktoren bzw. Magnetoinduktoren; von jenen sind die mit Intensitätsänderung, von diesen die mit rotierender Ortsänderung arbeitenden am wichtigsten. Von den Elektroinduktoren (auch als Funkeninduktor bezeichnet) ist der von *Ruhmkorff* weitaus am verbreitesten. Er besteht aus einer mit einem Unterbrechungsapparat (Neefscher Hammer, s. Elektromagnetische Apparate) oder Wehneltunterbrecher (s. Elektrolyse) versehenen Primärspule von wenigen Windungen dicken Drahtes und aus einer mit ihr koaxialen Sekundärspule von vielen Windungen dünnen Drahts, mit möglichst guter Isolation und letztere so gewickelt, daß keine zu großen Potentialsprünge zwischen benachbarten Drahtteilen vorkommen. Die maßgebende Größe bei einem Induktorium ist das Verhältnis der sekundären zur primären *Windungszahl:* in diesem Verhältnis wird die Spannung gesteigert; man erhält also nicht bloß Wechselströme, sondern auch Hochspannungsströme. In der Technik nennt man einen derartigen Induktionsapparat deshalb auch *Umformer* oder *Transformator*. Je höher die Spannung, desto größer wird die Schlagweite der Funkenentladungen des Apparats (s. Entladung, Elektrischer Funke). — Ferner kommt es für die induzierte elektromotorische Kraft auf die Geschwindigkeit der Stromänderung im Primärkreise an; man muß also die Stromschließung und -unterbrechung möglichst plötzlich vornehmen, wofür es eine ganze Reihe von Maßnahmen gibt. — Das für die Induktion maßgebende *elektrodynamische Potential* zweier von je der Einheit der Stromstärke durchflossen gedachter Leiter heißt deshalb auch ihr *gegenseitiger Induktionskoeffizient* oder ihre *Induktivität:*

$$p_{12} = \int\int \frac{dl\,dl'}{r} \cos(ll'),$$

wo dl und dl' zwei Elemente der beiden Leiter, (ll') der Winkel zwischen ihnen und r ihre Entfernung voneinander ist. Im elektromagnetischen Maßsystem (s. Elektrische und magnetische Maßsysteme) hat der Induktionskoeffizient die Dimension einer Länge. Als praktische Einheit für ihn dient das *Henry*, das 10^9-fache der absoluten elektromagnetischen Einheit (früher als *Quadrant* bezeichnet); für das Henry sind besondere Normale gebaut worden, die man bequem benutzen kann. — Einige spezielle Werte des gegenseitigen Induktionskoeffizienten sind folgende: a) *zwei parallele Drähte*, Länge l, Abstand a:

$$p_{12} = l \,.\, \log \frac{\sqrt{l^2 + a^2} + l}{\sqrt{l^2 + a^2} - l} + 2a - 2\sqrt{l^2 + a^2}.$$

b) *Zwei konzentrische Kreise* in einer Ebene, Radien a und $a + d$:

$$p_{12} = 4\pi\, a\,[\log(8a/d) - 2].$$

— c) *Zwei koaxiale Kreise*, Radien a und $a + d$, Abstand der Ebenen e, die Größen d und e als klein angenommen:

$$p_{12} = 4\pi a\,[\log(8a/\sqrt{d^2 + e^2}) - 2].$$

— Induktion findet auch in einem einzigen Stromkreise statt, wenn die Stromstärke in ihm geändert wird; diese Erscheinung heißt *Selbstinduktion* (s. d.). Für zwei Kreise mit gegenseitiger und Selbstinduktion nimmt das Ohmsche Gesetz (s. Elektrischer Strom) die Form der beiden folgenden Gleichungen an (i_1, w_1, p_{11} bzw. i_2, w_2, p_{22} Stromstärke, Widerstand und Selbstinduktion in den beiden Kreisen, p_{12} gegenseitiger Induktionskoeffizient, t die Zeit, E_1 bzw. E_2 die beiden elektromotorischen Kräfte):

$$w_1 i_1 + p_{11} \frac{di_1}{dt} + p_{12} \frac{di_2}{dt} = E_1$$

$$w_2 i_2 + p_{12} \frac{di_1}{dt} + p_{22} \frac{di_2}{dt} = E_2.$$

— Induzierte Ströme gibt es auch in körperlichen Leitern; sie erfüllen unter Umständen die ganze leitende Masse und heißen dann *Wirbelströme* oder *Foucaultsche Ströme*. Sie wirken dann ihrerseits auf die erzeugenden Systeme zurück, z. B. in der Weise, daß sie die Bewegung dämpfen; diese Induktionsdämpfung wird bei vielen Beobachtungsinstrumenten nutzbar gemacht. Unter den Demonstrationsapparaten für das Phänomen sei das *Waltenhofensche Pendel* genannt, ein zwischen nahe gegenüberstehenden Magnetpolen schwingendes Pendel mit einer ringsektorförmigen Kupferscheibe als Pendelkörper; bei Erregung des Feldes wird das Pendel so stark gedämpft, daß es wie in einer sehr zähen Flüssigkeit sofort zur Ruhe kommt (s. auch Galvanometer usw.). — Metallringe oder Zylinder, über Elektromagnetspulen geschoben, werden bei Erregung der Magnete in die Höhe gehoben, nicht aber, wenn sie geschlitzt sind. — Durch die Wirbelströme entstehen in elektrischen Maschinen oft bedeutende *Wirbelverluste*, die durch Unterteilung der Metallmassen herabgemindert werden können. — Hierher gehört auch die sog. *unipolare Induktion:* in einer zwischen den Polen eines Magneten rotierenden Metallscheibe wird ein Strom von der Axe zur Peripherie induziert. Auch die von Arago als Rotationsmagnetismus bezeichnete Erscheinung findet dadurch ihre ungezwungene Erklärung.

Induktionswage, s. Widerstandsmessung.

Induktive Methode, s. Physik.

Induktivität, s. Induktionsströme, Selbstinduktion.

Induktorium, s. Induktionsströme.

Induzierte elektromotorische Kraft, s. Induktionsströme.

Induzierter Magnetismus, s. Magnetische Induktion.

Induzierte Ströme, s. Induktionsströme.

Inertialsystem, s. Trägheit.

Influenzelektrizität, s. Elektrostatik.

Influenzmaschine, s. Elektrisiermaschinen.

Infrarote Strahlen, s. Wärmestrahlen.

Injektor ist ein Apparat, der mittels Dampf angesaugtes Wasser in denselben Dampfkessel pumpt, aus dem er entnommen wird. Die Wirkung erklärt sich aus der Dichtezunahme des Dampfes auf dem Wasser; die Konstruktionen sind sehr mannigfach (Giffard, Körting u. a.).

Inkandeszenz, soviel wie Weißglut.

Inklination, s. Erdmagnetismus.

Inklinatorium, s. Erdmagnetismus.

Inkohärente Strahlen, s. Interferenz des Lichts.

Inkompressible Flüssigkeiten, s. Aggregatzustände.

Inkonstante Elemente, s. Galvanische Elemente, Galvanische Polarisation.

Innenohr, s. Gehör.

Innenpolmaschine, s. Dynamomaschine.

Innenton, s. Schwebungen.

Innere Ballistik, s. Wurf.

Innere Dispersion, s. Lumineszenz.

Innere konische Refraktion, s. Kristalloptik.

Innere Reibung oder *Zähigkeit* oder *Viskosität* ist der Widerstand der kleinsten Teilchen eines Körpers gegen seitliche Verschiebung relativ zueinander. Bei festen Körpern ist diese Zähigkeit ungeheuer groß, bei Flüssigkeiten und Gasen viel kleiner, in einigen Fällen aber doch erheblich. Flüssigkeiten, die diese Eigenschaft haben, nennt man, im Gegensatz zu den idealen oder nichtreibenden, *reibende* oder *zähe Flüssigkeiten*, im Falle starker Zähigkeit spricht man von *Klebrigkeit*. An der Grenze findet ein stetiger Übergang zum festen Aggregatzustand statt, z. B. bei Pech oder, bei etwas erhöhter Temperatur, bei Wachs. — Der umgekehrte Begriff ist der der *Fluidität*. Infolge der Zähigkeit sind die drei Normaldrucke im Innern (s. Druck) nicht mehr wie bei den idealen Flüssigkeiten einander gleich und die drei Tangentialdrucke nicht mehr null. Denkt man sich eine Flüssigkeit, deren unterste Schicht ruht, deren oberste mit der Geschwindigkeit gleich der Höhe über dem Boden horizontal fortschreitet, so heißt ihr Reibungswiderstand zwischen zwei Nachbarschichten Zähigkeit oder *Reibungskoeffizient* oder Reibungskonstante oder *Reibungsmodul*; die wirkliche Reibung ist mit ihm, mit der Fläche und mit dem Geschwindigkeitsunterschied proportional:

$$R = \eta f (d G / d n).$$

— Der Reibungsmodul nimmt mit steigernder Temperatur bei den festen und flüssigen Stoffen ab, bei den Gasen dagegen zu; eine Tatsache, die mit am meisten zur Begründung der kinetischen Gastheorie beigetragen hat (s. d.). Vom Druck ist er auch bei den Gasen, außer in extremen Fällen, unabhängig. — Das Verhältnis der Zähigkeit eines Stoffes zu der des Wassers heißt seine *spezifische Zähigkeit* ζ und wird meist in Prozenten ausgedrückt. Der reziproke Wert des Reibungsmoduls heißt *Fluiditätskoeffizient.* — Einige Werte der Reibungskonstanten η:

Kupfer	3730000
Wasser (0°)	0,01777
,, (18°)	0,01070
Alkohol (10°) . . .	0,01475
Äther (18°)	0,00256
Quecksilber (17°). . .	0,01633
Schwefelkohlenstoff .	0,00383
Flüss. Kohlensäure . .	0,00078
Luft (20°)	0,000181
Kohlensäure (20°) . .	0,000152
Wasserstoff (0°) . . .	0,000086

Ferner einige spezifische Zähigkeiten ζ:

Wasser.	100
Essigsäure	84
Alkohol	83
Äther	14,5
Chloroform	36
Benzol	42
NaCl (23 Proz.). . . .	128
HCl (23 Proz.)	92
H_2SO_4 (23 Proz.) . . .	121

Für Wasser einige Werte von ζ für verschiedene Temperaturen:

0°	10°	20°	30°	40°	50°	60°
100	73,3	56,1	45,0	37,0	31,2	26,9

Dagegen für Luft:

0°	20°	50°	100°
0,000172	0,000181	0,000193	0,000211

150°	200°	300°
0,000230	0,000248	0,000282

Der *Temperaturkoeffizient* der inneren Reibung der Gase soll nach der kinetischen Gastheorie unter gewissen einfachen Annahmen identisch sein mit ihrem thermischen Ausdehnungskoeffizienten 0,00367; er ist aber meist merklich kleiner, und das führt zu modifizierten kinetischen Anschauungen. — Der inneren Reibung steht die *äußere Reibung* der Flüssigkeiten oder Gase an der Wandung gegenüber; sie ist mit der, in diesem Falle endlichen, Geschwindigkeitsdifferenz zwischen beiden, also für ruhende Wand, einfach mit der Geschwindigkeit der Flüssigkeit, außerdem mit der Fläche proportional: $R' = \lambda f (G - G_0)$, und hierin ist λ der *äußere Reibungskoeffizient.* Das Verhältnis der inneren Reibung zur äußeren heißt Gleitungsverhältnis oder *Gleitungskoeffizient*: $\gamma = \eta / \lambda$; er ist dimensional eine reine Länge und dem Werte nach z. B. für Wasser an Glas 0,235, für Alkohol an Glas 0,011; für Luft an Glas 0,000011. Für $\gamma = 0$ erhält man den Fall, wo die Flüssigkeit oder das Gas an der Wand *haftet*; solche Flüssigkeiten heißen *benetzende Flüssigkeiten.* Bei Gasen ist unter normalen Verhältnissen die Gleitung nahezu null; erst bei sehr stark verdünnten macht sie sich, entsprechend der großen Weglänge der Teilchen, geltend. — Die wichtigsten *Methoden zur Bestimmung der inneren Reibung von Flüssigkeiten* sind folgende: 1. *Strömung durch enge Röhren* unter konstantem Druck; Ausflußvolumen in der Zeiteinheit (p Druck, l Länge, r Radius):

$$V = \frac{\pi p}{8 \eta l} \left(r^4 + \frac{4\eta}{\lambda} r^3 \right),$$

insbesondere für an der Wand haftende Flüssigkeiten: $V = \pi p r^4 / (8 \eta l)$, also mit der vierten Potenz der Röhrenweite proportional: *Poiseuillesches Gesetz*, gültig für Röhren, die im Vergleich mit der Weite lang sind. — 2. *Pendelschwingungen* einer mit Flüssigkeit angefüllten Hohlkugel, Messung der Schwingungsdauer und des logarithmischen Dekrements. — 3. *Torsionsschwingungen* einer aufgehängten Scheibe im Innern der Flüssigkeit (Maxwell), eventuell unter Erhöhung der Reibung durch Anwendung mehrerer drehbarer und dazwischen gestellter fester Scheiben. — Sehr instruktiv ist der *Eierversuch:* ein rohes und ein gekochtes Ei werden gleichzeitig um die große Axe in Kreiselung versetzt; das gekochte rotiert lange, das rohe kommt bald zur Ruhe. — Alle drei Methoden lassen sich unter sinngemäßer Abänderung auch für Gase anwenden, insbesondere die Methode der *Transpiration*, d. h. des Durchströmens durch enge Röhren unter Berücksichtigung des *Graham-Bunsenschen Gesetzes*, wonach die Ausflußmengen in gleichen Zeiten mit den Wurzeln aus den Dichten proportional sind; die dabei schon von Graham erhaltenen Transpirationskoeffizienten sind mit den Reibungskoeffizienten proportional. — Mit der inneren und äußeren Reibung hängt die *Dämpfung der Schwingungen* (s. d.) und insbesondere das *Gauss-Webersche Dämpfungsgesetz* zusammen: Infolge der Reibung nimmt die Amplitude in geometrischer Reihe ab, das Dämpfungsverhältnis und somit auch das logarithmische Dekrement ist konstant.

Innerer Widerstand, s. Galvanische Elemente, Stromverzweigung.

In sich zurückkehrender Strahl, s. Brechungsquotient.

Insolation ist Bestrahlung durch die Sonne, s. Wärmestrahlung.

Instabiles Gleichgewicht, s. Statik.

Integralstrom ist die ganze einen Leiter während eines bestimmten Vorgangs durchströmende Elektrizitätsmenge.

Intensität der Elektrisierung, s. Dielektrizität.

Intensität der Magnetisierung, s. Magnetische Induktion.

Intensität des Lichts, s. Lichtstärke.

Intensitätsfaktor, s. Energie, Entropie.

Interferenz, s. Wellenbewegung.

Interferenz des Lichts ist die Gesamtheit der beim Zusammentreffen verschiedener Lichtbewegungen auftretenden Erscheinungen. Die Tatsache, daß dabei die einzelnen Komponenten sich nicht immer addieren, sondern unter Umständen auch subtrahieren, hat der Undulationstheorie des Lichts zum endgültigen Siege verholfen. — Wegen der allgemeinen Interferenzerscheinungen, Gesetze und Formeln s. Wellenbewegung und Interferenz des Schalls; die dortigen Feststellungen gelten, sinngemäß abgeändert, auch hier. — Interferenzfähig sind niemals verschiedene Lichtquellen, weil bei ihnen die Schwingungszustände

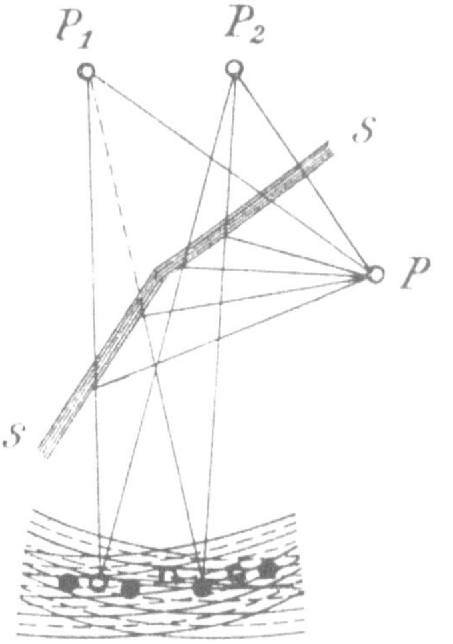

Fig. 99a.

in zu unregelmäßiger Beziehung zueinander stehen; solche Strahlen heißen *inkohärent*. Um sich *kohärente* und

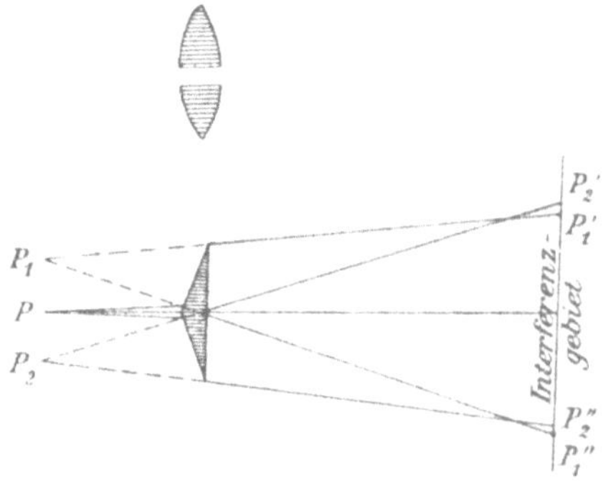

Fig. 99b.

damit interferenzfähige Strahlen zu verschaffen, muß man die Strahlen einer und derselben Lichtquelle auf verschiedenen Wegen an denselben Ort leiten, was durch Spiegelung oder Brechung geschehen kann. Handelt es sich nur um zwei Komponenten, so verwendet man entweder den *Fresnelschen Winkelspiegel* (Doppelspiegel) oder das *Biprisma* (Doppelprisma) oder die Billetschen *Halblinsen* (s. Fig. 99, a, b). Maßgebend für die Interferenzerscheinung ist der *Gangunterschied* der Strahlen, wobei es im wesentlichen nur auf den Überschuß über eine ganze Zahl von Wellen ankommt; letztere spielt nur insofern eine Rolle, als bei großen Gangunterschieden Interferenzen erfahrungsgemäß schwerer oder gar nicht mehr zustande kommen. Die *räumliche Interferenzerscheinung* besteht in einem abwechselnd hellen und dunklen System von Flächen, im weißen Lichte aber, wegen der Abhängigkeit von der Wellenlänge, also Farbe, aus Flächenscharen von wechselnder Farbe. Die Flächen gleicher Lichtstärke (Farbe) sind Rotationshyperboloide mit den Quellen als Brennpunkten (s. die Figur bei Interferenz des Schalls); im Axialschnitt handelt es sich also um Hyperbeln, in einem Parallelschnitt um konzentrische Kreise. Wendet man statt der Lichtpunkte Lichtlinien an, also statt der sphärischen zylindrische Wellen, so erhält man grade Interferenzstreifen; ihre Breite ist auf einem Schirme im Abstande b von der Ebene der um a voneinander abstehenden Lichtquellen: $d = (b/a) \cdot \lambda$, wo λ die Wellenlänge ist; b muß groß gegen a gewählt werden, für $a = 0{,}1$ cm und $b = 500$ cm wird z. B. $d = 5000\ \lambda$, also für gelbes Licht etwa $d = 0{,}3$ cm; man kann also die Streifen sehr gut beobachten und mit einer Lupe oder dgl. ausmessen. Infolge der Breite, die die Lichtquellen notgedrungen haben müssen, verringert sich der Kontrast zwischen hell und dunkel, infolge der nicht vollkommenen Homogenität des benutzten Lichts tritt ein Wechsel von Färbungen auf, die Erscheinung wird unklarer, und die Zahl der noch sichtbaren Streifen wird geringer. — Andre Vorrichtungen sind die geneigten Glasplatten von Fizeau und Jamin, Michelsons nahezu rechtwinkliger Spiegel, Fresnels Dreispiegel, der Lloydsche Spiegel usw. — Eine interessante Interferenzerscheinung sind die *Talbotschen Streifen*; sie treten auf, wenn man ein Spektrum betrachtet und dabei die halbe Pupille (von der violetten Seite her) mit einem Glasplättchen verdeckt. — Interferenzen treten auch an *dünnen Schichten* auf infolge der Reflexion der Strahlen an der Vorder- und Hinterfläche nach einmaliger oder mehrmaliger Durchsetzung der Schicht (s. Fig. 100). Dabei ist noch zu berücksichtigen, daß bei der Reflexion in einem optisch dichteren Medium eine Phasenverzögerung um $\lambda/2$ eintritt; infolgedessen erscheint eine planparallele Schicht im parallelen Licht (entfernte Lichtquelle, eventuell auch eine nahe, aber durch eine Linse parallelisierte) je nach ihrer Dicke hell oder dunkel, und zwar im durchgehenden Lichte gerade umgekehrt wie im reflektierten. Meist genügt es, die beiden ersten Strahlen zu betrachten, weil die folgenden (häufiger hin- und hergehenden) viel lichtschwächer sind. Im durchgehenden Lichte sind die Kontraste geringer als im reflektierten. Für senkrechte Inzidenz in Luft wird, wenn d die Dicke und m eine ganze Zahl ist,

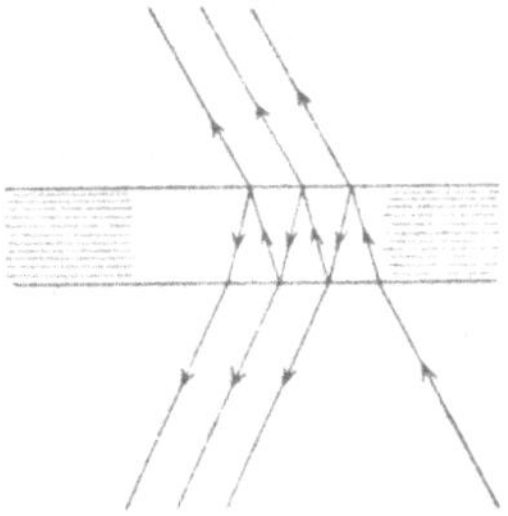

Fig. 100.

$$2d = (m - \tfrac{1}{2})\,\lambda \text{ bzw. } 2d = (m - 1)\,\lambda,$$

also Helligkeit für $d = \lambda/4, 3\,\lambda/4, \ldots$, dagegen Dunkelheit für $d = \lambda/2, \lambda, \ldots$ Bei Beleuchtung durch weißes oder überhaupt durch zusammengesetztes Licht, z. B. in Tagesbeleuchtung, erhält man Farben, bezeichnet als die *Farben dünner Blättchen*; sie sind am schönsten bei Seifenblasen zu sehen, aber auch bei verwitterten Fensterscheiben oder bei einem feinen Terpentinölhäutchen auf Wasser. Die Reihenfolge dieser Farben als Funktion der Dicke führt zu einer sehr mannigfaltigen Farbenskala, anfangend mit nahezu reinen Spektralfarben und allmählich immer stärker Mischcharakter annehmend (s. Farbenlehre). Man unterscheidet dabei die *Farben erster, zweiter usw. Ordnung*, und zwar etwa folgenderweise: I. Ordnung: schwarz, blaßblau, weiß, gelb, orange, rot; II. Ordnung: violett, blau, gelblichgrün, gelbrot; III. Ordnung: purpur, indigblau, glänzendgrün, lebhaftgelb, rosa, karmoisin; IV. Ordnung: bläulichgrün, gelblichrot, schwachrot; V. Ordnung: schwachgrün, weiß, schwachrot. — Im *divergenten Lichte* erhält man keine gleichförmige Helligkeit, sondern ein System von abwechselnd hellen und dunklen *Kurven gleicher Neigung*, bei Zylinderwellen Streifen, bei Kugelwellen konzentrische Ringe; sie heißen *Haidingersche oder Mascartsche Streifen bzw. Ringe*; angenäherte Formel für den i. Ring (n Brechungsquotient, d Dicke): $\sin^2 \varphi_i = i n \lambda / (2 d)$. Hat man eine *keilförmige Platte* statt der planparallelen, so erhält man schon im parallelen Lichte Kurven; sie heißen *Kurven gleicher Dicke*. Bei einem Keil sind es grade Streifen, bei einer Kugelschale (z. B. Uhrglas auf ebener Platte, also konkav-sphärische Luftschicht zwischen beiden) konzentrische Ringe; jene heißen *Fizeausche Streifen*, diese *Newtonsche Ringe*. Streifenabstand beim Keilwinkel α: $b = \lambda / (2 \operatorname{tang} \alpha \sqrt{n^2 - \sin^2 \varphi})$; er ist also desto größer, je kleiner α und der Brechungsquotient n, dagegen je größer der Einfallswinkel φ ist, außerdem mit λ proportional; für Luft, senkrechte Inzidenz und mittleres Licht ist etwa b in cm: 6,12 für $\alpha = 1''$, $b = 0{,}102$ für $\alpha = 1'$, $b = 0{,}0017$ für $\alpha = 1^0$ usw. Bei einem *Uhrglas auf ebenem Glase* ist der Keilwinkel in der Mitte null und wächst nach außen stetig; der Ringradius r ist, wenn R der Radius des Uhrglases ist,

$$r = R \sin \alpha = \sqrt{2 d R}\ .$$

Die Radien der hellen Ringe verhalten sich also wie $\sqrt{1} : \sqrt{3} : \sqrt{5}$ usw., die der dunklen Ringe wie $\sqrt{0} : \sqrt{2} : \sqrt{4}$ usw. beides im reflektierten Lichte (im durchfallenden umgekehrt). Wegen der Nichthomogenität der Lichtquelle werden die Streifen nach außen immer verschwommener. Sehr bequem kann man die Ringe und ihre Veränderung durch Änderung der Schichtdicke beobachten mit Hilfe zweier durch Druckschrauben gegeneinander zu pressender Glasflächen. Bei *Natriumlicht*, das aus zwei nur wenig verschiedenen Wellenlängen besteht (Doppellinie D), verschwinden die im Mikroskop beobachteten Ringe bei 0,14 cm Dicke, tauchen bei 0,28 cm Dicke wieder auf usw. — Andre Erscheinungen dieser Art sind die *Herschelschen Streifen* (bei Auflage eines totalreflektierenden Prismas auf eine Platte), die *Michelsonschen, Brewsterschen* oder *Jaminschen Streifen* (durch Reflexion an zwei Platten) usw. — Wenn die Schicht zwischen den beiden Glasflächen in den beiden Hauptrichtungen *entgegengesetzte* Krümmungen hat. z. B. bei Auflage einer längsgebogenen und in der Querrichtung entgegengesetzt gebogenen Platte auf eine Planplatte, so entstehen die *Cornuschen Hyperbeln*, die zur Bestimmung der Elastizitätszahl benutzt werden können (s. Querkontraktion). — Ferner sind die Farben und Figuren in dünnen Schichten zu einem wichtigen *Prüfmittel* für Glasplatten und Linsen geworden, und es sind dafür besondre Apparate gebaut worden (Zeiss, Pulfrich). — Bisher ist von interferierenden Strahlen die Rede gewesen, die im wesentlichen in derselben Richtung fortschreiten; aber auch *senkrecht* zueinander verlaufende oder *einander entgegenkommende Strahlen* können interferieren. In ersterer Hinsicht ist besonders der *Versuch von Michelson* (s. Relativitätstheorie) berühmt geworden; im letzteren Falle erhält man bei geeigneter Anordnung *stehende Lichtwellen*. Mit dem Auge kann man sie freilich nicht wahrnehmen, weil auf das Auge das Licht immer nur von vorn kommt; wohl aber mittelst Photographie auf empfindlichen Schichten von einer Dicke, die mit der Wellenlänge des Lichts von gleicher Größenordnung ist; Anordnung von Wiener. Die fortschreitende Welle durchsetzt die empfindliche Schicht, wird weiterhin reflektiert, und die rückschreitende Welle überlagert sich mit der neuen fortschreitenden zu einer stehenden Welle, die an gewissen Stellen Bäuche, dazwischen Knoten hat; stellt man die empfindliche Schicht etwas schräg in den Strahlengang, so erhält man auf ihr helle und dunkle Streifen nebeneinander. Neuhauss hat dann diese Streifen auch in der Bromsilbergelatineschicht photographischer Films hintereinander nachgewiesen (durch mikrotomische Herstellung eines Tiefenschnittes) und damit die Realität der sog. *Zenkerschen Blättchen* bestätigt. Hierauf ist dann die *Interferenzfarbenphotographie* gegründet worden (s. Photographie). — Interferenzen spielen ferner die entscheidende Rolle bei der *Bildung von Lichtstrahlen* überhaupt, indem alle seitlichen Teile der elementaren Kugelwellen, die sich nach dem *Huygensschen Prinzip* (s. d.) ausbilden, durch Interferenz ausgelöscht werden und nur die in der geradlinigen Fortsetzung übrigbleiben. — Sehr verwickelt sind die Interferenzerscheinungen an dicken Platten und überhaupt bei großen Gangunterschieden; zur Untersuchung dient u. a. der *Jaminsche Interferentialrefraktor*.

Interferenz des polarisierten Lichts, s. Kristalloptik.

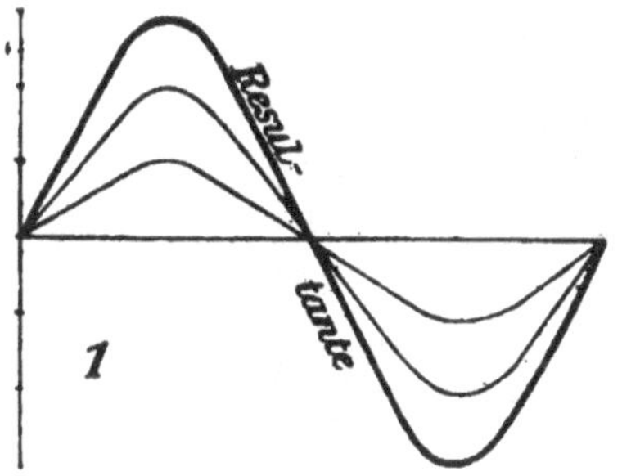

Fig. 101.

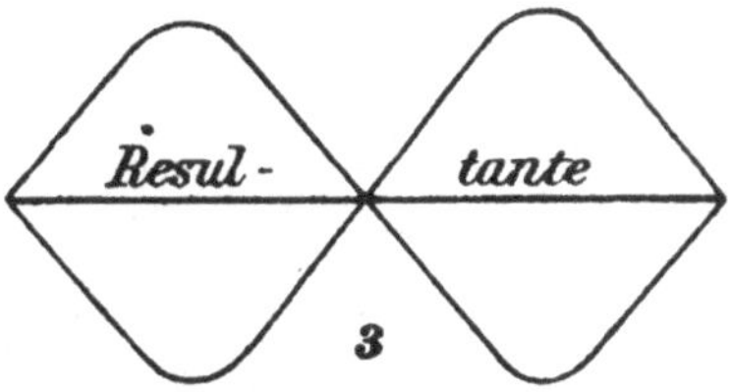

Fig. 103.

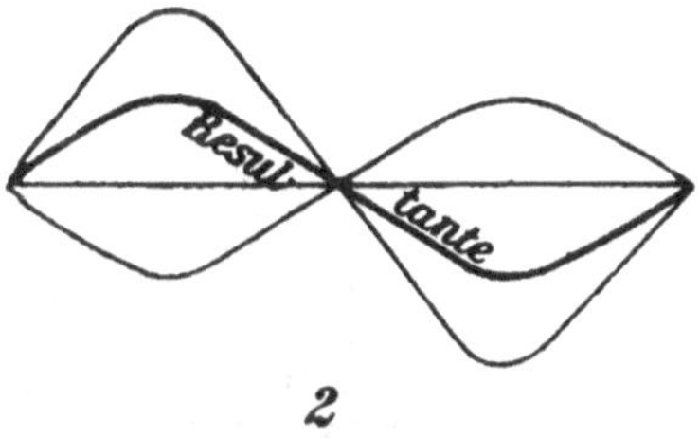

Fig. 102.

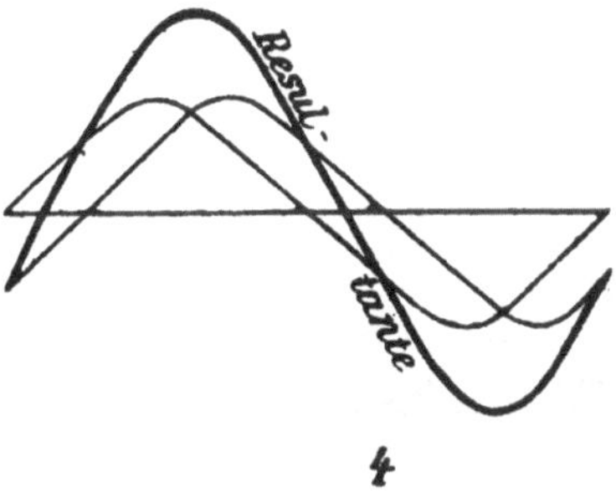

Fig. 104.

Interferenz des Schalls ist die Gesamtheit aller der Erscheinungen, die auftreten, wenn mehrere Schalle, insbesondere Töne, gleichzeitig erklingen. Die Gesetze sind die der Interferenz von Wellen überhaupt (s. Wellenbewegung); das Besondere ist nur die akustische Erscheinungsform. Wenn ein Punkt gleichzeitig zu zwei Schwingungen von gleicher Periode, Amplitude und Phase angeregt wird, so addieren sich die Schwingungen zu einer von doppelter Amplitude; sind die Amplituden verschieden, so addieren sie sich. Ist eine *Phasendifferenz* vorhanden, $p - p'$, ausgedrückt als Bruchteil von 2π bzw. der ganzen Periode, so wird die Amplitude

$$A = \sqrt{a^2 + a'^2 + 2aa' \cos(p - p')},$$

also am größten für den schon besprochenen Fall $p = p'$, nämlich $A = a + a'$, am kleinsten für $p - p' = \pi$, nämlich $A = a - a'$, von mittlerer Größe $\sqrt{a^2 + a'^2}$ für $p - p' = \pi/2$ oder $3\pi/2$; im letzteren Falle addieren sich die beiden kinetischen Energien (s. Figg. 101—104). Bei ungleichen Perioden treten besondere Erscheinungen auf (s. Schwebungen). — Wenn zwei verschiedene Punkte Schwingungen ausführen und als Wellen in den Raum hinaussenden, so tritt da, wo sich diese Wellen treffen, ein räumliches Interferenzphänomen ein (s. Interferenz des Lichts); die Fig. 105 gibt von ihm eine Vorstellung. Formel:

$$A = \sqrt{a^2 + a'^2 + 2aa' \cos 2\pi\delta/\lambda},$$

wo λ die Wellenlänge ist; und die Schallstärke

$$I = i + i' + 2\sqrt{ii'} \cos 2\pi\delta/\lambda.$$

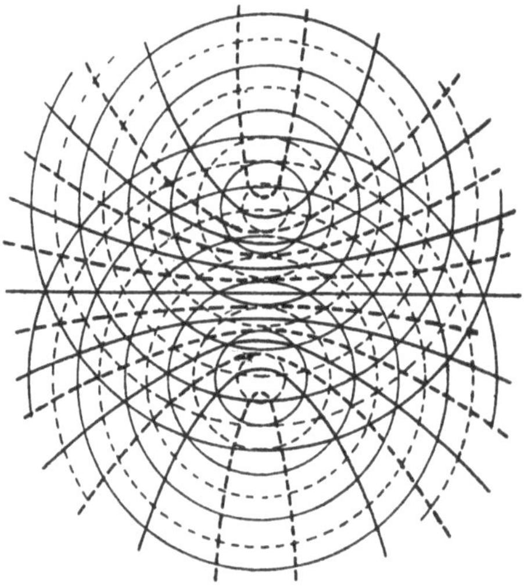

Fig. 105.

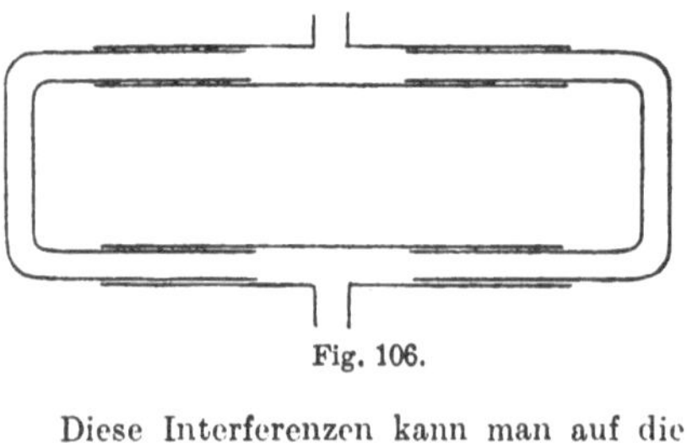

Fig. 106.

Diese Interferenzen kann man auf die verschiedenste Weise beobachten, so mit der *Quinckeschen Interferenzröhre* (s. Fig. 106), durch die der Ton einer Stimmgabel oder Pfeife auf zwei Wegen ins Ohr gelangt, denen man durch Auszüge eine beliebige Differenz geben kann. Ist sie null oder ein ganzes Vielfaches der Wellenlänge, so hört man einen starken Ton; ist sie gleich einem ungraden Vielfachen der halben Wellenlänge, gar keinen (tatsächlich einen sehr schwachen), und in allen andern Fällen einen mittleren Ton. Für den Kammerton z. B., $n = 435$, also

$\lambda = 78$ cm, erlischt der Ton zum ersten Male für die Längendifferenz $\delta = 39$ cm; auch kann man auf diese Weise Grundtöne verstärken, aber Obertöne auslöschen und umgekehrt. Statt mit dem Ohr zu beobachten, kann man auch das Schlauchende auf die Flamme vor dem rotierenden Spiegel wirken lassen und so die Interferenz objektiv demonstrieren. — Nimmt man zwei verschiedene Tonquellen, so muß man bedenken, daß man ihnen nicht ohne ganz besondere Einrichtungen gleiche Phase oder eine bestimmte Phasendifferenz geben kann; das Resultat wird also vom Zufall abhängen. — Ein andrer Versuch ist folgender: Wenn man ein sich gabelndes Rohr mit den beiden Enden über eine tönende Platte hält, so hört man einen starken oder schwachen Ton, je nachdem die Enden über zwei getrennten oder über zwei Nachbarsektoren der Klangfigur stehen; durch eine auf das obere Rohrende aufgesetzte Platte mit feinem Sand kann man auch das objektiv zeigen. — Ebenso kann man die *Sirene* (s. d.) von beiden Seiten anblasen, besser aber die Helmholtzsche Doppelsirene benutzen, indem man die eine gegen die andre um eine halbe Periode versetzt. — Eine Stimmgabel, vor dem Ohre um ihre Axe gedreht, gibt abwechselnd starken und schwachen Ton. — Eine Folge von Interferenz ist auch die bei der Reflexion fortschreitender Wellen sich bildende *stehende Welle*, indem sich die rückschreitende über die fortschreitende lagert. — Endlich bildet die Interferenz den Grundfaktor für das Verständnis der Ausbreitung von Schallstrahlen (s. Huygenssches Prinzip). — Die Interferenz des Schalls spielt eine wichtige Rolle in dem Problem der Akustik der Gebäude (s. d.).

Interferenzfarben, s. Farbenlehre, Photographie, Kristalloptik.

Interferenzplatten, s. Spektrometrie.

Interferenzialrefraktor, s. Brechungsquotient, Interferenz des Lichts.

Interferometer, s. Spektrometrie.

Intermittierende Ströme, s. Wechselströme.

Interpolation, s. Experiment.

Intervall, s. Tonhöhe.

Inversion in der Atmosphäre ist der anomale Zustand, bei dem die oberen Schichten, statt kälter, wärmer sind als die unteren; oder wo sie, statt dünner, dichter sind. Wichtig für die Luftschiffahrt und für das Verständnis anomaler Schallausbreitung (Zone des Schweigens; s. Schallausbreitung).

Inverttelemeter, s. Entfernungsmesser.

Joch, s. Elektromagnet.

Jochmethode, s. Magnetische Messungen.

Jollysche Federwage, s. Dichtemessung.

Ionen sind geladene Atome chemischer Elemente und damit wesensverschieden sowohl von neutralen Atomen wie von vollständigen Molekeln. Sie sind in einer verdünnten Lösung als freie Ionen vorhanden infolge der automatischen Dissoziation, der diese Lösungen unterliegen, und zwar desto erheblicher, je verdünnter die Lösung ist. Der Vorgang der Spaltung der Molekeln in Ionen heißt *Ionisierung*, sie findet auch in andern Fällen statt, namentlich durch Bestrahlung, z. B. mit Röntgen-, Kathoden- oder Radiumstrahlen, insbesondere auch in der Atmosphäre. — Infolge ihrer Ladung werden die Ionen durch den elektrischen Strom in Bewegung gesetzt. Bei der Elektrolyse z. B. (s. d.) werden sie je nach dem Vorzeichen ihrer Ladung als positive oder *Kationen* zur Kathode, als negative oder *Anionen* zur Anode transportiert: *Wanderung der Ionen*. — Bei den Kanalstrahlen und den α-Strahlen der radioaktiven Substanzen handelt es sich um *positive Ionen*, die durch den Entladungsraum bzw. den freien Raum geschleudert werden: *Ionenstrahlen*. — Wegen der Einzelheiten in beiden Fällen s. die betreffenden Artikel. — Während in den elektrolytischen Flüssigkeiten vollkommene Symmetrie zwischen positiven und negativen Ionen besteht, ist dies bei den Gasentladungen nicht der Fall; den positiven Ionenstrahlen stehen keine negativen gegenüber; die Träger der negativen Strahlen sind vielmehr Zerfallsprodukte der negativen Ionen, die Elektronen (s. d.). — Der Ladungssinn der Elemente hängt mit ihrer chemischen Natur zusammen: Wasserstoff und die Metalle bilden positive, die andern Elemente im allgemeinen negative Ionen, insbesondere die Halogene und die Elemente der Schwefelgruppe. Die Ladung eines Grammäquivalents beträgt 96540 Coulombs (Cb), und hieraus und aus der kinetischen Gastheorie ergibt sich als Elementarquantum der Elektrizität oder als Wert des mit dem Atom zu einem Ion verbundenen Elektrizitätsatoms $1{,}6 \cdot 10^{-19}$ Cb. oder ein ganzes Vielfaches hiervon. Die von einigen Forschern aus Versuchen abgeleitete Schlußfolgerung, daß es auch Bruchteile des Elementarquantums gebe, wird von andrer Seite bestritten. — S. auch Elektrolyse. — In leitenden Gasen kann man mit Hilfe der Erscheinung der *Nebelbildung*, bei der sich um jedes Ion ein Wassertröpfchen bildet, die Ionen gewissermaßen sichtbar machen und alsdann Zählungen und Messungen an ihnen vornehmen (s. Kinetische Theorie). — S. auch Molekulartheorie.

Ionenbeweglichkeit, s. Elektrolyse.

Ionenemission, s. Glühelektrizität, Radioaktivität usw.

Ionenstrahlen, s. Ionen.

Ionenstrom, s. Elektrischer Strom.

Ionentheorie, s. Elektrische Theorien, Elektrolyse, Magnetische Theorien.

Ionenwanderung, s. Elektrolyse.

Ionisierung, s. Ionen, Radioaktivität, Röntgenstrahlen, Glühelektrizität.

Ionisierung der Luft, s. Atmosphärische Elektrizität.

Joule, s. Elektrische und magnetische Maßsysteme.

Joulesches Gesetz, s. Stromwärme.

Joulesche Wärme, s. Stromwärme.

Joule-Thomsonscher Versuch, s. Volumenenergie.

Iris, s. Sehen.

Irisblende, s. Abbildung.

Irisieren, s. Farbenlehre.

Irradiation, s. Sehen.

Irreversible Prozesse, s. Prozeß, Thermodynamik.

Irreziproke Leitung, s. Elektrische Ventile.

Isanomalen, s. Erdmagnetismus.

Isentropisch, s. Entropie.

Isobaren, s. Luftdruck, Winde.

Isochoren, s. Thermische Ausdehnung der Gase.

Isochromatische Kurven, s. Kristalloptik.

Isochronismus, s. Pendel.

Isodynamen, s. Erdmagnetismus.

Isogonen, s. Erdmagnetismus.

Isogyren, s. Kristalloptik.

Isoklinen, s. Erdmagnetismus.

Isolator, s. Elektrizitätsleitung fester Körper, Elektrostatik.

Isolierschemel, s. Elektrostatik.

Isotachen, Linien oder Flächen gleicher Geschwindigkeit, z. B. bei der Strömung der Flüssigkeiten in Röhren oder Flußbetten.

Isothermen, s. Gase.

Isotonisch, gleichen osmotischen Druck ausübend; s. Lösungen, Osmose.

Isotrop, s. Materie.

Isthmusmethode, s. Magnetische Messungen.

Jungfräuliche Kurve, s. Hysteresis.

K

Kabelstrom, s. Elektrischer Strom.

Kadmiumzelle, s. Lichtelektrizität.

Käfigblitzableiter, s. Atmosphärische Elektrizität.

Kältemaschinen, s. Verflüssigung der Gase.

Kältemischungen, s. Phasenlehre, Schmelzung.

Kaleidograph, s. Spiegel.

Kaleidophon, s. Stabtöne.

Kaleidoskop, s. Spiegel.

Kalibrieren, s. Thermometer.

Kaliumzelle, s. Lichtelektrizität.

Kalorie, s. Spezifische Wärme, Wärme.

Kalorimeter sind Apparate zur Bestimmung von Wärmemengen, insbesondere zur Messung von Wärmekapazitäten und damit der spezifischen

Wärme von Stoffen, verglichen mit der des Wassers, die gleich eins gesetzt wird. Mit den Thermometern zusammen bilden die Kalorimeter das System der fundamentalen Meßapparate auf dem Gebiete der Wärmeerscheinungen. — Die wichtigsten Apparate bzw. dabei zur Anwendung kommenden Methoden sind folgende: 1. *Die Mischungsmethode.* m_1 Gramm der Substanz werden auf $t_1{}^0$ erwärmt, dann in m_0 Gramm Wasser von $t_0{}^0$ geschüttet und, nach einigem Rühren, die gemeinsame Endtemperatur t an einem hineinragenden Thermometer abgelesen. Dann ist nach dem Wechselwirkungsprinzip der Wärme (s. Wärme), wenn c_1 und c_2 die spezifischen Wärmen sind:

$$m_1 c_1 (t_1 - t) = m_0 c_0 (t - t_0),$$

und somit, da c_0 gleich eins zu setzen ist: $c_1 = (m_0/m_1) \cdot (t - t_0)/(t_1 - t)$. Indessen ist hieran noch eine Reihe von Korrektionen anzubringen; wegen der Teilnahme des Wassergefäßes an der Erwärmung muß man zu m_0 noch hinzufügen die Kapazität des Gefäßes samt Rührer und Thermometer, also das Produkt aus Masse und spezifischer Wärme (die also für das Gefäßmaterial annähernd bekannt sein muß); man nennt das den *Wasserwert* μ und muß also m_0 durch $m_0 + \mu$ oder, da nur ein gewisser Bruchteil des Gefäßes voll erwärmt wird, durch $m_0 + \varepsilon\mu$ ersetzen, wo ε ein abzuschätzender Bruch (etwa $^3/_4$) ist. Ferner ist c_0 nicht für alle Anfangstemperaturen des Wassers genau eins; man muß also einen entsprechenden Wert dafür setzen; endlich ist, wenn die Temperaturmessung nach der Mischung einige Zeit beansprucht, zu bedenken, daß inzwischen Ausstrahlung stattfindet, und dieser Verlust ist zu t hinzuzufügen. Die Methode hat zur Konstruktion verschiedener Kalorimeter geführt (Regnault, Neumann, Kopp u. a.), die sich durch die Anordnung der Teile, das heiße Bad für den Körper (Wasserdampf, Luft, Quecksilber) sowie durch die Anordnung des Mischungsversuchs unterscheiden. Wenn der Körper (in kleinen Stücken oder Pulverform) in einem doppelwandigen Gefäß von Wasserdampf umspült wird, ist $t_1 = 100^0$ zu setzen, genauer gleich der dem augenblicklichen Barometerstande entsprechenden Siedetemperatur. — 2. *Erkaltungsmethode.* Aus dem Gesetze der Erkaltung (s. d.) folgt der übrigens schon an sich einleuchtende Satz, daß die Wärmekapazitäten k_1 und k_0 zweier Körper von gleicher Größe und Oberflächenbeschaffenheit proportional sind den Zeiten z_1 und z_0, die sie zur gleichen Abkühlung erfordern. Um die Gleichheit der Oberflächen zu garantieren, beobachtet man beide Körper nacheinander in einem und demselben dünnwandigen Gefäß, muß aber dann die Kapazität $\varkappa$ dieses Gefäßes berücksichtigen und erhält:

$$k_1 = \frac{z_1}{z_0} k_0 + \frac{z_1 - z_0}{z_0} \varkappa.$$

Ein hierauf gegründetes Kalorimeter hat Regnault konstruiert. Indessen liefert die Methode aus verschiedenen Gründen keine sehr genauen und zuverlässigen Resultate, am ehesten noch für Flüssigkeiten. — 3. *Eisschmelzungsmethode,* mit dem *Eiskalorimeter.* Sie beruht darauf, daß ein warmer Körper, in einen durch Eis gekühlten Raum gebracht, einen Teil dieses Eises schmilzt; aus der Schmelzmenge läßt sich die abgegebene Wärmemenge ableiten. In direkter Weise ist diese Methode von Lavoisier und Laplace benutzt worden; dagegen von Bunsen indirekt, indem nämlich die bei der Schmelzung des Eises eintretende Volumenverminderung (s. Schmelzung) in einem engen graduierten Rohr, in das das Wasser aufsteigt, gemessen wird. Statt die Volumenverminderung selbst zu messen, kann man auch Quecksilber als Sperrflüssigkeit benutzen und die den frei werdenden Raum anfüllende Quecksilbermenge wägen (Schuller und Wartha). Übrigens kann man diese Methode auch zur Demonstration der verschiedenen spezifischen Wärmen der Stoffe anwenden, indem man verschiedene gleiche und gleich warme, aber aus verschiedenem Material bestehende Kugeln auf eine Wachsplatte aufsetzt und den verschiedenen Grad des Einsinkens zeigt.

Die Eisschmelzungsmethode ist sehr empfindlich und wegen des geringen Einflusses störender Umstände sehr zuverlässig. — 4. *Kondensation des Wasserdampfs, Dampfkalorimeter* (Jolly, Bunsen). Der Körper wird auf der einen Seite einer Wage aufgehängt und durch Gewichte auf der andern abgeglichen; dann wird die ihn umgebende Luft von $t_0{}^0$ durch gesättigten Wasserdampf von $t_1{}^0$ ($> t_0$) ersetzt; es schlägt sich alsdann auf dem Körper solange Wasserdampf nieder, bis seine Temperatur ebenfalls t_1 geworden ist, und es ist, wenn w das Gewicht des kondensierten Dampfes ist, die Wärmekapazität des Körpers $k = w\lambda(t_1 - t_0)$, wo λ die Kondensationswärme des Wasserdampfes (als Funktion der Temperatur) ist (s. Verdampfungswärme); durch Division mit dem Gewichte p des Körpers ergibt sich dann die spezifische Wärme. — 5. *Quecksilberkalorimeter*, auf der Ausdehnung des Quecksilbers infolge Berührung mit dem heißen Körper beruhend. — 6. *Elektrische Strommethode* (s. Stromwärme). — 7. Vergleichung der Temperaturerhöhung zweier Körper, hervorgerufen durch eine und dieselbe Wärmequelle. — 8. Besondere Apparate, z. B. die *Kalorimetrische Bombe* zur Messung von Verbrennungswärmen. — Eine besondere Ausgestaltung müssen die Kalorimeter zur Messung der Kapazität von *Gasen* erhalten; insbesondere wird man hier, wegen der zu geringen Gasmenge, sich nicht mit statischer Erfüllung des Raumes begnügen, sondern größere Gasmengen hindurchströmen lassen; auch müssen hier besondere Einrichtungen getroffen werden, je nachdem es sich um Gase unter hohem, mittlerem oder niedrigem Druck handelt. Dabei ergibt sich unmittelbar nur die spezifische Wärme bei konstantem Druck, während die bei konstantem Volumen, also die reine spezifische Wärme (s. d.) rechnerisch abgeleitet werden muß, unter Benutzung des Wertes $\varkappa$ des Verhältnisses der beiden spezifischen Wärmen. Diese Größe selbst aber läßt sich auf verschiedene Weise bestimmen: a) mit dem Apparat von Clément und Désormes (plötzliche adiabatische Volumenänderung des Gases, wobei sich die Temperatur ändert) und dann Zurückführung auf die Anfangstemperatur bei konstantem Volumen; Anfangsdruck p_0, Zwischendruck p, Enddruck p_1,

$$\varkappa = (\log p - \log p_0)/(\log p_1 - \log p_0);$$

die Methode liefert aber nur bei sehr wohlüberlegter Handhabung gute Werte. — b) mit einem mit Quecksilber angefüllten, oben zuerst offenen, später in kleine Kugeln auslaufenden U-Rohr, durch Beobachtung der Schwingungen infolge einmaliger Neigung und Wiederaufrichtung:

$$\varkappa = \left((t_0{}^2/t^2) - 1\right)\cdot v/(pq),$$

wo v das Luftvolumen, p der Druck, q der Querschnitt, t_0 die Schwingungsdauer im offenen, t die im geschlossenen Zustande ist. — c) Methode der Schallgeschwindigkeit (s. d.): $\varkappa = (\varrho/p)\cdot v^2$ (Kundt und Warburg). — d) Verschiedene Spezialmethoden. — Statt $\varkappa$ zu bestimmen, kann man auch die Differenz $\Delta = c_p - c_v$ nach verschiedenen Methoden ermitteln und hieraus und dem bekannten c_p das unbekannte c_v ableiten.

Kalorimetrische Bombe, s. Kalorimeter.

Kalorische Maschinen oder *Wärmekraftmaschinen* oder *thermodynamische Maschinen* sind Maschinen zur Gewinnung mechanischer Energie aus kalorischer. Je nach der benutzten Stoffklasse und der Anordnung des Prozesses sind verschiedene Typen zu unterscheiden. — 1. *Heißluftmaschinen*, bei denen atmosphärischer Luft abwechselnd Wärme zugeführt und entzogen wird. — 2. *Dampfmaschinen*, insbesondere *Wasserdampfmaschinen*, bei weitem die verbreitetsten von allen. Urform: *Aeolipile*, ein kleines Kesselchen, teilweise mit Flüssigkeit gefüllt, die bei Erhitzung verdampft; der Dampf strömt durch ein Ausflußrohr mit enger Mündung aus und kann Arbeit leisten. Bei der Dampfmaschine gelangt der Dampf aus dem Kessel durch den Steuerkasten in den Zylinder, und zwar, infolge automatischer Steuerung, auf die eine oder andre Seite des in dem Zylinder beweglich angebrachten Kolbens. Auf der einen Seite herrscht immer der Kesseldruck, auf der andern bei den *Niederdruckmaschinen* der Druck des mit ihr verbundenen *Kühlers* oder *Kondensators*, bei den *Hochdruckmaschinen* der Druck der freien Atmosphäre; jener ist kleiner als dieser. Mit Hilfe des Wattschen Parallelogramm bzw. der Pleuelstange wird die hin- und hergehende Bewegung des Kolbens auf die Drehbewegung des Schwungrades übertragen. Nach dem Energieprinzip müßte sich in letzterem eine Energiemenge vorfinden, äquivalent der aus dem Kessel entnommenen Wärme. Das ist aber nicht der Fall, erstens wegen der Zerstreuung von Energie durch Reibung, Wärmeleitung, Strahlung usw., also wegen der mit dem Prozeß verbundenen, nicht umkehrbaren Prozesse (s. Prozeß), und zweitens, auch bei vollständiger Umkehrbarkeit, weil ein Teil der Wärme an den Kühler in Form von *lauer Wärme* abgegeben wird. Nach dem zweiten Hauptsatz der Thermodynamik (s. d.) ist dieses Verhältnis w/W, der sog. Zerstreuungsgrad $z = t/T$, wo t und T die absoluten Temperaturen von Kühler und Kessel sind. Um ihn möglichst klein zu machen, muß man also den Kessel möglichst hoch, den Kühler möglichst tief temperieren; ersteres geschieht durch Anwendung hoher Drucke, denen erhöhte Siedetemperaturen entsprechen (s. Dämpfe und Verdampfung), bei 2 Atm. schon 121°, bei 5 Atm. schon 153° usw., dagegen läßt sich der Kühler wegen der Eigenschaften des Wassers und des Temperaturniveaus, auf dem wir auf der Erde leben, nicht wesentlich herabdrücken; setzt man als Extreme $t = 27^0 \, C + 273 = 300$, $T = 227 + 273 = 500$ ein (die aber in der Praxis nicht erreicht werden), so erhält man $z = 60$ Proz. und folglich den *Wirkungsgrad* oder *Nutzeffekt*, also das Verhältnis der Nutzarbeit zur aufgewendeten Energie, $y = 40$ Proz., wovon auf die Verluste durch irreversible Prozesse noch einige Prozente abgehen, so daß nur 30 Proz. bleiben. Das läßt sich nicht ändern; es liegt in der Natur des thermodynamischen Prozesses. Elektrische Maschinen arbeiten, entsprechend dem von null wenig verschiedenen Potential der Erde, mit hohem Wirkungsgrad, bis zu einigen 90 Proz. — Im einzelnen lassen sich bessere Ausnutzungen erzielen durch das Expansionsprinzip, durch Überhitzung des Dampfes (Vorbeiführung an Heizflächen) bis auf 450°, durch Wahl andrer Flüssigkeiten als Wasser (Natron usw.), aber sämtlich nur mit sehr mäßigem Erfolge. — Zur Messung der Arbeitsleistung dient der *Indikator*; er zeichnet das Volumen-Druckdiagramm während eines Zyklus direkt auf, liefert also ein *Indikatordiagramm*, dessen eingeschlossene Fläche die Arbeit veranschaulicht. Je nach der Einrichtung der Maschine hat die Fläche verschiedene Form und Größe. — 3. *Die Dampfturbine*, insbesondere, als einfachster Typus, die Lavalturbine, bei der der aus dem Kessel austretende Dampf die Schaufeln eines Rades durch seine Spannung bzw. durch die ihm erteilte Geschwindigkeit direkt in Rotation versetzt; Vorzüge: Vermeidung der Verluste bei der Umwandlung der Kolben- in die Drehbewegung, geringere Raumbeanspruchung. Infolgedessen fängt die Dampfturbine auf verschiedenen Gebieten an, die Kolbenmaschine zu verdrängen. — 4. Die *Verbrennungsmaschine*, insbesondere die *Gaskraftmaschine* oder kurz Gasmaschine, bei der ein Gemisch von Luft und Leuchtgas innerhalb des Kolbens durch den elektrischen Funken oder auf andre Art entzündet und dadurch eine gewaltige Drucksteigerung erzielt wird. — 5. Die *Vergasungsmaschine*, von der vorigen dadurch unterschieden, daß man einen flüssigen Brennstoff, fast allgemein Benzin, benutzt und dieses durch einen besonderen Vergaser in den Gaszustand bringt. Der Prozeß spielt sich hier wie bei den Gasmaschinen infolge des Wechsels von Ansaugen, Verbrennen, Ausdehnung und Ausströmung in bestimmter Periodik ab; der gewöhnliche Modus ist der Viertaktprozeß. Diese Maschinen heißen auch *Benzin-* oder *Explosionsmotoren* und haben den Vorzug, daß man mit verhältnismäßig sehr geringem Gewicht auskommt; nach fortgesetzter Vervollkommnung hat man schließlich mehr als eine Pferdekraft pro Kilo Eigengewicht erzielt; dadurch wird dieser Typus besonders geeignet für Fortbewegungsmittel wie Automobile und ganz besonders für Luftfahrzeuge, Lenkballon wie Flugzeug. — 6. Wegen der idealen Carnotschen Maschine, die nur theoretische Bedeutung hat, s. Thermodynamik. — Die Umkehrung der Kraftmaschinen führt zu den Maschinen zur Wärme- und Kälteerzeugung (s. auch Verflüssigung der Gase).

Kammerton, s. Tonhöhe.

Kampherbewegungen, s. Kapillare Bewegungen.

Kanalstrahlen sind elektrische Strahlen, die man in einem Entladungsrohr erhält, wenn man als Kathode eine durchlöcherte, also mit Kanälen durchsetzte Scheibe benutzt und hinter dieser einen zweiten ausgepumpten Raum anbringt (Goldstein). Sie entstehen in der den Kathodendunkelraum (s. Glimmlicht) begrenzenden positiv geladenen Schicht und gehen durch das starke elektrische Feld des Kathodenraums auf die Kathode zu; sie können aber auch in der gleichen Richtung wie die Kathodenstrahlen laufen. Sie haben, wie sich elektrometrisch und galvanometrisch zeigen läßt, *positive* Ladung, und das bestätigt sich auch durch den Sinn der Ablenkung in einem magnetischen oder elektrischen Felde; diese Ablenkung ist nämlich der der Kathodenstrahlen (s. d.) entgegengesetzt. Allerdings muß das magnetische Feld sehr stark sein; in mäßigen Feldern bleibt die Ablenkung aus. Die Geschwindigkeit, wie sie aus der Spannung nach der Formel:

$$v = \sqrt{2\,(\mathfrak{e}/m) \cdot V} \cdot 10^7$$

(die Spannung V in Volt, $\mathfrak{e}$ die Ladung, m die Masse) sich ergibt, ist wesentlich kleiner als die der Kathodenstrahlen, und außerdem ist sie von der Natur des das Entladungsrohr füllenden Gasrestes abhängig; z. B. ist bei $V = 10000$ Volt in Wasserstoff $v = 13{,}9 \cdot 10^7$, in Sauerstoff dagegen $v = 3{,}47 \cdot 10^7$ cm/sec. Aus alledem und vielem andern ist zu schließen, daß es sich hier um massive Atome oder Ionen, und zwar um positive Ionen handelt, die Kanalstrahlen sind also Ionenstrahlen; und das Verhältnis der Ladung zur Masse, $\mathfrak{e}/m$, ergibt sich demgemäß hier übereinstimmend mit den Befunden bei der Elektrolyse bzw. bei der elektrolytischen Wanderung der Ionen (s. Elektrolyse), nämlich für Wasserstoff zu 96540 Coulombs pro Gramm: *Elementarladung*. Hiermit hängt es auch zusammen, daß im Magnetfelde nicht einfach Ablenkung erfolgt. Es erscheint auf dem Schirme hinter dem Blech mit der Öffnung nicht ein abgelenkter heller Fleck, sondern ein ausgezogener Streifen; es findet also Dispersion in dem Sinne statt, daß die Strahlen des Büschels verschieden stark abgelenkt werden. Das kann man sich so vorstellen, daß die dahineilenden Ionen fortwährend Elektronen aufnehmen und abspalten und damit ihre Ladung verändern bzw. ganz verlieren und dann wieder gewinnen: *Umladung der Kanalstrahlen*. Damit stimmt es auch, daß sich in dem erwähnten leuchtenden Streifen der Dopplereffekt (s. d.) zeigt, also eine durch die Bewegung erzeugte Verschiebung der Spektrallinien. — Die Kanalstrahlen verschiedener Gase kann man voneinander trennen und erhält dann jedesmal die dem betreffenden Atomgewicht entsprechende Ladung. — Im übrigen zeigen die Kanalstrahlen ganz ähnliche Wirkungen wie die Kathodenstrahlen (s. d.). — Wenn man die Anode des Entladungsrohres mit einem Metallsalz imprägniert, erhält man, von ihr ausgehend, ebenfalls positive Strahlen, die *Anoden-* oder *Salzstrahlen*; sie sind indessen, einmal entstanden, mit den Kanalstrahlen vollkommen identisch. — In vollkommener Parallele mit den Kanalstrahlen stehen ferner die α-Strahlen der radioaktiven Substanzen (s. Radioaktivität).

Kanaltheorie, s. Ebbe und Flut.

Kanalwage, s. Libelle.

Kant-Laplacesche Theorie, s. Tropfen.

Kapazität, s. Akkumulatoren, Elektrostatik, Kondensator.

Kapazität der Erde, s. Elektrostatik.

Kapazitätsfaktor, s. Energie.

Kapillarchemie ist die Lehre von den Beziehungen der Oberflächenspannung zu den chemischen Kräften.

Kapillardepression, s. Steighöhe.

Kapillare Bewegungen sind die mannigfaltigen Bewegungserscheinungen, die durch kapillare Kräfte hervorgerufen oder beeinflußt werden. Einige der wichtigeren sind folgende: 1. Das Ansteigen oder Sinken der Flüssigkeit

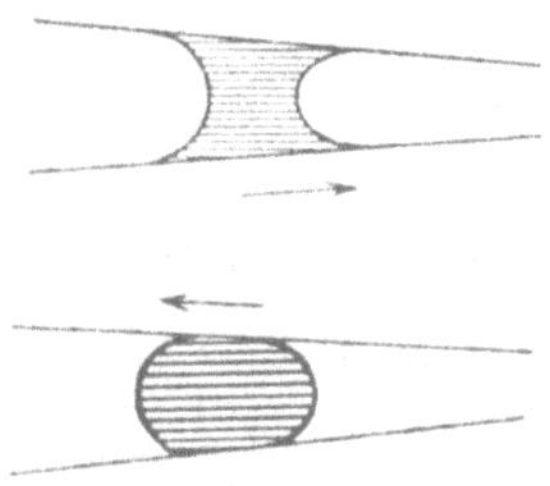

Fig. 107.

in dem engeren von zwei kommunizierenden Rohren (s. Steighöhe). — 2. In einem *konischen Rohr* bewegt sich ein Flüssigkeitsfaden nach dem engeren oder weiteren Teile hin, je nachdem er nach außen konkave oder konvexe Menisken hat (s. Fig. 107); im ersteren Falle ist an der schwächer gekrümmten, im zweiten an der stärker gekrümmten Oberfläche ein Überdruck vorhanden. — 3. Dagegen leistet ein Flüssigkeitsfaden in einer zylindrischen Röhre einem künstlichen einseitigen Druck einen Widerstand infolge Veränderung der Krümmung der beiden Oberflächen; es ist deshalb sehr schwer, in einer engen Röhre einen Flüssigkeitsfaden durch äußeren Druck zu verschieben. — 4. Noch stärker wird dieser Druck in einer abwechselnd sich erweiternden und verengernden Röhre; es bleiben dann in den verengten Stücken Tropfen hängen. — 5. Auch in einer zylindrischen Röhre treten spontane Verschiebungen von Flüssigkeitsfäden ein, wenn man auf irgendeine Weise die beiden Menisken differenziert, z. B. durch Erwärmung des einen eine Verschiebung nach der kühleren Seite hin, weil die Oberflächenspannung durch Erwärmung verringert wird; oder durch Auftröpfeln einer Spur Öl auf den einen Meniskus usw. — 6. Hierher gehören auch die sog. *Tränen schweren Weins*, das Aufsteigen des Weins an den Glaswänden, bis sich Tropfen bilden, die dann herabrinnen. — 7. Ferner die unregelmäßigen Bewegungen von Kampherstückchen auf einer Wasseroberfläche. — 8. Zwei vertikale, nahe neben einander mit den unteren Rändern in Flüssigkeit tauchende Platten ziehen sich scheinbar an, und zwar sowohl, wenn sie beide benetzen als im entgegengesetzten Falle; dagegen stoßen sie sich ab, wenn die

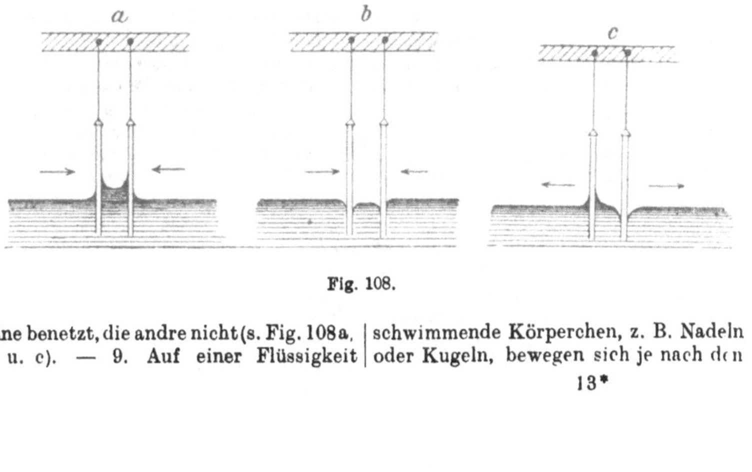

Fig. 108.

eine benetzt, die andre nicht (s. Fig. 108a, b u. c). — 9. Auf einer Flüssigkeit schwimmende Körperchen, z. B. Nadeln oder Kugeln, bewegen sich je nach den

Umständen aufeinander zu oder voneinander weg; in der Nähe des Gefäßrandes werden sie zum Rande hingezogen, und zwar in beschleunigtem Tempo usw. Entsprechende Erscheinungen zeigen sich an Gasblasen in Flüssigkeit. — 10. Kapillar- oder Kräuselwellen an der Oberfläche einer Flüssigkeit (s. Wellenbewegung der Flüssigkeiten).

Kapillarelektrizität und *Kapillarmagnetismus* ist die Zusammenfassung der Beziehungen zwischen Kapillarität einerseits und elektrischen bzw. magnetischen Kräften andrerseits. Die Kapillarelektrizität steht in naher Beziehung zur Elektrosmose (s. d.).

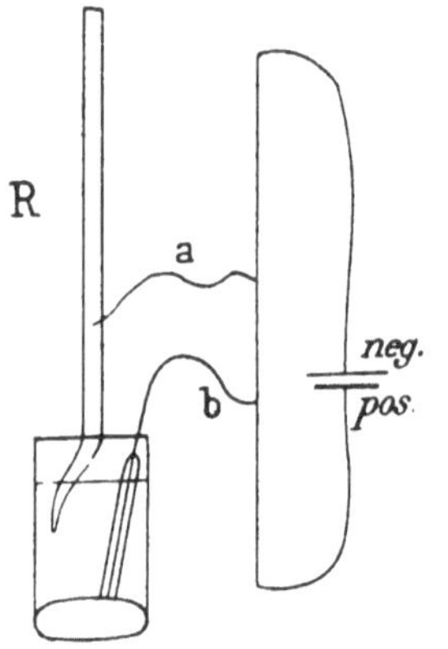

Fig. 109.

Einige hierher gehörige Erscheinungen sind folgende: 1. *Kapillarelektrische Doppelschichten.* Gießt man auf einen in einem flachen Uhrglase liegenden Quecksilbertropfen verdünnte Schwefelsäure mit einem Kriställchen von doppeltchromsaurem Kali, so geht er stark auseinander (infolge verminderter Oberflächenspannung). Mit Hilfe eines Eisennagels, der das Quecksilber nur eben berührt, kann man periodische Zuckungen des Tropfens erzielen. — 2. Die Kapillarkonstante zwischen zwei Stoffen (s. Kapillarität) wird verändert, wenn sie elektrisch geladen werden, insbesondere auch, wenn galvanische Polarisation (s. d.) an der Grenzschicht auftritt, z. B. bei Quecksilber und Schwefelsäure durch Abscheidung von Wasserstoff. Hierauf beruht das *Lippmannsche Kapillarelektrometer* (s. Fig. 109). — 3. Umgekehrt werden durch Kapillarwirkungen elektromotorische Kräfte hervorgerufen, worauf Lippmann eine aus hunderten von kapillaren Glasröhren aufgebaute *kapillarelektrische Kraftmaschine* gegründet hat. — 4. Bewegung von Flüssigkeitsfäden in engen Röhren durch elektrische Erregung. — 5. Quecksilber in einer zu einer Spitze ausgezogenen Röhre unter einem Drucke, der zum Ausfluß nicht hinreicht, kann durch elektrische Ladung zum Abtropfen gebracht werden, oder es kann umgekehrt das vorher stattfindende Abtropfen eingestellt werden. — 6. Nähert man einem Flüssigkeitsstrahl, z. B. einem feinen Springbrunnen, vorsichtig eine geriebene Ebonitstange, so ladet er sich durch Influenz; seine Oberflächenspannung wird verringert, und die Folge davon ist die, daß der Strahl viel länger zusammenhängend bleibt und erst viel später in Tropfen, und noch dazu in wenige große, zerfällt. — 7. Die Erscheinung der Tropfelektroden, die für die Theorie der Berührungselektrizität (s. d.) von grundlegender Bedeutung sind. — 8. Von den kapillarmagnetischen Beziehungen sei hier nur der Einfluß des Magnetfeldes auf die Schnelligkeit des Abtropfens einer Flüssigkeit (bei paramagnetischer Beschleunigung, bei diamagnetischer Verzögerung) sowie, im ungleichförmigen Felde, auf die Tropfengröße erwähnt. — Unter den praktischen Apparaten, die zum Teil auf einer der obigen Wirkungen beruhen, sei der in der überseeischen Telegraphie (s. d.) angewendete Heberschreiber von Lord Kelvin genannt. — Siehe auch Berührungselektrizität.

Kapillarelektrometer, s. Kapillarelektrizität.

Kapillarelevation, s. Steighöhe.

Kapillarität ist der Inbegriff aller an Flüssigkeiten auftretenden Erscheinungen, die man nicht auf äußere Kräfte zurückführen kann, für die man vielmehr auf eine innere *Kohäsionskraft* zwischen den Teilchen zurückgreifen muß. Im Innern der Flüssigkeit gleichen sich diese Kräfte aus, und auch an einer ebenen Grenzfläche führen sie nicht zu beobachtbaren Erscheinungen; wohl aber an gekrümmten Grenzflächen, sei es gegen andre Flüssigkeit oder gegen ein Gas, insbesondere Luft, oder gegen feste Wandung. Der durch die Kohäsionskräfte erzeugte Druck ist mit der mittleren Krümmung der Oberfläche proportional, in Formel, wenn r_1 und r_2 die beiden Hauptkrümmungsradien sind und α eine Konstante ist $P = \alpha\,[(1/r_1) + (1/r_2)]$, für Rotationsflächen einfacher $P = 2\,\alpha/r$; bei konvexer Oberfläche wirkt er nach innen, bei konkaver nach außen. Dieser Druck hat aber auch eine in die Oberfläche selbst fallende Komponente, die man als Widerstand gegen Vergrößerung der Oberfläche bzw. als das Bestreben, sie möglichst zu verkleinern, auffassen kann und als *Oberflächenspannung* bezeichnet. Quantitativ ist sie mit der Konstanten α in obiger Formel identisch und wird daher auch *Kapillarkonstante* genannt; ihre einfachste Definition ergibt sich aus der Betrachtung einer ebenen, rechteckigen Flüssigkeitslamelle (s. d.), die in der Mitte des freien Randes von einem Gewichte gezerrt wird; Oberflächenspannung ist dann der auf die Längeneinheit der Linie wirkende, der Kohäsionsspannung das Gleichgewicht haltende Zug; Dimension: $[\alpha] = t^{-2}\,m$; zahlenmäßig häufig in mgr*/mm angegeben, besser aber durch Multiplikation mit 9,81 auf absolutes Maß reduziert. Zuweilen wird statt dessen die Gausssche Konstante angegeben: $\beta = \sqrt{\alpha/(\varrho g)}$, wo ϱ die Dichte ist; oder auch eine dritte, nämlich $a = \beta\sqrt{2} = \sqrt{2\,\alpha/(\varrho g)}$, Dimension $[\beta] = [a] = l$ (Erhebung einer vollkommen benetzenden Flüssigkeit an einer ebenen vertikalen Wand); a^2 wird auch als *spezifische Kohäsion* der Flüssigkeit bezeichnet. — Die Kapillarkonstante läßt sich aus jeder einzelnen Kapillarerscheinung (s. u.) ableiten. — Übrigens ist sie charakteristisch nicht für eine Flüssigkeit als solche, sondern nur für ihre Kombination mit einer andern, an sie angrenzenden, oder mit einem Gase; gibt man nichts besonderes an, so meint man die Kapillarkonstante der betreffenden Flüssigkeit gegen Luft. Einige Werte von α in absolutem Maße:

gegen Luft

Wasser. .	76	Benzol . . .	29
Alkohol .	26	Quecksilber .	450
Glyzerin . .	65	Olivenöl . .	38

Stoffe gegeneinander

Quecksilber—Wasser . .	418
Quecksilber—Alkohol . .	399
Quecksilber—Olivenöl . .	335
Wasser—Olivenöl . .	21
Alkohol—Olivenöl . . .	2,3

Mit steigender Temperatur nimmt die Kapillarkonstante und ebenso a^2 ab, und zwar letzteres meist gleichförmig, bei Wasser um 2, bei Äther um 5, bei Olivenöl um 1 $^1/_2$ Tausentel pro Grad. Außerdem ändert sich die Kapillarkonstante oft sehr stark mit der Zeit infolge Verunreinigung der Oberfläche, selbst solcher, die noch kaum direkt festzustellen ist. Für wäßrige Lösungen ist sie größer als für Wasser, und zwar um einen mit dem Äquivalentgehalt proportionalen Betrag, für viele Lösungen um 2 Proz. pro Äquivalent. — Die kapillaren Verhältnisse werden auch durch äußere Kräfte beeinflußt, insbesondere durch elektrische Ladung (s. Kapillarelektrizität). — Die *Theorie der Kapillarität* ist zuerst von *Laplace* auf Grund der Kohäsionskräfte entwickelt worden; diese Kraft wird als eine mit der Entfernung rasch abnehmende Kraft eingeführt, so daß man von einer *Wirkungssphäre der Kapillarkräfte* sprechen kann; die Oberflächenschicht, in der sich hiernach die Kräfte bemerklich machen, heißt *kapillare Grenzschicht* oder *Flüssigkeitshaut*. Eine vollständigere Theorie entwickelte dann *Gauss* auf Grundlage der Energielehre, indem er die Forderung des Minimums der potentiellen Energie für den Gleichgewichtszustand formulierte. Thermodynamische Theorien der Kapillarität rühren von Gibbs und van der Waals her. Endlich hat Bakker eine

Theorie entwickelt auf Grund der Annahme einer kontinuierlichen Übergangsschicht zwischen Flüssigkeit und Gas bzw. Dampf. — Die wichtigsten *Kapillarerscheinungen* sind folgende: 1. Das Verhalten in engen Röhren (s. Steighöhe). — Die kapillaren Gleichgewichtsformen von Flüssigkeiten, insbesondere die Tropfen (s. d.), Blasen und Lamellen (s. Flüssigkeitslamellen) einschließlich der Plateauschen Figuren. — 3. Die Ausbreitung der Flüssigkeiten (s. d.) und die Emulsionsbildung. — 4. Die kapillaren Bewegungen (s. d.). — Auch die festen Körper müssen eine Oberflächenspannung besitzen; sie läßt sich aber wegen ihrer Starrheit nur durch besondere Kunstgriffe in einzelnen Fällen nachweisen.

Kapillarkonstante, s. Kapillarität, Steighöhe.

Kapillarmagnetismus, s. Kapillarelektrizität.

Kapillarröhre, s. Steighöhe.

Kapillarwellen, s. Kapillare Bewegungen, Wellenbewegung der Flüssigkeiten.

Kapselpumpe, s. Luftpumpe.

Kardinalpunkte sind die bei der optischen Abbildung (s. d.) auftretenden singulären Punkte (Brenn-, Haupt-, Knoten-, dioptrische Punkte).

Kaskadenbatterie, s. Galvanische Elemente, Kondensator.

Katakaustik, s. Sphärische Aberration, Spiegel.

Katalyse ist die Beschleunigung eines Vorganges (besonders eines chemischen) durch die Anwesenheit eines im übrigen unbeteiligten und meist nur in geringer Menge vorhandenen Stoffen. Das physikalische Interesse an der Katalyse liegt wesentlich in energetischer Richtung.

Kataphorese, s. Elektrosmose.

Katenoid, s. Flüssigkeitslamellen.

Kathetometer ist das wichtigste Instrument zur Messung mehr oder weniger entfernter Längen mit dem Fernrohr. Es ist eine Abart des Komparators (s. d.), nämlich ein solcher mit vertikaler Axe: *Vertikalkomparator*. An Fernrohren ist entweder ein einziges, oder es sind deren zwei vorhanden. Die Stange ist mit Millimeterteilung versehen; Fernrohre mit Nonien und Libellen werden an einem Schlittten verschoben und eventuell um eine vertikale Axe in die Sehrichtung hineingedreht. Wichtig ist die Beachtung einer Reihe von Vorsichtsmaßregeln: Zentrierung, Justierung, horizontales Visieren, Parallelverschiebung, Kontrolle der Vertikallage der Drehungsaxe usw. — Es gibt zahlreiche Spezialtypen'

Kathode, s. Elektrolyse, Glimmlicht, Kathodenstrahlen usw.

Kathodenfall, s. Elektrizitätsleitung der Gase, Kathodenstrahlen.

Kathodenstrahlen sind die in einem Entladungsrohr bei fortschreitender Druckverminderung aus dem Glimmlicht (s. d.) sich entwickelnde elektrische Strahlungserscheinung; sie sind an sich nicht sichtbar, machen sich aber durch ihre Wirkungen bemerkbar. Als Entladungsrohr kann eine Geißlersche, Hittorfsche oder Crookessche Röhre (s. Entladung) von der verschiedensten Form dienen; von den beiden in sie eingeführten Elektroden, Anode und Kathode, spielt die erstere nur eine passive Rolle. Während es sich nämlich bei der Glimmentladung um einen elektrischen *Strom* zwischen beiden Elektroden handelt, hat man es hier

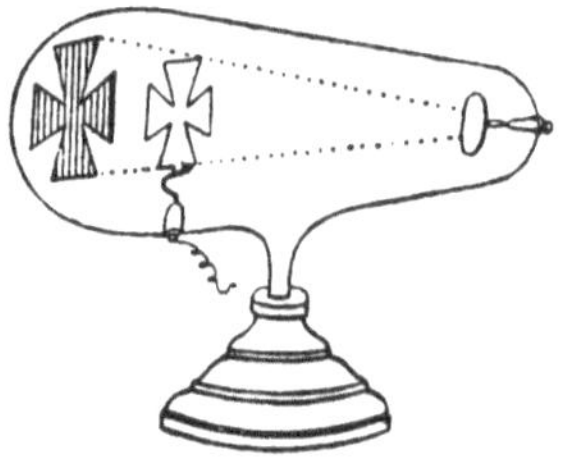

Fig. 110.

mit wirklichen *Strahlen* zu tun, die von der Kathode, unbekümmert um den Ort der Anode, senkrecht zur Kathodenfläche ausgehen; je nachdem diese also eben, konvex oder konkav ist, bilden die Kathodenstrahlen ein paralleles, divergentes oder konvergentes Büschel. Mit den Lichtstrahlen haben sie viele Eigenschaften und Wirkungen gemein, namentlich die Schattenbildung, wenn man ihnen Hindernisse in den Weg stellt und dadurch die Fluoreszenz der Rohrwand teilweise aufhebt (Metall- oder Glimmerkreuz, s. Fig. 110); ferner die Reflexion an Flächen, von denen dann sekundäre Kathodenstrahlen ausgehen (es ist das freilich keine eigentliche Reflexion); die Wärmewirkung (bei konkaver Elektrode gerät ein in den Brennpunkt gebrachtes Platinblech in lebhaftes Glühen); sie üben einen mechanischen Druck aus und setzen z. B. Flügelrädchen aus Glimmer, die unsymmetrisch in ihren Gang gebracht werden, in Rotation. Ferner werden sie in einem Querfelde, und zwar sowohl in einem magnetischen wie in einem elektrischen, abgelenkt; die Bahn rollt sich dann bei geeigneter Anordnung spiralig auf usw. Sehr bequem, um die *magnetische Ablenkung* zu zeigen (und für andre Demonstrationen) ist die *Braunsche Röhre*, bei der die Strahlen auf eine Scheibe mit kleiner Öffnung fallen, durch die nur ein enges Büschel hindurchtreten kann. Dem Auge verraten sich die Strahlen, wie gesagt, durch die *Fluorescenz* und *Phosphoreszenz* der Glaswand und andrer fester Flächen, auf die sie treffen, und die in grünem Lichte erstrahlen, sowie durch die infolge Absorption leuchtenden Teilchen, die noch im Innern der Röhre vorhanden sind; endlich chemische Wirkungen der verschiedensten Art. — Während man die Kathodenstrahlen nur in stark verdünnten Räumen, also nur unter sehr geringem Druck, *erzeugen* kann, ist es doch gelungen (Lenard), sie, einmal entstanden, auch in die *freie Atmosphäre hinaustreten* zu lassen, und zwar durch ein äußerst dünnes Aluminiumblättchen, das man, der Kathode gegenüber, auf eine mit einem kleinen Loch versehene Metallplatte aufklebt. Man sieht dann außen auf einige Zentimeter hin ein bläuliches, sich stark nach den Seiten ausbreitendes Licht (*Lenardstrahlen*), das dann aber verschwindet, also vom Charakter der diffusen Ausbreitung ist; die Luft verhält sich ihnen gegenüber wie ein trübes Medium. Metalle sind für sie viel durchlässiger als für Licht, noch durch Stanniol von 0,02 mm Dicke gehen sie hindurch. — Wo dagegen die Kathodenstrahlen beim Auftreffen auf eine feste Wand (Glaswand des Entladungsrohrs oder Metallplatte im Innern) plötzlich gebremst werden, hören sie auf, zu existieren, geben aber hier zur Entstehung einer andern Strahlenart, der *Röntgenstrahlen* (s. d.) Anlaß. — Die *Theorie der Kathodenstrahlen* hat wiederholt zwischen der Auffassung als Undulationsstrahlen und als Konvektionsstrahlen geschwankt, bis dann die letztere gesiegt hat. Hiernach entstehen die Kathodenstrahlen aus von der Kathode fortgeschleuderten Teilchen, die eine bestimmte Masse m und eine bestimmte Ladung e haben; die letztere erweist sich auf Grund des Sinnes der magnetischen Ablenkung usw. als *negativ*, sie ist aber auch noch direkt mit dem Elektroskop (Faradayscher Käfig im Innern des Entladungsrohres) als solche nachgewiesen worden. — Von besonderer Wichtigkeit ist die Frage der *Geschwindigkeit* v der Teilchen; sie hängt mit der Potentialdifferenz (Kathodenfall) V nach der Formel

$$v = \sqrt{(e/m) \cdot 2V}$$

zusammen, wächst also mit der Wurzel aus der Spannung. Diese Formel kann man mit der für die magnetische Ablenkung auf der Strecke l im Felde H kombinieren: $\delta = l^2 e H/(2mv)$ (also proportional mit dem Quadrat der Strecke, mit dem Verhältnis von Ladung und Masse und mit der Feldstärke, dagegen umgekehrt mit der Geschwindigkeit); man erhält so die Möglichkeit, entweder v oder e/m zu ermitteln. Beide Größen einzeln erhält man, wenn man noch die Wirkung im elektrischen Felde hinzunimmt; hier findet erstens eine Geschwindigkeitsänderung statt und zweitens eine Ablenkung, die aber hier nicht mit v, sondern mit v^2 proportional ist. Außerdem gibt es noch andre Methoden, um die fraglichen Größen zu bestimmen. — Einige typische, zusammengehörige Werte der Spannung in Volt ($= 10^{-8}$ V), der Geschwindigkeit v (der Faktor 10^{10} ist weggelassen) und des Verhältnisses

e/m (der Faktor 10^7 ist weggelassen) sind folgende:

V	1	10	100	1000	10000
v	0,0061	0,019	0,061	0,19	0,61
e/m	1,865	1,865	1,865	1,865	1,86

V	100000	200000	330000	630000
v	1,7	2,3	2,6	2,83
e/m	1,45	1,17	0,96	0,63

Wie man sieht, muß man die Spannung immer gewaltiger steigern, um schließlich nur noch kleine Steigerungen der Geschwindigkeit, die sich allmählich der Lichtgeschwindigkeit nähert, zu erzielen. Ferner ergibt sich aus diesen und andern Messungen für das Verhältnis von Ladung und Masse für langsame Kathodenstrahlen im Mittel im elektromagnetischen Maße: $e/m = 1{,}75 \cdot 10^7$, im elektrostatischen $5{,}2 \cdot 10^{17}$, und zwar ganz unabhängig vom Material der Kathode und dem Gasinhalt des Entladungsrohres. Hieraus folgt, daß alle Kathodenstrahlteilchen einander gleich sind, daß sie keine stofflich-qualitative Mannigfaltigkeit haben. Nun ergibt sich andrerseits bei der Elektrolyse (s. d.) als Elementarladung $4{,}8 \cdot 10^{-10}$ elektrostatische Einheiten, und aus der kinetischen Theorie (s. d.) als Masse des Wasserstoffatoms $1{,}7 \cdot 10^{-24}$ Gramm, somit $e/m = 2{,}8 \cdot 10^{14}$. Da nun kein Grund zu der Annahme vorliegt, die Ladung sei in beiden Fällen verschieden, muß man dem Kathodenstrahlteilchen eine Masse beilegen, die nur der 1840. Teil der Masse des Wasserstoffatoms ist. Man nennt diese Teilchen *Uratome* oder, im Hinblick auf ihre Ladung, *Elektronen*, und zwar sind es *negativ* geladene Teilchen; positive Elektronen sind bisher nicht festgestellt worden (s. Elektronen). Kathodenstrahlen sind also keine Ionenstrahlen wie die Kanalstrahlen (s. d.), sondern *Elektronenstrahlen*. Des weiteren aber folgt aus der obigen Tabelle, daß die Masse immer größer wird, je größer die Geschwindigkeit wird, mit der die Teilchen durch das Feld fliegen; es ist daher mindestens ein Teil dieser Masse nicht eigentliche, sondern scheinbare, vorgetäuschte, nicht statische, sondern *kinetische* oder *elektromagnetische Masse*, nämlich eine Folge der Spannung und Bewegung im Felde. Aus gewissen Messungen ergibt sich sogar, daß unter Umständen die ganze Masse nur scheinbare Masse ist, daß also die Kathodenstrahlteilchen überhaupt frei von eigentlicher träger Masse sind. Auch ist, im Hinblick auf das Verhalten in der Feldrichtung und senkrecht zu ihr eine neue Unterscheidung zu machen: zwischen *longitudinaler* und *transversaler Masse*. Alle diese Verhältnisse finden sich bei einer andern Strahlenart, den β-Strahlen der radioaktiven Körper (s. Radioaktivität) wieder. Auch auf lichtelektrischem Wege (s. Lichtelektrizität) lassen sich entsprechende Strahlen erzeugen. Ferner entstehen Elektronenstrahlen bei manchen chemischen Prozessen (s. Elektronen). Endlich bilden sich an einer eingeschnürten Stelle eines Entladungsrohres solche Strahlen besonderer Art, die *Striktionsstrahlen*. — Bei der Aussendung von Kathodenstrahlen findet eine *Zerstäubung der Kathode* statt, der ein Niederschlag an der benachbarten Glaswand entspricht.

Kation, s. Elektrolyse, Ionen.

Katoptrik, Lehre von der Spiegelung des Lichts, s. Reflexion des Lichts.

Kausalität, s. Kraft.

Kausalitätsprinzip, s. Prinzipien der Mechanik.

Kaustik, s. Sphärische Aberration, Spiegel.

Kegelöffnung, s. Winkel.

Kegelspiegel, s. Spiegel.

Kehlkopf, s. Stimme und Sprache.

Keil, s. Einfache Maschinen.

Keplersche Gesetze. s. Zentralbewegung.

Kernschatten, s. Lichtausbreitung.

Kernvolumen ist in der kinetischen Theorie der Gase (s. Gase) das Volumen der Kerne selbst, um das sich der freie Raum verkleinert.

Kerreffekt, s. Elektrooptik, Magnetische Drehung der Polarisationsebene.

Kerrsche Konstante, s. ebenda.

Kessel, s. Kalorische Maschinen, Thermodynamik.

Kettenlinie, s. Gleichgewicht.

Kiloerg, s. Arbeit, Elektrische und magnetische Maßsysteme.

Kilogramm, s. Gewicht, Maße.

Kilogrammkalorie, s. Spezifische Wärme, Wärme.

Kilometer, s. Längenmaß.

Kilowatt, s. Arbeit.

Kilowattstunde, s. Arbeit, Elektrische und magnetische Maßsysteme.

Kilowattstundenzähler, s. Strommessung.

Kinematik (s. auch Bewegung) ist die rein geometrische Bewegungslehre. Die Bewegung auf einer geraden Linie heißt *Verschiebung, Gleitung oder Translation*, die auf der Kreisbahn heißt *Drehung oder Rotation*, für sie gibt es in jedem Augenblicke eine bestimmte Drehungsaxe. Jede ebene Bewegung läßt sich als Kombination einer Verschiebung und Drehung in derselben Ebene ansehen. Dagegen führt die Kombination einer Drehung mit einer Verschiebung längs der Drehungsaxe zur *Schraubung* oder *Windung*. Korkziehersystem. Die allgemeinste räumliche Bewegung ergibt sich durch Kombination einer Drehung mit einer zu ihr schiefen Verschiebung. Streckendiagramme und Geschwindigkeitsdiagramme als Funktionen der Zeit sind für die typischen Arten von Punktbewegungen hierbei

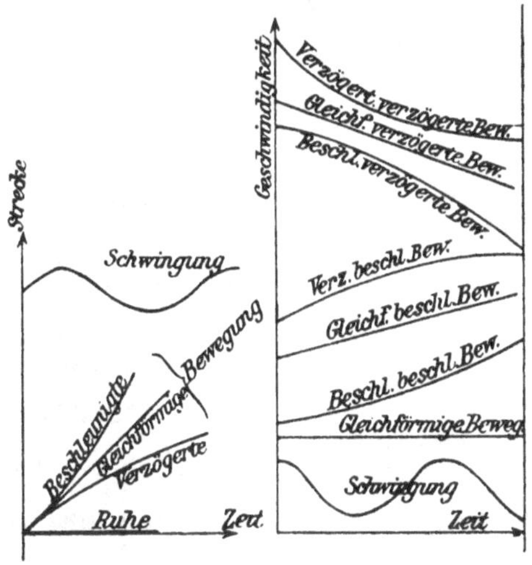

Fig. 111.

skizziert (s. Fig. 111). Eine andre Art sind die Vektordiagramme; hier wird gleichzeitig Größe und Richtung der Bewegung angegeben, und zwar durch Radienvektoren von einem beliebigen Punkte aus (0), die Verbindungslinie der Endpunkte ist der *Hodograph*. Beispiel: Hodograph eines schwingenden und eines rotierenden Pendels (s. Fig. 112a u. b). — Wegen der Zerlegung bzw. Zusammensetzung von Schwingungen s. Fourierschwingungen und Lissajousschwingungen. — Zwei entgegengesetzt gleiche Rotationen auf einem Kreise ergeben eine geradlinige Schwingung auf dem Durchmesser (s. Kristalloptik und Zeemaneffekt); dagegen erhält man, wenn die Geschwindigkeiten der Komponenten sich wie 1 : 2 verhalten, eine dreischleifige Kurve usw. — Bei starren Systemen ist der einfachste Fall die *reine Verschiebung*, der nächst höhere die ebene oder *Parallelbewegung* (die Bewegung aller Punkte einer gegebenen Ebene parallel). Allgemein findet in jedem Augenblicke Drehung um einen bestimmten Punkt statt, das *Momentanzentrum* (seine räumliche Ergänzung die Momentanaxe); mit der Zeit beschreibt es eine Kurve, die *Zentrode*. — Eine wichtige Klasse von ebenen Bewegungen sind die *Rouletten*, speziell die *Zykloiden* und *Trochoiden* (Kreis auf Grader rollend). — Die wiederum höhere Stufe ist die *sphärische Bewegung* (jeder Punkt auf einer Kugelfläche, alle Kugelflächen konzentrisch). — Die allgemeinste Bewegung des starren Körpers ergibt sich durch Kombination

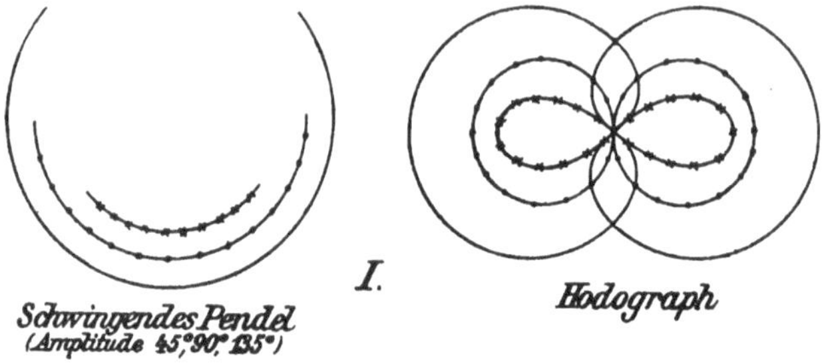

Fig. 112 a.

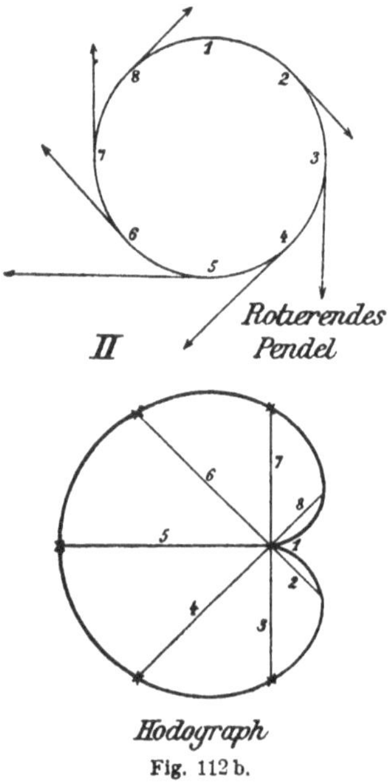

Fig. 112 b.

der vorigen als *Schraubung*, mit Momentanschraubungsaxe usw. Verschiedene Schraubungen kann man miteinander kombinieren und erhält alsdann eine vollständige Schraubentheorie der Mechanik (Ball). — Eine der wichtigsten Anwendungen der Kinematik ist die auf die *Mechanismen* (Vorrichtung zur Übertragung, Umleitung und Veränderung von Bewegungen).

Kinematograph, s. Stroboskopie.

Kinetik, s. Dynamik.

Kinetische Energie, s. Energie, Temperatur.

Kinetische Gastheorie, s. Kinetische Theorie.

Kinetische Masse, s. Kathodenstrahlen, Masse.

Kinetische Molekularenergie, s. Kinetische Theorie.

Kinetisches Potential, s. Dynamik, Potential.

Kinetische Theorie der Materie ist die mit Rücksicht auf die Bewegungen der Teilchen durchgeführte Molekulartheorie (s. d.). Bis zu einem hohen Grade ist diese Theorie bisher nur durchgeführt für die Gase, als *kinetische Gastheorie*; und zwar zunächst unter der Annahme, daß die Teilchen selbst keinen Raum einnehmen, sondern als Punkte angesehen werden dürfen, und daß sie keine Kräfte aufeinander ausüben, sich also nach dem Trägheitsprinzip geradlinig und gleichförmig bewegen, und zwar bei einem im Ganzen ruhenden Gase nach allen

Richtungen gleichmäßig; nur bei Zusammenstößen bzw. bei sehr großer Annäherung aneinander sollen Kräfte (elastische bzw. Fernkräfte) auftreten, durch die die Bahn geknickt bzw. abgelenkt wird; hiermit kommt man zur kinetischen Theorie der idealen Gase. — Der *Druck* ist das Ergebnis der Stöße der Teilchen gegeneinander bzw. gegen die Gefäßwand; er ergibt sich: $p = (\frac{1}{3}) N m G^2$, wo N die Zahl der Teilchen im Kubikzentimeter, m die Masse jedes einzelnen und G^2 das durchschnittliche Geschwindigkeitsquadrat ist. Da $N m = \varrho$ (Dichte) ist, erhält man $p = (\frac{1}{3}) \varrho G^2$ und hieraus $G = \sqrt{3 p / \varrho}$, so daß man G aus empirischen Daten berechnen kann. Für 0° C ergeben sich folgende Werte in m/sec:

Ätherdampf	302
Chlor	310
Grubengas	636
Joddampf	164
Kohlensäure	392
Luft	485
Quecksilberdampf	184
Sauerstoff	461
Stickoxyd	476
Stickstoff	492
Wasserdampf	614
Wasserstoff	1843

Die Molekulargeschwindigkeit ist hiernach mit der Wurzel aus der Gasdichte umgekehrt proportional. — Die *Temperatur* stellt sich hier dar als die kinetische Energie der Molekel bzw. eines Mols des Gases. Mit wachsender Temperatur nimmt also G zu wie die Wurzel aus der absoluten Temperatur:

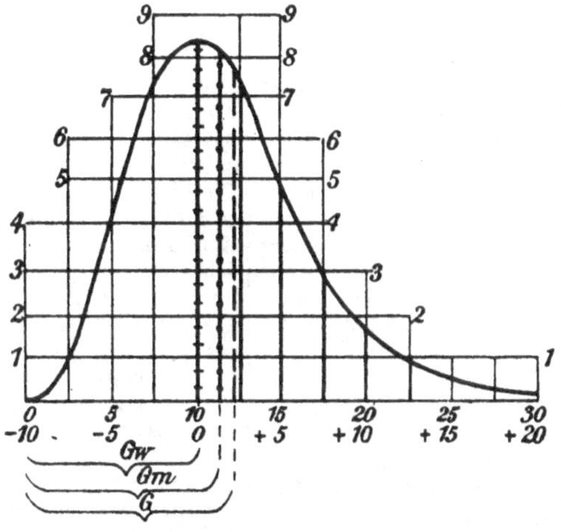

Fig. 113.

Gay-Lussacsche Gesetze. Auch das *Boylesche Gesetz* ergibt sich ohne weiteres aus der Druckformel bzw. aus der Betrachtung der Zahl und Häufigkeit der Stöße bei verschiedener Dichte. — Übrigens bedeutet G nur einen Mittelwert, in Wahrheit kommen alle möglichen Geschwindigkeiten vor, und ihre Häufigkeit wird bestimmt durch das *Maxwellsche Verteilungsgesetz*. Dabei sind indessen zwei Gesetze zu unterscheiden: 1. Die Häufigkeit des Vorkommens einer Geschwindigkeit von bestimmter Größe und Richtung (Richtung und Größe zwischen u und $u + du$) ist: $W = c \cdot e^{-ku^2} du$, wo c und k von der Temperatur abhängige Konstanten sind, in Worten: Die Wahrscheinlichkeit nimmt mit wachsendem u exponentiell ab, am wahrscheinlichsten sind die kleinsten, am unwahrscheinlichsten die größten Geschwindigkeiten. 2. Die Häufigkeit einer Geschwindigkeit von bestimmter Größe (zwischen g und $g + dg$), aber beliebiger Richtung (also alle Richtungen zusammengefaßt): $W = C \cdot g^2 \cdot e^{-kg^2} dg$, und hier sind sowohl die kleinen wie die großen Geschwindigkeiten seltener als eine gewisse dazwischen liegende, die wahrscheinlichste; graphisch dargestellt erhält man umstehende Fig. 113. Dabei ist zu unterscheiden zwischen der *wahrscheinlichsten* Geschwindigkeit G_w, der mittleren G_m und dem energetischen Mittelwert G. Beziehung zwischen ihnen: $G_w = 0{,}82\, G$, $G_m = 0{,}92\, G$. Aus der Geschwindigkeit G ergeben sich nun zahlreiche empirische Größen in theoretischer Begründung: die Schallgeschwindigkeit, der Ausfluß der Gase und das Verhältnis der spezifischen Wärmen bei konstantem Druck und konstantem Volumen: $c_p/c_v = \frac{5}{3}$ (für Quecksilberdampf usw. experimentell bestätigt). — Trotz der großen oben festgestellten Geschwindigkeiten legen die Teilchen im allgemeinen nur äußerst kleine Strecken zurück, ohne anzustoßen; die *Weglänge* ist also überaus klein. Es erklärt sich das aus der *Wirkungssphäre* der Teilchen, in die andre nicht eindringen können; ist r deren Radius, s der Abstand zweier Teilchen und L die Weglänge, so ist $L : s = s^2 : \sqrt{2\pi r^2}$. Unter Benutzung zahlreicher Erscheinungen, insbesondere der Reibung, Wärmeleitung, Diffusion und Verdampfung kann man hieraus die Weglänge berechnen und erhält dann folgende Zahlen in $\mu\mu$ (milliontel mm):

Äthylen	56
Chlor	47
Grubengas	85
Kohlenoxyd	94
Kohlensäure	66
Luft	95
Sauerstoff	102
Stickstoff	99
Wasserdampf	65
Wasserstoff	180

Die Wasserstoffteilchen haben also sowohl die größte Geschwindigkeit als auch die größte Weglänge. Dividiert man jene durch diese, so erhält man die Zahl der Zusammenstöße in der Sekunde, die *Schwirrungszahl*; sie beträgt z. B. in Luft fast 5 Milliarden. — Aus der weiteren Reihe von Beobachtungstatsachen, namentlich aus der Verflüssigung der Gase, aus der Anordnung von Emulsionen und kolloidalen Lösungen usw., kann man dann Schlüsse auf die absoluten Verhältnisse der Teilchen ziehen: der Durchmesser der Wirkungssphäre bzw. des Teilchens selbst ergibt sich zu 0,1 bis 1 $\mu\mu$, das Gewicht einer Molekel zu einem Bruchteil von 10^{-23} Gramm, das spezifische Gewicht einer Molekel zu einigen Einheiten (für Luft zu 4) usw. Am wichtigsten aber ist die Zahl der Teilchen im Kubikzentimeter, die *Loschmidtsche Zahl*, sie ist gemäß dem Avogadroschen *Gesetz* (s. Gase) für alle Gase gleich, nämlich 28 Trillionen. Besser noch gibt man die ebenfalls für alle Gase gleiche *Avogadrosche Zahl* an, d. h. die Zahl der Teilchen in einem Mol (soviel Gramm wie das Molekulargewicht angibt): $67 \cdot 10^{22}$, also $^2/_3$ von einer Quadrillion. — Die obige Theorie modifiziert und verwickelt sich nun erheblich durch die Einführung erstens der endlichen Ausdehnung der Teilchen und zweitens ihrer Kohäsionskräfte aufeinander, diese beiden Komplikationen dargestellt durch das Gesetz von van der Waals (s. Gase); dazu kommt dann drittens die Zusammensetzung der Molekeln aus Atomen. Es wird dann erforderlich, erstens die wahren Bahnen der Teilchen zu untersuchen und zweitens die Bewegung der Atome innerhalb der Molekel zu berücksichtigen. Als Beispiel sei angeführt, daß dann das Verhältnis der spezifischen Wärmen nicht mehr $^5/_3$ (wie für einatomigen Hg-Dampf), sondern kleiner wird, und zwar desto kleiner, je mehr Atome in der Molekel enthalten sind; für zweiatomige ergibt sich in Übereinstimmung mit der Beobachtung 1,40, für dreiatomige 1,28 usw. (s. auch Atomwärme). — Eine bedeutsame Stütze hat die kinetische Theorie erfahren durch die Beobachtung von Emulsionen und kolloidalen Lösungen, insbesondere durch das Studium der Brownschen Bewegung (s. d.). — Für *flüssige* und *feste Körper* liegen die Verhältnisse sehr viel komplizierter; hier tritt an die Stelle der nomadisierenden Schwirrungsbewegung die Schwingungsbewegung um feste Wohnsitze der Teilchen; in der neuesten Zeit ist diese Theorie unter dem Namen der *statistischen Mechanik* bereits sehr weit ausgebildet, und es sind zahlreiche Schlüsse gezogen worden; jedoch läßt sich darüber in Kürze nichts aussagen, ebenso auch über die Anwendung dieser kinetischen Theorie auf Kristalle. S. auch Materie, Magnetismus.

Kinetostatik ist die Lehre von der Veränderlichkeit der statischen Verhältnisse in der Mannigfaltigkeit der einzelnen Lagen des Systems (Heun). Sie leistet besonders der technischen Mechanik wichtige Dienste.

Kippmoment, s. Schwimmen.

Kirchenglocken, s. Glockentöne.

Kirchhoffsches Strahlungsgesetz, s. Spektrum, Strahlung.

Kirchhoffsche Verzweigungsgesetze, s. Stromverzweigung.

Kissenförmige Verzeichnung, s. Abbildung.

Klärungsprozeß, s. Flüssige Kristalle.

Klang oder *Klangfarbe* ist die von Tonhöhe und Tonstärke unabhängige dritte Qualität eines Tones, wie sie z. B. bei einem Geigenton und einem Flötenton von gleicher Höhe und Stärke empfunden wird. Da die Schwingungszahl und die Schwingungsweite schon für Tonhöhe (s. d.) und Tonstärke (s. d.) festgelegt sind, bleibt als mechanische Charakteristik des Klanges nur noch das Gesetz übrig, nach dem sich der schwingende Punkt während einer Periode (und ebenso während jeder folgenden) bewegt. Dieses Gesetz kann man am anschaulichsten mit Hilfe der chronographischen Auflösung (s. Graphische Darstellung) darstellen. Bei gleichförmiger Bewegung des schwingenden Punktes erhält man eine Zackenlinie, bei allmählicher Abnahme der Geschwindigkeit von der Mitte nach den Umkehrpunkten hin eine Wellenlinie usw. (vgl. die Figuren bei Fourierschwingungen, S. 139); auch kann der Punkt auf halber Bahn umkehren und erst nachher seine Periode vollenden. Jeder solchen graphischen Schwingungsform entspricht ein andrer Klang, und es zeigt sich, daß dieser Klang einen gewissen Parallelismus mit der Kurve hat (Wellenlinie sanft, Zackenlinie scharf usw.). — Nun gibt es freilich noch eine andre Erklärung des Klanges, nämlich durch die, wie das Ohr bei genauerer Aufmerksamkeit feststellt, dem Grundton beigesellten *harmonischen Obertöne*, d. h. Töne von doppelter, dreifacher usw. Frequenz; je nach ihrer Stärke wird der Klang ein anderer; ohne Obertöne wird er leer („einfacher Ton"), bei wenig Obertönen wird er sanft, wenn die ersten stark sind, wird er voll, wenn die hohen stark sind, wird er scharf usw. Die erste Theorie rührt von Seebeck, die zweite von Ohm her. Welche Theorie ist die richtige? Die Antwort lautet: beide; denn sie sind im Grunde identisch. Nach Fourier (s. Fourierschwingungen) kann man nämlich jede Schwingung aufbauen aus Sinusschwingungen von einfacher, doppelter usw. Frequenz und geeigneten Amplituden; diese stellen die Partialtöne (Grundton und Obertöne), jene stellt den zusammengesetzten Ton von spezifischem Klange dar. Nach Helmholtz wird der zusammengesetzte Ton vielfach selbst als Klang, sein Charakter aber als Klangfarbe bezeichnet. — Bei der Untersuchung der verschiedenen tönenden Systeme (s. d.) ist es eine Hauptaufgabe, die Analyse des Klanges vorzunehmen. Einer der einfachsten Klänge ist der der Stimmgabel (s. d.). — Es ist eine sehr bemerkenswerte Tatsache, daß sich hier das Ohr physiologisch genau so verhält wie die mathematische Analyse: es kann synthetisch arbeiten, d. h. den Klang als solchen empfinden; es kann aber auch analytisch tätig sein, d. h. die einzelnen Partialtöne heraushören, wobei zur Unterstützung eventuell noch besondere Resonatoren (s. Freie und erzwungene Schwingungen) benutzt werden können. Auch kann man die Synthese künstlich mittels geeigneter Tonkörper bewerkstelligen, indem man der Reihe nach einen Grundton mit einem, zwei usw. verschieden starken Obertönen kombiniert. — Eine viel umstrittene, aber in der Hauptsache negativ zu beantwortende Frage ist schließlich die, ob die *Phase* der Schwingung (s. Schwingungen) einen Einfluß auf den Klang habe. — Schalle, die aus vielen und z. T. unharmonischen Elementen aufgebaut sind, heißen *Geräusche* (s. Schall); eine scharfe Grenze zwischen Tönen und Geräuschen läßt sich indessen nicht ziehen (Dissonanzen, Heulen des Windes, Rauschen des Waldes usw.).

Klangfarbe, s. Klang.

Klangfiguren, s. Membrantöne, Plattentöne.

Klavier, s. Musikinstrumente.

Klebrigkeit, s. Innere Reibung.

Kleine Kalorie, s. Spezifische Wärme, Wärme.

Kleinster Kraftaufwand, s. Dynamik, Prinzipien der Mechanik.

Kleinster Zwang, s. Prinzipien der Mechanik.

Kleinste Wirkung, s. Prinzipien der Mechanik.

Kleistsche Flasche, s. Kondensator.

Klirrton, s. Gabeltöne.

Klöppel, s. Glockentöne.

Klopfer, s. Telegraphie.

km, s. Längenmaß.

Knall, s. Schall, Tonstärke.

Knallbüchse, s. Tönende Systeme.

Knochenleitung, s. Gehör.

Knoten, s. Saitentöne, Wellenbewegung.

Knotenebene, s. Abbildung.

Knotenpunkt, s. Saitenschwingungen, Abbildung.

Kochpunkt, s. Temperatur.

Königsche Flammen, s. Akustische Bewegungen.

Körper, s. Materie.

Körperfarben, s. Absorption des Lichts, Photochemie.

Körperfarbenphotographie, s. Photographie.

Körperströme sind solche elektrische Ströme, die in dreidimensionalen Leitern verlaufen, d. h. in Leitern, bei denen alle drei Dimensionen eine gleich wesentliche Rolle spielen. Für stationäre Ströme gilt die Grundgleichung $\int \lambda (\partial V / \partial n) df = 0$, die aussagt, daß für einen geschlossenen und von Quellen und Senken (Ein- und Austrittsstellen der Elektrizität) freien Raum, dessen Oberflächenelement df ist, die algebraische Summe aller Ein- und Ausströmung (Produkt aus Leitvermögen λ und Potentialgefälle nach der Normalen von df, $-\partial V / \partial n$) null ist. Für homogene Medien kann man einfacher $\int \partial V / \partial n \cdot df = 0$ und dafür wieder als völlig äquivalent die Laplacesche Gleichung

$$\frac{\partial^2 V}{\partial x^2} + \frac{\partial^2 V}{\partial y^2} + \frac{\partial^2 V}{\partial z^2} = 0,$$

$$\text{kurz } \Delta V = 0$$

schreiben. Für quellen- oder senkenhaltige Räume tritt dafür die allgemeinere Poissonsche Gleichung

$$\Delta V = -4\pi p$$

ein, wo p die Ergiebigkeit der Quelle ist. — Das Strömungsfeld ist erfüllt zu denken von Stromlinien und den auf ihnen senkrechten Niveauflächen, und es gelten dabei mehrere allgemeine Sätze. — Während bei bestimmt gegebenen einzelnen Ein- und Austrittsstellen die Strömung in dem Körper wohlgeordnet ist, spielen in der Praxis häufig die *Wirbelströme* oder Foucaultschen Ströme in ihm eine wichtige (meist störende) Rolle, z. B. im Erdkörper die Erdströme (s. Erdmagnetismus und Induktionsströme). — Der Begriff des *Widerstandes eines körperlichen Leiters* hat nur dann einen bestimmten Sinn, wenn seine Oberfläche teils aus Ein- und Ausströmungsstellen, teils aus Stromlinien gebildet ist. Berechnen kann man ihn dann entweder durch Summierung über die einzelnen Schichten, indem man für jede von Ihnen die Länge l und den Querschnitt q einsetzt oder, da dies in den meisten Fällen nicht ausführbar sein wird, indirekt nach dem Ohmschen Gesetze (s. Elektrische Ströme) aus der Gleichung $w = e / i = (V_1 - V_0) / \int \lambda (\partial V / \partial n) \cdot df$, wo V_1 und V_0 Anfangs- und Endpotential sind. Einige Formeln für körperliche Widerstände sind folgende 1) Kugel vom Radius r zwischen diametral gegenüberstehenden Elektroden vom Radius a:

$$w = \frac{1}{4\pi\lambda r}\left(\frac{4r}{a} + \log\frac{9r^2}{a^2} - 2\right).$$

2. Kugelschale in der Richtung der Radien r und R, wenn $d = R - r$ die Dicke der Schale ist: $w = d/(4\pi\lambda Rr)$. — 3. Unendlicher Raum zwischen einer kleinen Kugel vom Radius r und der unendlich großen Kugelfläche: $w = 1/(4\pi\lambda r)$. — 4. Unendlicher Raum mit zwei kleinen Kugeln vom Radius r und Abstand d als Quelle und Senke: $w = (\frac{1}{2}\pi\lambda)\cdot(1/r - 1/d)$, speziell, wenn d groß gegen r ist:

$$w = 1/(2\pi\lambda r).$$

— 5. Unendliche Halbebene zwischen zwei oberflächlichen Elektroden: w doppelt so groß wie vorhin. — 6. Hohlzylinder mit den beiden Mantelflächen als Quelle und Senke, h Höhe:

$$w = [\log(R/r)]/(2\pi\lambda h).$$

— 7. Abgestumpfter Kegel zwischen den beiden ebenen, auf der Axe senkrechten Endflächen, Enddicken D und d, Länge l: $w = 4l/(\lambda\pi Dd)$. — Einige dieser Formeln finden wichtige Anwendung auf galvanische Elemente, Erdrückleitung bei der Telegraphie (s. d.) usw. — Ein wichtiger Fall ist noch die Einmündung eines Drahtes oder Stabes in einen breiten leitenden

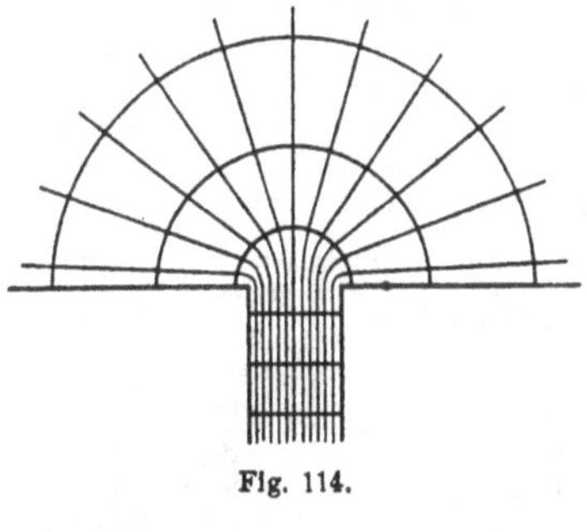

Fig. 114.

Raum; der Widerstand ist dann größer, als er nach der geometrischen Berechnung sein sollte. Der Überschuß heißt *Ausbreitungswiderstand* und erklärt sich durch den nur allmählichen Übergang der Stromlinien aus dem parallelen in den radialen Verlauf (s. Fig. 114). — Wenn man auf den Boden eines weiten Gefäßes aus nichtleitender Substanz eine Metallplatte legt, ihrem Mittelpunkte von oben her das aus einer Glasröhre herausragende Ende eines Platindrahtes nähert und nunmehr das Gefäß mir einer elektrolytischen Lösung füllt (z. B. mit Bleioxyd in Kali), so erzeugt ein kräftiger Strom (positiver Pol mit der Platte, negativer mit dem Draht verbunden) auf der Platte ein prächtiges farbiges Ringsystem; es sind das offenbar Kurven gleicher Stromdichte: *Nobilische Ringe.* — Eine Abart stellen die *Guebhardschen Ringe* dar, bei denen unter Benutzung verschieden angeordneter Pole sehr mannigfaltige Kurvensysteme erzeugt werden.

Körperwiderstand, s. Körperströme.

Koerzitivkraft, s. Hysteresis, Remanenz.

Kohärente Strahlen, s. Interferenz des Lichts.

Kohärer, s. Drahtlose Telegraphie, Elektrische Schwingungen.

Kohäsion ist der Inbegriff aller der Erscheinungen, die den Zusammenhang der Teile eines Körpers betreffen. Es gehört also dazu die Festigkeit (s. d.), insbesondere auch die Härte (s. d.), die Geschmeidigkeit und Sprödigkeit (s. Geschmeidigkeit), überhaupt die Gesamtheit der Eigenschaften, die den verschiedenen Aggregatzuständen, insbesondere dem festen, zugehören. Von besonderer Bedeutung wird die Kohäsion infolgedessen für die typischen festen Körper, die *Kristalle.* Sie haben in verschiedenen Richtungen verschieden starke Kohäsion und somit auch eine Flächenrichtung, senkrecht zu der sie ein Maximum ist: *Spaltungsrichtung.* Bei verschiedenen Kristallen ist dieses Maximum verschieden hoch oder tief; man unterscheidet daher verschiedene Werte der *Spaltbarkeit.* Ein Beispiel für besonders große Spaltbarkeit ist der

Gips. Dabei ist zu unterscheiden zwischen Spaltung in Blättchen, Spaltung in Fasern und schließlich, was aber nichts mehr mit der Kristallnatur zu tun hat, Spaltung in Körnchen. In einem Gegensatz zu den Spaltungsflächen stehen die *Gleitflächen* der Kristalle, d. h. Flächen, in denen sich die Kristallteilchen gegeneinander verschieben können, ohne daß Trennung eintritt; die Gleitflächen stehen auf der Richtung der stärksten Kohäsion senkrecht. Zu unterscheiden ist zwischen einfacher Gleitung, die in Parallelverschiebungen besteht, und einer Art von Auslenkung, bei der das Ergebnis die Bildung eines Zwillings mit der Gleitfläche als Zwillingsebene ist.

Kohäsion der Flüssigkeiten, s. Kapillarität.

Kohlebogenlampe, s. Lichtbogen.

Kohlefadenlampe, s. Glühlicht.

Kohlekörnermikrophon, s. Telephonie.

Koinzidenzmethode, s. Schallgeschwindigkeit, Schwingungsdauer.

Koinzidenztelemeter, s. Entfernungsmesser.

Kolbenmaschine, s. Kalorische Maschinen.

Kollektor, s. Dynamomaschine.

Kollektorplatte, s. Kondensator.

Kollimator, s. Brechungsquotient.

Kollinear, s. Photographisches Objektiv.

Kollineare Verwandtschaft; s. Abbildung.

Kolloidale Lösungen, s. Disperse Systeme, Lösungen.

Kolloide, s. Diffusion, Disperse Systeme, Lösungen.

Kolorimeter, s. Farbenlehre.

Koma, s. Abbildung, sphärische Aberration.

Kombinationstöne entstehen beim Zusammenklange von Tönen dann, wenn die dabei auftretenden Schwebungen (s. d.) eine so rasche Aufeinanderfolge haben, daß das Ohr sie nicht mehr einzeln wahrzunehmen vermag; man kann sie daher auch *Schwebungstöne* oder *Stoßtöne* nennen. Sind n und n' die kleinsten Verhältniszahlen der Primärtöne und h eine ganze Zahl, so ist die allgemeinste Formel für die Stoßtöne $m = n' - hn$ und

$$m' = (h - 1)\,n - n' = n - m;$$

solange n' größer als n, aber kleiner als $2n$ ist, gibt es von der ersten Art nur einen Ton, und er liegt tiefer als der tiefere der Primärtöne; dagegen kann es von der andern Art beliebig viele Töne geben. Im Falle $h = 1$ wird $m = n' - n$, also gleich der Differenz der Schwingungszahlen der Primärtöne; dieser Ton, der älteste bekannte (schon von Sorge und Tartini beobachtete) heißt *Differenzton* oder *Tartinischer Ton*. Er ist in vielen Fällen bei genügender Aufmerksamkeit sehr deutlich zu hören; besonders eignen sich dazu natürlich hohe Primärtöne. Übrigens hat Helmholtz gezeigt, daß die Schwebungstheorie der Kombinationstöne unvollkommen ist; es muß ein weiteres Moment hinzugenommen werden: die Primärtöne müssen so stark sein, daß das einfache Superpositionsprinzip nicht mehr gültig bleibt, sondern in der Kombinationsformel neue Glieder hinzukommen; damit ergibt sich dann gleichzeitig noch etwas Neues, nämlich außer den Differenztönen noch die *Summationstöne*, deren Frequenz gleich der Summe der Einzelfrequenzen ist, die also oberhalb der Primärtöne liegen. Sie sind viel schwerer zu hören als die Differenztöne, recht deutlich aber doch z. B. bei Orgelpfeifen und bei der Sirene. — Einige Beispiele von Differenz- und Summationstönen:

Primärtöne	Komb.-Ton	$n:n'$	m
b und f′	B	2:3	1
f′ und b′	B	3:4	1
b und d′	B	4:5	1
d′ und f′	B	5:6	1
f′ und as′ (−)	B	6:7	1
b und g′	es	3:5	2
d′ und as′ (−)	B	5:7	2
d′ und b′	f	5:8	3
b und as′ (−)	f	4:7	3
b und f′	d″	2:3	5
f′ und b′	as″	3:4	7
b und d′	c″	4:5	9

Die Frage, ob die Kombinationstöne *objektiv* sind oder erst im Ohre entstehen, ist, insoweit sie überhaupt einen deutlichen Sinn hat, durch einwandfreie Versuche im Sinne ihrer Objektivität entschieden worden; ganz besonders durch Versuche mit Unterbrechungs-, Variations- und Rotationstönen.

Komma, s. Tonhöhe.

Kommunizierende Röhren, s. Dichtemessung, Hydrostatik.

Kommutator, s. Dynamomaschine, Elektrische Hilfsapparate.

Komparator ist ein Instrument zur Längenmessung, insbesondere zur Vergleichung zweier Längen miteinander; der wichtigste Spezialfall ist die Vergleichung zweier wenig verschiedener Längen. Man unterscheidet zwischen *Transversal-* und *Longitudinalkomparatoren*. Bei jenen wird die eine Länge durch zwei Mikroskope mit Okularmikrometern (s. Mikrometer) auf die neben ihr liegende zweite Länge übertragen; bei diesen liegen beide Strecken mit ihren Enden gegeneinander verschoben oder gradezu die eine in der Verlängerung der andern. Die Vergleichung erfolgt hier durch Längsverschiebung; jener ist wesentlich genauer als dieser. Bei dem Transversalkomparator werden entweder die Strecken gegen die festen Mikroskope oder diese gegen jene verschoben; erstere Methode ist weitaus präziser. Ersetzt man die horizontale Lage durch die vertikale und die Mikroskope durch Fernrohre, so kommt man zum Kathetometer (s. d.). — Bringt man am Longitudinalkomparator außer den Mikroskopen an dem Schlitten noch eine Vorrichtung zum Ziehen von Strichen an, so erhält man die *Teilmaschine* in speziellerem Sinne (zum Kopieren schon vorhandener Teilung, Vergleichung von Teilungen, Bestimmung von Teilungsfehlern) und, unter Hinzufügung einer Schraube von äußerst sorgfältiger und feiner Ausführung, die Teilmaschine zur selbständigen Herstellung von Teilungen. Als Reißer dient ein Stahlstichel oder, für feinste Teilungen, eine Diamantspitze. Die feinsten Teilungen werden, für physikalische Zwecke, bei den Beugungsgittern (s. Beugung des Lichts) bis zu 10000 Strichen auf einem Millimeter sowie bei den Rastern hergestellt. — Eine besondere Art von Teilmaschinen sind die Kreisteilmaschinen (s. Winkelmessung).

Kompaß, s. Erdmagnetismus, Richtung.

Kompensationsmethode, s. Spannungsmessung.

Kompensationsokular, s. Mikroskop.

Kompensationspendel, s. Thermische Ausdehnung fester Körper.

Kompensator (optisch), s. Polarisation.

Kompensator (elektrisch), s. Spannungsmessung.

Komplementärfarben, s. Farbenlehre.

Komponenten, s. Größe.

Kompressibilität oder *Zusammendrückbarkeit* ist das Verhältnis der relativen Volumenänderung eines Körpers zu der Beanspruchung, durch die sie erzeugt wird; das reziproke davon ist der Kompressionsmodul oder Volumenmodul (s. Elastizität); Formel: $C = 1/k_1$. Mit dem Dehnungsmodul (s. Längsdehnung und Elastizitätsmodul) E und der Querkontraktion (s. d.) bzw. der Elastizitätszahl μ besteht bei festen Körpern der Zusammenhang

$$k_1 = 1/C = E/[3(1-2\mu)];$$

für $\mu = \frac{1}{4}$ wird also $k_1 = \frac{2}{3}E$ und $C = 3/(2E)$. Die Kompressibilität gibt man praktisch gewöhnlich in Form einer Volumenverminderung in Milliontel des Ausgangswertes, erzeugt durch den Druck einer Atmosphäre, an. Einige Zahlen: Quarz 2,7 — Glas 1,3 bis 3,3 (Mittel 2,4) — Stahl 0,65 — Steinsalz 4,6 — Platin 0,4. — Auch bei Flüssigkeiten ist die Kompressibilität klein, so daß man früher sogar annahm, sie seien überhaupt inkompressibel. Gemessen konnte sie erst werden, nachdem Oersted in dem *Piezometer* ein geeignetes Kompressionsgefäß ersonnen hatte, das dann von Regnault und Jamin wesentlich vervollkommnet wurde; die Flüssigkeit ragt aus dem Gefäße in ein feines, genau kalibriertes und graduiertes Rohr hinauf, der Druck wird durch einen Schraubstempel ausgeübt und mit dem Manometer (s. d.) gemessen. Wegen der Ausdehnung des Gefäßes erhält man direkt nur die *scheinbare Kompressibilität*, aus der man dann die *wahre* ableiten muß. Einige Werte im obigen Maße: Äther 175, Alkohol 105, Benzol 90, Quecksilber 3,8, Wasser 48. Übrigens nimmt die Kompressibilität mit wachsendem *Drucke* allmählich ab, z. B. bei Wasser auf 35 bei 1000 Atm. Ferner nimmt sie mit steigender *Temperatur zu*, zwischen 0° und 100° auf das Anderthalb- bis Vierfache; nur bei Wasser nimmt sie bis etwa 50° ab und dann erst wieder zu. Die Kompressibilität wäßriger Lösungen ist kleiner als die des Wassers und desto kleiner, je konzentrierter die Lösung ist. — Bei den Gasen wird die Kompressibilität durch das Boylesche Gesetz bestimmt (s. Gase), wegen des Verhaltens der Dämpfe s. bei diesen.

Kompressionsmodul, s. Gase, Kompressibilität.

Kompressionspumpe, s. Luftpumpe, Verflüsisgung der Gase.

Kompressionswärme, s. Volumenenergie.

Kondensation, s. Aggregatzustände, Verdampfung, Verflüssigung der Gase.

Kondensationskerne, s. Feuchtigkeit, Verdampfung.

Kondensationsmethode, s. Kalorimetrie.

Kondensator, genauer *elektrostatischer Kondensator* oder *Sammler* oder elektrischer Ansammlungs- oder *Verstärkungsapparat* ist ein Apparat, um elektrische Ladungen zusammenzuhalten und aufzuspeichern. Die Grundform (wenn auch nicht die historisch älteste) ist der *Plattenkondensator*, bestehend aus zwei gleichen, einander nahe gegenüberstehenden leitenden Platten, entweder beide isoliert und entgegengesetzt geladen, oder die eine von ihnen zur Erde abgeleitet, so daß das Potential auf ihr null ist. Die eine heißt *Kollektorplatte*, die andre *Kondensatorplatte*. Die entgegengesetzten Elektrizitäten stehen sich auf den Innenseiten gegenüber und halten sich hier fest. — Die *Kapazität* (s. auch Elektrostatik) ist diejenige Elektrizitätsmenge der einen Art (allgemein das Mittel der beiderseitigen Mengen), die zwischen ihnen die Potentialdifferenz eins erzeugt, also, wenn das Potential auf dem einen null ist, das Potential, das auf dem andern herrscht, zu eins macht. Das Verhältnis der Kapazität des Kondensators zu der eines einfachen, gleichartigen Leiters heißt *Verstärkungszahl* oder kondensierende Kraft: $n = C_{12}/C_1$. Die Kapazität selbst ist mit der Flächengröße f direkt, mit dem Abstande zwischen den beiden Platten, d, umgekehrt proportional, in Formel $C = f/(4\pi d)$; speziell für Kreisplatten $C = a^2/(4d)$, wo a der Kreisradius ist, und $n = \pi a/(8d)$. Für genauere Zwecke ist auch noch die Dicke δ der Platten zu berücksichtigen, und es wird dann:

$$C = \frac{a^2}{4d}\left[1 + \frac{d}{\pi a}\left(\log\frac{16\pi(d+\delta)a}{d^2} + \frac{\delta}{d}\log\frac{d+\delta}{d} + 1\right)\right].$$

Die Platten werden auf einer Bank verschiebbar montiert, so daß man d beliebig verändern kann. Auch kann man statt zweier drei Platten anbringen, deren mittelste dann eine Potentialdifferenz mit der linken und eine andre mit der rechten Platte hat; man kann dann so schalten, daß nur die Differenz beider Differenzen zur Geltung kommt: *Differentialkondensator*. — Eine andre Form ist der *Kugelkondensator*, zwei dünne konzentrische Kugelschalen von den Radien a und $a + d$; hier ist $C = a(a + d)/d$ und $n = (a + d)/d$. Eine dritte ist der Zylinderkondensator, zwei dünne koaxiale Zylinder von der Länge l und den Radien a_1 und a_2:

$$C = l/[2\log(a_2/a_1)]$$

und

$$n = \log[l/a_1)/(\log(l/a_2)].$$

— Bisher wurde angenommen, daß die Platten durch das *Vakuum* oder, was keinen unter gewöhnlichen Umständen merklichen Unterschied macht, durch Luft voneinander getrennt sind. Ist das Medium ein anderes, so kommt seine *Dielektrizitätskonstante* ε (s. Dielektrizität) in Betracht, und zwar als

Faktor der Kapazität. Die Formeln werden daher jetzt:

allgemein $C = \varepsilon f/(4\pi d)$;

einige spezielle Werte: Kreisplatten $C = \varepsilon a^2/(4d)$; Kugelkondensator (d klein gegen a): $C = \varepsilon a^2/d$. Auf diese Weise kann man schon bei mäßigen Dimensionen Kapazitäten von einigen Hunderttausend und mehr herstellen. — Als isolierendes Material wird meist Glas, Papier oder Hartgummi benutzt, auch Flüssigkeiten kommen in Frage, z. B. Öl: *Ölkondensator.* Die Plattenform führt zur *Franklinschen Tafel* (Glasplatte mit Stanniolbelegungen), die Zylinderform zur *Kleistschen* oder *Leidener Flasche* (Glaszylinder mit Glasboden und innerer und äußerer Stanniolbelegung bis zu zwei Drittel der Höhe, die innere Belegung sich vom Boden aus in einem Stabe mit Knopf am Ende fortsetzend). — Einen Zylinderkondensator stellt auch ein *Kabel* dar, mit der Seele (System von Drähten) als innerer und einem weiteren Kranz von Drähten als äußerer Belegung, getrennt durch Guttapercha od. dgl.; ein 1 km langes Kabel hat durchschnittlich eine Kapazität $C = 180000$, ein transatlantisches Kabel $C = 6 \cdot 10^8$, also ungefähr soviel wie die ganze Kapazität der Erde. — Andre Spezialformen sind die Kondensatoren aus wechselnden Lagen zusammengefalteten, paraffinierten Papiers und Stanniols oder aus versilberten Glimmerblättern, bei denen sich hunderte von Metern Länge auf relativ kleinem Raume (z. B. in dem Holzkasten eines Induktoriums) unterbringen lassen, und die *Drehkondensatoren,* bei denen ein System von Platten in ein andres mehr oder weniger hineingedreht und damit die Kapizität in weiten Grenzen variiert werden kann. — Eine Zusammenstellung von Kondensatoren, namentlich von Leidener Flaschen, liefert eine *Flaschenbatterie,* wobei die Anordnung entweder in Parallelschaltung oder in Reihen-, Serien-, Kaskadenschaltung erfolgen kann; im ersteren Falle, wenn also alle positiven Pole miteinander und alle negativen miteinander verbunden werden, erhält man, bei unveränderter Spannung, eine n-fache Oberfläche, im andern eine Summierung der Spannung. Um ein Maß für die Ladung einer solchen Batterie zu gewinnen, benutzt man die *Lanesche Maßflasche,* selbst eine Leidener Flasche, deren äußere Belegung durch einen Spiraldraht mit einer, dem Knopf der Flasche gegenüberliegenden Kugel verbunden ist; zwischen beiden Kugeln kann durch einen isolierten Schlitten die Entfernung beliebig eingestellt werden. Verbindet man die eine Belegung mit der zu messenden Batterie, so erhält man in der Zahl der überspringenden Funken ein Maß der Ladung. — Als Maßeinheit der Kapazität wird gewöhnlich nicht die elektrostatische benutzt, sondern die elektromagnetische, und auch diese nicht direkt, sondern in ihrer internationalen Modifikation, die den Namen *Farad* erhalten hat (s. Elektrische und magnetische Maßsysteme); sie ist der 10^{-9}. Teil der elektromagnetischen oder das $9 \cdot 10^{11}$fache der elektrostatischen. Da auch ein Farad noch sehr groß ist, rechnet man gewöhnlich in Milliontel davon, d. h. in *Mikrofarad* gleich $9 \cdot 10^5$ elektrostatischen Einheiten. — Normalien mit bestimmter Kapazität heißen *Kapazitätsetalons.* — Die *Entladung einer Flasche* erfolgt durch einen Entlader, bestehend aus zwei gegeneinander beweglichen Metallbügeln mit Endknöpfen, das Ganze an einem isolierenden Stil. Berührt man mit dem einen Knopf die eine und nähert den andern der andern, so erhält man einen *Funken,* die größte Entfernung, in der man noch einen Funken erhält, heißt *Schlagweite,* sie wird mit Hilfe des Funkenmikrometers gemessen. Durch Beobachtung mit einem rotierenden Spiegel erweist sich die Entladung in vielen Fällen als eine oszillierende Entladung. Damit im Zusammenhange steht es auch, daß nach der Entladung einer Flasche noch ein *Rückstand* verbleibt, der sich durch einen zweiten, wenn auch viel schwächeren Funken kundgibt, evtl. noch durch einen dritten (s. Elektrischer Funke). —

Nur kurz sei auf die *Blitztafel* (Franklinsche Tafel mit durchschnittenen Belegungen usw.) hingewiesen. — Kondensatoren werden mit andern Apparaten zum Zwecke der Ansammlung von Elektrizität verbunden, so insbesondere mit Elektrisiermaschinen und Induktorien. Sie werden ferner vielfach in elektrische Stromleitungen als Unterbrechungstellen eingeschaltet; sie geben dann der Schließung eine bestimmte Kapazität, die im Zusammenhange mit der Selbstinduktion die Eigenschaften der Schließung und den Verlauf der Ströme bestimmt. — Eine wichtige Anwendung ist auch die zur Messung der Dielektrizitätskonstante (s. d.). — S. auch Elektrostatik.

Kondensator, s. Kalorische Maschinen.

Kondensiertes System, s. Phasenlehre.

Kondensor, s. Mikroskop.

Konduktionsströme, s. Elektrische Konvektion.

Konduktor, soviel wie Leiter.

Kongruenz, s. Gestalt.

Konische Refraktion, s. Kristalloptik.

Konjugierte Punkte, s. Abbildung.

Konkavgitter, s. Beugung des Lichts, Spektrometrie.

Konservative Systeme, s. Erhaltung der Energie, Prozeß.

Konsonanten, s. Stimme und Sprache.

Konsonanz, s. Harmonie.

Konstante Elemente, s. Galvanische Elemente.

Konstanter Strom, s. Elektrischer Strom.

Konstanz der Energie, s. Erhaltung der Energie.

Konstanz der Masse, s. Erhaltung des Stoffs.

Konstanz des Gewichts, s. Erhaltung des Stoffs.

Konstitution der Materie, s. Molekulartheorie.

Kontaktelektrizität, s. Berührungselektrizität.

Kontaktpotential, s. Galvanische Elemente.

Kontinuitätsgleichung, s. Hydrodynamik.

Kontraktion, s. Elastizität.

Kontraktion des Strahls, s. Ausfluß.

Kontraktionsmodul, s. Elastizität.

Kontrastempfindlichkeit, s. Lichtstärke.

Kontrastfarben, s. Farbenlehre.

Konvektion der Wärme, s. Wärme.

Konvektionsstrahlen, s. Kathodenstrahlen.

Konvektionsströme, s. Elektrische Konvektion.

Konvergenzverhältnis, s. Abbildung.

Konzentration, s. Lösungen.

Konzentrationsketten, s. Galvanische Elemente, Berührungselektrizität.

Koordinaten, s. Ort, Raum.

Koordinatentransformation, s. Ort.

Kopfstimme, s. Stimme und Sprache.

Kopfwelle, s. Schallgeschwindigkeit.

Kopieren, s. Photographie.

Koppelungsgrad, s. Freie und erzwungene Schwingungen.

Koppelungsschwebungen, s. Freie und erzwungene Schwingungen.

Koppsches Gesetz, s. Atomwärme.

Korkzieherregel, s. Induzierte Ströme.

Korkziehersystem, s. Kinematik.

Korn, s. Richtung.

Korpuskularstrahlen, soviel wie Konvektionsstrahlen.

Korreption des Äthers, s. Relativitätsprinzip.

Korrespondierende Zustände, s. Kritischer Zustand.

Kovolumen ist in der Theorie der Gase (s. d.) das Volumen der Teilchen selbst, evtl. mit ihrer Wirkungssphäre

Kräftepaar, s. Kraft.

Kräftepolygon, s. Kraft, Statik.

Kräuselwellen, s. Wellenbewegung der Flüssigkeiten.

Kraft. Die Idee der Kraft entsteht aus der Vorstellung einer beobachteten Erscheinung als der „Wirkung“ einer „Ursache“. Indessen hat diese „Kausalität“ eine Realität in unserer Empfindung nur in dem Falle der von unserem eigenen Körper ausgehenden Wirkungen also insbesondere in dem Falle der *Muskelkraft* als Ursache von Bewegung. Bei den physikalischen Kräften ist die Kausalität von teils bildlichem, teils rein formalen Charakter, und ihre Bedeutung liegt in der durch die Einführung des Kraftbegriffes erzielten Vereinfachung der Beschreibung des betreffenden Vorganges. Zuweilen ersetzt man Kräfte der Einfachheit halber durch „Bedingungen“ oder „Zwang“, z. B. die Spannung des Pendelfadens durch die Bedingung für den Körper, auf einer Kugelfläche zu bleiben. Was insbesondere die Bewegungserscheinungen betrifft, so wird eine plötzlich auftretende oder sich plötzlich um ein endliches ändernde Geschwindigkeit G als Wirkung eines *Impulses* I, eine sauernde Beschleunigung B als Wirkung einer dauernden *Kraft* K aufgefaßt. — Solange man es nur mit einem einzigen bewegten Körper zu tun hat, kann man nach dem Grundsatz causa äquat effectum einfach $I = G$ und $K = B$ setzen. Vergleicht man aber verschiedene Körper, z. B. zwei verschiedene beim Kegeln benutzte Kugeln oder zwei in gravitierender Wechselwirkung stehende Körper, so muß man, wie sich zeigt, einen *spezifischen Widerstand gegen Bewegung* einführen, den man die *Masse m des Körpers nennt*, und hat dann induktiv: $I = mG$ und $K = mB$, und durch Umkehrung deduktiv $G = I/m$ und $B = K/m$ oder endlich drittens zur Definition der Masse: $m = I/G = K/B$. Darin liegt dann zugleich erstens das *Kraftprinzip*, zweitens das *Masseprinzip*, drittens das *Wechselwirkungsprinzip* ausgesprochen. Kraft und Masse lassen sich also nur gemeinsam einführen, und es ist im Grunde gleichgültig, welchen von beiden Begriffen man als den primären, welchen als den sekundären ansieht (s. Maßsysteme). Entsprechend dann auch für andre, nicht mechanische Kräfte, z. B. $e = w \cdot i$ (Ohmsches Gesetz). — Dimensionsformeln: $(I) = l\,t^{-1}\,m$ und

$$(K) = l\,t^{-2}\,m\,.$$

— Das Produkt $m \cdot G$ heißt auch *Bewegungsgröße* oder *Bewegungsmoment* (kurz: Moment). Als Einheit der Kraft dient im absoluten Maßsystem die *Dyne*, d. h. die Kraft, die dem Gramm in der Sekunde eine Beschleunigung von 1 cm erteilt; davon werden dann nach bekanntem Schema Vielfache und Bruchteile gebildet, z. B. Megadyne (1 Million Dynen), Millidyne ($^1/_{1000}$ Dyne) usw. Ein Grammgewicht ist gleich 981 Dynen, umgekehrt 1 D = 1,02 mgr. — Den Impuls kann man aus einer *Impulskraft* ableiten, d. h. aus einer nur sehr kurze Zeit hindurch wirkenden Kraft, und es ist dann der Impuls das über diese Zeit genommene Integral der Impulskraft: $I = \int K \cdot dt$. — Ein andres Kraftmaß, das Gravitationsmaß, kann hier nur erwähnt werden. — Kräfte können von sehr verschiedenem Charakter sein; insbesondere ist zu unterscheiden: 1. Zwischen *Nahkräften* und *Fernkräften*; jene wirken von Schicht zu Schicht, diese anscheinend unmittelbar vom Orte der Kraft nach dem Orte der Betätigung: die Elastizität ist ein Beispiel für den ersten, die Gravitation eines für den letzteren Typus. Erkenntnistheoretisch sind beide Kraftarten gleich unfaßbar; da die Fernkräfte einfacher zu behandeln sind, behält man sie so lange bei, bis zwingende Gründe für den Nahkraftcharakter eintreten. Dabei spielt die Größe der Entfernung keine grundsätzliche Rolle: es gibt auch Fernkräfte zwischen Atomen. — 2. *Massenkräfte* und *Oberflächenkräfte*. Dieser Gegensatz fällt in der Hauptsache mit dem ersten zusammen: Fernkräfte wirken auf Massen, Nahkräfte auf Flächen. Letztere bezeichnet man auch als *Druckkräfte* und leitet daraus den *Druck* selbst ab (s. d.). — 3. Der Druckkraft als einer statischen steht die *Stoßkraft* als eine dynamische gegenüber. — 4. *Verschiebende* und *drehende Kraft*. Bei letzter kommt es für die Wirkung nicht bloß auf ihre Größe und Richtung an, sondern auch auf den Hebelarm, an dem sie wirkt, und zwar ist maßgebend das Produkt aus Kraft und Hebelarm; dieses Produkt heißt *Drehungsmoment* oder, wenn die Drehung durch eine Gegenkraft verhindert wird, *statisches Moment*. Dimension: $(D) = l^2\,t^{-2}\,m$. — Für das Drehmoment gelten ganz analoge Beziehungen zur Winkelbeschleunigung β und zum Trägheitsmoment K (s. d.), wie für die Kraft zur Beschleunigung und zur Masse; es ist nämlich $D = K \cdot \beta$ oder $\beta = D/K$. Dabei ist $\beta = d^2\varphi/dt^2$, wo φ der Drehungswinkel ist. —

5. Bei Fernkräften ist zu unterscheiden zwischen *Normal- und Tangentialkräften*, je nachdem sie in der Richtung der Entfernung oder senkrecht dazu wirken. Erstere heißen auch *Zentralkräfte*; sie sind ihrerseits entweder *anziehende* oder *abstoßende* Kräfte. Die Tangentialkräfte andrerseits rufen, da sie immer senkrecht zur Entfernungslinie bleiben, im allgemeinen Drehung hervor und heißen daher auch *Drehkräfte*. Daraus ergibt sich ein bestimmter Zusammenhang dieser Klassifikation mit der vorigen. — Übrigens spielt bei den Nahkräften dieser Gegensatz ganz die entsprechende Rolle (s. Druck). — 6. *Ponderomotorische* (auf die Materie wirkende) und Ätherkräfte insbesondere *elektromotorische* und *magnetomotorische* Kräfte; die Anziehung von Eisenfeilicht geht auf ponderomotorische, die Magnetisierung eines Eisenstabes auf magnetomotorische Kraft zurück. — Kräfte lassen sich als Vektoren in ihre Komponenten auflösen: $X = K \cdot \cos\alpha$, $Y = K \cdot \cos\beta$, $Z = K \cdot \cos\gamma$ und rückwärts aus diesen zusammensetzen: $K = \sqrt{X^2 + Y^2 + Z^2}$. Auch an verschiedenen Punkten angreifende und verschieden gerichtete Kräfte lassen sich zusammensetzen und geben eine resultierende Kraft mit Ausnahme des Falles eines *Kräftepaares*, d. h. zweier entgegengesetzt gleicher, an verschiedenen Punkten parallel angreifender Kräfte; aber auch verschiedene Kräftepaare lassen sich immer zu einem resultierenden Kräftepaar zusammensetzen — Die Zusammen-

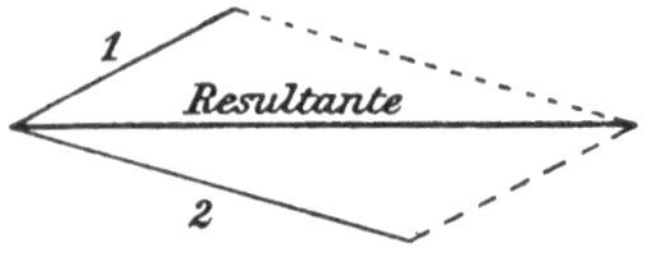

Fig. 115.

setzung von Kräften erfolgt nach dem Prinzip des *Polygons der Kräfte* die einzelnen Kräfte werden nach Größe und Richtung als Linien aneinandergereiht (Fig. 90, bei Geschwindigkeit"); die Verbindungslinie des Anfangs- mit dem Endpunkte stellt dann die Resultante nach Größe und Richtung dar. Handelt es sich nur um zwei Komponenten, so erhält man das *Parallelogramm der Kräfte* (Fig. 115); die Resultante ist dann die Diagonale des Parallelogramms, dessen Seiten die Komponenten sind. Bei drei Komponenten im Raume gilt entsprechend das

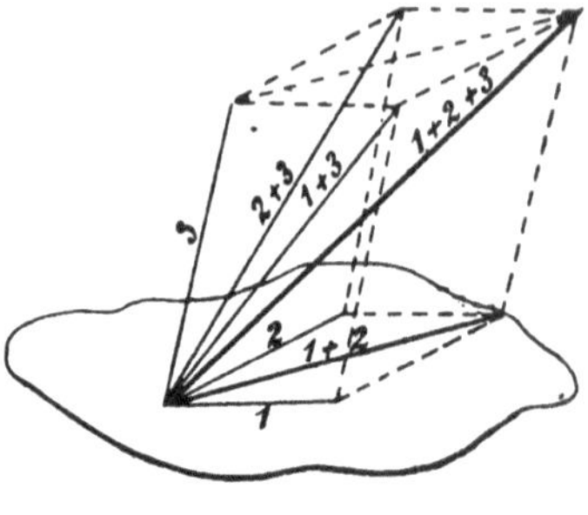

Fig. 116.

Parallelepiped der Kräfte (Fig. 116). Für die Kräftepaare gelten ganz entsprechende Sätze.

Kraftfaden, s. Kraftfeld.

Kraftfeld ist die anschauliche Darstellung der Kraftverhältnisse in einem Raume. Die an einer Stelle des Feldes auf die Masse (oder Polstärke) eins wirkende Kraft heißt *Feldstärke*. Die Stellen, von denen Kraft ausgeht, heißen *Quellen*, die, wo sie aus dem Felde verschwindet, *Senken*, beide zusammen *Pole*. Quantitativ wird eine Quelle durch ihre Ergiebigkeit, eine Senke durch ihren Konsum charakterisiert. Eine Linie, die in jedem ihrer Elemente die Richtung der augenblicklichen Kraft hat, heißt *Kraftlinie*. Die Abnahme der Kraft auf der Streckeneinheit heißt *Gefälle* oder *Gradient*. Die auf den Kraftlinien überall senkrechten Flächen heißen *Niveauflächen* oder *Flächen gleichen Potentials*, in ihnen selbst wirkt gar keine Kraft. Aus den Niveauflächen wählt man solche aus, daß sich je zwei benachbarte immer um denselben Betrag des Potentials unterscheiden. Unter den Kraftlinien wählt man so viele aus, daß die

Zahl der durch die Einheit der Niveaufläche hindurchtretenden Linien gerade die Größe der Kraft an der betreffenden Stelle angibt. Zu diesem Zwecke muß man von der Quelle von der Ergiebigkeit eins 4π, von der Quelle I dagegen $4\pi I$ Kraftlinien ausgehen lassen. Ein von Kraftlinien als Mantel eingeschlossenes Raumstück von kleinem (aber von Ort zu Ort wechselndem) Querschnitt heißt ein *Kraftfaden*. Die Gesamtkraft in ihm, d. h. das Produkt aus Kraft und Fadenquerschnitt, heißt *Kraftströmung* oder *Kraftfluß;* sie ist längs des ganzen Kraftfadens und, bei entsprechender Auswahl der Kraftlinien, auch von einem Kraftfaden zum andern konstant: *Erhaltung des Kraftflusses*. Um einen punktförmigen Pol herum sind die Niveauflächen konzentrische Kugeln, die Kraftlinien ihre Radien. Allgemein erhält man ein Bild der Kraft durch die Gesetze: 1. Die Kraft an irgendeiner Stelle ist dem dortigen Abstande benachbarter Niveauflächen umgekehrt, also der Dichte der Niveauflächen direkt proportional. 2. Die Kraft ist gleich der Zahl der durch die Flächeneinheit der Niveaufläche hindurch tretenden Kraftlinien. — Existiert nur ein Pol, so hat man ein *unipolares* Kraftfeld; existieren deren zwei, ein *bipolares* usw. Die Niveauflächen des bipolaren Feldes ergeben sich durch zeichnerische Superposition der beiden unipolaren Niveauflächensysteme. Ebenso kann man auch leicht die kombinierten Kraftlinien zeichnen. — In manchen Fällen, z. B. bei den magnetischen Kraftfeldern (s. Magnetfeld) kann man die Zeichnung durch die Natur selbst besorgen lassen. — Da die Kraft ein Vektor ist (s. Größe), gehört das Kraftfeld zur Klasse der Vektorfelder; bei der Zeichnung muß man also an jedem Orte einen Pfeil von bestimmter Richtung und Länge anbringen (Fig. 117). Durch Benutzung des Potentials und der Äquipotentialflächen wird es aber einfacher zum Skalarfeld. Beispiel: das Feld des Luftdrucks auf der Erdoberfläche mit den Linien gleichen Luftdrucks (Isobaren) und den Windkraftlinien (die aber tatsächlich wegen der Erddrehung auf jenen nicht senkrechtstehen).

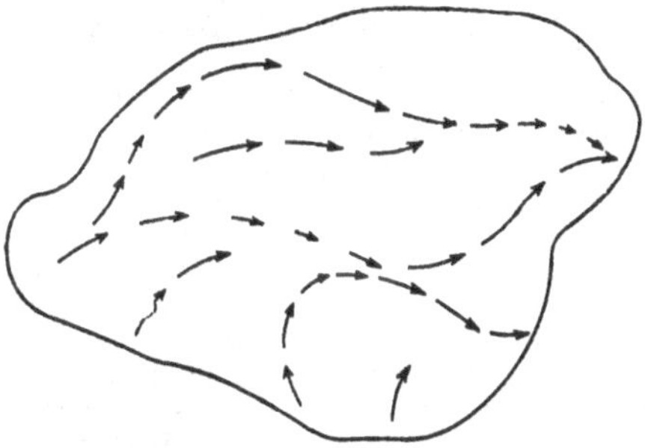

Fig. 117.

Krafteck, s. Statik.

Kraftfluß, s. Kraftfeld.

Kraftlinien, s. Kraftfeld, Potential.

Kraftmessung. Da Kräfte im absoluten Maße in Dynen gemessen werden, werden Kraftmesser als *Dynamometer bezeichnet* (oder auch durch Übersetzung von Kraftmesser). Das wichtigste und verbreitetste Instrument zur Kraftmessung ist die *Wage* (s. Wägung); es dient aber nur für eine bestimmte Klasse von Kräften, nämlich für Schwerkräfte oder Gewichte. Andre Kräfte kann man messen durch Vergleichung mit Gewichten oder andern Kräften, insbesondere der Federkraft; in letzterem Falle erhält man das *Federdynamometer*, das sich von der Federwage nur dadurch unterscheidet, daß die Skala, auf welcher der mit der Feder verbundene Zeiger spielt, nicht nach Grammen, sondern nach Dynen geeicht ist. Als Feder benutzt man entweder eine Spirale oder einen gebogenen Streifen, am liebsten in Form einer Ellipse, deren Form dann durch die Kraft verändert wird, z. B. durch Ausübung einer Muskelkraft. Eine besondere Klasse bilden die *Einschalt-* oder *Transmissionsdynamometer* zur Ausmessung rotierender Betriebsmaschinen. Eine andre Vergleichsmethode ist die mit Torsionskräften *Torsions-*

wage oder *Drehwage* (Coulomb). Näheres darüber bei den elektrischen und magnetischen Messungen. — Auch die bifilare Aufhängung (s. d.) kann dynamometrisch verwendet werden. — An die Kraftmessung schließt sich unmittelbar an die Arbeits- oder Energiemessung; solche Apparate können also *Ergometer* genannt werden, heißen aber gewöhnlich ebenfalls Dynamometer. Am wichtigsten ist die Methode der Verzehrung der Arbeit durch Reibung und Wärmeentwicklung: *Bremsdynamometer*. Der verbreitetste Apparat dieser Art ist der *Pronysche Zaum* oder *Bremszaum*, bei dem der rotierende Teil der Maschine durch einen festen, sich an ihn anlehnenden Backen erfaßt wird. Auch Federdynamometer kann man in Ergometer verwandeln, indem man gleichzeitig die Turenzahl (s. d.) bestimmt. — Ergometer allgemeinen und exakt physikalischen Typs sind noch nicht konstruiert worden.

Kraftmoment, s. Dynamik.

Kraftströmung, s. Kraftfeld.

Kraftübertragung, s. Dynamomaschine.

Kraftwirbel, s. Potential.

Kreisel ist ein um eine Axe drehbarer Körper möglichst von geometrischem Rotationscharakter; dabei wird gewöhnlich angenommen, daß ein Punkt fest sei, und daß dieser Punkt unter dem Schwerpunkt liege. Im Ruhezustande fällt dann der Kreisel wegen der Labilität des Gleichgewichts um; im Kreiselzustande dagegen bleibt er bis zu einem gewissen Grade aufrecht, kann sogar unter Umständen die Drehungsaxe im Raume unverändert bewahren. Im allgemeinen aber beschreibt die Drehungsaxe ihrerseits wieder einen Kegel (mit der Spitze im festen Punkt) um eine im Raume feste Axe (darauf senkrecht die „unveränderliche Ebene"), und der Kegelwinkel wird desto größer, je kleiner die Kreiselgeschwindigkeit ist, bis er schließlich doch umfällt. Die Kegelbewegung der Kreiselaxe heißt *Präzession*, die mit ihr im allgemeinen verbundene periodische Schwankung des Kegelwinkels heißt *Nutation;* beide kann man aufzeichnen, indem man den Kreisel oben mit einem Schreibstift versieht und ein Kartenblatt leicht dagegen drückt. Besondere Kreiselapparate sind der *Bohnenbergersche Kugelkreisel*, in drei zueinander senkrechten Ringen schwebend; der *Plücker-Fesselsche Apparat*, bei dem der Kreisel an einem, ein Gegengewicht am andern Arme eines Hebels sitzt, so daß zu der Kreiselbewegung je nach Abgleichung noch eine Drehung des ganzen Hebels in einem oder andern Sinne hinzukommt (Gyrostat); das Kreiselpendel usw. Mit diesen Apparaten kann man sehr mannigfaltige Spezialerscheinungen demonstrieren und studieren. Besonders lehrreich ist noch das *Kreiseln eines dreiaxigen Ellipsoids:* wie man es nämlich erregen mag, es richtet sich stets derart auf, daß es um die größte Axe kreiselt, also so, daß der Schwerpunkt möglichst hoch (statt, wie zu erwarten, möglichst tief) liegt; der Grund ist der, daß alsdann das Kreiseln mit dem kleinsten Trägheitsmoment erfolgt. — Der Widerstand des Kreisels gegen Drehung der Axe im Raume läßt sich am besten mit dem *in eine Hohlkugel eingeschlossenen Kreisel* demonstrieren; Drehungen dieser Kugel, während im Innern der Kreisel rotiert, lassen sich nur mit großer Kraftanstrengung ausführen. — Die *Theorie des Kreisels* ist sehr verwickelt und kann nur schrittweise erledigt werden, angefangen mit dem schwere- und reibungsfreien Kreisel von spezieller, dann immer allgemeinerer Gestalt und schließlich unter Mitwirkung der Schwere und Reibung. Es zeigt sich dabei, daß das Phänomen der Erhaltung der Kreiselaxe nur ein ganz spezieller Fall ist, und daß bei der Präzession zwischen wahrer und pseudoregulärer zu unterscheiden ist. Übrigens ergänzen sich in der theoretischen Behandlung die geometrische und die rechnerische Methode (Poinsot und Euler) in der schönsten Weise. (Ausführliches in dem Buche von Klein und Sommerfeld.) — Foucault zeigte, daß man den Kreisel anwenden kann sowohl zum Nachweis der Axendrehung der Erde (Grenzfall der Erhaltung der Axe) als auch zur Bestimmung der Meridianrichtung (Grenzfall der Einstellung in die Erd- bzw. Meridianaxe), also als Ersatz des Kompasses: *Foucaultsches Gyroskop, Marinegyroskop und Kreiselkompaß.* — Einen Kreisel stellt auch die *Erde* dar, und zwar erfolgt hier eine Kreiselumdrehung in einem Tage, ein Präzessionsumlauf der Axe in 26000 Jahren und in dieser Zeit 14000 Nutationen äußerst kleinen Betrages (8 Winkelsekunden); letztere ist übrigens unregelmäßig, die Kurve der Axenschwankungen zeigt ein sehr unregelmäßiges Bild. — In der Technik wird der Kreisel vielfach angewandt, so beim Torpedo zur Erzielung des *Gradlaufs* und bei Schiffen zur Herabminderung der durch die Meereswellen erzeugten Roll- und Stampfbewegungen mittels eines im Schiffsraum tätigen Riesenkreisels. Schiffskreisel; jedoch ist damit der Nachteil verbunden, daß die Schiffswandung ungeheuer stark abgenutzt wird.

Kreiselkompaß s. Kreisel.

Kreisprozeß, s. Prozeß, Thermodynamik.

Kreisteilmaschine, s. Komparator.

Kreisung, s. Luftschiffahrt.

Kristalldetektoren, s. Drahtlose Telegraphie.

Kristalle sind homogene, aber von Natur heterotrope materielle Körper (s. Materie). Die Heterotropie beruht auf den eingeschränkten Symmetrieverhältnissen und findet ihren für jeden einzelnen Fall charakteristischen Ausdruck in den Flächenwinkeln zwischen den den Kristall begrenzenden Ebenen. Drei Ebenen, die zu drei eine Ecke bildenden Kristallflächen parallel sind, werden als *Axenebenen*, ihre Schnitte als *Axen* gewählt; die von irgendeiner andern Kristallfläche abgeschnittenen Axenstücke heißen ihre *Parameter*, deren Verhältnisse $b : a$ und $c : a$ nebst den drei Axenwinkeln α, β, γ sind die *Elemente* des Kristalls. Für irgendeine schiefe Fläche heißen die Parameter *Axenlängen*; die Verhältnisse dieser zu den Parametern einer andern Fläche heißen ihre *Indices*. Nach dem Gesetz der Rationalen Indices, das indessen nicht unbestritten ist, sind die Indices immer ganze, meist sogar kleine rationale Zahlen; die Charakterisierung einer Fläche erfolgt durch das Symbol (hkl). — Ein Kristall kann drei Symmetrieelemente haben: ein *Symmetriezentrum* (oder keines), eine bis drei *Symmetrieebenen*, eine bis vier *Symmetrieaxen*, und zwar entweder zwei-, drei-, vier- oder sechszählig, d. h. bei einer vollen Umdrehung wiederholt sich derselbe Zustand zwei- bis sechsmal. Durch Kombination dieser Symmetrieelemente erhält man 32 *Kristallklassen* (Hessel). Wählt man die Axen so, daß die Indices gleichwertiger Flächen gleich werden, so erhält man 7 *Kristallsysteme*, in die sich dann jene 32 Klassen einordnen lassen. Je nach der Ausbildung aller oder nur eines Teiles der Grenzebenen erhält man ferner die Fälle der *Holoedrie, Hemiedrie, Tetartoedrie* usw. Ferner, je nach der Gleichwertigkeit der beiden Richtungen einer und derselben Axe die *Holomorphie* und *Hemimorphie*. Endlich ist im Zusammenhange hiermit zwischen solchen Kristallen zu unterscheiden, die nur in einer einzigen symmetrischen Form vorkommen können, und solchen, von denen es zwei verschiedene, nämlich spiegelbildlich gleiche Formen gibt; man nennt sie *enantiomorph* (s. Gestalt). Die sieben Kristallsysteme sind folgende: *Triklin* (drei schiefe, ungleichwertige Axen), *Monoklin* (drei ungleichwertige Axen, eine schief, die beiden andern senkrecht), *Rhombisch* (drei aufeinander senkrechte ungleichwertige Axen), *Tetragonal* oder *Quadratisch* (drei aufeinander senkrechte Axen, davon zwei gleichwertig) *Regulär* oder *kubisch* (drei senkrechte, gleichwertige Axen), *Trigonal* (drei dreizählige Axen in einer Ebene, die vierte auf ihr senkrecht), *Hexagonal* (ebenso, aber sechszählig). Einige wichtige Stoffe gehören zu folgenden Systemen:

Triklin: Axinit, Borsäure, Kupfersulfat, Traubensäure.

Monoklin: Blutlaugensalz, Eisensulfat, Gips, Glaubersalz, Glimmer, Kryolith, Milchzucker, Orthoklas, Rohrzucker, Schwefel (β), Soda, Weinsäure.

Rhombisch: Anhydrit, Antimonglanz, Arragonit, Bittersalz, Cölestin, Kali-

salpeter, Kupferglanz, Schwefel (α), Schwerspat, Strontianit, Topas.
Tetragonal: Apophyllit, Bor, Kupferkies, Quecksilberchlorür, Rutil, Scheelit, Zinnerz, Zinnstein, Zirkon.
Regulär: Alaun, Blei, Bleiglanz, Diamant, Eisen, Eisenkies, Flußspat, Gold, Granat, Iridium, Kupfer, Magnetit, Pechblende, Phosphor (α), Platin, Quecksilber, Rotkupfererz, Salmiak, Silber, Silberglanz, Spinell, Steinsalz, Sylvin, Zinkblende.
Trigonal: Antimon, Arsen, Eis, Eisenglanz, Eisenspat, Graphit, Kalkspat, Korund, Natronsalpeter, Phosphor (γ), Quarz, Tellur, Wismut, Zinnober.
Hexagonal: Apatit, Beryll, Jodsilber, Zink.

Körper, die bei gleicher stöchiometrischer Zusammensetzung verschiedene Kristallform aufweisen, heißen *polymorph* (oder heteromorph). — Für die einzelnen physikalischen Erscheinungsgebiete verringert sich übrigens die Mannigfaltigkeit je nach den Umständen; in der Optik z. B. bleibt nur die dreifache Mannigfaltigkeit: zweiaxig, einaxig, regulär übrig (s. Kristalloptik). — Kristalle gehören ihrer Natur nach dem festen Aggregatzustande an; man sehe jedoch „flüssige Kristalle". — Wegen der gegenwärtig herrschenden Vorstellung vom innern Bau der Kristalle s. Molekulartheorie. — S. auch Kristallelastizität und Kristallmagnetismus.

Kristallelastizität. Kristalle verhalten sich auch in elastischer Hinsicht ver-

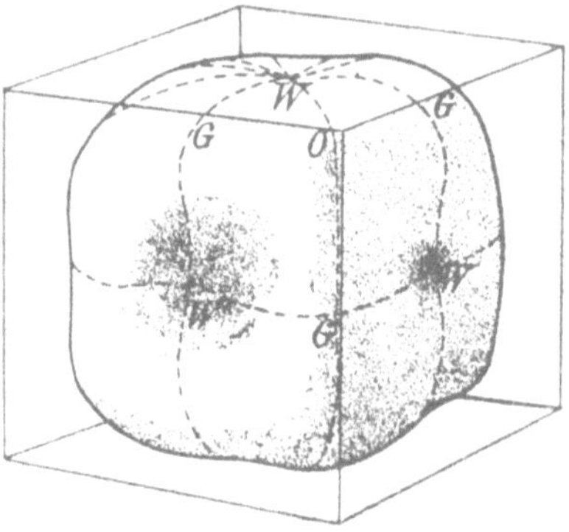

Fig. 118.

schieden in verschiedenen Richtungen. Trägt man daher die Werte des Elastizitätsmoduls (s. d.) oder des Torsions-

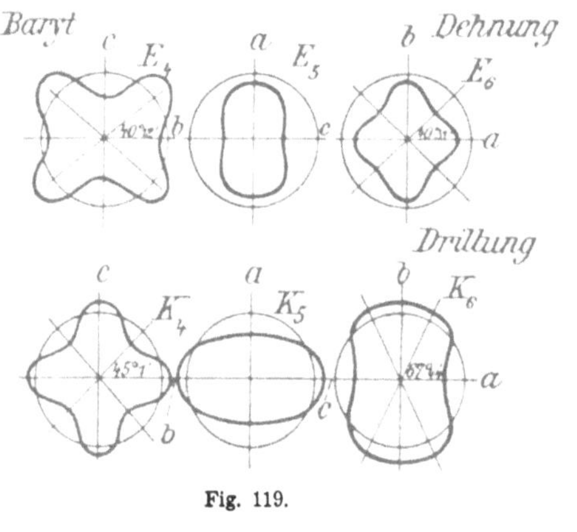

Fig. 119.

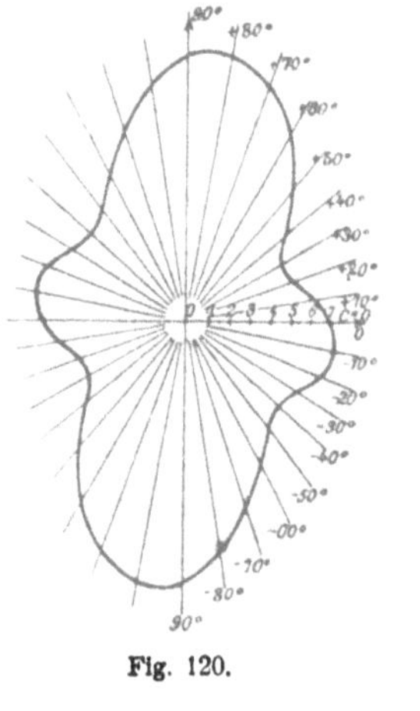

Fig. 120.

moduls (s. Drillung) in den verschiedenen Richtungen von einem Punkte aus durch entsprechende Strecken auf, so erhält man keine Kugel, sondern eine andre, für das betreffende Kristallsystem charakteristische Oberfläche; z. B. für das reguläre System die beistehend skizzierte (Fig. 118). Ebenso erhält man in jedem Hauptschnitte eine charakteristische Kurve. — Die Beobachtung geschieht meist an Stäbchen, die in verschiedenen Richtungen aus dem Kristall herausgeschnitten werden, z. B beim regulären System 1. in der Würfelkantenrichtung, 2. in der Oktaederrichtung, 3. in der Dodekaederrichtung. — Ein Kristall ist nicht wie ein isotroper Körper durch zwei *Elastizitätskonstanten* gekennzeichnet (z. B. durch k_1 und k_2 oder durch E und μ, vgl. Elastizität, Längsdehnung, Querkontraktion), sondern durch eine größere Anzahl, und zwar durch eine desto größere, je geringer der Symmetriegrad des Kristalls ist. Dies zeigt folgende Tabelle: Isotrop 2, regulär 3, hexagonal 5, quadratisch oder trigonal 6 oder 7 (je nach der Klasse, s. Kristalle), rhombisch 9, monoklin 13, triklin 21 Elastizitätskonstanten Statt deren kann man auch die Moduln für die Hauptrichtungen angeben, z. B. für Steinsalz: $E_w = 4120$, $E_0 = 3110$, $E_g = 3450$. Vollständiger ist die Kennzeichnung durch obige Hauptschnittkurven, zwei Beispiele in den Figg. 119 u. 120; die erste gibt für Baryt die drei Dehnungs- und Drillungskurven, die zweite die Dehnung des Kalkspats in der Fläche des Spaltungsrhomboeders.

Kristallklassen, s. Kristalle.

Kristallinse, s. Sehen.

Kristallmagnetismus ist die Gesamtheit der magnetischen Erscheinungen, die Kristalle darbieten. Während bei isotropen Körpern der Magnetismus von der Richtung unabhängig ist, ist das bei Kristallen, ganz entsprechend ihrem elastischen Verhalten, nicht der Fall. Insbesondere verhält sich eine Kristallkugel nicht nach allen Richtungen gleich, sondern in jeder anders. Auch fällt hier die Richtung der Magnetisierung nicht mit der Richtung des Feldes zusammen, sondern bildet mit ihr einen Winkel. Infolgedessen hat ein Kristall nicht eine einzige Suszeptibilität (s. Magnetische Induktion), sondern drei *Hauptsuszeptibilitäten* oder drei Hauptmagnetisierungskonstanten $\varkappa_1$, $\varkappa_2$, $\varkappa_3$. Bei den einaxigen Kristallen werden zwei der $\varkappa$ einander gleich; es bleiben also nur die *axiale* Suszeptibilität $\varkappa$ und die *äquatoriale* $\varkappa'$ übrig; je nachdem $\varkappa > \varkappa'$ oder $\varkappa < \varkappa'$ ist, nennt man den Kristall magnetisch *positiv* oder *negativ*. Da außerdem noch der Gegensatz zwischen *paramagnetisch* und *diamagnetisch* (s. Diamagnetismus) in Betracht kommt, hat man vier Klassen von Kristallen, und zwar stellen sich im Felde die paramagnetisch positiven und die diamagnetisch negativen Kristalle axial, die diamagnetisch-positiven und die paramagnetisch-negativen aber transversal ein. Noch einfacher verhalten sich reguläre Kristalle; hier sind alle drei $\varkappa$ gleich. Diese Körper verhalten sich wie isotrope. Bei zweiaxigen Kristallen ist die Reihenfolge der Magnetisierbarkeit in den drei Richtungen charakteristisch (*a b c* usw.); einige Beispiele:

Einaxige Kristalle (paramagnetisch *p*, diamagnetisch *d*, positiv +, negativ –:

p +: Eisenspat, Kalkspat, Korund, Rutil;

p –: Turmalin, Beryll, Dioptas,

d +: Kalkspat, Unterschwefelsaurer Kalk;

d –: Wismut, Antimon, Arsen, Eis, Phosphorsaures Kali.

Zweiaxige Kristalle.

Unterschwefelsaures Natron	*d*	*acb*
Kaliumsulfat	*d*	*bca*
Anhydrit	*d*	*abc*
Baryt	*d*	*cab*
Zinksulfat	*d*	*cba*
Nickelsulfat	*p*	*cba*
Arragonit	*d*	*bca*
Salpeter	*d*	*bca*
Topas	*d*	*abc*
Staurolit	*p*	*acb*
Natriumnitrat	*d*	*abc*

— Eine besondere Stellung nehmen die wenigen *ferromagnetischen*, d. h. stark magnetisierbaren und mit Remanenz ausgestatteten Kristalle ein: Magnetit (Magneteisenstein), Pyrrhotin (Magnetkies), Pyrrit und Hämatit (Eisenglanz). Der Magnetit kristallisiert regulär, verhält sich aber trotzdem nicht isotrop, sondern hat in den drei Hauptrichtungen verschiedene Magnetisierbarkeit. Besonders merkwürdig verhält sich der hexagonale Pyrrhotin. — Das magnetische Verhalten der Kristalle ist von Thomson (Lord Kelvin) durch eine formale Theorie im ganzen befriedigend dargestellt worden, nur die ferromagnetischen Kristalle machen Schwierigkeiten. Hier setzt die *Magnetonentheorie* bzw. kinetische Theorie von Weiss ein, die gerade durch die an Kristallen beobachteten Tatsachen eine wesentliche Stütze und Ausgestaltung erfahren hat.

Kristalloide, s. Diffusion, Disperse Systeme, Lösungen.

Kristalloptik ist die gesamte Lehre von den Lichterscheinungen, die in Kristallen auftreten oder durch sie hervorgerufen werden. Infolge ihrer Heterotropie pflanzt sich das Licht in den Kristallen in verschiedenen Richtungen ungleich schnell fort, und zwar in der durch die Richtungswinkel α, β, γ gegen die Symmetrieaxen gekennzeichneten Richtung mit der durch die Fresnelsche Gleichung

$$\frac{\cos^2 \alpha}{v_1{}^2 - v^2} + \frac{\cos^2 \beta}{v_2{}^2 - v^2} + \frac{\cos \gamma}{v_3{}^2 - v^2} = 0$$

bestimmten Geschwindigkeit v; die drei hier vorkommenden Konstanten v_1, v_2, v_3 sind die drei *Hauptlichtgeschwindigkeiten* (Geschwindigkeiten in den Axen); ihnen entsprechen die drei *Hauptbrechungsquotienten* des Kristalls. Da die Gleichung zwei Wurzeln hat, spaltet sich der auffallende Strahl in dem Kristall in zwei Strahlen: *Doppelbrechung;* ausgenommen ist nur das reguläre Kristallsystem, für das $v_1 = v_2 = v_3$ ist. Beim Kalkspat kann man mit Hilfe eines einigermaßen dicken Kristalls die Doppelbrechung an einer untergelegten Druckprobe od. dgl. leicht beobachten und an die Wand projizieren und dabei auch gleich die Abhängigkeit von der Strahlenrichtung nachweisen. — *Optisch einaxig* heißen Kristalle, bei denen zwei der v einander gleich sind; das dritte entspricht dann der Symmetrieaxe. Hierher gehören die Kristalle des tetragonalen und hexagonalen Systems. In der Richtung der optischen Axe gibt es nur einen, in jeder andern zwei Strahlen: einen *ordentlichen* oder *ordinären* und einen *außerordentlichen* oder *extraordinären;* alle ordentlichen Strahlen haben gleiche Geschwindigkeit, jeder außerordentliche eine besondere; jener ist im Hauptschnitt, d. h. in der durch die Axe und die Wellennormale gelegten Ebene, dieser senkrecht dazu polarisiert. Kristalle, in denen sich die ordentliche Welle schneller fortpflanzt, der ordentliche Brechungsquotient, also der kleinere ist, heißen optisch *positiv*, die andern optisch *negativ*. — In optisch zweiaxigen Kristallen sind beide Strahlen außerordentlich die beiden Richtungen, in denen nur eine Wellennormale fortschreitet, heißen *optische Axen*, die, in denen nur ein Strahl fortschreitet, *Strahlenaxen* (bei Kristallen fallen Wellennormale und Strahl im allgemeinen nicht zusammen); die den spitzen Winkel zwischen den optischen Axen halbierende Linie heißt *optische Mittellinie;* je nachdem sie die Richtung der größten oder kleinsten Symmetrieaxe hat, heißt der Kristall optisch *positiv* oder *negativ*. Polarisationsebene ist für die eine Welle die Halbierungsebene des Winkels zwischen den durch die Wellennormale und je eine optische Axe gebildeten Ebenen, für die andre Welle die auf der ersten senkrechte Ebene. — Stellt man die

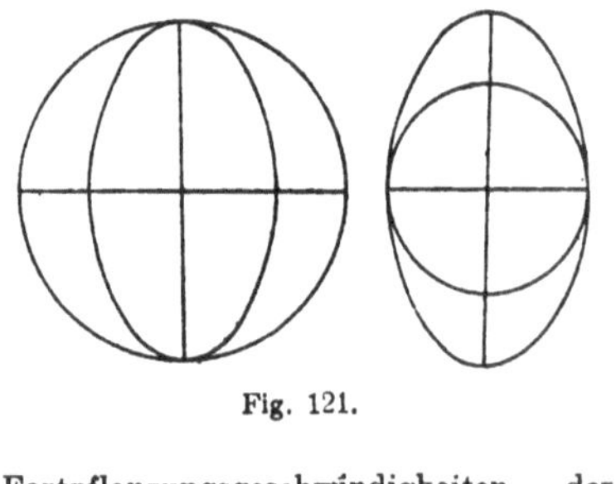

Fig. 121.

Fortpflanzungsgeschwindigkeiten der von einem Punkte ausgehenden Strahlen durch Radienvektoren dar, so bilden ihre Endpunkte die *Strahlenfläche*, häufig fälschlich *Wellenfläche* genannt (auf den Unterschied zwischen beiden kann hier nicht eingegangen werden). Bei regulären Kristallen ist die Strahlenfläche (wie bei isotropen Körpern) eine Kugel, bei einaxigen besteht sie aus einer Kugel und einem konzentrischen, sie in den Endpunkten der Hauptaxe berührenden Rotationsellipsoid, das bei positiven Kristallen inwendig, bei negativen auswendig liegt (Fig. 121). Bei zweiaxigen Kristallen ist es eine komplizierte Fläche vierten

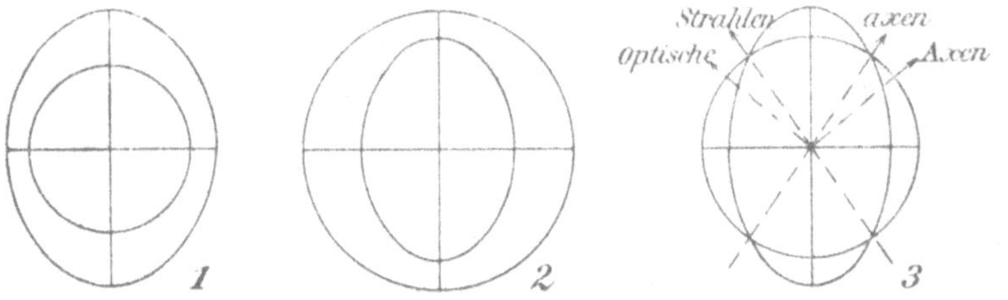

Fig. 122.

Grades; die Hauptschnitte bestehen aber auch hier aus Kreis und Ellipse, und zwar liegt die Ellipse im ersten Hauptschnitte auswendig, im zweiten inwendig, aber beidemal ohne Berührung mit dem Kreise, im dritten

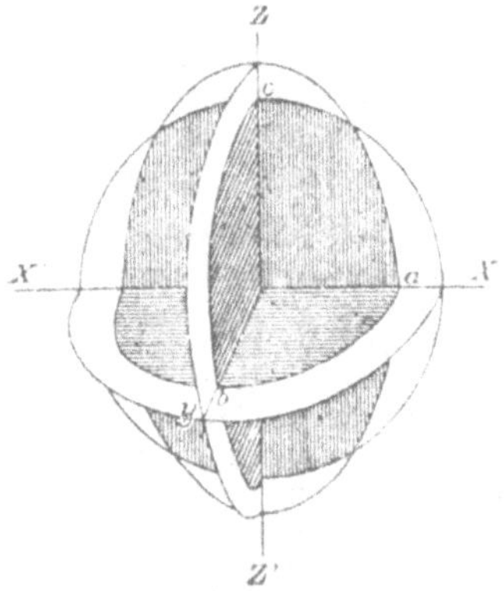

Fig. 123.

Schnitte schneiden sich beide Kurven. Die Radien nach den Schnittpunkten bezeichnen die Strahlenaxen, die Radien nach denjenigen Kreispunkten, in denen die Tangenten zugleich die Ellipse tangieren, die optischen Axen; charakteristisch für jeden zweiaxigen Kristall ist namentlich der *Winkel zwischen den optischen Axen* (Fig. 122). Mittels *Gipsmodellen* kann man diese Flächen, am besten zerlegbar in ihre Oktanten, gut darstellen, auch durch drei senkrecht durcheinander gesteckte Pappscheiben (Fig.123). — Für einige einaxige Kristalle folgt hier das Vorzeichen, der ordentliche und der außerordentliche Brechungsquotient für die *D*-Linie:

Name	±	*n*	*n'*
Anatas	–	2,56	2,49
Apatit	–	1,646	1,642
Apophyllit	±	1,534	1,537
Beryll	–	1,573	1,568
Dioptas	+	1,644	1,697
Dolomit	–	1,67	1,51
Eis	+	1,309	1,310
Kalkspat	–	1,658	1,486
Korund	–	1,769	1,760
Natriumnitrat	–	1,585	1,336
Quarz	+	1,544	1,553
Quecksilberchlorür	+	1,973	2,656
Rutil	+	2,616	2,903
Turmalin	–	1,64	1,62
Zinnober	+	2,83	3,17
Zirkon	+	1,928	1,981

Stark doppelbrechend sind also Dioptas, Dolomit, Kalkspat, Natriumnitrat (Salpeter), Quecksilberchlorür (Kalomel), Rutil und Zinnober.

Für die beiden wichtigsten Kristalle folgen hier noch die beiden Brechungsquotienten für alle Hauptlinien:

		A	B	C	D	E	F	G	H	Tot. Disp.
Kalkspat	n	1,6500	6530	6545	6585	6635	6679	6762	6833	0,0333
	n'	1,4828	4840	4847	4864	4888	4908	4946	4978	0,0150
Quarz	n	1,5390	5409	5418	5442	5471	5497	5543	5582	0,0192
	n'	1,5481	5500	5509	5533	5563	5589	5637	5677	0,0196

Für die zweiaxigen Kristalle folgen hier einige Winkel zwischen den optischen Axen, und zwar für die *D*-Linie; denn auch die Lage der optischen Axen hängt von der Farbe ab: *Dispersion der optischen Axen.*

Adular	67° 30′
Anhydrit	43° 45′
Arragonit	18° 11′
Baryt	37° 28′
Borax	39° 20′
Chlorsaures Kali	82° —
Cölestin	51° 12′
Cyanit	81° 45′
Eisenvitriol	90° —
Epidot	84° 15′
Essigsaures Blei	70° 30′
Gips	57° 30′
Hornblende	80° —
Kohlensaures Natron	70° —
Olivin	87° 40′
Rohrzucker	47° 48′
Salpeter	5° 15′
Salpetersaures Silber	62° 15′
Schwefelsaure Magnesia	37° 30′
Schwefelsaures Zinkoxyd	44° —
Talk	7° 30′
Topas, Brasilien	49° 30′
Topas, Schneckenstein	62° 33′
Weinsäure	79° —
Zitronensäure	70° 30′

Endlich noch einige Hauptbrechungsquotienten zweiaxiger Kristalle (*D*-Linie).

Adular	Anhydrit	Arragonit	Baryt
1,5192	1,570	1,530	1,6363
1,5230	1,575	1,681	1,6374
1,5246	1,614	1,686	1,6479

Cölestin	Eisensulfat	Dichroit	Gips
1,6220	1,4713	1,5384	1,5200
1,6237	1,4782	1,5401	1,5220
1,6310	1,4856	1,5438	1,5292

Glimmer	Kupfersulfat	Schwefel	Topas (bras.)
1,5601	1,5161	1,958	1,6305
1,5936	1,5394	2,038	1,6325
1,5977	1,5460	2,240	1,6387

— Die beiden Strahlen in Kristallen erfahren vielfach eine verschieden starke *Absorption,* infolgedessen erscheint der Kristall in der Axenrichtung und senkrecht dazu verschieden gefärbt: *Dichroismus;* z. B. der Cordierit oder Dichroit in der Axenrichtung dunkelblau, senkrecht dazu gelblich grau. Eine Verallgemeinerung der Erscheinung ist der *Pleochroismus.* — Wenn ein Strahl auf eine senkrecht zu einer der optischen Axen gelegene Fläche einer Planplatte eines zweiaxigen Kristalls senkrecht auffällt, entstehen nicht nur zwei gebrochene Strahlen, sondern ein ganzer Strahlenkegel, der dann nach dem Austritt aus dem Kristall als leuchtender Ring sichtbar wird: *konische Refraktion,* und zwar *innere; äußere* konische Refraktion erfolgt in der Richtung der Strahlenaxen beim Austritt aus dem Kristall. Die Erscheinung ist von Hamilton theoretisch vorhergesagt und bald darauf von Lloyd beobachtet worden. Am stärksten ist sie beim Schwefel; der Kegelwinkel ist hier 7° 11′. — Für viele Zwecke ist es wünschenswert, den außerordentlichen Strahl allein übrig zu behalten, den *ordentlichen also wegzuschaffen.* Am besten geschieht das mit Hilfe des *Nicolschen Prismas* (Fig. 124); an einen länglichen Kalkspatkristall schleift man parallele Endflächen *PQ*, *RS* senkrecht

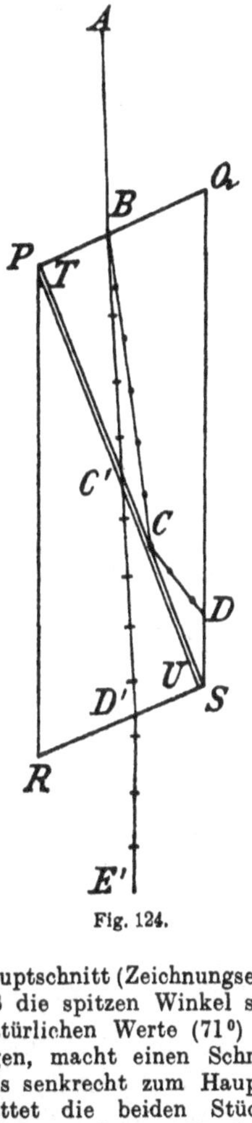

Fig. 124.

zum Hauptschnitt (Zeichnungsebene) so an, daß die spitzen Winkel sich von dem natürlichen Werte (71°) auf 68° ermäßigen, macht einen Schnitt *TU* ebenfalls senkrecht zum Hauptschnitt und kittet die beiden Stücke mit Canadabalsam, dessen Brechungsquotient zwischen den beiden des Kalkspats liegt, wieder zusammen; infolgedessen wird der ordentliche Strahl *BC* nach *D* total reflektiert, dagegen geht der außerordentliche Strahl *BC'* hindurch, tritt bei *D'* aus und kann bei *E'* beobachtet werden. Andre Hilfsmittel zu demselben Zweck sind das *achromatisierte Kalkspatprisma* und der *Turmalin*, letzterer läßt den außerordentlichen Strahl hindurch, absorbiert aber den ordentlichen. Er hat aber den Nachteil, dem Lichte Färbung zu geben. — Die *Interferenzerscheinungen* (s. d.) sind in Kristallen mannigfaltiger als in isotropen Körpern, weil hier zur Wegdifferenz als Ursache noch die Differenz der Fortpflanzungsgeschwindigkeiten der beiden Strahlen kommt. Die von der *Dicke der Schicht* abhängigen Interferenzen werden auch hier im parallelen, die von der *Neigung* abhängigen im konvergenten Lichte beobachtet, beide mit einem geeigneten *Polarisationsapparat*, zwischen dessen Polarisator und Analysator (s. Polarisation, fast immer zwei Nicolsche Prismen) die Kristallplatte eingebracht wird; paralleles oder konvergentes Licht wird durch geeignete Einstellung von Linsen bewirkt. Auf diese Weise erhält man die Erscheinungen der *Interferenz des polarisierten Lichts.* — Am einfachsten und wirksamsten sind die Erscheinungen zwischen gekreuzten Nicols, wobei die Dunkelheit durch den Kristall aufgehellt wird, und zwar je nach den Umständen in verschiedener Weise: a) Ein den Axen paralleles Gipsblättchen liefert im parallelen Lichte ein gleichförmig helles Gesichtsfeld, dessen Farbe von der Dicke nach der Formel

$$d : d_0 = 2 : n_1 - n_3$$

abhängig ist, wo d_0 die Dicke einer dieselbe Farbe liefernden Luftschicht ist (s. Interferenz des Lichts); da $n_1 - n_3$ für Gips 0,0092 beträgt (s. o.), wirkt ein Gipsblättchen so stark wie eine den 204. Teil so dicke Luftschicht. — b) Ein Keil gibt im parallelen Lichte parallele Streifen von wechselnder Helligkeit und Farbe. — c) Eine Linse gibt konzentrische Ringe. — d) Eine Platte im konvergenten Lichte gibt, wenn einaxig, ein System von Kegelschnitten, insbesondere gibt eine senkrecht zur optischen Axe geschnittene Platte konzentrische Kreise, durchsetzt von einem schwarzen (bei Parallelstellung der Nicols weißen) Kreuz; wenn zweiaxig, ein System von lemniskatenförmigen Kurven, durchsetzt von einem farblosen Kreuz von länglicher Form; bei Drehung der Platte verwandeln sich in beiden Fällen die Kreuze in hyperbolische Kurven. Diese, das Hauptsystem *der isochromatischen Kurven* durchsetzenden Kurven heißen *achromatische Linien* oder *Isogyren* (wegen ihres Schwingungszustandes); vgl. die beistehenden Figurenskizzen (Fig. 125). — Modifikationen treten auf bei *optisch aktiven Körpern* (s. Drehung der Polarisationsebene) wie Quarz, sowie bei pleochroitischen Kristallen. — Auch in *gespannten Gläsern* treten ähnliche Erscheinungen auf: *akzidentelle Doppelbrechung;* sie bietet ein ausgezeichnetes Mittel dar, um den innern Zustand des Glases kennen zu lernen. — Die Farbenerscheinungen in Kristallen werden in der Farbenlehre (s. d.) zum Bau von Kolorimetern verwendet. — Wegen der Drehung der Polarisationsebene in Kristallen s. d.

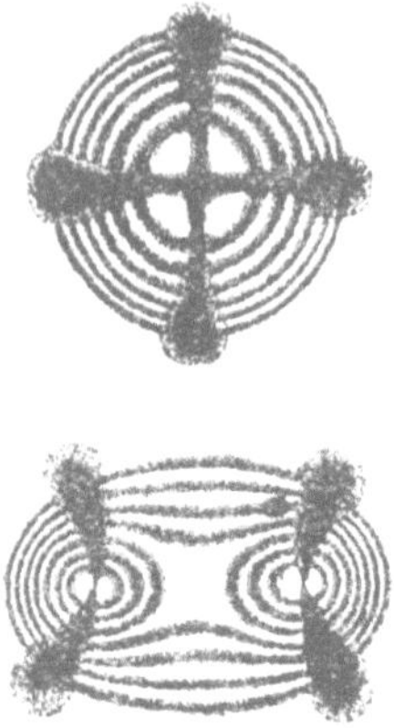

Fig. 125.

Kristallrefraktometer, s. Brechungsquotient.

Kristallstruktur, s. Materie, Molekulartheorie.

Kristallsysteme, s. Kristalle.

Kritische Dichte, s. Kritischer Zustand.

Kritische Lösungstemperatur, s. Phasenlehre.

Kritischer Druck, s. Kritischer Zustand.

Kritischer Faltenpunkt, s. Gemische.

Kritischer Lösungsdruck, s. Phasenlehre.

Kritischer Punkt, s. Kritischer Zustand, Phasenlehre.

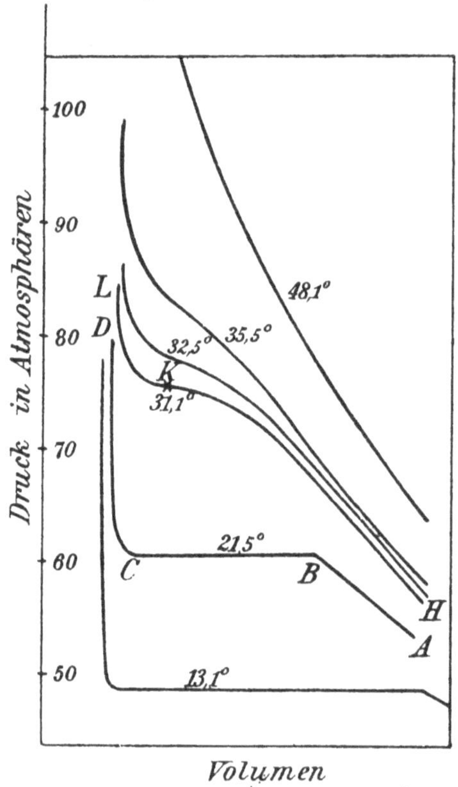

Fig. 126.

Kritischer Zustand einer Substanz ist derjenige Zustand, in dem ihre Verflüssigung oder Verdampfung ohne Unstetigkeit, also ohne Volumenänderung, erfolgt. Wenn man einen Dampf bei konstanter Temperatur zusammendrückt, so steigt seine Spannung bis zur Sättigungsspannung (s. Dämpfe), dann beginnt die Verflüssigung; und bis diese vollendet ist, bleibt der Druck konstant, um erst dann wieder, und zwar jetzt wegen der geringen Kompressibilität der Flüssigkeit, sehr stark zu steigen. Man erhält also eine *Isotherme* von der Gestalt der Kurve *ABCD* (Fig. 126). Je höher die Temperatur ist, bei der man den Prozeß durchführt, desto kürzer wird das geradlinige Stück, und bei einer gewissen Temperatur zieht es sich auf einen Punkt zusammen. Dieser Punkt, in der Figur der Punkt *K* der Kurve *HKL*, ist der *kritische Punkt*. Die hier herrschende Temperatur heißt *kritische Temperatur*, der zugehörige Druck *kritischer Druck*, das zugehörige spezifische Volumen *kritisches Volumen* (oder auch die zugehörige Dichte *kritische Dichte*). Oberhalb der kritischen Temperatur verliert der Gegensatz zwischen Gas und Flüssigkeit seinen Sinn. — Früher glaubte man, ein Gas bei beliebiger Temperatur durch hinreichende Drucksteigerung, und ebenso bei beliebigem Druck, durch hinreichende Abkühlung verflüssigen zu können; das ist also in dieser Allgemeinheit unrichtig, und daraus erklärt sich das negative Ergebnis älterer Be-

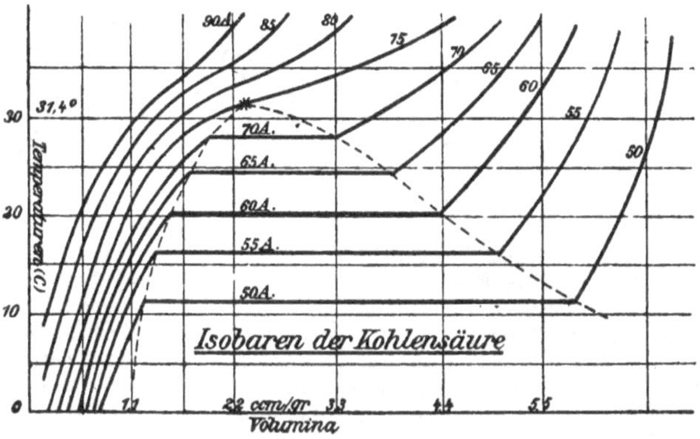

Fig. 127.

mühungen. — Statt durch die Isothermen, kann man den Vorgang auch durch die *Isobaren* darstellen, indem man das Volumen v als Abszisse, die Temperatur t als Ordinate wählt (Fig. 127). — Die Beobachtung des kritischen Zustandes wurde zuerst von Cagniard-Latour angestellt in einem Glasröhrchen, teils mit Flüssigkeit, teils mit ihrem Dampf gefüllt; erwärmt man es, so dehnt sich die Flüssigkeit aus, der Meniskus verflacht sich und wird unschärfer, und schließlich verschwindet er ganz, das Röhrchen ist von einer homogenen Substanz erfüllt. Dieser Zustand ist der kritische, genau allerdings nur dann, wenn das Röhrchen einen dem kritischen Volumen gleichen Rauminhalt hat. Genauer erforscht wurde der Vorgang durch Andrews, und zwar an Kohlensäure. — Einige kritische Zahlen (𝔗 kritische Temperatur, 𝔓 kritischer Druck, 𝔇 kritische Dichte) sind folgende:

Stoff	𝔗	𝔓	𝔇
Acetylen . .	37	68	
Äther	190	35,7	0,23
Äthylen . . .	13	54	0,21
Alkohol	-234	63	0,25
Ammoniak . .	130,5	114	

Stoff	$\mathfrak{T}$	$\mathfrak{P}$	$\mathfrak{D}$
Argon	-121	50,6	
Benzol	292	48	0,30
Brom	302	–	1,18
Chlor	145	90	
Chlorkohlenstoff	284	56	0,56
Chlorwasserstoff	51,8	89	0,61
Essigsäure . .	322	57	0,35
Kohlenoxyd . .	-140	35,7	
Kohlensäure .	30,9	74	0,46
Luft	-140,5	39,1	
Methan	-86	53	
Methylalkohol .	238	77	0,27
Propylalkohol .	260	51	0,28
Sauerstoff . .	-118,4	50,4	0,65
Schwefelkohlenstoff	273	73	0,38
Schwefelwasserstoff	100	90	
Schweflige Säure	156	79	0,51
Stickoxyd . .	-93,5	71	
Stickoxydul . .	36	74	0,41
Stickstoff . . .	-146	34	0,40
Wasser	364	195	0,21
Wasserstoff . .	-242	20	

— Stoffe, deren kritische Temperatur sehr hoch liegt, sind als Flüssigkeiten bekannt, z. B. Wasser; Stoffe, für die sie sehr tief liegt, als Gase (früher permanente Gase genannt), z. B. Luft, Sauerstoff, Wasserstoff; bei noch andern Stoffen liegt $\mathfrak{T}$ in mittleren Regionen, wie bei der Kohlensäure. — Die kritische Temperatur liegt immer oberhalb der normalen Siedetemperatur; rechnet man beide vom absoluten Nullpunkte aus, so findet man fast für alle Gase das Verhältnis beider gleich 1,7 (nur für wenige bis 1,5 hinabgehend). — ***Theoretisch*** kann man den Vorgang gut darstellen durch die ***Zustandsgleichung von van der Waals*** (s. Gase), die v als Wurzel einer kubischen Gleichung ergibt, also drei Volumina für dieselben Werte von p und t, und zwar unterhalb des kritischen Punktes drei reelle Volumina, liefert (Fig. 128); v_1 ist das Volumen der Flüssigkeit, v_3 das des Gases; das Kurvenstück zwischen beiden wird im Experiment durch die horizontale Gerade ersetzt. Jedoch kann man durch vorsichtiges Verfahren bei der Vergasung das Stück $v_1\,x$ erzielen und ebenso bei der Verflüssigung das Stück $v_3\,y$. — Für den kritischen Punkt selbst werden alle drei Wurzeln einander gleich, und es ergibt sich:

$$\mathfrak{T} = \frac{8}{27}\,\frac{a}{bR},\quad \mathfrak{P} = \frac{1}{27}\,\frac{a}{b},\quad \mathfrak{V} = 3b.$$

— Drückt man die in irgendeinem Zustande herrschenden Werte der Größen

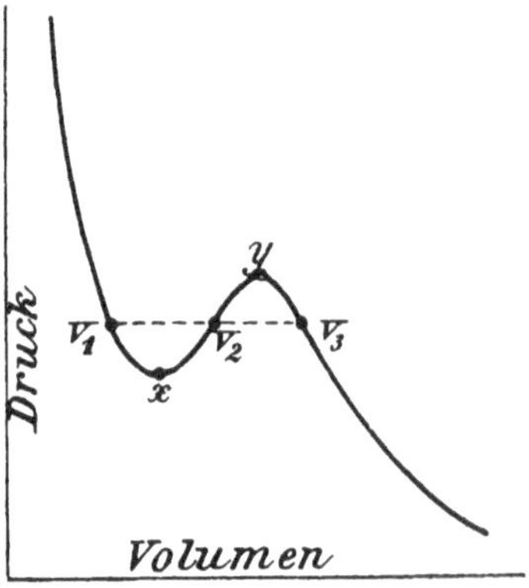

Fig. 128.

als Bruchteile (oder Vielfache) ihrer kritischen Werte aus, setzt man also $t = \mathfrak{t}\cdot\mathfrak{T}$, $p = \mathfrak{p}\cdot\mathfrak{P}$, $v = \mathfrak{v}\cdot\mathfrak{V}$, so erhält man die für alle Gase gleiche Zustandsgleichung

$$\left(\mathfrak{p} + \frac{3}{\mathfrak{v}^2}\right)\left(\mathfrak{v} - 1\right) = 8\,\mathfrak{t};$$

diese Größen heißen die *reduzierte Temperatur*, das *reduzierte Volumen* und der *reduzierte Druck*. Zustände zweier Stoffe, in denen die reduzierten Größen gleich sind, nennt man *übereinstimmende* oder korrespondierende Zustände; die betreffenden Größen t, v, p, deren reduzierte Werte gleich sind, heißen *korrespondierende* Temperaturen, Volumina, Drucke. Die Theorie der übereinstimmenden Zustände ist durch viele Erfahrungen teils genau, teils annähernd bestätigt worden und führt zu einer großen Vereinfachung in der Darstellung der Erscheinungen (s.

Dämpfe). — Nach theoretischen Erwägungen muß es auch einen *kritischen Zustand fest-flüssig* geben; er ist aber schwer einwandfrei festzustellen (s. auch Phasenlehre und Schmelzung).

Kritisches Volumen, s. Kritischer Zustand.

Kritische Temperatur, s. Kritischer Zustand.

Kronglas, s. Chromatische Aberration.

Kryohydrate, s. Phasenlehre.

Kryophor (Wollaston) ist ein System von zwei durch ein Glasrohr verbundener Glaskugeln, die außer etwas Wasser nur Wasserdampf, aber keine Luft enthalten. Befindet sich alles Wasser in der einen Kugel, und taucht man die andre in eine Kältemischung, so verdichten sich die Wasserdämpfe in ihr, der Dampfdruck sinkt, das Wasser in der andern Kugel verdampft und verbraucht hierzu soviel Wärme, daß der Rest zu Eis erstarrt.

Kryoskopische Molekulargewichtsbestimmung, s. Lösungen.

Kryptolöfen, s. Wärmeapparate.

Kubikzentimeter, s. Raummaß.

Kubische Dilatation ist die verhältnismäßige Zunahme eines Volumens (durch Druck, Temperatur usw.). Sind xyz die Koordinaten und uvw die Verrückungen, also

$$\partial u/\partial x,\ \partial v/\partial y,\ \partial w/\partial z$$

die linearen Dilatationen, so ist für kleine Änderungen die kubische Dilatation $D = \partial u/\partial x + \partial v/\partial y + \partial w/\partial z$. Eine Kugel verwandelt sich dadurch in das Dilatationsellipsoid. Die drei Glieder können positiv oder negativ (Kontraktionen) sein; es hängt von den Umständen ab, ob das Ergebnis eine kubische Dilatation oder Kompression ist.

Kubische Pfeifen sind abgegrenzte Lufträume von drei im wesentlichen gleichberechtigten Dimensionen. Ihre Theorie ist viel verwickelter als die der zylindrischen Pfeifen (s. Pfeife), aber von Helmholtz, Kirchhoff und Lord Rayleigh trotzdem bis zu einem gewissen Grade gelöst worden; die Ergebnisse hängen besonders davon ab, ob die Lineardimensionen des Hohlraums groß, mittel oder klein im Vergleich mit der Wellenlänge des Tons sind; sie sind in der Hauptsache experimentell bestätigt worden, zuerst durch die Versuche von Sondhauss. Die Schwingungszahl n hängt vom Luftvolumen v und der Fläche der Öffnung f nach der Formel (c Schallgeschwindigkeit):

$$n = \frac{c\sqrt[4]{f}}{\sqrt{2}\sqrt[4]{\pi^5}\sqrt{v}}$$

ab; sie ist also mit der vierten Wurzel aus der Öffnungsgröße direkt und mit der Quadratwurzel aus dem Volumen umgekehrt proportional; der Zahlenfaktor ist theoretisch 5617, experimentell 5200; die Differenz liegt daran, daß bei den Versuchen die theoretischen Bedingungen sich nicht genau erfüllen lassen. — Die Töne kubischer Pfeifen und speziell die *Flaschentöne* zeichnen sich durch große Milde, z. T. auch durch besondere Reinheit aus. — Kubische Pfeifen werden in der Physik vielfach benutzt, so als *Resonatoren*, d. h. zur Verstärkung von Tönen und zur Analyse zusammengesetzter Klänge (s. Freie und erzwungene Schwingungen). Einige Zahlen sind folgende (D und d Durchmesser des Raums und der Öffnung, L Länge):

Kugelresonatoren

Ton	D (mm)	(d mm)	v (cbcm)
g	154	35,5	1773
b	131	28,5	1092
c'	130	30,2	1053
g'	79	18,5	235
c''	70	20,5	162
d'''	43	15	37

Zylinderresonatoren.

Ton	L (mm)	D (mm)	d (mm)
B	425	138	31,5
b	210	82	23,5
f'	117	65	16
f''	53	44	12,5
f'''	26	26	8,5

— Variable Resonatoren kann man entweder durch verschiebbare Stempel oder durch Eingießen von Wasser herstellen. Hält man z. B. eine angeschlagene Stimmgabel über einen mit Wasser gefüllten Glaszylinder und läßt nun das Wasser mittels eines Hebers langsam ausfließen, so wird der Ton bei einer bestimmten Niveauhöhe des Wassers am stärksten, und dieser Punkt ist desto schärfer markiert, je enger das Gefäß ist. — Hierher gehört auch der für viele Zwecke sehr brauchbare *Tonvariator* von Stern, bei dem das Luftvolumen eines Zylinders durch einen verschiebbaren Stempel verändert wird, und zwar mit Hilfe eines Spiralmechanismus, in der Weise, daß gleichen Verschiebungen gleiche Tonänderungen entsprechen. Eine Skala gibt für jede Stellung die Tonhöhe an; auch ist ein Manometer beigegeben, um die Tonänderung durch Druckschwankungen berücksichtigen zu können. Durch Zusammenstellung einer Serie von Tonvariatoren kann man den ganzen Umfang des Hörbereichs umspannen. — In der Musik spielen die kubischen Pfeifen als Tonerzeuger keine große Rolle (Brummkreisel, Dudelsack usw.), eine desto größere aber als Resonatoren (s. Freie und erzwungene Schwingungen sowie Musikinstrumente), besonders für universelle Resonanz.

Kubisches System, s. Kristalle.

Kühler, s. Kalorische Maschinen, Thermodynamik.

Kühlvorrichtung, s. Wärmeapparate.

Künstliches Altern eines Magneten, s. Hysteresis.

Kürzester Lichtweg, s. Brechung des Lichts, Geometrische Optik, Reflexion des Lichts.

Kürzeste Töne sind Aufeinanderfolgen von so wenig Schwingungen (geeigneter Frequenz), daß man eben schon einen Ton hört. Im äußersten Falle genügen 2 bis 3 Schwingungen, aber zur bestimmten Charakterisierung des Tones sind 10 bis 15 erforderlich.

Kugelblitz, s. Atmosphärische Elektrizität.

Kugellager, s. Reibung.

Kugelresonator, s. Freie und erzwungene Schwingungen, Kubische Pfeifen.

Kugelwelle, s. Wellenbewegung.

Kundtsche Bestäubungsmethode, s. Pyroelektrizität.

Kundtsche Konstante, s. Magnetische Drehung der Polarisationsebene.

Kundtsche Röhre, s. Schallgeschwindigkeit.

Kundtsche Staubfiguren, s. Schallgeschwindigkeit.

Kurven gleicher Dicke, s. Interferenz des Lichts, Kristalloptik.

Kurven gleicher Neigung, s. Interferenz des Lichts, Kristalloptik.

Kurze und lange Linien, s. Spektrum.

Kurzschluß, s. Stromverzweigung.

Kurzsichtig, s. Brille, Sehen.

L

l, Abkürzung für Liter.

Labiles Gleichgewicht, s. Statik.

Labium, s. Pfeifen.

Labyrinth, s. Gehör.

Ladung, s. Elektrostatik.

Ladungsdichte, s. Elektrostatik.

Ladungselement, s. Akkumulatoren.

Ladungskapazität, s. Akkumulatoren.

Ladungsstrom, s. Elektrischer Strom.

Ladungszeit, s. Elektrischer Strom.

Ladung und Masse, s. Elektronen, Elektrolyse, Ionen, Kanalstrahlen, Kathodenstrahlen, Radioaktivität.

Längenmaße. Das Grundmaß ist das der Strecke oder Länge; seine Einheit ist das *Zentimeter*, abgekürzt cm, nämlich der hundertste Teil des in Breteuil bei Paris aufbewahrten Normalmeterstabes, von dem sich Kopien an vielen Orten, z. B. in der Physikalisch-Technischen Reichsanstalt in Charlottenburg, befinden (in Wahrheit meist nicht ganze, sondern halbe Meter). Das Meter, abgekürzt m, ist ungefähr, aber nicht genau, der zehnmillionte Teil des Erdquadranten. Abgeleitete Einheiten:

1 km (Kilometer) = 1000 m = 10^5 cm
1 m (Meter) = 10^2 cm
1 dm (Dezimeter) = 10 cm
1 mm (Millimeter) = 0,1 = 10^{-1} cm
1 μ (Mikron) = 10^{-3} = mm = 10^{-4} cm
1 $\mu\mu$ (Millimikron) = 10^{-7} cm

Ältere, jetzt nur noch historische Einheiten sind folgende:

Pariser Fuß = 32,48394 cm
Rheinischer Fuß = 31,38535 cm
Deutsche Meile = 7,420438 km
Englische Meile = 1,609315 km
Seemeile (Knoten) = 1,855109 km
Pariser Zoll = 2,712 cm
Pariser Linie = 0,22558 cm
Yard = 91,4404 cm

Eine in der Natur vorkommende, stets wieder exakt reproduzierbare Einheit ist die *Wellenlänge* einer ganz bestimmten Lichtart, z. B. der roten Cadmiumlinie: $\lambda = 0{,}643847\ \mu$ und umgekehrt 1 cm = 15531,641 λ. S. auch Flächenmaß und Raummaß. Im Weltraum mißt man Strecken nach Lichtsekunden (300000 km), bis zu Lichtjahren ($=9{,}5 \cdot 10^{12}$ km).

Längenmessung erfolgt, wenn tunlich, mit dem *Maßstab*. Die besten Materialien für *Normalmaßstäbe* sind Platin-Iridium und Bergkristall, für gute wissenschaftliche Maßstäbe Stahl oder hartes Holz. Als Querschnitt wählt man für jene am besten eine der neben-

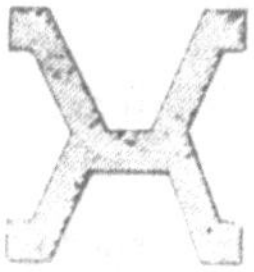

Fig. 129.

stehenden ähnliche Form (Fig. 129), bei der die Teilung auf dem oberen Mittelstück angebracht ist. Die Teilung erfolgt in Millimeter oder halbe Millimeter, weitere Genauigkeit erzielt man durch den *Nonius*. Er läßt sich an dem Hauptmaßstab verschieben und enthält, wenn er etwa noch den $n$ten Teil des kleinsten Intervalls angeben soll, auf die Länge von $n + 1$ (oder auch $n - 1$) Teilen des Hauptmaßstabes selbst deren n. Will man eine Länge bestimmen, so liest man zunächst denjenigen Teilstrich des Hauptmaßstabes ab, über den jene Länge eben noch hinausgeht, schiebt dann den Nonius so, daß sein Nullpunkt mit dem Endpunkte derselben zusammenfällt, und untersucht, der wievielte Noniusstrich mit einem Striche des Maßstabes genau zusammenfällt; ist es der $m$te, so kommen zu den z ganzen Teilen noch m/n hinzu, die Länge ist also $z + m/n$. Gewöhnlich ist $n = 10$ oder 20 gewählt; in der Figur 130, wo die Haupt-

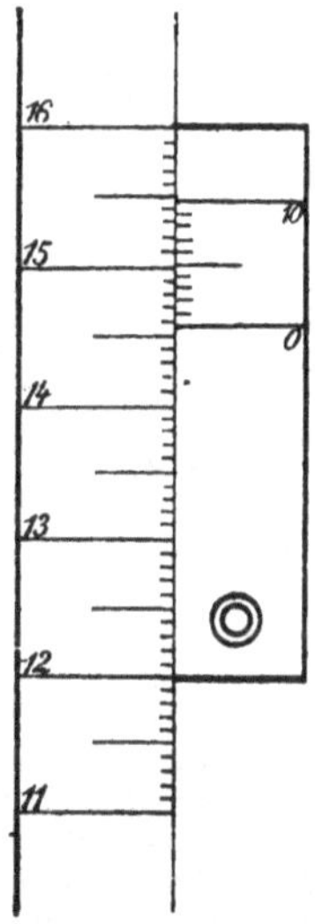

Fig. 130.

teilung Millimeter angibt, und 10 Noniusteile auf 9 Hauptteile entfallen, lautet die Ablesung 145,6 mm; eventuell kann man noch halbe Zehntel schätzen. — Für lange Strecken dient der Klappmaßstab oder besser ein stählernes *Meßband*, das sich zusammenrollen läßt, für lange Strecken die *Meßkette*. In manchen Fällen kann man, statt Maßstäbe direkt an die Strecke anzulegen, sich zur Vermittelung des *Zirkels* bedienen. Feinere Apparate sind der *Komparator* (s. d.) und das *Kathetometer* (s. d.). — Für sehr kleine Strecken dienen die *Mikrometer* (s. d.). — Spezialapparate sind ferner: der *Dickenmesser*, in der einfachsten Form ein kleiner Maßstab mit keilförmigem Schlitz (Länge zu Basisbreite 1 : 10 oder 1 : 100), die *Schublehre* (Maßstab mit einer festen und einer verschiebbaren Backe), die *Schraubenlehre* (eine feste und eine durch Schraubung verschiebbare kleine Fläche, zwischen die der Körper eingeklemmt wird, die ganzen Millimeter an der Axe, die Hundertel an der Schraubentrommel abzulesen), der *Fühlhebel* (mit bestimmtem Übertragungsverhältnis) usw. Ferner die *Entfernungsmesser* (s. d.), die *Meßrädchen* für beliebig gekrümmte und zusammengesetzte Strecken usw. — Ein besonderes Kapitel bildet die *Höhenmessung*. Normalinstrument ist hier das Kathetometer (s. d.); Spezialmethoden beruhen auf dem Luftdruck (s. d.): barometrische Höhenmessung (s. Barometer) sowie auf der Änderung des Siedepunktes mit dem Druck: *Hypsothermometer* oder Hypsometer (Wasser wird erst an der untern, dann an der oberen Station zum Sieden gebracht und die Temperatur an einem zwischen 90° und 105° feingeteilten Thermometer abgelesen). — Auf eine Längenmessung kommt auch das *Sphärometer* hinaus, dessen Zweck die Messung der Krümmung von Kugelflächen ist. Es ist ein Dreifuß mit einem durch eine feine Schraube vertikal verstellbaren vierten Fuße in der Mitte des Dreiecks; die Spitze des letzteren wird zuerst mit den drei seitlichen Füßen auf eine Ebene, alsdann auf die (konvexe oder konkave) Kugelfläche eingestellt; die Differenz h ergibt die Erhöhung des Mittelpunktes über die Randpunkte, woraus sich dann nach der Formel $r = (l^2/6h) + h/2$ der Krümmungsradius ergibt (l Dreieckseite). Statt des Dreifußes nimmt man noch besser eine kreisförmige Schneide (Radius ϱ); es ist dann

$$r = (\varrho^2/2h) + h/2.$$

Natürlich läßt sich das Sphärometer auch als Dickenmesser benutzen, indem man einfach auf die Mitte der Dreifußebene den zu messenden Körper aufsetzt. — In vielen Fällen kann man Strecken auch *rechnerisch* aus gegebenen Daten (Strecken und Winkeln), sei es planimetrisch oder trigonometrisch, ableiten.

Längsdehnung ist bei isotropen Körpern die Folge eines Längszuges; entsprechend Längskontraktion die Folge eines Längsdruckes. Nach dem *Hookeschen Gesetze* ist die lineare Dilatation, d. h. die Verlängerung der Längeneinheit des Körpers (dessen Querschnitt als überall gleich angenommen werde) proportional mit dem Zuge, d. h. mit der auf die Querschnittseinheit wirkenden Zugkraft, und umgekehrt proportional mit einem Faktor, dem Dehnungsmodul, auch schlechthin *Elastizitätsmodul* genannt: $\delta = p/E$ oder, wenn man die Länge l, die wirkliche Verlängerung λ, den Querschnitt q und die ganze Zugkraft P einführt: $\lambda = P \cdot l/(E \cdot q)$. Und hieraus umgekehrt: $E = P \cdot l/(\lambda q)$. Um also E zu bestimmen, muß man, für eine Serie von P-Werten, die entsprechenden λ-Werte mit Fernrohr oder Mikroskop beobachten, mit Hilfe einer an dem Körper angebrachten Marke, und außerdem l und q (letzteres, wenn es, wie bei Drähten, klein ist, an möglichst vielen Stellen und möglichst genau) messen, und zwar sowohl für wachsende wie für abnehmende P, um zu kontrollieren, ob die früheren Zustände immer wieder erreicht werden; eventuell nimmt man aus je zwei entsprechenden Werten das Mittel. Wegen der Ergebnisse s. Elastizitätsmodul. — Das Hookesche Gesetz gilt nicht völlig genau und für manche Stoffe, z. B. Gußeisen, nicht einmal sehr annähernd; die Dehnung wächst vielmehr rascher als der Zug, so daß man $\delta = ap + bp^2$ (oder noch komplizierter) setzen muß. Mit andern Worten: der Modul E nimmt allmählich ab: $E = E_0 - c \cdot p$. Bei reinen Stoffen ist aber die Abweichung, also der Wert von b bzw. c sehr klein. — Außerdem findet man bei Wiederholung der Versuche meist ein etwas abweichendes E (sekundärer Modul). — Ferner entsteht eine Abweichung infolge der Mitwirkung des *Eigengewichts* des Körpers; bei einem zylindrischen Stab oder Draht wird sie durch Hinzufügung (bzw. bei Zug nach oben oder Druck von unten durch Abzug) des halben Eigengewichts zum Zuggewicht berücksichtigt. Das Eigengewicht wirkt indessen in den verschiedenen Schichten des Stabes verschieden (oben stärker als unten); um also überall gleiche Beanspruchung zu erzielen, muß man dem Körper konische Form geben. — Die Längsdehnung ist weder reine Volumenänderung noch reine Gestaltsänderung, sondern aus beiden zusammengesetzt; zum Volumen- und Gestaltmodul, k_1 und k_2, besteht die Beziehung: $E = 9 k_1 k_2 / (3 k_1 + k_2)$. — Wegen der mit der Längsdehnung verknüpften Querkontraktion s. d.; wegen der räumlichen Änderung s. Kubische Dilatation.

Längsdruck, s. Längsdehnung.

Längseffekte, s. Halleffekt.

Längsmagnetisierung, s. Magnet.

Längszug, s. Längsdehnung.

Lagrangesche Gleichungen, s. Dynamik.

Lagrangesche Hydrodynamische Gleichungen, s. Hydrodynamik.

Lambertsches Gesetz, s. Lichtausbreitung.

Lambrechtsches Hygrometer s. Feuchtigkeit.

Lamellare Magnetisierung, s. Magnet.

Lamellentöne, s. Pfeifen.

Lanesche Maßflasche, s. Kondensator.

Lange und kurze Linien, s. Spektrum.

Langgeschoß, s. Wurf.

Laplacesche Ebene, s. Zentralbewegung.

Laplacesche Gleichung, s. Elastizität, Geschwindigkeitspotential, Potential, Körperströme.

Latente Wärme, s. Schmelzwärme, Verdampfungswärme, Lösungswärme.

Lateralaberration, s. Sphärische Aberration.

Lateralvergrößerung, s. Abbildung.

Laterna magica, s. Projektion.

Laufgewichtsbarograph, s. Barometer.

Lavalsche Turbine, s. Kalorische Maschinen.

Lebendige Kraft, s. Energie.

Lebensdauer chemischer Elemente, s. Radioaktivität.

Le-Chatelier-Element, s. Thermosäulen.

Lechersche Anordnung, s. Elektrische Schwingungen.

Leduceffekt, s. Halleffekt.

Leerer Raum, s. Äther, Luftdruck.

Legierungen, s. Lösungen.

Lehrbücher, s. Physik.

Leidener Flasche, s. Kondensator.

Leidenfrostscher Tropfen, s. Verdampfung.

Leistung, s. Arbeit.

Leistungsgrenze, s. Optische Instrumente.

Leistungsstärke, s. Arbeit.

Leiter der Elektrizität, s. Elektrostatik, Elektrizitätsleitung.

Leiter der Wärme, s. Wärmeleitung.

Leiter erster und zweiter Klasse, s. Berührungselektrizität, Elektrischer Strom.

Leitfähigkeit, s. Elektrizitätsleitung.

Leitungsstrom, s. Elektrischer Strom.

Leitverhältnis, s. Elektrizitätsleitung fester Körper.

Leitvermögen, s. Elektrizitätsleitung.

Leitwert, s. Stromverzweigung.

Lenardstrahlen, s Kathodenstrahlen.

Lenkballon, s. Luftschiffahrt.

Lenzsche Regel, s. Induktionsströme.

Lesliescher Würfel, s. Wärmestrahlung.

Leuchtender Wasserstrahl, s. Totalreflexion.

Leuchtpotential, s. Lichtstärke.

Leuchtsteine, s. Lumineszenz.

Leuchttiere, s. Lumineszenz.

Leuchtturm, s. Optische Instrumente.

Libelle ist ein Instrument zur Herstellung und Kontrolle der horizontalen Lage von Linien und Flächen. Zu unterscheiden ist zwischen *Röhrenlibelle* und *Dosenlibelle*. Jene besteht aus einem in einen Metallrahmen eingelassenen Glasrohr, das in der Mitte oben schwach ausgebaucht ist, so daß die von dem flüssigen Inhalt (Alkohol oder Äther) freigelassene Luftblase bei horizontaler Lage des Apparats in de Mitte, sonst aber seitlich sitzt, und zwar um einen an einer Skala abzulesenden Betrag. Man verstellt die Linie, um deren Horizontalität es sich handelt, und auf die man die Libelle aufsetzt, so lange (durch Neigung oder Behandlung mit Stellschrauben), bis die Blase genau in der Mitte sitzt. Die Empfindlichkeit ist desto größer, je schwächer die Ausbauchung ist; sie kann leicht bis zu einem Bruchteil einer Winkelminute gesteigert werden. Zur Einstellung von Flächen muß man entweder die Röhrenlibelle in zwei aufeinander senkrechten Richtungen anwenden, oder man ersetzt sie durch die *Dosenlibelle*, bei der die Blase im Mittelpunkt einer dosenförmigen Flüssigkeitsmasse sitzt. — Für größere Strecken ersetzt man die Libelle durch die *Wasserwage* oder *Kanalwage*, die aus einem meterlangen Horizontalrohr mit an den Enden aufgesetzten Vertikalrohren besteht; das hineingefüllte Wasser steht dann in beiden Schenkeln gleich hoch. Durch Anvisieren des einen Niveaus vom andern aus erhält man also die Horizontalrichtung; jedoch ist hier die Genauigkeit nicht so groß, wenn sie nicht durch besondere optische Einrichtungen gesteigert wird.

Licht heißt alles, was wir mit unserm Sehorgan, dem Auge, wahrnehmen; es ist empfehlenswert, die Grenze dieser Definition streng inne zu halten (Röntgenstrahlen sind also z. B. kein Licht) Die Definition ist allerdings physiologisch; eine rein physikalische läßt sich nicht geben. — Die wissenschaftliche Vorstellung vom Wesen des Lichts hat vielfach gewechselt. Newton stellte die *Emissionstheorie* auf, wonach das Licht eine *Konvektionserscheinung* ist, d. h. aus von der Lichtquelle fortgeschleuderten und ins Auge gelangenden Teilchen besteht. Diese Theorie mußte nach langem Bestande der fast gleich alten, von Huygens herrührenden *Undulationstheorie* oder *Wellentheorie* weichen, wonach das Licht aus Wellen besteht, die durch Schwingungen der Lichtquelle erregt werden und durch den Raum wandern. Dabei war es mit Rücksicht auf die große Lichtgeschwindigkeit (s. d.) und auf den Umstand, daß das Licht den Weltraum durchsetzt, erforderlich, als Träger der Wellenbewegung nicht wie beim Schall die Luft anzunehmen, sondern ein feines Substrat, den *Lichtäther*, *Weltäther* oder kurz *Äther* (s. d.), der den ganzen Raum und auch das Innere der ponderablen Körper erfüllt, selbst aber imponderabel ist, der aber immerhin eine gewisse Dichte sowie eine gewisse Elastizität, auf der die Wellenbewegung beruhen soll, besitzt. Wegen der Polarisation (s. d.) mußte man den Wellen *transversalen* Charakter geben und folglich, da im Innern von Flüssigkeiten und Gasen transversale Wellen unmöglich sind, dem Äther trotz seiner ungeheuer geringen Dichte doch *festen* Aggregatzustand zuschreiben — eine sehr unbefriedigende Vorstellung. Deshalb wurde die *Elastizitätstheorie* des *Lichts* aufgegeben, als sich zeigte, daß man die Erscheinungen ebensogut und sogar noch in weiterem Umfange durch eine andre Vorstellung, die *elektromagnetische Theorie* darstellen kann. Hiernach besteht das Licht aus Wellen elektromagnetischen Charakters, und zwar sind es Transversalwellen, d. h. die Schwingungsrichtung steht auf der Fortpflanzungsrichtung senkrecht, und die elektrischen und die magnetischen Schwingungen (Schwingungen elektrischer und magnetischer Kraft) stehen ihrerseits aufeinander senkrecht; man erhält also drei Vektoren, den elektrischen Kraftvektor, den magnetischen Kraftvektor und den Energie- oder Strahlungsvektor. — Da das Licht eine Energieform darstellt, muß es auch Energie- bzw. Kraftwirkung ausüben; nur ist es schwer, diese Wirkung von andern, insbesondere von Wärmewirkungen, zu trennen und rein zu erhalten. Erst Tumlirz und namentlich Lebedew ist es bis zu einem gewissen Grade gelungen, den *Lichtdruck* zu messen (s. Lichtstärke und Strahlungsdruck). Auch ist in neuester Zeit der Nachweis versucht worden (Ehrenhaft), daß das Licht leichte Körperchen in Bewegung zu versetzen vermag: *Photophorese*. — Übrigens kann man für das Verständnis zahlreicher Lichterscheinungen von der Wellennatur des Lichts absehen und einfach von *Lichtstrahlen* sprechen: geometrische Optik (s. d.). — Vgl. die einzelnen Artikel.

Lichtäquivalent, s. Strahlungsdruck.

Lichtäther, s. Äther, Licht.

Lichtausbreitung. Alltägliche Erfahrungen lehren, daß das Licht sich dem Anscheine nach in geradlinigen *Strahlen* ausbreitet. Eine nähere Untersuchung zeigt allerdings, daß das nicht immer der Fall ist, daß vielmehr vielfach Ablenkungen von der geraden Linie erfolgen, und zwar nicht bloß beim Übergang in ein andres Medium (s. Brechung des Lichts), sondern auch in einem und demselben Medium, insbesondere bei der Reflexion (s. d.) und bei der Beugung (s. d.); namentlich in dem letzteren Falle muß man die Vorstellung der Strahlen durch die vollkommenere der Wellen (s. Huygenssches Prinzip) er-

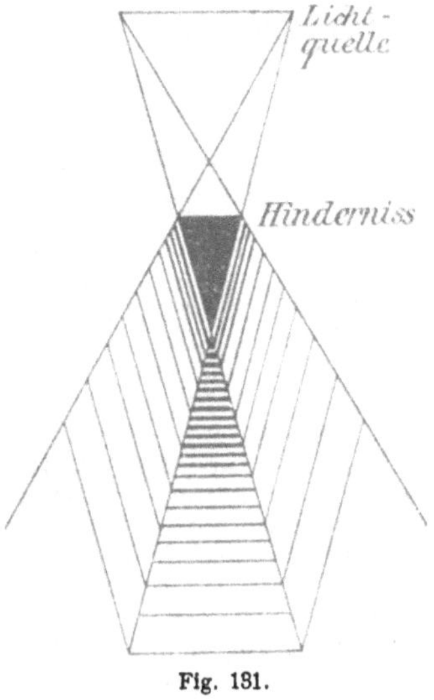

Fig. 131.

setzen. — Infolge der geradlinigen Ausbreitung des Lichts entstehen hinter Hindernissen scharfe *Schatten*, deren Kontur die Projektion der Grenzen des Hindernisses auf die Schirmebene darstellt. Bei punktförmigen Lichtquellen entstehen einfache Schatten, bei ausgedehnten kompliziertere; und zwar ist hier zwischen *Kernschatten*, in den überhaupt kein Licht gelangt, und *Halbschatten*, in den nur von einem Teile der Lichtquelle Licht gelangt, zu unterscheiden (Fig. 131); dieser letztere geht stetig in das Gebiet der normalen Helligkeit über. Während der Halbschatten in der Axenrichtung immer unbegrenzt weit reicht, hat der Kernschatten, wenn die Querdimension des Hindernisses kleiner als die der Lichtquelle ist, eine bestimmte Länge; und zwar verhält sich diese Länge zur Querdimension des Hindernisses wie die Entfernung der Schattenspitze zur Querdimension der Lichtquelle oder wie die Entfernung des Hindernisses von der Lichtquelle zur Differenz der Querdimensionen von Lichtquelle und Hindernis. Außer auf irdische Schattenbildung findet das Anwendung auf die *Finsternisse;* dabei ist die Sonnenfinsternis eine echte Finsternis, erzeugt durch ein materielles Hindernis (Mond), die Mondfinsternis dagegen nur eine Beschattung durch den Erdschatten. — Wirken zwei (oder mehr) Lichtquellen zusammen, so entstehen Partialschatten; und nur an Stellen, wohin von keiner der beiden Lichtquellen Licht gelangt, Gesamtschatten; sind beide Lichtquellen ausgedehnt, so entstehen zahlreiche Gebiete verschiedener Erhellung: Einzel- und Gesamtkernschatten, Einzel- und Gesamthalbschatten usw. — Bei Beleuchtung durch farbige Lichter oder auf farbigen Schirmen treten infolge physiologischer Prozesse *farbige Schatten* auf. — Für die *Intensität* des Lichts kommt in erster Linie die Art in Betracht, wie sich die Strahlen im Raume ausbreiten. Von einer leuchtenden Ebene gehen Parallelstrahlen aus; die Flächen gleicher Ankunft sind parallele Querebenen (*Isochronen*, in der Wellentheorie Wellenflächen); die Strahlendichte und somit die Lichtstärke bleibt also beim Fortschreiten ungeändert (von Absorption, s. d., natürlich abgesehen). Bei einer leuchtenden Linie sind die Isochronen koaxiale Zylinder; hier nimmt die Lichtstärke ab wie die Entfernung zunimmt. Bei einem leuchtenden Punkte sind die Isochronen konzentrische Kugeln: die Lichtstärke ist also umgekehrt proportional mit dem Quadrat der Entfernung. Auf irgendeine Fläche von der Größe f in der Entfernung r von der Lichtquelle und mit einer Neigung u ihrer Normalen gegen die Strahlenrichtung fällt die Lichtmenge $\Phi = I \cdot f \cdot \cos u/r^2 = S \cdot I$, wo S die scheinbare Größe der Fläche, von der Lichtquelle aus gesehen, bedeutet: *Lambertsches Gesetz;* am stärksten ist also die Strahlung für ein auf der Strahlrichtung senkrechtes Flächenstück (Weinberge an Südabhängen). Näheres s. Lichtstärke. — Im allgemeinen sendet eine Lichtquelle infolge ihres Baues nach verschiedenen Richtungen verschieden starkes Licht aus, z. B. eine elektrische Bogenlampe; man stellt dann die Ver-

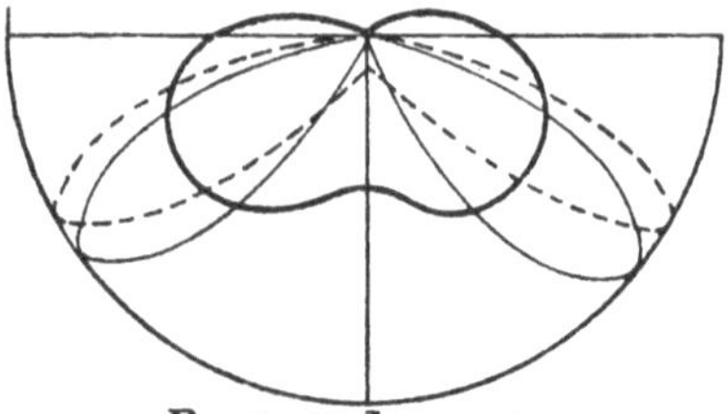

Fig. 132.

hältnisse durch eine *Lichtrose* dar (Fig. 132); Näheres s. Lichtstärke und Photometrie.

Lichtbogen ist die zwischen Kohle- oder Metallelektroden in freier Luft bei genügender Spannung (mindestens einige 40 Volt) auftretende elektrische Lichterscheinung. Am verbreitetsten ist der *Kohlelichtbogen.* Die positive Kohle stumpft sich ellipsoidisch ab; der rot bis gelb glühende Stumpf trägt die Ansatzstelle des Lichtbogens, den hellweiß glühenden positiven Krater, aus dem violett leuchtende Kohledämpfe herausgeschleudert werden. Die negative Kohle spitzt sich kerzenförmig zu; die violett leuchtende, beide Elektroden verbindende Gassäule bildet den wesentlichen Teil der Strombahn. Sie ist, durch eine dunklere Region getrennt, von einer rötlichen Flamme umhüllt, dem eigentlichen *Davyschen Lichtbogen* oder der *Aureole,* einer Folge der Verbrennungsvorgänge in der Luft. Projiziert man die Erscheinung auf einen Schirm, so sieht man, daß von der positiven Elektrode Kohleteilchen abgegeben werden und sich in Form von leuchtenden Perlen an die negative ansetzen. Ähnlich zwischen Metallelektroden. Besonders interessant ist der *Quecksilberlichtbogen.* Bei alledem ist Voraussetzung, daß die Elektroden zunächst miteinander zur Berührung gebracht werden, damit sich der Strom entwickeln kann; dann erst trennt man sie um einige Millimeter (bei Kohle, bei Quecksilber kann man sehr lange Bogenstrahlen erzielen). Bei Gleichstrom leuchtet die positive Kohle vier- bis fünfmal so hell wie die negative. — Zwischen Spannung e und Stromstärke i besteht die Beziehung $e = (a/i) + b$, wo a und b lineare Funktionen der Bogenlänge sind; b ist hierin die kleinste Spannung, die überhaupt noch einen Lichtbogen ermöglicht. Sie wird auch als *elektromotorische Gegenkraft des Lichtbogens* bezeichnet. Diese Gleichung, die mit dem Ohmschen Gesetze in starkem Kontrast steht, erklärt sich dadurch, daß die Leitfähigkeit der Lichtbogengase mit der Stromstärke sehr stark wächst. — Die *Temperatur im Lichtbogen* ist die höchste, die sich überhaupt künstlich erzielen läßt; wahrscheinlich hat der positive Krater nahezu 4000, der negative mindestens 3000°; in neuester Zeit sind diese Temperaturen durch besondere Einrichtungen noch erheblich gesteigert und damit ermöglicht worden, die Kohle zu schmelzen (Lummer). — Der *Wechselstromlichtbogen* zwischen Kohlestiften ist im Gegensatz zum Gleichstromlichtbogen symmetrisch, da beide Kohlen abwechselnd zur positiven und negativen Elektrode werden und sich also beide abstumpfen und Krater ausbilden; auch der Lichtbogen ist hier symmetrisch. Im rotierenden Spiegel löst er sich in Lichtstreifen auf, die abwechselnd die unsymmetrische Gleichstromverteilung wieder erkennen lassen. — Auf dem Lichtbogen beruht die *elektrische Bogenlampe*, insbesondere die überwiegend verbreitete *Kohlebogenlampe*. Unter den vielen Einrichtungen, die sie erst zum richtigen Funktionieren bringen, ist am wichtigsten die Regulierung des Abstandes der beiden Kohlen voneinander; die meisten Methoden hierfür sind elektromagnetischen Charakters. Der Regulierstrom wird mit

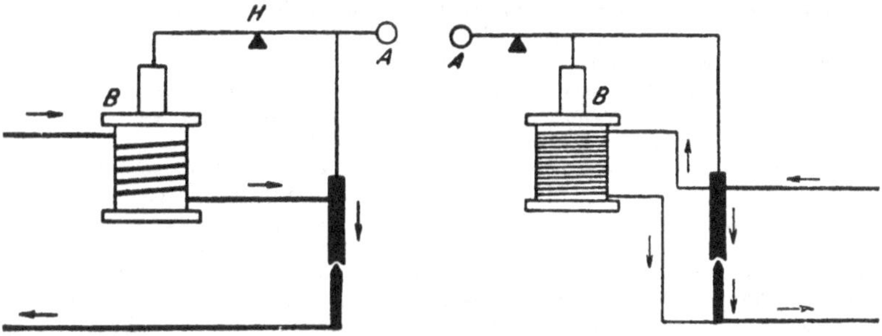

Fig. 133a und b.

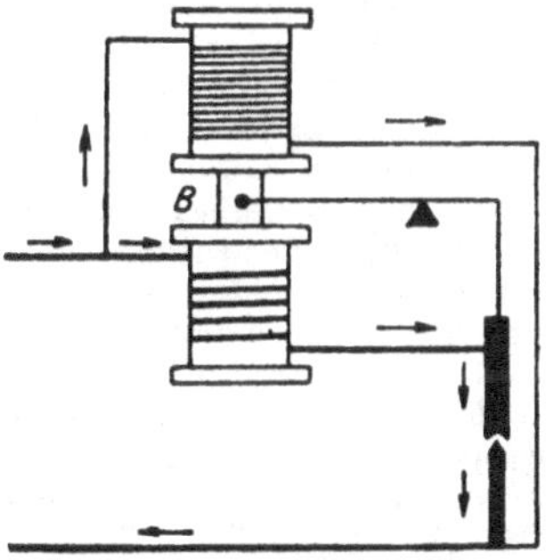

Fig. 133c.

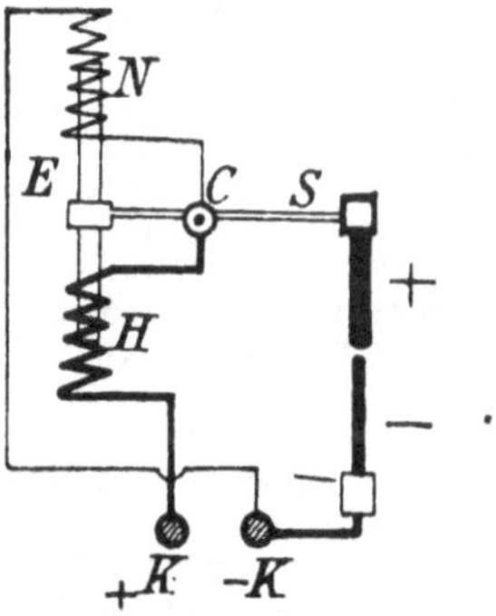

Fig. 134.

dem Hauptstrom in Serie oder parallel geschaltet: *Hauptschlußlampe* und *Nebenschlußlampe* (Figg. 133a, b u. c), sowie, unter sinngemäßer Kombination beider Schaltungen, die Differentiallampe (Fig. **134**). *E* ein Eisenstab, *H* Wicklung aus wenigen dicken, *N* eine solche aus vielen dünnen Windungen; Wirkung leicht ersichtlich. Die Lichtstärke ist bis auf mehr als eine Hefnerkerze pro Watt heraufgebracht worden; jedoch ist die Strahlung nach verschiedenen Richtungen sehr ungleich. — Für besondere Zwecke wird jetzt auch vielfach die *Quecksilberbogenlampe* verwendet, und zwar in Quarzglas eingeschlossen und unter hohem Drucke, so daß die Leistung pro Watt bis auf 5 Kerzen gesteigert werden kann; die Lampe hat aber ein vom normalen stark abweichendes Spektrum, so daß die Farben erheblich verändert werden (Uviollampe). — Andre Anwendungen der Bogenlampe beruhen auf ihrer hohen Temperatur: Lichtbogenöfen, Schweißverfahren usw. Wegen des Hörnerblitzableiters s. Atmosphärische Elektrizität. — Der Lichtbogen wird ebenso wie ein beweglicher metallischer Leiter von äußeren Kräften beeinflußt, so vom Magnetfeld, durch das er *abgelenkt* wird. — Wenn Schallstrahlen unter bestimmten Umständen auf ihn fallen, reagiert er durch Widerstandsänderung und fängt infolgedessen zu tönen an: *tönender* und *sprechender Lichtbogen;* man kann ihn daher mit Hilfe von Mikrophonströmen (s. Telephonie) als Telephon von sehr vollkommenen Klangeigenschaften benutzen.

Lichtbrechung, s. Brechung des Lichts.

Lichtdruck, s. Licht, Strahlungsdruck.

Lichtecht, s. Photochemie.

Lichteinheiten, s. Lichtstärke.

Lichtelektrische Zelle, s. Lichtelektrizität.

Lichtelektrizität ist die Gesamtheit der durch Licht hervorgerufenen elektrischen Wirkungen. Unter *lichtelektrischem* oder *photoelektrischem Effekt* im engeren Sinne versteht man die durch Licht hervorgerufene Ladung von Körpern. Entfernt man die kugelförmigen Elektroden eines Induktoriums oder einer Elektrisiermaschine so weit voneinander, daß eben keine Funken mehr überspringen, so treten diese sofort wieder auf, wenn man die negative Elektrode mit Licht bestrahlt, das kurzwellige, insbesondere *ultraviolette* Strahlen enthält (Hertz). — Wenn man ferner eine gut abgeriebene oder amalgamierte Zinkplatte isoliert aufstellt und negativ lädt, so verliert sie, wie ein mit ihr verbundenes Elektroskop zeigt, bei Bestrahlung mit ultraviolettem Lichte diese Ladung sehr rasch; dagegen behält sie eine positive Ladung unverändert bei (Hallwachs). — Daß es in diesen Fällen nur die kurzwelligen Strahlen sind, die wirken, beweist die Einschiebung einer sie absorbierenden Glasplatte, wobei die Wirkung ausbleibt. — Noch viel empfindlicher sind Kalium- oder Natriumoberflächen, nur müssen auch sie immer ganz frisch oder amalgamiert sein; im Vakuum wird die Wirkung besonders kräftig. — Ist der Leiter anfangs unelektrisch, so wird er durch Bestrahlung positiv. Von Elster und Geitel, Lenard, Ladenburg und Markau sowie von vielen andern ist die Erscheinung nach allen Richtungen hin studiert worden. — Sie erklärt sich aus der *Abgabe von Elektronen* oder, wie man auch sagen kann, durch die infolge der Bestrahlung erfolgende Aussendung von *Kathodenstrahlen*, aber ohne besonderes elektrisches Feld. Das positive Aufladungspotential beträgt im Vakuum ungefähr 3 Volt bei Strahlung von 0,23 μ, mit abnehmender Wellenlänge steigt es und würde bei den Röntgenstrahlen 9000 Volt erreichen. — Je leichter oxydierbar ein Metall ist, desto weiter hinauf rückt die obere Grenze der Wellenlänge der noch wirksamen Strahlen; Natrium und Rubidium sprechen schon auf gelbes Licht sehr kräftig an. — Die weggeschleuderten Elektronen weisen nach Geschwindigkeit, Ladung und Masse ganz entsprechende Verhältnisse auf wie bei den Kathodenstrahlen. — Im einzelnen herrschen noch vielfach Widersprüche, namentlich über die Rolle der Gasschichten an den Metalloberflächen; einige Forscher gehen sogar so weit, die ganze Wirkung auf sekundäre Einflüsse zurückzuführen. — Zur bequemen Benutzung für verschiedene Zwecke sind besondere *lichtelektrische Zellen* (Kadmiumzellen, Kaliumzellen) gebaut worden. — Ein ganz andrer Photoeffekt ist die *Verringerung des an sich sehr großen Widerstandes des Selens durch Belichtung.* Die Herstellung geeigneter Präparate, um diese Erscheinung zu studieren und auszunutzen, hat sich immer mehr vervollkommnet, und zwar sowohl in der Richtung der Stärke des Effekts als auch hinsichtlich der Promptheit seines Einsetzens und Aufhörens (Beseitigung der Trägheit und Nachwirkung). Am stärksten ist die Wirkung meist für rote und ultrarote Strahlen; ultraviolette wirken fast gar nicht. Der Effekt erklärt sich dadurch, daß Selen in drei verschiedenen Modifikationen von außerordentlich verschiedenem Leitvermögen existiert; die empfindlichen Präparate bestehen nun aus einem Gemenge verschiedener Modifikationen, und durch die Belichtung wird die eine teilweise in die andre übergeführt. — Die interessanteste Anwendung bezieht sich auf die Kornsche *Bildtelegraphie* oder *Fernphotographie*. Das Selen wird hier in Form von *Selenzellen* benutzt, bestehend aus einer isolierenden Unterlage, auf die zwei parallele Drähte von Kupfer oder Platin in Schraubenwindungen gewickelt sind, worauf der Zwischenraum mit Selen ausgefüllt wird; dadurch erhält man ein Präparat von relativ kleinem Widerstande. Die Aufnahmen, auch auf größere Entfernung, haben bereits einen recht hohen Grad der Vollkommenheit erreicht.

Lichtempfindlichkeit, s. Photochemie.

Lichtenbergsche Figuren, s. Entladung.

Lichtenergie, s. Licht, Strahlungsdruck.

Lichtfilter, s. Photographie.

Lichtgeschwindigkeit. Während man bis dahin glaubte, das Licht brauche keine Zeit zur Fortpflanzung, stellte Olaf Römer aus dem in verschiedenen Fällen verschieden verzögerten Verschwinden und Sichtbarwerden der *Jupitermonde* fest, daß die Lichtgeschwindigkeit endlich ist, und er konnte sie auch schon ziemlich genau zahlenmäßig ableiten. Eine zweite astronomische Methode, aus der *Aberration des Lichts* (s. Relativitätsprinzip), benutzte Bradley; auch noch andre astronomische Methoden sind angewendet worden. — Um durch Versuche auf der Erde und, wenn möglich, innerhalb eines Laboratoriumraumes die Lichtgeschwindigkeit zu messen, muß man erstens dem Licht einen möglichst langen Weg bieten, indem man es mit Hilfe von Spiegeln möglichst oft hin und her gehen und dann ebenso zurücklaufen läßt; und zweitens muß man, da auch dann noch die Gesamtdauer sehr klein ist, Mittel zur Feststellung und Messung dieser kleinen Zeit ersinnen. Fizeau fand das Mittel in einem *Zahnrad*, das so schnell rotiert, daß das auf dem Hinwege durch eine Lücke gegangene Licht auf dem Rückwege durch einen Zahn abgeschnitten wird; bei doppelter Tourenzahl wird dann das Licht auf dem Rückwege wieder auf eine Lücke treffen und daher dem Beobachter sichtbar werden. Foucault benutzte einen ungeheuer rasch *rotierenden Spiegel* und maß die dadurch bewirkte seitliche Verschiebung des zurückkehrenden Lichtstrahls im Gesichtsfelde eines Mikroskops. Diese Methode wurde dann in verschiedener Richtung ausgebildet, modifiziert und vervollkommnet. — Das Gesamtergebnis ist $V = 299900$ km oder, in absolutem Maße, fast genau $3 \cdot 10^{10}$. — Von der Intensität des Lichts hängt die Lichtgeschwindigkeit, entgegen zeitweiligen Annahmen, nicht ab, von der Wellenlänge (Farbe) im leeren Raume ebenfalls nicht und in Luft nicht merklich. In andern Stoffen ist die Lichtgeschwindigkeit ebenfalls bestimmt worden, so in Wasser; der Befund, daß sie hier kleiner ist, und zwar im Verhältnis der Brechungsquotienten, hat der Undulationstheorie mit zum Siege verholfen. — In *bewegten Medien* wird die Lichtgeschwindigkeit modifiziert; vgl. hierüber Relativitätstheorie. — Die Lichtgeschwindigkeit ist die größte uns bekannte Geschwindigkeit, und nach der Relativitätstheorie kann es auch grundsätzlich keine größere geben.

Lichtjahr, s. Längenmaß.

Lichtleistung, s. Lichtstärke.

Lichtmenge, s. Lichtstärke.

Lichtmühle, s. Strahlungsdruck.

Lichtquanten, s. Quantentheorie.

Lichtquellen. Zu unterscheiden ist zunächst zwischen natürlichen und künstlichen. Von ersteren kommen in der Hauptsache nur zwei in Betracht: die Sonne und das diffuse Tageslicht; jenes durch seine Intensität, dieses durch seine Gleichförmigkeit ausgezeichnet. Andre natürliche Lichtquellen sind der Mond und der Leuchtkäfer; letzterer in ökonomischer Hinsicht ideal, insofern es sich hier nicht um Temperaturstrahlung, sondern um Fluoreszenz handelt und infolgedessen der eigentliche Lichteffekt sehr hoch ist (s. Lumineszenz). Die künstlichen Lichtquellen kann man nach dem Aggregatzustande des Leuchtkörpers einteilen in feste, flüssige und gasige (Kohle, Petroleum, Leuchtgas). Indessen wirken gerade bei den besten neueren Lichtquellen zwei Faktoren, ein fester und ein gasiger, zusammen, so beim Gasglühlicht (Auerstrumpf, mit Ceroxyd oder Thoroxyd getränkt, Gasstrom zur Erzielung der Weißglut), beim elektrischen Bogenlicht (Kohle und Luft) und beim Drummondschen Kalklicht (Kalk, Leuchtgas, Sauerstoff). Ferner können Lichtquellen punktförmig, linear oder flächenhaft sein (elektrischer Funke, Nernstfaden, Platinblech), und sie können vom Dauer- oder Momentcharakter sein (Funke, Magnesiumblitzlicht usw.). Übrigens kann man die örtliche und zeitliche Beschränkung auch sekundär erzielen, indem man in die Bahn des von einer ausgedehnten und dauerhaften Lichtquelle ausgehenden Büschels eine geeignete Blende einschiebt (Spalt, Irisblende, Momentverschluß usw.). Näheres hierüber in den Artikeln Glühlicht, Lichtbogen, Lichtstärke, Photometrie usw.). — Die verschiedenen Lichtquellen unterscheiden sich wesentlich durch den Anteil, den die Lichtemission an der gesamten Energieabgabe hat, und damit durch ihre Ökonomie (Wirkungsgrad). Die folgende Tebelle zeigt, wieviel bei den wichtigsten Lichtquellen die Normalkerze (s. Lichtstärke) kostet, nebst einigen andern Angaben:

Lichtquelle	HK	1 HK-Stunde verbraucht	1 HK-Stunde kostet	1 Brennst. kostet
Leuchtgas, Schnittbrenner	20	13,3 L.	0,21 P. S.	4,2 P. S.
„ , Argandbrenner	20	10,0	0,16	3,2
„ , Regenerativbrenner	110	3,7	0,06	6,5
„ , Gewöhnl. Auerlicht	80	1,5	0,024	1.9
„ , hängendes Auerlicht	80	1,1	0,018	1,5
Spiritusglühlicht	60	25	0,07	4,3
Azetylenlicht	25	0,1 (C_2H_2)	0,11	2,7
Petroleumlicht	25	33	0,07	1,8
Elektrische Kohlefadenlampe	25	3,2 Watt	0,13	3,1
Wolframlampe	50	1,1	0,05	2,2
Bogenlicht	1500	0,3	0,012	18

Lichtreflexion, s. Reflexion des Lichts.

Lichtrose, s. Lichtausbreitung, Photometrie.

Lichtsekunde, s. Längenmaß.

Lichtstärke ist im weiteren Sinne ein Sammelname für eine ganze Reihe von Maßbegriffen. Zunächst ist zu unterscheiden zwischen *objektiver*, physikalischer oder energetischer Lichtstärke oder *Stärke des Lichtreizes* einerseits und *subjektiver*, physiologischer Lichtstärke oder *Stärke der Lichtempfindung* andrerseits; zunächst die objektiven Größen. — 1. *Lichtstärke* oder *Lichtintensität* I ist die Energie pro Zeiteinheit, also der Effekt (Leistung). Da indessen die Energiemessung bisher nicht einwandfrei durchführbar ist, muß man eine willkürliche Einheit zugrunde legen. Als solche kommen in Betracht: a) Die *Amylacetatlampe* oder *Hefnerlampe* oder *Hefnerkerze*, HK; Dochtrohr innen 0,8, außen 0,83 cm dick und 2,5 cm lang, Flammenhöhe 4 cm, von der Reichsanstalt beglaubigt. Nach Tumlirz ist die von einer Hefnerkerze auf ein in 1 m Entfernung befindliches Quadratzentimeter gestrahlte Lichtenergie etwa 15 Erg pro Sekunde. Genauere Messungen der Lichtenergie und des Lichtdrucks hat Lebedew durchgeführt (s. Strahlungsdruck). — b) Die

Platineinheit oder *Viollesche Lichteinheit*, die von 1 qcm erstarrenden Platins in normaler Richtung ausgesandte Lichtmenge (oder, nach Siemens, 0,1 qcm im Momente des Schmelzens); der 20. Teil hiervon heißt bougie décimale oder Pyr; 1 HK = $^1/_{19}$ V. — c) Die *deutsche Paraffinkerze*, Flammenhöhe 5 cm, auch *Normalkerze* genannt, NK = 1,162 HK. — d) Die Carcellampe, die englische Wallratkerze usw. — 2. Der *Lichtstrom* Φ, das Integral der Lichtstärke ringsherum, also $\Phi = 4\pi I$ oder für einen begrenzten Kegel vom Winkel ω: $\Phi_\omega = \omega I$. Die ganze Größe ($\omega = 4\pi$) heißt auch sphärische, die halbe ($\omega = 2\pi$) hemisphärische Lichtstärke. Da ω die scheinbare Größe einer beleuchteten Fläche ist, kann man auch die wahre Flächengröße f, ihren Abstand r und den Neigungswinkel des Lichtstrahls gegen die Normale der Fläche, α, einführen: $\Phi = f \cdot I \cdot \cos\alpha / r^2$. — 3. *Lichtmenge*, das Produkt aus Lichtstrom und Zeitdauer: $Q = \Phi \cdot t = 4\pi I \cdot t$, und. bei Begrenzung:

$$Q_\omega = \omega \cdot I \cdot t = f \cdot I \cdot t \cdot \cos\alpha / r^2.$$

— 4. *Beleuchtung* oder *Beleuchtungsstärke*, der auf die Flächeneinheit senkrecht fallende Lichtstrom;

$$E = \Phi / f = I / r^2.$$

— 5. *Beleuchtungsmenge*, dasselbe, multipliziert mit der Zeit:

$$M = (\Phi / f) \cdot t = (I / r^2) \cdot t.$$

— 6. *Flächenhelligkeit*, auch *Erhellung* oder *Glanz* genannt, Verhältnis der Lichtstärke zur Fläche: $H = I / f$. — Zusammenfassende Tabelle:

Größe	Zeichen	Einheit	Zeichen	Bemerkungen
Lichtstärke	J	Hefnerkerze	HK	In Hefnerkerzen auszudrücken
Lichtstrom	Φ	Lumen	Lm	
Lichtleistung (Menge)	Q	Lumensekunde	Lms	Hefnersekunden
Lichtleistung (Menge)	q	Lumenstunde	Lmh	Hefnerstunden; 1 Lmh = 3600 Lms
Beleuchtungsstärke	e	Lux	Lx	Beleuchtung der Flächeneinheit (qcm bzw. qm) durch das Lm, oder, was dasselbe ist, Beleuchtung einer Fläche durch die HK in 1 cm bzw. 1 m Abstand
,,	E	Meterkerze (1 Mk = 10^{-4} Lx)	Mk	
Beleuchtungsmenge	M	Luxsekunde	Lxs	—
,,	m	Luxstunde	Lxh	—
Flächenhelligkeit	h	qcm-Hefner	qcmHK	1 qm HK = 10^{-4} qcm HK
,,	H	qm-Hefner	qmHK	

— Zugrunde gelegt ist hierbei das Gesetz der Lichtausbreitung (Lambertsches Gesetz, s. Lichtausbreitung). — Die Größe, deren Gefälle in irgendeiner Richtung die Beleuchtungsstärke in dieser liefert, heißt *Leuchtpotential* oder *Luminal*: $L = I / r$. — Den von einer Fläche durchgelassenen Teil der auffallenden Lichtmenge nennt man ihre *Transparenz*, den diffus und für alle Farben gleichmäßig zurückgeworfenen Teil ihre *Albedo*. — Einer bestimmten Stärke des Lichtreizes entspricht nun eine bestimmte Stärke der *Lichtempfindung*, und zwar gemäß dem *psychophysischen Grundgesetz*. Der Intensitätsunterschied zweier Lichtreize, dem eben noch ein Unterschied der Empfindungsstärken entspricht, ist mit der Reizstärke selbst proportional; oder: die relative Unterschiedsempfindlichkeit ist im ganzen Bereiche der Reizstärken konstant (Elementargesetz, Weber):

$$dE = c \cdot (dR/R).$$

Durch Integration, wenn man dE als eine in allen Fällen gleiche Größe ansieht, ergibt sich das Integralgesetz (Fechner): $E = c \cdot \log R$; die Empfindungsstärke ist mit dem Logarithmus des Reizes proportional. Hierdurch werden die Kontraste der Lichtstärken in hohem Grade abgeschwächt und für das Auge erträglich gemacht. Der Wert von R, für den E anfängt, positiv zu werden, heißt der *Schwellenwert* der Lichtstärke; er ist stark von der Farbe abhängig, z. B. aus 1 m Entfernung: für Rot 0,10, Gelb 0,005, Grün 0,0008, Blau 0,0002, und für Weiß 0,0012. Übrigens gilt das psychophysische Gesetz nur im mittleren Bereiche mit größerer Strenge. Auch ist zu unterscheiden zwischen *Gleichheitsempfindlichkeit* und *Kontrastempfindlichkeit;* letztere ist etwa doppelt so groß wie erstere. — Für verschieden gefärbte Flächen läßt sich ein gemeinsamer Helligkeitsbegriff nicht einwandfrei aufstellen. — Wegen der Messung der Lichtstärke usw. s. Photometrie.

Lichtstrahlen, s. Beugung des Lichts, Lichtausbreitung, Strahlung.

Lichtstrom, s. Lichtstärke.

Lichtweg, s. Brechung des Lichts.

Lichtwellen, s. Licht.

Lichtwelleneinheit, s. Längenmaß.

Limnometer, s. Wellenbewegung der Flüssigkeiten.

Lindes Eismaschine, s. Verflüssigung der Gase.

Linearer Ausdehnungskoeffizient, s. Thermische Ausdehnung fester Körper.

Lineare Ströme, s. Elektrischer Strom, Stromverzweigung.

Linienblitz, s. Atmosphärische Elektrizität.

Linien gleicher Stromdichte, s. Körperströme.

Linke-Hand-Regel, s. Magnetelektrizität.

Linse des Auges, s. Sehen.

Linsen sind von Ebenen oder gekrümmten Flächen begrenzte Körper aus möglichst durchsichtigem (bzw., für andre Strahlung, aus für diese möglichst durchlässigem Material, vgl. Wärmestrahlung, Elektrische Schwingungen usw.). Das wichtigste Material ist Glas, aber von sehr verschiedener chemischer Zusammensetzung, nächstdem Quarz, Flußspat sowie, beim Auge, organische Substanz. Am wichtigsten unter den Formen sind die *sphärischen*, d. h. von Kugelflächen, einschließlich der Ebene, begrenzten Linsen. Man unterscheidet zunächst dicke und dünne Linsen; bei diesen sind die Gesetze viel einfacher als bei jenen. Ferner *Sammellinsen*, die in der Mitte am dicksten, und *Zerstreuungslinsen*, die in der Mitte am dünnsten sind. Jede dieser Klassen hat wiederum drei Formen: 1. Sammellinsen. a) *Bikonvex*, b) *plankonvex*, c) *konkavkonvex* (die konvexe Fläche stärker gekrümmt als die konkave). 2. Zerstreuungslinsen. a) *Bikonkav*, b) *plankonkav*, c) *konvex-konkav* (die konkave Fläche stärker gekrümmt als die konvexe); vgl. nebenstehende Skizzen (Fig. 135). — Geometrisch ist eine Linse durch die beiden Krümmungsradien charakterisiert (gewöhnlich positiv gerechnet, wenn das Licht auf die konvexe Seite fällt, negativ im andern Falle; hier sind die Vorzeichen

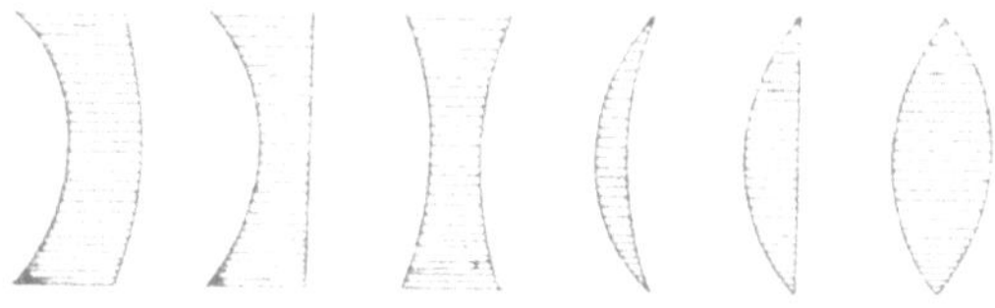

Fig. 135.

in die Formeln selbst aufgenommen). Optisch ist eine Linse außerdem noch durch den *Brechungsquotienten* n des Materials gekennzeichnet, zusammenfassend aber durch ihre *Brennweite* f, d. h. durch die Entfernung des Vereinigungspunktes ursprünglich paralleler Strahlen von der Linse (bei dicken Linsen vom Hauptpunkte, annähernd von der Mitte). Die reziproke Brennweite $\varphi = 1/f$ heißt die *Stärke* der Linse oder ihre *Dioptrie*. — 1. *Sammellinse* (Fig. 136; F Brennpunkt, O Objekt, B Bild): das

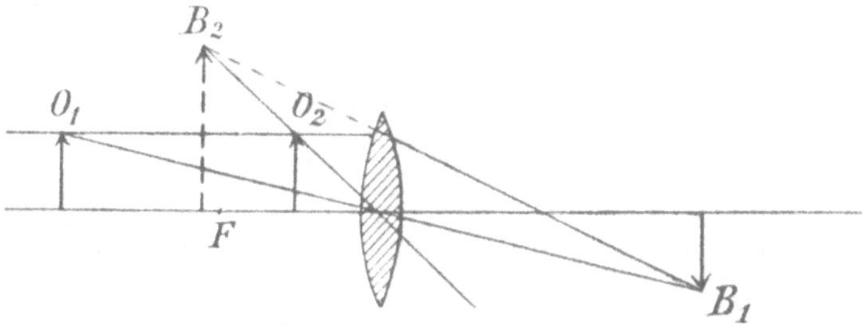

Fig. 136.

Bild eines außerhalb der Brennweite gelegenen Objektes O_1 liegt hinter der Linse, ist reell und umgekehrt; die Summe der reziproken Linsenabstände von Bild und Objekt ist gleich der reziproken Brennweite, die Größen von Bild und Objekt (Querdimension) verhalten sich wie die Abstände:

$$(1/s) + (1/s') = 1/f;$$

$$s' = f \cdot s/(s - f);$$

$$g' = [f/(s - f)] \cdot g = [(s' - f)/f] \cdot g.$$

Eine Sammellinse wird zuweilen als *Brennglas* bezeichnet. Dagegen ist das Bild eines innerhalb der Brennweite liegenden Objekts O_2 virtuell und aufrecht, liegt vor der Linse, und zwar

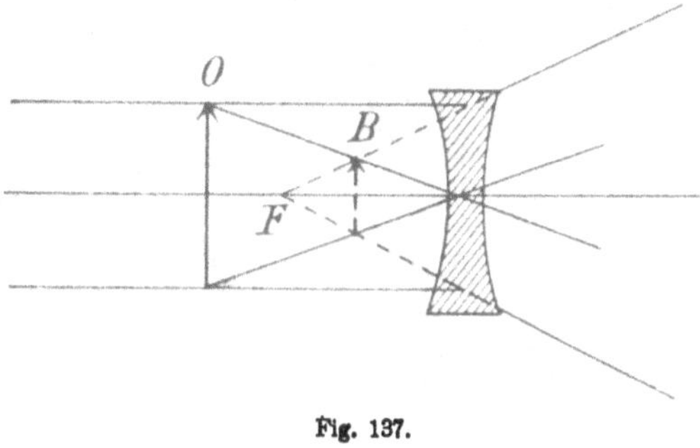

Fig. 137.

weiter weg als das Objekt, und die Differenz der reziproken Abstände ist gleich der reziproken Brennweite:

$$(1/s) - (1/s') = 1/f;$$

$$s' = i \cdot s/(f - s);$$

$$g' = [(f/(f - s)] \cdot g = [(f - s')/f] \cdot g.$$

In beiden Fällen ist

$$\frac{1}{f} = (n - 1)\left(\frac{1}{r_1} \pm \frac{1}{r_2}\right).$$

— 2. *Zerstreuungslinse* (Fig. 137): das Bild ist immer virtuell, aufrecht und vor der Linse gelegen, und zwar näher, also entsprechend verkleinert;

$$(1/s') - (1/s) = 1/f;$$
$$s' = f \cdot s/(f+s);$$
$$g' = [f/(f+s)] \cdot g.$$

— 3. *Zwei oder mehrere dünne Linsen in unmitelbarem Kontakt*: Die reziproke Brennweite ist gleich der Summe der reziproken Einzelbrennweiten; die Dioptrien summieren sich also einfach. — 4. *Zwei dünne Linsen im Abstande d* voneinander: kombinierte Brennweite $f = f_1 f_2/(f_1 + f_2 - d)$. — 5. *Dicke Linsen*. Hier werden die Verhältnisse wesentlich verwickelter; man muß die Haupt- und Knotenpunkte (s. Abbildung) aufsuchen und ihre Entfernung mit in die Formeln einführen. — Linsen geben eine Reihe von *Abbildungsfehlern* (s. Abbildung), die man durch geeignete Kombination (Achromate, Apochromate usw., s. Abbildung, Mikroskop usw.) größtenteils beseitigen kann. Auch hat man zu diesem Zweck die begrenzenden Kugelflächen durch leicht abweichende sphäroidische ersetzt, was aber technisch sehr schwierig ist. — Stark verzerrte Bilder erhält man durch *Zylinderlinsen*, nämlich Bilder, die entweder in die Länge oder in die Breite oder auch ins Schiefe verzogen sind (*Anamorphot* von Abbe zur Variierung von Mustern). Bei den *Anastigmatlinsen* wird das zur Korrektion astigmatischer Fehler, z. B. des menschlichen Auges, benutzt (s. Brille). — Linsen bilden den wesentlichen Bestandteil der meisten optischen Instrumente (s. Optische Instrumente, Brille, Lupe, Fernrohr, Mikroskop, Photographisches Objektiv usw.).

Lippe, s. Pfeifen.

Lissajousschwingungen. Wenn ein Punkt gleichzeitig zu zwei aufeinander senkrechten Schwingungen angeregt wird, beschreibt er, je nach den Umständen, sehr mannigfaltige Kurven, die man als *Lissajouskurven* buw. Lissajousschwingungen bezeichnet. Am einfachsten gestalten sie sich, wenn jede der beiden Einzelschwingungen eine Sinusschwingung ist. Sind die beiden Perioden gleich, so entsteht im allgemeinen eine Ellipse, im speziellen eine diagonale Gerade, falls keine Phasendifferenz vorhanden ist, oder die andre Diagonale, falls die Phasendifferenz eine halbe Periode beträgt; beträgt sie eine Viertelperiode, so entsteht eine Ellipse, deren Axen in die Koordinatenaxen fallen, in allen andern Fällen schiefe Ellipsen. Bei gleicher Amplitude beider Komponenten wird die stehende Ellipse ein Kreis, die diagonalen Geraden erhalten die Neigung 45°. Wenn die beiden Perioden sich wie 1 : 2 verhalten, erhält man im allgemeinen eine achtartige, stehende oder schiefe Figur; nur für die Phasendifferenz $^1/_4$ oder $^3/_4$ Perioden erhält man eine Parabel, nach links bzw. rechts geöffnet. Allgemein erhält man für Perioden, die in rationalem Verhältnis zueinander stehen, geschlossene Kurven, und zwar bei dem Verhältnis $m:n$ Kurven, die das aus den Amplituden gebildete Rechteck n- bzw. m-mal berühren (Fig. 138 für 3 : 4). Wenn die beiden Frequenzen nahezu, aber nicht genau im Einklang (oder einem andern ganzzahligen Verhältnis) stehen, erhält man, der fortwährend sich ändernden Phasendifferenz entsprechend, Lissajouskurven, die stetig aus dem einen Typ in den andern übergehen, z. B. von der Diagonale zur schmalen, breiten, stehenden Ellipse, Ellipse nach links, Diagonale nach links oder von der Parabel zur Acht

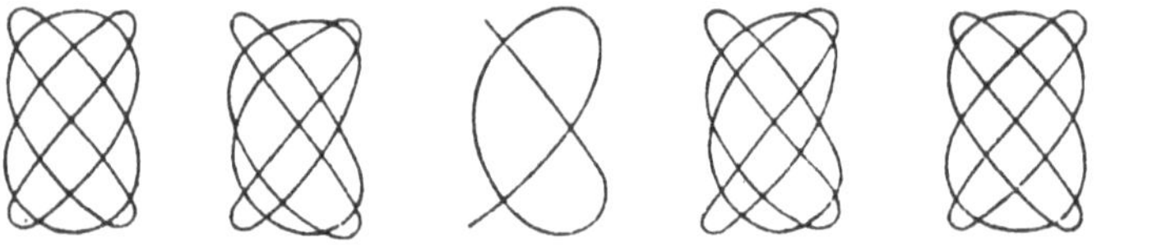

Fig. 138.

(Fig. 139) usw. — Formeln bei gleicher Frequenz

$$x = a \sin (2\pi n t + \vartheta_1)$$
$$y = b \sin (2\pi n t + \vartheta_1 - \delta)$$
$$\frac{x^2}{a^2} + \frac{y^2}{b^2} - \frac{2xy}{ab} \cos \delta = \sin^2 \delta .$$

— Mit Hilfe eines sandausstreuenden Doppelpendels, mit Hilfe optischer Pro-

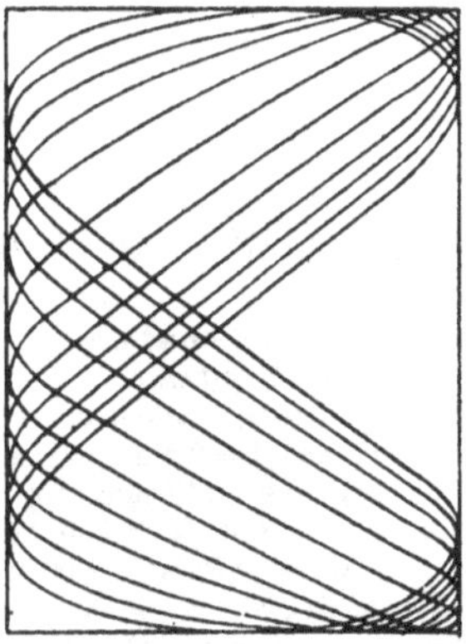

Fig. 139.

jektion der Schwingungen zweier zueinander senkrechter Stimmgabeln und auf viele andre Arten kann man die Lissajouskurven realisieren. — Bei *drei* zueinander senkrechten Komponenten erhält man verwickelte Raumschwingungen.

Liter, s. Raummaß.

Literatur der Physik. Die ausführlichsten Zusammenstellungen derselben findet man fortlaufend in den „Fortschritten der Physik" (Braunschweig) und den „Beiblättern zu den Annalen der Physik" (Leipzig), sowie systematisch in dem „Handbuch der Physik", 2. Aufl. (Leipzig).

Lloydscher Spiegelversuch, s. Interferenz des Lichts.

Lochkamera, s Photographisches Objektiv.

Lockere Massen, s. Gleichgewichtsfiguren pulverförmiger Massen, Materie.

Löschfunken, s Drahtlose Telegraphie

Löslichkeit, s. Lösungen.

Lösungen sind solche Mischungen verschiedener Stoffe, die zwar durchaus homogen sind und sich dadurch von mechanischen Gemengen unterscheiden, andrerseits aber nicht bloß in bestimmten stöchiometrischen Verhältnissen erfolgen und sich dadurch von chemischen Verbindungen unterscheiden. Indessen gibt es nach beiden Seiten hin Übergänge; insbesondere geht eine Lösung bei bestimmten Verhältnissen der Bestandteile in eine Verbindung über. Der Vorgang, durch den eine Lösung hergestellt wird, heißt *Auflösung*, der entgegengesetzte *Ausscheidung*, ihr festes Ergebnis *Niederschlag*. — Es gibt feste, flüssige und gasförmige Lösungen. Unter den *festen* sind die *Metallegierungen* die wichtigsten („feste Lösungen"). Auch unter diesen gibt es einzelne, die als chemische Verbindungen anzusehen sind. Die beiden sichersten Zeichen einer chemischen Verbindung sind ihr Verhalten bei der Aggregatzustandsänderung (markierte Schmelzung und Verdampfung) und hinsichtlich der elektrischen Leitfähigkeit (s. Elektrizitätsleitung). — Die *Gaslösungen* sind nichts anderes als Gasgemische; ihre wichtigste Eigenschaft ist die additive Natur ihres Druckes, d. h. der Druck ist gleich der Summe der Teildrucke der Bestandteile, deren jeder denjenigen Druck ausübt, als ob er allein in dem Raume vorhanden wäre: *Daltonsches Gesetz* (s. Gase). — Unter den flüssigen Lösungen sind zwei Klassen zu unterscheiden: *kristalloidale* und *kolloidale;* erstere sind die normalen und werden hier ausschließlich behandelt; letztere verhalten sich abnorm und nähern sich unter Umständen schon gewissen mechanischen Gemischen, nämlich den Suspensionen und Emulsionen (s. Disperse Systeme). — Eine Lösung besteht aus dem *Lösungsmittel* und den *gelösten Substanzen*, jedoch ist dieser Gegensatz nur dann scharf, wenn jenes flüssig, diese ursprünglich fest sind; in andern Fällen, z. B. bei der Lösung einer Flüssigkeit in einer andern, kann man beliebig definieren, bezeichnet aber gewöhnlich den der Menge nach überwiegenden Teil als Lösungsmittel. Der Gehalt an gelöster Substanz heißt *Konzentration;* sie wird in sehr verschiedener Weise angegeben, insbesondere folgendermaßen: a) in Gewichtsprozenten des Ganzen (g gelöstes in 100 g), b) in Volumenprozenten (cbcm in 100 cbcm), c) Gewichts-Volumen-Prozente (gr in 100 cbcm), d) in Gewichtsprozenten des Mittels (g in 100 g Mittel), e) Molare Konzentration (Mol in 1 Liter Lösung oder auch in 1000 g, s. Molekulartheorie), f) Äquivalentkonzentration (gr-Äquivalente in 1 Liter), g) Mol-Prozente (Mol in 100 Mol Mittel). Zuweilen gibt man auch den reziproken Wert an, die *Verdünnung,* und zwar die Gewichts- oder Volumen- oder molare oder Äquivalentverdünnung. — Verschiedene Stoffkombinationen unterscheiden sich durch ihre *Löslichkeit,* d. h. durch die äußerste lösbare Menge; ist sie null, so ist der Stoff in dem andern unlöslich. An der äußersten Grenze hat man eine *gesättigte* Lösung; jedoch ist das in hohem Grade von der Temperatur abhängig, und zwar nimmt die Löslichkeit meist mit steigender Temperatur zu, so daß sich bei Abkühlung Substanz ausscheidet. Durch vorsichtiges Verfahren kann man unter Umständen auch *übersättigte* Lösungen herstellen, die indessen labil sind. Andrerseits hat man es in allen andern Fällen mit ungesättigten Lösungen zu tun, und insbesondere, wenn die gelöste Menge sehr klein ist, mit *verdünnten Lösungen.* Diese verhalten sich nach besonders einfachen Gesetzen und sind daher theoretisch am wichtigsten. Einige Löslichkeiten (Gewichtsteile wasserfreien Salzes in 100 Gewichtsteilen Wasser):

Stoff	0°	18°	100°
KCl	28	34	57
KJ	128	142	209
KNO_3	13	29	250
K_2CO_3	89	111	156
NH_4Cl	28	36	73
NaCl	35	36	39
$NaNO_3$	73	86	180
$NaClO_3$	82	98	204
LiCl	64	79	130
$BaCl_2$	31	35	59
$CaCl_2$	50	71	155
$CaSO_4$	0,2	0,2	0,2
$MgCl_2$	52	56	—
$ZnCl_2$	210	360	610
$ZnSO_4$	43	51	—
$MgSO_4$	27	35	—
$CuSO_4$	18	23	75
$AgNO_3$	122	220	900
$Pb(NO_3)_2$	38	51	130
Rohrzucker	179	201	490

— Eine bestimmte Löslichkeit besitzen nur kristalloide Substanzen. Kolloide sind beliebig lösbar, quellen dabei auf, und eine exakte Bestimmung ist undurchführbar. Die Auflösung der Kristalle hängt von der Richtung ab; es bilden sich dabei vielfach bestimmte Figuren aus: *Ätzfiguren.* — Die *Dampfspannung einer Lösung* ist gleich der Summe der Teilspannungen ihrer Bestandteile; jedoch ist diese Teilspannung nicht gleich der Dampfspannung in natürlichem Zustande, sondern kleiner (Dampfdruckerniedrigung), und infolgedessen findet in der Lösung eine *Siedepunktserhöhung* statt; sie ist mit der molaren Konzentration proportional. Der Faktor, die *molare Siedepunktserhöhung,* ist vom gelösten Stoffe unabhängig, also eine Konstante des Lösungsmittels. Hierauf beruht die ebullioskopische Methode der Molekulargewichtsbestimmung. Einige Werte der molaren Siedepunktserhöhung für 100 g Lösungsmittel:

Wasser	5,2
Alkohol	11,5
Aceton	16,7
Äther	21,1
Schwefelkohlenstoff	23,7
Benzol	26,7
Anilin	32,2
Chloroform	36,6
Äthylenbromid	63,2

— Umgekehrt findet bei Lösungen eine *Gefrierpunktserniedrigung* statt, so daß man sagen kann: der flüssige Bereich der Lösungen ist nach beiden Seiten hin erweitert. Die Gesetze sind dieselben wie dort; auch hier gibt es eine molare Gefrierpunktserniedrigung, die für das Lösungsmittel charakteristisch ist, und hierauf gründet sich die kryoskopische Molekulargewichtsbestimmung. Einige Werte der Gefrierpunktserniedrigung für 100 g Lösungsmittel:

Wasser	18,58
Eisessig	39
Benzol	51
Nitrobenzol	70
Äthylenbromid	118

— Von besonderer Wichtigkeit ist der *osmotische Druck* p einer Lösung, d. h. der Überdruck, der sich in der durch eine halbdurchlässige Wand vom reinen Lösungsmittel getrennten Lösung infolge der Osmose (s. d.) einstellt. Für verdünnte Lösungen ist er mit der Konzentration und der absoluten Temperatur proportional, und zwar gilt, für eine Lösung von 1 Mol gelöster Stoffe in v Litern die Gleichung $pv = RT$, also ganz entsprechend wie für den gewöhnlichen Druck in einem Gase; und auch R ist für alle gelösten Stoffe und alle Lösungsmittel gleich, und zwar gleich dem Wert der Gaskonstante (s. Gase). Demgemäß läßt sich das *Avogadrosche Gesetz* (s. Gase und Molekulartheorie) auch auf Lösungen anwenden und lautet dann: In verdünnten Lösungen von gleichem osmotischem Druck und gleicher Temperatur ist in gleichem Volumen die gleiche Anzahl von Molekeln der gelösten Substanz enthalten, und zwar ebensoviel wie in einem Gasraum von gleichen Verhältnissen. Alle diese Gesetze erleiden jedoch eine Modifikation für *elektrolytische Lösungen* (Säuren, Basen, Salze usw.); hier ist der osmotische Druck größer, als er nach obigem sein sollte, und zwar bei binären Elektrolyten bis zu doppelt so groß. Diese Tatsache findet ihre Erklärung durch die Annahme einer *Dissoziation*, d. h. des Zerfalls eines Teils der Molekeln in *Ionen* (elektrisch geladene Atome, s. Ionen), von denen jedes einzelne denselben Einfluß auf den osmotischen Druck ausübt wie vorher die ganze Molekel. Den Bruchteil, den die dissoziierten Teilchen von allen bilden, nennt man *Dissoziationsgrad* γ; er wird mit der Verdünnung immer größer und schließlich gleich eins. Alsdann ist der osmotische Druck der doppelte normale. Allgemein für n-fache Molekeln: $P = (1 + (n - 1)\gamma) \cdot p$; der Faktor von p heißt Van't Hoffscher Faktor; γ hängt von der Verdünnung nach dem Verdünnungsgesetz ab (s. auch Elektrizitätsleitung der Flüssigkeiten). — Im einer verdünnten Lösung mehrerer Stoffe ist der osmotische Druck die Summe der osmotischen Teildrucke (Analogon zum Daltonschen Gesetz, s. Gase, Gemische). — Der *Dampf einer Lösung* hat wegen der verschiedenen Siedepunkte der Komponenten eine andre Zusammensetzung als die flüssige Lösung; nur unter ganz bestimmten Bedingungen kann die Zusammensetzung dieselbe sein (konstant siedende Lösungen). — Für konzentrierte oder gar gesättigte Lösungen nehmen die obigen Gesetze sämtlich eine viel verwickeltere Form an. — S. auch Phasenlehre.

Lösungswärme ist die Wärme, die bei der Auflösung eines Gramms eines Stoffes in einem andern latent oder frei wird; im letzteren Falle wird sie als positiv, im ersteren als negativ gerechnet. Ebenso spricht man bei der Mischung zweier Stoffe von der *Mischungswärme*, bei der Absorption von Gasen von der *Absorptionswärme*. — Die Lösungswärme hängt von der Natur und Menge des Lösungsmittels ab; die beiden extremen Fälle sind die Lösungswärme bis zur äußersten Verdünnung (Lösungswärme in viel Wasser) und die Lösungswärme bis zur Sättigung oder integrale Lösungswärme; von einer gewissen Verdünnung an ist die Lösungswärme konstant. Bei festen Körpern ist sie meist negativ (wie die Schmelzwärme), falls der Körper im festen Zustande kein Hydrat bilden kann; falls er das kann, ist sie für das Hydrat ebenfalls negativ, für den wasserfreien Stoff aber meist positiv. Bezieht man sich nicht auf 1 g, sondern auf ein Mol (s. Masse) der gelösten Substanz, so gelangt man zur molekularen Lösungswärme; wegen dieser und der Zahlenwerte s. Atomwärme. — Die Differenz der Lösungswärmen eines festen Stoffes im wasserfreien und wasserhaltigen Zustande heißt Hydratationswärme. — Die Differenz der Lösungswärmen für zwei verschiedene Konzentrationen ergibt die *Verdünnungswärme*; nach obigem nimmt sie mit wachsender Verdünnung auf null ab. Sie kann aber unterwegs auch schon durch null hindurchgehen und das Zeichen wechseln; bei dieser Konzentration ist dann die Energie der Lösung ein Maximum oder Minimum. — Die Lösungswärme steht in einer thermodynamischen Beziehung zu den Dampfspannungen über reinem Wasser und über der Lösung; die betr. Formel ist indessen mit Vorsicht und nur mit Rücksicht auf den Mechanismus des Auflösungsprozesses zu benutzen. — Die Lösungswärme ändert sich mit der *Temperatur*, bei der die Lösung erfolgt, und zwar theoretisch gemäß der Formel:

$$dL/dt = (m_1 c_1 + m_2 c_2)/(m_1 + m_2) - C,$$

wo c_1, c_2, C die spezifischen Wärmen des Stoffes, des Lösungsmittels und der Lösung sind, welch letztere aus m_1 Teilen Stoff und m_2 Teilen Lösungsmittel besteht. Bei Salzlösungen ist C stets kleiner als das erste Glied; die Lösungswärme wächst also mit steigender Temperatur (eventuell, wenn sie negativ ist, auf null hinauf und dann weiter). — Bei der Mischung von Flüssigkeiten mit Wasser wird immer Wärme frei, mit wachsender Anzahl der Wassermolekeln n gelten die Formeln (in 100fachen Kalorien):

Salzsäure

$$\left(\frac{n}{n+1}\right) \cdot 119{,}8$$

Schwefelsäure

$$\left(\frac{n}{n+1{,}8}\right) \cdot 178{,}6$$

Salpetersäure

$$\left(\frac{n}{n+1{,}737}\right) \cdot 89{,}7 \,.$$

die Zahlenfaktoren stellen also die Grenzwerte für viel Wasser dar. — Die *Absorptionswärme von Gasen* in Flüssigkeiten ist in den Fällen, wo das Henrysche Gesetz (s. Absorption) erfüllt ist, so gut wie null, in andern Fällen stets positiv. Einige Werte in 100fachen Kalorien für die Absorption in Wasser:

Br_2	82	HCl	173	HCN	61
Cl_2	49	HJ	194	H_2S	46
CO_2	59	H_3N	84	SO_2	77

Lötrohr ist ein Apparat, mit dem man in eine Flamme einen feinen, aber kräftigen Luftstrom einbläst, um eine Stichflamme und damit eine erhöhte Temperatur zu erzeugen, die das Schmelzen und Löten von Metallen ermöglicht. Außerdem dient es zur chemischen und mineralogischen Analyse.

Lötstelle, s. Thermoelektrizität.

Log, s. Geschwindigkeitsmessung.

Logarithmisches Dekrement, s. Dämpfung, Innere Reibung.

Lokalisierung der Energie, s. Energie.

Lokalvariometer, s. Magnetische Messungen.

Longitudinalaberration, s. Sphärische Aberration.

Longitudinaleffekte, s. Halleffekt.

Longitudinale Masse, s. Kathodenstrahlen.

Longitudinalvergrößerung, s. Abbildung.

Longitudinalwellen, s. Wellenbewegung.

Lorentztransformation, s. Relativitätsprinzip.

Loschmidtsche Zahl, s. Gase, Kinetische Theorie, Molekulartheorie.

Lotung, s. Richtung.

Luftbad, s. Wärmeapparate.

Luftballon, s. Luftschiffahrt.

Luftdruck ist der aus der Schwere sich ergebende Druck der Luft, insbesondere der die Erde umgebenden Lufthülle, nach unten. Er ist eine Funktion der Höhe über dem Erdboden; für den Meeresspiegel selbst ist sein normaler Wert, die sog. Atmosphäre (s. Druck), $p_0 = 1013667$ Dynen $=$ 1033,3 g* (s. Gewicht) pro Quadratzentimeter, also rund 1 kg* pro Quadratzentimeter und 1000 Tonnen pro Quadratmeter. Beispielsweise lastet auf der Oberfläche des menschlichen Körpers ein Luftdruck von rund 10 Tonnen, der nur deshalb ertragen wird, weil ihm ein innerer Gasdruck das Gleichgewicht hält. — Gemessen wird der Luftdruck nach dem Prinzip der kommunizierenden Röhren (s. Hydrostatik) durch die Höhe einer Flüssigkeitssäule (s. Barometer), die ihm das Gleichgewicht hält. In Quecksilberhöhe ist der normale Luftdruck 76 cm. Allgemein bei dem Barometerstande b_0 ist: $p_0 = 13{,}6\, b_0$; in Wasserhöhe ist $p_0 = 10$ m. — Für die Berechnung des Luftdrucks in beliebiger Höhe h ist in Betracht zu ziehen, daß, eben infolge der Schwere, die Dichte und, entsprechend nach dem Boyleschen Gesetze (s. Gase) auch der Druck der Luft von unten nach oben abnimmt, und zwar nach dem exponentiellen Gesetze (ϱ Dichte, ϱ_0 Dichte im Meeresspiegel, g Schwere):

$$p = p_0 \cdot e^{-\varrho_0 gh/p_0}$$

(und entsprechend für die Dichten). Statt der Drucke führt man zweckmäßig die sie messenden Barometerstände ein, und von den Numeri geht man zweckmäßig zu den Logarithmen (und zwar gleich zu den gemeinen) über; dann wird, wenn die Höhen in Metern gemessen werden:

$$\log b = \log b_0 - h/18400.$$

Umgekehrt hat man zur *barometrischen Höhenmessung*

$$h = 18400 \cdot \log (b_0/b).$$

Nahe der Erdoberfläche nimmt der Luftdruck bei 15° C für je 11 m um 1 mm ab, in größerer Höhe und bei tieferer Temperatur langsamer. Einige Luftdrucke sind folgende:

h (m)	b (mm)	h (m)	b (mm)
0	760	2000	598
100	751	2200	584
200	742	2400	570
300	733	2600	556
400	724	2800	542
500	716	3000	529
600	707	3200	516
700	699	3600	492
800	690	4000	470
900	682	4400	449
1000	674	4800	428
1200	658	7500	307
1400	642	15000	124
1600	627	30000	20
1800	612	55000	1

Ferner für einige Drucke und Temperaturen die *Höhendifferenz*, der 1 mm Druckdifferenz entspricht, in Metern:

b $t =$	28°	20°	16°	12°	0°	− 12°
780	11,4	11,1	10,9	10,7	10,2	9,7
760	11,7	11,4	11,2	11,0	10,5	10,0
740	12,0	11,7	11,5	11,3	10,8	10,3
700	12,7	12,3	12,2	12,0	11,4	10,9
660	13,4	13,1	12,9	12,7	12,1	11,5
600	14,7	14,3	14,1	13,9	13,3	12,5
520	17,2	16,8	16,5	16,1	15,0	14,3
440	20,7	20,2	19,9	19,5	18,4	17,6

Die Luftschicht bis zu 5540 m Höhe enthält schon die Hälfte, die bis zu den höchsten Bergen $^2/_3$, die bis 18400 m schon $^9/_{10}$ der ganzen Luftmasse. — Die *Atmosphäre* besteht in der Hauptsache aus einem Gemisch von 21 Proz. Sauerstoff und 78 Proz. Stickstoff; der Rest von 1 Proz. ist ein neu entdecktes Gas, das Argon. Diese Zusammensetzung ändert sich aber infolge des spezifischen Gewichts der Gase nach oben hin; der Sauerstoff nimmt ab, der Stickstoff zuerst zu, dann aber auch seinerseits ab, um dem Wasserstoff

Platz zu machen, der von 90 km ab die Atmosphäre allein bildet (Fig. 140). Zu diesen Bestandteilen der Atmosphäre kommen dann noch wechselnde: Wasserdampf, Kohlensäure, Ozon usw. — Vor Galilei und z. T. auch noch in seiner Zeit nahm man an, eine Flüssigkeit müsse ein oben geschlossenes Steigrohr immer ganz erfüllen, weil, wenn es herabfiele, darüber ein leerer Raum oder Vakuum entstünde, die Natur aber einen Abscheu vor dem leeren

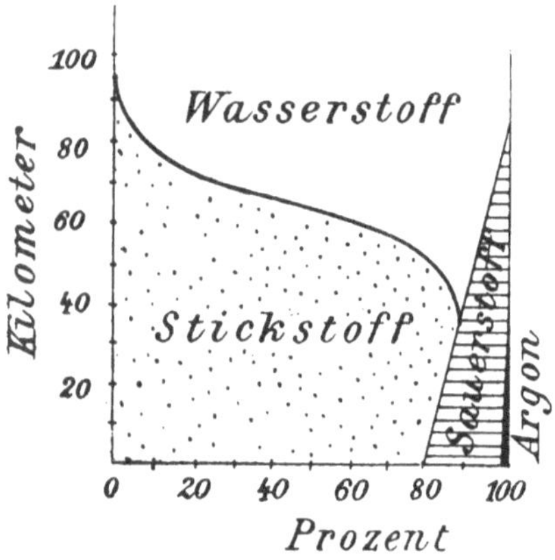

Fig. 140.

Raum, einen horror vacui habe. Torricelli widerlegte diese Ansicht, indem er zeigte, daß bei Steigrohren, die eine gewisse Höhe überschreiten, tatsächlich dieses Vakuum, die *Torricellische Leere*, entsteht, daß z. B. Wasser nicht mehr als 10 m hoch ansteigt; darauf folgte dann sofort die Erklärung durch den Druck der Atmosphäre. — Daß das Maßgebende tatsächlich die Druckhöhe ist, zeigt der Versuch mit zwei einseitig geschlossenen Röhren, von denen eine 1 m, die andre nur $^3/_4$ m lang ist: füllt man sie mit Hg und taucht sie dann in ein Gefäß mit Hg, wobei man sie zunächst schräg stellt, so bleibt das Hg in ihnen bis oben stehen; richtet man sie jetzt auf, so bleibt es in dem kurzen auch jetzt noch bis oben stehen, in dem langen aber fällt es bis auf 76 cm herab. — Der Luftdruck dringt in alle nicht vollkommen dicht abgeschlossenen Räume ohne jede merkliche Schwächung ein; es ist daher gleichgültig, wo man ein Barometer aufstellt. — Die Abnahme des Luftdrucks mit der Höhe läßt sich auch durch den Warburgschen Versuch mit einem Argandbrenner demonstrieren, der eben nur noch bläulich brennt, bei Hebung um 4 m aber kräftiger und leuchtender wird, weil der Gasdruck weniger abnimmt als der Luftdruck. — Mit Hilfe der Luftpumpe (s. d.) kann man die mannigfaltigen Wirkungen einseitigen Luftdrucks demonstrieren: die *Magdeburger Halbkugeln* lassen sich in ausgepumptem Zustande nur durch gewaltige Anstrengung voneinander trennen; eine Glasscheibe oder eine Membran wird eingedrückt bzw. zersprengt; beim *Quecksilberregen* wird Quecksilber durch Holz hindurchgepreßt; der Heber hört auf zu fließen (s. Pneumatische Apparate) usw. — Die Schwankungen des Luftdrucks mit der Zeit und seine Verschiedenheit an verschiedenen Orten bilden ein Hauptelement der *Meteorologie* und Klimatologie. Sie sind eine Folge teils von Luftbewegungen, teils von Temperaturänderungen; und zwar wird der Luftdruck durch aufsteigende Strömung im allgemeinen vergrößert, durch absteigende sowie durch horizontale Strömung und Wirbelbewegung verringert, ebenso durch Steigen der Temperatur. Auch Feuchtigkeitsschwankungen bedingen Luftdruckschwankungen, weil Wasserdampf geringeren Druck als Luft ausübt. Linien gleichen Luftdrucks auf der Erdoberfläche heißen *Isobaren;* nach oben hin kann man sie zu Isobarenflächen vervollständigen. Der Luftdruck ist der Skalar, dessen Gefälle (oder Gradient) in einer bestimmten Richtung die Luftbewegung in derselben bestimmt; man kann also das Vektorfeld im Prinzip auf ein Skalarfeld zurückführen: Windkarten und Luftdruckkarten. Jedoch stehen die Windbahnen nicht, wie es unter einfachen Verhältnissen sein müßte. auf den Isobaren senkrecht; infolge der Axendrehung der Erde sind sie vielmehr in bestimmtem Sinne gedreht: *Drehungsgesetz der Winde.* — Orte kleinsten Luftdrucks heißen *barometrische Minima,* solche größten Luftdrucks *barometrische Maxima;* erstere sind meist Zentren atmosphärischer Wirbelbewegungen (s. Winde). — S. auch Adhäsion, Barometer, Winde.

Luftdruckschwankungen, s. Barometer, Luftdruck.

Luftdruckvariometer, s. Barometer.

Lufteleklrizität, s. Atmosphärische Elektrizität.

Luftelektrometer, s. Atmosphärische Elektrizität, Elektrometrie.

Luftfeuchtigkeit, s. Feuchtigkeit.

Luftleerer Raum, s. Luftdruck, Luftpumpe.

Luftpumpe ist jeder Apparat, um die Luft (oder andre Gase) aus einem Raume mehr oder weniger herauszuziehen (oder auch in ihn hineinzubringen), so daß ein verdünnter (oder verdichteter) Raum, im Grenzfalle also (der aber nie streng erreicht werden kann) ein leerer Raum oder Vakuum entsteht. Die älteste Klasse von Luftpumpen bilden die von Guericke erfundenen *Kolbenluftpumpen,* beruhend auf der durch den Ein- und Hergang eines Kolbens in einem Zylinder oder Stiefel bewirkten periodischen Vergrößerung und Verkleinerung eines Raumes, der während der Vergrößerung mit dem auszupumpenden Raume, während der Verkleinerung mit der freien Atmosphäre in Verbindung steht. Je nachdem die Umstellung durch Hähne oder Ventile erfolgt, unterscheidet man Hahn- und Ventilpumpen. — Der bei Demonstrationsversuchen auszupumpende Raum heißt *Rezipient;* er ist gewöhnlich durch einen Teller, in den das Saugrohr mündet, und eine Glasglocke abgeschlossen. Der *einstiefligen* steht die *zweistieflige* Luftpumpe gegenüber, bei der beide Phasen des Prozesses immer gleichzeitig und abwechselnd erfolgen. Die Leistungsfähigkeit findet ihre Grenze infolge des *schädlichen Raumes* zwischen Rezipient und Ventil, der sich nicht völlig vermeiden läßt, und der immer wieder Luftreste in den auszupumpenden Raum gelangen läßt. Alle Vervollkommnungen der Luftpumpe erstrecken sich teils auf die Verringerung des schädlichen Raumes, insbesondere durch eigenartig konstruierte Hähne (Babinetscher, Grassmannscher Hahn usw.), teils auf die größere Schnelligkeit und Bequemlichkeit der Handhabung, besonders auf Ersatz der Kolbenbewegung durch eine rotierende: *Rotationsluftpumpe;* letztere kann dann entweder mit der Hand oder mit einem Motor (Elektromotor) betrieben werden. Auch die Umstellung der Hähne oder Ventile wird am besten automatisch eingerichtet. — Einen großen Fortschritt stellen ferner die *Ölluftpumpen* dar, bei denen die Dichtung durch Öl erfolgt. — Besondere Typen sind die Rotationsluftpumpe von Schulze-Berge, Kaufmann u. a. sowie die sehr verbreitete *Kapselpumpe* von Gaede, bei der die Entleerung mit Hilfe eines sichelförmigen Raumes und eines Schiebers erfolgt. — Eine zweite Klasse von Pumpen sind die *Quecksilber-* oder *hydrostatischen Luftpumpen* oder *Geisslerschen Luftpumpen,* in der Hauptsache aus einem U-förmigen Rohr mit gefäßartigen Erweiterungen an den Enden bestehend; da das gekrümmte Stück aus einem Kautschukschlauch besteht, kann man den einen Schenkel und damit das in ihm befindliche Quecksilber heben und senken; das Weitere besorgen Zweigrohre mit Hähnen und Ventilen. Bei der Toeplerschen Pumpe sind sogar alle Hähne und Ventile vermieden; Öffnung und Schluß aller Verbindungen erfolgt lediglich durch Quecksilber. Modifikationen von Hagen und Neesen sowie die *automatische Quecksilberpumpe* von Raps. — Eine dritte Klasse bilden die Sprengelschen, böhmischen oder *hydrodynamischen Luftpumpen,* beruhend auf dem Mitreißen von Luft durch herabstürzende Quecksilber- oder Wassermassen (Bunsen); diese Apparate sind zur häufigen und raschen Benutzung sehr bequem, haben aber keine allzu große Leistungsfähigkeit. Auch hier gibt es automatische Formen, insbesondere die Kahlbaumsche Luftpumpe. — Den größten Erfolg aber hat die *rotierende Quecksilberluft-*

pumpe von Gaede gehabt (Fig. 141), bei der durch eine in einem Quecksilberbade rotierende Trommel mit spiraligen Wänden und Querstücken die Luft in die engen Kanäle gedrückt und dann ins Freie befördert wird. Sie fängt erst bei bereits ziemlich hohem Vakuum günstig zu funktionieren an und wird daher am besten mit einer

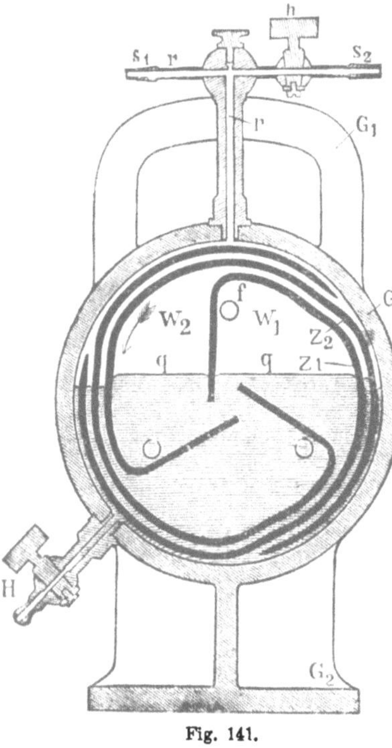

Fig. 141.

Kapselpumpe gekoppelt, diese zuerst und dann erst die Hauptpumpe in Gang gebracht, beide durch denselben Elektromotor betrieben. — Noch andre Typen, ebenfalls von Gaede herrührend, sind die Reibungs- oder *Molekularluftpumpe,* auf der Reibung und Schwirrungsgeschwindigkeit der Gasteilchen beruhend, und die *Diffusionsluftpumpe;* diese Typen scheinen aber nur unter bestimmten Verhältnissen mit Vorteil benutzt zu werden. — Alle Luftpumpen werden zweckmäßig mit Manometer (s. d.), Barometer oder Barometerprobe und andern Hilfsapparaten versehen; die meisten von ihnen können auch zum Einpumpen von Luft benutzt werden und heißen dann *Kompressionspumpen.* — Die äußersten *Vakua,* die sich erzielen lassen, sind mit der Zeit immer besser geworden, von 0,01 auf 0,001 mm und schließlich auf 0,000001 mm; indessen lassen sich so kleine Drucke nur ungefähr und mit größter Vorsicht bestimmen. — Mit der Luftpumpe lassen sich zahlreiche Demonstrationsversuche anstellen, besonders über den Luftdruck (s. d.). — Die bedeutendste wissenschaftliche Anwendung findet die Luftpumpe in der Elektrizitätslehre, namentlich beim Durchgange der Elektrizität durch mehr oder weniger hohe Vakua. Auch in der Praxis spielt die Luftpumpe eine wichtige Rolle, so bei der Fabrikation der Glühlampen und der Röntgenröhren. — S. auch Verflüssigung der Gase. — Eine besondere Klasse bilden die *Exhaustoren* zum Fortschaffen von Gasen aus bestimmten Räumen (Glocken-, Flügel-, Zentrifugalexhaustor usw.). Ihnen gegenüber stehen die *Gebläse,* um Räumen Luft (oder Gas) zuzuführen, mit Hand oder Motor (Elektromotor) betrieben und mit Vorrichtung zum Ausgleich der Schwankungen.

Luftröhre, s. Stimme und Sprache.

Luftsack, s. Luftschiffahrt.

Luftschiffahrt kann auf zweierlei Art realisiert werden: durch Körper, die *leichter* als Luft sind, und durch solche, die *schwerer* als Luft sind; erstere heißen *Luftschiffe* oder *Luftballons,* letztere *Flugzeuge* oder *Flugapparate.* — Der einfachste Typus der ersten Klasse ist der *Freiballon* oder Kugelballon, bestehend aus einer mehr oder weniger kugelförmigen, mit einem leichten Gase gefüllten Hülle; als Gase kommen fast nur zwei in Betracht: Wasserstoff, der 14 mal (im Zustande der Verunreinigung 7—10 mal) und Leuchtgas, das 2—3 mal so leicht wie Luft ist; in den ersten Zeiten der Erfindung kam auch noch durch eine Flamme erwärmte Luft in Betracht; dieser letztere Typ heißt nach seinem Erfinder *Montgolfière,* der Wasserstoffballon *Charlière.* Zu den

Hauptteilen kommen dann noch die Tragseile, der Kranz, der Korb oder die Gondel, der Füllansatz und der Ballast; letzterer dient zum Aufsteigen, während das Fallen mittels Auslassen von Gas durch ein Ventil, beim Landen auch mit Hilfe der Reißleine, die einen Streifen der Hülle aufschlitzt, erfolgt. — Die gesamte Gewichtsdifferenz gegenüber der verdrängten Luft heißt *Auftrieb* oder Steigkraft; zieht man hiervon das Gewicht m_0 des Ballons selbst und seiner unentbehrlichen Teile ab, so erhält man die Tragkraft: $T > v(s - s') - m_0$, wo v das Volumen ist und s die spezifischen Gewichte sind. In der folgenden Tabelle sind für Wasserstoffballons einige zusammengehörige Werte des Volumens in Kubikmetern (zugleich ungefährer Bruttoauftrieb in Kilogramm), des Abzugs für die toten Bestandteile, des für Bemannung und Zubehör verbleibenden Restes sowie des Prozentanteils dieses letzteren angegeben:

1000	2000	3000	5000
800	1500	2000	2800
200	500	1000	2200
20	25	33	44
10000	15000	20000	25000
4400	5200	5800	6300
5600	9800	14200	18700
56	65	71	75

Die Verhältnisse werden also mit wachsender Größe immer günstiger. Übrigens nimmt die Tragkraft mit dem Aufstieg in höhere Luftschichten immer mehr ab. Auch ändern sich mit der Höhe und der Witterung die Druckverhältnisse in erheblichem Maße; eben deshalb muß der Ballon offen gehalten werden (Füllansatz). Der Freiballon folgt völlig passiv der Luftbewegung; durch Benutzung des Umstandes, daß diese mit der Zeit ihre Richtung und Stärke wechselt und auch zu gleicher Zeit in verschiedenen Höhen verschieden stark und gerichtet ist, kann man, mit Benutzung der Wettertelegramme, bis zu einem gewissen Grade auch Zielfahrten unternehmen. — Eine Spezialität stellt der *Fesselballon* zur Gewinnung eines Überblicks über die weitere Umgebung dar. — Im Anschluß an den Freiballon sei auch der *Fallschirm* erwähnt, der den Absturz zur Erde mildern soll, bisher aber noch in keiner seiner Formen absolute Sicherheit gewährt. — Dem Freiballon steht der *Lenkballon* gegenüber; er hat zur Verminderung des Luftwiderstandes stark längliche Gestalt mit zugespitzten Enden, und, zur Verhütung des Umkippens, *Stabilisatoren* in Form ebener Flächen; ebensolche, in mannigfacher Weise verstellbar, dienen zur Steuerung: *Seiten- und Höhensteuer.* Höhensteuerung kann auch durch Schrägstellung des Ballons mittels Laufgewichten oder *Luftsäcken* (Ballonets), die entleert oder angefüllt werden können, erzielt werden. — Die Bewegung, also die Überwindung des Windes, erfolgt durch Luftschrauben oder Propeller, die ihrerseits von Explosionsmotoren (s. Kalorische Maschinen) angetrieben werden. — Je nach dem Bau unterscheidet man das *unstarre, halbstarre und starre System,* letzteres wie ein Schiff aus starrem Gerüst (Spanten), Zwischenwänden (Schotten) und somit aus einer Reihe getrennter Luftkammern bestehend; es hat den Vorteil großer Festigkeit und Haltbarkeit, aber den Nachteil, nicht zusammengepackt werden zu können. Es ist das einzige, das sich dauernd bewährt hat, und zwar hauptsächlich in den Typen: Zeppelin, Siemens-Schuckert und Schütte-Lanz. — Die Leistungsfähigkeit und damit die Windstärke, die überwunden werden kann, wird immer noch gesteigert und bald jedem Winde gewachsen sein. Einige Vergleichszahlen sind folgende:

Typus	Jahr	Länge	Breite	Volumen	P. S.	km/St.
Siemens-Schuckert . .	1909	118	13	13500	500	60
Parseval (unstarr) . .	1912	85	14,5	7000	300	58
Zeppelin	1912	148	15	20000	510	72
„ (Marine) . .	1914	158	16,5	25000	720	80

Während des Weltkrieges sind natürlich noch starke Umformungen und damit Abänderungen dieser Zahlenverhältnisse erfolgt. — Ein *Flugzeug* hat zunächst gar keinen Auftrieb, fällt also im Ruhezustande zur Erde. Im Zustande der Bewegung aber nimmt der Abtrieb infolge der horizontalen Geschwindigkeit ab; und wenn durch Formung und Stellung der Tragflächen erreicht wird, daß der Winddruck eine nach oben gerichtete Komponente erhält, kann sich das Flugzeug in der Höhe erhalten. Den Ausgangspunkt der bezüglichen Studien bildeten teils die Beobachtungen an *Drachen*, der ja ebenfalls in geneigter Lage durch den Wind einen Auftrieb erhält, teils die Beobachtungen der *Vögel* und *Insekten*. Dabei ist zu unterscheiden zwischen *passivem* und *aktivem* Flug. Von ersterem ist am einfachsten der *Gleitflug*, in sanft abwärts geneigter Linie (also zeitlich begrenzt), dann der *Schwebeflug* in unveränderter Höhenschicht mit Benutzung aufsteigender Luftströmungen und andrer Momente, der *Segelflug* mit Hilfe des Windes und endlich das noch einigermaßen rätselhafte *Kreisen*. — Von den aktiven, durch Motoren bewirkten Flugarten (*Motorflug*) hat sich nur der *Schraubenflug* bewährt, während sich die beiden andern Arten, der dem Vogelflug nachgebildete Schwingenflug sowie der dem Mechanismus des Ruderbootes nachgebildete Ruderflug, unter den geometrischen und dynamischen Verhältnissen der Atmosphäre bzw. des Flugzeugs als unmöglich oder als unvorteilhaft erwiesen haben. — Die verschiedenen Typen von Flugzeugen unterscheiden sich durch Anzahl, Lage und Form der Tragflächen sowie durch andre Einzelheiten: Eindecker, Doppeldecker usw. — Propeller und Motoren sind anfangs von anderwärts entlehnt worden (Automobil), haben sich dann aber selbständig entwickelt, letztere besonders auch mit Rücksicht auf die Anforderung eines möglichst günstigen Verhältnisses von Leitung und Eigengewicht. — Eine Spezialität stellen die *Wasserflugzeuge* dar, die auch, im Gegensatz zu den Aeroplanen, als Hydroplane bezeichnet werden.

Luftspiegelung, s. Atmosphärische Optik.

Luftverflüssigungsmaschine, s. Verflüssigung der Gase.

Luftwiderstand, s. Wurf.

Lumen, s. Lichtstärke.

Lumenstunde, s. Lichtstärke.

Luminal, s. Lichtstärke.

Lumineszenz ist sichtbare Strahlung, die nicht eine Folge einer dem Kirchhoffschen Gesetze (s. Strahlung) entsprechenden Temperaturerhöhung, in vielen Fällen aber überhaupt nicht mit Temperaturerhöhung verbunden ist. Sie steht demgemäß im Gegensatz zur *Temperaturstrahlung;* im letzteren Falle heißt der strahlende Körper *thermaktin*, im andern *allaktin*. Übrigens finden häufig beide Strahlungen gleichzeitig statt, und normale Strahlung ist vielfach von Lumineszenz begleitet; indessen ist man in dieser Richtung, z. B. beim Leugnen der Temperaturstrahlung glühender Gase, vielfach zu weit gegangen. — Die Lumineszenz ist schon äußerlich gekennzeichnet durch den weißen oder bläulichen Charakter des Lichts. Es sind also die kurzwelligen Strahlen in gleichem Maße an der Strahlung beteiligt wie die langwelligen, vielfach sogar überwiegend; infolgedessen ist fast gar keine Wärmewirkung vorhanden, und deshalb der *optische Nutzeffekt* sehr hoch (während er bei der normalen Strahlung meist sehr gering ist). — Die erregende Ursache kann sehr verschiedenartig sein; man unterscheidet demgemäß folgende Arten von Lumineszenz: 1. *Thermolumineszenz*, als Folge schwacher Erwärmung (besonders gut bei Schwefelverbindungen zu beobachten). — 2. *Tribolumineszenz*, durch Reibung (Zucker, im Dunklen gestoßen, leuchtet). — 3. *Kristallolumineszenz*, durch Kristallisation. — 4. *Chemilumineszenz*, durch chemische Prozesse; hierher gehört das Leuchten des Phosphors an der Luft infolge von Oxydation, das Leuchten faulenden Fleisches und das Leuchten lebender Tiere, z. B. des Johanniskäfers, und das Meerleuchten. Spezialfall: Lyolumineszenz, durch Auflösung. — 5. *Elektrolumineszenz*, infolge elektrischer Entladung; eine besonders starke lumineszierende Wirkung haben die Kathodenstrahlen, und zwar sowohl während der Strahlung wie nachher; dabei verhalten sich verschiedene Körper sehr verschieden, und es treten interessante Einzelerscheinungen auf. — 6. *Photolumineszenz*, infolge von Bestrahlung mit Licht; zwei Arten: *Fluoreszenz* und *Phosphoreszenz;* bei jener hört die Wirkung mit der Erregung gleichzeitig auf, bei dieser wirkt sie nach. Die Photolumineszenz ist am wichtigsten und erfordert etwas eingehendere Besprechung: *a*) *Fluoreszenz* ist zuerst beobachtet am Fluorcalcium oder Flußspat (daher der Name). Petroleum ist an sich gelblich, strahlt aber im Sonnenlicht nach allen Seiten violettbraunes Licht aus; Uranglas und Bariumplatinzyanür fluoreszieren grünlich. Eine verdünnte Lösung von schwefelsaurem Chinin, an sich farblos, zeigt im Tageslicht an der Oberfläche und bis in eine gewisse Tiefe hinein einen lebhaften himmelblauen Schein. Mit der Zeit haben sich außerordentlich viele Stoffe als fluoreszierend heraus-

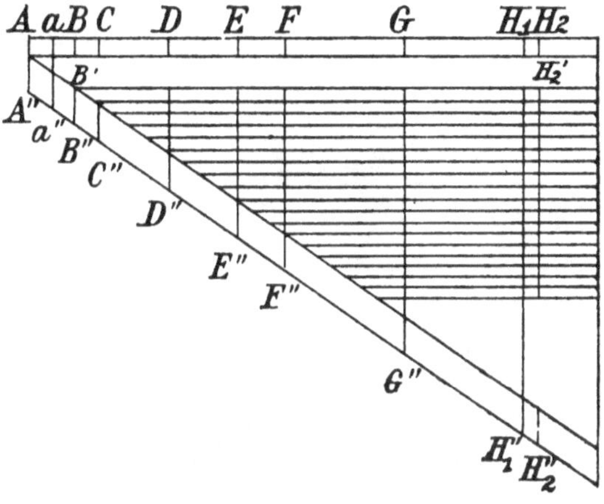

Fig. 142.

gestellt, darunter außer festen und flüssigen auch gasförmige, z. B. Joddämpfe (durch grüne Strahlen erregbar). — Die Fluoreszenzerregung ist an die *Absorption* der erregenden Strahlen geknüpft; sind sie einmal absorbiert, so wirken sie nicht mehr von neuem (Sonnenlicht hintereinander durch zwei Flaschen mit Petroleum). — Zur genaueren Untersuchung der Fluoreszenz gibt es mehrere Methoden; die fruchtbarste ist die der *gekreuzten Prismen:* mittels vertikalen Spaltes ein reines Spektrum, teils auf Papier, teils auf fluoreszierender Tinktur entworfen; auf letzterer erweisen sich die Farben stark verändert. Nunmehr ein zweites Prisma und Spalt, diesmal horizontal; dann entsteht ein Diagonalspektrum, außerdem aber ein besonderes Fluoreszenzspektrum, in der Figur schraffiert (Fig. 142), mit ebenfalls vertikalen Fraunhoferschen Linien, aber horizontal durchgehenden Farben, z. B. Rot von B' bis H_2' usw. — Das Grundgesetz ist die, allerdings nicht ausnahmslos geltende, *Stokessche Regel:* Durch die Fluoreszenz wird die Brechbarkeit der Strahlen, also ihre Schwingungszahl, verringert, ihre Wellenlänge also vergrößert. Die wichtigste Konsequenz hiervon ist die, daß man mit Hilfe der Fluoreszenz auch

Strahlen sichtbar machen kann, die an sich jenseits der Empfindlichkeitsgrenze des Auges liegen, nämlich ultraviolette: sie werden in violette, blaue, grüne verwandelt. Von besonderer Wichtigkeit ist die Fluoreszenz für die Beobachtung der Röntgenstrahlen (s. d.) geworden. — Die Stoffe, die die Stokessche Regel nicht erfüllen, zeigen immer außerdem gewisse Besonderheiten hinsichtlich der Absorption oder Dispersion. — Man hat die Fluoreszenz auch als *innere Dispersion* bezeichnet, und zwar als wahre, im Gegensatz zu der falschen, die auch den Namen *Opaleszenz* führt, und die sich von der wahren besonders dadurch unterscheidet, daß das Opaleszenzlicht polarisiert ist, das Fluoreszenzlicht nicht. — Die Theorie der Lumineszenz ist mehrfach entwickelt worden, zuletzt auf Grund der Elektronentheorie. — Außer den oben genannten wissenschaftlichen Anwendungen läßt die Fluoreszenz auch manche praktische zu, nämlich zu Leuchtzwecken in besonderen Fällen (Leuchtuhren usw.). — b) *Phosphoreszenz.* Durch Glühen der alkalischen Erden (Kalk, Strontian, Baryt) mit Schwefel erhält man Pulver, die nach Bestrahlung mit Sonnen- oder

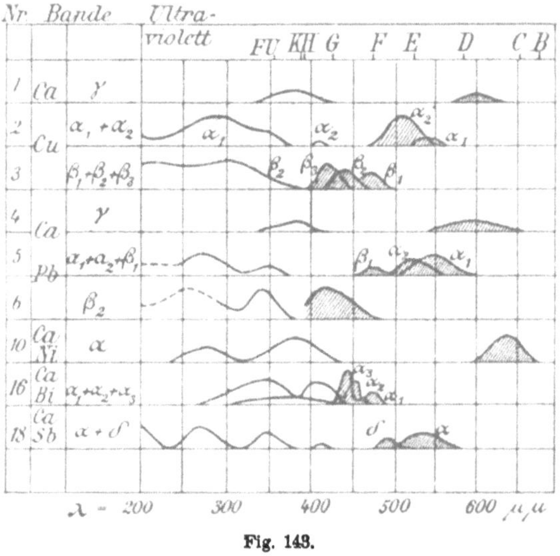

Fig. 143.

Tageslicht stunden- oder gar tagelang nachleuchten; außer diesen künstlichen *Leuchtsteinen* gibt es auch natürliche, insbesondere Kalkspat, Diamant und gewisse Varietäten des Flußspats (die Erscheinung am Phosphor gehört nicht hierher, s. o.). — Zur Beobachtung der Phosphoreszenz bei Körpern, die nur sehr kurze Zeit nachleuchten, dient das *Phosphoroskop*, eine mit Öffnungen versehene rotierende Doppelscheibe; noch wesentlich vollkommener und zu Messungen besonders geeignet ist der *Apparat von Lenard*, bei dem durch die Funkenstrecke eines Induktors ein schwingendes Papierblatt stroboskopisch in seiner Beleuchtung durch phosphoreszierende Körper beobachtet wird. — Es zeigt sich, daß die Gesetze der Fluoreszenz sinngemäß auch auf die Phosphoreszenz übertragen werden können und daß diese in der Hauptsache in der Wiedergabe der durch jene aufgespeicherten Energie besteht. — Besonders interessant ist die *spektroskopische* Untersuchung der Phosphoreszenz und das Studium ihres *zeitlichen* Verlaufs; hier wie dort ergeben sich außerordentliche Mannigfaltigkeiten und Komplikationen, wie namentlich die Arbeiten von Lenard und Klatt gezeigt haben. Von den Verhältnissen der Lichtverteilung im erregenden und im Phosphoreszenzlicht geben beistehende Figuren (Fig. 143) (erregte Banden schraffiert, erregende leergelassen) eine Anschauung.

Lupe oder *Leseglas*, für starke Vergrößerungen auch *einfaches Mikroskop* genannt, ist ein Linsensystem zur Erzeugung vergrößerter, aufrechter, virtueller Bilder von nahe gelegenen Gegenständen. In der Fig. 144 ist y das Objekt, y' das Bild, F und F' sind der vordere und hintere Brennpunkt, P und P' die beiden Pupillen (s. Ab-

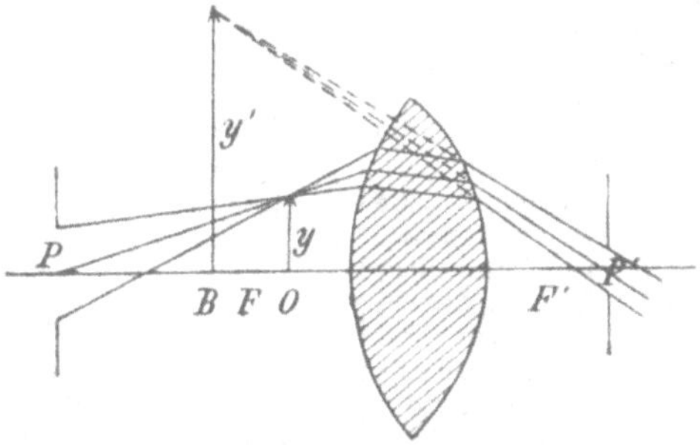

Fig. 144.

bildung). Das Objekt wird in eine solche Entfernung von der Linse gebracht, daß das Bild in die Entfernung der bequemsten Akkommodation für das Auge (ungefähr 25 cm) kommt. Ist f' die Brennweite, a der Abstand der Austrittspupille vom hinteren Brennpunkt und b ihr Abstand von der Bildebene, so ist die *Vergrößerung*

$$v = (25/f') \cdot (1 + (a/b)).$$

— Bei großen Lupen ist die Augen-

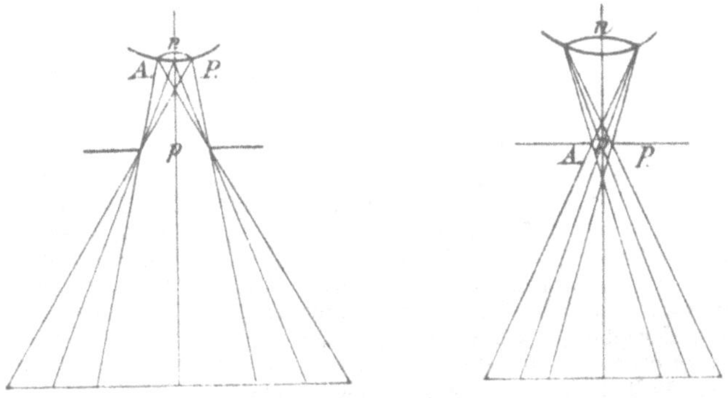

Fig. 145a und b.

pupille selbst die maßgebende Austrittspupille, bei kleinen ist es die Lupenöffnung (Fig. 145a u. b); dadurch wird zugleich auch der Gesichtsfeldwinkel bestimmt; außerdem ist er natürlich desto größer, je näher man die Lupe an das Auge bringt. — Der einfachste Typus einer Lupe ist eine einfache bikonvexe oder plankonvexe Linse (mit der Planseite zum Auge); sie hat aber naturgemäß starke Abbildungsfehler (s. Abbildung usw.), wenigstens für stärkere Vergrößerung (über achtfach). Durch Kombination zweier Linsen wird die sphärische Aberration (s. d.) erheblich herabgesetzt (Fraunhofer, Wilson). Die *aplanatische* Lupe (Steinheil) mit verschiedenen Glassorten (bikonvexe Kronglaslinse zwischen zwei Flintglasmenisken) beseitigt auch den Hauptteil der chromatischen Aberration (s. d.). Bei der *orthoskopischen* Linse von Zeiss ist die Korrektion für einen so gelegenen Punkt durchgeführt, daß man den Augendrehpunkt in ihn hineinbringen kann, also nach allen Richtungen gute Bilder erhält (Gullstrandsche Bedingung); von Rohr als Verantlinse ausgeführt, s. auch Photographisches Objektiv. Endlich die *Dublets* von Zeiss mit einer linearen Vergrößerung bis zum Siebzigfachen. Einige Typen in den Fig. 146a—d. — Als Lupen fungieren auch die Okulare der meisten Mikroskope und Teleskope (s. d. und Fernrohr).

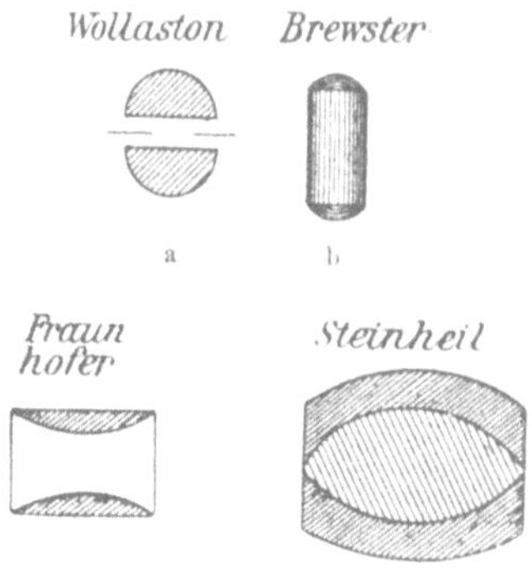

Fig. 146.

Lux, s. Lichtstärke.

Luxstunde, s. Lichtstärke.

M

m, Abkürzung für Meter, s. Längenmaße.

μ, s. Längenmaße, Querkontraktion.

Macheeinheit, s. Radioaktivität.

m, s. Längenmaß.

Maclaurinsches Ellipsoid, s. Gleichgewichtsfiguren der Flüssigkeiten.

Magazin, s. Magnet.

Magdeburger Halbkugeln, s. Luftdruck.

Magnar, s. Photographisches Objektiv.

Magnesiumblitzlicht, s. Lichtquellen.

Magnet ist ein Körper mit der Eigenschaft, Eisenstücke, insbesondere feines Eisenpulver anzuziehen und festzuhalten, von andern Magneten je nach den Umständen angezogen oder abgestoßen zu werden, im Erdfelde sich in eine bestimmte Richtung (nach dem magnetischen Nordpol der Erde) einzustellen (*magnetische Richtkraft*) und in Wechselwirkung mit elektrischen Strömen ablenkende Wirkungen auszuüben bzw. zu erfahren. Im engeren Sinne versteht man unter einem Magneten nur einen Körper, der diese Eigenschaften *dauernd* besitzt. Das ist nur bei wenigen Stoffen der Fall: bei dem in der Natur vorkommenden *Magneteisenstein* und bei technisch hergestelltem Eisen sowie Nickel, Kobalt und einigen Verbindungen dieser und andrer Stoffe; praktisch kommt fast nur Eisen in Betracht, und zwar hartes Eisen oder noch besser harter *Stahl*, am vorzüglichsten Wolframstahl; umgekehrt für vorübergehende Magnete, die ihren magnetischen Zustand gleich wieder verlieren sollen, *weiches Eisen*. Die *Härtung* erfolgt durch Erhitzen und plötzliches Abkühlen (Abschrecken) und kann sehr fein abgestuft werden. Näheres s. Ferromagnetismus. — Die *Form*, die man Magneten gibt, ist sehr mannigfaltig: gerade Stäbe, zugespitzte Nadeln (Magnetnadeln), Röhren, gebogene oder geknickte Stäbe (Fig. 147), besonders in U-Form, Hufeisenmagnete und ähnliches; dann Kugel- und Glockenmagnete, für gewisse Zwecke auch

Röhren und Scheibenmagnete. — Für die Theorie und gewisse technische Zwecke besonders wichtig ist der *Ringmagnet*, insbesondere das *Toroid*, sowie der *geschlitzte Ring*. — Mehrere Magnete vereinigt man zu *Magazinen* und Lamellenmagneten, wobei man den einzelnen Elementen verschiedene Längen gibt, so daß sie übereinander hinausragen; auch stellt man magnetische Kreuze und Rosetten her. — Durch Vereinigung zweier Stäbe untereinander an derselben Axe mit entgegengesetzten

Fig. 147.

Richtungen erhält man ein *astatisches Nadelpaar*, das keine oder nur geringe Richtkraft im Erdfelde besitzt. Durch Anbringung eines verschiebbaren und drehbaren Magneten kann man *Astasierung* in verschiedenem Grade erzielen. Auch kann man durch einen *Richtmagneten* einen andern in eine von der natürlichen abweichende Richtung bringen. — Die *Magnetisierung* eines Körpers erfolgt durch Einbringen in ein Magnetfeld (s. Magnetische Induktion) oder durch Anlegen an gegebene Magnete, besser aber durch Streichen mit einem solchen, und zwar entweder durch *einfachen Strich* oder durch *Doppelstrich*. Die vollkommenste Methode aber ist die Umgebung des Eisenkörpers mit Drahtspulen und Sendung elektrischer Ströme durch diese (s. Elektromagnet). — Infolge der Herstellung oder der Lagerung hat fast jedes Eisen etwas Magnetismus (Magnetismus der Lage), was für viele Zwecke unangenehm, für andre (s. Dynamomaschine) gerade nützlich ist. — Der magnetische Zustand kann sehr verschiedenartig sein; insbesondere ist zu unterscheiden zwischen *Längs-, longitudinaler, axialer* Magnetisierung (Fig. 148), zweitens *Quer- oder transversaler* Magnetisierung, drittens *radialer* und viertens *peripherischer* oder *zirkularer* Magnetisierung. — Bei der Längsmagnetisierung eines Stabes entstehen nahe den beiden Enden die beiden *Pole*, *Nordpol* und *Südpol*, d. h. Stellen stärkster Wirkung; quantitativ wird der Pol gemessen durch seine *Polstärke* (s. Magnetische Kräfte). Indessen ist ihre Lage für Nah- und Fernwirkung etwas verschieden (*äquivalente Pole*);

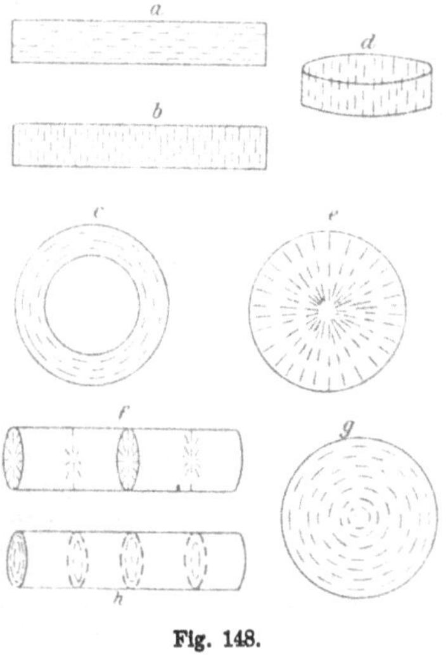

Fig. 148.

in der Mitte zwischen ihnen liegt die Stelle schwächster Wirkung, die *Indifferenzzone*. Jeder Stab besitzt immer zwei gleich starke entgegengesetzte Pole; bricht man ihn irgendwo durch, so entstehen an den Bruchstellen neue Pole. Überhaupt hat jeder Körper immer gleich viel positiven und negativen Magnetismus; die algebraische Summe des gesamten Magnetismus ist immer null. Ein axial magnetisierter geschlossener Ring hat gar keine Pole (*apolarer Magnet*). Schneidet man aber ein kleines Stück heraus, so erhält man den *geschlitzten Ring* mit Polen und sehr starkem Felde im Schlitz. — Verstärken kann man die Polwirkung durch

Ansetzen von *Polschuhen*, namentlich von kegelförmigen, zur Erzeugung kleiner, aber intensiver Felder; umgekehrt breite Polschuhe zur Erzielung ausgedehnter, wenn auch schwacher Felder (Fig. 149). — Für die *Erhaltung* des Magnetismus ist es wichtig, die Magnete nicht mit offenen Polen aufzubewahren, sondern durch *Anker*, d. h. weiche Eisenstücke, zu schließen, was beim Hufeisenmagneten usw. in einfacher Weise erreicht wird, bei geraden Stäben in der Weise, daß man zwei Stäbe entgegengesetzt nebeneinander legt und durch zwei Anker schließt. Besonders beständige Magnete heißen *Normalmagnete*. Die Aufbewahrung erfolgt am besten in der Richtung des magnetischen Meridians und, um Temperatureinflüsse und Erschütterungen zu vermeiden, in gepolstertem Behältnis. Beim Gebrauch darf man die Anker nicht abreißen, sondern muß sie vorsichtig abziehen. — Durch Abstraktion

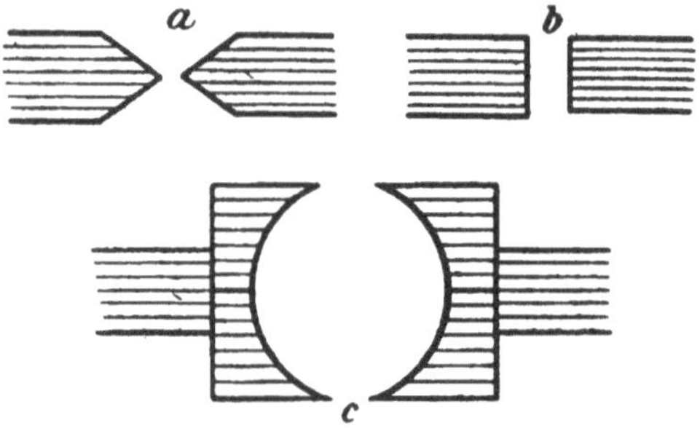

Fig. 149.

gelangt man von dem Magneten zum Begriff des einzelnen *Magnetpols*, dem aber keine Realität zukommt und der nur zur elementaren Grundlegung der Wirkungsgesetze dient. Die Brücke bildet ein *magnetisches Polpaar* (Dipol), d. h. zwei entgegengesetzte gleich starke Pole in bestimmtem (meist klein gedachtem) Abstande. Die Verbindungslinie der Pole heißt *magnetische Axe;* ihr Produkt mit der Polstärke heißt *magnetisches Moment*. Auch jedem Elemente eines Körpers läßt sich ein bestimmtes magnetisches Moment zuschreiben; das Moment der Masseneinheit heißt *spezifischer Magnetismus*, das der Volumeneinheit heißt *Intensität der Magnetisierung* (s. Magnetische Induktion). — Ein langer, dünner Magnet kommt einem Polpaar nahe; seine Pole liegen an den Enden. Bei einem weniger langen oder relativ dickeren Stabe liegen die Pole rund um $^5/_6$ der Länge auseinander (reduzierte Länge, Polabstand). — Allgemein setzt sich ein Magnet aus vielen Polpaaren zusammen, und je nach der Art dieser Zusammensetzung unterscheidet man den *magnetischen Faden*, die *magnetische Schale* (speziell den einfachen Faden und die einfache Schale), den *solenoidalen* und den *lamellaren* Magneten; für jeden dieser Typen gelten bestimmte charakteristische Gleichungen; insbesondere ist für solenoidale Magnetisierung die Divergenz, für lamellare der Quirl der Magnetisierung gleich null. — Die wichtigsten Anwendungen sind die zu Dynamomaschinen und Motoren, Brems- und Tragmagneten, Kompaß und Richtungsmagneten, Galvanometern und schließlich in der Augenheilkunde zum Ausziehen von Eisensplittern. — S. auch die folgenden Artikel.

Magneteisenstein, s. Magnet, Kristallmagnetismus.

Magnetelektrizität ist die der elektromagnetischen (s. Elektromagnetismus) reziproke Wirkung, nämlich die Wirkung von Magneten bzw. Magnetfeldern (s. d.) auf elektrische Ströme. Nach dem Prinzip der Gleichheit von Wirkung und Gegenwirkung lassen sich die dortigen Gesetze einfach mit entgegengesetztem Vorzeichen auf unser Gebiet übertragen; tatsächlich aber gestalten sich die Formulierungen wegen der veränderten Verhältnisse hier wesentlich anders. Der einfachste Fall ist hier nicht der der Wirkung eines Magnetpols auf ein Stromelement, die auch hier durch das Elementargesetz dargestellt wird, sondern die Wirkung eines *Magnetfeldes auf ein Stromelement.* Die betreffende Kraft ist durch die Formel: $K = (1/v) \cdot H \cdot i \cdot dl \cdot \sin(H \cdot dl)$ dargestellt, wo v die Lichtgeschwindigkeit, H die Feldstärke, i die Stromstärke, dl das Stromelement ist. Die Kraft steht auf der Feldrichtung, aber auch auf der Stromrichtung senkrecht, hat die Richtung des senkrecht zur Handfläche vorgestreckten Daumens der linken Hand, deren Zeigefinger in die Feldrichtung, deren Mittelfinger in die Stromrichtung gehalten wird (*Linke-Hand-Regel*), und sie ist mit Feld- und Stromstärke sowie mit dem Sinus des Winkels zwischen beiden proportional. Am wichtigsten ist auch hier das Verhalten eines *geschlossenen Kreisstroms.* Er wird im allgemeinen durch die Feldkraft sowohl verschoben als auch gedreht, und zwar gemäß der *Maxwellschen Regel* so lange, bis die Zahl der durch ihn hindurchtretenden Kraftlinien am größten ist. Im gleichförmigen Felde wird er daher nicht verschoben, sondern nur gedreht, und zwar in die zum Felde senkrechte (symmetrische) Richtung; im ungleichförmigen Felde wird er auch verschoben. Diese Sätze lassen sich leicht durch Stromschleifen oder Spulen (für die die Wirkung entsprechend stärker ist) in künstlichen Feldern demonstrieren. Aber auch schon im Felde des Erdmagnetismus findet die gleiche Einstellung statt; z. B. stellt sich eine bifilar aufgehängte oder mittels Spitzen in Quecksilbernäpfchen schwebende Spule in den Meridian ein, und man kann dann mit ihr alle Experimente wie mit einem Magnetstabe anstellen (Anziehung und Abstoßung der Pole usw.). — Auf der magnetelektrischen Wirkung beruhen die Drehspulgalvanometer (s. Galvanometer) und die Elektromotoren (s. Dynamomaschine). — Eine besondere Form magnetelektrischer Wirkung stellt das *Hall*sche *Phänomen* dar (s. Halleffekt).

Magnetfeld ist ein Raum, in dem magnetische Kräfte tätig sind. Die Kraft an einem bestimmten Orte, wirksam gedacht auf einen Pol von der Stärke eins, heißt *Feldstärke;* gibt man

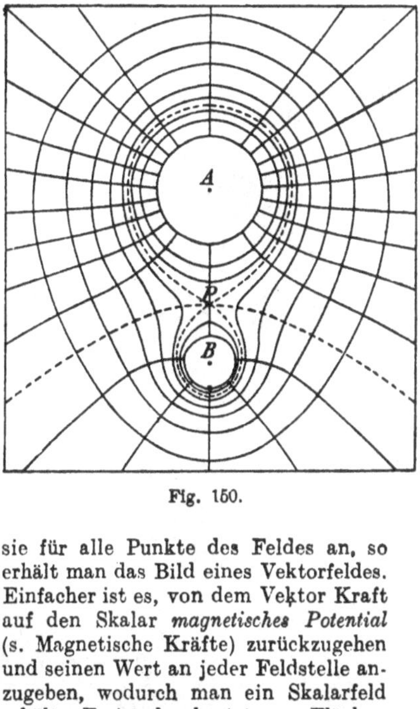

Fig. 150.

sie für alle Punkte des Feldes an, so erhält man das Bild eines Vektorfeldes. Einfacher ist es, von dem Vektor Kraft auf den Skalar *magnetisches Potential* (s. Magnetische Kräfte) zurückzugehen und seinen Wert an jeder Feldstelle anzugeben, wodurch man ein Skalarfeld erhält. Es ist durchsetzt von Flächen gleichen Potentials oder *Niveauflächen;* auf diesen senkrecht stehen die *magnetischen Kraftlinien* (vgl. Kraftfeld). — Wenn die magnetische Kraft überall gleiche Größe und Richtung hat, erhält man ein *gleichförmiges* oder *homogenes Feld,* z. B. das Erdfeld innerhalb eines Raumes von mäßiger Ausdehnung; auch künstlich kann man homogene Felder erzeugen, z. B. zwischen zwei Polschuhen mit parallelen Stirnflächen oder im Innern einer geeignet geformten und gewickelten Drahtspule. — Stellen, wo positiver oder negativer Magnetismus wirksam wird, heißen *Quellen* und *Senken;* zwischen ihnen verlaufen die Kraftlinien. Auf Grund der Gesetze der magnetischen Kräfte (s. d.) kann man Magnetfelder theoretisch berechnen und zeichnen. Dabei wählt man von den Niveaulinien (den Durchschnitten der Niveauflächen mit der Zeichnungsebene) solche aus, die sich um gleichen Wert des Potentials unterscheiden, während man von den Kraftlinien so viele auswählt, daß die Zahl der durch die Flächeneinheit hindurchtretenden gleich der Größe der Kraft daselbst im absoluten Maße ist; von einem Einheitspol muß man dann 4π, von einem beliebigen Pole $4\pi m$ Kraftlinien ausgehen lassen. Für zwei und mehr Pole erhält man die Niveaulinien durch Superposition der Einzelwerte; ähnlich für die Kraftlinien (s. Kraftfeld). — Man kann die Kraftlinien aber auch *experimentell* herstellen, indem man in das Feld eine Pappe oder Glasplatte bringt und auf diese feine Eisenfeilspäne streut; sie ordnen sich dann zu den Kraftlinien, besonders wenn man durch leichtes Klopfen der Platte den Prozeß unterstützt: *Feilichtbilder.* Mit einem einzigen Pole (langer Magnetstab mit einem Pole unter die Platte gestellt) erhält man ein *unipolares,* mit zwei Polen ein *bipolares Feld,* und zwar ein anderes,

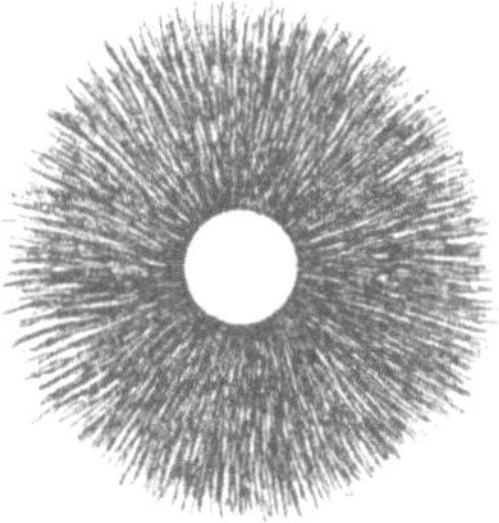

Fig. 151.

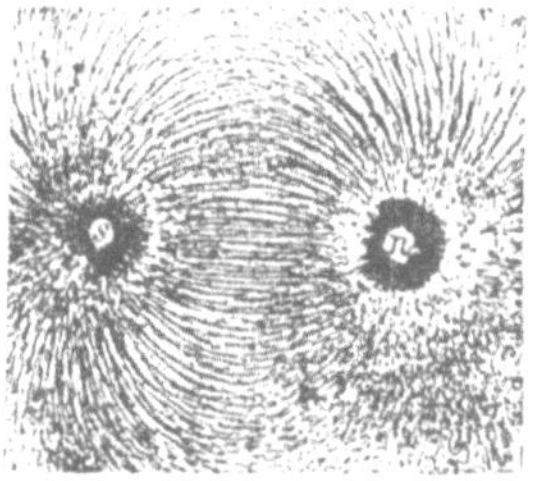

Fig. 152.

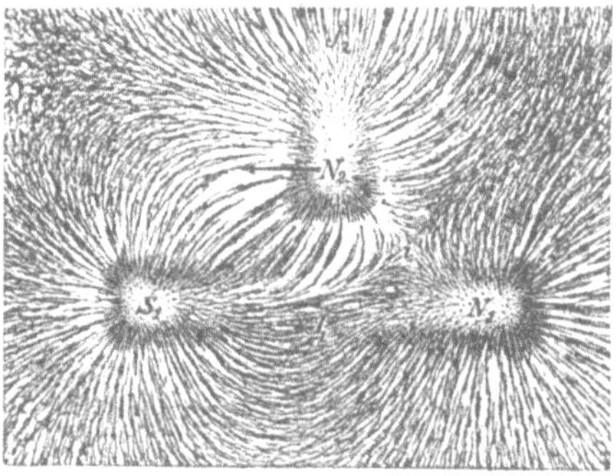

Fig. 153.

je nachdem die beiden Pole gleichsinnig oder entgegengesetzt, gleich oder verschieden stark sind. Dem bipolaren Felde ähnlich ist das Feld eines (der Länge nach unter die Platte gestellten) Magnetstabes; aber je kürzer und dicker er ist, desto erheblicher werden die Abweichungen, indem dann nicht bloß von den Polen, sondern auch von den andern Stabstellen Kraftlinien ausgehen. In den Figg. 151—153 sind einige Beispiele gegeben: Feld zweier gleichsinniger, verschieden starker (4 : 1) Pole berechnet; unipolares Feld, Feld zweier entgegengesetzt gleicher Pole, tripolares Feld, diese drei mit Feilicht hergestellt. — Man kann die Feilichtbilder dann fixieren und aufbewahren; auch kann man sie vergrößert zur Demonstration an die Wand werfen. — Andere Methoden, um Anschauung von der Konstitution des Feldes zu erhalten, sind: die Methode der *schwimmenden Magnete*, der auf Spitzen balancierenden oder an Fäden hängenden kleinen Nadeln sowie die Untersuchung der elektrischen Strömung (s. Elektromagnetismus, Flächenströme). — Von besonderer Art sind die durch elektrische Ströme erzeugten Magnetfelder (s. Elektromagnetismus).

Magnetische Ablenkung der Kathodenstrahlen, s. Kathodenstrahlen.

Magnetische Ausdehnung, s. Magnetostriktion.

Magnetische Axe, s. Magnet.

Magnetische Axe der Erde, s. Erdmagnetismus, Magnetfeld.

Magnetische Direktionskraft, s. Magnetische Kräfte.

Magnetische Drehung der Polarisationsebene des Lichtes. Stoffe, die keine natürliche Drehung der Polarisationsebene (s. d.) des durch sie hindurchgehenden Lichtes aufweisen, erhalten doch diese Fähigkeit, wenn sie in ein magnetisches Feld gebracht werden; diese Wirkung heißt nach ihrem Entdecker *Faradayeffekt*. Sie ist allen Stoffen, wenn auch den meisten nur in schwachem Maße, eigen. Zur Beobachtung wendet man durchbohrte Elektromagnete an, so daß man der Länge nach hindurchsehen kann; man schickt polarisiertes, am einfachsten geradlinig polarisiertes Licht hindurch und beobachtet die Drehung, die man dem auf Dunkelheit eingestellten Polarisator oder Analysator (s. Polarisation des Lichts) geben muß, um von neuem Dunkelheit zu erzielen. Bei durchsichtigen Stoffen nimmt man große Längen; bei undurchsichtigen muß man ganz dünne Schichten benutzen, erhält dann aber natürlich nur bei sehr stark magnetisierbaren Stoffen meßbare Werte. — Die Drehung kann *positiv* oder *negativ* sein, d. h. im Sinne der das Feld erzeugenden Ströme oder im entgegengesetzten; und zwar kommen beide Fälle sowohl bei diamagnetischen wie bei paramagnetischen Stoffen vor, so daß man vier Klassen erhält; Wasser und die meisten andern Stoffe drehen positiv, darunter auch die ferromagnetischen Metalle, während die meisten Eisensalze negativ drehen; fast alle Gase drehen positiv. — Im Gegensatz zur natürlichen Drehung ist die magnetische von der Durchstrahlungsrichtung unabhängig und nur von der Feldrichtung abhängig, so daß ein hin und her gehender Strahl die doppelte (dort gar keine Drehung) erfährt. — Die Drehung ist proportional mit der Strecke und mit der Intensität der Magnetisierung, für die meisten Stoffe daher auch mit der Feldstärke, nicht aber für die ferromagnetischen Der Proportionalitätsfaktor mit der Feldstärke heißt *Verdetsche Konstante* ω, der mit der Magnetisierung *Kundtsche Konstante* ψ; es ist also: $D = \omega \cdot l \cdot H$ (für schwach magnetische Stoffe), dagegen allgemein: $D = \psi \cdot l \cdot I$. Bei diamagnetischen Stoffen hat ψ das entgegengesetzte Vorzeichen wie ω. Die Drehung für die Masseneinheit heißt spezifische *Drehung*, durch Multiplikation mit dem Molekulargewicht erhält man die *molekulare Drehung*. — Für verschiedene Wellenlängen ist die Drehung verschieden: *magnetische Rotationsdispersion*. Mit abnehmender Wellenlänge nimmt die Drehung im allgemeinen stark zu, wofür verschiedene Formeln aufgestellt worden sind. Es gibt aber Stoffe mit anomaler Rotationsdispersion, namentlich die ferromagnetischen Metalle; es hängt das mit der Lichtabsorption zusammen, jedoch ist die Art des Zusammenhanges noch strittig. — Mit steigender *Temperatur* nimmt die Drehung meist ab. — Für *Lösungen* bestehen gewisse, aber nicht sehr einfache und auch nicht allgemein gültige Beziehungen zur Konzentration und Konstitution. — Einige Zahlenwerte sind folgende (in Bogenmaß für Natriumlicht, bei ferromagnetischen Stoffen für rotes Licht, für 1 cm Strecke und Einheit der Feldstärke bzw. der Magnetisierung, alle Zahlen mit 100000 multipliziert):

Stoff	ω	ψ
Kobalt	—	+ 3,99
Nickel	—	+ 3,15
Eisen	—	+ 2,63
Schwefelsäure	+0,302	- 4,0
Wasser	+0,377	- 5,4
Salpetersäure	+0,356	- 5,6
Alkohol	+0,330	- 5,8
Äther	+0,315	- 5,8
Schwefelkohlenstoff	+1,222	- 17,1
Faradays Glas (flüssig)	+1,738	- 17,7

Im Eisen ist die spezifische Drehung ganz kolossal: im Zustande magnetischer Sättigung dreht es die Polarisationsebene des Lichts schon auf der winzigen Strecke von 0,02 mm ein ganzes Mal herum. Ferner die Drehung in einigen Gasen in Milliontel, auf Schwefelkohlenstoff als Einheit bezogen (Natriumlicht):

Sauerstoff	146
Luft	159
Kohlensäure	302
Stickoxydul	393
Schweflige Säure	730
Äthylen	802

Ferner einige Dispersionen (der Wert für die Linie *E* gleich eins gesetzt):

Stoff	*C*	*D*	*E*	*F*	*G*
Wasser	0,63	0,79	1	1,19	1,56
Chlorcalciumlösung	0,61	0,80	1	1,19	1,54
Bittermandelöl	0,61	0,78	1	1,21	—
Anisöl	0,58	0,75	1	1,25	—
Schwefelkohlenstoff	0,60	0,77	1	1,22	1,65

— Vielfach geht die Drehung mit dem Brechungsquotienten parallel, z. B. für Jenenser Gläser:

Stoff	Marke	*n*	ω
Boratkron	S 204	1,510	0,0163
Barytsilikatkron, leichtes	O 1092	1,517	0,0190
,, , schweres	O 1143	1,574	0,0220
Flint, gewöhnliches leichtes	O 451	1,575	0,0317
Silikatflint, schweres	O 469	1,650	0,0442
,, , schwerstes	S 163	1,890	0,0888

— An den Faradayeffekt schließt sich der *magnetische Kerreffekt* an, d. h. die Drehung der Polarisationsebene des Lichts bei der Reflexion an einem Magneten. Die Erscheinung ist nur bei ferromagnetischen Stoffen einigermaßen kräftig; bei diesen aber sehr verwickelt, indem sie qualitativ und quantitativ verschieden ausfällt, je nach der Reflexion an der Stirn- oder Mantelfläche des Magneten, je nach dem Einfallswinkel usw. Für senkrechte Inzidenz auf die Stirnfläche herrscht Proportionalität mit der Magnetisierung. Der Faktor heißt *Kerrkonstante;* sie beträgt ein bis zwei Hundertel Minuten. Unter Umständen wird bei diesem Effekt geradlinig polarisiertes Licht in elliptisch polarisiertes verwandelt. — Zwei weitere Effekte, der *Righieffekt* und der *Majoranaeffekt,* betreffen die im Magnetfelde eintretende Doppelbrechung. — Die *Theorie* der Erscheinungen geht gleichzeitig von der Theorie der natürlichen Drehung und von der allgemeinen elektromagnetischen Theorie aus. In letzterer Hinsicht hat sie die verschiedenen Entwicklungsstadien mit gemacht: Feldtheorie, Ionentheorie, Elektronentheorie; letztere stellt die Erscheinungen im ganzen sehr gut dar. Übrigens stellt man die Theorie am besten in derart erweitertem Rahmen auf, daß sie auch den Zeemaneffekt (s. d.) usw. umfaßt; sie wird dann zu einer Theorie der magnetooptischen Erscheinungen (s. Magnetooptik) überhaupt.

Magnetische Feldstärke, s. Magnetfeld, Magnetische Kräfte.

Magnetische Gewitter, s. Erdmagnetismus.

Magnetische Härte, s. Härte, Remanenz.

Magnetische Hysteresis, s. Hysteresis.

Magnetische Induktion, auch wohl *magnetische Influenz* genannt, ist die Erregung von Magnetismus in bis dahin unmagnetischen Körpern durch die Einwirkung von Magneten oder Magnetfeldern, allgemeiner die Änderung ihres bereits vorhandenen magnetischen Zustandes auf diesem Wege. Die magnetische Induktion ist von Fernwirkungscharakter, insofern sie scheinbar unvermittelt durch Medien hindurch wirkt, in Wahrheit hat aber das Medium einen Einfluß und wird seinerseits beeinflußt. Die Magnetisierung oder *Intensität der Magnetisierung*, d. h. das magnetische Moment der Volumeneinheit, hängt von der wirkenden Kraft (Feldstärke) ab, und zwar ist sie für schwache Magnetisierung mit der Feldstärke proportional; für Körper dagegen, die einer starken Magnetisierung fähig sind (s. Ferromagnetismus) verhält sie sich sehr kompliziert: die Intensität der Magnetisierung I nimmt mit wachsender Feldstärke H anfangs proportional zu, dann stärker, dann wieder proportional, dann schwächer und zuletzt gar nicht mehr; man vergleiche die vier Stücke der beistehenden Magnetisierungskurve

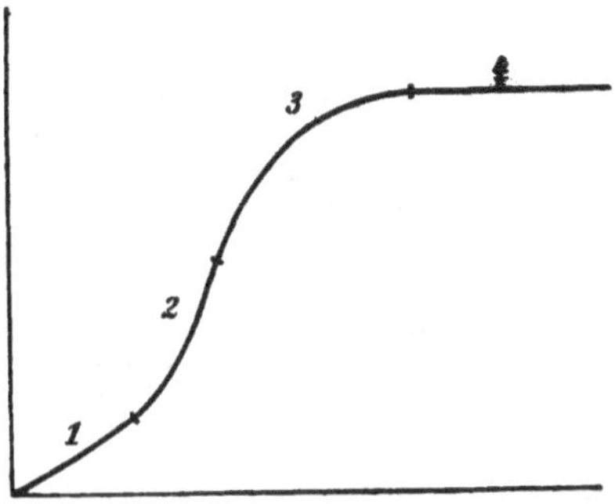

Fig. 154.

(Fig. 154). Das letzte Stück entspricht dem Zustande der *magnetischen Sättigung* des Eisenkörpers. Stellt man I durch die Formel $I = \varkappa \cdot H$ dar, so ist $\varkappa$ für die meisten Stoffe eine Konstante (s. Diamagnetismus); für 'Eisen' usw. aber nimmt es erst zu, erreicht ein Maximum

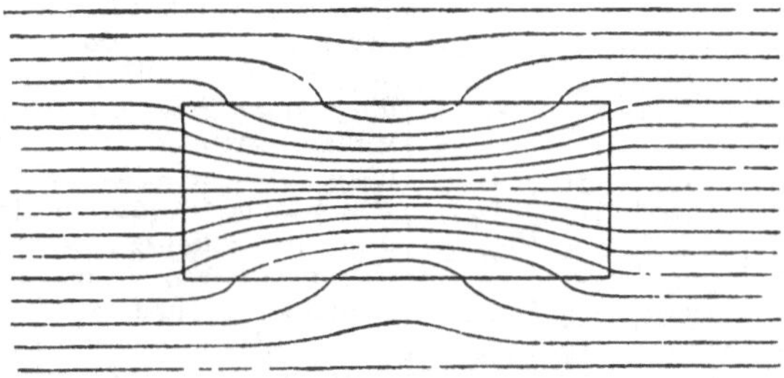

Fig. 155.

und nimmt dann wieder ab. Statt $\varkappa$ führt man vorteilhaft noch eine andre Größe ein, $\mu = 1 + 4\pi\varkappa$; $\varkappa$ heißt die *magnetische Suszeptibilität*, μ *magnetische Permeabilität*. Letztere ist kennzeichnend für den Grad der Zusammendrängung der magnetischen Kraftlinien in einem magnetischen Material (Fig. 155). Entsprechend ergibt sich dann neben I ebenfalls noch eine andre Größe durch die Formel $B = \mu H$; sie heißt *magnetische Induktion*. Zwischen B und I besteht die Beziehung: $B = H + 4\pi I$. — Auf die Intensität der Magnetisierung hat nicht bloß das *Material* einen Einfluß, sondern auch die *Gestalt* des Körpers; je nach dieser findet verstärkende oder schwächende Wirkung der Teile aufeinander statt, und insbesondere gehen unter Umständen von der Oberfläche, namentlich von den Polen, Gegenwirkungen aus: *Entmagnetisierende Kraft*. Infolgedessen wird, wenn ε der *Gestaltskoeffizient* (*Entmagnetisierungsfaktor*) ist:

$$I = (\varkappa/(1 + \varepsilon\varkappa)) \cdot H\,,$$

und hierin ist $\varepsilon = 0$ für den gestreckten Stab und für den geschlossenen Ring (Toroid). Diese Formen sind also für die Magnetisierung am günstigsten; dagegen ist für die Kugel $\varepsilon = 4\pi/3$, für die Scheibe (Quermagnetisierung, s. Magnet) sogar $\varepsilon = 4\pi$; diese Form ist also am ungünstigsten. Außerdem besteht der Unterschied, daß die meisten Formen selbst in einem gleichförmigen Felde ungleichförmig und nur einige wenige, nämlich der Ring und das Ellipsoid mit seinen Spezialformen (Kugel, langer Zylinder), gleichförmig magnetisiert werden. — Für einen langen Eisendraht bestimmter Sorte seien als Beispiel folgende Zahlen angeführt:

H	I	B	$\varkappa$	μ
0,32	3	40	9	120
1,37	33	420	24	310
2,67	295	3710	110	1390
4,50	926	11640	206	2590
6,20	1086	13640	175	2200
9,79	1192	14980	122	1530
15,06	1238	15570	82	1030
21,70	1262	15970	58	730

Die größten Werte, die man bisher erreicht hat, betragen in absolutem Maße ungefähr:

$I = 1800$, $B = 50000$, $\varkappa = 750$, $\mu = 9000$; erstere beiden Zahlen gelten für den Sättigungszustand, die beiden letzten dagegen für mittlere Magnetisierungsstärken. — Von besonderem Interesse sind noch: 1. Der *geschlitzte Ring* wegen der sehr kräftigen und einfachen Gesetzen unterliegenden Induktion im Raume des Schlitzes, und 2. die Klasse der Hohlkörper. In ihnen ist nämlich das Innere von den Kräften im äußeren Raume (und umgekehrt) durch die in der geschlossenen Wandung stattfindende Induktion geschützt: *Magnetische Schirmwirkung;* sie findet beim Schiffskompaß, beim Panzergalvanometer und in andern Fällen praktische Anwendung. — Wegen der Begleiterscheinungen der magnetischen Induktion s. die Artikel Hysteresis, Remanenz, Ferromagnetismus, Diamagnetismus, Kristallmagnetismus, Magnetostriktion usw.

Magnetische Influenz, s. Magnetische Induktion.

Magnetische Inklination, s. Erdmagnetismus.

Magnetische Koerzitivkraft, s. Remanenz.

Magnetische Kräfte. Magnete (s. d.) wirken vermöge ihres magnetischen Zustandes auf andre Körper ein und setzen dadurch diese Körper als Träger des Magnetismus selbst in Bewegung: *Ponderomotorische Wirkung* des Magnetismus. Die Elementarwirkung, die indessen in der Natur niemals rein vorkommt, ist die *zwischen zwei Magnetpolen*, sie wird mit der *Coulombschen Drehwage* (ein fester und ein beweglicher Pol, beide am Ende je eines langen, dünnen Magnetstabes, so daß die andern Pole nicht merklich mitwirken) gemessen und durch das Coulombsche oder *magnetische Grundgesetz* $K = \gamma\, \mathfrak{m}_1\, \mathfrak{m}_2/r^2$ (übereinstimmend mit dem Gravitationsgesetz und mit dem elektrostatischen Grundgesetz) dargestellt, wo $\mathfrak{m}_1$ und $\mathfrak{m}_2$ die Polstärken sind, r die Entfernung der Pole voneinander und γ eine Konstante ist. In Worten: Die Kraft ist mit den Polstärken direkt, mit dem Quadrat der Entfernung umgekehrt proportional, und sie ist für gleichnamige Pole eine Abstoßungskraft (positiv, r vergrößernd), für ungleichnamige eine Anziehung. Mißt man K in Dynen und setzt $\gamma = 1$, so kommt man zum *magnetischen Maßsystem* für die Polstärken. Die Kraft, die auf einen Pol von der Stärke 1 ausgeübt wird, heißt *Feldstärke* und wird in *Gauss*, abgekürzt Γ (der 100000. Teil davon γ) gemessen. — Die magnetische Kraft zwischen zwei Polen läßt sich darstellen als das Gefälle eines Skalars in der Richtung der Verbindungslinie; dieser Skalar heißt das *magnetische Potential* und ist für den auf den Pol 1 wirkenden Pol $\mathfrak{m}$ durch die Formel $V = \mathfrak{m}/r$ gegeben. — Von den Polen geht man dann zu den *Polpaaren* (einfachen Magneten) über. Die Wirkung zwischen zwei Polpaaren

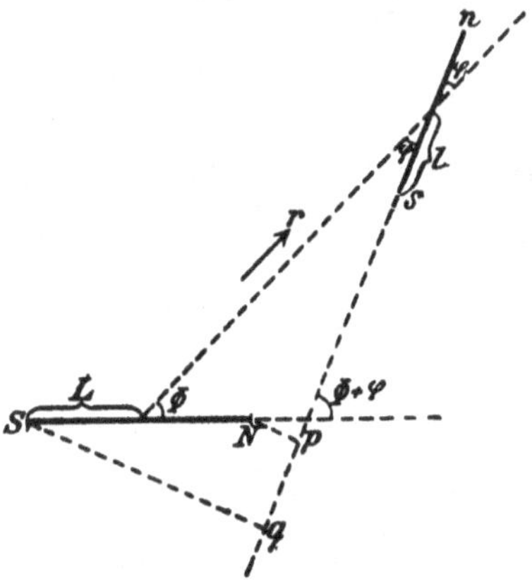

Fig. 156.

setzt sich aus einer *verschiebenden* und einer *drehenden* Kraft zusammen; jene ist mit der vierten, diese mit der dritten Potenz der Entfernung der Mittelpunkte der Polpaare voneinander umgekehrt proportional; beide außerdem von den magnetischen Momenten (Produkte der Polstärken in dem Abstand der beiden Pole eines Paars) sowie von den Winkeln abhängig, die die gegenseitige Lage der beiden Polpaare bestimmen. Für die Drehung in der Ebene wird das *Drehungsmoment* D des einen Polpaares SN auf das andere sn (Fig. 156) in erster Annäherung, d. h. wenn die beiden Polpaare im Vergleich mit ihren Längen weit voneinander entfernt sind (M und m die Momente, Φ und φ die Winkel der Axen mit der Abstandslinie der Mittelpunkte):

$$D = (Mm/r^3) \cdot (2 \cos \Phi \sin \varphi - \sin \Phi \cos \varphi)\,.$$

Für die vier einfachsten Lagen wird der Klammerfaktor (fester Magnet stark, drehbarer schwach):

Ein Drehungsmoment gibt es also nur bei gekreuzter Lage, und es ist doppelt so groß, wenn der beeinflußte, als wenn der beeinflussende Magnet quer gegen die Verbindungslinie steht, man nennt jenes die *erste*, dieses die *zweite Hauptlage*. — Liegt der Mittelpunkt der drehbaren Nadel in beliebiger Richtung von

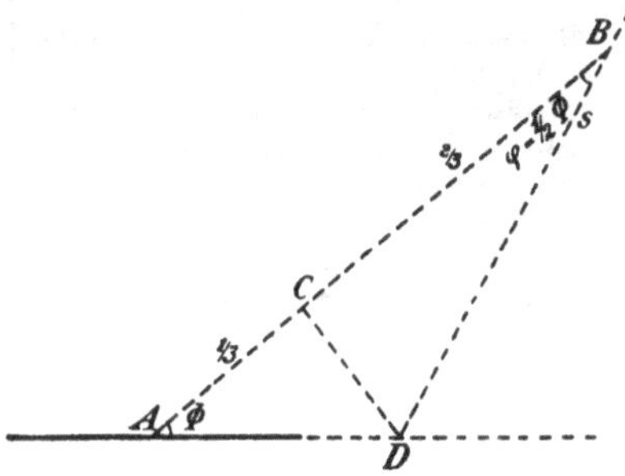

Fig. 157

der Mitte des festen Magneten, so stellt sich die Nadel so ein, daß das Drehungsmoment null wird; und das ist dann der Fall, wenn sie mit der Verbindungslinie der Mittelpunkte einen halb so großen Winkel einschließt wie der Magnet (Fig. 157). — Wirkt, wie in der Wirklichkeit zumeist, der *Erdmagnetismus* mit seiner Horizontalkomponente mit, so stellt sich die Nadel unter dem Winkel α mit dem magnetischen Meridian (s. Erdmagnetismus) ein, der für die erste Hauptlage durch die Gleichung: $\tan \alpha = 2\,M/(r^3 H)$ bestimmt ist, d. h. der Tangens des Ablenkungswinkels ist mit dem magnetischen Moment des Ablenkungsmagneten direkt und mit der Horizontalkomponente des Erdmagnetismus umgekehrt proportional. — Sehr viel verwickelter werden die Formeln, wenn man zu einer zweiten und dritten Annäherung fortschreitet. — Läßt man den Magneten aus zwei verschiedenen Entfernungen wirken, so kann man den Fehler, der durch die komplizierte Verteilung des Magnetismus in ihm entsteht, eliminieren und erhält dann

$$\frac{M}{H} = \frac{1}{2} \frac{r_1^5 \operatorname{tg} \alpha_1 - r_2^5 \operatorname{tg} \alpha_2}{r_1^2 - r_2^2};$$

(s. auch Magnetische Messungen). — Außer dem Drehungsmoment kommt häufig auch noch die Kraft in der Richtung des Magneten, die *Direktionskraft*, in Betracht. — Ein sich selbst überlassener Magnet führt bei der Einstellung in den Meridian Schwingungen (s. Magnetschwingungen) aus.

Magnetische Kraftlinien, s. Erdmagnetismus, Magnetfeld.

Magnetische Maßsysteme, s. Elektrische und magnetische Maßsysteme.

Magnetische Messungen betreffen eine große Anzahl verschiedener Größen, von denen die folgenden die wichtigsten sind: 1. Die magnetische Feldstärke H; 2. das magnetische Moment eines Körpers M; 3. die Intensität der Magnetisierung I; 4. die magnetische Induktion (s. d.) $B = H + 4\pi I$; 5. die magnetische Suszeptibilität $\varkappa = I/H$; 6. die magnetische Permeabilität $\mu = B/H$. — Ebenso groß ist die Mannigfaltigkeit der *Methoden*; die wichtigsten sind folgende: a) *Magnetometrische Methode*, beruhend auf Ablenkung von Nadeln, die um eine vertikale Axe drehbar sind; b) *Elektrodynamische Methode*, beruhend auf der Ablenkung von um eine vertikale Axe drehbaren Stromspulen; c) *Ballistische* oder *Induktionsmethode*, beruhend auf der Erzeugung von Induktionsströmen; d) *Wägungs-* oder *Zugkraftmethode*, beruhend auf der Einstellung und Abgleichung bei Drehung um horizontale Axen; e) *Hydrostatische Methode*, mit flüssigen Leitern; f) *Steighöhenmethode*, mit Benutzung des Einflusses auf die Kapillarität; g) *Dämpfungsmethode* (Dämpfung von Schwingungen im Felde); h) *Widerstands-* oder *Wismutmethode*, beruhend auf der Widerstandsänderung im Magnetfelde; i) *Optische Methode*, beruhend auf der magnetischen Drehung der Polarisationsebene des Lichts. — Nur auf wenige dieser Messungen kann hier etwas näher eingegangen werden. — Das *Magnetometer von Gauss* dient zur gleichzeitigen Messung des Moments M eines Stabes und der Horizontalkomponente H des Erdmagnetismus; aus Ablenkungsbeobachtungen aus zwei verschiedenen Entfernungen (s. Magnetische Kräfte) ergibt sich $M/H = A$; aus Schwingungsbeobachtungen an dem ablenkenden Magneten (s. Magnetschwingungen) ergibt sich $M \cdot H = B$, durch Kombination schließlich entweder $M = \sqrt{A \cdot B}$ oder $H = \sqrt{B/A}$. Die Ablenkungsbeobachtungen stellt man gewöhnlich so an, daß man den Stab aus der ersten Hauptlage, also aus Osten oder Westen, auf die Nadel wirken läßt; bei den Schwingungsbeobachtungen hängt man den Stab an einem Faden auf und eliminiert sein Trägheitsmoment, indem man ihn mit einem konstanten Zusatzmoment belastet und wiederum die Schwingungsdauer bestimmt; für genaue Zwecke muß man dann noch die Torsion des Aufhängefadens und andre Einflüsse berücksichtigen. Statt an einem kann man den Stab auch an zwei Fäden aufhängen (s. Bifilare Aufhängung) und erhält dann das Bifilarmagnetometer. Auch kann man statt des Magnetstabes eine Stromspule aufhängen: Galvanische bzw. *Bifilargalvanische Methode*. — Handelt es sich in allen diesen Fällen um horizontale Drehungen, so kann man nun auch das Vertikalprinzip zur Anwendung bringen und gelangt damit zu den *magnetischen Wagen* von Helmholtz und zur erdmagnetischen Wage von Toepler. — Besondere Einrichtungen haben die *störungsfreien Magnetometer*, mit denen man auch in Räumen mit Eisenmassen oder Magneten leidlich gute Messungen ausführen kann. — Zur bloß relativen Ausmessung von Feldern und insbesondere zur Beobachtung ihrer örtlichen und zeitlichen Schwankungen dienen die transportablen und *Reisemagnetometer* sowie die *Lokalvariometer* und, wenn sie mit Vorrichtung zur kontinuierlichen Aufzeichnung der Werte versehen sind, die *Magnetographen.* — Einige dieser Apparate erlauben zugleich auch, die Richtung des Feldes zu ermitteln, beim Erdfelde also die Deklination und Inklination (s. Erdmagnetismus). — Zur Ausmessung künstlicher Felder sind besonders bequem die Induktions- und die Wismutmethode, jene mit Hilfe von Prüfspulen, diese mit Wismutspiralen. — Ganz besonders reich ausgebildet sind die Methoden zur Messung der *Magnetisierung I* bzw. der *Induktion B*; hervorzuheben sind folgende. *Magnetometer:* der weiche Eisenstab, der untersucht werden soll, wird in eine Drahtspule gebracht und einer frei hängenden Nadel gegenüber aufgestellt; deren Ablenkungen durch verschiedene Strom-, also Feldstärken, werden gemessen. Durch Ausschaltung von Widerständen wird der Strom zuerst nach und nach verstärkt, dann durch Einschaltung wieder geschwächt, dann umgekehrt usw. (s. Hysteresis); von dem Ergebnis ist dann noch die ablenkende Wirkung der Stromspule ohne eingeschobenen Eisenstab abzuziehen. — Die *elektrodynamische* Methode hat besonders zu dem Apparat von Köpsel (Siemens & Halske) geführt. — Sehr viele Formen kann die *Induktionsmethode* erhalten; bei ihr wird der Eisenkörper, außer mit der magnetisierenden, noch mit einer kleinen Induktionsspule umgeben, und es wird der in ihr erzeugte Induktionsstoß durch den ersten Ausschlag eines ballistischen Galvanometers gemessen. Hierher gehört namentlich die *Schlußjochmethode* von Hopkinson und die *Isthmusmethode* von Ewing. — Von *Induktionswagen* ist besonders die von du Bois zu nennen, die sehr bequem und doch genau arbeitet. — In der modernen magnetischen Meßtechnik sind einige dieser Methoden zu besonderen praktischen Apparaten ausgearbeitet worden: Ballistischer Meßapparat der Reichsanstalt, Epsteinscher Apparat zur Untersuchung von Eisenblechen, der Apparat von Gumlich und Rogowski und der magnetische Spannungsmesser (s. Magnetischer Kreis) von Rogowski und Steinhaus. — Für gewisse Spezialzwecke werden auch die optischen Methoden und ganz besonders der Oszillograph (s. Wechselströme) verwendet.

Magnetische Nachwirkung, s. Hysteresis.

Magnetische Niveaulinien, s. Erdmagnetismus, Magnetfeld.

Magnetische Permeabilität, s. Magnetische Induktion.

Magnetische Pole der Erde, s. Erdmagnetismus.

Magnetische Polstärke, s. Magnet.

Magnetischer Äquator, s. Erdmagnetismus.

Magnetische Remanenz, s. Remanenz.

Magnetischer Faden, s. Magnet.

Magnetische Richtkraft, s. Magnet, Magnetische Kräfte.

Magnetischer Induktionsfluß, s. Magnetischer Kreis.

Magnetischer Kerreffekt, s. Magnetische Drehung der Polarisationsebene.

Magnetischer Kraftfluß, s. magnetischer Kreis.

Magnetischer Kreis ist eine in sich geschlossene und infolgedessen von Polen freie Folge magnetisierbarer Körper. Die Idee des magnetischen Kreises ist der des elektrischen Stromkreises nachgebildet, aber nicht entfernt von derselben grundsätzlichen und nur von einer gewissen praktischen Bedeutung. Ein längsmagnetisierter Eisenring ist das einfachste Beispiel eines geschlossenen Kreises, ein Magnetstab das stärkste Gegenbeispiel, da man hier zwei offene Enden (Pole) vor sich hat; dazwischen gibt es alle Übergangsstufen, insbesondere auch den geschlitzten Ring mit einer offenen, aber durch Luft in gewissem Sinne geschlossenen Stelle. — Um das Gesetz des magnetischen Kreises aufzustellen, also das „Ohmsche Gesetz" für ihn zu gewinnen, muß man drei den betreffenden elektrischen analoge Größen aufstellen: 1. die *magnetomotorische Kraft M* oder *magnetische Spannung* (für die es neuerdings auch einen besonderen Meßapparat gibt, s. Magnetische Messungen); sie ergibt sich aus der magnetisierenden Kraft H durch Integration über die ganze Länge des Kreises, im einfachsten Falle also (wenn H überall gleich groß ist): $M = L \cdot H$. Bei Erzeugung des Feldes durch Stromwindungen (Anzahl n, Stromstärke i) wird einfach $M = 4\pi n i$ oder in Ampere $M = 1{,}257 n i$. 2. Der *magnetische Widerstand*, mit der Länge L direkt, mit dem Querschnitt Q und der Permeabilität μ des Materials (s. Magnetische Induktion) umgekehrt proportional: $W = L/(\mu Q)$. 3. Der *magnetische Induktionsfluß* F, nämlich das Produkt aus Induktion B und Querschnitt: $F = Q \cdot B$. Das Gesetz lautet dann: $F = M/W$; der magnetische Induktionsfluß ist mit der magnetomotorischen Kraft direkt und mit dem magnetischen Widerstande umgekehrt proportional. Setzt man die Werte für die drei Größen ein, so kommt man zu der Grundformel der magnetischen Induktion $B = \mu H$ zurück. Indessen hat das Gesetz hier deshalb keine grundsätzliche Bedeutung, weil μ und damit W hier nicht wie das spezifische elektrische Leitvermögen und der elektrische Widerstand eine Konstante ist, sondern vom Felde abhängt; das Gesetz sagt also gar nichts Positives aus und bietet nur eine bequeme formale Handhabe für Anschauung und Berechnung. Die Größe $s = 1/\mu$ kann man als spezifischen magnetischen Widerstand, die Größe μ selbst als *spezifische magnetische Leitfähigkeit* bezeichnen; W wird auch *Reluktanz*, s spezifische Reluktanz oder *Reluktivität* genannt. Bei alledem ist immer zu beachten, daß die Ausdrücke sich nur auf den Verlauf der Induktionslinien beziehen; denn für den Magnetismus selbst gibt es gar keine Leiter, alle Stoffe sind für ihn Isolatoren. Es gibt also auch keinen magnetischen Strom; die ganze Vorstellung hat lediglich formale Bedeutung. — Übrigens ist an der Fortführung der Kraftlinien auch die Umgebung beteiligt, und an offenen Stellen (Schlitzen) übernimmt die Luft diese Rolle ausschließlich. Man nennt diesen Austritt der Induktionslinien ins Freie *Streuung;* das Verhältnis des Induktionsflusses F im Eisen zu dem im Schlitze F heißt *Streuungskoeffizient.* Je enger geschlossen der Kreis ist, desto kleiner ist die Streuung, desto geringer also die Verluste und desto günstiger die Wirkung. Bei älteren Dynamomaschinen z. B. war die Streuung so groß, daß man mit einer feinen Taschenuhr nicht ohne Schädigung nahe kommen durfte; jetzt ist das meist ungefährlich. — Neuerdings sind für zahlreiche Gestalten des Kreises die Streuungskoeffizienten berechnet und tabellarisch zusammengestellt worden. — Außer dem konstanten gibt es auch einen *veränderlichen* magnetischen Kreis, mit Selbstinduktion usw. (wie beim veränderlichen Stromkreis). — *Dauermagnete* muß man mit Hilfe von Ankern zu einem geschlossenen Kreise ergänzen, damit sie ihren Magnetismus länger bewahren (s. Magnet).

Magnetischer Meridian, s. Erdmagnetismus.

Magnetische Rotationsdispersion, s. Magnetische Drehung der Polarisationsebene des Lichts.

Magnetischer Spannungsmesser, s. Magnetische Messungen.

Magnetischer Umwandlungspunkt, s. Ferromagnetismus.

Magnetischer Widerstand, s. Magnetischer Kreis.

Magnetische Sättigung, s. Magnetische Induktion.

Magnetische Schale, s. Magnet.

Magnetische Schirmwirkung, s. Magnetische Induktion.

Magnetische Schwingungen, s. Magnetschwingungen.

Magnetisches Feld, s. Magnetfeld.

Magnetisches Gewitter, s. Erdmagnetismus.

Magnetisches Grundgesetz, s. Magnetische Kräfte.

Magnetisches Moment, s. Magnet, Erdmagnetismus.

Magnetische Spannung, s. Magnetischer Kreis.

Magnetisches Polpaar, s. Magnet.

Magnetisches Potential, s. Magnetische Kräfte.

Magnetische Strahlen (entsprechend den elektrischen Kathodenstrahlen usw., daher auch Magnetokathodenstrahlen genannt) sind von Villard und Righi aus den Entladungserscheinungen in verdünnten Räumen erschlossen, aber vielfach skeptisch aufgenommen worden; jedenfalls bedarf der Begriff und die Vorstellung noch sehr der Klärung.

Magnetische Störungen, s. Erdmagnetismus.

Magnetische Streuung, s. Magnetischer Kreis.

Magnetische Suszeptibilität, s. Magnetische Induktion.

Magnetische Theorien. Im Laufe der Zeiten sind sehr verschiedene Theorien und theoretische Vorstellungen über den Magnetismus aufgestellt und durchgeführt worden. Zu unterscheiden sind zunächst rein formale und atomistische Theorien; bei jenen wird die Materie als stetig angesehen, bei diesen als aus kleinsten Teilchen bestehend. Die formale Theorie (Neumann, Lord Kelvin, Kirchhoff u. a.) hat besonders in bezug auf die magnetische Induktion (s. d.) Ausbildung erfahren, gelangt aber auch hier bald an die Grenze ihrer Leistungsfähigkeit. Von den atomistischen Theorien ist am ältesten die *Scheidungshypothese.* Nach ihr besteht ein Körper aus *Molekularmagneten*, d. h. aus Teilchen, deren jedes gleichviel positiven und negativen Magnetismus besitzt; und der Akt der Magnetisierung besteht in der Scheidung dieser Bestandteile. Die Theorie stößt aber sehr bald auf Schwierigkeiten bei der Erklärung der Tatsachen. Viel aussichtsreicher ist die von Wilhelm Weber ausgebildete *Richtungs-* und *Drehungshypothese*, nach der die Teilchen schon im natürlichen Zustande Molekularmagnete mit getrennten Polen, aber mit Axenrichtungen sind, die von Teilchen zu Teilchen variieren; der Akt des Magnetisierens besteht darin, daß diese Axen bis zu einem gewissen Grade und schließlich, bei der Sättigung, vollständig gleichgerichtet werden. Die Theorie ist von *Maxwell* und *Ewing* mit Rücksicht auf die Koerzitivkraft weiter ausgebildet und durch Modelle (kleine, auf Spitzen ruhende oder an Fäden hängende Magnetnadeln) veranschaulicht worden und stellt die Magnetisierungskurve (s. Magnetische Induktion) leidlich dar (Gans und Herz). Aber großen Kreisen von Erscheinungen gegenüber versagt auch diese Theorie. Sie ist daher in den Hintergrund getreten gegenüber der *Ampereschen Theorie* des Magnetismus, wonach dieser auf *elektrischen Molekularströmen* beruht. die also hier an die Stelle der Molekularmagnete treten, im übrigen aber wie diese Axen haben, die gleichgerichtet werden können. Durch diese elektrische Theorie werden auch die elektromagnetischen Erscheinungen wesentlich verständlicher. Näher präzisiert wurde diese Vorstellung zuerst durch *Richarz*, der die Teilchen mit den Ionen identifizierte, also den Magnetismus als *Konvektionsstrom rotierender Ionenladungen* auffaßte. Später ist man dann noch weiter, nämlich bis auf die Elektronen zurückgegangen und hat so die *Elektronentheorie* des Magnetismus ausgebildet. Sie hat eine kräftige Stütze erhalten durch den von Einstein und Haas geführten experimentellen Nachweis, daß bei der Magnetisierung wirklich elektrische Kräfte auftreten, wie sie durch die Ampereschen Molekularströme hervorgerufen werden müssen, und daß auch quantitative Werte herauskommen, die mit den für die Elektronen bekannten Daten befriedigend übereinstimmen. Andrerseits ist die Theorie durch *Gans, Langevin und Weiss* bildmäßig und rechnerisch durchgebildet worden, indem den Elektronen bestimmte Gestalt und Bewegungsweise zugeschrieben wurde; u. a. gelingt es auf diese Weise, die Hysteresis leidlich darzustellen, ebenso auch die Unterschiede zwischen Ferro-, Dia- und Paramagnetismus (s. d.). Dabei wird die kinetische Theorie der Materie sinngemäß zur Anwendung gebracht. Zu sehr merkwürdigen Schlüssen kommt dabei insbesondere Weiss: er findet, daß nach der Theorie die Körper „*spontanen*“ *Magnetismus* besitzen müssen, zu dem dann noch künstlicher hinzukommen kann; jener läßt sich auf das „*molekulare Feld*“, dieser auf das äußere Feld zurückführen. Von wesentlichem Einflusse auf das Verhältnis beider ist die Temperatur, und insbesondere spielt der Umwandlungspunkt (s. Ferromagnetismus) eine entscheidende Rolle. Zahlreiche Tatsachen bestätigen diese Theorie in ihren einzelnen Punkten. Schließlich gelangt man auf diesem Wege zu der Vorstellung einer zahlenmäßigen Beziehung zwischen der Magnetisierbarkeit verschiedener Stoffe, und diese Beziehung läßt sich am einfachsten darstellen durch die Einführung eines gemeinsamen Maßes aller magnetischen Atommomente (Atommagnetismus und Molekularmagnetismus): des *Magnetons*. Freilich stößt diese *Magnetonentheorie* im einzelnen auf viele Schwierigkeiten, so daß man z. B. jedem der ferromagnetischen Metalle eine je nach den Umständen verschiedene Anzahl von Magnetonen im Atom beilegen muß; und auch die Beziehung der Magnetonen zu den Elektronen bleibt noch sehr im Dunkeln.

Magnetische Tragkraft ist das Gewicht, das ein Magnet, der Schwerkraft entgegen, festzuhalten vermag. Es hängt von der Stärke der Magnetisierung, der Form des Magneten, der Größe der tragenden Fläche und noch von andern Umständen ab, so daß es sich hier um ein sehr verwickeltes Problem handelt, dem die älteren Versuche in keiner Weise gerecht wurden; erst in neuerer Zeit ist es gelungen, einige wissenschaftliche Gesetze abzuleiten und daraus Nutzen für die praktische Anwendung zu ziehen. Wenn B die magnetische Induktion (s. d.) und f die Fläche ist, so ist theoretisch die Tragkraft $T = (f/8\pi) \cdot B^2$ oder, auf Kilogramm umgerechnet:

$$T = f \cdot (B/5000)^2.$$

Die Tragkraft ist also mit der Fläche und mit dem Quadrat der Induktion proportional; je stärker die Magnetisierung, desto günstiger werden also die Verhältnisse auch relativ zum Aufwande. Die Formel gilt aber nur für homogenes Feld und senkrechten Austritt der Kraftlinien; im allgemeinen Falle wird sie viel verwickelter. Experimentell bestimmt wird die Tragkraft mit der *Wage*, indem das zum Abreißen eines Ankers erforderliche Gewicht ermittelt wird. Es kommt aber dabei auf die Plötzlichkeit oder Allmählichkeit des Abreißprozesses an. Es müssen seitliche Kräfte möglichst ausgeschaltet werden, und es muß die Remanenz in geeigneter Weise berücksichtigt werden. Eine einheitliche Beziehung zum Körpergewicht des Magneten besteht nicht; aber für ähnliche Formen kann man sagen, daß kleine Magnete günstiger als große, und gedrungene günstiger als gestreckte sind. Das Äußerste stellt wohl ein von S. P. Thompson hergestellter Elektromagnet von 0,1 g Gewicht dar, der 250 g, also das 2500 fache seines Eigengewichts trägt. Die Tragkraft pro Flächeneinheit heißt *Zugkraft* Z; sie ist hier für einige Werte von $B/1000$ angegeben:

$B/1000$	Z	$B/1000$	Z
1	0,04	14	7,6
2	0,16	16	10,4
3	0,37	20	16,2
4	0,65	25	25,4
5	1,01	30	36,6
6	1,46	40	64,9
8	2,6	50	101,5
10	4,1	60	146
12	5,8	75	229

Vollständig erledigt wird das Problem erst dann, wenn ein Magnet in allen seinen Oberflächenteilen ausgemessen und die Verteilung der Zugkräfte daselbst ermittelt wird. — Die Zugkraft der Magnete findet vielfache Anwendung bei Stromunterbrechern, zum Extrahieren von Eisensplittern, zum Festhalten großer Massen, zum Bremsen (bei elektrischen Bahnen) usw.

Magnetische Wage, s. Magnetische Messungen.

Magnetische Wirkung der elektrischen Konvektion, s. Elektrische Konvektion.

Magnetische Zerlegung der Spektrallinien, s. Zeemaneffekt.

Magnetisch inaktive Lösungen, s. Diamagnetismus.

Magnetisch negative Kristalle, s. Kristallmagnetismus.

Magnetisch positive Kristalle, s. Kristallmagnetismus.

Magnetisierung, s. Magnetische Induktion.

Magnetisierung durch Streichen, s. Magnet.

Magnetisierungskurve, s. Magnetische Induktion.

Magnetisierungswärme, s. Hysteresis.

Magnetismus ist zunächst die Eigenschaft gewisser Körper (s. Magnete), feines Eisenpulver anzuziehen und festzuhalten; bei verfeinerter Beobachtung erweisen sich alle Körper als dieser Eigenschaft fähig. Des weiteren faßt man dann unter Magnetismus die Gesamtheit der hiermit irgendwie zusammenhängenden Erscheinungen zusammen, ohne daß es möglich wäre, in einfacher Weise zu definieren, was denn eigentlich magnetische Erscheinungen seien. Jedenfalls gibt es solche von ganz verschiedenem Charakter, insbesondere *ponderomotorische* Erscheinungen (Anziehung, Abstoßung und Ablenkung andrer Körper), *magnetomotorische* Erscheinungen (Erregung von Magnetismus in andern, bis dahin unmagnetischen Körpern oder Änderung ihres magnetischen Zustandes), *Einwirkung auf elektrische Ströme*, auf das *Licht* und vieles andre. Man vergleiche hierüber die einzelnen Artikel: Diamagnetismus, Elektromagnetismus, Erdmagnetismus, Ferromagnetismus, Hysteresis, Magnet, Magnetelektrizität, Magnetfeld, Magnetische Drehung, Kräfte, Induktion, Messungen, Magnetischer Kreis, Magnetische Tragkraft, Theorien, Magnetooptik, Magnetostriktion, Magnetschwingungen, Remanenz usw.

Magnetismus der Gesteine, s. Erdmagnetismus.

Magnetismus der Kristalle, s. Kristallmagnetismus.

Magnetismus der Lage, s. Magnet.

Magnetismus und Dehnung, s. Magnetostriktion.

Magnetismus und Drillung, s. Magnetostriktion.

Magnetnadel, s. Magnet.

Magnetograph, s. Magnetische Messungen.

Magnetoinduktion, s. Induktionsströme.

Magnetokathodenstrahlen, s. Magnetische Strahlen.

Magnetometer, s. Magnetische Messungen.

Magnetomotorische Kraft, s. Kraft, Magnetischer Kreis.

Magnetonen, s. Magnetische Theorien.

Magnetooptik ist die Gesamtheit der Beziehungen zwischen Magnetismus und Licht. Es gehören hierher insbesondere folgende Erscheinungen bzw. Erscheinungsgebiete: 1. Die magnetische Drehung der Polarisationsebene des Lichts (s. d.), auch Faradayeffekt genannt, sowie die entsprechende Wirkung auf chemische und Wärmestrahlen. 2. Der Kerreffekt (s. Magnetische Drehung der Polarisationsebene). 3. Der Zeemaneffekt (s. d.). 4. Die magnetische Ablenkung bzw. Nichtablenkung der Kathoden-, Kanal-, Roentgen- und Radiumstrahlen (s. die betreffenden Artikel). Alle diese Erscheinungen lassen sich mit Hilfe der Elektronentheorie in einen einheitlichen Zusammenhang bringen; sie ist insbesondere von Lorentz, Voigt, Drude, Goldhammer u. a. ausgearbeitet worden.

Magnetostriktion ist ein zusammenfassender Name für die Gesamtheit der Beziehungen zwischen magnetischen und mechanischen Kräften. Voran steht die *Zugkraft* als Ausdruck der im magnetischen Felde herrschenden mechanischen Kräfte. Wenn H die Feldstärke und B die magnetische Induktion ist (s. Magnetische Induktion), so ist nach Maxwell die Zugkraft

$$Z = (1/4\pi) \cdot (BH - \tfrac{1}{2}H^2)$$

und speziell, wenn $B = H$ wird (z. B. in einem engen, schlitzartigen Luftfelde), $Z = (1/8\pi) \cdot B^2$ oder auch, durch Einführung der Intensität I der Magnetisierung:

$$Z = 2\pi I^2 + I \cdot H + (1/8\pi) \cdot H^2 .$$

Die Anwendung auf die Tragkraft (s. d.) ergibt sich dann ohne weiteres. — Was die magnetisierten Körper selbst betrifft, so erfahren sie durch die Magnetisierung eine *Deformation*, nämlich Längs- und Querdilatation bzw. Kontraktion. Eine Kugel z. B. wird durch Längsmagnetisierung in der Längsrichtung verlängert, in der Querrichtung verkürzt; beide Wirkungen sind mit dem Quadrat der Magnetisierung direkt und mit dem Elastizitätsmodul umgekehrt proportional, und erstere ist 5 bis 6mal so groß wie letztere. Der allgemeine Fall ist sehr verwickelt und hängt von mehreren Konstanten ab. — Im Zusammenhange hiermit steht eine Reihe interessanter Wechselwirkungen zwischen elastischen Deformationen und Magnetisierung, die hier nur in großen Zügen angedeutet werden können, da sie im einzelnen, je nach dem Verlauf und der Wiederholung der Beanspruchung sowie je nach den besonderen Umständen äußerst mannigfaltige Form annehmen können. — *Längsdruck* wirkt auf schwache und starke Magnetisierung verschieden: jene wird gesteigert, diese geschwächt; beides jedoch nur bis zu einem gewissen Betrage des Längsdrucks. Jenseits dessen tritt allgemein Schwächung ein; der kritische Punkt heißt *Villarischer Umkehrpunkt.* Umgekehrt bewirkt Magnetisierung eine *Längenänderung*; bei periodischer Magnetisierung treten daher Längsschwingungen auf, die zum Tönen Veranlassung geben können; hierauf beruht das älteste *Telephon*, das von Ph. Reis. — Besonders merkwürdig ist die Beziehung des *Magnetismus zur Drillung.* Erstmalige Drillung verstärkt, wiederholte schwächt den Magnetismus, wenigstens bei Eisen (bei Nickel tritt immer Verstärkung ein, außer in sehr starken Feldern). Wenn man einen (durch einen axial hindurchgeschickten Strom) zirkularmagnetisierten Stab (s. Magnet) tordiert, so erhält er axialen Magnetismus; man hat also nach außen die Erscheinung, daß ein unmagnetischer Stab (denn Zirkularmagnetismus macht sich nach außen nicht geltend) durch Drillung magnetisch wird. Umgekehrt wirkt Magnetisierung auf die Torsion ein; und wenn man einen Stab zugleich longitudinal und zirkular magnetisiert, erfährt er eine Drillung. Diese Erscheinungen werden gewöhnlich als *Wiedemanneffekt* bezeichnet. — Die Wechselwirkung und der Parallelismus dieser Erscheinungen erstreckt sich auch auf die *Remanenz* und ganz besonders auf die Hysteresis, so daß man von einer zusammengesetzten *elastisch-magnetischen Hysteresis* sprechen kann.

Magnetpol, s. Magnet.

Magnetpole der Erde, s. Erdmagnetismus.

Magnetschwingungen sind ganz ähnlichen Gesetzen unterworfen wie Pendelschwingungen, nur daß hier die Schwingungsebene jede beliebige Orientierung haben kann, und daß hier sogar die Schwingungen in horizontaler Ebene (um eine vertikale Axe) am wichtigsten sind. Außerdem ist der Fall der Magnetschwingungen viel allgemeiner, insofern hier das Feld gleichförmig oder ungleichförmig sein kann. Im ersteren Falle, also namentlich, wenn nur das Erdfeld einwirkt, lautet die Grundgleichung für die Winkelkoordinate

$$\frac{d^2\varphi}{dt^2} = -\frac{MH}{K}\sin\varphi,$$

wo M das magnetische Moment des Magneten, K sein Trägheitsmoment und H die Horizontalkomponente des Feldes bedeutet. Als Lösungen ergeben sich in erster Annäherung (solange man den sin durch den Bogen ersetzen kann) *Sinusschwingungen*, und die Periode wird $T = 2\pi\sqrt{K/(MH)}$, also direkt proportional mit der Wurzel aus dem Trägheitsmoment und umgekehrt mit der Wurzel aus magnetischem Moment und Feldstärke (der einfache Hingang oder Hergang ist die Hälfte hiervon). Die nächste Annäherung lautet, wenn a die Amplitude ist:

$$T = 2\pi\sqrt{K/(MH)}\cdot(1 + a^2/16);$$

die Korrektion beträgt für 2 Grad nur zwei Hunderttausentel, für 10 Grad schon ein halbes Tausentel, für 30 Grad reichlich vier Tausentel des Wertes. Die *Beobachtung* erfolgt am besten mit Spiegelablesung (s. d.) und Sekundenuhr; man mißt die Dauer von 30 oder 50 Schwingungen und leitet daraus T

ab. Die wichtigste Anwendung ist die auf die Messung von M und H (s. Magnetische Messungen). — Infolge der Reibung werden die Schwingungen in Wahrheit gedämpft; charakteristisch für die Dämpfung ist das Verhältnis zweier aufeinander folgender Amplituden bzw. sein Logarithmus, das *logarithmische Dekrement* (s. Dämpfung); bei sehr starker Dämpfung erhält man schließlich *aperiodische Bewegung*. Die wichtigste Anwendung ist die auf Galvanometer (s. d.) und Magnetometer. — Für genaue Zwecke muß man das Torsionsverhältnis τ des Aufhängefadens berücksichtigen; die Periode wird dann im Verhältnis $\sqrt{1+\tau}$ kleiner. — Viel verwickelter werden die Verhältnisse im ungleichförmigen Felde, und noch komplizierter bei der gleichzeitigen Schwingung zweier benachbarter Nadeln: *gekoppelte Schwingungen*, mit zusammengesetzten Perioden und dem Spezialfall der Resonanz.

Majoranaeffekt, s. Magnetische Drehung der Polarisationsebene.

Malusscher Satz, s. Geometrische Optik.

Manganstahl, s. Ferromagnetismus.

Manobarometer, s. Manometer.

Manometer sind Apparate zur Messung des Druckes von Gasen, insbesondere der Luft in abgeschlossenen Räumen (wegen der Messung des Drucks der freien Atmosphäre s. Barometer). Sie beruhen teils auf der Messung der Druckhöhe von gegenwirkendem Quecksilber (oder Wasser), teils auf der Volumenmessung nach dem Boyleschen Gesetze, teils auf der Druckreduktion nach dem umgekehrten Prinzip der hydraulischen Presse (s. Hydrostatik), teils auf direkter Wägung. — Zu unterscheiden ist zwischen wissenschaftlichen und technischen Manometern, ferner zwischen Manometern für mittlere, kleine und große Drucke. Einige der wichtigsten Typen sind folgende: 1. Das *abgekürzte Barometer*, auch *Barometerprobe* genannt, für Drucke kleiner als die Atmosphäre, besonders an Luftpumpen, elektrischen Entladungsrohren usw. angebracht; anfangs erfüllt das Hg die Röhre völlig, erst wenn der Druck eine gewisse Grenze unterschreitet, löst es sich vom Rohrende ab. — 2. Das *offene Manometer*, in Heber- oder Gefäßform, mit gleichem Niveau im Normalzustande; bei Verbindung des einen Schenkels mit dem zu prüfenden Gasraume stellt sich eine Niveaudifferenz her, die den Überschuß oder Unterschuß gegenüber 1 Atm. angibt; insbesondere das Manometer von Kamerlingh Onnes mit Druckübertragung durch komprimiertes Gas und einer großen Anzahl hintereinander geschalteter U-Rohre. — 3. Das *geschlossene*, aber mit einer gewissen Luftmenge über dem Hg gefüllte Manometer, mit empirischer Teilung nach dem Boyleschen Gesetz. — 4. Kom-

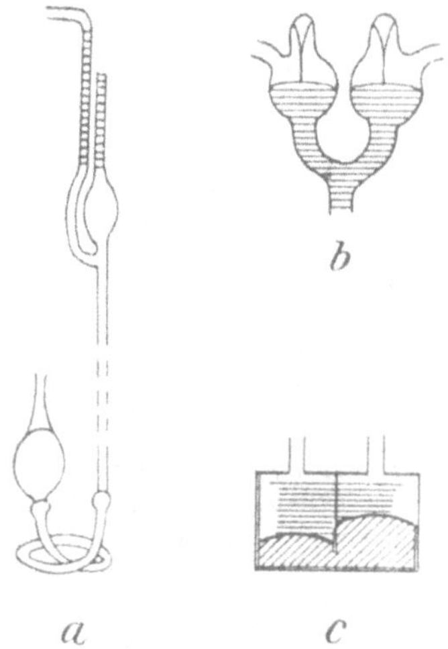

Fig. 158 a—c

biniert aus obigen Formen: Das *Manobarometer von Regnault*, das gleichzeitig den Barometerstand und den gesuchten Gasdruck liefert. — 5. Das *Metall- oder Federmanometer*, dem Aneroidbarometer entsprechend, aber bis zu starken Drucken brauchbar, das Bourdonsche z. B. bis zu 30 Atm. (für Dampfkessel usw.), aber auch Formen für wissenschaftliche Zwecke, bei oft wiederholter Kontrolle durch die Druckwage (s. u.) ganz gut verwendbar. — 6. *Manometer für ganz große Drucke* (das längste, 300 m, am Eiffelturm in Paris, bis zu 300 Atm.); zur Vermeidung so großer Längen kann man wieder U-Rohrserien anwenden und die Druckdifferenzen alle addieren. — 7. *Manometer für kleine und ganz kleine Drucke*, auch als *Vakuummeter* bezeichnet; sehr beliebt u. a. das von *Macleod* (Fig. 158a), ferner das von Lord Rayleigh (Fig. 158b) und das von Thiesen (Fig. 158c). — 8. Das Amagatsche *hydraulische* Manometer. — 9. Die Wagemanometer oder *Druckwagen* von Stückrath, Schäffer und Buddenberg u. a., meist mit Zeiger und Skala zur direkten Ablesung versehen. — Nur wenige von diesen Apparaten eignen sich zu absoluten Messungen; Apparate, die von vornherein nur Unterschiede angeben sollen, heißen *Differentialmanometer;* solche, die Schwankungen verfolgen lassen, *Druckvariometer* (s. Barometer).

Manometrische Flammen, s. Akustische Bewegungen, Pfeifen.

Marconischaltung, s. Drahtlose Telegraphie.

Marinegyroskop, s. Kreisel.

Mariottesche Flasche, s. Ausfluß, Pneumatische Apparate.

Mariottesches Gesetz, s. Gase.

Mascartsche Streifen, s. Interferenz des Lichts.

Masse ist der Widerstand eines Körpers gegen Bewegung (s. Trägheit); genauer der Faktor, mit dem man die Beschleunigung, die er unter bestimmten Umständen annimmt, multiplizieren muß, um das gleiche Produkt zu erhalten wie für einen andern Körper, mit dem man entsprechend verfährt. Da es schwer ist, die Gleichheit der Umstände zu garantieren, legt man am besten die *Wechselwirkung* zwischen beiden zu vergleichenden Körpern zugrunde; alsdann sind ihre Massen diejenigen Faktoren, mit denen man die Beschleunigungen, die sie sich gegenseitig erteilen, multiplizieren muß, um für beide dasselbe Produkt zu erhalten. Für *einen* Körper kann man hiernach die Masse beliebig festsetzen und mit einem Namen: *Gramm* (gr oder g) belegen; als solchen hat man ursprünglich eine Wassermenge gewählt, die bei 4⁰ C den Raum eines Kubikzentimeters einnimmt, und hat danach ein *Normalplatingewicht* hergestellt, das 1000 solche Gramm, also 1 kg darstellt, und in Breteuil bei Paris aufbewahrt wird, während Kopien sich an vielen Orten befinden. Es hat sich aber herausgestellt, daß dieses Platinstück ungefähr 45 mgr zuviel Masse enthält; man ist trotzdem bei dem Platinstück verblieben und kann daher jetzt nur noch sagen: 1 gr ist ein Tausentel der Masse des Pariser Normalplatingewichts. Das bei der Definition durch die Wechselwirkung entstehende, beiderseits gleiche Produkt ist die *Wechselkraft* zwischen den Körpern (s. Wechselwirkung). Statt zu sagen: Masse ist Widerstand gegen Bewegung, kann man dann auch sagen: Masse ist *Kapazität für Kraft*, je mehr Masse ein Körper hat, desto mehr Kraft beansprucht er zu gleicher Produktion von Beschleunigung. Die Masse gehört also zu den Kapazitätsgrößen. Gleichgültig ist, ob man bei der Wechselwirkung auf Fern- oder Nahphänomene, z. B. Gravitation oder Elastizität exemplifiziert. Auch kann man an die Stelle der Beschleunigung die Geschwindigkeit, also entsprechend an die Stelle der Wechselkraft den Wechselimpuls setzen und erhält alsdann die Variante: Die Massen zweier Körper sind die Faktoren, mit denen man die Geschwindigkeiten, die sie sich bei der Impulswechselwirkung, z. B. beim elastischen Stoß, erteilen, multiplizieren muß, um beiderseits das gleiche Produkt zu erhalten. — Masse in echtem Sinne ist *träge* oder *passive* Masse; ihr steht die *ponderable* oder *aktive* Masse gegenüber, die im speziellen Falle der irdischen Körper in dem Gewicht (s. d.) zum Ausdruck kommt. — Die wichtigsten (z. T. nur noch historischen) Maße für Masse bzw. Gewicht sind folgende:

1 Tonne (t) = 1000 Kilogramm (kg) = 10^6 Gramm (gr);
1 Kilogramm (kg) = 1000 Gramm;
1 Gramm (gr);
1 Dezigramm (dg) = 0,1 Gramm;
1 Centigramm (cg) = 0,01 Gramm;
1 Milligramm (mg) = 0,001 Gramm;

1 metrisches Pfund = 500 Gramm = 0,5 kg;
1 preußisches Pfund = 467,7 Gramm;
1 Pariser Pfund = 489,9 Gramm;
1 metrischer Zentner = 50000 Gramm = 50 kg;
1 Doppelzentner = 100 kg;
1 Unze = 28,35 gr;
1 Gran = 0,0648 gr.

Eine Masse von so viel Gramm, als die Molekularzahl des Stoffes angibt, heißt ein *Mol* oder eine *Grammolekel*; entsprechend *Grammatom*. — Formeln für Masse, Geschwindigkeit bzw. Beschleunigung, Impuls bzw. Kraft:

$$m = I/G = K/B;$$

$$m_1 : m_2 = G_2 : G_1 = B_2 : B_1;$$

$$-m_1 G_1 = m_2 G_2 = I;$$

$$-m_1 B_1 = m_2 B_2 = K.$$

— Im absoluten Maßsysteme ist die Masse ein Grundbegriff, also dimensional $[m] = m$. — Bewegung kann erhöhte Masse vortäuschen; so leistet z. B. eine Hohlkugel mit einem Kreisel im Innern gegen Drehungen einen sehr viel größeren Widerstand, wenn der Kreisel rotiert, als wenn er ruht; und bei einem Kathodenstrahl- oder Radiumteilchen hängt die scheinbare Masse von der Geschwindigkeit der Translation ab. Man muß daher zwischen *statischer* und *kinetischer* Masse unterscheiden und kommt auf diesem Wege schließlich zu der Idee, auch die Masse eines ruhenden Körpers möchte nicht statischen, sondern kinetischen Charakters sein, nämlich auf elektromagnetischen Bewegungsvorgängen in seinem Innern beruhen. Vgl. Kathodenstrahlen usw. — In der Relativitätstheorie steht die Masse zur Energie in der einfachen Beziehung $m = E/c^2$, wo c die Lichtgeschwindigkeit ist.

Massenmittelpunkt, s. Schwerpunkt.

Massenwirkungsgesetz ist der Satz: Die Reaktionsgeschwindigkeit im homogenen System ist bei konstanter Temperatur proportional den jeweiligen Konzentrationen der sich umsetzenden Stoffe. Aus dieser allgemeinen Form ergibt sich die speziell statische, auf den Gleichgewichtszustand (Stillstand der Reaktion) bezügliche. Zahlreiche Anwendungen in der physikalischen Chemie.

Maßflasche, s. Kondensator.

Maßstab, s. Längenmessung.

Maßsysteme. Die beiden wichtigsten sind: 1. Das *Strecke-Zeit-Masse-System*, in dem alle Größen auf diese drei Grundgrößen zurückgeführt werden, und zwar mit *Zentimeter* (cm), *Sekunde* (sec) und *Gramm* (gr) als Einheiten; in alphabetischer Reihenfolge der Anfangsbuchstaben ergibt sich dann der vielfach übliche Name: *C-G-S-System*; häufig wird es auch als *absolutes* Maßsystem bezeichnet. Es ist in der Wissenschaft fast ausschließlich in Gebrauch. — 2. Das *Strecke-Zeit-Gewicht-System*, in dem die Gewichtseinheit, sehr zum Schaden der Klarheit, ebenfalls mit dem Namen Gramm bezeichnet wird; der Deutlichkeit halber ist es empfehlenswert, dafür den Namen *Grammgewicht* und als Zeichen gr* zu benutzen. Es besteht dann die Beziehung: 1 gr* = g gr, wo g die Beschleunigung durch die Schwere, also im Mittel 981 cm/sec ist. Übrigens werden in der Praxis, in der das ganze Maßsystem noch vorwiegend im Gebrauch ist, die Einheiten, weil sie unzweckmäßig klein sind, häufig durch größere ersetzt, und zwar wird als Längeneinheit meist das *Meter* (m), als Zeiteinheit die *Stunde* (st oder h) und als Gewichtseinheit das *Kilogrammgewicht* (kg) benutzt. — 3. Das *energetische Maßsystem*, in dem cm, sec und erg als Grundeinheiten dienen; im Prinzip das allgemeinste und darum vorzüglichste, praktisch aber noch wenig erprobt. — Wegen der elektrischen und magnetischen Maßsysteme s. d.

Materie oder *Stoff* ist der Inbegriff alles dessen, was sich durch Trägheit (s. d.) einerseits und durch Gewicht (s. d.), allgemeiner durch Gravitation (s. d.) andrerseits geltend macht. Ein Komplex von Materie, der bestimmte Form annimmt, heißt ein *Körper*. Diese Körper nehmen wir mit Hilfe unserer Sinnesempfindungen wahr; aber nicht alles, was wir wahrnehmen, hat körperlichen Charakter; vielmehr gehört dazu ein gewisser Dauercharakter. Da nun alles, was wir wahrnehmen bzw. empfinden, Energie ist, kann man sagen, daß Materie *Dauerkonfiguration von Energie* ist. Der Dauercharakter kann aber sehr verschiedene Grade annehmen, je nach der Geschwindigkeit, mit der Veränderungen eintreten, und er kann an den Grenzen sogar zweifelhaft werden (Gase, Wolken, Schall, Licht, Elektrizität). In entsprechendem Sinne kann man auch sagen: Materie ist Widerstand gegen Sinnesempfindung, und ein Körper ist ein „Gegenstand", d. h. er stellt sich der Empfindung entgegen; jedoch verhält sich ein und derselbe Gegenstand im allgemeinen ganz verschieden gegen verschiedene Sinnesorgane (eine Fensterscheibe ist für den Tastsinn ein erheblicher, für den Gesichtssinn kein nennenswerter Gegenstand, gerade umgekehrt verhält sich dichter Nebel). — Über die *Konstitution der Materie* gibt es zwei verschiedene Vorstellungen: die *Stetigkeitstheorie* und die *Molekulartheorie* (s. d.) oder *Atomistik.* Die einzige Möglichkeit, beide miteinander zu vereinigen, liegt in der Thomsonschen Wirbeltheorie, bei der es sich um unmittelbar benachbarte Wirbelkomplexe, die Wirbelatome, handelt (s. Wirbelbewegung), die aber der Durchführung im einzelnen unüberwindliche Hindernisse in den Weg stellt. Die physikalisch-energetische Ausgestaltung der Molekulartheorie führt zur kinetischen Theorie der Materie (s. d.). — Außer den beiden Grundeigenschaften der Trägheit (passiv) und Schwere (aktiv) hat die Materie noch eine außerordentlich reiche qualitative Mannigfaltigkeit, deren Untersuchung Gegenstand der Chemie ist; die Beziehungen dieser Mannigfaltigkeit zu den allgemeinen physikalischen Eigenschaften behandelt die physikalische Chemie (s. d.). — In physikalischer Hinsicht ist ferner das Verhalten verschiedener Teile desselben Körpers sowie eines und desselben Teils in verschiedenen Richtungen wesentlich. Materie, die sich in allen Teilen gleich verhält, heißt *homogen,* andernfalls inhomogen oder *heterogen.* Eine besondere, hierher gehörige Klasse bilden die porösen oder lockeren Massen (Pulver usw., vgl. auch Disperse Systeme). Auch bei ganzen Systemen unterscheidet man homogene und heterogene (s. Phasenlehre). — Materie, die sich in demselben Punkte nach verschiedenen Richtungen gleich verhält, heißt *isotrop* (im besonderen Falle auch *amorph*), andernfalls anisotrop oder *heterotrop* oder äolotrop; de wichtigste Vertreter dieser Klasse sind die Kristalle (s. d.), ein andrer die Hölzer (die aber zugleich auch inhomogen sind). — Charakteristisch für die Materie ist ferner der *Aggregatzustand* (s. d.), wozu der feste, flüssige, gasige, im weiteren Sinne auch noch der Zustand der Lösung (s. d.) gehört. — Nicht eigentlich zur Materie gehören die sog. *Imponderabilien,* von denen aber nur noch der Äther eine Rolle spielt (s. d.).

Mathematisches Harmonium, s. Tonhöhe.

Mattscheibe, s. Photographie.

Maul, s. Pfeifen.

Maulweite, s. Pfeifen.

Maximalleitende Lösungen, s. Elektrizitätsleitung der Flüssigkeiten.

Maximalspannung, s. Dämpfe.

Maximum des Luftdrucks, s. Luftdruck.

Maxwellsche Gleichungen, s. Elektrische Theorien.

Maxwellscher Satz für ε und n, s. Dielektrizität.

Maxwellsches Verteilungsgesetz, s. Kinetische Theorie.

Maxwellsche Theorie, s. Elektrische Theorien.

Mayersches Prinzip wird zuweilen der Satz von der Äquivalenz von Wärme und Arbeit oder auch das allgemeine Energieprinzip genannt; s. Erhaltung der Energie, Wärmeäquivalent.

Mechanik ist die Lehre von der Bewegung der Körper. Sie zerfällt in die *Statik* oder Lehre vom Gleichgewicht (s. Statik) und in die *Kinetik* oder *Dynamik* oder Lehre von der Bewegung im engeren Sinne (s. Dynamik). Sieht man von physikalischen Realisierungen, insbesondere von Kräften, zunächst ab, so kommt man in der Statik zur *Geo-*

metrie der Massen, die insbesondere den Schwerpunkt (s. d.) usw. behandelt, in der Bewegungslehre zur reinen *Kinematik* (s. d.). — Der *Methodik* nach unterscheidet man experimentelle Mechanik einerseits und theoretische oder analytische Mechanik andrerseits; ferner den Grundanschauungen nach Kontinuitätsmechanik, und zwar entweder solche alten Stils, bei der nur das mechanische Relativitätsprinzip (s. d.) zugrunde gelegt wird, und die *Relativitätsmechanik*, bei der auch das moderne Relativitätsprinzip benutzt wird; und andrerseits Molekular- oder *statistische Mechanik*, bei der angenommen wird, daß die Körper aus kleinsten Teilchen bestehen, die sich nach Maßgabe der Kräfte und Bedingungen auf Grund der Regeln der Wahrscheinlichkeitsrechnung verhalten. Geht man schließlich von den ponderablen Teilchen zu den Elektronen (s. d.) über, so kommt man zu einer Mechanik auf elektromagnetischer Grundlage. — Die Anwendung auf praktische Fragen behandelt die *technische* Mechanik oder mechanische Technologie. — Ferner ist zu unterscheiden zwischen der *allgemeinen* Mechanik, in der die Körper als *starr* angesehen und gemeinsam behandelt werden, und der speziellen Mechanik, die den einzelnen Aggregatzuständen gewidmet ist: Elastizitätslehre, Hydromechanik, Aeromechanik, jede von diesen wieder in Statik und Dynamik zerfallend (s. d.). — Die allgemeine Mechanik stellt zunächst eine Reihe allgemeiner Sätze auf, die als Prinzipe der Mechanik (s. d.) bezeichnet werden. — Unter den einzelnen epochemachenden Darstellungen der Mechanik seien genannt die von Euler, D'Alembert und Lagrange (klassische Mechanik), von Kirchhoff (einfachste und vollständigste Beschreibung), Boltzmann (klassische Mechanik in moderner Gestaltung), Hertz (mit Hilfe verborgener Massen, dafür aber ohne Kräfte), Gibbs (Statistische Mechanik) usw.

Mechanisches Lichtäquivalent, s. Strahlungsdruck.

Mechanisches Wärmeäquivalent, s. Wärmeäquivalent.

Mechanische Wärmetheorie, s. Thermodynamik.

Mechanochemie, s. Physikalische Chemie.

Meeresleuchten, s. Lumineszenz.

Meeresströmungen sind die mehr oder weniger auf die oberflächlichen Schichten beschränkten, einseitig gerichteten Bewegungen des Meerwassers. Man unterscheidet je nach der Richtung, der Erzeugung durch Winde oder Temperaturunterschiede oder sonstige Kräfte, verschiedene Arten; insbesondere äquatoriale und polare, kalte und warme, Trift- und Antitriftströmung. Am bekanntesten ist der mächtige Golfstrom, der von Mittelamerika nach dem nordwestlichen Europa fließt. — Die einzige erfolgreiche Theorie des Phänomens ist die von *Zoeppritz;* hiernach entstehen die Strömungen durch den *Wind*, und zwar dadurch, daß jahraus, jahrein, trotz Wechsels im einzelnen, gewisse Windrichtungen überwiegen; dazu kommt dann die Wirkung der *Reibung*, und zwar der äußeren Reibung r' der Oberflächenschicht an der Luft und der inneren Reibung r der Schichten aneinander. Wenn h die Meerestiefe ist, drückt sich die oberflächliche Strömungsgeschwindigkeit v durch die des Windes v_0 gemäß der Formel ($p = r'/r$):

$$v = v_0 \cdot ph/(ph + 1)$$

aus. Da p sehr klein ist, ist für kleine Meerestiefen $v = 0$, für sehr große dagegen $v = v_0$; im allgemeinen also ein Bruchteil von v, z. B. für $h = 4000$ m und $p = 0{,}00001$ wird $v = (4/5) \cdot v_0$. Das ist der stationäre Zustand; er stellt sich aber erst nach sehr langer Zeit ein, besonders nach der Tiefe hin; bei großer Tiefe vergehen z. B. 240 Jahre, ehe die halbe Oberflächenströmung die Schicht in 100 m Tiefe erreicht hat. — Die Zoeppritzsche Theorie ist neuerdings durch die von *Ekmann* modifiziert worden, bei der besonders auch auf die Erdrotation Rücksicht genommen wird. Dadurch stellen sich eigentümliche Komplikationen sowohl der Größe wie der Richtung nach ein; an der Oberfläche bildet die Strömung mit dem Winde einen Winkel von 45 Grad, in der Tiefe noch größere; aber auch dieser Zustand wird erst nach langen Vorbereitungen erreicht.

Megadyne, s. Kraft.

Megaerg, s. Arbeit.

Mehrfach zusammenhängend, s. Zusammenhang.

Mehrfach zusammenhängender Raum, s. Zusammenhang.

Mehrphasenstrom, s. Dynamomaschine.

Meile, s. Längenmaß.

Melodie, s. Harmonie.

Membrana basilaris, s. Gehör.

Membrana tectoria, s. Gehör.

Membranen, s. Membrantöne, Tönende Systeme.

Membrantöne. Eine Membran ist in zweidimensionaler Ausgestaltung ganz das Entsprechende wie eine Saite (s. Saitentöne) in eindimensionaler: ohne eigene Steifigkeit und deshalb der Einspannung, hier aber mit dem ganzen Rande oder einem erheblichen Teile desselben, bedürftig. Wie die Saite,

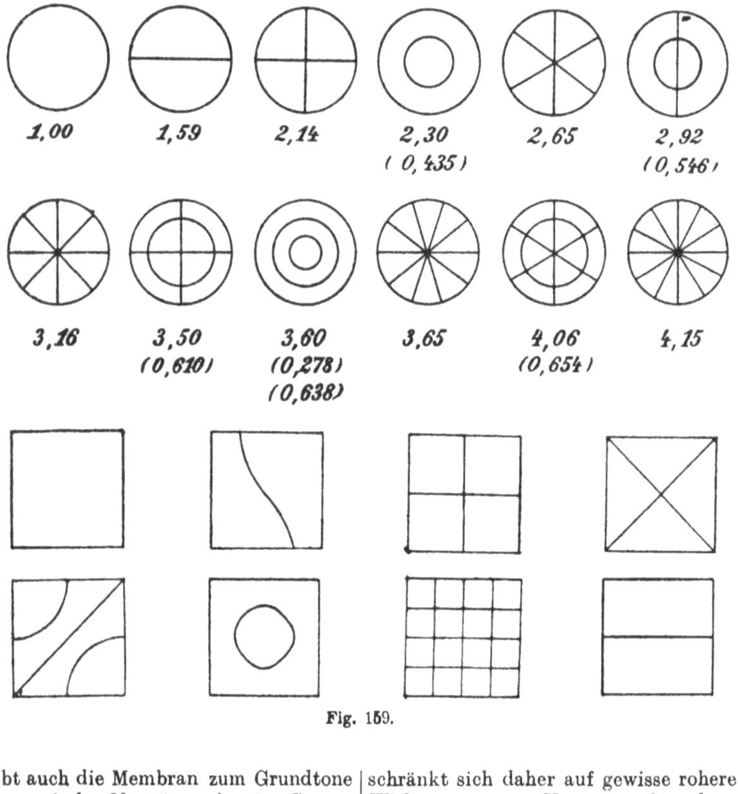

Fig. 159.

gibt auch die Membran zum Grundtone harmonische Obertöne; aber im Gegensatz zu jener hat sie nicht bloß einen, sondern viele Grundtöne, und diese sind unharmonisch zueinander, so daß im allgemeinen ein unreiner und mehr oder weniger unbestimmter Klang entsteht. Die musikalische Anwendung beschränkt sich daher auf gewisse rohere Wirkungen. — Hiervon abgesehen, hängt die Schwingungszahl von den Dimensionen, der Dicke und der Spannung der Membran ab. — Von den verschiedenen Formen ist am wichtigsten die *Kreismembran*, die sich beim Tönen in Abschnitte teilt, die voneinander durch Durchmesser und mit dem Rande konzentrische Kreise getrennt sind. Formel für die Schwingungszahl des ersten Grundtons:

$$n = (0{,}764/2a) \cdot \sqrt{s/d}$$

(a Radius, s Spannung, d Dichte). Durch stärkeres Einspannen oder Nachlassen kann man die Tonhöhe ändern. Einige Zahlen für die verschiedenen Grund- und Obertöne zugleich mit den Schwingungsbildern sind folgende (die Zahlen in Klammern bedeuten die relativen Radien der Knotenkreise) (Fig. 159). Anwendung: Trommel und Pauke in der Musik (s. Musikinstrumente). — Andre Formen sind die quadratische, rechteckige und elliptische Membran. Bei der *quadratischen*, in beiden Richtungen gleich stark gespannten Membran stehen die Grundtöne ($\sqrt{p^2 + q^2}$, wo p und q ganze Zahlen sind) in den Verhältnissen $\sqrt{2} . \sqrt{5} : \sqrt{10} : \sqrt{13} : \sqrt{17}$ usw. Ordnet man alle Töne einschließlich der harmonischen Obertöne nach der Höhe und bezieht sie wieder auf den tiefsten Grundton, so erhält man in der ersten Oktave die Töne 1,00 und 1,58, in der zweiten 2,00 - 2,24 - 2,55 - 2,92 - 3,00 - 3,16 - 3,53 - 3,61 - 3,81 usw., also sehr nahe benachbarte und unharmonische Töne. — Einige Schwingungsformen sind in der Figur veranschaulicht. — Es kann auch gekrümmte Membranen geben, nur muß dann ein innerer Flächenpunkt festgespannt sein; ein Beispiel bietet die trichterförmige Membran unseres Ohres, das Trommelfell (s. Gehör). — Die Schwingungsformen der Membranen kann man durch aufgestreuten Sand sichtbar machen (Chladnische Klangfiguren, s. Plattentöne).

Meniskus, s. Photographisches Objektiv, Steighöhe.

Mensur, s. Pfeifen.

Meridian, s. Richtung, Erdmagnetismus.

Meridionalbüschel, s. Astigmatismus.

Meßband, s. Längenmessung.

Meßbrücke, s. Widerstandsmessung.

Meßkette, s. Längenmessung.

Meßrädchen, s. Längenmessung.

Metallfadenlampe, s. Glühlicht.

Metallglanz, s. Metallreflexion, Reflexion des Lichts.

Metallreflexion. Die Gesetze und Erscheinungen der Reflexion des Lichts (s. d.) nehmen eine wesentlich modifizierte Form an, wenn der reflektierende Körper das Licht *absorbiert*, also insbesondere bei der Reflexion an Metalloberflächen, richtiger an den Oberflächenschichten des Metalls (denn das Licht dringt ein, wenn auch nur in Tiefen, die mit der Wellenlänge vergleichbar sind). — Fällt *geradlinig* polarisiertes Licht auf das Metall, so wird es durch Reflexion zu *elliptisch* polarisiertem, indem die Komponente senkrecht zur Einfallsebene gegenüber der parallel zu ihr eine Phasenverzögerung erfährt; nur für senkrechte Inzidenz einerseits und für streifende andrerseits bleibt das Licht geradlinig polarisiert. Dazwischen gibt es einen Einsallswinkel, für den die Elliptizität am stärksten wird (in besonderen Fällen zirkularpolarisiertes Licht). Dieser Winkel heißt *Haupteinfallswinkel* φ; er hängt vom Brechungsquotient n und Absorptionsindex $\varkappa$ (Abnahme der Lichtintensität auf einer der Wellenlänge gleichen Strecke von 1 auf e zur Potenz $-2\pi\varkappa$) nach der Formel

$$\sin\varphi \tan\varphi = n\sqrt{1 + \varkappa^2}$$

ab. Die Hauptaxe der Ellipse des reflektierten Lichts ist gegen die Polarisationsrichtung des einfallenden gedreht. Sie hat ein anderes Azimut; das dem Haupteinfallswinkel entsprechende Azimut heißt *Hauptazimut*; sein Wert ist durch die Gleichung $\tan 2\psi = \varkappa$ bestimmt. — Das *Reflexionsvermögen* des Metalls, d. h. das Verhältnis der reflektierten zur einfallenden Intensität ist

$$R = \frac{n^2(1 + \varkappa^2) + 1 - 2n}{n^2(1 + \varkappa^2) + 1 + 2n}.$$

Da bei allen Metallen $2n$ klein ist gegen $n^2(1 + \varkappa^2)$ — s. Brechung des Lichts und Absorption des Lichts —, so wird R nahezu gleich 1; man spricht demgemäß von *Metallglanz*. Da $\varkappa$ außerdem mit der Farbe variiert, entsteht, wenigstens bei einigen Metallen (Gold, Kupfer), *selektive*, also *farbige* Reflexion; im durchfallenden Lichte die komplementäre Farbe (dünne Metallschichten, bei Gold grünlich). — Einige Konstanten:

Metall	$n\varkappa$	n	Φ	Ψ	R
Silber	3,67	0,18	75,8	43,5	95
Gold	2,82	0,37	72,3	41,5	85
Kupfer	2,62	0,64	71,5	39,0	73
Stahl	3,40	2,41	77,0	27,8	59
Quecksilber	4,96	1,73	79,5	35,8	78

— Wegen des Zusammenhanges mit der Dielektrizitätskonstante und der Leitfähigkeit s. Elektromagnetische Lichttheorie.

Metallzungen, s. Zungenpfeifen.

Metamagnetismus ist die noch nicht völlig geklärte Erscheinung, daß gewisse zusammengesetzte Stoffe in schwachen Feldern para-, in starken diamagnetisch erscheinen.

Metazentrische Evolute, s. Schwimmen.

Metazentrische Höhe, s. Schwimmen.

Metazentrum, s. Schwimmen.

Meteorologie, s. Wetterkunde.

Meter, s. Längenmaß.

Meterkerze, s. Lichtstärke.

Meterkilogramm, s. Arbeit.

Methode der kleinsten Quadrate, s. Experiment.

Metrologie, soviel wie Meßkunde.

Metronom, s. Pendel.

Michelsonscher Versuch, s. Relativitätsprinzip.

Mikrofarad, s. Kondensator.

Mikrometer ist ein Apparat zur Messung kleinster Längen. Er beruht auf dem Prinzip der *Schraube* und erlaubt eine Steigerung der Empfindlichkeit im Verhältnis des Schraubenumfanges zur Ganghöhe. Am besten gestaltet man den Kopf der Schraube zu einem flachen Zylinder (Trommel) aus, auf dessen Umfang eine Kreisteilung in Hundertel oder Tausentel angebracht ist; bei einer Ganghöhe von 1 mm kann man alsdann leicht Bruchteile eines Hundertel oder Tausentel Millimeter messen. Das einfachste Schraubenmikrometer dient zur Messung der Dicke von Platten, Drähten usw., die zwischen Schraube und festem Gegenstück eingeklemmt werden; die ganzen Millimeter werden an der Schraubenaxe, die Bruchteile an der Trommel abgelesen. — Eine besondere Klasse von Mikrometern sind die *Okularmikrometer;* hier wird die zu messende Länge oder Dicke oder die Teilung mit dem Mikroskop oder Fernrohr beobachtet und mit Hilfe des im Okular angebrachten Mikrometers ausgemessen, worauf dann gewöhnlich noch der Teilwert des Mikrometers auf absolutes Maß (durch entsprechende Beobachtung eines Millimeters) zu reduzieren ist.

Mikron, s. Längenmaß.

Mikrophon, s. Telephonie.

Mikroprojektion, s. Projektion.

Mikroskop ist jeder Apparat, der von kleinen, nahe gelegenen Objekten vergrößerte Bilder liefert; im engeren Sinne gehört jedoch dazu, daß er aus zwei optischen Teilen, Objektiv und Okular, bestehe (wegen des einfachen Mikroskops, das nur ein einziges optisches System besitzt, s. Lupe). — Das *Objektiv* entwirft von dem nahe jenseits seines Brennpunktes gelegenen Objekte ab ein vergrößertes reelles Bild $b'a'$, und dieses wird mit dem *Okular* wie mit einer Lupe betrachtet, es sei denn, daß es schon vor seinem Zustandekommen von der Frontlinse des zusammengesetzten Okulars abgefangen wird, was aber an dem Endergebnis nichts Wesentliches ändert, nämlich daran, daß das Mikroskop *umgekehrte* Bilder $B'A'$ liefert. Schematisch (ohne Rücksicht auf die besondere Form des Okulars) ist also der Strahlengang der in der Fig. 160 skizzierte. — Zur Behebung der zahlreichen *Abbildungsfehler* muß das Objekt aus mehreren

Linsen zusammengesetzt werden (bei modernen Mikroskopen sind es 4 bis 8),

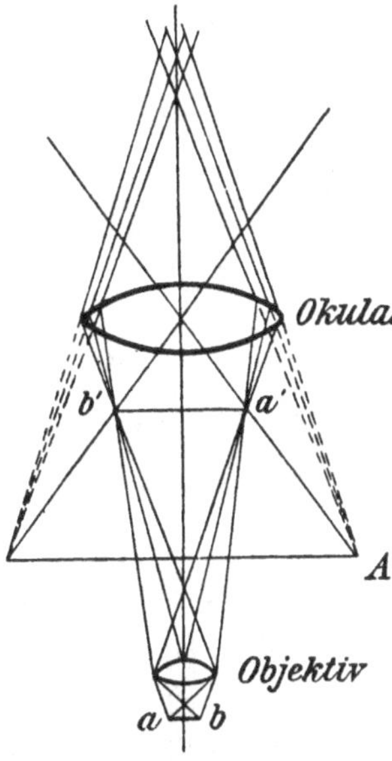

Fig. 160.

und diesen Linsen müssen geeignete, durch Rechnung vorausbestimmte Krümmungen und Abstände voneinander gegeben, auch muß für jede von ihnen eine Glassorte von geeignetem Brechungs- und Dispersionsvermögen gewählt werden. Eine der chromatischen Abweichung (s. d.) entgegenwirkendes Objektiv (aus einer Kronkonvex- und einer Flintkonkavlinse bestehend) heißt *Achromat* (Fig. 22 auf S. 39), indessen ist die Farbenabweichung nur in erster Annäherung aufgehoben. Zur Beseitigung auch des sekundären Spektrums dienen die neuen Jenaer Gläser sowie Flußspat; derartige Objektive, die dann aus mehr als zwei Linsen bestehen, heißen *Apochromate* (Fig. 23 auf S. 39. — Für die Güte der Abbildung ist es ferner störend, daß das Licht, nachdem es das Deckgläschen (zum Schutze des Objektes) durchsetzt hat, erst noch durch eine Luftschicht laufen muß, ehe es in das Objektiv eintritt. Um das zu beseitigen, hat Amici die *Immersion*, speziell *Wasserimmersion*, eingeführt. d. h. jene Luftschicht durch eine Wasserschicht ersetzt; und dann sind Stephenson und Abbe noch weiter gegangen, indem sie das Wasser durch eine Flüssigkeit von hohem Brechungsquotient ersetzten, so daß das Licht nahezu durch ein homogenes Medium läuft: *Ölimmersion* oder *homogene Immersion;* am geeignetsten hierfür ist Zedernholzöl. — Das *Okular* kann ebenfalls sehr verschieden gebaut sein; am meisten bewährt haben sich folgende Typen: a) das *Ramsdensche Okular* (Fig. 161), b) das *Huygenssche Okular* (Fig. 162), c) das *Abbesche Kompensationsokular* mit Beseitigung der chromatischen Differenz. — Objektiv und Okular sind durch ein Messingrohr derart verbunden, daß man ihren gegenseitigen Abstand mittels Schraubung in weiten Grenzen ver-

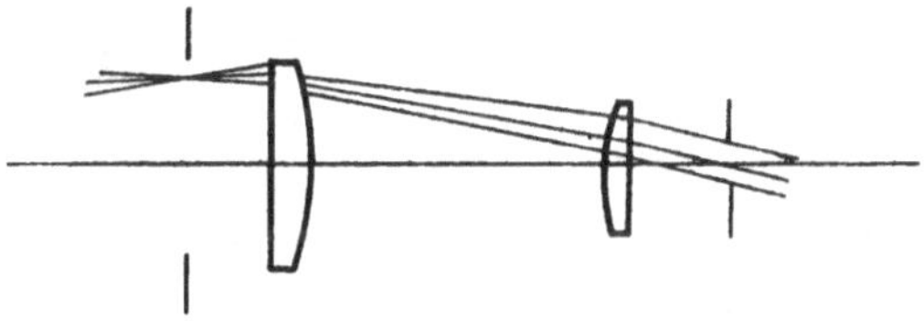

Fig. 161.

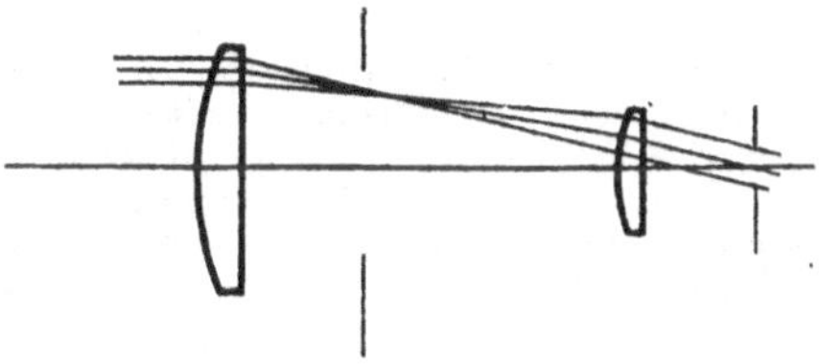

Fig. 162.

ändern und somit auch bei Einsetzen verschiedener Systeme (beim Objektiv am bequemsten mittels des Revolverobjektivs) immer deutliche Bilder erzielen kann; jeder Kombination eines Objektivs mit einem Okular entspricht eine bestimmte Vergrößerung bis hinauf zu 2000; entsprechend ist dann das Auflösungsvermögen (kleinste trennbare Winkelgröße, s. Optische Instrumente). — In das Okular ist meist eine Meßvorrichtung, Okularmikrometer, eingesetzt (s. Mikrometer); ferner erlaubt ein Fadenkreuz exakte Einstellungen. — Da es sich beim Mikroskop um die *Abbildung von nicht selbstleuchtenden Objekten* handelt, muß man sie von außen beleuchten, sei es durch Tages- oder künstliches Licht, sei es von oben oder unten, d. h. im auffallenden (und reflektierten) oder im durchfallenden Licht. Um im letzteren, üblicheren Falle das Licht zu konzentrieren und von allen Seiten her in das

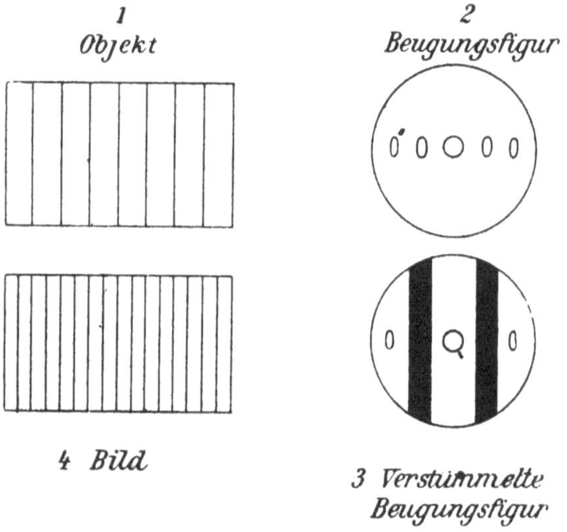

Fig. 163.

Objektiv gelangen zu lassen, benutzt man den Abbeschen *Beleuchtungsapparat* oder *Kondensor*. — Durch das Zusammenwirken des Kondensors mit der homogenen Immersion und der beinahe halbkugelförmigen Frontlinse des Objektivs wird erreicht, daß die *numerische Apertur*, d. h. die Größe $a = n \cdot \sin u$ (n Brechungsquotient, u halber Öffnungswinkel) möglichst groß wird; für $u = 90^0$ und $n = 2$ würde $a = 2$ werden, und dieser Grenze ist man sehr nahe gekommen. Zur Messung der Apertur dient das *Apertometer* (Abbe). — Wegen der Anwendung auf die Leistungsgrenze des Mikroskops s. Optische Instrumente, ebenso wegen der Vergrößerung. — Da die Abbildungsfehler desto schwächer werden, je engere Büschel man anwendet, muß man in den Gang der Lichtstrahlen *Blenden* einführen und diese so eng machen, wie es ohne zu arge Schädigung der Lichtstärke möglich ist. Indessen hat sich gezeigt, daß man, wenn man hierbei nicht noch bestimmte Bedingungen erfüllt, die Abbildung schließlich nicht verbessert, sondern verschlechtert. Die mikroskopische Abbildung ist nämlich ein komplizierter Vorgang, sie ist eine „*sekundäre*“ *Abbildung*, primär wird nämlich die das Objekt beleuchtende Lichtquelle abgebildet, und das Objekt stellt nur eine Art von Hindernis hierbei, eine Art von *Gitterstruktur*, dar. Dadurch entstehen Beugungserscheinungen, und die gedachte Bedingung ist die, daß diese Beugungsfigur unverletzt bleibe bzw. daß wenigstens keine entscheidenden Teile von ihr durch die Blenden oder auch schon durch die Schichten der Gitterstruktur abgeschnitten werden. Erst auf Grund dieser *Beugungstheorie der mikroskopischen Abbildung* (Abbe) ist es gelungen, wirklich gute und zuverlässige Instrumente zu bauen, während die früheren häufig Bilder vortäuschten, die mit dem Objekte nichts oder nur wenig zu tun hatten. Zur Demonstration dieser Verhältnisse eignen sich besonders Streifengitter und Kreuzgitter. In den Figg. 163 u. 164 sind einige Fälle falscher Abbildung veranschaulicht; besonders verblüffend ist die Entstehung eines Diagonalstreifengitters aus einem Kreuzgitter

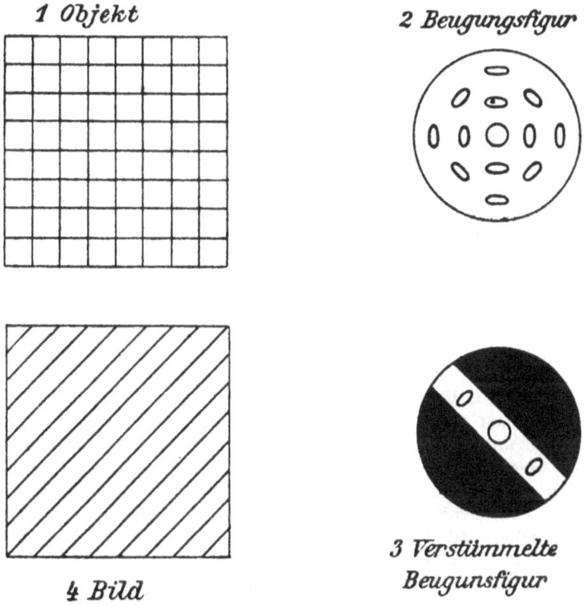

Fig. 164.

infolge Verstümmelung der Beugungsfigur. — Im übrigen werden die Mikroskope je nach den Umständen, insbesondere für physikalische, mineralogische und biologische Zwecke, in den Einzelheiten verschieden gebaut. — Spezialitäten sind das binokulare Mikroskop, das Mikroskop mit photographischer Einrichtung an Stelle des Okulars, endlich das *Ultramikroskop*, das mit Hilfe der Methode der *Dunkelfeldbeleuchtung* (hell auf dunklem Grunde) kleinste Körperchen, die jenseits der Grenze der mikroskopischen Wahrnehmbarkeit liegen, zwar nicht optisch abbildet, aber doch durch ihre Beugungsscheibchen sichtbar macht (Zsigmondy und Siedentopf). — Von den Zusatzapparaten sei erwähnt die Camera lucida oder der *Zeichenapparat*, der mit Hilfe von Spiegeln und Linsen die Bildebene mit der Zeichenebene zur Deckung bringt. — S. auch Optische Instrumente.

Mikrowage, s. Wägung.

Milligramm, s. Maße.

Millimeter, s. Längenmaß.

Millimikron, s. Längenmaß.

Minimum der Ablenkung, s. Brechungsquotient, Prismen.

Minimum des Luftdrucks, s. Luftdruck.

Minute, s. Winkel, Zeit.

Mischfarben, s. Farbenlehre.

Mischungsmethode, s. Kalorimetrie.

Mischungswärme, s. Gemische, Lösungswärme.

Misklang, s. Harmonie.

Misweisung, s. Erdmagnetismus.

Mitführung, soviel wie Konvektion, s. Elektrische Konvektion, Wärme.

Mitschwingen, s. Freie und erzwungene Schwingungen.

Mitteleuropäische Zeit, s. Zeit.

Mittelohr, s. Gehör.

Mittelwert, s. Experiment.

Mittlere Kalorie, s. Wärme.

Mittlere Lichtstärke, s. Photometrie.

Mittlerer Fehler, s. Experiment.

Mittlere Stromstärke, s. Wechselströme.

Mittönen, soviel wie Resonanz; s. Freie und erzwungene Schwingungen.

Modelle in der Physik sind eine Art graphischer Darstellung (s. d.) im Raume. Es sind zuweilen Fadenmodelle, meist aber massive Gips- oder Holzkörper. In der Elastik wird so die Verschiedenheit der Moduln in verschiedenen Richtungen zur Anschauung gebracht, in der Thermodynamik die Zustandsfläche von Gasen, Dämpfen, Lösungen usw., in der Optik die Wellen- und Strahlenfläche, und vieles andere. Vgl. die einzelnen Artikel.

Mohrsche Wage, s. Dichtemessung.

Mol, s. Masse, Molekulartheorie.

Molare Gaskonstante, s. Gase.

Molare Gefrierpunktserniedrigung, s. Lösungen.

Molare Konzentration, s. Lösungen.

Molare Siedepunktserhöhung, s. Lösungen.

Molares Leitvermögen, s. Elektrizitätsleitung der Flüssigkeiten.

Molare Verdünnung, s. Lösungen.

Molekel, s. Molekulartheorie.

Molekulardimension, s. Kinetische Theorie.

Molekulare Lösungswärme, s. Atomwärme.

Molekularenergie, s. Wärme.

Molekulare Schmelzwärme, s. Atomwärme.

Molekulares Feld, s. Magnetische Theorien.

Molekulare Verdampfungswärme, s. Atomwärme.

Molekulare Weglänge, s. Kinetische Theorie.

Molekulargeschwindigkeit, s. Kinetische Theorie.

Molekulargewicht, s. Molekulartheorie.

Molekularkräfte, s. Kapillarität.

Molekularmagnet, s. Magnetische Theorien.

Molekularmagnetismus, s. Diamagnetismus, Magnetische Theorien.

Molekularmasse, s. Molekulartheorie.

Molekularpumpe, s. Luftpumpe.

Molekularrefraktion, s. Brechungsquotient.

Molekularströme, s. Magnetische Theorien.

Molekulartheorie. Von den beiden Vorstellungen über die Konstitution der Materie hat die *Stetigkeitstheorie* den Vorzug größerer Einfachheit; sie versagt aber auf vielen Gebieten und muß alsdann durch die *Molekulartheorie* oder *Atomistik* ersetzt werden. Nach ihr bestehen die Körper aus diskreten Teilchen, den *Molekeln;* und weiter erweist es sich als notwendig, diese wiederum zu zerlegen, nämlich in *Atome.* Bei den chemischen Elementen sind alle Atome einer Molekel gleichartig, bei den Verbindungen verschieden. Unter den Elementen gibt es einige mit einatomigen Molekeln; die meisten sind aber zweiatomig. Die relativen Massen der Atome heißen *Atommassen*, entsprechend für die Molekeln *Molekularmassen.* Praktisch benutzt man statt dessen gewöhnlich das relative Gewicht und erhält so das *Atomgewicht* bzw. *Molekulargewicht.* Als Einheit diente früher das Atomgewicht des Wasserstoffs, neuerdings wird jedoch, weil das vorzuziehen ist, das des Sauerstoffs zugrunde gelegt und gleich 16 gesetzt; das des Wasserstoffs wird dann 1,008. Einige Atomgewichte und Molekulargewichte sind folgende:

Atomgewichte			Molekulargewichte		
Aluminium	Al	27,1	Äther	$C_4H_{10}O$	74
Blei	Pb	207,1	Alkohol	C_2H_6O	46
Chlor	Cl	35,5	Ammoniak	NH_3	17
Eisen	Fe	55,9	Anilin	C_6NH_7	93
Gold	Au	197,2	Benzol	C_6H_6	78
Helium	He	4,0	Blausäure	CNH	27
Kalium	K	39,1	Chinin	$C_{20}H_{24}N_2O_2$	328
Kalzium	Ca	40,1	Chloroform	CH_3Cl	50,5
Kohlenstoff	C	12,0	Eiweiß (?)	$C_{72}H_{112}SN_{18}O_{22}$	1612
Kupfer	Cu	63,6	Flußspat	$CaFl_2$	78
Magnesium	Mg	24,3	Gips	$CaSH_4O_6$	172
Natrium	Na	23,0	Harnstoff	CH_4N_2O	60
Phosphor	P	31,0	Indigo	$C_{16}H_{10}N_2O_2$	252
Platin	Pt	195,0	Kalkspat	$CaCO_3$	100
Quecksilber	Hg	200,0	Kohlensäure	CO_2	44
Radium	Ra	226,4	Nikotin	$C_{10}H_{14}N_2$	162
Sauerstoff	O	16,0	Rohrzucker	$C_{12}H_{22}O_{11}$	342
Schwefel	S	32,1	Salzsäure	HCl	36,5
Silber	Ag	107,9	Schwefelsäure	H_2SO_4	98
Silizium	Si	28,3	Steinsalz	NaCl	58,6
Stickstoff	N	14,0	Terpentinöl	$C_{10}H_{16}$	136
Uran	U	238,5	Wasser	H_2O	18
Wasserstoff	H	1,01	Zinnober	HgS	232,4
Zink	Zn	65,4			
Zinn	Sn	119,0			

Die Atomgewichte sind mit den für die Verbindungsverhältnisse der Elemente maßgebenden *Äquivalentzahlen* entweder identisch oder stehen in einfachen ganzzahligen Verhältnissen zu ihnen; dieses Verhältnis heißt *Wertigkeit* oder *Valenz*, ist aber keine allgemeine Eigenschaft des Stoffs, sondern hängt von den besonderen Umständen ab. — Um statt der nicht ohne weiteres zugänglichen Atomgewichte praktisch brauchbare Zahlen zu erhalten, bildet man den Begriff des *Grammatoms*, d. h. so vieler Gramme des Stoffs, wie sein Atomgewicht angibt; bei dem Vergleich eines Grammatoms verschiedener Stoffe hat man dann immer die gleiche Anzahl von Atomen. Entsprechende Bedeutung hat der Begriff *Grammolekel*, auch kurz *Mol* genannt, sowie der Begriff *Grammäquivalent*. — Bei den *Gasen* befindet sich, Gleichheit des Drucks und der Temperatur vorausgesetzt, nach dem Avogadroschen Gesetze (s. Gase) in demselben Volumen bei allen dieselbe Anzahl von Molekeln; hier stellt also 1 Mol verschiedener Gase auch immer das gleiche Volumen dar. Wegen der Avogadroschen bzw. Loschmidtschen Zahl s. Kinetische Theorie, ebenso wegen des Bewegungszustandes der Teilchen und ihrer sonstigen Eigenschaften. — Mit der Zurückführung auf Molekeln und Atome ist indessen die Analyse der Materie noch nicht abgeschlossen. Zunächst zeigt die Elektrolyse und manche andere Erscheinung, daß bei der Abspaltung der Atome aus der Molekel elektrische Ladungen auftreten; solche geladene Atome heißen, weil sie durch den elektrischen Strom in Bewegung gesetzt werden, *Ionen* (s. d.). — Die Erscheinungen der Elektrizitätsbewegung in Gasen haben ferner zur Einführung noch wesentlich kleinerer Elemente gezwungen, die man *Elektronen* (s. d.) nennt, und die immer negativ geladen sind; eine Molekel besteht daher aus einem relativ massigen positiven Kern und einem Kranze bzw.

Haufen von Elektronen (s. Ionen und Elektronen). — Ein besonderes Problem bietet die *Molekulartheorie der Kristalle* dar. Während nämlich bei einem homogenen, isotropen Körper die Teilchen gleichförmig nach allen Richtungen angeordnet sind, bilden sie in Kristallen Punktreihen mit einem von Richtung zu Richtung verschiedenen Abstand der Elemente voneinander. Eine Ebene von Punkten heißt *Netzebene*, das Ganze heißt *Raumgitter*. Ein Raumgitter besteht aus lauter gleichen und gleich orientierten Molekeln; das Studium ihres Aufbaus ist die *Strukturtheorie* der Kristalle. Dabei zeigt sich, daß man mit dem hier angegebenen Material nicht auskommt, daß man vielmehr zwei Arten von Molekeln, die wie Objekt und Spiegelbild orientiert sind, also auch zwei sich dringende Raumgitter einführen muß, die zusammen einen regelmäßigen Molekelhaufen bilden. Unter den im ganzen 230 verschiedenen solchen Gebilden sind 32 physikalisch wesensverschieden. Das ist also auch die Zahl der möglichen *Kristallklassen* (s. Kristalle); ihre Einordnung in die sieben Kristallsysteme hat dann mehr praktische Bedeutung. — In neuester Zeit hat sich mit Hilfe der Interferenz der *Röntgenstrahlen* (s. d.) ein neuer Weg zur Untersuchung der Kristallstruktur ergeben, und es sind daraufhin auch schon einige atomistische Kristallmodelle hergestellt worden.

Molekularvolumen, s. Dichte.

Molekularwärme, s. Atomwärme.

Moment, s. Drehung, Kraft.

Momentanaxe, s. Kinematik.

Momentanzentrum, s. Kinematik.

Mond, s. Erde.

Mondfinsternis, s. Lichtausbreitung.

Mondflut, s. Ebbe und Flut.

Monochord, s. Saitentöne.

Monochromatisches Auge, s. Sehen.

Monoklin, s. Kristalle.

Monovariantes Gleichgewicht, s. Phasenlehre.

Montgolfière, s. Luftschiffahrt.

Morgen, s. Flächenmaß.

Morseschreiber, s. Telegraphie.

Mosersche Hauchbilder, s. Absorption.

Mosottische Theorie, s. Dielektrizität.

Motorflug, s. Luftschiffahrt.

Moussonscher Versuch, s. Schmelzung.

Multiple Resonanz, s. Freie und erzwungene Schwingungen.

Multiplikationsverfahren, s. Galvanometer.

Multiplikator, s. Galvanometer.

Mundresonanz, s. Stimme und Sprache.

Musik, s. Schall.

Musikinstrumente sind Instrumente, um musikalisch brauchbare Töne zu erzeugen. Man kann sie nach verschiedenen Gesichtspunkten einteilen: 1. Instrumente mit festen oder willkürlich herzustellenden Tönen. — 2. Nach der Art der Erregung: Zupf-, Schlag-, Streich-, Blasinstrumente usw. — 3. Nach der Natur des tönenden Körpers: Saiten-, Stab-, Gabel-, Membran-, Platten-, Glocken-, Pfeifeninstrumente usw. — Indessen stellen die meisten Musikinstrumente zusammengesetzte Systeme dar, und insbesondere ist fast durchweg für das Mitschwingen ausgedehnter Massen zur Verstärkung bzw. Auslese des Klanges gesorgt: Resonanzkasten oder Resonanzboden. — Meist sind mehrere oder zahlreiche tönende Körper von verschiedenen Abstimmungen zusammengestellt. — Im einzelnen seien folgende Instrumente erwähnt: 1. Die *Orgel*, aus Lippen- und Zungenpfeifen, teils aus Metall, teils aus Holz, teils zylindrisch, teils konisch, bestehend, mit Hand, Fuß oder mechanischer bzw. elektrischer Kraft betrieben, und auch die Auslösung (Öffnung der Zuführstellen für die Luft) neuerdings mechanisch oder elektromagnetisch. Je nach dem Klange verschiedene Register. Ein mit Zungen ausgestatteter Ersatz für die Orgel ist das Harmonium. — 2. Die *Streichinstrumente*, in aufsteigender Höhenlage: Baßgeige, Cello, Bratsche, Geige oder Violine, mit je vier, im Quintenverhältnis gestimmten Saiten, die durch Fingerauflegen verkürzt werden und im allgemeinen gestrichen, ausnahmsweise aber gezupft werden. — 3. Das *Klavier*, der Flügel, das Pianoforte; Erregung durch Hämmer mit Filzüberzug (s. Saitentöne); feste Töne, Umfang fast der ganze Tonbereich. — 4. *Zupfinstrumente*, namentlich Harfe, mit festen Tönen, nur die Halbtöne durch Verstellung erzeugt; Zither, Guitarre, Laute. — 5. Die *Holzblasinstrumente*, insbesondere Flöte, Klarinette, Oboe und Fagott; die verschiedenen Tonhöhen mit Hilfe von Klappen oder Ventilen erzeugt. — 6. Die *Blechblasinstrumente*, Trompete, Posaune und Horn; die verschiedenen Töne teils ebenfalls durch Klappen oder Ventile, teils durch Auszüge erzeugt. — Die Blasinstrumente sind teils Lippen-, teils Zungenpfeifen; eine scharfe Grenze zwischen beiden Klassen besteht indessen insofern nicht, als die Lippen des Bläsers vielfach die Rolle der Zunge übernehmen. — 7. Die *Schlaginstrumente*, wie Trommel und Pauke, Triangel, Becken usw. — Die Zusammenstellung vieler Instrumente bildet das Orchester. — Ein Musikinstrument ist schließlich auch die menschliche Stimme (s. Stimme und Sprache).

My (μ), s. Längenmaß.

My-my ($\mu\mu$), s. Längenmaß.

Myopie, s. Brille, Sehen.

N

Nachbeben, s. Elastische Schwingungen.

Nachbilder, s. Sehen.

Nachhall, s. Reflexion und Brechung des Schalls.

Nachwirkung der Kraft, s. Trägheit. Vgl. auch Elastische Nachwirkung, Hysteresis.

Nadeldynamometer, s. Elektrodynamometer.

Nadeltelegraph, s. Telegraphie.

Nahepunkt, s. Sehen.

Nahkraft, s. Kraft.

Nasses Kollodiumverfahren, s. Photographie.

Nattererscher Apparat, s. Verflüssigung der Gase.

Natürliches Licht, s. Polarisation.

Naturphilosophie, s. Physik.

Nebel, s. Disperse Systeme, Feuchtigkeit.

Nebelbildung, s. Dämpfe, Verdampfung, Feuchtigkeit.

Nebelkern, s. Feuchtigkeit.

Nebenschlußbogenlampe, s. Lichtbogen.

Nebenschlußmaschine, s. Dynamomaschine.

Neefscher Hammer, s. Elektromagnetische Apparate, Induktionsströme.

Negativ, s. Photographie.

Negative Elektrizität, s. Elektrostatik.

Negative Kristalle, s. Kristalloptik.

Negative Strahlen, s. Kathodenstrahlen.

Nernsteffekt, s. Halleffekt.

Nernstlampe, s. Glühlicht.

Nernstsches Theorem, s. Entropie, Thermochemie.

Netzebene, s. Molekulartheorie.

Netzhaut, s. Sehen.

Neutrale Punkte des Himmels sind diejenigen von Arago, Babinet und Brewster entdeckten Punkte (18⁰ über oder unter der Sonne bzw. Gegensonne), die nicht, wie alle andern, polarisiertes, sondern natürliches Licht aussenden.

Neutraler Punkt, s. Thermoelemente.

Neutrales Gleichgewicht, s. Statik.

Neutrale Temperatur, s. Peltiereffekt.

Newtonsche Axiome, s. Prinzipien der Mechanik.

Newtonsche Ringe, s. Interferenz des Lichts.

Newtonsches Abkühlungsgesetz, s. Erkaltung.

Newtonsches Gesetz, s. Gravitation.

Nichtleiter der Elektrizität, s. Elektrostatik.

Nichtumkehrbare Prozesse, s. Prozeß, Thermodynamik.

Nicolsches Prisma, s. Kristalloptik.

Niederdruckmaschine, s. Kalorische Maschinen.

Niederschläge, s. Feuchtigkeit.

Niederschlag, s. Lösungen.

Niederschlagsmembran, s. Osmose.

Nippflut, s. Ebbe und Flut.

Nitrat oder *Stickstofflampe*, s. Glühlicht.

Niveaufläche, s. Hydrodynamik, Kraftfeld, Potential.

Niveaulinie, s. Kraftfeld.

Niveaulinien (elektrische), s. Flächenströme.

Nobilische Ringe, s. Körperströme.

Nodoid, s. Tropfen.

Noësche Sternsäule, s. Thermosäulen.

Nonius, s. Längenmessung.

Nordlicht, s. Atmosphärische Elektrizität

Normal-a, s. Tonhöhe.

Normaldruck, s. Druck.

Normalelektroden, s. Berührungselektrizität.

Normalelemente, s. Galvanische Elemente.

Normalflüssigkeit, s. Widerstandsmessung.

Normalglas, s. Thermometer.

Normalkerze, s. Lichtstärke.

Normalkraft, s. Kraft.

Normalmaßstab, s. Raum, Raummessung.

Normalpotentiale, s. Berührungselektrizität.

Nullkurve, s. Hysteresis.

Nullmethode oder Differentialmethode ist ein Meßverfahren, bei dem man, statt eine gewisse Wirkung zu messen, die Umstände so abgleicht, daß sich die Teilwirkungen aufheben, also gerade keine Wirkung zustande kommt; das Verfahren ist meist genauer als das direkte.

Nullpunkt, s. Ort, Temperatur, Thermometer.

Nullpunktsenergie, s. Temperatur.

Numerische Apertur, s. Mikroskop.

Nutation, s. Kreisel.

Nutzeffekt, s. Arbeit, Kalorische Maschinen.

O

Obere Tongrenze, s. Tonhöhe.

Oberflächenhaut, s. Kapillarität.

Oberflächenspannung, s. Kapillarität.

Oberschlächtig, s. Hydraulische Apparate.

Obertöne, s. Klang, Saitentöne usw.

Objektblende, s. Abbildung.

Objektiv, s. Fernrohr, Mikroskop.

Oboe, s. Musikinstrumente.

Öffnungsblende, s. Abbildung.

Öffnungsfunke, s. Selbstinduktion.

Öffnungsstrom, s. Selbstinduktion.

Öffnungsverhältnis, s. Photographisches Objektiv.

Öffnungswinkel, s. Abbildung.

Ölimmersion, s. Mikroskop.

Ogdoedrie, s. Kristalle.

Ohm, s. Elektrische Hilfsapparate, Elektrische und magnetische Maßsysteme, Elektrischer Strom.

Ohmsches Gesetz, s. Elektrischer Strom, Magnetischer Kreis.

Ohr, s. Gehör.

Ohr des Dionysius, s. Reflexion und Brechung des Schalls.

Okklusion, s. Absorption.

Oktant, s. Winkelmessung.

Oktave, s. Tonhöhe.

Okular, s. Fernrohr, Mikroskop.

Opaleszenz, s. Lumineszenz.

Ophthalmometer ist ein Apparat, um kleine Strichentfernungen mit Mikroskop oder Fernrohr zu messen; er besteht aus zwei gleich dicken, gegeneinander verdrehbaren, vor je eine Objektivhälfte gesetzten Glasplatten und erlaubt, die beiden Striche zur Deckung zu bringen; aus Drehungswinkel, Brechungsquotient und Plattendicke läßt sich dann der wahre Abstand der Striche berechnen.

Optik, s. Licht und die einzelnen Artikel.

Optisch aktiv, s. Kristalloptik.

Optische Abbildung, s. Abbildung.

Optische Achromasie, s. Chromatische Aberration.

Optische Axen, s. Kristalloptik.

Optische Dichte, s. Brechung des Lichts.

Optisch einaxig, s. Kristalloptik.

Optische Instrumente sind im weiten Wortsinne alle Vorrichtungen zur Vervollkommnung und Ausgestaltung des Sehens für beobachtende und messende Zwecke; hierher gehören die meisten wissenschaftlichen Meßapparate. Im engeren Sinne handelt es sich um Apparate zur Unterstützung des menschlichen Auges, insbesondere zur Beseitigung seiner Fehler und zur Erzielung von Vergrößerung, dann aber auch zur Herstellung objektiver Bilder von Gegenständen. — Die wichtigsten Apparate sind folgende: a) die Brille, b) die Lupe, c) das Mikroskop, d) das Fernrohr, e) das photographische Objektiv, f) der Projektionsapparat; vgl. die betreffenden Artikel. Ferner alle der Stereoskopie (s. d.) und der Spektrometrie (s. d.) dienenden Apparate und vieles andere. Endlich die Einrichtungen zur Konzentration und Verstärkung von Lichtquellen, wie die Leuchttürme (zonenartige Prismen- bzw. Linsenkombinationen nach Fresnel u. a.). — Die einfacheren optischen Instrumente bestehen aus einem einzigen Linsensystem, sei es nun, daß dieses die Rolle eines Okulars oder die eines Objektivs spielt (Brille, Lupe, photographisches Objektiv). Die komplizierteren zerfallen in Objektivsystem und Okularsystem, verbunden durch das Schutzrohr gegen äußeres Licht. —Charakteristisch für jedes Instrument sind die *Brennweiten* seiner Teile, eventuell die *Gesamtbrennweite*, sowie die *Vergrößerung*. Was die letztere betrifft, so ist zwischen dem wissenschaftlich allein wohldefinierten *Vergrößerungsvermögen* V, gekennzeichnet durch die Stärke (reziproke Brennweite) des Linsensystems, und der praktisch brauchbareren *Ver-*

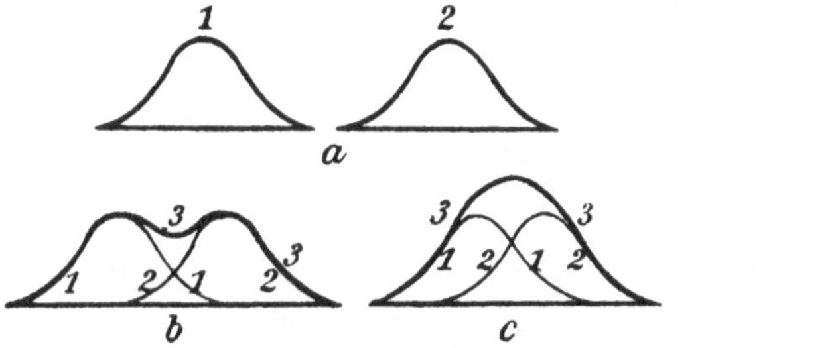

Fig. 165

größerungszahl N zu unterscheiden, nämlich dem Verhältnis zwischen den scheinbaren Größen des Objekts bei Betrachtung mit und ohne Instrument; für letzteren Fall muß man dabei eine bestimmte Entfernung, gewöhnlich 25 cm, zugrunde legen, und hat dann einfach $N = 25/f$. Beim Mikroskop insbesondere kann man, wenn δ die Entfernung des Bildes vom Auge ist, $N = \delta/f$ setzen, beim Fernrohr ist $N = f_1/f_2$, d. h. gleich dem Verhältnis der Objektiv- zur Okularbrennweite. — Die *Leistungsgrenze* optischer Instrumente ist nicht durch dioptrische Faktoren, sondern durch die *Beugungserscheinungen* bestimmt, durch die die Bilder in Verwirrung geraten und schließlich nicht mehr in ihre Elemente aufgelöst werden können. Sollen z. B. zwei Nachbarpunkte abgebildet werden, so können, je nachdem sich ihre Beugungsscheibchen nicht, zum kleinen oder zum großen Teil überdecken, drei Fälle unterschieden werden: im ersten hat man zwei getrennte Bilder, im zweiten ein zusammenfließendes Bild, aber mit zwei Intensitätsmaxima, im dritten nur noch mit einem einzigen Maximum (Fig. 165a, b, c). Damit ist aber die Grenze dessen, was man das *Auflösungsvermögen* des Instruments nennt, erreicht bzw. überschritten. Für den noch auflösbaren Winkelabstand zweier Punkte ergibt sich angenähert: $\varphi = 1{,}22\,(\lambda/d)$, wo λ die Wellenlänge des benutzten Lichts und d der Durchmesser des Objektivs ist; dieser Winkel ist also desto kleiner und somit das Auflösungsvermögen desto größer, erstens, je größer das Objektiv ist (daher die Riesendimensionen der astronomischen Fernrohre), und zweitens, je kleiner λ ist; mit der Photographie kommt man also ein gut

Stück weiter als mit dem Auge. Für ein mittleres Fernrohr (20 cm Objektivdurchmesser) wird $\varphi = 0{,}7''$ (physiologisch) bzw. $\varphi = 0{,}5''$ (photographisch), während für das unbewaffnete Auge $\varphi = 0{,}48'$ ist; die Erhöhung des Auflösungsvermögens ist also 40- bis 50-fach. Beim Mikroskop liegen die Verhältnisse wegen der dort stattfindenden besonderen Beugungserscheinungen (s. Mikroskop) komplizierter; hier gibt man einfach den kleinsten Linearabstand in μ an, den zwei Punkte noch haben dürfen, um aufgelöst zu werden. Er hängt von der numerischen Apertur a ab, bei $a = 1$ ist er ungefähr 0,3 μ für physiologische und 0,2 μ für photographische Strahlen.

Optische Invariante, s. Brechung des Lichts.

Optische Mittellinie, s. Kristalloptik.

Optische Resonanz, s. Dispersion.

Optischer Fettfleck, s. Photometrie.

Optisches Pyrometer, s. Thermometer.

Optisches Telephon, s. Schallstärke, Strommessung, Telephonie.

Optische Täuschungen, s. Sehen.

Optisch negativ, s. Kristalloptik.

Optisch positiv, s. Kristalloptik.

Optisch zweiaxig, s. Kristalloptik.

Ordentlicher Strahl, s. Kristalloptik.

Ordinärer Strahl, s. Kristalloptik.

Ordinate, s. Ort.

Orgel, s. Musikinstrumente.

Orkan, s. Winde.

Ort eines Punktes im Raume. Er wird, entsprechend den drei Mannigfaltigkeiten (Dimensionen) des Raumes (s. d.) durch drei Größen, die man *Koordinaten* nennt, festgelegt, und zwar relativ zu einem andern Punkte, der Fixpunkt oder Anfangspunkt oder Nullpunkt heißt (einen absoluten Ort gibt es nicht). Das meistbenutzte Koordinatensystem ist das *rechtwinklige*, bei dem der Abstand des Punktes von drei aufeinander senkrechten, im Fixpunkt sich schneidenden Ebenen angegeben wird: x, y, z; in diesem System ist der Abstand vom Fixpunkt (Fig. 166) $r = \sqrt{x^2 + y^2 + z^2}$, der Abstand zweier Punkte voneinander:

$$r_{12} = \sqrt{(x_2 - x_1)^2 + (y_2 - y_1)^2 + (z_2 - z_1)^2}.$$

Dabei gibt es zwei Möglichkeiten, die Axen zu legen: legt man die positive x-Axe nach rechts, die y-Achse nach hinten, so kann man die z-Axe entweder nach oben legen oder nach unten; jenes System heißt Rechts- oder Englisches oder Weinrankensystem, dieses Links- oder Französisches oder Hopfenrankensystem. In der Ebene kommt man mit zwei Koordinaten x, y aus, von denen die horizontale *Abszisse*, die vertikale Ordinate heißt. In gewissen Fällen ist ein *schiefwinkliges* Koordinatensystem vorzuziehen, bei dem man von vornherein

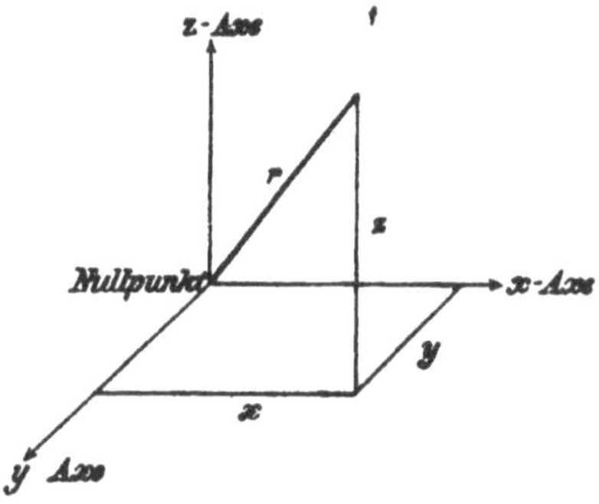

Fig. 166.

die Winkel der x- und y-Axe miteinander und der z-Axe mit der xy-Ebene angeben muß, u und v; es ist dann:

$$r = \sqrt{x^2 + y^2 - 2xy \cos a + z^2 - 2zw},$$

wo zur Abkürzung

$$w = \sqrt{x^2 + y^2 - 2xy \cos u \cos v}.$$

gesetzt ist. Sehr häufig empfiehlt sich das sphärische oder *Polarkoordinatensystem*, dessen drei Elemente der Abstand vom Fixpunkt, der Winkel dieser Linie mit der Horizontalebene und der Winkel ihrer Horizontalprojektion mit einer beliebig in der Horizontalebene gewählten Fixlinie sind: r, φ (geographische Breite), ψ (geographische Länge); für φ wird zuweilen auch sein Komplement ω, der Polabstand (Poldistanz) eingeführt. Formeln zum Übergange von rechtwinkligen zu Polarkoordinaten:

$$x = r\cos\varphi\cos\psi,$$

$$y = r\cos\varphi\sin\psi,$$

$$z = r\sin\varphi.$$

In der Ebene genügt Abstand und Polarwinkel. Auf der Erdoberfläche ersetzt man r (Abstand vom Erdmittelpunkt) durch h, die Erhebung über (oder Senkung unter) der normalen Erdoberfläche. Einige Werte:

Ort	h(m)	φ	ψ
Berlin . . .	37	52° 30′	13° 23′
Brüssel . . .	19	50° 51′	4° 22′
Budapest . .	153	47° 30′	19° 2′
Kap d. Guten Hoffnung .	8	-33° 56′	18° 29′
Frankfurt. .	74	50° 7′	8° 41′
Greenwich .	47	51° 29′	0° 0′
Jena	155	50° 57′	11° 37′
Kopenhagen	10	55° 41′	12° 35′
Leipzig . . .	120	51° 20′	12° 23′
Madrid . . .	663	40° 24′	- 3° 41′
München . .	525	48° 9′	11° 36′
Newyork . .	56	40° 44′	- 73° 59′
Paris	64	48° 50′	2° 20′
Petersburg .	11	59° 50′	30° 18′
Potsdam . .	32	52° 22′	13° 4′
Rom	53	41° 54′	12° 29′
Stockholm .	20	59° 20′	18° 4′
Washington .	35	38° 54′	- 77° 3′
Wien . . .	150	48° 12′	16° 23′
Zürich . . .	470	47° 23′	8° 33′

Das. Polarsystem ist der degenerierte Spezialfall allgemeiner Koordinaten zweiten Grades, die gewöhnlich als *elliptisch* bezeichnet werden; hier wird die Lage eines Punktes durch die Nummern der drei individuellen Flächen zweiten Grades (ein Ellipsoid, ein einschaliges und ein zweischaliges Hyperboloid) gekennzeichnet, die sich in ihm schneiden. In der Ebene genügt die Angabe der Nummern der Ellipse und der Hyperbel. — Eine andre Spezialität sind die *Zylinderkoordinaten:* r (Abstand von der Zylinderaxe), φ (Polarwinkel), z (Höhe über der Mittelebene). — Auch Kegel-, Ring- und trimetrische Koordinaten spielen in der Physik zuweilen eine Rolle.

Orthochromatische Platten, s. Photographie.

Orthometrische Büschel, s. Geometrische Optik.

Orthomorph ist ein stereoskopisches Bild dann, wenn es dem Objekt ähnlich ist; andernfalls ist es heteromorph.

Orthoskopie, s. Stereoskopie.

Orthoskopisches Okular, s. Fernrohr.

Ortszeit, s. Zeit.

Osmose ist die Diffusion (s. d.) durch Scheidewände hindurch. In der Hauptsache handelt es sich dabei um Flüssigkeiten. Ihrem doppelseitigen Charakter entsprechend heißt sie im allgemeinen *Diosmose;* sie setzt sich aus *Endosmose* und *Exosmose* zusammen. Im allgemeinen ist sie aber unsymmetrisch; es diffundiert mehr in der einen als in der andern Richtung, und das Extrem ist die einseitige Osmose. speziell, wenn es sich um durchtretendes Wasser handelt, der *Wassereinstrom*. Der einfachste Beobachtungsapparat besteht aus einem Trichter mit einem langen, graduierten, nach oben gerichteten Stiel, während die weite untere Öffnung durch eine Membran verschlossen ist. Füllt man den Trichter mit einer Flüssigkeit und taucht ihn in eine andere, so tritt Diosmose ein, deren jeweiligen Stand man beobachten kann. Die Stärke der Osmose hängt sowohl von der Natur der beiden Flüssigkeiten als auch von der Natur der Membran ab. Handelt es sich um Wasser und Lösung, so geht meist viel mehr Wasser hindurch als Lösung; und bei den letzteren besteht wiederum ein großer Unterschied zwischen kristalloidalen und kolloidalen Lösungen; jene diffundieren rasch, diese langsam. Für Pergamentpapier z. B. gelten folgende Relativzahlen:

Chlornatrium	1
Stärkemehlzucker	0,284
Alkohol	0,476
Glyzerin	0,440
Mannít.	0,349
Milchzucker	0,185
Rohrzucker	0,214
Arabischer Gummi	0,004

Hierauf gründet sich eine Methode zur Trennung verschiedener gelöster Substanzen: *Dialyse.* — Eine Membran, die nur die eine der beiden Flüssigkeiten durchläßt, heißt *semipermeabel* oder *halbdurchlässig;* so sind z. B. Schweinsblase und Kautschuk für Methylalkohol und Äther halbdurchlässig, aber im entgegengesetzten Sinne: Schweinsblase läßt nur den Alkohol, Kautschuk nur den Äther durch. Am wichtigsten von den halbdurchlässigen Membranen sind die *Niederschlagsmembranen,* zuerst von Traube, dann vollkommener von Pfeffer hergestellt. Bringt man Lösungen von Ferrozyankalium und Kupfersulfat zur Berührung miteinander, so bildet sich eine Membran von Ferrozyankupfer, die sich bei Anwesenheit der Nährflüssigkeiten immer wieder auffrischt, im ganzen aber natürlich sehr heikel ist; Pfeffer benutzte deshalb eine Tonzelle, tauchte sie in Kupfersulfatlösung, von der sie durchdrungen wurde, spülte das Innere rasch aus und brachte dann Ferrozyankaliumlösung hinein; die alsdann im Innern eingelagerten Ferrozyankupfermembranen sind sehr widerstandsfähig. Eine solche Membran ist nun für Wasser, nicht aber für die gelöste Substanz durchlässig; stellt man also den mit Lösung gefüllten Trichter (s. o.) in Wasser, so dringt dieses in den Trichter ein, steigt in dem Rohr auf, und es bildet sich ein bestimmter Überdruck aus, der dem inneren Drucke das Gleichgewicht hält. Dieser Druck heißt *osmotischer Druck* (Fig. 167). In einer einprozentigen Zuckerlösung ist er bei 0° etwa 52 cm Hg; in einer einprozentigen Salpeterlösung dagegen beträgt er rund drei Atmosphären; mit steigender Konzentration wächst er entsprechend. In elektrolytischen Lösungen ist er größer, als die einfache Theorie verlangt (s. Lösungen). Das Grundgesetz dieser Theorie ist das *Gesetz von Van't Hoff:* Isomolekulare Lösungen verschiedener Stoffe, wenn hinreichend verdünnt, haben bei gleicher Temperatur gleichen osmotischen Druck, und zwar ist der osmotische Druck einer Lösung gleich dem Drucke eines Gases von gleicher Molekelzahl in der Volumeneinheit und gleicher Temperatur; näheres bei Lösungen. — Bei den galvanischen Elementen (s. d.) ist die Osmose einer der entscheidenden Faktoren des ganzen Prozesses: *Osmotische Theorie der galvanischen Kette.* — Ferner spielt die Osmose die größte Rolle bei dem Stoffaustausch zwischen den Zellen der Pflanzen und Tiere.

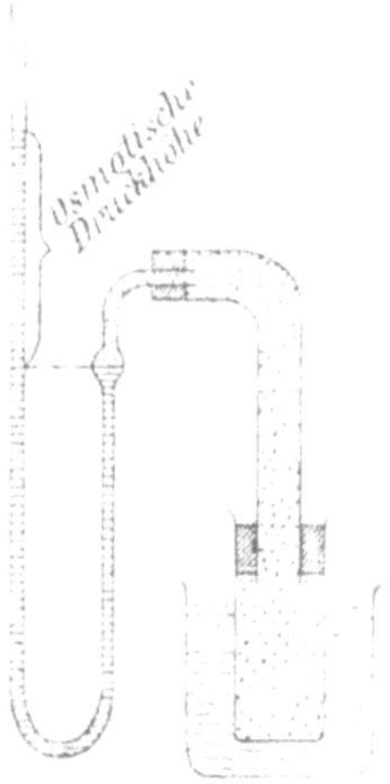

Fig. 167.

Osmotischer Druck, s. Osmose, Lösungen.

Oszillation, soviel wie Schwingung im weitesten, auch übertragenen Sinne.

Oszillierende Elektronen, s. Strahlung.

Oszillierende Entladung, s. Kondensator, Selbstinduktion.

Oszillograph, s. Wechselströme.

Ovales Fenster, s. Gehör.

Oxydationswärme, s. Thermochemie.

P

Panoramafernrohr, s. Richtung.

Panzergalvanometer, s. Galvanometer, Magnetische Induktion.

Papinscher Topf, s. Verdampfung.

Parabolspiegel, s. Reflexion und Brechung des Schalls, Sphärische Aberration, Spiegel.

Paraffinkerze, s. Lichtstärke.

Parallaxe, s. Raum.

Parallelbewegung, s. Dynamik.

Parallelepiped der Geschwindigkeiten, s. Geschwindigkeit.

Parallelogramm der Geschwindigkeiten, s. Geschwindigkeit.

Parallelogramm der Kräfte, s. Kraft.

Parallelschaltung, s. Galvanische Elemente, Stromverzweigung.

Paramagnetismus, s. Diamagnetismus.

Parameter, s. Kristall.

Paraxiale Punkte und *Strahlen* heißen in der Optik solche, welche der Hauptaxe unendlich naheliegen bzw. nur unendlich wenig gegen sie geneigt sind.

Partialdruck, s. Gase, Gemische, Lösungen.

Partialtöne, s. Klang.

Passiver Flug, s. Luftschiffahrt.

Passivität, s. Galvanische Polarisation.

Pauke, s. Membrantöne, Musikinstrumente.

Peltiereffekt ist die Erscheinung, daß beim Durchgang des elektrischen Stromes durch eine Schließung, die verschiednee Metalle enthält, an den Lötstellen Erwärmung oder Abkühlung auftritt, und zwar, wenn zwei Lötstellen vorhanden sind, an der einen Erwärmung, an der andern Abkühlung. Den Leiter, zu dem der Strom an der abgekühlten Lötstelle fließt, nennt man *positiv*, den andern *negativ*. Die *Peltierwärme* ist mit der Stromstärke proportional und ändert daher mit der Stromrichtung ihr Vorzeichen, ganz im Gegensatz zur Joulewärme (s. Stromwärme), die mit i^2 proportional und daher von der Stromrichtung unabhängig, nämlich immer eine Erwärmung ist. Demonstrieren kann man den Peltiereffekt einfach mit Hilfe einer Thermosäule (s. Thermoelektrizität), deren Ableitungsdrähte man zu einem Umschalter führt, so daß man sie nach Wunsch entweder mit einer Stromquelle oder mit einem Strommesser verbinden kann; die Erwärmung oder Abkühlung selbst beobachtet man am besten mit einem Luftthermometer, in dessen Kugel die Lötstelle eingeführt ist. Indirekt stellt man die Temperaturänderung durch Nachweis des entstehenden Thermostromes fest; bei Umlegung obigen Umschalters erhält man in der Tat im Galvanometer einen Ausschlag. Die

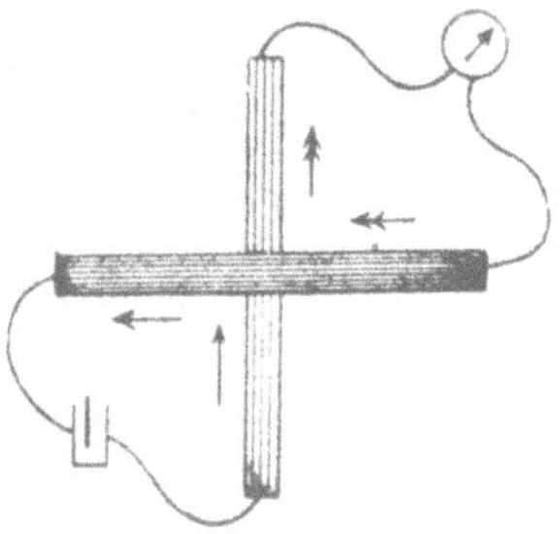

Fig. 168.

Richtung des durch den Peltiereffekt erzeugten Stromes ist dabei derart, daß durch ihn die Temperaturdifferenz zwischen den Lötstellen herabgemindert wird, was sich mit dem *Peltierkreuz* (Fig. 168) bequem nachweisen läßt. — Der Proportionalitätsfaktor des Peltiereffekts mit der Stromstärke ist für verschiedene Metalle verschieden; für einen Strom, der in der Stunde 1,314 g Kupfer ausscheidet, hat die *Peltierkonstante* beim Übergange von Kupfer zu andern Metallen in Kalorien folgende Werte:

Becquerels Antimon	− 14,5
Käufliches Antimon	− 5,4
Eisen	− 2,8
Zink	− 0,43
Neusilber	+ 2,75
Reines Wismut	+ 21,3
Becquerels Wismut	+ 28,8

Mit der Temperatur ändert sich der Peltiereffekt sehr beträchtlich; für eine bestimmte „neutrale“ Temperatur kann er null werden und dann das Vorzeichen wechseln. — Der oben angedeutete reziproke Zusammenhang des Peltiereffekts mit dem Thermostrom ist der Ausfluß einer thermodynamischen Theorie, die das Entstehen des Effekts als energetisch notwendig ergibt und auch bis zu einem gewissen Grade seine Stärke und seinen Gang vorauszubestimmen erlaubt. — Auch in einem homogenen Leiter, wenn nur in ihm die Temperatur sich von einem Ende zum andern ändert, wird durch einen hindurchgeschickten Strom Wärme erzeugt: *Thomsoneffekt* oder *Thomsonwärme;* sie ist mit der Stromstärke und der Temperaturdifferenz der Enden proportional und wechselt ebenfalls mit der Stromrichtung, außerdem aber mit der Umkehrung der Richtung, in der die Temperatur abnimmt, ihr Vorzeichen; sie kann also in eine Abkühlung übergehen. Der Proportionalitätsfaktor, die Thomsonsche Konstante, ist sehr viel kleiner als die Peltiersche und deshalb das Phänomen nur durch besondere Einrichtungen nachweisbar. Auch die Thomsonwärme ergibt sich aus der energetischen Theorie der Thermoelektrizität, und zwar muß sie immer dann auftreten, wenn die betreffenden Metalle sich thermisch nicht gleichförmig verhalten.

Peltierkonstante, s. Peltiereffekt.

Peltierkreuz, s. Peltiereffekt.

Peltierwärme, s. Peltiereffekt.

Pendel im allgemeinsten Sinne ist jeder der Schwere und zugleich einem gewissen Zwange unterworfene Körper, der infolge des Zusammenwirkens dieser beiden Faktoren Bewegungen um seine Gleichgewichtslage ausführt. Der Zwang kann entweder durch eine vorgeschriebene Bahn, z. B. eine Rinne, oder dadurch realisiert sein, daß der Körper durch eine Stange oder einen Faden mit einem festen Punkte, dem Aufhänge- oder Drehpunkte, verbunden ist. Die Bewegung kann eine eigentliche *Drehung* (Rotation) in immer gleich bleibendem Sinne oder aber eine *Schwingung* (Oszillation) mit Umkehrpunkten sein. Der Zwang kann sich auf das Verbleiben in einer *Fläche*, insbesondere in einer Kugelfläche oder spezieller auf das Verbleiben in einer *Linie*, insbesondere einer Kreislinie erstrecken; in jenem Falle hat man das räumliche, in diesem das ebene Pendel. — Das *einfache* oder *mathematische Pendel* besteht aus einem schweren Massenpunkt, eventuell mit einer starren, gewichtslosen Verbindung mit dem Drehpunkte. Das ebene einfache Pendel führt Schwingungen oder Drehungen aus, je nachdem der in der abgelenkten Lage ihm erteilte Anfangsimplus kleiner oder größer ist als derjenige, den ihm die Fallhöhe l gleich der Länge des Pendels geben würde. Ist der Anfangsimpuls null, so schwingt das Pendel nach beiden Seiten mit gleicher Amplitude, nämlich mit der der Anfangsamplitude gleichen. Die *Schwingungsdauer* ist von der Masse und dem Material des Pendelkörpers unabhängig, dagegen von der Länge l und der Schwerkraft g nach der Formel

$$T = 2\pi\sqrt{l/g}$$

abhängig, in Worten: die Schwingungsdauer des einfachen Pendels ist mit der Wurzel aus der Länge direkt, mit der Wurzel aus der Schwere umgekehrt proportional. Um also Pendel zu erhalten, deren Perioden sich wie $1:2:3$ verhalten, muß man ihnen Längen wie $1:4:9$ geben. — *Sekundenpendel* heißt dasjenige, dessen einseitige Bewegung eine Sekunde erfordert, dessen Periode im obigen Sinne (Hin- und Hergang) also zwei Sekunden beträgt; seine Länge ist im Mittel $L = 99{,}353$ cm (in hohen Breiten und tiefen Schachten etwas größer, in geringen Breiten und auf hohen Bergen etwas kleiner, in verschiedenen Breiten φ wegen der Abplattung $L = 99{,}102 + 0{,}51 \sin^2\varphi$). — Von der Amplitude ist die Periode in erster Annäherung unabhängig: *Isochronismus kleiner Schwingungen;* bei großer Amplitude wird aber die Periode länger nach Maßgabe des Faktors $(1 + a^2/16)$, wo a der Amplitudenwinkel im Bogenmaß ($1^0 = 0{,}0175$) ist; z. B. wird die Periode bei 2^0 Elongation um $^1/_{10000}$, bei 10° um $^1/_{600}$, bei 20° um $^1/_{140}$ größer; entsprechendes ist bei der Reduktion endlicher Beobachtungen auf unendlich kleine Schwingungen abzuziehen. — Während hiernach beim gewöhnlichen Pendel der Isochronismus nur eine Annäherung darstellt, gilt er für das *Zykloidenpendel* bei beliebiger Amplitude streng (s. Fall). Das Zykloidenpendel kann man, außer durch eine entsprechend geformte Rinne, auch durch ein Fadenpendel verwirklichen,

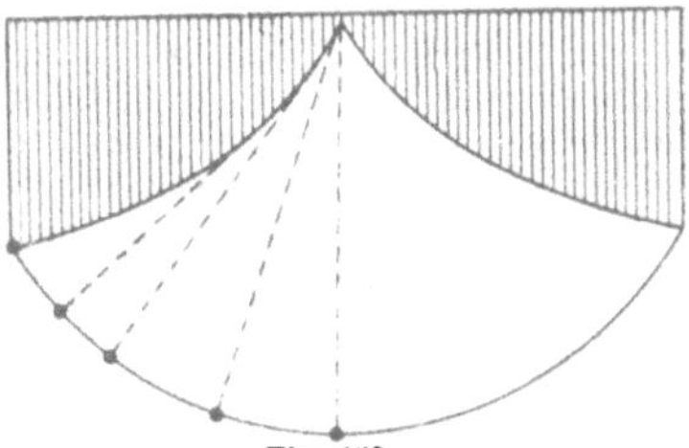

Fig. 169.

indem man den Faden sich beiderseits an zykloidische Kurven (Flächen) anschmiegen läßt (Fig. 169, die Evolute der Zykloide ist selbst eine Zykloide). — Der Ort des Pendelkörpers (eines Kreispendels) in irgendeinem Augenblicke, als Funktion der Zeit, ergibt sich aus der Formel (u Elongationswinkel): $u = a \sin t\sqrt{g/l}$; deshalb heißen Pendelschwingungen von kleiner Amplitude auch *Sinusschwingungen;* zugleich ist die Geschwindigkeit $v = v_0 \cos t\sqrt{g/l}$, d. h. sie ist am größten, wenn u am kleinsten ist und umgekehrt. — Infolge der *Reibung* an der Aufhängung und der Luft bleibt die Amplitude nicht konstant, sondern nimmt in geometrischer Reihe ab (s. Dämpfung); je nach der Form des Pendelkörpers ist die *Dämpfung* verschieden, z. B. klein für eine Scheibe in der Schwingungsebene, groß für eine solche senkrecht darauf. — Das einfache Raumpendel zeigt verwickelte Raumschwingungen, z. B. in der Projektion eine sich nach und nach drehende Ellipse (Fig. 170); aber es gibt einen sehr einfachen Fall, den des in horizontalem Kreise rotierenden Pendels, zugleich der einzige Fall einer gleichförmigen Pendelbewegung (ohne Fall, ohne Beschleunigung und Verzögerung). Periode, wenn s die gleichbleibende Neigung des Fadens gegen die Vertikale ist: $T = 2\pi\sqrt{l \cos s)/g}$; Anwendung als Zentrifugalpendel zu Regulierzwecken. — Das *physische Pendel* hat einen ausgedehnten Körper und eine mit ihrer Masse und Massenverteilung in Betracht kommende Stange. Man kann es auf das einfache

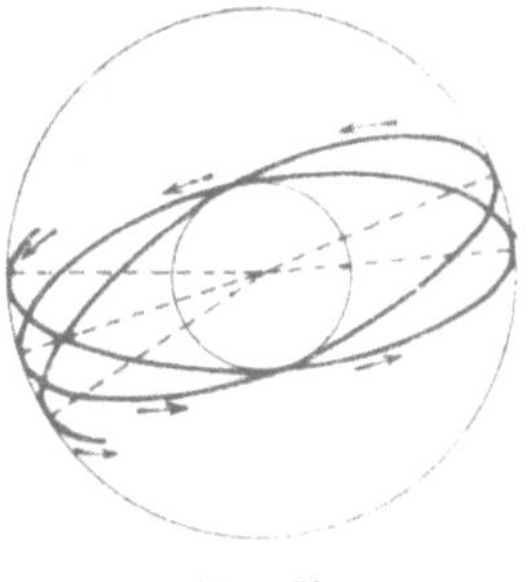

Fig. 170.

zurückführen, indem man die Länge des *korrespondierenden* einfachen Pendels von gleicher Schwingungsdauer angibt. Ist nämlich m die im Schwerpunkt vereinigt gedachte Gesamtmasse, s der Abstand des Schwerpunkts vom festen Punkt und K das Trägheitsmoment (s. d.), so wird $l = K/(ms)$; l heißt die *reduzierte Länge* des physischen Pendels. Beispiele: 1. Kugel vom Radius r am gewichtslosen Faden von der Länge f:

$$l = f + r + (2/5) \cdot r^2/(f + r).$$

— 2. Statt der Kugel ein Zylinder vom Radius r und der Länge c:

$$l = \frac{(f + c/2)^2 + c^2/12 + r^2/4}{f + c/2}.$$

3. Pendel, das lediglich aus einem Zylinder ohne (Faden) besteht:

$$l = (1/6c)(4c^2 + 3r^2)$$

und speziell, wenn r gegen c zu vernachlässigen ist (Stangenpendel):

$$l = (2/3)c.$$

4. In letzterem Spezialfalle, wenn die Stange noch um *d* über die Schneide (Drehpunkt) nach oben hinausragt:

$$l = (2/3)(c^2 - cd + d^2)/(c - d).$$

— Aus der reduzierten Länge ergibt sich die Schwingungsdauer des physischen Pendels: $T = 2\pi\sqrt{K/(mgs)}$. — Der Endpunkt von l heißt *Schwingungspunkt* oder *Schwingungsmittelpunkt*. Am leichtesten läßt sich l mit Hilfe des *Reversionspendels* bestimmen, das um zwei Schneiden, von denen die eine verschiebbar ist, schwingen kann; macht man durch Verschiebung der einen Schneide beide Schwingungsdauern einander gleich, so ist einfach $l = d$, d. h. gleich dem Schneidenabstand. — Andre interessante Modifikationen sind: das *Differentialpendel* (vom Drehpunkt nach unten und oben sich erstreckend), das *Doppelpendel* (ein zweites Pendel am ersten hängend), das *Machsche Pendel* mit geneigter Drehungsaxe (s. Horizontalpendel) usw. — Die wichtigsten Anwendungen des Pendels sind die *Pendeluhr*, bei der das Pendel zur Regulierung der Senkung des treibenden Gewichts dient; das *Metronom* für musikalische (und physikalische) Zwecke (Pendel mit Laufgewicht und Skala der Schwingungszahlen pro Minute); die Pendel zur Schwerebestimmung (s. Gravitation), das Wiechertsche Pendel für Erdbebenforschung u. v. a. — Wegen der Erscheinungen bei zwei gekoppelten Pendeln s. Freie und erzwungene Schwingungen, wegen der bifilaren Aufhängung, des Horizontalpendels und des Foucaultschen Pendels s. die betreffenden Artikel; wegen des Kompensationspendels s. Thermische Ausdehnung.

Pendeluhr, s. Pendel, Zeitmessung.

Pentagonprisma, s. Prismen, Totalreflexion.

Periode, s. Schwingungen, Turenzahl

Periodisches System der Elemente ist die zuerst von Mendelejew und Lothar

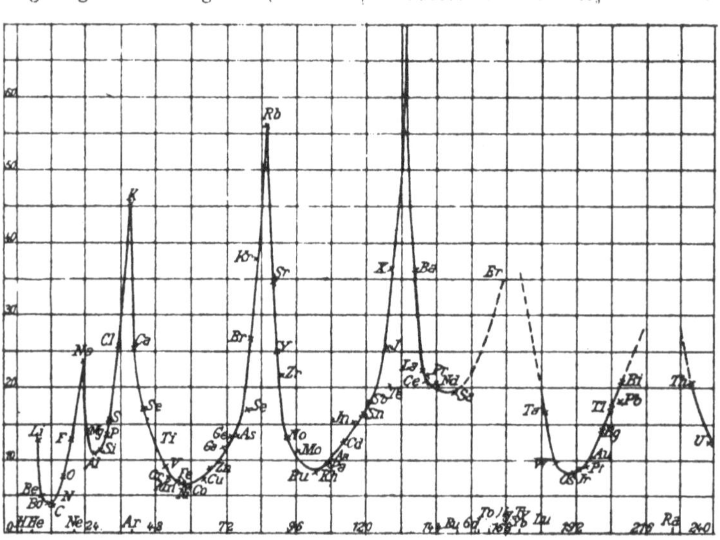

Fig. 171.

Meyer angegebene Anordnung der chemischen Elemente, bei der ihre verschiedenen physikalischen und chemischen Eigenschaften als periodische Funktionen ihres *Atomgewichts* erscheinen. Stellt man eine dieser Eigenschaften, etwa das *Atomvolumen*, durch die Ordinaten, das Atomgewicht durch die Abszissen dar, so erhält man eine Kurve von der beistehend skizzierten Art (Fig. 171), mit 7 Gipfeln und 6 dazwischen liegenden Tälern; und es zeigt sich dann, daß auch viele andre Eigenschaften, wie die Wertigkeit, die Leitfähigkeit, die Schmelzbarkeit, die Elastizität usw., durch bestimmte Lagen, z. B. in den Tälern oder auf den Gipfeln, auf den auf- oder absteigenden Ästen usw. gekennzeichnet sind. So liegen die besten Leiter der Wärme und der Elektrizität, Cu, Ag, Au, ein wenig rechts von einem Tale, die leicht schmelzbaren Elemente, wie Hg, S, Cd, Pb auf den aufsteigenden Ästen, die in vieler Hinsicht verwandten Elemente Li, Na, K, Rb und Cs auf den Gipfeln; die am stärksten vom Dulong-Petitschen Gesetze abweichenden Elemente C, Be, Si, B liegen ganz links unten in der Ecke usw. — Statt der Kurve kann man auch eine Tafel bilden, bestehend aus 8 Vertikalgruppen und 10 Horizontalreihen; die Elemente jeder Gruppe bilden eine natürliche chemische Familie, die Maximalwertigkeit steigt von der 1. zur 8. Gruppe von 1 auf 8. Auch eine spiralige Anordnung bietet manches Interessante. — Einige Elemente sind, vor ihrer wirklichen Entdeckung, auf Grund von Lücken im periodischen System richtig vorausgesagt worden. — Neuerdings hat man noch einen wesentlichen Fortschritt in der Darstellung der Elemente dadurch gemacht, daß man das Atomgewicht als unabhängige Variable ersetzt hat durch die „*Ordnungszahl*“, einen komplizierteren, auf elektronentheoretischer Grundlage aufgebauten Begriff (Ladungssumme des Molekelkerns); es stimmen dann auch die feineren Beziehungen zwischen den radioaktiven Stoffen fast restlos.

Periphere Magnetisierung, s. Magnet.

Periskop, s. Fernrohr, Prismen.

Periskopobjektiv, s. Photographisches Objektiv.

Perlenschnurblitz, s. Atmosphärische Elektrizität.

Permanente Gase hießen früher diejenigen, die man nicht verflüssigen konnte, insbesondere Luft, Sauerstoff, Stickstoff, Wasserstoff.

Permanente Magnete, s. Remanenz.

Permeabilität, s. Magnetische Induktion.

Perpetuum mobile, s. Thermodynamik.

Pfeife im allgemeinsten Sinne ist jedes Instrument zur Erzeugung von Tönen durch longitudinale Luftschwingungen. Der einfachste Typus ist ein zylindrisches Rohr. Indessen entsteht kein Ton, wenn man in ein solches Rohr hineinbläst; es entsteht dann vielmehr nur ein Luftstrom, der auf der einen Seite ein- und auf der andern austritt. Dagegen entsteht ein, wenn auch unvollkommener Ton, wenn man bei dem einen Ende quer vorbeibläst, und zwar gleichviel, ob das andre Ende offen oder verschlossen ist; und schon hier kann man beobachten, daß, wenn man während des Tönens das offene Ende plötzlich mit der Hand verschließt, der Ton auf die tiefere Oktave sinkt. — Vollkommener sind die Töne der eigentlichen Pfeifen, die man als *Lippenpfeifen* oder *Labialpfeifen* bezeichnet. Sie haben nahe der Anblaseöffnung einen seitlichen Spalt, das *Maul*, von bestimmter Breite, der Maulweite, begrenzt durch das Labium oder die *Lippe* (untere und obere Lippe); die Maulränder werden am besten scharfkantig zugespitzt. — Über die Entstehung der stehenden Schwingungen durch Anblasen einer solchen Pfeife gehen die Meinungen weit auseinander; in neuerer Zeit haben sich zwei Theorien bekämpft, die der *Lamellen-* oder *Schneidentöne* (Strouhal, Hensen, Wachsmuth u. A.). In der Hauptsache ist der Vorgang jedenfalls der, daß sich der Anblasestrom am Maul teilt und daß durch Reflexion am Pfeifenende, unter Rückwirkung der am Maul sich stauenden Luft, stehende Schwingungen mit Verdichtungen und Verdünnungen erzeugt werden. — Man unterscheidet *offene* und *geschlossene*, im Fachausdruck „*gedackte*“, Pfeifen. Bei den offenen Pfeifen liegt an jedem Ende ein Schwingungsbauch; im einfachsten Falle (Grundton) enthält also die Pfeife eine halbe Welle. Bei den gedackten Pfeifen liegt am offenen Ende ein Bauch, am geschlossenen Ende ein Knoten; die Pfeifenlänge stellt also eine Viertelwelle dar, woraus sich ergibt, daß bei gleicher Länge die gedackte Pfeife die tiefere Oktave des Tons der offenen Pfeife gibt. Schließt man die Öffnung nach und nach, so wird der Ton immer tiefer (*Stopftöne*). — Die Schwingungszahl ist, entsprechend wie bei Saiten (s. Saitentöne), jedoch wegen der adiabatischen Natur des Prozesses, mit Hinzufügung des Faktors $\varkappa$ (Verhältnis der spezifischen Wärmen), durch die Formel $n = (m/l) \cdot \sqrt{(p/\varrho)\varkappa}$ gegeben, wo l die Länge, p der Druck und ϱ die Luftdichte ist (s. Schallgeschwindigkeit); in Worten: Die Schwingungszahl ist umgekehrt proportional mit der Länge und direkt proportional mit der Wurzel des Verhältnisses von Druck und Dichte; sie ist also bei gleicher Temperatur vom Druck unabhängig, da sich nach dem Boyleschen Gesetze (s. Gase) p und ϱ entsprechend ändern. Jedoch gilt das nur innerhalb gewisser Grenzen; bei starker Drucksteigerung nimmt die Tonhöhe zu, und es empfiehlt sich daher, für wissenschaftliche Zwecke Pfeifen mit einem Manometer zu versehen. Ferner nimmt die Tonhöhe mit steigender Temperatur entsprechend der Wurzel aus der Gay-Lussacschen Konstante zu (s. Thermische Ausdehnung der Gase). Von der Dicke der Pfeife und dem Material der Wandung ist die Tonhöhe unabhängig. Was schließlich den Faktor m betrifft, so ist er bei einer offenen Pfeife $^1/_2$, bei einer gedackten aber $^1/_4$. Soweit der *Grundton*. Bei den *Obertönen*, die zum Grundton harmonisch sind, bilden sich auch im Innern noch Knoten aus. Die Pfeife teilt sich also in immer kürzere Stücke; und zwar erhält man bei der offenen Pfeife offenbar alle harmonischen Partialtöne, bei der gedackten (Fig. 172) dagegen nur die ungeraden. Man kann die verschiedenen Partialtöne durch geschicktes Anblasen mit nach und nach gesteigertem Druck hervorbringen („überblasen"): auch kann man mehrere von ihnen gleichzeitig erzeugen, so daß ein entsprechend zusammengesetzter Ton entsteht. — Stellt man die Partialtöne für zwei gleich lange Pfeifen, eine offene und eine gedackte, zusammen, so erhält man daher von der ersteren alle geraden, von der letzteren alle ungeraden Partialtöne:

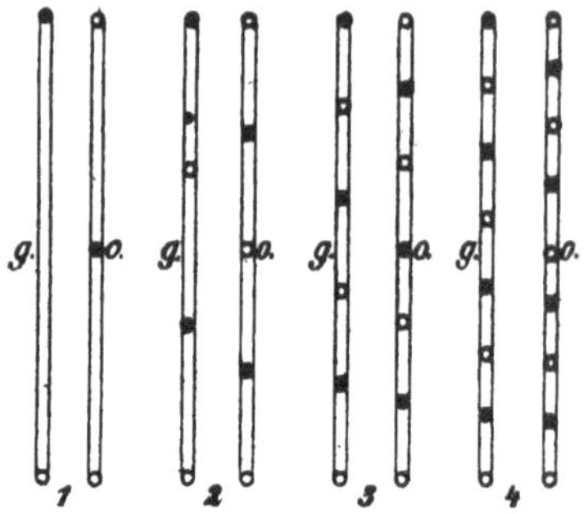

Fig. 172.

2 4 6 8 10 usw.
1 3 5 7 9

Absolut genommen, gibt eine offene Pfeife von 10,3 m (32 Fuß) Länge gerade den tiefsten hörbaren Ton von $n = 16$, während die gedackte, um diesen Ton zu geben, nur 5,15 m lang zu sein braucht. Um den Kammerton $n = 435$ zu erhalten, muß man eine offene Pfeife von 38,2 cm oder eine gedackte von 19,1 cm Länge nehmen, die höchsten hörbaren Töne erhält man mit Pfeifchen von wenigen Millimetern Länge (Galtonpfeife, s. Tonhöhemessung). Eine kleine Zusammenstellung von Pfeifentönen und Längen gibt folgende Tabelle:

Ton	n	l (ged.)	l (offen)
C_{-2}	16,2	515	1030
C_{-1}	32,3	257,5	515
C	64,7	128,8	257,5
c	129,3	64,4	128,8
c_1	258,7	32,2	64,4
a_1	435	19,1	38,2
c_2	517,3	16,1	32,2
c_3	1035	8,05	16,1
c_4	2069	4,03	8,05
c_5	4139	2,01	4,03

— Die Verteilung der Knoten und Bäuche bei den einzelnen Partialtönen kann man am besten beobachten, indem man an der Außenwand kleine Gasflämmchen, sog. *manometrische Flammen*, anbringt, deren Gasbehälter durch Membranen mit der Pfeifenluft im Zusammenhang stehen; die an Knotenstellen befindlichen bleiben brennen, die an Bäuchen befindlichen werden ausgelöscht. Beim Grundton einer offenen Pfeife z. B. bleibt das Flämmchen in der Mitte brennen, die beiden an den Enden verlöschen; beim ersten Oberton wird von fünf Flämmchen die

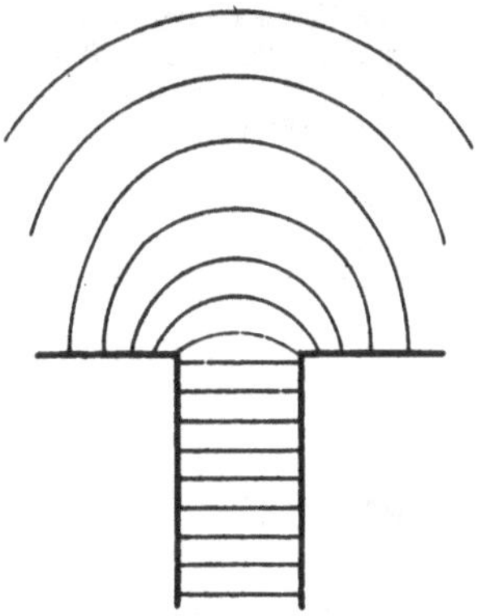

Fig. 173.

mittelste und die beiden an den Enden ausgelöscht, während die in $^1/_4$ und $^3/_4$ der Länge weiterbrennen. — Übrigens hat sich gezeigt, daß die aus der obigen Formel berechnete Schwingungszahl bzw. erforderliche Pfeifenlänge nur bei gedackten Pfeifen genau stimmt, daß dagegen bei offenen Pfeifen eine *Korrektion* im Sinne einer Verlängerung erforderlich ist, und zwar um rund $^2/_5$ des Röhrendurchmessers; die so veränderte Länge heißt *reduzierte Pfeifenlänge*. Diese Anomalie ist von den Orgelbauern schon frühzeitig erkannt und berücksichtigt worden; erst viel später ist die Theorie nachgekommen. Die Erklärung liegt darin, daß der Schwingungsbauch nicht genau am Pfeifenende, sondern etwas außerhalb liegt, weil die in der Pfeife vorhandenen ebenen Wellen sich, ehe sie in die Kugelwellen des freien Raumes (Fig. 173) übergehen, noch etwas fortsetzen und erst allmählich sich in diese deformieren (Helmholtz). Der beste Beweis für die Richtigkeit dieser Erklärung liegt darin, daß bei Pfeifen mit trompetenartig erweitertem Ende eine derartige Korrektion nicht erforderlich ist, weil hier jene Umwandlung schon in dem Endstücke erfolgt. — Die Schwingungsform und damit der *Klang* der Pfeifentöne hängt außer von der offenen oder gedackten Natur des Endes auch noch von der Dicke („Mensur"), vom Material der Wandung (Holz, Glas, Metall), von der Art des Anblasens und von andern Faktoren ab, so daß hier eine große, bei der Orgel ausgenutzte Mannigfaltigkeit entsteht (s. Musikinstrumente). — Bei Pfeifen, die nicht überall gleichen Durchmesser haben, den *konischen Pfeifen*, bilden sich nur die ungeraden Partialtöne aus („Quintaten"), und das erzeugt wiederum einen besonderen Klangtypus. — Zur genaueren Untersuchung aller dieser Verhältnisse hat man die Photographie mit Benutzung der Schlierenmethode (s. d.) herangezogen und ausgezeichnete Photogramme der typischen Fälle erhalten. — Wegen der kubischen Pfeifen und der Zungenpfeifen s. d. — Die Pfeifen finden in der Musik Anwendung als Orgelpfeifen und als Blasinstrumente (s. Musikinstrumente).

Pfeifeninstrumente s. Musikinstrumente.

Pfeifenkorrektion, s. Pfeife.

Pferdekraft, s. Arbeit.

Pferdestärke, s. Arbeit.

Pferdestunde, s. Arbeit.

Pfund, s. Masse.

Phänakistoskop, s. Stroboskopie.

Phantoskop, s. Stroboskopie.

Phase, s. Klang, Schwingungen.

Phasenänderung, s. Totalreflexion.

Phasendifferenz, s. Schwingungen.

Phasen eines Systems, s. Phasenlehre.

Phasenlehre ist die Lehre von den thermodynamischen Erscheinungen und Beziehungen an Systemen, die einerseits aus chemisch verschiedenen Bestandteilen, andrerseits aus räumlich getrennten Teilen zusammengesetzt sind. Erstere nennt man, insoweit sie nicht durch das chemische Grundgesetz durcheinander bestimmt sind, *unabhängige Bestandteile*, letztere, zu denen namentlich die verschiedenen Aggregatzustände, dann aber auch die durch Kristallform usw. unterschiedenen allotropen Modifikationen gehören, nennt man die *Phasen*. Wasser z. B. hat nur einen einzigen unabhängigen Bestandteil, denn durch H ist O mitbestimmt; dagegen kann es drei Phasen haben: Eis, Wasser, Dampf, bei näherem Eingehen aber sogar fünf, insofern es drei verschiedene Sorten Eis gibt (Tammann). Eine Lösung enthält zwei unabhängige Bestandteile, da die Konzentration in weitem Bereiche willkürlich ist. — Betrachtet man einen einheitlichen Stoff in seinen drei Phasen 1 (Gas), 2 (flüssig), 3 (fest), so hat man als Zustandsgrößen beim Zusammensein zweier Phasen: v_{12} und v_{13}, v_{23} und v_{21}, v_{31} und v_{32} (Volumina), ferner $p_{12} = p_{21}$, $p_{23} = p_{32}$, $p_{31} = p_{13}$ (Verdampfungsdruck, Schmelzdruck, Sublimationsdruck), endlich die entsprechenden Temperaturen. Wird auch $v_{12} = v_{21}$, so hat man den *kritischen Zustand* von Dampf und Flüssigkeit (s. d.); auch $v_{23} = v_{32}$ kann eintreten: kritischer Zustand fest-flüssig (bei Eis müßte er bei −120° und 17000 Atm. eintreten); dagegen kann niemals $v_{13} = v_{31}$ werden. — Während bei einer einzigen Phase p und v beliebig sind, ist bei zwei koexistierenden Phasen $p = f(t)$, und bei drei koexistierenden Phasen gibt es nur ein einziges Wertesystem von p, v, t: *Fundamentalzustand*. In ihm sind v_1, v_2, v_3 die *Fundamentalvolumina*, p der *Fundamentaldruck*, t oder T die *Fundamentaltemperatur*. Bei Wasser ist für 0° C: p_{12} = 4,62 mm Hg, dagegen p_{23} = 760 mm, jener nimmt mit steigender Temperatur zu, dieser ab, bei

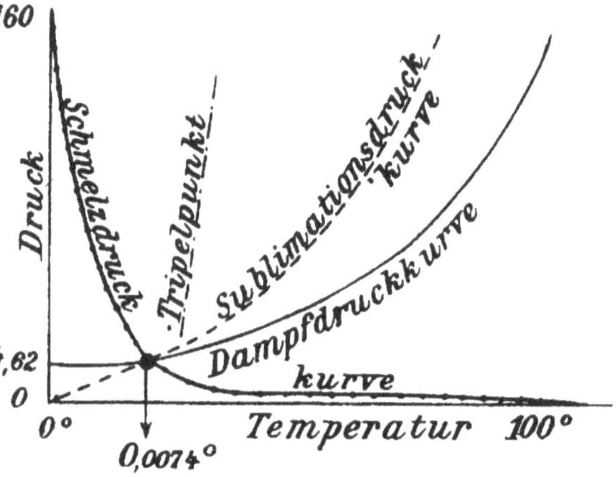

Fig. 174.

0,0074° C sind beide gleich: *Fundamentalpunkt*, *dreifacher* oder *Tripelpunkt* des Wassers. Der Fundamentaldruck ist 4,62 mm; die drei Fundamentalvolumina sind 205000 (gasig), 1 (flüssig) und 1,09 (fest). Der Fundamentalpunkt ist der Schnittpunkt der *Schmelzdruckkurve* mit der *Dampfdruckkurve* (Fig. 174, der Deutlichkeit halber in falschen Verhältnissen gezeichnet); durch denselben Punkt geht auch die Sublimationsdruckkurve. — Eine andre Darstellung ist die mit den spezifischen Volumina v als Abszissen und den spezifischen Energien e als Ordinaten (Fig. 175). Bei einer normalen Substanz liegt die Ecke 2 etwas rechts von 1, bei Wasser (das sich beim Schmelzen zusammenzieht), etwas links. Innerhalb des „Fundamentaldreiecks" können 123 zusammen

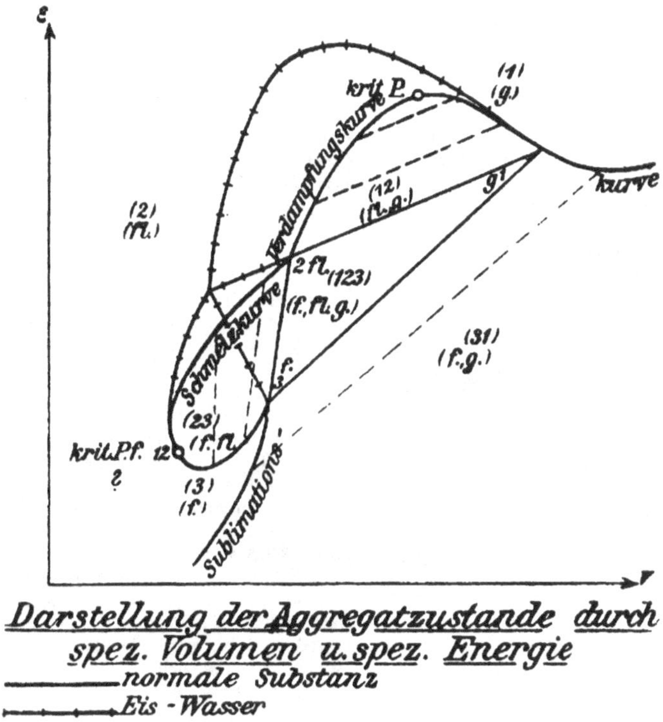

Fig. 175.

existieren, in den Gebieten (12), (23) und (31) nur zwei, in den Außengebieten nur eine; auf der Grenze des Gebietes (12) liegt der kritische Punkt. Mit Hilfe von Gipsmodellen kann man die Darstellung auf die drei Variablen p, v, T ausdehnen (Fig. 176). — Durch Erweiterung der obigen Betrachtungen auf ein System von α unabhängigen Bestandteilen und β Phasen gelangt man zu der von Gibbs aufgestellten *Phasenregel:* Die Zahl der Phasen kann die Zahl der unabhängigen Bestandteile höchstens um zwei übersteigen, in Formel: $\beta \leqq \alpha + 2$. Im Grenzfalle ($\beta = \alpha + 2$) reicht die Zahl der inneren Variablen gerade aus, um die inneren Gleichgewichtsbedingungen zu erfüllen;

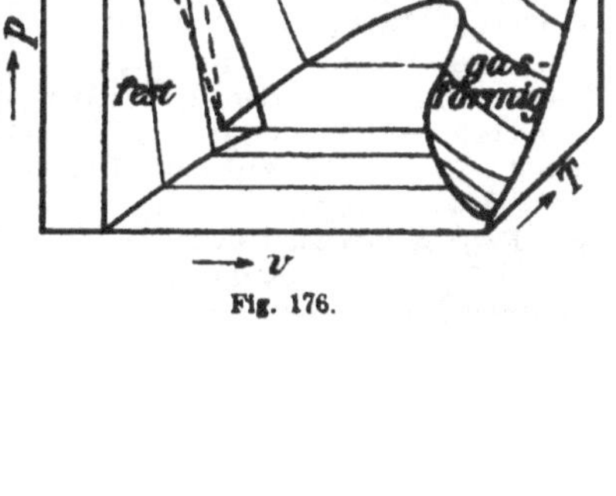

Fig. 176.

es ist alles eindeutig bestimmt. Das System befindet sich in einem $(\alpha+2)$-fachen Punkte (Fundamentalpunkt); was man auch vornehmen möge (Wärmezufuhr, Kompression, Zugabe von Substanz oder das Umgekehrte von alledem (nur nicht so, daß ein Bestandteil völlig verschwindet), die drei Größen p, v, T und ebenso die Energie ε bleiben unverändert. — Mit jeder Phase weniger wächst die Zahl der unbestimmt bleibenden innern Variablen um 1, und die Zustandsmöglichkeiten werden immer mannigfacher (Fig. 177, Schema der möglichen Fälle). — Beispiele. A) $\beta=\alpha+2$.

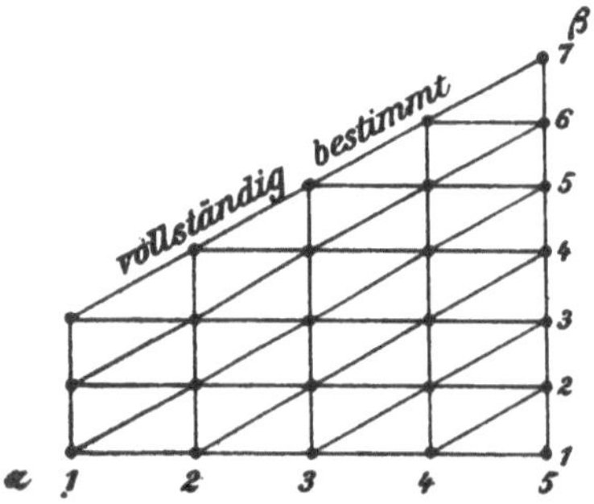

Fig. 177.

vollständig bestimmtes Gleichgewicht 1. $\alpha = 1$, $\beta = 3$: Eis, Wasser, Wasserdampf (s. o.); oder auch: monokliner (s_1) und rhombischer (s_2) Schwefel mit Schwefeldampf σ, nur bei einem bestimmten p und T koexistent, sonst verdampft entweder s_1 oder s_2 oder es geht s_1 in s_2 über, oder es tritt einer der drei umgekehrten Prozesse ein. 2. $\alpha = 2$, $\beta = 4$: SO_2 (Schweflige Säure) und H_2O; Phasen: SO_2 flüssig, gasig, in H_2O gelöst flüssig, $SO_2 + 7H_2O$ fest; vierfacher Punkt bei 12,1° C und 1770 mm Druck. — B) $\beta = \alpha + 1$ („monovariantes" oder „vollständig heterogenes Gleichgewicht"). 3. $\alpha = 1$, $\beta = 2$: Eis und Wasser, oder Wasser und Wasserdampf, $t = f(p)$ oder $p = F(t)$; Näheres s. Dämpfe. 4. $\alpha = 2$, $\beta = 3$: festes Salz, Salzlösung, Dampf. Annähernd kann man bei „kondensierten Systemen (ohne gasige Phase) p als Atmosphärendruck betrachten; dann ist also alles bestimmt, z. B. Schmelzpunkt oder Umwandlungspunkt. — C) $\beta = \alpha$, p und T beliebig („divariantes Gleichgewicht"). 5. $\alpha = \beta = 1$: homogene Substanz. — 6. $\alpha = \beta = 2$: Salzlösung mit ihrem Dampf, Näheres s. Lösungen; durch p und T sind c und c', Konzentrationen von Lösung und Dampf, bestimmt. Hierher gehört auch der Fall zweier Lösungen, die sich nicht in allen Verhältnissen mischen: dann sind beide Konzentrationen bestimmt. Werden sie einander gleich, so hat man die kritische Lösungstemperatur und den kritischen Lösungsdruck (s. auch Gemische). — D) $\beta = \alpha - 1$. 7. $\beta = 1$, $\alpha = 2$: Lösung; p, T, c beliebig, hierdurch dann aber alles Weitere bestimmt, z. B. der Dissoziationsgrad δ; mit abnehmendem c wird δ immer größer. — E) $\beta = \alpha - 2$. 8. $\alpha = 3$, $\beta = 1$: zwei gelöste Stoffe in einem Lösungsmittel; p, T, c_1 und c_2 beliebig, außer wenn die beiden gelösten Stoffe gemeinsame Ionen haben (dann tritt Umwandlung ein usw.). — Von den Folgerungen aus diesen allgemeinen Feststellungen sei hier nur folgendes angeführt: Kühlt man eine wäßrige Salzlösung bis unter den Schmelzpunkt ab, so scheidet sich Eis aus, wobei die Konzentration der zurückbleibenden Lösung zunimmt und der Schmelzpunkt sinkt; schließlich tritt Sättigung und damit ein konstanter Zustand ein: *Kryohydrate*. Wenn man ferner zu Eis von 0° ein Salz hinzubringt, so entsteht eine bei 0° noch flüssige Lösung, und infolge der großen Schmelzwärme des Eises sinkt die Temperatur bis zur Bildung des Kryohydrats. Hierauf beruhen die *Kältemischungen*. Beispiel: $^1/_4$ Kochsalz, $^3/_4$ Eis, Temperatur −22°. — Wenn feste Phasen mit Flüssigkeit im Gleichgewicht sind, spricht man von *eutektischen Mischungen*, und den betreffenden Zustand nennt man eutektischen Punkt.

Phasenmodelle, s. Phasenlehre.

Phasenregel, s. Phasenlehre.

Phasensprung ist eine plötzlich auftretende starke Änderung der Schwingungsphase, meist um eine halbe

Periode, er tritt bei gewissen Reflexionen, Resonanzen usw. auf.

Phasenverzögerung, s. Selbstinduktion.

Phonautograph s. Phonograph.

Phonisches Rad ist ein am Rande mit Eisenstäbchen besetztes, vor einem durch ein schwingendes System periodisch erregten Elektromagneten rotierendes Rad; es wird zur Messung jener Periode, zu Regulierzwecken und sonst verwendet.

Phonograph ist ein Apparat zur Aufnahme und Wiedergabe von Schallen, insbesondere von Tonfolgen und ganz speziell der menschlichen Stimm- und Sprachlaute. Hervorgegangen ist er aus dem Phonautographen und ähnlichen Apparaten, die nur zur graphischen Wiedergabe geeignet waren, indem vermittelst einer mit einem Empfangstrichter versehenen Membran, in deren Mitte ein am Ende rechtwinklig umgebogener Schreibstift sitzt, die erregenden Schwingungen auf eine rotierende, mit Papier (z. B. berußtem Papier) bezogene Trommel übertragen und dort betrachtet bzw. ausgemessen wurden. Läßt man jetzt die Umbiegung des Stiftendes weg und ersetzt die Papierfläche durch eine nachgiebige Schicht, so erhält man nicht mehr seitliche Kurven in der Fläche, sondern Eindrücke in der Tiefenrichtung. Anfangs wandte der Erfinder des Phonographen, Edison, Stanniol an, später ging man zu andern Stoffen, besonders zu einer Mischung von Wachs und Stearin, über. Dreht man, nach erfolgter Aufnahme, die Walze bei abgehobenem Stift zurück, legt nun den Schreibstift, der geeignet montiert ist, wieder an und dreht jetzt wieder vorwärts, so folgt der Stift allen Vertiefungen, setzt dadurch die Membran und den Resonanztrichter in Schwingungen, und es werden die ursprünglichen Töne mehr oder weniger vollkommen reproduziert. Die größte Schwierigkeit bildet dabei die Eigenperiode der Membran; aber es ist gelungen, ihren Einfluß sehr herabzumindern. Dreht man bei der Reproduktion in anderm Tempo wie bei der Aufnahme, so wird die Höhenlage aller Töne entsprechend verändert, dagegen der Klang nicht beeinflußt, insoweit er nicht außer auf dem Stärkeverhältnis der Partialtöne auch noch auf der absoluten Tonlage beruht, wie bei den Vokalen. — Der Phonograph hat, über das Gebiet wissenschaftlicher Physik hinaus, große Bedeutung zur Aufbewahrung von Stimmen und Sprachen für spätere Zeiten: *Phonogrammarchive*. -- Ein ähnlicher Apparat ist das *Grammophon*, bei dem der Zylinder durch eine Kreisscheibe ersetzt ist.

Phonometer, s. Schallstärke.

Phosphoreszenz, s. Lumineszenz.

Phosphoroskop, s. Lumineszenz.

Photochemie ist die Lehre von den chemischen Wirkungen des Lichts. Licht, das in den Körper eindringt, kann in diesem chemische Veränderungen hervorrufen. So wird Chlorknallgas unter der Wirkung des Lichts zu Chlorwasserstoff (Salzsäure) vereinigt, und zwar am kräftigsten durch violettes und ultraviolettes Licht. Dabei ist zu der Umwandlung eine gewisse Zeit erforderlich, vielfach deshalb, weil sich erst Zwischenprodukte bilden, die dann erst in ein beständiges Endprodukt übergehen; diese Verzögerung wird vielfach als *photochemische Induktion* bezeichnet. Legt man auf ein mit Chlorsilber präpariertes Papier ein Blatt, so wird das Papier an den freien Stellen geschwärzt und man erhält ein helles Bild des Blattes auf dunklem Grunde. Weißer Phosphor wird im Sonnenlicht zu rotem; fein pulverisiertes amorphes Selen verwandelt sich in kristallinisches, dessen Leitfähigkeit durch die Belichtung stark erhöht wird (s. Lichtelektrizität). In vielen Fällen begünstigt die Belichtung die Oxydation, z. B. die von Metallen. Andrerseits kommen auch Zersetzungen vor: eine Lösung von Wasserstoffsuperoxyd in Wasser zerfällt im Lichte in Wasser und Sauerstoff. Am wichtigsten ist die zersetzende Wirkung auf die Halogenverbindungen des Silbers: Chlorsilber, Jodsilber, Bromsilber; dabei entstehen gewöhnlich chlorärmere Verbindungen. — Viele hierher gehörige Erscheinungen sind allgemein bekannt, so das Ausbleichen und Verschießen von Garn, Geweben, Tapeten usw., und auch hier zeigt sich, daß kurzwellige Strahlen meist stärker wirken als langwellige; es gibt aber auch umgekehrte Fälle, z. B. den Assimilationsprozeß der Pflanzen, entsprechend der starken Absorption des Chlorophylls für rote Strahlen. Stoffe, die vom Lichte nicht beeinflußt werden, nennt man *lichtecht*. — Ferner kann man einer Substanz durch Beimengen kleiner Quantitäten andrer Stoffe, die man *Sensibilisatoren* nennt, Lichtempfindlichkeit überhaupt oder besonders für bestimmte Strahlengebiete verleihen. — Die Temperatur hat in engen Grenzen wenig Einfluß auf die Lichtempfindlichkeit, wohl aber in den Extremen: sowohl bei großer Hitze wie bei großer Kälte ($-200°$) verschwindet die Wirkung zum größten Teil. — Gewisse Stoffe, wahrscheinlich sehr viele, haben die Eigenschaft, die Farbe der Bestrahlung anzunehmen, also z. B. im roten Lichte rot zu werden. Nach Wiener ist das daraus zu erklären, daß alle anders gefärbten Umwandlungsprodukte durch das eindringende Licht weiter umgewandelt werden; nur das rote, weil in dieses das Licht nicht eindringt, ist beständig: *Farbenanpassung in der Natur* (s. auch Photographie). Das physikalisch Wichtige ist, daß es sich hier um wirkliche *Körperfarben* handelt, nicht um Interferenzfarben (s. Interferenz und Photographie). — S. auch Physikalische Chemie.

Photochemische Induktion, s. Photochemie.

Photomechanische Verfahren, s. Photographie.

Photoelektrischer Effekt, s. Lichtelektrizität.

Photogrammetrie, s. Photographie.

Photographie ist die Kunst, durch Lichtwirkung dauerhafte Bilder von Objekten zu erzeugen. Sie beruht auf der Lichtempfindlichkeit gewisser Substanzen (s. Photochemie), insbesondere der drei Silbersalze Chlorsilber, Jodsilber, Bromsilber; jedoch sind hiervon nur die beiden letzteren praktisch brauchbar, und das Bromsilber ist dem Jodsilber dadurch überlegen, daß es, im Gegensatz zu dem nassen Verfahren, einen *Trockenprozeß* anzuwenden erlaubt; daher der große Aufschwung und die weite Verbreitung der Kunst seit Einführung des Bromsilbers. — Das älteste Verfahren ist die *Daguerrotypie*, beruhend auf der Einwirkung von Quecksilberdämpfen auf belichtetes Jodsilber; das entstehende Amalgam erscheint je nach der Beleuchtung dunkel auf hellem Grunde oder umgekehrt. — Das Verfahren wurde vollständig verdrängt durch das *Kollodiumverfahren*, das Kollodium mit einer Jodierungsflüssigkeit und einem Silberbade behandelt. Aber auch dieses Verfahren tritt zurück gegenüber dem *Bromsilber-Gelatineverfahren:* Bromsilberemulsion in Gelatine, mit Bromid im Überschuß und verschiedenen Behandlungsmethoden. Als Unterlage dient entweder eine Glasplatte oder ein Film. — Durch die Belichtung wird übrigens der Reduktionsprozeß nur eingeleitet; um das Bild hervorzurufen, muß man die Platte mit einem *Entwickler* behandeln (Hydrochinon, Eisenvitriol, Pyrogallus usw.), wodurch sich an den belichteten Stellen schwarzes Silberpulver bildet. Man erhält also ein *Negativ*, das man zunächst *fixiert* und dann auf irgendeine Weise (Belichtung, Kontakt) kopiert, so daß ein *Positiv* entsteht. Ein auf Glas kopiertes, also durchsichtiges Bild heißt *Diapositiv*. — Die Helligkeitswerte des Bildes stimmen mit denen des farbigen Objektes nicht überein, weil die kurzwelligen Strahlen viel stärker wirken als die langwelligen; man kann aber durch Beigabe geeigneter Stoffe, z. B. Eosin (Sensibilisatoren, s. Photochemie), *orthochromatische Platten* herstellen, d. h. solche mit richtiger Helligkeitsabstufung; dasselbe Ziel kann man auch durch geeignete *Lichtfilter* (Gelbscheibe usw.) erreichen. — Der *photographische Apparat* besteht aus Kamera, Objektiv (s. Photographisches Objektiv), Mattscheibe zum Einstellen des Bildes und empfindlicher Schicht; letztere entweder in Form von Platten oder von Films. Dazu kommen dann noch die Blende, am besten Irisblende, die mit

Rücksicht auf die herrschende Helligkeit eingestellt wird, sowie verschiedene andre Hilfsteile. Die *Belichtung* oder *Exposition* erfolgt für Zeitaufnahme mit der Uhr mit Hilfe eines auf Belichtungsdauer graduierten Photometers oder für *Momentphotographie* mit einem Schlitzverschluß o. dgl., bei dem man Hundertel und selbst Tausentel Sekunden festlegen kann. Solche Momentaufnahmen sind besonders in der Wissenschaft überall da angezeigt, wo es sich um veränderliche Zustände handelt. Macht man in diesem Falle Momentaufnahmen von einer Serie aufeinander folgender Zustände, so kann man diese dann *kinematographisch* reproduzieren (s. Stroboskopie). — Die Kunst, mit Hilfe photographischer Aufnahmen (von verschiedenen Standpunkten aus) räumliche Gegenstände auszumessen, ist die *Photogrammetrie.* — Auf der Lichtwirkung beruhen auch die zahlreichen *photomechanischen Verfahren* zur Herstellung von Druckplatten. Mehrere benutzen dabei die Eigenschaft der mit Chromsalz versetzten Gelatine, durch die Belichtung die Löslichkeit in warmem Wasser zu verlieren. Im übrigen ist zwischen Tief-, Flach- und Hochdruck zu unterscheiden. — Der Schwarzweißphotographie steht die *Farbenphotographie* gegenüber. Dabei sind aber drei völlig verschiedene Vorgänge zu unterscheiden: 1. Die *Dreifarbenphotographie,* bei der in jeder der drei Grundfarben (s. Farbenlehre) ein Photogramm aufgenommen wird und diese dann übereinander gelagert werden; von der Wahl der Grundfarben und von andern Faktoren hängt es ab, bis zu welchem Grade getreu das Bild wird. Auf die einzelnen Ausgestaltungen des Verfahrens (Yves, Lumière, Joly, Miete u. a.) kann hier nicht eingegangen werden. — 2. Die *Interferenzfarbenphotographie* auf Grund der Bildung stehender Wellen in der empfindlichen Schicht, die durch sie zersetzt wird und in Schichten von je nach der Farbe verschiedener Dicke zerfällt, so daß man in der Aufsicht die Farben reproduziert erhält; auf dieser Entdeckung Wieners (s. Interferenz des Lichts) fußend, gelang es Lippmann, mittels einer Kollodium-Eiweißplatte in Kontakt mit einer Quecksilberschicht das Spektrum zu photographieren. Den Nachweis der Schichtenbildung führte Neuhaus durch mikrophotographische Aufnahme der mittels des Mikrotoms herausgeschnittenen Schichten. Die Farbe hängt bei diesen Bildern allerdings von der Neigung ab, unter der man das Bild betrachtet; auch verblassen die Farben mit der Zeit. — 3. Die *Körperfarbenphotographie,* beruhend auf dem Selektionsprozeß (s. Photochemie), der in der Schicht alle Farbstoffe zersetzt, mit Ausnahme derjenigen, die die Farben der Beleuchtung enthalten (weil diese reflektiert werden, also nicht eindringen). Das wäre die ideale Photographie; aber sie steckt noch in den Anfängen der wissenschaftlichen Grundlegung. — Wegen der Fernphotographie s. Lichtelektrizität.

Photographisches Objektiv ist der optische Teil eines photographischen Apparates. Er entwirft von den Gegenständen reelle Bilder, die dann chemisch verarbeitet werden (s. Photographie). — Das einfachste Objektiv ist ein Loch: *Lochkamera;* die Form des Lochs ist gleichgültig, wird aber gewöhnlich kreisrund gewählt. Der Größe nach muß es hinreichend klein sein, um scharfe Bilder zu geben, aber nicht so klein, daß die Lichtstärke zu sehr leidet und Beugungsfehler auftreten. In früheren Zeiten war in Aussichtspunkten vielfach eine *Camera obscura* aufgestellt, bei der das Lochbild direkt und farbig auf einer Tischplatte beobachtet wurde. — Von den wirklich optischen Objektiven, die aus Linsen bestehen, ist der einfachste Typus die einzelne *Sammellinse,* die aber starke sphärische und noch stärkere, nicht zu beseitigende chromatische Abweichung (s. d.) hat; am ehesten brauchbar ist noch der *Meniskus* oder das *Periskopobjektiv* von Wollaston. — Besser sind die *Dublets,* die aus einer Sammel- und einer Zerstreuungslinse aus Kron- bzw. Flintglas bestehen. Die beiden ersten wirklich leistungsfähigen Typen waren die *Landschaftslinse von Chevalier* und das *Porträtobjektiv von*

Petzval, beide aus vier Linsen aufgebaut. — Die neue Zeit setzt dann ein mit dem *Aplanat* von Steinheil (4 Linsen) und gipfelt in den *Anastigmaten* von Zeiss, denen dann der Doppelanastigmat von Goerz, das Kollinear von Voigtländer und viele andre Konstruktionen folgten. Der Anastigmat, später *Protar* genannt, besteht aus fünf Linsen, aus Kron-, Flint- und Jenaer Glas (Fig. 178); er ist fast voll-

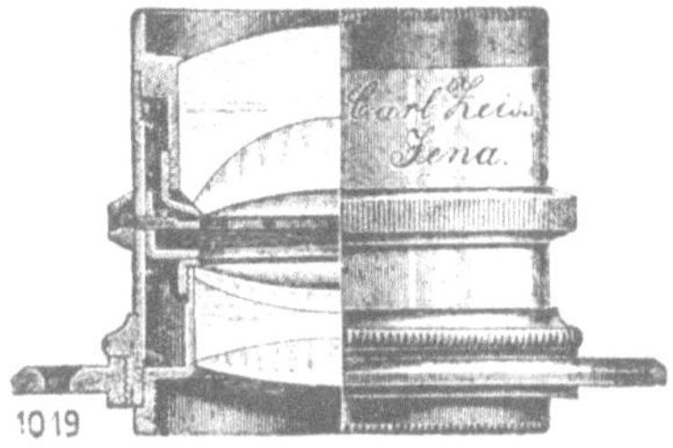

Fig. 178.

kommen frei von sphärischer, chromatischer und anastigmatischer Abweichung. — Weitere Vervollkommnungen bzw Spezialitäten stellen das Tessar

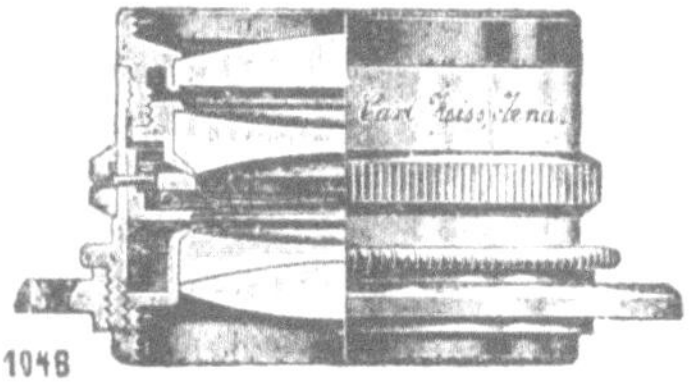

Fig. 179.

(Fig. 179), für allgemeinen Gebrauch am geeignetsten, Planar, Unar und Magnar dar. Objektive, die nach Wunsch beliebig zusammengestellt werden können, heißen Satzlinsen und Linsensätze. — Charakteristisch für das photographische Objektiv ist in erster Linie das *Öffnungsverhältnis*, d. h. das Verhältnis der Öffnung zur Brennweite, gewöhnlich in der Form 1 : f/d angegeben; mit dem Quadrate des Öffnungsverhältnisses ist die Lichtstärke proportional. Ferner ist von Wichtigkeit die „Tiefe" des Objektivs, d. h. der Tiefenbereich eines körperlichen Objekts, der noch gut flächenhaft abgebildet wird; sie ist desto größer, je kleiner die Brennweite ist, außerdem muß man die absolute Öffnung soweit wie möglich reduzieren. — Besondere Typen sind das *Teleobjektiv* für sehr entfernte Objekte (um auch mit gewöhnlichen Objektiven diese Aufgabe zu leisten, dient der Teleansatz), und das *mikrophotographische Objektiv*, ferner die *Reproduktionsobjektive* (mit besonderer Klarheit der Strichzeichnung); endlich Objektive zur Vergrößerung unmittelbarer Aufnahmen. — An sich fehlerhafte Photogramme kann man mit Hilfe des *Veranten* (M. v. Rohr), der die Fehler wieder aufhebt, richtig sehen.

Photolumineszenz, s. Lumineszenz.

Photometrie ist die Lehre von der Lichtmessung; das, was gemessen wird, ist entweder die Lichtstärke oder die

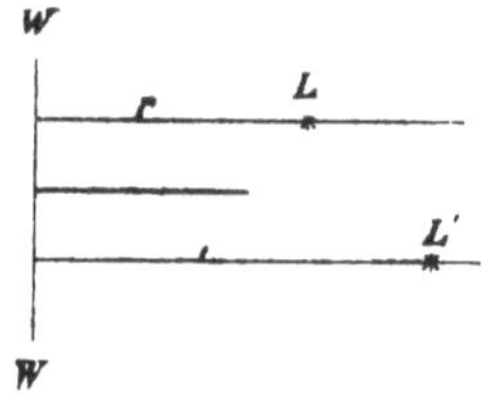

Fig. 180.

Flächenhelligkeit oder einer der andern quantitativen Begriffe (s. Lichtstärke). Das Prinzip der Messung ist immer die Vergleichung der gesuchten Größe mit einer andern als Einheit benutzten; und es wird dabei teils das Gesetz der Abnahme der Lichtstärke mit der Entfernung (s. Lichtausbreitung), teils das Kontrastprinzip benutzt, teils werden besondere Erscheinungen, namentlich die Interferenz und die Polarisation herangezogen. — Die wichtigsten Apparate, teils von exakt wissenschaftlicher Bedeutung, teils mehr für praktische Zwecke eingerichtet, sind folgende 1. *Photometer von Bouguer* (Fig. 180), mit der Modifikation von *Foucault*. — 2 *Ritchies Photometer* (Fig. 181). —

3. *Photometer von Lambert und Rumford* (Gleichmachen der Schatten eines Stabes durch Verrückung der zu vergleichenden Lichtquellen). — 4. *Fettfleckphotometer*

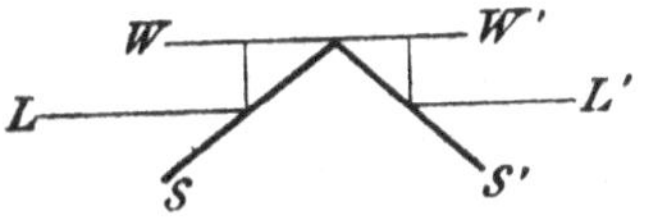

Fig. 181.

von Bunsen, das verbreitetste unter den einfacheren Photometern (Fig. 182, oberer Teil). Zwei Beobachtungsmöglichkeiten: Einstellen auf Verschwinden des Fettflecks (gleiche Helligkeit), *Gleichheitsphotometer*, oder aber Einstellen auf gleichen Kontrast, *Kontrastphotometer*. Letzteres bei einiger Übung vorteilhafter, weil die Empfindlichkeit des Auges für Kontraste doppelt so groß ist wie für Gleichheit. Der Mangel der Methode besteht in der Unmöglichkeit, den Fettfleck exakt herzustellen, besonders so, daß keine Unterschiede zwischen Mitte und Randteilen vorhanden sind. Die Methode wäre vollkommen, wenn es gelänge, einen idealen Fettfleck herzustellen, und das geschieht auf optischem Wege in dem 5. *Photometer von Lummer und Brodhun* (Fig. 182). Bei zwei Prismen, deren eines die volle, deren andres nur noch die zentrale Hypotenusenfläche hat, und die fest aufeinander gepreßt sind, spielt nämlich die Kontaktfläche *f* die Rolle des Flecks, während um ihn herum totale Reflexion stattfindet. Der

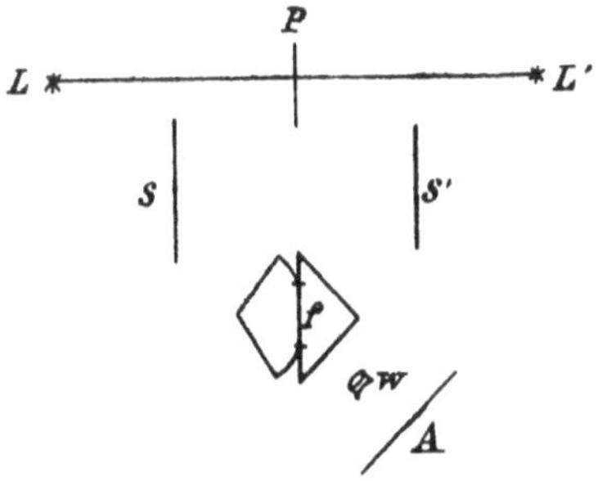

Fig. 182.

obere Teil des Apparats hat die Anordnung von Bunsen: von S und S' fällt das Licht auf die Prismenkombination, w ist eine Lupe, in A befindet sich das Auge, das nun (wegen des schrägen Aufblicks) eine zentrale Ellipse erblickt, die durch Verschiebung der Lichtquellen auf gleiche Helligkeit mit der Umgebung einzustellen ist. Statt der Gleichheits- kann man auch hier die Kontrastmethode anwenden, wozu eine eingeätzte Figur dient. — 6. *Milchglasphotometer* von Leonhard Weber (Fig. 183), namentlich für zahlreiche Ausmessungen von Helligkeiten in Räumen (Schulen usw.) geeignet. — 7. *Interferenzphotometer* von Lummer (Fig. 184): zwei durch eine dünne Luftschicht getrennte Prismen, wobei die direkt durchgehenden Strahlen der einen Quelle mit den total reflektierten der andern interferieren, und zwar in verschiedener Weise, je nachdem letztere an der Vorder- oder Hinterfläche der Luftschicht reflektiert sind; fallen die hellen Streifen des einen Systems mit den dunklen des andern zusammen, und wird die Helligkeit beider Systeme durch Regulierung des Quellenabstandes gleich gemacht, so wird das Gesichtsfeld im Beobachtungsinstrument gleichmäßig hell. — 8. *Absorptionsphotometer*. Schwächung der stärkeren Quelle durch Blenden, Mattscheiben, absorbierende Flüssigkeiten oder rotierende Sektoren. — 9. *Flimmerphotometer*: durch zwei rotierende Scheiben mit sektorenförmigen Ausschnitten, die für die beiden Quellen entgegengesetzt gestellt sind, sieht man im Beobachtungsinstrument

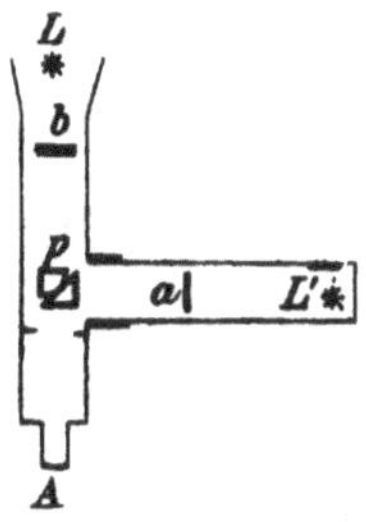

Fig. 183.

bald die eine, bald die andere und folglich, solange sie verschieden hell sind, ein Flimmern; dieses beseitigt man durch Änderung des Quellenabstandes. Das Auge besitzt große Empfindlichkeit für diesen Eindruck. — 10. *Polarisationsphotometer*, insbesondere das von Wild. Hier werden durch Doppelbrechung im Kalkspat zwei Strahlen erzeugt, die miteinander interferieren,

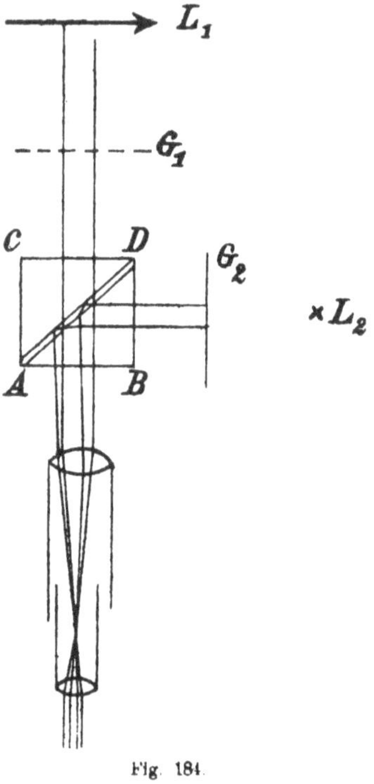

Fig. 184.

und durch Drehung des Polarisators werden die Interferenzstreifen zum Verschwinden gebracht (s. Polarisation und Interferenz des polarisierten Lichts). — Alle Methoden lassen in einwandfreier Weise nur die Vergleichung *gleichfarbiger* Lichter zu; bei Vergleichung verschiedenfarbiger treten Schwierigkeiten auf, und es ist im allgemeinen die gleiche Helligkeit nicht festzustellen. Insbesondere hängt sie von der Helligkeit selbst ab: wenn eine rote und eine grüne Fläche gleich hell erscheinen und dann die Helligkeit herabgesetzt wird, erscheint nun die rote Fläche dunkler als die grüne: *Purkinjesches Phänomen*. Auch sonst hat das Auge für verschiedene Farben verschiedene Empfindlichkeit. Man muß diese Schwierigkeiten durch besondere Kunstgriffe beseitigen (Farbengläser, rotierende farbige Sektoren, Ausgestaltung der Flimmermethode usw.), kann aber prinzipiell niemals zu einem vollkommenen Ergebnis gelangen. — Eine besondere Aufgabe ist die *Spektrophotometrie*, d. h. die Lichtmessung in den einzelnen Teilen des Spektrums (s. Spektrometrie). — Eine

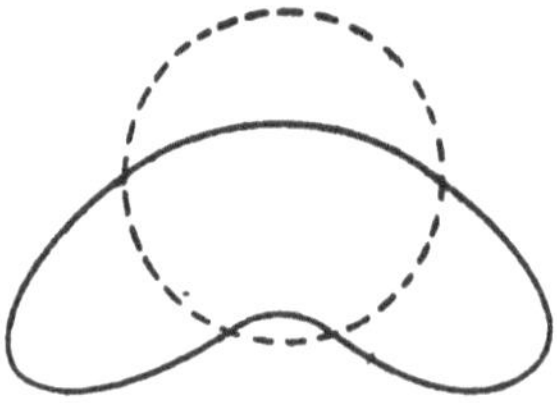

Fig. 185.

wichtige Aufgabe ist ferner die Feststellung der von einer Lichtquelle nach verschiedenen Richtungen ausgesandten Lichtmengen; graphisch dargestellt gibt das die *Lichtrose* (s. Lichtausbreitung). Es entsteht dann des weiteren die Aufgabe, die mittlere Lichtstärke für alle Richtungen zu finden, was entweder rechnerisch oder graphisch auf Grund einer genügenden Zahl von Einzelmessungen geschehen kann; es gibt aber auch Apparate, die das mit einem Schlage leisten, so das Kugelphotometer von Ulbricht. Übrigens ist dann noch weiter zu unterscheiden zwischen sphärischer und hemisphärischer, räumlicher und ebener mittlerer Lichtstärke; in der Figur 185 ist die Rosette und der Mittelwertskreis veranschaulicht.

Photophon, s. Tönende Systeme.

Photophorese, s. Licht.

Photosphäre heißt zuweilen die leuchtende Sonnenkugel; manchmal verwechselt mit Chromosphäre (s. Sonne).

Physik ist die Lehre von der Energie und den Erscheinungen, die sie darbietet; sie steht damit der Chemie als Lehre vom Stoff zur Seite. Da übrigens Stoff und Energie innig miteinander verknüpft sind, gehen die beiden Wissenschaften an den Grenzen (Physikalische Chemie, s. d.) ineinander über. Früher allgemein üblich, aber weniger exakt durchführbar war die Definition der Physik als der Lehre von den Kräften in der Natur. — Das oberste Prinzip der Physik ist das Erhaltungsprinzip (s. Erhaltung des Stoffs und Erhaltung der Energie); das zweite nicht minder wichtige, positiv sogar noch bedeutsamere, ist das Zerstreuungsprinzip (s. Entropie). — Eine *Gliederung* der Physik in einzelne Abschnitte wird mit dem Fortschreiten unserer Erkenntnis von dem Zusammenhange der Erscheinungen immer schwieriger; selbst die Zweiteilung in Physik der Materie und Physik des Äthers ist kaum noch haltbar. Weitere Gliederung ist nur durch Benutzung von Gesichtspunkten möglich, die der Physik selbst fremd sind, indem man nämlich die mit dem Ohre oder Auge wahrgenommenen Erscheinungen als Akustik bzw. Optik absondert. — Die Physik ist eine Naturwissenschaft und damit eine Erfahrungswissenschaft; sie ist aber insofern keine Naturwissenschaft im engeren Sinne, sondern (hinsichtlich der Methode, nicht hinsichtlich der Ziele) eine technische Wissenschaft, als sie grundsätzlich nicht Naturerscheinungen studiert, sondern künstlich erzeugte Erscheinungen. Sie bedient sich nicht der Beobachtung, sondern des Versuchs oder *Experiments*, sobald es sich um Beobachtungen in der Natur selbst handelt, geht sie in die angewandte Physik über (Kosmische Physik, Meteorologie, Biologie usw.). — Insoweit die Physik sich bei jeder auftauchenden Frage an das Experiment wendet, ist sie *Experimentalphysik*, geht sie dazu über, die Ergebnisse der Erfahrung zu verarbeiten, in Gesetze zu bringen, in Beziehung zu setzen und schließlich möglichst viele Erscheinungen aus möglichst wenig Erfahrungstatsachen rechnerisch herzuleiten, wird sie zur *theoretischen Physik* oder, da das einzige für exakte Zwecke brauchbare Hilfsmittel hierbei die Mathematik ist, zur *mathematischen Physik*. Jene bedient sich der *induktiven*, diese der *deduktiven* Methode. Durch diese exakte Methodik unterscheidet sich die mathematische Physik von der ihr in den Zielen nächstverwandten Wissenschaft, der Naturphilosophie (übrigens heißt noch heute in England die mathematische Physik Natural philosophy). Fast durchweg bedient sie sich der Infinitesimalrechnung; sie stellt die Probleme in der Form von *Differentialgleichungen*, ergänzt durch örtliche und zeitliche *Grenzbedingungen* hin und versucht, sie zu integrieren, womit die Lösung gegeben ist. — In Anwendung auf praktische Probleme schließlich wird die Physik zur technischen Physik oder physikalischen Technologie. — Einige verbreitete *Lehr- und Handbücher* in aufsteigender Reihenfolge des Umfanges sind die von Lommel, Warburg, Auerbach (Kanon), Riecke, Dressel, Ebert, Wüllner, Pfaundler, Chwolson und Winkelmann; ferner für die theoretische Physik die Vorlesungen von Kirchhoff und Helmholtz sowie die Lehrbücher von Voigt, Schaefer und Haas, für die praktische Physik Kohlrausch. — Die beiden der Physik gewidmeten deutschen Zeitschriften sind die Annalen der Physik (mit den Beiblättern) und die Physikalische Zeitschrift.

Physikalische Chemie ist das Grenzgebiet zwischen Physik und Chemie; sie behandelt diejenigen Erscheinungen, bei denen das stoffliche und das energetische Element von gleicher Bedeutung ist. Immerhin steht sie ihrer Methodik und ihrem Inhalte nach der Physik wesentlich näher als der Chemie. Obgleich sie Stoffe aller Aggregatzustände betrachtet, stehen doch die *Lösungen* im Vordergrunde ihres Interesses, und zwar insbesondere mit den Fragen der Konzentration, des osmotischen Drucks, der Gefrierpunktserniedrigung und Siedepunktserhöhung sowie des Verhaltens gegen den elektrischen Strom (Leitvermögen, Elektrolyse usw.); ferner gehören zu ihren Hauptproblemen alle Fragen der Atomistik und Kinetik, die chemische Statik und Kinetik, die Affinitätslehre, die spezifische Wärme, Schmelzung und Verdampfung, die Phasenlehre und die Radioaktivität. — Die einzelnen Abschnitte werden auch als Mechanochemie, Thermochemie und Elektrochemie bezeichnet, die Beziehungen zum Licht in der Photochemie behandelt. — S. die einzelnen Artikel.

Physiologische Akustik, s. Gehör, Schall, Stimme und Sprache.

Physiologische Optik, s. Licht, Sehen.

Piezoelektrizität, s. Pyroelektrizität.

Piezometer, s. Kompressibilität.

Pipette, s. Pneumatische Apparate.

Pitotsche Röhre, s. Hydrodynamik.

Planar, s. Photographisches Objektiv.

Plancksches Gesetz, s. Strahlung.

Planetenbewegung, s. Zentralbewegung.

Planimeter, s. Flächenmessung.

Planparallele Platte, s. Linsen.

Planplattenmethode, s. Brechungsquotient.

Plastizität, s. Geschmeidigkeit.

Plateausche Figuren, s. Flüssigkeitslamellen.

Platinlichteinheit, s. Lichtstärke.

Platinthermometer, s. Bolometer.

Platten, s. Tönende Systeme.

Plattenblitzableiter, s. Atmosphärische Elektrizität.

Plattensatz, s. Polarisation, Prismen.

Plattentöne. Wie Membranen zu Saiten, so verhalten sich Platten zu Stäben: sie haben wie diese eigene

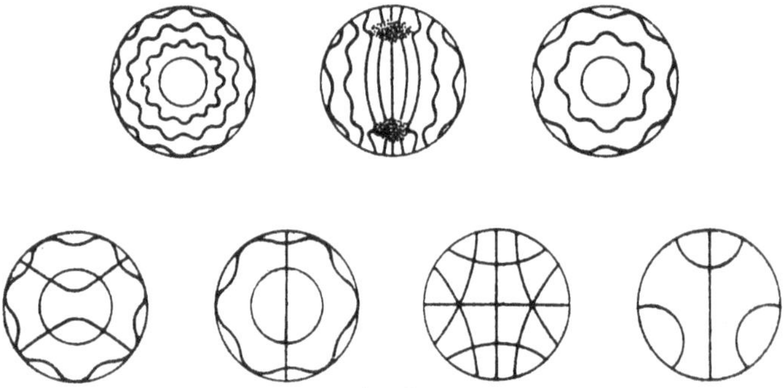

Fig. 186.

Steifigkeit, nur ist bei ihnen nicht bloß eine, sondern es sind zwei Dimensionen ausgebildet, während die dritte klein und überall gleich ist (Plattendicke); wenn von den beiden ausgebildeten Dimensionen die eine gegen die andre merklich zurücktritt, spricht man von *Streifen* oder *Zungen*. Wenn schon bei Stäben die Querschwingungen zu unharmonischen Tönen führen, so ist das hier in noch höherem Maße der Fall; die Plattentöne sind daher von besonders rauhem Klang und in der Musik nur zu ganz groben Effekten zu brauchen (s. Musikinstrumente). — Von den verschiedenen Formen der Platten sind die *kreisförmigen*, die *quadratischen* und die *rechteckigen* am wichtigsten. Zur Untersuchung ihrer Schwingungsarten bedient man sich der *Chladnischen Klangfiguren*, d. h. man streut feinen trockenen Sand auf die Platte, erregt sie dann, z. B. durch Streichen eines Randpunktes mit dem Bogen, zum Tönen und beobachtet die Knotenlinien, in denen sich der Sand anordnet; je nach den Randpunkten oder Innenpunkten, die man während der Erregung festhält, sowie je nach den Erregungspunkten erhält man andre Knotenlinien, Klangfiguren und Töne. Bei der Kreisplatte sind die Knotenlinien in erster Reihe Durchmesser, in zweiter konzentrische Kreise (vgl. die Figuren bei „Membrantönen") in dritter verwickeltere Kurvensysteme (Fig. 186).

Die Schwingungszahl ist direkt proportional mit der Dicke, umgekehrt mit der Wurzel aus der Dichte und mit dem Quadrat des Radius und abhängig von Elastizitätsmodul und Elastizitätszahl (s. Querkontraktion) nach der Formel: $E/(1-\mu^2)$. Die Schwingungszahlen der Obertöne verhalten sich annähernd (für die höheren immer genauer) wie die Quadrate der ganzen Zahlen. Die Kreise haben auf die Schwingungszahl im Mittel gerade den doppelten Einfluß wie die Durchmesser. Einige der wichtigsten Fälle enthält die folgende Tabelle (d Anzahl der Durchmesser, k Anzahl der Kreise, δ deren Durchmeser in Bruchteilen des Plattendurchmessers, t ungefähre Tonhöhe, als tiefsten Ton C angenommen):

k	$d = 0$		$d = 1$		$d = 2$		$d = 3$	
	δ	t	δ	t	δ	t	δ	t
0						C		d
1	0,678	gis	0,782	dis_1	0,807	g_1	0,840	d_2
2	0,391	gis_1	0,490	e_2				
	0,841		0,869					
3	0,256	b_2						
	0,591							
	0,894							

Eine wichtige Anwendung finden die Schwingungen von Kreisplatten beim Telephon und Grammophon; zu ihrem Studium bedient man sich der photographischen Methode. — Bei quadratischen Platten sind die Knotenlinien wesentlich verwickelter. — Je dicker die Platte ist, desto schwerer können sich die höheren Obertöne ausbilden, desto weicher, aber auch leerer wird also der Klang. — Bei den Zungen bilden sich hauptsächlich die geraden Linien quer zur Längsrichtung als Knoten aus, und es gelten dann die Gesetze von Stäben mit geeigneter Modifikation (s. Stabtöne und Zungenpfeifen).

Pleochroismus, s. Kristalloptik.

Pleuelstange, s. Kalorische Maschinen.

Pneumatische Apparate oder *aerodynamische Apparate* sind solche, die der Aufbewahrung und Verwertung der Gase, z. T. in Verbindung mit Flüssigkeiten dienen. Die wichtigsten sind folgende: 1. Die *Mariottesche Flasche*, dient zur Konstanterhaltung des Druckniveaus und besteht aus einer größerenteils mit Flüssigkeit gefüllten Flasche mit einer seitlichen Ausflußöffnung nahe dem Boden und einer durch den Stöpsel in die Flüssigkeit hineinragenden Röhre; beim Sinken des Spiegels wird die

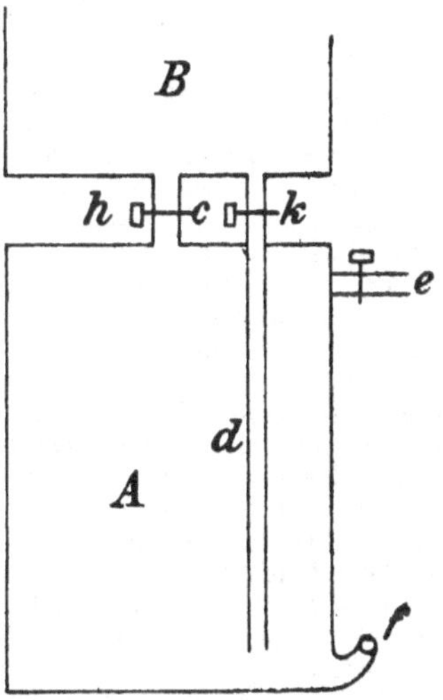

Fig. 187.

äußere Luft durch die Röhre in den innern Raum hineingepreßt und dadurch der Druck auf der ursprünglichen

Höhe erhalten, so daß auch die Ausflußgeschwindigkeit konstant bleibt. — 2. Die *Gasometer* (richtiger: Gasbehälter), von ganz entsprechender Wirkung, aber zur Aufbewahrung wechselnder Gasmengen bestimmt: in einen oben offenen Zylinder taucht eine zylindrische Glocke; zwei Verbindungsröhren dienen zur Füllung und Entnahme des Gases; je nach dem Gasinhalt steht die Glocke tiefer oder höher, und das Gas wird mehr oder weniger komprimiert. Für Laboratorien usw. kann auch die Konstruktion der Fig. 187 empfohlen werden. Bei geschlossenem *f*, aber offenem *e*, *h*, *k* füllt man durch *B* Wasser ein, bis *A* gefüllt ist; nun schließt man *h* und *k*, füllt *B* mit Wasser und leitet bei *f* das Gas durch ein gebogenes Rohr ein, das dem Wasser nebenbei den Ausfluß erlaubt; nun schließt man *f*, öffnet *k*, das aus *B* ausfließende Wasser komprimiert das Gas, und man kann es unter dem gewünschten Druck (Manometer!) bei *c* ausfließen lassen oder durch *h* in ein über *B* gestülptes Gefäß füllen. — 3. *Pneumatische Wanne*, um Gase ohne Mischung mit Luft in Gefäße zu füllen. — 4. *Heber*, Apparate zur Entnahme von Flüssigkeit aus Gefäßen bzw. Entleerung der letzteren; a) *Stechheber* oder *Pipette*, oben und unten enges, in der Mitte erweitertes Gefäß, das man in die Flüssigkeit taucht und, es oben mit dem Finger verschließend, emporhebt, so daß die Flüssigkeit nicht ausfließen kann. b) *Saugheber*, aus zwei ungleichen Schenkeln bestehende Röhre, an deren längeren Schenkel man, während der kürzere in die Flüssigkeit taucht, saugt, bis es ganz erfüllt ist; läßt man jetzt das Ende frei, so fließt die Flüssigkeit so lange aus, bis sie mit dem Spiegel auf gleichem Niveau steht, nur darf die höchste Stelle des Rohres nicht über der der Atmosphäre entsprechenden Druckhöhe der Flüssigkeit liegen. Bequemer erfolgt das Ansaugen mit einem Zweigrohr, das nach oben geht: *Giftheber*. Durch mehrfaches Umbiegen des Rohres in kombinierte U-Formen erhält man Heber, die, schnell und geschickt eingetaucht, selbsttätig in Funktion treten. — 5. Der *Heronsball*, ein zum Teil mit Wasser gefüllter Glasballon mit luftdicht eingesetzter Röhre, aus der bei Erhöhung des innern oder Verminderung des äußeren Luftdrucks das Wasser als Strahl emporspritzt, letzteres durch Einbringen des Apparats unter die Glocke der Luftpumpe, ersteres beim *Heronsbrunnen* durch den Druck einer Wassersäule, sonst durch Seitenrohr und Kautschukballon usw. — 6. Ähnliche Apparate für verschiedene Zwecke: Taucherglocke, Spritzflasche, Siphon, verschlossenes Tintenfaß, Aspirator usw.

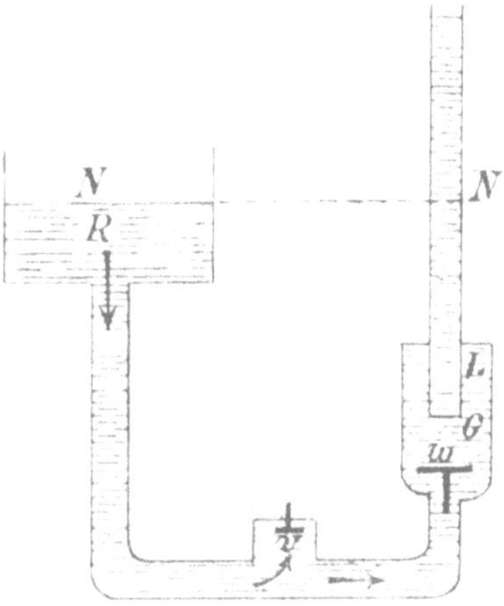

Fig. 188.

— 7. *Hydraulischer Widder* oder *Stoßheber*, der Flüssigkeit teilweise auf ein höheres Niveau als das des speisenden Behälters hebt und noch jetzt vielfach (z. B. für ländliche Wasserwerke) benutzt wird (Fig. 188). Hydrostatisch würde das Wasser aus R in dem Steigrohr nur bis *N* getrieben werden; dadurch aber, daß durch seinen Druck das Ventil *v* gehoben und damit die Nebenöffnung verschlossen wird, stößt es mit erhöhter Wucht auf das Hauptventil *w*, komprimiert die Luft *L* und treibt dadurch das Wasser höher hinauf. Das Spiel verläuft periodisch, indem sich *v* und *w* abwechselnd schließen und öffnen. — 8. *Pumpen* (s. d.). — 9. *Windbüchse* (s. d.) und *Feuerbüchse* (s. Wurf). — 10. *Bathometer* zur Messung der Tiefe von Gewässern mittels eines eingesenkten Gefäßes, am einfachsten der *Lotapparat von Thomson* (unten offenes Gefäß, in das mit steigender Tiefe unter dem Meeresspiegel das Wasser immer höher aufsteigt und dadurch die präparierte Innenwand färbt). — 11. *Windmesser* oder Anemometer (s. Wind). — 12. *Luftpumpe* (s. d.). — 13. *Gasmesser* oder Gasuhren zur Messung der durchströmenden Gasmenge.

Pneumatisches Feuerzeug, s. Volumenenergie.

Pneumatische Wanne, s. Pneumatische Apparate.

Poggendorffsche Kompensationsmethode, s. Spannungsmessung.

Poiseuillesches Gesetz, s. Innere Reibung.

Poissonsche Gleichung, s. Elektrostatik, Körperströme, Potential.

Polabstand, s. Ort.

Polabstand eines Magneten, s. Magnet.

Polarer Vektor, s. Größe.

Polarisation einer Strahlung ist ein Zustand derselben, in dem sie sich nach verschiedenen Seiten verschieden verhält. Das ist nur möglich bei transversaler, nicht aber bei longitudinaler Wellenbewegung (s. d.); bei Schallwellen fehlt also die Erscheinung, wohl aber tritt sie bei Ätherstrahlung auf, und ihre Existenz bietet eine der kräftigsten Stützen für die Annahme von Transversalschwingungen. Bei *natürlichem Licht* sind alle Querrichtungen gleicherweise beteiligt; im Polarisationszustande herrscht eine gegenüber den andern vor oder ist gar ausschließlich vorhanden. Demgemäß gibt es: 1. *geradlinig polarisiertes Licht;* 2. *zirkular polarisiertes Licht*, ohne ausgezeichnete Richtung, aber mit ausgezeichnetem Drehungssinn, nämlich rechts und links zirkular; 3. *elliptisch polarisiertes Licht* hat sowohl eine ausgezeichnete Richtung (große Axe) als auch einen bestimmten Drehungssinn. — Geradlinig polarisiertes Licht entsteht: *a*) durch schiefe Reflexion an isotropen Körpern Die Einfallsebene heißt *Polarisationsebene;* der Winkel, bei dem die Polarisation am vollständigsten wird, *Polarisationswinkel*, er beträgt bei Wasser 53°, bei Gläsern 54° bis 60°. Läßt man also natürliches Licht auf einen solchen Spiegel und dann den polarisierten Strahl auf einen zweiten Spiegel fallen, so entsteht bei Parallelstellung der Spiegel von neuem ein polarisierter Strahl, nicht aber bei gekreuzter Stellung; in den Zwischenstellungen ist die Intensität eine mittlere. Zur Vermeidung von Reflexion an der Hinterwand nimmt man schwarzes Glas. Der erste Spiegel heißt *Polarisator*, der zweite *Analysator*. Bei einmaliger Um-

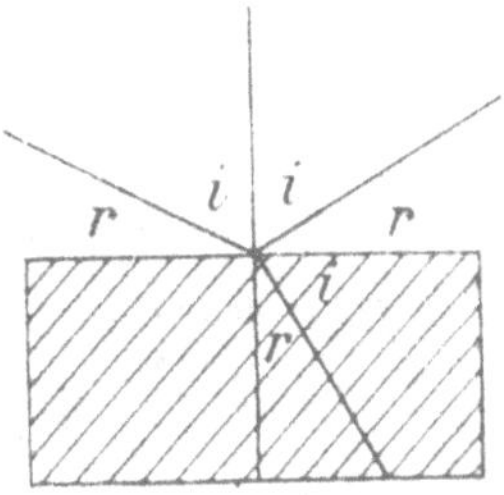

Fig. 189.

drehung des Analysators wird hiernach das Spiegelbild, das dabei an den Zimmerwänden im Kreise herumläuft, zweimal am dunkelsten und zweimal am hellsten; sehr geeignet zur Demonstration ist eine vierkantige Glaspyramide. — Bei der Reflexion unter dem Polarisationswinkel steht der außerdem sich noch bildende gebrochene Strahl auf dem reflektierten senkrecht, und folglich hat man (Fig. 189):

$$\sin i/\sin r = \sin i/\cos i = \operatorname{tang} i = n\,,$$

oder: $i = \operatorname{arctg} n$; der Polarisationswinkel ist der arctg des Brechungsquotienten: *Brewstersches Gesetz.* — b) Durch schiefe Brechung in isotrope Körper hinein. Polarisationsebene ist hier die auf der Einfallsebene senkrechte Ebene durch den gebrochenen Strahl; diese Polarisation ist nur schwach, kann aber durch wiederholte Brechung (*Plattensatz*) immer weiter gesteigert werden.

Formel für das Verhältnis der Amplituden parallel und senkrecht zur Einfallsebene:

$$\varkappa = a_p/a_s = 1/\sin 2\varphi = (1+n^2)/2n,$$

z. B. für $n = 1,5$: $\varkappa = 1,08$, also das Verhältnis der Intensitäten (Quadrate der Amplituden) $\varkappa^2 = 1,17$, ebenso an der Hinterfläche, also beim Durchgange durch eine Platte 1,37, durch 5 Platten immer erst $(1,37)^5 = 5:1$. Wegen der Intensitäten bei Reflexion und Brechung s. daselbst. — c) Durch senkrechten Durchtritt längs der Axe eines einaxigen Kristalls, z. B. Turmalin. — d) Durch Doppelbrechung in gewissen Kristallen, z. B. Kalkspat, insbesondere in Nicolschen Prismen (s. Kristalloptik). — Auf alle diese Wirkungen lassen sich besondere *Polarisationsapparate* gründen; sie bestehen demnach aus Polarisator und Analysator, wozu noch Linsen zur Bilderzeugung, Teilungen zur Messung der Drehungen usw. kommen. — Bei der *Totalreflexion* (s. d.), also für $(\sin i/n) > 1$, erhalten die beiden Komponenten der Schwingung parallel und senkrecht zur Polarisationsebene eine *Phasendifferenz*, und folglich verwandelt sich geradlinig polarisiertes Licht in elliptisch polarisiertes (s. Lissajousschwingungen); nur in den beiden Grenzfällen der eben einsetzenden Totalreflexion und der streifenden Inzidenz ($i = 42^0$ bzw. $i = 90^0$) bleibt geradlinige Polarisation bestehen. Diese Verhältnisse werden übrigens einigermaßen modifiziert durch die in eigentümlichem Zustande befindlichen Grenzschichten der reflektierenden Körper. Polarisiert ist auch das *Himmelslicht* (Haidingersche Büschel, s. auch Neutrale Punkte des Himmels). — *Zirkular polarisiertes Licht* entsteht beim Durchgange durch gewisse Kristalle (s. Kristalloptik). Ein geradlinig polarisierter Lichtstrahl läßt sich auffassen als Kombination zweier entgegengesetzt zirkular polarisierter; bei verschiedener Fortpflanzungsgeschwindigkeit beider Komponenten tritt Spaltung ein (s. Zeemaneffekt). — Zur Phasenänderung polarisierter Strahlen dient u. a. der Babinetsche *Kompensator* (Quarzkombination). — Wie bei den Lichtstrahlen, gibt es auch bei den Wärmestrahlen (s. d.) Polarisation, ebenso bei den Strahlen elektrischer Kraft (s. Elektrische Schwingungen). — Bei alledem bleibt zweifelhaft, ob man sich die *Schwingungen* senkrecht zur Polarisationsebene oder in ihr erfolgend vorzustellen habe. In der Elastizitätstheorie des Lichts machte Fresnel die erstere, Neumann die letztere Annahme, ohne daß eine Entscheidung möglich gewesen wäre. In der elektromagnetischen Theorie klärt sich das dahin auf, daß beides richtig ist: in der einen Ebene finden die Schwingungen der *elektrischen*, in der andern die der *magnetischen Kraft* statt. Sieht man, was verschiedene Gründe für sich hat, die elektrische Kraft als in erster Linie maßgebend an, so bleibt die Frage immer noch unentschieden, solange man nicht bestimmte Annahmen darüber macht, ob die Wirkungen des Lichts, wenn man stehende Wellen erzeugt (s. Interferenz des Lichts), an die Knoten oder an die Bäuche, d. h. an die potentielle oder an die kinetische Energie geknüpft sind; im ersteren Falle kommt man zur Neumannschen, im letzteren zur Fresnelschen Annahme.

Polarisation der elektrischen Strahlen, s. Elektrische Schwingungen.

Polarisation der Wärmestrahlen, s. Wärmestrahlung.

Polarisationsebene, s. Polarisation, Drehung der Polarisationsebene, Magnetische Drehung.

Polarisationsspannung, s. Galvanische Polarisation.

Polarisationsstrom, s. Elektrische Konvektion, Galvanische Polarisation.

Polarisationswinkel, s. Polarisation.

Polarisator, s. Polarisation.

Polaristrobometer, s. Drehung der Polarisationsebene.

Polarkoordinaten, s. Ort.

Polarlicht, s. Atmosphärische Elektrizität.

Polarplanimeter, s. Flächenmessung

Polarwinkel, s. Ort.

Pole eines Magneten, s. Magnet.

Polodie, s. Herpolodie.

Polpaar, s. Magnet.

Polschuhe, s. Magnet.

Polspannung oder Klemmspannung ist die Spannung an den zur Abnahme des Stroms dienenden Enden eines Stromerzeugers, z. B. eines galvanischen Elements, Akkumulators oder Dynamomaschine; s. d.

Polstärke, s. Magnet.

Polsucher sind Vorrichtungen, um in zweifelhaften Fällen das Vorzeichen von Strompolen, an die man sie anlegt, festzustellen; sie beruhen teils auf chemischen, teils auf optischen, teils auf magnetischen Wirkungen.

Polychord, s. Saitentöne.

Polygon der Geschwindigkeiten, s. Geschwindigkeit.

Polygon der Kräfte, s. Graphische Statik, Kraft.

Polymorphie, s. Kristalle, Schmelzwärme.

Polytrope Zustandskurven sind die aus der Zustandsgleichung der Gase $p v^{\varkappa} = \text{const}$ sich durch Wahl verschiedener Werte von $\varkappa$ ergebenden; für $\varkappa = 1$ erhält man die Isotherme, für $\varkappa = c_p/c_v$ (Verhältnis der spezifischen Wärmen) die Adiabate usw.

Ponderable Masse, s. Gewicht.

Ponderomotorische Kraft, sie Kraft.

Ponderomotorische Magnetwirkungen, s. Magnetische Kräfte.

Porrosche Prismen, s. Fernrohr, Prismen.

Porträtobjektiv, s. Photographisches Objektiv.

Positiv, s. Photographie.

Positive Elektrizität, s. Elektrostatik.

Positive Kristalle, s. Kristalloptik.

Positive Strahlen, s. Kanalstrahlen.

Potential ist diejenige Größe (Funktion der Koordinaten eines Feldes), deren Gefälle (Abnahme auf der Streckeneinheit) in irgendeiner Richtung gleich der in diese Richtung fallenden Komponente der in dem betreffenden Punkte des Feldes (Aufpunkt) wirksamen Kraft ist; in Formel, wenn V das Potential, K die Kraft und n die Richtung ist: $-\partial V/\partial n = K$. Insbesondere ist das Gefälle in den Koordinatenrichtungen gleich den betreffenden Kraftkomponenten:

$$-\partial V/\partial x = X \text{ usw.}$$

Die Einführung des Potentials hat den Vorteil, daß ein Vektor, die Kraft, durch einen Skalar, das Potential, ersetzt wird (z. B. die Windkraft durch den Luftdruck). Es fragt sich nur, ob und in welchen Fällen ein Potential existiert. Diese Frage ist dahin zu beantworten: Immer existiert ein Potential, wenn man nur die Kräfte vollständig erfaßt. Das Potential ist nämlich, von der Art der Ableitung abgesehen, sachlich identisch mit der *potentiellen Energie*; und Energie existiert immer und erfüllt immer das Erhaltungsprinzip (s. d.). — Eine Fläche $V = \text{const}$ heißt Fläche gleichen Potentials, *Äquipotentialfläche* oder *Niveaufläche*. Auf ihr senkrecht stehen die *Kraftlinien* (s. Kraftfeld); ihre Gleichungen sind:

$$dx : dy : dz = \partial V/\partial x : \partial V/\partial y : \partial V/\partial z.$$

— Wenn ein Potential existiert, so gilt für die Kraftkomponenten X, Y, Z:

$$\partial Y/\partial z = \partial Z/\partial y, \quad \partial Z/\partial x = \partial X/\partial z,$$
$$\partial X/\partial y = \partial Y/\partial x$$

oder

$$\partial Y/\partial z - \partial Z/\partial y = 0,$$
$$\partial Z/\partial x - \partial X/\partial z = 0,$$
$$\partial X/\partial y - \partial Y/\partial x = 0$$

oder kurz geschrieben: $q(K) = 0$, in Worten: die Kräfte haben keinen *Quirl* (curl, Rotor oder Wirbel). Das Energieprinzip besagt also, daß Kräfte, vollständig erfaßt, niemals Kraftwirbel bilden. Wo sie das doch zu tun scheinen, wie bei den elektromagnetischen Kräften, hat das einen besonderen Zusammenhang (s. Größe und Geschwindigkeitspotential). — Das *Potential eines Massenpunktes* ist $V = m/r$, die Niveauflächen sind hier konzentrische Kugeln; im Punkte selbst wird das Potential unendlich. Das *Potential zweier Massenpunkte* ist

$$V = (m_1/r_1) + (m_2/r_2).$$

Das einer *Linie* ist $V = \int \varrho_l \cdot dl/r$, wo ϱ_l die lineare Dichte der Linie ist, ebenso das einer Fläche $V = \int \varrho_f \cdot df/r$. — Das *Potential einer homogenen Kugel* ist im äußeren Raum $V_a = m/r$, also genau so groß, als ob die ganze Masse der Kugel in ihrem Mittelpunkte vereinigt wäre; im Innern (R Kugelradius) ist $V_i = 2\pi\varrho(R^2 - \frac{1}{3}r^2)$. Bei einer *Hohlkugel* endlich ist das Potential im innern Hohlraum konstant, die Kraft also null (*Schirmwirkung*). — Das *Linienpotential* wird an der Linie selbst ebenfalls unendlich, aber nur von logarithmischer Ordnung. Das *Flächenpotential* bleibt stetig; aber die Kraft kehrt sich beim Durchgange durch die Fläche um. Das *Körperpotential* endlich bleibt mit seinen Differentialquotienten (Kraftkomponenten) stetig auch beim Eintritt oder Austritt aus dem Körper; dagegen gilt für die zweiten Differentialquotienten die Gleichung (Δ zur Abkürzung für die Summe der drei zweiten Differentialquotienten nach den Koordinatenrichtungen): $\Delta V = -4\pi\varrho$, wo ϱ die Dichte der wirksamen Massen an der betreffenden Stelle ist. Statt ΔV kann man auch die Summe der ersten Differentialquotienten der Kraft, negativ genommen, schreiben und erhält, wenn man diese Summe als „*Divergenz*" der Kraft bezeichnet: $\operatorname{div} K = 4\pi\varrho$. Die Größen ΔV oder $\operatorname{div} K$ bedeuten die Abweichung des Wertes an der betreffenden Stelle von dem Mittelwerte in der ganzen Umgebung. An Stellen, wo keine wirksamen Massen sitzen, wird $\varrho = 0$, und folglich $\Delta V = 0$ oder $\operatorname{div} K = 0$. Diese Gleichung heißt *Laplacesche Gleichung*, die obige allgemeinere *Poissonsche Gleichung*. — Das Potential in irgendeinem Punkte des Raumes läßt sich angeben, wenn die Werte des Potentials und seines Gefälles für alle Punkte einer jenen Punkt umschließenden Fläche bekannt sind (*Greensche Formel*). Bei der Bewegung heißt das um die kinetische Energie verminderte Potential nach Helmholtz das kinetische Potential (im Ruhezustande wird es mit dem gewöhnlichen Potential identisch). Wegen des thermodynamischen Potentials s. Thermodynamik.

Potentialbewegung, s. Geschwindigkeitspotential, Hydrodynamik.

Potentialdeformation, s. Geschwindigkeitspotential, Elastizität.

Potentialdifferenz zwischen Metallen und Elektrolyten, s. Berührungselektrizität.

Potentialgefälle, s. Atmosphärische Elektrizität, Elektrischer Strom.

Potentiometer, s. Spannungsmessung.

Potenzen oder *Elementare Potenzen*, andrer Ausdruck für Einfache Maschinen, s. d.

Potenzflaschenzug, s. Einfache Maschinen.

Poulsenlampe ist eine für elektrische Schwingungen bestimmte, in Wasserstoffatmosphäre und starkem Magnetfeld brennende Lampe mit besonderer Art von Nebenschaltung.

Poyntingscher Satz, s. Elektrische Schwingungen.

Präzession, s. Kreisel.

Presbyopie, s. Sehen.

Primärelement, s. Akkumulator.

Primärspule, s. Induktionsspule.

Primärstrom, s. Induktionsströme.

Prinzip, s. Gesetz.

Prinzip der kleinsten Wirkung, s. Dynamik.

Prinzip des kleinsten Zwanges, s. Dynamik.

Prinzip der virtuellen Arbeit, s. Statik.

Prinzip der virtuellen Verrückungen, s. Statik.

Prinzipien der Mechanik sind allgemeine Sätze, die der Bewegungslehre und eventuell dann auch der gesamten Physik zugrunde gelegt werden. Sie haben einen sehr verschiedenen Charakter, indem es teils apriorische Sätze, Axiome, Postulate sind, teils logische, psychologische, methodologische Sätze, teils Definitionssätze, durch die die Begriffe, von denen sie etwas aussagen, erst einen Sinn erhalten, teils endlich Erfahrungssätze von solcher Erprobtheit, daß man berechtigt ist, sie zu dem Range von Prinzipien zu erheben. Die wichtigsten sind folgende: 1. Das *Kausalitätsprinzip*, läuft auf die Forderung der Eindeutigkeit alles Geschehens hinaus. 2. Das *Trägheits-* oder *Beharrungsprinzip* (s. d.). 3. Das *Kraftprinzip* (s. Kraft). 4. Das *Wechselwirkungsprinzip* (s. Wechselwirkung). Die drei Prinzipien 2. bis 4. bilden die drei *Newtonschen Bewegungsaxiome*.

5. Das *Unabhängigkeits-* oder *Zerlegungs-* oder *Zusammensetzungsprinzip* für Geschwindigkeiten, *Beschleunigungen* und Kräfte (Parallelogramm und Polygon der Geschwindigkeiten usw.), s. Geschwindigkeit und Kraft. 6. Das *Prinzip der Erhaltung des Stoffs* (s. d.) oder der Konstanz der Masse. 7. Das *Massenprinzip* (s. Kraft und Masse). 8. Das Prinzip von der *Erhaltung der Energie* (s. d.). 9. Das *Gleichgewichtsprinzip* oder *Prinzip der virtuellen Verrückungen* (s. Gleichgewicht). 10. Das *D'Alembertsche Prinzip* (s. Dynamik). 11. Das *Prinzip der kleinsten Wirkung* (s. Dynamik). 12. Das *Hamiltonsche Prinzip* (s. Dyanmik). 14. Das *Hertzsche Grundgesetz* (s. Dynamik). 15. Das *Prinzip der Zerstreuung der Energie* (s. Entropie). — Übrigens stellen diese Prinzipien nicht ebenso viele voneinander unabhängige Wahrheiten dar; sie stehen vielmehr in vielfältiger Beziehung zueinander, und einige von ihnen lassen sich direkt als Konsequenzen andrer erweisen.

Prismatische Ablenkung, s. Prismen.

Prismatische Bildaufrichtung, s. Prismen.

Prismatische Feldstecher, s. Fernrohr, Stereoskopie.

Prismen im optischen Sinne sind Kombinationen zweier brechender Ebenen unter einem bestimmten Winkel; die gerade Linie, in der die Ebenen zusammenstoßen, heißt *brechende Kante*, der Winkel *brechender Winkel*, die zur brechenden Kante senkrechte Ebene *Hauptschnitt*, der Winkel zwischen einfallendem und austretendem Strahl *Ablenkungswinkel*; er bezeichnet die Richtungsänderung des Lichts beim Durchsetzen des Prismas. — Die *Ablenkung* ist desto größer, je größer der brechende Winkel ist; beim Durchgange durch eine *Planplatte* findet gar keine Ablenkung, sondern nur eine Parallelverschiebung statt, und zwar proportional mit der Dicke (Fig. 190). Legt man mehrere solche Platten aufeinander, so erhält man einen *Plattensatz* mit verstärkter Parallelverschiebung des Lichtstrahls. Ferner wächst die Ablenkung durch ein Prisma mit dem Brechungsquotienten des Materials. Drittens hängt sie bei gegebenem Prisma vom Einfallswinkel i ab, und zwar nimmt sie für im Hauptschnitt verlaufenden Strahlengang von $i = 90^0$ (streifender Eintritt) bei abnehmendem i bis zu einem Minimum ab und dann wieder zu

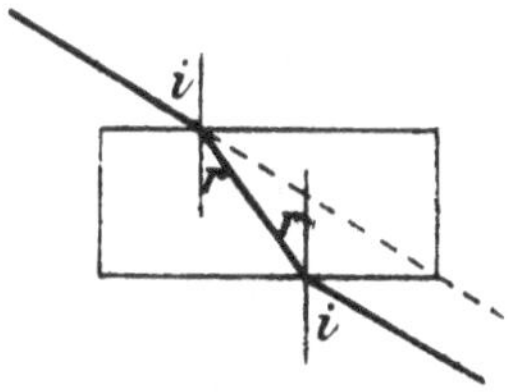

Fig. 190.

Dieses *Minimum der Ablenkung* findet statt, wenn der Strahl *symmetrisch* durchgeht, wenn also die beiden Winkel in Luft, Eintritts- und Austrittswinkel, i und i', einander gleich sind, und damit die beiden innern Winkel, r und r', ebenfalls einander gleich (Fig. 191). Beim

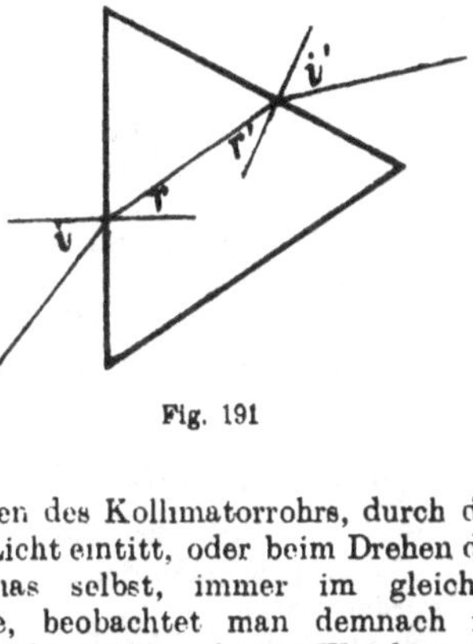

Fig. 191

Drehen des Kollimatorrohrs, durch das das Licht eintitt, oder beim Drehen des Prismas selbst, immer im gleichen Sinne, beobachtet man demnach im Beobachtungsfernrohr ein Wandern des Bildes bis zu einer bestimmten Stelle, worauf Umkehr und Rückwanderung erfolgt. Mit Hilfe eines Spektrometers mit Kreisteilung kann man diese Stellung beobachten und daraus alle maßgebenden Größen ausdrücken. Formeln (δ Ablenkung, a brechender Winkel, n Brechungsquotient, Index null für das Minimum der Ablenkung)·

$$\sin\frac{\delta+\alpha}{2}=n\sin\frac{\alpha}{2}\cdot\frac{\cos\frac{1}{2}(r-r')}{\cos\frac{1}{2}(i-i')},$$

und speziell:

$$\sin\frac{\delta_0+\alpha}{2}=n\sin\frac{\alpha}{2},\quad r_0=r_0'=\frac{\alpha}{2},$$

$$\delta_0=2i_0-\alpha,$$

$$i_0=\frac{\delta_0+\alpha}{2}=\arcsin\left(n\sin\frac{\alpha}{2}\right).$$

Für kleines α, also einen *Keil*, wird $\delta_0=(n-1)\alpha$, z. B. für

$$n=1,5:\delta_0=\alpha/2.$$

— Während es nur *ein* Minimum der Ablenkung gibt, gibt es zwei *Maxima*, nämlich bei streifendem Eintritt ($i=90^0$) und bei streifendem Austritt ($i'=90^0$); und ebenso kommt jede andre Ablenkung zweimal vor, nämlich für gleiche positive und negative Werte von $i-i'$. Damit der Strahl aus dem Prisma *überhaupt austreten könne*, muß zweierlei erfüllt sein: der Strahl im Glase muß die zweite Ebene treffen, und er darf hier nicht total reflektiert werden (s. Totalreflexion). Zu diesem Zwecke muß

$$\sin i>n\sin[\alpha-\pi/2+\arccos(1/n)]$$

sein, falls die Klammer positiv ist, und zwar muß der Strahl von der Breitseite des Prismas kommen; ist die Klammer negativ, so darf er von der Breitseite unter beliebigem, von der Kantenseite dagegen nur unter einem Winkel kleiner als die rechte Seite obiger Ungleichung kommen; wird letztere >1, so gibt es überhaupt für dieses Wertepaar von n und α keinen Durchgang durch das Prisma. Beispielsweise darf für $n=1,5$ der Strahl bei einem Prisma von 30^0 bis zu $i=18^0$ von der Kantenseite kommen, bei einem solchen von 60^0 muß er von der Breitseite kommen, und zwar mit mindestens 28^0, durch ein Prisma von 90^0 endlich geht überhaupt kein Strahl hindurch. Für den äußersten möglichen Fall des Durchtritts, streifenden Ein- und Austritt, gelten folgende zusammengehörige Werte von n, α und δ_0 (denn es handelt sich ja hier um das Minimum der Ablenkung).

n	1,3	1,4	1,5	1,6	1,8	2,0
α	100° 34′	91° 10′	83° 37′	77° 22′	67° 30′	60° 0′
δ_0	79° 56′	88° 50′	96° 23′	102° 38′	112° 30′	120° 0′

Die wichtigsten Formeln für den Brechungsquotienten sind:

a) Minimum der Ablenkung:

$$n=\sin\tfrac{1}{2}(\delta+\alpha)/\sin\tfrac{1}{2}\alpha;$$

b) Senkrechter Austritt:

$$n=\sin(\delta+\alpha)/\sin\alpha;$$

c) In sich zurückkehrender Strahl (ε Winkel zwischen den durch die vordere und hintere Fläche erzeugten Spiegelbildern)

$$n=\sin\varepsilon/\sin\alpha;$$

d) Streifender Eintritt:

$$n^2-1=(\cos\alpha+\sin i')^2/\sin^2\alpha.$$

— Bei einem nicht im Hauptschnitt verlaufenden Strahl ist das Minimum der Ablenkung unter sonst gleichen Umständen größer; die Formeln sind aber sehr verwickelt. — Das *Bild* einer im Hauptschnitt liegenden Geraden ist selbst eine Gerade; die Bilder andrer Geraden dagegen sind gekrümmt (so auch die Grenzlinie zwischen partieller und totaler Reflexion, s. Brechungsquotient und Totalreflexion). — Durch eine *planparallele Platte* erscheint ein Objekt, wenn d ihre Dicke ist, um $s=((n-1)/n)\cdot d$ genähert. — Beim Durchgange *weißen Lichts* durch ein Prisma findet zugleich auch *Dispersion* statt (s. d.), auf einem Schirme dahinter entsteht das prismatische Spektrum (s. Spektrum). — Zur Steigerung der Brechung und Dispersion kann man mehrere Prismen hintereinander in den Gang der Lichtstrahlen einschalten, sei es durch Lufträume getrennt oder unmittelbar aneinander gekittet oder aus einem einzigen Stück (vierkantiges,

Pentagonprisma usw.) hergestellt. Die Formeln hierfür ergeben sich durch Entwicklung und Kombination der obigen. Umgekehrt kann man zwei oder mehr geeignete Prismen derart hintereinander schalten, daß die Brechung des ersten durch die des zweiten aufgehoben wird: *geradsichtige Prismen*, sie geben aber, wenn aus verschiedenen Gläsern oder anderm Material hergestellt, trotzdem Dispersion (s. Spektrometrie). — Prismen werden auch zur *innern Reflexion* benutzt, und zwar insbesondere zu zwei Zwecken: *Umleitung der Lichtstrahlen* in andre Richtung und Umkehrung von Bildern bzw. *Wiederaufrichtung umgekehrter Bilder.* Am einfachsten ist das *rechtwinklig-gleichschenklige Prisma*, auf dessen eine Kathetenfläche der Strahl senkrecht auffällt, worauf er an der Hypotenusenfläche total reflektiert wird; die Ablenkung beträgt 90°. Bei Benutzung zweier solcher Prismen kann man je nach Wunsch Ablenkung um 180° oder Fortsetzung in unveränderter Richtung, nur mit seitlicher Verschiebung, erzielen (Fig. 192a, b); gleichzeitig erfolgt Bildumkehr in einer Raumrichtung (Links- und Rechtsvertauschung, vgl. auch die Figuren bei „Fernrohr“). Soll auch noch oben und unten vertauscht werden, so muß man vier Prismen oder zwei Prismenpaare räumlich gruppieren (Fig. 193): *Porrosche* oder *Abbesche Prismen.* Die wichtigsten Anwendungen sind die auf die *Sehrohre* oder *Periskope* für Tauchboote, auf die *Tripelspiegel* (s. Spiegel), auf die *prismatischen Feldstecher* (s. Fernrohr) und auf die *Entfernungsmesser* (s. d.). Dabei spielt auch die erhöhte Tiefenplastik infolge der seitlichen Auseinandersperrung der beidäugigen Strahlen eine entscheidende Rolle.

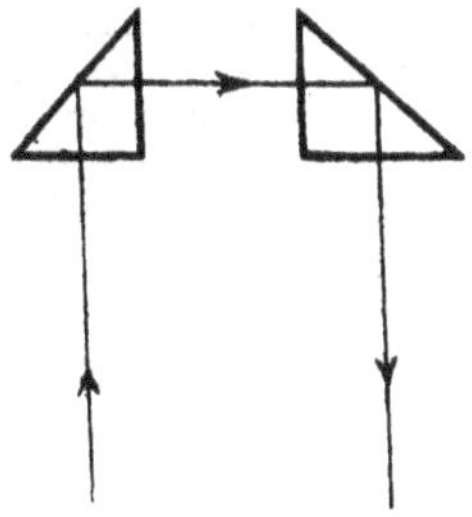

Fig. 192a.

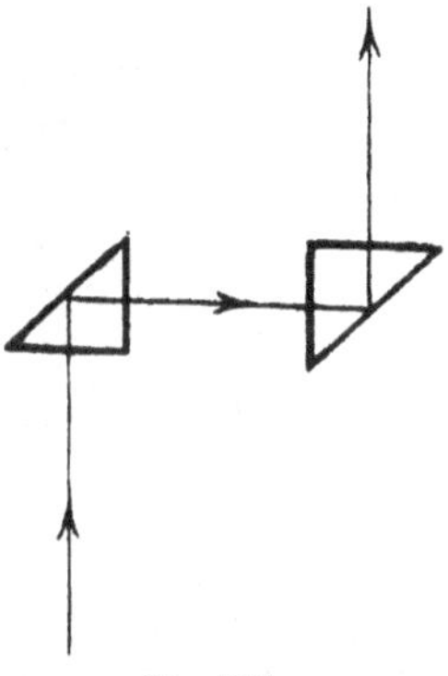

Fig. 192b.

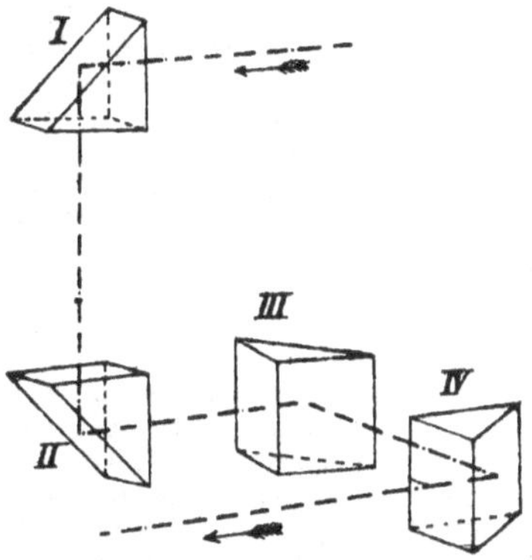

Fig. 193.

Probeglas, ein Glaskörper mit Oberfläche von genau bekannter Krümmung, um mit Hilfe der Interferenzfarben eine andre Fläche zu prüfen und so lange nachzuschleifen, bis die Farben verschwunden sind. S. Interferenz des Lichts.

Probescheibchen, s. Elektrostatik.

Projektionsapparate dienen zur objektiven Darstellung optischer Bilder; sie bestehen aus einem möglichst lichtdichten Kasten und dem optischen Hauptteil, der aus Linsen, eventuell unter Zuhilfenahme von Spiegeln, zusammengesetzt ist. Die einfachste Form ist die *Camera obscura*, aus einem Loch oder einer Linse als abbildendem Faktor und eventuell einem Spiegel, um das Bild in die gewünschte Richtung zu werfen, bestehend. Dann folgt die *Laterna magica* und das *Skioptikum*, aus einer Sammellinse oder Linsenkombination bestehend, wozu bei nicht selbst leuchtenden Objekten noch eine Lichtquelle nebst konzentrierendem Hohlspiegel (oder Linsensystem) kommt; als Lichtquelle dient Kalklicht, Azetylenlicht oder elektrisches Bogenlicht. Der vollkommenste Typus ist das *Epidiaskop* oder der Universalprojektionsapparat. Das Epidiaskop kann je nach Wunsch als Diaskop für durchsichtige Objekte, insbesondere für photographische Diapositive dienen, oder aber als Episkop für undurchsichtige, also für beliebige Zeichnungen, Photogramme auf Papier und selbst für körperliche Objekte, die in überraschender Plastik an die Wand geworfen werden. Die Umstellung erfolgt mit Hilfe eines drehbaren Spiegels. — Zur Projektion mikroskopischer Objekte in starker Vergrößerung dienen die *Mikroprojektionsapparate* mit kräftigen und gut korrigierten Linsensystemen. — Zur Projektion von Objekten, die ihre Lage zeitlich ändern, dienen besondere Vorrichtungen wie der rotierende Spiegel usw. — Schließlich gehört hierher auch der Kinematograph (s. Stroboskopie).

Pronyscher Zaum, s. Kraftmessung, Reibung.

Propeller, s. Bewegung fester Körper in Flüssigkeiten, Hydraulische Apparate.

Protar, s. Photographisches Objektiv.

Protuberanzen, s. Sonne.

Prozeß ist jeder Vorgang oder jede Vorgangsfolge an einem veränderlichen System; er beginnt mit dem Anfangszustand und führt zu einem Endzustand. Sind beide voneinander verschieden, so hat man einen *offenen* oder *ungeschlossenen Prozeß;* sind beide identisch, so hat man einen *Kreisprozeß* oder *zyklischen* oder *geschlossenen Prozeß*. Kann der Prozeß auch in umgekehrter Richtung durchlaufen werden, so heißt der Prozeß *umkehrbar* oder *reversibel*, wenn nicht, *nicht umkehrbar* oder *irreversibel*. Dabei ist aber zu unterscheiden zwischen echter oder direkter Umkehrbarkeit und indirekter: bei ersterer ist der Rückweg in allen seinen Schritten der gleiche wie der Hinweg; bei letzterer wird nur verlangt, daß der Endzustand sich irgendwie wieder in den Anfangszustand überführen läßt. — Die wichtigsten Vorgänge, die Prozesse zu nicht umkehrbaren machen, sind die Reibung, Wärmeleitung, Mischung usw. — Die Beschaffenheit des Systems zu irgendeiner Zeit heißt sein *Zustand*, die ihn bestimmenden selbständigen Größen die *Zustandsgrößen* oder *Zustandsvariablen*, die von ihnen abhängigen und durch sie mitbestimmten Größen *Zustandsfunktionen*. Die Beziehung zwischen diesen Größen ist die *Zustandsgleichung*. Sie ist am einfachsten für ideale Gase (s. d.), komplizierter für wirkliche Gase (s. d.), und sehr verwickelt für flüssige und feste Körper sowie für zusammengesetzte Systeme. — Wesentlich für eine Zustandsfunktion ist, daß sie nur vom augenblicklichen Zustande abhängt, nicht aber von der Vorgeschichte, insbesondere nicht von dem Wege, auf dem der Zustand erreicht ist. — Die einzige allgemeine Zustandsfunktion ist die *Energie* (und in begrenztem Bereiche die Masse); für umkehrbare Prozesse gibt es noch eine zweite Zustandsfunktion allgemeinen Charakters, die *Entropie* (s. d.). Ein Prozeß, bei dem die Energie innerhalb des Systems erhalten bleibt, heißt ein *konservativer Prozeß*, ein solches System ein *konservatives System;* der Vorgang spielt sich entweder, wörtlich oder bildlich genommen, immer in gleicher Richtung ab, führt dann aber ins Unendliche und ist daher auf die Dauer physikalisch unmöglich, oder er ist von periodischem Charakter (Schwingung oder Rotation) mit gleichbleibender Amplitude; in keinem Falle führt er zu einem Gleichgewichtszustande. Ein Prozeß, der mit Zerstreuung von Energie verknüpft ist und deshalb zu einem Gleichgewichtszustande führt, heißt ein *finitiver Prozeß*. In Wahrheit sind alle Prozesse, weil mit Energiezerstreuung verbunden, finitiv; bei manchen aber erfolgt die Zerstreuung so langsam, daß sie während vieler Perioden den Charakter von konservativen Prozessen haben. Beispiele: Planetenbewegung, Lichtschwingungen (annähernd konservativ), Pendelschwingungen, Schallschwingungen (finitiv). Die Hauptquelle der Zerstreuung der Energie und damit der Herbeiführung von Endzuständen ist die *Reibung* (mechanische, elektrische, magnetische usw.). — Eine weitere, mit den bisherigen in vielfältigem Zusammenhange stehende Unterscheidung ist die zwischen *freiwilligen* und *erzwungenen Prozessen;* jene spielen sich auf Grund der Eigenenergie des Systems, diese mit Hilfe äußerer Energie ab. — Ein Prozeß, bei dem eine bestimmte Zustandsgröße konstant bleibt, kann allgemein ein *Isoprozeß* genannt werden; alle Prozesse in abgeschlossenen Systemen sind *isoenergetisch*, dagegen sind *isothermische, isobarische und isochorische* Prozesse, bei denen die Temperatur bzw. der Druck bzw. das Volumen konstant bleibt, speziellen Charakters. Prozesse, bei denen das System Wärme weder aufnimmt noch abgibt, sind *adiabatische Prozesse;* sind sie umkehrbar, so sind sie zugleich *isentropisch.*

Prüfspule, s. Magnetische Messungen.

Pseudoskopie, s. Stereoskopie.

Pseudosphärischer Raum, s. Raum.

Psychophysik ist Psychologie, insofern sie physikalische Methoden anwendet und die physikalischen Beziehungen psychischer Dinge untersucht.

Psychophysisches Grundgesetz, s. Lichtstärke, Tonstärke.

Psychrometer, s. Feuchtigkeit.

Pulsationen, s. Bewegung fester Körper in Flüssigkeiten.

Pulsometer, s. Pumpen.

Pumpen sind Apparate zur Hebung des Wassers (oder andrer Flüssigkeiten) aus der Tiefe. Die beiden wichtigsten Typen sind die *Saugpumpe* und die *Druckpumpe*. Die Saugpumpe (Fig. 194 a) besteht aus Stiefel und Kolben mit Druckventil, dem mittels des Saugventils unten sich anschließenden Saugrohr, das in das Grundwasser reicht, der Ausflußöffnung und dem zur Be-

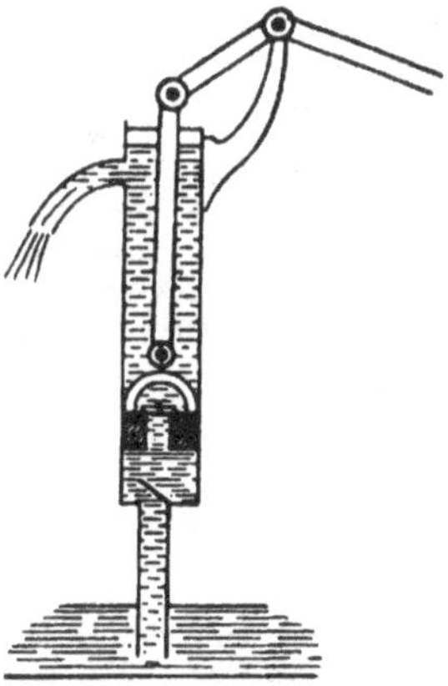

Fig. 194 a.

wegung des Kolbens mit der Hand oder mit Dampf dienenden Mechanismus. Beim Aufsteigen des Kolbens öffnet

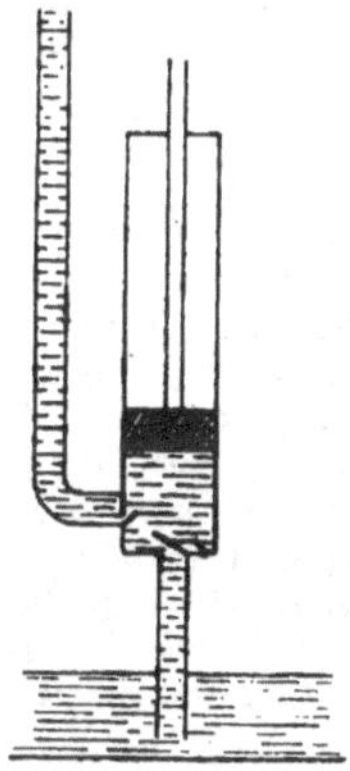

Fig. 194 b.

sich das Saugventil, das Wasser tritt in den unteren Stiefelraum; beim Sinken des Kolbens öffnet sich das Druckventil, das Wasser gelangt in den oberen Stiefelraum und fließt aus der

Öffnung aus. Die aufzuwendende Kraft ist gleich dem Gewicht einer Wassersäule vom Querschnitt des Stiefels und der Höhe vom Grundwasserniveau bis zur Ausflußöffnung. Die ersten Gänge bringen gewöhnlich noch kein Wasser zum Ausfluß; bei den folgenden ist die Ausflußmenge gleich dem Produkt des Querschnitts in die Länge der Kolbenbahn. Das Bodenventil darf praktisch nur 8 bis 9 m über dem Wasserspiegel liegen, weil von den theoretischen 10 m (s. Luftdruck) einiges verloren geht. — Bei der Druckpumpe (Fig. 194 b) ist der erste Teil der Wirkung derselbe; beim Niedergang des Kolbens aber, der hier keine Durchbohrung hat, wird das Wasser in ein vom unteren Teil des Stiefels ausgehendes, mit Ventil versehenes Steigrohr gepreßt und aus diesem ins Freie befördert. Es gibt auch doppeltwirkende Druckpumpen, deren Hälften abwechselnd funktionieren, und bei denen zur Ausgleichung ein Windkessel als Heronsball (s. Pneumatische Apparate) wirkt; derartig eingerichtet ist z. B. die *Feuerspritze.* — Eine sehr eigentümliche, ganz ohne Kolben, nur durch Dampfdruck wirkende Pumpe ist das Hallsche *Pulsometer.* — Mit Dampf betriebene Pumpen heißen Dampfpumpen; andre Typen sind die Rotations-, Kreisel- und Zentrifugalpumpen. — Die Pumpen werden in großem Maßstabe zur Versorgung von Städten mit Wasser, zur Trockenlegung von Gewässern usw. benutzt. Wegen der Luftpumpen und Kompressionspumpen s. Luftpumpe. — Die Feststellung der 10 m-Grenze für die Wirkung der Pumpen hat zur Entdeckung des Luftdrucks (s. d.) geführt. — Ein kompliziertes organisches Pumpwerk ist das *Blutkreislaufsystem* des tierischen Organismus mit dem Herz als Zentrum.

Punktalgläser, s. Brille.

Punktreihe, s. Molekulartheorie.

Pupille, s. Sehen.

Pyknometer, s. Dichtemessung, Raummessung.

Pyrheliometer, s. Wärmestrahlung.

Pyroelektrizität ist die beim Turmalin und andern Kristallen durch Wärme erregte Elektrizität, die sich in einer Ladung der Oberfläche und Anziehung von Pulver, das dann wieder abgestoßen wird, kund gibt. Zur Demonstration am bequemsten ist die *Kundtsche Methode der Bestäubung* mit einem durch ein Sieb von Baumwollfäden getriebenen Gemisch von Mennige und Schwefelpulver, wobei sich die negativen Schwefelteilchen an die positiven, die positiven Mennigeteilchen an die negativen Oberflächenstellen ansetzen und diese dadurch weiß bzw. rot färben. — Die Erscheinung tritt nur bei hemimorphen Kristallen auf, d. h. bei solchen, bei denen sich eine und dieselbe Axe in den beiden Richtungen verschieden verhält; hier wird das eine Ende positiv, das andre negativ. Das bei Erwärmung positive Ende heißt *analoger*, das andre *antiloger Pol;* bei Abkühlung vertauschen sie ihre Rollen. Wenn man den Kristall zerteilt, erweist sich jedes Teilstück wieder als zweipolig. Die durch 1° Temperaturerhöhung erzeugte Intensität der Elektrisierung heißt *pyroelektrischer Koeffizient;* er ist bei Turmalin in absolutem Maße etwa 1,23. — Nach einer von Lord Kelvin entwickelten Vorstellung ist die Pyroelektrizität nichts anderes, als ein unter gewöhnlichen Verhältnissen durch andre Phänomene verdecktes Zeugnis für die Natur des Turmalins als eines permanent elektrischen Körpers (wie der Stahl ein permanenter Magnet ist). Eine theoretische Formel für die Ladung zur Zeit t hat Riecke angegeben. — Eine entsprechende Erregung tritt auch infolge elastischer Beanspruchung, Druck oder Zug, auf: *Piezoelektrizität.* Die durch die Druckeinheit erzeugte Elektrisierung heißt *piezoelektrischer Koeffizient;* in jeder der drei Hauptrichtungen des Kristalls hat er einen andern Wert. Die Theorie (Voigt und Riecke) zeigt, daß sich die Pyroelektrizität auf die Piezoelektrizität zurückführen läßt, wenigstens zum größten Teil; es bleibt aber noch ein Rest, der als „wahre Pyroelektrizität" der falschen gegenübergestellt wird. Indessen besteht der Unterschied, daß Piezoelektrizität nicht auf hemimorphe Kristalle beschränkt ist, sondern auch bei andern auftritt, die eben durch die Druckbeanspruchung unter neue Verhältnisse kommen. Besonders interessant ist die Erscheinung am Quarz. — Der pyroelektrischen Wirkung steht eine reziproke gegenüber, die man als *Elektropyrismus* bezeichnen kann. Erwärmung bzw. Abkühlung eines Kristalls durch elektrische Erregung, z. B. durch Einbringen in ein Feld; laufen dessen Kraftlinien vom analogen zum antilogen Ende, so tritt Erwärmung auf. Die Erscheinung ist von Lord Kelvin als theoretisch notwendig erkannt und von Straubel dann beobachtet worden. — Entsprechend muß es auch eine Umkehrung der Piezoelektrizität geben.

Pyromagnetismus ist die der Pyroelektrizität entsprechende Erscheinung auf dem Gebiete des Magnetismus. Sie ist theoretisch möglich bei triklinen, monoklinen und einigen andern Kristallen. Die bisherigen Versuche, sie zu beobachten (Voigt), sind indessen negativ ausgefallen.

Pyrometer, s. Thermometer.

Pyrophore Metalle, s. Reibung.

Q

qcm, s. Flächenmaß.

Quadrant, s. Elektrische Maßsysteme.

Quadratgrad, s. Winkel.

Quadratisches System, s. Kristalle.

Quantentheorie ist diejenige Theorie physikalischer, insbesondere thermodynamischer und Strahlungserscheinungen die auf der von Planck eingeführten Hypothese beruht, die Energie werde von den Körpern nicht stetig, in infinitesimalen Elementen, sondern stoßweise in endlichen (wenn auch überaus kleinen) *Quanten*, und zwar unter gleichen Umständen stets gleichen Quanten, abgegeben; mit einem Bilde: die Energie fließe nicht ab, sondern tropfe ab. Ursprünglich hatte Planck angenommen, auch die Aufnahme der Energie in einen Körper erfolge ruckweise, hat das aber später fallen lassen und die Aufnahme wieder als stetig charakterisiert; immerhin bleibt noch, wenn auch gemildert, ein gewisser Widerspruch zwischen der Unstetigkeit der Abgabe und der Stetigkeitsgrundlage der Feldtheorie bestehen. — Das *elementare Energiequantum* ergibt sich aus der Strahlungslehre (s. Strahlung) als $\varepsilon = h \cdot n$, wo n die Frequenz der Schwingungen des der Strahlung zugrunde liegenden elementaren Resonators (Elektron) ist; es ist also mit dieser Frequenz proportional. Die Größe h ist dann eine universelle Konstante; sie heißt *elementares Wirkungsquantum* und bestimmt sich zu $6{,}55 \cdot 10^{-27}$ erg. Daran anknüpfend hat Einstein die Hypothese der *Lichtquanten* aufgestellt, wonach das Licht selbst aus Elementarquanten $h\,n$ bestehen soll. — Die größten Erfolge hat die Theorie der Quanten, außer in der Strahlungslehre, von der sie ausgegangen ist, gezeitigt: zum Verständnis der lichtelektrischen Erscheinungen (s. Lichtelektrizität), in der Lehre von der Fluoreszenz, besonders der Stokesschen Regel (s. Lumineszenz), in der Photochemie, in der Theorie des Magnetismus und ganz besonders auf einem scheinbar weit abliegenden Gebiete, nämlich zum Verständnis des Dulong-Petitschen Gesetzes und seiner Gültigkeit bzw. Ungültigkeit bei hohen bzw. tiefen Temperaturen (s. Atomwärme). Das wird hier verständlich, indem der charakteristische Wert von drei Kalorien pro Grad nunmehr durch einen andern, der quantentheoretischen Verteilung der Energie auf die Freiheitsgrade entsprechenden Wert zu ersetzen ist, und dieser Wert ändert sich nach dem Planckschen Gesetze mit der Temperatur.

Quantitätsfaktor, s. Energie.

Quart, s. Tonhöhe.

Quarzfäden (durch Abschießen erweichten Materials mit der Armbrust hergestellt) werden vielfach statt Kokonfäden zur Aufhängung benutzt; sie haben die Vorzüge, nicht hygroskopisch und fast ohne elastische Nachwirkung zu sein.

Quarzplatte, s. Drehung der Polarisationsebene.

Quasi-isotrop, s. Aggregatzustände.

Quecksilberbogenlampe, s. Lichtbogen.

Quecksilbergleichrichter, s. Elektrische Ventile.

Quecksilberregen, s. Luftdruck.

Quecksilberunterbrecher, s. Elektrische Hilfsapparate.

Quelle, s. Hydrodynamik, Kraftfeld.

Querbiegung, s. Biegung.

Querkontraktion. Mit der Längsdehnung (s. d.) ist stets eine Querkontraktion (und umgekehrt mit der Längskontraktion eine Querdehnung) verknüpft. In extremen Fällen (Kautschuk) kann man sie direkt wahrnehmen, im übrigen aber auf verschiedene Weise exakt messen, z. B. indem man dem zu dehnenden Stabe ebene Seitenflächen gibt und auf eine dieser Flächen einen kreisförmigen Stempelabdruck macht; im gedehnten Zustande verwandelt sich der Kreis in eine Ellipse mit vergrößerter Längs- und verkürzter Queraxe. Eine andre Methode besteht in der Messung der Volumenzunahme, die mit der Längsdehnung verbunden ist, mit Hilfe eines Gefäßes, das mit Flüssigkeit gefüllt ist und in eine feine kalibrierte Röhre ausläuft; sie erweist sich als kleiner, als nach der Längsdehnung zu erwarten wäre. Noch andre Methoden beruhen auf der Biegung (s. d.). — Das Verhältnis der linearen Querkontraktion zur Längsdilatation (beide relativ zur ursprünglichen Dicke bzw. Länge genommen) heißt *Elastizitätszahl.* Formel: $\mu = \gamma/\delta$; Dimensionsformel: $[\mu] = 1$. Über den Zahlenwert von μ läßt sich allgemein nur sagen, daß er zwischen den Grenzen 0 und $^1/_2$ liegt. Bei dem Grenzwert $^1/_2$ bleibt das Volumen ungeändert; denn aus dem Volumen 1 wird allgemein das Volumen $(1 + \delta) \cdot (1 - \gamma) \cdot (1 - \gamma)$, also für $\gamma = \delta/2$ und bei kleinen Veränderungen nach wie vor 1. Dieser Fall tritt tatsächlich bei inkompressiblen Flüssigkeiten ein, annähernd auch bei manchen Stoffen an der Grenze des festen Aggregatzustandes, wie Gelatine, Kautschuk usw. Bei den meisten Stoffen liegt μ zwischen 0,15 und 0,4, bei vielen sogar zwischen $^1/_4$ und $^1/_3$. Aus gewissen molekulartheoretischen Annahmen war abgeleitet worden, es müßte $\mu = {^1/_4}$ sein, was sich aber als irrig erwiesen hat. — Einige Zahlenwerte sind folgende:

Blei	0,41
Eisen	0,28
Kupfer	0,34
Messing	0,37
Stahl	0,29

Glassorten (Jena)

Zinkborat	0,32
Schwerstes Bleisilikat	0,26
Normalglas	0,23
Borosilikat	0,21
Paraffin	0,50
Ebonit	0,39
Borsäure	0,28
Flußspat	0,22

— Mit dem Volumenmodul k_1 und dem Gestaltmodul k_2 sowie mit ihrem Verhältnis $\varkappa = k_2/k_1$ steht μ in der Beziehung:

$$\mu = \frac{3k_1 - 2k_2}{2(3k_1 + k_2)} = \frac{3 - 2\varkappa}{2(3 + \varkappa)};$$

für $\varkappa = {^3/_5}$ wird $\mu = {^1/_4}$.

Quermagnetisierung, s. Magnet.

Quinckesches Interferenzrohr, s. Interferenz des Schalls.

Quintaten, s. Pfeife.

Quinte, s. Tonhöhe.

Quintenzirkel, s. Tonhöhe.

Quirl, s. Dynamik, Größe.

Quirl der Kräfte, s. Potential

R

Rad an der Welle, s. Einfache Maschinen.

Radialmagnetisierung, s. Magnet.

Radioaktivität ist die Eigenschaft gewisser Stoffe, spontan Strahlen verschiedener Art auszusenden, die in ihrer Beschaffenheit und Wirkungsweise teils mit den Kanal- und Kathodenstrahlen, teils mit den Röntgenstrahlen Ähnlichkeit haben und nach ihrem Entdecker vielfach *Becquerelstrahlen* genannt werden; Frau Curie, Rutherford und viele Andre haben dann zu ihrer Kenntnis beigetragen. Es sind das Stoffe, die in Uran- und Thoriumverbindungen vorkommen und eben mit Hilfe ihrer Radioaktivität aus ihnen abgeschieden werden können: Radium, Polonium, Aktinium, Emanation usw., im ganzen jetzt schon 30 bis 40 Stoffe. — Die drei charakteristischen Wirkungen, durch die man sie nachweisen und messen kann, sind die *Fluoreszenzerregung*, die Wirkung auf die *photographische Platte* und die *Ionisierung der Luft*, wodurch diese leitend wird; das letztere Hilfsmittel ist physikalisch weitaus das bedeutsamste. Dabei stellt sich heraus, daß die Strahlung nicht einheitlich ist, sondern aus vier verschiedenen Strahlenarten besteht: 1. Die α-Strahlen, im Magnetfelde schwach ablenkbar, und zwar nach der positiven Seite hin, sind hiernach Ionenstrahlen mit positiver Ladung gleich dem Doppelten des Elementarquantums und von einer Masse gleich der des Heliumatoms; daß sie wirklich nichts anderes als Heliumionen sind, ist dann auch noch direkt auf chemischem Wege nachgewiesen worden. Die Anfangsgeschwindigkeit schwankt zwischen 13000 und 21000 km in der sec ($^1/_{23}$ bis $^1/_{14}$ der Lichtgeschwindigkeit); beim Durchlaufen absorbierender Stoffe vermindert sich die Geschwindigkeit, und bei einer gewissen Entfernung, der *Reichweite*, erlischt die Strahlung fast plötzlich; diese Reichweite beträgt je nach den aussendenden Stoffen etwa 2 bis 9 cm. Jedes einzelne α-Teilchen ruft beim Aufprallen auf einen geeigneten Körper, z. B. Sidotblende, Fluoreszenz hervor; man kann also die „*Szintillation*" beobachten und die Zahl der Stöße im Mikroskop messen. Die α-Strahlen sind mit den Kanal- und Anodenstrahlen (s. Kanalstrahlen) nahe verwandt, weichen aber hinsichtlich der charakteristischen Zahlen doch mehrfach von ihnen ab. — 2. Die β-Strahlen, im Magnetfelde stark ablenkbar, und zwar nach der negativen Seite, sind hiernach und auf Grund der Messung von Ladung und Masse Elektronenstrahlen, d. h. sie bestehen aus negativ geladenen Elektronen, die mit großer Geschwindigkeit,

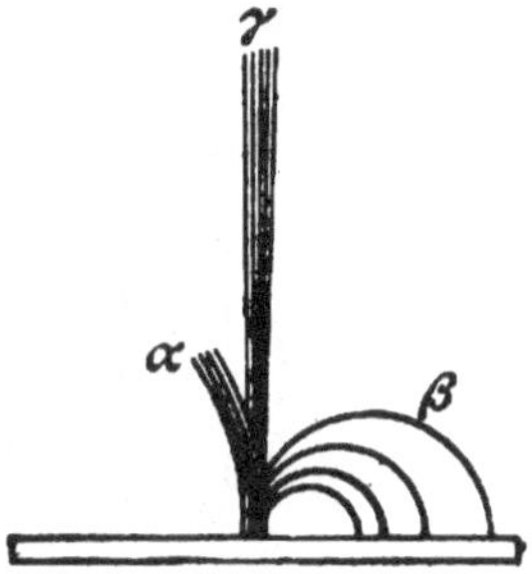

Fig. 195 a.

bis nahe an die Lichtgeschwindigkeit heran, durch den Raum eilen und in den Körpern nur schwach absorbiert werden. Wie bei den Kathodenstrahlen, mit denen die β-Strahlen wesensgleich sind, nimmt auch hier e/m (Verhältnis der Ladung zur Masse) mit wachsender Geschwindigkeit ab, also, bei gleichbleibendem e, die Masse m selbst zu, wenigstens sobald die Geschwindigkeit einen bestimmten Wert übersteigt; die Masse ist also kinetischen Charakters. — 3. Die γ-Strahlen, nicht oder fast nicht ablenkbar, erweisen sich als Undulationsstrahlen und als nahe verwandt mit den Röntgenstrahlen; sie treten fast immer zusammen mit den β-Strahlen auf. Ihre Durchdringungsfähigkeit ist sehr groß, ihre Geschwindigkeit gleich der des Lichts. — In der Fig. 195 a ist die Ablenkung der drei Strahlenarten im Magnetfelde schematisch dargestellt. Beim Auftreffen auf Materie erzeugen alle drei Strahlenarten neue Strahlen, die man als *Sekundärstrahlen* bezeichnet. — 4. Die δ-Strahlen stehen den β-Strahlen am nächsten, treten aber immer mit den α-Strahlen zusammen auf und zeichnen sich durch sehr starke Absorption aus; wahrscheinlich sind sie die Sekundärstrahlen der α-Strahlen. — Das *Radium* entwickelt fortwährend ein radioaktives Gas, die *Emanation;* Körper, die mit dieser in Berührung kommen, nehmen selbst, aber nur vorübergehend, Aktivität an, sog. *induzierte* Radioaktivität; während diese und die Emanation selbst wieder verschwindet, regeneriert sich das Radium selbst wieder zur ursprünglichen Aktivität. Auch andre Stoffe senden eigne Arten von Emanation aus. — Die *Energie der Radiumstrahlen* stammt aus der innern Energie der radioaktiven Stoffe; diese letztere und damit die *Aktivität* muß daher mit der Zeit abnehmen und schließlich erlöschen; man spricht demgemäß von der *Abklingung* der Aktivität; sie erfolgt nach einem exponentiellen Gesetze. In der

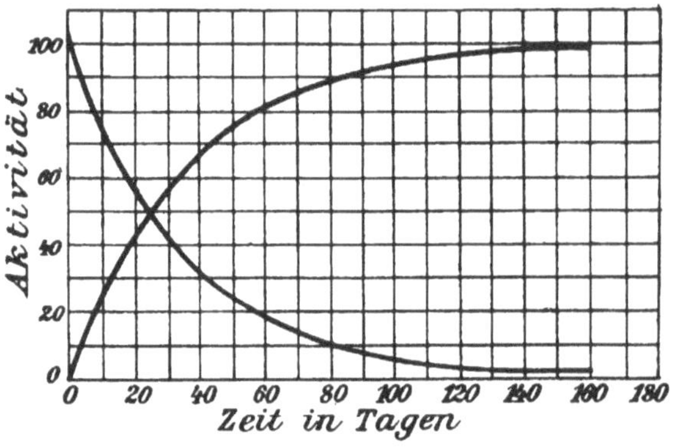

Fig. 195 b.

Fig. 195 b ist die Abfalls- und Erholungskurve wiedergegeben. — Mit diesem Vorgange ist eine Umwandlung des Elements aus einem aktiven in ein inaktives oder aber in ein andres aktives verbunden; man spricht daher von der *Lebensdauer* der Elemente. Da diese aber schwer zu bestimmen ist, führt man eine mit ihr parallel gehende andre Größe ein: die Zeit, in der die Aktivität auf die Hälfte sinkt, die *Halbzeit* oder *Halbwertszeit*. Sie ist für die verschiedenen Stoffe außerordentlich verschieden; für manche, sehr labile, mißt sie nach Sekunden, für andre nach Minuten, Stunden und Tagen, für noch andre, die eben zu den stabilen Stoffen gehören, nach Jahren, Jahrhunderten, Jahrtausenden usw. — Im ganzen wird durch die Erscheinung der Radioaktivität die uralte Annahme der Beständigkeit der Elemente über den Haufen geworfen, um der Lehre von der *Umwandlung der Elemente* Platz zu machen. Nach dem gegenwärtigen Stande kann man drei Umwandlungs- oder *Zerfallsreihen* unterscheiden. Für diese sind in der folgenden Tabelle die wichtigsten Stoffe mit ihren charakteristischen Daten zusammengestellt:

Uran-Radium-Reihe.

Uran	$5 \cdot 10^9$ J.
Radiouran	$2 \cdot 10^6$ J.
Uran-X	24,6 T.
Uran-Y	1,5 T.
Ionium	$2 \cdot 10^5$ J.
Radium	1780 J.

Ra-Emanation . . .	3,85 T.
Ra-A	3,0 Min.
Ra-B	26,7 Min.
Ra-C	19,5 Min.
Ra-C	1,4 Min.
Ra-D	16,5 T.
Ra-E	5,0 T.
Polonium	136 T.

Thorium-Reihe.

Thorium	ca. 10^{10} J.
Mesothorium 1 . . .	5,5 J.
Mesothorium 2 . . .	6,2 St.
Radiothorium	2,0 J.
Thorium-X	3,7 T.
Th-Emanation	53 Sek.
Th-A	0,14 Sek.
Th-B	10,6 St.
Th-C	1 St.
Th-D	3,1 Min.

Aktinium-Reihe.

Aktinium	
Radioaktinium . . .	19,5 T.
Akt-X	10,5 T.
Akt.-Emanation . . .	4 Sek.
Akt-A	
Akt-B	36 Min.
Akt-C.	2,2 Min.
Akt-D	4,7 Min.

Da das Atomgewicht des Heliums 4 ist, muß durch seine Abspaltung das Atomgewicht der Muttersubstanz um 4 sinken; da sich dieser Prozeß bis zur Bildung des Radiums dreimal wiederholt (Uran-X und Uran-*Y* kommen dabei nicht in Betracht), müßte das Atomgewicht des Radiums 238,5 − 12 = 226,5 sein; tatsächlich ist es, in guter Übereinstimmung hiermit, 226,0. Ferner werden bei den weiteren Umwandlungen des Radiums noch fünf Heliumatome abgespalten, wodurch man zu dem Atomgewicht 206,5 gelangt; da das mit dem Atomgewicht des Bleis nahezu übereinstimmt, vermutet man in dem Blei das Endprodukt der Umwandlung des Radiums, was auch durch Messungen des Bleigehalts radioaktiver Mineralien gestützt wird. Ähnliche Schlüsse für die beiden andern Reihen entbehren noch genügender Fundierung. Bemerkenswert ist jedenfalls, daß es sich bei all diesen Stoffen um sehr hohe Atomgewichte handelt. — Die Radioaktivität ist viel verbreiteter, als man zuerst annahm; insbesondere erweisen sich viele Gesteine, Quellen usw. als aktiv, also als radiumhaltig; die Aktivität des Wassers pflegt man in „Mache-Einheiten" auszudrücken, d. h. man gibt das Tausendfache des elektrostatisch gemessenen Sättigungsstroms an, den die in 1 Liter enthaltene Emanation zu liefern vermag. Indessen scheint es doch, daß sich das Vorkommen auf die Oberflächenschicht des Erdkörpers beschränkt, und dadurch werden die weitgehenden Schlüsse auf den Wärmehaushalt der Erde, die man anfangs zog, wieder hinfällig, wenn es auch sicher ist, daß durch die hier tätige Energie die Abkühlungsgeschwindigkeit der Erde verlangsamt wird.

Radiometer, s. Strahlungsdruck.

Radiumemanation, s. Radioaktivität.

Radiumstrahlen, s. Radioaktivität.

Räumliches Fachwerk, s. Statik.

Ramsdensches Okular, s. Mikroskop.

Randstrahlen sind die äußersten Strahlen eines Büschels, also diejenigen, welche mit dem Axenstrahl den größten Winkel bilden. Meist genügt es zur Ausrechnung eines Falles, den Verlauf des Axenstrahls und eines Randstrahls zu verfolgen.

Randwinkel, s. Steighöhe.

Rankine-Duprésche Formel, s. Dämpfe.

Raoultsches Gesetz, betrifft die Gefrierpunktserniedrigung und Siedepunktserhöhung; s. Lösungen.

Rationale Indices, s. Kristalle.

Rauchringe, s. Wirbelbewegung.

Rauhigkeit, s. Harmonie.

Raum ist die Form unserer äußeren Anschauung. Der Gesichtsraum, wie er vom Auge wahrgenommen wird, erscheint zunächst als zweifache Mannigfaltigkeit, also als Fläche; infolge des Sehens mit zwei Augen, der Ortsänderungen und des sich allmählich anreichernden Urteils fügen wir hierzu aber eine dritte Mannigfaltigkeit, die der Tiefendimension, und gelangen so zum *dreidimensionalen* Raume, den wir dann mit Hilfe des Tastsinnes (Tastraum) bestätigen. Schließlich gelangen wir vom perspektivischen Raume, wie er von einem bestimmten Punkte aus erscheint, zum objektiven Raum. Die Verschiebung eines Ortes mit dem Standpunkte, von dem aus man ihn betrachtet, heißt *Parallaxe*. — Eine mehr als dreidimensionale Mannigfaltigkeit können wir nicht anschauen, wohl aber begrifflich erfassen, indem wir z. B. die Zeit als vierte Dimension einführen. Dagegen können wir Raumgebilde von geringerer Mannigfaltigkeit anschauen und erfassen, so die Fläche als zweifache, die Linie als einfache und den Punkt als nullfache Mannigfaltigkeit. Während wir aber nur einen einzigen unbegrenzten Raum und nur einen einzigen Punkt in unsrer Anschauung haben, können wir sehr verschiedene Flächen und Linien herausheben, so die ebenen Flächen, die Kugelflächen usw. einerseits, die gerade Linie, die Kreislinie usw. andrerseits. Begrifflich können wir ganz entsprechend auch verschiedene Räume unterscheiden: den ebenen, den sphärischen, den pseudosphärischen, den Eiraum usw., in deren jedem andre geometrische und metronomische Gesetze gelten. In beschränktem Bereiche können wir uns auch Anschauung hiervon verschaffen, z. B. vom sphärischen Raume durch Betrachtung der von einer Glas- oder Metallkugel gelieferten Spiegelbilder. Der ebene Raum hat die Krümmung Null, der sphärische positive, der sphärische negative, der Eiraum zwei verschiedene Hauptkrümmungen, von Punkt zu Punkt variierend. Unser Raum ist mit großer Annäherung, aber nicht vollkommen eben. Ein abgegrenztes Raumstück heißt ein geometrischer Körper oder Volumen; entsprechende Bedeutung haben ein Flächenstück und eine Strecke. Alle diese Gebilde können zusammenhängend oder unzusammenhängend sein, und im ersteren Falle einfach, zweifach oder mehrfach zusammenhängend (s. Zusammenhang). Der Ort im Raume hat eine dreifache Mannigfaltigkeit und wird daher durch drei Bestimmungsstücke, die *Koordinaten* heißen, gekennzeichnet, z. B. durch die rechtwinkligen x, y, z oder die Polarkoordinaten r, φ, ψ. Dabei bedarf es aber immer eines willkürlich gewählten Anfangspunktes und willkürlich gewählter Grundrichtung, von denen aus die Strecken bzw. Winkel gerechnet werden. Jeder Ort hat daher nur relative Bedeutung, d. h. er wird auf einen andern Ort bezogen (s. Ort).

Raumgitter, s. Molekulartheorie.

Raummaß. Es wird aus dem Längenmaß (s. d.) abgeleitet. Einheit ist das ccm (Kubikzentimeter), andre Maße sind das cbm oder Raummeter, das ccm oder Liter und das cbmm. Beziehung: 1 cbm = $10^3\,l$ = 10 ccm; 1 l = 10^3 ccm; 1 cbmm = 0,001 ccm. Einige ältere Raummaße sind folgende: 1 preußischer Kubikfuß = 30916 ccm, 1 preußischer Kubikzoll = 17,891 ccm, 1 englischer Kubikfuß = 28315 ccm.

Raummessung. Einfach und regelmässig begrenzte Räume kann man aus den für sie charakteristischen Strecken rechnerisch ableiten, z. B. den Würfel = a^3, die Kugel = $(4/3)\,a^3\,\pi$, den Kreiskegel = $(1/3)\,a^2\pi\,h$ usw. Zur Ausmessung beliebiger Körper dienen besondere Apparate, das *Volumometer* und das *Stereometer*. *Hohlräume* kann man ausmessen, indem man sie mit Flüssigkeit füllt und diese dann in ein graduiertes Gefäß umgießt. Für besondere Zwecke dient das *Pyknometer* (vgl. Dichtemessung). Eine indirekte Methode besteht darin, daß man den den Raum erfüllenden Körper wägt und das Gewicht durch das anderweitig bekannte spezifische Gewicht dividiert.

Raummeter, s. Raummaß.

Raumwinkel, s. Winkel.

Raumwinkelmessung, s. Winkelmessung.

Raum-Zeit-Energie-System, s. Grundbegriffe.

Raum-Zeit-Gewichts-System, s. Grundbegriffe.

Raum-Zeit-Masse-System, s. Grundbegriffe.

Raum-Zeit-System, s. Relativitätsprinzip.

Rayleighsches Gesetz, s. Strahlung.

Rayleighsches Scheibchen, s. Akustische Bewegungen, Schallstärke.

Reaktanz, s. Selbstinduktion.

Reaktion, s. Wechselwirkung.

Reaktionsrad, s. Hydraulische Apparate.

Reaktionsturbine, s. Hydraulische Apparate.

Reaktionswärme, s. Thermochemie.

Réaumurgrad, s. Temperatur.

Rechte-Hand-Regel, s. Elektromagnetismus, Induzierte Ströme.

Rechtwinklige Koordinaten, s. Ort.

Reduktion der Wägungen, s. Wägung.

Reduktionsfaktor, s. Galvanometer.

Reduzierte Länge eines Leiters, s. Elektrischer Strom.

Reduzierte Länge eines Magneten, s. Magnet.

Reduzierte Pfeifenlänge, s. Pfeife.

Reduzierter Druck, s. Kritischer Zustand.

Reduzierte Spannungskurve, s. Dämpfe.

Reduziertes Volumen, s. Kritischer Zustand.

Reduzierte Temperatur, s. Kritischer Zustand.

Reduzierte Zustandsgleichung, s. Kritischer Zustand.

Reelles Bild, s. Abbildung.

Reflektor, soviel wie Spiegel, insbesondere Hohlspiegel.

Reflexion der elektrischen Strahlen, s. Elektrische Schwingungen.

Reflexion der Wärmestrahlen, s. Wärmestrahlung.

Reflexion der Wellen, s. Wellenbewegung.

Reflexion des Lichts oder *Spiegelung* oder *Zurückwerfung* des Lichts. Wenn ein Lichtbüschel an die Grenze zweier Medien gelangt, wird ein Teil davon in das erste Medium zurückgeworfen oder gespiegelt oder reflektiert; und zwar ist zwischen *diffuser* Reflexion (die mehr oder weniger nach allen Richtungen erfolgt) an rauhen Grenzflächen und *regulärer* Reflexion an glatten, meist durch Polieren hergestellten Grenzflächen zu unterscheiden; die letztere erfolgt nach dem *Reflexionsgesetz:* Der reflektierte Strahl liegt mit dem einfallenden Strahl und dem Einfallslot in derselben Ebene und bildet mit dem Lote denselben wie der einfallende Strahl, aber nach der andern Seite: $r = -2$. Der Strahl wird hierdurch aus seiner Richtung abgelenkt, und zwar um den Supplementwinkel des doppelten Einfallswinkels:

$$a = \pi - 2e.$$

Am stärksten ist die Ablenkung bei senkrechter Inzidenz (völlige Umkehrung der Richtung), am kleinsten, nämlich fast null, bei nahezu streifender Inzidenz; bei Einfall unter 45° beträgt die Ablenkung 90°. Demonstration durch Hineinsenden eines Lichtbüschels

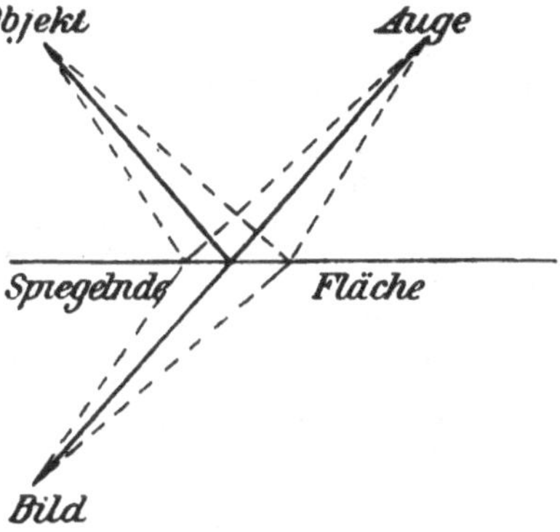

Fig. 196.

unter verschiedenen Winkeln in einen Glaskasten, der zum Teil mit gefärbtem Wasser, zum Teil mit rauchiger Luft angefüllt ist. Das Reflexionsgesetz ist der Ausdruck dafür, daß der Lichtweg vom Objekt zum Auge im Vergleich mit den Nachbarwegen ein Optimum darstellt: *Satz vom ausgezeichneten Lichtwege* oder speziell vom *kürzesten* (oder längsten) *Lichtwege* Bei ebenen Grenzflächen ist der wahre Lichtweg immer der kürzeste (Fig. 196), weil die mit dem Lichtwege gleich lange Linie vom Spiegelbild zum Auge eine gerade Linie ist. Bei elliptischer Krümmung mit Lichtquelle und Bild als Brennpunkten ist der wahre Weg gleich lang mit den Nachbarwegen; eine solche Fläche heißt *aplanatische Fläche*. Bei noch stärkerer Krümmung der spiegelnden

Fläche ist der wahre Lichtweg der längste. — Zwei Parallelstrahlen kehren, in der Richtung der Lichtbewegung betrachtet, ihre Lagebeziehung durch die Reflexion um (der linke wird der rechte und umgekehrt), behalten sie jedoch im Raume bei. Zwei gegen den Einfallspunkt hin konvergierende Strahlen behalten ihre Lagebeziehung im Sinne der Lichtbewegung bei, kehren sie jedoch im Raume um (Fig. 69 bei „Fernrohr)"; hierauf beruht die Bildaufrichtung durch Spiegelung, insbesondere an Prismen (s. Prismen, Fernrohr). — Im übrigen ist der Verlauf der reflektierten Strahlen abhängig von der Gestalt der spiegelnden Fläche (s. Spiegel). — Das reflektierte Licht ist im allgemeinen schwächer als das einfallende, weil ein Teil des letzteren in das zweite Medium eingetreten ist; nur im Falle der totalen Reflexion (s. d.) ist es ungeschwächt. Verschiedene Stoffe verhalten sich in dieser Hinsicht sehr verschieden; Metalle reflektieren am stärksten, Wasser und Glas sehr viel schwächer (Glasspiegel müssen daher hinten belegt werden). — Im übrigen hängt die *Intensität des reflektierten Lichtes* vom Einfallswinkel und vom Polarisationszustande des einfallenden Lichtes (s. Polarisation) ab, wofür Fresnel und F. Neumann die Formeln entwickelt haben. Sind e und b Einfalls- und Brechungswinkel, E_p und R_p die Amplituden des einfallenden bzw. reflektierten Lichts bei geradliniger Polarisation in der Einfallsebene, entsprechend E_s und R_s bei Polarisation senkrecht dazu, so ist:

$$R_p = -E_p \frac{\sin(e-b)}{\sin(e+b)},$$

$$R_s = E_s \frac{\operatorname{tg}(e-b)}{\operatorname{tg}(e+b)};$$

die Intensitäten erhält man aus den Amplituden durch Quadrierung. In den Formeln liegen u. a. folgende Gesetze: Das reflektierte Licht ist desto stärker, je größer die Differenz und je kleiner die Summe von Einfalls- und Brechungswinkel ist. Für die s-Komponente wird es null, wenn $e + b = \pi/2$ ist; dann findet also vollständige Polarisation in der Einfallsebene statt (Brewstersches Gesetz, s. Polarisation). Bei der Reflexion am optisch dichteren Medium findet eine Phasenverzögerung um eine halbe Wellenlänge statt. Für kleine Einfallswinkel wird (für jede der beiden Komponenten):

$$R = E\frac{n-1}{n+1}, \quad R^2 = E^2\left(\frac{n-1}{n+1}\right)^2;$$

von der einfallenden Intensität wird also nur ein kleiner Bruchteil reflektiert, z. B. bei Glas nur rund 4, bei Wasser sogar nur 2 Proz. — Durch die reine Oberfläche des reflektierenden Körpers wird die Beschaffenheit des Lichts im allgemeinen nicht geändert, wohl aber durch Reflexion in den tieferen Schichten, in die das Licht eindringt; hier findet meist *selektive Reflexion* statt, d. h. es werden bei auffallendem weißen Licht gewisse Komponenten desselben gegenüber andern bevorzugt, und folglich erscheint der Körper im auffallenden Lichte *farbig* (im durchfallenden alsdann in der Komplementärfabe). Näheres hierüber bei Metallreflexion. — S. auch Atmosphärische Optik.

Reflexionstöne, s. Reflexion und Brechung des Schalls.

Reflexionsvermögen, s. Metallreflexion.

Reflexion und Brechung des Schalls. Wenn Schallwellen an die Grenze zweier Medien gelangen, finden zwei Erscheinungen statt: ein Teil der Energie wird *reflektiert* oder zurückgeworfen, der andre dringt in das zweite Medium ein und wird dabei ebenfalls aus seiner Richtung abgelenkt, *gebrochen*. Indessen sind die Erscheinungen hier nicht so klar und einfach wie beim Licht (s. d.), weil die Schallwellen viel länger und größer sind als die Lichtwellen. Im idealen Falle (bei sehr ausgedehnten Trennungsflächen) gilt das *Reflexionsgesetz*, d. h. der Schallstrahl wird unter demselben Winkel mit dem Einfallslot, aber nach der andern Seite, reflektiert; und er wird in der Weise gebrochen, daß der Sinus des Einfallswinkels zum Sinus des Brechungswinkels in einem für alle Einfallswinkel konstanten Verhältnis steht, das man den *Brechungsquotienten* des zweiten Mediums in Beziehung zum ersten nennt. Gegenüber dem Licht besteht sogar der Unterschied, daß noch sehr rauhe Flächen, die beim Licht diffuse Reflexion erzeugen, hier noch regelmäßige Reflexion liefern, z. B. Waldränder. — Die bekannteste Reflexionserscheinung des Schalles ist das *Echo* oder der *Widerhall*, zu seiner Entstehung ist erforderlich, daß die Wand genügend weit von der Schallquelle entfernt sei, so daß die Zeit zur Durchlaufung des Hin- und Rückweges ausreicht, um den primären Schall und das Echo voneinander zu trennen. Da ein geeigneter Schall oder Ton nicht leicht kürzer als von der Dauer einer Viertelsekunde herzustellen ist, muß die Entfernung von der Wand mindestens 30 m, im allgemeinen aber weit mehr betragen. Je nach der Zahl der gerufenen Silben, die noch eine Loslösung des Echos ergeben, unterscheidet man *ein-* oder *mehrsilbiges* Echo. Ist die Entfernung der Wand kleiner als 30 m, so entsteht kein Echo, sondern ein *Nachhall*, der sich mit dem primären Schall teilweise vermischt (s. Akustik der Gebäude). Sind mehrere Wände vorhanden, so kann auch ein *mehrfaches*, d. h. sich wiederholendes Echo entstehen. Unter Umständen ergeben sich, infolge der Reflexion an allen möglichen Stellen der Wand, sogar *rollende* Echos, und in gewissen Fällen kann es in einen neuen Ton, den *Reflexionston*, übergehen. Eine praktische Anwendung findet die wiederholte Reflexion der Schallstrahlen beim *Sprachrohr* und beim *Hörrohr* (s. Gehör). — Wenn die Wand *gekrümmt* ist, insbesondere bei elliptischer oder parabolischer Krümmung, kann es vorkommen, daß ein von der Schallquelle ausgehendes Strahlenbüschel sich nach der Reflexion wieder in einen Punkt vereinigt, so daß man an dieser Stelle trotz großer Entfernung den Schall deutlich hört; Demonstration mit Hilfe von großen *Parabolspiegeln* aus Pappe, Holz oder Metall, in dem Brennpunkt des einen eine Taschenuhr, in den Brennpunkt des andern (bis zu 10 m entfernt) das Ohr gehalten (evtl. unter Vermittelung eines Hörschlauches). Ferner gehören hierher die bei manchen, besonders kirchlichen Bauwerken auftretenden *Flüstergalerien* und Kuppelphänomene, das Ohr des Dionysius (gewundener Gang in einem Steinbruch mit vielen Reflexionen des Schalles von innen nach außen) usw. — Die *Brechung des Schalls* läßt sich mit Prismen und Linsen aus Holz, Pech o. dgl. demonstrieren, nur müssen sie in großem Maßstabe hergestellt sein. Es zeigt sich dabei, daß die festen Stoffe im allgemeinen „akustisch dünn" sind, d. h. den Schall vom Lot weg brechen, Gase dagegen „akustisch dicht", und zwar im Vergleich miteinander im Verhältnis der Wurzeln aus der mechanischen Dichte; aus einem schweren Gase kann man also eine akustische Sammellinse bauen, während eine Holzlinse Zerstreuungscharakter hat. — Auch in der *Atmosphäre* findet infolge der verschiedenen Dichte der Schichten Reflexion und Brechung statt und hat hier eine Reihe paradoxer Erscheinungen zur Folge, z. B. die *Zone des Schweigens* (s. Schallausbreitung).

Refraktion des Lichts, s. Brechung des Lichts.

Refraktionsvermögen, s. Brechungsquotient.

Refraktometer, s. Brechungsquotient.

Refraktor, s. Fernrohr.

Regel, s. Gesetz.

Regelation, s. Schmelzen.

Regelmäßiger Molekelhaufen, s. Molekulartheorie.

Regen, s. Feuchtigkeit.

Regenbogen, s. Atmosphärische Optik.

Regenbogenhaut, s. Sehen.

Register, s. Musikinstrumente, Stimme und Sprache.

Registrierinstrumente sind solche mit fortlaufender, selbsttätiger Aufzeichnung der betreffenden Größen, also das, was man durch die Endsilbe -graph ausdrückt; s. Barometer, Thermometer usw.

Reguläres System, s. Kristalle, Kristalloptik.

Reibung ist der Widerstand zweier

sich berührender Körper oder Schichten gegen die relative Verschiebung ihrer Oberflächen gegeneinander; handelt es sich um zwei verschiedene Körper, so hat man es mit *äußerer Reibung* zu tun, bei den Schichten eines und desselben Körpers mit *innerer Reibung* (s. d.). Hier wird nur die äußere Reibung behandelt, und auch diese nur für den Fall zweier fester Körper gegeneinander, während die Reibung der Flüssigkeiten und Gase an festen Wänden besser im Zusammenhange mit ihrer inneren Reibung erörtert wird. — Die Reibung fester Körper steht in einem gewissen Zusammenhange mit ihrer Adhäsion (s. d.), nur daß sie sich nicht auf den Ruhe-, sondern auf den Bewegungszustand bezieht. Je nachdem immer dieselben oder immer wieder andre Punkte des einen Körpers mit dem andern in Berührung sind, unterscheidet man *gleitende Reibung* einerseits und *rollende* oder *wälzende* andrerseits; Apparate, die die Reibung messen, heißen *Tribometer*. Die gleitende Reibung ist unabhängig von der Größe der reibenden Flächen und von der Geschwindigkeit, dagegen proportional mit dem Druck der Flächen gegeneinander: *Coulombsches Reibungsgesetz*, $R = \mu N$, wo N der Normaldruck und μ ein Zahlenfaktor ist. Bei rollender Reibung handelt es sich nicht um eine Kraft, sondern um ein Kraftmoment; hier ist das Reibungsmoment $M = f \cdot N$, wo f die Dimension einer Strecke hat. Die Größen μ bzw. f heißen *Reibungskoeffizienten*, speziell Koeffizient der gleitenden bzw. rollenden Reibung. Beide sind desto kleiner, je glatter, letzterer auch, je härter die Körper sind. Einige ungefähre Werte von μ sind: Leder auf Metall 0,55; Holz auf Holz 0,4; Eisen auf Eisen 0,15; Eisen auf Eis (Schlittschuhe) 0,025. Der Koeffizient f hat für Holz oder Eisen den Durchschnittswert 0,015. Durch Polieren oder Schmieren der Flächen kann man die Reibung bedeutend verringern, und es werden dann auch die Gesetze nicht unwesentlich modifiziert; auch spielt der trockene oder feuchte Zustand der Flächen eine sehr merkliche Rolle. — Wichtig ist ferner die *Seilreibung* und die *Reibung auf der schiefen Ebene;* im letzteren Falle heißt der Winkel, den eine schiefe Ebene haben darf, ohne daß ein auf ihr befindlicher Körper ins Gleiten gerät, *Reibungswinkel* oder *Ruhewinkel*:

$$w = \operatorname{arctg} \mu.$$

— Die Reibung hat die allgemeine Bedeutung einer *Zerstreuung der Energie*, einer Umwandlung von geordneter mechanischer Bewegungsenergie in ungeordnete Wärmebewegung der Teilchen; diese Umsetzung kann zur Bestimmung des Wärmeäquivalents (s. d.) benutzt werden. — Die Reibung hat aber auch eine große aktive Bedeutung, indem sie die Fortbewegung von Körpern mit Hilfe des Rollens von Rädern bewirkt (Eisenbahn, Riemenübertragung usw.); in solchen Fällen darf also die Reibung weder zu groß noch zu klein sein. Im ersteren Falle geht zuviel Energie verloren, im letzteren findet zugleich Vorwärtsrollen und Rückwärtsgleiten, und als Ergebnis Rollen auf der Stelle ohne Fortbewegung statt. — Eine wichtige technische Anwendung der Reibung sind die verschiedenen mechanischen *Bremsen* sowie der *Pronysche Zaum* zur Messung der Leistung einer Maschine, der gegen die rotierende Axe gepreßt wird; Ähnliches geschieht bei den Turenzählern usw. — Ferner gehören hier die *Friktionsräder*, Friktionsrollen und Friktionsscheiben (besser wäre der Ausdruck Antifriktionsräder usw.) zur Verminderung der Reibung bei Bewegungsmechanismen, sowie die *Kugellager* für Axen von Fortbewegungsmaschinen. — Eine andre Anwendung der Reibung ist die zur Zündung (Streichhölzer, Reibzünder, letztere mit sog. *pyrophoren* Metallen, von denen namentlich das Auersche Cereisen sowie das Cermagnesium sich bewährt haben). — Endlich kann durch Reibung mechanische Energie in elektrische umgesetzt werden (s. Elektrostatik).

Reibungselektrisiermaschine, s. Elektrisiermaschinen.

Reibungselektrizität, s. Elektrostatik.

Reibungskoeffizient, s. Bewegung fester Körper in Flüssigkeiten, Innere Reibung, Reibung.

Reibungskonstante, s. Innere Reibung.

Reibungsmodul, s. Innere Reibung.

Reibungswinkel, s. Reibung.

Reichweite, s. Radioaktivität.

Reif, s. Feuchtigkeit.

Reihenschaltung, s. Stromverzweigung.

Reine Stimmung, s. Tonhöhe.

Reisemagnetometer, s. Magnetische Messungen.

Reissches Telephon, s. Magnetostriktion, Telephon.

Reißleine, s. Luftschiffahrt.

Reiter, s. Wägung.

Reiterchen, s. Saitentöne.

Reiterlineal, s. Wägung.

Reizschwelle, s. Lichtstärke, Tonstärke.

Rekaleszenz ist die von Barrett gefundene Erscheinung, daß die Abkühlung heißen, sich selbst überlassenen Eisens oder Stahls bei etwa 770° C (Umwandlungstemperatur, s. Ferromagnetismus) eine plötzliche Unterbrechung erleidet, ja sogar in vorübergehende Erwärmung übergehen kann, die man unter Umständen als Hellerwerden der Rotglut auch mit dem Auge wahrnehmen kann; Ursache ist jedenfalls durch innere Strukturänderungen erzeugte Wärme. S. auch Ferromagnetismus, Goresches Phänomen.

Relais, s. Telegraphie.

Relative Öffnung, s. Photographisches Objektiv.

Relativitätstheorie ist die Annahme oder Erkenntnis, daß man aus Beobachtungen irgendwelcher Art innerhalb eines geschlossenen Systems nichts über die geradlinige und gleichförmige Bewegung dieses Systems erfahren kann, daß sich nämlich alle Erscheinungen in ihm in genau derselben Weise abspielen, ob es nun ruht oder sich gleichförmig und geradlinig bewegt. Für beschleunigte geradlinige oder für ungeradlinige Bewegung, insbesondere für Rotation, gilt das Prinzip also nicht. — Zu unterscheiden ist zwischen dem schon sehr alten *Relativitätsprinzip der Mechanik* und dem *modernen Relativitätsprinzip* der bisher sogenannten Ätherphysik. Das erstere ist auch in neuerer Zeit immer wieder zeitweilig Gegenstand der Diskussion geworden, so namentlich, was die Relativität der Kreiselbewegung betrifft. Das letztere knüpft an die Erscheinung der *Aberration des Lichts* und seine Erklärung durch die Äther- und Wellentheorie des Lichts an. Bradley fand, daß ein Fixstern im Laufe der Zeit eine kleine Ellipse zu beschreiben scheint, deren große Halbaxe die Richtung der Ekliptik und für alle Fixsterne dieselbe Winkellänge $a = 20'', 47$ hat; die kleine Axe variiert von 0 in der Ekliptik bis zu a im Pole der Ekliptik. Dort ist also die Bahn eine gerade Linie, hier ein Kreis. Diese Erscheinung ist vom Standpunkte der Emissionstheorie sehr einfach zu begreifen, da das Licht infolge der Fortbewegung der Erde das Fernrohr (oder den Raum) schief durchsetzt (Fig. 197). Vom Stand-

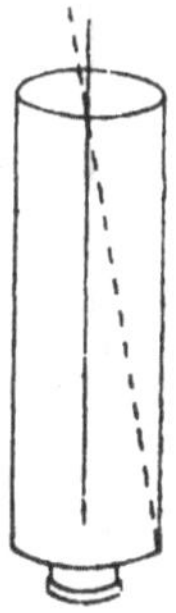

Fig. 197.

punkte der Wellentheorie des Äthers dagegen treten Schwierigkeiten auf, zu deren Beseitigung man folgende Hypothesen gemacht hat: 1. Der Äther nimmt innerhalb der Körper an ihrer Geschwindigkeit vollen Anteil. 2. Er nimmt an der Bewegung der Materie nur teilweise teil (Korreptionskoeffizient). 3. Er ist in absoluter Ruhe. — Die beiden ersten Annahmen geraten mit mehreren Tatsachen in Widerspruch; es bleibt also nur die letzte übrig. Um sie zu prüfen, muß man optische Beobachtungen auf der bewegten Erde anstellen und nachweisen, daß sie durch die Erdbewegung beeinflußt werden; dabei ist zwischen Wirkung erster und zweiter Ordnung zu unterscheiden, je nachdem schon das Glied erster Ordnung, also das Verhältnis v/c der Erdgeschwindigkeit zur Lichtgeschwindigkeit, oder erst das Glied zweiter Ordnung v^2/c^2 den Effekt hervorbringt. Die Versuche der ersteren Art haben sämtlich negatives Ergebnis gehabt; die letzteren konnten nur mit äußerst empfindlichen Apparaten ausgeführt werden, da $v^2/c^2 = 10^{-8}$, also der zu erwartende Effekt überaus klein ist. Es gelang aber *Michelson*, den Versuch einwandfrei anzustellen, und zwar in folgender Weise: Ein auf die durchsichtige Glasplatte G (Fig. 198)

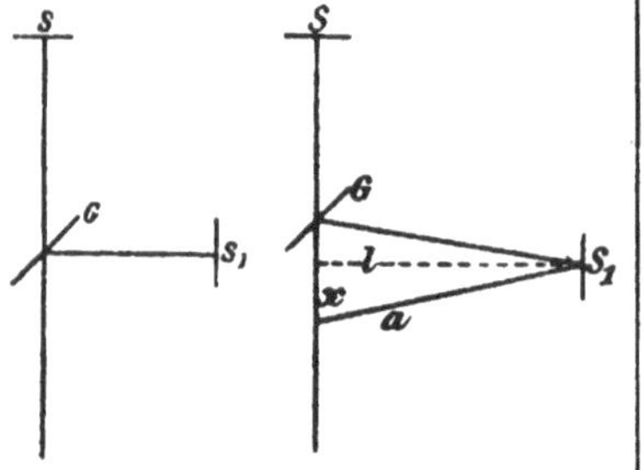

Fig. 198.

fallender Lichtstrahl durchsetzt diese und geht weiter, bis er vom Spiegel S in seiner eignen Richtung zurückgeworfen wird; ein zweiter Strahl wird von G reflektiert und gelangt zum Spiegel S_1, von dem er ebenfalls in sich reflektiert wird; er fällt dann wieder auf die Glasplatte, wird nochmals reflektiert und gelangt nun mit dem von S zurückkehrenden ersten Strahl zur Interferenz. Wenn man nun die Spiegel und die Glasplatte auf einem drehbaren starren System montiert und einmal die Richtung GS, dann die Richtung GS_1 in die Richtung der Erdbewegung bringt, so muß hierbei (vgl. die zweite Figur) eine Verschiebung der Interferenzstreifen infolge ihres Gangunterschiedes (s. Interferenz) eintreten. Aber auch dieser Versuch verlief negativ. Lorentz erklärte das aus der Vorstellung, daß eine Strecke in der Bewegungsrichtung im Verhältnis $1 : \sqrt{1 - (v/c)^2}$ verkürzt wird und daß hierdurch die beiden Lichtwege wieder gleich lang werden. Andrerseits muß man auch das Zeitmaß ändern. Da nämlich ein Strahl für den Weg l hin und zurück im bewegten Sytem die Zeit

$$(2\,l/c)/(1 - v^2/c^2)$$

oder mit Rücksicht auf die soeben angenommene Verkürzung der Strecke, die Zeit $(2\,l/c)/\sqrt{1 - (v/c)^2}$ braucht, während er im ruhenden nur die Zeit $2\,l/c$ brauchen würde, so müssen sich, wenn die absolute Bewegung nicht wahrnehmbar werden soll, alle Zeiten in bewegten Systemen in diesem Verhältnis verlängern; Uhren müssen in bewegten Systemen, vom ruhenden aus betrachtet, langsamer gehen. Ferner muß aber auch die Ortszeit in zwei Punkten eines bewegten Systems verschieden sein, und zwar beim Abstand x um

$$v\,x/\left(c^2\sqrt{1 - (v/c)^2}\right).$$

(„Lorentz-Transformation"). — Zum allgemeinen und grundsätzlichen Ausdruck haben diese Forderungen Minkowski und Einstein gebracht durch den Ausspruch, daß es überhaupt keinen Ort, unabhängig von der Zeit, und keine Zeit, unabhängig vom Orte gibt, daß vielmehr die Ortskoordinaten x, y, z und die Zeit t vier zusammengehörige Variable einer *vierfachen Mannigfaltigkeit* darstellen, die man sich, wenn auch nicht anschaulich (s. Raum) als einen vierdimensionalen Raum vorstellen kann, mit Orts- und Zeitaxe; in diesem Raum lassen sich dann die Gesetze der Relativitätstheorie geometrisch (durch Schnitte) darstellen. — Von umwälzender Konsequenz ist namentlich der Umstand, daß mit der Relativitätstheorie die Existenz eines *absolut ruhenden Äthers* und damit die des Äthers überhaupt unvereinbar ist; an seine Stelle ist der abstrakte Raum einzuführen. — Ferner wird nach dieser Theorie die

Zurückführung der elektrischen, magnetischen und optischen Erscheinungen auf Mechanik grundsätzlich aufgegeben; im Gegenteil, die Mechanik ist nunmehr auf der Elektrodynamik aufzubauen. Dadurch nimmt die Mechanik, die sog. *Relativitätsmechanik*, ein von Grund aus neues Aussehen an; z. B. verliert das Trägheitsgesetz seine Bedeutung, der Begriff der Masse muß neu fundiert werden, und einen starren Körper gibt es nicht mehr. — Wenn auch die Relativitätstheorie bisher im wesentlichen Theorie geblieben ist, so hat sie doch auch schon einzelne greifbare Erfolge erzielt, so die Aufklärung der Bahnanomalien des Merkur sowie die Krümmung der Lichtstrahlen im Gravitationsfelde (s. Gravitation).

Relaxation, s. Elastische Nachwirkung.

Relaxationszeit, s. Elastische Nachwirkung.

Reluktanz, s. Magnetischer Kreis.

Reluktivität, s. Magnetischer Kreis.

Remanenter Magnetismus, s. Remanenz.

Remanenz oder *remanenter Magnetismus* ist der Magnetismus, der in einem Körper nach Aufhebung der magnetisierenden Kraft zurückbleibt; im Gegensatz dazu heißt der ganze Magnetismus während der Kraftwirkung *temporärer* und die Differenz beider *verschwindender* Magnetismus. — Bei dia- und paramagnetischen Stoffen, die sich temporär nur schwach magnetisieren lassen (s. Diamagnetismus) fehlt die Remanenz beinahe vollständig. Bei ferromagnetischen Substanzen (s. Ferromagnetismus) hängt die Remanenz in erster Linie von dem *Härtegrade* ab: bei hartem Stahl ist sie am größten, bei weichem schwedischen Eisen am kleinsten. Die entgegengesetzte magnetisierende Kraft, die man anwenden muß, um die Remanenz zu zerstören bzw. die ihr gleiche positive Kraft, die man sich im Innern des Körpers vorstellt, heißt *Koerzitivkraft*. Beide Größen, die Remanenz und die Koerzitivkraft, gehen vielfach parallel; es gibt aber auch Stoffe bzw. Fälle, in denen einer großen Remanenz eine relativ kleine Koerzitivkraft entspricht und umgekehrt. Dazu kommt noch ein andrer Unterschied: die Remanenz hängt nicht unwesentlich von der Form des Körpers ab; für einen Ring ist sie groß, für einen gedrungenen Stab klein. Dagegen hängt die Koerzitivkraft lediglich vom Material ab, hat also einen von der Körperform unabhängigen Wert. — Übrigens kann man die Remanenz, außer durch magnetische Ggenkräfte, auch auf mechanischem Wege, insbesondere durch Erschütterung, Klopfen usw., herabmindern oder gar beseitigen. — Auch wenn die Remanenz beseitigt ist, ist doch der Körper im allgemeinen nur *scheinbar unmagnetisch;* er verhält sich nämlich für Magnetisierungen in der früheren und in der entgegengesetzten Richtung unsymmetrisch. Um einen Körper wirklich zu *entmagnetisieren*, muß man verwickelte Methoden anwenden, von denen die vorzüglichste die der abnehmenden Hin- und Hermagnetisierungen ist. Bei plötzlicher Entmagnetisierung kann unter Umständen ein entgegengesetzter Zustand, die *anomale Magnetisierung* („Waltenhofensches Phänomen") auftreten. — Auch bei einem und demselben Körper fällt die Remanenz verschieden aus, je nach dem Grade, bis zu dem der Körper temporär magnetisiert worden war. Hier ist als Beispiel eine Magnetisierungsreihe angeführt, gültig für einen langen weichen Eisendraht; H ist die Feldstärke, I die temporäre, i die remanente Magnetisierung, v das Verhältnis beider (*Retentionsfähigkeit*); dieses letztere steigt, wie man sieht, anfangs an, wird dann aber annähernd konstant:

H	I	i	v
0,42	16	3,9	0,24
0,70	33	9,9	0,30
1,16	91	46	0,50
1,44	195	133	0,68
1,76	364	283	0,78
2,14	507	418	0,82
2,88	702	598	0,85
3,58	842	711	0,85
5,02	984	832	0,84
6,46	1050	864	0,82
8,64	1110	897	0,81

H	I	i	v
10,26	1130	910	0,80
11,91	1150	913	0,80
10,50	1190	929	0,79
23,6	1195	929	0,78
35,7	1230	933	0,76
45,5	1230	933	0,76

In der Fig. 199 ist das überdies graphisch dargestellt. — Stahlkörper, die mehr oder weniger den ganzen temporären Magnetismus auch nach Aufhören der Einwirkung bewahren, heißen *permanente* oder *Dauermagnete* (s. Magnet).

Replenisher, s. Elektrometrie, Kondensator.

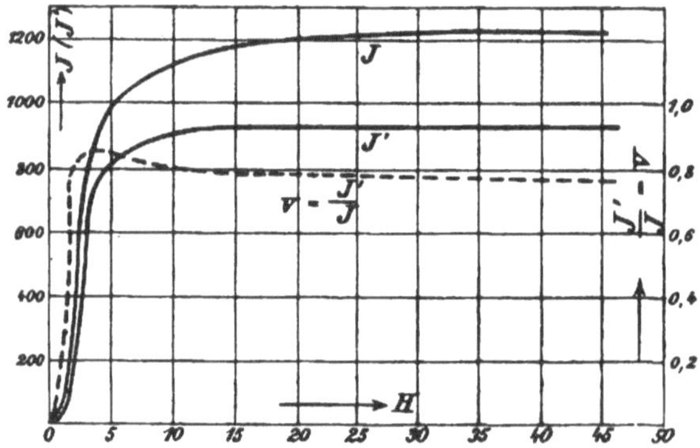

Fig. 199.

Reproduktionsobjektiv, s. Photographisches Objektiv.

Resistanz, soviel wie Widerstand, besonders soweit er normal (dem Ohmschen Gesetze entsprechend) ist; s. Selbstinduktion.

Resonanz, s. Freie und erzwungene Schwingungen.

Resonanz (elektrisch), s. Elektrische Schwingungen.

Resonanz (optisch), s. Dispersion.

Resonanzboden, s. Musikinstrumente.

Resonanzbreite, s. Freie und erzwungene Schwingungen.

Resonanzkasten, s. Musikinstrumente.

Resonanzmethode, s. Schallstärke.

Resonanztheorie des Hörens, s. Gehör.

Resonator, s. Freie und erzwungene Schwingungen, Klang, Kubische Pfeifen.

Restitutionskoeffizient, s. Stoß.

Reststrahlen, s. Wärmestrahlung.

Retentionsfähigkeit, s. Remanenz.

Retina, s. Sehen.

Retrograde Kondensation, s. Gemische.

Reversible Prozesse, s. Prozeß, Thermodynamik.

Reversionspendel, s. Pendel.

Rezipient, s. Luftpumpe.

Reziprozitätsgesetz, s. Geometrische Optik.

Rheostat, s. Elektrische Hilfsapparate.

Rhombisches System, s. Kristalle.

Rhomboedrisches System, s. Kristalle.

Richtmagnet, s. Galvanometer.

Richtung. Eine gerade Linie ist ein Vektor, d. h. sie hat eine bestimmte Richtung; entsprechend dem Raume hat auch die Richtung eine dreifache Mannigfaltigkeit. — Ausgezeichnete Richtungen sind: 1. Die *Lotrichtung*, nach dem Erdschwerpunkte weisend (genauer: in der Richtung der Resultante aller an dem betreffenden Orte wirksamen Erdkräfte); sie wird festgelegt durch das *Bleilot*, d. h. ein an einem Faden hängendes Bleigewicht; annähernd auch durch die Richtung des freien Falls. 2. Die unendlich vielen horizontalen Richtungen, die zusammen die *Horizontalebene* bilden; auf der Lotlinie senkrecht, und festgelegt durch Libelle (s. d.) oder Wasserwage. 3. Die

Richtung des *geographischen Meridians*, also die Nord-Südrichtung, direkt nur auf astronomischem Wege zu bestimmen. 4. Die Richtung des *Parallelkreises* oder Ost-Westrichtung, auf jener senkrecht stehend. 5. Die Richtung nach dem *magnetischen Nordpol*, angezeigt durch eine sowohl horizontal wie vertikal frei bewegliche Magnetnadel. 6. Deren Horizontalprojektion, die Richtung des *magnetischen Meridians*, angezeigt durch den Kompaß; mit der Richtung des geographischen Meridians einen bestimmten Winkel bildend (Deklination, s. Erdmagnetismus). — Die Festlegung einer bestimmten Richtung, insbesondere beim Schießen, heißt Zielen. Das üblichste Mittel hierzu ist die Einrichtung von Korn und Visier (Treppen-, Kastenvisier usw.). Vollkommener sind die *Zielfernrohre* (Panorama-, Rückblick-, Doppelblickfernrohr usw.).

Richtungsgröße, s. Größe.

Richtungshypothese, s. Magnetische Theorien.

Richtungslokalisation, s. Gehör.

Righieffekt, s. Magnetische Drehung der Polarisationsebene.

Ringanker, s. Dynamomaschine.

Ringmagnet, s. Magnet.

Ritzmethode, s. Härte.

Robervalsche Waage, s. Wägung.

Röhrensender, Röhrendetektor, Röhrenverstärker usw., insbesondere die Liebenröhre, das de Forestsche *Audion* und die neuesten Ausgestaltungen derselben (höchstes Vakuum usw.) sind die in den letzten Jahren rasch in Aufnahme gekommenen Hilfsmittel zur Vervollkommnung der drahtlosen Telegraphie; sie bestehen aus einem mehr oder weniger komplizierten System von Glüh-, Oxyd- und Gitterelektroden, das sich in Kürze nicht erläutern läßt; Relais- und Ventilwirkung spielen dabei eine Rolle.

Röhrenwiderstand, s. Hydrodynamik.

Römische Wage, s. Wägung.

Röntgeneffekt, s. Elektrische Konvektion.

Röntgenstrahlen, ursprünglich von ihrem Entdecker *X-Strahlen* genannt, sind Strahlen, die entstehen, da, wo Kathodenstrahlen (s. d.) durch Aufprall auf die Glaswand des Entladungsrohres oder auf ein in seinem Innern angebrachtes Platinblech plötzlich gebremst werden, und zwar in besonderer Stärke, wenn durch Wahl einer gewölbten Kathodenfläche für Konzentration der Kathodenstrahlen auf der Auffangfläche gesorgt wird. Die letztere wird gewöhnlich mit der (im übrigen gleichgültigen) Anode verbunden und ihrerseits als *Antikathode* bezeichnet. Derartige *Röntgenröhren* werden jetzt in sehr vollkommener Form und außerdem in verschiedenen Vakuumgraden, also zur Benutzung mit verschieden hohen Spannungen, hergestellt; bei hohen Spannungen entstehen „harte", d. h. durchdringende, bei niedrigen „weiche" Röntgenstrahlen (s. u.). Ferner haben die Röhren häufig eine Vorrichtung zur Nachfüllung von Gas und zur Messung des Drucks usw. Die neueren Röhren (Coolidge, Lilienfeld usw.) haben extremes und konstantes Vakuum; eine hoch negativ aufgeladene Glühkathode liefert die Elektronen für die Kathodenstrahlung und wirkt zugleich ventilartig, d. h. schaltet Gegenstrom aus. Zur Härteregulierung dient entweder Erhöhung der Temperatur der Glühkathode, womit Verteilung der Energie, Verminderung der Aufprallgeschwindigkeit, also geringere Härte der entstehenden Röntgenstrahlen verbunden ist, oder, bei gleicher Temperatur, Erhöhung des Potentialgefälles zwischen Glühkathode und einer neu eingeführten Nebenkathode. Übrigens erhält man die am stärksten differenzierten Bilder weder durch zu weiche noch durch zu harte Strahlen (dort werden die Bilder zu schwach, hier zu gleichmäßig hell), sondern durch ein gewisses Optimum von Härte, das indessen natürlich von der zu durchstrahlenden Dicke abhängt. — Die wichtigste Eigenschaft der Röntgenstrahlen ist ihr großes *Durchdringungsvermögen* gegenüber der Materie, und zwar steht es im großen ganzen einfach im umgekehrten Verhältnis zur Dichte: durch Holz gehen sie fast ungeschwächt hindurch, in Blei werden sie fast vollständig absorbiert; je härter die Strahlen, desto größer ist ihr Durchdringungsvermögen. Übrigens ist die Dichte nicht allein maßgebend; vielmehr nimmt die Absorption pro Masseneinheit mit dem *Atomgewicht* zu, und an dritter Stelle kommt noch die Geschwindigkeit der erregenden Kathodenstrahlen in Betracht. Einige *Absorptionskoeffizienten* für harte und weiche Strahlen sind folgende:

Element	Atomgewicht	Spezifischer Absorptionskoeffizient nach Benoist	nach Holtsmark	
		hart	hart	weich
Al	27	0,97	1,34	2,03
S	32	1,96	2,8	2,8
Fe	55,5	7,5	11,9	12
Zn	65	8,4	16,4	18,6
Ag	108	17,7	16,4	21,6
Pt	193	22	30,7	41,5
Au	196	28	47	78
Hg	199	22	42	43
Pb	205	22	32,5	—

— Die Durchdringungsfähigkeit hat die Röntgenstrahlen zu einem überaus wertvollen Detektivmittel, namentlich für medizinische Zwecke, gemacht; aber auch in Technik und Kunst spielen sie eine rasch wachsende Rolle. — Eine zweite Eigenschaft der Strahlen ist ihre kräftige *Fluoreszenzerregung*, z. B. auf einem Bariumplatinzyanürschirm; hierdurch werden sie überhaupt erst sichtbar. Eine dritte ist ihre *photographische Wirkung*, die man benutzen kann, um die erhaltenen Bilder zu fixieren. Die vierte Eigenschaft ist ihre *Unbrechbarkeit* und damit ihre Unfähigkeit, eigentliche optische Bilder von Gegenständen zu liefern; was man auf dem Fluoreszenzschirm und auf der photographischen Platte sieht, sind lediglich *Schattenbilder*, aber, wegen der starken Durchdringungsverschiedenheit für verschiedene Stoffe, mit kräftiger Differenzierung der einzelnen Teile. Genaue Bestimmungen haben zwar gezeigt, daß der Brechungsquotient nicht genau eins ist; aber quantitativ ist die Frage noch nicht endgültig entschieden. Die fünfte Eigenschaft der Röntgenstrahlen ist die *Ionisierung des Gases*, durch das sie hindurchgehen, z. B. der Luft; es wird dadurch leitend, und ein geladenes Elektroskop fällt in sich zusammen. Endlich entstehen bei der Absorption der Strahlen sowohl sekundäre Kathodenstrahlen als auch sekundäre Röntgenstrahlen. Dagegen fehlt bei den Röntgenstrahlen die Ablenkbarkeit im Magnetfelde. — Nach alledem vermutete man schon, daß man es hier nicht mit einer Konvektions-, sondern mit einer Undulationsstrahlung zu tun habe; nur wußte man nicht, ob es sich um wirre Stöße oder um regelmäßige Wellen handelt, und man neigte sogar der ersteren Ansicht mehr zu. Durch Laue aber ist die *Wellennatur* im engeren Sinne nachgewiesen worden, und zwar durch ihre *Interferenz- und Beugungswirkung*. Freilich genügten dazu nicht die in der Optik üblichen Gitter, weil, wenn es sich um Wellen handelte, es jedenfalls sehr viel kürzere als die Lichtwellen sein mußten, und für solche sind selbst die feinsten Rowlandgitter noch zu grob. Wohl aber gelang der Nachweis mit Hilfe von Kristallplatten, durch die die Strahlen geschickt wurden, und die, nach der herrschenden Hypothese, natürliche Gitterstruktur haben; diese Hypothese ist damit gleichzeitig als richtig dargetan worden. Im übrigen sind die hier auftretenden Beugungserscheinungen überaus mannigfaltig, und sie werfen reiches Licht auf die Konstitution der Kristalle und damit der Materie überhaupt (Laue, Bragg).

Rogetsche Spirale ist eine lange, enge Drahtspirale, oben fest, unten in Quecksilber tauchend; bei Stromdurchgang tanzt sie auf und ab, s. Elektrodynamik.

Rohrrücklauf, s. Wurf.

Rolle, s. Einfache Maschinen.

Rollendes Echo, s. Reflexion und Brechung des Schalls.

Rollenzug, s. Einfache Maschinen.

Rostpendel, s. Thermische Ausdehnung der festen Körper.

Rotation, s. Dynamik, Kinematik.

Rotationsdispersion, s. Drehung der

Polarisationsebene, Magnetische Drehung der Polarisationsebene.

Rotationsmagnetismus, s. Induktionsströme.

Rotglut, s. Strahlung.

Rotgrünblindheit, s. Sehen.

Rotierende Flüssigkeit, s. Gleichgewichtsfiguren der Flüssigkeiten.

Rotor, s. Größe, Dynamomaschine.

Rowlandeffekt, s. Elektrische Konvektion.

Rowlandsches Gitter, s. Spektrometrie.

Ruderflug, s. Luftschiffahrt.

Rückblickfernrohr, s. Richtung.

Rückenschlächtiges Wasserrad, s. Hydraulische Apparate.

Rückstand, s. Kondensator.

Rückstoß, s. Wechselwirkung, Wurf.

Ruhe, s. Bewegung, Gleichgewicht.

Ruhestrom, s. Telegraphie.

Ruhewinkel, s. Reibung.

Ruhmkorff, s. Induktionsströme.

Rundes Fenster, s. Gehör.

Rute, s. Flächenmaß.

S

Sacharimeter, s. Drehung der Polarisationsebene.

Säkulare Abkühlung der Erde, s. Wärmeleitung fester Körper.

Säkulare Schwankungen, s. Erdmagnetismus.

Sättigung, s. Magnetische Induktion.

Sättigungsdefizit, s. Feuchtigkeit.

Sättigungsdruck, s. Feuchtigkeit.

Sättigungsspannung, s. Dämpfe.

Sättigungsstrom, s. Elektrizitätsleitung der Gase.

Saftsteigen, s. Steighöhe.

Sagittalbüschel, s. Astigmatismus.

Saiten, s. Tönende Systeme.

Saiteninstrumente, s. Musikinstrumente.

Saitentöne. Eine Saite ist ein im wesentlichen eindimensionaler Körper von überall gleichem Querschnitt und, im idealen Falle, vollkommener Biegsamkeit, so daß sie, um geradlinige Gestalt anzunehmen, an den Enden eingespannt oder mindestens durch Zugkräfte gespannt werden muß. Wird sie abgebogen und dann sich selbst überlassen, so schnellt sie infolge ihrer Elastizität zurück, geht infolge des Beharrungsvermögens über die natürliche Lage nach der andern Seite hinaus usw.; sie führt also *transversale Schwingungen* aus. — Die *Schwingungszahl* einer Saite von der Länge l, dem spannenden Gewichte S, dem Querschnitt q und der Dichte d ist:

$$n = (1/2\,l)\,\sqrt{S/(dq)},$$

sie ist also mit der Wurzel aus der spannenden Kraft direkt, mit der Länge, der Wurzel aus dem Querschnitt und der Wurzel aus der Dichte umgekehrt proportional. Statt dq kann man auch die Liniendichte δ einführen: $n = (1/2\,l)\sqrt{S/\delta}$; oder man führt statt S/q die Spannung s selbst ein und erhält: $n = (1/2\,l)\sqrt{s/d}$. Bei gleicher Spannung ist also der Querschnitt ohne Einfluß. Statt der Frequenz n kann man auch das reziproke, die Schwingungsdauer oder Periode bilden: $T = 2\,l\sqrt{d/s} = 2\,l\sqrt{\delta/S}$. — Dieses Gesetz läßt sich mit dem *Monochord*, einer auf einem Grundbrett mittels Pflock, Rolle und Gewicht ausgespannten Saite, leicht bestätigen; dabei ist das horizontale Monochord bequemer als das vertikale (das keiner Rolle bedarf), aber wegen der hier stattfindenden Verluste an der Rolle weniger exakt. Man variiert zuerst das Gewicht, dann, mit Hilfe eines Steges, die Länge, dann, durch Vertauschung der Saite mit einer andern, den Querschnitt oder die Dichte (das Material). Dabei findet man, daß unter sonst gleichen Umständen das Material und insbesondere der Elastizitätsmodul ohne Einfluß ist. Statt des Monochords kann man ein *Bichord* oder *Polychord* mit mehreren Saiten von verschiedener Länge, Querschnitt, Dichte und Spannung benutzen. — Bei alledem zeigt sich nun freilich, daß die obigen Gesetze nicht genau gelten, weil sich doch eine gewisse *Steifigkeit* der Saite geltend macht; und zwar desto stärker, je kürzer und dicker die Saite und je geringer die Spannung ist; man muß dann eine empirische Steifigkeitskorrektion einführen. Sie ist immer positiv, d. h. die Töne werden durch die Steifigkeit erhöht, und zwar im Mittel um ein bis einige Prozent. Bei den Musikinstrumenten wird die Abhängigkeit von der Spannung besonders zum Stimmen, die von der Länge durch Fingeraufsatz ausgenutzt. — Im übrigen bedarf obige Formel noch einer wesentlichen Ergänzung, insofern, als sie nur den *Grundton* der Saite liefert, bei dem sie als Ganzes schwingt, d. h., von den Enden abgesehen, ohne Knotenbildung. Sie kann aber auch mit einem Knoten in der Mitte oder mit zwei Knoten in $^1/_3$ und $^2/_3$ der Länge usw. schwingen und gibt alsdann die *harmonischen Obertöne* des Grundtons, d. h. die Töne von der doppelten, dreifachen usw. Frequenz (Fig. 200). Wenn also m eine ganze Zahl ist, lautet die allgemeine Formel: $n_m = (m/2l)\sqrt{s/d}$. Diese Oberschwingungen kann man mit Hilfe von *Reiterchen* (kleine, gefaltete Papierstreifen) nachweisen; bei der Erregung der Saite bleiben sie auf den Knoten sitzen, von den (halbwegs zwischen den Knoten gelegenen) Bäuchen werden sie abgeworfen. — Im allgemeinen wird die Saite sogar alle diese Schwingungsarten zugleich, also eine *zusammengesetzte Schwingung* (s. Fourierschwingungen) ausführen und demgemäß einen *Ton von bestimmtem Klange* (s. d.) liefern. Die Art dieser Zusammensetzung, also die relative Intensität der Partialtöne und damit die Klangart, hängt, außer von dem Material der Saite, von der Art ab, wie die Schwingungen erregt werden. In dieser Hinsicht sind namentlich vier Arten zu unterscheiden: 1. *Zupfen*, 2. *Schlagen* oder *Hämmern*, 3. *Streichen*, 4. (bei Eisen- oder Stahlsaiten) *elektromagnetische Erregung* durch einen mit einem Unterbrecher versehenen Elektromagneten. Dazu kommen dann noch Spezialitäten, so die Erregung durch *Wind*; hierauf beruht

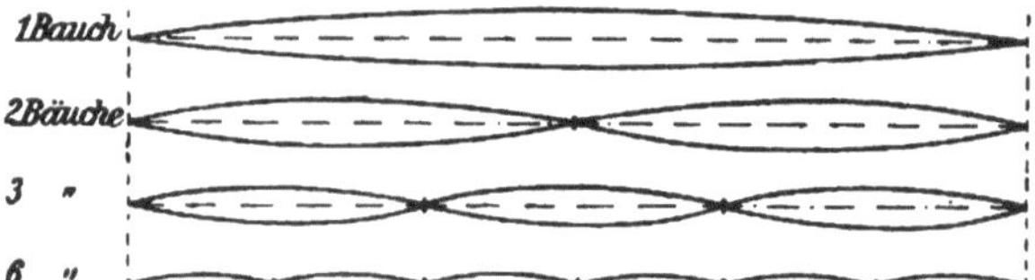

Fig. 200.

die *Äolsharfe*, mit mehreren, harmonisch abgestimmten Saiten, durch Luftzug erregt und mit sehr weichem Klange. — Bei 1. und 2. entstehen *freie*, bei 3. und 4. dagegen *erzwungene* Schwingungen (s. Freie und erzwungene Schwingungen). — Beim Zupfen ist der charakteristische Anfangszustand der, daß jeder Saitenpunkt eine bestimmte Elongation (Abweichung von der natürlichen Lage), aber keine Geschwindigkeit hat; beim Schlagen hat er umgekehrt keine Elongation, aber eine bestimmte Impulsgeschwindigkeit. — In allen Fällen kommt es ferner auf drei Umstände an: a) Die Stelle, welche erregt wird (Mitte, nahe den Enden usw.); b) auf die Breite der Erregungszone und das Gesetz der Erregungsstärke über diesen Bereich hin; c) auf die Natur des erregenden Instrumentes (weich, hart usw.). Auf diese Weise lassen sich die verschiedensten Klangfarben erzielen. — Durch Stroboskopie (s. d.), besser aber durch photographische Aufnahme mit chronographischer Auflösung (Fig. 201: gezupft, 202 gehämmert [man sieht den Hammer], 203 gestrichen) hat man diese Schwingungsarten eingehend studiert und verewigt; aus den Photo-

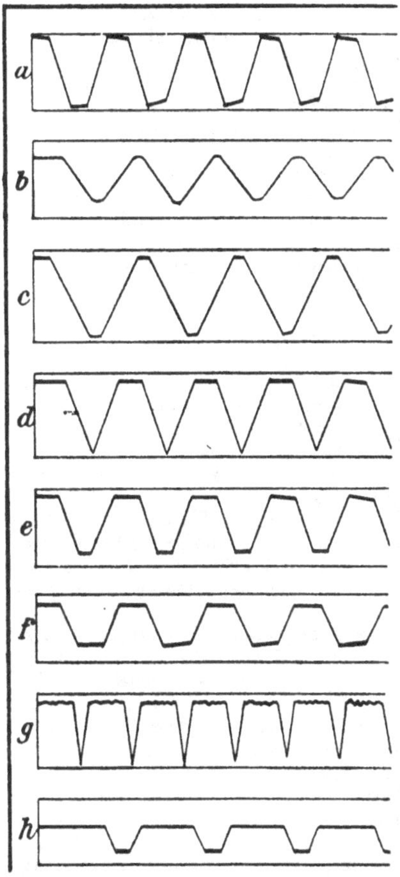

Fig. 201.

grammen lassen sich dann die Klanggesetze ableiten. Für Demonstrationszwecke beleuchtet man einen Saitenpunkt recht scharf und bildet dann mit Hilfe eines rotierenden Spiegels chronographischer Auflösung Figuren (*a*: gezupft, *b*: gehämmert, *c*: gestrichen) hat man diese Schwingungsarten eingehend studiert und verewigt; aus den Photogrammen lassen sich dann die Klanggesetze ableiten. Für Demonstrationszwecke beleuchtet man einen Saitenpunkt recht scharf und bildet

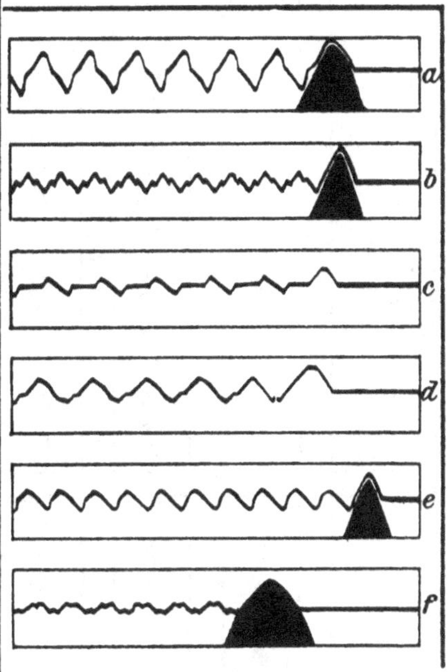

Fig. 202.

dann mit Hilfe eines rotierenden Spiegels seine Schwingungen chronographisch auf der Zimmerwand ab. — Von den Ergebnissen sei hier nur angeführt, daß der *Klang* beim Schlagen schärfer als beim Zupfen ist, und bei beiden desto schärfer, je schmaler und härter das schlagende bzw. zupfende Instrument ist; beim Klavier z. B. wird der Klang mit der Zeit immer härter und dünner, weil die Hämmer ihre Weichheit einbüßen. — Am verwickeltsten ist der Vorgang des *Streichens:* der Bogen erregt die Saite, löst sich von ihr los, erfaßt sie von neuem usw.; hier kommt es wesentlich darauf an, den Bogen so zu führen, daß die erzwungene Schwingung sich der freien

Eigenschwingung der Saite möglichst anpaßt, sonst entstehen Geräusche verschiedener Art. Die chronographische Auflösung zeigt hier das Bild einer scharfen Zackenlinie, die, sobald man zu streichen aufhört und die Saite

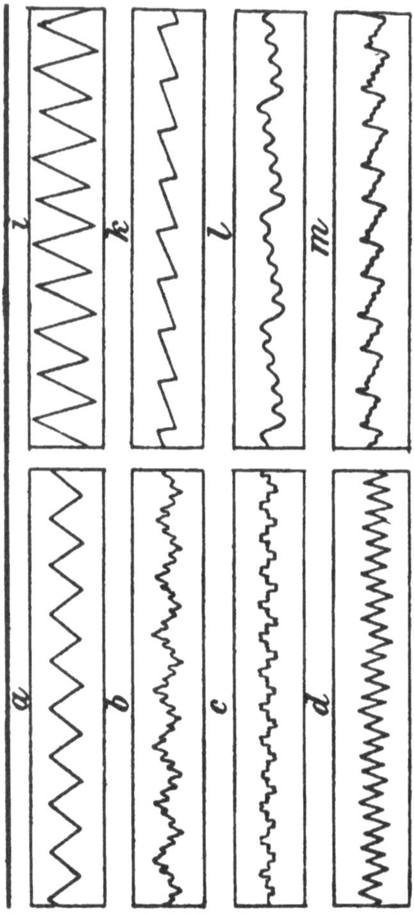

Fig. 209.

sich selbst überläßt, in eine sanfte Wellenlinie übergeht; die Zacken sind in der Saitenmitte symmetrisch, werden aber nach den Enden hin immer unsymmetrischer. — Außer den normalen Tönen können Saiten, wenn man an irgendeiner Stelle den Finger nicht fest, sondern lose aufsetzt, noch *Flageolettöne* liefern, bei denen beide Saitenstücke schwingen, und die sich durch weichen Klang auszeichnen. — Als *Material* für die Saiten kommen Metalle und Darmstoffe in Betracht sowie, als Kombination beider, mit Metalldraht besponnene Darmstoffe; Darmsaiten geben weichere Töne als Metallsaiten. — Die freien Saitenschwingungen haben eine sehr starke *Dämpfung;* der Ton erlischt nach kurzer Zeit.

Saitenunterbrecher, s. Elektrische Hilfsapparate, Elektromagnetische Apparate.

Salzstrahlen, s. Kanalstrahlen.

Sammellinse, s. Linse.

Sammler, s. Akkumulator.

Sammlerbatterie, s. Akkumulator.

Sanduhr, s. Zeitmessung.

Saturnringe, s. Gleichgewichtsfiguren der Flüssigkeiten.

Saugheber, s. Pneumatische Apparate.

Saugpumpe, s. Pumpen.

Saugrohr, s. Luftpumpe, Pumpen.

Schädlicher Raum, s. Luftpumpe.

Schaefersche Platte, s. Elektrische Schwingungen.

Schalenkreuz, s. Winde.

Schall ist der Inbegriff alles dessen, was wir mit dem Ohre wahrnehmen, einschließlich der physikalischen Vorgänge, die diesen Schallempfindungen zugrunde liegen. Es läßt sich nachweisen, daß dazu die Periodizität der Bewegung gehört (s. Sirene), und daß zur Übertragung auf das Ohr die Luft nötig ist (wegen andrer Zuleitung, s. Gehör). Wenn die Periodizität von regelmäßigem Charakter ist, entsteht ein *Ton* oder ein Komplex von Tönen, andernfalls ein *Geräusch.* Einen Schall von sehr geringer Dauer nennt man, besonders wenn er stark ist, einen *Knall.* Von entscheidender Bedeutung ist schließlich die Frequenz oder Schwingungszahl der periodischen Bewegung; nur wenn sie zwischen bestimmten Grenzen liegt (s. Tonhöhe), wird das Ohr affiziert. — Die Lehre vom Schall heißt *Akustik,* sie zerfällt in die *physikalische* und die *physiologische* Akustik; jene behandelt die Schallvorgänge in

Natur und Technik, diese die dadurch erzeugten Schallempfindungen, außerdem aber die vom lebenden Organismus erzeugten Schalle. — Die *Qualitäten* des Schalls kommen am deutlichsten beim regelmäßigen Schall, dem Ton, zum Ausdruck. Es sind das die folgenden: 1. *Tonhöhe* (s. d.); 2. *Tonstärke* (s. d.); 3. *Klang* oder *Klangfarbe* (s. d.). Dazu kommen dann noch Merkmale in Raum und Zeit und die der Zusammensetzung von Tönen, also Tempo, Rhythmus usw. — Die wichtigste Anwendung ist die auf die physikalischen Gesetze der Musik, insbesondere von Harmonie und Melodie (s. d.) sowie der Musikinstrumente (s. d.).

Schallausbreitung. Die Ausbreitung des Schalls im Raume erfolgt nach den allgemeinen Gesetzen der Strömung und Kraftströmung (s. Kraft und Kraftfeld). Die *Stärke des Schalls* ändert sich demgemäß in demselben Maße, in dem die Flächen, über die er sich ausbreitet, wachsen, aber in entgegengesetztem Sinne. Ist also die Schallquelle punktförmig, sind also die Wellenflächen, d. h. die Flächen, zu deren Punkten die Schallerregung gleichzeitig gelangt, konzentrische Kugeln, so nimmt die Schallstärke ab wie diese Kugelflächen wachsen, d. h. im umgekehrten Verhältnis des Quadrats der Entfernung von der Quelle. Ist die Quelle eine gerade Linie, so sind die Wellenflächen koaxiale Zylinder, also ist die Schallstärke umgekehrt proportional mit der Entfernung. Ist endlich die Quelle eine Ebene, so sind die Wellenflächen parallele Ebenen, und die Schallstärke ist von der Entfernung unabhängig. Zwischen diese drei typischen Fälle ordnen sich alle übrigen, komplizierteren, sinngemäß ein. Experimentell sind übrigens alle diese Gesetze sehr schwer festzustellen, weil immer Fehlerquellen aller Art vorhanden sind (Erdboden, Berge, Gebäude usw.); am besten geht es noch vom Luftballon aus. — Da hiernach im freien Raume der Schall mit der Entfernung stark abnimmt, erhebt sich das Problem der zwangsläufigen Zusammenhaltung des Schalles; es wird in rein mechanischer Weise durch das *Sprachrohr* und das *Fadentelephon*, in vollkommenerer durch das Telephon (s. d.) und das Mikrophon (s. Telephon) gelöst. Wegen des Sprachrohrs s. auch Reflexion und Brechung des Schalls; das Fadentelephon besteht aus einem langen fadenförmigen Schallleiter und geeigneten Resonanzräumen an den Enden. — Bei den obigen Betrachtungen ist vorausgesetzt, daß das Medium, in dem die Ausbreitung erfolgt, keinen Einfluß auf die Schallbewegung ausübt. Tut sie das, findet also *Absorption* des Schalls statt, so wird die Schallstärke in entsprechendem Maße weiter geschwächt, und zwar hier gemäß der Formel: $I = I_0 \cdot e^{-\alpha r}$, wo α der *Absorptionskoeffizient* ist, d. h. auf gleichen Strecken sinkt die Schallstärke auf den gleichen Bruchteil des Anfangswertes herab. Anders ausgedrückt: Die verschiedenen Medien haben eine verschiedene *Schalleitfähigkeit*. sie läßt sich experimentell, wenn auch nur mit großer Vorsicht, ermitteln,und es ergibt sich dabei folgendes: gute Schalleiter sind die Metalle (besonders Platin, Eisen, Kupfer), ferner das Wasser, wovon bei den Unterwassersignalen Gebrauch gemacht wird. Mittlere Leitfähigkeit hat die Luft (auf einem Kilometer Schwächung etwa auf die Hälfte) und die andern Gase; schlechte Schalleiter sind namentlich die porösen Stoffe (schallsichere Wände und Decken). Der Schnee absorbiert einen großen Teil des auf ihn fallenden Schalls. — Mit dem *Winde* geht der Schall besser, gegen ihn schlechter als in ruhiger Luft. — Ferner wurde bisher vorausgesetzt, daß die Schallstrahlen, d. h. die auf den Wellenflächen senkrechten Linien, gerade Linien seien. Das ist nicht immer der Fall, erstens, wenn die Wellenflächen durch Hindernisse teilweise verstümmelt werden (s. Huygenssches Prinzip); es erfolgt dann *Beugung* des Schalls, der Schall wird seitlich abgelenkt oder nach allen Seiten zerstreut. Hierdurch wird auch die Erscheinung der *Schallschatten*, wonach hinter Hindernissen (Häusern, Pfeilern usw.) nichts gehört wird, wesentlich modifiziert, und zwar in viel allgemeiner merklicher Weise als beim Licht, weil es sich hier um viel längere und breitere Wellen handelt. Zweitens treten Anomalien auf, wenn das Medium inhomogen ist, wenn also der Schall durch Schichten verschiedener Dichte hindurchgeht; die Strahlen *krümmen* sich alsdann, und es kommen merkwürdige Erscheinungen zustande, z. B. bei der Ausbreitung des Geschützdonners; je nach den atmosphärischen Verhältnissen krümmen sich die Strahlen nach oben oder unten, und es kann unter Umständen eine „*Zone des Schweigens*" auftreten, in der man nichts hört, während man weiter entfernt wieder deutlich hört. — Drittens beim Auftreffen des Schalls auf die Grenze zweier Medien, wobei Reflexion und Brechung (s. d.) erfolgt. — Endlich treten besondere Erscheinungen auf, wenn mehrere Schallquellen Wellen in denselben Raum aussenden (s. Interferenz des Schalls). — Alle diese Phänomene ergeben ein neues Problem, das der Akustik der Gebäude (s. d.).

Schallbeugung, s. Schallausbreitung.

Schallbrechung, s. Reflexion und Brechung des Schalls.

Schallempfindung, s. Schall.

Schallenergie, s. Tonstärke.

Schallgeschwindigkeit oder *Fortpflanzungsgeschwindigkeit des Schalls* ist die Strecke, die Schallwellen in 1 sec zurücklegen. Die erste theoretische Formel $c = \sqrt{p/\varrho}$ stellte Newton auf (p Druck, ϱ Dichte); sie bezieht sich auf Gase, setzt aber voraus, daß der Vorgang isothermischen Charakters sei, und das ist nicht richtig. Vielmehr sind mit den Verdichtungen und Verdünnungen, die die Schallwelle erzeugt, Erwärmungen und Abkühlungen verknüpft, die bei der Schnelligkeit der Wechsel nicht Zeit haben, sich in die Umgebung zu verteilen. Der Vorgang ist daher geradezu *adiabatisch*, d. h. die gesamte erzeugte Wärme bleibt im System. Für adiabatische Kompression und Dilatation ist aber p nicht mit ϱ, sondern mit $\varrho^{\varkappa}$ proportional, wo $\varkappa$ das Verhältnis der spezifischen Wärmen des Gases bei konstantem Druck bzw. bei konstantem Volumen ist (s. Spezifische Wärme der Gase); und infolgedessen ist die Newtonsche Formel durch die *Laplacesche* $c = \sqrt{(p/\varrho)\cdot\varkappa}$ zu ersetzen. Während jene unter normalen Verhältnissen wegen $p = 10^6$, $\varrho = {}^1/_{800}$ den falschen Wert 28000 gibt, liefert diese mit $\varkappa = 1{,}4$ den richtigen Wert 33100 cm. — Soweit die Theorie. *Experimentell* ist die Schallgeschwindigkeit in Luft schon frühzeitig bestimmt worden, und zwar nach der *Signalmethode*, d. h. durch Beobachtung der Licht- und Schallwirkung einer Explosion (Kanonenschuß), deren zeitliche Differenz, da das Licht keine merkliche Zeit für irdische Strecken braucht, unmittelbar die Schallzeit ergibt, also nur noch durch die Entfernung zwischen Schallquelle und Bebachtungsort dividiert zu werden braucht. Um die Ankunftszeit des Schalls genauer, als es mit Ohr und Uhr möglich ist, festzustellen, und um insbesondere die subjektiven (psychischen) Fehler auszuschalten, hat man mechanische und elektrische Einrichtungen benutzt, muß dann aber sehr sorgfältig ihre Fehlerquellen ermitteln und eliminieren. Insbesondere sind hier die Methoden von Regnault und die *Koinzidenzmethoden* von Bosscha zu nennen, letztere mittels zweier Schlagwerke von gleichem oder etwas verschiedenem Gange, deren eines feststeht, während man mit dem andern wandert. — Viel bequemer und weit allgemeinerer Anwendung, auch auf andre Medien, fähig ist die *Methode der stehenden Wellen* (anstatt der fortschreitenden) mit Hilfe der *Kundtschen Röhre* und der *Kundtschen Staubfiguren* (s. Figg. 204 a u. 204 b). Eine Glasröhre ist einerseits durch einen verschiebbaren Stempel verschlossen, an dem ein langer Stab sitzt, so daß er zum größten Teile aus der Röhre herausragt; wenn man diesen der Länge nach mit einem Lappen streicht und so zu Längsschwingungen anregt, übertragen sich diese auf das Rohr, und zwar am kräftigsten, wenn man dem Stempel die günstigste Lage gibt (so, daß das Rohr eine ganze Anzahl halber Wellen enthält); streut man nun feines Pulver, am besten Lykopodiumsamen, hinein, so ordnet sich dieser in Form von Querrippen und sternartigen Figuren an, letztere an den Orten der Knoten. Man kann also, indem man den Abstand des letzten vom ersten Knoten im Rohre mißt und durch die Zahl der Knoten dividiert, die halbe Wellenlänge, daraus die ganze und hieraus dann nach der Formel $c = l/t = l \cdot n$ (l Wellenlänge, t Periode, n Frequenz) die Schallgeschwindigkeit c ermitteln; n bestimmt man durch Vergleichung des gehörten Tones mit dem einer geeigneten Stimmgabel oder mit Hilfe eines Tonmessers (s. Tonhöhemessung). Die Methode ist für beliebige Gase unmittelbar, für Flüssigkeiten nach gewissen Abänderungen brauchbar, und für feste Körper

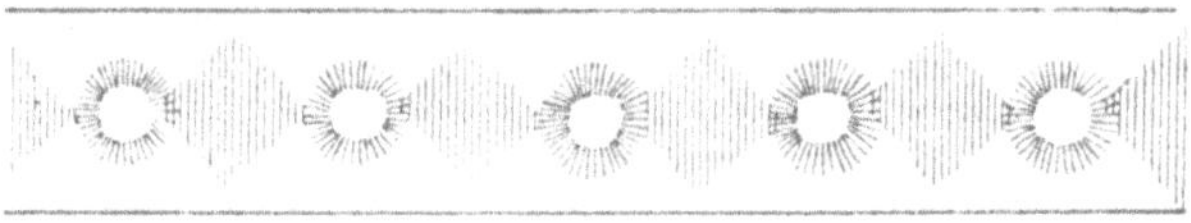

Fig. 204a.

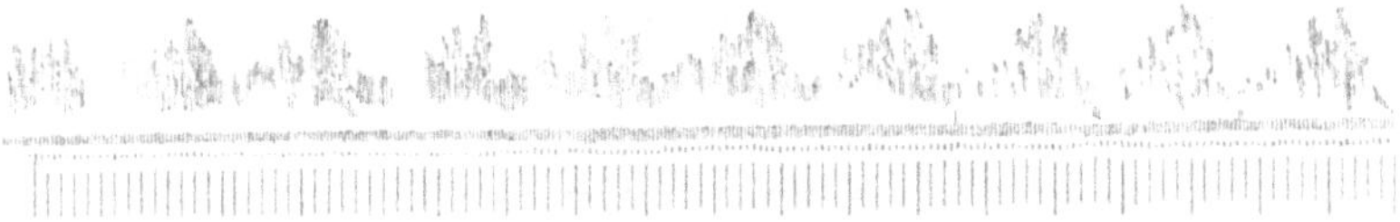

Fig. 204b.

liefert sie mit Hilfe des erregenden Stabes, den man aus dem gewünschten Material wählt, ebenfalls gute Werte. — Andre Methoden sind die *Interferenzmethode* (s. Interferenz des Schalls) und die *Resonanzmethode* von Quincke (Verschiebung eines Stempels in einer Röhre und Aufsuchung der Örter bester Resonanz) sowie die Methode der spezifischen Wärmen (besser umgekehrt zu benutzen). — Die *Schallgeschwindigkeit in reiner, trockener, frei ausgedehnter Luft* ist bei 0° und 76 cm Barometerstand: 331,8 m/sec, im absoluten Maße also 33180. Mit der Temperatur nimmt sie nach dem Gesetze

$$c_t = c_0 \sqrt{1 + \alpha t} = c_0 (1 + 0{,}00183\, t)$$

zu, also pro Grad um knapp zwei Tausentel; außerdem hängt sie von der Feuchtigkeit ab. Einige Werte von c für verschiedene Temperaturen:

$t =$	−140°	−70°	−20°	0°	10°	20°	50°	100°	200°
$c =$	226,6	285,6	319,3	331,8	337,8	343,8	361,0	387,2	434,0

Dagegen ist sie vom Druck in erster Annäherung unabhängig, und nur für sehr starke Drucke (besonders bei tiefen Temperaturen) nimmt sie erheblich ab. Sie ist ferner in Röhren kleiner als im freien Raume, eine Folge der Reibung und Wärmezerstreuung; Formel (r Röhrenradius, n Frequenz des Tones, γ eine Konstante):

$$c_r = c\,[1 - \gamma/(2\, r \sqrt{2 \pi n})]\,.$$

Die Abhängigkeit von der Rohrweite ist in der Fig. 205 graphisch dargestellt (glatte Messingröhre, hoher und tiefer Ton). — Mit dem Winde geht der Schall ein klein wenig schneller als gegen ihn. — Von der Schallstärke ist die Geschwindigkeit durchaus unabhängig, ebenso, wenigstens im freien Raum, von der Tonhöhe (beides Grundbedingungen für die Möglichkeit der unverfälschten Wirkung von Musik in die Ferne). — Eine sehr merkwürdige Anomalie tritt dagegen hinsichtlich der *Schallgeschwindigkeit beim scharfenSchuß* auf, nämlich dann, wenn die Anfangsgeschwindigkeit des Geschosses die Schallgeschwindigkeit übersteigt. Dann nimmt nämlich das Geschoß die Schallwelle in Form einer *Kopfwelle* mit, und zwar so lange, bis die Geschoßgeschwindigkeit (infolge der Reibung und des Widerstandes) unter die normale Schallgeschwindigkeit herabsinkt, worauf dann die Schallwelle selbständig voraneilt. Hieraus erklären sich die früher vielfach bemerkten Fehler und Widersprüche bei der Bestimmung der Entfernung eines Geschützes aus der Schallzeit. Übrigens ist die Erscheinung in Wahrheit sehr kompliziert, besonders wenn das beobachtende Ohr sich nicht in der Schußrichtung, sondern seitlich davon befindet; auch ist zwischen eigentlichem Geschützknall und Knall des Pulvers zu unterscheiden. Infolgedessen und wegen der verschiedenen Wege, die der Schall nehmen kann, hört man im allgemeinen mehr als einen Schall und unter Umständen sogar einen fortlaufenden Donner. Während des Krieges ist die Theorie und

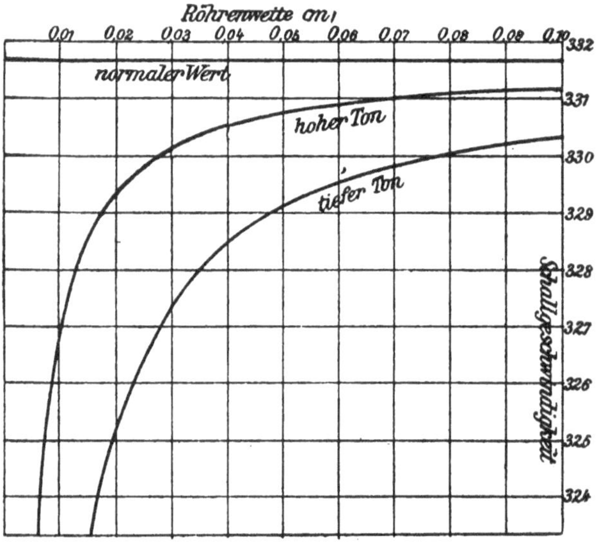

Fig. 205.

Praxis dieser Verhältnisse bis ins Einzelne ausgearbeitet worden (Schallmeßtruppen). — Auch beim *Donner*, der dem Blitz folgt, ist die Erscheinung verwickelter, als gewöhnlich angenommen wird, und die Berechnung der Entfernung des Herdes aus der Zeit zwischen Blitz und Donner nur mit großer Vorsicht durchführbar. — Für andre Gase folgen hier einige Werte der Schallgeschwindigkeit:

Chlor	205,9
Chlorwasserstoff	295,5
Kohlenoxyd	337,1
Kohlensäure	260,5
Leuchtgas	490,4
Quecksilberdampf	135,5
Sauerstoff	317,2
Stickoxyd	325
Stickstoff	337,3
Wasserdampf	401,5
Wasserstoff	1263

Ferner für einige Flüssigkeiten:

Äther	1152
Alkohol	1264
Petroleum	1395
Salzsäure	1518
Schwefelkohlenstoff	1160
Wasser	1441

Endlich für einige feste Körper, wobei es sich empfiehlt, hier nicht *c*, sondern *c'*, nämlich nicht die Geschwindigkeit im allseitig ausgedehnten Medium, sondern in einem Stabe, anzugeben; dieses *c'* ist meist um etwa 10 Proz. kleiner als *c*:

Aluminium	5105
Blei	1320
Eisen	5070
Gold	2082
Kupfer	3971
Silber	2642
Zink	3693
Buchenholz	3412
Eichenholz	4250
Papier	2150
Darmstreifen	1359
Elfenbein	3000
Ebonit	1573
Normalglas	5350

— Wegen der Geschwindigkeit von Explosionswellen s. Explosion.

Schalleitfähigkeit, s. Schallausbreitung.

Schallreflexion, s. Reflexion und Brechung des Schalls.

Schallschatten, s. Schallausbreitung.

Schallstärke, s. Tonstärke.

Schaltung von Stromerzeugern, s. Stromverzweigung.

Scharfer Schuß, s. Schallgeschwindigkeit.

Schatten, s. Lichtausbreitung.

Schattentemperatur, s. Thermometer.

Schaufelrad, s. Hydraulische Apparate.

Schaum, s. Disperse Systeme, Materie.

Schaumbildung, s. Flüssigkeitslamellen.

Schaumköpfe, s. Wellenbewegung der Flüssigkeiten.

Scheidungshypothese, s. Magnetische Theorien.

Scheinbare Größe, s. Winkel.

Scheinbare Masse, s. Kathodenstrahlen.

Scheinbar lebende Kristalle, s. Flüssige Kristalle.

Scheinwerfer, s. Sphärische Aberration, Spiegel.

Scheitel, s. Spiegel.

Scherenfernrohr, s. Fernrohr.

Scherfestigkeit, s. Festigkeit.

Scherung ist eine Beanspruchung eines elastischen Körpers, bei der tangentiale, keine normalen Drucke zur Geltung kommen. Der einfachste Fall ist der eines Würfels, der mit einer Fläche auf einer Unterlage aufgekittet ist, während auf die gegenüberliegende Fläche eine scherende Kraft wirkt

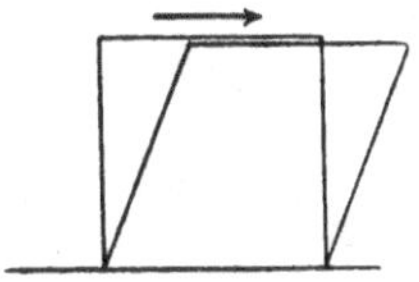

Fig. 206.

(Fig. 206); dadurch verwandelt sich der Würfel in ein Rhomboeder. — Im allgemeinen Falle der Verteilung von Druck- und Zugkräften im Innern eines Körpers gibt es im allgemeinen einen Doppelkegel, der das Gebiet der Drucke vom Gebiete der Züge trennt; hier fehlt jede normale Beanspruchung. Es gibt nur Scherungskräfte, und deshalb heißt der Kegel *Scherungskegel*. Die Scherungskräfte werden auch *Schubspannungen* genannt. Die wichtigste Scherungsbeanspruchung ist die auf *Drillung* (s. d.). — Bei jeder reinen Scherung bleibt das Volumen des Körpers ungeändert; es ändert sich nur seine Gestalt. Maßgebend für die Scherung ist daher der *Gestaltsmodul* (s. Elastizität), den man daher auch *Scherungsmodul* (oder *Drillungsmodul*) nennen kann.

Scherungsdruck, s. Druck, Scherung.

Scherungskegel, s. Scherung.

Schiefe Ebene. Sie spielt in der Mechanik eine doppelte Rolle: eine *statische* und eine *kinetische*. In ersterer Hinsicht handelt es sich um das Gleichgewicht zwischen zwei, an einer um eine Rolle laufenden Schnur hängenden Gewichten (Fig. 207), von denen das eine p frei herabhängt, das andre P auf der schiefen Ebene ruht. Gleichgewicht herrscht, wenn $p = P \sin \alpha$ ist (von der Reibung an der Rolle abgesehen). Ist p größer, so wird P heraufgezogen; ist p kleiner, so gleitet P hinab. — Das andre betrifft den Fall auf der verschiedenen Ebene; er ist wie der freie Fall gleichförmig beschleunigt; aber die Beschleunigung ist nicht g (981), sondern $g \cdot \sin \alpha$. Bei 1° Neigung ist die Beschleunigung nur noch $^1/_{60}$ der natürlichen, also die Fall-

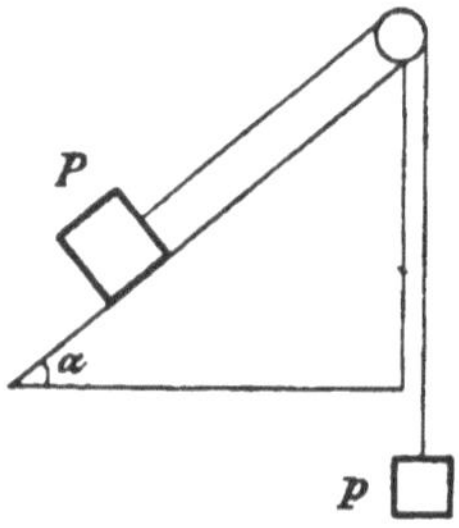

Fig. 207.

strecke der ersten Sekunde 8,6 cm, die der zweiten 25,8 cm usw. — Alle Körper *gleiten*, gleiche Reibung vorausgesetzt, gleich schnell herab. Dagegen gilt dies durchaus nicht für das *Herabrollen* in der schiefen Rinne. Stellt man sich zwei gleich große und gleich schwere Kugeln her und versieht sie auch mit gleicher Oberfläche, so beobachtet man, daß die eine der andern voranrollt, wenn sie ein kleineres Trägheitsmoment (s. d.) hat; das läßt sich z. B. erreichen mit Hilfe einer massiven Aluminium- und einer hohlen Bleikugel: letztere bleibt wesentlich hinter ersterer zurück. — Eine verwandte Frage ist die, auf welchem Wege ein Körper am schnellsten von einem Punkte zu einem andern, seitlich und tiefer gelegenen, gelange. Die Antwort lautet: Wenn die verbindende Rinne die Gestalt einer *Zykloide* hat (Fig. 208); die Zykloide heißt deshalb *Brachistochrone*. Sie hat übrigens noch eine andre Eigenschaft: sie ist auch *Tautochrone*, d. h., wo man auch die kleine Kugel in die Rinne legen möge, sie braucht immer dieselbe Zeit, um zum tiefsten Punkte zu gelangen; bei der Kreisbahn

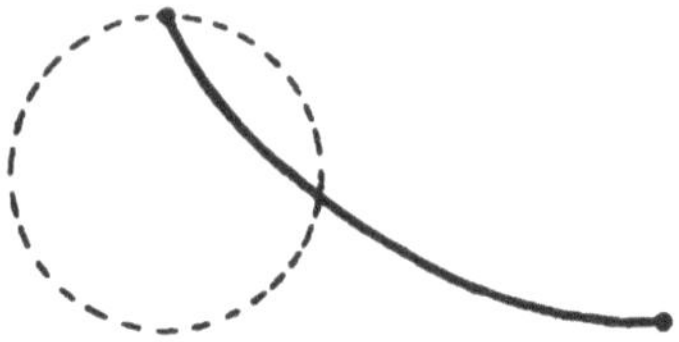

Fig. 208.

ist das nicht der Fall (s. auch Pendel). — S. auch Einfache Maschinen.

Schiefwinklige Koordinaten, s. Ort.

Schiffbaustahl, s. Ferromagnetismus.

Schiffskompaß, s. Erdmagnetismus, Magnetische Induktion.

Schiffskreisel, s. Kreisel.

Schiffsschraube, s. Bewegung fester Körper in Flüssigkeiten, Hydraulische Apparate.

Schiffswiderstand, s. Bewegung fester Körper in Flüssigkeiten.

Schillerfarben, s. Farbenlehre.

Schirmwirkung, s. Magnetische Induktion, Potential.

Schlaginstrumente, s. Musikinstrumente.

Schlagweite, s. Elektrischer Funke.

Schleuderpsychrometer, s. Feuchtigkeit.

Schlierenmethode. Unter Schlieren versteht man in der Wissenschaft allgemein Stellen in einer sonst homogenen Masse, in denen der Brechungsquotient des Lichts infolge von anomaler Dichte usw. einen abweichenden Wert hat; die Masse muß durchsichtig, kann aber sonst fest, flüssig oder gasförmig sein. Grobe Schlieren sieht man bei geeigneter Blickrichtung ohne weiteres, feinere kann man dadurch geltend machen, daß man, wenn es sich z. B. um eine Glaslinse handelt, hart vor das Auge eine Blende bringt, die das Bild einer punktförmigen Lichtquelle gerade noch frei läßt oder gerade schon verdeckt: im ersten Falle wird dann bei geeigneter Anordnung die Schliere dunkel auf hellem Grunde, im zweiten hell auf dunklem Grunde erscheinen. Statt der subjektiven Beobachtung kann man auch die objektive Methode anwenden und die Schlieren photographieren. Die Empfindlichkeit der Methode ist so groß, daß man Unterschiede im Brechungsquotienten von einem Milliontel noch wahrnehmen kann. Die Anwendungen sind sehr zahlreich: Kristallographie (Verwachsungen, Einschlüsse, Zwillingsbildungen usw.), physikalische Chemie (Konzentrationsunterschiede in Lösungen, Diffusion usw.), Akustik (Dichteänderungen der Luft bei Tonschwingungen usw.), Mikroskopie u. a. — Von besonderem Interesse ist die Möglichkeit, auf diesem Wege die Schallwellen direkt sichtbar zu machen, insbesondere auch die Kopfwelle bei sehr rasch bewegten Geschossen (s. Schallgeschwindigkeit).

Schließungsstrom, s. Induktionsströme, Selbstinduktion.

Schlittschuhlauf, s. Reibung, Schmelzung.

Schlitzverschluß, s. Photographie.

Schlußjochmethode, s. Magnetische Messungen.

Schmelzkurve, s. Schmelzung.

Schmelzpunkt, s. Schmelzung.

Schmelzpunkterniedrigung von Lösungen, s. Lösungen.

Schmelzung ist der Übergang aus dem festen in den flüssigen Aggregatzustand (s. d.). Wenn man einem chemisch einheitlich definierten festen Körper Wärme zuführt, so steigt seine Temperatur nur bis zu einem bestimmten Werte; bei dieser Temperatur schmilzt der Körper, und die Temperatur bleibt konstant, bis das Schmelzen beendet ist; diese Temperatur heißt *Schmelztemperatur* oder *Schmelzpunkt*. Die zur Schmelzung erforderliche Wärme heißt *Schmelzwärme* (s. d.). Der umgekehrte Prozeß, der Übergang aus dem flüssigen in den festen Zustand, der bei Entziehung von Wärme eintritt, heißt *Erstarrung* oder *Gefrierung;* die Temperatur, bei der er eintritt, ist die *Erstarrungs-* oder *Gefriertemperatur;* sie ist im allgemeinen mit der Schmelztemperatur identisch. — Der Schmelzpunkt ist, wie die folgenden Zahlen zeigen, über den ganzen Bereich der Temperaturskala verteilt; fast alle festen Körper lassen sich verflüssigen (neuerdings auch der Kohlenstoff), und alle flüssigen lassen sich zum Erstarren bringen.

Alkohol	-117°
Aluminium	658
Äther	-113
Benzol	5,4
Blei	327
Brom	- 7,1
Chlor	-102
Chloroform	- 64
Eis	0
Eisen (rein)	1500
Glas	500—1000
Glyzerin	17
Gold	1063
Jod	114
Kalium	63
Kohlenoxyd	- 207
Kohlensäure (5 Atm.)	- 56
Kupfer	1083
Natrium	98
Phosphor	44
Platin	1765
Quecksilber	- 39
Roses Metall	95
Sauerstoff	-218
Schwefel	119
Schwefelkohlenstoff	- 112
Schwefelsäure	10,5
Schwefelwasserstoff	- 83
Silber	961
Stickoxyd	- 167
Stickstoff (84 mm)	-211
Wachs	63
Wasserstoff	- 259
Woods Metall	66
Zink	419
Zinn	232

— Diese Zahlen gelten übrigens nur für normalen Atmosphärendruck; durch Änderung des Drucks wird der Schmelzpunkt beeinflußt, und zwar bei normalen Substanzen (die sich beim Schmelzen ausdehnen, s. u.) in dem Sinne, daß bei erhöhtem Druck der Schmelzpunkt höher hinaufrückt (entsprechend der erschwerten Ausdehnung); nur bei Stoffen, die sich beim Schmelzen zusammenziehen, wird er durch erhöhten Druck herabgedrückt. Einige Zahlen:

Stoff	1	519	792 Atm.
Walrat . .	51°	60°	80°
Wachs . .	64,5	74,5	80,2
Schwefel .	107	135	141
Stearin. .	72,5	73,6	79,2

Wasser	8,1	16,8 Atm.
	−0,059°	− 0,129°

Zur Demonstration der Schmelzpunktserniedrigung des Wassers durch Druck dient am besten der *Moussonsche Versuch:* starkwandiger, schmiedeeiserner Zylinder, oben mit Schraubenmutter und Schraube versehen, mit Wasser vollgefüllt, ein Pfennigstück auf den Boden geworfen; dann bis zu vielen Atmosphären Druck zugeschraubt, in eine Kältemischung gebracht, bis die Temperatur mehrere Grad unter null beträgt, und nun umgestülpt: dann hört man den Pfennig herunterfallen, das Wasser ist also flüssig; und beim Öffnen fällt zuerst der Pfennig heraus, dann erst folgt der inzwischen natürlich zu Eis erstarrte Inhalt. — Die Schmelztemperatur als Funktion des Drucks ergibt die Schmelzkurve. — Mit dem Schmelzen ist eine *Volumenänderung verbunden,* und zwar in normalen Fällen eine *Ausdehnung.* Einige Zahlen sind folgende (*d* Dichte im festen, *d'* im flüssigen Zustande, *p* prozentische relative Abnahme):

Stoff	*d*	*d'*	*p*
Blei . . : . .	11,0	10,65	3,39
Zinn	7,18	6,99	2,80
Natrium . . .	0,952	0,830	12,5
Quecksilber . .	14,2	13,7	3,67
Essigsäure . .	1,23	10,7	12,6
Wasser . . .	0,917	1,000	− 9,1
Wismut . . .	9,67	10,00	− 3,3

Bei Wasser und Wismut (auch bei Gußeisen und einigen andern Stoffen)

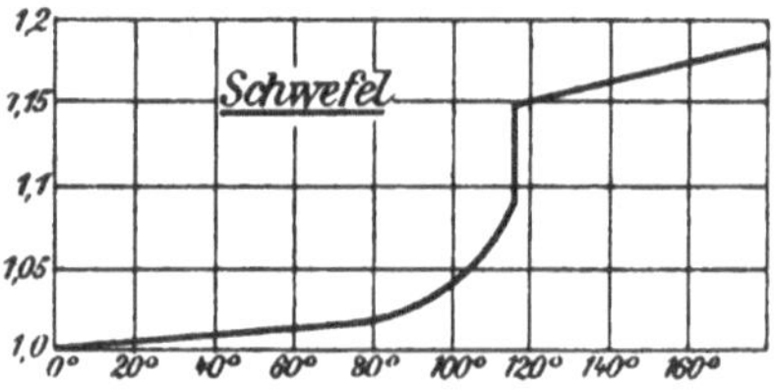

Fig. 209.

findet also Anomalie statt; sie ziehen sich beim Schmelzen zusammen. Eis schwimmt auf Wasser von gleicher Temperatur. In Fig. 209 ist das Verhalten des Schwefels (normal), in Fig. 210 das des Wismuts (anomal) dargestellt. — Wird durch völligen Abschluß die Volumenänderung verhindert, so tritt starke *Spannung* ein. Mit Wasser vollgefüllte Flaschen werden bei eintretender Kälte *gesprengt;* das in Felsadern eingedrungene Wasser sprengt

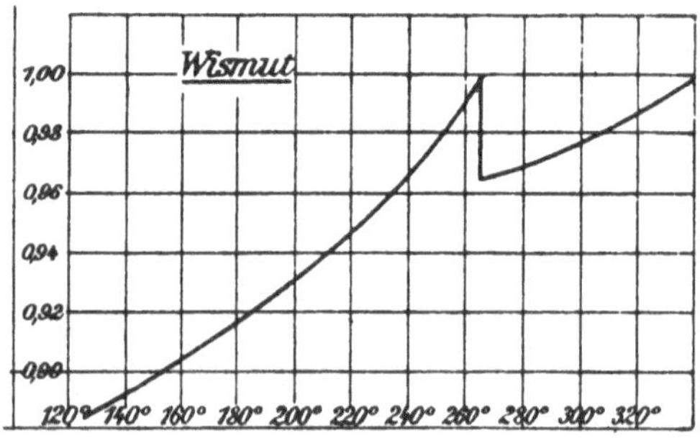

Fig. 210.

beim Erstarren den Felsen (Helgoland). — Auf der Anomalie des Wassers beruht das Phänomen der *Regelation* des Eises: werden zwei Eisstücke stark aneinander gepreßt, so wird die Grenzschicht flüssig und erstarrt beim Nachlassen des Drucks wieder, so daß die beiden Stücke zusammengewachsen sind. Ferner kann man eine mit einem Gewicht belastete Drahtschlinge ein Eisstück durchschneiden lassen, ohne daß es zerfällt. Hierher gehört auch das leichte Gleiten der *Schlittschuhe* auf dem Eise und die Bildung der *Gletscher* aus dem Schnee des Hochgebirges. — Bei manchen Substanzen (besonders bei nicht ganz reinen) bereitet sich die Volumenänderung beim Schmelzen schon

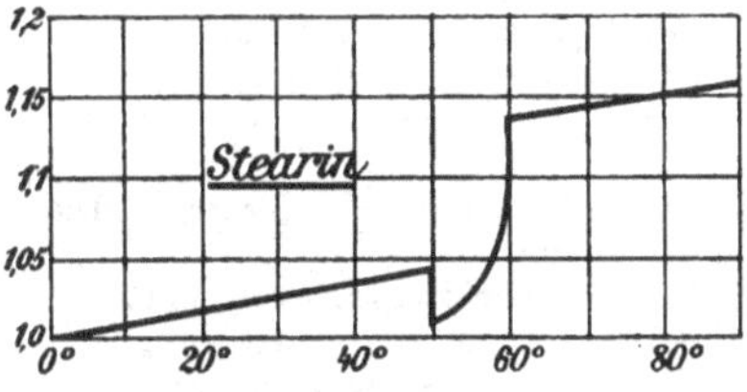

Fig. 211.

allmählich vor, indem die thermische Ausdehnungskurve schneller ansteigt (s. oben Schwefel). — Wenn man eine Flüssigkeit unter Ausschluß aller Störungen und Erschütterungen langsam abkühlt, bleibt sie auch unterhalb des Gefrierpunkts noch flüssig; wird dann ein Körnchen hineingeworfen oder eine plötzliche Erschütterung hervorgerufen, so tritt im Augenblick Erstarrung der ganzen Masse ein: *Unterkühlung;* sie gelingt am leichtesten im Vakuum und in engen Räumen. — Chemisch nicht einheitliche Körper haben keinen scharf markierten Schmelzpunkt, das Schmelzen tritt allmählich ein. Es gibt einen ganzen *Schmelzbereich;* man kann das scharf markierte Schmelzen geradezu als eine der Charakteristiken einheitlicher Substanzen hinstellen. Ein Beispiel verwickelten Verhaltens (Stearin) zeigt die Fig. 211. — Der Schmelzung geht meist eine ausgedehnte Periode der *Erweichung* voran; bei manchen Stoffen kann man, wenigstens annähernd, eine Erweichungstemperatur angeben (Glas). — Bei *Lösungen* liegt der Gefrierpunkt niedriger als beim reinen Lösungsmittel (s. Lösungen); darauf beruhen u. a. die Kältemischungen (s. Phasenlehre). — Die Frage, ob es einen stetigen Übergang zwischen festem und flüssigem Zustande, also einen „*kritischen Punkt*" *festflüssig,* gibt, wird von Ostwald und Poynting bejaht, von Tammann verneint (Beobachtungen von Heydweiller).

Schmelzwärme ist die zum Schmelzen eines Gramms Substanz erforderliche Wärmemenge in Grammkalorien; diese Wärme geht für die Beobachtung mit dem Thermometer verloren und heißt daher auch *latente Wärme* der Flüssigkeit; diese letztere enthält bei gleicher Temperatur einen größeren Betrag von innerer Energie als die feste Substanz. Umgekehrt wird bei der Erstarrung einer Flüssigkeit Wärme frei: die *Erstarrungswärme*, und diese hält ihrerseits die Temperatur konstant. Schmelzwärme und Erstarrungswärme sind, gleiche Temperatur vorausgesetzt, entgegengesetzt gleich. — Zur Bestimmung benutzt man irgendeine der Methoden für die spezifische Wärme mit sinngemäßer Abänderung (s. Kalorimetrie); am häufigsten wird die Mischungsmethode angewandt. Dabei bestätigt sich die aus der Thermodynamik theoretisch gezogene Forderung, daß die Schmelzwärme S mit steigender Schmelztemperatur ebenfalls steigt, und zwar gemäß der Gleichung

$$dS/dT = C_2' - C_1' + S/T,$$

wo C_1' und C_2' die spezifischen Wärmen des festen und des flüssigen Stoffes bei ungeändertem Aggregatzustande (s. Spezifische Wärme) sind und T die absolute Temperatur ist; für Eis und Wasser wird z. B. $dS/dT = 0{,}63$. — Einige Schmelzwärmen bei normaler Schmelztemperatur sind folgende:

Blei	5,6
Quecksilber	2,8
Natrium	17,8
Silber	28
Zink	28

Zinn	13,5
Phosphor	4,8
Schwefel (rh.)	19,3
„ (mk.)	9,7
Wasser	79,7
Benzol	30,4
Essigsäure	45,8
Phenol	24,9

Wie man sieht, nimmt das Wasser (Eis) eine exponierte Stellung ein; wie seine spezifische, ist auch seine Schmelzwärme besonders groß. Aus der Thermodynamik ergibt sich die Schmelzwärme aus der Formel

$$S = T(\sigma - s)/(\partial T/\partial p),$$

also proportional mit der absoluten Temperatur, der Differenz der spezifischen Volumina von festem und flüssigem Stoff und umgekehrt mit dem Druckkoeffizienten der Schmelztemperatur; diese Formel wird aber besser umgekehrt zur Bestimmung dieser letzteren Größe benutzt (s. Schmelzung). — Für einzelne Gruppen von Stoffen sind auch noch empirische Formen für die Schmelzwärme aufgestellt worden; sie haben aber keine größere Bedeutung. Die Änderung der Schmelzwärme mit der Temperatur, bei der die Schmelzung erfolgt, ist meist nicht sehr bedeutend, z. B. sinkt sie bei Eis von 79 auf 76 (bei $-6,5^0$), bei Phosphor von 5,08 (bei 38^0) auf 4,74 (bei 28^0). — Gewisse Substanzen erfahren bei einer bestimmten Temperatur eine Umwandlung, indem sie, ohne eine chemische Änderung, ihre physikalischen und kristallographischen Eigenschaften ändern: *allotrope und polymorphe Umwandlungen.* Auch diesen Vorgängen entspricht eine bestimmte latente Wärme: die *Umwandlungswärme.* So geht Schwefel bei 95^0 aus der rhombischen in die monokline Form über, und es werden dabei 2,5 Kalorien verbraucht. Von Eis gibt es nach Tammann sogar drei polymorphe Arten (s. Phasenlehre), mit Umwandlungswärmen, die teils positiv, teils negativ sind und, je nach Druck und Temperatur, bis auf 10 hinaufgehen. — Man kann die Schmelzwärme statt auf die Masseneinheit auch auf die Molekel oder das Atom beziehen (s. Atomwärme).

Schnecke, s. Gehör.

Schnee, s. Feuchtigkeit.

Schneedecke, s. Wärmeleitung fester Körper.

Schneidentöne, s. Pfeife.

Schnellste Ankunft, s. Brechung des Lichts, Geometrische Optik.

Schnellwage, s. Wägung.

Schraube, s. Einfache Maschinen.

Schraubenbewegung, s. Bewegung, Kinematik.

Schraubenflug, s. Luftschiffahrt.

Schraubenlehre, s. Längenmessung.

Schraubung, s. Kinematik.

Schub ist soviel wie Scherung, s. d.

Schubfestigkeit, s. Festigkeit.

Schublehre, s. Längenmessung.

Schubspannung, s. Scherung.

Schußkurve, s. Wurf.

Schutzringelektrometer, s. Elektrometrie.

Schwach magnetische Körper, s. Diamagnetismus.

Schwammwirkung, s. Steighöhe.

Schwarzer Körper, s. Strahlung.

Schwarzgehalt, s. Farbenlehre.

Schwebeflug, s. Luftschiffahrt.

Schwebungen oder *Stöße* sind Tonschwingungen (allgemeiner auch Schwingungen andrer Art) von periodisch wechselnder Intensität. Sie entstehen durch Interferenz zweier Schwingungen von verschiedener Frequenz, insbesondere von nur wenig verschiedener Frequenz. In diesem Falle macht die Phasendifferenz der beiden Schwingungen alle Stadien durch, und folglich treten der Reihe nach alle Fälle der Interferenz (s. d.) von der vollständigen Superposition zur völligen Subtraktion, bei gleichen Intensitäten also bis zur völligen Auslöschung ein. Sind die beiden Schwingungszahlen n und n', so ist die *Schwebungszahl* oder Frequenz der Schwebungen $s = n - n'$. Einige Beispiele sind in den Figg. 212 a, b, c veranschaulicht; in der zweiten sind die beiden Primärschwingungen für sich gezeichnet und das Ergebnis schematisch darunter gesetzt. Der Kontrast zwischen Maxima und Minima ist am stärksten, wenn die beiden Töne gleich stark sind; auch hängt er von der Klangfarbe ab (bei Zungenpfeifen besonders kräftig). — Auch bei zwei Tönen, die nur wenig vom Oktavenverhältnis abweichen, kann man Schwebungen, wenn auch viel schwächere, beobachten, und zwar ist hier die Schwebungszahl gleich der Verstimmung des hohen oder gleich der doppelten Verstimmung des tiefen Tons; und entsprechend bei der Quint usw. Freilich ist es immer noch zweifelhaft, ob es sich hier wirklich um Schwebungen der Grundtöne oder um solche der Obertöne handelt. — Mittels Pfeifen oder Stimmgabeln, deren eine man durch Stopfen (Wachsstückchen o. dgl.) leicht verstimmt, kann man die Schwebungen hörbar demonstrieren; auch kann man dazu die Töne eines Instruments mit temperierter Skala (deren Töne an sich verstimmt sind), z. B. eines Klaviers, benutzen; eine Quint gibt z. B. in mittlerer Lage eine Schwe-

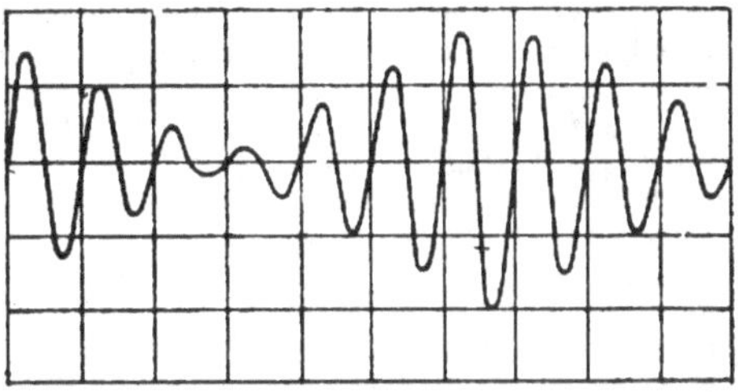

Fig. 212 a.

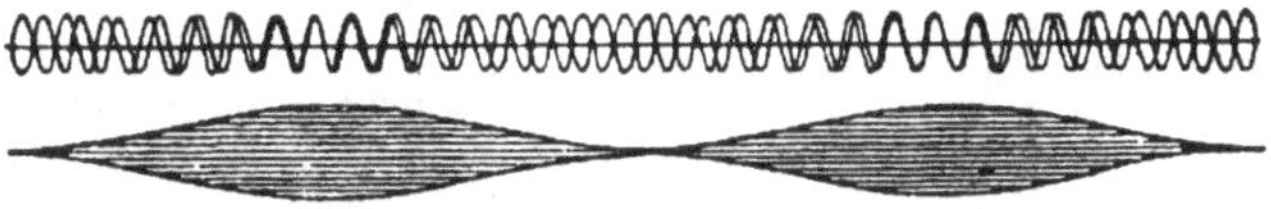

Fig. 212 b.

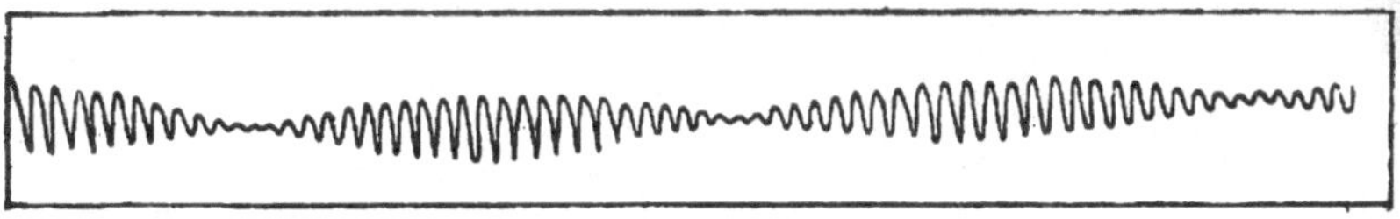

Fig. 212 c.

bung in der Sekunde. Sehr geeignet zur Erzeugung und Untersuchung der Schwebungen ist die Helmholtzsche *Doppelsirene* (s. Sirene); dreht man die Kurbel, mittels deren man die Phase der einen Sirene gegen die andre verändert, dauernd gleichförmig herum, so erhält man je nach der Wahl der Primärtöne und dem Tempo verschiedene Schwebungen. Objektiv kann man sie am besten mittels der manometrischen Flammen und des rotierenden Spiegels nachweisen, indem man zwei mehr oder weniger gegeneinander verstimmte Stimmgabeln einwirken läßt; man erhält dann das leuchtende Bild der Schwebungskurve. Auch die Marbesche Methode der Rußbilder ist gut anwendbar. — Bei zwei etwas verschiedenen Primärtönen fragt es sich ferner, welche *Tonhöhe* man dem einheitlich erfaßten Schwebungston zuschreibt; die Antwort lautet: Im Augenblicke des stärksten Tones liegt sie zwischen beiden, und zwar bei zwei gleich starken Tönen gerade in der

Mitte; in andern Fällen kann sie aber auch außerhalb liegen, und man unterscheidet demgemäß im ganzen drei Schwebungstöne: *Innenton, tiefen Außenton* und *hohen Außenton.* — Je größer die Differenz der Primärtöne ist, desto mehr nimmt der Schwebungston den Charakter eines Akkordes an. — Bei drei und mehr Primärtönen bilden sich verwickeltere Schwebungen aus, mit Haupt- und Nebenmaximis. — Schwebungen entstehen ungewollt beim Klavier, wenn die drei für einen und denselben Ton bestimmten Saiten gegeneinander verstimmt sind, besonders aber bei mehrdimensionalen Körpern, wie Glocken, die in verschiedenen Richtungen leicht verschiedene Elastizität haben; beim Ausklingen des Tones treten hier die Schwebungen immer deutlicher hervor. — Schwebungen entstehen auch bei der *Resonanz* zweier gekoppelter Körper (s. freie und erzwungene Schwingungen); der primäre Körper verliert in demselben Maße an Intensität, wie er Energie an den sekundären abgibt, und dann wiederholt sich das Spiel in umgekehrter Richtung. — Die Schwebungen geben das feinste Mittel zur *Stimmung von Instrumenten* an die Hand; erst wenn sie vollkommen verschwunden sind, ist der Einklang bzw. das harmonische Verhältnis zweier Töne garantiert. — S. auch Glockentöne, Harmonie.

Schwebungstöne, s. Kombinationstöne.

Schwebungszahl, s. Schwebungen.

Schwellenwert der Lichtempfindung, s. Lichtstärke.

Schwellenwert der Tonempfindung, s. Tonstärke, Gehör.

Schwere, s. Gravitation.

Schwerewellen der Flüssigkeiten, s. Wellenbewegung der Flüssigkeiten.

Schwerflüssig ist eine Flüssigkeit von großer, *leichtflüssig* eine solche von kleiner innerer Reibung.

Schwerkraft, s. Gravitation.

Schwerpunkt. Wird ein Körper oder System von Körpern von Parallelkräften angegriffen, so gibt es stets einen Punkt, in dem, ohne Änderung der Wirkung, alle Kräfte angreifend gedacht werden können: der *Massenmittelpunkt.* Es ist der Punkt von der Eigenschaft, daß zu beiden Seiten jeder beliebigen durch ihn gelegten Ebene die Summe der Produkte der Massen in ihre senkrechten Abstände von jener Ebene (Hebelarme) die gleiche ist. Seine Koordinaten sind:

$$\xi = \Sigma (mx)/\Sigma m\,,$$
$$\eta = \Sigma (my)/\Sigma m\,,$$
$$\zeta = \Sigma (mz)/\Sigma m.$$

Unter gewissen, in der Praxis meist erfüllten Voraussetzungen kann man für Massenmittelpunkt auch *Schwerpunkt* sagen, wenn die angreifenden Kräfte die Schwerkräfte sind. — Der Schwerpunkt regulärer homogener Körper liegt in ihrem Mittelpunkte, der andrer Körper irgendwo im Innern oder selbst im äußeren Raume. Für einen hauptsächlich ein- oder zweidimensionalen Körper läßt er sich durch Balancieren auf einer Spitze experimentell leicht ermitteln. — Der Schwerpunkt zweier Körper liegt zwischen ihnen in Abständen, die sich umgekehrt wie ihre Massen verhalten, vorausgesetzt, daß sie klein gegen ihren Abstand sind; so liegt der Schwerpunkt von Sonne und Erde noch tief im Sonneninnern, der von Erde und Mond ebenfalls im Erdinnern, aber nahe ihrer Oberfläche. — Der Schwerpunkt eines homogenen Dreiecks liegt im Schnittpunkt der Seitenhalbierenden, der des Halbkreises in der Halbierungslinie, und zwar um 0,4244 *r* vom Mittelpunkt entfernt; entsprechend bei einer homogenen Halbkugel um 0,375 *r.* — Von der Lage des Schwerpunktes eines drehbaren Körpers zum Drehpunkt hängt sein Verhalten ab: liegt jener unter diesem, so ist das Gleichgewicht *stabil;* liegt er darüber, *labil;* fällt er mit ihm zusammen, *indifferent.* — Der Schwerpunkt gehorcht einem wichtigen Satze, dem *Schwerpunktssatz* oder *Satz von der Erhaltung der Bewegung des Schwerpunkts:* bei allen Bewegungen eines Systems ohne Änderung der äußeren Kräfte bleibt die Bewegung des Schwerpunkts ungeändert; der Satz folgt aus dem Trägheitsprinzip (s. Trägheit) einerseits und aus dem Wechselwirkungsprinzip (s. Wechselwirkung) andrerseits. Z. B. bewegt sich der Schwerpunkt zweier Billardkugeln nach dem Stoße genau so wie vorher. — Die Lehre von der Verteilung der Massen und ihrem Mittelpunkt ist die *Geometrie der Massen*, sie ist der rein geometrische Teil der Statik.

Schwerpunktssatz, s. Dynamik, Schwerpunkt.

Schwimmen ist der Gleichgewichtszustand oder die Bewegung eines festen Körpers in oder auf einer Flüssigkeit oder in einem Gase; das Gleichgewicht ist passives, die Bewegung aktives Schwimmen. Hier wird nur das passive behandelt, wegen des aktiven s. Bewegung fester Körper in Flüssigkeiten. — Ist das durchschnittliche spezifische Gewicht des Körpers gleich dem der Flüssigkeit (einzelne seiner Teile können schwerer oder leichter sein), so schwimmt der Körper in der Flüssigkeit, und zwar in einer beliebigen Schicht. Am besten läßt sich das mit Hilfe einer aus zwei verschieden schweren Flüssigkeiten gemischten Schwimmflüssigkeit experimentell demonstrieren (Bernstein in Wasser-Alkoholmischungen); oder auch mit Hilfe des *Cartesianischen Tauchers*, einer teils mit Wasser, teils mit Luft gefüllten Glaskugel mit feiner Öffnung in einem oben mit einer Membran verschlossenen Wasserzylinder, wobei, wenn man auf die Membran drückt, so viel Wasser in die Kugel eindringt, daß sie schwimmt. Eine Anwendung findet das bei dem Ab- und Aufstieg von Tauchbooten. — Ist der Körper schwerer als die Flüssigkeit, so sinkt er unter; ist er leichter, so erfährt er einen *Auftrieb* (s. Hydrostatik), und zwar, gemäß dem *Archimedischen Prinzip*, gleich dem Gewichte der verdrängten Flüssigkeit (wovon dann aber das Eigengewicht abzuziehen ist). Nachweis mittels der *hydrostatischen Wage* (die eine Wagschale hängt höher, so daß man ein Gefäß mit Flüssigkeit darunter stellen kann); Vollzylinder und auf ihn passender Hohlzylinder, ersterer in Luft, letzterer auf der Wagschale, Äquilibrierung durch Gewichte; dann jener in Wasser, so daß die Wagschale in die Höhe schnellt; jetzt der Hohlzylinder mit Wasser gefüllt, dann ist wieder Gleichgewicht). — Das Verhältnis des Gewichtes eines Körpers zu seinem Gewichtsverlust in Wasser liefert sein *spezifisches Gewicht* (s. Dichtemessung). — Infolge des Auftriebs taucht ein Körper, der leichter als die Flüssigkeit ist, so weit über den Spiegel empor, bis das Gewicht der verdrängten Flüssigkeit nur noch gleich seinem ganzen Eigengewichte ist; der

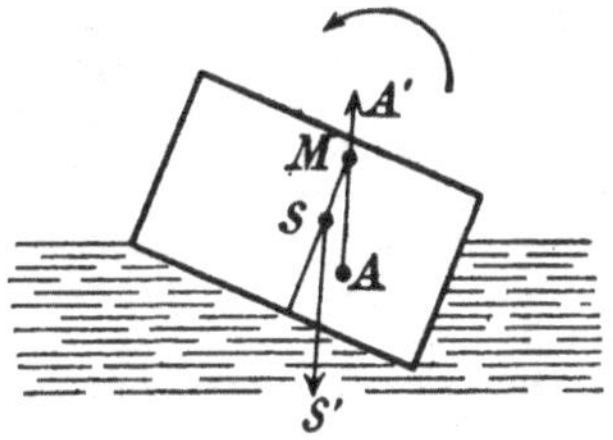

Fig. 213a.

Fig. 213b.

eintauchende Teil verhält sich zum Ganzen wie das spezifische Gewicht des Körpers zu dem der Flüssigkeit. Die in die gleiche Flüssigkeit eintauchenden Teile zweier verschiedener Körper verhalten sich wie ihre spezifischen Gewichte; für einen und denselben Körper in zwei Flüssigkeiten verhalten sich die eintauchenden Teile umgekehrt wie deren spezifische Gewichte. — Will man einen leichteren Körper zum Schwimmen *in* der Flüssigkeit bringen, so muß man ihn mit einem *Ballastgewicht* versehen; umgekehrt muß man, um einen schweren Körper zum Emportauchen zu bringen, mit einem „*Schwimmer*", d. h. einem leichteren Körper (Kork, Schwimmgürtel) versehen. — Von besonderem Interesse ist bei allen von der Kugelgestalt abweichenden Körpern die Frage nach der Natur seines Schwimmgleichgewichts (s. Gleichgewicht), ob es nämlich *stabil* oder *labil* ist (Fig. 213a, b). Die Antwort lautet: Wenn der Schnittpunkt der Schwerlinie des Körpers mit der in dem Schwerpunkt der verdrängten Flüssigkeitsmasse errichteten Senkrechten, das sog. *Metazentrum* M, höher als der Schwerpunkt S des Körpers liegt, ist das Gleichgewicht stabil; wenn er tiefer liegt, labil. Die Höhe von M über S heißt *metazentrische Höhe;* bei Schiffen beträgt sie 1 bis 3 m. Übrigens ändert sie sich mit der Kippung des Körpers, und dabei beschreibt das Metazentrum eine Kurve, die *metazentrische Evolute.* Das Moment der Kräfte in der geneigten Lage heißt je nach den Umständen *Aufrichtungsmoment oder Kippmoment.* Bei einem in den beiden Hauptschnitten verschieden geformten Körper, z. B. einem Schiffe, gibt es für jeden dieser Hauptschnitte ein Metazentrum, das transversale und das longitudinale (letzteres meist viel höher gelegen). Komplikationen treten ferner ein bei flüssigem Ballast, der sich beim Kippen versetzt und dabei die Schwankungen entweder erhöht oder bei geeigneter Anordnung (Tauchboot) herabmindert bzw. reguliert.

Schwimmende Magnete, s. Magnetfeld.

Schwimmer, s. Schwimmen.

Schwimmregel, s. Elektromagnetismus.

Schwingende Tropfen, s. Tropfen.

Schwingenflug, s. Luftschiffahrt.

Schwingung ist im allgemeinsten Sinne jede periodische Bewegung. Stellt man sie sich der Einfachheit halber zunächst von einem Punkte ausgeführt vor, so hat man zu unterscheiden zwischen geradliniger und krummliniger Schwingung, und von letzteren ist am wichtigsten die elliptische Schwingung, von der die kreisförmige und die geradlinige die extremen Spezialfälle sind (Fig. 214). — Charakteristisch für die Schwingung ist erstens ihre *Periode* T, auch *Schwingungsdauer* (bei Rotationen Umlaufsdauer) genannt; es ist die Zeit, die vergeht, bis der Punkt wieder an demselben Orte ist und sich wieder in derselben Weise (Richtung) bewegt. Es ist das also bei Rotationen ein ganzer Umlauf und entsprechend bei Schwingungen ein Hin- und Hergang. Leider wird in manchen Fällen, z. B. beim Pendel, ein einfacher Hingang vielfach schon als Periode bezeichnet; man muß also immer hinzufügen: *ganze* Schwingungsdauer oder *einfache* (halbe) Schwingungsdauer. — Den reziproken Wert von T nennt man *Schwingungszahl* (*Turenzahl*) oder *Frequenz* n (s. Winkel-

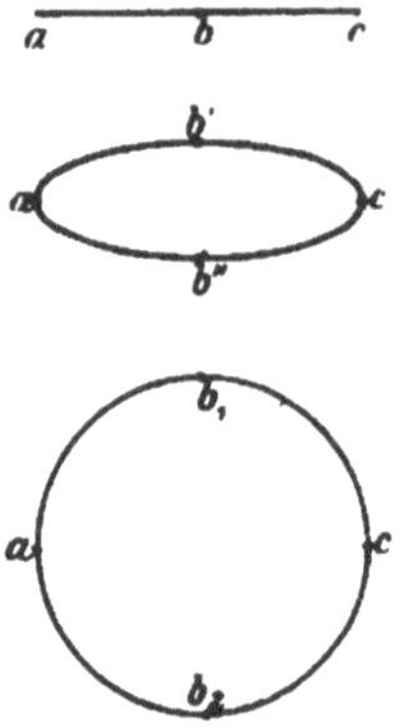

Fig. 214.

geschwindigkeit); Formel: $n = 1/T$, Dimensionsformel $(T) = t$ und $n = t^{-1}$. Schwingungen, deren Frequenzen sich wie die ganzen Zahlen verhalten, heißen *harmonische Schwingungen* (Grund- und Oberschwingungen). — Bei geradlinigen Schwingungen ist ferner charakteristisch die *Amplitude* oder *Schwingungsweite*, worunter aber nicht die ganze Strecke zwischen den Umkehrpunkten, sondern nur die einseitige äußerste Elongation verstanden wird. Bei der elliptischen Schwingung gibt es keine einfache Amplitude; an ihre Stelle treten die große und kleine Halbaxe, bei der Kreisschwingung der Radius. Bei elliptischen und Kreisschwingungen kommt aber noch der weitere Gegensatz zwischen Drehung im Uhrzeigersinne und gegen ihn hinzu. — Drittens hat eine Schwingung eine bestimmte *Phase*, d. h. zu einer bestimmten Zeit befindet sich der Punkt in bestimmter Lage; solange man es nur mit einem einzigen Punkte zu tun hat, ist das offenbar nur eine Frage der Wahl des Anfangspunktes der Zeit; vergleicht man aber zwei schwingende Punkte, so können sie eine *Phasendifferenz* haben, und auch ein und derselbe Punkt kann in einer Schwingungsrichtung eine, in einer andern, z. B. der darauf senkrechten, eine andre haben: phasenverschobene Schwingung (s. Lissajousschwingungen). — Endlich ist noch charakteristisch für die Schwingung das Gesetz, nach dem sich die Geschwindigkeit (und damit der Ort) während einer Periode ändert. Am einfachsten in dieser Hinsicht ist die „*harmonische Bewegung*" (Ort eine einfache trigonometrische Funktion der Zeit), insbesondere die *Sinusschwingung;* aus ihr kann man mit Hilfe harmonischer Oberschwingungen alle andern Schwingungsarten aufbauen (s. Fourierschwingungen). — Formel für die geradlinige Schwingung:

$$x = a \sin 2\pi\, t/T = a \sin 2\pi\, n\, t\,,$$

und allgemeiner, mit Phase:

$$x = a \sin 2\pi\,(n\,t - p)\,,$$

endlich am allgemeinsten, nämlich mit harmonischen Oberschwingungen:

$$x = \sum_1^{\infty} a_s \sin 2\pi\, s\, n t,$$

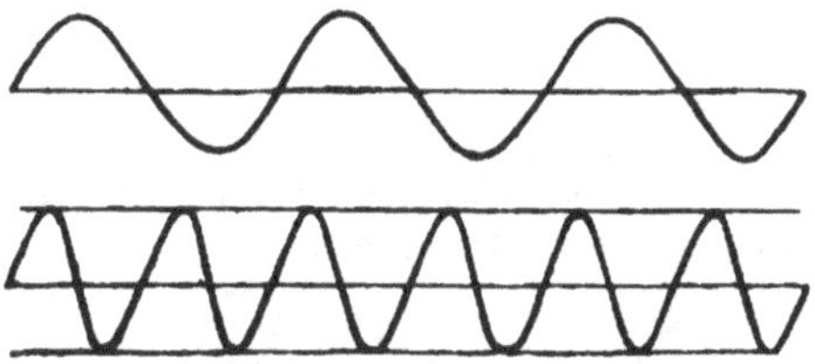

Fig. 215.

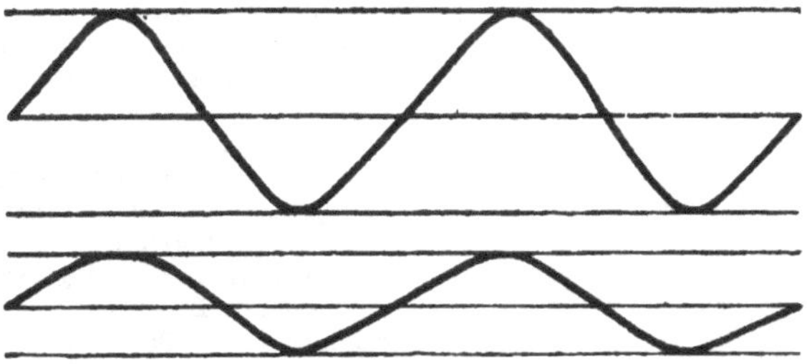

Fig. 216.

wozu dann evtl. noch ein zweites phasenverschobenes Glied, z. B. mit dem cos statt des sin hinzukommt. — Von der Frequenz hängt bei den Tönen die Tonhöhe, beim Licht die Farbe (reine Spektralfarbe) ab; von der Frequenz und Amplitude (nämlich von der kinetischen Energie) die Tonstärke bzw. Lichtstärke, von dem Geschwindigkeitsgesetz die Klangfarbe des Tones bzw. der Charakter des zusammengesetzten Lichts. Entsprechend auch bei elektrischen Schwingungen und Wechselströmen. Am anschaulichsten stellt man die Verhältnisse von Schwingungen mittels der *Methode der chrono-*

graphischen Auflösung dar, d. h. man denkt sich die Zeit als horizontale, die Schwingungsbewegung als vertikale Axe eines Koordinatensystems; ein Verfahren, für dessen Realisierung es verschiedene Apparate und Instrumente gibt (s. Akustische Artikel, Graphische Darstellung, Klang, Ebbe und Flut, Wechselströme usw.). Die Abszissenperioden stellen die Periode der Schwingung, die Ordinatenhöhen die Amplitude, die Steilheit der Kurve die Ge-

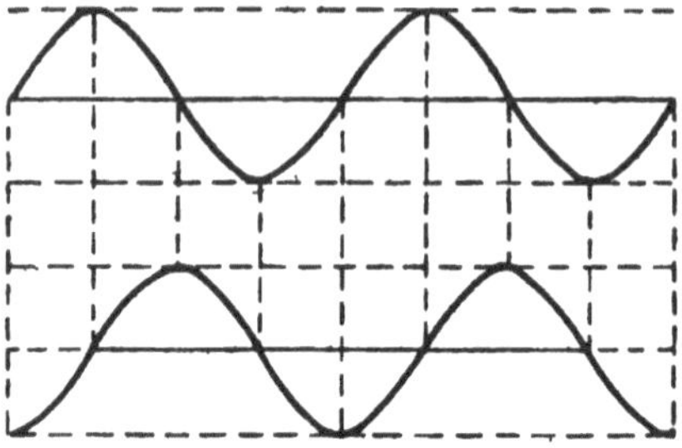

Fig. 217.

schwindigkeit dar usw.; vgl. die beistehenden Figg. 215 bis 218, von denen die erste zwei Schwingungen von verschiedener Periode, die zweite zwei von verschiedener Amplitude, die dritte von verschiedener Phase und die vierte

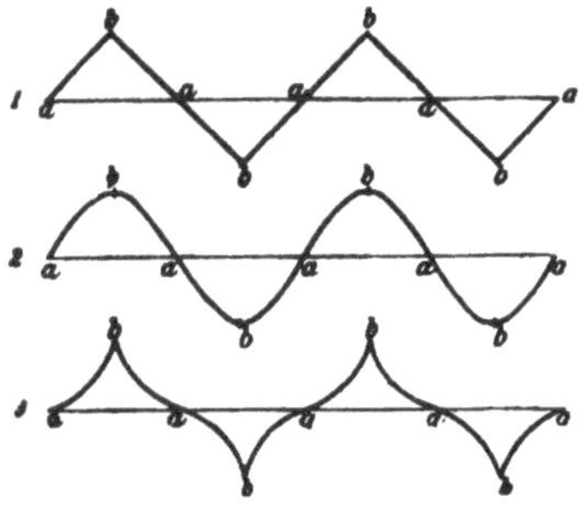

Fig. 218.

drei von verschiedenem Schwingungsgesetz darstellt (näheres bei Fourierschwingungen). — Wenn die Amplitude sich von Periode zu Periode ändert, spricht man auch noch von Schwingungen, hat dann aber keine streng periodische Bewegung mehr vor sich; am wichtigsten ist der Fall der *gedämpften Schwingungen* (s. Dämpfung). Zu unterscheiden ist ferner zwischen *freien* und *erzwungenen* Schwingungen eines Systems; bei jenen findet nur ein Anstoß statt, und das System bleibt dann sich selbst überlassen; bei diesen wird es dauernd periodisch erregt. (S. Freie und erzwungene Schwingungen.)

Schwingungen von Magneten, s. Magnetschwingungen.

Schwingungsbauch, s. Wellenbewegung.

Schwingungsdauer. Die Dauer der Schwingungen (s. d.) wird bei langsamen Schwingungen (höchstens drei in der Sekunde) durch Abzählung einer großen Anzahl und Beobachtung der zugehörigen Zeit ermittelt; bei direkter Beobachtung durch Abzählung der Umkehren, bei Spiegelablesung (s. d.) am genauesten durch Abzählung der Durchgänge durch die mittlere Lage. Jede Umkehrzeit liegt genau zwischen zwei solchen Durchgängen. Am besten macht man die Bestimmung mehrmals, und zwar jedesmal mit einer andern Zahl von Schwingungen (20, 30, 50 od. dgl.). — Die Schwingungsdauer eines Pendels kann man, wenn sie einer Sekunde nahe liegt, durch Vergleichung mit einem exakten Sekundenpendel nach der Methode der Koinzidenzen bestimmen. Liegen zwischen zwei Koinzidenzen des Ganges beider Pendel n Sekunden, so ist die Schwingungsdauer des zu ermittelnden Pendels

$n/(n-1)$ oder $n/(n+1)$, je nachdem das Pendel hinter dem Sekundenpendel (Metronom, Uhr) zurückbleibt oder vor ihm vorauseilt; notwendig ist die Benutzung kleiner Schwingungen oder die Reduktion auf solche. — Schnelle Schwingungen werden am besten durch das *graphische Verfahren* ermittelt, indem sie gleichzeitig mit Zeitmarken auf einer Schreibfläche oder Trommel verzeichnet und dann abgezählt werden. Wegen der akustischen und elektrischen Schwingungen s. Tonhöhemessung bzw. Elektrische Schwingungen; wegen der Schwingungsdauer eines Magneten s. Magnetschwingungen.

Schwingungsebene des Lichts, s. Polarisation.

Schwingungsknoten, s. Wellenbewegung.

Schwingungskurven, s. Fourierschwingungen, Lissajousschwingungen.

Schwingungsmittelpunkt, s. Pendel.

Schwingungsphase, s. Schwingungen.

Schwingungspunkt, s. Pendel.

Schwingungsweite, s. Schwingungen, Tonhöhe.

Schwingungszahl, s. Schwingungen.

Schwirrungszahl, s. Kinetische Theorie.

Schwungrad, s. Kalorische Maschinen.

Schwungkraft, s. Zentralbewegung.

Schwungmaschine, s. Zentralbewegung.

Segelflug, s. Luftschiffahrt.

Segelschiff, s. Winde.

Segerkegel, s. Thermometer.

Segnersches Rad, s. Hydraulische Apparate.

Sehen oder Gesicht ist die Funktion des Auges bzw. des Sehorgans im weitesten Sinne; das Licht selbst ist nicht sichtbar, aber die Erscheinungen, die es an Körpern, auf die es trifft, erzeugt, können wir sehen. — Die beiden wichtigsten Teile des Auges sind die *Kristallinse*, von einer Glaslinse dadurch unterschieden, daß sie ihre vordere Krümmung willkürlich ändern und damit auf verschiedene Brennweiten (s. Linsen) einstellen kann: *Akkommodationsfähigkeit;* und die *Netzhaut* oder *Retina*, eine lichtempfindliche Schicht, auf der photographische, aber rasch abklingende Bilder von den Gegenständen der Außenwelt entworfen werden; nur eine Stelle ist hiervon ausgenommen: der *blinde Fleck* (die Eintrittsstelle des Sehnerven). Man kann ihn nachweisen, indem man auf eine Fläche zwei Zeichen (Kreuz und Scheibchen) nebeneinander aufträgt und das eine direkt, das andre indirekt ansieht; bei einem bestimmten Sehwinkel verschwindet dann das letztere. Außerdem ist noch der *gelbe Fleck* bemerkenswert, weil er die größte Empfindlichkeit besitzt. Die wichtigsten nervösen Apparate der Netzhaut sind die *Stäbchen* und die *Zäpfchen*, die sich in die physiologische Aufgabe teilen. Die übrigen Teile des Auges sind die Hornhaut, die Regenbogenhaut oder Iris, die Pupille und der Glaskörper. — Verschiedene Augen unterscheiden sich zunächst durch die *Sehschärfe*, d. h. durch die Winkelgröße eines eben noch erkennbaren Objekts (bei vollständiger Korrektion der Augenfehler), insbesondere zweier noch getrennt zu sehender Punkte (Doppelstern). Normalerweise ist die Grenze der Leistungsfähigkeit, d. h. das *Auflösungsvermögen* des Auges, rund eine Bogenminute; im einzelnen hängt sie von der Pupillenöffnung und von der Wellenlänge des Lichts ab und schwankt zwischen 10 und 100 Winkelsekunden. — Ferner unterscheidet man normale und abnorme Augen, je nach ihrem Verhalten zum Strahlengange. Beim *normalen* (*emmetropischen*) Auge werden alle Strahlen, gleichviel woher sie kommen, auf der Netzhaut vereinigt; beim *kurzsichtigen* (*myopischen*) schon vorher; beim *übersichtigen* (*hypermetropischen*) würden sie sich erst hinter der Netzhaut schneiden. Diese Fehler werden durch Brillen (s. d.) behoben. — An dritter Stelle steht die verringerte Akkommodationsfähigkeit, besonders in die Nähe; meist im Alter von 45 bis 50 Jahren einsetzend. Im normalen Zustande beträgt die kleinste Entfernung des deutlichen Sehens 10 bis 20 cm (Nahepunkt), die bequemste Einstellung etwa 25 cm (Sehweite). In dem Zustande der *Weitsichtigkeit* (Presbyopie) erhöht sie sich wesentlich; Korrektur ebenfalls durch Brillen. — Viertens das verschiedene Verhalten gegen Büschel verschiedener Orientierung (Horizontal- und Vertikalbüschel), so daß statt eines Punktes ein Strich entsteht: *Astigmatismus*, korrigierbar ebenfalls durch Brillen, aber nicht durch sphärische (s. Astigmatismus, Brille). — Fünftens das verschiedene Verhalten gegen farbiges Licht. Normale Augen sind *trichromatisch;* sie empfinden drei Grundfarben und setzen diese zu einer dreifachen Mannigfaltigkeit von Mischfarben zusammen (s. Farbenlehre). Abnorme Augen weisen *Farbenblindheit* auf; man nennt sie *dichromatisch*, wenn sie nur zwei Grundfarben und ihre Mischungen unterscheiden. Am verbreitetsten ist die *Rotgrünblindheit*, bei der zwischen Rot und Grün kein Unterschied gemacht wird; nächstdem die Blaugelbblindheit. Endlich sehen die *monochromatischen* Augen überhaupt keine Farben, sondern lediglich Abstufungen von hell und dunkel. — Sechstens das *Sehvermögen* überhaupt bis herab zur vollständigen Blindheit (Trübung der Linse, Netzhautablösung, Erkrankung des Sehnerven usw.). — Siebentens die mehr oder weniger in das psychische Gebiet hinüberreichenden Sehfehler, wie die Nachbilder, Dauer des Lichteindrucks, bei der Stroboskopie (s. d.) und Kinematographie von Bedeutung, die Irradiation und namentlich die *optischen Täuschungen* oder Gesichtstäuschungen (ein Quadrat erscheint höher als breit, Parallelen scheinen unter Umständen zu konvergieren, die beiden Hälften einer Geraden erscheinen unter Umständen verschieden lang usw.). — Hierher gehört auch die Hauptfrage des perspektivischen Sehens: scheinbare und wahre Größe der Objekte. Physische und psychische Faktoren (Erfahrung, Assoziation, Urteil) wirken hier in sehr verwickelter und auch neuerdings wieder viel diskutierter Weise zusammen. Der Mechanismus des Sehens ist äußerst verwickelt; insbesondere spielen dabei die beiden Hauptelemente, Zäpfchen und Stäbchen, eine verschiedene Rolle. — Der Besitz zweier Augen, deren jedes die Außenwelt von einem etwas andern Standpunkte betrachtet, setzt uns in den Stand, Tiefenunterschiede wahrzunehmen (s. Raum und Stereoskopie).

Sehnerv, s. Sehen.

Sehrohr, s. Prismen.

Sehschärfe, s. Sehen.

Sehvermögen, s. Sehen.

Sehweite, s. Sehen.

Seibtsche Resonanzversuche, s. Elektrische Schwingungen.

Seiches, s. Ebbe und Flut, Wellenbewegung der Flüssigkeiten.

Seifenblasen, s. Flüssigkeitslamellen.

Seileck, s. Statik.

Seilpolygon, s. Statik.

Seilwellen, s. Wellenbewegung.

Seismogramm, s. Elastische Schwingungen.

Seismometer, s. Elastische Schwingungen.

Seitenabweichung des Geschosses, s. Wurf.

Seitendruck, s. Hydrostatik.

Seitensteuer, s. Luftschiffahrt.

Sekantenbussole, s. Galvanometer.

Sekundäre Abbildung, s. Mikroskop.

Sekundärelement, s. Akkumulator.

Sekundärer Elastizitätsmodul, s. Längsdehnung.

Sekundäres Spektrum, s. Chromatische Aberration, Dispersion.

Sekundärspule, s. Induktionsströme.

Sekundärstrahlen, s. Kathodenstrahlen.

Sekundärstrom, s. Induktionsströme.

Sekunde, s. Zeit, Winkel, Tonhöhe.

Sekundenarbeit, s. Arbeit.

Sekundenerg, s. Arbeit.

Sekundenpendel, s. Pendel.

Selbständige Strömung, s. Elektrizitätsleitung der Gase.

Selbstinduktion ist die Gesamtheit der in einer Schließung infolge von Veränderungen der Stromstärke auftretenden Erscheinungen; sie ist ein Spezialfall der gegenseitigen Induktion (s. Induktionsströme), nimmt aber besonders interessante Formen an. Die hier auftretenden Induktionsströme wurden früher vielfach als *Extraströme* bezeichnet. — Die selbstinduzierte *elektromotorische Kraft* ist mit der Änderung der Stromstärke in der Zeiteinheit proportional; der (rein geometrische) Faktor ist das *elektrodynamische Selbstpotential*, in diesem Zusammenhange auch als *Selbstinduktionskoeffizient* p oder als *Selbstinduktivität* bezeichnet. Einige Werte von p: 1. *Ein gerader Draht*, Länge l, Radius r: $p = 2l(\log 2l/r - \frac{3}{4})$. 2. *Ein Kreisdraht*, Kreisradius a, Drahtradius r: $p = 4\pi a[\log(a/r) - \frac{1}{2}]$. 3. *Ringförmige Spule*, Ringradius a, Windungsradius r, Zahl der Windungen (Drahtradius als unendlich klein angesehen) z:

$$p = 2\pi z^2 (a - \sqrt{a^2 - r^2})$$

oder, wenn r klein gegen a ist: $2\pi z^2 r^2/a$. Nach der letzten dieser Formeln ist die Selbstinduktion einer Spule sehr groß, was für manche Zwecke überaus störend ist; man verwendet dann anders gewickelte, sog. *induktionsfreie Spulen*. — Infolge der Selbstinduktion tritt bei der Schließung eines Kreises vom Widerstande w durch eine elektromotorische Kraft (Element) E zu dem Hauptstrom ein entgegengesetzter *Schließungsstrom*, und die gesamte Stromstärke steigt erst allmählich auf ihren Endwert an, gemäß der Formel $i = (E/w) \cdot (1 - e^{-(w/p)t})$. Die Zeit, nach deren Ablauf i praktisch seinen vollen Wert erreicht, ist meist sehr klein, kann aber bei eng gewundenen Spulen und besonders unter Mitwirkung weicher Eisenkerne relativ große Werte annehmen. Beim Öffnen tritt zunächst, im Zusammenhange mit der Bildung des Öffnungsfunkens, ein *Öffnungsstrom* auf, der aber sehr rasch erlischt. — Bei zwei Kreisen, deren einer ein E enthält, treten in beiden Kreisen Schließungsströme i_1 und i_2, im zweiten (bei der Öffnung des ersten) auch ein Öffnungsstrom i_2' auf; der Schließungsstrom im zweiten Kreise steigt erst und fällt dann auf null, der Öffnungsstrom setzt voll ein und fällt allmählich auf null (Fig. 219). — In einem einfachen Kreise mit der periodischen elektromotorischen Kraft

$$E = E_0 \cos nt$$

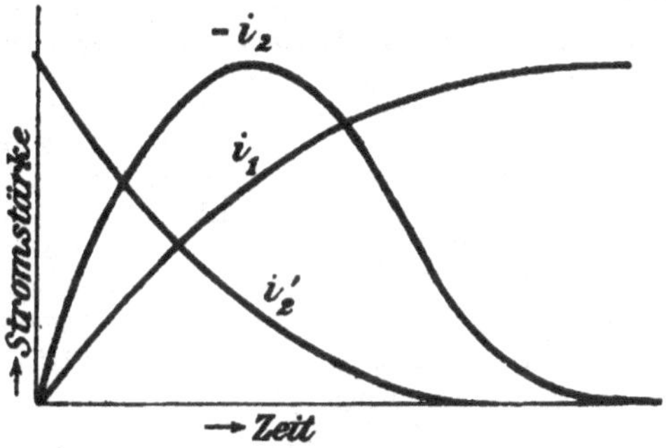

Fig. 219.

(dann ist n die Wechselzahl in 2π Sekunden) wird, wenn zur Abkürzung

$$A = \frac{E_0}{\sqrt{w^2 + n^2 p^2}},$$

$$\varphi = \operatorname{arctg} \frac{np}{w}$$

gesetzt wird:

$$i = \frac{E_0 (w \cos nt + np \sin nt)}{w^2 + n^2 p^2}$$

$$= A \cos (nt - \varphi);$$

es findet also erstens eine scheinbare Vergrößerung des Widerstandes von w auf $\sqrt{w^2 + n^2 p^2}$ statt, und zweitens ist die Phase der Stromschwankung gegen über derjenigen der Kraft verzögert. Die Vergrößerung des Widerstandes ist desto größer, je größer die Frequenz und je größer die Selbstinduktion ist; der ursprüngliche Widerstand heißt *Resistanz*, der vergrößerte Widerstand heißt *Impedanz*, das Zusatzglied *Induktanz*. Eine derartige Spule, die nur wenig und eventuell so gut wie gar keinen Strom durchläßt, heißt *Drosselspule*. Bei dicken Drähten kommt dazu noch eine weitere Vergrößerung infolge des Umstandes, daß der Strom vorwiegend durch die Randschichten läuft; diese Erscheinung heißt *Hautwirkung* oder Skineffekt. Die Phasenverzögerung ihrerseits ist direkt proportional mit der Selbstinduktion, umgekehrt mit dem Widerstande; sie wird als *Zeitkonstante* des Leiters bezeichnet. — Ist noch eine Funkenstrecke oder ein Kondensator, allgemein also eine *Kapazität* (s. Elektrostatik) c im Kreise, so wird i wie oben; aber A und φ haben jetzt die Werte:

$$A = \frac{E_0}{\sqrt{w^2 + [(1/nc) - np]^2}},$$

$$\varphi = \operatorname{arctg} \frac{w}{(1/nc) - np} - \frac{\pi}{2};$$

am größten wird i hiernach für

$$n = \sqrt{1/(pc)},$$

und zugleich wird φ, also die Phasenverzögerung, null. In diesem Falle spricht man von *elektrischer Resonanz;* die dazu erforderliche Frequenz ist mit der Wurzel aus der Selbstinduktion und der Kapazität umgekehrt proportional. Die Größe $(1/nc) - np$ oder eine ähnliche wird zuweilen *Reaktanz* genannt. — Wenn sich ein Kondensator von der Kapazität c durch einen Draht vom Widerstande w und der Selbstinduktion p entladet, so hängt es von dem Verhältnis der drei Größen ab, ob die Entladung exponentiell, also aperiodisch, oder aber *oszillierend* erfolgt; letzteres tritt dann ein, wenn $w < 2\sqrt{p/c}$ ist, und die Entladung gehorcht dann dem Gesetze:

$$e = e^{-\beta t}(A_1 \cos \gamma t + A_2 \sin \gamma t),$$

wo A_1 und A_2 Konstanten sind, und wo $\beta = w/2p$, $\gamma = \sqrt{(1/pc) - (w^2/4p^2)}$ ist. Die Schwingungsdauer der Entladung ist dann $T = 2\pi/\gamma$ und für sehr rasche Schwingungen, für die das zweite Glied unter der Wurzel klein gegen das erste ist: $T = 2\pi\sqrt{pc}$, also die Frequenz $n = 1/(2\pi\sqrt{pc})$, in Worten: Die Frequenz einer oszillierenden Entladung ist umgekehrt proportional mit der Wurzel aus Kapazität und Selbstinduktion (*Thomsonsches Entladungsgesetz*. Die Formel bietet häufig die einzige Möglichkeit, Frequenzen von elektrischen Schwingungen zu berechnen; Hertz wurde durch sie dazu geführt, durch immer weitere Verkleinerung von p und c äußerst rasche Schwingungen herzustellen (s. Elektrische Schwingungen). — Bei einem *Induktor* oder Umformer (s. Induktionsströme) besteht zwischen den Selbstinduktionskoeffizienten p_1 und p_2 der beiden Rollen und ihrem gegenseitigen Induktionskoeffizienten p_{12} die Beziehung: $p_{12} = \sqrt{p_1 p_2}$. Bei Anwesenheit von Eisenkernen verstärkt sich die Selbstinduktion im Verhältnis der Permeabilität (s. Magnetische Induktion). — S. auch Induktionsströme.

Selbstinduktionskoeffizient, s. Selbstinduktion.

Selbstpotential eines Leiters, s. Elektrodynamik, Selbstinduktion.

Selektive Reflexion, s. Metallreflexion, Reflexion des Lichts, Wärmestrahlung.

Selenwiderstand, s. Elektrizitätsleitung fester Körper.

Selenzelle, s. Lichtelektrizität.

Semipermeable Wand, s. Osmose.

Sender, s. Drahtlose Telegraphie.

Senke, s. Hydrodynamik, Kraftfeld.

Senkwage, s. Dichtemessung.

Sensibilisatoren, s. Photochemie, Photographie.

Sensitive Flammen, s. Akustische Bewegungen.

Septime, s. Tonhöhe.

Serien, s. Spektrum.

Serienschaltung, s. Galvanometer, Stromverzweigung.

Sextant, s. Winkelmessung.

Sexte, s. Tonhöhe.

Shunt, soviel wie Nebenschluß.

Sicherung, s. Stromverzweigung.

Sichtbare Strahlen, s. Strahlung

Siebenstufige Tonleiter, s. Tonhöhe.

Siededruck, s. Verdampfung.

Sieden, s. Aggregatzustände, Verdampfung.

Siedepunkt, s. Verdampfung.

Siedepunktserhöhung, s. Lösungen.

Siedetemperatur, s. Verdampfung.

Siedethermometer, s. Thermometer.

Siedeverzug, s. Verdampfung.

Siemenseinheit des Widerstandes, s. Elektrische und magnetische Maßsysteme.

Signalapparat, s. Spiegel.

Signalgeschwindigkeit, s. Wellenbewegung.

Signalmethode, s. Schallgeschwindigkeit.

Singende Flammen, s. Tönende Systeme.

Sinnesorgane, s. Experiment.

Sinusbussole, s. Galvanometer.

Sinussatz, s. Abbildung.

Sinusschwingung, s. Pendel, Schwingungen.

Sinusstrom, s. Wechselstrom.

Siphonrecorder, s. Telegraphie.

Sirene ist ein Apparat, um wohldefinierte Töne zu erzeugen und insbesondere ihre Entstehungsweise sowie ihre Beziehung zur Periodik klarzustellen. Die erste Form ist die *Zahnradsirene* (Hooke, Robinson, Savart), ein gezahntes Rad, gegen dessen Rand man während der raschen Rotation ein Kartenblatt od. dgl. schlagen läßt; es entsteht dann ein desto höherer Ton, je größer die Turenzahl (s. d.) ist. Wenn man mehrere solche Räder von verschiedener Zahl der Zähne auf derselben Axe montiert und das Kartenblatt an alle anlegt, hört man Akkorde entsprechender Art, z. B. bei 1 : 2 die Oktave usw. — Bessere Töne erhält man mit der *Lochsirene* (Cagniard, Latour, Seebeck), einer Scheibe mit einem Kranz von Löchern, gegen die man während der Rotation mit einem Röhrchen bläst; die Turenzahl wird durch ein ein- und ausschaltbares Uhrwerk gemessen. Hieraus ergibt sich die Frequenz durch Multiplikation mit der Lochzahl. Setzt man die Sirene in Gang, so hört man zunächst nur mechanische Luftstöße, und erst bei einer Frequenz von etwa 16 beginnt sich ein Ton herauszubilden (s. Tonhöhe). Bringt man mehrere Lochkränze an, z. B. mit den Lochzahlen wie 4 : 5 : 6 : 8, so hört man den Vierklang. Bei unregelmäßiger Anordnung der Löcher hört man Geräusche, bei Anordnungen in regelmäßig wechselnden Abständen mehrere Töne oder Klänge. Die wichtigste Vervollkommnung des Apparats (Dove u. a.) besteht darin, daß die Löcher durch die Scheibendicke nicht senkrecht, sondern schräg hindurchgebohrt sind, und zwar durch den festen Deckel einer Luftkammer in der einen, durch die darüber sitzende rotierende Scheibe in der entgegengesetzten Richtung; der Luftstrom setzt alsdann die Scheibe automatisch in Gang. Den Luftstrom liefert entweder der Mund des Bläsers oder ein Gebläse, die Betriebskraft im letzteren Falle am besten ein (möglichst lautlos arbeitender) Elektromotor. — Bei der *Wellensirene* (König) hat der Scheibenrand die Form verschiedenartiger, den Fourierkurven (s. Fourierschwingungen) entsprechender Wellen, gegen die der Luftstrom geblasen wird, so daß man verschiedene Klangfarben erhält. — Die *Doppelsirene* von Helmholtz ist eine Kombination zweier Lochsirenen mit gemeinsamer Axe und Luftzufuhr, je mit vier Lochkränzen und mit der Möglichkeit, Phasendifferenzen zwischen beiden herzustellen (s. Interferenz des Schalles, Schwebungen). — Ferner ist die *elektrische Zahnsirene* mit einer großen Zahl von Zahnscheiben von R. Weber sowie die *Telephonsirene* von L. Weber und Karsten zu nennen.

Skalar, s. Größe.

Skalenaräometer, s. Dichtemessung.

Skineffekt, s. Selbstinduktion.

Skioptikum, s. Projektionsapparate.

Sklerometer, s. Härte.

Skop, s. Experiment.

Snelliussches Gesetz, s. Brechung des Lichts.

Solarisation ist in der Photographie die anomale Erscheinung, daß über eine gewisse Belichtungsdauer hinaus die Schwärzung bzw. Entwickelbarkeit nicht mehr zu-, sondern im Gegenteil abnimmt; eine durchaus befriedigende Theorie der Erscheinung gibt es noch nicht, zumal auf das erste Maximum unter Umständen noch weitere folgen.

Solarkonstante, s. Wärmestrahlung.

Soleilsche Doppelquarzplatte (die eine

Hälfte rechts-, die andre linksdrehend, beide 3,75 mm dick und in der Mitte des Gesichtsfeldes in einer feinen Linie zusammenstoßend) dient im Polarisationsapparat zur Einstellung des Analysators auf gleiche Färbung beider Hälften; dadurch hat man den Vorteil großer Empfindlichkeit und zugleich die Bequemlichkeit, mit weißem Licht arbeiten zu können.

Solenoid, s. Elektromagnetismus.

Solenoidale Magnetisierung, s. Magnet.

Sommerfeldsche Spirale, s. Freie und erzwungene Schwingungen.

Sonne ist der Zentralkörper des Systems, zu dem die Erde als Planet gehört. Ihr Halbmesser erscheint uns unter einem Winkel von fast genau 16′. Seine wahre Länge ist mit Rücksicht auf den Abstand von 149481000 km gleich $6{,}955 \cdot 10^{10}$ cm; also das 109fache des Erdhalbmessers. Das Volumen der Sonne beträgt $1{,}41 \cdot 10^{33}$ cbcm, ihre Masse ist $1{,}96 \cdot 10^{33}$ g, ihre mittlere Dichte sonach rund 1,4. — Nach der Schmidtschen Theorie erstreckt sich übrigens die Sonne in kontinuierlichem Übergang in den Weltraum hinaus; der scharfe Rand, den wir sehen, ist nur eine Folge der Krümmung und Ablenkung der Lichtstrahlen. Eine andre optische Theorie rührt von Schwarzschild her (Dichtegradient außerordentlich groß). Beide Theorien unterliegen übrigens gewissen Bedenken. — Die Sonne dreht sich in 25 Tagen um ihre Axe, aber des genaueren ist diese Zahl verschieden für verschiedene heliographische Breiten. — Die Temperatur der Oberflächenschicht läßt sich auf 6000 bis 8000° schätzen, die des Innern ist jedenfalls noch wesentlich höher. — Wegen der Bestrahlung der Erde s. Wärmestrahlung; wegen der Beschaffenheit des Sonnenlichts s. Spektrum. — Die Sonne weist *Flecken* auf, die sich mit der Zeit verändern und als Wirbelgebilde anzusehen sind; andrerseits treten oft in der Umgebung der Flecken helle Gebilde auf, die *Fackeln*. — Bei Verdeckung der Sonne durch Finsternis treten ferner auf: die *Chromosphäre* dicht über dem Rande, die *Corona* daran anschließend und die *Protuberanzen* (rot oder weiß), aus der Chromosphäre hervorschießend; alles zusammen wird meist *Photosphäre* genannt. — *Sonnenfinsternis* tritt ein, wenn der Mond zwischen Sonne und Erde tritt, und zwar, wenn dies nicht genau der Fall ist, partielle, wenn es genau der Fall ist, je nach dem augenblicklichen Abstandsverhältnis zwischen Erde, Mond und Sonne, totale oder ringförmige. — Von der Jahreszeit und der geographischen Breite des Ortes hängt die *Tagesdauer* ab; unter 45° schwankt sie zwischen 8 St. 42 Min. und 15 St. 34 Min. Dazu kommt dann noch die *Dämmerung*, in astronomischer Definition bis zu einem Stande des Sonnenmittelpunkts 18° unter dem Horizont reichend; unter 45° dauert sie bei Sommersanfang 2 St. 33 Min., bei Wintersanfang 1 St. 47 Min.

Sonnenfinsternis, s. Sonne, Lichtausbreitung.

Sonnenflecken, s. Sonne.

Sonnenflut, s. Ebbe und Flut.

Sonnenscheinschreiber ist ein auf photochemischer Wirkung beruhender Registrierapparat, aus dessen Kurve man die jeweilige Dauer des Sonnenscheins und bis zu einem gewissen Grade auch seine Stärke ablesen kann. Wegen exakterer Messungen und ihrer Ergebnisse s. Wärmestrahlung.

Sonnenspektrum, s. Spektrum.

Sonnenstrahlung, s. Wärmestrahlung

Sonnentag, s. Zeit.

Sonnenuhr, s. Zeitmessung.

Sonometer, s. Tonhöhenmessung.

Sopran, s. Stimme und Sprache.

Spaltbarkeit, s. Kohäsion.

Spalttöne, s. Pfeifen.

Spannkraft, s. Energie.

Spannkraft der Dämpfe, s. Dämpfe.

Spannkraft des Wasserdampfs in der Atmosphäre, s. Feuchtigkeit.

Spannkraftkurve der Dämpfe, s Dämpfe.

Spannung, s. Elektrischer Strom.

Spannung durch thermische Ausdehnung, s. Thermische Ausdehnung der festen Körper.

Spannungsabfall, s. Elektrischer Strom.

Spannungsabfall in Gasen, s. Elektrizitätsleitung der Gase.

Spannnungsenergie, s. Energie.

Spannungskoeffizient der Gase, s. Thermische Ausdehnung der Gase.

Spannungskurve, s. Elektrischer Strom.

Spannungsmessung (elektrische). Für die Messung der elektrischen Spannung (Potential) oder der *elektromotorischen Kraft* gibt es zahlreiche Methoden, von denen die meisten nur die Vergleichung zweier verschiedenen Spannungen betreffen und nur wenige absoluten Charakters sind. Die wichtigsten sind folgende: 1. *Widerstandsmethode.* Man schaltet die eine Kraft e_1 mit einem großen Widerstande w_1, gegen den ihr eigner Widerstand und der des Meßinstruments zu vernachlässigen ist, in einen Kreis eines Stromzeigers, mißt den Ausschlag, schaltet dann e_2 mit einem derartigen Widerstande w_2 ein, daß derselbe Ausschlag resultiert; dann ist $e_1 : e_2 = w_1 : w_2$; als Widerstände dienen Rheostaten oder Widerstandskästen. — 2. *Strommethode.* Man schließt erst mit e_1, dann mit e_2, beide Male mit demselben Widerstande w; dann ist $e_1 : e_2 = i_1 : i_2$. Eventuell muß man die verschiedenen Widerstände der beiden e berücksichtigen und erhält dann $e_1 : e_2 = i_1 (w + w_1) : i_2 (w + w_2)$. — 3. *Kompensationsmethode*, in verschiedenen Formen, die ihr Poggendorff, Bosscha, du Bois-Reymond u. A. gegeben haben. e oder e' ist die gesuchte, E eine stärkere Vergleichskraft

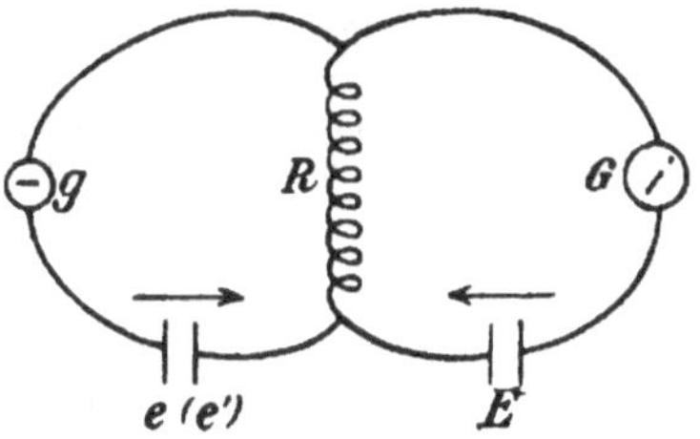

Fig. 220.

(Fig. 220), g und G sind Stromzeiger, R ein Rheostat. Man reguliert R erst mit e, dann mit e' so, daß g stromlos wird; sind die beiden betreffenden Widerstände w und w', die in G beobachtete Stromstärke i bzw. i', so ist $e : e' = iw : i'w'$. Oder man vergleicht e direkt mit E (Fig. 221), wobei nur ein einziger Stromzeiger, aber

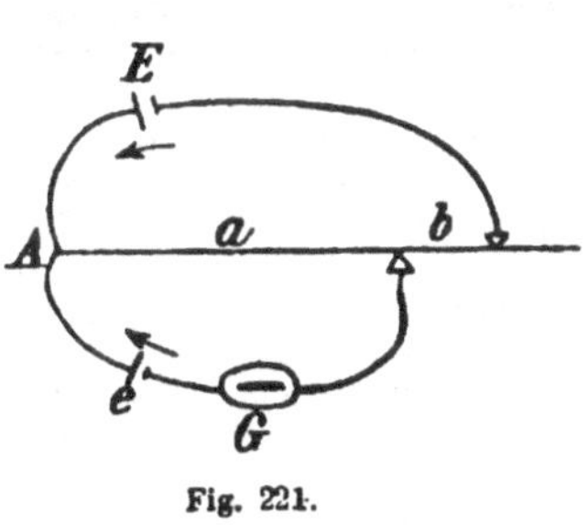

Fig. 221.

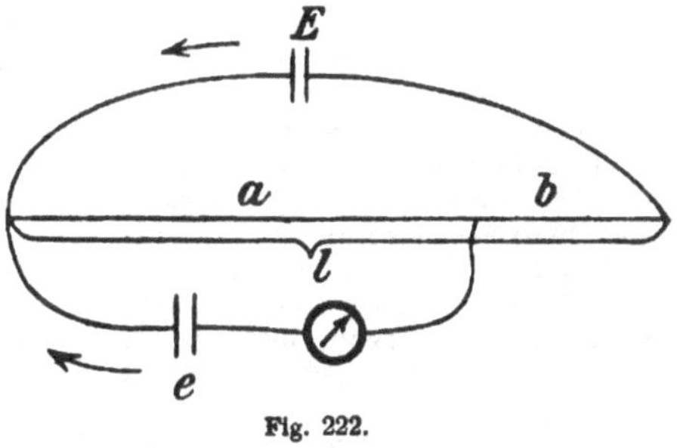

Fig. 222.

ein Meßdraht mit zwei Schleifkontakten nötig ist: $E/e = 1 + (b - b')/(a - a')$, wo a, b und a', b' zwei Wertepaare sind, für die G stromlos wird. Oder endlich (Fig. 222), man läßt $a + b$ konstant gleich l und verschiebt nur den Kontakt des Elementes e. Kennen muß man hier den Widerstand W des starken Elementes E nebst Zuleitungen; ist w der Widerstand, der G stromlos macht, so ist $e = wE/(W + l)$. Die Bestimmung von W erspart man durch Wiederholung des Versuchs mit einem Normalelement e_0 von bekannter Kraft. Auf dieser Grundlage sind zahlreiche *Kompensatoren* für Wissenschaft und Technik gebaut worden. — 4. *Elektrometrische Methode*, indem man die

Elemente direkt auf das, andrerseits zur Erde abgeleitete Elektrometer (s. Elektrometrie) wirken läßt. — 5. Praktische Methoden, verwirklicht in einfachen und bequemen Apparaten, *Voltmeter* genannt, direkt mit Spannungsskala versehen, häufig mit Amperemetern vereinigt (eine Skala für Volt, die andere für Ampere), auf verschiedenen Wirkungen beruhend. — 6. *Absolute Methoden.* Die meisten der obigen Methoden liefern auch absolute Werte, wenn man noch irgendeine der in den Formeln vorkommenden Großen in absolutem Maße bestimmt, wobei man andre auftretende durch Kombination verschiedener Messungen eliminiert. Man schließt z. B. unter Einschaltung eines Rheostaten und einer Tangentenbussole und beobachtet die Stromstärken bei zwei verschiedenen Widerständen, dann ist

$$e = (w_1 - w_2) \cdot i_1 i_2 / (i_2 - i_1).$$

Besondere Apparate zur absoluten Messung heißen *Potentiometer* und sind in

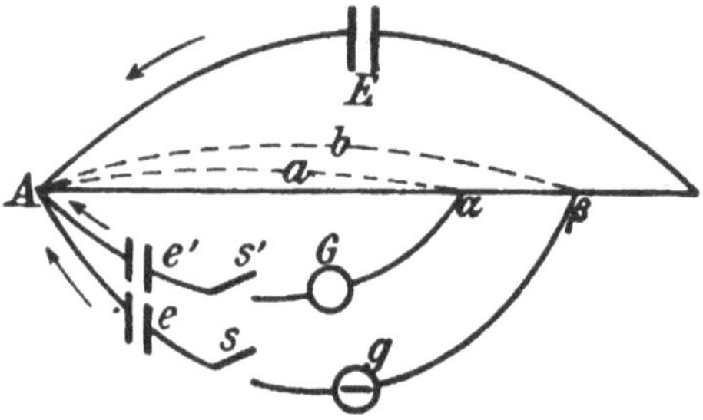

Fig. 223.

verschiedenen Formen konstruiert worden; am beliebtesten ist die von Latimer Clark (Fig. 223).

Spannungsreihe, s. Berührungselektrizität.

Speiseleitung, s. Stromverzweigung.

Spektralanalyse, s. Spektrum.

Spektralapparat, s. Spektrometrie.

Spektralfarbe ist jede im Spektrum vorkommende, also durch einheitlich bestimmte Wellenlänge charakterisierte Farbe; den Gegensatz bilden die physikalischen Mischfarben (nicht zu verwechseln mit den physiologischen). S. Farbenlehre.

Spektrallinien, s. Spektrum.

Spektrograph, s. Spektrometrie.

Spektrometer, s. Brechungsquotient, Spektrometrie.

Spektrometrie ist die Methodik der Herstellung, Beobachtung und Ausmessung von Spektren (s. Spektrum). Die Apparate, die hierzu dienen, heißen, insbesondere soweit sie auf der prismatischen Brechung und Dispersion beruhen, *Spektralapparate, Spektroskope, Spektrometer.* Zur einfachen Beobachtung am geeignetsten sind die *geradsichtigen Spektroskope,* bestehend aus einigen in abwechselnd umgekehrter Lage mit Canadabalsam aneinander gekitteten Prismen, abwechselnd aus zwei Glassorten, z. B. Kron- und Flintglas hergestellt und so bemessen, daß die Ablenkung aufgehoben, die Farbenzerstreuung aber gewahrt ist; ein verbreiteter Typus ist das *Browningsche Taschenspektroskop.* — Die eigentlichen *Spektrometer* bestehen aus einem auf einem Tischchen drehbaren Prisma oder Prismensatz, scheiden sich aber im übrigen in drei Typen: 1. *Spektralapparat von Kirchhoff und Bunsen* (Fig. 224), mit einem Kollimatorrohr oder Spaltrohr A, das mittels Spalt und Linse ein Parallelbüschel erzeugt und durch das Prisma schickt, einem Fernrohr B zur Beobachtung des Spektrums rv in der Brennebene, und dem Skalenrohr C, das so eingestellt wird, daß man das Skalenbild zugleich mit dem Spektrum sieht und somit Messungen ausführen kann. —

2. Spektrometer ohne Skalenrohr, dafür aber mit großem und kleinem Teilkreise für Rohre und Prisma. — 3. Spektrometer mit *Autokollimation*, nur mit Fernrohr (ohne Kollimatorrohr), das zugleich den seitlich beleuchteten Spalt enthält. — Das Prisma hat gewöhnlich einen brechenden Winkel von 60°, im Falle 3. jedoch nur von 30°; bei Prismenserien, bei denen jedes folgende die Dispersion weiter steigert,

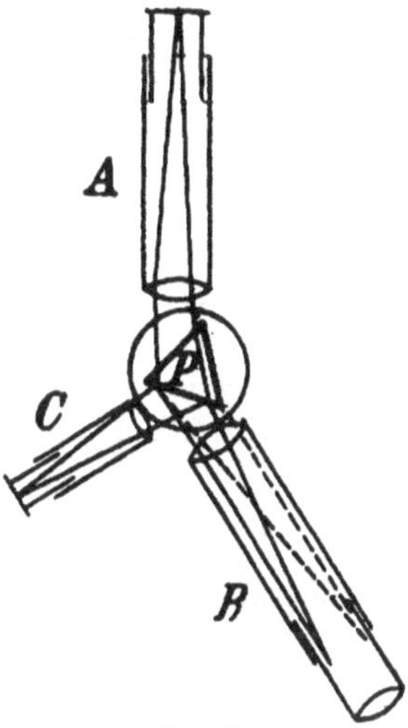

Fig. 224.

kommen verschiedene Winkel zur Anwendung. — Die üblichste Einstellungsmethode ist die auf das *Minimum der Ablenkung* (s. Brechungsquotient); eine andre ist die des *in sich zurückkehrenden Strahls*. — Die Prismen und Linsen müssen aus gut durchlässigem Glase hergestellt sein; trotzdem geht natürlich in ihnen Licht verloren, besonders aber wird die Zusammensetzung des Lichtes modifiziert. — Für ultrarote Strahlen hat man daher die Linsen durch Hohlspiegel, für ultraviolette durch Linsen aus anderm Material (Flußspat usw.) ersetzt. — Eine zweite Methode zur Herstellung des Spektrums ist die durch *Beugungsgitter*, und zwar entweder beim Durchgange des Lichts durch sie oder bei der Reflexion an ihnen. Erstere bestehen für langwellige Strahlen aus Metallstäbchen, für kürzere aus Glas mit eingeritzten Strichen oder photographisch hergestellten Kopien; letztere werden jetzt fast allgemein in der Form der *Rowlandschen Konkavgitter* verwendet, mit überaus feiner Teilung auf Metall und derartiger Einstellung, daß man das Spektrum in der Brennebene, also vollkommen scharf erhält. Man kommt evtl. ganz ohne Linse aus; mit Linse (Zylinderlinse) wird die Lichtstärke gesteigert. Der Abstand zweier benachbarter Streifen heißt *Gitterkonstante;* von ihr hängt die Ausdehnung des Spektrums ab (s. Beugung des Lichts). — Für ganz feine Zwecke endlich wird das *Interferenzprinzip* in verschiedenen Ausgestaltungen benutzt; hierher gehörige Apparate sind das *Stufengitter* von Michelson, die *Interferenzplatte* von Lummer und Gehrcke, *die Interferometer* von Fabry und Perrot usw. — Wegen der besonderen Methoden für ganz lange Wellen s. Wärmestrahlung, wegen der Röntgenspektroskopie s. Röntgenstrahlen. — Das Spektrum wird entweder nach einer willkürlichen Skala gemessen oder (neuerdings allgemein) gleich auf Wellenlängen bezogen. — Spektralapparate, die zur photographischen Wiedergabe des Spektrums eingerichtet sind, heißen *Spektrographen.*

Spektroskop s. Spektrometrie.

Spektrum ist die räumliche Gestaltung, in der uns das Ergebnis der Dispersion der Strahlung entgegentritt, sei es bei subjektiver Beobachtung, sei es bei der objektiven Darstellung auf einem Schirm, sei es in der photographischen oder anderweitigen Reproduktion. Je nach dem Bereiche der in Betracht kommenden Wellenlängen ist es ein sichtbares Spektrum oder ein Wärmespektrum oder ein chemisches Spektrum. Das *Wärmespektrum* reicht bis hinab zu etwa $\lambda = 0{,}4\ \mu$; das *sichtbare* reicht von 0,8 bis über 0,4 μ hinaus, also etwas über eine Oktave, das chemische setzt bei etwa 0,6 μ ein und reicht bis zu den kleinsten Wellenlängen. Der Teil jenseits des Rot heißt *ultrarotes* oder *infrarotes* Spektrum, der Teil jenseits des Violett *ultraviolettes Spektrum* (s. Strahlung). Das sichtbare Spektrum beginnt mit Rot, setzt sich über Orange, Gelb, Grün, Blau fort und endet mit Violett. Die Gesamtausdehnung hängt von der zerstreuenden Kraft der brechenden Substanz und dem Prismenwinkel bzw. von der Gitterkonstante (s. Spektrometrie) des beugenden Gitters ab; außerdem ist auch der Anteil der einzelnen Spektralbereiche am Ganzen verschieden für das Brechungs- oder prismatische und für das Beugungs- oder Gitterspektrum. Letzteres wird als das *normale* Spektrum bezeichnet; im Vergleich mit ihm ist das erstere nach der violetten Seite hin mehr und mehr ausgezogen. — Zu unterscheiden ist ferner zwischen *Emissionsspektrum* und *Absorptionsspektrum*: nach dem Kirchhoffschen Gesetz (s. Strahlung) stehen beide in naher, gegensätzlicher Beziehung zueinander. — Hiervon abgesehen, sind vier Typen von Spektren zu unterscheiden: 1. *Kontinuierliches Spektrum*, mit einem einzigen Intensitätsmaximum, von diesem nach beiden Seiten abfallend. 2. *Streifenspektrum*, zusammenhängend oder unterbrochen, mit mehreren Maxima und anschließenden allmählichen Abfällen. 3. *Bandenspektrum*, aus zahlreichen Linien mit Häufungsstellen stärkster Intensität bestehend. 4. *Linienspektrum*, aus mehr oder weniger Linien ohne ausgesprochene

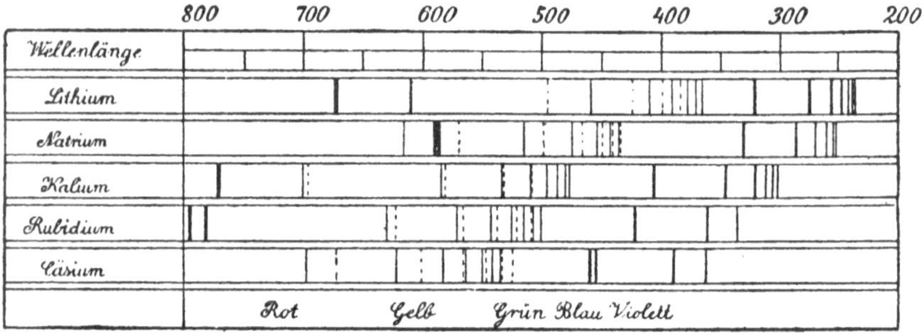

Fig. 225.

Intensitätsmaxima bestehend. Eine scharfe Trennung ist übrigens nicht immer möglich; auch geht bei Änderung der Temperatur oft das eine Spektrum in das andre über. — In einem gewissen Zusammenhange hiermit steht ferner die Unterscheidung zwischen den Spektren *fester, flüssiger und gasiger Stoffe*. Feste und flüssige Körper geben kontinuierliches Spektrum, und zwar bei Rotglut (520°) zunächst nur den roten Teil und sich dann immer mehr ausdehnend; Gase geben Liniensprekten, und zwar mit steigender Temperatur immer mehr und hellere Linien. — Ferner ist zu unterscheiden, je nach der Erzeugung des Leuchtens: Glühspektrum, Flammenspektrum, Funkenspektrum, Bogenspektrum, Vakuumröhrenspektrum, Fluoreszenz- und Phosphoreszenzspektrum usw. — Das Spektrum einer Substanz ist in der Hauptsache, besonders was die Lage der Streifen, Bänder, Linien angeht, immer das gleiche; nur die Intensitätsverteilung und damit unter Umständen auch die Ausdehnung der Linien („lange" und „kurze" Linien) ändert sich mit der Temperatur und andern Faktoren. Für jedes chemische Element gibt es daher charakteristische Linien. Bei Verbindungen liegt die Sache verwickelter; hier gibt es teils rein additive Spektra, teils solche mit neuen, nur für die Verbindung als solche charakteristische Linien. Einige einfache Spektra, nämlich die der Alkalimetalle, sind in der Fig. 225 dargestellt. — Eine große Anzahl dieser Linien findet sich, jedoch dunkel statt hell, im *Sonnenspektrum* wieder, das, im übrigen kontinuierlich, durch diese dunklen *Fraunhoferschen Linien* zahlreiche Unterbrechungen (viele tausend) aufweist. So findet sich z. B. genau an der Stelle der hellen Natriumlinie im Gelb die dunkle *D*-Linie im Sonnenspektrum: *Umkehrung der Natriumlinie.* Das rührt gemäß dem Kirchhoffschen Gesetze (s. Strahlung) daher, daß die betreffenden, im Sonneninnern erzeugten Strahlen von entsprechenden Stoffen alsdann in der Sonnenatmosphäre (z. T. auch in der Erdatmosphäre) absorbiert werden. Das Sonnenspektrum ist also teils Emissions-, teils Absorptionsspektrum. — Die Fraunhoferschen Linien werden mit Buchstaben bezeichnet; die folgende Tabelle enthält für eine Auswahl von ihnen die Schwingungszahl (in Billionen), die Wellenlängen in Luft (in μ), die Farbe (bzw. Lage außerhalb der Farben), den Buchstaben und das entsprechende Element, evtl. unter Hinzufügung eines kleinen griechischen Buchstabens zur Spezialbezeichnung.

n	λ	Farbe	Linie	Element
111	2700		Ψ	—
250	1200		Φ_1	—
334	898,8	Ultrarot (Wärmewirkung)	Y	—
353	849,7		X_1	—
365	822,6		Z	—
395	759,4	Äußerstes Dunkelrot	A	O
417	718,6	Tiefes Rot	a	—
437	686,7	Hochrot	B	O
449	670,8	—	—	Li (α)
457	656,3	Rotorange	C	H (α)
508	589,6	Volles Gelb	D_1	Na
509	589,0		D_2	
518	579	Hellgelb	—	Hg (β)
550	546	Hellgelb, etwas grünlich	—	Hg (α)
570	527	Grün	E	Fe, Ca
580	517	Grün, etwas bläulich	b	Mg, Fe
617	486,1	Cyanblau	F	H (β)
690	434	Indigoblau bis Violett	—	(H γ)
697	430,8	Violett, bläulich	G	Fe, Ca
731	410,2	Violett	h	H (δ)
758	395	Äußerstes Violett	H	Ca
786	382		L	Fe
892	336,1		P	Fe
1017	294,8	Ultraviolett (Fluoreszenz und photographische Wirkung)	U	Fe
1210	247,9		—	C
1400	214,4		—	Cd
1616	185,6		—	Al

— Zwischen den Wellenlängen der einzelnen Linien desselben Spektrums besteht häufig ein gesetzmäßiger Zusammenhang, so daß man von *harmonischen Serien* sprechen kann. Die Formeln, die diese Beziehungen ausdrücken, sind sehr mannigfaltig; eine der einfachsten ist die *Balmersche Formel:* $\lambda = cm^2/(m^2-4)$, in der c eine Konstante und $m = 3$ bis 15 ist; sie stellt die Wasserstofflinien sehr gut dar. Ferner die *Formel von Kayser und Runge:* $\lambda = A + Bm^{-2} + Cm^{-4}$. — Ferner gibt es viele Linien, die sich bei starker Dispersion als doppelt erweisen, z. B. die Natrium- oder *D*-Linie; hier werden also zwei sehr nahezu gleiche Wellenarten ausgesandt, die dazwischen liegenden aber nicht. — Auf eine sichere Basis konnten alle diese Beziehungen und damit überhaupt der Mechanismus des Leuchtens erst gestellt werden auf Grund der *Elektronentheorie* (Rutherford, Bohr, Sommerfeld); hier werden die möglichen Elementarschwingungen der Elektronen um ihr Zentrum betrachtet, und es ist gelungen, daraus einige einfachere Spektren als notwendige Folgen abzuleiten (Wasserstoff, Helium, Lithium). — *Bandenspektren* erhält man unter anderm beim Stickstoff (im Entladungsrohr) sowie vom Lichtbogen zwischen Kohlenspitzen. Das Charakteristische einer Bande ist ihr scharfer Rand auf der Seite der größeren Wellenlängen, während auf der Seite der kürzeren sich eine Serie allmählich an Stärke abnehmender Linien anschließt; das Kohlespektrum ist in der Fig. 226 skizziert, und zwar oben fünf benachbarte Banden, unten für einen andern Teil des Spektrums

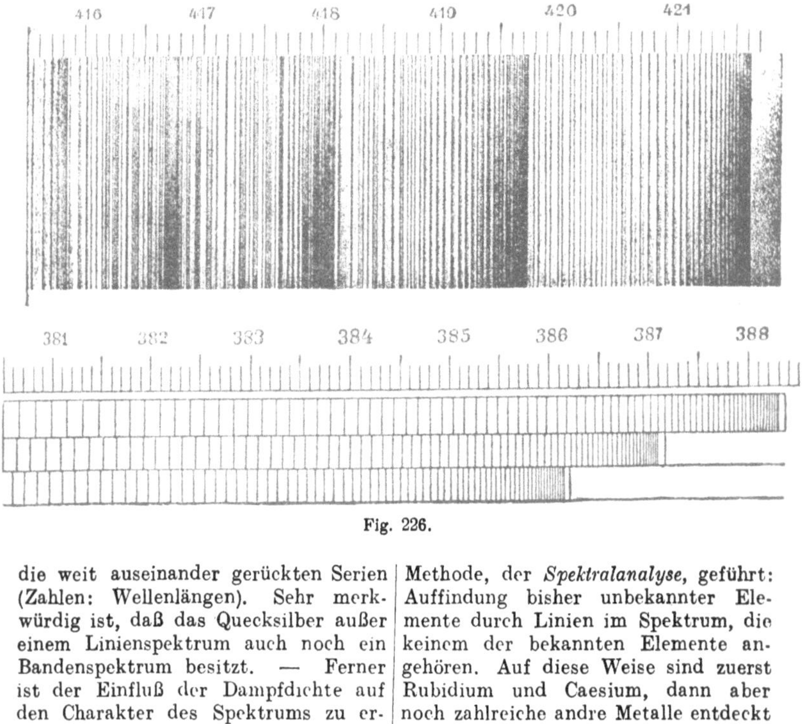

Fig. 226.

die weit auseinander gerückten Serien (Zahlen: Wellenlängen). Sehr merkwürdig ist, daß das Quecksilber außer einem Linienspektrum auch noch ein Bandenspektrum besitzt. — Ferner ist der Einfluß der Dampfdichte auf den Charakter des Spektrums zu erwähnen (Verbreiterung der Linien, Übergang in Banden bzw. in kontinuierliches Spektrum). Ganz verschiedenen Typen gehören die Sternspektra an. — Die große Empfindlichkeit der spektralen Beobachtungen (die Natriumlinie tritt z. B. noch auf, wenn nur der dreimillionte Teil eines Milligramms vorhanden ist) hat Kirchhoff und Bunsen zu einer neuen chemischen Methode, der *Spektralanalyse*, geführt: Auffindung bisher unbekannter Elemente durch Linien im Spektrum, die keinem der bekannten Elemente angehören. Auf diese Weise sind zuerst Rubidium und Caesium, dann aber noch zahlreiche andre Metalle entdeckt und erst nachträglich chemisch isoliert worden. — Schickt man die dispergierten Strahlen eines weißglühenden festen Körpers durch eine absorbierende Substanz, so erhält man deren *Absorptionsspektrum*, und zwar ein verschiedenes, je nach der Dicke der Schicht, der Konzentration der Lösung, der Temperatur usw. Dabei erweisen sich oft scheinbar einfache Farben als sehr zusammengesetzt, z. B. zeigen die meisten roten Gläser nicht eine scharfe Linie, sondern einen breiten Streifen im Rot oder gar mehrere ausgedehnte Spektralbereiche im Rot, Grün und Blau; ja, manche Stoffe absorbieren gerade das ihrer Farbe entsprechende Licht. Die Farbe ist also das Ergebnis einer Summierung ganz andrer Farben. — Verschiedene Stoffe liefern oft trotz naher Verwandtschaft eine sehr verschiedene spektrale Verteilung, z. B. Flint-, Kron- und Jenaer Glas (s. Brechung, Dispersion). — Eine *Verschiebung der Spektrallinien* tritt ein: 1. Beim Dopplereffekt (s. d.), und 2. beim Zeemaneffekt, d. h. im magnetischen Felde (s. d.).

Spezifische elektrostatische Induktionskapazität, s. Dielektrizität.

Spezifische Ionenladung, s. Elektrolyse.

Spezifische Kohäsion, s. Kapillarität.

Spezifische Leistung, s. Arbeit.

Spezifische magnetische Leitfähigkeit, s. Magnetischer Kreis.

Spezifische Masse, s. Dichte.

Spezifische Refraktion, s. Brechungsquotient.

Spezifische Reluktanz, s. Magnetischer Kreis.

Spezifischer magnetischer Widerstand, s. Magnetischer Kreis.

Spezifischer Magnetismus, s. Diamagnetismus, Magnet, Magnetische Induktion.

Spezifische Rotation, s. Drehung der Polarisationsebene.

Spezifischer Widerstand, s. Elektrizitätsleitung, Widerstandsmessung.

Spezifisches Gewicht, s. Dichte, Dichtemessung, Gewicht.

Spezifisches Gewicht der Gasteilchen, s. Kinetische Theorie.

Spezifisches Leitvermögen, s. Elektrizitätsleitung.

Spezifisches Volumen, s. Dichte.

Spezifische Wärme eines Stoffes ist die Wärmemenge, die erforderlich ist, um ein Gramm desselben von 15° auf 16° zu erwärmen; man erhält sie aus der *Wärmekapazität* des ganzen Körpers, indem man mit dessen Masse dividiert. Ausgedrückt wird sie in *Kalorien* (s. Wärme), also auf Wasser als Einheit bezogen, die spezifische Wärme des Wassers (die im übrigen, absolut genommen, die größte von fast allen bekannten ist) ist also eins. Zur Umrechnung von Kalorien auf Erg braucht man nur mit dem Wärmeäquivalent (s. d.) zu multiplizieren. — Experimentell kann man die spezifische Wärme unter zwei verschiedenen Bedingungen ermitteln, nämlich einmal, indem man die zugeführte Wärme, bei immer gleichbleibendem Druck, auf das Volumen des Körpers wirken läßt, oder indem man bei konstantem Volumen die Spannung steigert; jene ist weit einfacher und in vielen Fällen überhaupt allein bestimmbar. Sie ist aber nicht die reine spezifische Wärme, sondern enthält noch die zur Ausdehnung verwendete Energie. Nennt man c_p die *spezifische Wärme bei konstantem Druck*, c_v die bei *konstantem Volumen*, so ist $\delta = c_p - c_v$ die *Differenz der spezifischen Wärmen*, also die in Kalorien ausgedrückte *Ausdehnungsenergie*, und $\varkappa = c_p/c_v$ das *Verhältnis der spezifischen Wärmen*. — Zur Bestimmung der spezifischen Wärme dienen zahlreiche Methoden, insbesondere die Mischungs-, Erkaltungs- und Eisschmelzungsmethode sowie eine Reihe spezieller Verfahren für Gase (s. Kalorimeter). Einige Zahlen für c_p für Zimmertemperatur sind folgende:

Spezifische Wärme bei normaler Temperatur:

Äther	0,56
Ätherdampf	0,45
Alkohol	0,49
Ameisensäure	0,52
Ammoniak	0,9
Aluminium	0,22
Antimon	0,05
Benzol	0,34
Blei	0,031
Chlor	0,087
Eisen	0,113
Essigsäure	0,50
Glas, Mittel	0,15
— Extreme	0,23 0,08
Glyzerin	0,57
Gold	0,032

Holzgeist . . .	0,59
Kalkspat . .	0,208
Kupfer	0,094
Kupfersulfat . .	0,88
Kohlensäure . .	0,149
Luft	0,169
Messing	0,094
Platin	0,032
Petroleum . . .	0,51
Quecksilber . .	0,0332
Sauerstoff . . .	0,155
Schwefel . .	0,18
Silber	0,057
Stickstoff . . .	0,173
Wasserstoff . .	2,43
Zink	0,094
Zinn	0,057

Mit der *Temperatur* steigt die spezifische Wärme meist gleichförmig und nicht sehr erheblich; nur bei Bor, Beryll, Silicium und Kohlenstoff ist die Zunahme sehr stark. Für Kohlenstoff gelten z. B. folgende Zahlen:

						Diamant		
- 50°	- 10°	+ 11°	33°	86°	140°	247°	607°	985°
0,0635	0,0955	0,1128	0,1318	0,1765	0,2218	0,3026	0,4408	0,4589

Beim Quecksilber ist die spezifische Wärme nahezu unabhängig von der Temperatur. Beim Wasser nimmt sie bis zu 27° ab (Minimum der spezifischen Wärme) und steigt dann wieder; einige Zahlen (bezogen auf 0° als Einheit):

0°	5°	10°
1,0000	0,9969	0,9944
15°	20°	30°
0,9924	0,9910	0,9898
40°	70°	100°
0,9907	1,0067	1,0424

Zwischen dem Wert bei 15° und dem mittleren Werte zwischen 0° und 100° besteht nur eine sehr kleine Differenz. — Bei sehr tiefen Temperaturen wird die spezifische Wärme immer kleiner und scheint sich schließlich der Null zu nähern (Diamant bei - 240°: < 0,01). — Will man genau verfahren, so muß man hiernach die spezifische Wärme definieren als das Verhältnis einer kleinen Wärmezufuhr zu der dadurch erzeugten, ebenfalls kleinen Temperaturerhöhung (dw/dt). — Im festen und flüssigen Aggregatzustande ist die spezifische Wärme desselben Stoffes oft wesentlich verschieden, und zwar fast ausnahmslos für die Flüssigkeit größer; z. B. für Eis 0,5 gegen 1,0 für Wasser. — Bei *Gasen* hängt c_v vom Druck bzw. der Dichte nicht ab, wohl aber c_p, so daß $\varkappa$ wächst; einige Zahlen für c_p von Luft (60°) bis zu hohen Drucken:

kg/qcm	0	1	25
	0,2413	0,2416	0,2485
50	100	200	300
0,2556	0,2694	0,2925	0,3026

— Das Verhältnis $\varkappa$ ist bei Gasen desto weniger von eins verschieden, je atomreicher die Molekel ist, wozu auch noch die Anordnung und der Bewegungszustand der Atome bzw. die Zahl ihrer Freiheitsgrade kommt; für einatomige Gase, z. B. Quecksilberdampf, ist $\varkappa = 1{,}67$ ($= 5/3$), für zweiatomige rund 1,40 (Luft, Sauerstoff, Stickstoff, Wasserstoff), für Kohlensäure (dreiatomig) 1,29 usw. Auch für feste und flüssige Stoffe ist $\varkappa$ z. T. nicht unerheblich von 1 abweichend. — Die Differenz der spezifischen Wärmen, δ, ist für einige Gase folgende:

Chlor	0,028
Kohlensäure	0,043
Luft	0,069
Quecksilberdampf	0,010
Sauerstoff	0,063
Stickstoff	0,071
Wasserdampf	0,114
Wasserstoff	0,98

Wenn man nun aber einen neuen Begriff einführt, nämlich die *spezifische Wärme der Volumeneinheit* (statt der Masseneinheit), so erhält man, entsprechend der Bedeutung von δ als der Ausdehnungsenergie und mit Rücksicht auf das Gay-Lussacsche Gesetz (s. Thermische Ausdehnung der Gase) für alle Gase nahezu die gleiche Zah, nämlich (bezogen auf Luft): 0,069 (Extreme 0,064 und 0,071). Vgl. auch Atomwärme. — Außer den Größen c_p und c_v gibt es noch eine dritte Größe von Wichtigkeit: die spezifische Wärme, unter der Bedingung, daß die Temperatur immer gleich der bei dem betreffenden Drucke geltenden Schmelztemperatur bzw. Verdampfungstemperatur bleibe, also die *spezifische Wärme ohne Änderung des Aggregatzustandes*, bei Dämpfen auch als *spezifische Wärme des gesättigten Dampfes* bezeichnet. Diese Größe, c', ist z. B. für Wasser 0,95, dagegen für Eis 0,63; wegen ihrer Werte für Dämpfe s. Dämpfe.

Spezifische Wärme des gesättigten Dampfes, s. Dämpfe.

Spezifische Zähigkeit, s. Innere Reibung.

Sphärische Aberration oder *Abweichung*

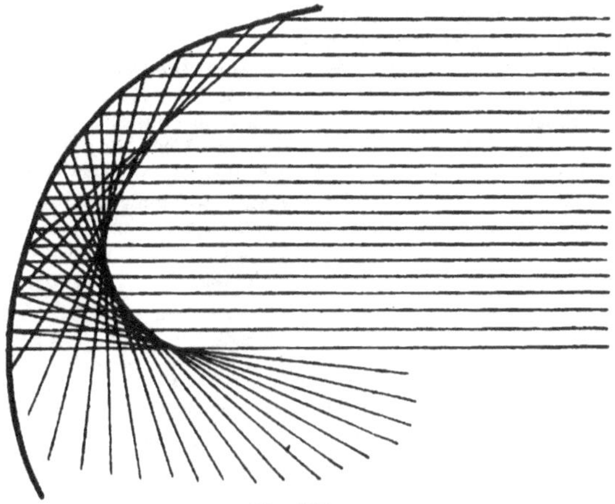

Fig. 227.

ist die Erscheinung, daß sich nicht alle von einem Objektpunkte ausgehenden Strahlen nach der Spiegelung oder Brechung an einer Kugelfläche in einem Bildpunkte vereinigen, sondern immer zwei benachbarte in einem andern, so daß eine fortlaufende Reihe von Schnittpunkten entsteht, die zusammengenommen die *Brennlinie* oder *Kaustik* bilden; bei Spiegelung heißt sie *Katakaustik*, bei Brechung *Diakaustik*. Der Abstand der Schnittpunkte eines axennahen und eines axenfernen Strahls eines Parallelbüschels heißt *longitudinale Aberration*; darauf senkrecht steht die *laterale Aberration*. — Die Katakaustik ist im einfachsten Falle eine Kardioide (Fig. 227, in der nur die obere Hälfte wiedergegeben ist; die untere ist ihr spiegelbildlich gleich). Sie läßt sich an einem gekrümmten Metallstreifen (Ser-

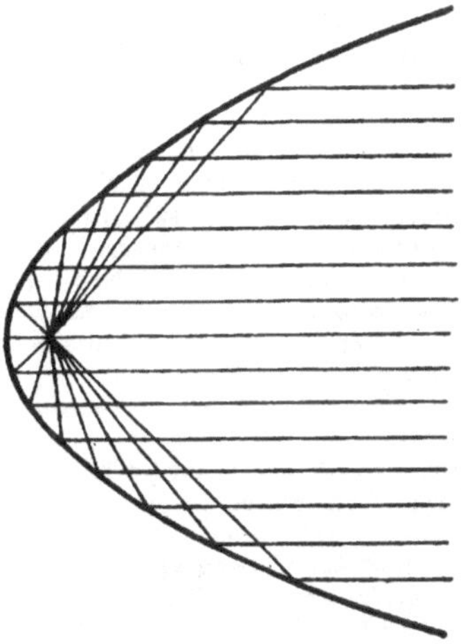

Fig. 228.

viettenband, Fingerring, Becher) leicht beobachten. — Im Raume entsteht aus dieser Kurve eine Rotationsfläche, die *Brennfläche* oder kaustische Fläche. — Beseitigt wird die sphärische Aberration bei der Spiegelung, indem man den sphärischen Spiegel durch einen *paraboloidischen* ersetzt; hier laufen auch die seitlich weit abstehenden Strahlen eines Parallelbüschels in den Brennpunkt (Fig. 228). Eine andre Lösung des Problems bietet der *sphäroidische* Spiegel (die eine der beiden Grenzflächen sphärisch, die andre mit zonenweise abgestufter Abweichung von der Kugelgestalt, im ganzen minimale Differenzen). — Die wichtigste Anwendung ist die auf *Brennspiegel* und *Scheinwerfer* (s. Spiegel). — Bei der *Brechung* durch Linsen ist zwischen sphärischer *Unterkorrektion* und *Überkorrektion* zu unterscheiden, je nachdem der Vereinigungspunkt der axennahen Strahlen von der Linse entfernter oder ihr näher ist als der der Randstrahlen. Die Aberration hängt von der Öffnung h der Linse, dem Brechungsquotienten n des Glases und dem Verhältnis v ihrer beiden Radien (konvex nach der Objektseite positiv, konkav negativ gerechnet) ab; mit h^2 ist sie proportional, für ein bestimmtes, von n abhängiges v wird sie am kleinsten, und zwar für weit entfernte Objekte für

$$v = -(4 + n - 2n^2)/(n(1+2n)),$$

was einer Bikonvexlinse oder Bikonkavlinse, mit der stärker gekrümmten Seite nach dem Objekt gerichtet, entspricht. Für eine Linse von der Öffnung 10 cm und der Brennweite 1 m folgen hier einige zusammengehörige Werte von Linsenform, v und longitudinaler Aberration A (die laterale ist in diesem Falle immer $^1/_{10}$ davon):

	$n = 1{,}5$		$n = 2$	
Linsenform	v	A	v	A
Ebene Vorderfläche	∞	4,5 cm	∞	2,0 cm
Gleichseitig	-1	1,67 cm	-1	1,0 cm
Ebene Hinterfläche	0	1,17 cm	0	0,5 cm
Günstigste Form	$-^1/_6$	1,07 cm	$+^1/_5$	0,44 cm

Wie man sieht, wirkt ein höherer Brechungsquotient günstig, ebenso eine ebene (oder schwach gekrümmte) Hinterfläche; gewöhnlich wählt man der Bequemlichkeit halber den ersteren Fall, also eine Plankonvexlinse. — Noch vollkommener läßt sich die sphärische Aberration durch ein System von Linsen von geeigneten Konstanten beseitigen.

Sphärische Bewegung, s. Kinematik.

Sphärische Lichtstärke, s. Lichtstärke, Photometrie.

Sphärische Korrektion, s. Sphärische Aberration.

Sphärische Wellen, s. Wellenbewegung.

Sphäroid, s. Erde.

Sphäroidaler Zustand, s. Verdampfung.

Sphärometer, s. Längenmessung.

Sphärotorisch, s. Brille.

Spiegel sind Körper mit einer glatten, für die reguläre Reflexion des Lichtes (s. d.) günstigen Oberfläche. Sie bestehen entweder aus undurchsichtigem Material, insbesondere Metall (Metallspiegel) oder aus durchsichtigem, insbesondere Glas; im letzteren Falle dringt aber das Licht zum Teil ein und wird an der Hinterfläche nochmals gespiegelt, wenn das nicht, um Doppelbilder zu vermeiden, durch besondere Vorkehrungen verhindert wird. Gewöhnlich werden Glasspiegel an der Hinterfläche mit Versilberung oder Amalgamüberzug oder Schwärzung versehen. Die Herstellung der spiegelnden Fläche erfolgt durch Polieren mit einem harten Material (Schmirgel, Karborundum, Diamantpulver). — Je glatter die Oberfläche ist, desto intensiver ist das reflektierte Licht; außerdem ist die Intensität vom Material abhängig und am größten für Metallspiegel (s. Metallreflexion), fast ebenso groß bei hinten gedeckten Glasspiegeln, am kleinsten bei Wasser usw. — Nach der geometrischen Form unterscheidet man verschiedene Klassen von Spiegeln, nämlich ebene oder Planspiegel, sphärische Spiegel, und zwar entweder konvexe oder konkave, und nichtsphärische Spiegel, unter denen die Parabel-, Zylinder- und Kegelspiegel am wichtigsten sind. — Beim *ebenen* oder *Planspieget* werden die von einem Punkte ausgehenden Strahlen durch die Reflexion noch divergenter. Es gibt also kein reelles Bild; wohl aber schneiden sich die Rückwärtsverlängerungen der reflektierten Strahlen in einem Punkte, dem *virtuellen Bilde*, und dieser Punkt liegt auf dem von dem Objekt auf die spiegelnde Ebene gefällten Lote, und zwar ebensoweit jenseits wie jener diesseits. Dasselbe gilt für jeden andern Objektpunkt; ein ausgedehntes Objekt wird daher kongruent abgebildet, und zwar mit unveränderter räumlicher Lagebeziehung, d. h. das Bild ist aufrecht (oben bleibt oben, links bleibt links). Wenn beim Spiegelbild, z. B. eines Geigers, links und rechts vertauscht erscheint, so liegt das nur an der Betrachtung des räumlichen Objekts von der entgegengesetzten Raumseite. — Auf dem ebenen Spiegel beruht eine Reihe wichtiger Apparate: 1. Der *Heliostat*, ein in beiden Raumrichtungen drehbarer Spiegel, durch ein Uhrwerk so bewegt, daß er die von der Sonne kommenden Strahlen immer in die gleiche Richtung wirft, z. B. in das Experimentierzimmer [Aufstellung auf einem Brett vor dem Fenster, Einstellung mit der Uhr mit Rücksicht auf Zeitgleichung (s. Zeit) und die wahre Sonnenzeit]. — 2. Der *Sextant* oder *Spiegelsextant* (Fig. 229): die Glasplatte *p* wirkt oben durchlässig, unten infolge Versilberung als Spiegel; oben sieht man im Fernrohr den einen von zwei Gegenständen, unten unter Mitwirkung des Spiegels *s* den andern; der Winkel zwischen beiden Richtungen ist dann das Doppelte des Winkels zwischen beiden Spiegeln. An einer Skala kann man den Winkel direkt ablesen. — 3. *Signalapparate*, insbesondere der *Heliograph*, zum Aussenden von Lichtsignalen durch abwechselndes Beleuchten und Verfinstern, oder auch durch Freilassen und Abblenden einer dauernden Lichtquelle. — 4. *Spiegelablesung* (s. d.). — 5. Der *Flüssigkeitshorizont* zu optischen, seismischen und andern Beobachtungen (bleibt immer horizontal). — Stellt man *zwei ebene Spiegel einander parallel* im Abstande *d* gegenüber, und hat der Objektpunkt zwischen ihnen die Abstände *u* bzw. *v* von ihnen, so erzeugt jeder der beiden Spiegel eine Serie von Bildern in den Abständen:

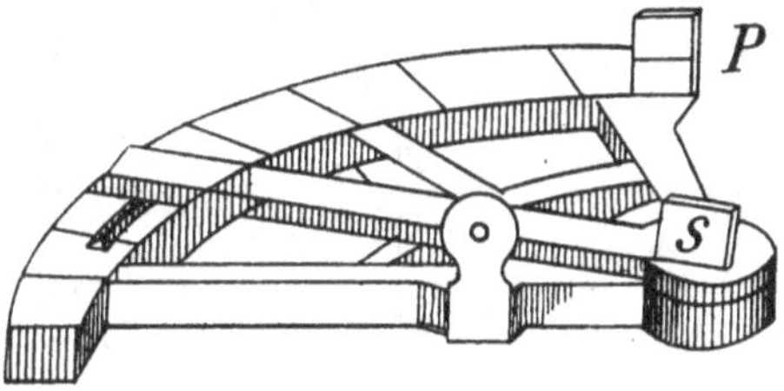

Fig. 229.

1. $2u \quad 2d \quad 2(d+u) \quad 4d$ usw.
2. $2v \quad 2d \quad 2(d+v) \quad 4d$ usw.

Es liegt also die Hälfte der Bilder symmetrisch zum Objekt, die andre unsymmetrisch; natürlich decken sich diese Bilder in der Axialsicht sämtlich, aber schon bei geringer Neigung der beiden Spiegel gegeneinander kann man sie getrennt sehen. — Beim *Winkelspiegel*, d. h. bei zwei in einer Kante unter dem Winkel ω zusammenstoßen, den ebenen Spiegeln liegen die Bilder eines zwischen ihnen in den Winkelabständen φ bzw. ψ gelegenen Punktes auf einem Kreise, und zwar in den Winkelabständen (Fig. 230):

$$1.\ 2\varphi \quad 2\omega \quad 2(\omega+\varphi) \quad 4\omega;$$
$$2.\ 2\psi \quad 2\omega \quad 2(\omega+\psi) \quad 4\omega;$$

indessen kommen hier nur diejenigen Bilder wirklich zustande, deren Vorgänger nicht innerhalb des Gegenwinkels von ω liegt. Die Gesamtzahl der Bilder ist für die erste Reihe die in $(\pi-\varphi)/\omega$, für die zweite die in $(\pi-\psi)/\omega$ enthaltene größte ganze Zahl; wenn ω in π aufgeht, erhält man beiderseits $n = \pi/\omega$, im ganzen also (weil die beiden letzten Bilder zusammenfallen) $N = (2\pi/\omega) - 1$, z. B. für $\omega = 45^0$: $n = 4$, $N = 7$; wenn ω zu π irrational ist, sind die Reihen endlos. Wenn die beiden Spiegel einen *rechten Winkel* miteinander bilden, wird ein Strahl, der in einer auf der Kante senkrechten Ebene,

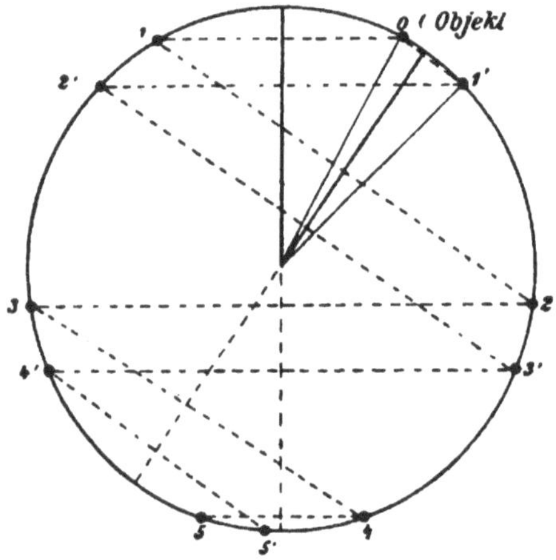

Fig. 230.

sonst aber in beliebiger Richtung läuft und einen beliebigen Punkt des Spiegels trifft, nach zweimaliger Reflexion parallel mit sich zurückgeworfen, und die Verschiebung ist desto kleiner, je näher an der Kante der Treffpunkt liegt; wenn man also den Spiegel um seine Kante dreht, sieht man doch unverändert sein eigenes Auge in der Kante (Fig. 231). — Ordnet man drei oder mehr Spiegel mit parallelen Kanten zu einem drei- oder mehrkantigen Prisma an, so erhält man von jedem Objekte im Innern vielfache Spiegelbilder, die sich zu regelmäßigen Figuren anordnen: *Kaleidoskop.* Eine Vervollkommnung dieses alten Apparats ist der *Kaleidograph* von Pulfrich (drei- oder mehrkantiges massives Glasprisma), der mit Hilfe von Photographie und Kinematographie nützliche

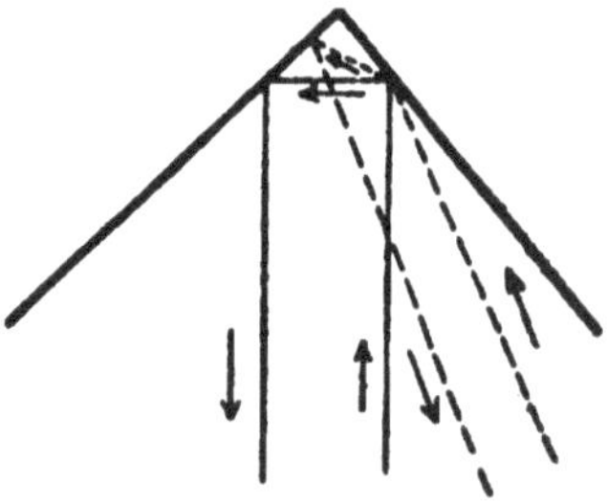

Fig. 231.

Anwendungen auf Technik und Kunstgewerbe erlaubt. — Ist der Winkel des

Spiegels 45°, so steht der austretende Strahl auf dem einfallenden senkrecht; sieht man also teils in den Spiegel, teils darüber hinweg, so sieht man gleichzeitig zwei Punkte im Raume, die in aufeinander senkrechten Richtungen liegen (Anwendung in der Feldmeßkunst). — Fügt man zu einem Winkelspiegel einen dritten Spiegel in der dritten Raumdimension hinzu, so erhält man einen *Eckspiegel* oder *Tripelspiegel*. Stehen alle drei Spiegel aufeinander senkrecht, so daß sie eine Würfelecke bilden, so sieht man jetzt bei allen, auch räumlichen Drehungen des Spiegels doch immer sein eignes Auge gespiegelt. Das erlaubt eine wichtige Anwendung auf die *Ortsbestimmung*, z. B. von Küstenpunkten, wo ein solcher Tripelspiegel aufgestellt ist (Leuchtfeuer ohne Licht), vom Schiffe aus, mit Hilfe einer intensiven Lichtquelle; Ansegelungstonne mit mehreren Tripelspiegeln rund herum usw. — Weicht die Ecke um einen bestimmten Betrag von der Würfelecke ab, so werden die Strahlen nach der Reflexion konvergent oder divergent, und aus dem Betrage dessen kann man die Entfernung des Spiegelortes ableiten. —

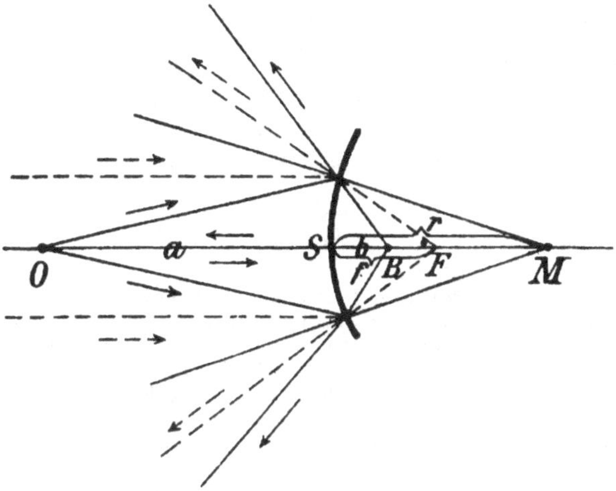

Fig. 232.

Bei *sphärischen Spiegeln* heißt der mittelste Punkt *Scheitel S'*, die in ihm errichtete Senkrechte *Axe*. Von den beiden Arten sphärischer Spiegel gibt der *Konvexspiegel* in noch höherem Maße als der ebene divergente Reflexionsstrahlen (Fig. 232); der Brennpunkt *F* liegt hinter dem Spiegel. Das Bild *B* ist also stets virtuell und aufrecht, überdies aber verkleinert, und zwar um so stärker, je entfernter das Objekt *O* ist. Zwischen dem Radius *r* und den Abständen *a* und *b* des Objektes und des Bildes vom Scheitel gilt die Beziehung: $(1/a) - (1/b) = 2/r$; für $a = \infty$ wird $b = r/2$. Dieser Punkt, der also in der Mitte zwischen Mittelpunkt und Scheitel liegt, ist der *Brennpunkt* des Spiegels; man kann daher auch schreiben: $(1/a) - (1/b) = 1/f$, wo f die *Brennweite* ist. Beobachtung dieser Verhältnisse an Glaskugeln, denen man sich mehr und mehr nähert; dabei bemerkt man auch sofort die Verzerrung der Bilder (s. w. u.). — Beim *Konkav- oder Hohlspiegel* ist

$$(1/a) + (1/b) = 2/r = 1/f$$

oder ausgerechnet $b = rf/(a - f)$; auch hier liegt der Brennpunkt halbwegs zwischen Mittelpunkt und Scheitel. Das Bild eines außerhalb der Brennweite liegenden Objektes liegt vor dem Spiegel, ist reell und umgekehrt (Fig. 233), und es ist vergrößert, kongruent oder verkleinert, je nachdem das Objekt innerhalb, im oder außerhalb des Mittelpunktes liegt; dagegen ist das Bild eines innerhalb der Brennweite liegenden Objektes virtuell und aufrecht. Formel für lineare Objekt- und Bildgröße: $l' : l = b : a$ oder $l' = fl/(a - f)$. Die reelle Natur des Bildes eines entfernten Objektes kann man durch Anwendung eines versteckten Objektes (Blumenstrauß) demonstrieren; das Bild sieht man dann nicht bloß wie ein virtuelles, beim Hineinsehen in den Spiegel, sondern im Raume frei schwebend. — Im übrigen ist die Abbildung seitlich ausgedehnter Objekte sehr beeinträchtigt durch die *sphärische Aberration* (s. d.); z. B. schneiden sich Parallelstrahlen nicht alle im Brenn-

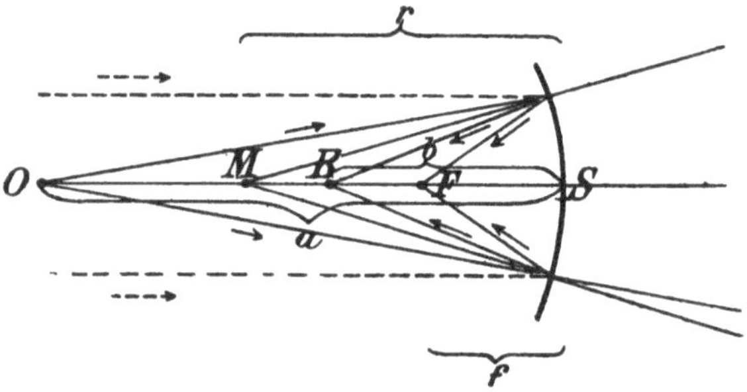

Fig. 233.

punkt, sondern je zwei benachbarte in einem andern (Fig. 227, bei sphärischer Aberration), die zusammen eine Brennlinie oder Kaustik bilden. — Von diesem Abbildungsfehler frei ist der *Parabolspiegel* in der Form eines Rotationsparaboloids; auch bei breiten Büscheln findet hier punktförmige Vereinigung statt. Mit Hilfe zweier einander gegenübergestellter derartiger Spiegel kann man die Schärfe des Bildes leicht demonstrieren, indem man in den Brennpunkt (und Umgebung) des einen ein Objekt bringt und das Bild in dem Brennpunkt des andern beobachtet. — In ähnlicher Weise findet der Parabolspiegel Anwendung als *Scheinwerfer:* hier befindet sich die Lichtquelle im Brennpunkt; die reflektierten Strahlen werden als Parallelbüschel in den Raum hinausgesendet. Wenn man die Lichtquelle auf der Axe verschiebt, kann man das Büschel konvergent oder divergent machen; dasselbe erreicht man auch durch Zwischenschaltung geeigneter Linsen. Statt der Parabolspiegel verwendet man neuerdings auch Sphäroidspiegel (s. Sphärische Aberration). — Ein andres Extrem stellen *Zylinder- und Kegelspiegel* dar, bei denen die Abbildungsfehler außerordentlich groß werden, und die daher nur die Aufgabe haben, die Verzerrung der Bilder, die unter Umständen bis zur Unkenntlichkeit geht, zu demonstrieren. Beim konvexen Zylinderspiegel ist das Bild in der einen Richtung verkleinert, in der andern nicht; beim Kegelspiegel treten außerdem Unstetigkeiten auf bzw. man kann aus unstetigen Objekten stetige Bilder zusammenfügen. — Wegen der Luftspiegelung usw. s. Atmosphärische Optik.

Spiegelablesung ist die feinste und üblichste Methode zur Messung der Winkeldrehung, Einstellung und Schwingungsdauer. Mit dem Körper wird, mit seiner Ebene parallel zur Drehungsaxe, ein kleiner Spiegel befestigt, der an den Drehungen teilnimmt; ihm gegenüber wird in 0,5 bis 5 m Abstand ein Fernrohr mit horizontaler, in Millimeter geteilter Skala aufgestellt, das Fernrohr so eingestellt, daß das Spiegelbild der Skala scharf wird, und es werden im Fernrohr mit Hilfe eines vertikalen Okularfadens die Einstellung, die Umkehrpunkte, der Durchgang durch die Mittellage und die Schwingungsdauer beobachtet. Da sich der reflektierte Strahl doppelt so stark dreht wie das Einfallslot, also auch wie der beobachtete Körper, muß man die gemessene Drehung halbieren, d. h. man muß die Skalenablenkung, statt durch die Entfernung zwischen Skala und Spiegel, durch die doppelte Entfernung dividieren; zuweilen wird das dadurch erübrigt, daß die Skala von vornherein in Doppelmillimeter geteilt ist und diese mit den einfachen Zahlen bezeichnet sind. Bei großen Amplituden muß man, um an allen Stellen der Skala beobachten zu können, von dem Tangens auf den Bogen reduzieren, oder man muß eine kreisbogenförmige Skala benutzen. Formeln:

$$\varphi = s/(2r)$$

oder genauer

$$\varphi = \tfrac{1}{2} \operatorname{arctg} (s/r).$$

— Einige Korrektionen (abzuziehen) sind folgende:

r	$s = 5$	10	15	20	25	30	40	50
100	0,04	0,33	1,11	2,60	5,02	8,54	19,5	36,3
150	0,02	0,15	0,50	1,17	2,28	3,91	12,7	17,1
200	0,01	0,08	0,28	0,66	1,29	2,22	5,21	10,1
250	0,01	0,05	0,17	0,42	0,83	1,42	3,35	6,5
300	0,00	0,04	0,12	0,29	0,58	0,99	2,35	4,6
350	0,00	0,03	0,09	0,22	0,42	0,72	1,73	3,3
400	0,00	0,02	0,07	0,17	0,32	0,56	1,33	2,6

Ausführliche Tabellen von Czermak. — Zur *objektiven Darstellung* erzeugt man durch den Spiegel auf einer großen Skala das scharfe Bild einer fadenförmigen Lichtquelle (Nernstfaden) oder eines beleuchteten Spaltes; dazu benutzt man entweder eine Projektionslinse oder nimmt direkt einen Hohlspiegel an Stelle des Planspiegels.

Spiegelsextant, s. Spiegel, Winkelmessung.

Spiegelteleskop, s. Fernrohr.

Spiegelung des Lichts, s. Reflexion des Lichts.

Sphinthariskop ist ein kleiner, von Rutherford angegebener Apparat zur Beobachtung der α-Strahlen durch die Szintillation, die sie beim Aufprallen auf eine fluoreszierende Substanz (Sidotblende) hervorrufen.

Spitzenlicht, s. Glimmlicht.

Spitzenwirkung, s. Elektrostatik.

Spontane Magnetisierung, s. Ferromagnetismus.

Sprache, s. Stimme und Sprache.

Sprachrohr, s. Reflexion und Brechung des Schalls, Schallausbreitung.

Spratzen der Metalle, s. Absorption.

Sprechende Bogenlampe, s. Lichtbogen.

Sprechmaschine, s. Stimme und Sprache.

Sprengung durch Erstarrung, s. Schmelzung.

Sprengung durch Temperaturänderung, s. Thermische Ausdehnung.

Springbrunnen, s. Ausfluß.

Springflut, s. Ebbe und Flut.

Spritzflasche, s. Pneumatische Apparate.

Sprödigkeit, s. Geschmeidigkeit.

Stabiles Gleichgewicht, s. Statik.

Stabilisator, s. Luftschiffahrt.

Stabilität, s. Statik.

Stabilität der Wage, s. Wägung.

Stabtöne entstehen entweder durch Längs- oder durch Querschwingungen von Stäben. Bei beiden ist die Länge l, die Dichte d und der Elastizitätsmodul E, bei den Querschwingungen außerdem noch die Dicke b maßgebend. — Bei den *Längsschwingungen* ist der *Grundton* (n Frequenz) durch die Formel $n = (1/2l)\sqrt{E/d}$ gegeben, und die Obertöne, bei denen sich der Stab in gleiche, durch Knotenpunkte getrennte Stücke teilt, sind zum Grundton harmonisch; der Klang (s. d.) ist daher harmonisch und musikalisch verwendbar. — Bei den *Querschwingungen* ist die Frequenz ebenfalls mit der Wurzel aus dem Verhältnis des Elastizitätsmoduls zur Dichte direkt, außerdem aber mit dem Quadrat der Länge umgekehrt proportional und schließlich auch noch von Größe und Gestalt des Querschnitts abhängig. Die Obertöne sind unharmonisch, und der Stab teilt sich dabei in ungleiche Stücke; der Klang ist demgemäß rauh und nur für gröbere Zwecke musikalisch verwendbar. — Im übrigen kommt es in beiden Fällen darauf an, wie der Stab befestigt ist: beide Enden fest, eine Ende fest, das andre frei; beide Enden frei, aber die Mitte fest usw. Bei zwei freien Enden erhält man folgende Teillängen und zugehörige Schwingungszahlen: 1. Grundton: Knoten bei 0,224 und 0,776 der Länge, Bäuche bei 0—0,5—1,0 der Länge, Frequenz (je nach der absoluten Länge verschieden) gleich 1 gesetzt; 2. erster Oberton: Knoten bei 0,132—0,5—0,868, Bäuche bei 0—0,308 —0,662—1, Frequenz 1,463; 3. zweiter Oberton: Knoten bei 0,094—0,358—0,642—0,906, Bäuche bei 0—0,220—0,5 —0,780—1, Frequenz 2,436; 4. dritter Oberton: Knoten bei 0,073—0,279—0,5 —0,721—0,927, Frequenz 3,159 usw. — Zur Demonstration eignen sich sehr gut verschieden dünne Stäbe, unten in einem Grundbrett befestigt, oben in verschiedenen Höhen rechtwinklig umgebogen und verschieden weit horizontal weitergeführt; sie geben dann entsprechende Lissajousschwingungen (s. d.): *Kaleidophon*. — Die longitudinalen Töne sind im allgemeinen sehr hoch und viel höher als die Quertöne gleich langer Stäbe; das Verhältnis zwischen beiden ist $n/n' = 0{,}56\, l/b$. — Von besonderem Interesse sind die Querschwingungen der *Bänder* oder *Zungen*, die Gesetze sind aber im wesentlichen dieselben wie für Stäbe; vgl. auch Zungenpfeife. — Wegen der Töne gekrümmter Stäbe s. Gabeltöne.

Stäbchen, s. Sehen.

Stäbe, s. Tönende Systeme.

Standfestigkeit, s. Statik.

Stargläser, s. Brille.

Starkeffekt, s. Elektrooptik, Zeemaneffekt.

Starrer Körper, s. Elastizität, Relativitätstheorie.

Starres System, s. Luftschiffahrt.

Starrheit, s. Elastizität.

Statik ist die Lehre von der *Ruhe* und dem *Gleichgewicht* der Körper, also ihr Zustand unter der Wirkung sich gegenseitig aufhebender Kräfte oder ohne solche überhaupt. Zu den Kräften muß man bei einem Körper, der einem *Zwange* oder bestimmten *Bedingungen* der Bewegung unterliegt, auch diese Bedingungen hinzunehmen, und er kann infolgedessen auch dann im Gleichgewicht sein, wenn die eigentlichen Kräfte eine Resultante übrig lassen; nur muß diese Resultante durch die Bedingungen unwirksam werden. — Die allgemeinste Fassung des Gleichgewichtsprinzips für einen starren Körper und (bei geeigneter Fassung) auch für einen elastischen Körper ist das *Prinzip der virtuellen* (mit den Bedingungen vereinbaren) *Verrückungen* oder der *virtuellen Geschwindigkeiten* oder der *virtuellen Arbeit*. Es sagt aus, daß die virtuelle Arbeit, d. h. die Summe der Produkte aus den Kräften und den virtuellen Verrückungen für jede Wahl der letzteren null sei. Statt dessen kann man auch sagen: Das Potential der Kräfte oder die *potentielle Energie* des Körpers muß einen ausgezeichneten Wert haben, also konstant oder ein Minimum oder ein Maximum (im Vergleich mit allen andern Zuständen des Systems) sein. Hiernach gibt es drei Arten von Gleichgewicht: 1. Das *neutrale* oder *indifferente Gleichgewicht*, bei dem die potentielle Energie ebensogroß ist wie in allen Nachbarlagen, der Körper also auch in den letzteren im Gleichgewicht ist. 2. Das *stabile* oder *echte Gleichgewicht*, potentielle Energie ein Minimum; der Körper kehrt, ein wenig aus der Gleichgewichtslage entfernt, wieder in sie zurück. 3. Das *labile* oder *instabile Gleichgewicht*, potentielle Energie ein Maximum; der Körper entfernt sich, wenn auch nur wenig aus dem Gleichgewichte gebracht, immer mehr von ihm. — Das echte Gleichgewicht ist dadurch gekennzeichnet, daß nicht nur die potentielle, sondern auch die gesamte Energie ein Minimum ist (denn die aktuelle Energie ist ja null); dieser Zustand kann daher bei *konservativen* Systemen (s. Erhaltung der Energie) niemals ganz erreicht werden, sondern nur bei *finitiven* Systemen bzw. Prozessen, bei denen durch Reibung usw. Energie zerstreut wird. — Zu unterscheiden ist ferner zwischen *Verschiebungsgleichgewicht* und *Drehgleichgewicht* sowie zwischen den Gleichgewichten in den drei einzelnen Verschiebungsrichtungen bzw. um die drei Hauptdrehungsaxen. Unter Umständen kann das Gleichgewicht in *einer* Richtung bzw. um *eine* Axe stabil, um eine andre *labil* sein. — Das indifferente Gleichgewicht heißt auch *Astasie* und wird vielfach praktisch benutzt (s. Magnetismus); eine Axe, für die Astasie besteht, heißt *Gleichgewichtsaxe*. — Eine *homogene Kugel* ist auf einer Ebene im indifferenten, auf einer Hohlfläche, und zwar in ihrem tiefsten Punkte, im stabilen, auf einer konvexen Fläche, und zwar in ihrem höchsten Punkte, im labilen Gleichgewicht. Ein *Ellipsoid* auf der Ebene ist, wenn es auf der kleinsten Axe steht, im stabilen, auf der größten im labilen, auf der mittleren im gemischten Gleichgewicht (Stehaufmännchen, Schwimmer usw.). — Beim stabilen Gleichgewicht hat der *Schwerpunkt* (s. d.) die tiefste, beim labilen die höchste mögliche Lage. — Die wichtigste Anwendung des Gleichgewichts bieten die *einfachen Maschinen* (s. d.). — Für das stabile Drehgleichgewicht ist quantitativ die sog. *Stabilität* oder *Standfestigkeit* maßgebend, nämlich die zur Drehung um einen Einheitswinkel erforderliche Arbeit. Als Bedingung dafür, daß überhaupt Stabilität vorhanden sei, wird gewöhnlich die angegeben, daß das vom Schwerpunkte auf die Basis gefällte Lot diese selbst treffe, während, wenn es ihre Umgebung trifft, Labilität vorhanden wäre; indessen gilt das nicht allgemein, z. B. dann nicht, wenn die Basis einspringende Ecken hat (aufgeschlagenes Buch). Die Standfestigkeit ist proportional mit der Masse des Körpers und mit der Größe seiner Basis; außerdem ist sie desto größer, je tiefer der Schwerpunkt liegt. Im Gegensatze zu ihr steht die „*Empfindlichkeit*" eines drehbaren Körpers (s. Wägung). — Wenn die Bedingungen, denen das System unterliegt, nicht den Charakter von Gleichungen, sondern den von Ungleichungen haben, tritt an die Stelle des Prinzips der virtuellen Verrückungen das *Fouriersche Prinzip*, wonach die betreffende Arbeit höchstens null, im allgemeinen aber negativ ist. — Die Gleichgewichtsgestalt eines unausdehnbaren, aber biegsamen fadenförmigen Körpers unter der Wirkung der Schwere ist die *Kettenlinie*.

$$y = \frac{m}{2}(e^{x/m} + e^{-x/m}),$$

wo m eine Konstante ist. Je nach dem Verhältnis der Entfernung der beiden

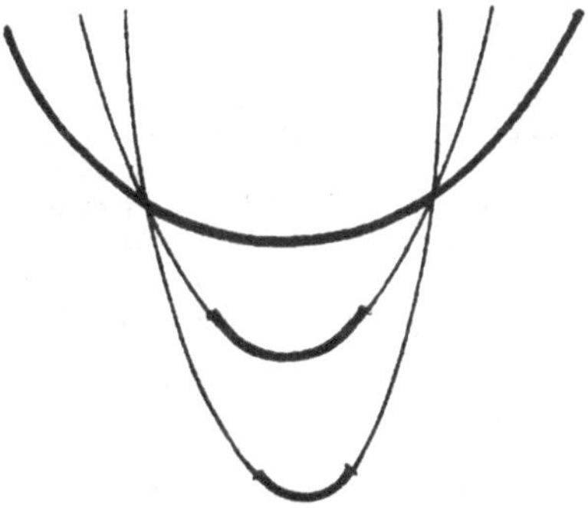

Fig. 234.

Aufhängepunkte voneinander zur Länge des Fadens bildet sich ein größeres oder kleineres Stück der Kettenlinie aus und hängt sie mehr oder weniger tief herunter; die vollständigen Kettenlinien sind sich aber alle ähnlich (Fig. 234), ähnliche Stücke sind stark gezeichnet). — In der Technik wird die Statik vielfach nicht rechnerisch, sondern zeichnerisch behandelt und alsdann *graphi-*

sche Statik oder Graphostatik genannt. Ein System starrer Stäbe, die in verschiedenen Punkten zusammenstoßen, heißt ein *Fachwerk*, und zwar im einfachsten Falle ebenes Fachwerk. Man zeichnet zunächst das Krafteck oder *Kräftepolygon*, indem man von einem beliebigen Punkte aus die Kräfte P_1, P_2 usw. nach Größe und Richtung aneinanderfügt; im Falle des Gleichgewichts muß es sich schließen. Sodann verbindet man einen beliebigen Punkt p mit den Ecken des Polygons, zieht durch einen beliebigen Punkt q der Angriffslinie A der Kraft P_1 die Parallele zur ersten usw. Polygonseite und ermittelt die Schnittpunkte Q mit den A; die Punkte Q bilden dann das Seileck oder *Seilpolygon*, das sich ebenfalls schließen muß. Mit Hilfe dieser beiden Polygone kann man die Spannungen in jedem Punkte und alle andern Größen leicht bestimmen. Komplizierter sind die räumlichen Fachwerke. — S. auch Mechanik.

Stationäre Bewegung, s. Bewegung, Hydrodynamik.

Stationärer Strom, s. Elektrischer Strom.

Statische Elektrizität, soviel wie ruhende Elektrizität, elektrische Ladung im Gleichgewicht, insbesondere auf Leitern; Gegensatz dazu: kinetische oder dynamische Elektrizität, insbesondere in der Form von elektrischen Strömen, Schwingungen, Wellen, Strahlen.

Statische Momente, s. Einfache Maschinen.

Statistische Methode und Theorie ist diejenige Form physikalischer Betrachtung, bei der die Erscheinungen im großen aufgefaßt und dargestellt werden als das wahrscheinliche Ergebnis einer großen Zahl von Einzelvorgängen, deren Träger die Molekeln, Atome, Ionen, Elektronen sind. S. Kinetische Theorie der Materie, Mechanik („Statistische Mechanik") usw.

Stator, s. Dynamomaschine.

Staub, s. Disperse Systeme.

Staubfiguren, s. Schallgeschwindigkeit.

Staugleichung, s. Hydrodynamik.

Stauhöhe, s. Hydrodynamik.

Staukurve, s. Hydrodynamik.

Stechheber, s. Pneumatische Apparate.

Stefan-Boltzmannsches Gesetz, s. Strahlung.

Stehende elektrische Wellen, s. Elektrische Schwingungen.

Stehende Flüssigkeitsschwingungen, s. Wellenbewegung der Flüssigkeiten.

Stehende Lichtwellen, s. Interferenz des Lichts, Photographie.

Stehende Wellen, s. Schallgeschwindigkeit, Wellenbewegung.

Steifigkeit der Saiten, s. Saitentöne.

Steigbügel, s. Gehör.

Steighöhe ist hier ein kurzer Ausdruck für die Niveauunterschiede kommunizierender Flüssigkeitsniveaus infolge der Kapillarität (s. d.). — In einem engen Rohre (Haarröhrchen, Kapillarrohr) stellt sich Flüssigkeit höher oder tiefer als in einem weiten Rohr oder Gefäß, mit dem jenes kommuniziert, ein, je nachdem die Kohäsion der Flüssigkeit kleiner oder größer ist als ihre Adhäsion an dem Material der Röhrenwand; im ersteren Falle spricht man von *Kapillarelevation*, im letzteren von *Kapillardepression*; im ersteren sagt man, die Flüssigkeit *benetze* die Wand. Gleichzeitig unterscheiden sich die beiden Fälle noch in einer andern Hinsicht: ansteigende Flüssigkeit bildet eine nach außen konkave, sinkende eine nach außen konvexe Oberfläche (*Meniskus*). Der Winkel zwischen flüssiger und fester Oberfläche heißt *Randwinkel* (die feste Oberfläche nach unten gerechnet). — Der Eintritt der Benetzung hängt von der Natur beider Stoffe ab: Wasser benetzt Glas, nicht aber Fett, Quecksilber benetzt Kupfer, nicht aber Glas. — In einer Röhre von kreisförmigem Querschnitt, Durchmesser d, Dichte ϱ, Randwinkel φ, Kapillarkonstante a, Schwere g ist angenähert die Steighöhe:

$$h = 4\,a \cos\varphi/(g\varrho d) - d/6\,,$$

speziell für benetzende Flüssigkeiten ($\varphi = 0$):

$$h = 4a/(g\varrho d) - d/6\,,$$

und für sehr enge Röhren einfach:

$$h = 4a/(g\varrho d)\,.$$

Die Steighöhe bzw. Depression ist also mit dem Durchmesser umgekehrt, mit dem Verhältnis $a/(g\varrho)$ direkt proportional; in weiteren Röhren aber nimmt sie wegen des zweiten Gliedes schneller ab, als d zunimmt. Die Kapillardepression des Quecksilbers, die für viele Zwecke (Barometer usw.) sehr wichtig ist, hängt in hohem Maße von seiner Reinheit ab, wie sich besonders auch am Randwinkel zu erkennen gibt; es scheint, daß für frische Oberfläche $\varphi = 135°$ ist; alsdann ergibt sich in Millimetern:

d =	1	2	3	4	5	6
h =	9,64	4,57	2,77	1,78	1,12	0,64

Andrerseits beträgt die Steighöhe des Wassers für

d	0,2	0,4	1	2	4	10
h =	155	77,5	30,8	14,7	6,8	1,3;

letztere ist also wesentlich stärker, weil zwar die Kapillarkonstante (s. Kapillarität) größer, dafür aber die Dichte sehr viel kleiner ist. — Die Höhe des Meniskus hängt von der Rohrweite und dem Randwinkel ab; bei Quecksilber beträgt sie meist 0,3 bis 2,5 mm. Bei Wasser in Glas hat die Oberfläche Halbkugelform. Einige Randwinkel (sehr unsicher) sind: Quecksilber-Glas 135°, Petroleum-Glas 37°, Olivenöl-Gold 34°, Wasser-Silber 11°. Aus obiger Formel ergibt sich die Kapillarkonstante

$$a = \left(h + \frac{d}{6}\right) \frac{\varrho g d}{4 \cos \varphi}.$$

— In einem Rohr von *elliptischem* Querschnitt tritt an die Stelle von $d/4$ der Ausdruck $(2/d_1) + (2/d_2)$; die Steighöhe ist größer als in einer Röhre von Kreisquerschnitt und gleichem mittleren Durchmesser, und auch größer bei gleichem Querschnitt. — In weiten Röhren ist der Flüssigkeitsspiegel im größten, mittleren Teile nicht merklich von der Horizontalebene verschieden; nur ein Randgürtel erhebt sich über oder sinkt unter sie hinab. Die Breite dieses Gürtels kann bis zu einigen Millimetern betragen. — Andre Fälle sind folgende: 1. *Ansteigen einer Flüssigkeit an einer vertikalen Wand* (Fig. 235). Kurvengleichung in den Koordinaten z, ω: $\varrho g z^2 = 2a(1 - \cos\omega)$, also Steighöhe ($z = h$, $\omega = \varphi$): $h = (2a/\varrho g)\cdot(1 - \cos\varphi)$; für Wasser gegen Glas und Luft wird rund $h = 4$ mm, für Quecksilber rund $h = -1{,}4$ mm. — 2. *Ansteigen zwischen zwei parallelen Ebenen* im Abstande s: $h = (2a)/(g\varrho s)$, also nur halb so

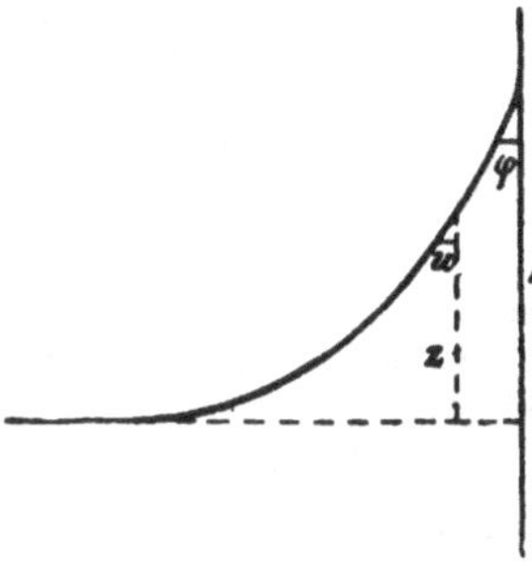

Fig. 235.

hoch wie in einer Röhre vom Durchmesser s. — 3. *Ansteigen zwischen zwei vertikalen Ebenen, die einen Keil vom kleinen Winkel u miteinander bilden*, Höhe z im Abstande x von der Kante:

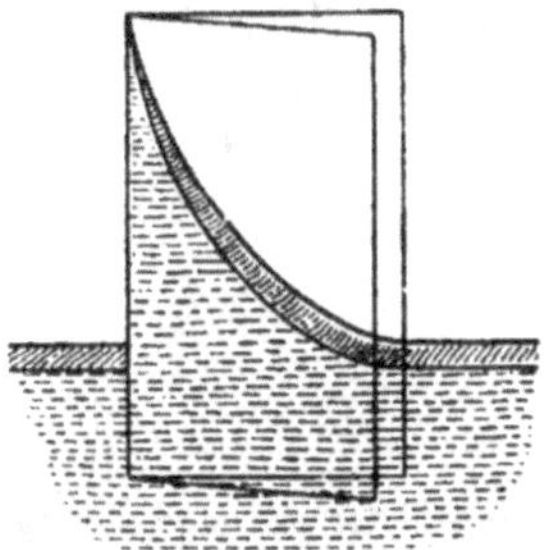

Fig. 236.

$z = 2a/(g\varrho x \operatorname{tg} u)$; die Steighöhen bilden also eine gleichseitige Hyperbel (Fig. 236). — Die kapillare Steighöhe macht sich bei zahlreichen Erscheinungen geltend: in Haarröhren (daher der Name), in Schwämmen (Schwammwirkung), beim Saftsteigen der Pflanzen, beim Zucker in Kaffee, beim Löschpapier, Öl in Lampendochten usw. Manche von diesen Erscheinungen sind dann auch wissenschaftlich mit Hilfe geeigneter Apparate durchforscht worden.

Steighöhenmethode, s. Magnetische Messungen.

Steigkraft, s. Luftschiffahrt.

Steigrohr, s. Pumpen, Luftdruck.

Steilschuß, s. Wurf.

Steinmetzscher Koeffizient, s. Hysteresis.

Stereoautograph, s. Stereoskopie.

Stereokomparator, s. Stereoskopie.

Stereometer, s. Raummessung.

Stereomikroskop, s. Mikroskop.

Stereookular, s. Mikroskop.

Stereoskopie ist das räumliche Sehen mit Benutzung beider Augen. Damit man mit beiden Augen einen Gegenstand nur einmal sehe, muß man auf ihn einstellen, d. h. erreichen, daß die beiden Bilder auf entsprechende Punkte der beiden Netzhäute fallen. Da man aber mit jedem Auge den Gegenstand in etwas andrer Richtung sieht, wird sein Projektionsbild auf der Netzhaut etwas verschieden, und hieraus schließt man auf seine räumliche Beschaffenheit, zu der Flächenmannigfaltigkeit fügt man die Tiefendimension oder *Tiefenplastik*, freilich, streng genommen nur

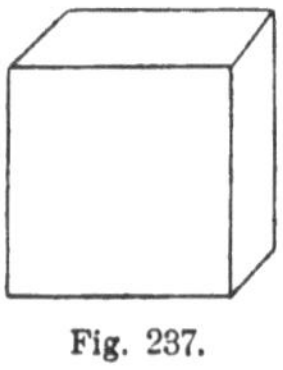

Fig. 237.

für die senkrecht zur Verbindungslinie derAugen stehende Ausdehnung. Gegenstände, von denen man nicht schon von vornherein irgend etwas weiß, sieht man also mit einem Auge flächenhaft und erst mit beiden Augen körperlich; wenn man in den meisten Fällen auch mit einem Auge körperlich sieht, so liegt das an der angesammelten Erfahrung und Gewohnheit. Beispiel. Die obenstehende Fig. 237 wird immer als Würfel gesehen. Flächenhafte Gegenstände, z. B. Gemälde, die Räumliches nachahmen, sieht man sogar mit einem Auge tiefenplastischer als mit beiden, weil man in dem Urteilsprozesse durch die physische Flächenhaftigkeit nicht

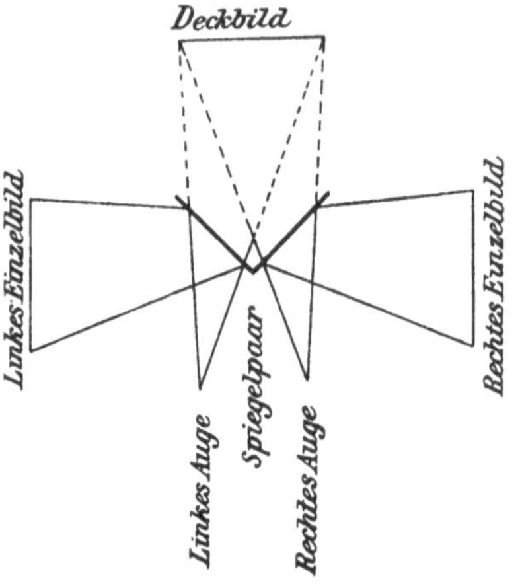

Fig. 238.

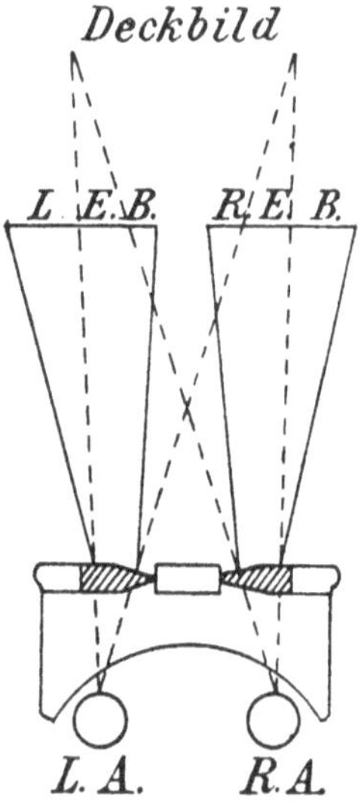

Fig. 239.

gestört wird. — Zur Unterstützung des zweiäugigen Sehens dient das *Stereoskop*. Dabei kann man die beiden

Bilder entweder mit Spiegeln, wie bei dem *Wheatstoneschen Spiegelstereoskop*, in die Augen leiten oder, wie bei dem *Brewsterschen Prismenstereoskop*, durch Prismen oder Halblinsen (Figg. 238 u. 239); vollkommenste Typen von Zeiss. — Für die Zwecke der Mikroskopie gibt es *binokulare Mikroskope* und vollständige *Doppelmikroskope* (s. Mikroskop), ebenso für die Teleskopie *Doppelfernrohre* (s. Fernrohr). — Die Tiefenplastik steigt mit dem Augenabstand;

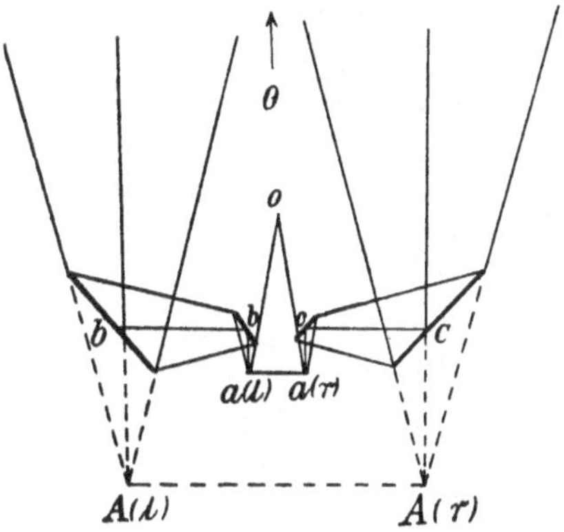

Fig. 240.

man wird also versuchen, diesen künstlich zu steigern. Das ist zuerst von Helmholtz durch sein *Telestereoskop* realisiert worden: vier Spiegel *bb*, *cc*; Strahlengang aus der Fig. 240 zu ersehen, ebenso der vergrößerte Augenabstand. In sehr vollkommener Weise ist das erreicht bei den *Prismenfeldstechern* (s. Fernrohr) durch die nach entgegengesetzten Seiten erfolgende Umleitung der Lichtstrahlen bei der Reflexion an den Hypotenusenflächen der Prismen. Durch die Anordnung der Prismen hat man es in der Hand, der Vergrößerung des Augenabstandes beliebige Werte zu geben; für gewöhnliche Feldstecher $1^1/_2$ bis 2, für besondere Zwecke bis zum Hundertfachen. Die wichtigste Anwendung hiervon ist die auf den *stereoskopischen Entfernungsmesser* (s. Entfernungsmesser.) Ferner beruht hierauf der *Stereokomparator* von Pulfrich zum räumlichen Ausmessen von Objekten und der *Stereoautograph*, letzterer die räumlichen Messungsergebnisse selbsttätig aufzeichnend; Apparate, die in der Topographie, Astronomie usw. vielseitige Anwendung finden, wobei z. B. die gewöhnliche Photogrammetrie durch die Stereophotogrammetrie ersetzt wird. — Endlich gehört hierher der *Doppelverant* von Rohr zum richtigen Betrachten von Stereogrammen, die an sich wegen der ungünstigen Aufnahmeverhältnisse fehlerhaft sind. — Das *stereoskopische Sehen* setzt voraus, daß die beiden Augen im wesentlichen gleichartig sind; je verschiedener sie an Sehschärfe und in dioptrischer Hinsicht sind, desto unvollkommener wird der Erfolg. — Bei stereoskopischen Apparaten ist ferner ein geeigneter Strahlengang erforderlich, damit *Orthoskope* und nicht *Pseudoskope*, d. h. verkehrte Tiefenplastik, entstehe.

Stereoskopischer Entfernungsmesser, s. Stereoskopie, Entfernungsmesser.

Stereoskopisches Sehen, s. Stereoskopie.

Sternsäule, s. Thermosäulen.

Sterntag, s. Zeit.

Stetigkeitstheorie, s. Materie.

Stiazähler, s. Strommessung.

Stickstofflampe, s. Glühlicht.

Stiefel, s. Luftpumpe.

Stimmbänder, s. Stimme und Sprache.

Stimmen der Instrumente, s. Tonhöhe, Schwebungen.

Stimme und Sprache. Das menschliche Stimmorgan setzt sich aus dem Brustkasten, dem Kehlkopf und der Mund- und Nasenhöhle zusammen. Aus dem Brustkasten wird die Luft durch die Luftröhre getrieben und setzt beim Passieren der Stimmritze die *Stimmlippen*, gewöhnlich Stimmbänder genannt, in Schwingungen; diese Schwingungen werden dann durch die Resonanz in der Mundhöhle (evtl. in der Nasenhöhle) verstärkt und ausgestaltet. Je nach der Art, wie die Stimmlippen schwingen (im ganzen, mit den Rändern, geteilt) entstehen die verschiedenen Register (Brust-, Kopf-, Fistel-, Falsetstimme); je nach der Spannung entstehen die verschiedenen Tonhöhen. Der Umfang der vier, gewöhnlich angenommenen Stimmbereiche (Baß und Tenor bei Männern, Alt und Sopran bei Kindern, Frauen und Kastraten) ist folgender (zwischen Baß und Tenor ist noch Bariton eingeschoben):

C D E F G A H c d e f g a h c' d' e' f' g' a' h' c'' d'' e'' f'' g'' h'' c'''

259 ——— Sopran ——— 1036

173 ——— Alt ——— 692

129 ——— Tenor ——— 516

97 ——— Bariton ——— 388

65 ——— Baß ——— 290

Den eigentlichen Klangcharakter erhalten die Töne erst in der Mundhöhle, und zwar je nach der Stellung des Gaumens, der Zunge und der Lippen. Für die *Vokale* ist die Stellung der Lippen und damit die Form der Mundöffnung in erster Linie entscheidend. Durch verschiedene Methoden [Resonatoren, Perkussion des Kehlkopfs, empfindliche Flammen mit Hilfe des rotierenden Spiegels, Flammenkurven, Phonograph (Fig. 241, der Vokal und

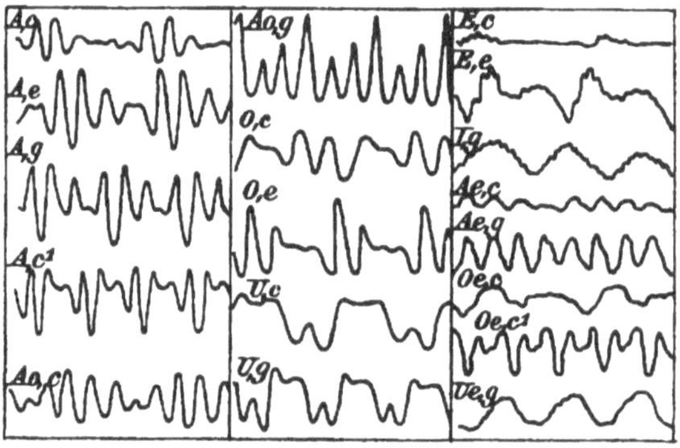

Fig. 241.

der Ton, auf den er gesungen wurde, ist beigefügt) usw.], läßt sich der Klang der Vokale analysieren, und es zeigt sich dann, daß sie aus Grundton und Obertönen bestehen; umstritten ist nur die Frage, ob die für den betreffenden Vokal charakteristischen Obertöne, also die besonders verstärkten, eine feste Lage relativ zum Grundton oder eine feste absolute Lage haben (Helmholtz, Hermann); die Wahrheit liegt in der Mitte, insofern bei Veränderung der Grundtonhöhe die Ordnungsnummer der verstärkten Obertöne nach und nach sich verändert (Auerbach). Das U ist fast obertonfrei, beim O ist die Duodezime hervortretend, das A hat viele starke Obertöne, das E und I besonders viele hohe. Nach Hermann besteht der Vokalcharakter in der periodischen Verstärkung des Tones; der Ton von dieser Verstärkungsperiode heißt *Formant.* Auch für die *Konsonanten* (dentale, gutturale, labiale, Aspiraten usw.) lassen sich graphische Schwingungsbilder gewinnen; sie sind indessen sehr verwickelt und nur mit Vorsicht zu analysieren. — Die Versuche, die Vokale synthetisch aus einfachen Tönen aufzubauen, sind schon frühzeitig (Helmholtz) in Angriff genommen worden, aber nicht bis zu großer Vollkommenheit gediehen (Sprechmaschine). — Wegen der Reproduktion durch den Phonographen und das Telephon s. d.

Stimmgabel, s. Gabeltöne.

Stimmgabeluhr, s. Tonhöhemessung.

Stimmgabelunterbrecher, s. Elektromagnetische Apparate.

Stimmlippen, s. Stimme und Sprache.

Stimmpfeifchen, s. Tonhöhe.

Stimmritze, s. Stimme und Sprache.

Stöpselwiderstände, s. Elektrische Hilfsapparate.

Störungsfreie Magnetometer, s. Magnetische Messungen.

Störungstheorie, s. Zentralbewegung.

Stöße, s. Schwebungen.

Stoff, s. Materie, Erhaltung des Stoffs.

Stokessche Fluoreszenzregel, s. Luminreszenz.

Stokessches Fallgesetz, s. Bewegung fester Körper in Flüssigkeiten, Disperse Systeme.

Stopftöne, s. Pfeife.

Stoß ist die Gesamtheit der Erscheinungen, die auftreten, wenn zwei relativ gegeneinander bewegte Körper vorübergehend zur Berührung miteinander kommen. Im allgemeinen werden sich beide Körper vor dem Stoße bewegen, im Spezialfalle ist der eine von ihnen ursprünglich in Ruhe, in einem noch spezielleren ist er sogar dauernd fest (Stoß gegen eine Wand). — Es ist zu unterscheiden zwischen *geradem* Stoß (senkrecht zur Oberfläche) und *schiefem*, ferner zwischen *zentrischem* und *exzentrischem*. — Das erste Problem besteht darin, aus den Massen der beiden Körper m_1 und m_2 und ihren Anfangsgeschwindigkeiten c_1 und c_2 ihre Geschwindigkeiten nach dem Stoß v_1 und v_2 zu bestimmen. Elementar kann man das nur durch Überspringung des eigentlichen Stoßvorganges (denn dieser ist infinitesimalen Charakters) leisten, und zwar mit Benutzung allgemeiner mechanischer Sätze. Einer von ihnen ist der Satz von der Gleichheit von Wirkung und Gegenwirkung (s. Wechselwirkung) oder, was auf dasselbe hinauskommt, der Satz von der Erhaltung der Bewegung des Schwerpunkts (s. Schwerpunkt); man braucht aber offenbar noch einen zweiten Satz, da es sich um zwei Unbekannte handelt. Für den Fall *vollkommen elastischen Stoßes* (also ohne Verlust an mechanischer Energie) dient hierzu der Satz von der Erhaltung der Energie (s. d.). Ergebnis:

$$v_1 = \frac{(m_1 - m_2)c_1 + 2m_2c_2}{m_1 + m_2},$$

$$v_2 = \frac{(m_2 - m_1)c_2 + 2m_1c_1}{m_1 + m_2},$$

speziell, wenn der schwerere Körper stößt, der leichtere ruht ($m_2 > m_1$):

$$v_1 = \frac{2m_2}{m_1 + m_2}c_2,$$

$$v_2 = \frac{m_2 - m_1}{m_1 + m_2}c_2,$$

im umgekehrten Falle entsprechend; sind beide Körper in Bewegung, ihre Massen aber gleich, so wird besonders einfach: $v_1 = c_2$, $v_2 = c_1$, d. h. die Körper tauschen ihre Geschwindigkeiten aus. — Bei *unvollkommen elastischem Stoße* geht ein Teil der kinetischen Energie und damit der Geschwindigkeit verloren; der Bruchteil, den die relative Geschwindigkeit nach dem Stoße von der vor dem Stoße ausmacht, heißt *Restitutionskoeffizient*. Beim vollkommen unelastischen Stoße gehen nachher beide Körper als ein gemeinsames Ganze weiter mit der Geschwindigkeit des Schwerpunktes, und der relative Verlust an kinetischer Energie hängt nur von dem Verhältnis der Massen p und dem Verhältnis der Geschwindigkeit q ab:

$$\Delta = \frac{(1 - q)^2}{(1 + p)\cdot(1/p + q^2)}.$$

Die obigen Formeln und Sätze stimmen indessen selbst für sehr vollkommen elastische Stoffe, wie Elfenbein, nur teilweise mit der Erfahrung überein: Versuche, bei denen man besondere Methoden der Geschwindigkeitsmessung anwendet, ergeben in manchen Fällen gute, in andern nur annähernde, in noch andern nur sehr geringe Übereinstimmung. Man hat deshalb auf Grund der *höheren Theorie* den eigentlichen Stoßvorgang untersucht und dabei zugleich die beiden weiteren Probleme: *Stoßzeit* und *Stoßfläche*, herangezogen. Für *Zylinder* ist die Theorie von F. Neumann und von Saint-Venant, für *Kugeln* und allgemein von Hertz u. A. durchgeführt worden. Die Geschwindigkeit nach dem Stoße ergibt sich auch nach diesen Theorien nicht in allen Fällen mit der Erfahrung übereinstimmend, und der Widerspruch ist noch nicht hinreichend aufgeklärt; vielleicht kommt er auf die Wirkung besonderer Oberflächenschichten hinaus. Dagegen stimmen die berechneten Stoßdauern und bei Kugeln die Größen der Stoßfläche gut überein. Die *Stoßzeit* hängt in verwickelter Weise von den Anfangsgeschwindigkeiten, den Massen, Elastizitätsmoduln und geometrischen Verhältnissen der Körper ab; für Billardkugeln hält sie sich in dem Bereiche einiger Tausentel- bis zu einigen Hundertelsekunden; für zwei Weltkörper kann sie einige Stunden oder gar Tage ausmachen. — Bei zwei Zylindern von verschiedener Länge ergibt sich ferner, daß nach dem Stoße zwar der kürzere als starrer Körper sich fortbewegt, der längere aber, weil die Stoßwelle in ihm nicht Zeit hatte, sich auszugleichen, Längsschwingungen (*Pulsationen*) von bestimmter Periode ausführt (Fig. 242). — Beim *schiefen Stoß gegen eine Wand*

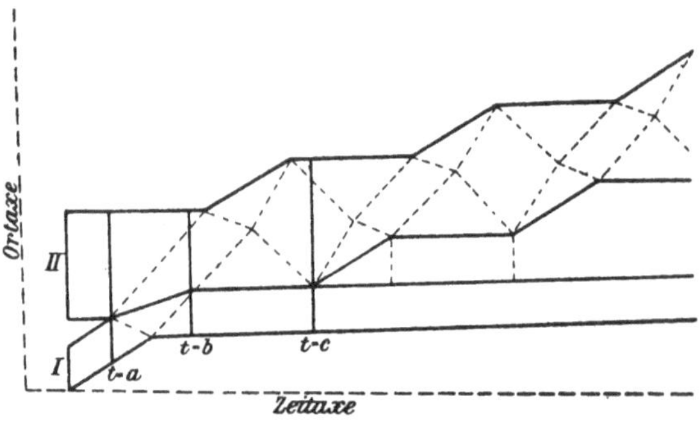

Fig. 242.

gilt das Reflexionsgesetz: der Reflexionswinkel ist entgegengesetzt gleich dem Einfallswinkel; verwickeltere Gesetze gelten für den schiefen Zusammenstoß zweier Kugeln. Wenn die stoßende Kugel vor dem Stoße außer der fortschreitenden noch eine transversale oder besondere longitudinale Drehbewegung hat, erfährt die Stoßwirkung nach Größe und Richtung eine Modifikation (Effet, Rückstoß, Nachläufer usw., Billardspiel). — Hängt eine Reihe von gleichen Kugeln pendelartig an Fäden derart herab, daß sie sich berühren, und stößt man mit der ersten gegen die zweite, so bleiben alle in Ruhe, nur die letzte fliegt fort; stößt man links mit zweien, rechts mit einer, so prallen links eine, rechts zwei Kugeln zurück; zwei Kugeln von halber Masse ersetzen dabei eine von ganzer Masse usw.

Stoßerregung, s. Drahtlose Telegraphie.

Stoßfestigkeit, s. Festigkeit.

Stoßfläche, s. Stoß.

Stoßgeschwindigkeit, s. Stoß.

Stoßheber, s. Pneumatische Apparate.

Stoßionisation ist die Erscheinung, daß Ionen, wenn sie mit einer hinreichenden Geschwindigkeit (nach Durchlaufen eines Potentialfalles von 2 bis 6 Volt) auf Gase (oder auch feste Körper) aufprallen, neue Ionen (bzw. Elektronen) frei machen. Die Stoßionisation findet zum Verständnis zahlreicher Phänomene (Glimmlicht, Kathoden- und Röntgenstrahlen, Lichtelektrizität usw.) entscheidende Anwendung.

Stoßkraft, s. Kraft.

Stoßtöne, s. Kombinationstöne.

Stoßzeit, s. Stoß.

Strahlbildung der Flüssigkeiten, s. Ausfluß.

Strahlelektroden, s. Berührungselektrizität.

Strahlen, s. Licht.

Strahlenaxen, s. Kristalloptik.

Strahlenbrechung, s. Atmosphärische Optik, Brechung des Lichts.

Strahlenbüschel, s. Abbildung.

Strahlende Wärme, s. Wärmestrahlung.

Strahlen elektrischer Kraft, s. Elektrische Schwingungen.

Strahlenfläche, s. Kristalloptik.

Strahlung ist die Ausbreitung von Energie im Raume ohne unmittelbare Beeinflussung des durchstrahlten Mediums, also in der Form einer anscheinenden Fernwirkung. Sie beruht entweder auf *Konvektion*, d. h. sie erfolgt durch Vermittelung eines durch den Raum geschleuderten Substrats (Konvektionsstrahlen), oder aber auf der *Wellenbewegung* eines hypothetischen Substrats, des Äthers (s. d.); hier soll es sich nur um die letztere Art der Strahlung (Undulationsstrahlen) handeln. — Diese Strahlung kann sich auf die verschiedenste Weise bemerklich machen, insbesondere aber durch folgende Wirkungen: 1. *Chemische Wirkung*, insbesondere auf gewisse für Strahlung empfindliche Stoffe (s. Lumineszenz, Photochemie, Photographie), vielfach auch als *aktinische Strahlung* bezeichnet. 2. *Physiologische Wirkung auf unser Auge: Lichtstrahlung*. 3. *Erwärmung;* Feststellung und Messung mit dem Thermometer, der Thermosäule oder dem Bolometer (s. Wärmestrahlung). — Die Bereiche dieser drei Wirkungen sind verschieden, überdecken sich aber teilweise; langwellige Strahlung wirkt nur kalorisch, mittlere vorwiegend optisch, kurzwellige chemisch. Die Grenzen und die Intensität der Wirkung ist schematisch durch die Fig. 243 veranschaulicht. Wenn man will, kann man diesen drei Gruppen noch eine vierte, mit den längsten Wellen, voranstellen, die der *elektrischen Strahlen*, von beliebig großen Wellen bis herab zu 1 mm reichend; freilich ist dieses Gebiet noch durch eine große Kluft von den längsten Wärmestrahlen getrennt (s. u.). — Die in der Zeiteinheit von der Oberflächeneinheit eines Körpers ausgestrahlte Energie heißt sein *Emissionsvermögen*. Um seine Gesetze zu finden, muß man zunächst bedenken, daß zu einem *Sender* von Strahlung immer auch ein *Empfänger* gehört, der die Strahlung aufnimmt und teils bei sich behält (absorbiert), teils reflektiert, teils durchläßt. Den Bruchteil der Energie, den er absorbiert, nennt man sein *Absorptionsvermögen* (s. auch Absorption des Lichts). Es fragt sich nun, wie sich ein Körper in beiden Fällen (als Sender und als Empfänger) verhält. Darauf gibt das *Kirchhoffsche Strahlungsgesetz* Auskunft: Das Verhältnis der Emission zur Absorption ist für eine bestimmte Wellenlänge und Temperatur bei allen Körpern gleich groß; in Formel:

$$E/A = \text{const.}$$

Am einfachsten gestaltet sich diese Formel für den absolut schwarzen Körper oder *vollkommen schwarzen Körper*, d. h. für den, der die gesamte Strahlung absorbiert; hier ist $A = 1$, also wird $E = \text{const}$, d. h. die Strahlung aller vollkommen schwarzer Körper ist bei gleicher Wellenlänge und Temperatur dieselbe. Unter den natürlichen und künstlichen Stoffen gibt es keinen vollkommen schwarzen Körper; selbst Ruß oder schwarzer Samt reflektiert noch recht viel Strahlung. Dagegen kann man den vollkommen schwarzen Körper realisieren durch einen *Hohlraum*, dessen Oberfläche gleichmäßige Temperatur besitzt; blickt man durch eine kleine Öffnung, die durch das Auge genau ausgefüllt wird, in ihn

Fig. 243.

hinein, so erscheint er (bei tiefer Temperatur als Empfänger) ganz dunkel. Bei hoher Temperatur (als Sender) erscheint er überall gleich hell, so daß man die Konturen nicht sieht. In diesem Sinne spricht man von *Hohlraumstrahlung*. — Für den schwarzen Körper ist dann weiter die Emission eine reine Funktion von Temperatur und Wellenlänge; für andre Körper dagegen gilt das nur für das Verhältnis von Emission und Absorption. — Demonstration des Kirchhoffschen Gesetzes mit zwei Natriumflammen von verschiedener Temperatur oder mit einer solchen und ihrem Spiegelbild oder mit Spektrum und Natriumflamme (Riecke). — Das Kirchhoffsche Gesetz gilt für die gesamte oder *Normalstrahlung*, also für alle Körper, deren Strahlung von der Temperatur abhängt, aber bei konstanter Temperatur durch keine andern Einflüsse geändert wird. Solche Körper heißen *thermaktin*; ihre Strahlung heißt *Temperaturstrahlung*. Dagegen stehen die lumineszierenden oder *alaktinen* Körper (s. Lumineszenz) außerhalb des Gesetzes; ihre Strahlung ist anomal. — Das Kirchhoffsche Gesetz bildet den Ausgangspunkt für die ganze Lehre vom Spektrum (s. d.), insbesondere für die Spektralanalyse. — Betrachtet man zunächst die Gesamtstrahlung (für alle Wellenlängen), so gelangt man zu dem *Stefanschen Strahlungsgesetz*. In der einfachsten Form, nämlich für den schwarzen Körper, lautet es: $E = \sigma T^4$, in Worten: Die Strahlung ist mit der vierten Potenz der absoluten Temperatur proportional. Das Gesetz ist in weitem Bereiche experimentell als richtig bestätigt worden; der Faktor σ heißt die *Strahlungskonstante* oder *Emissionskonstante*. Die hierauf gegründete Temperaturskala, die *Strahlungstemperatur* ist neben der thermodynamischen diejenige, welche den Namen einer absoluten am meisten verdient (s. Temperatur). — Für die Strahlung eines Körpers auf einen andern kommt in Betracht, daß auch dieser auf jenen strahlt, und folglich ist das Ergebnis: $E = \sigma(T_1^4 - T_2^4)$. Für nichtschwarze Körper wird entsprechend: $E/A = \sigma(T_1^4 - T_2^4)$. — Aus der Thermodynamik ist dieses Gesetz auf theoretischem Wege von Boltzmann abgeleitet worden und heißt daher auch *Stefan-Boltzmannsches Gesetz*. — Die Strahlungskonstante ist nach den neuesten Messungen $\sigma = 1{,}35 \cdot 10^{-12}$ Kalorien $= 5{,}7 \cdot 10^{-5}$ Erg $= 5{,}7 \cdot 10^{-12}$ Watt. — Ferner ist die Strahlung des schwarzen Körpers bei 100° C gleich 0,016 Kalorien, für Ruß ungefähr einhalb bis ein Drittel hiervon, für Platin von 1000° ungefähr 4,7. — Für kleine Temperaturdifferenz zwischen Sender und Empfänger kann man abgekürzt $E = 4\sigma(T_1 - T_2) \cdot T_2^3$ setzen, und hieraus ergibt sich für die Oberfläche f die Abkühlungsgeschwindigkeit $v = Ef/(mc)$ (s. Erkaltung). — Wegen der Anwendung auf die Sonnenstrahlung s. Sonne und Wärmestrahlung, wegen der Strahlung auf verschieden gelegene Flächen (Lambertsches Gesetz) s. Lichtausbreitung. — Mit steigender Temperatur ändert sich nicht bloß die Quantität der Strahlung, sondern auch ihre *Qualität*, d. h. die Verteilung der in ihr vertretenen Wellenlängen. Je höher die Temperatur ist, desto mehr kurzwellige und desto kürzerwellige Strahlen treten zu den anfangs allein vertretenen langwelligen hinzu. Die langwelligen Strahlen sind unsichtbar; bei etwas über 400° beginnt eine schwache *Grauglut* (von den Stäbchen und demgemäß besonders in den peripheren Teilen der Netzhaut empfunden); bei 520° tritt dann deutlich sichtbare, nämlich *Dunkelrotglut* auf, bei 800° Hellrotglut, bei 1000° Gelbglut, bei 1200° beginnende, bei 1600° volle *Weißglut*. Inzwischen sind auch noch ultraviolette Strahlen hinzugetreten; die kürzesten Wellen, die noch auf eine Trockenplatte in Luft wirken, haben eine Länge von etwa 0,18 μ; aber im Vakuum und mit Anwendung von Flußspat für Linsen bzw. Prismen kann man sogar bis 0,13 μ kommen. Die kurzwelligsten von allen Strahlen sind die *Röntgenstrahlen* (s. d.). — Andrerseits lassen sich durch Wärmewirkung (s. Wärmestrahlung) noch Wellen von über 100μ nachweisen. Damit ergibt sich im ganzen ein Bereich von etwa 10 Oktaven, wovon auf die sichtbare Strahlung nur reichlich eine Oktave entfällt. — In der Fig. 244 ist die Strahlung des schwarzen Körpers in willkürlichen Skalen graphisch dargestellt, und zwar für sechs verschiedene Temperaturen; wie man sieht, wird mit steigender Temperatur die Kurve immer steiler, und zugleich rückt ihr Gipfel immer mehr nach links, d. h. nach den kleineren Wellenlängen. — Für die Änderung der begünstigten (und entsprechend jeder andern) Wellenlänge mit der Temperatur gilt das *Wiensche Verschiebungsgesetz:* ΛT = const, d. h. die am meisten in der Strahlung vertretene Wellenlänge ist mit der absoluten Temperatur umgekehrt proportional, und zwar ist die Konstante nach den Messungen von Lummer und Pringsheim gleich 2940, wenn Λ in Mikron ausgedrückt wird; hiernach wird z. B. bei 100° C: $\Lambda = 8\ \mu$, und bei 1000° C: $\Lambda = 2{,}3\ \mu$. Übrigens scheint das Wien-

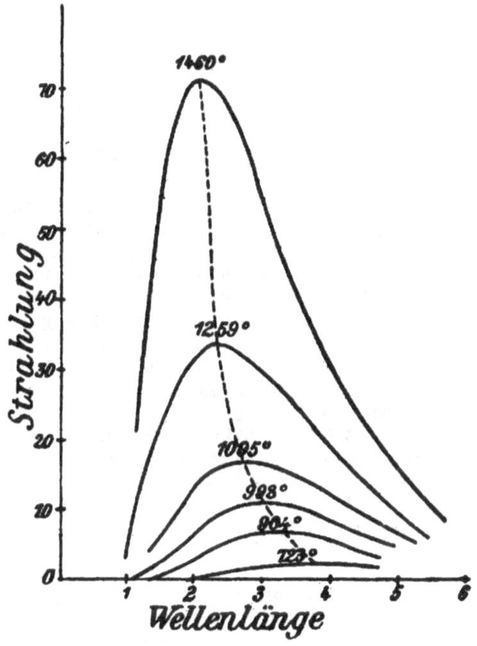

Fig. 244.

sche Gesetz nur im mittleren Bereiche genau erfüllt zu sein. — Um ganz allgemein die Strahlung als Funktion von Wellenlänge und Temperatur zu finden, muß man von besonderen Vorstellungen ausgehen. Als solche hat sich die Annahme von oszillierenden Elektronen als Sender und Empfänger bewährt; wendet man hierauf gleichzeitig die Gesetze der elektrischen Schwingungen und die des thermodynamischen Gleichgewichts an, so kommt man zu dem *Strahlungsgesetz von Lord Rayleigh*. Dieses Gesetz steht indessen mit der Erfahrung in denkbarst grellem Widerspruch. Nach ihm würde es keine begünstigte Wellenlänge geben; die Kurve würde kein Maximum haben, von dem sie nach beiden Seiten hin abfällt, vielmehr würde alle Energie nach der Seite der kürzesten Wellen abfließen usw. Erst Planck gelang es, diesen Widerspruch zu beseitigen, indem er eine ganz neue und kühne Hypothese aufstellte: die Energie wird nicht stetig ausgestrahlt, sondern gewissermaßen tropfenweise, d. h. in einzelnen, wenn auch überaus kleinen, aber doch endlichen Quanten, den *Energiequanten* ε; und zwar muß ε als proportional mit der Schwingungszahl ν des Elektrons angenommen, also $\varepsilon = h\nu$ gesetzt werden, wo h nunmehr eine universelle Konstante, das Plancksche *Wirkungsquantum*, ist (s. Quantentheorie). Damit kommt man dann, an Stelle des Rayleighschen, zu dem *Planckschen Strahlungsgesetz:*

$$S = \frac{C}{\lambda^5} \cdot \frac{1}{e^{\frac{c}{\lambda T}} - 1} ,$$

wo λ die Wellenlänge ist und C und c zwei Konstanten sind; oder auch für die Strahlungsdichte:

$$u = 8\pi h \left(\frac{\nu}{c}\right)^3 \frac{1}{e^{\frac{h\nu}{kT}} - 1} ,$$

wo k eine neue Konstante ist. Alle diese Konstanten sind neuerdings mit immer größerer Genauigkeit bestimmt worden; für das Wirkungsquantum hat sich ergeben: $h = 6{,}55 \cdot 10^{-27}$ erg/sec, für die Konstante k: $1{,}346 \cdot 10^{-16}$ erg/Grad. Und das Gesetz selbst hat sich im großen Ganzen experimentell glänzend bestätigt.

Strahlungsdruck und Strahlungsenergie. Zum Nachweise der Energiestrahlung und des Druckes, den sie ausübt, hat man zahlreiche Versuche angestellt. Der älteste hierher gehörige Apparat ist das *Radiometer* von Crookes, ein auf einem Fuße stehender Glasballon, in dem im nahezu luftleeren Raume auf einer Spitze ein Kreuz mit vier sehr leichten, auf der einen Seite geschwärzten Blättchen aus Glimmer oder Aluminium schwebt; bei Bestrahlung dreht sich das Kreuz mit den blanken Seiten voran, und zwar bei einem gewissen Gasdrucke (0,03 mm) am schnellsten. Man hat dem Apparat dann sehr verschiedene Formen gegeben und die Gesetze seines Verhaltens im einzelnen ermittelt. Indessen hat sich doch herausgestellt, daß es sich hier nicht um direkte Strahlungswirkung handelt; vielmehr kommt der zurückgebliebene Luftrest in Frage, und zwar erfahren die stärker erwärmten geschwärzten Seiten kräftigere Molekularstöße als die andern. Läßt man den ganzen Apparat schwimmen, so rotieren die Flügel nach der einen, die Glashülle nach der andern Seite — ein Beweis, daß es sich um innere Kräfte handelt. Der ursprüngliche Name des Apparates, „Lichtmühle", ist daher abgekommen. Der Druck einer in 50 cm Entfernung aufgestellten Hefnerkerze (s. Lichtstärke) ist gleich $7 \cdot 10^{-5}$ Dynen pro Quadratzentimeter gefunden worden, und zwar bei 0,0027 mm Hg Gasdruck. — Zur Messung des wahren Strahlungs- oder Lichtdrucks hat Lebedew einen feineren Apparat gebaut, ebenfalls aus einer Anordnung feiner, leicht drehbarer Blättchen bestehend, die mittels eines sinnreich angeordneten Systems von Spiegeln in mannigfacher Weise bestrahlt werden konnten. Zwischen dem Druck p auf die Flächeneinheit und der Energie e der Strahlung, die in der Sekunde anlangt, gilt, wenn r der Reflexionskoeffizient ist, die Beziehung:

$$p = \frac{e}{3 \cdot 10^{10}} (1 + r) \quad ;$$

für $e = 2 \cdot 10^6$ erg ergibt sich, je nachdem man $r = 0$ oder $r = 1$ (schwarz oder spiegelnd) setzt: p gleich $^2/_3$ oder $^4/_3$ Dynen pro Quadratmeter. Hieraus kann man Schlüsse auf das Verhältnis des Lichtdrucks zur Gravitation ziehen. Endlich hat man auch die Lichtenergie in Kalorien oder erg zu bestimmen versucht, und zwar (Tumlirz) in der Weise, daß man die Gesamtenergie der Quelle und den Anteilfaktor c maß, der hiervon auf die eigentliche Lichtenergie entfällt; dann ist also die Lichtenergie $e = c \cdot E$. Für die Hefnerkerze ergibt sich $E = 0{,}15$ Kalorien und $c = {}^1/_{41}$, somit $e = 0{,}0036$ Kalorien $= 15 \cdot 10^4$ erg. Man kann hiernach von einem *mecha-*

nischen Lichtäquivalent (analog dem Wärmeäquivalent) sprechen, muß aber noch die Bestätigung für die Allgemeinheit der Zahlenwerte abwarten.

Strahlungskonstante, s. Strahlung.

Strahlungstemperatur, s. Strahlung, Temperatur.

Strahlungsvektor, s. Elektrische Schwingungen.

Strecke, s. Längenmaß, Raum.

Streckendiagramm, s. Kinematik.

Streckenenergie, spezieller Ausdruck für Bewegungsenergie (Produkt aus Kraft und Strecke, um die ihr Angriffspunkt sich verschiebt).

Strecke-Zeit-Energie-System, s. Maßsysteme.

Strecke-Zeit-Gewichts-System, s. Maßsysteme.

Strecke-Zeit-Masse-System, s. Maßsysteme.

Streckgrenze ist die Elastizitätsgrenze (s. d.) bei der Dehnung eines Körpers.

Streichinstrumente, s. Musikinstrumente.

Streifende Inzidenz, s. Brechung des Lichts, Prismen.

Streifengitter, s. Beugung des Lichts.

Streukegel, s. Wurf.

Streuung, s. Magnetischer Kreis.

Streuungskoeffizient, s. Magnetischer Kreis.

Strich, s. Magnete.

Strichétalon ist ein Maßstab, auf dem zwei feine Querstriche angebracht sind; ihr Abstand bei bestimmter Temperatur gilt als Länge und ist genau angegeben.

Striktionsstrahlen, s. Kathodenstrahlen.

Stroboskopie ist die Gesamtheit der Erscheinungen, die beim unterbrochenen Betrachten von Objekten auftreten. Das *Stroboskop*, auch Phänakistoskop, Phantoskop oder Wunderscheibe genannt (Stampffer, Plateau) besteht aus einer Scheibe mit einer größeren Anzahl von Löchern oder Spalten nahe am Rande gleichförmig angeordnet, sowie mit einer entsprechenden Anzahl von Abbildungen eines Bewegungsvorganges in seinen verschiedenen Phasen; beim Drehen der Scheibe verschwimmen die Bilder, nicht aber, wenn man durch einen der Spalte nach dem Spiegelbilde sieht: jetzt sieht man, je nach dem Verhältnis der Drehperiode zur Periode des Bewegungsvorganges, das Bild stillstehen oder sich langsam ändern, wobei man von einer bestimmten Drehgeschwindigkeit ab die einzelnen Bilder zu einem Bewegungsvorgange verschmilzt; man kann also die Änderung beliebig rasch oder langsam gestalten. Bei einer Schwingung von der Frequenz n z. B. erhält man bei der Drehfrequenz $(n - 1)$ nur eine einzige Periode in der Sekunde; auf diese Weise kann man z. B. Tonschwingungen bequem verfolgen. — Übrigens herrscht über den Anteil des rein optischen und des psychischen Faktors an dem Zustandekommen des Phänomens noch Meinungsverschiedenheit. — Statt der Scheibe kann man auch eine Trommel, mit den Spalten auf dem Mantel, benutzen; und durch Anordnung geeigneter Lichtbüschel kann man die Erscheinung auch projizieren. — Einen großen Aufschwung nahm das Verfahren, als es gelang, die Phasenbilder durch *photographische Momentaufnahmen* herzustellen (Muybridge, Anschütz), und insbesondere durch die Einführung des Films für diese Aufnahmen (Murray). Daraus ist dann die *Kinematographie* entstanden, die, außer ihrer allgemeinen, auch eine hervorragende wissenschaftliche Bedeutung hat, namentlich insofern sie es ermöglicht, Naturprozesse auf Grund einer freilich sehr großen Serie von Momentaufnahmen zu beliebiger Zeit und in beliebigem Tempo zu reproduzieren (Platzen von Seifenblasen, Tonschwingungen, Funkenentladungen und vieles andere).

Strömung, s. Hydrodynamik.

Strömung der Flüssigkeiten, s. Geschwindigkeitspotential, Hydrodynamik.

Strömungsfeld, s. Hydrodynamik.

Strömungsmesser, s. Hydrodynamik.

Strömungsströme, s. Elektrosmose.

Strombrücke, s. Stromverzweigung.

Stromdichte, s. Elektrischer Strom.

Stromelement im Magnetfeld, s. Magnetelektrizität.

Stromfaden, s. Hydrodynamik.

Stromfunktion ist bei der Strömung von Flüssigkeit durch eine ebene Kurve

(dl ihr Element, λ, μ die Richtungscosinus seiner Normale in der Ebene, u, v Komponenten der Geschwindigkeit) der Ausdruck $\psi = \int (\lambda u + \mu v)\, dl$; die Linien ψ = const. sind die Stromlinien (s. Hydrodynamik).

Stromlinie, s. Hydrodynamik.

Stromlinie (*elektrisch*), s. Flächenströme.

Strommessung (elektrisch) ist die Gesamtheit aller Methoden und Apparate zur Messung der Stärke elektrischer Ströme. Die Methodik gestaltet sich verschieden für Gleichstrom und Wechselstrom (s. Elektrischer Strom). Für *Gleichstrom* kommen besonders folgende Methoden in Betracht: 1. *Elektromagnetische Methoden*, verwirklicht a) in den Galvanometern (s. d.), mit der Tangentenbussole als Grundtypus, b) in den Stromwagen (s. d.), beruhend auf der Anziehung von Eisenmassen durch Stromspulen. Eine Abart bilden die magnetelektrischen Instrumente, bei denen gerade umgekehrt der magnetische Teil fest, der elektrische beweglich ist (s. Galvanometer). — 2. *Ausdehnungsmethode*, beruhend auf der durch die Stromwärme bewirkten Verlängerung des Leiters, die dann mit Hilfe von Hebel und Zeiger auf einer empirisch (durch Vergleichung mit dem Voltameter, s. u.) geeichten Skala in vergrößertem Maßstabe angegeben wird. Praktische Instrumente unter dem Namen „*Hitzdrahtstrommesser*" sehr verbreitet, aber von begrenzter Genauigkeit und häufiger Nachprüfung bedürftig. — 3. *Bolometrische Methode* (s. Bolometer), beruhend auf der durch die Erwärmung bewirkten Widerstandserhöhung des Leiters; besonders ein Apparat von Rubens und Paalzow; vielfach auch (besonders für Wechselströme) Barretter genannt. — 4. *Elektrolytische Methode*, beruhend auf der Zersetzung von Stoffen durch den hindurchfließenden Strom nach dem Faradayschen Gesetze (s. Elektrolyse); verwirklicht in den Voltametern (s. d.). — 5. *Optische Methode*, beruhend auf der magnetischen Drehung der Polarisationsebene des Lichts (s. d.); nur für starke Ströme anwendbar, für diese aber sehr bequem und genau. Als Flüssigkeit dient am besten Schwefelkohlenstoff oder Wasser. — Praktische Strommesser, die gleich die Stromstärke in Ampere angeben, heißen gewöhnlich *Amperemeter*. — Für *Wechselströme* sind nur einige dieser Methoden brauchbar; dafür kommen hier noch neue hinzu: 6. Die *elektrodynamische Methode*, beruhend auf der Ablenkung eines Stromleiters durch einen andern, verwirklicht in den Elektrodynamometern (s. d.). — 7. Die *Schwingungsapparate*, beruhend auf der Messung der Schwingungen eines Eisenkörpers infolge der Einwirkung des Wechselstroms. Am bequemsten wird dabei als Beobachtungsinstrument das *Telephon* benutzt (Frölich). Das *optische Telephon* (M. Wien) kann nach Belieben zur Messung von konstanten, langsam veränderlichen oder Wechselströmen benutzt werden. Während hier Membranschwingungen benutzt werden, sind es bei den *Vibrationsgalvanometern* (Rubens) Torsionsschwingungen einer Metallsaite. Das Verfahren läßt sich in der Richtung vervollkommnen, daß man nicht bloß die Maximal- oder die Effektivstärke, sondern den ganzen Verlauf des Wechselstroms verfolgt (Oszillograph s. Wechselströme). — Von besonderer praktischer Wichtigkeit ist noch die Messung der ganzen, während einer bestimmten Zeit durchfließenden Elektrizitätsmenge, also bei konstanten Strömen das Produkt aus Stromstärke und Zeit, für veränderliche das Integral über $i \cdot dt$. Solche Instrumente heißen *Elektrizitätszähler* oder *elektrische Uhren* oder Stromuhren oder Amperestundenzähler; eine Abart stellen diejenigen Instrumente dar, welche die Stromenergie, also das Produkt aus Spannung und Stromstärke über eine gewisse Zeit integrieren und demgemäß *Wattstundenzähler* oder Kilowattstundenzähler heißen. Alle diese Apparate beruhen teils auf der Verzögerung oder Beschleunigung einer rotierenden oder Pendelbewegung durch elektromagnetische Wirkung, teils auf elektrolytischer Grundlage, wie der Stiazähler.

Stromschlüssel, s. Elektrische Hilfsapparate.

Stromstärke, s. Elektrischer Strom.

Stromstoß, s. Elektrischer Strom.

Stromuhr, s. Strommessung.

Stromunterbrecher, s. Elektrische Hilfsapparate, Elektromagnetische Apparate.

Stromverzweigung. Wenn der elektrische Strom an eine Verzweigungsstelle von Leitern gelangt, verteilt er sich über sie nach bestimmten Gesetzen; verallgemeinert man diesen Fall soweit wie möglich, so gelangt man zu dem Problem der Stromverteilung in einem *beliebigen Netz linearer Leitungen.* Dieses Problem ist durch die beiden *Kirchhoffschen Regeln* auf eine allgemeine und bequeme Grundlage gestellt worden: 1. Für jede Verzweigungsstelle stationärer Ströme ist $\Sigma i = 0$, wenn die ankommenden Ströme positiv, die abfließenden negativ gerechnet werden. 2. Für jeden in dem Netz enthaltenen einfachen Schließungskreis ist $\Sigma iw = \Sigma e$, die Summe aus den Produkten aller Widerstände in die betreffenden Stromstärken ist gleich der Summe aller in dem betreffenden Kreise wirksamen elektromotorischen Kräfte; ist keine solche Kraft in ihm vorhanden, so ist

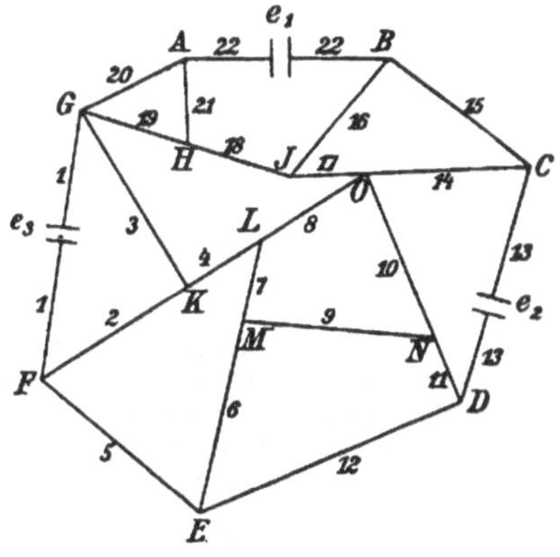

Fig. 245.

$\Sigma iw = 0$ (Fig. 245). Es läßt sich zeigen, daß durch diese beide Formeln die Stromstärke in jedem einzelnen Zweige bestimmt ist, wenn alle e und w

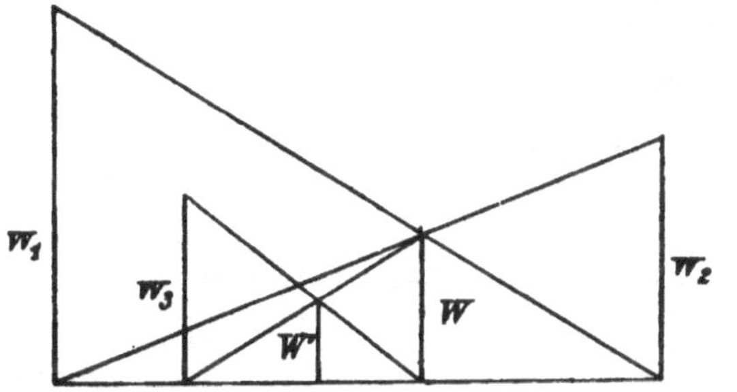

Fig. 246.

gegeben sind, und es sind auch bequeme Rechnungsmethoden dafür ausgearbeitet worden. Statt der Rechnung kann man auch die graphische Darstellung benutzen. — Im besonderen gelten folgende Sätze: In hintereinander geschalteten Leitern (*Reihen- oder Serienschaltung*) ist die Stromstärke die gleiche, der Widerstand gleich der Summe der Einzelwiderstände, $W = \Sigma w$, z. B. für zwei Leiter $W = w_1 + w_2$. Dagegen ist in nebeneinander geschalteten Leitern (*Parallelschaltung*) der reziproke Widerstand, also das, was man den *Leitwert* nennen kann, gleich der Summe der einzelnen Leitwerte (Summe der reziproken Widerstände), und folglich $W = 1/\Sigma(1/w)$, und speziell für zwei Leiter $W = 1/(1/w_1 + 1/w_2)$. Im ersten Falle ist W größer, im andern kleiner als jedes einzelne w. Sehr bequem für die Berechnung der Parallelschaltung ist die graphische Konstruktion (Fig. 246): beliebig lange Basis, in den Enden w_1 und w_2 errichtet, ihre Spitzen kreuzweise mit den Fußpunkten verbunden, im Schnittpunkt das Lot auf die Basis gefällt, ist W. Das kann man beliebig fortsetzen; w_3 hinzugefügt, liefert W' usw.; z. B. für die Einzelwiderstände 16, 12, 8 wird der gesamte Parallelschaltungswiderstand 3,7. — Der Strom selbst verteilt sich unter Parallelzweige im umgekehrten Verhältnis ihrer Widerstände. Bei alledem ist aber unter „Widerstand" nur so lange der durch das Ohmsche Gesetz definierte zu verstehen, als die Ströme konstant sind; bei Wechselströmen ist er durch die Impedanz zu ersetzen, und dann werden die Verteilungsverhältnisse ganz andere; s. Elektrische Schwingungen, Selbstinduktion. — Praktisch wichtig ist die Frage der Schaltungsmöglichkeiten für *Stromerzeuger*, z. B. Elemente oder Akkumulatoren. Ist n ihre Anzahl, e die einzelne elektromotorische Kraft, w der innere Widerstand eines Elementes und w_0 der äußere Widerstand, so ist bei Serienschaltung $i = ne/(nw + w_0)$, bei Parallelschaltung

$$i = e/((w/n) + w_0) = ne/(w + nw_0);$$

man muß also, um starken Strom zu erzielen, Reihen- oder Parallelschaltung anwenden, je nachdem der äußere oder innere Widerstand der größere ist. Der Grenzwert für sehr großes n ist endlich, und zwar dort $I = e/w$, hier $I = e/w_0$. Dagegen wird der *Wirkungsgrad* (die Ökonomie des Verfahrens) bei Parallelschaltung am größten, und zwar desto größer, je größer die Zahl der Elemente ist, während er bei Serienschaltung höchstens gleich $\frac{1}{2}$ werden kann. Am allgemeinsten ist die Schaltung von n Elementen in n/k Gruppen zu je k, und dann wird der Strom am stärksten, wenn der innere Gesamtwiderstand gleich dem äußeren gemacht wird; dieser Fall tritt ein für

$$k = \sqrt{n \frac{w}{w_0}},$$

und es wird alsdann

$$I = \frac{e}{2}\sqrt{\frac{n}{w\,w_0}},$$

d. h. I läßt sich mit wachsendem n beliebig steigern; der Wirkungsgrad ist aber auch hier nur $\frac{1}{2}$. — Von großer Bedeutung für die Meßkunde (s. Widerstandsmessung, Spannungsmessung usw.) sind die *elektrischen Strombrücken*. Am einfachsten von ihnen ist die *Wheatstonesche Brücke:* ein Leiterviereck 1234, in der einen Diagonale a eine elektromotorische Kraft, in der andern b ein Stromzeiger; der Strom in b setzt sich (Fig. 247) aus zwei entgegengesetzten Strömen zusammen, ist also gleich ihrer Differenz; und diese Differenz, also der Brückenstrom, wird null, wenn die Proportion $w_1 : w_2 = w_3 : w_4$ erfüllt ist. Allgemeinere Brücken sind die von

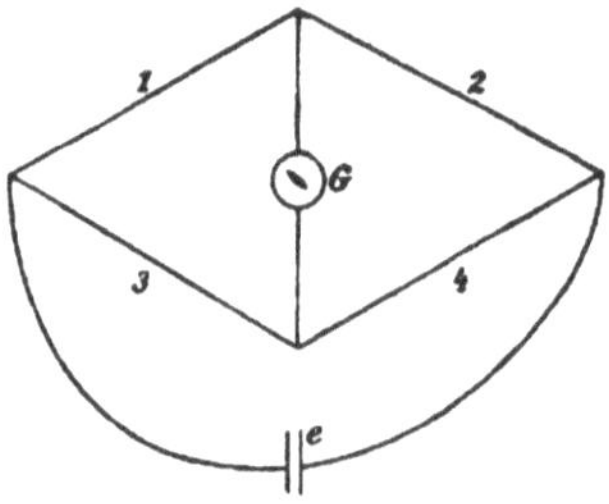

Fig. 247.

Thomson und Frölich; die Thomsonbrücke dient besonders zur Messung kleiner Widerstände, die nach der Wheatstoneschen Methode wegen des Einflusses der Zuleitungsdrähte sehr ungenau werden würde; der Brückendraht selbst verzweigt sich hier nochmals derart, daß der eine Zweig zu dem zu messenden Widerstande, der andre zu einem Meßdraht führt (s. Text und Figur bei Widerstandsmessung). — Für die *Stromverteilung von Elektrizitätswerken*, z. B. für Beleuchtung, gibt es verschiedene Systeme; am einfachsten ist das Zweileitersystem, mit einfacher Hin- und Herleitung; ökonomischer aber das Dreileitersystem, bei dem die Rückleitung des einen von zwei Systemen zugleich die Hinleitung des zweiten ist, so daß diese Leitung, da sich in ihr der größte Teil des Stromes ausgleicht, sehr dünn gewählt werden darf. Außerdem ist zu unterscheiden zwischen Reihen-, Parallel- und gemischter Schaltung, Speiseleitung usw. — Eine wichtige praktische Anwendung der Stromverzweigung sind die *Sicherungen* (Lamellen- und Patronensicherung), Nebenschlüsse von geringem Widerstande, die bei zu starker Beanspruchung (Kurzschluß) durchbrennen und dadurch die Hauptleitung vor Schädigung bewahren.

Stromwärme oder *Joulesche Wärme* oder *Jouleeffekt* ist die Gesamtheit der Wärmeerscheinungen, die beim Durchgange des elektrischen Stroms durch einen Leiter auftreten. Diese Wärme bedeutet eine Umwandlung elektrischer in kalorische Energie und zugleich eine Entwertung der Energie, jenes gemäß dem ersten, dieses gemäß dem zweiten Hauptsatze der Thermodynamik (s. d.). — Da die Stromenergie in der Zeiteinheit, also der Stromeffekt, durch $e \cdot i$ oder $i^2 w$ oder e^2/w ausgedrückt wird (e elektromotorische Kraft, i Stromstärke, w Widerstand), erhält man die Gesetze: Die Stromwärme ist bei gegebener elektromotorischer Kraft mit dem Widerstande und dem Quadrat der Stromstärke proportional, bei gegebener Stromstärke mit dem Quadrat der elektromotorischen Kraft direkt und mit dem Widerstande umgekehrt proportional, bei gegebenem Widerstand mit dem Produkt aus elektromotorischer Kraft und Stromstärke proportional; außerdem ist sie mit der Zeitdauer des Stromdurchgangs proportional oder allgemeiner, wenn sich während dieser Zeit Änderungen vollziehen, mit dem Integral über $i^2\, w\, dt$. — Ein Leiter wird also durch denselben Strom desto stärker erwärmt, je größer sein Widerstand ist, durch dieselbe elektromotorische Kraft dagegen desto stärker, je kleiner sein Widerstand ist. Maximale Wärmeentwicklung tritt ein, wenn der äußere Widerstand eines Kreises gleich dem inneren ist. — Diese Gesetze sind durch kalorimetrische Versuche von Joule u. A. vollauf bestätigt worden (*Joulesches Gesetz*). Soll dabei die Wärme nicht, wie oben angenommen, in Erg, sondern in Kalorien resultieren, so muß man in den Formeln mit dem Wärmeäquivalent ($41{,}9 \cdot 10^6$) dividieren. — Ein Volt erzeugt in einem Ampere in der Sekunde 0,238, in der Minute 14,28, in der Stunde 856,8 Kalorien. — Auf hintereinander geschaltete Teile der Leitung verteilt sich die Wärme proportional den Widerständen, auf parallel geschaltete dagegen umgekehrt proportional. — Auch in den *galvanischen Elementen* selbst tritt Wärme auf. Man kann sie als innere Wärme der äußeren in der Schließung gegenüberstellen und das Verhältnis der letzteren zur ganzen als Wirkungsgrad der Kette bezeichnen; er bewegt sich meistens zwischen 70 und 95 Proz. Nur in einigen verwickelten Fällen steigt er auf über 100 Proz., d. h. das Element kühlt sich ab; der Prozeß ist dann in energetischer Hinsicht (Beziehung zum zweiten Hauptsatz) anomal. Im Zusammenhange hiermit steht die *thermische Veränderlichkeit der elektromotorischen Kraft* des Elements; im allgemeinen nimmt sie mit steigender Temperatur ab, in anomalen Fällen zu. — Leistet der Strom äußere Arbeit (z. B. magnetische), so verringert sich die Wärmeentwicklung entsprechend. — Auch bei der *Entladung* eines Leiters tritt Wärme auf, und zwar proportional mit Kapazität und Quadrat des Potentials; oder auch proportional mit dem durch die Kapazität dividierten Quadrat der Ladung. — Die Wärmeerzeugung hat eine *Temperatursteigerung* zur Folge, die von der Masse bzw. den Dimensionen und der Dichte des Leiters sowie von der spezifischen Wärme abhängt; wird nichts von der Wärme nach außen abgegeben (adiabatischer Prozeß), so ist $\Theta = i^2 w_0 t/(j\varrho \cdot sq^2)$, wo w_0 der spezifische Widerstand, ϱ die Dichte, q der Querschnitt, s die spezifische Wärme, j das Wärmeäquivalent ist. Für einigermaßen starke Ströme oder große Widerstände wird diese Temperatursteigerung ganz enorm; sie muß also in der Praxis durch Kühlvorrichtungen oder *Ausstrahlung* herabgemindert werden.

In letzterem Falle stellt sich schließlich ein stationärer Temperaturzustand ein, bei dem $\Theta = k \cdot i^2/d^3$ ist, wo d der Durchmesser (des blanken Kupferdrahts) in Millimetern und k eine zwischen 0,13 und 0,6 liegende Konstante ist, z. B. für $i = 10$, $d = 1$, $k = 0{,}5$: $\Theta = 50^0$, also immer noch sehr beträchtlich. — Infolge der Temperatursteigerung tritt bei den Leitern eventuell *Glühen* und zugleich *Verbrennung* ein; soll letztere verhindert werden, so ist der Leiter in ein Vakuum oder geeignetes Gas zu bringen (s. Glühlicht). — Ferner dehnen sich Leiter infolge der Temperatursteigerung aus und biegen sich dabei, wenn die Enden fest sind, durch; hierauf beruhen die *Hitzdrahtstrommesser* (s. Strommessung). — In *elektrolytischen Leitern* liegen die Erwärmungsverhältnisse wegen der gleichzeitigen chemischen Vorgänge bzw. der Wanderung der Ionen verwickelter; bei Berücksichtigung dieser Vorgänge läßt sich aber auch hier die Gültigkeit des Jouleschen Gesetzes nachweisen. — Das Gesetz der Stromwärme erlaubt einerseits, das Ohmsche Gesetz auf energetischem Wege abzuleiten (Helmholtz); andrerseits kann man auf diesem Wege den Wert des Wärmeäquivalents sehr genau berechnen: feine Drahtspule in einem Bade abgewogenen Wassers, eine halbe Stunde Stromdurchgang, Messung seiner Spannung und der Temperaturerhöhung mit Korrektion für Ausstrahlung.

Stromwage ist ein Instrument zur Messung der Stromstärke, das darauf beruht, daß das bewegliche System am Ende eines Wagebalkens angebracht ist und durch die Wirkung eines festen Systems herabgezogen werden würde, wenn man nicht durch Auflegen von Gewichten am andern Balkenende diese Wirkung aufhöbe. Benutzt man dabei die ponderomotorische Wirkung zwischen Stromkreis und Magnet, so erhält man die *elektromagnetische Wage*, benutzt man die zwischen zwei Stromkreisen, so erhält man die *elektrodynamische Wage*. Von den elektromagnetischen Stromwagen ist die von Becquerel die älteste, die zurzeit aktuellste die von Köpsel (im Anschluß an die magnetische Wage von Helmholtz, s. Magnetische Messungen). Die Formel für die Stromstärke ist freilich recht verwickelt und die Genauigkeit nicht übermäßig groß. — Elektrodynamische Wagen sind von Cazin, Joule und ganz besonders von Helmholtz und Kahle angegeben worden; hier wird das Drehungsmoment zwischen zwei aufeinander senkrechten Stromspulen durch Wägung bestimmt. Der dabei auftretende elektrodynamische Faktor wird durch Vergleichung mit einer Normalspule in Form eines Bandvierecks bestimmt. — Andre Typen sind die von Lord Rayleigh und Heydweiller. — Für *technische Zwecke* kommen von feineren Instrumenten namentlich die zahlreichen von Lord Kelvin konstruierten in Betracht: Milliamperewage, Amperewage, Kiloamperewage usw. — Wie bei der Wage die Gewichte für praktische Zwecke vielfach durch Federkräfte ersetzt werden (Federwage), so auch hier; man gelangt dann zu den *Federstromwagen*. Bei der von Kohlrausch angegebenen wird z. B. eine an einer Spiralfeder hängende Eisenröhre oder ein Eisenstab oder auch, für Schwachstrom, ein Magnet in eine Stromspule hineingezogen, und zwar fast aperiodisch; die Stromstärke wird an der Skala direkt abgelesen. Alle derartigen Apparate müssen natürlich empirisch geeicht und öfters nachgeprüft werden.

Stromwelle, s. Elektrischer Strom.

Stromwender, s. Elektrische Hilfsapparate.

Strukturtheorie der Kristalle, s. Molekulartheorie.

Stufengitter, s. Beugung des Lichts.

Stunde, s. Zeit.

Sturm, s. Winde.

Sturmflut, s. Ebbe und Flut.

Sublimation, s. Aggregatzustände, Verdampfung.

Sublimationstemperatur, s. Verdampfung.

Sublimationswärme, s. Verdampfungswärme.

Substanz ist im philosophischen Sinne das Wesentliche alles Seienden; es ist daher sowohl Materie wie Geist. In der Physik gebraucht man das Wort gegenüber dem Ausdruck Materie in erweitertem Sinne, also auch dann, wenn Trägheit und Ponderabilität fehlen oder doch nicht nachweisbar sind, z. B. für den Äther.

Substitutionsmethode, s. Wägung.

Substitutionsmethode (*elektrisch*), s. Widerstandsmessung.

Summationstöne, s. Kombinationstöne.

Suspension, s. Materie, Brownsche Bewegung, Disperse Systeme.

Suszeptibilität, s. Magnetische Induktion.

Symmetrie der Kristalle, s. Kristalle.

Symmetrieaxe, s. Kristalle.

Symmetrieebene, s. Kristalle.

Symmetriezentrum, s. Kristalle.

Synchronmotor, s. Dynamomaschine.

Synthese der Vokale, s. Stimme und Sprache.

Synthese von Klängen, s. Klang.

Szintillation, s. Atmosphärische Optik.

Szintillation der Elektronen, s. Radioaktivität.

T

Tachograph, s. Turenzahl.

Tachometer, s. Turenzahl.

Tag, s. Zeit.

Tagesdauer, s. Zeit.

Tageslicht, s. Lichtquellen, Polarisation.

Talbotsche Streifen, s. Interferenz des Lichts.

Tangenssatz, s. Abbildung.

Tangentenbussole, s. Galvanometer, Elektromagnetismus.

Tangentenmultiplikator, s. Galvanometer.

Tangentialbeschleunigung, s. Beschleunigung.

Tangentialdruck, s. Druck.

Tangentialkraft, s. Kraft.

Tarierfläschchen, s. Dichtemessung.

Tartinische Töne, s. Kombinationstöne.

Taschenuhr, s. Zeitmessung.

Tau, s. Feuchtigkeit.

Tauchelement, s. Galvanische Elemente.

Taupunkt, s. Feuchtigkeit, Gemische.

Tautochrone, s. Schiefe Ebene.

Teilmaschine, s. Komparator.

Teleansatz, s. Photographisches Objektiv.

Telegraphengleichung, s. Elektrischer Strom, Telegraphie.

Telegraphie oder *Fernschrift* ist die Kunst, Mitteilungen an andre Orte gelangen zu lassen, ohne daß dabei Materie befördert würde. Es ist zu unterscheiden zwischen akustischer, optischer und elektrischer Telegraphie; die beiden ersten werden auch als *Signalwesen* zusammengefaßt; hier soll nur von der *elektrischen*, und auch von dieser nur in den Hauptpunkten die Rede sein. — Von den Wirkungen des elektrischen Stroms wird fast nur die *magnetische* benutzt, und zwar entweder in der Form der Ablenkung einer Magnetnadel (*Nadeltelegraph*) oder in der Form der Anziehung und Abstoßung von Ankern durch Elektromagnete: Zeiger- und Schreibtelegraphen. — Die *Zeigertelegraphen* beruhen auf dem Synchronismus rotierender Räder, mit Buchstaben am Rande, auf die sich die Zeiger einstellen. Von den *Schreibtelegraphen* oder Fernschreibern im engeren Sinne hat der *Morseschreiber* als erster Erfolg gehabt; er beruht auf dem längeren oder kürzeren Schließen des Stroms auf der Sendestation, wodurch auf der Empfangsstation auf einem vorbeigleitenden Papierstreifen mittels einer in ein Farbgefäß tauchenden rotierenden Scheibe Striche und Punkte erzeugt werden, deren Kombinationen die Buchstaben usw. bilden; statt die Zeichen abzulesen, kann man auch das Klopfen abhören und die Methode in dieser Richtung weiter ausgestalten. — Dem Morseschreiber macht zurzeit der *Hughessche Typendrucktelegraph* immer noch steigende Konkurrenz; er beruht wiederum auf dem Synchronismus zweier Drehungen,

Durch einen Taster wird auf der Sendestation auf einen Buchstaben eingestellt und der entsprechende auf der Empfangsstation gedruckt. — Besondere Probleme, deren Lösung die Telegraphie besonders gefördert hat, sind folgende: 1. Das *Relais*, ein kleiner Elektromagnet, dessen Anker durch den Tasterstrom angezogen wird; dadurch wird ein neuer Strom geschlossen, und erst dieser wirkt auf die Empfangsstation; eine Einrichtung, die für die Überwindung großer Widerstände geradezu entscheidend ist. — 2. Die Methode des *Ruhestroms* statt des *Arbeitsstroms*· der Strom einer einzigen Batterie, deren Elemente auf die einzelnen Stationen verteilt sind, bleibt dauernd geschlossen und wird nur auf der Sendestation zum Zwecke des Telegraphierens unterbrochen (Hilfsmittel: statt eines einfachen Ankerhebels ein zusammengesetzter); Abarten sind die Methoden des Differenzstroms, des Gegenstroms und des Wechselstroms. — 3. Die *Schnelltelegraphie*, bei der man möglichst viele Zeichen in der Minute zu geben bemüht ist (Anwendung des Schreibmaschinenprinzips in Verbindung mit der durchlochten Jacquardkarte, Antrieb durch Elektromotor; schließlich bis zu 1000 Worten in der Minute). — 4. *Mehrfachtelegraphie*, d. h. Benutzung desselben Drahtes, um gleichzeitig erstens hin und her und zweitens zwischen verschiedenen Stationen derselben Linie telegraphieren zu können: *Gegensprechen* und *Doppelsprechen*, zwei Methoden: bei der einen werden für jede Depesche gewisse kleine Zwischenzeiten zwischen der andern ausgenutzt, bei der andern beide bzw. alle gleichzeitig erledigt. — 5. *Erdrückleitung*: es genügt ein Draht für die Hinleitung; diese mündet auf beiden Stationen in Erdplatten, zwischen diesen übernimmt die Erde die Rückleitung. — Besondere Aufgaben entstehen bei der *unterseeischen* Telegraphie durch *Kabel*, weil das Kabel, wegen der notwendigen Verteilungs- und Schutzvorrichtungen, als Kondensator (s. d.) wirkt, den Strom verzögert und stört; am besten überwunden durch den *Heberschreiber* (Siphonrecorder) von Lord Kelvin, beruhend auf der Kapillarelektrizität, in Verbindung mit dem Relais. — Die Gesetze der Kabelleitung sind zusammengefaßt in der sog. *Telegraphengleichung* (erst ganz neuerdings in befriedigender Form aufgestellt und gelöst). — Eine besondere Stellung nimmt der *chemische Telegraph* und die Fernzeichnung, *Fernphotographie* oder Bildtelegraphie ein; im Vordergrunde des Interesses steht hier die Kornsche Methode, beruhend auf der Widerstandsänderung des Selens durch Belichtung (s. Elektrizitätsleitung fester Körper, Lichtelektrizität). — Die Telegraphie beruht auf der Fortleitung des Stroms durch Metalldrähte (meist Eisendrähte) oder Kabel (System zahlreicher, voneinander und von der Umgebung isolierter Metalldrähte). Eine andre Art von Telegraphie benutzt statt der Leitung die Strahlung (s. Drahtlose Telegraphie). — Die direkte Übertragung von Tönen und Sprachlauten leistet die Telephonie (s. d.).

Telegraphie ohne Draht, s. Drahtlose Telegraphie.

Telemeter, s. Entfernungsmesser.

Teleobjektiv, s. Photographisches Objektiv.

Telephon, s. Magnetostriktion, Plattentöne, Telephonie.

Telephonie ist die Kunst, in die Ferne zu sprechen; der dazu dienende Apparat ist das *Telephon* oder der *Fernsprecher*. Das älteste Telephon, das von *Reis*, das auf der periodischen Ausdehnung und Zusammenziehung periodisch magnetisierter Nadeln (s. Magnetostriktion) beruht, hat sich nicht bewährt. wohl aber das auf der Magnetoinduktion (s. Induktionsströme) und dem Elektromagnetismus (s. d.) beruhende *Bellsche Telephon*. Ein Magnetstab ist an dem einen Ende mit einem zylindrischen Polschuh aus weichem Eisen versehen, um den in vielen Windungen feiner Kupferdraht gewickelt ist; dem Pole gegenüber ist, in das hölzerne Gehäuse eingespannt, eine Membran aus dünnem Eisenblech. Beim Senden spricht man gegen die Membran, erregt dadurch

Schwingungen in ihr und dadurch wiederum Induktionsströme in dem Drahte, deren Stromkurve nach Frequenz und Form genau der Höhe und dem Klangcharakter des Tones entspricht; dieser Strom wird in die Ferne geleitet. Auf der Empfangsstation wird durch den ankommenden Strom die Membran eines zweiten Telephons in Schwingungen versetzt und gibt diese in der Form entsprechender Töne bzw. Klänge wieder. Allerdings wird durch die Induktion der Klangcharakter geändert, aber durch die Selbstinduktion im Drahte wird das größtenteils wieder gutgemacht. Immerhin bestehen gewisse Unterschiede; z. B. werden hohe Töne besser wiedergegeben als tiefe und helle Vokale besser als dumpfe (deshalb die Einstellung weiblicher Beamter). Die Methode hat den großen Vorzug überraschender Einfachheit, insbesondere ist gar keine Stromquelle erforderlich. Trotzdem ist das Telephon als Sender wieder aufgegeben und nur als Empfänger beibehalten worden. Als Sender dient jetzt das sehr viel empfindlichere *Mikrophon*. Es beruht darauf, daß der Widerstand eines losen Kontakts zwischen zwei Leitern überaus empfindlich ist gegen äußere Einflüsse, namentlich gegen Erschütterungen und, worauf es hier ankommt, gegen periodische Einwirkung in Gestalt von Schallen und Tönen; beim Auftreffen solcher erfährt es Widerstandsänderungen, die sich in Stromschwankungen von entsprechendem Verlaufe geltend machen. — Am verbreitetsten sind die *Kohlekörnermikrophone*, z. B. bestehend aus zwei Kohlescheiben mit zwischengelagerten zahlreichen Kohlekörnern; durch Schrauben kann man den Druck und damit die Empfindlichkeit variieren. Allerdings braucht man hier eine Stromquelle; ursprünglich wurde jedem Teilnehmer an dem Fernsprechnetz eine Batterie mitgegeben, jetzt befindet sich die gemeinsame Stromquelle in der Zentralstation. — Die Verbindung der Teilnehmer erfolgt jetzt schon vielfach *automatisch* (Strowgersystem). — Die Fernleitungen müssen hier aus besonders gut leitendem Material (Kupfer oder Bronze) hergestellt sein. — Zur Vervollständigung dient eine Klingelleitung für die Anrufung. In besonderen Formen hat sich neuerdings die *Feldtelephonie* ausgebildet. — Das Telephon findet auch vielfältige *wissenschaftliche Anwendung*, z. B. als Anzeiger von Wechselströmen, zur Messung von Widerständen von Flüssigkeiten mittels der Wheatstoneschen Brücke (s. Widerstandsmessung), zur Messung von Dielektrizitätskonstanten (s. Dielektrizität). Eine Abart ist das Wiensche *optische Telephon*, bei dem durch Verbindung der Eisenmembran mit einem Spiegel die optische Beobachtung an die Stelle der akustischen gesetzt wird. — Die *Telephonie ohne Draht* scheint in neuester Zeit (entgegen dem oben bei „Drahtlose Telegraphie“ Gesagten) praktisch durchführbar geworden zu sein.

Teleskop, s. Fernrohr.

Teleskopische Abbildung, s. Abbildung.

Telestereoskop, s. Stereoskopie.

Teletubus, s. Photographisches Objektiv.

Telezentrisch, s. Abbildung.

Temperatur ist der Ausdruck für einen nicht mechanischen Zustand eines Körpers, für den wir einen, wenn auch nicht exakten und von den Umständen stark abhängigen Sinn, den *Temperatursinn* (Wärmegefühl) haben, der sich aber exakt nur durch geeignete Apparate, *Thermometer* (s. d.) feststellen läßt; sie wird durch Energiezufuhr im allgemeinen erhöht, durch Energieentziehung erniedrigt. — Für irgendeinen Zustand setzt man die Temperatur gleich null; dadurch erhält man den *Nullpunkt*. Für einen beliebig gewählten zweiten Zustand führt man eine bestimmte Zahl ein; dann hat man zwei *Fixpunkte*, erhält zugleich eine *Temperaturskala* und, durch Division mit der oberen Zahl, den Begriff des *Temperaturgrades*. — Dabei kann man auf zwei verschiedene Weisen verfahren: entweder man geht vom Volumen einer bestimmten Masse, z. B. Quecksilber, bei 0° C aus und nennt einen Grad das Intervall, innerhalb dessen sich das Volumen um einen bestimmten Bruchteil seines Wertes bei 0⁰ C ändert: *arithmetische Skala* (Galilei); oder man läßt für jeden Grad das Volumen um denselben Bruchteil seines Wertes am Anfang dieses Intervalls wachsen: *Geometrische Skala* (Dalton). Allgemein eingeführt hat sich die erstere Temperaturskala. — In der Wissenschaft gilt zunächst allgemein die hundertteilige, zentesimale oder *Celsiusskala;* ihre Fixpunkte sind die Erstarrungs- und die Siedetemperatur des Wassers bei normalem Druck; jener heißt *Eispunkt* oder *Nullpunkt*, dieser *Kochpunkt* und wird mit 100 bezeichnet. Der hundertste Teil des Zwischenraums ist ein Celsiusgrad. — Andre Skalen sind die von *Réaumur*, mit demselben Nullpunkt, aber einem mit 80 bezeichneten Kochpunkt; und die von Fahrenheit, bei der der Eispunkt mit 32, der Kochpunkt mit 212 bezeichnet wird, die Zahl der Grade dazwischen also 180 beträgt. Einige zusammengehörige Zahlen:

C	R	F	C (abs.)
−273	−218,4	−459,4	0
−200	−160	−328	73
−100	−80	−148	173
−50	−40	−80	223
−40	−32	−40	233
−30	−24	−22	243
−20	−16	−4	253
−17,8	−14,2	0	255,2
−10	−8	+14	263
0	0	32	273
+10	+8	50	283
+20	+16	+68	293
30	24	86	303
40	32	104	313
60	48	140	333
80	64	176	353
100	80	212	373
150	120	302	423
200	160	392	473
300	240	572	573
400	320	752	673
600	480	1112	873
1000	800	1832	1273
1500	1200	2732	1773

(Wegen der letzten Spalte s. w. u.). — Je nach der Wahl der Thermometersubstanz erhält man im Prinzip verschiedene Skalen, die man erst noch vergleichen muß (s. Thermometer). — Geht man bei der arithmetischen Skala vom Nullpunkt aus immer tiefer hinab und benutzt dabei die Tatsache, daß ein ideales Gas für jeden Celsiusgrad $^1/_{273}$ seines Volumens oder, bei konstant bleibendem Volumen, $^1/_{273}$ seiner Spannung verliert, so kommt man bei −273⁰ C zu einem Punkte, wo entweder kein Volumen oder keine Spannung mehr vorhanden ist. Dieser Punkt heißt *absoluter Nullpunkt der Temperatur* und die auf ihm in Celsiusgraden aufgebaute Skala die *absolute Temperatur;* aus der Celsiustemperatur ergibt sie sich durch Hinzufügung von 273 (s. obige Tabelle). — Bei der geometrischen Skala würde der absolute Nullpunkt nicht durch eine endliche Zahl, sondern durch den Wert $-\infty$ charakterisiert sein; das ist erkenntnistheoretisch wichtig, weil es deutlicher als die arithmetische Skala zeigt, daß der absolute Nullpunkt eine Grenze ist, der man sich zwar beliebig nähern, die man aber niemals erreichen kann. Übrigens ist die angedeutete Ableitung des absoluten Nullpunkts und damit der absoluten Temperatur sehr problematisch, da sie von dem Verhalten einer bestimmten Körperklasse (ideales Gas) ausgeht und noch dazu deren Verhalten durch unerlaubte Extrapolation ableitet. Indessen zeigt die strenge Theorie (s. Thermodynamik), daß das Ergebnis doch richtig ist. Nach dieser strengen Definition (*Thermodynamische Temperatur*) sind die absoluten Temperaturen zweier Körper zwei Zahlen, die sich zueinander verhalten wie die Wärmemengen, die der eine abgibt (Kessel) und der andre (Kühler) aufnimmt, wenn zwischen ihnen ein streng umkehrbarer Kreisprozeß eingeleitet wird. — Eine noch andre Möglichkeit, die Temperatur zu definieren, ergibt sich aus dem Strahlungsgesetze (s. Strahlung), wonach die Gesamtstrahlung eines vollkommen schwarzen Körpers mit der vierten Potenz der absoluten Temperatur proportional ist (*Strahlungstemperatur*). — Durch Einführung der absoluten Temperatur vereinfachen sich fast alle Gesetze, Beziehungen und Formeln ganz wesentlich. — Über das *Wesen der Temperatur,* die in der Stetigkeitstheorie der Materie ein nicht weiter reduzierbarer Begriff ist, gewinnt man Aufschluß auf Grund der Molekulartheorie, speziell der kinetischen Gastheorie (s. d.), nach der ein Gas aus durcheinander schwirrenden Teilchen besteht. Die kinetische Energie dieser Teilchen pro Volumeneinheit (evtl. unter Hinzunahme der potentiellen Energie) ist die Temperatur; im absoluten Nullpunkte ruhen die Teilchen, die Energie und damit die Temperatur ist also null (jedoch hat man neuerdings versucht, zum Verständnis gewisser Erscheinungen auch noch eine besondere *Nullpunktsenergie* einzuführen). — Mit der Spannung steht die Temperatur im einfachsten Falle in der durch die Formel $T = \frac{1}{2}\varrho G^2$, $p = \frac{1}{3}\varrho G^2$, angegebenen Beziehung, d. h. es ist $T = \frac{3}{2} p$ (bzw. $p\varrho$). — Zur Messung der Temperatur dienen die Thermometer, Bolometer und Thermoelemente (s. d.).

Temperatur eines Gases, s. Kinetische Theorie.

Temperatureinfluß auf Magnetismus, s. Ferromagnetismus.

Temperaturgradient, s. Wärmeleitung fester Körper.

Temperaturkoeffizient des Widerstandes s. Widerstandsmessung.

Temperaturleitfähigkeit, s. Wärmeleitung fester Körper.

Temperaturmessung, s. Thermometer, Temperatur.

Temperatursprung, s. Wärmeleitung der Gase.

Temperatursteigerung in einem Leiter, s. Stromwärme.

Temperaturstrahlung, s. Strahlung.

Temperierte Skala, s. Tonhöhe.

Tempern oder Anlassen des Stahls ist seine allmähliche und mäßige Erhitzung (s. Geschmeidigkeit).

Temporärer Magnetismus, s. Remanenz.

Tenor, s. Stimme und Sprache.

Tension, s. Spannkraft.

Tensor, s. Größe.

Terrestrische Strahlenbrechung, s. Brechung des Lichts.

Terz, s. Tonhöhe.

Teslalicht, s. Elektrische Schwingungen.

Teslaschwingungen, s. Elektrische Schwingungen.

Teslaströme, s. Elektrische Schwingungen, Wechselströme.

Teslatransformator, s. Elektrische Schwingungen.

Tessar, s. Photographisches Objektiv.

Tetartoedrie, s. Kristalle.

Tetragonales System, s. Kristalle.

Theodolit ist der verbreitetste Apparat zur Winkelmessung aus der Ferne, insbesondere zur Bestimmung der Richtungsabweichung zweier durch Anvisieren festzulegender Punkte. Er besteht aus einem einstellbaren Stativ, einer horizontalen und einer vertikalen Kreisteilung mit Nonien (und evtl. Ablesemikroskopen) und einem oder zwei Fernrohren zum Einstellen auf die betreffenden Punkte; dazu kommen noch Libellen und andre Hilfsteile. — Mit manchen Theodoliten kann man auch Winkel in geneigten Ebenen ausmessen. Der vollkommenste Apparat dieser Art ist das „Universalinstrument" zur Messung beliebiger Richtungen und Richtungsunterschiede im Raume.

Theorie, s. Physik.

Thermaktin, s. Lumineszenz, Strahlung.

Thermische Ausdehnung der festen Körper. Setzt man die Länge eines zylindrischen Körpers bei 0° C gleich 1, die bei t^0 gleich l_t, so ist

$$l_t = l_0(1 + \alpha t + \beta t^2 + \ldots)$$

oder, da β usw. klein sind, angenähert $l_t = l_0(1 + \alpha t)$; hierin ist α der lineare thermische Ausdehnungskoeffizient; wenn diese lineare Formel die Ausdehnung hinreichend genau darstellt, wird sie als *gleichförmig* bezeichnet. In allen andern Fällen ist zwischen dem mittleren Ausdehnungskoeffizienten und dem für eine bestimmte Temperatur (0,5° zu beiden Seiten) gültigen wahren Ausdehnungskoeffizienten zu unterscheiden; Formel:

$$dl = \alpha_t \cdot dt;$$

für den letzteren ist dann wieder die Abhängigkeit von der Temperatur festzustellen. — Der flächenhafte Ausdehnungskoeffizient ist für kleine Ausdehnung das Doppelte, der kubische das Dreifache, also 3α, genauer aber ist $v_t = v_0(1 + \alpha t)^3$, und noch genauer $v_t = v_0(1 + \alpha t + \beta t^2)^3$. — Zur Bestimmung dienen verschiedene Dilatometer (s. d.). Zur qualitativen Demonstration kann man entweder die mechanische Übertragung von dem beweglichen Stabende auf einen Zeiger, der auf einer Skala spielt, oder die optische Interferenzmethode mit Hilfe einer der ebenen Endfläche gegenübergestellten Glasplatte oder das elektrische Kontaktverfahren mittels einer gegenübergestellten und bei der Ausdehnung des Stabes zur Berührung kommenden Fläche oder Spitze, wodurch eine Klingel zum Ertönen gebracht wird, benutzen. Ferner kann man eine Kugel erwärmen und im heißen Zustande auf eine Platte mit einem kreisförmigen Ausschnitte von solcher Größe aufsetzen, daß sie mit ihrem Äquator aufsitzt; bei der Abkühlung tritt ein Moment ein, wo sie hindurchfällt. — Einige *Ausdehnungskoeffizienten* (bei Zimmertemperatur, die zwischen 0° und 100° sind meist um 5 bis 10 Proz. größer) folgen hier, mit 10^7 multipliziert:

Aluminium	216
Blei	280
Eisen	115
Gold	138
Kupfer	162
Messing	180
Platin	89
Schwefel	550
Silber	184
Zink	275
Glas (Borat)	40
„ (Silikat)	80
Hölzer	ca. 30
Graphit	76
Diamant	8

— Bei einseitiger Erwärmung eines *plattenförmigen* Körpers wird diese Seite konvex, die andre konkav; der Körper krümmt sich also. Auch ein stabförmiger Körper krümmt sich, wenn er infolge fester Einklemmung der Enden sich nicht ausdehnen kann (Eisenbahnschienen erhalten einen Zwischenraum zwischen den einzelnen Stücken). Entsprechendes tritt bei der Erwärmung zweier fest miteinander verbundener Stangen aus Stoffen von verschiedener Ausdehnung auf, worauf u. a. das *Kompensationspendel* für Uhren (Rostpendel) beruht. Andrerseits muß man in allen Fällen, wo große Temperaturschwankungen zu erwarten sind, zur Vermeidung unangenehmer Folgen es vermeiden, Stoffe miteinander zu verbinden, die verschiedene Ausdehnung haben (z. B. bei den Glühlampen) — Bei *Kristallen*, ausgenommen die des regulären Systems, ist die lineare thermische Ausdehnung in verschiedenen Richtungen verschieden; eine Kugel bleibt daher bei der Erwärmung keine Kugel, sondern verwandelt sich in eine andre Gestalt, im einfachsten Falle in ein Ellipsoid. Im allgemeinen genügt es, die drei *Hauptausdehnungskoeffizienten* a_1, a_2, a_3 anzugeben; in einigen Fällen sind diese sogar z. T. negativ, d. h. der Körper dehnt sich zwar in einigen Richtungen aus, in einer aber zieht er sich zusammen. Die Ausdehnung in irgendeiner, durch die Winkel u, v, w gekennzeichneten Richtung ist:

$$a = a_1 \cos^2 u + a_2 \cos^2 v + a_4 \cos^2 w\,.$$

— Einige Zahlen: Flußspat 191, Steinsalz 404, Kalkspat (⊥) 54, (∥) 262, Quarz (⊥) 142, (∥) 78, (Mittel 121), Topas: 1) 59; 2) 49; 3) 41, Gips: 1) 416; 2) 16; 3) 293. — Bei Jodsilber ist die kubische Ausdehnung negativ. — Einige Kristalle, wie Diamant und Kupferoxydul, haben ein Dichtemaximum, unterhalb dessen sie sich wieder ausdehnen. — Ganz abnorm verhält sich der Kautschuk: sein linearer Ausdehnungskoeffizient ist negativ, der kubische aber trotzdem positiv. — Wenn man einen festen Körper durch Einschluß in allseitige Wandung an der Ausdehnung hindert und dann erwärmt, erfährt er eine Zunahme der inneren Spannung, die imstande ist, die Wandung zu *sprengen*. Ebenso können Katastrophen eintreten, wenn Körper von verschiedener Ausdehnung miteinander gekoppelt sind (s. o.). — Für das Springen von Körpern durch plötzliche Temperaturänderung ist der *thermische Widerstandskoeffizient* (Winkelmann und Schott) maßgebend; er setzt sich aus dem thermischen Ausdehnungskoeffizienten, der spezifischen Wärme und der Wärmeleitfähigkeit zusammen. Beispielsweise bestehen die Jenaer Glaszylinder aus einem Material, das plötzliche Temperaturänderungen ohne Schaden verträgt (s. Geschmeidigkeit).

Thermische Ausdehnung der Flüssigkeiten. Für die Flüssigkeiten gelten im allgemeinen dieselben Gesetze, Methoden und Beziehungen der thermischen Ausdehnung wie für die festen Körper (s. d.); nur spielt hier die *kubische* oder *Volumenausdehnung* die Hauptrolle (in Röhren auch die lineare, die dann aber gleich der kubischen ist). — Physikalisch am wichtigsten ist die Ausdehnung des *Quecksilbers*, weil hierauf die Thermometerskala beruht; zur Untersuchung muß man daher Thermometer benutzen, die von dem Verhalten des Quecksilbers unabhängig sind. — Einige Zahlen sind folgende (mittlerer kubischer Koeffizient zwischen 0° und der betreffenden Temperatur mal 10^7):

10°	20°	40°	60°
1815	1816	1817	1819

80°	100°	200°	300°
1821	1823	1837	1858

Ausdehnungskoeffizienten bei Zimmertemperatur (mal 10^5):

Äther	163
Alkohol	110
Benzol	124
Chloroform	126
Olivenöl	72
Schwefelkohlenstoff	121

— Ganz anomal verhält sich das *Wasser*. Bei der Erwärmung von 0° C auf 4° C dehnt es sich nicht aus, sondern zieht sich zusammen; es hat bei 4° ein *Dichtemaximum*. Erst bei weiterer Erwärmung dehnt es sich wieder aus und überschreitet sehr bald das bei 0° innegehabte Volumen. Man kann das Dichtemaximum u. a. in folgender Weise demonstrieren: In ein Becherglas mit Wasser bringt man zwei Thermometer ein, eines nahe dem Boden, das andre nahe dem Spiegel; kühlt man jetzt das Wasser von Zimmertemperatur (und zwar von oben her) allmählich ab, so zeigt das obere Thermometer stets eine etwas höhere Temperatur an als das untere, weil das abgekühlte Wasser schwerer ist und deshalb untersinkt. Bei der Annäherung an 4° aber werden die Angaben beider Thermometer identisch, und bei weiterer Abkühlung steht das untere Thermometer höher. Auf dieser Anomalie beruht die für den Haushalt der Natur wichtige Tatsache, daß im Winter Teiche und Flüsse nicht völlig ausfrieren, sondern sich nur mit einer Eisschicht bedecken. — Einige Zahlen für den wahren kubischen Ausdehnungskoeffizienten des Wassers:

-10°	-0,00027	60°	0,00053
0	-0,00005	80	0,00066
+ 4	+0,00001	100	0,00071
10	0,00009	150	0,0011
20	0,00020	200	0,0017
40	0,00038	300	0,0040

— Bei *wäßrigen Lösungen* ist die Ausdehnung stärker als bei reinem Wasser; jedoch nimmt sie langsamer zu als die Konzentration. Ferner zeigt sich das Dichtemaximum auch hier noch; aber es rückt an eine tiefere Stelle (Erniedrigung proportional mit der gelösten Salzmenge) und wird weniger ausgesprochen. Bei konzentrierten Lösungen kann es ganz verschwinden. Für Kochsalzlösungen ist z. B. bei p Prozenten Salz die Temperatur des Dichtemaximums:

$p =$	0	1	2	4	6	8
$t =$	+4,00°	+1,77°	-0,58°	-5,63°	-11,07°	-16,62°

das findet z. B. Anwendung auf das Meerwasser. — Bei Mischung zweier Flüssigkeiten tritt meist ein mittleres Verhalten auf. — Theoretisch lassen sich für die thermische Ausdehnung verschiedener Flüssigkeiten einige einfache Beziehungen aufstellen, insbesondere, wenn man den kritischen Zustand als Basis nimmt (Van der Waals u. a.).

Thermische Ausdehnung der Gase. Sie ist nach einer großen Zahl von Methoden (Gay-Lussac, Regnault, Rudberg, Jolly u. a.) bestimmt worden, und auch zur Demonstration sind verschiedene Apparate angegeben worden. Ihren gesetzmäßigen Ausdruck findet sie in dem *Gay-Lussacschen Gesetze*, nämlich in der Formel $v_t = v_0 (1 + \alpha t)$, wo v_0 das Volumen bei 0° C, v_t das bei einer andern Temperatur ist. In diesem Gesetze sind eigentlich vier Gesetze enthalten: 1. Die thermische Ausdehnung der Gase ist gleichförmig, also α für ein und dasselbe Gas eine Konstante. 2. Alle Gase dehnen sich gleich stark aus, d. h. α hat für alle Gase denselben Wert, nämlich 0,00367 oder $^1/_{273}$. 3. Es gilt auch das entsprechende Spannungsgesetz

$$p_t = p_0 (1 + \alpha t) .$$

4. In diesem letzteren Gesetze hat α denselben Wert wie in dem Ausdehnungsgesetze. Natürlich gilt das Volumengesetz nur bei konstanter Spannung (isobarische Prozesse), das Spannungsgesetz nur bei konstantem Volumen (isochorische Prozesse); ändern sich beide, so ist mit Rücksicht auf das Boylesche Gesetz allgemeiner $vp = v_0 p_0 (1 + \alpha t)$, d. h. das Produkt vp ist auch nicht stärker veränderlich, als in den beiden Sonderfällen die Änderung jeder Einzelgröße. Führt man statt t die absolute Temperatur T (s. Temperatur) ein, so erhält man $vp = v_0 p_0 \alpha T = R \cdot T$, wo R eine Konstante ist (s. Gase). — Übrigens gelten die vier Gay-Lussacschen Gesetze streng nur für ideale Gase; für wirkliche finden Abweichungen statt, und zwar desto stärkere, je näher das Gas dem Verflüssigungszustande kommt. Es nimmt dann das Volumen bzw. die Spannung stärker ab, als es hiernach der Fall sein sollte. Auch sonst treten Abweichungen auf, insbesondere in dem Werte von α sowie in dem Sinne, daß man alsdann zwischen α_v (*Ausdehnungskoeffizient*) und α_p (*Spannungskoeffizient*) unterscheiden muß. Einige Werte für verschiedene Temperaturen und Drucke:

Gas	α_v	α_p
Luft	0,003671	0,003668
Sauerstoff . . .	—	0,003674
Stickstoff	—	0,003662
Wasserstoff . . .	0,003660	0,003663
Kohlensäure . .	0,003708	0,003695
Schweflige Säure	0,003902	0,003845

α_v bei verschiedenen Drucken:

Luft				Kohlensäure	
p (m Hg)	α_v	p	α_v	p	
0,006	0,00376	2	0,00369	0,02	0,00368
0,013	0,00371	4	0,00373	0,07	0,00366
0,05	0,00367	6	0,00377	0,76	0,00373
0,2	0,00366	8	0,00378	2	0,00377
0,76	0,00367	10	0,00379	4	0,00388
1	0,00367	15	0,00384	10	0,00458

α_v bei verschiedenen Temperaturen:
Kohlensäure.

0° bis 50°	0° bis 100°
0,003714	0,003711
0° bis 150°	0° bis 200°
0,003706	0,003704

— Theoretisch lassen sich diese Abweichungen am besten durch die *Formel von Van der Waals* darstellen:

$$\left(p + \frac{a}{v^2}\right)(v - b) = R (1 + \alpha t) \ ,$$

nach ihr wird:

$$\alpha_p = \left(1 + \frac{a}{p_0 v_0^2}\right) \alpha ,$$

$$\alpha_v = \frac{\left(1 + \frac{a}{p_0 v_0^2}\right)\left(1 - \frac{b}{v_0}\right)}{1 - \frac{a}{p_0 v v_0}\left(1 - b\frac{v + v_0}{v v_0}\right)} \alpha .$$

Bei allen Gasen außer Wasserstoff ist $\alpha_v > \alpha_p$. — Bei den Dämpfen kann man das Verhalten mit Hilfe des Begriffes der *Dampfdichte* (s. Dichte) auch so ausdrücken: für ideale Dämpfe ist die Dampfdichte konstant, für wirkliche ist sie mit Temperatur und Druck veränderlich.

Thermisch-elastische Nachwirkung, s. Thermometer.

Thermischer Widerstandskoeffizient, s. Thermische Ausdehnung fester Körper.

Thermische Veränderlichkeit der elektromotorischen Kraft, s. Stromwärme.

Thermochemie ist die Lehre von den Beziehungen zwischen Chemie und Wärmelehre, insbesondere die Lehre von der Wärmeentwicklung bei chemischen Umsetzungen, vom Temperatureinfluß auf das chemische Gleichgewicht und vom Zusammenhang zwischen kalorischen und chemischen Kräften; hier kann nur das physikalisch Wichtigste erwähnt werden. Die *chemische Thermodynamik* beruht, wie diese überhaupt, auf den beiden Hauptsätzen, also auf den Begriffen der Energie und Entropie. — Bei chemischen Prozessen ändert sich die *Gesamtenergie* des Systems, und zwar um den Betrag der entwickelten Wärme und der geleisteten Arbeit; letztere ist, wenn nicht Gase beteiligt sind, meist zu vernachlässigen. Die entwickelte Wärme heißt alsdann *Reaktionswärme* oder *Wärmetönung* der Reaktion; sie ist nur abhängig vom Anfangs- und Endzustande, nicht aber vom Wege. Reaktionen mit positiver Wärmetönung heißen *exotherm*, solche mit negativer *endotherm*. Die bei der Bildung einer Verbindung aus ihren Elementen entwickelte Wärme heißt *Bildungswärme*, ied bei der Oxydation auftretende *Oxydationswärme* oder *Verbrennungswärme*; andre Sonderfälle stellen die *Mischungswärme*, die *Zersetzungswärme*, die *Dissoziationswärme* und die *Neutralisationswärme*, die *Lösungswärme* (s. d.) und die *Absorptionswärme* (s. Lösungswärme) dar. — Die Reaktionswärme ist gleich der Differenz der Bildungswärmen der entstehenden und verschwindenden Stoffe. — Kommt noch die Arbeit in Betracht, so ist

$$E_1 - E_2 = W + (A/j),$$

wo j das Wärmeäquivalent ist; speziell bei konstantem Druck:

$$E_1 - E_2 = W + p(v_2 - v_1)/j,$$

wo v das Volumen bedeutet; also umgekehrt:

$$W = (E_1 + pv_1/j) - (E_2 + pv_2/j).$$

Die Größe, die hier an die Stelle der Energie tritt, heißt *Wärmefunktion bei konstantem Druck*. Bei Gasen ist $v_2 - v_1$ mit der Zahl der gebildeten Gasmolekeln n und der absoluten Temperatur T direkt, mit dem Druck umgekehrt proportional. Es wird daher

$$W = E_1 - E_2 - 1{,}97\, nT,$$

die Arbeit ist also pro Molekel rund $2\,T$. — Die Wärmetönung wird gewöhnlich nicht auf 1 g, sondern auf eine Grammmolekel bezogen (s. Masse, Molekulartheorie) und durch Klammern gekennzeichnet. Bei der Reaktion zwischen den Stoffen 1 und 2 hat man also die Gleichung (1) + (2) − (12) = (1, 2), z. B. (Pb) + (S) − (PbS) = 18400. Verschiedene Aggregatzustände kann man durch fette, stehende und liegende Schrift oder auch durch eckige, runde, und geschwungene Klammern andeuten, also z. B. die Schmelz- und Verdampfungswärme des Wassers in der Form:

$$(H_2O) = [H_2O] + 1440,$$
$$\{H_2O\} = (H_2O) + 9600$$

(s. Atomwärme). — Einige *Wärmetönungen* in 100fachen Kalorien:

$C + O_2 - CO_2 = 970$
$C + O - CO = 290$
$H_2 + O - H_2O = 684$
$H + Cl - HCl = 220$
$H + J - HJ = 63$
$3H + N - H_3N = 120$
$N_2 + O - N_2O = 177$
$S + H_2 - H_2S = 28$
$SO_2\,aq + O - SO_4\,aq = 637$

Ferner einige *Verbrennungswärmen:*

Äther	6596
Alkohol	3405
Benzol	7792
Chloroform	1389
Cyan	2596
Essigsäure	2133
Phenol	7688
Schwefelkohlenstoff	2651
Toluol	9557

— Die Wärmetönung hängt von der Temperatur ab, und zwar ist der Differentialquotient gleich der Differenz der spezifischen Wärmen der gebildeten und der verschwindenden Stoffe: $dW/dT = C - C'$, und hieraus kann man, wenn die C als Temperaturfunktionen bekannt sind, W als Funktion von T ermitteln. — Bei der Annäherung an den absoluten Nullpunkt wird W selbst null, und auch sein Differentialquotient. Die Abnahme der freien Energie für sich heißt die *Affinität* der Reaktion; sie wird bei der Annäherung an den absoluten Nullpunkt ebenfalls mit ihrem Differentialquotienten null: *Nernstsches Theorem* (s. auch Entropie). — Für endotherme Reaktionen wächst die Affinität F mit der Temperatur; für exotherme wächst sie oder nimmt ab, je nachdem F größer oder kleiner als W ist. — Wegen der Thermodynamik elektrischer Prozesse s. Berührungselektrizität, Galvanische Elemente, Elektrolyse usw. — S. auch Physikalische Chemie.

Thermochrose, s. Wärmestrahlung.

Thermodynamik oder *Mechanische Wärmetheorie* ist die Lehre von den mechanisch-kalorischen Wechselwirkungen, insbesondere von den Beziehungen und Wechselwirkungen zwischen Arbeit und Wärme. Ihre Grundlage bilden die beiden Hauptsätze der Thermodynamik: 1. *Erster Hauptsatz* oder Satz von der *Äquivalenz von Arbeit und Wärme,* auch *Mayersches Prinzip* genannt: Wärme ist eine Energieform, und eine bestimmte, in Kalorien ausgedrückte Wärmemenge ist immer derselben, in Erg ausgedrückten Menge mechanischer Energie (Arbeit) äquivalent, gleichviel auf welchem Wege die eine in die andre oder umgekehrt übergeführt wird. Das Verhältnis zwischen beiden ist das *mechanische Wärmeäquivalent* (s. Wärmeäquivalent). — Für einen Kreisprozeß ist die Summe von Arbeit und Wärme konstant, nämlich gleich der *Gesamtenergie.* Diese letztere (nicht aber jeder ihrer beiden Summanden) ist eine *Zustandsfunktion,* d. h. sie hängt nur von dem augenblicklichen Zustande des Systems ab, nicht aber von dem Wege, auf dem es in ihn gelangt ist; und sie nimmt wieder den Anfangswert an, wenn das System in den Anfangszustand zurückkehrt. Formeln: $dE = dA + j \cdot dw$ oder $E = A + j \cdot w$, wo j das Wärmeäquivalent ist; oder kürzer, wenn alles in Erg ausgedrückt wird: $dE = dA + dW$ und $E = A + W$; speziell für einen Kreisprozeß: $dE = 0$ und $E = \text{const}$, $A = j \cdot w = -W$. — Besteht die Arbeit in der Volumenänderung dv unter Überwindung des Druckes p, so wird $dA = -p\,dv$, also $dW = dE + p\,dv$, die zugeführte Wärme wird teils zur Erhöhung der inneren Energie, teils zur Arbeitsleistung verwendet; oder endlich: $W = E_2 - E_1 + \int p\,dv$. — Hängt der Zustand von zwei Variablen x und y ab, und setzt man

$$dA = P\,dx + Q\,dy,$$
$$dW = L\,dx + M\,dy,$$

so läßt sich der erste Hauptsatz auf die Form

$$\frac{\partial L}{\partial y} - \frac{\partial M}{\partial x} = \frac{\partial Q}{\partial x} - \frac{\partial P}{\partial y}$$

bringen, in Worten: Der Quirl der Wärmekoeffizienten ist dem Quirl der Arbeitskoeffizienten entgegengesetzt gleich (*erste Hauptgleichung*). — Eine Maschine, die aus sich selbst heraus unbegrenzte Arbeit leistete, würde ein *Perpetuum mobile* heißen, und zwar ein *Perpetuum mobile erster Art;* nach dem ersten Hauptsatz ist eine solche Maschine unmöglich. — 2. *Zweiter Hauptsatz* der Wärmetheorie oder *Carnot-Clausiussches Prinzip,* zunächst in negativer bzw. qualitativer Form ausgesprochen: Wärme kann nicht von selbst, d. h. nicht ohne anderweitige Kompensationen, von einem Orte tieferer zu einem Orte höherer Temperatur übergehen; oder auch: Durch Kreisprozesse kann Wärme niemals vollständig in Arbeit verwandelt werden, ein Teil wird vielmehr immer in Wärme tieferer Temperatur verwandelt; oder auch: Eine kalorische Maschine kann nicht mit einem Kessel allein arbeiten, sie muß auch einen Kühler haben; aus der ungeheuren Energiemenge z. B., die im Weltmeer steckt, kann man keine Arbeit herausholen, weil der Kühler fehlt. Oder auch: Ein *Perpetuum mobile zweiter Art*, d. h. eine Maschine, die nichts weiter leistete, als Wärme in Arbeit zu verwandeln, ist auf die Dauer unmöglich. — Da die abgeführte laue Wärme nicht von selbst wieder rückverwandelbar ist, handelt es sich hier um eine *Zerstreuung*, Vergeudung oder *Entwertung von Energie*; man kann daher den zweiten Hauptsatz auch als Entwertungs- oder *Zerstreuungsprinzip* dem ersten (als Erhaltungsprinzip) gegenüberstellen. — Beim Einschütten eines Kubikzentimeters heißen Wassers in 1 cbm kalten Wassers (nichtumkehrbarer Prozeß) findet eine solche Zerstreuung statt. — Um den zweiten Hauptsatz in quantitative Form bringen zu können, betrachtet man einen umkehrbaren Kreisprozeß; als Typus dafür dient die *Carnotsche Gasmaschine* (ideales, in einem Zylinder oben durch einen beweglichen und variabel belastbaren Kolben abgeschlossen, im übrigen entweder adiabatisch eingehüllt oder in einem heißen Behälter (Kessel) oder in einem kalten Behälter (Kühler). Bei einem solchen Kreisprozeß wird die dem Kessel entnommene Wärme W_1 teils in Arbeit A verwandelt, teils als laue Wärme W_2 an den Kühler abgegeben, und zwar hängt das Verhältnis W_2/W_1, der *Zerstreuungsgrad* Z, nur von den Temperaturen t_1 und t_2 von Kessel und Kühler ab:

$$W_2/W_1 = f(t_2)/f(t_1);$$

nennt man diese Temperaturfunktion selbst die *absolute Temperatur* (*thermodynamische Temperaturdefinition*, s. Temperatur), so wird

$$W_2/W_1 = Z = T_2/T_1,$$

und folglich der Rest, der *Wirkungsgrad*, auch *Nutzeffekt* genannt:

$$Y = (W_1 - W_2)/W_1 = (T_1 - T_2)/T_1.$$

In Worten: 1. Die dem Kühler zugeführte Wärme verhält sich zu der vom Kessel entlehnten wie die absolute Temperatur jenes zu derjenigen dieses. 2. Der Wirkungsgrad ist gleich der Differenz der absoluten Kessel- und Kühlertemperaturen, dividiert durch die erstere. — Annähernd läßt sich diese Betrachtung auch auf wirkliche Maschinen anwenden (s. Kalorische Maschinen). — Rechnet man Wärmemengen, die das System aufnimmt, positiv, solche, die es abgibt, negativ, und ordnet man die Glieder obiger Gleichung anders an, so erhält man:

$$(W_1/T_1) + (W_2/T_2) = 0$$

oder für eine Folge stetig und infinitesimal sich aneinander schließender Übergangsprozesse: $\int dW/T = 0$ (*zweite Hauptgleichung*), ausgeführt:

$$L/T = (\partial L/\partial y) - (\partial M/\partial x)$$

und, mit der ersten Hauptgleichung kombiniert, gelangt man zur thermodynamischen Doppelgleichung

$$\frac{\partial Q}{\partial x} - \frac{\partial P}{\partial y} = \frac{L}{T} = \frac{\partial L}{\partial y} - \frac{\partial M}{\partial x}.$$

— Es ist aber entscheidend, daß, während der erste Hauptsatz allgemein gilt, der zweite auf *umkehrbare* (*reversible*) Prozesse beschränkt ist; für nichtumkehrbare oder *irreversible* Prozesse kann man nur eine Tendenz aufstellen: Der Zerstreuungsgrad ist dann mindestens so groß wie oben angegeben, der Wirkungsgrad höchstens so groß, in Wahrheit aber jener größer, dieser kleiner, und es wird: $\int dW/T < 0$. — Bei einem ungeschlossenen, umkehrbaren Prozeß ist $dW/T = dS$, also $\int dW/T = S_2 - S_1$; diese Größe S, deren Anfangs- und Endwert S_1 und S_2 sind, ist also eine Zustandsfunktion und heißt nach Clausius die *Entropie* (s. d.); sie ist ihrer Definition gemäß auf umkehrbare Prozesse beschränkt. — Bei Prozessen, die umkehrbar und außerdem isothermisch verlaufen, kann man die Gleichung

$$dE = dA + dW = dA + TdS$$

integrieren und erhält:

$$E = A + T \cdot S = F + G.$$

Hierin kann man F mit Helmholtz als *freie*, G als *gebundene Energie* bezeichnen. Bei umkehrbaren Prozessen ist also die Änderung der freien Energie gleich der Arbeit, dagegen ist bei nichtumkehrbaren $F_2 - F_1 < A$; und wenn, wie bei vielen chemischen Prozessen, $A = 0$ (oder sehr klein) ist, wird $F_2 < F_1$, d. h. die freie Energie nimmt ab. — Setzt man wieder $dA = -p\,dv$, so kann man für isobarische Prozesse wiederum integrieren und kommt dann auf die Größe

$$E - T \cdot S + p \cdot v = F + p \cdot v = \Phi;$$

diese Funktion heißt nach Duhem das *thermodynamische Potential*. — Im *Gleichgewichtszustande* ist die freie Energie bzw. das thermodynamische Potential ein Minimum. — Die Grundgesetze der Thermodynamik und insbesondere die Doppelgleichung lassen sich auf zahlreiche Erscheinungen anwenden und diese dadurch bis zu einem gewissen Grade begreifen bzw. berechnen. — Wegen der Einzelheiten s. die verschiedenen hierher gehörigen Artikel (Gase, Dämpfe, Schmelzung, Verdampfung, Schmelzwärme, Verdampfungswärme, Phasensysteme usw.). — Die beiden wichtigsten Anwendungen der Thermodynamik sind die auf die technische Thermodynamik, insbesondere auf die kalorischen oder Wärmemaschinen (s. Kalorische Maschinen) und auf die Wetterkunde, Thermodynamik der Atmosphäre, d. h. Gesamtheit der Beziehungen zwischen Bewegungs-, Temperatur- und Niederschlagserscheinungen in der Atmosphäre (s. Dämpfe, Feuchtigkeit, Wetterkunde).

Thermodynamische Doppelgleichung, s. Thermodynamik.

Thermodynamische Maschinen, s. Kalorische Maschinen.

Thermodynamische Modelle, s. Phasenlehre.

Thermodynamisches Potential, s. Thermodynamik.

Thermodynamische Temperaturskala, s. Thermodynamik, Temperatur.

Thermoelastizität ist die Gesamtheit der Beziehungen zwischen Wärme und Elastizität, insbesondere der thermische Druck, die Erwärmung oder Abkühlung bei der Kompression und Dilatation usw.

Thermoelektrische Kraft, s. Thermoelektrizität.

Thermoelektrizität ist die durch Aufwand von Wärme erzeugte Elektrizität, insbesondere die kinetische in Gestalt von thermoelektrischen Strömen (wegen Erzeugung statischer Ladung durch Wärme s. Pyroelektrizität). In Schließungen, die ausschließlich aus metallischen Leitern bestehen, also zu Voltaströmen (s. Berührungselektrizität) keinen Anlaß geben, kann man trotzdem Ströme hervorrufen, wenn man sie aus chemisch differenten Leitern zusammensetzt und die Lötstellen auf verschiedene Temperaturen bringt, also die eine von ihnen erhitzt oder abkühlt, während die andre (oder andern) auf Zimmertemperatur verbleibt. Eine bestimmte Kombination zweier Metalle bildet ein *Thermoelement* oder eine *Thermokette*. Die Richtung des *Thermostromes* ist entgegengesetzt der Richtung desjenigen galvanischen Stromes, der durch seinen Peltiereffekt (s. d.) die gegebene Temperaturdifferenz dem Sinne nach erzeugen würde; sie ist also derart, daß durch die Peltierwirkung des entstehenden Thermostroms die Temperaturdifferenz der Lötstellen verringert wird. Der Zusammenhang beider Erscheinungen ist also ein Ausfluß des Prinzips von der Erhaltung der Energie. — Übrigens ist die einfache maßgebende Größe nicht die entstehende Stromstärke, die doch auch noch vom Widerstande der Schließung abhängt, sondern die erzeugte *thermoelektromotorische Kraft*. Diese ist meist eine quadratische Funktion der Temperaturdifferenz:

$$e = \alpha (t_2 - t_1) + \beta (t_2 - t_1)^2,$$

die Kurve ist also eine Parabel; für kleine Temperaturdifferenzen fällt das zweite Glied weg. Es gibt aber Kombinationen von Metallen, für die β an sich null oder klein ist, so daß auch für größere Temperaturdifferenz e mit ihr proportional ist, die Kurve also eine gerade Linie wird; man nennt solche Kombinationen *Elemente mit gleichförmigem Gang*. Einige Zahlen in Mikrovolt (10^{-6} V) für Blei und ein andres Metall enthält folgende Tabelle:

Metall	a	β
Selen	+ 807	—
Tellur	502	—
Antimon ⊥ .	26,4	—
,, ‖ .	22,6	—
Eisen	17,34	- 0,0487
Gold	2,83	+ 0,0102
Platin, hart . .	2,60	- 0,0075
Zink	2,34	+ 0,0240
Silber	2,14	+ 0,0150
Kupfer	1,36	+ 0,0095
Quecksilber . .	- 0,42	—
Zinn	- 0,43	+ 0,0055
Platin, weich .	- 0,61	- 0,0110
Aluminium . .	- 0,77	+ 0,0039
Kobalt	- 22,0	—
Nickel, 175°. .	- 22,04	- 0,0512
,, , 280°. .	- 84,49	+ 0,241
,, , 340°. .	- 8,07	- 0,0512
Wismut ⊥ . .	- 45,0	—
,, ‖ . .	- 65,0	—

Für $a > 0$ geht der Strom an der warmen Lötstelle vom Blei zum andern Metall, sonst umgekehrt; wo β fehlt, ist der Gang gleichförmig, wenigstens bei mittleren Temperaturen. Aus der Tabelle kann man, da sich die thermoelektrischen Kräfte meist additiv verhalten, auch die zwischen beliebigen andern Kombinationen ableiten, indem man die Differenzen der betreffenden Zahlen bildet. Wo β mit a dasselbe Vorzeichen hat, nimmt die Kraft immer schneller zu; wo es entgegengesetztes Zeichen hat, immer langsamer, so daß ein Maximum eintritt (*Maximaltemperatur*) und von da ab die Kraft wieder abnimmt, um null zu werden und schließlich das Vorzeichen zu wechseln: neutrale oder *Umkehrtemperatur* (graphische Darstellung in der Fig. 248). — Die größte thermoelektrische Kraft, abgesehen von Selen und Tellur, die eine ganz exponierte Stellung einnehmen, ist die zwischen Antimon und Wismut, nämlich 91 Mikrovolt pro Grad. Einige neutrale Punkt sind (annähernd) folgende: Te-Cu 290°, Zn-Au 150°, Zn-Ag 65°, Pt-Au -3,5°. — Die Beziehung der thermoelektrischen Kraft zur *Peltierwärme* W ist unter gewissen Voraussetzungen, wenn T die absolute Temperatur und j das Wärmeäquivalent bedeutet: $W = (T/j) \cdot (de/dT)$, speziell für 0° C: $W = (273/j) \cdot (a_1 - a_2)$, wenn a_1 und a_2 die beiden Koeffizienten des linearen Gliedes sind; bei gleichförmigem Gange ist also W mit T proportional; bei ungleichförmigem Gange muß man auch noch den *Thomsoneffekt* (s. Peltiereffekt) in die Formel einbeziehen. — Ferner besteht auch eine Beziehung zwischen der thermoelektrischen Kraft e und der Voltaschen Kontaktkraft E, nämlich $E = T \cdot (de/dT)$; bei gleichförmigem Gange, z. B. bei Wismut-Kupfer, wird also E mit T proportional.

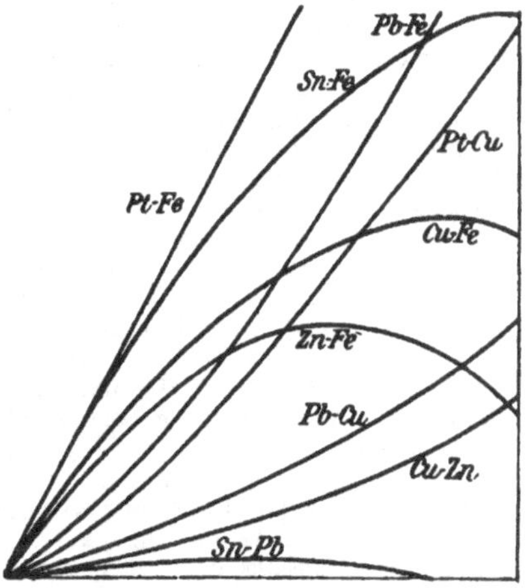

Fig. 248.

Thermoelektromotorische Kraft, s. Thermoelektrizität.

Thermoelemente, s. Thermoelektrizität, Thermosäule.

Thermograph s. Thermometer.

Thermogenerator, s. Thermosäule.

Thermokette, s. Thermoelektrizität.

Thermokreuz, s. Thermosäule.

Thermomagnetischer Effekt, s. Halleffekt.

Thermometer heißt jedes Instrument zur Messung der Temperatur (s. d.); im engeren Sinne ein solches, das auf der thermischen Ausdehnung (s. d.) der Körper beruht. Voraussetzung jeder Temperaturmessung ist die, daß zwei Körper (deren einer eben das Thermometer ist), wenn sie lange genug in inniger Berührung miteinander sind, gleiche Temperatur haben; und ferner die, daß nicht Einflüsse mitspielen, die für jedes individuelle Thermometer verschieden sind; dazu gehört besonders die *Strahlung*. Einen bestimmten allgemeinen Sinn hat daher nur die *Schattentemperatur* eines Körpers, die Temperatur „in der Sonne" dagegen nicht; und auch bei der Messung der Schattentemperatur muß für lange und innige Berührung (am besten durch Vermittelung einer Flüssigkeit) gesorgt werden. — Nach der Natur des Stoffes, dessen Ausdehnung benutzt wird, unterscheidet man Metallthermometer, Flüssigkeitsthermometer und Gasthermometer. — Das *Metallthermometer* besteht im einfachsten Falle aus einem Metallstabe mit einem festen und einem verschiebbaren Ende; mit letzterem ist durch ein Gelenk ein Zeiger verbunden, der auf einer empirisch graduierten Skala spielt; oder es wird dem Stabende eine Glasplatte gegenübergestellt und die Interferenzerscheinung bei Dickenänderung der Zwischenschicht messend verfolgt (s. Dilatometer); oder es wird eine einstellbare Metallspitze dem Stabende gegenübergestellt und durch die Ausdehnung der Schluß eines elektrischen Stromes bewirkt. Auch kann man zwei Stäbe aus verschiedenem Metall längsseitig miteinander verlöten und die durch Erwärmung alsdann erzeugte Krümmung auf einen Zeiger übertragen. — An Genauigkeit und Zuverlässigkeit stehen die *Flüssigkeitsthermometer* weit höher; sie sind daher auch fast allgemein im Gebrauch. Als Flüssigkeit dient im allgemeinen *Quecksilber*, eingefüllt in ein kleines kugeliges oder besser zylindrisches Glasgefäß, das in eine enge (aber nicht zu enge), am Ende geschlossene Glasröhre ausläuft, das Ganze in einem geeigneten weiteren Rohr oder auf einem Brett montiert und mit Skala versehen, die, wenn sie nicht direkt auf der Kapillare angebracht ist, doch möglichst dicht an dem Quecksilberfaden anliegen soll. Der Raum über dem Quecksilber ist luftleer gemacht oder, zur Verhinderung des Siedens, mit indifferenten Dämpfen angefüllt. — Es werden die beiden Fixpunkte (s. Temperatur), beim Celsiusthermometer Eispunkt und Kochpunkt des Wassers, bestimmt und mit 0 und 100 bezeichnet; dann wird der Zwischenraum („Fundamentalabstand") in 100 Teile (Grade) oder Bruchteile von solchen (bis zu Fünftelgraden) geteilt. Um sich von dem gleichförmigen Lumen des Rohrs bzw. von den Abweichungen zu überzeugen, *kalibriert* man das Rohr durch Beobachtung eines in verschiedene Lagen gebrachten Quecksilberfadens von geeigneter Länge. — Der Nullpunkt ist im allgemeinen nicht unveränderlich, insbesondere wird er durch Kochen herabgedrückt: *Depression des Nullpunkts;* diese Depression und die damit verbundene langsame zeitliche Änderung (*thermisch-elastische Nachwirkung*) ist für verschiedene Glassorten verschieden, und für eine von ihnen, das Jenaer Normal- oder *Thermometerglas*, ist sie so gut wie null (bei der Sorte 16^{III} bis 350°, bei 59^{III} bis 510°). — Andre Thermometerskalen sind die von Réaumur und Fahrenheit (s. Temperatur). — Eine Spezialität bilden die *Einschlußthermometer*, die abgekürzten Thermometer (mit Erweiterungen an den Stellen, die man nicht braucht) usw. — Andre Flüssigkeiten statt des Quecksilbers (wo dieses durch Erstarrung oder sonstwie versagt), sind Weingeist, Toluol und Pentan. — Thermometer, die besonders sorgfältig konstruiert und mit beglaubigter Eichungstabelle versehen sind, heißen *Normalthermometer;*

sie werden nicht dauernd in Gebrauch genommen, sondern nur zur Kontrolle der eigentlichen Gebrauchsthermometer benutzt. — Thermometer mit speziellem Skalenbereiche sind u. a. die *Fieberthermometer* (zwischen 35° und 43°, in Zehntelgrade geteilt und mit Einrichtung zur Festhaltung und Herabschleuderung des Fadens), das *Siedethermometer* (zwischen 80° und 120°) und das *Maximum- und Minimumthermometer*, bei denen der Flüssigkeitsfaden ein kleines eingefügtes Stäbchen mit sich schleppt oder vor sich herstößt, so daß es entweder in der höchsten oder in der tiefsten Stellung stehen bleibt und somit noch nachträglich die während eines bestimmten Zeitraumes vorgekommene höchste bzw. tiefste Temperatur abzulesen erlaubt. — Endlich die *Thermographen*, die die Temperatur dauernd aufzeichnen, meist Metallthermometer mit Schreibstift und Papiertrommel. — Andrerseits gibt es auch Apparate, die nicht eigentlich zur Messung, sondern nur zur Feststellung gewisser Temperaturen oder Temperaturdifferenzen bestimmt sind und *Thermoskope* heißen; besonders brauchbar für Demonstrationszwecke sind die *Differentialthermoskope*, bestehend aus zwei derartigen Apparaten, die miteinander in Verbindung stehen. — In wissenschaftlicher und prinzipieller Hinsicht am höchsten stehen die *Gasthermometer*, bei denen die thermische Ausdehnung der Gase (s. d.) bzw. ihre Spannungszunahme bei konstantem Volumen (s. Thermische Ausdehnung der Gase) zugrunde gelegt ist; im ersteren Falle spricht man von *Volumenthermometern*, im letzteren von *Spannungsthermometern;* diese letzteren haben sich im allgemeinen mehr bewährt. Je idealer sich das Gas verhält, desto gleichförmiger wird die Temperaturskala; schon recht gut beim Luftthermometer, am besten beim *Wasserstoffthermometer*, auf das man daher für Zwecke höchster Genauigkeit alles reduziert. Einige vergleichende Temperaturwerte sind folgende:

Temperatur in Cels.	Korrektion für Gasthermometer		
	konstanten Volumens mit		konstanten Drucks
	Wasserstoff	Stickstoff	mit Luft
-200°	+0,05	+0,7	+4,1
-100°	+0,01	+0,1	+0,4
0°	0	0	0
+ 50°	-0,0005	-0,004	-0,017
100°	0	0	0
200°	+0,002	+0,03	+0,10
450°	+0,012	+0,14	+0,50
1000°	—	+0,57	+1,7
1500°	—	+0,8	+3,0

Eine Stellung für sich nehmen die *Gewichtsthermometer* ein: ein oben zu einer Kapillare umgebogenes Glasgefäß wird bei 0° mit Quecksilber gefüllt und die Quecksilbermenge gewogen, die ausfließt, wenn man das Gefäß in einen Raum von höherer Temperatur bringt; Rechnung ziemlich umständlich. — Thermometer für sehr hohe Temperaturen heißen *Pyrometer;* sie können mit hochsiedenden Flüssigkeiten oder mit Gasen oder mit festen Körpern hergestellt sein. Bei den *Segerkegeln* wird der verschiedene Erweichungspunkt verschiedener keramischer Stoffe, bei dem die auf einem Grundbrett montierten Kegelchen umsinken, benutzt. Bei den *optischen Pyrometern* wird die Lichtstrahlung bestimmt, z. B. durch Vergleichung mit einer in einen regulierbaren Strom eingeschalteten Glühlampe; Vorbedingung ist die Monochromatisierung der Strahlung durch zwischengeschaltete Farbgläser oder durch spektrale Zerlegung. — Andre Apparate zur Temperaturmessung sind: das *Thermoelement* (s. Thermosäulen) und das *Widerstandsthermometer* oder *Bolometer* (s. d.). — Die beiden grundsätzlich vollkommensten Methoden der Temperaturmessung ergeben sich aus der idealen *thermodynamischen* Maschine (s. Thermodynamik) einerseits und aus der *Strahlungsformel* (s. Strahlung) andrerseits; jedoch sind hieraus noch keine zum allgemeinen Gebrauch dienende Meßapparate hervorgegangen. — S. auch Wärmeapparate.

Thermometerglas, s. Thermometer.

Thermophor, s. Wärmeapparate.

Thermosäulen sind Zusammenstellungen von Thermoelementen (s. Thermoelektrizität) in der Weise, daß alle unpaarigen Lötstellen auf der einen, alle paarigen auf der andern Seite einer Stäbchengruppe liegen, das Ganze zu einem Bündel zusammengefaßt und mit einer Schutzhülle umgeben, aus der nur die Lötstellen auf beiden Seiten hervorragen; Klemmschrauben dienen zur Fortleitung. — Es sind zwei ganz verschiedene Klassen von Thermosäulen zu unterscheiden, nämlich solche zur *Stromerzeugung*, also *thermoelektrische Generatoren*, und solche zur Temperaturmessung. — Von den Thermogeneratoren ist die *Gülchersche Thermosäule* am verbreitetsten; sie besteht aus Nickelröhren und Antimonlegierungen, verbunden durch Kupferblechstreifen und auf einer Schiefertafel befestigt; die Nickelröhren dienen zugleich als Brenner für das zur Erhitzung zuzuführende Gas. Bei 50 Elementen hat man eine elektromotorische Kraft von 4 Volt und einen inneren Widerstand von 0,48 Ohm, so daß man Ströme bis zu 8 Ampere erzeugen kann, und zwar desto konstantere, je gleichförmiger die Gaszufuhr erfolgt. Diese Säule gehört zum eigentlichen Säulentypus; andre sind ringförmig geschlossen, wie die von Noë, und heißen *Sternsäulen*. — Die Anwendung der Thermogeneratoren ist ziemlich beschränkt, am häufigsten noch in der technischen Elektrolyse. — Die zur *Temperaturmessung* dienenden Thermosäulen sind, je nach der Anordnung der Lötstellen, entweder lineare oder quadratische; im ersten Falle sind sie von quadratischer, im letzteren von kubischer Form. In Fällen, wo es sich um die Temperatur engbegrenzter Stellen handelt, benutzt man auch einfache, eine Spitze darstellende Lötstellen, die man in den kleinen Raum bequem einbringen kann. Die Endklemmen werden mit einem empfindlichen Galvanometer verbunden; für subjektive Beobachtung wendet man Spiegelablesung an, für die Projektion Abbildung eines leuchtenden Spalts auf einer weithin sichtbaren Skala. Diese Projektionsweise ist für alle Demonstrationen von Temperaturänderungen, insbesondere auf dem Gebiete der Wärmestrahlung (s. d.) die geeignetste. Für gewisse Zwecke eignen sich auch *Differentialthermosäulen* sowie die Einschaltung in einen Zweig der Wheatstoneschen Brücke. — Die älteste, aber noch immer viel benutzte Thermosäule zur Temperaturmessung ist die von *Nobili*. Für sehr exakte Messungen haben sich namentlich die Elemente von *Le Chatelier* aus Platin gegen Platin-Rhodium, und zwar mit verschiedenem Rhodiumgehalt (Element *A* mit 10 Proz., *G* mit 30 Proz. usw.) bewährt, besonders für höhere Temperaturen (fast bis zum Schmelzpunkt des Platins); für niedere Temperaturen (bis 500) auch solche aus Konstantan gegen Kupfer, Silber oder Eisen (40 bis 50 Mikrovolt pro Grad). Derartige Elemente werden von der Reichsanstalt mit einer Eichungstabelle versehen. Dabei ist vorausgesetzt, daß die Elemente die Eigenschaft haben, daß sich die Beziehung zwischen Temperaturdifferenz und elektromotorischer Kraft dauernd konstant erhält; immerhin ist es gut, sie von Zeit zu Zeit neu zu prüfen. Überhaupt muß man bedenken, daß die Methode besonders genau nur für relativ kleine Temperaturdifferenzen ist; bei größeren treten verschiedene Fehlerquellen auf. — Thermoelemente können, in Verbindung mit dem Hitzdraht (s. Strommessung) auch zur *Strommessung* benutzt werden, besonders in der Form des *Thermokreuzes*, bei dem zwei dünne Drähte *a* und *b* (Fig. 249) aus verschiedenem Material miteinander verschlungen sind; der Kreuzungspunkt ist dann die Lötstelle. Die andern Drähte sind an dicke Kupferdrähte angelötet. Der zu messende Strom fließt dann etwa in *I*, der Thermostrom, aus dem auf *I*

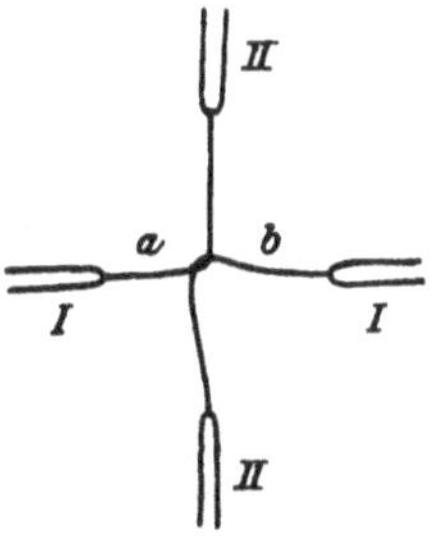

Fig. 249.

geschlossen wird, in *II*; übrigens gibt es noch zahlreiche andre Schaltungen dieser Art.

Thermosflasche, s. Wärmeleitung der Gase.

Thermoskop, s. Thermometer.

Thermostat, s. Wärmeapparate, Wärmeleitung der Gase.

Thermoströme, s. Thermoelektrizität.

Thomsoneffekt, s. Peltiereffekt.

Thomsonsche Brücke, s. Stromverzweigung, Widerstandsmessung.

Thomsonsche Entladungsformel, s. Selbstinduktion.

Thomsonsche Konstante, s. Peltiereffekt.

Thomsonsche Schwingungsformel, s. Elektrische Schwingungen.

Thomsonwärme, s. Peltiereffekt.

Tiefe, s. Photographisches Objektiv.

Tiefenplastik, s. Fernrohr, Stereoskopie.

Tiefenvergrößerung, s. Abbildung.

Tiefste Töne, s. Tonhöhe.

Tönender Lichtbogen, s. Lichtbogen.

Tönende Systeme. Jeder materielle Körper und jedes System solcher kann, insofern es elastischer Schwingungen fähig ist, im Prinzip Töne erzeugen; sie heißen die Eigentöne des Systems, speziell der tiefste der *Eigenton*. Übrigens besteht hier tatsächlich insofern ein Unterschied, als die von Flüssigkeiten erzeugten Töne keine nennenswerte Rolle spielen. Es bleiben also zwei Hauptklassen tönender Körper: *feste* und *gasige*. — Bei den festen Körpern ist ferner zu unterscheiden zwischen ein- und zweidimensionalen, während die dreidimensionalen im Hintergrunde stehen. Außerdem kommt es wesentlich darauf an, ob der Körper beliebig biegsam ist oder eigene Steifigkeit besitzt, und, in letzterem Falle, ob er im natürlichen Zustande ungekrümmt oder gekrümmt ist. Hiernach ergeben sich sechs tönende Systeme: 1a) Saiten, 1b) Stäbe, 1c) Gabeln; 2a) Membranen, 2b) Platten, 2c) Glocken. Bei den gasigen Körpern, die man Pfeifen nennt, ist zwischen zylindrischen, konischen und kubischen zu unterscheiden. — Dazu kommen dann noch zusammengesetzte Systeme und spezielle Anordnungen, unter denen die folgenden genannt seien: 1. Zungenpfeifen, 2. *Drahtnetze*, die unter Umständen bei der Erhitzung in einem Rohre Töne liefern (*Drahtnetztöne*), 3. Röhren und Rohrleitungen, die beim plötzlichen Ausfluß der Flüssigkeit Töne geben (*Ausflußtöne*), ebenso beim plötzlichen Ausströmen von Gasen (*Dampfpfeife*, Knallbüchse, Donner), 4. Die *singenden Flammen*. eine Wasserstoff- oder Leuchtgasflamme, in ein vertikales offenes Rohr gebracht, erzeugt bei geeignetem Druck einen kräftigen reinen Ton, dessen Höhe der Rohrlänge mit Rücksicht auf die hohe, hier herrschende Temperatur entspricht (s. Pfeifen); die Flamme selbst führt dabei, wie man mittels des rotierenden Spiegels feststellen kann, entsprechende Schwingungen aus. Durch Zusammenstellung mehrerer abgestufter Röhren kann man ganze Tonreihen und Akkorde hervorrufen: *Chemische Harmonika*. 5. Der tönende und sprechende Lichtbogen. 6. Der *Wackler*, *Trevellyaneffekt;* ein zweischneidiges Klötzchen, das, in heißem Zustande in nahezu labilem

Gleichgewicht auf eine Unterlage schräg aufgelegt, zwischen beiden Schneiden hin und her tanzt und dabei der Periode des Wackelns entsprechende Töne liefert. 7. Das Mikrophon (s. Telephonie). 8. Töne durch *Bestrahlung* (Photophon usw.). — Die wichtigsten Kombinationen tönender Systeme sind die Musikinstrumente. — Eine wichtige Rolle, auch zur Erklärung andrer Tonbildungen, spielen die *Hiebtöne* (z. B. der Peitschenknall), die beim Durchschneiden der Luft mit einem festen Körper entstehen. — Das Nähere s. bei den einzelnen Artikeln.

Toeplersche Influenzmaschine, s. Elektrisiermaschinen.

Ton, s. Schall.

Tonempfindung, s. Tonstärke, Tonhöhe.

Tonenergie, s. Tonstärke.

Tonfarbe, eine von Psychologen eingeführte Tonqualität, für die aber physikalisch neben Höhe, Stärke und Klang kein Platz ist.

Tonhöhe. Sie beruht auf der Schwingungszahl oder Frequenz der den Ton erzeugenden Schwingungen (s. d.). Damit eine Tonempfindung zustande komme, muß die Frequenz mindestens 16 (*tiefster Ton*) und darf sie höchstens 16000 (*höchster Ton*) betragen. Der tiefste Ton wird dann empfunden, wenn das Ohr außerstande ist, die es treffenden Druckschwankungen noch einzeln zu empfinden (Übergang der Druckempfindung in die Tonempfindung). Jenseits des höchsten Tones tritt Schmerzempfindung (Stechen) ein. Frühere, höher (bis zu 40000 Schwingungen) hinaufgehende Angaben haben sich, wenigstens unter normalen Umständen, als irrig erwiesen. Mit zunehmendem Alter rückt die obere Hörgrenze nach unten, besonders bei abnehmender Tonstärke. — Zur Erzeugung der tiefsten Töne dient am besten die *Sirene* (s. d.), bei der die Frequenz einwandfrei festzustellen ist, zur Messung der oberen Grenze *Galtonpfeife* oder Monochord (s. Tonhöhemessung) sowie neuerdings elektrische Schwingungen in Verbindung mit dem Telephon (Gildemeister). — Zur Gliederung des Tonbereiches dient die Tatsache, daß das Ohr zwei Töne, deren Frequenzen sich wie 1 : 2 verhalten, als ähnlich empfindet; dieses Verhältnis heißt *Oktave*, und in solche Oktaven wird der ganze Tonbereich eingeteilt. Dabei besteht zwischen Tonhöhe und Frequenz nicht etwa Proportionalität, sondern ein logarithmisches Verhältnis, d. h. die Tonhöhen h bilden eine arithmetische Reihe, wenn die Frequenzen n eine geometrische bilden. Setzt man den tiefsten Ton $h = 0$, so erhält man daher die Formel: $h = (\log n - \log 16)/\log 2$. Da 16000 nahezu gleich $16 \cdot 2^{10}$ ist, erhält man als Tonbereich 10 Oktaven:

n	16	32	64	128	256	512
h	0	1	2	3	4	5

n	1024	2048	4096	8192	16384
h	6	7	8	9	10

In dieser Hinsicht ist also das Ohr dem Auge (das nur reichlich eine Oktave beherrscht) weit überlegen. — Innerhalb der Oktave greift man diejenigen Töne heraus, deren Schwingungszahlen in *einfachen Verhältnissen* stehen (s. Harmonie) und erhält so die *reine* oder *mathematische Tonleiter oder Skala*, im einfachsten Falle die *diatonische* oder *siebenstufige*, im nächsten die *chromatische* oder *zwölfstufige*, im *dritten* die 21stufige usw. — Die reine Tonleiter hat den praktischen Übelstand, daß sie aus zwei verschiedenen Ganztönen ($c : d = 8 : 9$, dagegen $d : e = 9 : 10$) besteht, dem großen und kleinen Ganzton, mit dem als *Komma* bezeichneten Unterschied 80 : 81, und daß infolgedessen für jeden Ausgangston (Tonart) eine besondere Tonleiter gebildet werden muß, oder aber sehr viele Unterstufen zu bilden wären (besondere Harmonien in reiner Stimmung mit 34 oder 53 Stufen in der Oktave). In der Praxis ersetzt man deshalb die reine Stimmung durch die *temperierte* oder *gleichschwebende*, bei der die Oktave in 12 gleiche Stufen (temperierter Halbton) geteilt wird, so daß auf jede Stufe das Verhältnis

$$1 : \sqrt[12]{2} = 1 : 1{,}059$$

entfällt; alle Differenzen, die nicht mehr als ein Komma betragen, werden dabei vernachlässigt, insbesondere wird die 12. Quinte mit der 7. Oktave identifiziert (*Quintenzirkel*), ebenso *cis* mit *des* usw. (enharmonisch). Natürlich ist die temperierte Skala nur ein Notbehelf für die reine; aber die Gewohnheit hat sie erträglich gemacht. — In der Tabelle sind die Töne und Intervalle der reinen und der temperierten Skala und die Fehler der letzteren zusammengestellt.

Name des Tones	Name des Intervalls	Verhältnis zum Grundton reine Skala		Verh. zum Grundton temp. Sk.	Fehler d. temp. Sk. in Kommas
c	Unisono oder Prime . .	$1/1$	1,000	1,000	0
cis	Erhöhte Prime	$25/24$	1,042	1,059	$+1\frac{1}{2}$
des	Verminderte Sekunde .	$27/25$	1,080		$-1\frac{1}{2}$
d	Sekunde	$9/8$	1,125	1,122	$-\frac{1}{6}$
dis	Erhöhte Sekunde . . .	$75/64$	1,172	1,189	$+1$
es	Kleine Terz	$6/5$	1,200		$-\frac{2}{3}$
e	Große Terz	$5/4$	1,250	1,260	$+\frac{2}{3}$
fes	Verminderte Quart . .	$32/25$	1,280		$-1\frac{1}{4}$
eis	Erhöhte Terz	$125/96$	1,302	1,335	$+2$
f	Quart.	$4/3$	1,333		0
fis	Erhöhte Quart	$25/18$	1,389	1,414	$+1\frac{1}{2}$
ges	Verminderte Quint. . .	$36/25$	1,440		$-1\frac{1}{2}$
g	Quint	$3/2$	1,500	1,498	0
gis	Erhöhte Quint.	$25/16$	1,563	1,587	$+1\frac{1}{3}$
as	Kleine Sext	$8/5$	1,600		$-\frac{3}{5}$
a	Große Sext	$5/3$	1,667	1,682	$+\frac{4}{5}$
ais	Erhöhte Sext	$125/72$	1,736	1,781	$+2$
b	Kleine Septime	$9/5$	1,800		$-\frac{4}{5}$
h	Große Septime	$15/8$	1,875	1,888	$+\frac{1}{2}$
ces	Verminderte Oktave . .	$48/25$	1,920		$-1\frac{1}{3}$
his	Erhöhte Septime . . .	$125/64$	1,953	2,000	$+2$
c	Oktave	$2/1$	2,000		0

— Zur absoluten Festlegung eines bestimmten (und damit aller andern Töne) ist man international übereingekommen, den *Kammerton*, das *Normal-a'* (eingestrichenes a) durch die Schwingungszahl 435 (oder 870 einfache Schwingungen) zu definieren. Das c' wird dann gleich 258,7, also von dem Werte 256 um etwa 1 Proz. abweichend; der tiefste Ton wird 16,17 statt 16 usw. Zur Angabe und Kontrolle des Kammertons dient eine auf *a'* abgestimmte Gabel oder ein Stimmpfeifchen.

Tonhöhemessung. Sie bedient sich zahlreicher Methoden und Apparate, die man als *Tonmesser* oder *Sonometer* bezeichnet. Zu unterscheiden ist zwischen absoluter Messung und Vergleichung verschiedener Tonhöhen; letztere ist sehr viel einfacher und daher im allgemeinen anzuwenden, wenn die Reduktion auf absolutes Maß mit Hilfe eines Normaltones bewirkt werden kann. Im übrigen unterscheiden sich die Methoden nach der Wahl des tönenden Körpers (Saiten, Stäbe, Gabeln, Pfeifen, Sirenen, s. d.). Wichtig ist dabei eine sehr exakte Zeitmessung mit einem Chronometer oder Chronographen; überhaupt ist die graphische, insbesondere photographische Methode allen andern überlegen. Im einzelnen seien folgende Methoden und Apparate erwähnt: Scheiblers Tonmesser (mit Stimmgabeln), Appuns Sonometer (mit Pfeifen), Königs Stimmgabeluhr, das Phonische Rad (Zahnrad mit Elektromagnet), Stroboskopische Scheibe (s. Stroboskopie), die besonders von Leman ausgebauten graphischen Methoden, die Methode der stehenden Wellen (Kundtsche Staubfiguren, s. Schallgeschwindigkeit), die optischen und photographischen Methoden von Appun, F. A. Schultze u. a., die Meldesche Resonanzmethode. — Für besonders hohe Töne müssen die Methoden entsprechend umgestaltet bzw. verfeinert werden; hier sind noch zwei Apparate zu nennen: die *Galtonpfeife*, ein ganz kurzes, regulierbares Pfeifchen, das mit Hilfe eines Gummiballs und Schlauchs angeblasen wird und besonders zur Bestimmung der oberen Hörgrenze dient, und das *Monochord* von *Schultze*. — Sehr brauchbar, auch für viele andre Zwecke, ist der Sternsche *Tonvariator* (s. Kubische Pfeifen). — Die Tonhöhemessung durch Vergleichung wird dadurch außerordentlich erleichtert und zu einer überaus vollkommenen gemacht,, daß bei nur noch geringer Verschiedenheit der beiden Töne *Schwebungen* (s. d.) auftreten, für die das Ohr sehr empfindlich ist. In neuester Zeit sind mit großem Erfolge elektrische Schwingungen in Verbindung mit Kondensator, Selbstinduktion und Telephon zur Erzeugung, feinsten Variierung und exakten Messung von Tönen herangezogen worden.

Tonleiter, s. Tonhöhe.

Tonmesser, s. Tonhöhemessung.

Tonne, s. Masse.

Tonnenförmige Verzeichnung, s. Abbildung.

Tonreiz, s. Tonstärke.

Tonskala, s. Tonhöhe.

Tonstärke (allgemeiner *Schallstärke*) oder *Intensität des Tones* (Schalles) ist ein Begriff von doppelter Bedeutung: *physikalische oder objektive Tonstärke* oder Stärke des *Tonreizes* einerseits, und *physiologische oder subjektive Tonstärke* oder Stärke der *Tonempfindung* andrerseits. — Die physikalische Tonstärke ist ein Effekt, d. h. eine Energie pro Zeiteinheit (s. Energie); sie wird im absoluten Maße in Sekundenerg gemessen. Beschränkt man sich auf die kinetische Energie (obgleich auch die potentielle beteiligt ist), so hat man, wenn m die Masse und v die Geschwindigkeit (Mittelwert) ist: $I_1 = \frac{1}{2} m v^2 / t$. Jedoch hat sich gezeigt, daß das nur der eine Grenzfall ist, während im andern Grenzfalle die Bewegungsgröße pro Zeiteinheit maßgebend, also $I_2 = mv/t$ ist. Allgemein kann man daher

$$I = \varkappa m v^{1+\varepsilon} / t$$

setzen, wo $\varkappa$ und ε Zahlenwerte sind, von denen jener zwischen $\frac{1}{2}$ und 1, dieser zwischen 0 und 1 liegt; in vielen Fällen haben sich die Werte $\varkappa = 0{,}7$ und $\varepsilon = 0{,}8$ bewährt. — Zur Feststellung durch das Experiment dienen: Versuche mit aus verschiedener Höhe aufschlagenden Kugeln von verschiedener Masse (*Fallmethode*); Druckmethoden. Einstellungsmethoden, namentlich das *Rayleighsche Scheibchen*, das sich senkrecht gegen die Schallstrahlen einzustellen strebt und, je nach der Schallstärke, dieser Tendenz mehr oder weniger folgt (hierauf beruht das Phonometer von Grimsehl); die telephonische bzw. mikrophonische Methode, das Prinzip der Interferenz, insbesondere das optische Telephon (s. d.). — In jedem Falle hängt, wie man sieht, die Tonstärke von der tönenden Masse und von der Geschwindigkeit der Schwingungsbewegung ab; letztere selbst wiederum hängt bei gleicher Tonhöhe von der Schwingungsweite oder Amplitude ab, bei verschiedenen Tonhöhen aber auch von der Schwingungszahl, derart, daß unter sonst gleichen Umständen der höhere Ton auch der stärkere ist. Im Grenzfalle des quadratischen Gesetzes wird also die Tonstärke proportional mit dem Quadrat der Amplitude und mit dem Quadrat der Frequenz; im andern Grenzfalle mit Amplitude und Frequenz selbst, in den Zwischenfällen mit einer mittleren Potenz. Welcher von diesen Fällen eintritt, hängt wesentlich von dem zeitlichen Charakter des Schalles ab: für *Dauerschalle* gilt mehr der erste, für Momentanschalle, die man, besonders wenn sie stark sind, als *Knalle* bezeichnet, mehr der letztere. — Die *subjektive Tonstärke* ist mit der objektiven durch das *psychophysische Grundgesetz* verknüpft. Theoretisch lautet es:

Die Tonempfindung ist proportional mit dem Logarithmus des Tonreizes; im Zusammenhange hiermit ergibt sich ein *Schwellenwert* der Tonempfindung, d. h. eine Reizstärke, der eben schon eine merkliche Tonempfindung entspricht. Erfahrungsgemäß gibt aber dieses Gesetz die Beobachtungen nur in groben Zügen wieder; im einzelnen macht sich die verschiedene Empfindlichkeit des Ohrs für verschiedene Töne und mancherlei andres geltend. — Übrigens sind auch die Versuche, die Stärke der Tonempfindung exakt zu messen, immer noch mit großen Schwierigkeiten verknüpft und die Ergebnisse daher in manchen Punkten noch widersprechend. — Zahlenmäßig kommen beim Schall ungeheure *Intensitätsunterschiede* vor. Während beim Geschützdonner viele Milliarden von Erg produziert werden, nimmt das Ohr andrerseits auch noch einen Ton wahr, von dem nur ein Millionte1 Erg in sein Inneres gelangt. Die Milderung der Kontraste, die in dem psychophysischen Grundgesetze liegt, ist daher für den Schutz des Ohres von entscheidender Bedeutung (s. Gehör).

Tonvariator, s. Kubische Pfeifen, Tonhöhemessung.

Torische Augengläser, s. Brille.

Toroid, s. Magnetische Induktion.

Torricellische Leere, s. Luftdruck.

Torricellisches Theorem, s. Ausfluß.

Torsiometer, Apparat zur Messung der Drillung, s. d.

Torsion, s. Drillung.

Torsionsbussole, s. Galvanometer.

Torsionsmodul, s. Drillung.

Torsionsmoment, s. Drillung.

Torsionsschwingungen, s. Elastische Schwingungen.

Torsionsverhältnis ist bei einem an einem Torsionskreise aufgehängten und irgendeiner äußeren Kraft, z. B. dem Erdmagnetismus unterworfenen Körper (Magnetnadel) der Bruchteil, den seine Drehung von der dem Torsionskreise willkürlich erteilten Drehung ausmacht; bei den betreffenden Messungen ist eine entsprechende Korrektion anzubringen.

Torsionswage, s. Kraftmessung.

Totalintensität, s. Erdmagnetismus.

Totalisodynamen, s. Erdmagnetismus.

Totalreflektierendes Prisma, s. Prismen, Totalreflexion.

Totalreflektometer, s. Brechungsquotient.

Totalreflexion tritt bei dem Übergange von Licht aus einem optisch dichteren in ein optisch dünneres Medium ein, wenn der Einfallswinkel φ einen bestimmten Betrag überschreitet; dieser Winkel heißt *Grenzwinkel* oder Winkel der totalen Reflexion und ist für Luft als zweites Medium: $\varphi = \arcsin 1/n$. Da in diesem Falle der Sinus des Brechungswinkels gleich eins ist, läuft der gebrochene Strahl an der Grenze entlang, und bei $\varphi > \arcsin 1/n$ gibt es, da nunmehr $\sin \psi > 1$ (ψ Brechungswinkel) sein würde, überhaupt keinen gebrochenen Strahl mehr; die ganze Energie wird reflektiert. Im Gesichtsfelde des Beobachtungsinstruments erblickt man daher bei geeigneter Eindrehung einen hellen und einen dunklen Teil, getrennt durch eine Linie, deren Form von der Konfiguration der betreffenden Körper usw. abhängt (s. Prismen). — Einige Grenzwinkel sind folgende:

Alkohol	47
Benzol	42
Diamant	24
Glas, leicht Kron	40
„ , schwer Flint	35
„ , sehr schwer	31
Monobromnaphthalin	37
Schwefelkohlenstoff	38
Wasser	49

Er ist also bei Diamant am kleinsten, bei Wasser am größten. — Von der Farbe des Lichts und von der Temperatur hängt der Grenzwinkel in reziproker Weise ab wie der Brechungsquotient. — Zur Demonstration eignen sich u. a. folgende Versuche: a) Wird eine Glasröhre mit passender Neigung teilweise in Wasser getaucht, so glänzt sie bei nahezu horizontal auffallendem Lichte in Metallglanz stärker als das etwa im unteren Teil befindliche Quecksilber. b) Betrachtung einer Wasseroberfläche von der Wasserseite her, ebenfalls stark glänzend. c) *Leuchtender Wasserstrahl:* im dunklen Zimmer wird ein parabolisch ausfließender Strahl von Wasser, dem etwas Mastixlösung beigegeben ist, von der Wurzel aus durchleuchtet; die Strahlen werden dann fortwährend an der inneren Strahloberfläche reflektiert und gelangen erst durch Reflexion an den Mastixteilchen nach außen, wo sie lebhaftes Leuchten veranlassen. d) Projektion der Grenzkurve zwischen partieller und totaler Reflexion. — In der Natur spielt die totale Reflexion eine Rolle bei der Luftspiegelung (s. Atmosphärische Optik). Ferner beruhen hierauf zahlreiche Erscheinungen, z. B. die weiße Farbe des Schnees und der Milch, die keine Körperfarbe ist, sondern mit der Totalreflexion an den einzelnen Elementen der lockeren Masse bzw. Emulsion zusammenhängt. — Die Totalreflexion hat eine *Phasenänderung* des Lichts zur Folge. Bei streifendem Einfall einerseits und beim Einfall unter dem Grenzwinkel andrerseits ist die Phasenänderung null. Hier bleibt daher geradlinig polarisiertes Licht als solches bestehen; bei jedem andern Einfallswinkel aber verwandelt es sich in *elliptisch polarisiertes* Licht. Am stärksten wird die relative Phasendifferenz δ, also die Elliptizität für denjenigen Einfallswinkel, für den $\sin^2\varphi = 2/(1+n^2)$ ist; alsdann ist $\operatorname{tang}\delta/2 = (n^2-1)/2n$, und zu beiden Seiten dieses Wertes von φ hat δ immer paarweise gleiche Werte. Bei Glas von $n = 1{,}51$ z. B. wird $\delta = 45^0$ sowohl für $\varphi = 48^0\,37'$ als auch für $\varphi = 54^0\,37'$. Läßt man also Licht, das unter 45^0 gegen die Einfallsebene polarisiert ist, senkrecht in ein *Fresnelsches Parallelepipedon* eintreten und zweimal gespiegelt werden, so tritt es mit 90^0 Phasendifferenz, also (s. Lissajousschwingungen) *zirkularpolarisiert* aus; ebenso bei andern Winkeln (30^0 Polarisation und 69^0 Reflexion)

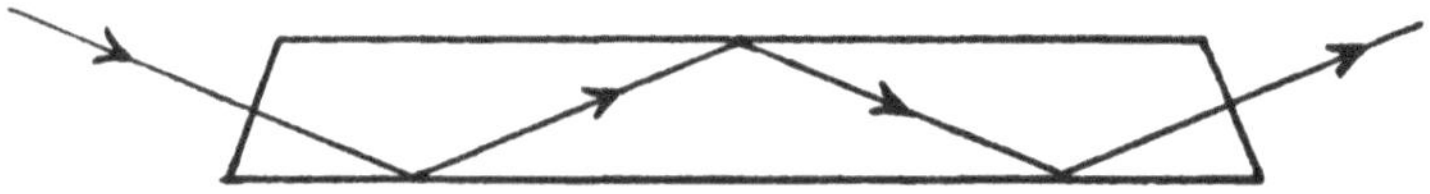

Fig. 250.

nach dreimaliger Reflexion (Fig. 250) usw. — Die Totalreflexion findet mannigfache Anwendungen, erstens, um helle Reflexionsstrahlen und Spiegelbilder zu erhalten, s. z. B. für optische Instrumente Glasprismen, in die das Licht senkrecht, also ohne Brechung, durch die Kathetenflächen ein- und austritt und dazwischen an der Hypotenusenfläche total gespiegelt wird (gewöhnlichen Spiegeln weit überlegen und in vielen Varianten hergestellt, z. B. Pentagonprismen); zweitens, um das Entstehen von gebrochenen Strahlen zu verhindern, besonders bei der Doppelbrechung (s. d.); drittens zur Messung von Brechungsquotienten (s. d.). — S. auch Brechungsquotient, Polarisation.

Trägheit oder *Beharrungsvermögen.* Bei der Einführung des Kraftbegriffes (s. Kraft) läge es am nächsten, die Kraft als Ursache einer Geschwindigkeit zu definieren, z. B. die Dampfkraft als Ursache der gleichförmigen Bewegung eines Eisenbahnzuges. Indessen führt diese Auffassung im weiteren Verfolge zu Schwierigkeiten; sie ist daher seit Newton durch die andre ersetzt worden: daß die Kraft die Ursache der Beschleunigung ist, daß dagegen die Geschwindigkeit auch ohne derzeitige Kraftwirkung, lediglich infolge eines früher einmal stattgehabten Impulses, vorhanden ist. Dann muß man den Satz: Ein Körper ist von selbst in Ruhe, durch den neuen ersetzen: Ein Körper beharrt von selbst in dem Zustande der Ruhe oder der geradlinigen gleichförmigen Bewegung, in dem er sich befindet (*erstes Newtonsches Bewegungsgesetz*): *Trägheitsprinzip, Beharrungsprinzip.* Die hierin liegende Eigenschaft der Materie nennt man demgemäß ihre *Trägheit* oder ihr *Be-*

harrungsvermögen, und den quantitativen Träger dieser Eigenschaft, also den Widerstand gegen Beschleunigung bezeichnet man als *Masse* (s. d.). Aber auch bei der neuen Definition entsteht eine Schwierigkeit aus der Frage, worauf denn die Bewegung des Körpers zu beziehen und insbesondere, was als geradlinig anzusehen sei; in neuester Zeit wird diese Frage auf Grund des *Relativitätsprinzips* (s. d.) erörtert und der Versuch gemacht, Trägheit auf elektromagnetische Basis zu stellen. Für die gewöhnlichen Fälle genügt es, den Fixsternhimmel als Bezugssystem (Inertialsystem oder Fundamentalsystem) anzusehen. — Die gleichförmige Bewegung stellt sich nach der neuen Auffassung im allgemeinen komplizierter dar, als nach der andern; denn da in vielen Fällen offensichtliche Kräfte einwirken, ohne doch eine Beschleunigung hervorzurufen, muß man Gegenkräfte einführen, die eine wieder aufheben. In dem obigen Beispiel des gleichförmig fahrenden Eisenbahnzuges muß man demgemäß sagen: die Dampfkraft wird durch die Reibungskraft gerade aufgehoben; der Zug bewegt sich lediglich durch seine Trägheit oder Beharrung weiter. — In der Tat findet bei jeder Bewegung die hauptsächliche Beanspruchung nicht während ihres gleichförmigen Verlaufs, sondern bei ihrer Ingangsetzung bzw. Beschleunigung statt (z. B. Anstrengung der Pferde beim Anziehen usw.). — Setzt man auf einen großen Wagen (oder ein Modell eines solchen) einen kleinen und hält jenen an, so rollt dieser noch weiter; in einem Eisenbahnzuge stehend, fällt man beim Abfahren nach hinten beim Anhalten nach vorn, bei Kurven seitwärts in der Richtung der Tangente der bisherigen Bahn. Setzt man sich in einen geschlossenen Kasten, der an einem langen Balken um eine vertikale Axe gedreht wird, so empfindet man bei gleichförmiger Drehung gar nichts, bei beschleunigter Vorwärtsbewegung, bei verzögerter Rückwärtsbewegung (Versuche von Mach). — Man kann das Beharrungsvermögen auch in die große Klasse der *Nachwirkungserscheinungen* einordnen, also sagen: Kräfte wirken nicht nur augenblicklich bzw. während ihres Daseins, sondern sie wirken auch noch nach, und zwar (von äußeren Widerständen abgesehen) dauernd. — Eine andre Frage ist die, inwieweit Trägheit (passive Masse) und Gewicht (aktive Masse) restlos zusammenfallen (s. Erhaltung des Stoffs).

Trägheitsellipsoid, s. Trägheitsmoment.

Trägheitsmoment (auch *Gyrationsmoment* genannt) eines Körpers in bezug auf eine Axe ist die Summe der Produkte aus seinen sämtlichen Massenelementen und den Quadraten ihrer Abstände von der Axe. Unter allen durch einen Punkt des Körpers gehenden Axen gibt es eine, für die das Trägheitsmoment K am größten ist, eine andre, darauf senkrechte, für die es am kleinsten ist, und eine dritte, auf beiden senkrechte, für die es ein gemischtes Maximum-Minimum ist; jene drei Axen heißen *Hauptträgheitsaxen,* diese drei Größen heißen die *Hauptträgheitsmomente* des Körpers. Auch von Punkt zu Punkt, auf den man sich bezieht, variiert das Trägheitsmoment, um den Schwerpunkt (s. d.) ist es am kleinsten. Geht man von einer durch den Schwerpunkt gehenden Axe zu einer parallelen andern über, so muß man zu dem Trägheitsmoment, um das neue zu erhalten, noch das Produkt aus Masse und Abstandsquadrat hinzufügen. — Trägt man die Werte des Trägheitsmoments für alle durch einen Punkt gehenden Axen von einem Zentrum aus als Strecken auf, so erhält man durch Verbindung aller Endpunkte das *Trägheitsellipsoid* und speziell, wenn der Punkt der Schwerpunkt ist, das *Zentralträgheitsellipsoid.* Das Trägheitsmoment für eine beliebige Axe (Richtungskosinus gegen die Koordinatenaxen α β, γ) ist:

$$K = A\,\alpha^2 + B\,\beta^2 + C\,\gamma^2 \\ - 2\,D\,\beta\gamma - 2\,E\,\gamma\alpha - 2\,F\,\alpha\beta;$$

hierin sind A, B, C die Trägheitsmomente für die Koordinatenaxen; D, E, F werden gewöhnlich als *Deviationsmomente* bezeichnet. Für die Kugel und die regulären Polyeder von homogener Massenverteilung ist das Trägheitsellipsoid eine Kugel, für Rotationskörper usw. ein Rotationsellipsoid. — Der Abstand von der Axe, in die man sich die ganze Körpermasse vereinigt denken kann, ohne das Trägheitsmoment zu ändern, heißt *Trägheitsradius* (oder *Gyrationsradius*) R. — Formeln:

$$K = \Sigma mr^2 = \int r\,dm = R^2 m$$

und umgekehrt $R = \sqrt{K/m}$; endlich $K' = K + a^2 m$. — Für einige einfache Gebilde hat K folgende Werte: Kreisscheibe um einen Durchmesser $K = mr^2/4$; Parallelepipdeon a, b, c um die Mittellinie parallel mit c:

$$K = m(a^2 + b^2)/12;$$

Kreiszylinder von der Länge l und dem Radius r um die Längsaxe: $K = mr^2/2$, um die Queraxe:

$$K = m\left((l^2/12) + (r^2/4)\right),$$

Kugel um einen Durchmesser:

$$K = (2/5)\, mr^2.$$

— *Dynamisch* ist das Trägheitsmoment das Verhältnis des Drehungsmoments zur Winkelbeschleunigung: $K = D/\beta$ (gerade wie die Masse das Verhältnis der Kraft zur Streckenbeschleunigung ist). Man kann also durch Drehversuche K bestimmen; am bequemsten und genauesten ist dabei die Methode der Drehschwingungen (s. Drillung, Elastische Schwingungen). — Dimensionsformel $(K) = l^2 m$. — Das Trägheitsmoment gehört in die Klasse der quadratischen Momente, deren es drei gibt: das polare (Abstand von einem Pole), das axiale (Abstand von einer Axe, s. o.) und das planare (Abstand von einer Ebene). Das axiale Trägheitsmoment ist zwar physikalisch am wichtigsten, aber auch die beiden andern haben ihre Bedeutung; übrigens bestehen zwischen allen dreien gewisse Beziehungen. — S. auch Kraft.

Trägheitsprinzip, s. Trägheit.

Trägheitsradius, s. Trägheitsmoment.

Tränen schweren Weins, s. Kapillare Bewegungen.

Tragkraft, s. Luftschiffahrt.

Tragkraft eines Magneten, s. Magnetische Tragkraft.

Transformator, s. Induktionsströme.

Translation, s. Dynamik.

Transmissionsdynamometer, s. Kraftmessung.

Transparenz, s. Lichtstärke.

Transpiration, s. Innere Reibung.

Transporteur, s. Winkelmessung.

Transversaleffekte, s. Halleffekt.

Transversale Magnetisierung, s. Magnet.

Transversale Masse, s. Kathodenstrahlen.

Transversalschwingungen, s. Schwingungen.

Transversalwellen, s. Wellenbewegung.

Trevellyaneffekt, s. Tönende Systeme.

Trichromatisches Auge, s. Sehen.

Triederbinokels, s. Fernrohr.

Trifilare Aufhängung, s. Bifilare Aufhängung.

Triftstrom, s. Meeresströmungen.

Trigonales System, s. Kristalle.

Triklines System, s. Kristalle.

Trimetrische Koordinaten, s. Ort.

Tripelpunkt, s. Phasenlehre.

Tripelspiegel, s. Spiegel.

Triplet, s. Zeemaneffekt.

Trockenelement, s. Berührungselektrizität, Galvanische Elemente.

Trockenverfahren, s. Photographie.

Trochoidenwelle, s. Wellenbewegung der Flüssigkeiten.

Trommel, s. Membrantöne.

Trommelanker, s. Dynamomaschine.

Trommelfell, s. Gehör.

Tropfbare Flüssigkeiten, s. Aggregatzustände, Tropfen.

Tropfelektroden, s. Berührungselektrizität, Kapillarelektrizität.

Tropfen sind eine charakteristische Erscheinungsform der inkompressiblen Flüssigkeiten, die deshalb auch als *tropfbare Flüssigkeiten* bezeichnet werden. Die einfachste Form des Tropfens ist die Kugelform; sie entsteht entweder im großen unter der Wirkung der eigenen Gravitation einer äußeren Schwerkraft entzogenen Flüssigkeit oder, im kleinen, unter der Wirkung der Kohäsions- oder Kapillarkräfte der Flüssigkeit; beide Male auf Grund des *Prinzips der kleinsten Ober-*

fläche oder der stärksten Konzentration (Minimum des mittleren Abstandes der Teilchen), im zweiten Falle noch einfacher nach dem Prinzip der *konstanten Krümmung*. — Eine schöne Veranschaulichung liefert der folgende Versuch: Eine Ölmasse wird der äußeren Schwere dadurch entzogen, daß sie in eine Wasser-Alkohol-Mischung von gleichem spezifischen Gewicht gebracht wird, so daß sie in ihr schwebt; sie formt sich dann zu einer Kugel. Maßgebend hierfür sind freilich in erster Reihe die Kohäsionskräfte; da diese sich aber ganz ähnlich wie die Gravitationskräfte verhalten, erhält man eingehende weite Analogie mit den Formen der *flüssigen Weltkörper*. Diese Analogie läßt sich fortsetzen, wenn man der Ölmasse nunmehr mit Hilfe einer außerhalb der Flüssigkeit mit einer Kurbel versehenen Stange, um die als Axe sich die Kugel ausbreitet, eine Rotation erteilt; infolge der Zentrifugalkraft plattet sie sich dann ab; die Abplattung wächst mit der Drehgeschwindigkeit. Es bildet sich eine Scheibe; diese verwandelt sich in einen Ring und dieser seinerseits, da er keine stabile Gleichgewichtsform ist, zerreißt in einzelne Stücke, die ihrerseits wieder Kugeln bilden und um die Axe rotieren; bei etwas anderm Vorgehen kann man auch direkt von der Hauptmasse kleinere Massen abspalten (s. Gleichgewichtsformen der Flüssigkeiten). Man erhält so ein Bild der Planeten, Monde und Saturnringe, im Einklang mit der Kant-Laplaceschen Theorie der Entstehung des Sonnensystems. — Andrerseits vereinigen sich *zwei Tropfen*, wenn sie miteinander in Berührung kommen, zu einem einzigen, weil die gemeinsame Kugeloberfläche kleiner ist als die Summe der einzelnen. — Eine *Flüssigkeitsmasse auf einer ebenen Unterlage*, die sie nicht benetzt, bildet, so lange die Kohäsion über die Schwerkraft überwiegt, ebenfalls eine

Fig. 251.

Kugel; das ist der Fall, wenn die Masse möglichst klein ist; so z. B. kleine Quecksilbertropfen auf Glas. Nimmt man mehr Material, so macht sich die Schwere geltend; man erhält abgeplattete Rotationskörper, und über eine gewisse Höhe hinaus kann der Tropfen überhaupt nicht wachsen. Alles weiter hinzugefügte Material dient nur zur Ausdehnung in die Breite (Fig. 251). Wenn ϱ die Dichte, a die Kapillarkonstante (s. Kapillarität) und φ der Randwinkel (s. Steighöhe) ist, so ist die größte Höhe eines Tropfens:

$$H = \sqrt{2a(1 + \cos\varphi)/\varrho g},$$

und hiervon kommt auf das Stück oberhalb des Äquators

$$h = \sqrt{2a/(\varrho g)} = a,$$

wo a^2 die Gausssche Konstante (s. Kapillarität) ist. Für Quecksilber wird $H = 3{,}5$ mm, was mit der Erfahrung ungefähr übereinstimmt. — Ganz entsprechend wie Tropfen in Luft auf einer Platte verhalten sich *Gasblasen* in Flüssigkeit unterhalb der Platte; auch eine solche Blase nimmt im einfachsten Falle Kugelgestalt an. — Ein am unteren Ende einer offenen

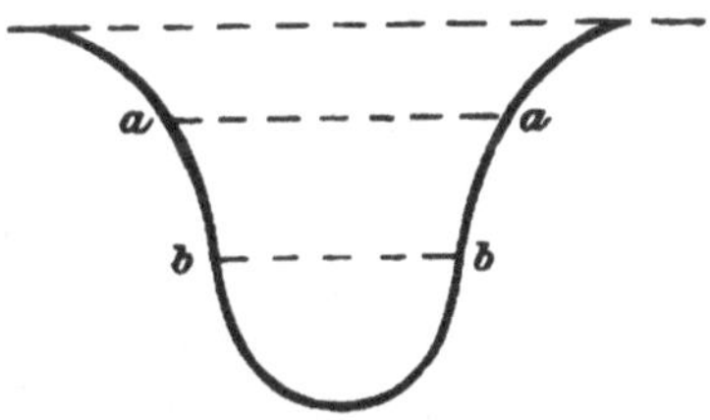

Fig. 252.

Röhre *hängender Tropfen* hat die Formgleichung $(1/r_1) + (1/r_2) = \text{const}$, wo r_1 und r_2 die Krümmungsradien in der Horizontal- und Vertikalebene sind; in dem Niveau aa (Fig. 252) ist die Konstante null; beide Krümmungen sind entgegengesetzt gleich. Hier herrscht reiner Atmosphärendruck. In dem Niveau *bb* ist die vertikale Krümmung null (Inflexionspunkt); oberhalb ist der Tropfen nach außen konkav, unterhalb konvex. Beim Wachsen des Tropfens bilden sich nacheinander

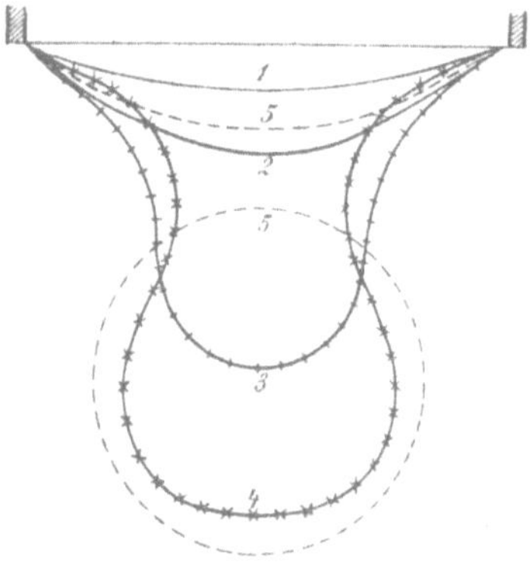

Fig. 253.

die Formen 1, 2, 3, 4 aus (Fig. 253); im Zustande 4 ist ein Tropfen losgerissen und hat abgeplattete Kugelform angenommen; unter Umständen bildet sich noch ein kleiner Zwischentropfen aus. — Das *Gewicht* des aus einer Röhre vom Durchmesser *d* abfallenden Tropfens ist $G = \pi \alpha d$, also mit dem Durchmesser und der Kapillarkonstante proportional, die Masse der *g*te Teil hiervon; z. B. für Wasser ($\alpha = 77$) und $d = 0{,}2$ cm: 50 mgr. — Bei größerem Ausflußdruck erhält man zunächst einen zusammenhängenden Strahl mit abwechselnden Ausbuchtungen und Einschnürungen (s. Ausfluß); weiter unten erfolgt Auflösung in Tropfen, und diese Tropfen führen pulsierende Schwingungen aus: *fallende, schwingende und pulsierende Tropfen.* Ganz entsprechend steigen *Gasblasen* in die Höhe und geraten dabei unter Umständen ebenfalls in Pulsationen. — Besondere Tropfenformen erhält man, wenn man eine Flüssigkeitsmasse (am besten Öl) in Berührung mit verschiedenen Drahtgestellen bringt. Um einen Drahtring herum z. B. entsteht eine Linse, zwischen zwei Drahtringen ein Zylinder mit Kugelkappen an den Enden, deren Radien gleich dem Zylinderdurchmesser sind (denn dann ist $1/r_1 + 1/r_2$ für beide Flächen gleich groß). Hebt man den oberen Draht-

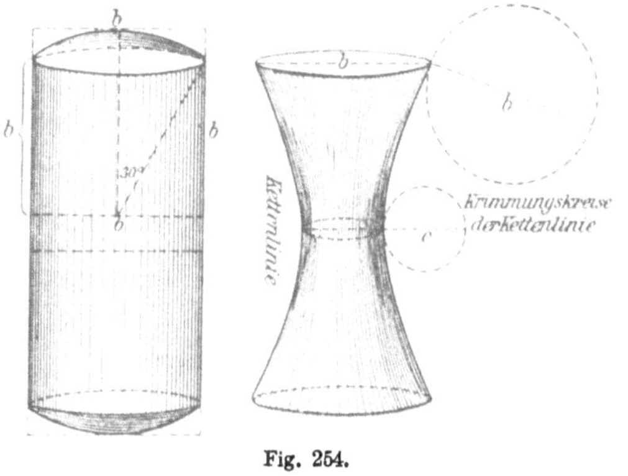

Fig. 254.

ring noch höher, so schnürt sich der Zylinder in der Mitte ein und die Kappen werden immer flacher und zuletzt eben; in einem Mantelpunkte muß daher ebenfalls $1/r_1 + 1/r_2 = 0$, d. h. es müssen die Krümmungen im Vertikalschnitt (konkav) und im Horizontalschnitt (konvex) entgegengesetzt gleich sein. Diese Fläche (Fig. 254) heißt *Katenoid* (Rotationsfigur der

Kettenlinie); andre, allgemeinere Flächen dieser Art sind das *Unduloid* und das *Nodoid.*

Tropfkollektor ist ein als Probekörper zu elektrostatischen Messungen (s. Elektrostatik) dienendes Gefäß, aus dem Wasser abtropft; jeder Tropfen führt einen Teil der vom Elektrometer überströmenden Ladung mit sich fort, bis der Kollektor und das Elektrometer das Potential des untersuchten Punktes angenommen haben; hierdurch wird die Kapazität des Probekörpers bedeutend erhöht, und die Methode gewinnt an Empfindlichkeit.

Tropisches Jahr, s. Zeit.

Trübe Farben sind Mischungen einer reinen Farbe mit Weiß oder Schwarz; siehe auch Hellklar.

Trübe Medien, s. Disperse Systeme.

Tür, s. Horizontalpendel.

Turbine, s. Hydraulische Apparate.

Turbulenzströmung, s. Hydrodynamik.

Turenzahl ist die bei einer rotierenden Bewegung in der Sekunde (oder einer andern Zeiteinheit) erledigte Zahl von Umläufen; man kann sie auch *Frequenz* oder, indem man die Rotation als eine Art von Schwingung ansieht, Schwingungszahl nennen. Die Turenzahl ist der reziproke Wert der Periode T, d. h. der Dauer eines Umlaufs. Formel: $n = 1/T$. — Die Turenzahl ist der 360. Teil der Winkelgeschwindigkeit. — Für die *Messung der Turenzahl* gibt es verschiedene Apparate, die *Turenzähler;* ein einfacher Typus besteht aus einer Axe mit Spitze und Schraubengewinde, das in ein Zahnrad mit Kreisskala und Zeigern eingreift; wird die Spitze in die kleine Höhlung der rotierenden Axe gesteckt (Druck nicht zu groß und nicht zu klein), so daß die Welle mitgenommen wird, so drehen sich die Zeiger, und man kann die Hunderte, Zehner und Einer der Umdrehungen ablesen. Andre Apparate sind die *Tachometer* (integrierende Turenzähler) und, wenn sie dauernd aufzeichnen, die Tachographen.

Turmalinwirkung, s. Kristalloptik.

Typendrucktelegraph, s. Telegraphie.

U

Überblasen, s. Pfeife.

Übereinstimmende Zustände, s. Kritischer Zustand.

Überempfindlichkeit des Ohres, s. Gehör.

Überfall, s. Ausfluß.

Überführungszahl, s. Elektrolyse.

Übergangsfarbe, genauer empfindliche Übergangsfarbe ist die aus Rot und Blau (unter Ausschaltung der mittleren Teile des Spektrums (zusammengesetzte Farbe; für das Überwiegen von Rot oder Blau in ihr ist das Auge sehr empfindlich, daher die Verwendung in der Polarisationstechnik usw.

Übergangswiderstand, s. Elektrischer Funke.

Überhitzung, s. Verdampfung.

Überhitzungsmaschine, s. Kalorische Maschinen.

Überlandzentrale, s. Dynamomaschine.

Übersättigte Lösungen, s. Lösungen.

Überschmelzung, s. Schmelzung.

Übersichtig, s. Sehen, Brille.

Uhr, s. Zeitmessung.

Ultramikroskop, s. Mikroskop.

Ultrarotes Spektrum, s. Spektrum.

Ultrarote Strahlen, s. Wärmestrahlung.

Ultraviolettes Spektrum, s. Spektrum.

U-Magnet, s. Magnet.

Umformer, s. Induktionsströme.

Umkehrbare Prozesse, s. Prozeß, Thermodynamik.

Umkehrtemperatur, s. Thermoelektrizität.

Umkehrung der Natriumlinie, s. Spektrum, Strahlung.

Umleitung der Lichtstrahlen, s. Prismen.

Umschalter, s. Elektrische Hilfsapparate.

Umwandlung der Elemente, s. Radioaktivität.

Umwandlungspunkt, s. Ferromagnetismus.

Umwandlungswärme, s. Schmelzwärme.

V

Variationskurve ist die Kurve, die die Häufigkeit des Vorkommens der verschiedenen Werte einer Größe zum anschaulichen Ausdruck bringt. Für den wahrscheinlichsten Wert hat sie ihren Gipfel; von ihm aus fällt sie beiderseits, aber im allgemeinen unsymmetrisch ab, und daher ist der Mittelwert im allgemeinen vom wahrscheinlichsten verschieden. Ein Beispiel ist die Maxwellsche Kurve, s. Kinetische Theorie der Materie (Fig. 113).

Verdampfung ist der Übergang eines Stoffes aus dem flüssigen in den gasförmigen Zustand; der Vorgang wird, wenn er mit Heftigkeit erfolgt, auch als *Sieden*, bei sanfterem Charakter als *Verdunstung* bezeichnet. Der umgekehrte Vorgang heißt *Verflüssigung* oder *Kondensation*. Die sanfte Verdampfung findet nur von der Oberfläche aus statt; bei steigender Temperatur aber bilden sich an den Gefäßwänden und im Innern der Flüssigkeit Dampfbläschen, steigen auf und platzen in der freien Atmosphäre. — Während des Siedens bleibt die Temperatur konstant, und zwar so lange, bis die letzten Flüssigkeitsspuren verdampft sind. — Die Temperatur, bei der die Verdampfung eintritt, hängt vom äußern Drucke ab, weil die Flüssigkeit, um verdampfen zu können, diesen überwinden muß (*Papinscher Topf*). — Die Temperatur, bei der die Verdampfung erfolgt, wenn der normale Atmosphärendruck herrscht, heißt *normale Siedetemperatur*. Zu ihrer *Messung* sind zahlreiche Apparate konstruiert worden, zum größeren Teil solche, die gleichzeitig auch die bei der Siedetemperatur vorhandene Dichte und das molekulare Volumen liefern. — Entsprechend heißt der Druck, bei dem für eine gegebene Temperatur Verdampfung erfolgt, *Siededruck*; im umgekehrten Falle Kondensationsdruck. — Die Siedetemperaturen sind, wie die folgende Tabelle zeigt, außerordentlich verschieden und fast über den ganzen Bereich der möglichen Temperaturen verteilt:

Äther	34,9
Alkohol	78,4
Äthylen	-103
Ammoniak	- 38,5
Amylacetat	139,8
Amylalkohol	137
Argon	-186
Benzol	80,2
Blei	1500
Brom	62
Chlor	- 33,6
Chloroform	62
Chlorwasserstoff	- 83,7
Essigsäure	118
Fluor	-187
Glycerin	290
Jod	184
Kalium	675
Kohlenoxyd	-193
Kohlensäure	- 79,5
Luft	-191,4
Magnesium	1100
Methan	-164
Methyläther	- 23,7
Methylalkohol	66
Natrium	ca. 875
Ozon	-106
Paraffin	370
Paraldehyd	124,6
Phenol	185
Phosphor	288
Quecksilber	357,3
Salpetersäure	86
Sauerstoff	-182,4
Schwefel	445
Schwefelkohlenstoff	47
Schweflige Säure	- 10
Selen	688
Stickoxyd	-153,6
Stickoxydul	- 88,8
Stickstoff	-195
Terpentinöl	160
Toluol	109
Wasser	100
Wasserstoff	-252,6
Xylol	138
Zink	925
Zinn	ca. 1500

Stoffe, die schon bei tiefer oder mäßiger Temperatur verdampfen, heißen *flüchtig*. — Die meisten, aber nicht alle Stoffe kennt man im gasigen Zustande. — Für die *Abhängigkeit der Siedetemperatur vom Druck* liefert die Thermodynamik die Formeln (s und σ spezifisches Volumen von Flüssigkeit und Dampf, V Verdampfungswärme (s. d.), T absolute Temperatur:

$$dT/dp = (T/V)\cdot(\sigma - s);$$

sie ist aber, zumal V auch seinerseits von T abhängt, sehr kompliziert. Man begnügt sich daher meist mit empirischen, einfacheren Formeln; man vergleiche darüber Dämpfe. — Hat man bei dem Barometerstande b die Siedetemperatur t beobachtet, so ergibt sich die normale t_0 aus der Formel:

$$t_0 = t + a(760 - b),$$

wo a für die meisten Stoffe zwischen 0,00009 und 0,00014 liegt; einige Werte:

Wasser	0,000100
Alkohol	0,000096
Schwefelkohlenstoff	0,000129
Benzol	0,000122
Quecksilber	0,000122

— Ferner folgen hier einige Siedetemperaturen des Wassers bei verschiedenen Barometerständen (in Zentimetern):

52 cm	89,73°
56	91,68
60	93,53
64	95,27
68	96,93
72	98,50
74	99,26
75	99,63
76	100
77	100,36
78	100,73
79	101,08
80	101,44
82	102,13
85	103,1
90	104,7
100	107,8
2 Am.	121
3	134
5	152
10	180
20	213
30	234

Außerdem hängt die Siedetemperatur noch von verschiedenen sekundären Einflüssen ab, so vom Material des Gefäßes (Adhäsion, Benetzung usw.), von etwa in der Flüssigkeit gelösten Gasen, insbesondere Luft. Ganz luftfreies Wasser kann man vorsichtig bis weit über den Siedepunkt erhitzen (*Überhitzung, Siedeverzug*), ohne daß es verdampft (20° und mehr); aber das kleinste hineingebrachte Luftbläschen ruft dann um so plötzlicheres und heftigeres Sieden hervor. — Umgekehrt kann man einen Dampf durch vorsichtige Behandlung unterkühlen, so daß er dampfförmig bleibt, auch wenn die Verflüssigungstemperatur schon mehrere Grade unterschritten ist. Überhaupt ist der Eintritt der Kondensation noch an gewisse Bedingungen geknüpft, insbesondere an die Anwesenheit von *Kondensationskernen* (s. Dämpfe). — Auch ist zu unterscheiden zwischen allmählicher und plötzlicher Kondensation; bei jener bildet sich zusammenhängende Flüssigkeit, bei dieser tritt Nebelbildung (Tropfenbildung) ein (s. Feuchtigkeit). — Die *Verdampfungsgeschwindigkeit* hängt von zahlreichen Größen ab, insbesondere vom Überdruck des gesättigten, sich bildenden Dampfes über den Druck der schon vorhandenen Dämpfe, von der Form und Größe der Oberfläche, vom äußeren Druck usw. Indessen gibt es hier keine allgemein gültigen Gesetze; sie müssen für jeden Fall untersucht werden. Bei einer kreisförmigen Oberfläche z. B. ist die Verdampfungsgeschwindigkeit nicht mit der Fläche, sondern mit der Länge ihres Radius proportional, wie Stefan theoretisch und Winkelmann experimentell zeigte; es geht eben der größte Teil der Verdampfung von der peripherischen Schicht aus. — Die Verdampfung ist ausnahmslos (im Gegensatz zur Schmelzung, s. d.) mit einer *Volumenzunahme*, die Verflüssigung also mit einer Zusammenziehung verknüpft, und zwar mit einer sehr erheblichen. Ihre Größe A hängt von dem betreffenden Wertepaar von Druck und Temperatur ab; je höher diese, desto größer ist jene. Man erhält sie, indem man mit der flüssigen in die gasige Dichte, beide für den Verdampfungszustand genommen, dividiert; für normale Siedepunkte ist z. B. für Wasser $A = 1581$, Alkohol 528, Äther 298, Terpentinöl 193. — *Leidenfrostsches Phänomen* ist die Erscheinung, daß ein auf eine sehr heiße Unterlage gebrachter Tropfen nicht verdampft, dies aber bei Abkühlung der Unterlage um so heftiger nachholt; die Ursache ist eine dünne, den Tropfen von der Unterlage trennende Dampfschicht („sphäroidaler Zustand"). — Aus einer *Lösung* andrer Stoffe in ihr verdampft eine Flüssigkeit erst bei einer höheren Temperatur: *Siedepunktserhöhung* (s. Lösungen). — Der Übergang einer festen Substanz unmittelbar in die Gasform wird häufig *Sublimation* genannt.

Die Sublimationstemperatur ist, auch bei gleichem Druck, mehr oder weniger verschieden von der Verdampfungstemperatur (s. Phasenlehre). — *Destillation* ist die Verdampfung einer Flüssigkeit und Wiederkondensation der letzteren in einem zweiten Gefäß: spezieller Fall ist die fraktionierte Destillation (s. Gemische). Auf der Erhöhung des Siedepunkts durch zeitweilige Belastung der Dampfwege und den dadurch bedingten Überhitzungen der flüssigen Phase beruhen die in der Natur unter dem Namen *Geysir* oder Geyser bekannten regelmäßig periodischen Wassereruptionen (Theorie von Bunsen), die man an einem Modell im Laboratorium sehr gut im kleinen nachahmen kann.

Verdampfungsgeschwindigkeit s. Verdampfung.

Verdampfungswärme ist die Wärmemenge, die erforderlich ist, um ein Gramm einer Flüssigkeit zu verdampfen; die entgegengesetzt gleiche Wärmemenge, die zur Verflüssigung notwendig ist (bzw. bei ihr frei wird), heißt Verflüssigungswärme. — Man kann diese Größen im Kalorimeter messen, und zwar durch jeden der beiden genannten Prozesse; auch mehrere indirekte Methoden sind ausgearbeitet worden. Bei den meisten Methoden ergibt sich übrigens die gesuchte Größe nicht unmittelbar, sondern es ergibt sich die sogenannte *Gesamtwärme* G oder *totale Verdampfungswärme*, nämlich die Wärmemenge, die nötig ist, um ein Gramm Flüssigkeit von 0° C auf die Siedetemperatur zu erwärmen und dann in Dampf zu verwandeln; man muß dann den ersten Teil abziehen, um die Verdampfungswärme V zu erhalten. Für diese letztere ergeben sich aus der Thermodynamik gewisse Beziehungen; sie sind aber sehr verwickelt und bieten daher wenig Anhalt für die Berechnung; deshalb begnügt man sich bis auf weiteres mit der empirischen Darstellung:

$$V = \alpha + \beta t + \gamma t^2 + \delta t^3;$$

darin ist δ meist zu vernachlässigen, und auch γ kann man oft in das Glied mit β hineinverarbeiten, so daß man kurz $V = a - bt$ erhält, z. B. für Wasser $V = 607 - 0{,}708\,t$ oder, in absoluten Temperaturen ausgedrückt:

$$V = 800 - 0{,}708\,T.$$

Hier wie bei allen Stoffen nimmt also die Verdampfungswärme mit steigender Temperatur ab, und zwar nahezu gleichförmig. Für Kohlensäure gelten folgende Zahlen (Annäherung an die kritische Temperatur):

$t =$	0°	13,7°	22,0°	28,1°	30,8°
$V =$	56,3	42,0	31,8	19,4	3,7

Einige Normalwerte von V sind folgende:

Äther	88,4
Alkohol	205,1
Benzol	93,5
Brom	45,6
Chloroform	58,5
Essigsäure	121
Schwefelkohlenstoff	84,5
Stickoxydul	101,0
Toluol	83,6
Wasser	536

Wie man sieht, hat das Wasser weitaus die größte Verdampfungswärme. — Dagegen nimmt die *Gesamtwärme* mit steigender Temperatur zu, z. B. für Alkohol von 236 bei 0° auf 265 bei 80° und auf 285 bei 150°. Für Wasser sind hier einige Werte von V und G mit den zugehörigen Spannungen und Temperaturen zusammengestellt:

p	171	370	760	2285	4643	10354
t	63	81	100	134,4	160,3	194,8
V	562,5	547,8	536,7	514,6	492,8	471,2
G	625,5	628,8	636,7	649,0	653,1	666,0

— Sehr vielfach hat man versucht, die Verdampfungswärme mit andern Eigenschaften in Beziehung zu setzen; die betreffenden Formeln haben aber alle nur sehr beschränkte Bedeutung. — Wegen der molekularen Verdampfungswärme s. Atomwärme. — Wenn ein fester Stoff sublimiert, d. h. unmittelbar in die Gasform übergeht, kommt die *Sublimationswärme* in Betracht. Sie ist im allgemeinen gleich der Summe der Schmelzwärme und Verdampfungswärme, wobei jedoch auf die Verschiedenheit der beiden Bezugstemperaturen Rücksicht zu nehmen ist.

Verdetsche Konstante, s. Magnetische Drehung der Polarisationsebene.

Verdichtung, s. Wellenbewegung.

Verdrängungsmethode, s. Dichtemessung.

Verdünnung, s. Lösungen, Wellenbewegung.

Verdünnungsgesetz, s. Lösungen.

Verdünnungswärme, s. Lösungswärme.

Verdunstung, s. Aggregatzustände, Verdampfung.

Verflüchtigung, s. Aggregatzustände.

Verflüssigung, s. Aggregatzustände, Verdampfung.

Verflüssigung der Gase kann bei vielen Gasen (deren kritische Temperatur in mittlerem oder höherem Bereiche liegt, s. Kritischer Zustand), einfach durch Kompression bewirkt werden. Dazu dient eine Kompressionspumpe, z. B. der Apparat von *Natterer*. Durch ihre Wirksamkeit wird der Druck im Gasbehälter auf den Sättigungsdruck des Gases gesteigert, und es bildet sich tropfbare Flüssigkeit, die durch eine mit Hahn versehene Öffnung mit Ansatzrohr entweichen kann. Kohlensäure und andre verflüssigte Gase werden in derartigen Kolben versendet. Läßt man die Flüssigkeit direkt in die Atmosphäre ausströmen, so erhält man infolge ihrer raschen Verdampfung und der durch die verbrauchte Verdampfungswärme erzeugten starken Abkühlung in dem Auffangbeutel sogar *feste Substanz*, z. B. feste Kohlensäure, die wie Schnee aussieht, und mit der man Versuche zur Demonstration der Verhältnisse bei -60^0 anstellen kann (Quecksilber gefriert usw.). — Bei Gasen, deren Verflüssigungsbzw. kritischer Punkt tief liegt, muß man besondere Methoden anwenden. Die wichtigste ist die *plötzliche Ausdehnung des Gases*, indem man es erst unter hohen Druck (mehrere hundert Atmosphären) bringt und dann den Druck rasch auf den normalen ermäßigt; dabei kühlt sich das Gas (s. Volumenenergie) stark ab, und es tritt, wenn die Verhältnisse richtig gewählt sind, Verflüssigung ein. Auf diese Weise sind nach und nach alle früher für permanent gehaltenen Gase verflüssigt worden: Luft, Sauerstoff, Stickstoff, zuletzt auch Wasserstoff und Helium — die folgenden immer mit Benutzung der vorangegangenen; bei den letzten gelangt man dann zugleich zu den tiefsten bisher erreichten Temperaturen (2,5 der absoluten Skala). — Zur technischen Ausgestaltung des Verfahrens sind besondere Apparate und Maschinen konstruiert worden, insbesondere die Lindesche *Luftverflüssigungsmaschine;* sie benutzt das *Gegenstromprinzip*. Es wird nämlich die in einem innern Rohre abgekühlte Luft in einem jenes umgebenden äußern Rohre zurückgeführt und zur Abkühlung der in das Innenrohr neu eingeführten Luft benutzt, ein Prozeß, der sich beliebig wiederholen läßt und so lange steigert, bis die gewünschte Temperatur erreicht ist. — Die gewonnene Flüssigkeit wird in einem Dewarschen Gefäß mit doppelter Wandung und Vakuumzwischenraum aufbewahrt; mit ihr kann man dann in erhöhtem Maße zahlreiche Experimente betreffend die Verhältnisse bei tiefen Temperaturen anstellen (Kautschuk wird glashart, Eis verdampft heftig, Metalle verlieren ihren elektrischen Widerstand usw.). — Zu den *Kältemaschinen* gehören auch die *Eismaschinen*, von denen ebenfalls Linde einen der verbreitetsten Typen geliefert hat.

Verflüssigungswärme, s. Verdampfungswärme.

Vergasungsmaschine, s. Kalorische Maschinen.

Vergeudung der Energie, s. Thermodynamik, Entropie.

Vergleichselektroden, s. Berührungselektiizität.

Vergrößerung, s. Optische Instrumente.

Verhältnis der Ladung zur Masse, s. Kanalstrahlen, Kathodenstrahlen.

Verhältnis der spezifischen Wärmen, s. Kalorimetrie, Kinetische Theorie, Spezifische Wärme.

Verlorene Kräfte, s. Dynamik.

Verlustziffer ist der (entweder in Erg oder in Prozenten angegebene) Verlust bei der zyklischen Magnetisierung infolge von Hysteresis und Wirbelverlusten. S. Hysteresis und Induktion.

Vermehrung der Entropie, s. Entropie.

Verrückung ist eine Ortsänderung, besonders angewandt auf einen Massenpunkt und seine unendlich kleine Ortsänderung; wegen virtueller Verrückung s. Dynamik, Statik.

Verschiebung, s. Kinematik.

Verschiebungskomponenten, s. Dynamik.

Verschiebungsgesetz, s. Strahlung.

Verschiebungsströme, s. Elektrischer Strom.

Verschwindender Magnetismus, s. Remanenz.

Verstärker sind in der Photographie Stoffe, durch deren Anwendung an sich schwache Negative verstärkt werden; am üblichsten sind die Sublimat- und Uranverstärker. — In der drahtlosen Telegraphie werden Verstärker zur Erhöhung der Empfindlichkeit und Reichweite benutzt, namentlich der Röhrenverstärker; s. Röhrensender.

Verstärkungszahl, s. Kondensator.

Versuch, s. Experiment, Physik.

Vertauschungsmethode, s. Wägung, Widerstandsmessung.

Verteilung der Elektrizität, s. Elektrostatik.

Vertikalintensität, s. Erdmagnetismus.

Vertikalisodynamen, s. Erdmagnetismus.

Vertikalkomparator, s. Kathetometer.

Verzeichnung, s. Abbildung.

Verzögerung, s. Beschleunigung.

Verzweigte elektrische Ströme, s. Stromverzweigung.

Vibrationsgalvanometer, s. Strommessung.

Vierfacher Punkt, s. Phasenlehre.

Viertaktmotor, s. Kalorische Maschinen.

Viertelwellenplättchen ist eine Kristallplatte, in geeigneter Richtung und solcher Dicke geschnitten, daß die beiden sie durchsetzenden Strahlen nach dem Austritt eine Phasendifferenz von einer Viertelwellenlänge haben und folglich zirkularpolarisiertes Licht darstellen, was sich daran zeigt, daß eine Drehung des Analysators keine Wirkung hat. Meist werden die Plättchen aus Glimmer, senkrecht zur Ebene der optischen Axen und zur Halbierungslinie des spitzen Winkels zwischen ihnen hergestellt; die Dicke ist hier 0,032 mm. Auch Gips eignet sich gut. Die Anwendung der Plättchen zur Feststellung des Charakters eines Lichtes besonders zur Prüfung der Elliptizität usw., ist sehr mannigfach. Mach hat dafür ein umfassendes Schema aufgestellt.

Villarischer Umkehrpunkt, s. Magnetostriktion.

Violine, s. Musikinstrumente.

Viollesche Lichteinheit, s. Lichtstärke.

Virial ist eine von Moebius, Schweins (unter dem Namen „Fliehmoment"), Clausius und Schell eingeführte bzw. entwickelte Funktion, von der der Charakter des Drehgleichgewichts eines Systems abhängt; für die z-Axe als Drehaxe hat es (x, y Koordinaten, X, Y Kraftkomponenten) die Form:

$$V = -\Sigma(xX + yY).$$

Virtuelle Arbeit, s. Statik.

Virtuelle Geschwindigkeit, s. Statik.

Virtuelles Bild, s. Abbildung, Linsen, Spiegel.

Virtuelle Verrückung, s. Statik.

Visier, s. Richtung.

Viskosität, s. Innere Reibung.

Vogelflug, s. Luftschiffahrt.

Vokale, s. Stimme und Sprache.

Vollkommen elastisch, s. Elastizitätsgrenze.

Vollkommen schwarzer Körper, s. Strahlung.

Vollständig bestimmtes Gleichgewicht, s. Phasenlehre.

Vollständig heterogenes Gleichgewicht, s. Phasenlehre.

Volt, s. Elektrische und magnetische Maßsysteme, Elektrischer Strom.

Voltaelektrizität, s. Berührungselektrizität.

Voltainduktion, s. Induktionsströme.

Voltameter sind Apparate, die dazu dienen, die Stromstärke unter Benutzung der elektrolytischen Wirkung des Stromes zu messen. Grundlegend dafür ist das Faradaysche Gesetz (s. Elektrolyse), wonach die Stromwirkung der durch den Zersetzungsapparat hindurchgehenden Elektrizitätsmenge proportional ist. Unmittelbar erhält man also den Integralstrom für eine bestimmte Zeit; dividiert man durch diese, so erhält man die mittlere oder, wenn der Strom während dieser Zeit konstant war, die wahre Stromstärke. — Die Messung kann entweder in der Wägung der abgeschiedenen Menge oder in der Volumenbestimmung bestehen; in jenem Falle spricht man von *Gewichtsvoltametern,* in diesem von *Volumenvoltametern;* jene eignen sich besonders für feste und flüssige, diese für gasförmige Zersetzungsprodukte. — Außerdem muß man in der Gleichung $i = p/at$ die Konstante a, das elektrochemische Äquivalent des betreffenden Zersetzungsproduktes kennen. — Die wichtigsten Typen sind folgende: 1. Das *Silbervoltameter,* von allen am feinsten und daher durch internationale Übereinkunft zur Definition der Stromeinheit (Ampere, s. Elektrische und magnetische Maßsysteme) benutzt. Als Anode dient ein Silberstab, als Kathode ein Platintiegel, als Lösung am besten salpetersaures Silber, evtl. auch Chlorsilber. Da hier $a = 1{,}118$ mgr/sec ist, erhält man in Ampere $i = 894{,}4\ g/t$, wo g das abgeschiedene Gewicht in Grammen, t die Zeit in Sekunden (mindestens eine Viertel-, besser eine halbe bis ganze Stunde). — 2. Andre *Metallvoltameter,* wie das mit Kupfer (besonders für starke Ströme), Aluminium und Quecksilber (dieses meist als Volumenvoltameter benutzt). — 3. Das *Wasser- oder Knallgasvoltameter* (ein Volumenvoltameter). Da reines Wasser den Strom nicht leitet, nimmt man sehr verdünnte Schwefelsäure (1 : 4 Gewichtsteile oder 1 : 7,5 Volumenteile Schwefelsäure und Wasser, spezifisches Gewicht 1,14); als Elektrodenmaterial dient Platin. Die Zersetzungsprodukte kann man entweder zusammen als Knallgas auffangen, dieses volumetrisch messen und davon $^2/_3$ als Wasserstoffvolumen nehmen; oder Wasserstoff und Sauerstoff getrennt (Mengen 2 : 1) und dann eines von ihnen; meist den Wasserstoff, messen. Übrigens kann man auch den Apparat vorher und nachher, nach Entfernung der Gase, wägen, und drittens kann man das Knallgas auch manometrisch, d. h. durch den Druck in dem kommunizierenden U-Rohr, bestimmen: *Knallgasmanometer.* Bei der Volumenmethode muß man die in 1 sec abgeschiedenen Kubikzentimeter mit 5 multiplizieren und dann, je nach Druck und Temperatur, eine Korrektion anbringen, die hier für einige Fälle angegeben sei:

t	$p = 700$	720	740	760
10°	+0,009	+0,038	+0,068	+0,097
15	−0,013	+0,016	+0,044	+0,073
20	−0,035	−0,007	+0,021	+0,049

Voltampere, s. Elektrische und magnetische Maßsysteme.

Voltascher Fundamentalversuch, s. Berührungselektrizität.

Voltasche Säule, s. Berührungselektrizität.

Voltmeter, s. Spannungsmessung.

Volumen, s. Raum, Raummaß.

Volumenänderung bei der Verdampfung, s. Verdampfung.

Volumenänderung bei der Schmelzung, s. Schmelzung.

Volumenenergie. Die Energie eines Körpers hängt in erster Reihe von seiner Temperatur ab, in zweiter von seinem Volumen. Wenn man einen Körper komprimiert, wird er erwärmt; bei der Ausdehnung kühlt er sich ab. Wenn man ein Thermometer unter die Glocke der Luftpumpe bringt, sinkt es schon nach den ersten Pumpenzügen; umgekehrt steigt es beim Einpumpen von Luft. Hierauf beruht u. a. das *pneumatische Feuerzeug:* stößt man in einen mit Luft gefüllten Zylinder einen Kolben rasch hinein, so erfolgt eine so beträchtliche Temperaturerhöhung, daß etwas Schießbaumwolle, die an das innere Kolbenende angeheftet ist, sich entzündet. — Quantitativ ist die Temperaturänderung bei Druckänderung durch die Formel $dT = (Tav/jc_p) \cdot dp$ bestimmt, wo T die absolute Temperatur, j das Wärmeäquivalent, c_p die spezifische Wärme bei konstantem Druck, v das

Volumen und a der thermische Ausdehnungskoeffizient ist; bei einseitigem Druck oder Zug, z. B. auf einen herabhängenden Draht, ist unter a der lineare Ausdehnungskoeffizient, unter v die Länge der Masseneinheit zu verstehen. Durch sorgfältige Versuche ist diese Formel bestätigt worden. Bei Wasser von 4° C ist z. B. $a = 0$; hier bringt also Volumenänderung keine Temperaturänderung hervor, oberhalb erzeugt Kompression Wärme, unterhalb Abkühlung. Bei der Ausbreitung des Schalles in der Luft sind mit den Verdichtungen und Verdünnungen entsprechende Erwärmungen und Abkühlungen verbunden, die einen wesentlichen Einfluß auf die Schallgeschwindigkeit (s. d.) ausüben. — Bei idealen Gasen ergibt sich aus der Thermodynamik mit Rücksicht auf das Boyle-Gay-Lussacsche Gesetz die Formel $E = C_v T$, wo C_v die in Erg gemessene spezifische Wärme bei konstantem Volumen ist, in Worten: die Energie eines idealen Gases ist mit der absoluten Temperatur proportional. Hieraus folgt, daß, wenn ein ideales Gas sein Volumen ohne Arbeitsleistung vergrößert, indem es in ein Vakuum ausströmt, seine Temperatur sich nicht ändert. Das ist durch Joule und Thomson experimentell bestätigt worden; ebenso auch, daß es sich abkühlt, wenn es bei der Ausströmung Gegendruck überwindet, also Arbeit leisten und damit Energie abgeben muß, und dabei bestätigt sich auch die obige Formel mit dem Faktor C_v. Die Ausdehnungsarbeit ist für die Masseneinheit durch die Gaskonstante R gegeben (s. Gase), oder auch, was dasselbe ist, durch die Differenz $C_p - C_v$. — Bei wirklichen Gasen gilt das alles nicht mehr; hier hängt die Energie, wenn auch in schwachem Grade, auch vom Volumen ab, und somit erfolgt bei der Ausdehnung *Abkühlung*. Zur genaueren Verfolgung dieser Erscheinung eignet sich besser als der obige der zweite Joule-Thomsonsche Versuch: eine Röhre ist durch einen porösen Pfropfen in zwei Teile geteilt; mittels einer Pumpe wird dauernd ein Luftstrom hindurchgepreßt, der aus dem offenen Ende entweichen kann; die Röhrengegend um den Pfropfen herum ist gegen die Umgebung adiabatisch abgeschlossen. Es ergab sich in Übereinstimmung mit der Theorie die Formel:

$$(T_1 - T_2)/(p_1 - p_2) = a/T_2^2,$$

d. h. die Abkühlung umgekehrt proportional mit dem Quadrat der absoluten Temperatur; für Luft fand sich der Faktor $a/T_2^2 = 0{,}28$. Die Größe a ist in demselben Maße ein charakteristisches Merkmal für die Abweichung der Gase vom idealen Verhalten wie die Van der Waalsschen Größen a und b (s. Gase). — S. auch Energie, Gase.

Volumenkoeffizient der Gase, s. Thermische Ausdehnung der Gase.

Volumenmodul, s. Elastizität, Elastizitätsmodul.

Volumeter, s. Raummessung.

Vorbeben, s. Elastische Schwingungen.

Vorgeschichte eines Magneten, s. Hysteresis.

Vorpumpe, s. Luftpumpe.

W

Wackler, s. Tönende Systeme.

Wägung eines Körpers ist die Bestimmung seines Gewichts und, da dieses zur Masse in einem bestimmten Verhältnis steht, diese letztere aber (als Bewegungswiderstand) nicht oder nur sehr umständlich zu messen ist, indirekt auch die Bestimmung seiner Masse. — Der Apparat, der dazu dient, ist die *Wage*. Sie stellt eine Anwendung des Hebels (s. Einfache Maschinen) dar und läßt naturgemäß nur die Vergleichung des Gewichts des Körpers mit dem bereits bekannten Gewichte eines andern Körpers oder einer Summe solcher zu, die man als *Gewichte* bezeichnet und einem geeignet zusammengestellten *Gewichtssatze* entnimmt. —

Zu unterscheiden ist zwischen *gleicharmiger* und *ungleicharmiger Hebelwage;* für alle feineren Zwecke kommt fast nur die erstere in Betracht. — Die Wage muß *stabil* sein (darf nicht umkippen), was erreicht wird, wenn der Schwerpunkt unter dem Drehpunkt liegt; die Stabilität soll aber nicht größer als irgend nötig sein, weil in gleichem Maße, wie sie zunimmt, die *Empfindlichkeit* kleiner wird; der Schwerpunkt soll also möglichst dicht unter dem Drehpunkte liegen. — Die Mittelschneide soll mit den beiden die Schalen tragenden Seitenschneiden in einer Vertikalebene liegen, und alle drei Schneiden sollen parallel liegen. — Von der *Gleichheit der Arme* oder Wagebalken muß man sich durch Vergleichung bekannter Gewichte überzeugen und eventuelle Fehler feststellen; man legt also z. B. auf jede Schale 1 kg und stellt einen etwaigen Ausschlag fest; um sich zu überzeugen, ob und in welchem Maße dieser Ausschlag von einer etwaigen Differenz der beiden Gewichtsstücke herrührt, vertauscht man sie miteinander, wiederholt den Versuch und kann dann durch eine einfache Rechnung sowohl das Verhältnis der Wagebalken als auch das der Gewichtsstücke ermitteln. Ferner ist es wichtig, die *Empfindlichkeit* der Wage zu bestimmen, d. h. das Übergewicht, das, auf der einen Seite zu sonst gleichen Belastungen hinzugefügt, einen bestimmten kleinen, aber noch sicher festzustellenden Ausschlag liefert; die Empfindlichkeit nimmt im allgemeinen mit der Belastung nach einem bestimmten Gesetze ab. — Mit der Mittelschneide ist ein Zeiger verbunden, der über einer Skala spielt, an der man seine Stellung abliest; für feinere Beobachtungen aber leitet man seine Einstellung aus der Beobachtung der Schwingungen ab, die er um die Gleichgewichtslage ausführt, und zwar durch Beobachtung einer Reihe von Umkehrpunkten auf beiden Seiten. — Die *Gewichte* bestehen gewöhnlich aus Messing oder ähnlichen Legierungen, die kleineren aus Aluminium, Normalgewichte (zur Kontrolle oder zu sehr feinen Messungen) aus Platin oder Platin-Iridium oder Bergkristall. Gewöhnlich sind die Gewichte so abgestuft: 5, 2, 2, 1 kg, 500, 200, 200, 100, 50, 20, 20, 10, 5, 2, 2, 1 g, 500, 200, 200, 100, 50, 20, 20, 10 mg. Dazu kommen dann noch *Reiter*, deren jeder ebenfalls 10 mg schwer ist, die aber nicht auf die Schale gelegt, sondern rittlings auf das *Reiterlineal*, das in hundert Teile geteilt ist, aufgesetzt werden, so daß sie, je nach der Stelle, wo sie aufgesetzt werden, mit vollem Gewicht bis zu einem Hundertel hinab, also bis zu 0,1 mg hinab, wirken. — Feine Wagen werden in Glaskästen eingeschlossen, und dieser wird nur zu den notwendigen Hantierungen geöffnet, die Messung selbst aber im geschlossenen Zustande ausgeführt, die Zeigerablesung am besten mit einem Fernrohr. — Wegen des Auftriebs in der Luft muß man eine *Reduktion auf den leeren Raum* vornehmen, die je nach dem Material des Körpers und der Gewichte verschieden ausfällt; für Messinggewichte ist die hinzuzufügende Korrektion (s spezifisches Gewicht des Körpers): $k = 1{,}2\,((1/s) - (1/8{,}4))$, z. B. für k in mg pro Gramm des Körpers:

$s =$ 0,8	1,0	1,5	2,0	3	5	10	20
$k =$ 1,36	1,06	0,66	0,46	0,26	0,1	−0,023	−0,083

Wägungen von äußerster Exaktheit führt man lieber direkt im *Vakuum* aus, wofür es besondere *Vakuumwagen* gibt. Auch gibt es, wenn man in Luft beobachtet, besondere Kunstgriffe, um zu genaueren Ergebnissen zu gelangen, so die *Substitutions-* und die *Vertauschungsmethode;* bei jener wird zuerst der zu wägende Körper und alsdann eine Summe von geeichten Gewichten mit einer Summe von Gewichten auf der andern Schale verglichen, die letzteren sind dann ihrem absoluten Betrage nach gleichgültig, und die Fehlerquellen fallen großenteils weg; bei letzterer wird der Körper zuerst auf die eine, dann auf die andre Schale gebracht usw. — Für feinere Wägungen machen sich auch unregelmäßige Temperatureinflüsse infolge ungleichförmiger Erwärmung des Raumes geltend, namentlich solche, die von dem Beobachter selbst ausgehen; am besten ist es daher, aus größerer Ferne mit dem Fernrohr zu beobachten, außerdem aber die Wage so aufzustellen, daß sie nicht einseitig bestrahlt wird usw. — Ein weiterer Einfluß ist die Feuchtigkeit (Ansatz von Wasserhaut an die Wageteile, durch sorgfältige Entfernung auszugleichen usw.). — Für die Wägung sehr kleiner Massen gibt es besonders feine Wagen, die man als *Mikrowagen* bezeichnet. — Eine besondere Form der gleicharmigen Wage ist die *Robervalsche* oder *Tafelwage*, bei der sich die Schale oder Platte für die Aufnahme des Körpers (und ebenso die für die Gewichte) oberhalb des Drehpunkts befindet, und die außerdem mit zwei parallelen, durch Scharniere verbundenen Wagebalken ausgestattet ist. — Von den ungleicharmigen Hebelwagen ist die *Dezimal-* und die *Zentesimalwage* am üblichsten; beide dienen zur Bestimmung großer bzw. sehr großer Massen durch relativ kleine Gewichte und sind, mit Hilfe primärer und sekundärer Schneiden usw. in eine möglichst zuverlässige Form gebracht; so bei der sehr ververbreiteten *Brückenwage*. — Bei manchen Wagen, so bei der römischen oder *Schnellwage*, wird das Reiterprinzip ins Große übertragen, d. h. es wird überhaupt nur ein einziges Vergleichsgewicht benutzt, dieses aber auf dem Wagebalken, der graduiert ist, verschoben. — Bei gewissen Wagen für geringe Ansprüche bedient man sich des Prinzips des *Winkelhebels;* es wird durch Auflage des Körpers auf die Schale ein ein für allemal gegebenes Gegengewicht gedreht und die entsprechende Einstellung eines Zeigers auf einer empirisch geteilten Skala abgelesen: *Briefwage*. — Für rohe Zwecke kann man auch das zu bestimmende Gewicht mit der elastischen Kraft einer Feder vergleichen: *Federwage;* gleichzeitig mit der Zusammendrückung der Feder wird ein Zeiger gedreht und seine Einstellung auf einer Skala abgelesen. Solche Wagen müssen aber wegen der Veränderlichkeit der Elastizität öfters kontrolliert werden.

Wägungsmethode, s. Magnetische Messungen.

Wärme ist zunächst eine Abstraktion aus dem Erfahrungsbegriffe der *Temperatur* (s. d.). Wenn wir beobachten, daß ein Körper seine Temperatur ändert, drücken wir das genetisch (oder kausal) so aus, daß wir sagen, es sei ihm Wärme zugeführt worden, und zwar für eine bestimmte Temperaturerhöhung eine bestimmte *Wärmemenge*. Wärme ist also insoweit für die Temperaturänderung ganz das Entsprechende wie die Kraft für die Geschwindigkeitsänderung (Beschleunigung). Indessen hat sich gezeigt, daß es zu Unstimmigkeiten führt, die Wärme als eine Art von Kraft einzuführen; dagegen hat die andre Hypothese, Wärme sei eine Art von *Energie*, sich glänzend bewährt, und es ist dadurch die ältere Vorstellung, Wärme sei ein Stoff (Kalorikum), sehr schnell verdrängt worden mit Hilfe des Nachweises eines allgemein gültigen Arbeitsäquivalents der Wärme (s. Wärmeäquivalent), sowie durch viele andre Feststellungen. — Als Einheit dient am einfachsten, wie für jede Energie, das *Erg;* es ist aber von früher eine andre Wärmeeinheit in Gebrauch geblieben, da sie für rein kalorische Zwecke sehr praktisch ist: die *Kalorie*. Im absoluten Maßsysteme ist es die kleine oder *Grammkalorie*, d. h. die Wärmemenge, die erforderlich ist, um 1 g Wasser von 15° auf 16° C zu erwärmen, oder auch (nur ganz unbedeutend davon abweichend) die mittlere Kalorie, d. h. der hundertste Teil der zur Erwärmung von 0° auf 100° C erforderlichen Wärmemenge. In der Praxis wird statt dessen vielfach mit der großen Kalorie gerechnet, die sich auf 1 kg bezieht, also das Tausendfache jener ist. — Zur Messung von Wärmemengen dient die *Kalorimetrie* (s. d.). — Mit der Temperaturänderung steht die Wärme in der Beziehung $W = c(t_1 - t_0)$, und hierin ist c die *Wärmekapazität* des Körpers; sie ist erfahrungsgemäß mit seiner Masse m proportional, also

$c = m \cdot s$, wo jetzt s die *spezifische Wärme* des Stoffes selbst (s. d.) ist. — Die Wärmemenge verhält sich insofern einfacher als die Temperatur, als für sie das *Wechselwirkungsprinzip* erfüllt ist, d. h. bei der Wechselwirkung zweier Körper erfährt der eine den gleichen Gewinn wie der andre einen Verlust an Wärme (während das für die Änderungen der Temperatur nicht gilt). — Übrigens ist mit der Zufuhr von Wärme nicht immer eine Änderung der Temperatur verbunden; die Energie kann vielmehr auch anders verwendet werden, z. B. zur Änderung des Aggregatzustandes (s. Schmelzungswärme, Verdampfungswärme) oder zur Auflösung (s. Lösungswärme). Und ebenso ist umgekehrt nicht jede Temperaturänderung eine Folge von Wärmezu- oder -abfuhr; z. B. hat Kompression bzw. Dilatation dieselbe Wirkung (s. Volumenenergie). — Da die Wärme keine sichtbare Energieform ist, muß man irgendwie eine hypothetische Vorstellung von ihrem Wesen sich bilden. Als solche hat sich diejenige durchaus bewährt, wonach die Wärme in der *Energie der Molekeln*, aus denen die Körper aufgebaut gedacht werden, besteht, und zwar in erster Linie in ihrer kinetischen, in zweiter auch in ihrer potentiellen Energie; das Wesentliche ist, daß die Wärme vom Charakter einer *ungeordneten Bewegung* ist. Näheres hierüber s. Thermodynamik und Kinetische Theorie. — Die Wärme ist, wie jede Energie, lokalisiert, d. h. an einen bestimmten Ort geknüpft; und sie kann diesen Ort verändern, d. h. im Raume wandern. Und zwar kann sie das auf drei verschiedene Arten tun: durch Fortführung mit der Materie (*Konvektion* der Wärme), insbesondere bei Strömungen von Flüssigkeiten und Gasen, durch *Leitung* (s. Wärmeleitung) und durch *Strahlung* (s. Wärmestrahlung).

Wärmeäquivalent, genauer *mechanisches Wärmeäquivalent* oder *Arbeitsäquivalent der Wärmeeinheit*, ist die Arbeit, die durch die Wärmeeinheit geleistet oder durch die eine Wärmeeinheit erzeugt werden kann. Im absoluten Maße drückt man Arbeiten (mechanische Energien) in Erg aus; tut man dasselbe für die Wärme, so wird das Äquivalent natürlich eins. Man drückt aber vielfach Wärmemengen in Kalorien aus (s. Wärme), und dann wird das Äquivalent eine bestimmte Zahl. In der Praxis wird noch vielfach die Arbeit in mkg (s. Maßsysteme), die Wärme in großen Kalorien (Kilogrammkalorien) ausgedrückt; zur Umrechnung auf absolutes Maß ist wegen m und cm mit 100, wegen der Reduktion der Gewichtseinheit auf die Masseneinheit mit 981 (s. Maßsysteme), im ganzen also mit 98100 zu multiplizieren (die Umrechnung von kg und g erübrigt sich, weil diese Größe beiderseits auftritt). — Die umgekehrte Größe, also die Wärmemenge, die durch die Arbeitseinheit erzeugt oder zu ihrer Gewinnung verbraucht wird, kann man das *Wärmeäquivalent der Arbeitseinheit* nennen. — Um nachzuweisen, daß Wärme wirklich eine Energieform ist, muß man zeigen, daß das Wärmeäquivalent stets in gleicher Größe herauskommt, auf welche Art man auch die eine oder die entgegengesetzte Umwandlung vornehmen möge. Man hat daher nach außerordentlich zahlreichen Methoden das Wärmeäquivalent ermittelt, und zwar mit der Zeit immer einwandfreier und genauer. Die wichtigsten dieser Methoden sind folgende: 1. Aus den *spezifischen Wärmen* bei konstantem Druck und bei konstantem Volumen (s. Spezifische Wärme) unter Benutzung der Gaskonstante (s. Gase); diese Methode ist als älteste von historischer Bedeutung. Sie ist von Robert Mayer angewendet und später mit besseren Zahlendaten wiederholt worden. — 2. *Verdichtung und Verdünnung* von Luft (Joule). — 3. *Reibung von Flüssigkeiten* oder *festen Körpern* (Joule). — 4. *Stoßwirkung* (Hirn). — 5. Verwandlung von Wärme in Arbeit durch die *Dampfmaschine* oder *Kältemaschine* (Hirn). — 6. Umwandlung unter Vermittelung *gesättigter Dämpfe*. — 7. Mit dem *elektrischen Strom* (Stromwärme, Joule, s. Stromwärme). — Das Ergebnis ist, daß, je mehr es gelang, die Fehlerquellen zu vermeiden oder zu berücksichtigen, immer besser übereinstimmende Werte sich ergaben. Das Endresultat ist: $j = 41{,}86$ Megaerg (Millionen Erg) oder auch $j = 4{,}186$ Joule (1 Joule $= 10^7$ Erg, s. Maßsysteme, Elektrische und Magnetische Maßsysteme), bezogen auf die 15°-Kalorie und auf Wasserstoffthermometer; oder umgekehrt die Kalorie:

$$1/j = 0{,}0000000239\,.$$

Wenn man bedenkt, daß diese Zahl auf dem willkürlichen Celsiusgrad der Temperaturskala beruht, so sieht man ein, daß man das Wärmeäquivalent gleich eins machen kann, wenn man einen absoluten Grad einführt gleich dem 41,86-millionten Teil des Celsiusgrades (1 Megagrad $= 1/41{,}86$). Im *praktischen Maße* ausgedrückt, hängt j' von der Beschleunigung durch die Schwere, also vom Orte ab; für Berlin wird $j' = 426{,}6$, für München 426,8. Das sind aber Differenzen, die noch innerhalb der Unsicherheit des Gesamtresultates liegen. — Die pro Sekunde erzeugte Wärmemenge ist der *Wärmeeffekt* (s. Arbeit); ihre Einheit ist cal/sec = 4,186 Watt.

Wärmeapparate. Die beiden wichtigsten sind das *Thermometer* (s. d.) zur Temperaturmessung und das *Kalorimeter* (s. d.) zur Messung von Wärmemengen, insbesondere von Wärmekapazitäten und spezifischen Wärmen. Zur Temperaturmessung dienen auch das *Bolometer* (s. d.) und das *Thermoelement* (s. Thermosäulen). — Ferner ist das *Dilatometer* (s. d.) zur Messung der thermischen Ausdehnung zu nennen. — Eine wichtige Klasse von Hilfsapparaten bilden die *Thermostaten* zur Erhaltung einer konstanten Temperatur in einem Raume, und zwar entweder einer mittleren oder einer besonders hohen oder einer besonders tiefen. Die Konstanterhaltung erfolgt entweder durch Reguliervorrichtungen, z. T. automatischer Natur, oder durch möglichst vollkommenen Abschluß von der Umgebung mit Hilfe von schlechten Leitern; als solche empfehlen sich, eingebettet in die doppelte Wandung des Raumes, lockere Massen (Asche, Watte, Holzwolle) oder Luft oder, am besten, ein luftleerer Raum. Hierauf beruhen die *Eisschränke*, die *Dewarschen Gefäße* und die *Thermosflaschen* (s. auch Wärmeleitung). Was die Thermostaten für besonders hohe Temperaturen betrifft, so sind sie zu gleicher Zeit *Heizapparate;* als Heizquelle dienen entweder chemische (Verbrennungs-) Prozesse oder elektrische Ströme, die durch große Widerstände geschickt werden (*elektrische Öfen*); als Widerstände dienen feine Drahtspiralen oder dünne Bleche, auf Glimmer od r dgl. gewickelt, in einen Asbestmantel gehüllt. Besonders bewährt haben sich die Platinöfen und die Kryptolöfen (mit einer körnigen Widerstandsmasse). Die höchsten Temperaturen erzielt man mit Kohlebogenöfen. — Eine sehr einfache, aber nützliche und deshalb weitverbreitete Wärmequelle ist der *Bunsenbrenner*, bei dem sich das Leuchtgas schon in der Röhre mit der durch eine seitliche Öffnung zugeführten Luft mischt, der Kohlenstoff also sofort zu Kohlensäure verbrennt und somit, gegenüber dem gewöhnlichen Gasbrenner, die Wärmeentwicklung auf Kosten der Lichtentwicklung bedeutend gesteigert wird; übrigens kann man das Luftloch beliebig einstellen. — Wegen Stichflamme usw. s. Lötrohr. — Sonst sind hier noch zu nennen die *Heizbäder*, und zwar Luftbäder, Wasserbäder, Bäder mit andern Flüssigkeiten und Dampfbäder. — Eine besondere Klasse bilden die *Thermophore* (Gefäße zur Erwärmung). — Von großer Bedeutung sind in neuerer Zeit die Apparate zur Erzeugung und Erhaltung *sehr tiefer Temperaturen* geworden (s. Verflüssigung der Gase, Lösungen, Thermochemie). Hierher gehören dann auch die *Kühlvorrichtungen* durch fließendes Wasser, wie sie bei Elektromagneten, Dynamomaschinen und in vielen andern Fällen Verwendung finden.

Wärmeausdehnung der festen Körper, s. Thermische Ausdehnung.

Wärmeausdehnung der Flüssigkeiten, s. Thermische Ausdehnung der Flüssigkeit

Wärmeausdehnung der Gase, s. Thermische Ausdehnung der Gase.

Wärmefunktion bei konstantem Druck, s. Thermochemie.

Wärmegewitter, s. Atmosphärische Elektrizität.

Wärmekapazität, s. Wärme, Spezifische Wärme.

Wärmekonvektion, s. Wärme.

Wärmekraftmaschinen, s. Kalorische Maschinen.

Wärmeleitung der festen Körper. Wärmeleitung ist diejenige Form der Wanderung der Energie im Raume, bei der jede Schicht des Mediums nach und nach mit erwärmt wird; es ist also eine Nahwirkung oder Schichtwirkung. Ein Raum, in dem Wärmeströmung stattfindet, heißt ein Wärmeströmungsfeld; es ist von *Wärmestromlinien* und *darauf senkrechten Isothermenflächen* erfüllt. Die durch die Flächeneinheit in der Zeiteinheit strömende Wärmemenge heißt der *Wärmestrom;* man kann ihn, wo das erwünscht ist, in die drei Wärmekomponenten zerlegen; auch sonst gelten dieselben Beziehungen wie bei materieller oder bei Kraftströmung (s. Kraftfeld). — Für isotrope, homogene Körper gilt für die Temperatur als Funktion von Ort und Zeit die Grundgleichung: $\partial\Theta/\partial t = a^2 \Delta\Theta$, wo Δ die Summe der zweiten Differentialquotienten nach den drei Koordinaten und a^2 den *Temperaturleitungskoeffizienten* bedeutet; dieser seinerseits ist

$$a^2 = k/(\varrho s),$$

wo ϱ die Dichte, s die spezifische Wärme und k die Wärmeleitfähigkeit der Substanz bedeutet. — Je nach den Umständen vereinfacht sich obige Gleichung mehr oder weniger (zwei- und eindimensionale Systeme, stationärer Zustand usw.). — In einer planparallelen Schicht von seitlicher Unbegrenztheit stellt sich bei stationärer Wärmeströmung (Konstanterhaltung der Temperatur der beiden Grenzflächen, z. B. auf 100° und 0° C) gleichförmige Abnahme der Temperatur von der heißen zur kalten Grenzfläche her. — Dagegen nimmt in einem zylindrischen Stabe die Temperatur vom heißen zum kalten Ende nicht gleichförmig, sondern anfangs rasch und dann immer langsamer ab (Fig. 255), so daß sie an irgend einer Stelle nicht der Mittelwert zwischen den beiden Werten in zwei beiderseits gleich weit entfernten Punkten, sondern kleiner ist. — Andre Fälle sind der der Kugel und des Parallelepipeds. — Im nichtstationären Zustande kommt der zeitliche Verlauf der Erscheinung in Betracht; auch spielt dann die Ausstrahlung an der Oberfläche eine nicht immer leicht in Rechnung zu ziehende

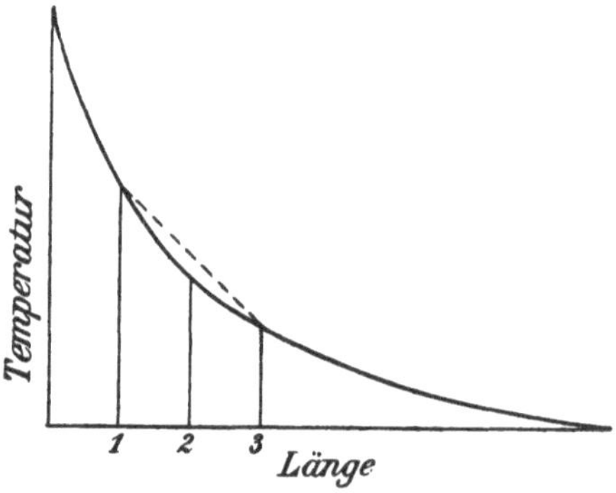

Fig. 255.

Rolle. Am interessantesten ist der Fall eines ringförmig geschlossenen Stabes. — Alle diese Fälle geben Methoden ab zur Messung der *Wärmeleitfähigkeit der Stoffe*, sei es zu ihrer Vergleichung, sei es zu absoluten Messungen (Péclet, Wiedemann und Franz, H. F. Weber, Despretz, Neumann, Kirchhoff und Hansemann). — Einige Zahlenwerte von k (zugleich auch für Flüssigkeiten und Gase, s. d. folgenden Artikel):

Absolutes Wärmeleitungsvermögen einiger Stoffe bei 18°.

Alkohol	0,00048
Äther	0,00034
Benzol	0,00033
Blei	0,079
Ebonit	0,0004
Eis	0,005
Eisen . . . . . . circa	0,16

Gesteine	von	0,001
	bis	0,04
Glas	von	0,0011
	bis	0,0023
Glas, mittleres		0,0016
Gold		0,68
Holz (Faser)	von	0,0003
	bis	0,0028
Kohlensäure		0,000031
Kupfer		0,90
Luft		0,000053
Messing		0,25
Neusilber		0,08
Platin		0,16
Quecksilber		0,018
Schwefelsäure		0,013
Silber		1,01
Steinkohle		0,0003
Steinsalz		0,013
Wasser		0,00125
Wasserstoff		0,00036
Zink		0,27

— Die Wärmeleitfähigkeit der Metalle geht mit ihrer elektrischen Leitfähigkeit im allgemeinen parallel (Gesetz von Wiedemann und Franz); in einigen Fällen ist sie eine lineare Funktion derselben (H. F. Weber). — Die Wärmeleitfähigkeit hängt übrigens von der *Temperatur* ab; die Änderung ist aber nicht sehr beträchtlich, auch ist sie in vielen Fällen unsicher. — Bei den *Kristallen* ist die Wärmeleitfähigkeit in verschiedenen Richtungen verschieden; durch graphische Darstellung mittels Vektoren (Fig. 256) von entsprechender Länge und Richtung erhält man die *Wärmeleitungsfläche* (in der Figur ist nur ein Quadrant eines Hauptschnitts wiedergegeben); die Werte für die Hauptaxen heißen die *Hauptwärmeleitungskoeffizienten* des Kristalls. Durch Aufgießen einer feinen Wachsschicht auf die Kristalle und Erwärmung durch eine aufgesetzte heiße Nadelspitze kann man die Wärmeleitungsfläche in Gestalt des durch Schmelzung aufgeworfenen Wachswulstes direkt beobachten (*Methode von Sénarmont*). — Für Quarz ist z. B. in der Hauptaxe $k = 0{,}028$, senkrecht dazu 0,016; entsprechend für Kalkspat 0,0098 und 0,0085. — Die Wärmeleitung der festen Körper findet vielfache Verwendung: die guten Wärmeleiter werden zum Ausgleich von Temperaturunterschieden benutzt (ein Glas, in das man heißes Wasser gießt, springt nicht, wenn durch einen Löffel Boden und Rand in leitende Verbindung gesetzt sind); bei der *Davyschen Sicherheitslampe* werden die Verbrennungsgase durch das umgebende Drahtnetz stark abgekühlt, so daß sie unschädlich nach außen gelangen. Die schlechten Wärmeleiter, insbesondere die lockeren Massen (Wolle, Asche usw.) dienen zur Einhüllung von Räumen, die man warm oder kalt erhalten will (Eisschrank, Ausstopfung des Zwischenraums zwischen doppelten Wänden); entsprechende Rolle der Stoffe für die menschliche Kleidung. — Bei dem Übergange von einem Medium zu einem andern (z. B. in einer

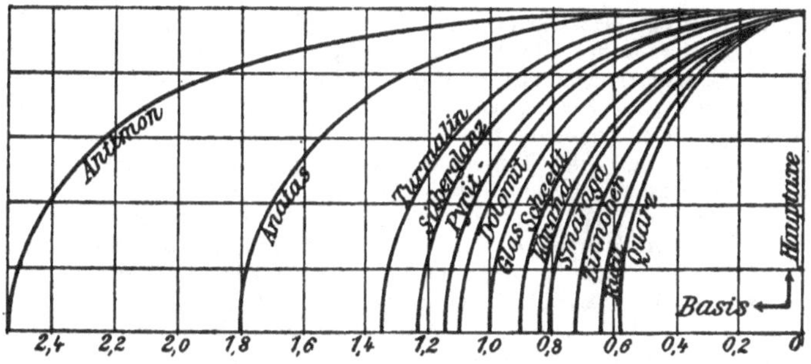

Fig. 256.

halb aus Kupfer, halb aus Eisen bestehenden Platte) werden die Wärmestromlinien ähnlich wie die Lichtstrahlen gebrochen. — Eine *Wärmeschwingung* (periodische Temperaturschwankung), z. B. die täglichen und die jährlichen Schwankungen der Lufttemperatur über dem Erdboden pflanzen sich durch Leitung als *Wärmewellen* in das Erdinnere fort und erfahren dabei zwei Änderungen: die Amplitude wird kleiner und die Phase verzögert sich; in einer gewissen Tiefe sind Maxima und Minima vertauscht, in noch größerer herrscht konstante Temperatur. — Andrerseits pflanzt sich die Wärme des Erdinnern an die Oberfläche fort: *Temperaturgradient* in Bohrlöchern. Im Zusammenhange hiermit steht das Problem der säkularen Abkühlung der Erde und ihres Alters, d. h. der seit ihrer Erstarrung verflossenen Zeit (Lord Kelvin).

Wärmeleitung der Flüssigkeiten. Die allgemeine Methodik und die Gesetze stimmen im wesentlichen mit denen für feste Körper (s. d.) überein; indessen sind hier die Fehlerquellen zu beseitigen erstens wegen der Teilnahme der Gefäßwände an der Leitung, zweitens wegen der Strömungen in der Flüssigkeit, die eine Wärmekonvektion (s. Wärme) zur Folge haben, und drittens wegen der Strahlung durch die Flüssigkeit hindurch. Infolgedessen sind bisher nur wenige einwandfreie Ergebnisse erzielt worden; am besten bewährt hat sich noch die Lamellenmethode (dünne Flüssigkeitsschicht zwischen zwei festen Wänden), die in verschiedenen Formen ausgestaltet worden ist; aber auch die Säulenmethode, insbesondere die Methode der unbegrenzten Mauer, ist zu einer brauchbaren Methode entwickelt worden. Einige Zahlenwerte sind bei den festen Körpern mit angeführt worden. Wie man daraus entnimmt, ist die Wärmeleitfähigkeit der Flüssigkeit klein gegen die der festen Körper; am größten noch ist sie für Wasser, dessen Wert sich dem für Gläser nähert. — Über die Abhängigkeit von der Temperatur liegen keine zuverlässigen Ergebnisse vor; jedoch scheint es, daß bei steigender Temperatur die Leitfähigkeit etwas zunimmt. — Für Mischungen von Flüssigkeiten erhält man Werte, die sich nur in einzelnen Gruppen von Fällen additiv aus den Werten für die Bestandteile darstellen lassen, in andern aber nicht. — Beim Erstarren einer Flüssigkeit ändert sich die Leitfähigkeit, bei Wasser z. B. nimmt sie stark ab. — Zur Berechnung der Wärmeleitfähigkeit der Flüssigkeiten aus theoretischen Beziehungen sind verschiedene Formeln aufgestellt worden, die sich aber nur in beschränktem Umfange bestätigt haben.

Wärmeleitung der Gase. Sie ist noch schwieriger zu bestimmen als die der Flüssigkeiten (s. d.), da die aus Strömung und Konvektion, aus der Strahlung und aus dem Anteil der Gefäßwände an der Leitung stammenden Fehler hier noch eine viel größere Rolle spielen. Trotzdem ist es nach und nach gelungen, das Problem zu meistern und einigermaßen zuverlässige Ergebnisse zu erzielen. Einige Zahlen sind bei den festen Körpern mit aufgeführt. Wie man sieht, ist die Wärmeleitfähigkeit der Gase überaus klein, nur etwa $^1/_{10}$ von der der Flüssigkeiten und weniger als $^1/_{1000}$ von der der festen Körper. Das macht sich u. a. praktisch darin geltend, daß lockere Massen (Asche, Watte, Schnee usw.) wegen ihrer Lufteinschlüsse schlechte Wärmeleiter sind und als solche verwendet werden können. Noch besseren Schutz gegen Wärmeleitung (heraus und herein) gewährt ein Vakuum zwischen der doppelten Gefäßwandung (Anwendung bei den Dewarschen Gefäßen, Thermoflaschen, Thermostaten usw.). — Nach der kinetischen Gastheorie (s. d.) ist die Wärmeleitung auf die *molekulare Weglänge* zurückzuführen, mit der sie zunimmt; am größten sind beide für Wasserstoff. Vom *Druck* soll nach der Theorie die Leitfähigkeit unabhängig sein, und das wird durch die Erfahrung bestätigt, außer für extreme Drucke, insbesondere für sehr kleine (unterhalb 1 mm Hg); diese Erscheinung läßt sich aber statt auf veränderte Leitfähigkeit auch auf einen an der Grenze von Gas und Wand eintretenden *Temperatursprung* zurückführen, und ein solcher ist durch Smoluchowski auch tatsächlich nachgewiesen worden (er ist ein Analogon zur Gleitung verdünnter Gase, s. Innere Reibung). — Mit der *Temperatur* soll nach der Theorie die Leitfähigkeit zunehmen, und zwar je nach den besonderen Annahmen proportional mit der absoluten Temperatur (Maxwell) oder mit ihrer Wurzel (Clausius), mit andern Worten: der Temperaturkoeffizient soll gleich dem thermischen Ausdehnungskoeffizienten 0,00367 oder aber gleich dessen Hälfte sein; die Versuche haben hierüber noch keine endgültige Entscheidung gebracht, da die Ergebnisse der verschiedenen Autoren stark voneinander abweichen; für Luft z. B. finden die einen 0,0019, die andern 0,0036; für Quecksilberdampf hat sich sogar ein nochmals doppelt so großer Wert ergeben. — Zwischen der Wärmeleitung k und der innern Reibung η (s. d.) soll nach der kinetischen Theorie eine Beziehung bestehen, und zwar soll, je nachdem man nur die fortschreitende Bewegung der Molekeln oder auch die intramolekulare Atombewegung berücksichtigt, $k = 1{,}53\ \eta\, c$ oder

$$k = 3{,}75\,(\varkappa - 1)\,\eta\, c$$

sein, wo c die spezifische Wärme und $\varkappa$ das Verhältnis der spezifischen Wärmen ist; die Beobachtung scheint in den meisten Fällen sich mehr der ersteren Formel anzuschließen.

Wärmeleitung der Metalle, s. Wärmeleitung der festen Körper, Elektrizitätsleitung fester Körper.

Wärmemaschinen, s. Kalorische Maschinen.

Wärmemenge, s. Wärme, Spezifische Wärme.

Wärmeschwingung, s. Wärmeleitung der festen Körper.

Wärmespektrum, s. Wärmestrahlung.

Wärmestrahlen, s. Strahlung, Wärmestrahlung.

Wärmestrahlung ist Strahlung, die auf die Temperatur der Körper einwirkt, also mit Thermometer, Thermosäule oder Bolometer nachgewiesen und gemessen wird (s. diese Artikel). Sie reicht von einer Wellenlänge von rund 100 μ bis herab zu etwa 0,5 μ; bis zu 0,8 μ ist sie ausschließlich Wärmestrahlung (von da ab auch Lichtstrahlung) und wird als *dunkle Wärmestrahlung* oder als *ultrarote* (infrarote) Strahlung bezeichnet. — Zur Fraktionierung der Strahlung in einzelne Wellenlängengebiete wendet man die *spektrale Zerlegung* durch Prisma oder Gitter an; am weitesten aber im Heraussieben der ganz langwelligen Strahlen kommt man mit der Rubensschen Methode der wiederholten Reflexion an geeigneten Körpern (Steinsalz usw.); die dann übrig bleibenden Strahlen heißen *Reststrahlen*. — Zur Demonstration der Wärmestrahlen dient u. a. der *Leslie-sche Würfel*, dessen Seitenflächen verschiedene Oberfläche (matt, glänzend, schwarz, weiß, bunt usw.) haben, und der außerdem auf verschiedene Temperatur gebracht werden kann. Zur Untersuchung der Gesetze können dann auf einer Bank mit Schlitz, auf der der Würfel sitzt, verschiedene Hilfsapparate zur Absorption, Reflexion usw. aufgestellt und verschoben werden. — Wegen der allgemeinen Strahlungsgesetze s. Strahlung. — Die auf einen Körper fallende Wärmestrahlung wird von diesem in drei Teile zerlegt, nämlich reflektiert, absorbiert und durchgelassen; setzt man die auffallende Wärme gleich eins, so hat man: $R + A + D = 1$ (oder auch, wenn in Prozenten ausgedrückt, $= 100$); dabei hängen A und D von der Dicke der Schicht ab: $D = e^{-\varkappa x}$, $A = 1 - e^{-\varkappa x}$, hierin ist $\varkappa$ der *kalorische Absorptionskoeffizient*. Ganz Entsprechendes gilt von der Lichtabsorption, und hier wird der Koeffizient zuweilen auch *Extinktionskoeffizient* genannt. Hinsichtlich der Durchlässigkeit unterscheidet man zwischen *diathermanen* und *adiathermanen* Stoffen, allgemeiner zwischen verschiedenen Graden der *Diathermansie*. Für dieselbe Wellenlänge ist sie identisch mit der Durchsichtigkeit, nicht aber für verschiedene Wellenlängen. So ist Eis durchsichtig, aber adiatherman;

Jod in Schwefelkohlenstoff undurchsichtig, aber diatherman, Steinsalz durchsichtig und diatherman, Ruß undurchsichtig und adiatherman. Grenzfälle sind die des thermisch spiegelnden, thermisch weißen (diffus reflektierend) und des schwarzen Körpers (alles absorbierend); eine wichtige Zwischenspielart ist die selektive Reflexion: *Thermochrose.* — Das *Strahlungs-* oder *Emissionsvermögen* für dunkle Wärmestrahlen hat, für Ruß gleich 100 gesetzt, ungefähr folgende Werte:

Ruß	100
Eisenoxyd	93
Bleioxyd	88
Flußspat	82
Graphit	75
Chlorsilber	70
Kochsalz	49
Steinsalz	42
Platin	10
Kupfer	6
Gold	4
Silber	3

Was die *Absorption* betrifft, so gilt folgende Rangordnung nach der Diathermansie: Steinsalz (fast vollkommen), Kalkspat, Quarz, Glas, Flußspat, Alaun, Eis; und bei Flüssigkeiten: Schwefelkohlenstoff, Alkohol, Wasser. — Über die selektive Reflexion geben die folgenden Zahlen Aufschluß:

(λ in μ)	Silber	Gold	Kupfer	Eisen	Nickel
0,50	88,3	56,1	54,8	54,4	61,0
0,60	92,4	80,5	77,7	54,6	63,4
0,80	95,2	92,4	85,4	63,6	70,4
1,00	96,5	96,8	88,9	69,0	77,4
1,40	97,4	97,0	91,3	74,3	81,7
2,00	97,3	95,4	93,9	80,5	84,5

— Die Gesetze der Ausbreitung, der Schwächung mit der Entfernung, der Reflexion und Brechung, der Interferenz, Beugung und Polarisation der Wärmestrahlen sind ganz entsprechend denen der Lichtstrahlen, nur mit vielfach stark abweichenden Konstanten;

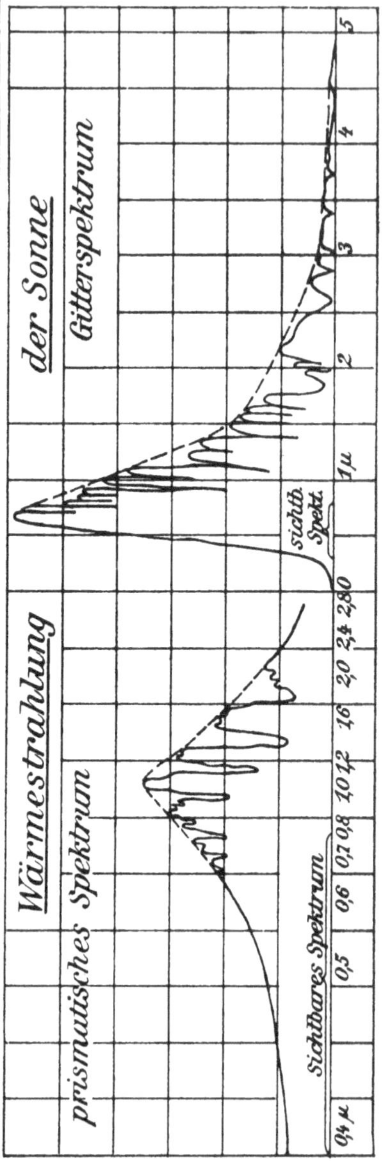

Fig. 257.

einige Werte des Brechungsquotienten für verschiedene Wellenlängen für Steinsalz sind folgende:

λ	n	λ	n
0,434	1,561	2,076	1,526
0,589	1,544	4,150	1,521
0,831	1,535	6,90	1,512
1,277	1,529	8,95	1,503

Der Polarisationswinkel ist für Glas 55°, für Metalle 73° bis 78°; auch findet beim Durchgange durch gewisse Stoffe eine Drehung der Polarisationsebene statt. — Das *Wärmespektrum* zeigt ein Maximum der Intensität, je nach der Temperatur der Quelle, zwischen $10\,\mu$ (bei 0° C) und $0{,}7\,\mu$ (bei 6000° C, s. auch die Fig. 244 bei Strahlung). Die Verteilung hängt aber auch wesentlich vom Material des Prismas ab; beim Beugungsspektrum ist sie wieder anders. — Mit der Messung der *Sonnenstrahlen* befaßt sich die *Aktinometrie*, es sind dafür zahlreiche Apparate, *Pyrheliometer*, *Aktinometer* usw. genannt, konstruiert und eingehende Messungen damit angestellt worden, besonders an frei gelegenen Orten (Davos usw.). Die Wärmestrahlung der Sonne liefert die beistehenden Spektren Fig. 257), deren regelmäßige Kurve, wie man sieht, durch zahlreiche (den Fraunhoferschen Linien entsprechende) kalte Bänder unterbrochen ist. Die in Kalorien ausgedrückte Wärmemenge, die die Flächeneinheit der Erdoberfläche ohne atmosphärische Störung von der Sonne in der Minute empfangen würde, heißt *Solarkonstante;* ihr Mittelwert ist 3,0. Die Jahresmenge der ganzen Wärmemenge, die von der Sonne auf die ihr zugewendete Erdhälfte fällt, beträgt hiernach $20 \cdot 10^{23}$ (2 Quadrillionen Kalorien).

Wärmestrom, s. Wärmeleitung der festen Körper.

Wärmetheorie, s. Thermodynamik.

Wärmetönung, s. Thermochemie.

Wärmewellen, s. Wärmeleitung fester Körper.

Wage, s. Wägung.

Wagnerscher Hammer, s. Elektromagnetische Apparate.

Wahre Elektrizität ist in der dualistischen Theorie der Überschuß der positiven über die negative Elektrizität; wahren Magnetismus (im genau entsprechenden Sinne) scheint es nicht zu geben. In der Feldtheorie ist wahre Elektrizität die Divergenz der elektrischen Polarisation:

$$\varrho = \operatorname{div} \vartheta = \frac{\varepsilon}{4\pi} \operatorname{div} \mathfrak{E} \quad ,$$

wo ε die Dielektrizitätskonstante ist; dividiert man noch durch ε, so erhält man die *freie* Elektrizität:

$$\varrho_0 = \frac{1}{4\pi} \operatorname{div} \mathfrak{E} \quad .$$

Wahrer Ausdehnungskoeffizient, s. Thermische Ausdehnung fester Körper.

Wahrscheinlicher Fehler, s. Experiment.

Wahrscheinlicher Wert, s. Experiment.

Wahrscheinlichkeitskurve, s. Kinetische Theorie, Variationskurve.

Walratkerze, s. Lichtstärke.

Waltenhofensches Pendel, s. Induktionsströme.

Waltenhofensches Phänomen, s. Remanenz.

Walzbar, s. Geschmeidigkeit.

Wanderung der Energie, s. Energie.

Wanderung der Ionen, s. Elektrolyse, Ionen.

Wasserbad, s. Wärmeapparate.

Wassereinstrom, s. Osmose.

Wasserfallelektrizität ist die seit langem bekannte, aber erst von Lenard aufgeklärte Erscheinung, daß Wasserfälle die Luft in ihrer Umgebung negativ laden. Die Grunderscheinung ist folgende: Wassertropfen, die auf Wasser oder einen benetzten Körper fallen, entwickeln Elektrizität; das Wasser wird positiv, die Luft entweicht mit negativer Ladung von der Aufprallstelle. In Tropfen zerfallende Strahlen sind geeignet, die Erscheinung stark bemerkbar zu machen; die Ladung des Wassers kann sich hier bis zur Fünkchenbildung steigern, das Luftpotential in einem Zimmer auf Hunderte von Volt gebracht werden. Verunreinigung des Wassers schwächt die Wirkung bedeutend; dagegen erweisen sich auch alle andern Flüssigkeiten als wirksam. Als Ursache ist die Kontaktelektrizität zwischen gasförmigen und flüssigen Körpern anzusehen. Bei Wasserfällen sind nur wirksam die Zusammenstöße der Wassermassen untereinander und mit dem feuchten Gestein; der Hauptsitz der Elektrizitätsentwicklung ist daher der Fuß des Falls.

Wasserflugzeug, s. Luftschiffahrt.

Wasserhaut, s. Absorption.

Wasserimmersion, s. Mikroskop.

Wasserrad, s. Hydraulische Apparate.

Wasserstrahlpumpe, s. Luftpumpe.

Wasseruhr, s. Ausfluß, Zeitmessung.

Wasserwage, s. Libelle.

Wasserwert, s. Kalorimetrie.

Wasserzersetzung, s. Elektrolyse.

Watt, s. Elektrische und magnetische Maßsysteme.

Wattsches Parallelogramm, s. Kalorische Maschinen.

Wattsekunde, s. Arbeit.

Wattstunde, s. Arbeit.

Wattstundenzähler, s. Strommessung.

Webersches elektrodynamisches Grundgesetz, s. Elektrodynamik.

Webersches psychophysisches Gesetz, s. Lichtstärke, Tonstärke.

Webersche Theorie des Magnetismus, s. Magnetische Theorien.

Wechselschalter, s. Elektrische Hilfsapparate.

Wechselströme sind elektrische Ströme von periodisch wechselnder Richtung; im weiteren Sinne kann man darunter überhaupt Ströme von periodisch wechselnder Stärke sowie den Spezialfall hiervon, unterbrochene oder intermittierende Ströme, begreifen. — Der Begriff der Stromstärke ist hier nicht so einfach wie bei konstanten Strömen; vielmehr ist zu unterscheiden zwischen *maximaler Stromstärke*, mittlerer Stromstärke i_m und *effektiver* oder wirksamer Stromstärke I_m, d. h. dem energetischen Mittelwert aller Stromstärken (Wurzel aus dem Mittelwert aller Stromstärkequadrate); bei einem symmetrischen Wechselstrom ist die mittlere Stromstärke natürlich null, nicht aber die effektive. Formeln:

$$i_m = \frac{1}{\tau}\int_0^\tau i\,dt, \quad I_m = \sqrt{\frac{1}{\tau}\int_0^\tau i^2\,dt},$$

wo τ die Periode ist; die reziproke Periode heißt *Wechselzahl* oder Frequenz. Mit dem Mittelwert ist aber natürlich der Charakter des Wechselstroms nicht erschöpft; es kommt vielmehr der ganze Verlauf des Stromes während einer Periode in Betracht, also das, was bei akustischen Schwingungen den Klang ergibt. — Einige wichtige Fälle sind folgende (obere Zahl i_m, untere I_m, beide in Bruchteilen des

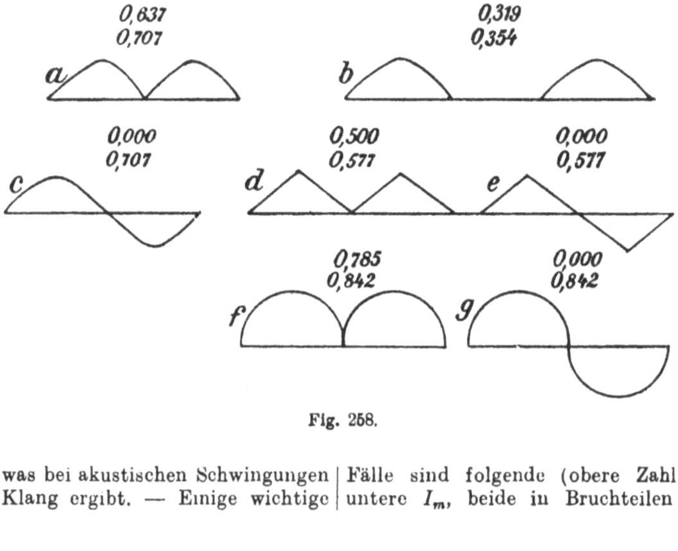

Fig. 258.

maximalen Stroms ausgedrückt) (Fig. 258). — Theoretisch am einfachsten liegen die Verhältnisse beim *Sinusstrom,* aus Sinusströmen verschiedener Frequenz und Stärke lassen sich alle andern nach dem Fourierprinzip (s. Fourierschwingungen) zusammensetzen. — Die Frequenz von Wechselströmen kann auf sehr verschiedene Weise bestimmt werden: aus der Turenzahl der Maschine, mit dem Telephon, mit der Braunschen Röhre usw. Erschöpfend wird die Charakteristik des Wechselstroms durch den *Oszillographen* aufgenommen, der im wesentlichen aus einem Galvanometer und einer graphischen oder photographischen oder projektionstechnischen Aufnahmevorrichtung besteht; das Galvanometer kann ein Nadel- oder Drehspulen- oder Saiteninstrument sein, muß aber besondere Eigenschaften haben, insbesondere sehr beweglich und dem raschen Wechsel zu folgen imstande sein. An die Oszillographen schließen sich dann die zahlreichen Methoden und Apparate an, um die erhaltenen Wechselstromkurven zu analysieren (Harmonische Analysatoren usw.); vgl. die Skizze eines Oszillographen und seiner Optik

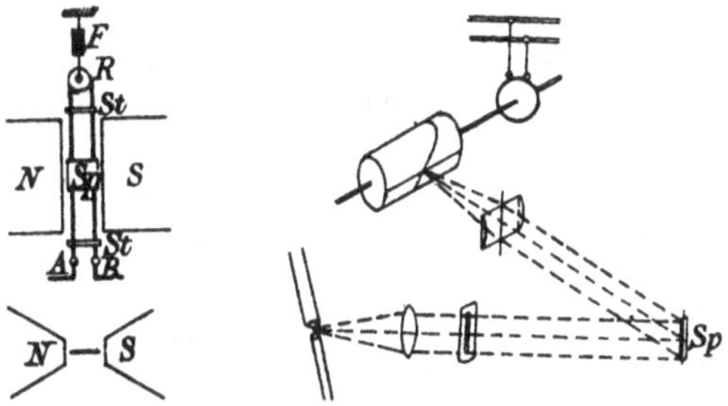

Fig. 259.

(Fig. 259). — Wechselströme von besonders hoher Frequenz (und Spannung) heißen *Teslaströme* (s. Elektrische Schwingungen). — Die entsprechenden Erscheinungen in offenen bzw. unterbrochenen Leitungen sind die *elektrischen Schwingungen* (s. d.). — In der Technik werden Wechselströme durch besondere Maschinen, die *Wechselstrommaschinen,* erzeugt; sie sind naturgemäß im allgemeinen einfacher gebaut als die Gleichstrommaschinen, weil bei der Induktion zunächst immer Wechselstrom entsteht. — Eine sehr interessante Klasse von Apparaten stellen die Frequenzumwandler, insbesondere die *Frequenzverdoppler,*- verdreifacher usw. dar; die wichtigsten Methoden sind die von Goldschmidt, Graf Arco und Zenneck; sie beruhen teils auf den Rückwirkungen in gekoppelten Systemen, teils auf der eigentümlichen Form der Magnetisierungskurve. S. auch Elektrische Ströme, Induktionsströme, Dynamomaschine.

Wechselstrommaschine, s. Wechselströme, Dynamomaschine.

Wechselstromkurve, s. Wechselströme.

Wechselwirkung. Jeder *Wirkung* in der Natur (und in der Technik) entspricht stets auch eine *Gegenwirkung,* und das Ergebnis ist entweder Gleichgewicht oder Austausch zwischen verschiedenen Systemen. Dabei kommt es für die Beantwortung der Frage, wie sich die Gegenwirkung (Reaktion) zur Wirkung (Aktion) verhalte, darauf an, welches Charakteristikum der Austauscherscheinung man ins Auge faßt Handelt es sich um Bewegung, so sind die gegenseitig erteilten Geschwindigkeiten oder Beschleunigungen zwar entgegengesetzt der Richtung nach, aber der Größe nach nicht gleich; wohl aber gilt das von den gegenseitigen *Impulsen* bzw. *Kräften.* Gerade darin liegt der wesentliche Wert der

Einführung der Abstraktionsbegriffe Impuls und Kraft. In diesem Sinne also lautet das *Wechselwirkungsprinzip* oder *Prinzip von der Gleichheit von Aktion und Reaktion* Jeder Wirkung entspricht eine gleich große, aber entgegengesetzte Gegenwirkung. In Formel: $I_2 = -I_1$ oder ausgeführt $m_2G_2 = -m_1G_1$ und entsprechend $K_2 = -K_1$ oder ausgeführt $m_2B_2 = -m_1B_1$ (s. Kraft, Masse). — Die Wechselwirkung kann durch unmittelbare Berührung (Druck oder Stoß) oder aus der Ferne (Gravitation) erfolgen. Eine spezielle Konsequenz des Prinzips ist der *Schwerpunktssatz* (s. Schwerpunkt). Wenn der eine Körper im Verhältnis zum andern eine sehr große Masse hat, erfährt er fast gar keine sichtbare Wirkung, und deshalb erscheint dann die Wirkung als eine einseitige (fallender Stein, Erde und Sonne). In andern Fällen ist auch die Gegenwirkung immer noch sehr merklich (*Rückstoß* des Geschützes beim Abfeuern des Geschosses oder des Keglers beim Kegelschieben). — Sehr beträchtlich ist die Reaktion bei leichten Körpern, z. B. bei den in der *Feuerwerkerei* benutzten. Ganz Entsprechendes gilt von der *kalorischen Wechselwirkung*: hier sind die Temperaturänderungen der beiden Körper verschieden, aber ihre Wärmeinhaltsänderungen sind entgegengesetzt gleich, in Formel: $W_2 = -W_1$ oder ausgeführt $m_2s_2(t_2' - t_2) = -m_1s_1(t_1 - t_1')$. Auch bei der elektrischen und magnetischen Wechselwirkung gelten entsprechende Formeln.

Wechselzahl, s. Wechselströme.

Weglänge der Molekeln, s. Kinetische Theorie.

Wehneltrohr, s. Elektrische Ventile.

Wehneltunterbrecher, s. Elektrolyse.

Wehr, s. Ausfluß.

Weinrankensystem, s. Ort.

Weiße Farbe der Milch, s. Totalreflexion.

Weiße Farbe des Schnees, s. Totalreflexion.

Weißes Licht, s. Dispersion.

Weißglut, s. Strahlung.

Weißsche Theorie des Magnetismus, s. Magnetische Theorien.

Weitsichtig, s. Brille, Sehen.

Wellenberg, s. Wellenbewegung.

Wellenbewegung entsteht durch die räumliche Ausbreitung einer Schwingungsbewegung. Je nachdem sie in der Schwingungsrichtung oder senkrecht dazu erfolgt, unterscheidet man *longitudinale und transversale Wellen* (Längs- und Querwellen); bei jenen wechseln *Verdichtungen* und *Verdünnungen*, bei diesen *Wellenberge* und *Wellentäler* miteinander ab. Eine von einem schwingenden Punkte nach allen Raumrichtungen gleichmäßig ausgehende Welle heißt *sphärische* oder *Kugelwelle;* die von einer schwingenden Geraden ausgehende heißt *Zylinderwelle*, die von einer schwingenden Ebene ausgehende heißt *ebene Welle*. — Orte gleicher Phase (s. Schwingung) bilden eine *Wellenfläche;* bei der ebenen Welle sind es parallele Ebenen, bei der Zylinderwelle koaxiale Zylinderflächen, bei der Kugelwelle konzentrische Kugelflächen. — Das Grundgesetz der Wellenausbreitung ist das *Huygenssche Prinzip* (s. d.). — Die Strecke, um die sich die Welle fortpflanzt in der Zeit, in der der Erreger eine Schwingung vollendet, heißt *Wellenlänge*; sie besteht aus zwei gleichen Teilen (Verdichtung und Verdünnung bzw. Wellenberg und Wellental). Das Verhältnis der Wellenlänge zur Periode heißt *Fortpflanzungsgeschwindigkeit* der Wellenbewegung:

$$f = \lambda / T = \lambda n,$$

wo n die Frequenz der Schwingung ist. — Die Wellen, von denen bisher die Rede war, sind *fortschreitende Wellen* (sehr gut zu demonstrieren an einem langen, an einem Ende befestigten, am andern mit der Hand erregten Seil: *Seilwellen*). Ihnen stehen gegenüber die *stehenden Wellen*, die aber eigentlich nichts weiter sind als Schwingungen eines größeren Komplexes, z. B. einer Punktreihe. Bei den fortschreitenden Wellen hat jeder Punkt eine andre Phase, aber alle haben dieselbe Amplitude; bei den stehenden Wellen haben alle Punkte gleiche Phase, aber jeder hat eine andre Amplitude. Die Punkte mit größter Amplitude heißen *Schwingungsbäuche*, die mit kleinster, insbesondere ohne jede Amplitude, heißen *Schwingungsknoten*. In den Bäuchen ist die kinetische Energie am größten, die potentielle am kleinsten, in den Knoten umgekehrt. An dem genannten Seil kann man leicht den Übergang von fortschreitenden zu stehenden Wellen demonstrieren. — Zur Veranschaulichung der Wellenbewegung in allen ihren Einzelheiten sind zahlreiche *Wellenapparate* und *Wellenmaschinen* gebaut worden, so die von Mach, Weinhold, Eitz u. a. — Eine ebene Welle in der positiven x-Richtung wird, wenn y die Verrückung ist, durch die Formel $y = f(x - at)$ dargestellt, wo a die Fortpflanzungsgeschwindigkeit ist und die Funktion f den Charakter der Welle (Sinuswelle usw.) bestimmt; ebenso in der negativen x-Richtung $y = f(x + at)$. Bei der Sinuswelle ist speziell: $y = A \sin(x - at)$ und hierin ist A die Amplitude. — Durch einen einzelnen Stoß, etwa am Anfang eines Seiles, erzeugt man eine *Einzelwelle*, sie läuft zum Seilende und dann, infolge von Reflexion, wieder zurück. Durch wiederholte Erregung erhält man einen *Wellenzug*, und durch Übereinanderlagerung der vorwärts- und rückwärts schreitenden alsdann *stehende Wellen*. Allgemein hat man die Formeln (für Sinuswellen):

fortschreitend $y = A \sin 2\pi \left(\frac{t}{T} - \frac{x}{\lambda}\right)$,

stehend: $y = A \sin \frac{2\pi}{\lambda} x \sin \frac{2\pi}{T} t$;

für $x = \lambda/4$ oder ungerade Vielfache davon hat man Bäuche, für $x = \lambda/2$ oder Vielfache davon Knoten. — Bei einer ebenen fortschreitenden Welle bleibt, solange keine Schwächung durch das Medium erfolgt, die *spezifische Energie* konstant, dagegen nimmt sie bei der Zylinderwelle ab, wie die Entfernung wächst, und bei der sphärischen nimmt sie ab, wie das Quadrat der Entfernung wächst; alles entsprechend der Ausbreitung der (an sich konstant bleibenden) Gesamtenergie auf immer größere Flächen. — Beim Übergang aus einem Medium in ein anderes, ändert sich die Fortpflanzungsgeschwindigkeit und damit die Richtung der Welle, es findet *Brechung* statt. Beim Aufeinanderstoßen zweier Wellenbewegungen erfolgt Superposition oder *Interferenz* (s. d.), d. h. zwei Berge (Verdichtungen) oder zwei Täler (Verdünnung) addieren sich, ein Berg und ein Tal (eine Verdichtung und eine Verdünnung) subtrahieren sich, und es kann unter Umständen vollständige Ruhe eintreten; maßgebend hierfür ist der *Gangunterschied* der beiden Wellen von beiden Ursprungsorten aus bis zum Orte des Zusammentreffens, oder vielmehr sein Überschuß über eine ganze Zahl von Wellenlängen (s. auch Interferenz des Schalles). — Bei zwei Kugelwellen erhält man als Flächen gleicher Phase des Gesamtphänomens Hyperboloide. — Wegen der Beugung der Wellen s. Huygenssches Prinzip. — Hinsichtlich der Fortpflanzungsgeschwindigkeit eines Wellenzuges ist die wichtige Unterscheidung zu machen zwischen Phasen-, Signal- und Gruppengeschwindigkeit; es muß aber an einem kurzen Hinweis genügen: *Phasengeschwindigkeit* ist die Geschwindigkeit irgendeiner Phase (also die normale Fortpflanzungsgeschwindigkeit); *Signal-* oder *Frontgeschwindigkeit* ist die Geschwindigkeit, mit der sich die Front eines begrenzten Wellenzuges fortpflanzt; *Gruppengeschwindigkeit* ist bei einer zusammengesetzten Wellengruppe, deren Komponenten sich verschieden schnell fortpflanzen, und die sich daher in der Form ändern, die Fortpflanzungsgeschwindigkeit der maximalen Amplitude. Zwischen den drei Größen bestehen einfache Beziehungen. Die Unterscheidung ist bei allen Arten von Wellen wichtig, so bei Wasser-, Licht- und elektrischen Wellen.

Wellenbewegung der Flüssigkeiten. Durch den Wind in Verbindung mit der Schwerkraft und der Kapillarität werden im Wasser fortschreitende Wellen von sehr mannigfachen Formen erzeugt; entscheidend ist dabei die Länge der Wellen im Vergleich mit der Tiefe des

Wassers. Für die beiden Grenzfälle sehr flachen und sehr tiefen Wassers wird die Fortpflanzungsgeschwindigkeit v bzw. v', wenn h die Tiefe und λ die Wellenlänge ist: $v = \sqrt{gh}$ bzw. $v' = \sqrt{g\lambda/2\pi}$; im ersten Falle hängt sie also nur von der Wassertiefe, im letzteren nur von der Wellenlänge ab. Im allgemeinen Falle wird:

$$v = \sqrt{\frac{g\lambda}{2\pi} \operatorname{tg\,hyp} \frac{2\pi h}{\lambda}}.$$

Übrigens wird der Einfluß endlicher Tiefe erst dann bemerkbar, wenn sie mit der Wellenlänge vergleichbar wird. Bei großer Tiefe beschreiben die Teilchen *Kreisbahnen*, deren Radien nach der Tiefe hin abnehmen; bei geringerer Tiefe sind dagegen die Bahnen *flache Ellipsen*, nach unten zu immer flacher und schließlich in die horizontale Gerade übergehend: Grundwellen. — Die *Wellenform* selbst ist im einfachsten Falle die *Sinusform*, in komplizierteren eine nach dem Fourierprinzip (s. Fourierschwingungen) aus Sinusgliedern zusammengesetzte. — Nach einer andern, durch die Erfahrung gut bestätigten Theorie hat die Welle die Form einer *Trochoide* (Fig. 260), die an der Oberfläche selbst unter Umständen in die Spezialform der *Zykloide* übergeht; indessen bleibt es oft bei den Abrundungen der Spitzen, andrerseits kann es auch noch über die Spitzenform hinausgehen, und dann entstehen wegen des labilen Gleichgewichts *Schaumköpfe*. — Berücksichtigt man die *Oberflächenspannung* (Kapillarität, s. d.) α, und ist ϱ die Dichte, so erhält man:

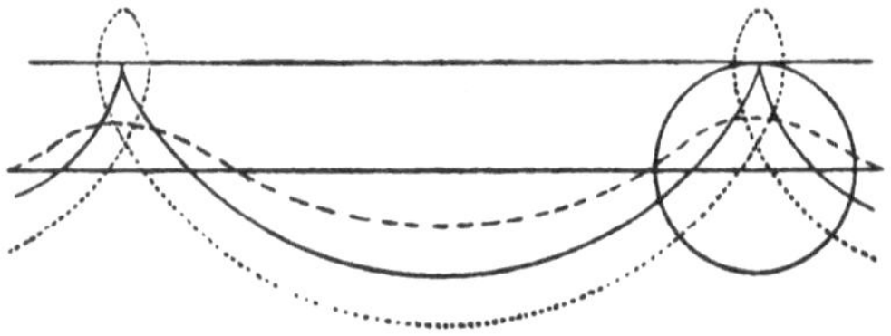

Fig. 260.

$$v = \sqrt{\frac{g\lambda}{2\pi} + \frac{2\pi\alpha}{\varrho\lambda}},$$

wo für große λ das erste, für kleine das zweite Glied überwiegt: *Schwerewellen* und *Kapillarwellen*, letztere, meist kurz und flach, auch als *Kräuselwellen* bezeichnet; oft kann man letztere innerhalb der ersteren beobachten. — Für eine bestimmte mittlere Wellenlänge wird v ein Minimum, nämlich für $\lambda_0 = 2\pi\sqrt{\alpha/(g\varrho)}$, und zwar wird dann $v_0 = \sqrt{2}\sqrt[4]{g\alpha/\varrho}$, z. B. für Wasser: $\lambda_0 = 1{,}78$ cm und $v_0 = 23$ cm/sec. — Andrerseits kann die Fortpflanzungsgeschwindigkeit langer Wellen sehr groß werden, bis zu 30 m/sec. Die Wellenlänge selbst kann bis zu 200 m (bei Seebebenwellen noch weiter) hinaufgehen, die Wellenhöhe bis zu 25 m; diese langen und hohen Wellen können die halbe Erde umwandern. — Genaue Resultate sind erst neuerdings durch *photographische Methoden*, insbesondere mit dem Stereokomparator (s. Stereoskopie) gewonnen worden. — In Wasser mit ansteigendem Boden, also abnehmender Tiefe, namentlich nahe dem Strande, werden die Wellen unsymmetrisch, die Schaumköpfe verwandeln sich in einseitigen Übersturz: *Brandung*. — Andrerseits hat die Küste die Wirkung, daß die Wellenkämme sich mit ihr parallelisieren. Auch aus andern Gründen und auf offner See können die Wellen beim Fortschreiten erhebliche Formänderungen erleiden. — Eine besondere Betrachtung erfordern die *stehenden Wellen* oder Schwingungen der Flüssigkeiten, z. B. in Gefäßen Die einfachste Form ist die, bei der die Oberfläche eine Ebene bleibt, die nur um die horizontale Lage herumpendelt; andre sind sinusartig und verwickelter. Die stehenden Schwingungen in Seen heißen *Seiches;* sie werden mit selbstregistrierenden Pegeln, sog. Limnometern, untersucht; die Ursache ist in Luftdruckschwankungen zu suchen.

Wellendetektor, s. Drahtlose Telegraphie.

Wellenfläche, s. Kristalloptik, Wellenbewegung.

Wellengeschwindigkeit, s. Wellenbewegung der Flüssigkeiten.

Wellenlänge, s. Wellenbewegung.

Wellenmaschine, s. Wellenbewegung.

Wellennormale, s. Kristalloptik.

Wellental, s. Wellenbewegung.

Wellentelegraphie, s. Drahtlose Telegraphie.

Wellentheorie des Lichts, s. Licht.

Wellenwiderstand, s. Bewegung fester Körper in Flüssigkeiten.

Wellrad, s. Einfache Maschinen.

Weltäther, s. Äther, Licht.

Weltzeit, s. Zeit.

Wertigkeit, s. Molekulartheorie.

Westonelement, s. Galvanische Elemente.

Wetterfahne, s. Winde.

Wetterkarte enthält meist die Isobaren (mit Angabe der Orte von „hoch" und „tief"), die Stärke und Richtung des Windes (durch Pfeile), Temperatur und eventuell noch Zugstraßen, Niederschläge usw.

Wetterkunde oder *Meteorologie* ist die Lehre von den Vorgängen in der die Erde umgebenden Lufthülle. Sie stellt ein Anwendungsgebiet der Physik dar, und zwar kommen hauptsächlich folgende Phänomene in Betracht: 1. Die *Sonnenstrahlung* (s. Sonne, Strahlung). 2. Die durch sie unter Beteiligung der Erdstrahlung und der Wärmeleitungsverhältnisse hervorgerufene *Temperatur,* ihre Verteilung und zeitliche Schwankungen (s. Wärmeleitung, Temperatur, Thermometrie). Physikalisch bedeutsam ist die Tatsache, daß sich die Atmosphäre auf einem sehr hohen Temperaturniveau (im Mittel nahezu 300° abs.) befindet (s. Kalorische Maschinen). Die Temperatur hat eine tägliche und eine jährliche Periode, beide annähernd nach dem Sinusgesetz verlaufend (Maximum 3 Uhr nachm. bzw. 1. Februar, Minimum 3 Uhr früh bzw. 1. August). 3. Die *Bewegung der atmosphärischen Luft* (s. Winde). 4. Der Gehalt der Luft an *Wasserdampf* und die bei dessen Kondensation sich ergebenden *Niederschläge* (s. Feuchtigkeit und Niederschläge, Dämpfe). 5. Die *elektrischen* Verhältnisse der Atmosphäre (s. Atmosphärische Elektrizität). 6. Die *Lichterscheinungen* (s. Atmosphärische Optik). — Eine wissenschaftliche Wetterkunde läßt sich nur auf die Grundlage der *Thermodynamik* stellen, in der die energetischen Wechselwirkungen zwischen Dichte, Druck und Temperatur aufgestellt werden; die Anwendung auf die Thermodynamik der Atmosphäre führt zu gewissen allgemeinen Gesetzen, ist aber im einzelnen noch mit großen Schwierigkeiten verknüpft. — Die *praktische Wetterkunde* behandelt die Apparate und Methoden zur Bestimmung der Wetterfaktoren (s. Strahlung, Wärmestrahlung, Thermometer, Barometer, Feuchtigkeit, Winde usw.), die Ergebnisse der Messungen in den über die Erde verteilten meteorologischen Stationen (*Wetterwarten*), die Herstellung von Wetterkarten und die Vorhersage des zu erwartenden Wetters. Dazu dient ein jetzt meist telegraphisch bzw. telephonisch organisierter Wetter- und Nachrichtendienst. Die Vorhersage des Wetters für einen bestimmten Ort muß aus der Kombination der einlaufenden Nachrichten über die Gesamtwetterlage mit besonderen lokalen Verhältnissen abgeleitet werden, ist dann aber von relativ großer Zuverlässigkeit (s. auch Sonne, Dämpfe, Luftdruck usw.).

Wetterleuchten, s. Atmosphärische Elektrizität.

Wetterprognose ist nur durch gleichzeitige Verwertung der lokalen Daten mit den Wetterdepeschen (bes. aus dem Westen), dann aber auch mit recht großer Sicherheit zu leisten (über 90 Proz. Treffer).

Wetterschießen ist die angebliche Kunst, durch Kanonenschüsse, Raketen od. dgl. Hagelwetter unschädlich zu machen oder umgekehrt Regen zu erzwingen; die wissenschaftliche Untersuchung hat nichts Positives über den Erfolg ergeben.

Wheatstonesche Brücke, s. Stromverzweigung, Widerstandsmessung.

Widerhall, s. Reflexion und Brechung des Schalls.

Widerstand, s. Materie.

Widerstand (*elektrischer*), s. Elektrischer Strom, Widerstandsmessung.

Widerstand galvanischer Elemente, s. Körperströme.

Widerstand körperlicher Leiter, s. Körperströme.

Widerstandsänderung im Magnetfelde, s. Halleffekt.

Widerstandskapazität, s. Widerstandsmessung.

Widerstandskasten, s. Elektrische Hilfsapparate.

Widerstandsmessung. Von den zahlreichen Methoden zur Messung des elektrischen Widerstandes (s. Elektrischer Strom) können hier nur die wichtigsten angeführt werden: 1. Die *Substitutions-* oder *Vertauschungsmethode*. Man schaltet zuerst den Leiter, dessen Widerstand w zu bestimmen ist, in den Kreis eines Elements mit Meßinstrument (Tangentenbussole) ein und mißt den Ausschlag; dann ersetzt man w durch einen geeichten Rheostaten (s. Elektrische Hilfsapparate) oder einen Widerstandskasten und schaltet hier so viel Widerstand ein, bis der Ausschlag gleich dem vorigen ist; eventuell, wenn das nicht restlos gelingt, interpoliert man für die Differenz noch Bruchstellen. Zur Umschaltung benutzt man einen zuverlässigen Umschalter oder Kurzschluß. Nach der zweiten Messung wiederholt man die erste, um sich zu überzeugen, daß und ob sich die elektromotorische Kraft inzwischen nicht geändert hat, evtl. muß man den Mittelwert aus beiden Messungen nehmen. — 2. *Differentialgalvanometer* (s. Galvanometer). Man schickt durch jede der beiden Rollen den einen der beiden Ströme, die, durch dieselbe Kraft gespeist, den einen oder andern der beiden zu vergleichenden Widerstände enthalten; sind die beiden Ströme gleich, so bleibt die Nadel in Ruhe, und man kann auf Gleichheit der beiden Widerstände schließen. Sicherer ist es, die beiden Ströme mittels eines Stromwenders zu vertauschen. Man kann auch verschiedene Widerstände auf diese Weise vergleichen, indem man sie, w und w_0, hintereinander schaltet und an jeden von ihnen eine Zweigleitung nach der einen Galvanometerrolle anlegt, wobei man in die Ableitung vom größeren Widerstande so viel Widerstand w' hinzufügt, daß der Ausschlag verschwindet; dann fügt man beiderseits neue Widerstände r und r_0 ein, bis wiederum der Ausschlag verschwindet; dann ist nach Kirchhoff $w : w_0 = r : r_0$. — 3. *Wheatstonesche Brücke* (s. Stromverzweigung), die beliebteste von allen Methoden. Wenn in der Galvanoskopdiagonale kein Strom fließt, gilt die Proportion (Fig. 247 bei Stromverzweigung)

$$w_1 : w_2 = w_3 : w_4 ,$$

also ist $w_1 = (w_3/w_4) \cdot w_2$. Für w_2 nimmt man einen geeichten Rheostaten oder Widerstandskasten oder auch einen einfachen Widerstand (Ohm, 10 Ohm, 0,1 Ohm). Für die Zweige 3 und 4 nimmt man einen sehr gleichförmigen Metalldraht (am besten aus Platin) mit einem Schleifkontakt, der ihn in zwei Teile teilt von den Längen l_3 und l_4; dann ist einfach $w_1 = (l_3/l_4) \cdot w_2$; dabei wählt man w_2 so, daß l_3 und l_4 nicht sehr verschieden werden, der Schleifkontakt also im mittleren Stücke des Drahtes liegt. Hier, wie übrigens auch bei den meisten andern Methoden, muß man als Zuleitungen für die beiden Vergleichswiderstände Drähte von möglichst kleinem Widerstande nehmen, damit sie das Ergebnis nicht trüben, oder man muß ihnen ungefähr dasselbe Widerstandsverhältnis geben, das man bei w_1 und w_2 vermutet; oder endlich, man muß ihre Widerstände durch einen Vorversuch für sich ermitteln. Der Draht 34 ist entweder auf einem Grundbrett geradlinig ausgespannt oder auf einer Walze aufgewunden, mit Laufrädchen zwischen den beiden Teilen und mit Hauptskala auf der Axe und Bruchteilung auf der Peripherie. Die ganze Anordnung ist in Apparaten verschiedener Konstruktion vollständig durchgebildet, einschließlich einiger Vergleichswiderstände w_2; am vollkommensten in dieser Hinsicht ist das *Universalinstrument* von Siemens & Halske. Man kann auch ohne Schleifkontakt auskommen, indem man $w_3 : w_4$ fest wählt und für w_2 einen einstellbaren Rheostaten benutzt. Für sehr kleine Widerstände, bei denen die Zuleitungsdrähte eine zu große Rolle spielen würden, eignet sich besser die *Thomsonsche* Brücke (Fig. 261);

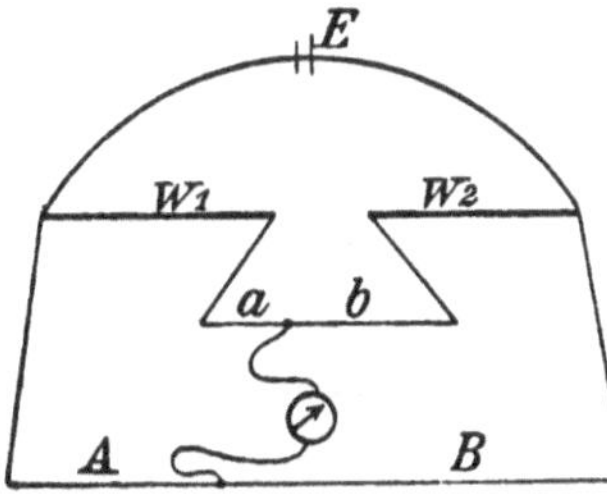

Fig. 261.

hält man die Verhältnisse $a : b$ und $A : B$ immer gleich groß, so ist

$$w_1 = (A / B) \cdot w_2 .$$

Eine andre Anordnung für diesen Zweck ist die von Matthießen und Hockin. Besondere Methoden werden ferner in der Technik für sehr große Widerstände, insbesondere von Kabeln, Glühlampen, Entladungsröhren usw. benutzt. Bei *Flüssigkeiten* (Elektrolyten) muß man, um Zersetzung zu verhüten, Wechselstrom (mit Hilfe eines kleinen Induktionsapparats) und alsdann statt des Galvanometers ein Elektrodynamometer (s. Elektrodynamik) anwenden; viel einfacher und oft genau genug ist aber die Anwendung des *Telephons*, es wird in ganz gleicher Weise wie dort das Galvanoskop in die Brücke eingeschaltet und diejenige Abgleichung der Widerstände hergestellt, bei der im Telephon das Summen des Induktionsapparats aufhört oder doch am schwächsten wird. Die Flüssigkeit wird in ein langes zylindrisches Glasrohr zwischen zwei plattenförmigen Elektroden eingefüllt; bequemer ist die Anwendung von U-förmigen Gefäßen. — Weitere Methoden sind die *Dämpfungsmethode* (Dämpfung der Schwingungen einer Nadel durch Schluß des umfließenden Stromes, der den zu messenden Widerstand enthält); die Methode der *Induktionswage* (s. Induktionsströme); endlich, für sehr große Widerstände oft allein anwendbar, die Ableitung des Widerstandes aus Stromstärke und Spannungsdifferenz an den Leiterenden nach dem Ohmschen Gesetz. — Aus dem Widerstande eines Leiters kann man dann weiter den *spezifischen Widerstand des Materials*, also auch dessen reziproken Wert, das *spezifische Leitvermögen*, ableiten; man braucht zu diesem Zwecke nur mit der Länge zu dividieren und mit dem Querschnitt zu multiplizieren. Bei Flüssigkeiten ist das bei Anwendung eines zylindrischen Gefäßes sehr einfach; um auch das bequemere U-Rohr und andre Gefäße benutzen zu können, muß man durch vergleichende Messungen an beiden die *Widerstandskapazität* eines beliebig geformten Gefäßes ermitteln, wozu man gewöhnlich eine „Normalflüssigkeit" (maximalleitende Schwefelsäure, 30 Proz. H_2SO_4, spezif. Gewicht 1,223 oder maximalleitende Bittersalzlösung, 17,4 Proz. $MgSO_4$, spezif. Gewicht 1,190) verwendet (s. Elektrizitätsleitung der Flüssigkeiten). Auch kann man Gefäße von veränderlicher, aber jedesmal meßbarer Kapazität benutzen. — Der Widerstand eines Leiters hängt von der *Temperatur* ab; es ist daher ferner noch der Temperaturkoeffizient zu ermitteln. Zu diesem Zwecke bringt man den Leiter (einen festen am besten zu einer Spirale aufgerollt, eine Flüssigkeit im U-Rohr) in ein Flüssigkeitsbad und beobachtet nun bei aufsteigenden und dann wieder absteigenden Temperaturen; das Ergebnis stellt man am besten graphisch dar und liest aus der Kurve (gerade Linie) den Temperaturkoeffizienten ab.

Widerstandsmethode, s. Magnetische Messungen.

Widerstandsthermometer, s. Bolometer.

Wiedemanneffekt, s. Magnetostriktion.

Wiedemann-Franzsches Gesetz, s. Wärmeleitung fester Körper.

Wiensches Verschiebungsgesetz, s. Strahlung.

Wimshurstmaschine, s. Elektrisiermaschinen.

Windbüchse ist ein Rohr, in dem durch Einpressen eines Stempels Luft verdichtet wird; bei bestimmtem Überdruck wird der Verschlußpfropfen herausgeschleudert.

Winde, bei besonderer Stärke *Stürme*, sind die Bewegungen der atmosphärischen Luft infolge Verschiedenheiten der Sonnenstrahlung, der Erdausstrahlung, von Verflüssigung und Verdampfung des Wassers usw. Das, was hierdurch zunächst bewirkt wird, sind Ungleichförmigkeiten des *Luftdrucks* in horizontalen Schichten sowie Abweichungen vom normalen Druckgefälle in vertikaler Richtung (s. Luftdruck); aus jenen entstehen die horizontalen oder eigentlichen Winde, aus diesen die vertikalen Luftströmungen, und zwar teils aufsteigende, teils absteigende. Am Äquator herrscht der aufsteigende, an den Polen der absteigende Luftstrom vor; der Ausgleich beider erfolgt durch horizontale Winde in nordsüdlicher Richtung: *Äquatorialwind* (im Normalfalle in den oberen Schichten) und *Polarwind* (in den unteren). Dazu kommen dann die primären Horizontalwinde infolge des ersten Ungleichheitsfaktors. — Verbindet man an der Erdoberfläche alle Punkte von gleichem Luftdruck, so erhält man eine *Isobare*, eine Reihe ausgewählter Isobaren mit gleichen Differenzen des Luftdrucks fortschreitend, bildet die Luftdruckkarte. Aus dem Gefälle des Skalars Luftdruck erhält man dann den Vektor Wind nach Richtung und Größe; die Linien, die in allen ihren Teilen in der Windrichtung fortschreiten, sind die *Windlinien;* wo die Isobaren dicht liegen, ist der Wind stark; wo sie weit auseinander liegen, schwach. Die Richtung des Windes wird nach der Herkunft des Windes bezeichnet, und zwar in den vier Quadranten: N (Nord), E (Ost), S (Süd), O (West), genauer in den acht Oktanten, noch genauer in den sechzehn Unterarten: *Windrose.* — Die *Windstärke* wird jetzt allgemein nach der Beaufortskala angegeben, mit 12 Stufen, denen etwa die beistehenden Grade und Geschwindigkeiten entsprechen:

Nr.	Charakter	m/sec
0	Windstille	0
1	leiser Zug	1,7
2	leicht	3,1
3	schwach	4,8
4	mäßig	6,7
5	frisch	8,8
6	stark	10,7
7	steif	12,9
8	stürmisch	15,4
9	Sturm	18,0
10	Starker Sturm	21,0
11	schwerer Sturm	30
12	Orkan	50

Zur *Messung der Richtung und Stärke des Windes* dienen Windfahnen (Wetterfahnen), Windplatten sowie die *Anemometer* oder Windmesser, insbesondere das Schalenkreuz mit Zahnradübertragung auf ein Uhrwerk; derartige Apparate, die selbsttätig registrieren, heißen *Anemographen.* — Wenn die Erde ruhte, würden die Windlinien auf den Isobaren senkrecht stehen (Richtung größten Gefälles); infolge der Erddrehung tritt eine Ablenkung ein, auf der nördlichen Halbkugel nach rechts, auf der südlichen nach links. Ein als Südwind auftretender Wind stammt also bei uns nicht aus Süden, sondern aus Südosten usw. Als beste Regel zur Kennzeichnung der Beziehung der Windrichtung zum Luftdruck gilt für die nördliche Halbkugel (für die südliche alles umgekehrt) die folgende: der Wind weht so, daß er den höheren Druck rechts und etwas hinter sich, den niedrigeren links und etwas vor sich hat (*Buys-Ballotsches Gesetz*). Besonders stark wird die Anomalie um ein Luftdruckmaximum oder Minimum herum, hier bilden die Windlinien

Spiralen von oder nach dem Zentrum (Fig. 262); solche Winde heißen *Wirbelwinde* oder, bei besonderer Stärke und Ausdehnung, Wirbelstürme oder *Zyklone* (um das Minimum) bzw. *Antizyklone* (um das Maximum). Der Spiralcharakter ist beim Zyklon viel stärker als beim Antizyklon. Durch die Wirbelbewegung in Verbindung mit der Erddrehung wird dann weiter bewirkt, daß die Wirbel über die Erde fortschreiten und hierbei in erster Linie Faktoren für die Wetterbildung werden; und zwar treten verschiedene Typen auf, je nachdem durch den betreffenden Ort das Zentrum des Zyklons selbst hindurchgeht oder nur seine linke oder rechte Seite (s. auch Wirbelbewegung). — Ferner ist von besonderem Interesse die Wellenbewegung in der Atmosphäre (*Windwogen*), sichtbar in Form von Wolkenrippungen (Helmholtz, Verdichtungen und Verdünnungen). — Besondere Arten von

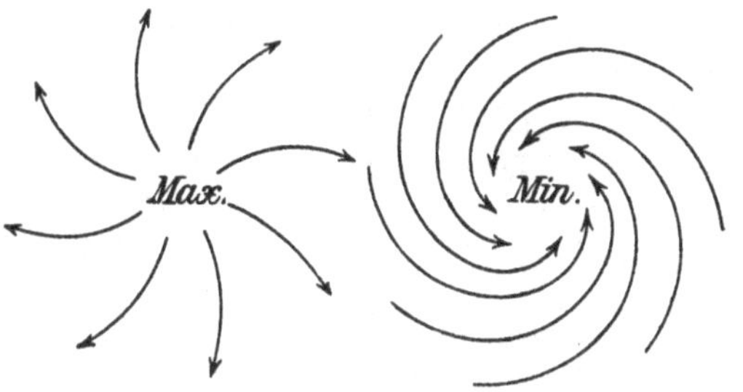

Fig. 262.

Winden sind Passate, Böen, der Föhn, (dieser physikalisch besonders interessant wegen der thermodynamischen Beziehung zwischen Luftdruck und Temperatur), der Monsun usw. — Die exakte Theorie der atmosphärischen Bewegungen kann nur im Zusammenhange mit den Temperaturverhältnissen gegeben werden: *Thermodynamik der Atmosphäre* (s. auch Thermodynamik). — Praktische Anwendung findet der Wind bei den *Windmotoren*, deren wirksame Flächen so gestellt sind, daß sie den Windeinfluß voll oder mit einer geeigneten Komponente erfahren (Segelschiff, Windrad, Windmühle usw.; s. auch Luftschiffahrt).

Windfahne, s. Winde.

Windmotor, s. Winde.

Windmühle, s. Winde.

Windplatte, s. Winde.

Windrichtung, s. Winde.

Windrose, s. Winde.

Windstärke, s. Winde.

Windungsfläche, s. Elektromagnet.

Windungszahl, s. Elektromagnet, Induktionsströme.

Windwogen, s. Winde.

Winkel ist die Auseinanderspreizung zweier gerader Linien. Als Maßeinheit dient ein Winkelgrad, nämlich der 360. Teil eines ganzen Umlaufs (der 90. Teil eines Viertelumlaufs oder rechten Winkels), der dann weiter in 60 Minuten zu je 60 Sekunden geteilt wird; oder derjenige Bogen eines um den Scheitel geschlagenen Kreises, der dessen Radius an Länge gleich ist. In diesem letzteren Falle wird der ganze Umlauf gleich 2π, der rechte Winkel $\pi/2$, der Winkel von 57,2958 Grad gleich eins und der Winkel von einem Grad gleich 0,017453. Man unterscheidet diese beiden Maßeinheiten als *Gradmaß* und *Bogenmaß;* letzteres erhält man aus ersterem durch Division mit 57,2958 (oder auch durch Multiplikation mit 2π und Division mit 360). — Der hiermit definierte Winkel ist der *Linienwinkel*. Entsprechend ist der *Flächenwinkel* die Auseinanderspreizung zweier von einer geraden Kante ausgehenden Ebenen; er wird genau wie der Linienwinkel im Grad- oder Bogenmaß ausgedrückt. — Dagegen ist der *Raumwinkel* die räumliche Gesamtöffnung einer von einem Punkte ausgehenden beliebig geformten pyramiden- oder kegelartigen Fläche. Wie der Linienwinkel einen Ausschnitt aus dem Kreise, stellt der Raumwinkel einen Ausschnitt aus der Kugel dar; die Einheit ist der *Quadratgrad,* d. h. der Raumwinkel an der Spitze einer vierkantigen Pyramide, von der je zwei Nachbarflächen miteinander einen Winkel von einem Grad bilden. Während aber der Kreis infolge der Definition des Grades deren genau 360 enthält, läßt sich die Kugel nicht restlos in Quadratgrade aufteilen; sie enthält deren nämlich 41252,86 ... Der Raumwinkel wird auch als *Kegelöffnung* bezeichnet. — Mit dem Winkel in unmittelbarem Zusammenhange steht die *scheinbare Größe* einer Linie von dem Orte des Scheitels aus gesehen; entsprechend die scheinbare Größe einer Fläche mit dem Raumwinkel. Ist die wahre Länge der Linie L, die Entfernung vom Scheitel r, der Winkel zwischen der Normale auf dem Gebilde und der r-Linie u (Schiefe), so ist die scheinbare Größe der Linie

$$l = \int (dL/r) \cdot \cos u,$$

und die der Fläche

$$f = \int (dF/r^2) \cdot \cos u,$$

und im speziellen (wenn die Linie bzw. Fläche klein gegen r ist):

$$l = (L/r) \cdot \cos u \text{ bzw. } f = (F/r^2) \cdot \cos u .$$

Die scheinbare Größe spielt auf verschiedenen Gebieten der Physik eine bedeutsame Rolle (Optik, Magnetismus usw.).

Winkelbeschleunigung, s. Winkelgeschwindigkeit, Kraft.

Winkel der optischen Axen, s. Kristalloptik.

Winkelgeschwindigkeit. Bei einer krummlinigen Bewegung gibt es oft ein Zentrum, um das herum die Bewegung stattfindet; eventuell kann ein solches wenigstens gedacht und eingeführt werden. Bei der Bewegung entspricht dann jeder kleinen Strecke ein kleiner Winkel zwischen den vom Zentrum aus nach Anfang und Endpunkt der Strecke gezogenen Vektoren; der Grenzwert, dem sich das Verhältnis dieses Winkels zu der Zeit, in der er beschrieben wird, nähert, wenn die Zeit immer kleiner gewählt wird, heißt Winkelgeschwindigkeit. Sie ist gleich der Streckengeschwindigkeit, dividiert durch den Radiusvektor:

$$w = G/r = (1/r) \cdot ds/dt;$$

Dimensionsformel: $(w) = t^{-1}$. Ganz entsprechend kann man auch statt der Beschleunigung in solchen Fällen die Winkelbeschleunigung einführen; sie hat die Dimension $(w') = t^{-2}$.

Winkelhebel, s. Einfache Maschinen.

Winkelmessung. Wenn die Schenkel des Winkels vorliegen und zugänglich sind, kann man einfach einen in Grade geteilten Kreis mit dem Mittelpunkt auf den Scheitel legen und die Gradzahl ablesen (Transporteur usw.). Bei Kristallen und ähnlichen ebenflächigen Raumgebilden, wo es sich also um Flächenwinkel (s. Winkel) handelt, benutzt man das *Anlegegoniometer.* — In der Physik spielen die größte Rolle die optischen Methoden. Hier sind insbesondere zu nennen: 1. Das Goniometer (s. d.), genauer Spiegel- oder *Reflexionsgoniometer.* 2. Der *Theodolit* (s. d.). 3. Der *Spiegelsextant* (s. Spiegel). 4. Die *Spiegelablesung* mit Fernrohr und Skala (s. d.). — Für Raumwinkel (s. Winkel) gibt es besondere *Raumwinkelmesser,* darunter den von Leonhard Weber. — In vielen Fällen kann man Winkel nach den Formeln der Trigonometrie rechnerisch aus andern gegebenen Größen (Strecken, andern Winkeln) ableiten.

Winkelspiegel, s. Spiegel.

Wippe, soviel wie Stromwender, s. Elektrische Hilfsapparate.

Wirbelatome, s. Materie, Wirbelbewegung.

Wirbelbewegungen sind solche Bewegungen, bei denen jedes Element rotiert (um seine Axe), ein Geschwindigkeitspotential (s. d.) also nicht existiert (nicht jede rotierende Bewegung ist eine Wirbelbewegung). Der Raum, in dem sich die Bewegung abspielt, heißt *Wirbelfeld;* in jedem Punkte desselben hat ein Vektor, der Wirbelvektor, einen bestimmten Wert und eine bestimmte Richtung (Wirbelaxe). Geht man in einem bestimmten Augenblicke immer in der Richtung der Wirbelaxe weiter, so erhält man eine *Wirbellinie.* Ein Komplex solcher ist ein *Wirbelfaden;* das doppelte Produkt seines Querschnitts in seine Winkelgeschwindigkeit heißt *Wirbelstärke.* — Wirbelbewegung spielt eine Rolle hauptsächlich bei Flüssigkeiten und Gasen. Sie entsteht immer durch Reibung. In einer reibungsfreien (idealen) Flüssigkeit kann Wirbelbewegung weder entstehen noch aufhören; sie ist entweder nie vorhanden oder ewig. Wie hiernach zeitlich, so gilt auch räumlich das Erhaltungsprinzip; ein Wirbelfaden kann nicht im Innern der Flüssigkeit, sondern, wenn er nicht in sich zurückläuft, nur an der Grenze der Flüssigkeit aufhören; und seine Stärke bleibt sowohl zeitlich wie räumlich konstant (*Erhaltung der Wirbelstärke*). Anders ausgedrückt: die Wirbelgeschwindigkeit ist immer und überall dem Querschnitt des Fadens umgekehrt proportional. Eine Wirbellinie ist immer aus denselben Teilchen gebildet; einen Wirbelfaden erfüllt immer dieselbe Flüssigkeitsmasse. Kein Wirbelgebilde kann durch die Masse eines andern hindurchgehen; zwei miteinander verkettete bleiben immer verkettet (wegen der hierauf gegründeten *Wirbelatomtheorie* der Materie s. Molekulartheorie). — Die beiden wichtigsten Formen sind der *geradlinige Wirbelfaden* und der *Wirbelring.* Ein einzelner Wirbelfaden bleibt am Ort, versetzt aber die umgebende (wirbelfreie) Flüssigkeit in Rotationsbewegung; zwei parallele Wirbelfäden rotieren um ihren Schwerpunkt (zu bilden mit Rücksicht auf Größe und Vorzeichen, d. h. Richtungssinn der Wirbelstärke, d. h. mit oder gegen den Uhrzeigersinn); zwei gleichsinnig wirbelnde, gleich starke Fäden rotieren also um ihre Mittellinie, zwei entgegengesetzt wirbelnde schreiten zugleich senkrecht auf ihrer gemeinsamen Ebene fort, wobei die Teilchen in der Mitte zwischen ihnen ebenfalls reine Translationsbewegung, und zwar viermal so rasche haben, während außerhalb der Wirbelfäden Rückströmung eintritt. — Was die *Wirbelringe* betrifft, so schreitet hier schon ein einziger fort, und zwar in der Richtung der inneren Wirbelung, desto schneller, je stärker und je enger der Wirbel ist. Von zwei aufeinander folgenden Wirbelringen weitet sich der vorangehende aus, der nachfolgende schnürt sich zusammen, beschleunigt sich demgemäß und schlüpft durch den vorderen hindurch, worauf sich das Spiel umgekehrt wiederholt. Zwei aufeinander zulaufende Wirbelringe weiten sich gegenseitig aus und zerfließen in die Mittelebene, ebenso ein auf eine Wand zulaufender Wirbelring. — In der Natur kommen Wirbelfäden und zylindrische Wirbel vielfach vor, u. a. beim Rudern (hohler Wirbel, d. h. die Axe ist von Flüssigkeit frei), bei der heftigen Strömung, besonders bei plötzlicher Verbreiterung des Bettes, bei gewissen Wellentypen und, in großem Maßstabe, bei den Wasserhosen; in Gasen namentlich bei den *Zyklonen* (s. Winde). Wirbelringe erzeugt man durch Platzenlassen von Blasen (Seifenblasen, mit Rauch gefüllt usw.) oder durch kurze, kräftige Schläge auf Membranen, die einen Behälter mit Flüssigkeit einseitig verschließen und diese durch eine kreisförmige Öffnung in der gegenüberliegenden Wand austreten lassen. Ferner beim Fallen von Tropfen in eine Flüssigkeit, wobei man sie durch Färbung besser sichtbar machen und die mannigfachen, z. T. pilzförmigen Gebilde, die dann entstehen, eingehend studieren kann. Beim Rauchen kann man Wirbelringe durch geeignete Mundstellung erzielen und hier leicht auch das Experiment des Durchschlüpfens eines Ringes durch den andern beobachten. Sehr schöne Wirbelringe von gewaltigen Dimensionen bilden sich aus, wenn eine stehende Lokomotive plötzlich Rauch ausstößt. — Bei den Gasen treten übrigens wegen ihrer Kompressibilität in Theorie und Praxis gewisse Modifikationen auf; die Beobachtung geschieht hier am besten mit Hilfe suspendierter Teilchen (Ammoniaklösung, Kochsalz und Schwefelsäure). — S. auch Hydrodynamik, Geschwindigkeitspotential.

Wirbeldeformation ist bei elastischfesten Körpern eine Deformation mit Verdrehung (Biegung, Drillung); sie steht im Gegensatz zur Potentialdeformation. Es existiert für sie nicht, wie für letztere, ein Geschwindigkeitspotential.

Wirbelfaden, s. Wirbelbewegung.

Wirbelfeld, s. Wirbelbewegung.

Wirbelgewitter, s. Atmosphärische Elektrizität.

Wirbellinie, s. Wirbelbewegung.

Wirbelringe, s. Wirbelbewegung.

Wirbelstärke, s. Wirbelbewegung.

Wirbelstrom, s. Körperströme, Induktionsströme.

Wirbelsturm, s. Winde.

Wirbeltheorie der Materie, s. Materie.

Wirbelverluste, s. Induktion.

Wirbelwind, s. Winde.

Wirksame Stromstärke, s. Wechselströme.

Wirkungsfähigkeit der Energie, s. Entropie.

Wirkungsgrad, s. Arbeit, Kalorische Maschinen.

Wirkungsgrad der galvanischen Kette, s. Stromwärme.

Wirkungsquantum, s. Quantentheorie, Strahlung.

Wirkungssphäre der Flüssigkeiten, s. Kapillarität.

Wismutmethode, s. Magnetische Messungen.

Wismutspirale, s. Magnetische Messungen, Halleffekt.

Wohlklang, s. Harmonie.

Wolframlampe, s. Glühlicht.

Wolframstahl, s. Magnete.

Wolken sind Ansammlungen von Wassertropfen (nicht Bläschen), die so klein sind, daß sie nur sehr langsam fallen. Die wichtigsten Typen (im großen Ganzen nach wachsender Höhe geordnet) sind: Stratus (Schichtwolke, unterhalb 1 km), Fraktostratus, Kumulus (Haufenwolke), Fraktokumulus, Nimbus (Regenwolke), Kumulonimbus, Stratokumulus, Altostratus, Kumulostratus, Cirrokumulus (Schäfchen), Cirrostratus (Schleier), Cirrus (Federwolke, 8 bis 12 km hoch).

Wollastonsches Prisma ist eine Kombination zweier senkrecht zueinander orientierter Kalkspatprismen, die die beiden durch Doppelbrechung entstandenen Strahlen nach entgegengesetzten Seiten ablenkt.

Wucht, s. Energie.

Wünschelrute ist ein leichter, mit den Händen gehaltener Stab, der über unterirdischem Wasser in der Hand geeigneter Personen (Rutengänger) anschlagen soll. Die Erfolge beruhen teils auf der allgemeinen Verbreitung der Wasserstellen, teils auf vorheriger Information, teils auf Übung in der Abschätzung des Geländes, teils auf Zufall. Jedenfalls ist der Ausschlag eine Folge der subjektiven, nervösen Vorgänge im Rutengänger; eine mögliche (elektrische oder andere) physikalische Ursache ist trotz eifriger Bemühungen nicht gefunden worden.

Wunderscheibe, s. Stroboskopie.

Wundertrommel, s. Stroboskopie.

Wurf ist die Erzeugung einer Bewegung unter Zusammenwirkung eines Impulses mit der Schwerkraft. Erfolgt der Impuls in vertikaler Richtung nach unten, so entsteht die Bewegung des freien Falls, nur mit einer dauernd um den gleichen Betrag erhöhten Fallgeschwindigkeit. Beim Impuls senkrecht nach oben entsteht gleichförmig verzögerte Bewegung, die in dem Augenblicke, wo die Geschwindigkeit null wird, in die vorige, nach unten gerichtete übergeht. Formel:

$$v = w \pm gt, \quad s = tw \pm \tfrac{1}{2}gt^2,$$

im Falle mit dem Minuszeichen wird also

$$v = 0 \text{ für } t = T = w/g$$

und

$$h = H = w^2/2g$$

oder umgekehrt $w = \sqrt{2gH}$ (v Geschwindigkeit, s Strecke, t Zeit, g Beschleunigung durch die Schwere, H *Wurfhöhe*, T *Wurfzeit*); die Wurfhöhe ist also mit dem Quadrate der

Wurfgeschwindigkeit (des Impulses) proportional. — Gibt man einenImpuls in der gegen die Horizontale um den Winkel α nach oben abweichenden Richtung (Elevationswinkel, Schußwinkel), so erhält der geworfene Körper zur Zeit t die Koordinaten

$$x = w \cos \alpha \cdot t, \quad z = \frac{g}{2} t^2 - w \cdot \sin \alpha t,$$

und die Bahngleichung wird:

$$z = \frac{g x^2}{2 w^2 \cos^2 \alpha} - x \operatorname{tg} \alpha,$$

also eine Parabel (Fig. 263); dabei ist Wurfzeit, Wurfweite, Wurfhöhe:

$$T = \frac{2w}{g} \sin \alpha, \quad W = \frac{w^2}{g} \sin 2\alpha,$$

$$H = \frac{w^2}{2g} \sin^2 \alpha;$$

die Wurfdauer ist also mit dem Impulse Weite und Höhe dagegen mit seinem Quadrate proportional. Der höchste Punkt der Bahn liegt zeitlich und räumlich in der Mitte zwischen Anfangs- und Endpunkt. Bei gleichem Impuls

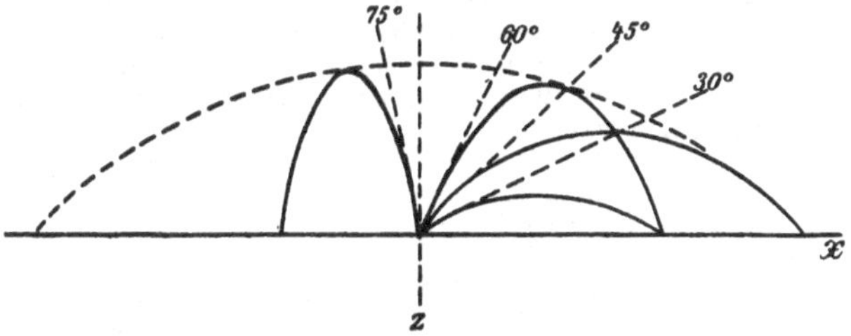

Fig. 263.

ist die Wurfhöhe desto größer, je steiler der Impuls wirkt; dagegen ist die Wurfweite am größten für $\alpha = 45^0$; für zwei Komplementwinkel, z. B. 30^0 und 60^0 ist sie gleich groß. Alle diese Parabeln haben als *Einhüllende* wieder eine Parabel, innerhalb deren das ganze bestrichene Gebiet liegt. Jeder Punkt

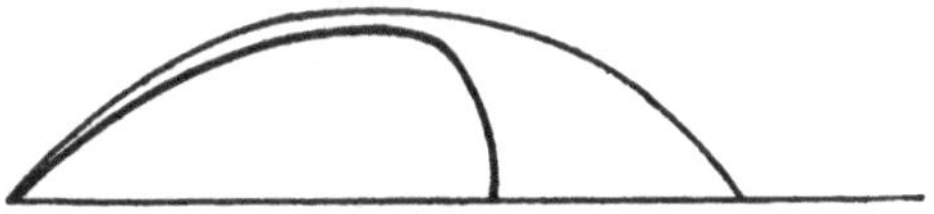

Fig. 264.

im Innern kann auf zwei verschiedene Arten getroffen werden (*Flachschuß* und *Steilschuß*). Um bei gegebenem Impuls w den Punkt x, z zu treffen, muß man α nach der Formel

$$\operatorname{tg} \alpha = \frac{1}{g} \left(\frac{w^2}{x} \pm \frac{1}{g x} \sqrt{w^4 - 2 g z w^2 - g^2 x^2} \right)$$

wählen. — Demonstrieren kann man den Wurf, gehörig verlangsamt, auf der *schiefen Ebene* (Schlemmkreide auf schwarzer Tafel), oder mit Hilfe eines Flüssigkeitsstrahls, der aus seitlicher Öffnung ausfließt. — Infolge des *Luftwiderstandes* verwandelt sich die Parabel in eine unsymmetrische Kurve, die *ballistische* oder *Schußkurve* (Fig. 264), mit geringerer Höhe und Weite und steilerem Abfall. Die Größe des Verlustes hängt von der Gestalt des Körpers ab, ist für die Kugel sehr erheblich und am kleinsten für einen vorn paraboloidisch geformten Langkörper. Hier tritt aber die neue Schwierigkeit für die Ballistik auf, daß der Langkörper im allgemeinen nicht im Gleichgewicht ist, d. h. mit der Spitze voranbleibt, sondern der Kippgefahr unterliegt; eine Gefahr, die sich nur dadurch beseitigen läßt, daß man ihm mit Hilfe von *Zügen* im Geschützrohr einen starken *Drall* (Drehung um seine Axe) erteilt. Dadurch tritt zwar eine neue Schwierigkeit ein: die *seitliche Geschoßabweichung* (in der Drehrichtung); sie läßt sich aber durch rechnerische Korrektion (mit Hilfe von Tabellen) beseitigen. — Das Gesetz, nach dem der *Luftwiderstand von der Geschwindigkeit* abhängt, ist ziemlich verwickelt, für kleine proportional mit dem Quadrat, dann in einem gewissen Bereiche stärker wachsend, dann wieder quadratisch; für die wichtigsten in der Ballistik vorkommenden Fälle ist das berechnet. — Zurzeit kann man so starke Impulse erteilen, daß die Geschwindigkeit bis zu 1 km/sec und selbst darüber, die Wurfweite aber bis zu 100 km reicht; die entsprechende Wurfhöhe beträgt etwa 30 km. Das Geschoß kommt also in so dünne Luftschichten, daß der Luftwiderstand nahezu null wird. — Körper von verschiedener Gestalt erfahren in ihren Teilen verschiedenen Luftwiderstand, stellen sich infolgedessen verschieden ein und beschreiben in Rückwirkung dessen verschiedene, z. T. ganz abnorme Bahnen; so kehrt z. B. ein eigentümlich gebogenes Holz, der *Bumerang*, schließlich zum Ausgangspunkte zurück. — Beim Wegschleudern des Geschosses erfährt das Geschütz eine Reaktion (*Rückstoß*), die bei modernen Geschützen im Interesse der Stabilität des Gestelles selbst nach der Methode des *Rohrrücklaufs* mit Bremse und Vorholer ausgeglichen wird. — Die gesamte Lehre vom Wurf in kriegstechnischer Hinsicht heißt *Ballistik* (äußere und innere Ballistik). Die Wegschleuderung des Geschosses erfolgt bei der Windbüchse (s. d.) durch Luftdruck, bei der Feuerbüchse (Infanterie- und Artilleriegeschütz) durch *Zündung* einer geeigneten Masse (Pulver) und dadurch bewirkte Explosion (s. d.). Das *Geschoß* selbst ist entweder massiv oder hohl und mit Sprengladung gefüllt sowie mit einer Zündungsvorrichtung versehen (Aufschlags-, Zeit-, Verzögerungszündung usw.); die Explosion schleudert den Inhalt in einem bestimmten *Streukegel* fort, dessen Lage und Bereich von der Geschoßart (Granate, Schrapnell usw.) abhängt.

Wurfhöhe, s. Wurf.

Wurfweite, s. Wurf.

X

X-Strahlen, s. Röntgenstrahlen.

Z

Zähe Flüssigkeiten, s. Innere Reibung.

Zähigkeit, s. Innere Reibung.

Zäpfchen, s. Sehen.

Zahnrad, s. Einfache Maschinen.

Zambonische Säule, s. Berührungselektrizität.

Zeemaneffekt ist die *Veränderung der Spektrallinien im magnetischen Felde*. Während bei den Effekten von Faraday und Kerr ein Einfluß auf die Fortpflanzung in Betracht kommt, handelt es sich hier um einen Einfluß auf die Lichtemission selbst. In schwachen Feldern sieht man nur leichte Verbreiterungen der Linien, in starken findet eine *Zerlegung* statt, und zwar im großen ganzen (aber mit vielen Ausnahmen und Komplikationen) in der Weise, daß in der Richtung der Kraftlinien eine Zweiteilung, senkrecht zu ihnen eine Dreiteilung erfolgt, also dort ein *Duplet*, hier ein *Triplet* entsteht. Beim Duplet erweisen sich die beiden entstandenen Linien oder Komponenten als links- bzw. rechts-*zirkularpolarisiert* (s. Polarisation), beim Triplet sind alle drei *linear polarisiert*, und zwar die mittlere, deren Ort unverändert bleibt, senkrecht zu den beiden äußeren, die entsprechende Lage haben wie die Komponenten des Duplets; die mittlere Linie schwingt parallel zum Kraftfelde, die beiden äußeren senkrecht zu ihm. Ganz Entsprechendes tritt auch bei den *Absorptionslinien* auf, also dann, wenn z. B. weißes Licht glühenden Natriumdampf durchsetzt hat. — Der Effekt ist meist sehr schwach; die Strecke z. B., um die eine der beiden *D*-Linien (Natriumlinien) auseinandergespalten wird, macht selbst im stärksten Magnetfelde nur etwa $^1/_4$ des Abstandes der beiden *D*-Linien aus; der Effekt ist daher mit den gewöhnlichen Hilfsmitteln nur eben noch zu demonstrieren, z. B. mit Hilfe der mit Kochsalz getränkten

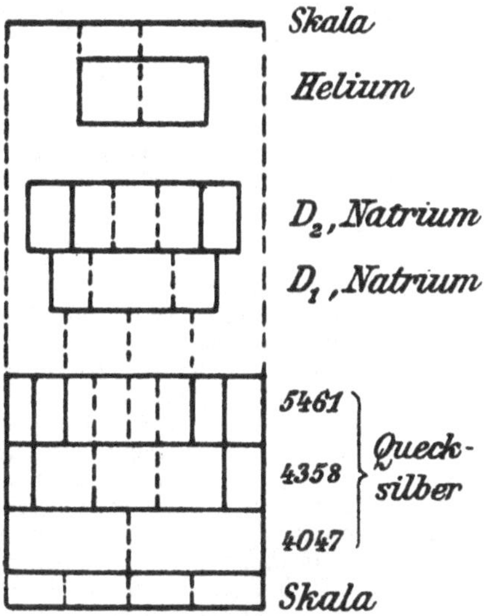

Fig. 265.

Flamme eines Bunsenbrenners im Schlitz eines Du Boisschen Halbringelektromagneten (s. Magnete). — Zur näheren Untersuchung, besonders auch der zahlreichen Einzelheiten und zu exakten Messungen muß man stärkste Felder, kräftigste Spektrometer und feinste Spektrallinien verwenden. Einige komplizierte Typen von Zeemaneffekt zeigt die Fig. 265, in der Schwingungen normal zum Felde ausgezogen, solche parallel zu ihm gestrichelt sind. — Das beste Verständnis für die Erscheinung gewinnt man aus der *Elektronentheorie* auf Grund des Lorentzschen Gesetzes: Die Kraft eines Magnetfeldes auf ein bewegtes Elektron steht senkrecht auf der durch Feld und Bewegung bestimmten Ebene und ist gleich dem Produkte aus Ladung e, Feldstärke H, Geschwindigkeit und Sinus des Winkels zwischen den beiden letzteren Richtungen. Ist m die träge Masse des Elektrons, so wird aus der Frequenz n die neue $n' = n \pm eH/(2m)$; das sind die Komponenten des Duplets, bei Transversalanordnung kommt dazu noch n selbst. Man kann also aus Zeemanbeobachtungen das Verhältnis e/m (*Ladung zu Masse*) ermitteln und findet dann gute Übereinstimmung mit den Ergebnissen andrer Methoden (s. Kathodenstrahlen usw.). — Von den erwähnten Komplikationen sei hier nur das Quadruplet genannt, entstehend aus der Zerlegung der mittleren Linie des Triplets; gewisse Symmetrien in der Helligkeitsverteilung usw. — Die verschiedenen Strahlen eines Systems pflanzen sich natürlich mit verschiedener Geschwindigkeit fort, und das hat wiederum die Erscheinung der gewöhnlichen und zirkularen Doppelbrechung zur Folge. — Von besonderem Interesse ist ferner die Beziehung des Zeemaneffekts zu den andern magnetooptischen Erscheinungen, insbesondere zur Drehung der Polarisationsebene im Magnetfelde sowie zur Lehre von den Serien der Spektrallinien (s. Spektrum); z. B. geben Linien derselben Serie immer die gleichen Zeemantypen. — Auch im elektrischen Felde findet eine Zerlegung von Spektrallinien statt: *Starkeffekt*, entdeckt mit Hilfe von Kanalstrahlen. Die elektrische Zerlegung geht mit der magnetischen im allgemeinen durchaus nicht parallel.

Zeichenapparat, s. Mikroskop.

Zeigertelegraph, s. Telegraphie.

Zeissfeldstecher, s. Fernrohr.

Zeit ist nach Kant die Form unserer innern Anschauung und hat, im Gegensatz zum Raum, nur eine einzige Mannigfaltigkeit. Auch die Zeit hat nur relativen Sinn, d. h. ein Zeitpunkt muß auf einen andern, zu diesem Behufe (oder ein für allemal) gewählten Nullpunkt der Zeit bezogen werden. Nach der neueren Anschauung hat die Zeit überhaupt keinen selbständigen Sinn, sondern nur in Beziehung zum Raume, dessen vierte Dimension sie gewissermaßen ist (s. *Relativitätsprinzip*). — In der reinen Physik wählt man als Nullpunkt der Zeit gewöhnlich den Moment, in dem ein Experiment begonnen wird. — Der Abstand zweier Zeitpunkte voneinander heißt Zeitraum, richtiger Zeitstrecke oder kurz Zeit (Zeitdauer). — Als Maßeinheit dient die *Sekunde*, die ihrerseits abgeleitet ist aus dem *Tage*, dabei ist zu unterscheiden zwischen *Sterntag*, d. h. der Zeit zwischen zwei aufeinander folgenden Kulminationen eines und desselben Fixsterns, und dem *Sonnentag* d. h. der Zeit zwischen zwei Sonnenkulminationen; da inzwischen die Erde auf ihrer Bahn um die Sonne sich durchschnittlich um den 365. Teil fortbewegt hat, ist der Sonnentag länger als der Sterntag, und zwar ist die Beziehung zwischen Jahr (genauer: tropisches Jahr) und Tag:

1 Jahr = 366,2422 Sterntage
= 365,2422 mittlere Sonnentage;
1 Sterntag = 1 mittlerer Sonnentag − 3 Min. 56 Sek.

Da sich die Erde um die Sonne nicht gleichförmig bewegt, sind die einzelnen Sonnentage verschieden; die Differenz zwischen mittlerer und wahrer Zeit heißt *Zeitgleichung*, sie wird viermal im Jahre null und steigt zwischendurch bis auf 16 Minuten an (vielfach, z. B. bei Einstellung des Heliostaten zu beachten!) — Die Axendrehung der Erde unterliegt zwar wegen der Kontraktion des Erdkörpers, wegen der Flutreibung, wegen der Meteorfälle usw. gewissen Änderungen; diese sind aber so geringfügig, daß für viele Jahrhunderte der Tag als konstant angesehen werden darf. — Der mittlere Sonnentag wird in 24 *Stunden* zu 60 *Minuten* zu 60 *Sekunden* geteilt; er hat also 86400 Sekunden. — Als Anfangspunkt des Tages gilt in der Astronomie der Mittag, im bürgerlichen Leben die Mitternacht. Je nachdem man sich auf Greenwich oder einen anderen Meridian, der um eine ganze Anzahl von Stunden von jenem abweicht, oder endlich auf den Meridian des betreffenden Ortes selbst bezieht, erhält man die *Weltzeit* oder die *Zonenzeit* oder die *Ortszeit*. Für Mitteleuropa gilt der Meridian 15° östlich von Greenwich; die entsprechende Zeit, die vor der Greenwicher um eine Stunde voraus ist, heißt *mitteleuropäische Zeit*. Entsprechende Namen haben die andern Zonen erhalten. — Die längste *Tagesdauer* beträgt unter 50° Breite 16 Stunden 18 Minuten, die kürzeste 8 Stunden 0 Minuten.

Zeitaufnahme s. Photographie.

Zeitgleichung, s. Zeit.

Zeitmessung erfolgt mittels *Uhren* oder *Chronometern*. Die wichtigsten Typen sind folgende: 1. *Sonnenuhr*, sie liefert die wahre Sonnenzeit (s. Zeit), muß also, wenn mittlere Zeit gewünscht wird, um die Zeitgleichung (s. Zeit) korrigiert werden; außerdem, wenn es sich um mitteleuropäische Zeit handelt, noch um die Zeitdifferenz des betreffenden Ortes gegen den mitteleuropäischen Meridian. — 2. *Wasseruhr* (Ausfluß des Wassers aus einem Gefäße), hat nur historischen Wert. — 3. *Sanduhr* (ebenso). — 4. *Pendeluhr*, das Pendel dient dabei nur als Regulator, als treibende Kraft dient entweder ein Gewicht oder eine Feder. Soll die regulierende Wirkung des Pendels exakt sein, so muß die Konstanz seiner Länge garantiert sein (Kompensationspendel, s. Thermische Ausdehnung). Spezialinstrument: *Metronom* (s. Pendel). — 5. *Taschenuhren* (mit Federkraft und Anker-, Zylinder- oder Spindelregulierung). — 6. *Chronometer*, d. h. Uhren von besonders exakter Konstruktion, entsprechend zuverlässigem Gange und sorgfältiger Lagerung, z. B. in cardanischen Ringen. — Spezialitäten sind die Stopp- oder Stechuhren, die man durch einen Druck in Gang bringen, durch einen zweiten anhalten, durch einen dritten zurückführen kann. — 7. *Chronographen*, d. h. Apparate, die Geschehnisse nach ihrem zeitlichen Verlaufe dauernd aufzeichnen. Besonders verbreitet ist das *Hippsche Chronoskop* und der *Trommelchronograph*. — 8. Apparate und Methoden zur *Messung sehr kleiner Zeiten*. Am vorteilhaftesten ist die *elektrische* Methode, beruhend auf dem Gedanken, einen elektrischen Strom nur kurze Zeit hindurch zu schließen und aus dem Ausschlage eines Galvanometers auf die Zeitdauer zu schließen. Eine der verschiedenen Formen ist das *elektrische Pendel*, die an dem Pendelkörper angebrachte Platinspitze taucht in dem tiefsten Bogenstücke der Bahn in eine Quecksilberrinne, das Bogenstück wird gemessen und danach auf Grund des Pendelgesetzes die Zeit berechnet; durch Verstellung der Rinne oder Spitze kann man eine ganze Skala von Strecken und entsprechenden Zeiten herstellen und diese Skala alsdann zur Zeiteichung des Galvanometers benutzen (Anwendung auf Stoßzeiten usw.). — 9. *Elektrische Uhren*, die in größerer Anzahl von einer Zentralstelle aus betrieben werden.

Zeitschriften, s. Physik.

Zeitzünder, s. Wurf.

Zenkersche Blättchen, s. Interferenz des Lichts.

Zentesimalwage, s. Wägung.

Zentigramm, s. Masse.

Zentimeter, s. Längenmaß.

Zentner, s. Masse.

Zentralbewegung ist die Bewegung eines Körpers unter gleichzeitiger Einwirkung eines Impulses und einer dauernden, nach einem Zentrum gerichteten Kraft; ein Spezialfall ist die Wurfbewegung (s. Wurf), ein noch speziellerer der freie Fall (s. Fall). Die Bewegung setzt sich aus einer Tangential- und einer *Normal*- oder *Zentripetal-Komponente* zusammen (s. Beschleunigung); letzterer gleich und entgegengesetzt ist die *Zentrifugalkraft* oder Fliehkraft, d. h. der dem Körper infolge seiner Trägheit (s. d.) innewohnende Druck nach außen. Sie wird auch als *Schwungkraft* bezeichnet und kommt bei Aufhebung der Zentralkraft (z. B. beim Durchschneiden eines sie versinnbildlichenden Fadens) durch Fortbewegung des Körpers in der Tangente der Bahn zum Ausdruck. — Zu Versuchen über die Zentrifugalkraft dient die *Schwungmaschine*. Bewegliche starre Körper werden auf ihr nach der Peripherie geschleudert, elastische Körper und Flüssigkeiten entsprechend deformiert, z. B. ein vertikaler, kreisförmiger Metallbügel an den Polen abgeplattet, am Äquator ausgebaucht; eine Flüssigkeit in einem Gefäße erhält eine hohle Oberfläche usw. — Eine praktische Anwendung hiervon stellte das Zentrifugalpendel zur Regulierung des Ganges rotierender Maschinen dar (s. Pendel). Die Schwungkraft ist es, die ein Pendel gespannt erhält, auch wenn sein Körper nach oben zu liegen kommt (Kreisschaukel usw.). Sie wird ferner bei allen Schleuderverfahren mit Hilfe der verschiedenen *Zentrifugen* verwertet. — Wenn die Zentralkraft das Gesetz des umgekehrten Quadrats der Entfernung befolgt (s. Gravitation), beschreibt der Körper eine Kurve zweiten Grades, insbesondere eine *Ellipse* um den in einem der Brennpunkte stehenden Zentralkörper; dabei gilt der *Flächensatz* oder *Satz von der Erhaltung der Flächen*. Der Radiusvektor beschreibt in gleichen Zeiten gleiche Flächen oder, anders ausgedrückt: Die Bahngeschwindigkeit ist mit der augenblicklichen Entfernung vom Zentralkörper umgekehrt proportional. Die wichtigste Anwendung hiervon ist die auf die *Planetenbewegung*, wie sie in den *Keplerschen Gesetzen* ihren Ausdruck findet. Die beiden ersten dieser Gesetze sind soeben schon ausgesprochen worden; das dritte lautet: Die Quadrate der Umlaufszeiten zweier Planeten verhalten sich wie die Kuben ihrer mittleren Entfernungen von der Sonne. — Andre Fälle von Zentralbewegung liefern parabolische oder hyperbolische Bahn (Kometen). — Bewegen sich mehrere Körper um einen Zentralkörper, oder hat der Körper einen seinerseits um ihn rotierenden Begleiter (Trabanten, Satelliten), so treten Komplikationen auf, die in dem *Dreikörperproblem* sowie in der *Störungstheorie* ihre, bis jetzt freilich noch nicht sehr weitgehende Lösung gefunden haben. Dabei ändern sich auch die einzelnen Bahnebenen mit der Zeit; es gibt aber im ganzen System eine Ebene, die unverändert bleibt: die *Laplacesche* oder *unveränderliche Ebene*. — S. auch Gleichgewichtsfiguren der Flüssigkeiten.

Zentralkraft, s. Kraft.

Zentralträgheitsellipsoid, s. Trägheitsmoment.

Zentrifugalkraft, s. Zentralbewegung.

Zentrifugalpendel, s. Pendel, Zentralbewegung.

Zentrifugalpumpe, s. Pumpen.

Zentrifuge, s. Zentralbewegung.

Zentripetalkraft, s. Zentralbewegung.

Zeppelin, s. Luftschiffahrt.

Zerfallreihe der Elemente, s. Radioaktivität.

Zerlegung der Spektrallinien, s. Zeemaneffekt.

Zerreißung, s. Festigkeit.

Zersetzung, s. Elektrolyse.

Zerstäubung der Kathode, s. Kathodenstrahlen.

Zerstreuung der Energie, s. Entropie, Thermodynamik.

Zerstreuungsgrad, s. Kalorische Maschinen, Thermodynamik.

Zerstreuungskreis ist die bei den verschiedenen Abbildungsfehlern auftretende Erscheinung, daß statt eines Bildpunktes eine Kreisfläche auftritt, deren Größe das (reziproke) Maß für die Bildschärfe ist. Es gibt einen Zerstreuungskreis der sphärischen, der chromatischen Aberration und des Astigmatismus.

Zerstreuungslinse, s. Linsen.

Zerstreuungsprinzip, s. Entropie, Physik.

Zielen, s. Richtung.

Zielfernrohr, s. Fernrohr.

Zirkulare Doppelbrechung, s. Drehung der Polarisationsebene, Zeemaneffekt.

Zirkularmagnetisierung, s. Magnet, Elektromagnetismus.

Zirkularpolarisation, s. Polarisation, Drehung der Polarisationsebene.

Zirkulation, s. Hydrodynamik.

Zoll, s. Längenmaß.

Zone des Schweigens, s. Reflexion und Brechung des Schalls, Schallausbreitung.

Zonenzeit, s. Zeit.

Züge, s. Wurf.

Zündung, s. Wurf.

Zug, s. Längsdehnung.

Zugfestigkeit, s. Festigkeit.

Zugkraft eines Magneten, s. Magnetische Tragkraft, Magnetostriktion.

Zugkraftmethode, s. Magnetische Messungen.

Zugmodul, s. Elastizitätsmodul.

Zungen, s. Stabtöne, Zungenpfeifen.

Zungenpfeifen sind Pfeifen (s. d.), zu denen der Luftzutritt durch Vermittelung einer eben durch diesen Luftstrom in Schwingungen versetzten Zunge (Streifen, Blatt usw.) abwechselnd erlaubt und verhindert wird. Die *Zunge* ist der primär erregte Körper, die Luft in der Pfeife führt Resonanzschwingungen aus. — Man unterscheidet *aufschlagende* und *durchschlagende* Zungen, je nachdem sie sich nur einseitig von dem Rahmen, in dem sie mit ihrer Wurzel festsitzen, bewegen können oder beiderseitig; nur die letzteren geben musikalisch brauchbare Töne; unter ihnen wiederum gibt es *ausschlagende* und *einschlagende*, je nachdem sie sich außerhalb oder innerhalb des Resonanzraumes bewegen. — Ferner gibt es Metallzungen und membranöse Zungen; zu den letzteren gehören auch die Lippen des Bläsers sowie, beim Singen und Sprechen, die Stimmbänder. — Die *Töne* einer isolierten Zunge sind schwach und dünn; erst durch die Resonanz der Pfeife erhalten sie Stärke und Fülle. — Der Ton hängt von der *Pfeifenlänge* in sehr eigentümlicher Weise ab: mit der Verlängerung des Rohrs wird er immer tiefer, schlägt dann aber plötzlich in die höhere Oktave um, wird dann wieder tiefer und tiefer, schlägt nochmals um usw., und zwar erfolgt der Umschlag bei derjenigen Pfeifenlänge, die für sich den Eigenton der isolierten Zunge besitzt. Ganz neuerdings hat sich das Verhalten der Zungenpfeifen sehr weitgehend erklären lassen auf Grund der Theorie der gekoppelten Systeme (M. Wien), das eine System ist die Zunge, das andre die Pfeife, der Koppelungsgrad läßt sich durch Luftlöcher usw. in weiten Grenzen variieren. — Das Ansatzrohr kann zylindrisch oder konisch sein, in letzterem Falle wird die Stärke der Obertöne und damit der Klang wesentlich verändert. — Überhaupt liefern die Zungenpfeifen Töne von sehr ausgesprochenem Klange, und es besteht hier eine besonders große Mannigfaltigkeit. — Den *Schwingungszustand im Innern* kann man nach Raps photographisch untersuchen. — Zungenpfeifen finden bei der Orgel (aber nur zum kleinsten Teile), beim Harmonium (hier durchwegs) sowie bei den meisten Blasinstrumenten Verwendung (s. Musikinstrumente).

Zupfinstrumente, s. Musikinstrumente.

Zupftöne, s. Saitentöne.

Zurückwerfung des Lichts, s. Reflexion des Lichts.

Zusammendrückbarkeit der Flüssigkeiten, s. Kompressibilität.

Zusammendrückbarkeit der Gase, s. *Kompressibilität.*

Zusammenhang. Eine Linie, eine Fläche, ein Raum kann entweder *zusammenhängend* oder *unzusammenhängend* sein, d. h. aus einem oder mehreren getrennten Stücken bestehen. Das Erde-Mond-System ist ein unzusammenhängender Raum. — Der Zusammenhang seinerseits kann *einfach*, *zweifach* und *mehrfach* sein, je nachdem er durch einen einzigen vollständigen Schnitt oder erst durch zwei oder durch mehr solche aufgehoben wird. Eine begrenzte gerade Linie oder eine Kreisfläche oder der Raum einer Voll- oder Hohlkugel ist einfach zusammenhängend, eine Kreislinie oder eine Kreisringfläche oder ein ringförmiger Raum ist zweifach zusammenhängend usw. — Für die physikalischen Erscheinungen ist es, was ihren Charakter und ihren Verlauf betrifft, oft geradezu entscheidend, ob sie sich in einfach oder mehrfach zusammenhängendem Raume abspielen; z. B. für die *hydrodynamischen* oder die *elektromagnetischen* Erscheinungen, ebenso in vielen andern Fällen.

Zusammenklang, s. Harmonie.

Zusammenziehung beim Schmelzen, s. Schmelzung.

Zustandsfunktion, s. Prozeß.

Zustandsgleichung der Gase, s. Gase, Thermische Ausdehnung der Gase.

Zustandsgröße, s. Prozeß.

Zustandsvariable, s. Prozeß.

Zwang, s. Kraft.

Zwangläufige Bewegung, s. Bewegung.

Zweiäugiges Sehen, s. Stereoskopie.

Zweiaxige Kristalle, s. Kristalloptik.

Zweifach zusammenhängend, s. Zusammenhang.

Zweiphasenmaschine, s. Dynamomaschine.

Zweite Hauptgleichung, s. Thermodynamik.

Zweite Hauptlage, s. Magnetische Kräfte, Magnetische Messungen.

Zweiter Hauptsatz, s. Thermodynamik.

Zyklische Magnetisierung, s. Hysteresis.

Zyklische Systeme, zyklische Koordinaten, zyklische Bewegung sind von Helmholtz eingeführte, von Hertz näher präzisierte Ausdrücke für solche Fälle, in denen nicht absolute Werte der maßgebenden Größen, sondern nur deren Änderungen entscheidend sind. Hertz definiert: Ein zyklisches System ist ein solches, dessen Energie mit hinreichender Annäherung als eine homogene quadratische Funktion der Änderungsgeschwindigkeiten seiner zyklischen Koordinaten erscheint; und eine zyklische Koordinate ihrerseits ist eine freie Koordinate dann, wenn eine kleine Verrückung nicht von ihrem Werte, sondern nur von ihrer Änderung abhängt. Je nachdem das System eine, zwei oder mehr zyklische Koordinaten besitzt, heißt es monozyklisch, dizyklisch oder polyzyklisch. Wichtige Beziehungen zu stationären und veränderlichen Bewegungen, Kreisprozessen, zu Thermo- und Elektrodynamik.

Zykloidenpendel, s. Pendel.

Zykloidenwellen, s. Wellenbewegung der Flüssigkeiten.

Zyklon, s. Winde, Wirbelbewegung.

Zylinderkoordinaten, s. Ort.

Zylinderlinse, s. Brille, Linsen.

Zylinderwelle, s. Wellenbewegung.

Nachträge.

Altostratus, s. Wolken.

Atommodelle (s. oben bei Molekulartheorie). Die Vorstellungen über den Bau der Molekeln und Atome sind im letzten Jahrzehnt immer weiter ausgebildet worden (Rutherford, Bohr, Sommerfeld, Born, Gehrcke u. a.). Nach Bohr kreisen die Elektronen um den Kern gemäß den Keplerschen Gesetzen; stabil sind indessen nur solche Bahnen, für die das Winkelmoment des Elektrons ein ganzes Vielfaches der universellen Größe $h/2$ (s. Strahlung) ist. Strahlung, und zwar monochromatische, tritt nur ein beim Übergang des Elektrons von einer stabilen Bahn zur andern, und die Frequenz bestimmt sich nach der Grundformel der Quantentheorie (s. d.). Übrigens hat man sich genötigt gesehen, die Vorstellung dahin zu komplizieren, daß man dem Kern nicht bloß Ionen, sondern auch eine gewisse Zahl ruhender Elektronen zuschreibt. Am einfachsten ist das Wasserstoffatom: ein einfacher Kern und ein kreisendes Elektron. Demnächst das Heliumatom: Kern aus vier Ionen und zwei Elektronen, darum kreisend zwei diametral gegenüberstehende Elektronen. Weiter folgen Lithium, Beryllium, Bor, Kohlenstoff und Stickstoff.

Audion, s. Röhrensender.

Cirrocumulus, s. Wolken.

Cirrostratus, s. Wolken.

Cirrus, s. Wolken.

Cumulus, s. Wolken.

Deviationsmomente, s. Trägheitsmoment.

Dilatation, s. auch Kubische Dilatation.

Drahtlose Telephonie (vgl. auch Drahtlose Telegraphie und Telephonie). Das Problem scheint neuerdings in den Bereich praktischer Durchführung gerückt zu sein.

Dynamomaschinen. Das im Texte irrtümlicherweise weggebliebene Schema einer modernen Dynamomaschine wird hier nachgeholt (Fig. 266); mit Hilfe der

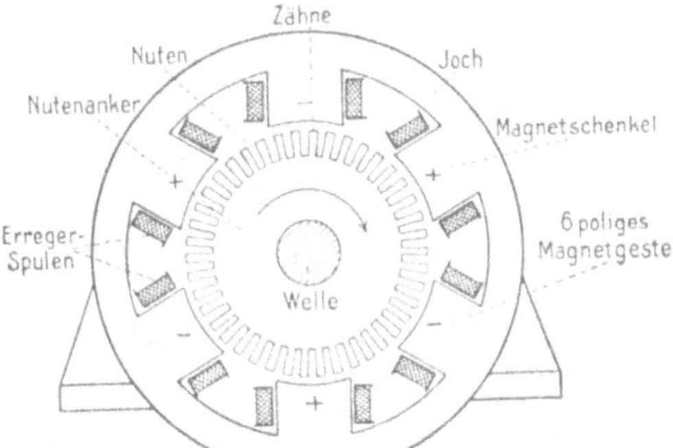

Fig. 266.

beigefügten Bezeichnungen erläutert es sich von selbst.

Fractocumulus, s. Wolken.

Fresnelsches Parallelepipedon, s. Totalreflexion.

Gebläse (s. auch Luftpumpe). Die einfachste Form ist der Blasebalg; von den technisch wichtigsten Typen sei das Wassertrommelgebläse (Umkehrung der Wasserstrahlpumpe), das Rootsche und das Zentrifugalgebläse erwähnt. Eine Mittelstellung zwischen Gebläse und Luftpumpe nimmt der Staubsauger ein.

Geschoß, s. Wurf.

Gitterelektrode, s. Röhrensender.

Gleichgewichtsfiguren pulverförmiger *Körper*. Die oben versehentlich weggebliebene Figur über dem Kreuz als Basis wird hiermit nachgeholt (Fig. 267).

Fig. 267.

Holonom heißt nach Hertz ein materielles System, zwischen dessen möglichen Lagen alle denkbaren stetigen Übergänge zugleich auch mögliche Übergänge sind. Der Name deutet an, daß ein solches System integralen Gesetzen gehorcht, während die materiellen Systeme im allgemeinen nur Differentialgesetzen unterworfen sind.

Katenoid, s. Tropfen (nicht Flüssigkeitslamellen).

Lichtstrahlen. Wegen ihrer Krümmung im Gravitationsfelde gemäß der Relativitätstheorie s. Gravitation.

Liebenröhre, s. Röhrensender.

Literatur. Neuerdings (1920) sind die beiden Referierjournale „Fortschritte" und „Beiblätter" zu einem einzigen, den „Physikalischen Berichten", verschmolzen worden.

Luftpumpe, s. auch Gebläse (Nachtrag).

Mittelwert, s. auch Variationskurve.

Molekulartheorie, s. auch Atommodelle (Nachtrag).

Monozykel, s. Zyklische Systeme.

Nebenregenbogen, s. Atmosphärische Optik.

Nimbus, s. Wolken.

Ordnungszahl, s. Periodisches System.

Polyzykel, s. Zyklische Systeme.

Purkinjesches Phänomen, s. Photometrie.

Rutengänger, s. Wünschelrute.

Schleier, s. Wolken.

Stratocumulus, s. Wolken.

Stratus, s. Wolken.

Wahrscheinlicher Wert, s. auch Variationskurve.

Wehnelt-Kathode, s. Elektronen.

FSC
www.fsc.org
MIX
Papier | Fördert
gute Waldnutzung
FSC® C083411

Kolibri 360 GmbH
Ferdinand-Jühlke-Straße 7
99095 Erfurt, Deutschland
produktsicherheit@kolibri360.de